ERPÉTOLOGIE

GÉNÉRALE

ou

HISTOIRE NATURELLE

COMPLÈTE

DES REPTILES.

TOME CINQUIÈME.

SUITES A BUFFON

FORMANT, AVEC LES OEUVRES DE CET AUTEUR,

UN COURS COMPLET D'HISTOIRE NATURELLE

EMBRASSANT LES TROIS RÈGNES DE LA NATURE.

Les possesseurs des OEuvres de BUFFON pourront, avec ces Suites, compléter toutes les parties qui leur manquent, chaque ouvrage se vendant séparément, et formant, tous réunis, avec les travaux de cet homme illustre, un ouvrage général sur l'Histoire Naturelle.

Cette publication scientifique, du plus haut intérêt, préparée en silence depuis plusieurs années, et confiée à ce que l'Institut et le haut enseignement possèdent de plus célèbres naturalistes et de plus habiles écrivains, est appelée à faire époque dans les annales du monde savant.

Les noms des auteurs indiqués ci-après sont, pour le public, une garantie certaine de la conscience et du talent apportés à la rédaction des différents traités.

ANATOMIE COMPARÉE, par M. PHYSIOLOGIE COMPARÉE, par M.

CÉTACÉS (Baleines, Dauphins, etc.), *ou* Recueil et examen des faits dont se compose l'histoire de ces animaux, par M.F. Cuvier, membre de l'Institut, professeur au Muséum d'Histoire naturelle, etc.; 1 v. in-8 avec deux livraisons de planches (*Ouvrage terminé*). Prix : figures noires, 12 fr. 50 c.; fig. coloriées, 18 fr. 50 c.

REPTILES (Serpens, Lézards, Grenouilles, Tortues, etc.), par M. Duméril, membre de l'Institut, professeur à la Faculté de Médecine et au Muséum d'Histoire naturelle; et M. Bibron, aide-naturaliste : 8 vol. et 8 livraisons de planches. *Les tomes 1 à 5 et 8 sont en vente, les tomes 6 et 7 paraîtront incessamment.*

POISSONS, par M.

ENTOMOLOGIE (Introduction à l'), comprenant les principes généraux de l'Anatomie et de la Physiologie des Insectes, des détails sur leurs mœurs, et un résumé des principaux systèmes de classification, etc., par M. Lacordaire, profes. d'hist. naturelle à Liège (*Ouvrage terminé adopté et recommandé par l'Université pour être placé dans les bibliothèques des Facultés et des Collèges, et donné en prix aux élèves*); 2 vol. in-8. Figures noires, 19 fr.; figures coloriées, 22 fr.

INSECTES COLÉOPTÈRES (Cantharides, Charançons,

Hannetons, Scarabées, etc.), par M.

—ORTHOPTÈRES (Grillons, Criquets, Sauterelles), par M. Serville, ex-président de la Société entomologique de France; 1 vol. avec planches. Prix : fig. noires, 9 fr. 50 c., et fig. coloriées, 12 fr. 50 c. (*Ouvrage terminé.*)

—HÉMIPTÈRES (Cigales, Punaises, Cochenilles, etc.), par M. Serville.

—LÉPIDOPTÈRES (Papillons), par M. le docteur Boisduval; tome 1 avec 2 livraisons de planches. Prix : fig. noires, 12 f. 50 c. fig. coloriées, 18 fr. 50 c.

—NÉVROPTÈRES (Demoiselles, Éphémères, etc.), par M. le docteur Rambur.

—HYMÉNOPTÈRES (Abeilles, Guêpes, Fourmis, etc.), par M. le comte Lepelletier de Saint-Fargeau; tome 1 et une livraison de planches. Prix : figures noires, 9 fr. 50 c.; fig. coloriées, 12 fr. 50 c.

—DIPTÈRES (Mouches, Cousins, etc.), par M. Macquart, directeur du Muséum d'Histoire naturelle de Lille; 2 vol. in-8 et 2 cahiers de planches (*Ouvrage terminé*). Prix : figures noires, 19 fr.; figures coloriées, 25 fr.

—APTÈRES (Araignées, Scorpions, etc.), par M. le baron Walckenaer, membre de l'Institut; tome 1 avec 3 cahiers de planches. Prix : fig. noires, 15 fr. 50 c.; fig. coloriées, 24 fr. 50 c.

Le tome 2 et dernier paraîtra en 1839.

CRUSTACÉS (Écrevisses, Homards, Crabes, etc.), comprenant l'Anatomie, la Physiologie et la classification de ces Animaux, par M. Milne-Edwards, membre de l'Institut, professeur d'histoire naturelle, etc.; tome 1 et 2 avec 2 livraisons de planches. Prix : fig. noires, 19 fr.; figures coloriées, 25 fr.

Le tome 3 et dernier paraîtra en 1839.

MOLLUSQUES (Moules, Huîtres, Escargots, Limaces, Coquilles, etc.), par M. de Blainville, membre de l'Institut, professeur au Muséum d'Histoire naturelle, etc.

ANNÉLIDES (Sangsues, etc.), par M.

VERS INTESTINAUX (Ver Solitaire, etc.), par M.

ZOOPHYTES ACALÈPHES (Physale, Béroé, Angele, etc.), par M. Lesson, correspondant de l'Institut, pharmacien en chef de la Marine, à Rochefort.

—ECHINODERMES (Oursins, Palmettes, etc.), par M. Lacordaire, professeur d'histoire naturelle à Liège.

—POLYPIERS (Coraux, Gorgones, Éponges, etc.), par M. Milne-Edwards, membre de l'Institut, professeur d'hist. naturelle, etc.

—INFUSOIRES (Animalcules microscopiques), par M. Dujardin, professeur d'histoire naturelle à Toulouse.

BOTANIQUE (Introduction à l'Étude de la), *ou* Traité élémentaire de cette scien-

ce, contenant l'Organographie, la Physiologie, etc., etc., par M. Alph. de Candolle, professeur d'histoire naturelle à Genève (*Ouvrage terminé autorisé par l'Université pour les Collèges royaux et communaux*); 2 v. et un cahier de planches. Prix : 16 fr.

VÉGÉTAUX PHANÉROGAMES (à Organes sexuels apparents. Arbres, Arbrisseaux, Plantes d'agrément, etc.), par M. Spach, aide-naturaliste au Muséum d'Hist. naturelle; tomes 1 à 7, et 12 livraisons de planches. Prix : figures noires, 81 fr. 50 c.; fig. col. 117 fr. 50 c.

—CRIPTOGAMES (à Organes sexuels peu apparents ou cachés, Mousses, Fougères, Lichens, Champignons, Truffes, etc.) par M. de Brebisson de Falaise.

GÉOLOGIE (Histoire, Formation et Disposition des Matériaux qui composent l'écorce du Globe terrestre), par M. Huot, membre de plusieurs Sociétés savantes; 2 vol. ensemble de plus de 1,500 pages (*Ouvrage terminé*), avec un Atlas de 24 planches, 19 fr.

MINÉRALOGIE (Pierres, Sels, Métaux, etc.), par M. Alex. Brongniart, membre de l'Institut, professeur au Muséum d'Hist. naturelle, etc., etc.; et M. Delafosse, maître des conférences à l'École Normale, aide-naturaliste, etc., au Muséum d'Histoire naturelle.

CONDITIONS DE LA SOUSCRIPTION :

LES SUITES A BUFFON formeront 55 vol. in-8 environ, imprimés avec le plus grand soin et sur beau papier; ce nombre paraît suffisant pour donner à cet ensemble toute l'étendue convenable. Ainsi qu'il a été dit précédemment, chaque auteur s'occupant depuis longtemps de la partie qui lui est confiée, l'éditeur sera à même de publier en peu de temps la totalité des traités dont se composera cette utile collection.

En mai 1839, 28 volumes sont en vente, avec 37 livraisons de planches.

Les personnes qui voudront souscrire pour toute la Collection auront la liberté de prendre par portion jusqu'à ce qu'elles soient au courant de tout ce qui est paru.

POUR LES SOUSCRIPTEURS A TOUTE LA COLLECTION :

Prix du texte, chaque vol. (1) d'environ 500 à 700 pag., 5 fr. 50. c. — Prix de chaque livraison d'environ 10 pl. noires, 3 f.; coloriées, 6 fr.

NOTA.—Les Personnes qui souscriront pour des parties séparées, payeront chaque volume 6 fr. 50 c. Le prix des volumes papier vélin sera double du papier ordinaire.

(1) L'Éditeur ayant à payer pour cette collection des honoraires aux auteurs, le prix des volumes ne peut être comparé à celui des réimpressions d'ouvrages appartenant au domaine public et exempts de droits d'auteurs, tels que Buffon, Voltaire, etc., etc.

ON SOUSCRIT, SANS RIEN PAYER D'AVANCE, A LA LIBRAIRIE ENCYCLOPÉDIQUE DE RORET, ÉDITEUR DE LA COLLECTION DE MANUELS, DU COURS D'AGRICULTURE AU XIXe SIÈCLE, ETC., RUE HAUTEFEUILLE, 10 *bis*.

ERPÉTOLOGIE

GÉNÉRALE

ou

HISTOIRE NATURELLE

COMPLÈTE

DES REPTILES,

Par A. M. C. DUMÉRIL,

MEMBRE DE L'INSTITUT, PROFESSEUR A LA FACULTÉ DE MÉDECINE,
PROFESSEUR ET ADMINISTRATEUR DU MUSÉUM D'HISTOIRE NATURELLE, ETC.

ET PAR G. BIBRON,

AIDE-NATURALISTE AU MUSÉUM D'HISTOIRE NATURELLE,
PROFESSEUR D'HISTOIRE NATURELLE A L'ÉCOLE PRIMAIRE SUPÉRIEURE
DE LA VILLE DE PARIS.

TOME CINQUIÈME,

CONTENANT L'HISTOIRE DE QUATRE-VINGT-TROIS GENRES
ET DE DEUX CENT SEPT ESPÈCES DES TROIS DERNIÈRES FAMILLES
DE L'ORDRE DES SAURIENS,

SAVOIR :

LES LACERTIENS, LES CHALCIDIENS ET LES SCINCOÏDIENS.

OUVRAGE ACCOMPAGNÉ DE PLANCHES.

PARIS.

LIBRAIRIE ENCYCLOPÉDIQUE DE RORET,

RUE HAUTEFEUILLE, N° 10 BIS.

—

1839.

PARIS. — IMPRIMERIE DE FAIN ET THUNOT,
IMPRIMEURS DE L'UNIVERSITÉ ROYALE DE FRANCE,
Rue Racine, nᵒ 28, près de l'Odéon.

AVERTISSEMENT.

Voici le complément de l'histoire naturelle des Reptiles Sauriens. Ce cinquième volume est uniquement consacré à la description des espèces qui composent les trois dernières familles de cet ordre.

Les recherches que nous avons été appelés à faire dans les ouvrages publiés jusqu'ici, et nos propres études sur les objets mêmes qui font partie de la collection immense des animaux confiée à notre direction, nous ont conduits à faire connaître un si grand nombre d'espèces, décrites ici pour la première fois, que les pages de ce livre se sont multipliées bien au delà de nos premières prévisions. Aussi, quoique nous ayons livré à l'impression le commencement de notre manuscrit, il y a maintenant plus d'une année, nos observations et les découvertes qu'elles ont produites ont exigé beaucoup de temps pour les coordonner, afin de combiner la série des genres de manière à conserver leurs rapports, ce qui a ralenti malgré nous le travail des imprimeurs et en définitive a retardé considérablement l'époque de cette publication.

Ce sont surtout les Reptiles de la famille des Scincoïdiens qui nous ont fort occupés. Nous nous étions flattés de l'espoir de trouver ce travail tout préparé dans les notes manuscrites que nous avaient confiées les parents du savant Théodore Cocteau, à l'époque de sa fin prématurée. Ses investigations consciencieuses contenaient en effet beaucoup de renseignements précieux, fruits de ses observations éclairées ; malheureusement ce n'étaient que de simples indications qui ont certainement mieux dirigé nos études, mais qui en ont demandé beaucoup d'autres. Cependant, en profitant de ses judicieuses remarques, nous avons pu, dans un grand nombre de cas, avoir des opinions mieux arrêtées et plus positives. Le parti que nous en avons tiré nous donne l'espoir que les naturalistes trouveront cette portion de nos travaux beaucoup plus complète que tout ce qui a été publié jusqu'ici sur cette famille des Reptiles.

Nous n'avons d'ailleurs rien négligé pour arriver à ce but : M. Bibron, ainsi qu'il l'avait fait avant la publication de nos premiers volumes, est allé à Londres afin d'y étudier les espèces appartenant aux trois familles de Sauriens dont il est traité dans celui-ci. Comme dans ses précédents voyages, MM. Clift, Owen, Bell, Yarell, O'-Gilby et Waterhouse l'ont favorisé dans ses recherches de la manière la plus obligeante et avec un empressement que, dans notre reconnaissance, nous ne saurions assez préconiser. Il a en effet été mis à portée d'étudier dans les collections du collége royal des chirurgiens et de la Société zoologique de Londres, comme il aurait pu le faire dans celle du musée d'histoire naturelle de Paris.

MM. Temminck et Schlegel ont eu l'obligeance de nous confier, pour tout le temps que nous en

aurions besoin dans nos travaux, ceux des Reptiles du musée royal des Pays-Bas, que nous leur
avions demandés, et M. Bell a bien voulu nous té-
moigner la même confiance pour plusieurs espèces
de sa propre collection. De semblables facilités nous
ont été accordées par M. Smith, chirurgien militaire
et savant naturaliste qui, pendant un séjour de plusieurs années au cap de Bonne-Espérance, a réuni la
plus riche collection erpétologique de l'Afrique
Australe que nous connaissions. Il nous reste aussi
à exprimer notre gratitude aux voyageurs dont
le zèle éclairé nous a fourni d'importants matériaux et par les soins desquels nous en recevrons
sans doute d'autres pour les volumes suivants. Tels
sont surtout M. Guyon, chirurgien en chef de
l'armée d'Afrique; M. Levaillant, lieutenant-colonel d'un régiment en ce moment en garnison à
Alger; M. Adolphe Barrot, consul général de
France, en résidence à Manille; M. Bauperthuis,
envoyé à la Guadeloupe par notre musée d'histoire
naturelle; M. Botta, voyageur du muséum qui,
de retour de l'Égypte qu'il a explorée pendant
quatre années, se propose de repartir prochainement pour la Perse; enfin de M. Louis Rousseau, aide-naturaliste au Muséum, qui fait voile
dans ce moment pour Madagascar, après avoir accompagné l'année dernière M. le comte Demidoff
dans la Russie méridionale.

La partie de notre travail relative aux Lacertiens
était imprimée malheureusement, lorsque nous

avons eu connaissance du mémoire de M. GRAVEN-HORST, dans lequel il proposait l'établissement du genre *Callopistes* que nous avons reconnu être le même que celui que nous avions déjà désigné et décrit sous le nom d'*Aporomère*.

Mieux instruits que nous ne l'étions au moment où nous avons publié les bases de la classification que nous adoptions, nous déclarons aujourd'hui que nous regardons la famille des Amphisbènes comme tout à fait distincte de celle des Chalcides. Nous pensons donc que les Glyptodermes peuvent former un ordre qui liera de son côté les Sauriens aux Ophidiens et aux *Typhlops* en particulier. Au reste nous nous proposons de publier, à la fin de cet ouvrage, un tableau général de la classification des Reptiles, d'après les résultats de toutes nos observations.

Nous déclarons que les dix-huit premières feuilles du huitième volume et la plus grande partie de celui-ci étaient imprimées, il y a maintenant près d'une année, et que, comme ces feuilles ont pu être communiquées, nous désirons prendre date de cette circonstance.

Notre intention est de publier le huitième et dernier volume contenant l'histoire des Batraciens, avant le sixième et le septième consacrés à l'ordre des Serpents qui, dans l'état actuel de la science, réclame des études plus longues et plus difficiles.

Au Muséum d'histoire naturelle, le 1er octobre 1839.

HISTOIRE NATURELLE

DES

REPTILES.

SUITE

DU

LIVRE QUATRIÈME.

DE L'ORDRE DES LÉZARDS OU DES SAURIENS.

CHAPITRE IX.

FAMILLE DES LACERTIENS OU AUTOSAURES.

§ I. Considérations préliminaires sur cette famille et sur les genres qu'on y a rapportés.

Lorsque nous avons commencé à écrire l'histoire particulière des Reptiles qui composent l'ordre des Sauriens et qui font, dans notre ouvrage, le sujet de ce quatrième livre, nous n'avons pas cru devoir dissimuler toute la difficulté que nous trouvions dans ce travail pour établir des tribus ou des familles tout à fait naturelles parmi les innombrables espèces de Lézards que nous avions à faire connaître. Nous attribuons les embarras

REPTILES, V

1

de la science au peu de faits et de notions acquises sur
ces animaux ; car, malgré les observations recueillies
dans ces dernières années avec tant de zèle et de succès,
elles ne sont pas encore suffisantes pour qu'on ait pu
suivre, dans la filiation des espèces, les modifications
successives de formes et de structure par lesquelles la
nature semble avoir passé, et que nous retrouvons ordinairement, lorsque nous pouvons étudier la conti-
guité de ces nuances presque insensibles dans les plus
grandes séries des êtres organisés.

C'est ainsi que dans la méthode que nous avons exposée, et qui va guider aujourd'hui notre marche,
nous avons été obligés de considérer comme parfaitement distinctes, et pour ainsi dire isolées, les trois
premières familles des Sauriens ; celles des Crocodiles,
des Caméléons et des Geckos. Ces groupes offrent en
effet des caractères nombreux qui rapprochent les espèces entre elles, et qui empêchent de les confondre ou
de les réunir avec les cinq autres. Il y a ensuite une
lacune ; cependant on retrouve la plus grande analogie
de formes et d'organisation, d'une part entre les Varans, les Iguanes et les Lézards ; et de l'autre, entre les
Chalcides, les Scinques et les Orvets.

Les essais que nous avons tentés les premiers, puis
les études d'Oppel, les excellentes vues de G. Cuvier,
nous ont cependant fourni les moyens de les isoler, et
c'est ce résultat que nous avons présenté d'une manière
analytique, dans les deux tableaux insérés à la fin du
second volume de cette Erpétologie générale.

Nous y avons fait remarquer, 1° que les Crocodiles
ont la langue tout à fait adhérente à la mâchoire ; 2° que
si les Lézards ont, comme les Chalcides et les Scinques,
la langue libre, charnue et échancrée, ainsi que le

sommet de la tête couvert de grandes plaques anguleuses, ces groupes diffèrent entre eux par la manière
dont leurs écailles sont disposées ; 3° que les Varans
ont la langue cylindrique, très-allongée, très-fendue,
rétractile dans un fourreau, comme celle des Serpents ;
la tête revêtue de petites plaques nombreuses ; les dents
en crochet, adhérentes au bord interne de la mâchoire
par une base circulaire très-large ; 4° que les Iguanes
n'ont pas les dents isolées par leurs racines, qui sont
tantôt reçues en totalité dans une rainure ou dans une
fosse commune, et tantôt soudées au bord le plus saillant, ou sur la tranche des mâchoires.

Il résulte de cet examen que la famille des Lézards
vrais ou Autosaures, comparée aux sept autres groupes
du même ordre des Sauriens, en diffère par les caractères essentiels que nous allons retracer brièvement.

1° Des CROCODILES, ayant des écussons solides qui
couvrent leur dos en partie ; leurs pattes à trois ongles
seulement ; leur langue immobile, adhérente ; leurs
dents creuses à la base.

2° Des CAMÉLÉONS, qui ont la langue cylindrique,
vermiforme, terminée par un tubercule ; la peau cha-
grinée, privée d'écailles ou presque nue ; les doigts
réunis jusqu'aux ongles en deux paquets ; la queue
prenante.

3° Des GECKOS, qui ont la langue courte, large, à
peine échancrée ; les pattes à doigts égaux pour la longueur, aplatis en dessous et élargis ; la peau granuleuse,
sans plaques anguleuses sur la tête, ni grandes écailles.

4° Des VARANS, dont la langue est cylindrique, lisse,
très-profondément bifide, rétractile dans un fourreau ;
la peau granuleuse ou tuberculeuse, quelquefois même

I.

sur le crâne; les dents isolées, en crochets, à base arrondie.

5° Des Iguanes, qui n'ont pas le dessous du ventre protégé par de grandes plaques régulières, et dont la langue est épaisse.

6° Des Chalcides, qui ont toutes les écailles du tronc et de la queue disposées par bandes transversales ou en verticilles.

7° Des Scinques, dont toutes les écailles sont entuilées sur le dos, comme sous le ventre et autour de la queue.

Voici maintenant les caractères naturels des Lacertiens ou Autosaures (1), famille à laquelle se trouve rapporté le genre Lézard, qui comprend les espèces les plus communes en Europe :

Le corps *arrondi, excessivement allongé, surtout dans la région de la queue qui atteint, dans quelques espèces, jusqu'à quatre fois la longueur du reste du tronc, lequel n'est ni comprimé, ni déprimé.*

Quatre pattes *fortes, à cinq ou quatre doigts très-distincts, presque arrondis ou légèrement comprimés, allongés, coniques, inégaux, tous armés d'ongles crochus.*

Tête en pyramide quadrangulaire, aplatie, rétrécie en avant, couverte de plaques cornées, polygones, symétriques; à tympan distinct, tendu soit à fleur de tête, soit en dedans du trou de l'oreille; yeux le plus souvent à trois paupières mobiles; bouche très-fendue, garnie de grandes écailles labiales et de sous-maxillaires.

_____

(1) Nous croyons devoir répéter ici que nous avons donné le nom de Lacertiens aux espèces de Sauriens qui ont le plus de rapports avec les Lézards, dont le genre est conservé sous ce dernier nom. Le mot *Lacerta* signifiant un Lézard en latin, celui d'*Autosaures* étant composé de Αυτὸς, semblable à lui-même; et de Σαυρος ou Σαυρα, Lézard.

Dents *inégales pour la forme et la longueur, insérées sur le bord interne d'un sillon commun, creusé dans la portion saillante des os maxillaires ; celles du palais variables pour la présence ou les attaches.*

Langue *libre, charnue, plate, mince, plus ou moins extensible ; mais dont la base se loge quelquefois dans un fourreau ; à papilles comme écailleuses, arrondies ou anguleuses ; toujours échancrée à la pointe, ou divisée en deux parties.*

Queue *conique, très-longue, arrondie le plus souvent dans toute sa longueur, à écailles distribuées par anneaux réguliers.*

Peau *écailleuse, sans crêtes saillantes, à écailles du dos variables ; le cou sans goître ou sans fanon, mais le plus souvent marqué d'un ou de plusieurs plis transversaux, garnis de tubercules, de granulations ou d'écailles grandes, de formes variables, simulant alors une sorte de collier ; le dessous du ventre protégé par des plaques constamment plus grandes, rectangulaires ou arrondies ; le plus souvent des pores dans la longueur des cuisses et vers leur bord interne.*

Ainsi en résumé on peut assigner, comme caractères essentiels des Lacertiens, les particularités suivantes, non pas considérées isolément, mais toujours réunies :

Sauriens a corps allongé, tétrapode, a quatre ou cinq doigts libres, inégaux ; a queue longue, verticillée, conique ; a crane protégé par des plaques cornées, polygones ; a tympan distinct ; a ventre protégé en dessous par de grandes écailles ; a langue libre, aplatie, protractile, rarement a base engaînée, échancrée a la pointe ou fendue profondément.

Les noms de Lacertiens et de Lézardins ont été

imaginés pour indiquer la grande analogie qui se retrouve, dans un assez grand nombre de genres, avec
les espèces de celui auquel on a conservé la dénomination de Lézard, en latin *Lacerta* et *Lacertus;* car
il est évident que le nom de *Lézard* en est dérivé.
La plupart des étymologistes anciens font provenir le
nom latin de la forme, de la disposition et de la force
de membres de l'animal, qui ont été comparés à ceux
des hommes vigoureux. On désignait en effet sous le
nom de *Lacertus*, ce qu'à Paris les gens de cuisine
appellent *la Souris*. C'était la portion la plus charnue
du bras en avant, comme le prouvent les deux passages suivants; tirés, l'un de Virgile : ÉNEÏDE, liv. 5,
vers 140 : « *Adductis spumant freta versa lacertis.* »

L'autre de Cicéron *de Senectute : Milo ex lacertis
suis nobilitatus.* De là aussi l'épithète de *lacertosus*,
qui signifie bien musclé, qui a des muscles forts et
puissants. Quant à l'application du nom par les Latins,
dans le sens où les naturalistes l'emploient encore aujourd'hui, il ne peut exister le moindre doute. Virgile,
dans sa seconde églogue, fait dire par Corydon : « *Nunc
virides etiàm occultant spineta lacertos;* et Cicéron,
dans le livre second des Lettres à Atticus, emploie ce
nom au féminin : « *Nam ad lacertas capiendas tem-
pestates non sunt idoneæ.*

Afin de suivre la marche que nous nous sommes
tracée, nous allons faire connaître l'ordre dans lequel
les auteurs ont successivement distingué les espèces
de ce groupe, en les réunissant d'abord en genres qui
ont été ensuite rapprochés pour en former une famille,
ou pour les répartir en une ou plusieurs tribus.

C'est LINNÉ qui a le premier établi le genre *Lacerta*,
dans la description du musée du prince Adolphe-Fré-

déric, dans le premier volume des Aménités académiques, et enfin dans le *Systema naturæ*; mais, à
l'exception du genre Dragon, il y avait inscrit toutes
les espèces de Sauriens connues de son temps, les
Crocodiles, les Caméléons, etc., et même les Salamandres.

Laurenti qui, dès l'année 1768, dans son tableau
synoptique des Reptiles [1], avait si bien distingué, dans
l'ordre qu'il nomme les marcheurs, la plupart des
genres qui s'y trouvent indiqués pour la première fois,
avait cependant laissé nos Lézards dans un groupe peu
naturel, auquel il avait donné le nom de Seps. C'est
le dernier des genres qu'il a distingué, et dans lequel
il a laissé toutes les espèces qu'il n'avait pu faire entrer
dans ceux qu'il avait formés sous les noms de Fouette-
queues, Geckos, Caméléons, Iguanes, Basilic, Dra-
gons, Cordyles ou Agames, Crocodiles, Scinques,
Stellions, qui ont été depuis adoptés par la plupart des
auteurs, sauf quelques petits changements.

Lacepède, Schneider, Latreille, Daudin, n'ont pas
apporté de vues nouvelles dans l'étude du groupe des
Sauriens qui fait l'objet de ce chapitre, quoique le
dernier de ces auteurs ait en général très-bien distingué les espèces de Lézards qu'il a partagées en plusieurs sections; mais plutôt d'après l'apparence et la
distribution des taches et des couleurs, que par leur
organisation, comme on en jugera par les titres qu'il
a employés pour désigner les sections des Lézards
améivas, verts, rubanés, tachetés, gris, dracénoïdes,
striés, et en établissant le genre Tachydrome.

Oppel est le premier Erpétologiste systématique qui,

_____

(1) *Voyez* tome Ier du présent ouvrage, à la page 238.

en 1811, ait inscrit nos Autosaures comme une quatrième famille dans l'ordre des Reptiles écailleux et
dans la section des Sauriens. Il les désigne sous le nom
de *Lacertini*, Lézardins, caractérisés d'abord par la
langue charnue, grêle, fourchue, et par les plaques
du ventre plus grandes que celles des flancs ; puis il
ajoute à ces particularités, que cette langue est protractile ; que les écailles de la queue sont verticillées,
plus grandes que celles des côtés du tronc, et que leur
gorge n'est pas dilatable ; mais il y range les Varans
ou Tupinambis, dont les écailles qui recouvrent le
crâne sont semblables à celles du dos, dont la queue
porte deux carènes, et chez lesquels le cou n'offre pas
de collier. Les trois autres genres sont la Dragonne,
les Lézards et les Tachydromes. Les caractères de cette
famille se trouvent véritablement fort bien établis
d'ailleurs, par l'examen successif des parties de la tête,
du tronc, des pattes et de la queue.

MERREM, dans son Essai d'un système des Amphibies publié en 1820, adopte à peu près la classification
d'Oppel : il réunit dans un même groupe, sous le nom
de *Sauræ*, qu'il caractérise par la présence d'une
langue fourchue très-extensible, et dont le tympan est
apparent, les mêmes genres, savoir les Varans, les
Téjus ou Améivas, les Lézards et les Tachydromes,
laissant les Dragonnes avec les Tupinambis ou Varans.

En 1825, M. GRAY adopta les mêmes genres qui
ont été proposés par Oppel et sous les mêmes noms
et dans le même ordre ; mais plus tard, en 1831,
comme nous l'indiquerons, il modifia cet arrangement.

L'année suivante, M. FITZINGER, dans sa nouvelle

classification des Reptiles, que nous avons fait connaître à la page 280 de notre premier volume, partage les Lacertiens en plusieurs familles ; ainsi les Chamaesaures sont rangés avec les Cordyloïdes, le genre Tachydrome constitue seul une huitième famille. Il range les Améivas avec les Varans et plusieurs autres genres voisins, sous le nom d'Améivoïdes. Enfin parmi les Lacertoïdes il inscrit trois genres qui sont les Lézards, les Psammodromes et les Tropidosaures.

Cuvier, dans la troisième édition de son ouvrage qui a pour titre le Règne animal, publié en 1829, adopte aussi la division d'Oppel. Il fait dans l'ordre des Sauriens une seconde famille, sous le nom de Lacertiens, à laquelle il assigne les mêmes caractères. Il y range 1° les Monitors, qui sont nos Varaniens, auxquels il rapporte la Dragonne, les Sauvegardes et les Améivas. Viennent ensuite les Lézards qu'il subdivise, et auxquels il joint les Algyres et les Tachydromes.

Wagler, en 1830, dans son ouvrage sur les Amphibies, dont nous avons présenté l'analyse à la page 288 du premier volume de cette Erpétologie générale, a rangé la famille dont nous nous occupons dans sa troisième tribu, celle des AUTARCHOGLOSSÆ, qui ont la langue grêle, libre, extensible et non renfermée dans un fourreau. Il partage les espèces de cette troisième famille en deux divisions, les Acrodontes et les Pleurodontes, dont nous avons donné l'étymologie en traitant de l'organisation des Iguaniens ; mais, comme nous l'avons déjà vu plus haut, l'auteur n'a pas observé avec assez d'attention ce mode d'insertion des dents.

Les genres qu'il y rapporte sont nombreux ; souvent il a changé les noms qui avaient été donnés à quelques-uns ; plusieurs sont hasardés ou établis sur des caractères peu importants ou mal observés par d'autres. Mais comme nous aurons soin par la suite de les faire mieux connaître dans la synonymie, nous nous contenterons de les indiquer ici nominativement et dans l'ordre où il les a inscrits.

Ainsi parmi les Acrodontes, qui forment la première division, ainsi nommée à tort ; car, comme nous en sommes assurés par l'incision que nous avons faite aux gencives, aucune espèce n'a les dents fixées sur les bords culminants des gencives, ni soudées intimement aux os des mâchoires par leurs couronnes, on trouve inscrits les genres dont les noms suivent :

1° *Thorictis* (1). Ce genre correspond à celui de la Dragonne, *Dracœna* de Daudin.

2° *Crocodilurus* de Spix, ou le Lézardet de Daudin. *Lacerta bicarinata.*

3° *Podinema* (2), correspond au genre monitor de Fitzinger. Sauvegarde de Cuvier.

4° *Ctenodon* (3). Wagler n'y admet que le *Tupinambis nigro punctatus*, de Spix, qui est une seconde espèce de Sauvegarde.

5° *Cnemidophorus* (4). Ce sont des Améivas de Cuvier, des Tejus de Merrem et de Spix.

6° *Acrantus* (5). Il nomme ainsi le *Tejus viridis*,

_____

(1) Θωρηκτης, qui a une cuirasse, *qui pro veste loricam fert.*

(2) Ποδηνεμος, véloce, *pedibus celer.*

(3) Κτεις-ενις, peigne, *pecten ;* et de οδους-οδοντος, dent ; dents en peigne.

(4) Κνημις-ιδος, une botte, *tibiale, ocrea ;* et de φορις, qui porte : botté, *ocreis munitus.*

(5) Αχραντος, imparfait, *imperfectus*, manchot, mutilé.

de Merrem, qui n'a que quatre doigts apparents aux pattes postérieures.

7ª *Trachygaster* (1) ou Centropyx de Spix, renferme deux espèces que Cuvier place parmi les Améivas, comme on le verra dans la synonymie de ce genre.

La seconde division que Wagler a établie parmi ses Autarchoglosses est celle des Pleurodontes, dont les dents sont reçues dans un sillon commun, au bord interne duquel elles se trouvent fixées du côté de la langue. Comme il y réunit toutes les espèces de Lézards, de Scinques et de Chalcides, nous indiquerons ici seulement les genres que nous rapportons nous-mêmes à la famille des Lacertiens ou Autosaures; ce sont :

1° Le genre *Lacerta*, à peu près tel que nous le ferons connaître ;

2° *Zootoca* (2). Ce genre ne différerait du précédent que par l'absence des dents au palais, et par cette circonstance qu'il serait ovo-vivipare ;

3° *Aspitis* (3), qui ne diffère essentiellement des vrais Lézards que par les écailles, qui sont toutes carénées et entuilées.

4° *Psammuros* (4), qui correspond au genre indiqué par Cuvier sous le nom d'*Algyra*, et par M. Fitzinger sous celui de *Tropidosaurus*.

5° *Chamœsaura*, d'après M. Fitzinger, et c'est le *Lacerta Anguina* de Linné.

6° *Tachydromus*, d'après Daudin.

---

(1) Τραχύς, rude, *scaber*; et de γαστηρ, ventre.

(2) Ζωοτόκος, *generans animal vivum*, vivipare.

(3) Ασπίστης, *Aspistis*, cuirassé, *scutatus*, *clypeatus*.

(4) De ψαμμος, sable, *arena*; et de ουρος, gardien, *custos*, servator.

C'est en l'année 1831 que M. Gray, dans le neuvième volume de l'édition anglaise du Règne animal de Cuvier, a fait connaître, par un synopsis, la classification des Sauriens qui font le sujet de ce chapitre. Il adopte en partie les divisions de Wagler, d'après la forme de la langue et le mode d'insertion des dents maxillaires.

Suivant l'arrangement proposé par Cuvier, il place dans la première division des Sauriens d'abord les deux genres *Monitor* et *Heloderma*, et ensuite les trois genres qui font partie de nos Lacertiens. Ce sont ceux des *Tejus*, *Lacerta* et *Tachydromus*.

Le genre Tejus se partage en quatre sous-genres, qui sont la Dragonne ou *Crocodilurus*, de Spix; le Sauvegarde ou *Monitor* de Merrem; les Améivas ou *Tejus* et les *Centropyx*, qui sont les Trachygastres de Wagler.

Le genre *Lacerta* forme quatre grandes divisions : 1. le genre Lézard, qui se subdivise en trois, d'après la forme du collier et celle de la tête et de l'abdomen ; 2. le genre Psammodrome de Fitzinger ; 3. le genre Algire de Cuvier, et 4. celui du Tropidosaure de Boië.

Le dernier genre est celui du Tachydrome de Daudin.

Les diverses espèces indiquées par Cuvier et quelques autres sont rapportées à ces trois genres principaux.

M. Wiegmann a publié en 1834, dans la première partie de son Erpétologie du Mexique, un prodrome pour la classification des Sauriens, dont nous croyons devoir présenter ici l'analyse.

Il place la famille des Lézards (Lacertæ) dans la première série des Sauriens écailleux, qu'il désigne sous le nom de *Leptoglosses*, parce que leur langue est mince, grêle et étroite ; les deux autres séries comprenant : la seconde, les *Rhiptoglosses* qui ont la langue projectile comme les Caméléons ; et la troisième des *Pachyglosses*, dont la langue est épaisse, comme les Geckos et la plupart des Iguaniens.

Les Sauriens Leptoglosses sont aussi séparés en deux sections.

§ I. Les espèces dont la langue est fendue profondément, Fissilingues, comme les Varaniens, les Holodermes, les Améivas, auxquels il rapporte les genres *Thorictis*, *Podinema*, *Acrantus*, *Cnetodon* et *Cnemidophorus* de Wagler, et ceux du *Crocodilurus* et *Centropyx* de Spix.

§ II. Les Brévilingues, c'est-à-dire à langue courte, étroite, écailleuse, à deux pointes, comprennent la famille des Lacertæ. Il en présente les caractères généraux, et il les divise de la manière suivante :

A. Les espèces qui ont les paupières complètes, protégées par des lames osseuses sur-orbitaires, dont toutes les pattes ont cinq doigts, et qui sont toutes de l'ancien monde. Elles se partagent en deux groupes.

1° Les genres qui ont sous la gorge un collier formé par des écailles plus grandes ; des pores sous les cuisses et pour la plupart des dents au palais. Il y place le grand genre *Lacerta* de Cuvier, qu'il divise en six sous-genres dont voici les noms : *Lacerta*, *Zootoca*, *Podarcis* de Wagler ; *Eremias*, *Scapteira* et *Acanthodactylus* de Fitzinger.

2° Les espèces qui n'ont pas de collier, mais un petit pli axillaire de chaque côté qui est quelquefois effacé ; c'est ce qu'on observe dans les genres *Psammodromus* de Fitzinger, *Psammuros* de Wagler, *Tropidosaurus* de Boïë et *Tachydromus* de Daudin.

B. Les espèces à paupière supérieure courte, quel-

quefois nulle, avec des lames surorbitaires minces,
cutanées ; les écailles du dos pointues, carénées, distribuées par bandes longitudinales ; la tête déprimée.

Il y rapporte les genres *Notopholis* ou *Aspitis* de
Wagler, qui est le *Lacerta Edwarsiana* de Dugès,
et les genres *Cercosaura* et *Chirocolus* de Wagler.

Tels sont les principaux auteurs qui ont traité des
espèces des Sauriens de la famille des Lézards ; il nous
reste à indiquer deux mémoires importants relatifs aux
espèces du genre Lézard qui se trouvent en France,
et dont nous avons emprunté beaucoup de notions
utiles. Le premier est de M. Milne Edwards ; il a pour
titre : *Recherches zoologiques*, pour servir à l'histoire
des Lézards, extraites d'une monographie de ce
genre (1). L'auteur, pour distinguer les espèces, a tiré
leurs principaux caractères de la forme particulière des
plaques qui recouvrent principalement la tête, et les
différentes parties du corps. Il en a donné des figures
fort exactes, quoiqu'au simple trait. Il y a décrit
quinze espèces que nous ferons connaître dans chacun
des articles qui vont leur être consacrés. Le second
mémoire est de feu M. Dugès, professeur à Montpellier (2). Il est intitulé : Sur les espèces indigènes
du genre *Lacerta*. Ce travail est considérable : il
est précédé d'observations générales dans lesquelles
l'auteur passe en revue toutes les particularités que
les Lézards peuvent offrir dans leur organisation, qu'il
a successivement étudiée sous les rapports de leurs

---

(1) Lues à l'Académie des sciences, le 1er septembre 1828, inséré dans le tome XVI des *Annales des sciences naturelles*, pag. 50.

(2) Quoiqu'inséré dans le même volume à la page 337, il avait été
communiqué à l'Institut en octobre 1828. Les planches 14 et 15 représentent les caractères des espèces décrites.

diverses fonctions; suit la description particulière des espèces et des variétés qui ont été recueillies dans le midi de la France, et principalement aux environs de la ville de Montpellier. Elles sont au nombre de six que nous citerons également.

Après avoir ainsi exposé les opinions émises par les divers auteurs dont nous venons d'analyser les systèmes ou les méthodes de classification, nous allons faire connaître les genres que nous adoptons, et présenter les moyens d'analyse à l'aide desquels on pourra arriver facilement à leur détermination.

Nous avons profité de tous ces travaux; et si nous sommes parvenus à des moyens d'arrangement plus simples, quoiqu'ils comprennent un plus grand nombre d'observations, cela tient à ce que, nous étant occupés les derniers de cette étude, nous avons été à portée de mieux juger par l'observation et la comparaison dirigées à la fois sur les ouvrages et sur les sujets mêmes de la nombreuse collection confiée à nos soins et soumise complétement à notre examen.

Nous avons pris la précaution d'indiquer, en faisant connaître précédemment les méthodes d'arrangement proposées par nos devanciers, comment la plupart des auteurs avaient laissé réunis avec les Lacertiens plusieurs des genres que nous avons placés parmi les Varaniens, et quelques autres que nous distribuerons dans les deux familles des Scincoïdes et des Cyclosaures. Voici, au reste, l'analyse des procédés à l'aide desquels nous avons pu arriver nous-mêmes à la distinction des genres. Nous y sommes parvenus, dans nos études sur la classification, par l'examen comparatif de la structure des dents et de leur insertion sur les os de l'une et l'autre mâchoire. Ce moyen nous a permis de partager cette famille des Lacertiens ou Autosaures en deux sous-familles.

Dans la première, nous avons placé les espèces chez lesquelles les dents sont complétement solides, sans aucune cavité à l'intérieur, et très-solidement fixées par leurs bords et par leur face externe aux os des mâchoires, et dans une rainure creusée le long de leur bord interne, contre lequel ces dents se trouvent généralement appliquées, surtout les antérieures, de manière à ce que leur pointe ou extrémité libre semble toujours être un peu jetée en dehors. C'est la particularité des dents pleines ou sans vide que nous avons cherché à indiquer, en désignant les Lacertiens de cette première sous-famille par le nom de PLÉODONTES (1).

La seconde sous-famille réunit les Sauriens Autosaures, dont les dents sont creusées par une sorte de canal, et retenues peu solidement aux os maxillaires, contre lesquels elles se trouvent pour ainsi dire appliquées verticalement, comme une sorte de muraille droite placée dans la rainure pratiquée en dedans du bord de l'os, et au fond de laquelle elles n'adhèrent jamais complétement par leur base. Ceux-ci, par opposition avec les premiers, ont été nommés COELODONTES (2).

Une fois ces deux premières grandes coupes établies dans cette famille, nous avons été naturellement conduits à partager les espèces Pléodontes en deux groupes, qui se distinguent on ne peut plus nettement entre eux, en ce que dans l'un la queue est compri-

---

(1) De Πλεος, *plenus*, qui n'est pas creux; et de ὀδούς-ὀδόντος, dent.

(2) De Κοιλος, *cavus, excavatus*, creux, creusé; et de ὀδούς-ὀδόντος, dent.

mée et surmontée de crêtes absolument comme chez les Crocodiles ; dans l'autre elle est ou parfaitement co-nique, ou très-légèrement aplatie sur quatre faces, sans cesser pour cela de paraître arrondie, ce qui nous a fait employer l'expression de Cyclotétragone pour désigner cette forme mixte.

Nous appelons ce groupe de Lacertiens Pléo-dontes, à queue comprimée, les *Cathétures ;* et l'autre, dans lequel se rangent les espèces à queue conique, les *Strongylures.*

Chez les Lacertiens Cœlodontes, dont toutes les espèces connues jusqu'ici ont la queue conique, nous avons trouvé, en comparant les modifications que pré-sentent les scutelles digitales inférieures avec les laté-rales, le moyen d'en former deux groupes qui viennent pour ainsi dire correspondre à ceux qui ont été établis d'après la forme de la queue dans la première sous-famille.

En effet, l'observation apprend que parmi les La-certiens Cœlodontes, les uns n'ont ni carènes sous les doigts, ni dentelures sur les côtés de ces mêmes doigts ; au lieu qu'on les voit chez les autres, tantôt carénés en dessous, tantôt dentelés latéralement, ou bien même carénés et dentelés tout à la fois. De là l'établissement du groupe que nous nommerons *Léiodactyles* (1) ou espèces à doigts simples et lisses, et nous les distingue-rons ainsi des espèces dont les doigts offrent des carènes ou des dentelures que nous appellerons *Pris-tidactyles* (2).

---

(1) De λειος, lisse, sans échancrure ; et de δακτυλος, doigt.
(2) De πριστις, dentelé en scie ; et de δακτυλος.

Au reste ces différences, indiquées comme propres à former des groupes particuliers dans chacune des deux subdivisions de la famille des Sauriens Auto-saures, se trouvent parfaitement en rapport avec celles que présentent ces Lézards dans leurs habitudes ou leur manière de vivre.

Ainsi les espèces de Lacertiens Pléodontes à queue comprimée, ou Cathétures, passent la plus grande partie de leur vie dans l'eau ou dans les savanes noyées ; tandis que les Strongylures semblent fuir les lieux trop humides, à l'exception de certaines espèces qu'on a vus accidentellement se jeter à l'eau pour échapper à la poursuite de quelque ennemi, ou pour éviter le danger. Toutes les espèces de Cœlodontes à doigts simples fréquentent les bois, les jardins ou leur voisinage ; ce qui est tout le contraire pour les espèces à doigts dentelés ou carénés, qu'on ne ren-contre guère que dans les lieux arides, déserts et sablonneux.

Les genres que nous avons cru devoir adopter ou former nous-mêmes parmi les Lacertiens ou Sauriens de cette famille des Autosaures, sont au nombre de dix-huit. Les caractères d'après lesquels ils ont été établis ou fondés, sont tirés de la forme de la langue, de celle des dents, de la situation des narines, ainsi que du nombre des plaques entre lesquelles on remar-que leur orifice extérieur. Nous avons également pris en considération l'absence ou la présence des pores fé-moraux ; et, comme caractères secondaires, nous nous sommes assez avantageusement servis de la forme et de la distribution des plaques ventrales ou sous-abdomi-nales, de l'existence de la membrane du tympan à l'in-térieur ou au dehors du trou auditif ; des différentes

FAMILLE DES LÉZARDS LACERTIENS OU SAURIENS AUTOSAURES.

Sous-familles.	Groupes ou Tribus.		Genres.	Esp.

À dents

PLÉODONTES : pleines : queue

- comprimée en rame : **CATHÉTURES** : peau du dos à écaillure composée de
  - petites pièces égales ou homogènes . . . — nuls . . . — 1. CROCODILURE.
  - grandes et de petites pièces, ou hétérogènes : sous le cou
    - un double pli. — 2. THORICTE.
    - un collier de grandes écailles. — 3. NEUSTICURE.
- arrondie ou conique : **STRONGYLURES** : pores fémoraux
  - nuls . . . — 4. APOROMÈRE.
  - distincts : écailles du ventre
    - petites, rhomboïdales, égales. — 5. SAUVEGARDE.
    - quadrilatères et non imbriquées ; doigts postérieurs
      - cinq : dessous des jambes à squames
        - grandes, inégales, { tricuspides : langue engaînée. — 6. AMÉIVA.
        - élargies : langue non engaînée. — 7. CNÉMIDOPHORE.
        - dents bifides . . . — 8. DICRODONTE.
      - quatre : pores fémoraux : queue cyclo-tétragone. — 9. ACRANTE.
    - rhomboïdales : entuilées, carénées . . . — 10. CENTROPYX.

CŒLODONTES : creuses : doigts

- ni carénés, ni dentelés :
  - inguinaux seulement : la queue excessivement prolongée. — 11. TACHYDROME.
  - **LÉIODACTYLES** : des cryptes ou pores fémoraux : dessous du cou
    - sans pli, ni collier. — 12. TROPIDOSAURE.
    - avec un collier de grandes écailles. — 13. LÉZARD.
- carénés ou dentelés :
  - nulles . . . — deux. — 15. OPHIOPS.
  - **PRISTIDACTYLES** : à paupières
    - distinctes : plaques de la narine
      - renflées, une naso-rostrale et deux naso-frénales : doigts
        - ronds, ou légèrement comprimés. — 16. CALOSAURE.
        - trois, déprimés { dont une labiale. — 19. ERÉMIAS. — 18. SCAPTEIRE.
      - non renflées — 17. ACANTHODACTYLE.
    - 14. PSAMMODROME.

Total des espèces. . . .

(En regard de la page 19.)

manières dont se trouve plissée la peau du cou, suivant que ces plis sont ou non garnis de scutelles ou de plaques de formes variables qui simulent des colliers. Au reste, le résumé de cette distribution de la famille en genres se trouve exposé plus nettement dans le tableau synoptique annexé à cette feuille.

La famille des Sauriens Autosaures, telle que nous la constituons, correspond 1° à peu près à celle que Cuvier désignait aussi sous le nom de Lacertiens ; mais nous en avons séparé les Monitors ou nos Varaniens, famille qui se lie davantage à celle-ci, que nous ne l'avions pensé d'abord ; 2° elle correspond aussi aux Améivoïdes et aux Lacertoïdes de Fitzinger, qui sont, les premiers nos Pléodontes, moins les Tupinambis et les Varans, et les seconds nos Cœlodontes ; 3° cette famille répond aussi à celle des Lézards Autarchoglosses de Wagler, ou plutôt à tous ses Autarchoglosses Acrodontes que nous avons appelés Pléodontes, et à une portion seulement de ses Autarchoglosses Pleurodontes, c'est-à-dire à ses genres *Lacerta, Zootoca, Podarcis, Aspistis, Psammuros*, qui font partie de nos Pléodontes; tout le reste de ses Autarchoglosses Pleurodontes étant réparti par nous entre nos Cyclosauriens et nos Scincoïdiens ; 4° à la famille des Lacertides (*Lacertidœ*), de M. Bonaparte, subdivisée par lui en deux groupes, comprenant les Améivins, qui sont nos Pléodontes, et celui des Lacertiens qui sont nos Cœlodontes. 5° Aux Améivés de Wiegmann et ses Lacertæ, qui appartiennent aussi à la famille dont nous faisons l'histoire ; mais cet auteur a indiqué comme ayant la langue rétractile dans un fourreau, plusieurs espèces chez lesquelles cette structure ne se trouve réellement pas, ainsi que nous aurons occasion de le faire remarquer.

2.

§ II. Organisation, mœurs et distribution géographique des Lacertiens.

1° *Organisation et mœurs.*

La famille qui fait maintenant l'objet de nos études nous est beaucoup mieux connue dans ses mœurs et ses habitudes, que celle des autres Sauriens. Elle comprend, en effet, les espèces de Reptiles, dont un certain nombre se trouvent dans nos climats, et il nous a été plus facile d'étudier leur conformation et même leur structure anatomique dans l'état frais. Quoique la plupart des Lacertiens soient de très-petite taille, comme de cinq à dix pouces, quelques-uns cependant atteignent dix fois plus de longueur ; tels sont les Sauvegardes et les Dragonnes, qui ont, d'une extrémité du corps à l'autre, jusqu'à un mètre ou au delà de trois pieds. Les couleurs et les taches dont leur peau est ornée, varient suivant l'âge et le sexe des individus, et souvent même d'après les saisons et la nature des terrains où ils font leur séjour habituel. Il arrive de là que, dans la même espèce, on rencontre de nombreuses variétés. On sait maintenant que, dans les premiers mois de leur existence, la plupart des jeunes sujets portent une sorte de livrée qui, par la disposition et les nuances des couleurs, leur donne tantôt un aspect si différent de l'espèce, qu'on a peine à les y rapporter, et qui tantôt peut les faire confondre avec l'un des sexes auquel ils n'appartiennent pas. Puis ces couleurs varient au moment même de leur mort, soit par la dessiccation, lorsqu'on veut ne conserver que leur peau, soit par la nature des liquides dans lesquels on les tient plongés pour les préserver de la décomposition.

Nous devons ajouter encore que la détermination de ces taches, de ces nuances de couleur, devient souvent fort difficile et même trompeuse sur les individus vivants, parce que leur peau prend des nuances fort différentes aux diverses époques plus ou moins rapprochées de la mue ou du changement de l'épiderme, qui paraît s'opérer plusieurs fois dans l'année.

Le nombre des pores qui se voient sous la longueur des cuisses paraît aussi être sujet à varier, de même que la proportion relative des diverses parties du corps dans un même individu, surtout pour la région de la queue.

Les meilleurs caractères, les plus constants, semblent se rencontrer dans la forme, la grandeur et la disposition réciproque des écailles qui recouvrent les diverses régions de la tête, du cou, du dos, des flancs, du ventre, de la queue, et des parties différentes des membres antérieurs et postérieurs.

Nous avions cru d'abord que la présence ou l'absence des dents palatines pourraient nous fournir un très-bon moyen de distinction, ainsi que quelques auteurs l'avaient indiqué; bientôt nous nous sommes assurés que ces dents manquaient dans des individus qui étaient de la même espèce que ceux qui en présentaient. Mais le mode d'implantation des dents dans les os des mâchoires, nous a donné la facilité de partager les Autosaures en deux sous-familles tout à fait analogues à celles qui existent dans les Iguaniens. Ce n'est pas toutefois, comme Wagler l'a avancé à tort, parce que ces dents, chez certaines espèces, seraient fixées sur le sommet ou le tranchant même des mâchoires; tandis que chez d'autres elles se trouvent appliquées sur le bord interne des maxillaires, car toutes, sans exception, sont dans ce dernier cas; mais parce que tantôt elles sont pleines et très-solidement adhérentes aux os, tantôt au contraire, creuses et comme simplement suspendues verticalement par leur face latérale externe à la paroi intérieure des mâchoires. De là, comme nous l'avons indiqué plus haut, la dénomination de Pléodontes, par laquelle nous désignons la première sous-famille, et le nom de Cœlodontes que nous avons donné à la seconde.

Nous passons maintenant à l'étude particulière des mœurs et des habitudes, et pour ne rien oublier d'important dans ce qui est relatif à l'organisation des animaux de cette famille, nous allons faire successivement la revue des appareils et des actes de leurs fonctions principales; c'est-à-dire la motilité, la sensibilité, la nutrition et la génération, ainsi que nous avons l'habitude de le faire dans nos cours au Muséum d'histoire naturelle.

1° *Des organes et de la nature des mouvements.*

Les Lacertiens sont peut-être les espèces les plus vives parmi les Reptiles, et chez lesquelles les actes du mouvement s'exécutent d'une manière si brusque et si prompte, qu'on a comparé à la rapidité de l'éclair la vitesse avec laquelle ils se transportent d'un lieu dans un autre. Ces mouvements n'ont lieu cependant que par élans et à petites distances, et si ces animaux ne trouvent pas la retraite qu'ils se sont ménagée, et vers laquelle ils tendent constamment à fuir, ils sont bientôt fatigués, et deviennent la proie de leurs ennemis. Aussi ne les voit-on jamais entreprendre de grandes marches ni quitter le voisinage des lieux où ils sont nés, et pour

ainsi dire ceux où leur race semble avoir été confinée.
Les Lacertiens, à ce qu'il paraît, ne se réunissent pas
pour faire des émigrations, comme cela arrive à quelques races d'animaux dans les autres classes, et comme
nous l'avons dit pour les Tortues marines ou Chélo-
nées. Cependant, ce sont des êtres très-vigoureux sous
le rapport du mouvement. Si on examine, en effet,
anatomiquement le corps d'un Reptile de cette famille,
on reconnaît que la majeure partie de la masse ma-
térielle de l'animal est représentée par les organes loco-
moteurs, leur squelette et leurs muscles formant en
poids près des neuf dixièmes de la totalité de l'a-
nimal, comme dans la plupart des poissons.

Quoique les Lacertiens soient très-bien organisés
pour produire des mouvements subits, il faut cependant reconnaître que leur tronc est en général trop
lourd pour être supporté par les pattes qui y sont attachées à angles droits, et dont les paires sont réciproquement situées à un trop grand intervalle pour soutenir
la portion intermédiaire de l'échine. Aussi, pendant
le repos, leur corps est-il constamment appliqué
sur le plan qui le supporte. Les pattes sont réellement
courtes; mais les doigts en sont si allongés, que les
mains ou les pieds équivalent en longueur à l'avant-
bras ou aux jambes, étant profondément divisés dans
toute l'étendue des phalanges en quatre ou cinq parties
inégales, bien distinctes les unes des autres, sans
membranes intermédiaires, et terminées chacune
par des ongles forts et recourbés.

Quand les Lacertiens se meuvent sur un sol rocail-
leux ou couvert de plantes peu élevées, ils paraissent
faire un très-grand usage de leur queue pour s'en
aider, comme cela arrive aux Ophidiens, lorsqu'on les

place dans l'eau, où les ondulations que l'animal produit sont dues principalement à la mobilité de l'échine. Dans les Lézards, les membres devenant alors inutiles, le Reptile ne les emploie pas ; il les applique dans le sens de la longueur du tronc, afin de leur faire offrir une moindre résistance au liquide, à la surface duquel il nage ayant le corps émergé. Mais sur une plage nue, ou dans l'action de grimper sur des plans inclinés, c'est à l'aide des pattes que s'opère ce transport. Dans ce cas, la queue paraît être plutôt nuisible par son poids ; cependant peut-être maintient-elle l'équilibre, ou en s'accrochant un peu donne-t-elle à l'animal la faculté de sautiller. Ce qu'il y a de certain, c'est qu'on en voit souvent qui l'ont perdu, sans que leurs mouvements en paraissent fortement dérangés.

Nous avons dit précédemment que le retranchement accidentel de la queue n'avait pas de graves inconvénients ; qu'elle se détachait avec une extrême facilité, que la partie séparée se trouvait bientôt réparée, que souvent dans ce cas on avait vu deux queues se reproduire à la fois et même jusqu'à trois, lorsque l'une des deux fourches venait à se bifurquer. Cependant cette régénération de la queue offre le plus souvent à l'extérieur des écailles différentes ou des verticilles d'une autre teinte, et les vertèbres elles-mêmes sont remplacées par une suite de cartilages qui ne s'ossifient pas entièrement.

Au reste, les considérations générales que nous avons exposées relativement aux organes du mouvement chez les Sauriens (tome II, page 601), s'appliquent complétement à la famille des Lacertiens, de sorte que nous ne croyons pas devoir donner d'autres détails sur ce sujet.

2° Des organes destinés aux sensations.

Nous ne parlerons ici que des sensations et non des parties appelées à produire la sensibilité en elle-même. D'ailleurs, nous n'aurions aucune particularité à faire remarquer chez les Lacertiens, soit relativement aux enveloppes solides et membraneuses de l'encéphale et de la moelle épinière, soit à la structure du cerveau et de ses annexes nerveux simples ou ganglionaires. Il en est autrement de leurs organes des sens. Nous les étudierons successivement, car plusieurs ont éprouvé des modifications, quoique la plupart n'offrent pas un grand développement, et cela se conçoit d'avance, quand on a observé leur manière de vivre. Le toucher est émoussé chez eux par des téguments cornés ; mais ceux-ci présentent justement des caractères assez importants par leurs modifications pour qu'ils aient pu servir à faire distinguer les genres par l'écaillure qui varie beaucoup. Les organes de l'odorat et de l'ouïe existent évidemment ; mais ils ne sont pas appelés à diriger beaucoup les mouvements de l'animal. La proie qu'il recherche manifesterait inutilement de loin sa présence par ses émanations ; et les sons qu'il est appelé à percevoir n'avaient besoin de l'instruire qu'à de très-petites distances du lieu où ils se produisent, car il paraît que la plupart n'ont pas de chants d'amour ; qu'ils sont muets dans les deux sexes, même à l'époque qui exige leur rapprochement réciproque pour la perpétuation de l'espèce. Le goût paraît être plus développé ; la langue des Lacertiens étant constamment humide, toujours mobile, exertile, et la proie étant le plus souvent divisée et soumise à une sorte de mastication avant d'être avalée. A une seule exception près, tous ont des yeux à paupières mobiles et vivent à la lumière.

Etudions successivement les circonstances qui se lient à chacun des organes des sens, et d'abord les téguments, comme dépendants de celui du toucher passif.

La peau des Lacertiens présente, comme nous l'avons dit, beaucoup de modifications importantes dans les diverses régions qu'elle recouvre, et les lames cornées sur lesquelles se montre l'épiderme prennent des noms divers : suivant la forme qu'elles affectent, on les nomme plaques, squames, écailles, squamelles, lamelles, granules.

Celles qui protègent le crâne en dessus, ce qu'on a nommé le bouclier sus-crânien, sont intimement collées aux os, le plus ordinairement lisses en dehors; et leurs bords sont tellement affrontés, qu'ils semblent ne former que des lignes juxtaposées, qui même font continuité quand l'épiderme, à l'époque de la mue, se détache en une seule pièce. Ces plaques, qui sont assez constantes en nombre, affectent des formes particulières qui varient suivant les espèces. Comme on a étudié leurs dispositions respectives et leur configuration, on les a désignées par des noms propres que nous allons faire connaître.

D'abord on les a partagées en plaques moyennes ou médianes : celles-ci sont simples, impaires, anguleuses, et toujours symétriques; les autres, qu'on peut nommer latérales, sont doubles ou paires, en général plus arrondies; elles se correspondent de droite à gauche.

On appelle les premières sincipitales, micrâniennes ou mésocéphaliques : comme elles sont impaires, on a laissé leur nom au singulier. En les comptant de derrière en avant, on désigne la dernière du côté postérieur de la tête comme l'*occipitale*. Celle qui la précède en avant , et qui est située entre les deux pièces latérales , a été nommée *interpariétale*. Viennent ensuite successivement la *frontale* , l'*internasale* , et enfin la *rostrale* , qui termine le museau en avant. Ainsi , cinq plaques sincipitales moyennes.

Puis les paires latérales examinées dans le même ordre , de l'occiput au front , prennent successivement les noms suivants : les dernières sont les *pariétales* , puis les *fronto-pariétales* , les paires *palpébrales*, dont le nombre varie suivant le genre et même les espèces ; les *fronto-nasales* , les *naso-rostrales*. Il y a ensuite de chaque côté de la partie antérieure de la tête , sur cette région de figure triangulaire , comprise entre le bout du museau et le bord antérieur de l'orbite , région que Wagler appelait *canthus rostralis* , quelques autres plaques , dont une , deux et même trois , contribuent quelquefois à former le contour écailleux de l'ouverture des narines. Ces plaques seront par nous désignées sous le nom de *naso-frénales* inférieure ou supérieure , première ou seconde *post-naso-frénale* , suivant la position qu'elles occupent et selon les rapports qu'elles ont avec les plaques qui les avoisinent.

Il faut cependant dire que telle n'est pas toujours la distribution des écailles sur la tête des Lacertiens. Quelques-unes de ces plaques manquent dans certains cas , tandis qu'il en est d'autres où elles se montrent en plus grand nombre , ainsi que le genre Thoricte nous en offre l'exemple. Là , en effet , outre les plaques ordinaires , on trouve en plus deux paires de *post-naso-rostrales* latérales , une paire de *post-naso-pariétales* et une paire d'*occipitales* latérales.

On aura une idée de la disposition de ces plaques écailleuses , en examinant la planche 48 du présent ouvrage, qui donne, sous le n° 2, l'indication au trait des plaques qui couvrent en dessus le crâne du Lézard de Lalande. Ces plaques varient d'ailleurs pour l'étendue, la situation et les proportions relatives. Les moyennes en particulier présentent quelques modifications qui ont été signalées par Dugès.

Les plaques *labiales*, ainsi que le nom l'indique, couvrent les portions de peau qui bordent le pourtour de l'une et de l'autre mâchoire ; elles sont en général très-polies à la surface, diversement arrondies ou encadrées dans les pièces voisines, mais coupées carrément du côté de la fente de la bouche. Les *labiales inférieures* sont rarement en rang double, et les *submaxillaires* prennent de très-grandes dimensions. Les plaques qu'on nomme *rostrale* et *mentale* font partie des rangées labiales et en occupent la portion moyenne, l'une pour le museau, l'autre pour le menton ; aussi appelle-t-on encore cette dernière la *mentonnière*.

Les écailles du collier ou *collaires* caractérisent certains genres par leur présence ou par leur absence ; dans ce dernier cas des plis transversaux, dont le nombre varie, se remarquent sous le cou, comme dans les genres Sauvegarde, Thoricte, Crocodilure, Cnémidophore, Améiva et Aporomère. Les autres ont un collier très-distinct formé d'écailles arrondies ou acuminées sur le bord libre ; tantôt, et c'est le plus souvent, elles sont lisses, et tantôt relevées dans la ligne moyenne par une petite carène.

Les *granules* se voient ordinairement dans les plis du cou au-dessous du collier et au pourtour du cloaque. Quelques genres en ont les flancs garnis, ainsi que les plis des cuisses et des bras ; tels sont les Tachydromes. Il y en a toujours sous la plante des pieds et sur la paume des mains.

Les lames *ventrales* sont distribuées de la manière la plus régulière, le plus souvent de forme quadrangulaire, mais à angles arrondis ; elles sont comme encadrées et disposées par bandes longitudinales, dont le nombre varie de six à dix-huit ; en même temps on peut compter des bandes transversales de vingt-quatre à trente-six. Le plus ordinairement ces plaques ou lames ventrales sont lisses et brillantes. Elles sont entuilées dans les Tropidosaures, et quelques autres, tels que les Centropyx, où de plus elles sont carénées.

Quant aux tubercules des cuisses et scutelles des mollets, il y a des différences notables. C'est le long du bord interne de la cuisse qu'on remarque les tubercules percés d'un pore et disposés régulièrement par lignes longitudinales simples ; leur nombre varie dans une même espèce. Tantôt ils sont très-distants et tantôt très-rapprochés. On en voit seulement quelques-uns à la base de la cuisse dans les Tachydromes. Les scutelles des jambes n'ont rien de remarquable dans les Aporomères, les Tropidosaures et la Dragonne ; mais elles sont très-développées dans les Sauvegardes, les Lézards, les Améivas ; les Centropyx et plusieurs autres les ont carénées.

Les écailles de la queue sont en général des plaques disposées par anneaux ou par verticilles. Dans le plus grand nombre des genres elles sont carénées.

Les couleurs de la peau varient beaucoup ; souvent c'est le vert de différentes nuances : le jaune, le gris, le noir, le blanc, le bleu, le rougeâtre qui dominent et qui forment des taches, des lignes ou des sinuosités assez constantes dans les individus, mais qui varient suivant les sexes, les âges et les saisons de l'année, comme nous aurons soin de l'indiquer quand nous traiterons des espèces dont la coloration nous sera connue ; car, ainsi que nous l'avons dit, il faudrait saisir ces nuances sur les individus observés dans l'état de vie, ces teintes étant très-fugaces.

Tous les détails que nous venons de faire connaître montrent que le corps de ces Reptiles ne jouit que faiblement du toucher passif ou de la sensation qui résulte du contact de la matière ; puisqu'ils ont le corps abaissé au niveau de la température des objets qui les touchent, ils ne peuvent apprécier ce que nous nommons la chaleur et le froid lorsque l'équilibre réciproque tend à s'établir. Ensuite nous pouvons penser que le tact ou le toucher actif est chez eux peu développé, en raison des granules et des lames cornées dont sont recouvertes les articulations des doigts. La langue seule pourrait venir à l'aide de cette perception qui d'ailleurs est presque nulle.

Nous avons parlé de la mue à la page 624 du tome second.

Les organes olfactifs ne doivent pas donner aux Lacertiens la faculté bien évidente de percevoir les odeurs. Leurs narines ont peu d'étendue ; ouvertes en dehors par deux petits trous, leur orifice externe est protégé par une sorte de soupape membraneuse, placée au pourtour du trou percé dans une ou plusieurs squames qu'on appelle nasales. Leur trajet est très-court, car elles s'ouvrent à la face palatine des os incisifs. On ne trouve pas de grandes anfractuosités, ni des lames couvertes par la membrane olfactive, quoiqu'elles soient humides et un peu muqueuses à l'intérieur. D'ailleurs l'acte de la respiration s'exécutant d'une manière arbitraire, et souvent à de longs intervalles, la ma-

tière odorante n'a cependant que ce moyen pour agir ;
et il y a bien peu de cas dans la durée de la vie de ces
Lacertiens où ce besoin pouvait se faire sentir ; la proie
ne devant pas être découverte par ses émanations, et
les individus n'exhalant pas d'odeurs à l'époque où les
sexes éprouvent le besoin de se rapprocher pour per-
pétuer leur race.

Les oreilles sont constamment apparentes chez les
Lacertiens. On distingue les conduits auditifs tout à
fait à la partie postérieure et latérale du crâne. La
membrane du tympan, quoique assez souvent enfoncée
dans le canal, y est aussi bien visible. La cavité du
tympan s'ouvre évidemment dans la gorge; il y a des
pièces osseuses analogues à celles qu'on trouve chez
les mammifères, et certainement c'est un organe ré-
pétiteur des sons. On sait d'ailleurs que l'ouïe est excellente chez les Lézards, qui fuient au moindre bruit
pour échapper aux dangers.

Les saveurs sont également bien perçues, car ces
animaux mâchent : ils ont de la salive, et quand l'a-
liment semble leur plaire, ils en recueillent les moindres débris dont ils paraissent savourer la partie liquide. Leur langue charnue, mobile, constamment
humide, couverte de papilles, doit leur fournir les
moyens que nous retrouvons en effet chez les quadrupèdes mammifères.

Enfin les yeux sont parfaitement organisés pour apprécier les modifications que la lumière éprouve sur la
surface du corps. Ces organes sont très-développés,
relativement à la grosseur des individus; les paupières,
quand elles existent, sont au nombre de trois. Il y a des
larmes sécrétées par une glande, et un canal lacrymal
qui se rend dans les narines et de là dans la bouche.

3° *Des organes de la nutrition.*

Tout ce que nous avons dit sur la structure et la physiologie des organes de la digestion des Reptiles sauriens (tome 11, page 636), peut se rapporter aux Lacertiens; aussi n'entrerons-nous que dans peu de détails à ce sujet. M. Dugès (1) en a présenté qui sont assez intéressants sur la manière dont s'opère la déglutition chez les Lézards. C'est en lapant, à la manière des chiens, qu'ils boivent l'eau et avalent les liquides pour éviter qu'ils ne pénètrent dans la glotte, qui n'est pas recouverte d'un cartilage en soupape mobile. C'est ainsi qu'on les voit tremper rapidement et relever leur langue mobile lorsqu'ils lapent la glaire et le jaune des œufs, dont ils sont très-friands. Les aliments qu'ils préfèrent sont les insectes, les petits mollusques terrestres, les lombrics. Leur bouche est moins largement fendue qu'elle ne le paraît au premier abord, parce que les muscles avancent dans la commissure. Cependant les mâchoires sont fortes, et les muscles qui les rapprochent, surtout le masseter et les ptérygoïdiens, très léveloppés. Ils agissent si puissamment et avec tant d'énergie et de constance, que nous avons pu transporter à de grandes distances, suspendu à l'extrémité d'un bâton qu'il avait mordu, un très-gros Lézard qui le ten t si fortement serré entre les dents, que leur empreinte y resta comme gravée.

Ces dents varient pour le nombre, la forme et les proportions C'est à tort, comme nous l'avons dit, que

---

(1) Annales des sciences naturelles, tome XiI, page 359, 1827, et tome XVI, page 360, 1829.

Wagler a indiqué quelques genres comme étant Acrodontes; tous, ainsi que nous avons pu le constater,
sont réellement Pleurodontes. Dans quelques espèces,
les dents molaires, dont les couronnes étaient d'abord
cuspidées, prennent la forme arrondie et tout à fait tu·
berculeuse. C'est le cas de la Dragonne et de quelques
autres genres. Nous avons vérifié le fait, que les dents
palatines n'existent pas chez tous les individus de la
même espèce, et qu'elles disparaissent chez plusieurs,
lorsqu'ils sont plus avancés en âge.

Le tube intestinal et les viscères abdominaux n'offrent, à ce qu'il paraît, aucune particularité remarquable. Nous avons fait connaître leur disposition, en
traitant de l'organisation des Sauriens en général. Il
en est de même des organes de la circulation et de la
respiration, et des sécrétions.

4° *Des organes de la génération.*

Les Lacertiens ne diffèrent guère des autres Sauriens sous ce rapport. Les mâles sont plus petits, plus
sveltes et mieux colorés que les femelles. Souvent, à
l'époque où l'acte de la reproduction doit s'accom-
plir, les nuances des couleurs sont plus vives. Chez
les mâles, on remarque que la base de la queue est
comme élargie et déprimée, tandis que dans les femelles elle est comparativement plus étroite, ce qui
dépend des gaînes qui reçoivent les deux pénis que l'on
fait aisément saillir, dans l'état frais, par la moindre
pression exercée latéralement sur cette partie.

Chez quelques-uns même, on voit à la base de la
queue, en dehors de l'aine, un ou deux tubercules
cornés, sortes d'éperons qui paraissent destinés à exci-

REPTILIS, V.   3

ter ou à favoriser le rapprochement. Quelques femelles sont ovovivipares ou conservent leurs œufs dans
les oviductes, dont les petits sortent tout vivants. On
a fait de ces espèces le genre *Zootoca* ou Lézards vivipares. Nous avons déjà dit, en parlant de la peau,
que les petits Lacertiens conservaient pendant quelque temps une sorte de livrée, ou des taches le plus
souvent disposées par bandes longitudinales qui dispa-
raissaient par la suite.

En traitant de la reproduction des Reptiles en
général (tom. I, pag. 222), nous avons dit aussi qu'on
avait observé parmi ces animaux plusieurs exemples
d'œufs doubles, ou qui renfermaient, dans une
même coque, les germes de deux individus vivi-
fiés, et qu'il était résulté du développement de ces
germes, des êtres plus ou moins réunis, des sortes de
monstruosités, par excès de parties. Rédi, Aldrovandi, et même avant eux Aristote, avaient parlé de
serpents à deux têtes. Nous en avons de semblables
dans nos collections. Plusieurs Sauriens ont été observés avec des membres surnuméraires. Il existe au Muséum un jeune Lézard conservé dans l'alcool, qui
porte deux têtes bien distinctes sur un cou également
double. M. Beltrami a présenté à l'Institut, en 1831,
un autre individu, sur lequel on a fait des observations
curieuses pendant qu'il vivait. On le tenait en capti-
vité, et on l'a nourri pendant plus de quatre mois : les
deux têtes mangeaient à la fois, si l'appât était fourni
à toutes les deux ; mais si on n'en donnait qu'à l'une
d'elles, l'autre s'efforçait de le lui arracher. L'animal
avait cinq pattes ; la patte surnuméraire était mons-
trueuse, située dans la partie moyenne, entre les deux
cous : elle présentait neuf doigts inégaux en longueur.

Nous avons vu le petit animal après sa mort. M. Isidore Geoffroy, dans le tome III de son Traité de tératologie, a parlé de ce fait. Il le range parmi les monstruosités doubles dans le groupe qu'il nomme les Synsomiens, et dans le genre des Dérodymes ou jumeaux par le cou.

2. *Distribution géographique.*

Nous devons d'abord faire observer comme une circonstance fort remarquable, que tous les Autosaures Pléodontes sont propres au Nouveau-Monde, tandis que les Cœlodontes appartiennent, sans exception, aux anciens continents, car aucun vrai Lacertien n'a jusqu'ici été rapporté ni de la Nouvelle-Hollande, ni de la Polynésie.

Sur les dix-neuf espèces de Pléodontes, deux seulement, le Cnémidophore Lacertoïde et celui à six raies, se trouvent dans la partie septentrionale de l'Amérique, le midi de cette partie du monde produisant toutes les autres.

Parmi les Cœlodontes, nous avons pour l'Europe des représentants dans les genres Tropidosaure, Lézard, Acanthodactyle et Psammodrome, c'est-à-dire les Lézards Moréotique, de Fitzinger, agile, vivipare, montagnard, vert, ocellé, Péloponésien, des murailles, oxycéphale, et le Psammodrome d'Edwards.

Le Midi produit le Tropidosaure Algire qui se trouve aussi dans le nord de l'Afrique ; le Lézard Moréotique, et le Péloponésien, qui ne se sont encore rencontrés qu'en Grèce ; l'ocellé qui vient aussi de l'Algérie ; l'oxycéphale, et celui des murailles, qui est, pour ainsi dire, répandu sur toute l'Europe. Après le Lézard des

3.

murailles, c'est l'agile, le vivipare et le montagnard
qui s'avancent le plus au nord. Le sud de l'Europe, et
même nos provinces méridionales de France nourrissent l'Acanthodactyle Bosquien et le Psammodrome
d'Edwards.

L'Afrique, dans ses régions septentrionales, produit, outre le Tropidosaure Algire et le Lézard ocellé,
le Mauritanique, l'Erémias à pointes rouges, les espèces de ce dernier genre dites à gouttelettes, linéolé,
à petits points, Panthère; et le Scaptéire grammique;
puis les Acanthodactyles âpre, pommelé, et de Savigny. Dans les régions australes se trouvent le Tropidosaure du Cap, et celui dit de Duméril; les Lézards
de Delalande, marqueté, lugubre, à bandelettes; les
Erémies de Burchell, Cténodactyle, de Knox, du Cap,
Namaquois, ondulé, et linéo-ocellé. A l'ouest, l'Acanthodactyle de Duméril, découvert au Sénégal par
Adanson. Enfin, dans deux de ses îles, Madère et
Ténériffe, vivent les Lézards de Dugès et de Gallot.

L'Asie n'a, jusqu'ici, produit pour les naturalistes
que deux Lacertiens, qui sont l'Ophisops élégant qui
s'est rencontré dans la partie occidentale, et le Callosaure de Leschenault, qui provient des Indes.

Au reste, nous présentons le résumé complet de
cette distribution des espèces de Lacertiens sur la surface du globe, dans le tableau suivant :

Répartition des Lacertiens d'après leur existence géographique.

GENRES.	Europe.	Aux deux.	Afrique.	Aux deux.	Asie.	Amérique.	Australasie, Polynésie.	Total des espèces.
CROCODILURE. . .	0	0	0	0	0	1	0	1
THORICTE.	0	0	0	0	0	1	0	1
NEUSTICURE. . . .	0	0	0	0	0	1	0	1
APOROMÈRE. . . .	0	0	0	0	0	2	0	2
SAUVEGARDE. . .	0	0	0	0	0	2	0	2
AMÉIVA.	0	0	0	0	0	6	0	6
CNÉMIDOPHORE. .	0	0	0	0	0	4	0	4
DICRODONTE. . . .	0	0	0	0	0	1	0	1
ACRANTE.	0	0	0	0	0	1	0	1
CENTROPYX. . . .	0	0	0	0	0	1	0	1
TACHYDROME. . .	0	0	0	0	1	0	0	1
TROPIDOSAURE. . .	0	1	1	0	1	0	0	3
LÉZARD.	9	1	8	0	0	0	0	18
OPHISOPS.	0	0	0	0	1	0	0	1
CALOSAURE	0	0	0	0	1	0	0	1
ERÉMIAS.	0	0	10	3	0	0	0	13
SCAPTEIRE	0	0	1	0	0	0	0	1
ACANTHODACTYLE.	1	0	4	0	0	0	0	5
PSAMMODROME. . .	1	0	0	0	0	0	0	1
Nombre des espèces dans chaque partie du monde. . .	11	2	24	3	4	20	0	64

LISTE ALPHABÉTIQUE DES PRINCIPAUX AUTEURS ET DES OUVRAGES
SPÉCIAUX SUR LA FAMILLE DES LACERTIENS.

1836. BONAPARTE (CHARLES LUCIEN), déjà cité tom. 1 , p. 307,
a publié dans la Faune d'Italie , en italien , les descriptions et les
figures des diverses espèces de Lézards qu'on trouve dans ce
pays.

1835. COCTEAU (THÉODORE), a décrit et fait figurer le Zootoca de Jacquin (Magaz. de Zoologie. Guérin , classe III , Rept.
planche 9).

1780. DAUBENTON (H. J. M.), déjà cité tom. 1 , pag. 313 ,
a décrit un Lézard d'Espagne. Mém. de la Soc. roy. de médecine.

DESMOULINS a publié , dans le Bulletin de la Société Lin-
néenne de Bordeaux , tom. 1 , pag. 60 , un mémoire dans lequel
se trouvent décrites nos principales espèces de Lézards.

1829. DUGÈS (ANTOINE) est l'auteur d'un mémoire sur nos
espèces de Lézards indigènes , qui a été publié dans le tom. 17 ,
pag. 389 , planche 14 des Annales des sciences naturelles.

1829. EDWARDS (MILNE), déjà cité tom. 2 , pag. 664 , a fait
la description des Lézards de France , travail qui a été inséré dans
ces mêmes annales , tom. 16 , pag. 50.

1834. EVERSMANN a publié , dans le tom. 3 des nouveaux
Mémoires de la Société impériale de Moscou , pag. 337 , la des-
cription des Lézards observés dans l'empire Russe. Voici leurs
noms : *Lacerta Viridis* (Lat.), *L. Agilis* (Auct.), *L. Sylvicola*
(Nov. Sp.), *L. Praticola*, *L. Crocea*, *L. Saxicola*, *L. Variabilis*,
L. Velox, *L. Vittata*.

GENE (GUISEPPE). Mémoire inséré parmi ceux de l'Académie
des sciences de Turin , tom. 36 , pag. 302 , sous le titre : Osser-
vazioni intorno alla tiliguerta di Cetti (Lacerta Tiliguerta).

1836. GERVAIS (PAUL). Notice sur quelques reptiles de Barbarie , parmi lesquels se trouvent indiqués les *Lacerta Viridis*,
Agilis, *Algira*, *Barbarica*. Annales des sciences naturelles, tom. 6,
pag. 308.

1836. HOLANDRE. Mémoire communiqué à l'Académie royale
de Metz sur quelques genres d'animaux. On y trouve la description de trois Lézards : *L. Schreibersiana*, *L. Stirpium*, *L. Agilis*.

1787. JACQUIN (NICOL. JOS.), déjà cité tom. 2, pag. 667, pour sa description du *Zootoca*. LACERTA *vivipara*.

1837. KRYNICKI. *Observationes quædam de Reptilibus indigenis* ; il y a décrit les Lézards de Russie. Bullet. de la Soc. des natur. de Moscou, n° 3.

1830. MICHAHELLES. Isis, pag. 606. Sur quelques Lézards d'Espagne.

1837. REICHENBACH. Isis, tom. 30, pag. 511. Sur les œufs du *Lacerta Vivipara*. Genre *Zootoca*, Wagler.

1834. REUSS a donné la description du *L. longicaudata* dans un Mémoire sur les Sauriens. *Muséum Senckbergianum*, tom. 1.

1811. SAVIGNY (JULES CÉSAR) a fait représenter, dans le grand ouvrage sur l'Égypte, Supplément aux Reptiles, planches 1 et 2, plusieurs espèces d'Acanthodactyles et d'Erémias, que M. Audouin a appelées, d'après les figures : LACERT. *Scutellata*, *Savigny*, *Boskiana*, *Aspera*, *Olivierii*.

1837. SCHINZ, cité tom. 1, pag. 337 et tom. 2, pag. 671, dans sa Faune helvétique qui fait partie du tom. 1 des nouveaux Mém. de la Soc. helvét. des sc. natur., a fait connaître comme se trouvant en Suisse les *Lac. Agilis*, *Muralis*, *Viridis*, *Montana*, *Nigra*.

1813. SCHREIBERS. Sur l'urine des Lézards. Mémoire publié en allemand dans les Annales de physique de Gilbert.

1837. TSCHUDI. Nouveaux mémoires de la Société helvétique des sciences naturelles, tom. 1. Monographie des Lézards de la Suisse, en allemand.

1821. WAGLER (JEAN) a décrit dans l'Isis, sous le nom de *Psilocercus marmoratus* ; une espèce de Lacertien.

1835. WIEGMANN (A. F.), déjà cité tom. 1, pag. 344, a donné les caractères d'un nouveau genre de Lézard sans paupières. Espèce déjà décrite par M. Ménestrier sous le nom d'*Ophisops*. Voyez Gesselsch. Naturf. freund zu Berlin.

1837. W. (J.). Notice sur une variété non décrite de Lézards. Magazin of natural history of Charlsworth.

PREMIÈRE SOUS-FAMILLE.

AUTOSAURES PLÉODONTES.

Nous avons vu que les vrais Lézards , ou les Lacertiens proprement dits , peuvent être partagés en deux séries , d'après la manière dont leurs dents sont dirigées en sortant des gencives et surtout d'après leur structure. Les uns en effet, et ce sont ceux dont nous allons parler , les ont pleines ou sans cavité à la base ou à la racine ; dans ce cas , le plus souvent elles sont portées obliquement en dehors : ce sont les PLÉODONTES ; tandis que dans les autres genres , qui sont beaucoup plus nombreux , ces dents sont excavées ou présentent un vide intérieur à la base ; alors ordinairement elles sont implantées verticalement , et comme dressées sur le bord des gencives : ce sont les COELODONTES.

La première sous-famille des Lacertiens comprend donc les espèces de Lézards , dont les dents sont pleines et rejetées obliquement en dehors de l'une et de l'autre mâchoire. On peut les ranger en deux groupes , d'après la conformation de leur longue queue , qui tantôt est comprimée de droite à gauche , de manière à produire l'office d'une rame dans l'eau où ces Reptiles sont souvent appelés à nager. Nous les nommons , à cause de cette particularité, COMPRESSICAUDES ou CATHÉTURES, par opposition à ceux du second groupe , dont la queue est généralement conique ou non comprimée , et que nous avons désignés sous le titre de CONICICAUDES ou STRONGYLURES. Tous les Autosaures Pléodontes sont originaires du Nouveau-Monde.

1er GROUPE. LACERTIENS à queue comprimée.

LES COMPRESSICAUDES ou CATHÉTURES.

Nous comprenons sous cette dénomination trois genres de Lacertiens, qui réunissent peu d'espèces ; mais ce sont celles qui atteignent les plus grandes dimensions pour la taille et la grosseur. Leur physionomie les fait distinguer de suite de tous les autres genres de la même famille. Cela tient principalement à la particularité de la forme de leur queue, qui est comprimée de droite à gauche, ainsi que nous venons de l'indiquer ; et cette disposition leur donne une grande ressemblance, de prime abord, avec les Crocodiles. Comme, chez ces derniers la queue est effectivement fort développée en longueur, et aplatie latéralement en forme de rame. Elle est de même aussi surmontée de deux crêtes dentelées en scie qui s'étendent dans toute sa longueur, avec cette différence toutefois que ces crêtes restent toujours distinctes l'une de l'autre ; ce qui, comme on le sait, n'a pas lieu chez les Crocodiles, dont les deux crêtes caudales se confondent pour n'en former qu'une seule lorsqu'elles sont parvenues à une certaine distance en arrière du corps.

Les Lacertiens cathétures sont des Reptiles qui, bien que n'ayant pas les pattes palmées, comme celles des Crocodiles, passent cependant, ainsi que ces énormes Lézards, la plus grande partie de leur vie au milieu des eaux. C'est toujours dans les fleuves et les grands lacs, ou bien dans les savanes noyées de l'Amérique méridionale, que ces Sauriens ont été vus par les voyageurs.

Ier GENRE. CROCODILURE. *CROCODILURUS.*
Spix (1). (*Dragonne* en partie Cuvier ;
Ada part. Gray (2).

CARACTÈRES. Langue à base non engaînante, divisée assez profondément, à son extrémité, en deux filets aplatis; à papilles squammiformes rhomboïdales, imbriquées. Palais non denté. Dents intermaxillaires coniques; les maxillaires comprimées, les antérieures simples, les postérieures tricuspides. Ouvertures des narines presque en croissant, pratiquées d'arrière en avant, entre trois plaques. Des paupières. Membrane du tympan tendue à fleur du trou auriculaire. Deux plis transversaux, simples, sous le cou; ventre revêtu de petites plaques quadrilatères, lisses, en quinconce. Des pores fémoraux. Cinq doigts à chaque patte, légèrement comprimés, non carénés en dessous; deux de ceux de derrière dentelés latéralement.

La manière dont se trouvent situées et percées les ouvertures externes des narines, fort près de l'extrémité du museau, entre trois plaques différentes, est un caractère à l'aide duquel on distingue tout d'abord les Crocodilures des deux autres genres qui composent avec eux le petit groupe des Lacertiens cathétures. La narine des Thorictes n'est effectivement circonscrite que par deux plaques,

---

(1) De κροκοδείλος, Crocodile, et de ουρα, la queue.

(2) Le nom d'Adda, ainsi orthographié, est indiqué par FORSKAEL, comme donné au Crocodile terrestre ou Σκήκις, par les Arabes. *El dhab* ou *d'habhab*, mot hébreu corrompu par tradition.

GESNER *de scinco*, pag. 25. *Arabes et Chaldœi dab et al dab dicunt.* BRUCE le nomme *El adda.*

et celle des Neusticures ressemble à un simple trou pratiqué au milieu d'une plaque unique. Si l'on compare ensuite ces mêmes Crocodilures avec les genres Thoricte et Neusticure séparément, on reconnaît qu'ils diffèrent encore du premier, par la non existence de grands écussons carénés sur le dos, et du second, par la présence sur la région inférieure du cou, de deux plis transversaux simples, au lieu d'un collier squammeux, c'est-à-dire d'un seul pli garni d'une bordure d'écailles plus dilatées que celles des régions voisines.

Les Crocodilures n'ont pas les formes moins élancées que la plupart des Sauriens de la famille à laquelle ils appartiennent. Leur tête, de forme pyramidale, est assez effilée, sans que pour cela le museau se termine positivement en pointe, mais il n'est pas à beaucoup près aussi obtus que celui des Thorictes, et il n'est ni déprimé, comme chez les Neusticures ; ni fortement aplati de droite à gauche, ainsi qu'on le remarque dans les Améivas et les Cnémidophores.

La langue des Crodilures ressemble à un petit ruban offrant à son origine une certaine largeur qu'il perd graduellement en s'avançant vers l'extrémité opposée, laquelle forme une pointe divisée en deux filets lisses, dont la longu ur entre environ pour le tiers dans la totalité de celle de l'organe. Cette langue ne présente pas à sa base le moindre enfoncement, qui soit propre à recevoir, comme dans une espèce de gaîne, une portion de son étendue postérieure, ainsi que cela existe chez les Améivas et les Centropyx. Sa surface est garnie de papilles presque plates, ayant l'apparence d'écailles, à cause de leur forme rhomboïdale, quoiqu'un peu arrondie en arrière, et de leur disposition légèrement imbriquée.

La mâchoire supérieure est armée en avant de onze dents intermaxillaires petites, coniques, simples ; et de chaque côté, de quinze à dix-sept maxillaires plus grosses, comprimées, dont les quatre ou cinq premières sont pointues, un peu courbées en arrière ; tandis que toutes les autres sont droites et ont leur sommet partagé en trois pointes qui finissent par disparaître plus ou moins complétement avec l'âge. Les dents maxillaires inférieures ressemblent aux maxillaires supérieures : on en compte environ vingt-deux à droite et un égal nombre à gauche. Les premières de ces dents maxillaires, soit supérieures, soit inférieures, ont cependant un peu plus de longueur que celles dont elles sont immédiatement suivies ; mais celles qui continuent la rangée sont pour le moins aussi longues et plus fortes. Le palais est dépourvu de dents. La membrane tympanale, fort grande, circulaire, ferme l'orifice auriculaire sur le bord duquel elle se trouve tendue.

Il existe deux paupières bien distinctes formant chacune un pli lorsqu'elles s'écartent l'une de l'autre. L'inférieure est beaucoup plus développée que la supérieure ; mais toutes les deux sont garnies d'un pavé de petites plaques squammeuses, polygones.

La narine est placée au sommet du *Canthus rostralis*. Son ouverture dirigée en arrière, semble offrir une forme triangulaire ou en croissant ; elle se trouve pratiquée entre trois plaques qui sont en rapport, l'une avec la rostrale, l'autre avec une grande post-nasale, la troisième avec la première labiale supérieure. De grandes lames anguleuses, régulières, protègent la surface entière de la tête : ce sont une rostrale, deux naso-rostrales, une inter-nasale, deux naso-frontales, une frontale, deux fronto-pariétales, deux pariétales, une inter-pariétale, une occipitale, deux occipitales postérieures et quatre susoculaires de chaque côté.

La peau de la région inférieure du cou, vers la moitié de la longueur de celui-ci environ, forme un premier pli transversal, simple, faiblement marqué ; puis, tout près de la poitrine, on en voit un second très-prononcé, qui se prolonge à droite et à gauche, jusqu'au-dessus du point d'attache du bras avec le corps.

L'écaillure de la région supérieure du tronc se compose de petites pièces subhexagones, tectiformes, non imbriquées, disposées par bandes transversales; celle du ventre est formée de petites plaques carrées, oblongues, unies, distribuées en quinconce. Le long de chaque flanc on remarque une suite de plis formant des angles aigus, disposés de telle sorte qu'il en résulte un dessin représentant une dentelure en scie.

Les pattes se terminent chacune par cinq doigts inégaux, un peu comprimés, armés d'ongles courts, mais assez forts. A la paire antérieure, c'est le premier doigt qui est le moins long; puis vient le cinquième, ensuite le second et le troisième, que le quatrième excède à peine en longueur. L'inégalité qui règne parmi les orteils est beaucoup plus grande que celle qu'on remarque entre les doigts antérieurs : les quatre premiers augmentent graduellement de longueur, et cela dans une proportion telle que le quatrième se trouve avoir presque quatre fois plus d'étendue que le premier; quant au cinquième, il n'est pas tout à fait aussi allongé que le troisième. Deux de ces orteils, le troisième et le quatrième, portent de chaque côté une rangée d'écailles formant une dentelure en scie; mais leur face inférieure, de même que celle de tous les autres doigts, est garnie de petites plaques quadrilatères, unies et imbriquées.

Le dessous de chaque cuisse est percé d'une rangée de très-petits pores.

La queue, qui ne fait pas moins des deux tiers de la longueur totale de l'animal, va toujours en se comprimant davantage, depuis sa racine jusqu'à son extrémité. Aussi la seconde moitié de son étendue ressemble, pour ainsi dire, à une lame fort mince; la première moitié de la longueur de cette queue, dont le dessous forme un tranchant arrondi, est presque plane en dessus. Elle est surmontée de deux crêtes dentelées en scie, qui la parcourent bien distinctement et qui restent séparées l'une de l'autre jusqu'à sa dernière extrémité.

L'espèce encore unique sur laquelle repose l'établissement du genre Crocodilure avait été placée par Daudin dans un groupe où, sous le nom commun de Tupinambis, elle se trouvait réunie au Saurien appelé Sauvegarde par made-

moiselle de Mérian , et à la plupart des espèces qui composent notre genre Varan.

Ce fut G. Cuvier le premier qui , en 1817, l'éloigna de
ces Tupinambis de Daudin, pour en former avec le Sauvegarde un genre particulier duquel il le retira , en 1829,
pour le placer dans le genre Dragonne de Daudin, ainsi
qu'on peut le voir en consultant la seconde édition du Règne
animal.

M. Gray, adoptant les vues de G. Cuvier sur les rapports
qui lient le Tupinambis Lézardet de Daudin à la Dragonne de
Lacepède , ne fit non plus de ces deux Sauriens qu'un seul
et même genre qu'il inscrivit sous le nom, nous devons l'a-
vouer, un peu singulier d'Ada (1), dans le dernier des divers
synopsis qu'il a publiés , celui qui est imprimé à la fin du
neuvième volume de la traduction anglaise du Règne animal
de Cuvier, par Pidgeon et Griffith.

La création du genre Crocodilure appartient à Spix , qui
ne sut pas toutefois en fixer les vrais caractères distinctifs ;
car, dans l'idée de cet auteur, la forme comprimée de la
queue et l'existence d'une double crête sur cette partie du
corps , seraient les seules différences qui existent entre le
genre qui nous occupe et celui des Sauvegardes ou des Tupinambis , comme il l'appelle. Pourtant il en est d'autres , et
d'une plus grande valeur : ce sont celles , ainsi que Wagler,
au reste, l'a signalé avant nous, qui reposent sur la forme de
la langue, la structure des dents et la situation des narines.

LE CROCODILURE LÉZARDET. *Crocodilurus Lacertinus.* Nobis.

CARACTÈRES. Parties supérieures du corps offrant une teinte
brune, parsemée de taches noires. Gorge et ventre jaunes
(adulte). Flancs noirs , marqués d'ocelles blancs roussâtres; régions inférieures blanches , tachetées de noir (jeune).

SYNONYMIE. *Tupinambis lacertinus.* Daudin , Hist. Rept. tom. 3,
pag. 85.

_____

(1) *Voyez* la note placée au commencement de cet article.

Le Sauvegarde Lézardet. Cuv. Règ. Anim. (1re édit.) tom. 2 , p. 26. Exclus. Synon. Lac. bicarinata , Linn. (Neust. bicarinatus).

Crocodilurus amazonicus. Spix. Spec. nov. Lacert. Bras, pag. 19, tab. 20 (adulte).

Crocodilurus ocellatus. Spix. Spec. nov. Lacert. Bras, pag. 20 , tab. 21 (Pullus.)

La Dragonne Lézardet. Cuv. Règ. Anim. (2e édit.) tom. 2 , p. 27. Exclus. Synon. Lac. bicarinata, Linn. (Neust. bicarinatus).

Crocodilurus amazonicus. Wagler. Icon. et Descript. Amph., tab. 15 (adulte).

Crocodilurus amazonicus. Id. Syst. Amph. , pag. 153.

The Dragon Lizardet. Griff. Anim. Kingd. tom. 9, pag. 112.

Double cristed Ada. Gray. Synops. Rept. in Griff. Anim. Kingd. tom. 9, pag. 29.

Crocodilurus amazonicus. Eichw. Zool. Spec. Ross. et Polon. tom. 3, pag. 190.

Crocodilurus amazonicus. Schinz. naturgesch. und Abbild. Rept. pag. 195, tab. 34 (adulte).

Crocodilurus amazonicus. Wagler. Herpet. Mex. tom. 1, pag. 8.

DESCRIPTION.

FORMES. La tête du Crocodilure Lézardet est légèrement effilée. Elle a , en longueur totale, le double de sa largeur postérieure ; ses quatre faces sont à peu près égales. La plaque rostrale , de figure triangulaire, est assez dilatée : un de ses trois côtés forme le bord libre du bout de la lèvre supérieure , et chacun des deux autres est soudé, en bas avec la première labiale, en haut avec la naso-rostrale. La plaque internasale est plus grande à elle seule que les deux naso-rostrales réunies, entre lesquelles deux de ses six côtés, les antérieurs , se trouvent enclavés. Cette même plaque internasale est en rapport, de l'un et de l'autre côté, avec une très-grande post-nasale, et en arrière avec les fronto-nasales. Les fronto-nasales sont hexagones, plus larges que longues, réunies par une seule suture sur la ligne médio-longitudinale du crâne. Par leur second côté, elles se soudent à l'internasale, par le troisième à une très-grande post-nasale, par le quatrième à une très-petite surciliaire, par le cinquième à la première sus-oculaire, et par le sixième à la frontale. Cette plaque , de forme octogone allongée, rétrécie en arrière , a ses deux bords antérieurs articulés avec les deux fronto-nasales,

ses deux bords latéraux soudés aux deux premières plaques sus-
oculaires, et ses deux bords postérieurs en rapport avec les fronto-
pariétales. Les fronto-pariétales sont pentagones, dilatées longitudinalement, plus étroites en avant qu'en arrière, et circonscrites
antérieurement par les fronto-pariétales, de chaque côté, par les
deux dernières sus-oculaires, et en arrière par l'inter-pariétale.
Cette plaque inter-pariétale, bien qu'à cinq côtés, affecte une
forme triangulaire ; elle est fort grande, a, de l'un et de l'autre
côté, une pariétale pentagone ou hexagone, également bien développée, et en arrière une très-petite occipitale à six pans. Les deux
plaques occipitales postérieures, qui terminent ce pavé de plaques céphaliques, sont beaucoup plus étendues dans le sens
transversal que dans la ligne longitudinale de la tête ; elles occupent, placées à côté l'une de l'autre, toute la largeur du crâne.
Leur forme est celle d'un triangle isocèle à sommet tronqué. Les
quatre plaques sus-oculaires sont plus ou moins régulièrement
quadrangulaires. La première est la plus petite d'entre elles ;
après vient la troisième, ensuite la quatrième, ce qui fait que
la seconde se trouve être la plus grande des quatre. L'une des
trois plaques qui entourent les narines, celle que nous appelons naso-rostrale, parce qu'elle touche à la rostrale, est grande,
triangulaire ; la seconde, également assez grande, a une forme
trapézoïde ; et la troisième, au contraire, fort petite, est
quadrilatère. Une plaque hexagone, placée entre le bord orbitaire antérieur et une des trois nasales, est si grande qu'à
elle seule elle couvre une grande partie de la surface du *canthus rostralis* ; elle semble être la première d'une rangée
(dont les autres plaques sont beaucoup plus petites) qui contourne le dessous du bord inférieur de l'orbite. Il y a six
paires de plaques labiales supérieures, et six paires de plaques labiales inférieures, toutes plus ou moins régulièrement quadrilatères oblongues. Les mentonnières ont quatre côtés dont l'antérieur est fortement arqué, les deux latéraux sont infléchis en dedans et le postérieur est transverso-rectiligne. Les tempes sont protégées par un pavé de petites écailles aplaties, polygones, unies.
Le dessus et les côtés du cou offrent des écailles ovales, bombées,
juxta-posées, lisses. Celles qui garnissent la région collaire inférieure ont une surface plane et une forme hexagone. L'écaillure du dos se compose de petites pièces oblongues, fortement
en dos d'âne, présentant six côtés, deux latéraux assez grands,

deux antérieurs et deux postérieurs fort petits. Le dessous du tronc est revêtu de scutelles quadrilatères, plates, oblongues, unies, dont on compte vingt séries longitudinales et trente-et-une rangées transversales, sur la région comprise entre les bras et les cuisses. Les écailles des flancs sont plus grandes, mais elles ont la même forme que celles des parties supérieures du cou. Le dessus des bras est recouvert d'écailles rhomboïdales unies, légèrement imbriquées; le dessus en offre dont la forme tient de l'ovale, et dont la surface paraît bombée. Ce sont de très-petites écailles assz semblables à celles du dos, qui revêtent le dessus des pattes postérieures, lesquelles, en dessous, en offrent de grandes, hexagones et parfaitement unies.

Les pores qui existent sous les cuisses sont très-petits; nous en avons compté une vingtaine formant une seule ligne qui se prolonge sur le côté de la région préanale, après s'être un moment interrompue dans l'aine. Outre les deux carènes assez basses et peu profondément dentelées en scie qui surmontent la queue dans toute sa longueur, on en remarque encore, à l'origine de cette partie du corps, six autres petites, situées, quatre entre les deux grandes, la cinquième à leur droite et la sixième à leur gauche. Ces six petites carènes, qui ne s'étendent pas au delà du milieu de la queue, sont très-peu sensibles chez les jeunes sujets. Les écailles caudales sont allongées, étroites, quadrilatères ou subhexagones et presque toutes faiblement carénées. La région préanale porte, une dizaine d'écailles quadrilatères, oblongues, lisses, disposées sur deux rangées transversales. Celles de ces écailles qui composent la rangée antérieure sont d'un tiers plus grandes que celles de l'autre rangée. On n'aperçoit pas de pores sur l'une ou l'autre lèvre du cloaque.

Coloration. Un brun obscur règne sur les parties supérieures du corps. La surface de la tête, qui offre une faible teinte olivâtre, est couverte de petites taches noires; d'autres taches de la même couleur, mais plus grandes, sont répandues sur le dos et les membres. Les côtés du cou, la partie inférieure des flancs et le dessous de la queue présentent une couleur verte, plus ou moins tachetée de noir. La gorge, la poitrine et le ventre sont jaunes.

Chez les jeunes sujets, les taches du dessus de la tête, du cou et des membres sont plus nombreuses, plus distinctes et semées sur un fond plus clair que chez les individus adultes. Les côtés du cou, du tronc et de la queue sont noirs avec de grands ocelles d'un roux blanchâtre. Cette même teinte d'un roux blanchâtre existe sur les membres, qui sont réticulés de noir; les doigts cependant sont annelés de cette dernière couleur. Toutes les régions inférieures sont blanches, semées de taches quadrangulaires noires. Les plaques labiales inférieures elles-mêmes sont blanches, bordées de noir.

DIMENSIONS. *Longueur totale* 64" 5'''. *Tête*. Long. 5" 5'''. *Cou*. Long. 3". *Tronc*. Long. 17". *Memb. antér*. Long. 8". *Memb. postér*. Long. 15". *Queue*. Long. 39".

Ces dimensions sont prises sur un individu de notre collection, que nous ne considérons pas comme réellement adulte.

PATRIE. Le Crocodilure Lézardet se trouve au Brésil et à la Guyane. Les deux seuls exemplaires que possède le Muséum d'histoire naturelle proviennent de ce dernier pays. C'est d'après eux et un jeune sujet qui nous a obligeamment été envoyé en communication du musée de Leyde, que notre description a été rédigée. Ce jeune Crocodilure Lézardet appartenant au musée de Leyde faisait primitivement partie des collections recueillies au Brésil par Spix, de qui le tient directement l'établissement scientifique hollandais que nous venons de nommer.

OBSERVATIONS. On ne peut pas avoir le moindre doute sur l'identité spécifique de notre Crocodilure Lézardet avec le *Crocodilurus amazonicus* de Spix, qui en a fort mal à propos pris le jeune âge pour une espèce particulière, désignée dans la planche vingt-unième de son ouvrage, sous le nom de Crocodilure ocellé.

IIᵉ GENRE. THORICTE. *THORICTES*. Wagler.
(*Dracæna*. Daudin; *Ada* part. Gray.)

CARACTÈRES. Langue ? Dents intermaxillaires coniques ; les maxillaires tuberculeuses (chez les adultes). Palais non-denté ; narines circulaires, s'ouvrant au milieu d'une suture qui unit longitudinalement deux plaques nasales placées, l'une sur le dessus, l'autre sur le côté du museau. Des paupières ; une membrane du tympan tendue à fleur du trou auriculaire. Dessous du cou marqué d'un double pli non-bordé de scutelles. Ventre revêtu de petites plaques quadrilatères, nombreuses, lisses, formant des bandes subobliques. Des pores inguinaux. Pattes terminées chacune par cinq doigts légèrement comprimés, non-carénés en dessous ; bord interne du troisième et du quatrième orteil dentelé.

Les Thorictes se distinguent particulièrement des Crocodilures en ce que leur dos présente, mêlés à de très-petites écailles imbriquées, de forts grands écussons squameux hautement carénés, et que l'orifice externe de leurs narines, au lieu d'être triangulaire et situé entre trois petites scutelles, ne forme qu'un simple trou arrondi, percé au milieu de l'étendue d'une suture, joignant entre elles deux plaques extrêmement développées. Comparés avec les Neusticures, on voit qu'ils en diffèrent, d'abord par les narines qui, chez ces derniers, se montrent de chaque côté sous la forme d'un très-petit trou percé au milieu d'une plaque unique ;

---

(1) Thoricte : du mot θωραχτης, qui a une cuirasse, qui *thoracem* *fert* ; *armatus*.

4.

puis par les deux plis simples qui existent sous leur cou, à la place d'un collier squameux ; ensuite par la disposition non imbriquée de leurs plaques ventrales ; enfin par la présence d'une dentelure le long du bord interne de deux des doigts de leurs pieds postérieurs.

La tête des Thorictes représente une pyramide à quatre faces à peu près égales, ayant son sommet fortement obtus.

Les dents maxillaires sont petites, et au nombre de neuf. Leur forme n'est pas positivement conique, attendu qu'elles offrent une légère compression d'avant en arrière. On compte environ dix dents maxillaires supérieures, et douze dents maxillaires inférieures, de chaque côté ; les quatre ou cinq premières des unes et des autres sont coniques, quoique faisant déjà pressentir la forme tuberculeuse ou presque sphérique que présentent celles qui les suivent, lesquelles sont extrêmement grosses. Toutefois, nous avons tout lieu de croire que le grand développement et cette forme arrondie des dents maxillaires postérieures des Thorictes ne sont pas un caractère particulier à ce genre de Lacertiens, mais qu'ils tiennent tout simplement à l'âge adulte des deux seuls individus que nous ayons encore été dans le cas d'observer ; il est très-probable qu'à une époque moins avancée de leur vie, les Thorictes, de même que les Sauvegardes, chez lesquelles, ainsi qu'on en a la certitude, l'âge rend les dents maxillaires postérieures tuberculeuses, ont ces mêmes dents plus ou moins comprimées et divisées à leur sommet, soit en deux, soit en trois pointes mousses. Le palais des Thorictes n'est pas denté. Nous ignorons quelle est la conformation de leur langue, n'ayant pas encore été assez heureux pour rencontrer dans les collections de sujets conservés dans l'eau-de-vie.

Les narines sont deux trous circulaires qui ont l'air d'être percés perpendiculairement, et cela assez près du bout du nez, vers le milieu de l'étendue de la ligne d'articulation de deux grandes plaques situées l'une sur le dessus, l'autre sur le côté du museau, c'est-à-dire au sommet de la région appelée frénale ou *Canthus rostralis*, suivant Wagler.

Chez les Thorictes, le nombre des plaques céphaliques est plus grand que dans la plupart des autres genres de la famille à laquelle ils appartiennent ; attendu que parmi elles on en observe dont on ne retrouve pas les analogues chez le commun des Lacertiens : telles sont quatre plaques placées deux par deux, entre les naso-rostrales et l'internaso-rostrale (qui par suite de cela se trouve rejetée fort en arrière des naso-rostrales) ; puis deux à droite et deux à gauche de ces quatre-là ; ensuite une située à l'angle latéro-postérieur de chaque fronto-pariétale ; enfin plusieurs petites, disposées régulièrement sur les parties latérales du bord postérieur du crâne, dont l'occipitale occupe le milieu. Nous désignerons ces plaques supplémentaires par les noms de premières et de secondes post-naso-rostrales, de premières et de secondes post-naso-rostrales latérales, de post-fronto-pariétales et d'occipitales latérales. La région frénale (*Canthus rostralis*, Wagl.), ou face latérale du museau comprise entre l'orbite et le bout du nez, est couverte par l'une des deux plaques qui touchent à la narine, la naso-labiale, et par une post-naso-labiale, suivie de deux pré-orbitaires, derrière lesquelles il y a encore quelques petites plaques placées d'une manière peu régulière, autour du bord de l'orbite.

Il existe deux paupières, dont une, la supérieure, est plus courte que l'inférieure ; celle-ci en s'abaissant, et l'autre en se relevant, forment un pli assez marqué. La membrane du tympan se trouve tendue tout à fait en dehors du trou auriculaire ; sa forme est subcirculaire et son diamètre assez grand.

La peau de la région inférieure du cou forme deux plis transversaux simples, situés, l'un à la naissance de la poitrine, l'autre un peu plus en avant. D'autres plis transversaux ou verticaux se montrent tout le long des flancs.

Les membres offrent un développement proportionné à celui du corps. Les doigts qui les terminent sont au nombre de cinq devant et de cinq derrière, légèrement comprimés , mais non carénés en dessous ; deux d'entre eux, aux pattes postérieures, portent une dentelure en scie le long de leur bord interne. Les ongles sont médiocrement longs, assez robustes, comprimés, un peu arqués et creux en dessous. Des doigts des mains, c'est le premier qui est le plus court ; après lui vient le cinquième, puis le second, ensuite le troisième et le quatrième, qui sont à peu près de la même longueur. Les quatre premiers doigts des pieds vont en s'allongeant graduellement, ou sont, comme on le dit, étagés ; le cinquième de ces doigts postérieurs est un peu plus court que le second. De chaque côté de la région préanale, on voit une rangée d'écailles cyclo-polygones percées chacune d'un petit pore au milieu, cette rangée de pores descend à peine sur la face inférieure de la cuisse.

La queue, comprimée absolument de la même manière que dans le genre précédent, est surmontée de deux crêtes dentelées en scie qui restent divisées jusqu'à la dernière extrémité.

Le dessus du corps présente des écussons squameux assez semblables pour la forme à ceux des Crocodiles. Ils sont de même, proportion gardée, assez grands et disposés par séries longitudinales ; mais celles-ci, au lieu d'être serrées les unes contre les autres, se trouvent séparées par de petites écailles ovales, un peu allongées, imbriquées et légèrement carénées.

La poitrine et le ventre sont protégés par des ceintures de petites plaques quadrilatères, oblongues, offrant dans le sens de leur longueur une faible carène qui les partage également par la moitié, et à l'extrémité de laquelle la plaque est percée d'un très-petit pore.

Le genre qui fait le sujet du présent article, a été établi par Daudin, dans son Histoire naturelle des Reptiles. Le nom de *Thorictes*, sous lequel nous le désignons, est une substitution faite par Wagler à celui de *Dracæna* qu'il portait dans l'origine, mais contrairement aux principes d'une bonne nomenclature ; car il avait déjà été donné par Linné à un genre de plantes. Au reste, le nom de Dragonne, transporté de l'espèce au genre que celle-ci servait à créer, lui avait été appliqué par de Lacepède, par suite de la fausse interprétation que fit cet auteur d'une des figures de l'ouvrage de Séba, figure qui avait été précédemment prise par Linné pour type de son *Lacerta Dracœna*, qu'on trouve inscrit dans la douzième édition du *Systema naturæ*.

Effectivement cette figure, qui est celle de la planche 101, du tom. II, du Trésor de la Nature de Séba, loin d'appartenir à l'espèce dont il est question ici, représente un Saurien d'une famille complétement différente, c'est-à-dire, le Varan du Bengale dans son âge adulte.

Lacepède et Daudin avaient placé leur Dragonne auprès des Crocodiles, dirigés seulement en cela par la ressemblance extérieure que présentent ces Reptiles dans la forme comprimée de leur queue, et dans le développement des écussons carénés des téguments de leur dos. Mais, dans la suite, l'étude plus approfondie qui fut faite de l'organisation de ces Sauriens fit découvrir entre eux des différences tout à fait en rapport avec leur manière de vivre, différences qui ne permettaient plus de les laisser réunis. Aussi, dès-lors, les Crocodiles et les Dragonnes prirent place dans les classifications, suivant les vues de leurs auteurs, soit dans des familles distinctes, soit même dans des ordres séparés.

Nos Thorictes, ou mieux le genre Dragonne de Daudin, ont été inscrits parmi la famille des Sauriens, dans la première et dans la seconde édition du Règne animal de Cuvier, avec cette différence cependant, que dans la seconde l'auteur y plaçait aussi le Tupinambis Lézardet de Daudin, ou notre *Crocodilurus Lacertinus* qui, dans la première, se trouvait rangé avec les Sauvegardes.

M. Gray, qui a accepté le genre Dragonne de Daudin tel qu'il a été proposé en 1829, par Cuvier, a cru devoir aussi, et sans doute par les mêmes motifs que Wagler, remplacer le nom de *Dracœna* par une nouvelle dénomination, dont le choix ne nous semble pas aussi heureux que celui fait par l'erpétologiste allemand. Cette nouvelle dénomination est le mot *Ada*, qui en grec signifie joie, bonheur. Merrem avait réuni le genre Dragonne à ses *Tejus*.

LE THORICTE DRAGONNE. *Thorictes Dracœna,* Nobis.

CARACTÈRES. Parties supérieures d'une teinte olivâtre uniforme ; régions inférieures jaunâtres, nuancées de vert obscur.

SYNONYMIE. *La Dragonne* de Lacepède, Hist. quad. ovip. tom. 1, pag. 243, pl. 16. Exclus. Synom. *La Dragonne* Daubent., Encycl. méth. ; *Lacerta dracœna.* Linné ; *Lacerta candiverbera cordylus*, Seb. (Varanus Bengalensis).

Bicarinated Lizard. Shaw, gen. Zool. tom. 3, part. 1, pag. 212. Exclus. Synon. Lacerta bicarinata. Linné (*Neusticurus bicarinatus*).

La Dragonne. Bonnat. Erpét. Encyclop. méth. pag. 3, tab. 3, fig. 2.

La Dragonne. Lat. Hist. Rept. tom. 1, pag. 216.

Dracœna Guianensis. Daud. Hist. Rept. tom. 2, pag. 423, tab. 28.

La Dragonne, Cuv. Règn. Anim. (1 édit.), tom. 2, pag. 26.

Tejus Crocodilinus. Merr. Tent. Syst. Amph. pag. 62.

La Dragonne. Bory Saint-Vincent. Résumé d'Erpét. pag. 101, pl. 15, fig. 1.

La grande Dragonne. Cuv. Règ. Anim. (2ᵉ édition), tom. 2, pag. 27.

Thorictis Guianensis. Wagl. Syst. Amph. pag. 153.

The Great Dragon. Anim. Kingd. Cuv. Translat. by Griff. tom. 9, pag. 112.

Common Ada. Gray. Synops. Rept. in Griffith's Anim. Kingd. tom. 9, pag. 28.

Thorictis Guianensis. Wiegm. Herpet. Mexic. pars 1, pag. 8.

DESCRIPTION.

FORMES. La tête du Thoricte Dragonne a en largeur, au niveau des oreilles, la moitié de sa longueur totale, qui serait contenue deux fois dans l'étendue du tronc, comprise entre un membre antérieur et un membre postérieur. La hauteur de la partie postérieure de la tête est le double de celle du museau, qui est gros, arrondi, obtus.

La mâchoire supérieure offre, en avant, dix dents inter-

maxillaires petites, coniques, simples, et de chaque côté dix
dents maxillaires dont les quatre premières sont presque coniques, simples et à sommet un peu recourbé en dedans; les six
dernières, qui sont tuberculeuses ou arrondies, augmentent
graduellement de grosseur d'avant en arrière; nous ferons toutefois remarquer que les trois premières d'entre elles rappellent,
pour ainsi dire, la forme conique de celles qui les précèdent,
d'où l'on doit présumer que cette sphéricité presque complète
de plusieurs dents maxillaires postérieures du Thoricte dragonne est due à l'âge avancé des individus soumis à notre
examen. Les dents de la mâchoire inférieure, dont le nombre
est de douze de chaque côté, ont absolument la même forme que
celles de la mâchoire supérieure auxquelles elles correspondent.
La plaque rostrale, grande, pentagone, bien qu'affectant une
forme triangulaire, se trouve soudée de chaque côté, à la première labiale et à la naso-rostrale; son cinquième pan, qui est
le plus étendu, fait partie du bord de la lèvre. Les naso-rostrales
ont chacune cinq côtés par lesquels elles se trouvent en rapport, d'abord entre elles, puis avec la première post-naso-rostrale, avec la naso-frénale, avec la première labiale et avec la
rostrale. Les premières post-naso-rostrales ont également cinq
côtés, les secondes du même nom en offrent six, ainsi que les
premières et les secondes post-naso-rostrales latérales, qui sont
oblongues. La plaque internasale est petite et en losange. Les
fronto-nasales ont six côtés; la frontale en a cinq, de même
que chacune des fronto-pariétales. Les post-fronto-pariétales,
qui sont très-petites, ont une forme trapézoïde. Les pariétales
sont grandes et à huit ou neuf pans; l'inter-pariétale est aussi
très-développée et de figure octogone. L'occipitale, ainsi que les
occipitales latérales, ne présentent pas une forme bien arrêtée.
La première sus-oculaire a cinq côtés dont deux assez étendus qui
forment un angle aigu en avant; les trois autres, malgré le même
nombre de pans, offrent une figure qui se rapproche de celle du
carré. La plaque naso-frénale est trapézoïde; elle s'articule avec
la naso-rostrale, avec la post-naso-rostrale, avec la frénale,
avec la première et la troisième labiale et avec la rostrale.
La frénale est grande et sub-hexagone; derrière elle, sont
deux post-frénales superposées, dont le nombre des côtés
est de six à huit pour chacune. Il y a huit plaques labiales
supérieures. La première, qui est triangulaire équilatérale,

touche par son bord supérieur à la naso-rostrale et à la naso-
frénale; par son bord antérieur à la rostrale, et par son
bord postérieur à la seconde labiale. Cette seconde labiale supérieure a la même forme que la précédente, mais elle est un peu
plus petite, et c'est un de ses angles au lieu d'un de ses côtés
qui se trouve former sa partie la plus élevée. Les six autres plaques labiales supérieures sont carrées. La plaque mentonnière est
grande, hexagone, dilatée en travers. On compte douze plaques labiales inférieures de chaque côté; la première est trapézoïde et la seconde pentagone, touchant toutes deux par leur
bord inférieur aux plaques sous-maxillaires; les autres labiales
inférieures, depuis la troisième jusqu'à la huitième, sont pentagones, et les neuvième, dixième, onzième et douzième, quadrangulaires, ayant leur bord postérieur plus bas que l'antérieur.
Le dessous de chaque branche sous-maxillaire est garni d'une
rangée de quatre grandes plaques quadrilatères, rétrécies en
avant, qui sont suivies d'une paire de plaques sub-romboïdales,
après lesquelles viennent d'autres plaques polygones d'un diamètre successivement plus petit. Cette rangée de plaques sous-
maxillaires est séparée de celle des labiales inférieures par une
suite de petites plaques pentagones ou hexagones oblongues.
Toutes les plaques qui revêtent les mâchoires sont percées
de très-petits pores. Les tempes sont protégées par un pavé
de plaques unies, à cinq, six ou sept pans, les unes circulaires, les autres oblongues. Il existe entre les branches sous-
maxillaires de petites plaques aplaties, juxta-posées, sub-hexagones, oblongues, également percées de petits pores comme celles
des mâchoires. La gorge et le dessous du cou présentent de
petites plaques égales, plates, lisses, sub-circulaires, disposées en pavé. Des écailles arrondies, légèrement renflées, non
imbriquées, garnissent les côtés du cou. Le dessus de ce dernier
ainsi que le dos sont protégés par de grands écussons ovales,
hautement carénés, entremêlés de petites écailles de même
forme, légèrement carénées et imbriquées. Ces écussons sont
disposés de telle sorte qu'ils constituent, depuis la nuque jusqu'à l'origine de la queue, une vingtaine de rangées transversales plus ou moins étroites, et une dizaine de séries longitudinales plus ou moins courtes. Ceux qui occupent la ligne
moyenne et longitudinale du dos sont beaucoup moins forts que
les autres. La carène qui les surmonte se développe davantage à

mesure qu'ils se rapprochent de la queue, sur le dessus de laquelle on compte, à sa naissance, d'abord six, puis quatre crêtes dentelées en scie qui se réduisent à deux pour parcourir cette partie du corps jusqu'à sa dernière extrémité. Les flancs offrent de petites plaques quadrilatères oblongues, épaisses, faiblement carénées. D'autres petites plaques de même forme, mais plus étroites et à carène excessivement peu marquée, sont rangées sur la poitrine et sur le ventre par bandes transversales, au nombre de trente-deux environ. Il existe au devant de l'anus une région de forme triangulaire, couverte de petites plaques sub-hexagones oblongues, peu régulièrement disposées. On remarque dans chaque aine une série de six ou sept petites plaques cyclo-polygones, percées chacune, au milieu, d'un très-petit pore. La face supérieure des membres est garnie d'écailles rhomboïdales, carénées, imbriquées; leur face inférieure en offre de juxta-posées, plus ou moins régulièrement ovalaires, à surface renflée, non carénées, à l'exception du dessous des jambes cependant, où l'on voit des écailles plates, rhomboïdales et imbriquées. Le derrière des cuisses est revêtu de petites écailles rhomboïdales, carénées, entuilées, fort épaisses.

La partie supérieure de la queue qui n'est pas occupée par les écussons, dont les hautes carènes constituent les crêtes qui la surmontent, offre de petites écailles ovalaires, allongées, carénées et faiblement imbriquées; sur ses côtés se montrent des écailles hexagones, extrêmement allongées, et distinctement carénées; en dessous, elle se trouve protégée par d'autres écailles très-allongées, mais quadrilatères, échancrées en arrière et coupées longitudinalement par une carène fort épaisse.

Coloration. Nous avons peu de chose à dire sur le mode de coloration de cette espèce, dont nous n'avons jamais vu que des individus desséchés. Leurs parties supérieures offrent une teinte olivâtre uniforme, et leurs régions inférieures une couleur jaunâtre, nuancée de vert obscur sur le ventre et sous les cuisses. Le dessus des ongles est brun et leurs faces latérales sont jaunes.

Dimensions. Les proportions suivantes sont celles des principales parties du corps d'un exemplaire dont la peau est conservée dans notre musée.

Longueur totale. 79". *Tête.* Long. 9". *Cou.* Long. 6". *Tronc.* Long. 22". *Memb. antér.* Long. 13". *Memb. post.* Long. 17". *Queue.* Long. 57".

Patrie et mœurs. Cette espèce est originaire de l'Amérique méridionale. Le Muséum d'histoire naturelle l'a anciennement reçue de la Guyane par les soins de M. de Laborde ; mais depuis elle ne s'est jamais trouvée dans aucune des collections qui nous ont été adressées du même pays. Elle habiterait aussi le Mexique, si, comme nous le présumons, le Lézard que MM. de Humboldt et Bompland ont eu souvent l'occasion d'observer dans le lac de Valencia, n'en est pas différent (1). A la Guyane, l'espèce de Thoricte que nous venons de faire connaître vit dans les savanes noyées ; cependant M. de Laborde prétend qu'elle se tient plus souvent à terre que dans l'eau. De Lacepède rapporte, d'après le même observateur, qu'elle se retire dans des trous, et que la femelle pond plusieurs douzaines d'œufs.

Observations. Wagler a avancé que le *Lacerta bicarinata* de Linné, ne devait pas être rapporté, ainsi que l'ont fait plusieurs erpétologistes, au *Crocodilurus Lacertinus ;* mais bien au *Thorictes dracœna*, dont l'auteur du *Systema naturæ* aurait eu un jeune sujet sous les yeux. Nous partageons complétement son opinion quant à sa première proposition ; mais nous croyons qu'il a tort en ce qui concerne la seconde, car Linné dit positivement dans la caractéristique qu'il donne de son *Lacerta bicarinata :* « *Abdomen 24 ordinibus transversalibus squamarum (in singulo 6) tectum.* » Or, le Thoricte dragonne a le ventre garni d'une trentaine de rangs transversaux de plaques, dans chacun desquels il en entre de vingt-six à trente-deux. C'est plutôt, selon nous, l'espèce du genre suivant, le Neusticure à deux carènes, qu'il faut considérer comme le vrai *Lacerta carinata* de Linné, car elle n'offre réellement que six plaques dans chacune des vingt-quatre séries transversales que l'on compte sur sa région abdominale.

_____

(1) *Voyez* Humboldt, Tableaux de la nature, tom. I, pag. 66. In-8. Paris, 1828.

IIIᵉ GENRE. NEUSTICURE. *NEUSTICURUS*
Nobis.

CARACTÈRES. Langue à base non-engaînante, médiocrement allongée, divisée assez profondément à son extrémité libre, à papilles squamiformes, imbriquées. Palais non denté. Dents intermaxillaires coniques; dents
maxillaires comprimées, tricuspides. Narines fort petites, arrondies, percées au centre d'une grande plaque ovale, aplatie, placée sur le côté du museau. Des
paupières. Une membrane du tympan distincte, tendue
au-dedans du trou auriculaire. Un seul pli transversal
sous le cou. Ventre garni de petites plaques quadrilatères, lisses, imbriquées, à bord libre arrondi, disposées par séries longitudinales rectilignes. Pattes terminées chacune par cinq doigts non carénés en-dessous,
sans dentelure en scie sur leurs bords. Des pores tout
le long de la face inférieure de la cuisse.

Ce genre, qu'à la première vue on serait tenté de confondre avec celui des Thorictes, à cause de l'analogie qui
existe entre son écaillure dorsale et la leur, se laisse néanmoins aisément distinguer, lorsqu'on l'examine avec plus
d'attention. On trouve, en effet, que les narines ne sont
que deux fort petits trous percés, l'un à droite, l'autre à
gauche du museau, au milieu d'une plaque unique; que la
peau de la région inférieure de son cou ne forme qu'un seul
pli transversal, que son tympan est enfoncé dans le trou
de l'oreille, que ses scutelles ventrales sont imbriquées;

(1) De Νευστίκος, *natans*, *natrix*, propre à nager; et de ουρα, *cauda*,
queue.

enfin que le dessous de ses cuisses offre une longue et nombreuse suite de pores très-marqués.

Tous ces caractères éloignent également notre genre de celui des Crocodilures, dont il diffère encore par la non homogénéité de son écaillure du dos.

Les Neusticures ont la tête quadrangulaire et assez déprimée, particulièrement à son extrémité antérieure, ce qui rend leur museau mince, comparativement à celui des Crocodilures, et surtout des Thorictes. La langue, qui est tout au plus aussi extensible que celle des Lézards proprement dits, n'offre pas davantage que la leur de gaîne ou de fourreau destiné à loger une partie de cet organe, lorsqu'il est retiré dans la bouche, ainsi que cela s'observe dans quelques genres voisins tels que ceux de Sauvegarde, d'Améiva, de Centropyx. Elle est aplatie, de moins en moins large en s'avançant vers son extrémité antérieure, qui présente une échancrure anguleuse peu profonde. Sa face supérieure est couverte de papilles ayant l'apparence d'écailles, à cause de leur forme en losange et de leur disposition imbriquée.

A la mâchoire supérieure, on compte, en avant, douze dents intermaxillaires coniques, simples; et de chaque côté, vingt-deux dents maxillaires comprimées, toutes obtusément tricuspides. La mâchoire inférieure porte soixante-dix dents en tout, trente-cinq à droite, trente-cinq à gauche; les cinq ou six premières sont coniques, et toutes les autres aplaties latéralement, et divisées à leur sommet en trois pointes mousses, plus ou moins distinctes. Le palais est lisse.

L'orifice externe de la narine est un trou excessivement petit, qui semble pratiqué au milieu d'une plaque oblongue, située sur le côté du museau au sommet de cette région appelée par nous frénale, et *Canthus rostralis* par Wagler. C'est un cas unique parmi les Sauriens que nous connaissons; car la narine vient toujours se faire jour au dehors, en tout ou en partie, dans la plaque qui touche à la fois à la rostrale et à l'internasale, quand cette dernière cependant, comme cela se voit seulement chez les Thorictes, ne se trouve pas rejetée fort en arrière par quelques plaques supplémentaires qui viennent se placer entre elle et la rostrale. Cette plaque, dans laquelle est percée la narine, en a, devant elle, une très-petite qui la sépare de la rostrale, et son bord supérieur s'articule avec ce qui est réellement la naso-rostrale chez tous les autres Sauriens. Pour ce qui est des plaques de la face supérieure de la tête, dans le genre qui nous occupe, elles offrent, quant au nombre et à leurs connexions, à peu près la répétition de ce qui existe chez les Lézards proprement dits; car on ne trouve que deux post-pariétales et les deux occipitales latérales de plus.

La paupière inférieure est plus haute que la supérieure. L'une et l'autre sont garnies d'écailles qui empêchent la transparence.

La membrane du tympan n'est pas tendue à fleur du trou auriculaire, comme dans les deux genres précédents, mais enfoncée dans ce trou, peu profondément, il est vrai.

La peau de la région inférieure du cou ne forme qu'un seul pli transversal bordé d'écailles un peu plus dilatées que celles qui les précèdent. Ce pli est situé à la naissance de la poitrine.

Les membres sont développés dans les mêmes proportions que ceux des Crocodilures et des Thorictes. La longueur des doigts entre eux est aussi absolument la même; tous ont leur face inférieure lisse; et deux des postérieurs, le troisième et le quatrième, portent non pas une dentelure, mais une rangée de tubercules, le long de leur bord externe.

Le dessous des cuisses est percé de pores dans toute sa longueur.

La queue, comprimée tout à fait de la même manière que celle des Crocodilures et des Thorictes, est également surmontée de deux crêtes qui demeurent bien distinctement divisées jusqu'à leur dernière extrémité.

Les écailles des parties supérieures du corps sont de deux sortes : les unes grandes, carénées, en losange; les autres petites, lisses, de forme irrégulière.

Le ventre est revêtu de scutelles ou de plaques quadrilatères lisses, imbriquées, à angles arrondis.

Ce genre ne comprend encore qu'une seule espèce, dont
nous allons donner la description détaillée.

1. LE NEUSTICURE A DEUX CARÈNES. *Neusticurus bicarinatus*. Nobis. (*Voy*. Pl. 49.)

CARACTÈRES. Dessus du corps marqué de grandes taches ou de
bandes transversales d'un brun foncé, sur un fond brun clair ;
flancs et côtés de la queue tachetés de jaune sale sur une teinte
olivâtre ; parties inférieures d'un blanc jaunâtre.

SYNONYMIE. *Lacerta bicarinata*. Linn. Syst. nat. édit. 10,
pag. 201, n° 7 ; et édit. 12, pag. 361, n° 8.

Lacerta bicarinata. Gmel. syst. nat. Linn. pag. 1060, n° 8.

Dracœna bicarinata. Guer. Icon. Règ. anim. Cuv. rept. tab. 3,
fig. 2.

Thorictis Guianensis. (Pull.) Wagl. Syst. Amph. pag. 153.

Monitor Crocodilinus. Griff. anim. kingd. Cuv. tom. 9,
tabl. 16.

Custa bicarinata. Flem. Philos. zool. tom. 2, pag. 274.

DESCRIPTION.

FORMES. La tête de cette espèce a en longueur totale les deux
tiers environ de l'étendue que présente le tronc depuis l'aisselle
jusqu'à l'aine. En arrière, sa largeur est un peu moindre que sa
hauteur, qui pourrait être représenté par deux fois l'étendue qui
existe de l'occiput au bout du museau. Celui-ci est étroit, arrondi
et excessivement aplati. La plaque rostrale, très-dilatée en travers, offre six côtés : un inférieur fort grand ; trois supérieurs,
dont un assez grand, deux extrêmement petits, et deux latéraux
peu élevés. Les plaques qui correspondent aux naso-rostrales de
tous les autres Sauriens, bien qu'ici elles ne soient pas percées
par les narines, sont oblongues, tétragones ou pentagones. Elles
ne se replient en aucune façon sur les côtés du museau, s'articulent d'abord entre elles, ensuite avec la rostrale, avec une très-
petite plaque qui précède celle assez grande, au travers de laquelle la narine se fait jour, et avec cette même plaque dans
laquelle se trouve le trou nasal ; puis avec une grande préorbitale,
avec les fronto-nasales et l'internasale. Cette dernière, qui est

petite, et dont la forme est en losange plus ou moins régulier, est enclavée entre quatre plaques qui sont, en avant, les naso-rostrales; en arrière, les fronto-nasales. Celles-ci sont hexagones. La frontale, qui est oblongue et rétrécie en arrière, a également six côtés, dont les deux postérieurs, de même que les deux antérieurs, forment un angle obtus. Les fronto-pariétales sont pentagones, et plus larges en arrière qu'en avant. Les pariétales sont trapézoïdes. L'inter-pariétale, plus grande que chacune d'elles, a cinq ou sept côtés. Les post-pariétales sont triangulaires et un peu moins développées que celles qui les précèdent. L'occipitale est oblongue, anguleuse, divisée parfois en deux ou trois pièces irrégulières. Les occipitales latérales, en nombre variable de chaque côté, n'ont pas non plus de forme bien arrêtée. La région frénale offre tout à fait, à son extrémité antérieure, une très-petite plaque qui est suivie de celle de forme ovale, rétrécie et même pointue en avant, au milieu de laquelle se trouve percée la narine; vient ensuite une grande plaque polygone qui s'étend jusqu'au bord orbitaire. Sous l'articulation qui unit cette grande plaque orbitaire à la plaque nasale, il existe une petite plaque rhomboïdale, quelquefois partagée en deux.

Il y a de cinq à sept plaques labiales supérieures, quadrilatères, et quatre ou cinq labiales inférieures également à quatre côtés; mais toujours plus allongées que les supérieures.

La plaque mentonnière est simple, offrant quatre petits côtés en arrière, et un très-grand et fort arqué en avant.

Les plaques sous-maxillaires sont grandes, anguleuses, et au nombre de neuf; l'une d'elles, pentagone et à deux côtés postérieurs cintrés en dedans, suit immédiatement la mentonnière; puis viennent les huit autres disposées sur deux lignes, donnant la figure d'un V, à branches légèrement arquées en dehors.

Les tempes sont protégées par un pavé de plaques cyclo-heptagones, carénées. Le trou de l'oreille est arrondi et garni sur son bord antérieur d'une sorte de dentelure médiocrement élevée. Un pincement de la peau s'étend du dessous de l'oreille jusqu'au-dessus du bras. Le pli de la région inférieure du cou est légèrement arqué en arrière.

Toutes les écailles du dessus du corps sont imbriquées; il y en a de très-petites, et d'assez grandes sur les régions cervicale et dorsale. Celles-là sont lisses, nombreuses, de forme irrégulière, et distribuées sans ordre apparent. Celles-ci, au contraire, sont

REPTILES, V. 5

carénées, en petit nombre, de figure losangique, et disposées sur quatre séries longitudinales plus ou moins espacées, plus ou moins interrompues. Deux de ces quatre séries, les médianes, se prolongent sur la queue, où elles constituent, jusqu'à l'extrémité de celle-ci, les deux crêtes dentelées en scie que nous avons déjà dit qui la surmontaient.

D'autres grandes écailles en losanges et carénées revêtent les côtés du dos, ou mieux le haut des flancs; la partie inférieure de ceux-ci en offre d'à peu près semblables, mais moins grandes, à angles arrondis, et entremêlées de petites écailles lisses, irrégulières, comme on en voit sur la face supérieure du tronc. Cependant tout à fait au bas du flanc, le long des plaques ventrales, on voit encore une série composée de grandes écailles semblables à celles qui garnissent le haut des parties latérales du corps. La gorge est couverte d'écailles hexagones, inéquilatérales, lisses, à peine imbriquées. Des tubercules coniques peu élevés, à sommet comprimé, revêtent les côtés et les bords du dessous du cou, dont la région moyenne offre des écailles plates, subovales, qui, peu à peu en s'avançant vers la poitrine, se marquent d'une carène et prennent une forme rhomboïdale irrégulière.

Celles de ces écailles qui garnissent le pli transversal sous-collaire, sont un peu plus développées que les autres. La poitrine est couverte de trois rangées transversales de plaques polygones, irrégulières, lisses. La région abdominale en présente de plus grandes, également lisses et imbriquées; mais ayant généralement quatre côtés, et leurs angles arrondis. Ces plaques ventrales constituent vingt-quatre rangées transversales et six séries longitudinales, dont les deux médianes sont parfois un peu plus étroites que les autres. La région préanale porte douze plaques, dont trois beaucoup plus grandes que les autres. Ce sont des écailles rhomboïdales, carénées, imbriquées qui revêtent la face supérieure des membres; leur face inférieure en offre de polygones, entuilées et lisses. On compte une trentaine de pores sous chaque cuisse, depuis le jarret jusqu'au-dessus de la région préanale; ces pores sont arrondis et percés entre deux ou trois écailles légèrement renflées. Le dessous des doigts est garni d'une rangée de scutelles quadrilatères, imbriquées, lisses, et le bord externe du troisième et du quatrième de ceux des pattes de derrière porte une rangée de petits tubercules.

Les écailles qui garnissent le dessus de la queue, entre les deux crêtes qui la surmontent, sont petites, lisses, imbriquées, et de forme irrégulière ; celles des parties latérales sont entuilées aussi, quadrilatères et coupées un peu obliquement par une carène ; celles de la région inférieure, dont il y a deux rangées longitudinales, sont semblables aux scutelles ventrales, à cela près qu'elles sont comparativement un peu plus allongées.

COLORATION. Sur le dessus de la tête, du cou, du tronc, des membres, et la face supérieure de la queue est répandu un brun clair, d'où se détachent d'un brun plus foncé quelques bandes transversales plus ou moins étroites. Les parties latérales du cou, les flancs et les côtés de la queue semblent semés de taches jaunâtres, sur un fond olivâtre. Quelques taches jaunâtres se montrent aussi sur les membres postérieurs.

Quant aux régions inférieures, elles paraissent avoir été colorées en blanc jaunâtre, lorsque l'animal était en vie. Tel est le mode de coloration qui nous est offert par un individu qui fait partie de notre musée, et dont nous allons donner plus bas les principales dimensions.

Nous en possédons un second plus petit qui se trouve à peu près complétement décoloré par l'effet de l'alcool, dans lequel il est depuis longtemps conservé.

DIMENSIONS. *Longueur totale*, 27" 4'''. *Tête*. Long. 3". *Cou*. Long. 1" 9'''. *Tronc*. Long. 6" 5'''. *Membr. antér*. Long. 3" 7'''. *Membr. postér*. Long. 5" 5'''. *Queue*. Long. 16".

PATRIE. Les deux seuls exemplaires de cette espèce, qui existent dans notre collection, s'y trouvent indiqués comme provenant de l'Amérique méridionale ; mais nous ne savons pas précisément de quelle contrée. Il se pourrait fort bien qu'ils eussent été envoyés de Cayenne ; c'est même leur origine la plus probable.

Observations. Nous n'hésitons pas à considérer cette espèce comme celle à laquelle appartient réellement la *Lacerta bicarinata* de Linné, tant nous semble exacte la caractéristique qu'il en a publiée dans la dixième et la douzième édition du *Systema Naturæ*.

5.

IIe GROUPE. LACERTIENS PLÉODONTES à queue conique.

LES CONICICAUDES ou STRONGYLURES.

Les espèces qui appartiennent à ce groupe n'ont pas toutes la queue parfaitement conique; car il en est plusieurs chez lesquelles cette partie du corps se trouve aplatie sur quatre points différents de sa circonférence; mais, comme les angles en sont toujours arrondis, il en résulte une forme qu'on peut, en quelque sorte, appeler cyclo-tétragone.

Les Pléodontes Strongylures sont plus nombreux en genres et en espèces que les Cathétures. La plupart ont la langue conformée de la même manière que celle de ces derniers; mais il y en a quelques-uns chez lesquels cet organe est rétractile sous la glotte ou, comme nous le disons, à base engaînée, disposition, qui établit, pour ainsi dire, un point de liaison entre les Lacertiens et les Varaniens dont la langue, comme on le sait, se trouve entièrement logée dans un fourreau. D'un autre côté, il existe encore parmi les Strongylures un genre, celui des Aporomères, qui tient aussi des Varans, non pas par la langue, qui est simple, mais par l'absence complète de pores sous les cuisses, et par son écaillure céphalique qui au lieu d'être formée, de même que chez les Lacertiens, de grandes plaques dont le nombre est assez limité, et la distribution très-régulière, se compose au contraire de petites pièces squameuses en grand nombre, et disposées presque sans symétrie. C'est également à la division des Strongylures qu'appartient le genre Acrante, le seule exemple que l'on connaisse encore aujourd'hui d'un Lacertien n'ayant que quatre doigts à chacune de ses pattes postérieures.

IVᵉ GENRE APOROMÈRE. *APOROMERA.*
Nobis (1).

CARACTÈRES. Langue à base non engaînante , échancrée au bout, couverte de papilles subrhomboïdales ,
subimbriquées. Palais denté. Dents intermaxillaires
coniques, simples. Dents maxillaires comprimées ,
écartées, pointues, arquées. Les premières simples ,
les suivantes échancrées au sommet de leur bord antérieur. Narines percées d'arrière en avant , sur le
côté du museau, tout près de son extrémité, entre
trois plaques. Des paupières , une membrane tympanale tendue en dedans du trou de l'oreille. Deux plis
transversaux simples , sous le cou. Plaques ventrales
petites, quadrilatères , lisses , en quinconce. Pas de
pores fémoraux. Pattes terminées chacune par cinq
doigts un peu comprimés , non carénés en dessous;
ceux de derrière à bord interne tuberculeux. Queue
cyclo-tétragone.

Ce genre se reconnaît de suite entre tous ceux des Lacertiens Pléodontes Strongylures par l'absence complète de
pores le long de la face inférieure des cuisses.

Cette particularité, jointe aux formes sveltes, élancées
et au mode d'écaillure que présentent les aporomères,
leur donne, au premier aspect, un certain air de ressemblance avec les Varans. Mais il suffit d'examiner leur langue
pour reconnaître aussitôt qu'elle n'a pas la moindre analogie de structure avec celle des Sauriens de la famille des
Varaniens, et que par conséquent ils ne peuvent en faire
partie. La langue des Aporomères, loin de pouvoir être

_____

(1) Ἄτοπος, sans trous , *imperforata* ; μηρος, cuisses, *femora.*

reçue presque tout entière dans une gaîne, ainsi que cela a lieu chez les Varans lorsqu'ils retirent cet organe sous le plancher de leur bouche, n'a pas même à sa base le plus petit enfoncement propre à y loger une portion de son étendue postérieure, comme on le remarque pour les Sauvegardes, les Améivas et quelques autres genres voisins. Elle ressemble davantage à celle des Lézards, quoique un peu plus longue et plus étroite : c'est un ruban graduellement rétréci d'arrière en avant, échancré d'une manière anguleuse à son extrémité, et revêtu en dessus de papilles ayant une forme presque rhomboïdale, et une disposition légèrement imbriquée.

Les dents que porte la mâchoire supérieure à son extrémité antérieure, ou les intermaxillaires, sont petites, coniques, pointues, faiblement courbées en arrière ; celles qui la garnissent latéralement, aussi bien que la mâchoire inférieure, sont plus ou moins longues, fortes, écartées, pointues, arquées et aplaties de droite à gauche ; les unes, c'est-à-dire les premières, sont simples, tandis que les suivantes ont leur bord antérieur marqué d'un petit cran tout près de leur sommet. Le palais est armé de dents coniques assez fortes, placées sur deux lignes obliques, une de chaque côté de l'ouverture nasale interne.

Les narines externes sont deux trous dirigés en arrière, percés sur le côté de l'extrémité du museau et entourés de trois plaques dont les bords se replient dans leur intérieur.

Les paupières sont presque aussi bien développées l'une que l'autre. Le bord inférieur de l'orbite fait une saillie très-prononcée.

L'ouverture de l'oreille présente un certain diamètre ; la forme en est mal déterminée, mais elle est distinctement plus élevée qu'élargie, et il existe derrière elle des plissements verticaux de la peau, dont l'usage semblerait être de la clore dans certaines circonstances. La membrane du tympan se trouve tendue en dedans du trou auriculaire.

La tête des Aporomères a une forme pyramidale assez

allongée. La face supérieure n'est pas couverte de grandes plaques anguleuses, placées d'une manière symétrique, comme chez le commun des Lacertiens ; elle en offre de petites, par conséquent plus nombreuses, et dont la disposition n'est pas généralement bien régulière. Aussi l'écaillure céphalique des Aporomères a-t-elle réellement plus de ressemblance avec celle des Varaniens et de certains Iguaniens, qu'avec celle des autres genres de la famille des Lacertiens.

Le cou n'est ni positivement tétragone, ni absolument cylindrique ; il tient de ces deux formes à la fois. La peau de ses parties latérales présente des plis ou mieux des sortes de pincements formant des figures anguleuses : celle de sa région inférieure fait aussi des plis, mais ils sont transversaux et rectilignes. On en compte trois : un bien marqué au-devant de la poitrine, un second qui l'est moins sous le milieu du cou, et un troisième, encore plus faible que les deux autres, en travers de la gorge.

Le tronc, bien qu'à peu près de la même forme que le cou, est cependant plus distinctement quadrilatère, sans offrir pour cela d'angles qui ne soient pas arrondis. Cette disposition se fait sentir davantage pour la queue, dont l'étendue n'entre pas pour moins des deux tiers dans la longueur totale de l'animal. De même que sur les côtés du cou, il existe le long des flancs des pincements ramifiés, comme on en voit chez les Cyclures et les Iguanes.

Les membres sont assez allongés, mais les doigts ne sont pas précisément très-longs. Aux pattes antérieures, c'est le premier qui est le plus court, vient ensuite le cinquième, puis le second, et le troisième et le quatrième, qui sont de la même longueur. Les quatre premiers doigts postérieurs sont très-distinctement étagés ; le dernier a un peu moins d'étendue que le second. On n'aperçoit pas la moindre trace de pores sur la région interne des cuisses. Les parties supérieures du tronc ont pour écaillure des petites pièces convexes, non imbriquées, disposées par rangées transversales. Les scutelles ventrales sont petites, nombreuses, dépourvues de carènes et disposées en quinconce.

La queue, dont le dessus n'offre pas le moindre vestige de crête ou de carène, est entourée par un très-grand nombre de verticilles, composés d'écailles longues, étroites, quadrilatères ou hexagones, lisses ou carénées.

Nous ne connaissons encore que deux espèces appartenant au genre Aporomère. Toutes deux sont originaires de l'Amérique méridionale.

TABLEAU SYNOPTIQUE DU GENRE APOROMÈRE.

Dos olivâtre,
{
semé de nombreux points jaunes. . . . 1. A. PIQUETÉ DE JAUNE.

orné de taches noires, cerclées de blanc. 2. A. ORNÉ.
}

I. L'APOROMÈRE PIQUETÉ DE JAUNE. *Aporomera flavipunctata.* Nobis.

CARACTÈRES. Dos d'un brun noirâtre piqueté de jaune.

SYNONYMIE. *Lacerta americana singularis, mas et fœmina.* Séba, tom. 1, pag. 174. tab. 110, fig. 4 et 5.

DESCRIPTION.

FORMES. L'Aporomère piqueté de jaune ressemble un peu au Varan chlorostigme, par l'ensemble de ses formes et son mode de coloration. La tête a moitié moins de largeur en arrière, qu'elle n'offre de longueur depuis l'occiput jusqu'au bout du nez. Le dessus en est presque plan, et ses côtés postérieurs, ou les tempes, sont assez renflés. On compte huit dents intermaxillaires. Il y a seize dents de chaque côté, à la mâchoire supérieure; les cinq ou six premières sont simples, et toutes les autres portent une petite échancrure sur leur bord antérieur, près de leur pointe. A la mâchoire inférieure, où l'on compte vingt dents à droite et vingt dents à gauche, les dix premières sont simples, et les suivantes échancrées de la même manière que les dents supérieures qui leur correspondent.

Les dents palatines sont au nombre de quatre à cinq de chaque côté de l'ouverture nasale interne.

Placés le long du cou, les membres antérieurs s'étendent un peu au delà de l'angle antérieur de la paupière ; ceux de derrière, appliqués contre les flancs, touchent par leur extrémité au devant de l'origine des bras.

La plaque rostrale et la mentonnière, comparées aux labiales proprement dites, sont assez grandes; celle-là est pentagone, celle-ci quadrangulaire, plus étroite en arrière qu'en avant. Les labiales supérieures sont plus petites que les labiales inférieures ; les supérieures, au nombre de douze à quatorze, sont pentagones depuis la deuxième jusqu'à la septième ou la huitième, puis les suivantes ressemblent plus ou moins régulièrement à des losanges; celle d'entre elles qui touche à la rostrale est plus dilatée que les autres; sa figure est celle d'un pentagone irrégulier. Les plaques labiales inférieures, bien qu'ayant réellement cinq côtés, affectent une forme carrée. Au-dessus de la rangée des plaques labiales supérieures, il existe trois autres rangées de plaques juxtaposées, lisses, hexagones.

La région frénale ou cet espace triangulaire, compris entre le bout du museau et l'orbite, offre un pavé d'écailles plates, lisses, quadrangulaires ou pentagones, plus grandes que celles dont nous venons de parler.

De petites plaques polygones, irrégulières, aplaties, lisses, protègent le dessus de la partie antérieure de la tête ; d'autres également polygones, irrégulières, et légèrement bombées, couvrent la surface postérieure du crâne. L'espace inter-sus-oculaire est garni de plaques un peu plus grandes que celles des régions voisines, et disposées de manière à former comme deux demi-cercles, qui se trouvent séparés, sur la ligne médio-longitudinale du vertex, par une série de petites plaques fort irrégulières. Comme chez les Varans, les régions sus-oculaires présentent chacune une rangée curviligne de plaques plus dilatées transversalement que longitudinalement, et le reste de leur surface est revêtu de scutelles hexagones, juxtaposées, lisses et un peu renflées.

Les deux paupières sont garnies de petites écailles hexagones, juxtaposées ; toutefois celles de la supérieure sont moins petites que celles de l'inférieure ; de plus , elles sont plates , tandis que celles d'en haut sont convexes.

Il existe sur les tempes un pavé d'écailles irrégulièrement hexagones , égales , à surface un peu bombée.

A la face inférieure de chaque branche sous - maxillaire , adhère une rangée d'écailles plus grandes que celles qui les avoisinent.

Le cou, en dessus et de chaque côté , offre des écailles lisses affectant une forme ovoïde.

Les écailles qui garnissent le dos sont ovales ou presque ovales, et arquées en travers comme des tuiles faîtières. Celles des flancs ne diffèrent pas de celles de la surface supérieure du cou. Les régions gulaire , collaire inférieure , et pectorale , présentent des écailles, juxtaposées, lisses , plus ou moins régulièrement hexagones, serrées fortement les unes contre les autres.

Le ventre est entièrement protégé par des rangées transversales de petites plaques lisses, quadrilatères, oblongues.

Sur la face supérieure du haut du bras et sur le bord externe de l'avant-bras, se montrent des écailles rhomboïdales , convexes, lisses, formant des lignes obliques coupées par d'autres lignes obliques , ou une sorte de réseau à mailles en losanges.

Le bord interne de l'avant-bras porte des écailles plates, lisses, subimbriquées, presque carrées. Le dessous des membres extérieurs a pour écaillure des petites pièces ovales , convexes.

Le dessus des cuisses, celui des jambes, ainsi que les faces postérieures de ces parties, sont revêtus de granules rhomboïdaux.

Des petites plaques hexagones, aplaties, lisses , recouvrent le devant de la cuisse.

Le dessous de la jambe porte des écailles rhomboïdales, plates et lisses.

Une série de scutelles imbriquées , lisses , quadrilatères , à angles arrondis , protège le dessus des doigts antérieurs; leur face inférieure offre trois rangs d'écailles; celles de l'un de ces trois rangs sont plates et lisses, celles des deux autres sont tuberculeuses.

Les doigts postérieurs ont leur dessus et leurs côtés , garnis de scutelles lisses , imbriquées, quadrilatères, à angles arrondis ; en dessous, ils ont des écailles tuberculeuses disposées sur trois rangs; il semble que le bord interne des trois premiers doigts postérieurs soit dentelé , tant les tubercules qui le garnissent sont prononcés. Les paumes et les plantes présentent des granules

presque rhomboïdaux, percés chacun d'un petit pore. La plupart des écailles renflées des parties supérieures du corps et des
membres, ont leur extrémité postérieure surmontée de trois petits granules.

De nombreux verticilles d'écailles quadrilatères, étroites, affectant une figure hexagone, entourent la queue dans toute son
étendue ; celles de ces écailles qui occupent le dessus et le haut
des parties latérales de la queue, sont tectiformes ou fortement
en dos d'âne ; toutes les autres sont simplement carénées.

COLORATION. Un brun noirâtre règne sur toutes les parties supérieures. De nombreux petits points jaunes, groupés par trois, par
quatre, par cinq, sont semés sur toute la surface du cou, sur le
dos et les flancs. Ce sont des taches de la même couleur, assez
écartées les unes des autres, que l'on voit sur la face supérieure
des pattes de derrière, jusque sur les doigts. La queue offre une
sorte de damier, par suite de la disposition des deux teintes, noir
et jaune, qui les colorent. La tempe est coupée longitudinalement, à la hauteur de l'œil, par un trait jaune. Les régions inférieures sont jaunes, la gorge est marbrée de brun, et le ventre
plus ou moins irrégulièrement tacheté de la même couleur.

DIMENSIONS. *Longueur totale.* 92" 5'". *Tête.* Long. 7". *Cou.*
Long. 5". *Tronc.* Long. 17" 5'". *Memb. antér.* Long. 10". *Memb.
postér.* Long. 17" 2'". *Queue.* Long. 63".

PATRIE. Nous ne savons pas précisément à quelle contrée de
l'Amérique méridionale appartient cette espèce, dont nous avons
reçu trois exemplaires, sans connaître d'où et par qui ils nous
étaient adressés ; c'est seulement parce que le bocal qui les conte-
nait renfermait aussi quelques autres reptiles dont la patrie est
bien constatée, que nous avons tout lieu de croire qu'ils ont été recueillis dans la partie sud du Nouveau-Monde.

Observations. Il se pourrait que les deux figures (4 et 5) de Sauriens qui font partie de la planche 110 du premier volume de
l'ouvrage de Seba eussent été faites d'après des individus appartenant à la même espèce que notre Aporomère piqueté de jaune.
C'est bien en effet le même ensemble de formes et la même distribution de taches sur le corps ; pourtant ces taches, dans la figure de Seba, sont noires et le fond de l'animal est vert, mais
ce ne serait pas la première fois que l'auteur du Trésor de la nature aurait donné à un animal un mode de coloration tout différent de celui qu'il a reçu de la nature.

2. L'APOROMÈRE ORNÉ. *Aporomera ornata.* Nobis.

CARACTÈRES. Dos olivâtre, orné de quatre séries de taches noires,
lisérées de blanc.

SYNONYMIE. *Ameiva cœlestis* D'Orbigny, Voyage. *Voy.* Amer.
merid., Rept. tab. 5 , fig. 6.

DESCRIPTION.

FORMES. A cela près que l'espace interorbitaire est proportionnellement plus étroit , et que le chanfrein est légèrement convexe
au lieu d'être plan, la tête de l'Aporomère orné présente absolument la même forme que celle de l'Aporomère piqueté de jaune.

L'extrémité antérieure de la mâchoire supérieure est armée de
six petites dents coniques, simples, assez écartées ; ses côtés en portent chacun treize , dont les trois premières sont simples , tandis
que toutes les autres offrent un petit cran à leur bord antérieur,
près de leur sommet.

On compte trente dents à la mâchoire inférieure, quinze à droite
et quinze à gauche ; les cinq premières de chaque rangée sont entières, mais toutes les suivantes sont échancrées de la même manière que leurs correspondantes à la mâchoire supérieure. Il
existe quatre ou cinq fortes dents de chaque côté de l'ouverture
du palais.

L'écaillure de la tête diffère à plusieurs égards de celle de l'espèce
précédente : les petites plaques polygones, plates, lisses, qui protègent la surface de la tête, depuis le front jusqu'au museau, sont
proportionnellement un peu plus dilatées.

L'espace interorbitaire, au lieu d'offrir deux rangées curvilignes et séparées de petites plaques élargies, présente d'abord une
paire de plaques pentagones, suivies d'une plaque simple , également pentagone , mais oblongue, après laquelle il en vient deux
autres à peu près de même forme , qui s'écartent de manière à
former un angle , entre les branches duquel se trouve la plaque
occipitale ayant de chaque côté une petite plaque rhomboïdale.Les
régions susoculaires sont garnies de plaques quadrilatères élargies,
au nombre de quatre à six , formant un disque ovale entouré de
petites écailles d'apparence granuleuse. La région postérieure de
la surface du crâne offre un pavé de petites plaques , n'ayant en
diamètre que le tiers de celui des plaques du dessus du museau,

Les plaques labiales ressemblent à celle de l'Aporomère piqueté de jaune. Sur la région frénale, entre la narine et l'orbite, il existe une suite de quatre grandes plaques irrégulièrement quadrilatères, plus hautes que longues. Un grand nombre de petites squames granuleuses sont répandues sur les tempes.

La gorge est garnie de petites plaques aplaties, lisses, hexagones, constituant des séries transversales. Les écailles des faces supérieures du cou et du tronc sont disco-ovalaires, très-bombées; chacune d'elles porte une ou deux petites glandules en arrière. L'écaillure des flancs ne diffère pas de celle du dos. La poitrine offre des petites plaques hexagones, aplaties, lisses; le ventre, des rangées transversales d'autres petites plaques quadrilatères, presque rectangulaires, un peu plus longues que larges; ce sont des écailles subhexagones ou irrégulièrement rhomboïdales, lisses, imbriquées, qui revêtent la région préanale.

La forme et la disposition des petites pièces écailleuses qui garnissent les membres, sont les mêmes que chez l'espèce précédente.

Les squames qui composent les verticilles de la queue sont petites, un peu oblongues, presque quadrilatères, légèrement bombées, unies en dessus, subcarénées en dessous; ces verticilles de la queue sont disposées en escalier.

COLORATION. Cette espèce offre en dessus une teinte olivâtre plus ou moins claire; il règne, depuis la nuque jusqu'à la racine de la queue, quatre séries longitudinales d'assez grandes taches noires circonscrites les unes entièrement, les autres imparfaitement, par un trait d'un blanc pur. Ces taches ont plutôt une forme carrée que circulaire. La région inférieure des flancs est vermiculée de brun noir sur un fond blanchâtre. Le dessus des pattes de devant est parcouru par des lignes confluentes, les unes brunâtres, les autres blanchâtres; les membres postérieurs sont tachetés de brun. Sur la queue, se trouve jeté par taches, représentant jusqu'à un certain point une sorte de damier, du noir, du brun et de l'olivâtre plus ou moins clair. Toutes les parties inférieures sont blanches; la gorge est piquetée de brun, et la poitrine et le ventre sont tachetés de la même couleur.

DIMENSIONS. *Longueur totale.* 29" 6'''. *Tête.* Long. 3". *Cou.* Long. 1" 6'''. *Tronc.* Long. 7". *Memb. antér.* Long. 4". *Memb. postér.* Long. 7". *Queue.* Long. 18".

PATRIE. L'Aporomère orné habite le Chili; c'est une découverte dont la science est redevable à M. Gay, botaniste distingué, de qui le Muséum d'histoire naturelle a reçu le seul échantillon que nous ayons encore vu.

Observations. C'est par une erreur qui nous est personnelle, que M. d'Orbigny se trouve avoir fait représenter l'Aporomère orné, dans la partie erpétologique de son grand ouvrage sur l'Amérique; car en remettant à ce savant voyageur, pour être publiés, les Reptiles dont il a enrichi notre établissement, nous y avions joint par mégarde notre unique exemplaire de l'Aporomère orné, lequel, ainsi que nous l'avons dit plus haut, provenait d'un envoi adressé du Chili au Muséum, par M. Gay.

Ve GENRE SAUVEGARDE. *SALVATOR* (1). Nobis.

(*Tupinambis* (2), en partie de Daudin; les *Sauvegardes*, Cuvier; *Tejus*, en partie de Merrem; *Custa*, Fleming; *Monitor*, Fitzinger; *Exypneustes*, Kaup; *Podinema* et *Ctenodon*, Wagler, Wiegmann; *Podiuema*, Ch. Bonaparte; *Tejus* (*subgen. Teguixin*, Gray).

CARACTÈRES. Langue à base engaînante, fort longue, très-extensible, divisée à son extrémité en deux filets grêles, lisses, à papilles rhomboïdales, palais non denté. Dents intermaxillaires légèrement aplaties de devant en arrière, offrant deux ou trois échancrures à leur sommet. Premières dents maxillaires en crocs. Les suivantes droites, comprimées, tricuspides dans le jeune âge, tuberculeuses chez les vieux sujets. Narines s'ouvrant sur les côtes de l'extrémité du museau, entre une naso-rostrale, une naso-frénale, et la pre-

(1) Ce nom de *Salvator* n'est pas latin; il ne se trouve pas dans les saintes Écritures, quoiqu'il soit souvent employé dans nos chants d'église comme indiquant le Sauveur du monde.

(2) Voyez sur ce nom l'étymologie indiquée dans cet ouvrage, tom. III, à la fin de la page 441.

mière labiale supérieure. Des paupières. Une membrane du tympan tendue à fleur du trou de l'oreille. Peau de la région inférieure du cou formant deux ou trois plis transversaux simples. Dos revêtu de petites écailles anguleuses, lisses, non imbriquées, disposées par bandes transversales. Plaques ventrales plates, lisses, quadrilatères, oblongues, en quinconce. Des pores fémoraux. Pattes terminées chacune par cinq doigts légèrement comprimés, non carénés en dessous; deux des postérieurs ayant une petite dentelure à leur bord interne. Queue cyclotétragone, un peu comprimée en arrière.

Les Sauvegardes offrent, par les petites échancrures de leurs dents intermaxillaires, leur langue à base engaînante, et l'existence de pores sous les cuisses, trois caractères qui les différencient nettement du précédent ou des Aporomères. Les deux premiers de ces trois caractères, auxquels vient se joindre celui tiré de la situation des narines qui s'ouvrent, non entre deux, mais entre trois plaques, servent également à distinguer les Sauvegardes des genres Cnémidophore, Dicrodonte et Acrante. Quant aux marques distinctives existantes entre les Sauvegardes et les deux autres genres de Lacertiens Pléodontes, c'est-à-dire les Améivas et les Centropyxs, dont la langue est aussi à base engaînante, on les trouve dans leurs dents intermaxillaires, qui, comme nous l'avons déjà dit, sont dentelées, et dans le nombre de trois plaques, qui circonscrivent chacune de leurs narines.

Les Sauvegardes n'ont d'ailleurs ni grandes scutelles sur les mollets, comme les Améivas, ni les écailles du dos et du ventre imbriquées et carénées, comme chez les Centropyx.

La langue des Sauvegardes est très-extensible : c'est un long ruban qui se rétrécit d'arrière en avant, de manière à ne plus former à son extrémité antérieure qu'une pointe divisée profondément en deux filets lisses, creusés chacun d'un sillon, en dessus. Une certaine portion de l'étendue postérieure de cet organe se trouve logée sous la glotte, dans une sorte d'étui que forme là une membrane engaînante, par suite d'un mécanisme absolument semblable à celui qu'on voit s'opérer par la peau du cou des Tortues cryptodères, lorsqu'elles le retirent sous leur carapace. La portion de la langue susceptible de rentrer dans la gaîne dont nous venons de parler est complétement lisse ; mais tout le reste de sa surface, à l'exception des deux filets qui la terminent, est revêtu de papilles aplaties, ressemblant à des lozanges disposées en pavé par lignes obliques, coupées par d'autres lignes obliques.

Les dents intermaxillaires sont petites, presque droites, ou très-faiblement courbées en avant. Chez les jeunes sujets, leur sommet offre deux ou trois légères échancrures qui finissent par disparaître avec l'âge. Les dents maxillaires sont plus ou moins comprimées ; les antérieures sont généralement en crocs, c'est-à-dire plus ou moins longues, pointues, un peu courbées et simples ; les postérieures, toujours plus fortes, sont droites et partagées à leur sommet en trois pointes mousses, dont il ne reste pas la moindre trace à un certain âge de l'animal : bien plus, la couronne de ces dents maxillaires postérieures finit par devenir tuberculeuse, comme cela s'observe chez la plupart des Varans. Les dents maxillaires inférieures sont complétement semblables aux dents maxillaires supérieures. Il n'existe réellement pas de dents au palais, mais, de chaque côté de l'échancrure où aboutissent les narines, on remarque un renflement qui semble indiquer la place qu'auraient pu occuper les dents palatines.

C'est tout à fait à l'extrémité et sur les côtés du museau que se trouvent situés les orifices externes des narines, entre trois différentes plaques, une naso-rostrale, une naso-frénale, et la première labiale supérieure. Ces orifices externes des narines ne sont dirigés ni tout à fait latéralement, ni absolument en arrière.

Les plaques céphaliques, toutes fort régulières et bien nettement articulées, sont une rostrale, deux naso-rostrales, une internaso-rostrale, deux fronto-nasales, une frontale, deux fronto-pariétales, deux pariétales, une interpariétale, quatre susoculaires ou palpébrales, une occipitale et deux occipitales latérales. La région frénale porte une naso-frénale, derrière laquelle on voit tantôt une seule, tantôt deux autres plaques assez développées.

Les paupières sont grandes, mais l'inférieure l'est plus que la supérieure : toutes deux sont revêtues d'écailles disposées en pavé.

La membrane du tympan est tendue à fleur du trou de l'oreille.

Le cou et le tronc ont une forme cyclotétragone, que présente aussi la queue, mais dans le premier tiers de sa longueur seulement ; car dans les deux derniers elle est légèrement comprimée. Cette partie terminale du corps n'offre ni crête ni carène à sa partie supérieure.

La peau de la région inférieure du cou forme deux ou trois plis transversaux simples : celle des côtés en présente quelques longitudinaux, plus ou moins marqués.

Les membres sont assez développés. Les doigts sont cylindriques, légèrement comprimés ; aux mains, le premier est le plus court, vient ensuite le cinquième, puis le second, qui est suivi du quatrième et celui-ci du troisième ; aux pieds, les quatre premiers doigts sont étagés d'une manière assez régulière, le cinquième se trouve attaché fort en arrière du quatrième, dont il a de la peine à atteindre la racine par son extrémité. Le troisième et le quatrième orteil ont la base de leur bord interne dentelée en scie.

Le tronc a ses faces supérieure et latérales protégées par des bandes transversales de petites écailles lisses, non imbriquées, dont la forme, bien qu'hexagone, tient plus ou moins de l'ovale et du carré. Les plaques ventrales sont disposées en quinconce ; elles ressemblent à des quadrilatères oblongs ; elles sont plates, unies et non entuilées. La région préanale offre un plus ou moins grand nombre de petites plaques anguleuses, juxta-posées, presque égales entre elles. Le dessous de chaque cuisse est percé d'une longue série de petits pores. Les écailles qui garnissent la queue s'y trouvent disposées par verticilles. Elles sont quadrilatères, oblongues, et pour la plupart carénées.

Les Sauvegardes appartiennent aux contrées chaudes de Nouveau-Monde ; ce sont ceux des Lacertiens qui atteignent la plus grande taille, c'est-à-dire de quatre à cinq pieds de longueur. Les lieux qu'ils habitent ordinairement sont les champs et la lisière des bois, quoique pourtant ils ne grimpent jamais sur les arbres ; mais ils fréquentent aussi, à ce qu'il paraît, les endroits sablonneux et par conséquent arides, où ces Lacertiens, dit-on, se creusent des terriers dans lesquels ils se retirent pendant l'hiver. Suivant d'Azara, observateur habile et véridique, les Sauvegardes, quand ils sont poursuivis, et qu'ils rencontrent soit un lac, un étang ou une rivière, s'y jettent pour échapper au danger qui les menace, et n'en sortent que lorsque tout motif de crainte leur semble avoir disparu. Ces espèces n'ont cependant pas, il est vrai, les pattes palmées ; mais leur longue queue, un tant soit peu comprimée, devient sans doute dans cette circonstance une sorte de rame dont elles se servent avec avantage. Le même savant voyageur que nous venons de citer rapporte que ces Lacertiens se nourrissent de fruits et d'insectes, qu'ils mangent aussi des serpents, des crapauds, des poussins et des œufs. Il prétend même qu'ils recherchent le miel, et que pour s'en procurer, sans avoir rien à redouter de la part des abeilles, ils exécutent un certain manége, qui consiste à venir à plusieurs reprises, en s'enfuyant chaque fois, donner un coup de queue contre la ruche, jusqu'à ce qu'ils soient parvenus à chasser les laborieuses habitantes de ce petit domaine.

Nous ne pouvons pas assurer que les Sauvegardes soient frugivores ; mais nous sommes certains qu'ils font la chasse aux insectes, car nous en avons trouvé dans l'estomac de tous les individus que nous avons ouverts. Une seule fois, à des débris de Coléoptères, à des restes de Chenilles tout ratatinés, nous avons vu mêlés des lambeaux de peau et des portions d'os qui avaient certainement appartenu à un Améiva commun.

Le genre Sauvegarde est un démembrement de celui des Tupinambis de Daudin, dans lequel se trouvaient réunis des Sauriens assez semblables, il est vrai, par l'ensemble de leurs formes extérieures, mais que des différences importantes dans certains points de leur organisation interne, devaient nécessairement faire séparer. C'est d'après ces considérations que l'illustre auteur du Règne animal distribua les diverses espèces de Tupinambis de Daudin dans deux groupes particuliers, désignant l'un, qui correspond à nos Varans, par le nom de Monitors proprement dits, et l'autre, qui est justement le genre qui nous occupe en ce moment, par le nom de Sauvegarde, que nous avons nous-mêmes adopté. Mais nous avons cru devoir employer la dénomination latine de *Salvator* de préférence à celle de *Monitor*, comme l'ont fait Fitzinger et quelques au tres, afin d'éviter désormais toute équivoque résultant naturellement des diverses applications qu'on a faites de ce nom de *Monitor*, qui a servi à désigner tantôt des Varans, tantôt des Sauvegardes.

Dans la classification des Reptiles proposée par Merrem, les Sauvegardes, ou mieux, la seule espèce qu'on connût alors, fait partie du genre *Tejus*, qui comprend les Améivas, les Cnémidophores, les Thorictes et les Crocodilures des nouveaux classificateurs.

Wagler, en adoptant la division des Sauvegardes de Cuvier, ou, ce qui est la même chose, le genre *Monitor* de Fitzinger, lui a appliqué un nom nouveau, celui de *Podinema*; puis, sous la dénomination de *Ctenodon*, il a créé un autre genre d'après ce caractère, que l'unique espèce qu'il y rapporte aurait eu, contrairement à ce qu'il avait observé chez les Podinèmes, les dents incisives pectinées,

6.

Nous pouvons assurer que ces découpures des dents incisives, dont parle Wagler, existent également dans son genre
Podinème. L'erreur dans laquelle il est tombé provient de
ce que les sujets de son premier genre, soumis à son examen,
étaient adultes, et que ceux du second étaient encore jeunes ; car, ainsi que nous l'avons déjà signalé au commencement de cet article, les dents intermaxillaires de ces Sauriens
perdent en grossissant les dentelures qu'elles présentent à
une époque peu avancée de la vie de l'animal. On devra
donc réunir les genres *Podinema* et *Ctenodon* de Wagler en
un seul, et le considérer comme synonyme de notre genre
Sauvegarde.

Nous pensons qu'il faut aussi y rapporter le genre *Exypneustes* de Kaup (1), qui, malgré le vague des caractères sur
lequel il repose, nous semble pourtant avoir pour type l'un
des deux Sauvegardes dont nous présentons plus bas, mises
en opposition sous forme de tableau synoptique, les principales différences spécifiques. Ces deux Sauvegardes, quoique très-faciles à distinguer lorsqu'on a bien saisi les véritables caractères qui sont propres à chacun, ont cependant
entre eux une si grande ressemblance, surtout sous le rapport du mode de coloration, qu'il n'est pas étonnant qu'on
les ait si longtemps confondus ensemble ; car ce n'est effectivement que depuis la publication de l'ouvrage de Spix sur
les animaux du Brésil, que ces espèces se trouvent mentionnées comme spécifiquement différentes. Aussi nous a-t-il été
très-difficile d'en établir la synonymie. Nous donnons
même ici en note celle qui nous semble être commune à ces
deux espèces de Sauvegardes, n'ayant voulu mettre en tête
de leur article particulier que les noms sous lesquels nous
sommes à peu près sûrs que chacune d'elles a été réellement
indiquée (2).

---

(1) Gen. *Exypneustes*, Kaup, Isis, 1826, pag. 87.
(2) *Crocodilus terrestris Brasiliensis*, Gesn. Hist. anim. lib. II,
pag. 24 ; *Tejuguacu et Temapara*, Marcg. Hist. rer. nat. lib. 6,
pag. 337 ; *Iguana*, Pison, Ind. Utriusque natur. lib. 3, pag. 104 ;

TABLEAU SYNOPTIQUE DU GENRE SAUVEGARDE.

Plaque naso-frénale suivie
- de deux plaques . 1. S. DE MÉRIAN.
- d'une seule plaque. 2. S. A POINTS NOIRS.

1. LE SAUVEGARDE DE MÉRIAN. *Salvator Merianæ.* Nobis.

CARACTÈRES. Région frénale offrant deux grandes plaques en arrière de la naso-frénale; bord supérieur de la tempe garni de cinq ou six scutelles de grandeur médiocre.

SYNONYMIE. Le *Sauvegarde.* Mérian, de Metamorph. insect. Surinam. Tab. 70.

Amphibium, eod. loc. cit. tab. 4 (jun.).

Lacerta Tecuixin minor seu Tciuguacu, Novæ Hispaniæ. Seb. tom. 1, pag. 150, tab. 96, fig. 1 (jun.).

Lacerta cuetzpallin dicta, innocua elegantissima, id. loc. cit. pag. 153, tab. 97, fig. 5 (jun.).

Lacerta Tejuguacu americana maxima, Sauvegarde dicta, marmoreis coloris amphibia, id. loc. cit. tom. 1, pag. 54, tab. 99, fig. 1.

Lacerta cauda tereti corpore duplo longiore, etc. Hast. Amphib. Gyllenb. (Amœnit. acad. tom. 1, pag. 128).

Lacertus Tejuguacu americana maxima, Sauvegarde dicta. Klein. Quadrup. disposit. pag. 102.

Lacerta Teguixin. Linn. Mus. Adolph. Freder. pag. 45.

Lacertus Brasiliensis, Ray, Synops. anim. pag. 265; *Tejuguacu et Temapara,* Ruysch, Theat. anim. tom. 2, tab. 77, fig. 4; *Lacerta Tejuguacu seu Texixincoyotl,* Klein, Quadrup. disposit. pag. 102; *Lacerta cauda tereti corpore parum longiore,* etc., Gronov. Amphib. anim. Histor. in mus. Ichtyol. pag. 81; *Lacerta squamis lævibus,* etc., Zoophylac. Gronov. pag. 14; *Lézard Temapara,* Ferm. Hist. nat. Holl. equinox. pag. 21; *Sauvegarde* ou *Monitor,* Knorr, Delic. nat. tab. L, fig. 1; *Lacertus egregius,* Barrère, Essai sur l'hist. natur. de la France équinox. pag. 154.

Lacerta Teguixin. Linn. Syst. natur. (édit· 10) pag. 208, n°36, et (édit· 12) pag. 368 , n° 34·

Seps marmoratus. Laur· Synops· Rept· pag. 59, n° 101·

Le Teguixin. Daub· Dict· Quad· ovip· et serp· pag. 685.

Lacerta Teguixin. Gmel· Syst· natur· Linn· pag. 1073, n° 34·

Lacerta Teguixin. Penn· Faunul· Indic· pag. 88·

Le Teyougouazou. Azz· Ess· Hist· nat· Quad· Parag· tom· 2 , pag. 387·

Varegiated Lizard. Shaw· Gener· Zool· t. 3, part· 1, p. 235 , tab. 73—74·

Lacerta monitor. Latr· Hist· nat· Rept· tom. 1, pag. 220·

Tupinambis monitor. Daud· Hist· Rept· tom. 3, pag. 20.·

Monitor Meriani. Blainv· Bullet· Societ· Philomat· Ann· 1816 , pag. 111.

La Sauvegarde d'Amérique. Cuvier, Rėg· anim· (prem· édit.), tom. 2, pag. 27·

Tupinambis monitor. Hasselt et Kuhl, Beitr· zur Vergleich. Anatom. pag. 125, n° 14·

Tejus monitor. Merr· Tentam· Syst· Amph· pag. 61, n° 4·

Tupinambis monitor. Maxim· Prinz· zu Wied, Reise nach Brasil, tom. 1, pag. 61 et 159; tom. 2, pag. 138.

Tejus monitor, id· Rec· Pl· d'anim· col·, pag· et pl· sans num·

Tupinambis monitor, id· Beitr· zur Naturgesch· von Brasil, tom. 1, p. 155.

Tupinambis monitor. S. *Tupinambis nigropunctatus. fœm.* Spix· Anim· nov· siv· spec· nov· Lacert· Bras· pag. 19, tab· 19·

Monitor Teguixin. Fitzing· Verzeich· der Zoologisch· Mus· zu Wien· pag. 51·

La grande Sauvegarde d'Amérique. Cuv· Règn· Anim· (2e édit.) tom. 2, pag. 28·

Podinema Teguixin. Wagl· Syst· Amph· pag. 133·

The Great American safe - guard. Griff· anim· Kingd· Cuv· tom. 9, pag. 113·

Teguixin monitor. Gray· Synops· Rept· in Griffith's anim· Kingd· tom. 9, pag. 29·

Monitor Teguixin. Eichw· Zool· spec· Ross· et Polon· tom. 3 , pag. 190·

Tejus Teguixin. Schinz· Naturg· und Abbildung der Rept· pag. 96, tab· 35 (cop· Maximil.).

Podinema Teguixin. Wiegm· Herpetol· mexic· part· 1 , pag· 8·

DESCRIPTION.

FORMES. Les dents intermaxillaires sont au nombre de dix ; on compte treize à quinze dents maxillaires de chaque côté, à la mâchoire supérieure : les quatre ou cinq premières, qui sont simples, augmentent graduellement de longueur ; mais les trois ou quatre suivantes, également simples, sont plus courtes, et toutes les autres offrent un sommet tricuspide ou tuberculeux, suivant l'âge des individus que l'on examine. Le côté droit, comme le côté gauche de la mâchoire inférieure, porte quinze à dix-huit dents semblables à leurs correspondantes d'en haut.

La plaque rostrale quoiqu'ayant cinq côtés paraît triangulaire, il en est de même des deux naso-rostrales, qui se touchent par un très-petit bord. L'inter-naso-rostrale est grande ; elle a six pans, dont deux seulement, les plus grands, sont enclavés dans les deux naso-rostrales. Les fronto-nasales sont très-développées, pentagones, oblongues et à peu près aussi larges devant que derrière. La frontale, également bien dilatée, est hexagone et généralement rétrécie à son extrémité postérieure. Les fronto-pariétales sont oblongues, hexagones et moins larges devant que derrière. Les pariétales sont cyclo-polygones ; elles limitent de chaque côté l'inter-pariétale, dont la forme est très-variable. Les deux premières susoculaires sont toujours un peu plus grandes que les deux dernières. La naso-frénale offre une figure à peu près trapézoïde ; son bord antérieur s'avance dans le trou de la narine : elle est immédiatement suivie d'une plaque plus haute que longue, ordinairement à quatre pans, après laquelle il en vient une seconde encore plus développée, ayant, malgré ses six pans, une apparence quadrilatère. Cette grande plaque n'est séparée de l'orbite que par une rangée de petites scutelles garnissant le bord antérieur de l'œil. Il y a huit ou neuf plaques labiales supérieures ; la première est pentagone oblongue ; la seconde trapézoïde ; la troisième tétragono-équilatérale, de même que les suivantes, à l'exception de la dernière, cependant, dont le bord postérieur est plus bas que l'antérieur. La plaque mentionnière est simple, en apparence triangulaire, bien qu'ayant réellement quatre côtes. On compte huit ou neuf labiales inférieures, toutes plus ou moins régulièrement carrées. En arrière de la plaque mentionnière, on voit tantôt une, tantôt deux plaques simples, qui sont suivies à droite et à gauche de sept à neuf plaques occupant la face inférieure de chaque branche sous-maxillaire. Chacune de ces rangées de plaques sous-maxillaires est séparée de la série des labiales supérieures par une autre suite de plaques non moins bien développées que celles-ci. La tempe est garnie de petites plaques lisses, hexagones, juxtaposées ; son bord supérieur en offre cinq ou six, un peu plus grandes que les autres. Couchées le long du cou, les pattes de devant atteindraient le bord antérieur de l'œil Celles de derrière, placées le long des flancs, ne s'étendent pas au-delà de l'origine du bras. La queue fait quelquefois à elle seule les deux tiers de la longueur totale de l'animal. Le dessus du cou et le dos portent, disposées par bandes transversales, de petites écailles non imbriquées, lisses, un peu convexes, carrées, à angles plus ou moins arrondis. Il semble qu'elles sont ovales chez les jeunes sujets. La gorge et le dessous du cou offrent des écailles hexagones, lisses, juxtaposées ; les flancs et les côtés du cou sont garnis d'écailles plus petites, mais de même forme que celles des régions cervicale et dorsale. On voit sur la poitrine trois ou quatre rangées transversales de squames hexagones, semblables à celles de la face inférieure du cou, dont les plis présentent de fort petites écailles ovales ou circulaires, entourées de granules très-fins. Viennent ensuite, pour couvrir le reste de la poitrine et toute la région abdominale, vingt-huit à trente autres séries transversales de petites plaques quadrilatères oblongues, juxta-posées, à surface lisse. Chacune de ces séries se compose depuis vingt jusqu'à trente-cinq scutelles sur la région préanale, où elles constituent cinq à huit rangées transversales : ces scutelles préanales sont plus ou moins régulièrement hexagones, et avec l'âge elles deviennent assez épaisses et prennent un aspect poreux.

Le dessus du haut du bras est revêtu d'écailles lisses, en losanges, non imbriquées : celui de l'avant-bras en présente qui sont également lisses et juxtaposées, mais dont la forme est carrée. La face supérieure des doigts est recouverte d'une rangée de scutelles imbriquées, quadrilatères, imbriquées, à angles arrondis et très-dilatés en travers. Le dessous de la patte de devant est entièrement garni de fort petites écailles ovales, lisses, assez espacées et entourées de granules ; ces écailles s'étendent jusque sur les paumes, où elles se montrent un peu plus dilatées que sous les bras. Il existe sur la face inférieure de chaque doigt des mains une rangée de scutelles quadrilatères, imbriquées, très-élargies, ayant leurs angles arrondis; puis de chaque côté on remarque une ou deux séries d'écailles d'un aspect tuberculeux. Le devant de la cuisse est protégé par d'assez grandes écailles tétragones ou hexagones, lisses, très-légèrement entuilées. Les mollets ont pour écaillure de grandes lamelles en losanges, distinctement imbriquées. La face supérieure et la postérieure des pattes de derrière sont couvertes d'écailles rhomboïdo-convexes, fort petites, espacées et entourées de granules. Les orteils, qui sont un peu comprimés, ont leur côté externe défendu par une série de grandes scutelles semblables à celles du dessus des doigts antérieurs, et leur bord interne est revêtu de quatre ou cinq rangées de petites plaques épaisses, convexes, plus ou moins régulièrement quadrilatères. En dessous, mais un peu en dehors, se trouve de même que sur la face inférieure des doigts des mains une bande de scutelles tétragones, imbriquées et très-étendues transversalement. Les plantes des pieds offrent la même écaillure que les paumes des mains. On compte quinze à vingt pores sous chaque cuisse; ils sont fort petits et percés sur le bord rentrant d'une échancrure pratiquée dans une écaille pour en recevoir une autre beaucoup plus petite. Les squamelles caudales sont disposées de telle sorte, qu'elles forment une suite de verticilles entiers, alternant chacun avec un demi-verticille placé sur la partie supérieure de la queue. Toutes ces écailles sont quadrilatères, beaucoup plus longues que larges, et fortement en dos d'âne; celles de la face supérieure sont au moins du double plus grandes que celles du dessus et des côtés.

Coloration. Le mode de coloration de cette espèce est assez variable. Pourtant, en dessus, le fond en est toujours d'un noir quelquefois très-foncé, sur lequel une belle couleur jaune se répand sous forme de taches tantôt très-petites et irrégulièrement disséminées, tantôt au contraire assez grandes et disposées de manière à produire des bandes transversales, et le plus souvent deux raies qui s'étendent, l'une à droite, l'autre à gauche, depuis l'angle de l'occiput jusqu'à la racine de la queue, en longeant le haut du côté du cou et de la partie latérale du tronc.

Le dessus de la tête et celui des membres sont plus ou moins semés de gouttelettes jaunes : on en voit également sur la queue, qui est annelée de jaune et de noir dans les deux tiers postérieurs de son étendue. Toutes les régions inférieures sont jaunes, mar-

quées en travers de bandes noires, plus ou moins étroites, nettement imprimées, d'autres fois interrompues et faiblement indiquées.

Nous avons vu de très-jeunes sujets offrant sur toute la longueur
du cou et du dos, des bandes noires bien larges et bien nettes,
appliquées transversalement sur un fond brun uniforme.

DIMENSIONS. Ce Lacertien, suivant les récits des voyageurs, atteint quatre et même cinq pieds de longueur. Jamais il ne nous
est arrivé d'en voir de cette taille ; le plus grand individu que
nous ayons encore été dans le cas d'observer, est celui qui nous a
offert les dimensions suivantes.

Longueur totale. 91". *Tête.* Long. 10". *Cou.* Long. 6". *Tronc.*
Long. 22". *Memb. antér.* Long. 13". *Memb. postér.* Long. 20".
Queue. Long. 53".

PATRIE. Le Sauvegarde de Mérian est répandu dans toute l'A-
mérique méridionale et dans plusieurs Antilles. Notre musée l'a
reçu du Brésil par les soins de feu Delalande et de M. Auguste
de Saint-Hilaire ; de Montevideo par ceux de M. Dorbigny, et de
Cayenne par MM. Leschenault et Doumerc.

Observations. Cette espèce est très-bien représentée sous les
deux états de jeune et d'adulte, dans l'ouvrage de mademoiselle
Sybille de Mérian. Il en existe aussi plusieurs figures dans le recueil
de planches publiées par Séba sous le titre de Trésor de la nature.
Spix a donné le portrait d'un jeune individu, et le prince Maximilien de Wied celui d'un sujet qu'on doit croire assez avancé
en âge.

2. LE SAUVEGARDE PONCTUÉ DE NOIR. *Salvator nigropuncta-tus.* Nobis.

CARACTÈRES. Région frénale offrant une seule grande plaque
en arrière de la naso-frénale ; bord supérieur de la tempe garni
de quatre grandes scutelles.

SYNONYMIE. *Lacerta Tecuixin, seu Teiuguacu.* Seb. t. 1, p. 150,
tab. 96, fig. 2 et 3.

Tupinambis nigropunctatus. Spix, Spec. nov. Lacert. Bras,
pag. 18, tab. 20.

Ctenodon nigropunctatus. Wagl. Syst. Amph. pag. 153.

Ctenodon nigropunctatus. Wiegm. Herpet. Mex. part. 1, pag. 8.

DESCRIPTION.

Formes. Cette espèce a le museau proportionnellement un peu plus court que la précédente, de laquelle elle se distingue surtout par une plaque de moins sur cette partie latérale du museau, que nous nommons la région frénale : effectivement, on n'y remarque jamais, derrière la naso-frénale, qu'une seule plaque, tandis qu'il en existe constamment deux chez le Sauvegarde de Mérian. Le bord supérieur de la tempe du Sauvegarde ponctué de noir ne se trouve non plus garni que de trois ou quatre plaques plus grandes que les autres, au lieu qu'on en compte cinq à sept dans le Sauvegarde de Mérian. Chez celui-ci, les scutelles préanales sont moins grandes et par conséquent plus nombreuses que chez le premier.

Coloration. Quant au mode de coloration, il ne nous a offert aucune autre différence que celle qui consiste en ce que chez l'espèce du présent article, les régions inférieures du corps et particulièrement la gorge au lieu d'être marquées de bandes transversales noires sont semées assez irrégulièrement de taches de la même couleur.

Dimensions. Le Sauvegarde ponctué de noir parvient très-probablement à une aussi grande taille que le Sauvegarde de Mérian; mais jusqu'ici nous n'avons rencontré que des individus d'une moyenne longueur, ainsi qu'on peut le voir par les mesures suivantes.

Longueur totale. 94". *Tête*. Long. 6"5"'. *Cou*. Long. 5"5"'. *Tronc*. Long. 20". *Memb. antér*. Long. 10". *Memb. postér*. Long. 16". *Queue*. Long. 62".

Patrie. Cette espèce habite les mêmes contrées que la précédente.

Observations. Spix, qui l'a le premier séparée du Sauvegarde de Mérian, n'en avait pas toutefois indiqué les vrais caractères spécifiques. Le Sauvegarde ponctué de noir est le type du genre Cténodon de Wagler, établi sur ce que, par opposition au genre *Podinema*, il aurait eu seul les dents intermaxillaires dentelées; mais c'est évidemment une erreur : les Podinèmes et les Ctenodons de Wagler ont les uns et les autres, quand ils sont jeunes, le sommet de leurs dents incisives marqué de petites dentelures.

VIᵉ GENRE. AMÉIVA. *AMEIVA*. Cuvier.

(*AMEIVA* part., Cuvier, Fitzinger ; *Tejus* part., Merrem ; *Cnemidophorus* part., Wiegmann, Ch. Bonaparte ; *Tejus* (subdiv. Ameiva part.), Gray.)

CARACTÈRES. Langue à base engaînante, longue, divisée à son extrémité en deux filets grêles, lisses ; à papilles squamiformes, rhomboïdales, imbriquées. Palais denté ou non denté. Dents intermaxillaires petites, coniques, simples. Dents maxillaires comprimées ; les antérieures pointues ; les suivantes tricuspides. Narines ovales, obliques, percées dans la seule naso-rostrale, ou dans cette plaque et la naso-frénale. Des paupières. Une membrane tympanale distincte, tendue un peu en dedans du trou de l'oreille. Sous le cou, deux ou trois plis transversaux, non scutellés sur leur bord. Plaques ventrales quadrangulaires, lisses, en quinconce. Des pores fémoraux ; de grandes plaques élargies sous les jambes. Pattes terminées chacune par cinq doigts, légèrement comprimés, non carénés en dessous ; ceux de derrière ayant leur bord interne tuberculeux. Queue cyclo-tétragone.

Les Améivas ayant de grandes plaques céphaliques régulières, des cryptes fémoraux, et la base de la langue étroite et engaînante, ne peuvent être confondus avec les Aporomères, dont la tête est revêtue de petites plaques irrégulières, le dessous des cuisses dépourvu de pores, et la partie

---

(1) Le nom d'*Améiva* a été employé par Margrave, puis par Edwards. On a dit que c'était un nom de pays, ainsi que celui de *Teyou*.

postérieure de la langue élargie et échancrée en V, de telle sorte qu'elle ne peut se loger sous la glotte. Ils ressemblent, il est vrai, aux Sauvegardes par la forme de leur langue, mais jamais le sommet de leurs dents intermaxillaires n'est dentelé; leur narine, au lieu de s'ouvrir entre trois plaques, se trouve percée dans la seule naso-frénale ou sur la suture même qui unit celle-ci à la post-naso-frénale; leurs scutelles ventrales sont beaucoup plus grandes et moins nombreuses; enfin le dessous de leurs jambes présente un certain nombre d'écailles considérablement plus dilatées que celles qui les avoisinent. Il y a encore un autre genre de Lacertiens Pléodontes strongylures, celui des Centropyx, dont la situation des narines et la structure de la langue sont les mêmes que chez les Améivas; mais ceux-ci s'en distinguent, d'abord en ce qu'ils ont un et quelquefois deux plis de plus sous le cou, ensuite en ce que leurs plaques ventrales ne sont ni rhomboïdales, ni imbriquées, ni carénées. Les trois derniers genres, auxquels il nous reste à comparer les Améivas, sont ceux des Cnémidophores, des Dicrodontes et des Acrantes, qui n'ont pas, les uns ni les autres, la langue conformée de manière à pouvoir rentrer sous la glotte, comme dans une sorte de gaîne : c'est au reste le seul caractère différentiel qui existe entre les premiers et les Améivas; tandis que les Dicrodontes etles Acrantes, présentent en outre cette particularité d'avoir les dents maxillaires postérieures non aplaties latéralement et tricuspides, mais comprimées d'avant en arrière et partagées dans le sens longitudinal de la mâchoire en deux tubercules plus ou moins pointus.

Les espèces du genre, dont nous faisons l'histoire en ce moment, offrent le même ensemble de formes que les Sauvegardes; mais leur tête est plus effilée, et surtout plus comprimée, à partir du bord antérieur de l'œil jusqu'au bout du museau. L'extrémité de celui-ci est pointue et légèrement arquée en dessus Il n'existe pas le moindre rétrécissement à l'endroit du cou, dont la largeur est égale à la partie postérieure de la tête et à la région antérieure du

tronc ; le dos est légèrement arqué en travers, les flancs le
sont distinctement en dehors, et le ventre est plat. Les membres présentent un développement proportionné à celui du
corps ; la longueur de ceux de derrière est très-variable,
même chez les individus d'une même espèce. Les doigts des
mains sont peu allongés et faiblement comprimés, c'est-à-
dire plats sur les côtés, et arrondis en dessus et en dessous ;
ils sont insérés sur une ligne un peu courbe, aussi présen-
tent-ils peu d'inégalité entre eux : le troisième et le quatrième sont égaux et les plus longs de tous ; le second est un
peu plus court ; puis vient le cinquième, ensuite le premier.
Les orteils, un peu aplatis de droite à gauche, comme les
doigts des mains, offrent un renflement assez marqué à
chacune de leurs articulations : les quatre premiers naissent
sur une ligne oblique, ce qui fait qu'ils augmentent graduellement de longueur, à commencer du pouce ; le cinquième, qui se trouve attaché fort en arrière sur le tarse, a
la longueur du second et tantôt celle du troisième doigt. Les
ongles, médiocrement forts, sont toujours plus longs aux
mains qu'aux pieds et toujours aussi moins arqués. La queue,
dont l'étendue entre souvent pour plus des deux tiers dans
la longueur totale de l'animal, est très-faiblement aplatie
sur quatre faces ; mais ses angles sont arrondis, ce qui lui
donne une forme que nous ne croyons pouvoir mieux désigner que par l'expression de cyclo-tétragone.

La langue des Améivas, ressemblant en tous points à celle
des Sauvegardes, nous ne répéterons pas ici ce que nous
avons dit de cet organe à l'article de ces derniers Lacertiens.
Parfois le palais est garni de quelques petites dents de chaque
côté de l'échancrure du palais ; d'autres fois un simple renflement en tient lieu.

Les dents intermaxillaires sont petites, coniques, simples ;
les maxillaires supérieures et inférieures comprimées ; parmi
celles-ci les antérieures sont arrondies, pointues et peut-
être un peu courbes, tandis que toutes les autres sont
droites et divisées à leur sommet en trois pointes plus ou

moins obtuses qui finissent par s'atténuer complétement avec l'âge ; on rencontre même certains sujets dont les dernières dents maxillaires sont tout à fait tuberculeuses. Les narines des Améivas sont deux trous ovales, ouverts obliquement dans la partie inférieure de la plaque naso-rostrale, ou bien sur la suture même qui unit cette plaque à la naso-frénale.

A moins d'anomalie dans les plaques céphaliques, on remarque : 1° une rostrale formant en haut un angle plus ou moins aigu qui s'avance entre les deux naso-rostrales et qui, de chaque côté et en bas, pousse une petite languette sur la lèvre supérieure jusque sous la narine ; cette plaque rostrale étant toujours un peu plus courte que les labiales auxquelles elle est soudée, l'extrémité antérieure de la lèvre semble avoir été échancrée ; 2° deux naso-rostrales ayant chacune la forme d'un triangle isocèle tronqué à son sommet ; 3° une inter-nasale assez grande, hexagone, occupant toute la largeur du dessus du museau, enclavée en avant entre les naso-rostrales, en arrière entre les fronto-nasales ; 4° deux fronto-nasales oblongues ; 5° une frontale pentagone, plus longue que large, à bord postérieur rectiligne, élargie en avant, où deux de ses côtés forment un angle aigu ou obtus, avancé entre les fronto-nasales ; 6° deux fronto-pariétales petites, non séparées par une inter-pariétale ; 7° cinq occipitales placées sur une ligne transverse ; 8° cinq sus-oculaires ou palpébrales, dont la réunion donne, pour ainsi dire, la figure d'un ovale ayant son extrémité antérieure resserrée, de manière à former une pointe allongée. La région frénale est protégée par une naso-frénale de moyenne grandeur, et une très-grande post-naso-frénale qui n'est séparée de l'œil que par les plaques, au nombre de trois à cinq, qui garnissent le cercle orbitaire. Il y a cinq à six labiales supérieures de chaque côté ; la première a toujours son bord libre finement denticulé. La lèvre inférieure porte une mentonnière simple, et cinq ou six paires de plaques ; sous la mâchoire inférieure on remarque une plaque derrière la mentonnière, et cinq ou six autres appliquées contre chacune de ses branches; ces cinq ou six plaques sous-maxillaires constituent ainsi une rangée parallèle à celle des labiales inférieures, de laquelle elle n'est quelquefois séparée que par une ligne plus ou moins courte de granules squameux. La paupière supérieure est plus courte que l'inférieure de moitié; celle-ci s'abaisse en formant un pli qui fait saillie en dehors, et celle-là se relève en en faisant un dont la saillie se trouve en dedans; la première est garnie d'écailles granuleuses, la seconde de petites plaques quadrilatères, régulièrement placées. L'oreille est circulaire et d'un certain diamètre; la membrane tympanale est tendue, non pas positivement à fleur, mais un peu en dedans de son ouverture.

La peau de la région inférieure du cou forme deux ou trois plis transversaux sur le bord desquels il n'existe jamais de lamelles dilatées, disposées en collier. Les parties latérales du cou offrent également des plis ou des pincements de la peau qui font paraître celle-ci comme chiffonnée; on en remarque encore quelques autres, mais réguliers et longitudinaux, le long des côtés du tronc. L'écaillure des régions supérieure et latérales du cou, ainsi que celle du dos, se compose de très-petites pièces circulaires, lisses, souvent un peu convexes, parfois même de forme conique, et en général environnées elles-mêmes de granules d'une extrême finesse. La queue est entourée de verticilles d'écailles ou plutôt de petites plaques quadrilatères oblongues, surmontées chacune d'une petite carène qui les partage également par la moitié; on rencontre cependant des espèces chez lesquelles les écailles du dessous de la queue, à sa racine, sont carrées ou triangulaires et lisses.

Les membres ont leur face supérieure revêtue d'écailles tout à fait semblables à celles du dos, si ce n'est cependant sur une certaine étendue du bras et de l'avant-bras, où il existe des scutelles hexagones, imbriquées, généralement très-dilatées en travers, dont le nombre et la grandeur varient suivant les espèces. Le dessous des cuisses présente des écailles hexagones , plates , lisses , juxta-posées , quelquefois très-grandes près du bord externe du membre , et diminúant de diamètre tantôt brusquement , tantôt au contraire par degrés insensibles en s'avançant vers le bord interne. Chez toutes les espèces on remarque une série fort étendue de pores fémoraux. Des scutelles quadrilatères à angles arrondis , dilatées transversalement , disposées sur une seule ligne longitudinale , protégent le dessus des doigts qui, en dessous, sont revêtus d'écailles à peu près semblables , mais plus épaisses , et dont quelques-unes sont même tuberculeuses. Celles qui présentent cette dernière forme se voient à la base des doigts , le long de leur bord interne.

La poitrine et la région abdominale toute entière sont garnies de plaques quadrangulaires , minces , lisses , non imbriquées , rangées en quinconce. Parmi les scutelles quelquefois bombées, mais le plus souvent aplaties, qui couvrent la région préanale , on en remarque toujours quelques-unes qui sont beaucoup plus dilatées que les autres.

Nous ne connaissons aucune espèce d'Améivas dont les individus mâles portent de chaque côté de l'anus une forte écaille en éperon, comme cela s'observe, à une seule exception près , chez tous les Cnémidophores et dans les Centropyx. La plupart des Améivas offrent pendant leur jeunesse , comme certains mammifères et beaucoup d'oiseaux , une livrée qui consiste en un nombre variable, suivant les espèces , de raies ou de bandes longitudinales , dont les individus adultes ne conservent plus le moindre vestige.

Les Améivas ne recherchent pas, comme les Sauvegardes, le voisinage des eaux ; quelques espèces paraissent au contraire ne fréquenter que les lieux arides. Ils vivent de vers , d'insectes de différents ordres , de petits mollusques terrestres , et d'herbes bien certainement aussi , car nous avons souvent trouvé des débris de feuilles de graminées dans l'estomac des individus soumis à notre examen. Souvent aussi leur sac stomacal nous a offert un nombre plus ou moins

REPTILES . TOME V.   7 considérable de grains de sable et de petits cailloux mêlés aux autres substances qu'il renfermait.

Le présent genre se compose d'espèces prises parmi les Améivas de Cuvier ou les Cnémidophores de Wagler, qui, par suite de la conformation de leur langue, ont la faculté d'en loger la portion postérieure dans une gaîne située sous la glotte ; de cette manière nous avons laissé réunies, suivant leurs rapports naturels, des espèces dont la langue n'étant pas engaînante à cause de l'élargissement en **V** qu'elle présente à sa base, devaient nécessairement être isolées de celles avec lesquelles elles étaient restées jusqu'à présent. Elles deviennent pour nous un groupe générique particulier auquel nous conservons le nom de Cnémidophore, ayant précédemment designé l'autre par celui d'Améiva.

Il existe dans la synonymie des espèces appartenant à ces deux genres, une confusion telle, qu'il demeurera impossible à tout erpétologiste, quelque opiniâtre et quelque habile qu'il soit, d'arriver à en donner une explication complétement satisfaisante. Toutefois, après beaucoup de peine, nous avons été assez heureux pour parvenir à jeter quelque lumière sur cette intéressante partie de l'histoire des Lacertiens qui nous occupent : c'est ce que l'on pourra voir à la suite des articles où il est traité de chacune des espèces en particulier ; car il nous semblerait superflu de donner ici l'analyse d'un travail assez aride par lui-même, mais qui pourtant aurait bien son côté curieux, en ce qu'il montrerait comment, par le peu de soin que mettent certains auteurs à étudier les livres de leurs devanciers, une erreur passe successivement d'un ouvrage dans un autre, faute par eux de s'être donné la peine de vérifier la citation qu'ils font, soit de la description, soit de la figure d'une espèce ; ou bien en rapportant sans examen les traductions souvent très-inexactes de passages empruntés à des écrivains étrangers,

TABLEAU SYNOPTIQUE DES ESPÈCES DU GENRE AMÉIVA.

Talons

hérissés de tubercules : bord antérieur de la tempe
- granuleux. . . . . 2. A. DE SLOANE.
- scutellé. . . . . 3. A. D'AUBER.

simples : écailles caudales
- en carrés longs, carénés; 3 séries de plaques ventrales, au plus
  - dix : scutelles sous-cubitales
    - cyclo-hexagones. . . . . . 1. A. COMMUN.
    - dilatées transversalement. 4. A. DE PLÉE.
  - seize ou dix-huit . . . . 5. A. GRAND (LF.)
- rhomboidales, lisses . . . . 6. A. LINÉOLÉ.

1. L'AMÉIVA COMMUN. *Ameiva vulgaris*. Lichtenstein.

CARACTÈRES. Ecailles gulaires plates, distinctement plus grandes que celles qui garnissent l'espace compris entre les branches sous-maxillaires, et celles du dessous du cou. Pli antéro-pectoral offrant des écailles de même grandeur que les gulaires. Région humérale, portant sur sa ligne médiane une douzaine de scutelles plates, hexagones, non imbriquées, parmi lesquelles il en est quelques-unes à peine plus longues que larges. Bord postérieur de la région humérale granuleux. Dessous du coude garni de scutelles cyclo-hexagones. Une dizaine de séries d'écailles sous chaque cuisse. Sous la jambe, trois séries de scutelles, au nombre de huit, et presque toutes de même grandeur pour la première ou l'externe. Talon non hérissé de tubercules. Dix plaques ventrales dans les rangées transversales les plus nombreuses. Ecailles caudales supérieures quadrilatères, oblongues, carénées.

SYNONYMIE. *Lacerta surinamensis major*, *Ameiva dicta*. Seb. Thes. nat. tom. 1, pag. 140, tab. 88, fig. 2. (Mâle.)

Lacerta tigrina ceilonica, *cauda bifida*. Id. loc. cit. tom. 1, pag. 143, tab. 90, fig. 7. (Mâle.)

Lacerta strumosa. Id. loc. cit. tom. 2, pag. 110, tab. 103, fig. 3 et 4. (Mâle.)

Lacerta surinamensis dorso dilute cæruleo cauda tenui longiore. Id. loc. cit. tom. 1, pag. 149, tab. 88, fig. 1. (Femelle.)

Lacerta americana. Id. loc. cit. tom. 1, pag. 141, tab. 89, fig. 3. (Femelle.)

Lacerta africana. Id. loc. cit. tom. 2, pag. 63, tab. 63, fig. 4. (Femelle.)

Lacerta surinamensis major, *Ameiva dicta*. Klein. Quad. disposit. pag. 103. (Mâle.)

Lacerta tigrina ceylonica. Id. loc. cit. pag. 102. (Mâle.)

Lacerta strumosa americana. Id. loc. cit. pag. 106. (Mâle.)

Lacerta surinamensis dorso dilute cæruleo cauda tenui longiore. Id. loc. cit. pag. 102. (Femelle.)

Lacerta americana. Id. loc. cit. pag. 103. (Femelle.)

Seps surinamensis. Laur. Synops. Rept. pag. 59, n° 98.

Seps zeylanicus. Id. loc. cit. pag. 59, n° 99.

Lacerta graphica. Daud. Hist. Rep. tom. 3, pag. 112, exclus.

Synonym. fig. 2 et 4, tab. 85, tom. 1, Seb. (Varanus Bengalensis.)

Lacerta litterata. Id. loc. cit. tom. 3, pag. 106, exclus. Synonym. fig. 4 et 5, tab. 110, tom. 1, Seb. (Aporomera flavipunctata), et fig. 4 et 5, tab. 86, tom. 1, Seb. (Varanus Bengalensis.)

Lacerta gutturosa. Id. loc. cit. tom. 3, pag. 119.

Tejus Ameiva. Pr. Maxim. zu wied, Reis. nach Brasil. tom. 1, pag. 88; tom. 2, pag. 337; et Recueil de pl. color. d'anim. pag. et pl. sans numéros.

Tejus Ameiva. Spix, Spec. nov. Lacert. Bras. pag. 21, tab. 23. (Mâle.)

Tejus lateristriga. Id. loc. cit. pag. 22, tab. 24, fig. 1. (Femelle.)

Tejus tritæniatus. Id. loc. cit. pag. 22, tab. 24, fig. 2. (Femelle.)

L'Ameiva le plus répandu (Tejus Ameiva. Spix, 22; Pr. Maxim. zu wied, 5ᵉ liv.). Cuv. Règn. anim. 2ᵉ édit. tom. 2, pag. 29. (Mâle.)

Ameiva lateristriga. Id. loc. cit. tom. 2, pag. 29.

Ameiva tritæniata. Id. loc. cit. tom. 2, pag. 29.

Tejus Ameiva. Guer. Iconog. Règn. anim. Cuv. Rept. tab. 4, fig. 1.

Cnemidophorus (Tejus Ameiva. Pr. zu wied). Wagl. Syst. amph. pag. 154.

The most extended Ameiva (Tejus Ameiva. Spix.). Griff. Anim. king. Cuv. tom. 9, pag. 29, exclus. Synonym. *Tejus ocellifer.* Spix (Cnemidophorus murinus).

Lettered Ameiva. Id. loc. cit. pag. 29.

Side-Streaked Ameiva. Id. loc. cit. pag. 30.

Three-Streaked Ameiva. Id. loc. cit. pag. 30.

Ameiva lateristriga. Eichw. zool. Ross. et Polon. tom. 3, pag. 190. (Femelle.)

Ameiva lateristriga. Schinz Naturgesch. Abbild. der Rept. pag. 97, tab. 36, fig. 1.

? *Cnemidophorus undulatus.* Wiegm. Herpet. mexic. pars 1, pag. 27.

DESCRIPTION.

FORME. La tête de cette espèce a en longueur totale le double environ de sa largeur postérieure, laquelle est égale à la hauteur. On compte douze dents intermaxillaires, un peu écartées les unes des autres. Il y a de chaque côté dix-huit à vingt-quatre dents maxillaires supérieures, et vingt à vingt-huit dents maxillaires inférieures : les huit ou dix premières, en haut comme en bas, sont petites, coniques, simples, et toutes celles qui les suivent ont leur sommet divisé en trois pointes, aiguës chez les jeunes sujets, obtuses et quelquefois même peu distinctes dans les vieux individus. Tantôt on aperçoit quelques petites dents de chaque côté de l'échancrure du palais, tantôt on ne voit qu'un petit renflement qui semble en tenir lieu.

Le bord postérieur de la région papilleuse de la langue est arrondi.

La narine, qui est ovale et placée obliquement, vient s'ouvrir partie sur le bord de la naso-rostrale, partie sur celui de la naso-frénale. Cette dernière plaque est triangulaire, ayant un de ses sommets, le supérieur, légèrement recourbé en arrière ; derrière elle se trouve une post-naso-frénale une fois au moins plus grande ; elle a quatre côtés, et est un peu plus élevée en arrière qu'en avant. La première des cinq plaques palpébrales ou sus-oculaires est très-petite, et pointue à son extrémité antérieure ; la seconde, toujours un peu moins dilatée, est tantôt triangulaire, tantôt très-irrégulièrement rhomboïdale ; la troisième, moitié plus grande que celle qui la précède, se montre sous la figure d'un trapèze ou d'un rhombe irrégulier ; la quatrième, un peu moins grande que la troisième, ressemble à un triangle isocèle qu'on aurait tronqué à son sommet ; la cinquième, une fois plus petite que celle qu'elle suit immédiatement, donne dans son contour la forme d'un D majuscule.

La région supérieure de la tempe et celle qui avoisine l'œil sont couvertes de petites plaques, aplaties, lisses, inégales, subhexagones, tandis que le reste de cette partie latérale de la tête offre des écailles de même forme que ces plaques, il est vrai, mais excessivement petites. Le trou de l'oreille est circulaire, et ses bords sont simples. Parfois il existe des granules squameux entre la rangée des plaques labiales inférieures et celles des sous-maxillaires, mais jamais dans une grande étendue. La peau du dessous du cou forme deux replis transversaux qui portent chacun sur une partie de leur surface des écailles plus dilatées que les autres, et qui, par cela même, semblent former une large bande transversale au cou, moins longue sur le premier que sur le second. Sur la gorge, on remarque également que toutes les écailles de la région, comprises entre les branches sous-maxillaires, sont moins dilatées que celles de la partie de la gorge située au-dessous des oreilles. Du reste, toutes ces écailles grandes et petites, et de la gorge et du dessous du cou, sont lisses, un peu bombées, hexagones, affectant, les unes une forme ovale, les autres une forme circulaire.

La face supérieure du haut du bras porte deux à quatre rangées longitudinales de scutelles aplaties, unies, hexagones, inéquilatérales, faiblement imbriquées : ces rangées diminuent de longueur en raison de leur éloignement du bord externe du bras. Parmi les scutelles qui les composent, celles de la rangée externe sont toujours plus développées que les autres. Le dessus de l'avant-bras porte aussi une rangée de grandes squames qui en occupent toute la largeur et presque toute la longueur ; en général, elles sont au nombre de huit, hexagones, très-dilatées transversalement, et légèrement imbriquées. Le dessous du coude offre un certain nombre d'écailles cyclo-hexagones plus dilatées que celles qui les environnent. Trois séries longitudinales de grandes squames, au nombre de cinq ou six, et quelquefois de sept pour chacune, couvrent toute la face inférieure de la jambe : celles de la série externe, qui ont une très-grande largeur, sont d'un tiers plus développées, et celles de la série interne d'un quart moins dilatées que celles de la série médiane. Des écailles plates, lisses, irrégulières dans leur forme, garnissent la région préanale; parmi elles, il y en a toujours trois ou quatre d'un diamètre plus grand que les autres ; celles-là avoisinent le bord de la lèvre de l'ouverture cloacale.

Dix-huit à vingt-quatre pores constituent sous chaque cuisse une seule rangée, qui s'étend depuis le jarret jusqu'à l'aine. Chacun de ces pores s'ouvre au centre d'une rosace composée de quatre ou cinq écailles, dont une à elle seule est souvent aussi grande que les trois ou quatre autres. On compte vingt-huit ou vingt-neuf rangées transversales de plaques ventrales, au nombre de dix dans les rangées les plus nombreuses. Les séries longitudinales que forment ces plaques sont parfaitement rectilignes, et les deux médianes toujours un peu plus larges que celles auxquelles elles sont soudées de chaque côté. Les écailles de la face inférieure de la racine de la queue sont lisses et carrées.

COLORATION. Le mode de coloration n'étant pas le même dans les deux sexes, nous allons d'abord faire connaître celui du mâle, puis nous indiquerons celui de la femelle.

Le dessus de la tête et les côtés présentent, soit une teinte olivâtre, soit un vert bleuâtre, sur lesquels sont répandues des taches et des linéoles confluentes d'une couleur noire souvent trèsfoncée. Généralement les faces supérieure et latérales du cou, la première moitié du dos et le dessus des bras, sont vermiculés de noir sur un fond ardoisé ou brun olivâtre, ou bien même d'un vert-bleuâtre. Certains individus n'offrent de ces dessins vermiculiformes que sur la région cervicale et les parties latérales du cou; quelques autres n'en ont que d'excessivement fins en avant des épaules. Le plus souvent la moitié du dos et le dessus des cuisses offrent une teinte ardoisée ou d'un vert bleuâtre uniforme; cependant ils sont quelquefois aussi parcourus par de très-faibles linéoles confluentes noirâtres. Tous nos individus ont les flancs ornés de bandes noires verticales, parfois onduleuses, portant une série de taches d'un blanc pur. D'autres taches semées sur un fond noir se montrent sous les cuisses, dont la face supérieure présente, se détachant d'une couleur pareille à celle du dos, des petites raies de couleur noire, irrégulièrement anastomosées. En dessus, la queue est d'un vert bleuâtre ou simplement verdâtre, tachetée de noir plus ou moins foncé; en dessous, la seule différence qu'elle présente, c'est l'absence de taches. Cette même teinte verdâtre qui forme le fond de la couleur de la queue est répandue sous les jambes, sur le ventre, la poitrine et la région jugulaire, qui est souvent piquetée de noir. Il arrive quelquefois aux parties inférieures que nous venons de nommer, d'être colorées de blanc verdâtre.

On observe dans la couleur fondamentale des femelles les mêmes variations de teintes que chez les individus mâles; mais on ne voit jamais ni taches ni linéoles sur la tête et sur le cou; ce n'est que très-rarement qu'il s'en montre quelques-unes éparses sur le dos. Une bande noire, qui prend naissance derrière l'œil, couvre une partie de la tempe, passe au-dessus de l'œil, et va se perdre sur le côté de la queue, après avoir suivi le haut de la partie

latérale du tronc dans toute sa longueur. Quelquefois cette bande
noire est uniforme, d'autres fois elle est ponctuée de blanc ; tantôt
son bord supérieur et son bord inférieur sont tous deux relevés d'un liséré blanc ; tantôt il n'y en a qu'un seul. Les flancs
sont tachetés ou vermiculés irrégulièrement de noir sur un fond
semblable à celui de la région dorsale. Généralement aussi le dessus de la queue et des membres offre la même teinte que le dos ,
mais , de même que les côtés du cou, ils sont tachetés ou vermiculés de noir. Toutes les parties inférieures, à l'exception de la
gorge qui est finement piquetée de noir, sont lavées de blanc verdâtre ou bleuâtre uniformément.

DIMENSIONS. *Longueur totale.* 52" 2'". *Tête.* Long. 5". *Cou.* Long.
2" 2'". *Tronc.* Long. 9". *Membr. antér.* Long. 6". *Membr. postér.*
Long. 12" 3'". *Queue.* Long. 36".

PATRIE. Le Brésil et la Guyane nourrissent l'Améiva commun ;
il paraît même qu'il est très-répandu dans le premier de ces deux
pays, d'où nous l'ont rapporté MM. Delalande, Langsdorff, Auguste
de Saint-Hilaire, Menestriés et Gaudichaud. Nous en possédons
aussi quelques exemplaires envoyés de Cayenne par MM. Leschenault et Doumerc, et un bel échantillon femelle , originaire de
Surinam , que nous avons reçu du Musée de Leyde.

Observations. Ce serait vouloir l'impossible que de chercher à
démêler la synonymie de cette espèce au milieu de la confusion
que les erpétologistes du dix-septième siècle ont introduite dans
la partie de leurs ouvrages, relative à l'histoire des Sauriens, par
suite de la mauvaise interprétation qu'ils ont donnée des descriptions et des figures publiées par les voyageurs et les muséographes
du siècle précédent et du commencement du leur ; c'est ainsi ,
pour ne présenter qu'un exemple , pris cependant dans le *Sys*
tema naturæ, qu'on trouve cité comme se rapportant à la *Lacerta Ameiva*, les figures d'un *Cnemidophorus lemniscatus* , d'une
Lacerta ocellata , de deux *Varanus Bengalensis*, de deux *Ameiva*
vulgaris, et d'un *Polychrus marmoratus*. Or , les expressions de la
Diagnose de Linné n'indiquant rien qui ne soit commun à beaucoup de Lacertiens et même de Sauriens en général , on voit
qu'on ne peut réellement pas décider quelle est, parmi toutes ces
espèces , celle que l'illustre auteur du *Systema naturæ* a eu plus
particulièrement en vue de désigner par le nom de *Lacerta*
Ameiva.

Il n'est nullement question dans Margrav de l'espèce du

présent article ; le Lézard dont parle cet auteur, sous le nom d'*Améiva*, n'appartient pas même au genre qui nous occupe en ce moment ; c'est très-probablement, comme le pense Cuvier, un Polychre marbré que ce voyageur a voulu désigner ainsi ; et, en effet, Margrav dit bien positivement que son *Taraguira*, auquel ressemble son Améiva, moins la bifurcation de sa queue, a le corps entièrement couvert d'écailles triangulaires (et par cela on doit entendre des écailles rhomboïdales carénées), ce qui ne peut s'appliquer à aucun Améiva, ni à aucun Cnémidophore, mais qui convient très-bien au Polychre marbré, et peut-être mieux encore à l'Ecphymote à collier, espèce très-répandue au Brésil.

Il existe dans l'ouvrage de Séba plusieurs figures, qui, sans être parfaites, ne permettent cependant pas de douter que les individus d'après lesquels elles ont été peintes appartenaient évidemment à l'espèce de l'Améiva vulgaire : de ce nombre sont celles qui, sous les noms de *Lacerta Surinamensis major*, *Lacerta tigrina ceylonica*, *Lacerta strumosa*, *Lacerta Surinamensis dorso dilute cœruleo*, *Lacerta Americana*, *Lacerta Americana subrufa*, représentent, les trois premières, le sexe mâle, les trois dernières des sujets femelles de l'*Ameiva vulgaris*.

Quelque attention que l'on apporte à la lecture de l'article de Lacepède relatif à l'Améiva, il est difficile de se faire une idée bien juste de l'espèce qu'il a eu l'intention de faire connaître, espèce dont un individu lui avait été envoyé de Cayenne par M. Léchevin, et que nous n'avons malheureusement pas pu retrouver dans nos collections. D'après sa description, il semblerait qu'il a voulu parler du Cnémidophore murin, et la figure qui l'accompagne nous paraît au contraire représenter un Améiva ordinaire. Il se peut fort bien (et cela est probable) que Lacepède ait eu sous les yeux deux sujets différents qu'il aura considérés comme appartenant à une seule. Quant à sa synonymie, la confusion qui y règne est encore plus grande que dans celle de Linné, dont nous avons parlé plus haut.

Daudin, dont l'histoire des Reptiles suivit de près la publication des quadrupèdes ovipares du continuateur des œuvres de Buffon, a fait trois espèces différentes de l'Améiva ordinaire.

La première est son Lézard à traits noirs, auquel, par une erreur difficile à expliquer, il donne l'Allemagne pour patrie ; parmi les figures de Séba qu'il y rapporte, il en est deux qui appartiennent à des Lacertiens bien différents, c'est-à-dire à des Aporomères : ce sont celles qui sont placées sous les nˢ 4 et 5 de la Pl. 110 du tom. 1 du Trésor de la nature.

La seconde, ou le Lézard graphique est décrit de manière à ne pas faire douter de son identité avec notre Améiva vulgaire, quand bien même nous n'en n'aurions pas une preuve plus positive dans l'individu déposé dans notre musée, qui lui a servi de type : il a encore cité à l'article de celui-ci deux figures de Séba (2 et 4 de la Pl. 85 du tom. 1), qui représentent non pas des Améivas, mais de jeunes Varans du Bengale.

* La troisième, appelée Lézard vert à points rouges, a, quoi qu'il en dise, été établi plutôt d'après les deux figures qu'il cite de l'ouvrage de Séba, que d'après un échantillon de la collection du Muséum, où il n'existe aucun Améiva coloré de cette manière. Parmi les ouvrages d'une époque plus récente, il en est deux, ceux de Spix et du prince Maximilien de Vied, qui offrent des portraits assez habilement faits de l'Améiva commun. Le recueil de planches coloriées d'animaux du Brésil en renferme un, d'après un individu mâle; et dans le livre de Spix, sur les espèces nouvelles de Lézards recueillies dans cette même partie de l'Amérique méridionale, sont représentés un autre individu mâle sous le nom de *Tejus Ameiva*, et deux femelles appelées l'une *Tejus lateristriga*, l'autre *Tejus tritœniatus*.

Enfin, nous ferons remarquer que M. Gray, dans son dernier *Synopsis Reptilium*, a mentionné l'Améiva vulgaire sous quatre noms différents, et qu'il a réuni à l'une de ces prétendues espèces diverses, un Lacertien qui ne pouvait pas être laissé dans le même genre; nous voulons parler du *Tejus ocellifer* de Spix, qui est le jeune âge du *Cnemidophorus murinus*.

2. L'AMÉIVA DE SLOANE. *Ameiva Sloanei*. Nobis.

CARACTÈRES. Ecailles gulaires légèrement convexes, presque aussi petites que celles qui garnissent l'espace compris entre les branches sous-maxillaires et celles du dessous du cou. Pli antéropectoral offrant des écailles beaucoup plus grandes que les gulaires. Région humérale offrant en dessus de petites scutelles cyclo-hexagones, un peu bombées, à peine imbriquées, formant une assez longue série, et deux ou trois autres très-courtes, en dedans de celle-ci. Bord postérieur de la région humérale granuleux. Dessous du coude revêtu de quatre ou cinq scutelles hexagones, dilatées transversalement. Une dizaine de séries d'écailles sous chaque cuisse. Sous la jambe, deux séries de scutelles, au nombre de six pour l'externe, dont les deux premières couvrent à elles seules une grande partie de la face inférieure de la jambe. Talon hérissé de tubercules. Plaques ventrales au nombre de dix, dans les rangées transversales les plus nombreuses. Ecailles caudales supérieures quadrilatères, oblongues, carénées.

SYNONYMIE. *Lacerta major cinereus maculatus*. Sloane. Voy. To the Isl. mad. Barbad. etc. tom. 2, pag. 333, tab. 273, fig. 3.

Le gros Lézard moucheté à queue fourchue. Edw. Hist. natur. Ois. tom. 4, tab. 203.

DESCRIPTION.

FORMES. Le bout de la mâchoire supérieure de l'Améiva de Sloane est armé de dix petites dents pointues, un peu arquées. Chacun de ses côtés en porte vingt à vingt-quatre, ayant toutes leur sommet divisé en trois pointes. Les dents maxillaires inférieures sont au nombre de vingt-huit à droite comme à gauche, et de même forme que leurs correspondantes de la mâchoire supérieure, à l'exception des cinq ou six premières qui ressemblent assez aux dents intermaxillaires. On voit simplement deux petits renflements aux endroits où seraient implantées les dents palatines si cette espèce en possédait. La région papilleuse de la langue, à l'endroit où elle se termine en arrière, offre un bord arrondi. Les narines, de même que chez l'Améiva commun, présentent une ouverture ovale, oblique, pratiquée dans l'articulation des plaques naso-rostrale et naso-frénale. La surface sus-oculaire ou palpébrale est recouverte par cinq plaques, dont la dernière est extrêmement petite ; des granules bordent la troisième en dehors, la quatrième des deux côtés, et la cinquième à droite, à gauche et en arrière, où elles sont même en assez grand nombre. La tempe est entièrement granuleuse, excepté à son bord supérieur, qui porte une série longitudinale de plusieurs petites plaques anguleuses oblongues. La rangée des labiales inférieures est séparée de la rangée des sous-maxillaires par des granules, dans toute son étendue. La mâchoire inférieure, sur ses côtés, tout à fait en arrière, au lieu d'être garnie de quelques grandes plaques semblables à celles qui la revêtent en dessous, en offre un très-grand nombre de petites. Le pli collaire qui se trouve en avant de la poitrine est très-marqué et recouvert presque en entier d'écailles hexagones, lisses, un peu convexes, moins petites que toutes celles de la région gulaire ; car, sous le cou et sous la tête, partout ailleurs que sur ce pli, on remarque des écailles rhomboïdales granuleuses, très-fines, égales entre elles.

La ligne médio-longitudinale du dessus du bras porte une seule série composée d'une huitaine d'écailles assez grandes, comparativement aux autres écailles supéro-brachiales, qui ont l'aspect de granules rhomboïdaux, excepté en remontant vers l'épaule, où il en existe quelques-unes presque aussi dilatées que celles de la série médiane, à droite et à gauche de laquelle on en voit cependant aussi quelquefois plusieurs d'un diamètre moins petit que sur les bords du bras. Une rangée de cinq ou six plaques très-imbriquées, considérablement dilatées en travers, couvre, dans une certaine partie de sa largeur, la face externe de l'avant-bras, en commençant un peu au-dessous de son extrémité supérieure, et se terminant sur la main. Sous le coude, il y a une petite série longitudinale de cinq ou six scutelles assez grandes, dilatées en travers. Le bord externe de la région fémorale inférieure est garni d'une série composée d'au moins dix grandes scutelles hexagones, très-élargies, et fort imbriquées ; puis en dedans de celle-là s'en montrent deux autres formées également de scutelles hexagones, mais d'une longueur égale à leur largeur ; après quoi les écailles du dessous de la cuisse diminuent brusquement de diamètre, d'où il suit que toutes celles qui avoisinent les pores fémoraux sont excessivement petites.

Deux seules rangées longitudinales de grandes plaques couvrent la face inférieure de la jambe ; la première plaque de l'une de ces deux rangées, l'externe, est assez grande ; la seconde l'est excessivement ; la troisième a autant de largeur que les deux précédentes, mais est de deux tiers plus courte ; les plaques appartenant à la seconde rangée sont au nombre de trois à quatre, et leur grandeur est de moitié moindre que celles qui constituent la rangée externe.

Au dessus du talon et un peu en dehors, se trouve un groupe composé d'une vingtaine de petits tubercules squameux, coniques, très-pointus, et tous à peu près de même hauteur.

La région préanale est protégée par des plaques aplaties assez semblables, quant à la forme, au nombre et à la disposition, à celles de l'Améiva commun. Le dessous de chaque cuisse présente

une série de dix-huit à vingt-quatre pores complétement semblables à ceux de l'Améiva commun.

Les plaques ventrales forment trente rangées transversales ,
dont les plus nombreuses se composent de dix pièces , parmi lesquelles les deux médianes , comme dans toutes les autres séries
transverses, offrent moins de largeur que celles qui les touchent
immédiatement de chaque côté.

CoLORATION. Le dessus et les côtés de la tête, ainsi que la face supérieure du cou, présentent une teinte olivâtre. Les jeunes sujets,
et ceux même d'un âge moyen, offrent, sur la ligne médiane du
corps , une bande d'un cendré bleuâtre plus ou moins pâle, ou
bien d'une teinte ardoisée , et quelquefois même blanchâtre, qui
prend naissance sur le milieu de la nuque, et qui va se perdre sur
le prolongement caudal. Cette bande, qui n'est qu'une simple ligne
en commençant, s'élargit graduellement à mesure qu'elle gagne
la partie postérieure du corps ; de telle sorte que, considérée dans
toute son étendue, elle représente pour ainsi dire un triangle isocèle excessivement allongé. De chaque côté de cette bande médiane, le dos est noir, offrant deux et quelquefois trois séries longitudinales et parallèles, plus ou moins longues, de petites taches
d'un cendré bleuâtre, parfois si rapprochées les unes des autres ,
qu'elles constituent de véritables raies. La même teinte cendrée
bleuâtre qui compose les taches dont nous venons de parler, est
répandue sur les côtés du cou, sur les flancs et sur les membres,
où ne se montrent d'une manière bien manifeste ni taches ni raies
quelconques.

La couleur noire des parties latérales du dos se prolonge en
bandes de chaque côté de la queue. Le dessus de celle-ci présente
une teinte tirant sur le vert olivâtre , et toutes les régions inférieures de l'animal sont lavées de vert bleuâtre, quand elles ne se
montrent pas d'un gris blanc plus ou moins jaunâtre.

Chez les sujets qu'on peut considérer comme adultes , le noir
des côtés du dos passe au brun olivâtre , ou à l'olivâtre pur qui
fait disparaître aussi peu à peu la bande rachidienne en commençant à l'envahir par sa partie postérieure. Par suite de cela , la
teinte du dos devient uniforme ; mais les flancs se marquent de
taches bleuâtres , dont quelques-unes se répandent sur les côtés
de la queue. Le dessous des doigts, les plantes et les groupes d'é-
pines des talons sont colorés en jaune.

DIMENSIONS. *Longueur totale.* 41" 5'". *Tête.* Long. 3" 2'". *Cou.*

Long. 1" 8"'. *Tronc.* Long. 7" 5"'. *Membr. antér.* Long. 4" 5"'. *Membr. postér.* Long. 9" 5"'. *Queue.* Long. 29".

Patrie. Cette espèce est originaire des Antilles : au moins tous les individus, en assez grand nombre, que nous avons eu occasion d'observer dans les différents musées de Londres, s'y trouvent-ils indiqués comme provenant des diverses possessions anglaises dans cet archipel. Notre collection en renferme seulement deux échantillons, que la personne de qui nous les tenons nous a assuré avoir reçus directement de la Jamaïque.

Observations. Nous ajoutons d'autant plus foi à la vérité de ces renseignements, qu'ils sont en quelque sorte confirmés par la figure que Hans Sloane a donnée de cette espèce, dans la relation de son voyage dans la plupart des îles des Antilles anglaises ; figure qui est réellement excellente pour l'époque à laquelle elle a été publiée, et d'où date la connaissance de l'Améiva de Sloane, que nous avons ainsi nommée pour rendre hommage à la mémoire d'un voyageur instruit et ami des sciences.

Un second portrait, également très-ressemblant de l'Améiva de Sloane, se retrouve dans un ouvrage, où, d'après son titre, on ne le soupçonnerait guère. Cet ouvrage est l'Histoire naturelle des oiseaux de George Edwards, qui a désigné notre Lacertien par le nom de gros Lézard moucheté à queue fourchue, cette dernière épithète indiquant la manière anomale dont s'était reproduite, après avoir été rompue, la queue de l'individu que cet auteur avait observé. Une foule de naturalistes ont cité les deux figures dont nous venons de parler, mais aucun d'eux ne les a appliquées à l'espèce qu'elles représentent réellement.

3. L'AMÉIVA D'AUBER. *Ameiva Auberi.* Cocteau.

Caractères. Écailles gulaires légèrement convexes, presque aussi petites que celles qui garnissent l'espace compris entre les branches sous-maxillaires et celles du dessous du cou. Pli antéropectoral offrant des écailles beaucoup plus grandes que les gulaires. Région humérale portant, en dessus, une série de six ou sept scutelles hexagones, dilatées transversalement, très-légèrement imbriquées; en dedans et en haut de cette série médio-longitudinale près de son bord, deux autres séries de scutelles plus petites, rhomboïdales. Bord postérieur de la région humérale granuleux. Dessous du coude garni de plusieurs scutelles subhexa.

gones un peu dilatées transversalement. Une dizaine de séries
d'écailles sous les cuisses. Face inférieure de la jambe offrant deux
séries de scutelles, dont les deux premières de la série externe couvrent presque le dessous de la jambe à elles seules. Talon hérissé
de tubercules. Plaques ventrales au nombre de dix dans les rangées les plus nombreuses. Écailles caudales supérieures quadrilatères, oblongues, carénées.

SYNONYMIE. *Ameiva Auberi.* Th. Coct. Hist. de l'île de Cuba, par
Ram. de la Sagr. Rept. pag. 74, pl. 6.

DESCRIPTION.

FORMES. La mâchoire supérieure de l'Améiva d'Auber est garnie
d'une douzaine de dents à son extrémité antérieure, et de vingt
au plus de l'un comme de l'autre côté ; l'inférieure en porte vingt-
huit à gauche et à droite, toutes un peu couchées en arrière.
L'ouverture de la narine est pratiquée complétement, ou presque complétement, dans le bord de la plaque naso-rostrale. L'é-
caillure de la tempe de cette espèce diffère de celle de l'Améiva
de Sloane, mais elle a quelque analogie avec celle de l'Améiva
commun, en ce que parmi les pièces qui la composent il en est
quelques-unes de scutelliformes, occupant le bord antérieur et le
bord supérieur de la région de cette partie latérale de la tête,
dont le reste de la surface a une apparence granuleuse. L'Améiva
d'Auber diffère encore de l'Améiva de Sloane, parce que les côtés
de sa mâchoire inférieure, tout à fait en arrière, au lieu d'être
revêtus de petites plaques, en offrent au contraire d'un assez
grand diamètre, et par conséquent en moindre nombre. La rangée de scutelles qui règne sur la ligne médio-longitudinale et celle
qui couvre la même région de l'avant-bras, sont plus élargies et
plus étendues en longueur. Le dessous du coude offre un certain
nombre de petites scutelles semblables, par le nombre et la forme,
tantôt à celles qui seraient chez l'Améiva commun, tantôt à celles
qui existent au même endroit dans l'Améiva de Sloane.

COLORATION. Mais c'est principalement par son mode de coloration que l'Améiva d'Auber se distingue de l'espèce décrite dans
l'article précédent.

Chez les individus parvenus à leur état adulte, le dessus de la
tête, du cou, le dos, la face supérieure des membres et de la
queue présentent une teinte uniforme olivâtre, plus ou moins

rubigineuse. Les flancs sont d'un gris ardoisé, auquel se mêlent des nuances de la couleur du dos. Une bande noire, à bords souvent très-irrégulièrement entaillés, parcourt chaque côté du corps, depuis le derrière de l'oreille jusqu'à la queue, en passant sur l'épaule et en longeant la partie supérieure du flanc. Quelquefois la portion de cette bande, qui occupe la région latérale du cou, est fort peu marquée. Toutes les parties inférieures de l'animal, sans exception, sont lavées de blanc jaunâtre.

Les jeunes sujets se reconnaissent aux deux lignes blanches qui bordent, l'une en haut, l'autre en bas, la bande noire déroulée sur les côtés du corps, et à une autre ligne blanche qui s'étend sur le milieu du cou et du dos, depuis la nuque jusqu'à la racine de la queue, dont la coloration est tantôt bleuâtre, tantôt d'un vert olivâtre. Quelques points blancs ondés de noir apparaissent sur la face externe des pattes de devant; et celle des membres postérieurs semble être vermiculée de noirâtre.

Dimensions. *Longueur totale.* 34"1"'. *Tête.* Long. 2" 8"'. *Cou.* Long. 1" 8"'. *Tronc.* Long. 7" 5"'. *Memb. antér.* Long. 3". *Memb. postér.* Long. 6" 5"'.

Patrie. Jusqu'ici cette espèce n'a encore été rencontrée que dans l'île de Cuba. Nous en avons observé de belles suites d'échantillons dans les différents musées de Londres; et le nôtre en possède lui-même un certain nombre d'exemplaires, parmi lesquels il en est plusieurs dont nous sommes redevables à la générosité de M. Ramon de la Sagra.

Observations. L'améiva d'Auber, ainsi nommé par M. Cocteau, se trouve décrit et figuré avec beaucoup de soin dans la partie erpétologique du grand ouvrage sur l'île de Cuba, que publie en ce moment le savant naturaliste espagnol que nous venons de citer tout à l'heure. Cette espèce, nous devons l'avouer, quoique en apparence très-distincte de l'Améiva de Sloane, pourrait bien n'en être qu'une variété particulière à l'île de Cuba; car il est évident que les principales différences sur lesquelles repose la distinction de ces deux Améivas ne résident, à très-peu de choses près, que dans la manière dont leur robe est peinte. Or, nous savons, par l'étude suivie que nous avons faite de nos Lacertiens d'Europe, combien peuvent différer les uns des autres, à cet égard, des individus d'une seule et même espèce, suivant les localités plus ou moins éloignées dont ils proviennent. Nous soumettons cette observation à la sagacité des erpétologistes qui se trou-

REPTILES, V.   8

veront dans des conditions plus favorables que nous, c'est-à-dire qui pourront se livrer à l'examen d'un très-grand nombre d'individus de ces deux espèces ou de ces deux variétés, recueillis dans les diverses Antilles, et par là apprécier si les dissemblances qu'elles présentent entre elles sont réellement spécifiques ou de simples modifications résultantes de la différence d'habitation.

4. L'AMÉIVA DE PLÉE. *Ameiva Plei*. Nobis.

CARACTÈRES. Écailles gulaires distinctement plus grandes que celles qui garnissent l'espace compris entre les branches sous-maxillaires et celles du dessous du cou. Pli antéro-pectoral revêtu d'écailles de même grandeur que les gulaires. Région humérale offrant en dessus une principale série de six ou sept scutelles hexagones, convexes, non imbriquées, à peine plus larges que longues. Dessous du cou garni de quelques scutelles hexagones, dilatées transversalement, environnées d'écailles un peu plus fortes que toutes celles de la face inférieure du bras. Neuf séries d'écailles sous chaque cuisse. Face inférieure de la jambe offrant trois séries de scutelles, l'externe composée de très-grandes pièces ; celles de la médiane étant de moitié moins grandes, et celles de l'interne fort petites. Talon non hérissé de tubercules. Plaques ventrales au nombre de dix dans les rangées les plus nombreuses. Écailles caudales supérieures quadrilatères, oblongues, carénées.

SYNONYMIE ?

DESCRIPTION.

FORMES. Chaque narine est distinctement ouverte tout entière dans la plaque naso-rostrale, n'entamant en aucune façon la naso-frénale, dont le bord antérieur est légèrement oblique. Les plaques palpébrales ou susoculaires ressemblent à celles de l'Améiva de Sloane, et l'écaillure des tempes est la même que chez l'Améiva d'Auber. La région papilleuse de la langue se termine en arrière par un bord obtusément anguleux. Il n'existe pas de dents au palais, mais un simple renflement de chaque côté de son échancrure. Tout à fait en arrière, les côtés de la mâchoire inférieure sont couverts de plaques irrégulièrement hexagones, assez dilatées et par conséquent en petit nombre.

Le repli sous-collaire situé immédiatement en avant de la poitrine, est très-prononcé ; il offre une garniture d'écailles cyclo-hexagones, convexes, moins petites que celles d'apparence granuleuse qu'on voit couvrir l'espace qui le sépare de la région gulaire, laquelle aussi présente des écailles cyclo-hexagones d'un diamètre plus que triple de celui des granules squameux qui tapissent la peau tendue entre les deux branches sous-maxillaires.

Il existe sur le milieu de la face supérieure du haut du bras une ou deux séries assez courtes d'écailles hexagones, à peine plus larges que longues, mais plus grandes que celles qui leur sont latérales. L'avant-bras offre cinq ou six scutelles très-dilatées en travers, imbriquées, à peu près de même grandeur, formant une série qui commence à quelque distance du coude, et qui ne s'étend pas tout à fait jusque sur la main. Le dessous de la région cubi-tale laisse voir une réunion de cinq à sept scutelles plus grandes que les autres écailles sous-brachiales.

La face inférieure de la cuisse est garnie de sept séries d'écailles hexagones, peu ou point imbriquées, diminuant graduellement de grandeur à mesure qu'elles se rapprochent du bord interne du membre ; celles de la rangée externe sont une fois plus larges que longues, mais les autres présentent à peu près la même étendue dans leur sens longitudinal que dans le transversal. Trois séries de scutelles couvrent le dessous de la jambe ; celles de la première, au nombre de six, sont, la première et les deux dernières, très-petites, la troisième très-grande, la seconde un peu moins que celle-ci, et la quatrième plus petite que la seconde.

La région préanale est occupée par des plaques aplaties, parmi lesquelles celles du contour se montrent excessivement petites, relativement aux plaques du centre. Les pores, au nombre de dix-sept à vingt-quatre sous chaque cuisse, s'ouvrent au centre d'une rosace composée de quatre écailles, trois granuleuses et très-fines, une très-plate, plus grande à elle seule que les trois autres.

On ne remarque pas d'écailles tuberculeuses ou coniques aux talons.

Les plaques ventrales forment vingt-neuf ou trente rangées transversales, dont les plus nombreuses se composent de douze pièces.

COLORATION. Un de nos trois individus, le plus grand, et celui dont nous donnons plus bas les dimensions, est partout en dessus d'une teinte olivâtre rubigineuse, semée de taches blanchâtres ou d'un fauve très-pâle sur les flancs, sur la région lombaire, sur

8.

les membres et sur la queue. Le dessous de la tête et du cou, la face inférieure des bras, le ventre et la région interne des cuisses présentent un gris lavé de jaunâtre; et le dessous des doigts, les paumes, les plantes et la partie inférieure de la queue, une teinte qui tient de la terre de Sienne et de l'orangé.

Notre second individu, qui est un peu moins grand que le premier, offre en dessus à peu près le même fond de couleur que lui; mais il a de plus cinq lignes blanchâtres, parallèles, aussi espacées les unes que les autres, qui s'étendent depuis le bord postérieur de l'occiput jusqu'à la dernière extrémité du tronc. Le long de chaque flanc on aperçoit le vestige d'un chaînon noirâtre; puis la région lombaire, la face supérieure des cuisses et de la queue sont faiblement marquées de taches de couleur jaunâtre. Le repli cutané antéro-pectoral est noir. La gorge et le dessous des membres sont blanchâtres; le ventre (dépouillé d'épiderme) est nuancé de noir sur un fond grisâtre, et sur les côtés on voit distinctement des taches blanches.

Enfin, le plus petit de nos trois exemplaires, dont la longueur totale est de quatorze centimètres seulement, présente sur ses parties supérieures une teinte d'ardoise mouillée. On lui voit plus distinctement qu'au précédent les cinq lignes blanchâtres qui parcourent le dessus du cou et du dos; il en offre même deux de plus, l'une à droite, l'autre à gauche, allant de l'épaule à l'aine. Vers leur extrémité postérieure, trois des raies du dos, les médianes, sont un peu ondulées et séparées par des taches noirâtres, D'autres taches, mais d'un blanc sale et qui paraissent ondées de brun, se voient sur le dessus des quatre membres. La queue, comme celle de l'individu de moyenne taille, porte une raie blanchâtre de chaque côté de sa racine. Toutes les régions inférieures sont blanches, lavées de bleuâtre pâle.

DIMENSIONS. *Longueur totale.* 37'2'". *Téte.* Long. 3"2'". *Cou.* Long. 2". *Tronc.* Long. 8". *Memb. antér.* Long. 4'8'". *Memb. postér.* Long. 9". *Queue.* Long. 24".

PATRIE. Ainsi que nous l'avons dit plus haut, cette espèce ne nous est connue que par trois échantillons, qui nous ont été envoyés: le grand et le petit de la Martinique, par M. Plée; celui de moyenne grandeur de Saint-Domingue, par M. Alexandre Ricord.

5. LE GRAND AMÉIVA. *Ameiva major*. Nobis.

CARACTÈRES. Écailles gulaires, distinctement plus grandes que celles qui garnissent l'espace compris entre les branches sous-maxillaires et celles du dessous du cou. Pli antéro-pectoral offrant des écailles de même grandeur que les gulaires. Région humérale, présentant en dessus et en long une trentaine d'écailles hexagones, convexes, n'étant pas pour la plupart sept fois plus grandes que les granules très-fins qui revêtent le reste de sa surface. Bord postérieur de la région humérale, granuleux. Dessous du coude offrant une surface carrée couverte de plus de cinquante écailles un peu moins petites que les granules de la face inférieure du bras. Dix-sept ou dix-huit séries d'écailles sous chaque cuisse. Face inférieure de la jambe revêtue de trois ou quatre séries de scutelles, dont les six qui composent la série externe sont très-développées, surtout en travers, et graduellement moins grandes en descendant vers la paume. Talon non hérissé de tubercules. Écailles caudales supérieures quadrilatères, oblongues, carénées.

SYNONYMIE ?

DESCRIPTION.

FORMES. La narine, ovale et oblique, s'ouvre entièrement dans la plaque naso-rostrale, de sorte qu'elle n'entame pas du tout la naso-frénale dont le bord antérieur est vertical. Un simple petit renflement semble tenir lieu de dents de chaque côté de l'échancrure du palais.

Des granules squameux extrêmement fins garnissent la région gulaire comprise entre les branches sous-maxillaires; et le reste de sa surface offre des écailles cyclo-hexagones un peu convexes, quatre à six fois plus grandes. Le dessus du cou est revêtu de granules pareils à ceux d'entre les branches sous-maxillaires, excepté sur une certaine étendue transversale et longitudinale du repli antéro-pectoral, où se montrent des écailles plus développées, c'est-à-dire non différentes de celles de la région gulaire. Les tempes sont granuleuses, si ce n'est cependant sur leurs bords antérieur et supérieur contre lesquels se trouvent appliquées de petites scutelles inégales, affectant une forme hexagone. Les régions postérieures des côtés du sous-maxillaire sont protégées par sept à neuf plaques oblongues, anguleuses, formant deux séries obliques. A la partie moyenne du haut du bras, dans une certaine longueur et sur un espace plus large en haut qu'en bas, existent des scutelles hexagones, un peu convexes, juxta-posées, quatre à six fois plus grandes que les autres. Sur le dessus de l'avant-bras, assez près de la main, on en voit cinq ou six autres plates, imbriquées, quatre à cinq fois plus longues. Sous le coude ne se montre aucune scutelle, la face inférieure du bras étant tout entière revêtue de granules squameux excessivement fins. Le dessous des cuisses n'offre pas moins de dix-huit séries obliques d'écailles : celles de la série externe sont seules très-dilatées transversalement et assez grandes, à proportion du diamètre des autres, qui sont ou hexagones ou quadrilatères, plates, non imbriquées, diminuant graduellement d'étendue à mesure qu'elles se rapprochent des pores fémoraux ; il faut toutefois excepter celles qui bordent ceux-ci en dehors, car elles montrent un peu plus de grandeur que celles de la série qui les précèdent et dont elles diffèrent aussi par leur forme granuleuse. L'écaillure de la face inférieure des jambes se fait remarquer par une principale rangée de scutelles, voisines du bord externe du membre, au nombre de cinq ou six, hexagones, imbriquées, dilatées transversalement, parmi lesquelles la première est fort grande ; les suivantes se rétrécissent graduellement en descendant vers la paume, mais de telle manière que la dernière n'a pas la dixième partie de l'étendue de la première.

Des écailles épaisses, nombreuses, couvrent la région préanale ; elles sont proportionnellement moins grandes que chez les autres espèces d'Améivas. Le dessous de la queue à sa racine est garni d'écailles lisses, ayant une forme carrée.

Il existe sous l'une et sous l'autre cuisse une série de trente à trente-cinq pores percés chacun au centre d'une rosace composée de cinq écailles tuberculeuses, à peu près aussi petites les unes que les autres.

Les talons ne donnent pas naissance à des écailles de forme conique, pointue, comme on en observe chez l'Améiva de Sloane et sur celui d'Auber.

Les plaques ventrales sont ici plus nombreuses que dans aucune autre espèce de ce genre ; elles constituent trente-trois ou trente-quatre rangées transversales dont certaines d'entre elles se composent de quatorze à dix-huit pièces.

COLORATION. La face supérieure de la tête est rubigineuse. Il règne sur ses côtés, de même que sur tout le dessus du corps de l'animal, une teinte olivâtre, uniforme, marquée cependant, chez les jeunes sujets, de quatre raies fauves ou jaunâtres, deux à droite, deux à gauche, qui s'étendent, l'une le long du haut du tronc, jusqu'à l'origine de la cuisse, l'autre tout le long du côté du cou et du dos, à partir de l'extrémité postérieure du sourcil jusque sur la région lombaire, où elle n'est pas toujours bien apparente. Ces quatre raies s'effacent avec l'âge, sinon complétement, au moins de manière à ne pas se laisser apercevoir aisément. Les flancs et le bord externe des quatre membres présentent une teinte qui semble indiquer que ces parties étaient colorées en vert, lorsque l'animal était vivant. Une teinte jaunâtre ou d'un jaune verdâtre est répandue sur toutes les parties inférieures du corps, à l'exception cependant des doigts, des jambes et d'une certaine étendue de la queue où l'on voit régner, comme chez l'Améiva de Plée, une couleur terre de Sienne ou orangée.

DIMENSIONS. Cette espèce, ainsi que nous avons voulu l'exprimer en la désignant par le nom d'*Ameiva major*, est la plus grande de toutes celles que nous connaissions, c'est-à-dire que certains individus atteignent la taille d'un Sauvegarde de moyenne grandeur. On peut au reste en juger par les dimensions suivantes, qui ont été prises sur un individu de la collection de notre muséum national d'histoire naturelle.

LONGUEUR TOTALE. 53" 2'". *Tête*. Long. 5" 5'", *Cou*. Long. 3" 2'". *Tronc*. Long. 12" 5'". *Memb. antér*. Long. 7" 8'". *Memb. postér*. Long. 13". *Queue*. Long. 32".

PATRIE. C'est à M. le baron Milius, qui a enrichi notre établissement d'un grand nombre d'objets rares et précieux que nous devons la connaissance de cette nouvelle espèce d'Améivas, dont il nous a envoyé de Cayenne plusieurs beaux échantillons; nous en possédons un autre qui faisait partie d'un envoi adressé de la Trinité au Muséum, par M. l'Herminier.

6. L'AMÉIVA LINÉOLÉ. *Ameiva lineolata*. Nobis.

CARACTÈRES. Écailles gulaires un peu plus grandes que celles qui garnissent l'espace compris entre les branches sous-maxillaires et celles du dessous du cou. Pli antéro-pectoral offrant des écailles un peu plus grandes que les gulaires. Région humérale garnie en dessus dans toute sa longueur de sept grandes scutelles hexagones égales, dilatées transversalement. Bord postérieur de la région humérale revêtu de trois ou quatre rangs de scutelles hexagones, imbriquées. Dessous du coude présentant quelques petites scutelles subrhomboïdales. Six séries d'écailles sous les cuisses. Dessous de la jambe offrant deux séries de scutelles, dont les deux premières de l'externe couvrent à elles seules une grande partie de cette région. Pas de tubercules coniques au talon. Plaques ventrales, au nombre de huit dans les rangées les plus nombreuses. Écailles caudales supérieures, rhomboïdales, dépourvues de carènes.

SYNONYMIE ?

DESCRIPTION.

FORMES. Cette espèce se distingue, à la première vue, de toutes ses congénères, par son écaillure caudale dont les pièces supérieures sont toutes rhomboïdales et lisses, au lieu d'offrir la forme d'un carré long et une carène médiane bien prononcée. Les écailles du dos sont aussi proportionnellement moins petites que chez aucune des espèces d'Améivas connus ; elles sont, ainsi que celles des flancs, du dessus et des côtés du cou, juxta-posées, distinctement circulaires et légèrement bombées. La plaque naso-rostrale est la seule qui soit entamée par l'ouverture externe de la narine que la naso-frénale limite en arrière par une marge oblique. La région papilleuse de la langue se termine en arrière par un bord formant un angle aigu, fortement arrondi à son sommet. Un renflement tient lieu de dents, de chaque côté de l'échancrure du palais. La tempe offre des petite plaques à son bord antérieur, et des granules sur le reste de sa surface ; mais ces granules sont moins fins sur les trois autres bords que vers le centre de cette région temporale. Les écailles qui revêtent l'entre-deux des branches sous-maxillaires sont un peu plus petites que celles de la région gulaire ; sous le cou proprement dit, les écailles sont très-fines, plus fines même qu'entre les branches sous-maxillaires, excepté cependant sur une certaine étendue du pli antéro-pectoral, où l'on en voit dont le diamètre est plus grand que sur la région gulaire ; de plus, elles se montrent peu imbriquées. Sept grandes scutelles hexagones, très-dilatées en travers, toutes développées à peu près également, à l'exception des deux dernières qui le sont moins, garnissent le

dessus du haut du bras dans toute son étendue longitudinale,
mais seulement sur la moitié postérieure de sa largeur. Il y a
huit ou neuf scutelles encore plus grandes mais de même forme,
qui couvrent, dans toute sa longueur, le dessus de l'avant-
bras, dont le bord antérieur est garni de sept ou huit squames
rhomboïdales très-distinctement imbriquées. D'autres squames
rhomboïdales, lisses, assez grandes, revêtent le derrière de la
partie supérieure du bras, au lieu de granules comme chez
la plupart des autres Améivas. Sous le coude il existe aussi
quelques squames rhomboïdales. La face inférieure de la
cuisse présente cinq séries d'écailles hexagones, lisses, imbriquées, diminuant de grandeur en allant du bord externe
au bord interne du membre. On voit sous la jambe deux
séries de scutelles absolument semblables pour le nombre et
pour la forme à celle de l'Améiva de Sloane. Les talons sont dépourvus d'écailles coniques. La région préanale est presque entièrement couverte par trois grandes écailles, environnées de
fort petites squamelles. Une quinzaine de pores fémoraux ouverts chacun au centre d'une rosace formée de trois écailles, une
grande et deux petites, constituent une série qui s'étend depuis
l'aine jusqu'au jarret.

COLORATION. Les côtés antérieurs de la tête sont nuancés de noir
et de blanc sale. Sa face supérieure, en avant, présente une
teinte brune; mais en arrière elle est noire, ainsi que les tempes.
Un noir intense règne sur les parties supérieures et latérales du
cou, sur le dos, sur les flancs et les membres. Neuf raies parallèles, d'un blanc pur, bien nettement marquées à une égale
distance les unes des autres parcourent le dessus du corps dans
le sens de sa longueur. L'une de ces neuf raies occupe la région
rachidienne ; elle offre cela de particulier, qu'elle est double
dans la portion moyenne de son étendue ; les huit autres sont latérales : la première de chaque côté, prend naissance sur la région palpébrale et va se perdre en droite ligne sur la queue; la
seconde commence sur le sourcil et va également se terminer sur
la queue ; la troisième naît sous l'œil et va mourir dans l'aine,
de même que la quatrième dont l'origine se trouve sous l'oreille.
On voit quelques lignes blanches serpenter sur le dessus du bras,
et des linéoles entremêlées de petites taches de la même couleur
former un dessin vermiculiforme sur la face supérieure des pattes
de derrière. Un ruban blanc se déroule sur la partie postérieure

de la cuisse et sur le côté de la queue. Les écailles de celle-ci sont bleuâtres ou verdâtres, marquées en arrière, les unes d'une tache blanche, les autres d'une tache noire, mais d'une manière assez régulière; car celles de ces taches qui sont blanches semblent venir directement à la suite des raies blanches, et les noires paraissent être la continuation ou comme les vestiges des bandes noires du dos. Tout le dessous de l'animal est d'un blanc pur.

Dimensions. *Longueur totale.* 18" 6'". *Tête.* Long. 1" 5'". *Cou.* Long. 9'". *Tronc.* Long. 3". *Memb. antér.* Long. 2". *Memb. postér.* Long. 3". *Queue.* Long. 13".

Patrie. Nous ne possédons de cette espèce qu'un seul individu, nous l'avons déposé dans la collection du Muséum, comme un cadeau qui nous a été fait par M. le docteur Bally qui l'avait rapporté de Saint-Domingue.

Observations. Deux circonstances nous font fortement présumer que cet individu n'avait pas encore acquis tout le développement auquel parvient son espèce : c'est d'une part, sa petite taille, et de l'autre son mode de coloration, qui paraît bien être la livrée d'un jeune Améiva. Quoi qu'il en soit, comparé avec ses congénères, il nous a offert, dans son écaillure, des différences telles, que nous avons dû le considérer comme appartenant à une espèce parfaitement distincte de toutes celles qui se trouvent décrites précédemment. C'est d'ailleurs un reptile très-élégant par ses proportions et par la distribution des lignes et des taches dont les teintes d'un blanc pur, sont rehaussées par les couleurs noires ou brunes qui les longent et les entourent. Ses écailles sont en outre très-régulièrement rangées, et leur surface lisse est brillante et comme vernie.

VIIe GENRE. CNÉMIDOPHORE. *CNEMIDO-PHORUS*, Wagler (1).

(*Ameiva* en partie. Cuvier, Fitzinger, Gray ; *Cnemidophorus*, en partie. Wagler, Wiegmann.)

Caractères. Langue à base non engaînante, médiocrement longue, divisée à son extrémité antérieure en deux filets lisses, couverts de papilles squamiformes, rhomboïdales, subimbriquées. Palais denté. Dents intermaxillaires coniques, simples ; dents maxillaires comprimées ; les antérieures simples, les postérieures tricuspides. Ouvertures externes des narines pratiquées dans la plaque naso-rostrale seulement, ou dans cette plaque et la naso-frénale. Des paupières. Une membrane tympanale distincte, tendue en dedans du bord de l'oreille. Un double pli transversal sous le cou. Plaques ventrales quadrilatères, plates, lisses, point ou peu imbriquées, en quinconce. De grandes scutelles sous les jambes. Des pores fémoraux. Cinq doigts un peu comprimés, non carénés en dessous, à chacune des quatre pattes. Queue cyclo-tétragone.

Les Cnémidophores sont, pour ainsi dire, des Améivas à langue non engaînante, c'est-à-dire que chez eux cet organe, de même que dans les Aporomères et les Acrantes, a son extrémité postérieure, ou plutôt sa base, fourchue ou en fer de flèche, ce qui ne lui permet nullement de se loger sous la glotte, où, au reste, il n'existe aucun enfon-

---

(1) Κνημιδοφορος, *ocreis armatus*, de Κνημις, *tibialia*, ocrea. Houseaux, guêtres, couvertures des jambes; et de φορος, *ferens*, qui porte ; botté, qui a des bottes.

cement particulier. Tous les Cnémidophores ont le palais
armé de dents. L'ouverture externe de leurs narines est
située de manière que, tantôt la plaque naso-rostrale se
trouve seule entamée, tantôt elle l'est conjointement avec la
naso-frénale : dans le premier cas, le bord antérieur de
la naso-frénale est vertical ; dans le second, il est plus ou
moins penché en arrière.

Le nombre des dents intermaxillaires est généralement de
dix, celui des maxillaires supérieures varie de dix-huit à
vingt-six de chaque côté, et celui des maxillaires inférieures
de vingt-deux à trente. Les individus mâles de la plupart des
espèces portent une écaille en forme d'épine à droite et
à gauche de la racine de la queue, tout près de l'orifice du
cloaque.

Le groupe générique du présent article se compose des
espèces que la non rétractilité de leur langue sous la glotte,
nous a engagés à séparer du genre Améiva de Cuvier,
adopté par Wagler, qui le désignait toutefois par un autre
nom, celui de Cnémidophore, dont nous nous sommes
servi ici par le même motif, qui nous a fait conserver la
dénomination d'Améiva pour le genre précédent, c'est-à-
dire, afin d'éviter l'introduction de noms nouveaux dans le
vocabulaire déjà beaucoup trop nombreux de la science
erpétologique.

On voit clairement, d'après cela, que notre genre Cnémidophore ne correspond pas positivement à celui de Wagler,
mais qu'il n'en comprend qu'une partie des espèces seulement.
Ces espèces, au nombre de quatre, se trouvent indiquées
dans le tableau synoptique suivant ; dans lequel leurs principaux caractères sont mis en opposition, afin d'en faciliter
la détermination.

TABLEAU SYNOPTIQUE DES ESPÈCES DU GENRE CNÉMIDOPHORE.

Narines ouvertes dans la plaque naso-rostrale

- et la naso-frénale : haut du bras
  - couvert de petites écailles rhomboïdales . . . . 1. C. MURIN.
  - offrant une série de scutelles dilatées en travers. 2. C. GALONNÉ.
- seulement : première plaque labiale supérieure
  - triangulaire. . . . . 3. C. A SIX RAIES.
  - quadrilatère. . . . . 4. C. LACERTOÏDE.

1. LE CNÉMIDOPHORE MURIN. *Cnemidophorus murinus*. Nobis.

CARACTÈRES. Ouvertures des narines pratiquées dans la plaque naso-rostrale et dans la naso-frénale. Pas de scutelles sur la face supérieure du haut du bras. Dix-huit séries longitudinales de plaques ventrales.

SYNONYMIE. *Lacerta cærulea ex albo maculata , ex Javá.* Séb. tom. 2 , pag. 111 , tab. 105 , fig. 2.

Lacerta cærulescens ex albo maculata, Klein. Quadrup. disposit. pag. 107.

Seps murinus. Laur. Synops. Rept. pag. 63 , n° 113.

Lacerta Ameiva. Daud. Hist. Rept. tom. 3 , pag. 98.

L'Améiva le plus connu. Cuv. Règne Anim. (1ʳᵉ édition), tom. 2, pag. 27. Exclus. Synon. Lac. Ameiva. Gm. (Spec. ?); l'Ameiva Lacep. (Spec. ?), tab. 202 , Edw. Hist. nat. Ois. (Cnem. lemniscatus); fig. 3 , tab. 273 , tom. 2. Sloane, voy. to Isl. (Ameiva Sloani).

Tejus Cyaneus Var. γ. Merr. Tent. Syst. Amph. pag. 62.

DESCRIPTION.

FORMES. Les narines sont ovales , pratiquées chacune dans la plaque naso-rostrale et dans la naso-frénale. Il y a six paires de plaques autour de chaque lèvre ; celles de ces plaques qui appartiennent à la troisième paire, en haut comme en bas , sont beaucoup plus grandes que les autres. Les dernières sont au contraire fort petites. La rangée des plaques sous-maxillaires est soudée, dans toute sa longueur, à celle des labiales inférieures. Chaque région palpébrale ou sus-orbitaire porte quatre plaques formant un disque ovale , rétréci antérieurement , lequel se trouve bordé en arrière et en avant par deux rangs de granules squameux assez fins. Les bords de la paupière inférieure sont granuleux , tandis que sa région centrale est revêtue de petites plaques quadrilatères plus hautes que larges. La tempe offre des écailles hexagones plates , ou très-faiblement convexes , juxta-posées , fort petites au milieu , mais plus grandes le long de ses quatre bords. Les écailles qui garnissent la gorge sont ovales , bombées , médiocrement grandes, diminuant de diamètre en s'avançant entre les branches sous-maxillaires. Les écailles du dessous du cou sont presque circulaires, renflées et très-distinctement plus petites que les grandes de la région gulaire. Le pli antéro pectoral, excepté près de son bord, offre sur toute son étendue des écailles aplaties, lisses, irrégulièrement anguleuses, inégales, d'un diamètre plus grand que les squames gulaires. Il n'existe aucune scutelle parmi les petites écailles rhomboïdales, à peine imbriquées, lisses, qui garnissent le dessus de la partie supérieure de l'avant-bras. Mais on en voit douze, au moins, très-dilatées en travers, constituer sur le dessus de l'avant-bras, près de son bord interne, une série qui s'élargit davantage à mesure qu'elle s'avance vers la main. Le dessous du cou est dépourvu de scutelles. On compte neuf séries d'écailles hexagones, imbriquées, sous chaque cuisse; celles de la première série ou de la plus externe sont petites; celles de la seconde sont fort grandes et très-dilatées transversalement ; celles de la troisième et des suivantes le sont successivement moins. La face inférieure de la jambe porte trois séries de scutelles hexagones; celles de la série externe, très-élargies, sont au nombre de sept ou huit, parmi lesquelles la seconde et la troisième couvrent à elles deux une aussi grande surface que les cinq ou six autres. Les scutelles des deux autres séries sont d'un petit diamètre et à peine plus longues. La région préanale est recouverte de squames plates, anguleuses, lisses, imbriquées, grandes au centre, plus petites sur les bords, et toutes disposées de manière à former trois rangées transversales plus ou moins régulières. L'éperon que l'individu mâle porte de chaque côté du cloaque est une écaille ayant un de ses angles prolongé en pointe conique, aiguë. On compte une trentaine de pores fémoraux très-serrés les uns contre les autres, percés chacun au centre d'une rosace composée de quatre écailles, dont une à elle seule est aussi grande que les trois autres. Les écailles du dessus de la queue représentent des carrés longs surmontés d'une carène qui les coupe longitudinalement en deux parties inégales. Il y a trente-deux rangées transversales de plaques ventrales, formant au plus dix séries longitudinales.

COLORATION. Une teinte ardoisée plus ou moins bleuâtre, parfois lavée d'olivâtre, règne sur presque toutes les parties supérieures du corps. Les côtés du cou, les flancs et le dessus des cuisses sont semés de points blancs ayant un certain reflet bleu. La gorge et la région collaire inférieure sont brunâtres. Le dessous des bras est blanchâtre ; le ventre et la face interne des pattes postérieures offrent une teinte bleuâtre très-claire, ou comme lavée de blanc. Quelques taches d'un blanc-bleuâtre se montrent aussi le long des côtés de l'abdomen. Deux bandes blanchâtres parcourent longitudinalement le derrière de chaque cuisse. De petites taches d'un blanc bleu sont éparses sur les parties latérales de la racine de la queue.

DIMENSIONS. Les mesures suivantes sont celles d'un individu de notre collection ; mais il en existe de plus grands, car nous nous rappelons très-bien en avoir possédé un autre dont la taille était double de celui-ci. Ce bel exemplaire s'est malheureusement gâté.

Longueur totale. 38". *Tête*. Long. 3". *Cou*. Long. 1" 5"'. *Tronc*. Long. 7" 5"'. *Memb. antér*. Long. 4". *Memb. postér*. Long. 8". *Queue*. Long. 26".

PATRIE. Le Cnémidophore murin est originaire de la Guyane. On le trouve à ce qu'il paraît aussi dans quelques Antilles.

Observations. Cette espèce nous semble tout à fait différente de la suivante, que plusieurs auteurs ont considérée comme n'en étant que le jeune âge. C'est elle que Séba a représentée sous le n° 2 de la pl. 105 du tom. 2 de son Trésor de la nature, figure d'après laquelle Laurenti a établi son *Seps murinus*. Il est évident que la description de ce Cnémidophore murin se trouve mêlée à celle de l'Améiva commun dans l'article consacré par Lacepède à l'histoire de l'Améiva. Daudin l'a également décrite sous le nom de Lézard Améiva, mais en lui rapportant une foule de synonymes qui ne lui conviennent nullement. Une chose fort singulière, c'est que cet auteur ne se soit pas aperçu qu'il existe dans l'ouvrage de Séba, au moins ne l'a-t-il pas citée, une figure parfaitement semblable aux individus de notre musée, d'après lesquels il a fait sa description.

2. LE CNÉMIDOPHORE GALONNÉ. *Cnemidophorus lemniscatus*. Nobis.

CARACTÈRES. Ouvertures des narines pratiquées dans la plaque naso-rostrale et la naso-frénale. Des scutelles sur la face supérieure du haut du bras. Huit séries longitudinales de plaques ventrales.

SYNONYMIE, *Lacerta*. Merian métamorp. Insect. Surinam. tab. 23.

Lacerta. Petiv. Gazophyll. natur. et art. pag. 10, tab. 150, fig. 11 (cop. Mer.).

Lacerta Brasiliensis de Bahia, Taraguira incolis vocata. Seb. tom. 1, pag. 144, tab. 91, fig. 3.

Lacerta Taraguira vocata. Klein. Quad. disposit. pag. 103 (d'après Séba).

Lacerta lemniscata. Daud. Hist. Rept. tom. 3, pag. 175, tab. 36, fig. 1 (jeune âge).

DESCRIPTION.

Formes. L'ouverture de la narine, qui est ovale, se trouve pratiquée dans le bord de la plaque naso-rostrale et un peu dans celui de la naso-frénale. La tempe, dont le milieu est granuleux, a son contour revêtu d'écailles hexagones. La présence de deux séries de scutelles sur le dessus de la partie supérieure des bras est un des caractères qui distinguent cette espèce de la précédente ou du Cnémidophore murin. Ces scutelles sont imbriquées et ont souvent leurs angles arrondis ; celles de la première série, au nombre de sept à neuf, sont hexagones et dilatées transversalement ; celles de la seconde ressemblent à des losanges. Les scutelles qu'on voit sur la face supérieure de l'avant-bras ont à proportion plus de hauteur que chez l'espèce décrite dans l'article précédent. Dans le Cnémidophore galonné nous n'avons toujours compté que huit séries longitudinales de plaques ventrales, au lieu de dix que présente le Cnémidophore murin. Des pores fémoraux sont percés au centre d'une rosace composée de trois ou quatre écailles. Les mâles portent de chaque côté de l'anus un éperon semblable à celui de l'espèce précédente.

Coloration. Les jeunes Cnémidophores galonnés ont le fond de leurs parties supérieures coloré en noir, sur lequel sont imprimées neuf raies blanches longitudinales, une médiane quelquefois fourchue à son extrémité antérieure, et huit latérales : la médiane commence sur la nuque, parcourt la région rachidienne et se termine avec le tronc ; l'une des quatre qui existent de chaque côté prend naissance à l'angle de l'occiput, et va se perdre en ligne directe sur la racine de la queue ; la seconde règne depuis le sourcil jusque vers le premier tiers de la région caudale ; la troisième touche au bord inférieur de l'œil, par son extrémité antérieure, et à la région inguinale par son extrémité postérieure ; enfin la quatrième part du bas de l'oreille pour arriver dans l'aine. Ces jeunes sujets ont les deux côtés de la base de la queue marqués chacun d'une bande blanche, et le dessus des pattes de derrière semé de gouttelettes de la même couleur. La plus grande partie de la face supérieure de leur queue est bleuâtre, et toutes leurs régions inférieures sont blanches. Peu à peu, avec l'âge, la quatrième raie latérale, puis la troisième se convertissent en séries de taches blanches ; la région médio-dorsale prend une teinte brun-roussâtre sur laquelle on aperçoit moins distinctement la raie blanche rachidienne qui fort souvent devient double, c'est-à-dire se divise en deux dans le sens longitudinal du corps. Enfin les individus, arrivés à l'état d'adulte, ont le dos d'un brun roux, marqué latéralement d'une bande noire lisérée de blanc en haut et en bas ; leur tête, les côtés de leur cou, leurs flancs sont plus ou moins bleus, et les gouttelettes blanches que présentent ces derniers n'y sont plus disposées par séries régulières. Une belle teinte bleue est répandue sur le devant des bras et des pattes de derrière, ainsi que sur les côtés de la queue, dont le dessus offre un brun roux comme la région dorsale. Tout le dessous du corps est coloré en bleu extrêmement pâle, ou comme lavé de blanc.

DIMENSIONS. *Longueur totale.* 30" 1'". *Tête.* Long. 2"5'". *Cou.* Long. 1" 2'". *Tronc.* Long. 5" 4'". *Memb. antér.* Long. 3" 1'". *Memb. postér.* Long. 6". *Queue.* Long. 21".

PATRIE. Le Cnémidophore galonné nous a très-souvent été envoyé de Cayenne. Nous en possédons aussi un individu adressé de la Martinique par M. Plée. Le musée royal des Pays-Bas en renferme des exemplaires qui proviennent de Surinam.

Observations. Cette espèce est peinte d'une manière très-reconnaissable dans l'ouvrage de Séba, tom. 1, pag. 91, fig. 3 ; on en trouve également un portrait, d'après un sujet moins âgé, dans le recueil des planches publié par mademoiselle de Mérian, sur les métamorphoses des Insectes de Surinam. Ces deux figures ont généralement été citées comme représentant une espèce semblable à celle que Sloane a fait graver, sous le nom de gros Lézard moucheté, dans son Voyage à la Jamaïque, et Edwards, sous celui de Lézard moucheté, à queue fourchue, dans son Histoire naturelle des oiseaux. Mais il n'en est rien ; car, loin d'appartenir au Cnémidophore galonné, elles représentent une espèce du genre Améiva, celle que nous avons appelée *Ameiva Sloanii.*

Lorsque Daudin a fait la description de son Lézard galonné, il avait bien certainement sous les yeux un jeune sujet appartenant à l'espèce du présent article, lequel, au reste, se trouve représenté, dans une des planches de l'ouvrage de cet auteur, de manière à ne pas laisser le moindre doute à cet égard.

3. LE CNÉMIDOPHORE A SIX RAIES. *Cnemidophorus sex-lineatus.*

CARACTÈRES. Ouvertures des narines pratiquées seulement dans la plaque naso-rostrale ; trois raies jaunes de chaque côté du dos.

SYNONYMIE. *Lacerta sex-lineata.* Linn. Syst. nat. édit. 12, pag. 364. Exclus. synonym. Lion Lézard. Catesb. (Holotropis microlophus).

Lacerta sex-lineata. Gmel. Syst. nat. Linn. tom. 3, pag. 1074. Excl. synonym. Lion Lézard, Catesb. (Holotropis microlophus).

Le Lézard à six raies. Bosc. nouv. Diction. d'hist. nat. tom. 17, pag. 527.

Lacerta sex-lineata. Latr. Hist. nat. rept. tom. 1, pag. 242. Excl. synonym. Lion Lézard, Catesb. (Holotropis microlophus).

Lacerta sex-lineata. Daud. Hist. rept. tom. 3, pag. 183. Excl. synonym. le Lion Daubenton, Lacepède (Holotropis microlophus).

Six lined Lizard. Shaw. Gener. zoolog. tom. 3, part. 1, pag. 240.

Lacerta sex-lineata. Harl. Journ. acad. nat. sc. tom. 6, pag. 18.

? *Cnemidophorus sackii.* Wiegm. Herpetol. mexican. part. 1, pag. 29.

? *Cnemidophorus guttatus.* Idem. loc. cit. pag. 29.

Ameiva sex-lineata. Holbr. North-American Herpetol. tom. 1, pag. 63, tab. 6.

DESCRIPTION.

FORMES. Le Cnémidophore à six raies a le museau plus court et plus obtus que ses autres congénères précédemment décrits ; il s'en distingue de suite par l'ouverture de sa narine, qui est presque circulaire et tout entière pratiquée dans la plaque naso-rostrale. Le bord antérieur de la naso-frénale est vertical et non penché en arrière, de manière à se trouver placé en partie

9.

sous la narine, comme cela se voit chez les Cnémidophores murin et galonné. La première labiale supérieure n'est pas non plus
quadrilatère comme chez ces deux dernières espèces; elle a toujours une forme triangulaire.

Il n'existe pas, de même que dans le Cnémidophore galonné,
une seconde série de scutelles, en dedans de celles très-dilatées
transversalement, qui protègent le dessus de l'avant-bras. Du
reste, toute l'écaillure est semblable. Il y a au plus vingt-deux
pores sous chaque cuisse. Nous n'avons jamais observé un seul
individu mâle ou femelle portant une écaille épineuse de chaque
côté de la base de la queue.

COLORATION. L'Améiva à six raies a été ainsi nommé, parce qu'il
porte en effet de chaque côté du dos, sur un fond noir ou brun,
ou brun-noirâtre, trois raies longitudinales de couleur blanchâtre,
sur les individus conservés dans les collections; mais qui sont, à
ce qu'il paraît, d'un jaune magnifique chez les sujets vivants. La
première de ces trois raies commence à l'angle de l'occiput, et
finit sur la racine de la queue; la seconde naît derrière le sourcil
et va également se terminer sur la queue, mais assez loin en arrière de sa base; la troisième et dernière, ou la plus rapprochée
du ventre, s'étend depuis le dessous de l'œil jusqu'à la région inguinale, où elle s'interrompt un moment pour reparaître derrière
la cuisse et se prolonger sur la plus grande partie de la région latérale de la queue. Le dos offre une teinte d'un brun-roux ou
marron plus ou moins clair. Le dessus de la tête, tantôt est fauve,
tantôt roussâtre ou bien olivâtre. Le bas des flancs présente un
gris-brun plus ou moins foncé, et quelquefois comme saupoudré
de blanchâtre.

Toutes les parties inférieures sont blanches, très-légèrement
teintes de bleuâtre; très-souvent le bord supérieur des plaques
qui garnissent les côtés du ventre, est coloré en noir ou en brun.
On rencontre même des individus chez lesquels la poitrine et le
ventre sont d'un noir intense, très-irrégulièrement tachetés de
blanc. En général, ces individus offrent une ou deux séries de
gouttelettes blanches, plus ou moins prononcées entre les raies
blanchâtres qui règnent sur les côtés du dos.

Nous possédons un exemplaire en tous points semblable aux
autres, si ce n'est qu'il est plus grand, et que son dos, au lieu de
raies, présente un semis de taches blanchâtres. On voit, le long de
la partie supérieure de chaque flanc, un vestige de bande noire,

comme lisérée de blanc ; son pli antéro-pectoral est noir. Ce mode de coloration est sans doute dû à l'âge de l'individu dont nous parlons ; individu qui, en grandissant, aura perdu les bandes blanchâtres qui existent chez les sujets moins âgés. C'est probablement d'après un individu semblable à celui-là, que M. Wiegmann a établi une espèce qu'il a désignée par le nom de *Cnemidophorus guttatus*.

DIMENSIONS. *Longueur totale*, 31". *Tête*. Long. 2" 6"'. *Cou*. Long. 1" 2"'. *Tronc*. Long. 7" 2"'. *Memb. antér*. Long. 3" 8"'. *Memb. postér*. Long. 7". *Queue*. Long. 20".

Ces mesures sont celles du sujet que nous avons dit être tacheté de blanchâtre sur les parties supérieures du corps. Voici les principales proportions d'un individu offrant très-distinctement trois raies de chaque côté du dos.

Longueur totale, 19" 8"'. *Tête*. Long. 2". *Cou*. Long. 8"'. *Tronc*. Long. 5". *Memb. antér*. Long. 2" 3"'. *Memb. postér*. Long. 4" 8"'. *Queue*. Long. 12".

PATRIE ET MŒURS. Le Cnémidophore à six raies est répandu dans une grande partie de l'Amérique septentrionale ; il se trouve aussi au Mexique et dans l'île de la Martinique. Notre Musée en renferme un grand nombre d'exemplaires, envoyés de New-York par M. Milbert ; de la Caroline, par M. Holbrook et par M. l'Herminier ; de la Nouvelle-Orléans, par M. Barabino ; et de Savannah, par M. Villaret. Madame Salé nous a adressé, de la Véra-Cruz, des individus complétement semblables à ceux de l'Amérique du Nord ; à l'exception d'un seul cependant qui est celui que nous avons signalé plus haut, comme se distinguant des autres par son mode de coloration, et sa taille un peu plus considérable. Nos échantillons de la Martinique y ont été recueillis par M. Plée.

Nous empruntons au professeur Holbrook de Charlestown, qui vient de faire paraître le premier volume d'une Erpétologie de l'Amérique du Nord, les détails suivants sur les habitudes et les mœurs de l'Améiva à six raies.

Les endroits secs et sablonneux sont ceux que ce petit animal habite de préférence. C'est ordinairement vers la fin du jour qu'il se met à la recherche des insectes dont il fait sa nourriture ; on le rencontre alors fréquemment dans le voisinage des plantations, courant à terre le long des haies ou de toute autre espèce de clôtures. Lorsqu'il est effrayé il fuit avec une vitesse extrême, s'élance même sur les arbres, après lesquels il grimpe avec facilité ; mais il ne saute jamais de branche en branche comme l'Anolis de la Caroline. On voit presque toujours ensemble le mâle et la femelle.

Observations. Nous présumons que le *Cnemidophorus Sackii*, de M. Wiegmann, n'appartient pas à une espèce différente de celle-ci ; il faut sans doute y rapporter aussi le *Cnemidophorus guttatus* du même auteur.

4. LE CNÉMIDOPHORE LACERTOIDE. *Cnemidophorus lacertoides.* Nobis.

CARACTÈRES. Ouvertures des narines pratiquées dans la plaque naso-rostrale seulement. Première labiale supérieure quadrilatère. De chaque côté du dos, deux raies jaunes entre lesquelles est une série de taches noires.

SYNONYMIE. ?

DESCRIPTION.

FORMES. La taille, l'ensemble des formes et le mode de coloration de ce Cnémidophore, le feraient prendre, au premier aspect, pour la femelle de notre Lézard agile d'Europe.

Les narines, quoique tenant réellement un peu de l'ovale, paraissent circulaires ; elles s'ouvrent, l'une d'un côté, l'autre de l'autre, dans une seule et même plaque, la naso-rostrale. La naso-frénale, qui est beaucoup plus haute que large, a son bord antérieur vertical, et parfois légèrement contourné en forme d'S. La première supérieure est quadrilatère et non triangulaire, comme chez l'espèce précédente. Les plaques qui terminent le bouclier crânien en arrière, sont deux pariétales et une interpariétale, toutes trois à peu près de même grandeur, et placées sur une seule rangée transversale. Les tempes sont granuleuses, excepté sur leurs bords antérieur, supérieur et inférieur, où l'on voit de petites scutelles subhexagones, juxta-posées, un peu convexes. En général, la rangée des plaques sous-maxillaires est séparée de celles des labiales inférieures par une série plus ou moins étendue de granules squameux.

Les côtés postérieurs de la mâchoire d'en bas sont protégés par un pavé composé d'une dizaine de scutelles hexagones, à surface légèrement bombée. Les écailles de la gorge ont à peu près la même forme ; elles deviennent plus petites à mesure qu'elles s'a-

vancent vers le menton, entre les branches sous-maxillaires ;
celles du dessous du cou sont granuleuses et assez fines.

Sur le pli antéro-pectoral existent des squames en losanges,
ou rhomboïdales, imbriquées, beaucoup plus développées que les
plus grandes de la région gulaire. Le dessus du haut du bras est
revêtu de deux séries de scutelles ; celles de la série antérieure
sont grandes, hexagones, dilatées en travers, imbriquées obliquement ; celles de la série postérieure offrent un plus petit diamètre et une forme losangique ; elles sont de plus très-imbriquées.
Le bord antérieur de l'avant-bras se trouve garni d'une série de
sept ou huit scutelles quadrilatères, plus étroites en bas qu'en
haut ; ces scutelles sont dilatées en travers, lisses et imbriquées.
En dedans de cette série marginale de l'avant-bras, c'est-à-dire
tout à fait en dessus, est une autre série parallèle, composée aussi
de sept ou huit scutelles subhexagones, s'élargissant davantage à
mesure qu'elles s'avancent vers la main. Le bord postérieur du haut
du bras porte une série de scutelles dilatées transversalement,
parmi lesquelles les premières sont plus ou moins élargies que les
dernières.

Chaque cuisse a sa face inférieure protégée par une série de
scutelles hexagones, plates, lisses, imbriquées, dilatées transversalement, et par cinq séries d'écailles en losanges, unies et entuilées.

Il y a sous la jambe deux séries, composées chacune de cinq
scutelles hexagones, élargies ; et une série d'écailles ressemblant
à des losanges. Des squames plates, irrégulières, couvrent la région préanale. Neuf à onze pores percés chacun au centre d'une
rosace formée de trois écailles, une grande et deux petites, constituent une rangée simple qui occupe toute l'étendue de la cuisse.
Les rangées de plaques ventrales sont au nombre de trente, en les
comptant d'avant en arrière ; et de dix au plus en les comptant
de droite à gauche. Le dessus de la queue a pour écaillure des petites pièces représentant des carrés longs, surmontés d'une carène
longitudinale placée d'une manière un peu oblique.

Il n'existe pas d'épines sur les côtés du cloaque ; au moins n'en
avons-nous pas vu sur les individus en petit nombre, il est vrai,
que nous avons été dans le cas d'observer.

COLORATION. Deux raies jaunâtres sont imprimées de chaque côté
du dos ; l'une commence sur le sourcil et va finir sur le bord du dessus
de la queue, plus ou moins près de son extrémité ; l'autre naît der-

rière l'œil, traverse la tempe, passe au-dessus de l'oreille; et, après avoir parcouru tout le haut du flanc, arrive à l'aine, d'où elle se prolonge sur toute l'étendue de la marge externe de la patte de derrière. Deux autres raies jaunâtres se déroulent sur la face postérieure des cuisses; et une bande de la même couleur, ayant au-dessus d'elle une raie noire, suit la région inférieure de chaque côté de la queue. L'intervalle des deux raies jaunes qui parcourent les côtés du dos est coloré en brun-marron plus ou moins foncé, sur lequel on aperçoit une série de taches noires irrégulières; une autre série de taches de la même couleur, mais plus petites, borde, en dedans, l'une des deux raies jaunes la plus rapprochée du dos. Celui-ci présente une teinte d'un brun-fauve plus ou moins foncée, tirant parfois sur le marron. Les flancs offrent le même fond de couleur que le dos; chacun d'eux porte une suite de taches jaunâtres qui prend naissance sous l'oreille et qui va se perdre dans l'aine. Une teinte roussâtre ou olivâtre règne sur le crâne; les lèvres sont d'un jaune sale, tachetées de noir. Tout le dessous de l'animal est coloré en blanc jaunâtre.

Les scutelles des deux ou trois séries externes de chaque côté du ventre, ont leur bord supérieur peint en noir. Quelques petites taches, les unes jaunes, les autres noires, ou bien de l'une ou de l'autre de ces deux couleurs, sont jetées çà et là sur les membres.

Les jeunes sujets se distinguent des adultes par cinq raies de plus, lesquelles occupent la région dorsale proprement dite.

DIMENSIONS. *Longueur totale*, 19". *Tête*. Long. 1" 7'''. *Cou*. Long. 9'''. *Tronc*. Long. 4" 7'''. *Membr. antér*. Long. 2". *Membr. postér*. Long. 3" 3'''. *Queue*. Long. 11" 7'''.

PATRIE. Cette espèce a été trouvée à Montévidéo, par M. d'Orbigny; nous en avons vu plusieurs exemplaires dans la collection que M. Darwin a recueillie pendant le cours d'un voyage de circum-navigation exécuté dans ces derniers temps à bord d'un bâtiment de la marine royale d'Angleterre, commandé par le major Beagle. Ces exemplaires, appartenant à M. Darwing, provenaient des mêmes contrées que ceux de M. d'Orbigny.

VIIIᵉ GENRE. DICRODONTE. — *DICRODON* (1), Nobis.

CARACTÈRES. Langue à base non engaînante, médiocrement longue, divisée en deux filets à son extrémité antérieure, à papilles squamiformes, rhomboïdales, subimbriquées. Palais non denté. Dents intermaxillaires coniques, simples. Dents maxillaires légèrement aplaties d'avant en arrière, à couronne bifide. Ouvertures des narines pratiquées dans la naso-rostrale. Des paupières. Une membrane tympanale distincte, tendue en dedans du bord de l'oreille. Un double pli transversal sous le cou. Plaques ventrales, quadrilatères, plates, lisses, point ou peu imbriquées, en quinconce. De grandes scutelles sous les jambes. Des pores fémoraux. Cinq doigts un peu comprimés, non carénés en dessous, à chaque patte. Queue cyclo-tétragone.

Le caractère sur lequel repose l'établissement de ce genre est tiré de la forme des dents maxillaires qui, au lieu d'être comprimées et tricuspides, comme chez les Cnémidophores, sont au contraire légèrement aplaties d'avant en arrière, et partagées à leur sommet, dans le sens longitudinal des mâchoires, en deux pointes plus ou moins mousses. C'est, au reste, la seule différence qui existe entre ces Dicrodontes et le genre précédent. Nous ne connaissons encore que les Acrantes, parmi tous les Lacertiens, qui possèdent un semblable système dentaire; mais ces mêmes Acrantes n'ayant que quatre doigts à chacune des pattes postérieures, il devient très-facile de les distinguer des Dicrodontes, qui en ont bien distinctement un cinquième.

(1) De διπλόος, *bifidus*, *furcatus*, doublée, fourchue; et de ὀδούς, ὀδόντος, *dens*, dent

Les dents intermaxillaires des Dicrodontes sont petites, coniques, simples, et au nombre de huit ou dix. On leur compte dix-huit dents maxillaires de chaque côté, à l'une comme à l'autre mâchoire ; les huit ou dix premières sont courtes, coniques, obtuses, presque cylindriques ou très-faiblement aplaties d'avant en arrière, présentant une couronne large, et, comme nous l'avons déjà dit plus haut, creusée longitudinalement d'un sillon, de chaque côté duquel s'élève un tubercule en général peu aigu : le palais nous a paru dépourvu de dents.

Les narines s'ouvrent sur les parties latérales du museau, fort près de son extrémité ; elles sont ovalaires et pratiquées, au moins chez la seule espèce de ce genre qui nous soit encore connue, dans la plaque naso-rostrale ; la naso-frénale par conséquent n'offre pas la moindre échancrure.

1. LE DICRODONTE A GOUTTELETTES. *Dicrodon guttulatum.* Eydoux.

CARACTÈRES. Dos olivâtre, semé de gouttelettes blanchâtres, et marqué de chaque côté, de deux raies longitudinales de la même couleur. Une fronto-pariétale simple.

SYNONYMIE. *Dicrodon guttulatum.* Eydoux. Manuscript.

DESCRIPTION.

FORMES. Cette espèce a le cinquième doigt des pattes postérieures assez court, puisqu'il n'atteint effectivement par son extrémité qu'à la racine du second. Les narines sont ovales, obliques, ouvertes dans une seule plaque, la naso-rostrale ; le bord antérieur de la naso-frénale est droit, le supérieur se rabat sur le dessus du museau, s'articulant d'une part avec la noso-rostrale, d'une autre avec l'inter-nasale, et d'une troisième avec une des deux fronto-nasales. La plaque rostrale forme à sa partie supérieure un angle fort aigu, qui s'avance entre les naso-rostrales. Immédiatement derrière la frontale, qui n'est pas différente de celle des Améivas et des Cnémidophores, se trouve une seule fronto-pariétale, puis le reste de la surface crânienne n'offre plus que de très-petites plaques, trop nombreuses pour être dénommées : elles forment deux séries principales, dans chacune desquelles on en compte quatre, qui sont assez élargies et placées d'une manière un peu oblique. Les régions susoculaires ou palpébrales ressemblent à celles du commun des Améivas et des Cnémidophores. La première labiale supérieure présente une forme à peu près triangulaire, et son bord libre, faiblement contourné en S, est comme denticulé ; cette première labiale et la cinquième, qui est aussi triangulaire, sont les plus petites des cinq qui composent la rangée; les trois autres sont quadrilatères. Il y a six plaques labiales inférieures. La mentonnière est suivie d'une plaque simple ; sur chaque branche sous-maxillaire on en compte trois grandes, placées à la suite les unes des autres ; puis six plus petites, disposées un peu obliquement deux par deux ; ces six dernières sont oblongues, hexagones ou rhomboïdales, tandis que les précédentes ont une forme à peu près carrée. La gorge est garnie d'écailles hexagones, lisses, inéquilatérales, diminuant de grandeur en s'avançant vers le menton ou entre les branches sous-maxillaires. Le milieu du pli antéro-pectoral est revêtu de squammelles aplaties, imbriquées, pour la plupart quadrilatères, à angles arrondis, dont le diamètre excède peut-être un peu celui des plus grandes écailles gulaires ; mais le reste de la région inférieure du cou présente de très-petites écailles disco-polygones, juxta-posées, un peu convexes.

On remarque, sur le dessus du haut du bras, une série de six ou sept scutelles hexagones imbriquées, très-dilatées en travers ; puis des écailles en losanges, imbriquées, parmi lesquelles celles qui avoisinent les scutelles se distinguent des autres par un peu plus de développement. La région médiane de la face supérieure de l'avant-bras porte également une série de scutelles semblables à celles dont nous venons de parler ; on en voit aussi d'autres, mais un peu moins grandes, sur son bord antérieur. Des scutelles hexagones élargies se voient encore le long de la marge externe de la cuisse, dont le dessous est protégé par six séries d'écailles plates, en losanges, imbriquées, diminuant de grandeur à mesure qu'elles approchent des pores fémoraux.

Sous la jambe existent trois rangées longitudinales de scutelles à six pans, dont les trois premières de la rangée externe se montrent excessivement dilatées. Plusieurs grandes squames anguleuses, plates, imbriquées, couvrent la région préanale. Nous n'avons pas observé d'écailles épineuses sur les côtés de l'ouverture du cloaque. La partie interne de chaque cuisse est percée de dix pores entourés chacun d'une écaille et de trois granules squameux. Les écailles du dessus de la queue ressemblent à des carrés longs, et portent une carène longitudinale, se dirigeant quelquefois un peu obliquement.

COLORATION. Une couleur olivâtre règne sur toutes les parties supérieures de l'animal, dont le dos et les flancs sont semés de gouttelettes blanchâtres ou jaunâtres, réflétant une teinte bleue. Deux raies légèrement jaunâtres, faiblement marquées, se laissent cependant apercevoir de l'un et de l'autre côté du corps ; l'une s'étend en droite ligne depuis le derrière du sourcil jusqu'à la racine de la queue ; l'autre commence à l'épaule et se termine au-dessus de l'articulation fémorale. Les régions du corps qui sont dépouillées d'épiderme, présentent une teinte bleue. Sur le derrière de la cuisse est imprimée une bande jaunâtre, bordée de noir inférieurement, qui se prolonge un peu sur le côté de la queue. L'abdomen, le dessous des quatre membres et celui de la queue sont blancs. La gorge, la partie inférieure du cou, la poitrine et les régions latérales du ventre se montrent d'une couleur grise ardoisée ou bleuâtre.

DIMENSIONS. *Longueur totale*, 45". *Tête*. Long. 2" 9". *Cou*. Long. 1" 9"'. *Tronc*. Long. 8" 2"'. *Memb. antér*. Long. 4" 5"'. *Memb. post*. Long. 8" 5"'. *Queue*. Long. 32".

PATRIE. L'unique exemplaire du Dicrodonte à gouttelettes que renferme notre musée national, y a été généreusement déposé par M. Eydoux, qui l'a recueilli au Pérou avec plusieurs autres reptiles fort intéressants, dont il se propose de publier les descriptions dans la relation du voyage de circum-navigation que vient de faire la corvette la Bonite, à bord de laquelle ce savant se trouvait embarqué en qualité de chirurgien-major.

IXe GENRE. ACRANTE. — *ACRANTUS* (1), Wagler.

(*Tejus*, part. Merrem ; *Tejus*, Fitzinger ; *Acrantus*, Wagler, Wiegmann.)

CARACTÈRES. Langue à base non engaînante, divisée en deux filets aplatis à son extrémité, couverte de papilles squamiformes, arrondies en arrière, distinctement imbriquées. Palais denté. Dents intermaxillaires coniques, simples ; premières dents maxillaires de même forme ; les suivantes élargies ou comprimées d'avant en arrière, à sommet bidenté. Narines ovales, obliques, s'ouvrant au bout et sur le côté du museau, dans la plaque naso-rostrale seulement. Des paupières. Une membrane du tympan tendue en dedans du trou auriculaire. Sous le cou, des plis transversaux non scutellés sur leur bord. Plaques ventrales quadrilatères, lisses, en quinconce. De grandes scutelles sous les jambes. Des pores fémoraux. Doigts légèrement comprimés, au nombre de cinq en avant, et de quatre seulement en arrière. Queue cyclo-tétragone.

Les Acrantes se distinguent à la première vue de tous les autres Pléodontes strongylures, en ce qu'ils manquent d'un cinquième doigt à chacune des pattes postérieures, au moins extérieurement, car à l'aide de la dissection on en découvre le rudiment sous la peau, qui, à cet endroit, semble offrir une sorte de cicatrice. Le système dentaire des Acrantes, complétement différent de celui des Sauvegardes, des Améivas et des Cnémidophores, présente une très-grande ressemblance avec celui des Dicrodontes. Ils ont

---

(1) Ακραντος, *mancus*, *mutilus*, *imperfectus*, tronqué, mutilé, imparfait, à raison des quatre doigts postérieurs.

six petites dents intermaxillaires coniques, simples ; treize ou
quatorze maxillaires supérieures, et environ dix-huit maxillaires inférieures de chaque côté ; les six premières dents
maxillaires, en haut comme en bas, sont courtes, coniques,
obtuses, et toutes les autres, qui augmentent graduellement
de grosseur, offrent un sommet élargi, partagé longitudinalement et d'une manière oblique, en deux tubercules
d'inégale hauteur, l'interne étant un peu moins long et un
peu moins fort que l'externe. Le fond du palais est armé de
quatre ou six petites dents droites, coniques, placées deux
ou trois de chaque côté de son échancrure.

L'ensemble des formes des Acrantes est absolument le
même que celui des Améivas, des Cnémidophores et des
Dicrodontes, dont ils ont aussi l'écaillure, moins toutefois
l'épine qu'on voit de chaque côté du cloaque des individus
mâles des premiers.

Leur tête est peut-être proportionnellement plus courte,
et leur museau encore plus arqué que chez ces derniers. La
langue des Acrantes ne diffère en rien de celle des Cnémidophores et des Dicrodontes. Leurs narines, de forme
ovale, oblique, sont latérales et percées chacune dans une
seule plaque, la naso-rostrale.

Dans l'état présent de la science, on ne connaît encore
qu'une espèce appartenant à ce genre ; c'est celle qui a été
décrite pour la première fois par d'Azara, sous le nom de
Téyou vert, et dont Merrem a fait le type de son genre
Tejus, dans lequel il réunissait la Dragonne, le Crocodilure Lézardet, la Sauvegarde de Mérian, un Cnémidophore et des Améivas. Plus tard ce nom de *Tejus*, toujours
pris dans une acception générique, a été réservé par Fitzinger au seul Téyou vert d'Azara. Dans les différents systèmes de classification erpétologique, on l'a constamment placé
comme le représentant d'un genre particulier, auquel avec
Wagler, nous avons préféré donner la dénomination d'*A-
crantus*, pour éviter la confusion que pourrait occasionner
désormais celle de *Tejus*, par cela même qu'elle a servi à
désigner un certain nombre d'espèces de genres différents,

1. L'ACRANTE VERT. *Acrantus viridis.* Wagler.

Carctères. Dos vert, avec deux raies jaunes de chaque côté, ayant entre elles une série de taches noires.

Synonymie. *Carapopeba.* Marcg. Histor. Bras. pag. 238.

Le Teyou vert. Azara. Hist. nat. quad. Parag. tom. 2 pag. 293.

Lacerta Teyou. Daud. Hist. nat. rept. tom. 3, pag. 195.

Tejus viridis. Merr. Tentam. syst. amph. pag. 60.

Ameiva Teyou. Lichtenst. Verzeich. doubl. zool. muz. Berl. pag. 91.

Green Ameiva. Gray, Synops. rept. in Griffith's anim. kingd. tom. 9, pag. 31.

Acrantus viridis. Wagl. Syst. amph. pag. 154.

Acrantus viridis. Wiegm. Herpet. Mexic. pars I, pag. 8.

Ameiva oculata. D'Orbign. Voy. Amér. mérid. Rept. tab. 5, fig. 1.

DESCRIPTION.

Formes. La tête est courte, comparativement à celle des Améivas et des Cnémidophores et assez comprimée à sa partie antérieure, dont le profil est très-distinctement arqué. Les régions frénales sont un peu excavées. La plaque rostrale représente un triangle isocèle, qui est en grande partie enclavé entre les naso-rostrales, et dont le sommet s'articule souvent avec l'internasale. Celle-ci a la forme d'un rhombe presque équilatéral.

Les naso-rostrales sont oblongues, quadrilatères, placées obliquement en travers de l'angle du museau, arrondies à leur bord inférieur, tout près duquel, et un peu en arrière, vient s'ouvrir la narine, qui est ovale et médiocrement grande. La naso-frénale a la forme d'un triangle isocèle, avec son sommet courbé en arrière. Il n'y a que trois plaques palpébrales ou sus-oculaires, formant un disque subovale, environné d'un cordon de granules squameux.

Il existe deux plaques fronto-pariétales de moyenne grandeur, et immédiatement derrière elles un certain nombre d'autres plaques, dont le développement, le nombre et la figure varient suivant les individus. On compte cinq plaques labiales supérieures : la première, qui descend un peu moins bas que la rostrale, est petite, légèrement dentelée, triangulaire ou trapézoïde ; la seconde est carrée et presque de même volume ; la troisième, ordinairement du double plus grande que l'une des deux précédentes, est quadrilatère oblongue ; la quatrième, généralement plus petite, mais de même forme ; la cinquième, tétragone et fort peu développée. La lèvre inférieure porte de chaque côté, tantôt cinq, tantôt six plaques offrant à peu près la même figure et la même grandeur que celles de la lèvre supérieure. La mentonnière est simple ; derrière elle immédiatement est une autre plaque simple ; puis sous chaque branche sous-maxillaire on en compte successivement trois autres très-grandes, suivies de six plus petites, disposées par paires, de forme hexagone, et ayant quelquefois entre elles quelques squamelles, ou des granules plus ou moins forts. La tempe est protégée par un pavé de très-petites écailles cyclo-polygones, convexes, excepté sur son bord supérieur, et quelquefois sur l'inférieur, où l'on en voit d'un peu plus fortes, oblongues, hexagones.

Si les écailles qui garnissent l'intervalle des branches sous-maxillaires et le dessous du cou sont moins grandes que celles de la gorge, cette différence est bien peu sensible ; toutes sont rhomboïdales ou subhexagones, un peu convexes et juxta-posées. Celles qui revêtent la plus grande partie de la surface du pli antéro-pectoral sont au contraire beaucoup plus dilatées, plates, lisses, très-imbriquées, et en losanges.

La face supérieure du haut du bras porte une série de six ou sept scutelles quadrilatères ou hexagones, lisses, imbriquées, très-dilatées en travers, et placées un peu obliquement. Une autre série semblable, mais dont les pièces sont disposées directement en travers, couvre le dessus de l'avant-bras, sur le bord antérieur duquel est une troisième série de scutelles moins élargies que les autres. Des squames hexagones assez grandes garnissent le dessous du coude. Le bord antérieur de la cuisse est protégé par une bande de scutelles à six pans, élargies et entuilées. La région inférieure présente six squames en losanges, plates, lisses, imbriquées, diminuant graduellement de grandeur à mesure qu'elles avancent vers les pores fémoraux. Le dessous de la jambe laisse compter, placées les unes à la suite des autres, six scutelles hexagones, plus larges que longues, qui, à partir de la seconde, diminuent graduellement de volume ; la première n'est pas plus grande que la troisième. Cette série de scutelles est accompagnée de deux autres séries, dont les pièces sont en losanges à peu près équilatéraux. La région préanale est revêtue de squames anguleuses, aplaties, lisses, assez grandes, faiblement imbriquées. On compte, sous chaque cuisse, environ dix-huit pores, assez grandement ouverts, au centre d'un cercle composé de trois écailles, dont une, à elle seule, est aussi grande que les deux autres. Les écailles du dessus de la queue ressemblent à des carrés longs, et portent une carène qui les partage également par la moitié.

COLORATION. En dessus ce Lacertien est vert, marqué de six raies jaunes qui blanchissent dans la liqueur; ces six raies sont disposées, trois de chaque côté du corps : l'une s'étend de l'épaule à l'aine, et même un peu sur le devant de la cuisse; l'autre part du sourcil, et va se terminer fort en arrière sur le haut du côté de la queue; la troisième, qui n'est pas toujours très-visible, se trouve située au-dessus des deux autres, sans jamais s'avancer sur le cou, ni dépasser l'extrémité du tronc. Chacun des deux intervalles que forment ces trois raies jaunes, est rempli par une série de taches noires assez grandes, irrégulièrement quadrilatères. Toutes les régions inférieures sont jaunes ou blanches, excepté cependant les plaques ventrales constituant les deux séries latérales, qui sont colorées en vert ou en bleuâtre.

DIMENSIONS. *Longueur totale*, 42" 8''', *Tête.* Long. 4". *Cou.* Long. 1" 8'''. *Tronc.* Long. 9" 5'''. *Membr. antér.* Long. 5" 2'''. *Membr. postér.* Long. 9" 3'''. *Queue.* Long. 27" 5'''.

PATRIE. L'Acrante vert habite l'Amérique méridionale. D'Azara l'a rencontré dans le Paraguay, et nos collections en renferment des exemplaires recueillis par M. d'Orbigny, à Montevideo et à Buénos-Ayres.

Observations. Il n'est pas douteux que c'est bien l'Acrante vert que Margrave a eu l'intention de faire connaître sous le nom de *Carapopeba* dans son Histoire du Brésil; mais nous ne sommes pas certains que ce soit également cette espèce qu'il ait eu l'intention de désigner par le nom de *Tejunhana*, ainsi que Merrem a paru le penser, d'après la citation qu'il en a faite à l'article de son *Tejus viridis*. La figure que Margrave a donnée de son *Teiunhana*, ne montre en effet que quatre doigts postérieurs; mais la description qui l'accompagne ne dit rien de cette particularité, que l'auteur n'aurait certainement pas manqué de signaler comme il l'a fait à propos de son *Carapopeba*.

La figure de l'Acrante vert publiée par M. d'Orbigny dans son grand ouvrage sur l'Amérique est fautive, en ce que l'artiste a représenté chez cette espèce un doigt de plus qu'elle n'en a réellement aux pattes de derrière, c'est-à-dire cinq au lieu de quatre.

X⁰ GENRE. CENTROPYX. — *CENTROPYX* (1), Spix.

(*Trachygaster* (2), Wagler; *Pseudo-Améiva*, Fitzinger.)

CARACTÈRES. Langue à base engaînante, beaucoup plus rétrécie en avant qu'en arrière, où le bord de la région couverte de papilles, qui sont squamiformes, rhomboïdales, subimbriquées, forme un angle rentrant. Palais denté. Dents intermaxillaires coniques, simples. Dents maxillaires comprimées; les premières simples; les suivantes tricuspides. Narines ovales, obliques, s'ouvrant dans la plaque naso-rostrale, et dans la naso-frénale. Des paupières. Une membrane tympanale tendue en dedans du bord de l'oreille. Cinq doigts un peu comprimés, non carénés en dessous, à chaque patte. Des pores fémoraux. Un seul pli transversal sous le cou, garni d'écailles rhomboïdales, carénées, imbriquées. D'autres écailles semblables, mais plus grandes sur la poitrine et le ventre. Queue cyclotétragone.

Les Centropyx ne peuvent être confondus avec aucun des genres précédents, en ce que leur ventre est revêtu d'écailles rhomboïdales, carénées, imbriquées, au lieu d'offrir des plaques quadrilatères, plates, lisses, plus ou moins élargies, en général non entuilées. Ils ont la faculté de faire rentrer dans un enfoncement pratiqué sous la glotte, une portion de la partie postérieure de la langue, et en cela ils

---

(1) De κεντρον, *aculeus*, aiguillon, pointe; et de πύξ, le derrière, les fesses.

(2) De τραχυς, *asper*, rude; et de γαστὴρ, ventre.

ressemblent aux Sauvegardes et aux Améivas. Cette langue cependant n'est pas aussi longue, ni aussi extensible que chez ces derniers; elle ne présente pas non plus à peu près la même largeur dans toute son étendue, car elle commence à se rétrécir dès sa base pour se terminer en une pointe aiguë, divisée en deux filets aplatis et lisses; puis on observe que sa région papilleuse finit en arrière par un bord formant un angle rentrant, ce qui la fait ressembler à un fer de flèche, comme dans les Cnémidophores, les Dicrodontes et les Acrantes, dont la langue n'est pourtant pas rétractile dans un fourreau.

Les papilles qui recouvrent la langue des Centropyx, sont plates, égales, rhomboïdales, arrondies en arrière, et très-distinctement imbriquées. Ces Lacertiens tantôt ont quelques petites dents de chaque côté de l'échancrure du palais, tantôt en manquent complétement à cette partie de la bouche. On leur compte dix dents intermaxillaires coniques, simples; dix-huit à vingt-deux dents maxillaires supérieures, et vingt-quatre à vingt-six dents maxillaires inférieures de chaque côté : les premières de ces dents maxillaires supérieures et inférieures sont simples, coniques, pointues, et toutes les autres comprimées et tricuspides. Les narines sont latérales, assez grandes, ovales, obliques, pratiquées dans la plaque naso-rostrale et la naso-frénale, mais moins dans celle-ci que dans celle-là. La frontale est courte comparativement à celle des espèces appartenant aux genres Améivas, Cnémidophores, Dicrodontes et Acrantes; il y a deux fronto-pariétales, et deux pariétales entre lesquelles est une inter-pariétale aussi longue qu'elles; puis immédiatement après la rangée transversale que forment ces trois dernières plaques, en viennent deux autres petites qu'on peut considérer comme des occipitales. Mais la réunion de ces cinq plaques, pariétales, interpariétales et occipitale, ne constitue pas un bouclier assez étendu pour couvrir toute la surface postérieure du crâne, car on voit encore de chaque côté une certaine portion triangulaire garnie d'écailles hexagones en

10.

dos d'âne. Les régions susoculaires sont protégées par trois ou quatre plaques formant un disque ovale, fort étroit, pointu en avant, et le long du bord externe duquel se montre une rangée de granules squameux. La peau du dessous du cou ne présente qu'un seul pli transversal revêtu d'écailles rhomboïdales, imbriquées et fortement carénées, à quelques-unes desquelles il arrive parfois de former, en s'avançant en dehors du pli, une sorte de dentelure en scie. Les yeux, les oreilles sont les mêmes que dans les quatre genres précédents. Chacune des quatre pattes se termine par cinq doigts, ayant la même forme et les mêmes proportions relatives que chez les Améivas et les Cnémidophores.

Ce qui caractérise plus particulièrement les Centropyx, c'est leur écaillure qui, sur le dessus du cou, sur le dos, sur les membres, la poitrine et le ventre, se compose de pièces en losanges, ayant leurs angles plus ou moins arrondis, imbriquées, et surmontées de carènes qui constituent le plus souvent des lignes longitudinales. En général les écailles des flancs sont beaucoup plus petites que celles du dos. Le dessous des bras, le derrière des pattes postérieures en offrent qui, si elles ne sont pas granuleuses, en ont au moins l'apparence.

Une série de pores règne sur toute l'étendue de la face interne de la cuisse. Les verticilles qui entourent la queue se composent d'écailles semblables à celles du dos.

Les individus mâles portent de chaque côté de l'anus deux très-forts éperons squameux, rappelant un peu par leur forme, les ergots de certains petits Gallinacés.

Ce genre établi par Spix sous le nom Kentropyx que Fitzinger sans motif réel a changé en celui de *Pseudo-Améiva*, et que Wagler a remplacé par la dénomination de *Trachygaster*, renferme deux espèces dont nous avons cherché à exprimer les principales différences caractéristiques dans le tableau synoptique suivant.

TABLEAU SYNOPTIQUE DES ESPÈCES DU GENRE CENTROPYX.

———

Séries d'écailles dorsales au nombre de { quarante-et-une. . . 1 C. ÉPERONNÉ.
dix-sept à vingt-cinq. 2. C. STRIÉ.

1. LE CENTROPYX ÉPERONNÉ. *Centropyx calcaratus.* Wagler.

CARACTÈRES. Quarante-et-une séries d'écailles dorsales   écailles du pli sous-collaire n'en dépassant pas le bord libre.

SYNONYMIE. *Kentropyx calcaratus.* Spix. spec. nov. Lacert. bras. pag. 21, tab. 22, fig. 2.

Pseudo-Ameiva calcarata. Fitzing. Verzeich. der zoologisch. mus. zu Wien, pag. 51.

Centropyx calcaratus. Guer. Iconog. règn. anim. Cuv. Rept. tab. 4, fig. 3.

Trachygaster calcaratus. Wagl. Syst. amph. pag. 144.

Spurred Centropyx. Gray, Synops. Rept. in Griffith's anim. kingd. tom. 9, pag. 31.

Trachygaster calcaratus. Schinz. Naturgesch. und Abbild. rept. pag. 97, tab. 36, fig. 2.

Centropyx calcaratus. Wiegm. Herpet. mexican. part. I, pag. 9.

DESCRIPTION.

FORMES. Cette espèce se distingue de suite de la suivante, en ce que les cinq dernières plaques céphaliques occupent une plus grande surface sur la partie postérieure du crâ..e, et en ce que les écailles dors les sont beaucoup plus petites et par conséquent beaucoup plus nombreuses. La région cranienne est légèrement excavée et le vertex un peu creusé en gouttière. Les plaques fronto-pariétales sont pentagones, inéquilatérales ; les pariétales, l'inter-

pariétale et les deux petites occipitales couvrent presque entièrement le derrière de la tête, ne laissant à droite et à gauche du
bouclier qu'elles forment qu'une très-petite région en triangle
isocèle garnie de grains squameux assez fins. Il y a cinq ou six
paires de plaques sur chaque lèvre, toutes quadrilatères oblongues. Derrière la mentonnière est une plaque simple plus large
que longue, et sur chaque branche sous-maxillaire, il en existe
quatre, dont trois très-grandes, tandis que la quatrième est fort
petite. Les côtés de la mâchoire inférieure, tout à fait en arrière,
offrent six squames hexagones oblongues, juxta-posées, carénées
ou un peu en dos d'âne.

Comme nous l'avons déjà dit plus haut, les écailles qui garnissent le dos sont très-petites, de forme ovalo-rhomboïdales, et
plutôt très-fortement renflées sur leur région moyenne, que carénées : on en compte environ quarante-et-une séries longitudinales. Celles des flancs sont un peu plus petites, mais à peu près
en même nombre de chaque côté que sur le dos. Les bords de la
tempe sont revêtus de squames hexagones oblongues, un peu en
dos d'âne, au lieu que le centre de cette région présente un pavé
de très-petites écailles cyclo-polygones, légèrement carénées. Le
milieu de la gorge est garni d'écailles ovales, renflées sur leur
région médio-longitudinale, moins petites que celles, à peu près
de même forme, qui revêtent l'entre-deux des mâchoires, les
côtés de la gorge et le dessous du cou. Au pli antéro-pectoral adhèrent d'assez grandes écailles rhomboïdales, imbriquées, carénées, qui n'en dépassent pas le bord libre, comme chez l'espèce
suivante. Tout le dessus du haut du bras est revêtu de grandes
écailles rhomboïdales, imbriquées, à angles arrondis, surmontées d'une forte carène finissant en pointe. L'avant-bras n'offre
d'écailles semblables que sur son bord antérieur, où elles composent trois séries dont une, l'externe, n'est pas carénée. Le devant et le dessous de la cuisse sont garnis de seize séries d'écailles
rhomboïdales, à angles arrondis, carénées et imbriquées ; mais
celles de ces écailles qui constituent les huit séries les plus rapprochées des pores fémoraux sont moins grandes que les autres.
Les pièces écailleuses du dessous de la jambe ne sont pas différentes
de celles du bord antérieur de la cuisse. Celle-ci offre une vingtaine de pores percés au centre d'une rosace composée de trois
écailles, dont une, à elle seule, est aussi grande que les deux
"utres. Sous le corps, depuis la naissance de la poitrine jusqu

l'anus, on compte trente rangées transversales d'écailles rhomboïdales, carénées, imbriquées, formant quatorze séries longitudinales. Les deux ergots que portent les individus mâles de
chaque côté de la région préanale ont une certaine longueur,
leur pointe est dirigée en dehors et courbée vers le haut.

COLORATION. Un vert olivâtre règne sur toutes les parties supérieures de cette espèce, qui porte trois raies ou bandes longitudinales, d'une teinte plus claire ; une de ces raies occupe toute
la ligne moyenne du corps, depuis la nuque et quelquefois même
depuis le bout du museau jusqu'à l'extrémité du tronc; les deux
autres s'étendent, celle-ci à droite, celle-là à gauche depuis la
tempe jusqu'au-dessus de la cuisse. Une suite de taches noires
remplit l'intervalle qui existe de chaque côté entre une de ces
raies latérales et la médiane. Quelques autres taches noires sont
éparses sur la queue; on en voit aussi quelques-unes sur les membres. La partie postérieure des cuisses est généralement marquée
d'une bande noire, lisérée ou ponctuée de blanc sur ses deux
bords. Toutes les régions inférieures sont d'un blanc sale ou
jaunâtre, lavé de bleu verdâtre. Les individus, dépouillés d'épiderme, présentent une teinte bleue.

DIMENSION. *Longueur totale.* 32" 6"'. *Tête.* Long. 2" 6"'. *Cou.*
Long. 1". *Tronc.* Long. 5". *Memb. antér.* Long. 3" 4"'. *Memb.*
postér. Long. 7". *Queue.* Long. 24".

PATRIE. Cette espèce est originaire de l'Amérique méridionale.
On la trouve au Brésil, à Cayenne, à Surinam : nous en possédons
des exemplaires recueillis dans ces différents pays par feu de Lalande, par MM. Leschenault et Doumerc, et par Levaillant.

Observations. Spix est le seul auteur qui ait fait représenter
cette espèce de Centropyx; encore la figure qu'il en a donnée
laisse-t-elle beaucoup à désirer.

2. LE CENTROPYX STRIÉ. *Centropyx striatus*, Gray.

CARACTÈRES. Dix-sept à vingt-cinq séries d'écailles dorsales;
écailles du pli sous-collaire grandes, formant une dentelure en
scie bien prononcée.

SYNONYMIE. *Borkische eidechse.* Merr. Wetteraw. Ann. tom. I,
pag. 2.

Lacerta striata. Daud. Hist. rept. tom. 3, pag. 247.

Lacerta striata. Merr. Tent. syst. amph. pag. 65.

Pseudo Ameiva striata. Fitzing. Verzeich. der zoologisch. mus. zu Wien, pag. 51.

Trachygaster striatus. Wagl. Syst. amph. pag. 154.

Striated centropyx. Gray, Synops. rept. in Griffith's anim. kngd. tom. 9, pag. 31.

Centropyx striatus. Wiegm. Herpet. mexican. pars. I, pag. 9.

DESCRIPTION.

FORMES. Les caractères spécifiques du Centropyx strié, comparé au Centropyx éperonné, résident dans l'étroitesse de la partie postérieure du bouclier céphalique, dans la dentelure en scie bien prononcée que forment les écailles du pli antéro-pectoral sur son bord libre, et dans un moindre nombre de séries longitudinales d'écailles dorsales, c'est-à-dire dix-sept à vingt-cinq au lieu de quarante-et-une.

COLORATION. Quant au mode de coloration, il nous paraît ne présenter d'autres différences que celles-ci : l'absence de bande médiane sur le dos, et l'existence de chaque côté, entre les deux raies jaunâtres, d'une bande noire en remplacement d'une suite de taches de la même couleur. Pourtant on remarque encore une seconde bande noire, mais fort étroite au-dessus de la raie jaune la plus élevée; et l'un de nos exemplaires a les flancs semés de taches d'un blanc bleuâtre.

DIMENSIONS. *Longueur totale.* 31" 3"'. *Tête.* Long. 2" 4"'. *Cou.* Long. 1" 6"'. *Tronc.* Long. 6". *Memb. antér.* Long. 3" 3"'. *Memb. postér.* Long. 7". *Queue.* Long. 2" 3"'.

PATRIE. L'un des deux exemplaires du Centropyx strié qui existent dans notre collection a été envoyé de Surinam par M. Roze, l'autre a été recueilli à la Mana par MM. Leschenault et Doumerc. Nous avons examiné un troisième individu provenant de Surinam; celui-ci appartient au musée de Leyde.

DEUXIÈME SOUS-FAMILLE.

AUTOSAURES COELODONTES.

Cette deuxième sous-famille renferme, ainsi que nous l'avons dit précédemment, ceux des Lacertiens autosaures dont les dents sont creusées intérieurement dans leur portion inférieure, et de plus appliquées d'une manière tout à fait verticale contre la paroi interne des mâchoires, sans que jamais leur racine ou mieux leur extrême base adhère intimement au fond de l'espèce de rainure ou de coulisse pratiquée le long des os maxillaires.

On ne connaît encore aujourd'hui aucun Lacertien de ce groupe qui soit réellement aquatique, comme on sait qu'en renferme celui des Pléodontes, tels que les Crocodilures, les Thorictes et les Neusticures, dont la queue assez fortement déprimée de droite à gauche en forme de rame, est très-bien appropriée au genre de vie qui leur a été départi par la nature. Les Cœlodontes, de même que les autres Sauriens essentiellement terrestres, ont la queue ou parfaitement arrondie, ou cyclo-tétragone, c'est-à-dire légèrement aplatie sur quatre faces. Mais tous, quoique vivant à terre, ne fréquentent pas indistinctement les mêmes localités, n'ont pas absolument les mêmes habitudes : ainsi, tandis que beaucoup d'entr'eux ne sauraient vivre ailleurs que là où se trouve une végétation plus ou moins abondante, il en est d'autres qui, comme plusieurs mammifères et certains oiseaux, sont confinés dans les lieux sauvages et déserts. Les premiers grimpent habituellement sur les arbustes, sur les buissons, sur les haies et les murailles qui servent d'enclos à nos habitations. Les seconds, au contraire, ne quittent pas le sol aréneux, sur la surface duquel, quelque défavorable qu'elle paraisse d'abord à la marche, ils courent cependant avec une grande rapidité par suite de la conformation de leurs doigts qui sont ou excessivement aplatis, ou garnis latéralement d'écailles effilées qui empêchent les pattes de ces petits animaux d'enfoncer dans le sable.

Ces Lacertiens cœlodontes se partagent naturellement en deux groupes que nous désignons par les noms de Léiodactyles et de Pristidactyles. Dans le premier, sont rangés tous ceux dont les squames digitales inférieures et latérales sont parfaitement lisses ; dans le second se trouvent placées les espèces qui offrent soit des carènes sur la face inférieure, soit des dentelures sur les côtés de leurs doigts, ou bien qui ont les extrémités terminales des pattes tout à la fois carénées et dentelées.

Iᵉʳ GROUPE. COELODONTES à doigts lisses.

LES LÉIODACTYLES.

Ainsi que nous avons essayé de l'indiquer par ce nom de Léiodactyles (1), aucune des espèces de Sauriens distribués dans les genres qui forment ce groupe n'a les doigts dentelés sur les bords, ni carénés sur la ligne médiane. Ces Lézards sont moins sauvages que les autres, aussi le peuple les regarde-t-il généralement comme les amis de l'homme.

---

(1) Nous en avons donné l'étymologie dans ce volume, au bas de la page 17.

XIᵉ GENRE. TACHYDROME. — *TACHY-DROMUS* (1). Daudin.

CARACTÈRES. Langue à base non engaînante, médiocrement extensible, divisée à son extrémité en deux petits filets aplatis, à surface offrant des plis papilleux en chevrons. Palais denté ou non denté. Dents intermaxillaires coniques, simples. Dents maxillaires comprimées, les premières simples, les suivantes tricuspides. Narines ouvertes au sommet du *canthus rostralis*, chacune dans une seule plaque, la nasorostrale. Des paupières. Une membrane du tympan tendue en dedans du bord auriculaire. Un collier squameux, dentelé, peu marqué. Ventre garni de squames imbriquées, lisses ou carénées. Quelques pores inguinaux. Pattes offrant chacune cinq doigts légèrement comprimés. Queue très-longue, cyclo-tétragone.

Les Tachydromes se distinguent entre tous les Lacertiens cœlodontes, par la forme particulière des papilles de leur langue qui ressemblent à des plis ayant la figure de chevrons emboîtés les uns dans les autres, et dont le sommet est dirigé en avant.

Ces Lacertiens ont la tête pyramido-quadrangulaire, le corps un peu plus haut que large, le dos faiblement convexe, le ventre plat, et les flancs légèrement arqués en dehors. Les proportions de leurs membres sont tout à fait en rapport avec la grosseur du tronc; mais la queue est excessivement longue, plus longue que chez aucun

_____

(1) De ταχύς, *celer*, prompt, vite ; et de δρόμος, *cursus*, course.

autre Autosaure, c'est-à-dire formant quelquefois à elle
seule les trois quarts de la longueur totale de l'animal. Les
quatre premiers doigts des pattes antérieures et des postérieures sont régulièrement étagés ; le cinquième offre à peu
près la même étendue que le second.

La langue, assez large en arrière, où elle présente une
sorte d'échancrure en V entre les branches duquel se trouve
située la glotte, va toujours en se rétrécissant, vers son
extrémité libre qui est une pointe partagée en deux filets
aplatis, sur lesquels on ne remarque pas de plis papilleux
semblables à ceux que nous avons dit que présente la plus
grande partie de la surface de cet organe.

En général, le palais est armé de très-petites dents palatines ; au moins à l'aide de la pointe d'un instrument
d'acier, en avons-nous senti quelques-unes, chez la plupart
des individus que nous avons été dans le cas d'observer. On
compte environ dix dents intermaxillaires, petites, coniques,
simples, un peu courbées en dedans ; vingt-six maxillaires supérieures de chaque côté, et une trentaine de maxillaires inférieures de chaque côté. Les premières de ces dents maxillaires supérieures et inférieures sont simples, coniques,
tandis que toutes les autres se montrent aplaties latéralement, tricuspides à leur sommet, et très-serrées les unes
contre les autres.

Les narines externes sont deux orifices circulaires, assez
grands, qui s'ouvrent au sommet de la région frénale,
dans la seule plaque naso-rostrale.

La paupière supérieure est plus courte que l'inférieure ;
la fente que présentent dans l'occlusion ces deux membranes
protectrices du globe de l'œil est parfaitement longitudinale. L'oreille, ou plutôt son ouverture, est assez grande
et à peu près circulaire ; la membrane tympanale se trouve
tendue en dedans de son pourtour.

La surface de la tête est tout entière revêtue de plaques,
absolument comme chez les Lézards proprement dits : on
remarque effectivement une rostrale, deux naso-rostrales,

une inter-nasale, deux fronto-pariétales, une petite inter-pariétale et une occipitale également fort petite. Les régions palpébrales ou sus-oculaires, qui sont osseuses, portent trois plaques de différentes grandeurs. Sur la région frénale il existe une petite naso-frénale, et deux grandes post-naso-frénales. Une des labiales supérieures, celle qui est positivement située au-dessous de l'œil, occupe non-seulement un très-grand espace longitudinal, mais monte jusqu'au bord orbitaire.

Le dessous du cou présente un collier squameux, dentelé en scie, mais en général il est très-peu apparent. Ce sont des écailles ou des squames et non des plaques qui protègent les tempes.

L'écaillure du dessus du cou, du dos et de la queue se compose de grandes pièces anguleuses, carénées, plus ou moins imbriquées, et assez distinctement disposées par rangs transversaux, surtout les caudales, qui par conséquent se trouvent être verticillées.

Les flancs ne présentent au contraire que de très-petites écailles ayant un aspect granuleux. Les régions inférieures du cou, la poitrine et le ventre sont protégés par des squames rhomboïdales, imbriquées, lisses ou carénées, mais toujours disposées en séries longitudinales. Des écailles en losanges, imbriquées se remarquent sur les bras et le devant des pattes de derrière ; le dessous des membres antérieurs et la face postérieure des cuisses sont garnis de granules. La région préanale est couverte en grande partie par une seule plaque, entourée de petites squames. La base de la queue ne présente aucune espèce d'épines ou d'éperons ; mais il existe dans chaque aine un ou deux cryptes tubuleux.

Le genre Tachydrome, qui a été établi par Daudin, et que tous les erpétologistes ont adopté, ne renferme encore à présent que les deux espèces qui se trouvent inscrites dans le tableau synoptique suivant :

TABLEAU SYNOPTIQUE DES ESPÈCES DU GENRE TACHYDROME

———

Écailles dorsales disposées sur
{
quatre séries longitudinales.   1. T. A six raies.

six séries longitudinales. . 2. T. Japonais.
}

1. LE TACHYDROME A SIX RAIES. *Tachydromus sexlineatus.*

Caractères. Plaques pariétales oblongues. Sur le dos, quatre séries de grandes squames presque carrées, peu imbriquées, fortement carénées. Squames ventrales fortement carénées. Dos olivâtre marqué de chaque côté, de deux raies noires, séparées par une raie blanche. Flancs ornés de taches blanches, cerclées de noir.

Synonymie. *Tachydromus sexlineatus.* Daud. Hist. Rept. t. 3, p. 256, tab. 39.

Tachydromus quadrilineatus. Idem. loc. cit. t. 3, p. 252.

Tachydromus sexlineatus. Brong. Ess. classif. Rept. p. 43, tab. 2, fig. 8.

Tachydromus sexlineatus. Goldf. Hand. der Zoolog, p. 169.

Tachydromus sexlineatus. Merr. Tent. system. amphib. p. 69.

Tachydromus quadrilineatus. Idem. loc. cit. p. 69.

Tachydromus sexlineatus. Fitzing. Verzeich. der zool. mus. zu Wien, p. 51.

Tachydromus ocellatus. Guer. Iconog. Regn. anim. Cuv. Rept. tab. 5.

Tachydromus sexlineatus. Wagl. syst. amphib. p. 157.

Tachydromus quadrilineatus. Idem. loc. cit. p. 159.

Tachydromus sexlineatus. Gray. synops. Rept. in Griffith's anim. kingd. t. 9, p. 36.

Tachydromus sexlineatus. Schinz, Naturgesch. und Abbild. der Rept. p. 103, tab. 39, fig. 3.

Tachydromus quadrilineatus. Wiegm. Herpet. Mexican. pars I, pag. 10

DESCRIPTION.

FORMES. Cette espèce de Tachydrome a les formes sveltes et élancées ; la tête, qui en avant se termine par un museau assez pointu, a en longueur totale le double de sa largeur postérieure.

Les membres antérieurs placés le long du cou s'étendent jusqu'aux narines ; les postérieurs couchés le long des flancs n'atteignent pas tout à fait les aisselles.

La queue est deux à quatre fois plus longue que le reste de l'animal.

La plaque rostrale présente cinq côtés, un inférieur horizontal, deux supérieurs formant ensemble un angle obtus, et deux latéraux perpendiculaires et de moitié moins grands que les autres. L'internasale, quoiqu'ayant réellement six pans, affecte une forme losangique. Les fronto-nasales ressemblent à des triangles équilatéraux, tronqués à l'un de leur sommet. La frontale, que surmonte une faible carène longitudinale, est longue et rétrécie en arrière ; elle offre deux grands bords latéraux infléchis en dedans, deux petits bords antérieurs et deux petits bords postérieurs. Les fronto pariétales sont pentagones oblongues ; l'inter-pariétale, de forme à peu près losangique, et deux fois plus petite que les fronto-pariétales, se trouve enclavée entre ces dernières, les pariétales et l'occipitale. Les pariétales sont fort grandes, inéquilatérales, plus longues que larges. L'occipitale, triangulaire et excessivement peu développée, se trouve immédiatement située derrière l'inter-pariétale, entre les pariétales avec le bord postérieur desquelles le sien est de niveau. La première plaque sus-oculaire est triangulaire et fort pointue en avant ; la seconde, distinctement moins dilatée, représente un trapèze ; et la troisième excessivement petite offre trois côtés. On ne voit pas de cordon de granules le long du bord externe du disque formé par les plaques palpébrales. La naso-rostrale, qui ressemble à un losange, a sa moitié inférieure entamée par la narine ; la naso-frénale est petite, triangulaire, elle est suivie d'une post-naso-frénale quadrilatère un peu plus haute que longue, après laquelle en vient une seconde, qui a presque une fois plus de développement, et dont la longueur l'emporte sur la hauteur. On compte six plaques labiales supérieures, quadrilatères, oblongues, parmi lesquelles l'avant-dernière se fait particulièrement remarquer à cause de sa grande étendue. Il y a également six labiales inférieures, qui sont extrêmement alongées. La mentonnière est simple, fort grande, et sous chaque branche sous-maxillaire adhèrent trois plaques sub-rhomboïdales, dont la dernière offre une surface une fois plus étendue que les deux premières ensemble. Des squames égales, en losange, fortement carénées, et marquées de fines stries ondulées, revêtent les côtés postérieurs de la tête ou les tempes.

Les squames cervicales composent six ou huit rangées longitudinales; elles sont rhomboïdales, très-distinctement imbriquées, et offrent une carène bien prononcée. Les pièces de l'écaillure du dos présentent une forme à peu près carrée, ayant leurs angles postérieurs plus ou moins arrondis; une forte carène les surmonte, et leur nombre est de quatre pour chacune des bandes qu'elles constituent en travers du dos.

Les écailles caudales sont quadrilatères, oblongues, carénées, étroites, surtout en dessous. On remarque des granules sur le haut des parties latérales du cou ou du tronc, ainsi que sur la région de l'épaule; mais la région inférieure des côtés du cou présente de petites écailles rhomboïdales, épaisses, carénées, imbriquées. Les flancs proprement dits, portent de grandes écailles en losanges, disposées comme les tuiles d'un toit, et relevées d'une carène qui se prolonge en pointe en arrière. Au reste, les écailles des flancs ne sont pas différentes de celles qui revêtent le dessous du cou, la poitrine et le ventre, où l'on en compte six séries longitudinales.

La région préanale est presqu'entièrement couverte par une plaque carrée, autour de laquelle existent des écailles rhomboïdales de médiocre grandeur.

On observe deux cryptes tubuleux dans chaque aine.

COLORATION. Les individus appartenant à cette espèce qui sont déposés dans nos collections, offrent en dessus une teinte olivâtre. Il règne de chaque côté de leur dos, depuis l'angle de l'occiput jusqu'à la partie latérale de la base de la queue, une belle raie blanche placée entre deux lignes noires; puis certaines parties des côtés du cou et des flancs, celles qui sont revêtues de granules, sont semées de jolies petites taches noires, pupillées de blanc. Les autres régions des parties latérales du cou et du tronc, offrent une teinte bleuâtre à reflets dorés. Il existe une ligne noire entre la narine et l'œil; deux autres de la même couleur, séparées par une raie blanche, s'étendent en long sur la tempe. Le dessous de la tête, celui du cou, la poitrine et le ventre sont du blanc de nacre le plus pur. La queue tantôt est simplement olivâtre, tantôt, au contraire, elle présente une couleur cuivreuse, brillante, ou bien même elle est dorée.

DIMENSIONS. *Longueur totale*, 28" 4'". *Tête*. Long. 1" 4'". *Cou* Long. 7'". *Tronc*. Long. 3" 3'". *Membr. antér.* Long. 1" 8'". *Memb. postér.* Long. 2" 3'". *Queue*. Long. 23".

PATRIE. Le Tachydrome à six raies se trouve en Chine, en Cochinchine et à Java, au moins en possédons-nous des individus étiquetés comme envoyés du premier de ces trois pays, par M. Gernaert; et des deux autres, par M. Diard.

Observations. Nous pouvons assurer que le Tachydrome à quatre raies de Daudin, n'est pas différent de son Tachydrome à six raies. La première de ces deux espèces ayant été établie sur un sujet de notre collection, que nous avons examiné avec soin.

2. LE TACHYDROME JAPONAIS. — *Tachydromus Japonicus*. Nobis.

CARACTÈRES. Plaques pariétales, presqu'aussi larges que longues. Sur le dos, six séries d'écailles rhomboïdales, carénées, distinctement entuilées. Squames ventrales faiblement carénées. Dos d'un vert-olivâtre, avec une raie fauve de chaque côté.

SYNONYMIE. *Lacerta Tachydromoides*. Schlegel, Faun. Japon. Saur. et Batrach. pag. 101, tab. 1, fig. 5, 6, 7.

DESCRIPTION.

FORMES. Cette espèce se distingue de la précédente par sa tête plus courte, plus épaisse; par son museau fort; par sa première plaque palpébrale beaucoup moins pointue en avant; par ses pariétales, qui, au lieu d'être oblongues, sont aussi étendues en largeur qu'en longueur; par son collier sous-collaire plus marqué; par ses écailles cervicales et dorsales, toutes rhomboïdales, plus petites et plus nombreuses, puisqu'elles constituent six rangées longitudinales au lieu de quatre; enfin par ses squames ventrales, qui offrent une carène beaucoup moins prononcée. Les sujets que nous avons examinés ne nous ont pas laissé apercevoir de dents palatines.

REPTILES. 11

Coloration. Le Tachydrome Japonais a ses parties supérieures colorées en fauve-olivâtre, tirant plus ou moins sur le brun-verdâtre, parfois uniformément, d'autres fois avec quelques petites piquetures noires, particulièrement sur le dessus de la base de la queue. Une raie, d'un fauve plus clair que celui qui domine sur le dos, règne tout le long des côtés du corps, depuis le derrière du haut de la tempe jusqu'à l'extrémité du tronc. Il part du bord postéro-inférieur de l'œil une raie blanchâtre, comme lisérée de noir, qui passe sur l'oreille, parcourt le cou, et va se perdre sur le flanc, lequel souvent est d'un brun-olivâtre. Chez certains individus cette raie est ondulée. Il existe un trait noir entre la narine et le bord antérieur de l'orbite. Toutes les parties inférieures présentent une teinte d'un blanc-fauve ou jaunâtre.

Dimensions. *Longueur totale.* 21". *Tête.* Long. 1" 4'". *Cou.* Long. 9'". *Tronc.* Long. 3". 4'". *Memb. antér.* Long. 2" 2'". *Memb. postér.* Long. 3". *Queue.* Long. 15" 3'".

Patrie. Ce petit Lacertien, ainsi que son nom l'indique, est originaire du Japon, où il a été découvert par M. de Siébold. Il paraît que son nom de pays est *Sizè-musi*, et que les Chinois le désignent par celui de *Ché-kiéou-mou*, qui signifie *grande tante du serpent*; c'est du moins ce que nous trouvons consigné dans la Faune du Japon, à l'article consacré à l'histoire de ce Tachydrome. Les individus que nous possédons de cette espèce proviennent du voyage de M. Siébold; ils nous ont été envoyés du musée d'histoire naturelle de Leyde.

XIIᵉ GENRE. TROPIDOSAURE. — *TROPIDO-SAURA* (1) , Boié.

(Algira , Cuvier ; *Psammuros* , Wagler ; *Psammurus* , Wiegmann.)

CARACTÈRES. Langue à base non engaînante, médiocrement longue, échancrée à son extrémité libre, à papilles squamiformes, imbriquées. Palais denté ou non denté. Dents inter-maxillaires simples coniques. Dents maxillaires légèrement comprimées ; les premières simples, les suivantes tricuspides. Narines s'ouvrant chacune dans une seule plaque, la naso-frénale, située sous le sommet du *canthus rostralis*. Des paupières. Une membrane du tympan distincte, tendue en dedans du trou auriculaire. Pas de collier squameux sous le cou, mais un petit repli de la peau devant chaque épaule. Écaillure de la gorge, de la poitrine, du ventre, composée de petites lames minces, lisses, à bord libre arrondi ou subarrondi, imbriquées. Des pores fémoraux. Pattes ayant chacune cinq doigts légèrement comprimés. Queue cyclo-tétragone,

Les Tropidosaures forment un petit genre fort naturel, et par cela même très-facile à distinguer des deux autres composant avec lui le groupe des Cœlodontes Léiodactyles. Effectivement, d'une part, par leur langue squameuse, par leurs pores fémoraux et par l'absence de toute espèce de collier, les Tropidosaures diffèrent des Tachydromes, dont la langue offre des plis papilleux en chevrons, des pores inguinaux seulement, et un collier d'écailles en avant de la poi-

(1) De τροπίς-ιδος, carène, et de σαυρα, Lézard.

trine. D'un autre côté, cette même absence de collier, jointe
à la forme arrondie en arrière, et à la disposition entuilée
de leurs squames ventrales, empêche qu'on ne les confonde
avec le genre si nombreux des Lézards proprement dits,
chez lesquels il existe toujours en travers de la région inférieure du cou un rang de grandes écailles, et sur le ventre
des plaques quadrilatères plus ou moins développées, disposées en quinconce.

Par l'ensemble de leurs formes, par leurs habitudes, les
Tropidosaures tiennent, pour ainsi dire, à la fois des Lézards
et des scinques : comme ceux-ci, ils ont le corps assez étroit
et en apparence arrondi ; ils manquent de collier sous le cou,
et toute l'écaillure de leur région inférieure offre la plus
grande ressemblance avec celle des poissons de la famille
des Cyprins; mais si l'on observe leur tête, on la voit protégée par des pièces squameuses peu différentes, sous le rapport du nombre, de la forme et de la disposition, de celles
du bouclier céphalique des Lézards proprement dits, à plusieurs desquels les Tropidosaures ressemblent également par
leurs écailles dorsales.

La tête des Tropidosaures a la forme d'une pyramide à
quatre faces; leur ventre est plat; leur dos faiblement arqué
en travers, et leurs côtés ou les flancs perpendiculaires, légèrement cintrés en dehors. Tantôt les membres offrent un
développement proportionné à celui des autres parties du
corps; tantôt, au contraire, ils sont extrêmement courts.
Quant à la queue, elle est comparativement beaucoup moins
étendue que celle des Tachydromes. Aux mains, le premier
doigt ou le pouce est très-petit, le second est une fois, et le
troisième et le quatrième deux fois plus longs; le cinquième
se montre un peu plus court que le deuxième. Les quatre
premiers doigts postérieurs sont régulièrement étagés, et le
dernier, attaché fort en arrière sur le tarse, a un peu plus
de longueur que le second.

La langue, médiocrement allongée, rétrécie et divisée
en deux pointes aplaties à son extrémité libre, présente en

arrière deux autres pointes écartées en manière de V, entre lesquelles la glotte se trouve située ; sa surface est garnie de papilles squamiformes, si ce n'est quelquefois sur ses bords et à sa partie postérieure où l'on remarque des plis transversaux légèrement anguleux.

En général, le palais est armé de quelques petites dents à droite et à gauche de son échancrure. On compte une dizaine de dents intermaxillaires coniques, simples, vingt-cinq dents maxillaires supérieures et un égal nombre d'inférieures, de chaque côte. Les dents maxillaires sont droites, peu comprimées, à sommet obtus, et divisé en deux ou trois pointes mousses.

Les narines sont circulaires et percées chacune sous le sommet du *canthus rostralis* dans la plaque naso-rostrale seulement.

La paupière supérieure est fort courte, et l'inférieure, au contraire, très-haute, mais toutes deux sont revêtues d'un pavé de petites squames anguleuses, épaisses, planes.

La membrane du tympan se trouve tendue en dedans de l'ouverture auriculaire, qui est assez grande.

Les plaques qui revêtent le dessus de la tête sont en même nombre, et disposées de la même manière que chez les Tachydromes. Tantôt la naso-frénale est simple, tantôt elle est divisée par son milieu, dans le sens longitudinal de la tête ; il existe toujours une première et une seconde post-naso-frénale. L'une des plaques labiales supérieures, celle qui se trouve placée immédiatement au-dessous de l'œil, est un peu étendue en longueur, et monte jusqu'au bord orbitaire. Quelques plaques quadrilatères sont appliquées contre la marge supérieure de la tempe que garnissent des écailles rhomboïdales ou hexagones inéquilatérales, carénées, parfois entremêlées de squames de différentes grandeurs.

La peau du dessous du cou est parfaitement tendue, et les écailles qui la revêtent sont égales et bien régulièrement disposées, mais il y a un petit repli cutané au devant de chaque épaule.

Des écailles rhomboïdales, carénées, imbriquées, pointues en arrière et fort grandes comparativement à celles de nos Lézards ordinaires, révêtent tout le dessus du corps, y compris les membres et la queue. Elles composent une écaillure supérieure tout à fait semblable à celle des Tropidolepides et des Proctotrètes, genres de la famille des Iguaniens, écaillure qui se montre également chez quelques espèces de Lézards proprement dits, tels que le Moréotique et celui de Fitzinger, ainsi que dans le genre Psammodrome.

Les Tropidosaures sont remarquables en ce qu'ils se trouvent être à peu près les seuls, parmi les Lacertiens, dont les parties inférieures, c'est-à-dire la gorge, le cou, la poitrine, le ventre et le dessous des membres, soient protégés par des écailles absolument semblables à celles qui revêtent les mêmes régions dans la plupart des espèces de Scincoïdiens.

Es granules extrêmement serrés les uns contre les autres garnissent la peau de la face postérieure des cuisses.

Il existe une série de pores tout le long du dessous de la cuisse.

Les scutelles sous-digitales sont lisses, parfois assez épaisses. Elles ne forment qu'un seul rang, elles sont disposées à la manière des tuiles d'un toit.

Les ongles sont médiocrement longs, comprimés, arqués et pointus.

En appelant le genre du présent article Tropidosaure, et non Algire comme Cuvier, ou Psammuros (1) comme Wagler, nous lui restituons son véritable nom, celui sous lequel il a été créé par Boié, dans son Erpétologie de Java, sur un petit Lacertien léiodactyle de ce pays, et publié pour la première fois par Fitzinger dans sa nouvelle classification des Reptiles; car l'ouvrage de Boié, que néanmoins il a été loisible à plusieurs erpétologistes de consulter, est malheureusement, jusqu'ici, demeuré manuscrit. La dénomi-

---

(1) Des mots grecs ψαμμος, sable, et de ουρος, gardien; *custos arenæ.*

nation d'Algire donnée par Cuvier au genre qui nous occupe en ce moment provient d'une erreur que ce savant
naturaliste a commise en refusant de croire avec Fitzinger,
que le *Lacerta Algira* de Linné n'était que spécifiquement
différent du type du genre Tropidosaure de Boié, genre
qui, au contraire, suivant l'auteur du Règne animal aurait
été établi d'après une petite espèce de Saurien de la Cochinchine existant dans notre musée, laquelle est effectivement
très-éloignée du Lézard Algire de Linné.

Grâces à l'aimable obligeance de notre ami, M. Schlegel,
qui a bien voulu nous envoyer de Leyde, en communication, l'exemplaire même d'après lequel Boié a établi son
genre Tropidosaure, nous pouvons aujourd'hui confirmer
ce qui a été dit par Fitzinger en 1826, que ce *Tropidosaura montana* de Boié et le *Lacerta Algira* de Linné sont
génériquement semblables.

Quant au petit Saurien de la Cochinchine, considéré à
tort par Cuvier comme étant le type du genre Tropidosaure,
c'est une espèce de la famille des Scincoïdiens (notre *Tropidophorus Cocincinus*), par conséquent fort différente des
Léposomes de Spix, qui sont des Iguaniens Pleurodontes,
espèce à laquelle Cuvier avait pourtant réuni, comme ne
devant pas former un autre genre, son prétendu Tropidosaure de la Cochinchine.

Voici un tableau synoptique dans lequel sont indiquées les
principales différences que présentent les trois espèces qui
appartiennent au genre Tropidosaure. Le docteur Smith en
possède une quatrième qu'il fera connaître prochainement
dans sa Faune du Cap, sous le nom de *Tropidosaura
Dumerilii*.

TABLEAU SYNOPTIQUE DES ESPÈCES DU GENRE TROPIDOSAURE.

Squames ventrales formant des séries au nombre de	six : pores fémoraux au	moins quinze.	1. T. ALGIRE.
		plus sept. . .	3. T. MONTAGNARD.
	dix. . . , ...		2. T. DU CAP.

1. LE TROPIDOSAURE ALGIRE. *Tropidosaura Algira.* Fitzinger.

CARACTÈRES. Plaque naso-frénale simple. Des squames mêlées aux écailles des tempes. Membres postérieurs longs. Quinze à dix-huit pores fémoraux. Région dorsale fauve ou cuivreuse uniformément.

SYNONYMIE ? *Zermoumeah.* Shaw. Voy. en Barb. et dans le Lev. pag. 324.

Lacerta Algira. Linn. Syst. nat. édit. 10, pag. 203 ; et édit. 12, pag. 363.

L'Algire. Daud. Diction. des Anim. quadr. ovip. et des Serp. pag. 588.

L'Algire. Lacép. Quad. ovip. tom. I, pag. 367.

Lacerta Algira. Gmel. Syst. nat. Linn. pag. 1073.

Der Algirer. Müller, natur. syst. tom. 3, pag. 93, n° 16.

Der Algirer. Borowsk. Thierreich. tom. 4, pag. 53, n° 15.

Die Barbarische Eidechse. Suckow, Naturgesch. tom. 3. p. 130, n° 46.

Le Lézard Algire. Bonnat. Erpet. Encyclop. méthod. pag. 50, n° 32.

Ameiva Algira. Meyer, Synops. Rept. pag. 29, n° 8.

Lacerta Algira. Donnd. zool. Beytr. tom. 3, pag. 117, n° 16.

Der Algirer. Bechts. Naturgesch. der Amph. tom. 2, pag. 94.

Algerine Lizard. Shaw, Gener. zoolog. tom. 3, pars 1, pag. 251.

Scincus Algira. Latr. Hist. Rept. tom. 2, pag. 73.

Scincus Algira. Daud. Hist. Rept. tom. 4, pag. 269.

Lacerta Algira. Merr. Tent. Syst. amph. pag. 67, n° 17.

Tropidosaura Algira. Fitzing. Verzeichn. der Zoolog. Mus. zu Wien, pag. 52.

Algira (Lacerta Algira, Linn.). Cuv. Règn. anim. 2e édit. tom. 2, pag. 31.

Algira barbarica. Cuv. Collect. Mus. Par.

Algira barbarica. Guer. Icon. Règn. anim. Cuv. Rept. tab. 5, fig. 2.

Psammuros (Lacerta Algira, Linn.). Wagl. Syst. amph. pag. 156.

Algira (Lacerta Algira, Linn.). In Griffith's Anim. kingd. Cuv. tom. 9, pag. 117.

Common Algira. Gray, Synops. Rept. in Griffith's Anim. kingd. tom. 9, pag. 35.

Psammurus Algira. Wiegm. Herpet. mexic. pars 1, pag. 11.

Algira barbarica. Gerv. Enumer. Rept. Barbar. Ann. sc. nat. nouv. sér. tom. 6, pag 309.

DESCRIPTION.

Formes. La tête représente assez régulièrement une pyramide à quatre faces. Elle est cependant un peu déprimée ; elle offre, en longueur totale, presque le double de sa largeur postérieure.

Les pattes de devant, placées le long du cou, n'atteignent pas tout à fait le bout du museau ; les membres postérieurs, couchés le long des flancs, s'étendent jusqu'aux aisselles.

La queue est une fois et demie plus étendue que le reste du corps.

La plaque rostrale présente cinq côtés, dont les deux supérieurs, assez grands, forment un angle obtus ; les latéraux sont petits et perpendiculaires ; l'inférieur, ou celui qui borde la lèvre est fort étendu. Les naso-rostrales sont sub-rhomboïdales. L'inter-naso-rostrale représente un losange régulier, dont les deux angles latéraux sont tronqués à leur sommet. Les fronto-nasales ressemblent à peu près à des triangles équilatéraux ; la frontale est hexagone, rétrécie en arrière, où elle offre, ainsi qu'en avant, deux petits bords ; tandis qu'elle est fort allongée de chaque côté. Les fronto-pariétales sont pentagones, inéquilatérales ; les pariétales grandes, un peu oblongues ; mais l'inter-pariétale et l'occipitale, dont le diamètre est fort petit, sont : la première sub-losangique, la seconde triangulaire, et placées l'une après l'autre entre les pariétales ; l'inter-pariétale touchant aux fronto-pariétales, l'occipitale concourant avec les pariétales à former le bord postérieur du bouclier céphalique. La naso-frénale, de figure trapézoïde, est simple, ou accidentellement divisée en deux dans le sens longitudinal de la tête, et cela quelquefois d'un seul côté. La première post-naso-frénale est rhomboïdale et moins grande que la seconde, dont la forme est à peu près semblable, mais avec un petit talon en arrière, vers le milieu de sa hauteur. Chez certains individus, ces deux plaques post-naso-frénales sont si intimement soudées ensemble, qu'on n'aperçoit pas la moindre trace de suture.

Il y a sept plaques labiales supérieures : les trois premières sont carrées ; la quatrième est trapézoïde ; la cinquième hexagone, inéquilatérale, fort longue ; la sixième sub-rhomboïdale, oblongue, de même que la septième, quoique un peu plus développée. Au nombre de six, les plaques labiales inférieures sont toutes sub-rhomboïdales oblongues.

Les squames des tempes sont très-inégales, c'est-à-dire que parmi elles on en remarque de très-petites, de moyennes et de fort grandes, qui ressemblent à des plaques ; ces dernières sont lisses, tandis que les autres sont renflées longitudinalement ; leur forme est celle d'un rhombe. Il existe une plaque mentonnière simple, et quatre paires de plaques sous-maxillaires, allant toujours en augmentant graduellement de grandeur jusqu'à la dernière.

Le cou et le tronc en dessus et latéralement, la face supérieure des membres et la queue tout entière, sont revêtus d'écailles rhomboïdales, très-imbriquées, pointues en arrière, surmontées d'une carène bien prononcée. Sur les côtés du cou elles sont assez petites, un peu plus grandes sur sa partie supérieure, et plus développées encore sur la région dorsale et les flancs. On en compte vingt-cinq séries longitudinales environ, en travers du dessus du tronc, depuis un bord du ventre jusqu'à l'autre. Toute la région inférieure du corps est protégée par des écailles rhomboïdales, plates, lisses, plus ou moins arrondies à leur bord libre ; celles qui garnissent le ventre, en particulier, sont disposées sur six séries longitudinales. Les aisselles et les parties postérieures des cuisses offrent des petits granules. Les écailles du dessous de la queue sont plus étroites que celles du dessus.

On compte quinze à dix-huit pores fémoraux de chaque côté ; ces pores, situés sur le sommet d'une sorte de pincement que la peau offre en cet endroit, sont entourés chacun de trois écailles, dont une est moins petite que les deux autres. Une grande plaque pentagone, à surface unie, couvre presqu'à elle seule la région préanale.

COLORATION. Le Tropidosaure Algire a ses parties supérieures et le haut des flancs d'un fauve brun ou cuivreux, glacé d'or ou de vert doré, souvent très-éclatant, lorsque les sujets sont adultes. Quatre raies d'un jaune-blanchâtre doré, deux à gauche, deux à droite, s'étendent, l'une depuis l'angle de l'occiput jusque sur le côté de la queue, l'autre depuis la commissure des lèvres jusque dans l'aine. Parfois ces raies offrent quelques petites taches noirâtres sur divers points de leur étendue.

Les tempes, sur lesquelles règne la même couleur que sur le dos, portent chacune une raie longitudinale d'un jaune doré, On remarque presque toujours un petit semis de gouttelettes bleues irrégulièrement entourées de noir, sur la région qui avoisine l'aisselle. Ce Saurien présente en dessous une couleur blanchâtre à reflets dorés, irisés de vert.

DIMENSIONS. *Longueur totale.* 25". *Tête.* Long. 2". *Cou.* Long. 1". *Tronc.* Long. 4". *Memb. antér.* Long. 2" 3"'. *Memb. postér.* Long. 3" 7"'. *Queue.* Long. 18".

PATRIE. Cette espèce paraît habiter une grande partie des côtes d'Afrique que baigne la Méditerranée. On la trouve également en Espagne et jusque dans nos Pyrénées, où elle a été observée par M. Rambur. La plupart des individus, que renferme notre musée, ont été envoyés de l'Algérie par MM. Steinhel, Guyon et Gérard.

2. TROPIDOSAURE DU CAP. *Tropidosaura Capensis.* Nobis.

CARACTÈRES. Dix à trente pores fémoraux. Dessus du corps d'un jaune-rougeâtre, avec deux ou trois rangées de taches noires distinctes les unes des autres, ou formant des raies continues.

SYNONYMIE. *Algira Capensis*, Smith. Magaz. of natur. Hist. of Charlesworth (new series), tom. 2, pag. 94.

DESCRIPTION.

FORMES. Cette espèce, dont le docteur Smith a publié une courte description dans le Magasin anglais d'histoire naturelle, dirigé par Charlesworth, semble se distinguer de la précédente par plusieurs caractères faciles à saisir. Ainsi ses plaques céphaliques, au lieu d'être lisses, offrent une surface rugueuse et creusée de sillons; la frontale, en particulier, est concave à sa partie antérieure, et parcourue longitudinalement par une gouttière qui s'étend jusqu'au bout du museau. Chaque cuisse n'est percée que de dix à treize pores, et ses squames abdominales forment environ dix séries longitudinales.

COLORATION. Une teinte d'un jaune-rougeâtre règne sur les parties supérieures du corps qui présentent deux ou trois raies noires continues ou composées d'une suite de lignes ou de taches, parmi lesquelles on en remarque plusieurs qui sont entourées d'un cercle blanc plus ou moins complet. Il y a, le long de chaque flanc, une ou deux rangées de taches blanches constituant parfois deux bandes non interrompues, dont une, l'inférieure, lorsqu'elle existe toutefois, s'étend jusque sur la tempe. Des taches noires se voient, sur la portion de la queue qui est la plus rapprochée du tronc, dont le dessous, ainsi que celui des membres, du cou et de la queue, sont d'un blanc jaunâtre.

DIMENSIONS. *Longueur totale*. 13 à 33 centimètres.

PATRIE. Cette espèce de Tropidosaure habite les environs du cap de Bonne-Espérance.

3. LE TROPIDOSAURE MONTAGNARD. *Tropidosaura montana.* Boié.

CARACTÈRES. Plaque naso-frénale double. Squames des tempes petites, égales. Membres postérieurs courts. Six ou sept pores sous chaque cuisse. Région dorsale brune, offrant une raie médio-longitudinale noire.

SYNONYMIE. *Tropidosaura montana.* Boié, Erpet. Jav. manusc.

DESCRIPTION.

FORMES. Cette espèce se distingue du Tropidosaure Algire, 1° par une plaque naso-frénale double; 2° par des squames temporales égales, hexagones, inéquilatérales, carénées; 3° par des pattes beaucoup plus courtes; c'est-à-dire que, portées en avant, les antérieures ne dépassent pas l'orbite, et les postérieures arrivent à peine jusqu'à la moitié de la longueur des flancs; 4° par un moindre nombre de pores fémoraux, dont il n'y a que six ou sept de chaque côté; 5o enfin par des scutelles préanales plus nombreuses.

COLORATION. Le Tropidosaure montagnard est en dessous d'un olivâtre-brun, offrant parfois un reflet cuivreux ou doré. Une raie, qui semble être produite par une suite de petites taches noires, parcourt la région moyenne du cou et du dos. Celui-ci présente à droite et à gauche une ligne blanchâtre qui prend naissance à

l'angle de l'occiput, et va se perdre assez loin sur la partie latérale de la queue. Une autre ligne blanchâtre commence sur la
lèvre supérieure, passe sur la région inférieure de l'oreille, s'é-
tend le long du bas du cou et du haut du flanc, et va se terminer
sur le devant de la patte postérieure. Ces lignes blanchâtres sont
bordées de petites taches noires anguleuses. Une suite de points
blanchâtres se fait remarquer de chaque côté de la queue. Les
régions inférieures sont uniformément d'un blanc-bleuâtre, parfois glacé d'or; ou bien marquées, sur ce fond de couleur, de
nombreuses petites taches noires distribuées une par une sur chaque écaille.

DIMENSIONS. *Longueur totale.* 13" 9'''. *Tête.* Long. 1" 2''', *Cou.*
Long. 1" 4'''. *Tronc.* Long. 3" 8'''. *Memb. antér.* Long. 1" 4'''.
Memb. postér. Long. 2". *Queue.* Long. 8".

PATRIE. Cette espèce est originaire de Java d'où le musée de
Leyde en a reçu, par les soins de MM. Kuhl et Van-Hasselt, un
individu d'après lequel le genre Tropidosaure a été établi par
Boié.

Observations. Nous-mêmes, nous avons été assez heureux pour
avoir cet exemplaire à notre disposition, grâces à l'obligeance de
MM. Temminck et Schlegel, et c'est sur lui et sur un second,
que nous tenons de MM. Verreaux frères, que la description qui
précède a été rédigée.

XIII⁰ GENRE. LÉZARD. — *LACERTA* (1).

(*Lacerta*, part. Linné ; *Seps,* part. Laurenti ; *Lacerta*,
Cuvier, Gray ; *Lacerta*, *Zootoca*, *Podarcis*, part.
Wagler, Wiegmann, Ch. Bonaparte, *Notopholis*,
part. Wiegmann ; *Algiroides*, Bibron et Bory de
Saint-Vincent.)

CARACTÈRES. Langue à base non engaînante, médiocrement longue, échancrée au bout, couverte de papilles squamiformes, imbriquées. Palais denté ou non
denté. Dents intermaxillaires coniques, simples ; dents
maxillaires un peu comprimées, droites ; les premières
simples, les suivantes obtusément tricuspides. Narines
s'ouvrant latéralement sous le sommet du *Canthus
rostralis*, dans une seule plaque, la naso-frénale, qui
n'est pas renflée. Des paupières. Membrane du tympan distincte, tendue en dedans du trou auriculaire.
Un collier squameux sous le cou. Ventre garni de
scutelles quadrilatères, plates, lisses, en quinconce.
Des pores fémoraux. Pattes terminées chacune par
cinq doigts légèrement comprimés. Queue conique
ou cyclotétragone.

Les Lézards proprement dits ayant des papilles linguales
squamiformes, et toute l'étendue du dessous de la cuisse
parcourue par une ligne de pores, se distinguent nettement
des Tachydromes chez lesquels la surface de la langue offre des plis en chevrons, et dont les aines seules sont per-

---

(1) Nous avons donné l'étymologie de ce nom dans ce présent
volume, page 6.

cées de quelques pores tubuleux ; d'un autre côté on ne peut pas non plus les confondre avec les Tropidosaures, sous le col desquels il n'existe point de pli transversal bordé de grandes écailles et qui, au lieu d'avoir sur la région abdominale des plaques quadrilatères élargies, disposées en quinconce, présentent des squames rhomboïdales très-imbriquées.

Les espèces appartenant au genre Lézard, quoique en général fort sveltes et élancées, ne le sont cependant pas toutes au même degré. Il en est aussi quelques-unes dont l'étendue des membres et de la queue n'est pas proportionnée à la longueur du tronc, ainsi que cela s'observe chez le Lézard de Delalande, par exemple, qui a les pattes excessivement courtes et la queue très-alongée.

La langue, plate, assez élargie, légèrement en fer de flèche en arrière, présente à son extrémité libre, qui est rétrécie, une échancrure anguleuse plus ou moins profonde. Elle est beaucoup moins longue et moins extensible que chez les Ameivas, et sa base n'est nullement engaînante. En dessus, ses bords postérieurs et latéraux offrent des papilles simulant de petits plis obliques ; mais sur le reste de sa surface, on en voit de rhomboïdales, imbriquées ayant tout à fait l'apparence d'écailles. Dans certaines espèces, ces papilles squammiformes sont assez molles et denticulées ou laciniées à leur bord libre.

Chez les Lézards, comme chez les autres Lacertiens Cœlodontes, il y a deux sortes de dents, celles qui sont simples coniques et peut-être un peu courbées, telles que les intermaxillaires, au nombre de huit à dix, et celles qui sont droites, un peu comprimées et divisées à leur sommet en deux ou trois pointes ; c'est-à-dire les maxillaires dont on peut compter trente à trente-six de chaque côté en haut, et trente-six à quarante également de chaque côté, en bas. Quant aux dents palatines, l'existence n'en est pas constante, non-seulement dans toutes les espèces, mais même chez des individus spécifiquement semblables, ainsi que nous avons pu en acquérir la certitude en examinant un très-grand nombre d'exemplaires du Lézard des murailles.

Les ouvertures externes des narines sont latérales, médiocres, ovalaires, pratiquées chacune au bas et tout près du bord postérieur de la plaque naso-rostrale.

L'œil est protégé par deux paupières dont une, l'inférieure, est beaucoup plus développée que l'autre; et dans quelque cas transparente, c'est-à-dire présentant au milieu un disque formé d'une écaille extrêmement mince, au travers de laquelle l'animal doit certainement pouvoir discerner les objets qui l'environnent.

L'oreille se manifeste au dehors par un orifice irrégulièrement vertico-ovalaire, en dedans duquel on distingue la membrane du tympan.

La tête, rarement très-déprimée, a la forme d'une pyramide quadrangulaire, à sommet plus ou moins obtus.

Les membres, dont la longueur varie, souvent même chez des sujets appartenant à la même espèce, se terminent chacun par cinq doigts inégaux subcylindriques ou très-faiblement comprimés offrant un léger renflement à chaque articulation. Parmi ceux de devant, le pouce est le plus court; après lui vient le cinquième, puis le deuxième, ensuite le troisième et le quatrième, qui sont à peu près de même longueur. Les quatre premiers doigts des pieds sont régulièrement étagés; le cinquième étendu en avant ne dépasse pas le deuxième. Les ongles sont courts, mais assez crochus et acérés.

La queue, plus souvent cyclotétragone que parfaitement arrondie, est deux, trois et même quatre fois plus longue que le reste de l'animal.

La face supérieure de la tête des Lézards forme une sorte de bouclier osseux qui s'étend jusque sur les yeux, et que revêtent des plaques cornées au nombre de seize ou dix-sept : une rostrale, deux naso-rostrales, une inter-naso-rostrale, deux fronto-naso-rostra'es, une frontale, deux palpébrales, antérieures, deux palpébrales postérieures de chaque côté, deux pariétales, une inter-pariétale et le plus ordinairement une occipitale. Ces différentes plaques céphaliques, à l'exception de la dernière, présentent, à quelques légères modifications près, la même forme, la même grandeur relative et par conséquent les mêmes connexions dans toutes les espèces.

La rostrale, généralement plus étendue dans le sens transversal que dans le sens médian du museau, présente cinq côtés, deux petits latéralement, un grand en bas et deux moyens en haut, ces deux derniers formant un angle obtus qui touche par son sommet à la suture des deux naso-rostrales, entre lesquelles il s'avance quelquefois pour se souder avec l'inter-naso-rostrale, qui, elle-même, placée le plus ordinairement au devant des fronto-naso-rostrales, les écarte aussi parfois pour se mettre en rapport avec la frontale. Il est bon de remarquer que les différences offertes par ces plaques dans leurs connexions, ne sont pas spécifiques, car on les observe chez des sujets bien évidemment de la même espèce. L'inter-naso-rostrale, bien qu'affectant toujours une figure en losange, a cinq à huit côtés. Les naso-rostrales, dont il n'y a qu'une seule de chaque coté, sont petites, triangulaires, rabattues en partie sur les régions frénales. Les fronto-naso-rostrales oblongues, pentagones ou hexagones, approchent cependant plus ou moins de la forme triangulaire. La frontale est allongée, hexagone et faiblement rétrécie en arrière. On compte cinq, six et même sept pans à chacune des fronto-pariétales qui néanmoins ressemblent assez à des plaques trigones. Quadrangulaire ou pentagone, courte ou oblongue, l'inter-pariétale se montre accidentellement partagée en deux dans le sens transversal de la tête, observation qui a été également faite à l'égard de la plaque occipitale qui peut être ou très-grande ou fort petite, ou bien même ne pas exister du tout, cas qui est fort rare et toujours accidentel. Les pariétales sont les plus grandes de toutes les plaques du bouclier sus-cranien qu'elles terminent en arrière, ayant toujours entre elles l'inter-pariétale, à la suite

de laquelle se trouve placée l'occipitale. Il ne nous reste plus,
pour terminer la description des lames cornées composant ce
bouclier sus-cranien, qu'à parler des palpébrales ou sus-
oculaires comme nous les appelons aussi quelquefois ; au
nombre de quatre à droite et de quatre à gauche, placées les
unes derrière les autres, elles constituent au-dessus de
chaque œil un disque ovale plus ou moins régulier, plus
ou moins allongé, le long du bord externe duquel on observe un cordon de petits granules. La p emière et la
dernière de ces quatre plaques palpébrales sont toujours
fort petites, tandis que les deux médianes sont deux,
trois, quatre et même cinq fois plus dilatées ; leur figure est
généralement trapézoïde.

Les plaques qui protégent les parties latérales du museau
ou les régions frénales ne méritent pas moins que les suscraniennes d'être étudiées avec soin, attendu qu'elles présentent, suivant les espèces, des différences dont on peut tirer
d'excellents caractères distinctifs. On n'en compte jamais
moins de trois, ni plus de quatre, que nous désignerons par
des noms qui indiquent leur situation ; ainsi l'une est appelée fréno-oculaire ou anté-oculaire, parce qu'elle est la plus
voisine de l'œil, une post-naso-frénale parce qu'elle suit
immédiatement la seule ou quelquefois les deux que leur
connexion avec la plaque dans laquelle est percée la narine,
nous a fait appeler naso-frénale ; comme lorsqu'il existe deux
naso-frénales, elles se trouvent toujours superposées ou
placées l'une au-dessus de l'autre, on les distingue en naso-
frénale inférieure et en naso-frénale supérieure. Pour ce
qui est de la figure et de la grandeur relative de ces plaques,
il en sera fait mention dans la description de chacune des
espèces en particulier ; toutefois nous pouvons dès à présent
dire que l'anté-oculaire offre presque toujours à elle seule
une surface plus étendue que les deux ou trois autres plaques frénales prises ensemble.

Les plaques labiales se ressemblent chez toutes les espèces ; les inférieures, dont on compte très-rarement plus

de six de chaque côté, sont subégales et moins grandes que
les supérieures, au nombre de sept ou huit également de
chaque côté : celles-là, pentagones, sont plus ou moins
oblongues, à l'exception de la première ; celles-ci inégales,
se montrent, les trois premières quadrangulaires, soit équilatérales, soit un peu plus hautes que larges, soit légèrement rétrécies par en haut, la quatrième trapézoïde, la
cinquième pentagone dilatée longitudinalement, ayant un
bord oblique en avant, un bord droit en bas, un autre bord
droit en haut, lequel touche à l'orbite, et deux bords en
arrière formant un angle obtus, enfin la sixième et les suivantes, courtes, irrégulièrement rhomboïdales ou pentagones ou hexagones. La mentonnière est simple et à cinq
pans. Les sous-maxillaires sont très-développées, puisqu'elles couvrent complétement les deux branches de la
mâchoire, sur chacune desquelles on en compte quatre, cinq
et même six.

Telles espèces de Lézards, et c'est le cas le plus ordinaire,
ont les tempes revêtues de petites écailles plates ou granuleuses ; d'autres offrent au milieu de ces petites écailles
une plaque circulaire appelée disque massetérin par M. Milne
Edwards ; puis il en est chez lesquelles ces parties latérales
et postérieures de la tête sont garnies de squames de différentes grandeurs, ou bien dont le diamètre est à peu près
le même ; mais presque généralement on voit appliquées
deux ou trois petites plaques quadrilatères oblongues contre
le bord supérieur de la région temporale, et l'on remarque
de plus une assez grande squame ovalaire située d'une
manière oblique au devant et au haut de la marge antérieure de l'oreille.

Le cou offre à peu près la même grosseur que la portion
du tronc à laquelle il est joint ; il se montre, ou aussi étendu,
ou un peu plus court que la tête. On remarque le long de
chacune de ses parties latérales quelques lignes saillantes
qui semblent être le résultat de pincements qu'on aurait fait
subir à la peau ; l'une de ces lignes est toujours plus pro-

12.

noncée que les autres, c'est celle qui s'étend de l'épaule à l'oreille, sur le bord postérieur de laquelle la peau forme très-souvent une sorte de bourrelet. Presque toutes les espèces de Lézards laissent voir en travers de la gorge, environ au niveau des oreilles, une ou deux séries d'écailles plus petites que les autres, et placées au fond d'un léger enfoncement, qu'on nomme le sillon gulaire. Sous le cou, immédiatement au devant du thorax, il existe un repli de la peau rabattu en arrière, dont le dessous est garni de fort petites écailles ou de granules très-fins, tandis qu'en dessus il porte des lamelles fort minces plus ou moins développées, disposées sur une seule rangée constituant ce que l'on désigne par le nom de collier, inférieur ou sous-collaire. Les écailles qui précèdent ce collier, tant sur la région inférieure du cou que sur la gorge, sont généralement petites, plates, lisses et imbriquées.

Tous les Lézards ont la face inférieure du tronc entièrement revêtue de plaques ou de lames minces; sur la poitrine, elles sont parfaitement lisses, distinctement imbriquées et disposées par rangées transversales dans chacune desquelles le nombre diminue graduellement de devant en arrière, de telle sorte que l'ensemble de ces lames pectorales représente à peu près une figure triangulaire; celles de la région abdominale, excessivement peu ou point entuilées, la plupart quadrilatères, constituent des séries longitudinales régulières, parallèles, au nombre de six à quatorze dont les extrémités antérieures des deux médianes, très-souvent plus étroites que les autres, s'écartent de manière à enclaver une portion du triangle pectoral que nous avons mentionné tout à l'heure.

Voici ce qu'on remarque quant à l'écaillure des parties supérieures et latérales du tronc : tantôt les pièces qui la composent, sur le dos comme sur les flancs, sont rhomboïdales, carénées et très-imbriquées; tantôt celles d'entre elles qui garnissent la région dorsale sont hexagones oblongues, étroites, en dos d'âne et juxtaposées, au lieu que sur les flancs on en voit de plates, imbriquées, présentant une forme rhomboïdo-ovalaire; tantôt enfin, en dessus et latéralement, le corps est couvert d'écailles circulaires, ordinairement très-petites, disposées en pavé et dont la surface est plate, ou plus ou moins renflée. En général l'écaillure cervicale est la même que la dorsale.

Le devant des bras et des cuisses, ainsi que le dessous des jambes, est revêtu de squames imbriquées, généralement dilatées en travers. D'assez grandes écailles en losanges, lisses, entuilées, garnissent la face inférieure des cuisses, mais partout ailleurs les membres se trouvent couverts de petites écailles plus ou moins granuleuses, excepté cependant sur les doigts que protégent de petites scutelles quadrilatères, imbriquées, à angles arrondis.

Une longue suite de pores règne sous chaque cuisse, ils se trouvent percés au centre d'une plaque unique formant souvent une sorte de petit tube. Le nombre en est très-variable d'espèce à espèce, d'individu à individu; il n'est même pas rare de rencontrer des sujets chez lesquels on en peut compter un, deux et trois de plus d'un côté que de l'autre.

Parmi les écailles qui couvrent la région préanale, on en remarque toujours au moins une qui est plus dilatée que les autres; elle se trouve située sur la ligne médiane, au bord même de l'orifice du cloaque.

Autour de la queue, il existe des verticilles d'écailles allongées, étroites, quadrilatères ou hexagones, surmontées longitudinalement d'une carène dirigée tantôt en ligne droite, tantôt d'une manière oblique.

L'histoire de ce genre présente beaucoup de difficultés aujourd'hui, parce que Linné y avait inscrit, dans le *Systema naturæ*, presque toutes les espèces de Sauriens, à l'exception des genres *Draco* et *Chamœleon*. Bientôt on en sépara successivement presque toutes les espèces les plus notables, et c'est ce que fit Gmelin en donnant à ces groupes génériques les noms de sections. Enfin il n'est resté réellement dans ce genre que les espèces dont le cou est garni en dessous d'un collier ou d'une rangée d'écailles plus grandes, régulièrement distribuées en travers, comme un rang de perles au-dessus d'un pli semi-circulaire de la peau que ces écailles recouvrent et dont le fond est garni de tubercules arrondis ou de petites granulations.

Laurenti excepté, tous les erpétologistes qui ont successivement contribué au démembrement du grand genre *Lacerta* de Linné, en ont affecté la dénomination au groupe générique dans lequel chacun d'eux, suivant sa manière de voir, plaçait nos Lézards indigènes, groupe que le célèbre auteur du *Synopsis Reptilium* a désigné par le nom de *Seps*. Ce genre *Seps* de Laurenti, dont l'ouvrage parut en 1768, deux années après la publication de la douzième édition du *Systema naturæ*, comprend, à part quelques scinques, des espèces on ne peut plus heureusement rapprochées les unes des autres, tels qu'un Sauvegarde, des Cnémidophores et des Améivas.

Quoique écrite vingt ans plus tard, l'histoire des quadrupèdes ovipares de Lacépède nous montre le genre Lézard composé à peu près de la même manière que dans le *Systema naturæ*; c'est-à-dire de tous les repti es à quatre pattes sans carapace, pourvus d'une queue, de sorte que les Salamandres et les Tritons eux-mêmes, qui en avaient été éloignés par Laurenti, s'y trouvent compris de nouveau.

Brongniart, dans son essai d'une classification des Reptiles, ayant exclu du genre Lézard toutes les espèces de Sauriens n'offrant ni la langue rétractile et fourchue, ni le pénis double, ni cinq doigts inégaux à chaque patte, ni la face inférieure du corps revêtue de plaques, le circonscrivit naturellement aux Lézards proprement dits, aux Tupinambis, aux Sauvegardes et aux Tachydromes.

Daudin, tout en établissant son genre Lézard d'après des principes peu différents de ceux employés par l'auteur précédent, en sépara toutefois ce qu'il nomme les Tupinambis (Varans, Sauvegardes et Crocodilures) et les Tachydromes, et laissa encore réunis les vrais lézards, les Améivas, les Cnémidophores, les Teyous, les Centropyx, en un mot, à l'exception de la Dragonne, tous les Lacertiens Pléodontes et Cœlodontes connus à cette époque.

Les limites du genre *Lacerta* deviennent bien plus étroites dans la classification d'Oppel, qui, sous ce nom génériqu ne comprend plus que les vrais Lézards, les Améivas et Centropyx, c'est-à-dire les espèces ayant de grandes plaqu sur la tête, un collier sous le cou, une queue arrondie des écailles latérales égales entre elles.

Puis en 1817, paraît la première édition du Règne anima dans laquelle Cuvier éloignant du genre Lézard les Améivas et les Centropyx, le restreint aux seules espèces dont les os du crâne s'avancent sur les tempes et sur les orbites, dont le dessous du cou offre un collier composé d'une rangée de larges écailles, séparées de celles du ventre par un espace où il n'y en a que de petites comme sous la gorge, et dont le palais est armé de deux rangées de dents, caractère que Cuvier a donné un peu légèrement, car il aurait pu facilement vérifier que tous les Lézards proprement dits, n'ont pas le palais denté, et qu'il est plusieurs Améivas, au contraire, chez lesquels il existe des dents palatines.

Toutefois le genre Lézard de Cuvier, qu'il a reproduit de la même manière dans la seconde édition du Règne animal, n'en demeure pas moins le plus naturel de tous ceux qui ont été proposés, même après lui.

Merrem, par exemple, en rappelant dans le genre Lézard, les espèces que Cuvier en avait évincées, et en y introduisant une foule d'autres qui ne lui étaient connus que par les figures de l'ouvrage de Séba, a composé le groupe le plus hétérogène qui puisse exister.

Six ans plus tard, Fitzinger fit beaucoup mieux en n'admettant dans son genre *Lacerta*, que les Lézards proprement dits, et une partie de Cœlodontes pristidactyles, qu'il en a dans ces derniers temps avec raison, séparés pour en former les genres Érémias, Scapteire et Acanthodactyle, dont les caractères communiqués à Wiegmann ont été nubliés par ce dernier dans la première partie de son *Herpe-tologia mexicana.*

Wagler a cru devoir partager les Lézards proprement dits de Cuvier, en trois différents genres; mais ils ne peuvent pas raisonnablement être admis dans la science; attendu qu'une partie des caractères sur lesquels ils reposent sont tirés de différences qui n'existent réellement pas, et que les autres sont de trop peu de valeur; c'est-à-dire tout au plus propres à faire distinguer une espèce d'une autre espèce.

Ces trois genres nommés *Lacerta*, *Zootoca* et *Podarcis* sont caractérisés de la manière suivante :

Lacerta. Narines percées, chacune immédiatement sous le sommet du *canthus rostralis*, dans une plaque unique, tout près de son bord postéro-inférieur; régions susorbi-taires osseuses; tempes couvertes de plaques; plaques abdo-minales, rhomboïdales; celles de la poitrine polygones, les unes et les autres juxta-posées, lisses; écailles dorsales ho-mogènes, polygono-orbiculaires, obtusément carénées; queue arrondie, garnie d'écailles oblongues, hexagones, carénées et verticillées; un collier; des dents palatines.

Zootoca. Narines, régions suborbitaires, écaillure du ventre et de la queue semblables à celles du genre *Lacerta*; tempes garnies de petites écailles juxta-posées; écailles du dos un peu allongées, distinctement hexagones, obtusé-ment carénées; un collier; pas de dents palatines.

Podarcis. Narines ouvertes de chaque côté, au sommet du *canthus rostralis* entre trois plaques, au-dessus de la première labiale; tempes semblables à celles du genre *Zoo-toca*; le reste de l'écaillure de même que chez les *Lacertæ*; un collier; pas de dents palatines.

Le résumé de ces trois diagnoses est celui-ci : les *Podarces* diffèrent des *Lacertæ*, parce qu'ils manquent de dents pa-latines, parce que leurs tempes sont garnies d'écailles et non de plaques, parce que leurs narines sont percées entre trois plaques, au lieu de l'être dans une seule; c'est aussi par l'absence de dents au palais qu'ils se distinguent des *Zoo-*

tocæ, puis, parce que leurs écailles dorsales sont polygono-orbiculaires, et non un peu allongées et distinctement hexa-gones. Quant à la différence existante entre le genre *Zootoca* et le genre *Lacerta*, elle consiste en ce que celui-là n'a pas comme celui-ci le palais armé de dents, ni les tempes gar-nies de plaques, mais de squamelles, ni d'écailles dorsales polygono-orbiculaires, mais un peu allongées et distincte-ment hexagones.

Maintenant, il reste à savoir si tout ceci est basé sur des observations exactes et précises. Ce que nous pouvons assu-rer, c'est que l'espèce type du genre *Podarcis*, la *Lacerta muralis*, n'a pas les narines différemment percées que les *Lacertæ*, et que son palais est armé ou non armé de dents suivant les individus, ce qui réduit naturellement les pré-tendus caractères génériques de ce *Podarcis muralis*, à ce-lui d'avoir les tempes garnies d'écailles au lieu de plaques; encore cela n'est-il pas rigoureusement vrai, car ces régions latérales de la tête offrent chacune une grande écaille circu-laire, qu'on nomme disque massétérin. D'après cela, il est évident que le *Podarcis muralis* ne peut pas être séparé des vrais Lézards, et c'est avec intention que nous dési-gnons le *Podarcis muralis* seulement, et non le genre *Po-darcis* en entier ; attendu que toutes les autres espèces que Wagler y rapporte, sans que pour cela les caractères qu'il lui a assignés, sauf celui tiré de la situation des narines, leur conviennent mieux qu'au *Podarcis muralis*, s'éloignent, au contraire, du genre *Lacerta* et du genre *Zootoca* du savant erpétologiste allemand ; car ce sont des Lacertiens pristidactyles parmi lesquels Fitzinger a établi les genres Eremias, Scapteire et Acanthodactyle.

Examinons maintenant si c'est avec plus de raison que Wagler a établi le genre *Zootoca* aux dépens du genre *La-certa*; nous ne le pensons pas, car en quoi diffère-t-il réel-lement du second? par son écaillure temporale : mais cela n'est pas exact, attendu que les tempes du Lézard vivipare de Jacquin, type du genre *Zootoca*, sont recouvertes de plaques, comme celles des Lézards de Wagler. Par ses écailles dorsales ? Cela n'est pas plus vrai, puisque deux des trois espèces que Wag'er range dans son genre *Lacerta*, le Lézard vert et celui des souches, bien que leur caractéristique générique dise : *squamæ notæi polygono-orbiculares*, ont néanmoins le dos garni d'écailles oblongues, hexagones, carénées, absolument comme les *Zootocæ*. Il ne reste donc plus alors que l'absence des dents palatines chez ces derniers, caractère qui est d'une bien faible valeur parmi les Lacertiens, à présent qu'il a été constaté que ces dents tantôt existent, tantôt n'existent pas chez des individus reconnus pour être de la même espèce.

On pourrait peut-être nous objecter en faveur de la conservation du genre *Zootoca*, son mode de parturition ovovivipare, ou plutôt celui d'une des deux espèces que l'on y range, car ce fait curieux n'a pas encore été observé à l'égard de la seconde ; mais comme cette particularité, bien que fort remarquable, ne se manifeste par aucune différence notable, sensible, dans les organes extérieurs de l'animal, elle ne nous semble pas devoir être admise au nombre des caractères d'après lesquels se constitue un genre vraiment naturel : et Wagler lui-même à cet égard, paraît avoir eu la même opinion que nous ; car dans la caractéristique du genre Zootoca, il n'a nullement fait mention de son ovoviviparité.

Wiegmann et plus récemment M. Tschudi, ont reproduit dans leurs ouvrages les trois groupes *Lacerta*, *Zootoca* et *Podarcis* de Wagler, non plus comme divisions génériques, mais comme sous-genres. Ils ont aussi apporté quelques changements dans la manière de les caractériser, changements qui sont peu importants et dont nous parlerons en traitant des espèces en particulier.

Notre genre Lézard est à peu près tel qu'il a été conçu par Cuvier, mais caractérisé d'une manière plus nette, plus précise, grâces aux nouvelles découvertes dont la science s'est enrichie et aux progrès qu'elle a faits depuis l'époque où la seconde édition du Règne animal a été publiée. Pourtant nous y réunissons une espèce que nous en avions distraite fort à tort pour en former un genre particulier auquel nous avions donné le nom d'Algiroïde pour rappeler la ressemblance qui existe entre son écaillure, et celle des Algires de Cuvier ou mieux des Tropidosaures de Boié. Ce genre Algiroïde ne pouvait en effet être conservé, n'offrant aucun autre caractère distinctif que la forme rhomboïdale et la disposition distinctement imbriquée de ses écailles dorsales.

Considérés sous le rapport de leur écaillure, les Lézards peuvent être partagés en trois groupes, suivant que les pièces qui la composent sont grandes, rhomboïdales, carénées et très-distinctement imbriquées ; ou médiocres, étroites, oblongues, hexagones, tectiformes et peu ou point entuilées ; ou bien petites, circulaires, granuleuses ou aplaties et juxta-posées.

On aura une idée de ces trois divisions en jetant les yeux sur le tableau synoptique suivant dans lequel se trouvent indiqués, d'une manière comparative, les principaux caractères des seize espèces qui, dans l'état présent de la science, composent le genre des Lézards proprement dits.

TABLEAU SYNOPTIQUE DES ESP

rhomboïdales, imbriquées, carénées, grandes . . . .

hexagones, oblongues, en toit ou en dos d'âne, non réellement imbriqu

de squames polygones, inégales . . . .

Ecailles dorsales

non rhomboïdales, ni carénées ; mais

circulaires, granuleuses, juxta posées : paupière inférieure

opaque :
tempes revêtues

parmi lesquelles une plaque circulaire :

d'écailles,
petites

toutes semblables,

deux naso-frénales : j

une seule naso-frén

transparente . . . .

NRE LÉZARD.

ɔup plus que celles des flancs. . . . . 1 L. Ponctué de noir.

un peu plus que celles
ncs, qui sont de couleur {
noire, tachetés de blanc. 2. L. Moréotique.

olivâtre comme le dos. . . 3. L. de Fitzinger.

naso-frénales superposées {
la supérieure un peu en arrière de l'inférieure. 4. L. Des souches.

bien régulièrement . . . 6. L. Vert.

ule naso-frénale. . . . . 5. L. Vivipare.

ment tectiformes. . . . . 7. L. Ocellé.

parmi lesquelles une subcirculaire. . . . . 8. L. Péloponésien.

plaques
ventrales {
six ou huit : tête {
peu déprimée. . . . . . . 9. L. Des murailles.

fort déprimée . . . . . 10. L. Oxycéphale.

quatorze . . . . 12. L. de Gallot.

ment courtes. . . . . 13. L. de Delalande.

gueur ordinaire :
dessus du corps {
comme zébré ou d'une teinte claire uniforme. . . . . 14. L. Marqueté.

noir, piqueté de jaune . . . . . 11. L. de Dugès.

. . . . 15. L. A bandelettes.

. . . . 16. L. A lunettes.

Ier GROUPE. ESPÈCES A ÉCAILLES DORSALES GRANDES, RHOM-
BOÏDALES, CARÉNÉES, TRÈS-DISTINCTEMENT ENTUILÉES.

1. LE LÉZARD PONCTUÉ DE NOIR. *Lacerta nigro-punctata.*
Nobis.

CARACTÈRES. Écailles des flancs beaucoup plus petites que celles
du dos. Deux plaques naso-frénales superposées. Tempes offrant
chacune une grande plaque environnée de squames polygones.
Six séries de plaques ventrales, les deux médianes et les deux externes plus étroites que les deux autres. Pattes postérieures au
moins aussi longues que le tronc. Dessus du corps irrégulièrement
ponctué de noir ou de brun foncé, sur un fond olivâtre.

SYNONYMIE ?

DESCRIPTION.

FORMES. La tête du Lézard ponctué de noir est assez déprimée
et d'un quart environ plus longue qu'elle n'est large en arrière. A
l'aide d'une pointe d'acier, on sent quelques petites dents de chaque
côté du fond du palais. Les plaques interpariétale et occipitale
sont aussi petites l'une que l'autre, et toutes deux triangulaires. Il
existe deux petites naso-frénales carrées, bien régulièrement superposées, ne dépassant pas en hauteur la post-naso-frénale, qui
elle-même est quadrilatère équilatérale. Les paupières sont couvertes de petites écailles. Au milieu de la tempe, on remarque
une grande plaque subovalaire ou disque massetérin, environnée
de squames polygones d'inégale grandeur. La plaque supra-au-
riculaire est très-développée. Le pli sous-collaire remonte de chaque côté pour se jeter un peu sur l'épaule. Les grandes écailles qui
le bordent sont au nombre de neuf, imbriquées de dehors en
dedans sur la médiane et légèrement arrondies à leur bord libre,
ce qui rend le collier comme crenelé. Placées le long du cou, les
pattes de devant s'étendent à peine au delà du bord antérieur de
l'orbite : couchées le long des flancs, celles de derrière dépassent
un peu l'épaule. Les écailles dorsales, dont on compte douze
séries longitudinales, sont relevées de fortes carènes qui forment
des lignes obliques. Les écailles de la région cervicale sont plus
épaisses, moins grandes, et moins distinctement rhomboïdales

que celles du dos. Celles des flancs, de même forme que ces dernières, mais trois à quatre fois plus petites, constituent sept ou huit séries de chaque côté. Trois ou quatre grandes squames hexagones, très-dilatées en travers et imbriquées d'une manière oblique, recouvrent le dessus du haut des bras. Les écailles gulaires sont ovalo-hexagones, lisses, un peu convexes, comme celles du dessous du cou, qui sont circulaires, excepté en approchant du collier, où elles affectent une figure losangique. Le triangle thoracique se compose de vingt squames environ, irrégulièrement rhomboïdales. Les plaques ventrales sont quadrilatères, disposées sur vingt rangées transversales et sur six séries longitudinales. Celles de ces plaques qui appartiennent aux deux séries médianes et aux deux séries externes sont à peu près aussi larges que longues, tandis que les autres se trouvent assez dilatées dans le sens transversal. La région préanale est couverte d'une très-grande plaque ayant la forme d'un demi-disque dont la portion arquée est bordée par neuf ou dix petits squames irrégulièrement quadrilatères.

On compte quinze à dix-sept pores tubuleux sous chaque cuisse.

Les écailles caudales sont rectangulaires, surmontées chacune d'une carène medio-longitudinale.

COLORATION. Une teinte fauve-olivâtre règne sur la tête, qui est finement piquetée de noir. Des points de la même couleur se trouvent répandus sur le fond vert olive du dessus du cou, du dos, des flancs et de la face supérieure des membres. Un blanc glacé de bleuâtre ou de verdâtre colore d'une manière uniforme toutes les régions inférieures. Les côtés de la tête offrent aussi une teinte verdâtre, et chaque plaque labiale porte une tache quadrilatère, noire. Il existe un trait noir dans le pli de la paupière supérieure. Les paumes des mains et les plantes des pieds sont jaunâtres.

DIMENSIONS. *Longueur totale*, 19" 6'''. *Tête*, long. 1" 9'''. *Cou*, long. 1" 2'''. *Tronc*, long. 3" 8'''. *Memb. antér.*, long. 2" 4'''. *Memb. postér.*, long. 3" 5'''. *Queue*, long. 12" 7'''.

PATRIE. Cette espèce a été trouvée dans l'île de Corfou. Elle nous est connue par un exemplaire fort bien conservé qui a été donné au Muséum par M. Soubeiran.

2. LE LÉZARD MORÉOTIQUE. *Lacerta Moreotica.* Nobis.

Caractères. Écailles des flancs de même grandeur que celles du dos. Deux plaques naso-frénales superposées. Tempes garnies de squames sublosangiques, au milieu desquelles il en est une plus grande que les autres. Six séries de plaques ventrales, les deux médianes et les deux externes plus étroites que les deux autres. Pattes postérieures pouvant atteindre à l'aisselle. Une douzaine de très-petites écailles de chaque côté du bord postérieur de la plaque préanale. Pas de dents palatines. Dos olivâtre, marqué d'une raie jaune de chaque côté; flancs noirs, ponctués de blanc.

Synonymie. *Algiroïdes Moreoticus.* Bibron et Bory de Saint-Vincent. Expéd. scientif. Mor. Rept. pag. 57, tab. 10, fig. 5, a, b, c, 3ᵉ série.

DESCRIPTION.

Formes. Cette espèce a la tête assez allongée et presque aussi haute qu'elle est large en arrière; son palais est dépourvu de dents, au moins n'en avons-nous pas aperçu chez les deux seuls individus que nous ayons été dans le cas d'observer. La plaque interpariétale est étroite, très-effilée, triangulaire, de même que l'occipitale, qui est au contraire fort courte. Comme chez l'espèce précédente, on remarque deux petites plaques naso-frénales superposées, dont la forme est trapézoïde. Les paupières sont revêtues de petites écailles, et les tempes de squames polygones inéquilatérales, parmi lesquelles on en distingue une un peu plus développée que les autres. Les squames temporales sont proportionnellement un tant soit peu plus grandes que celles du Lézard ponctué de noir.

L'ouverture de l'oreille est ovalaire.

La patte de devant, placée le long du cou, touche par son extrémité au bord antérieur de l'œil; celle de derrière, appliquée contre le flanc, n'atteint pas tout à fait l'aisselle :

Les écailles du dos, du dessus du cou et des côtés du tronc, sont toutes à peu près aussi développées les unes que les autres, grandes, rhomboïdales, surmontées d'une forte carène; on en compte vingt-deux, vers le milieu du dessus du corps, dans une ligne transversale s'étendant du bas d'un flanc à l'autre.

Le sillon sous-maxillaire est peu marqué ; les écailles qu'il sépare des sous-collaires sont allongées, hexagones ; tandis que
ces dernières sont transverses, hexagones et de plus très-distinctement entuilées. Le pli anté-pectoral se prolonge à droite et à
gauche sur les côtés du cou, en se recourbant légèrement vers l'é-
paule. Le collier squameux se compose de sept lamelles imbriquées de dehors en dedans sur la médiane ; il est faiblement dentelé. Il y a sept ou huit squames au triangle thoracique. Les plaques ventrales forment vingt-deux rangées transversales et six
séries longitudinales ; celles des deux séries externes sont petites,
subtrapézoïdes, très-distinctement imbriquées. Celles des deux
médianes sont un peu plus développées, de figure pentagone,
aussi larges que longues ; et celles des autres, auxquelles on
compte six pans, se trouvent très-élargies. On voit sur la région
préanale une grande plaque impaire, faiblement arrondie en arrière, bordée de chaque côté par une douzaine de très petites
écailles imbriquées, et ayant sa marge supérieure recouverte par
quatre ou six petites squames.

Les deux lignes de pores fémoraux viennent presque se rejoindre à la partie antérieure de la région préanale. Ces pores sont
tubuleux, assez grands et au nombre de douze ou treize de chaque
côté.

La queue ne forme pas les deux tiers de la longueur totale du
corps, au moins chez les individus que nous possédons. Les
écailles qui l'entourent sont quadrilatères oblongues, portant en
arrière une petite pointe obtuse produite par le prolongement de
la carène qui les surmonte.

COLORATION. La face supérieure de la tête, la région cervicale,
la dorsale, le dessus des membres et de la queue présentent une
teinte olivâtre uniforme. Une raie jaune prend naissance au-dessous de l'oreille, parcourt le côté du cou, celui du dos, et va se
perdre en arrière de la cuisse. Les parties latérales du cou et les
flancs sont noirs, tachetés de blanc ; quelques taches noires sont
répandues sur les lèvres. La gorge, la poitrine, et généralement
toutes les régions inférieures de l'animal, offrent une couleur
blanchâtre.

DIMENSIONS. *Longueur totale*, 11" 5'". *Tête*, long. 1" 2'". *Cou*,
long. 8'". *Tronc*, long. 3". *Memb. antér.*, long. 1" 8'". *Memb. post.*,
long. 2" 5'". *Queue*, long. 6" 5'".

PATRIE. Le charmant petit Saurien que nous venons de décrire

REPTILES, V. 13

est une des découvertes crpétologiques faites en Morée par les naturalistes attachés à la commission scientifique qui a exploré ce pays en 1828, sous la direction de M. le colonel Bory de Saint-Vincent.

Observations. Cette espèce est celle dont nous avions à tort formé le genre Algiroïde, dans la partie relative aux Reptiles, dans le grand ouvrage sur la Morée. En la réunissant aujourd'hui aux Lézards, c'est la placer dans le genre auquel elle appartient réellement, et dont la forme rhomboïdale et la disposition entuilée de ses écailles pourraient seules la faire séparer, ce qui n'est pas, selon nous, suffisant pour motiver l'établissement d'un genre particulier.

3. LE LÉZARD DE FITZINGER. *Lacerta Fitzingeri*. Nobis.

CARACTÈRES. Écailles des flancs aussi grandes que celles du dos. Deux plaques naso-frénales superposées. Tempes garnies de squames inégales à leurs parties supérieure et postérieure, et de granules aux parties antérieure et inférieure. Pas de dents palatines. Six séries longitudinales de plaques ventrales, les deux externes et les deux médianes plus étroites que les deux autres. Pattes postérieures n'atteignant pas l'aisselle. Une seule ou deux petites squames de chaque côté du bord postérieur de la plaque préanale. Dos et flancs uniformément teints d'olivâtre.

SYNONYMIE. *Lacerta nigra*. Mus. Vindob.

Notopholis Fitzingeri. Wiegm. Herpet. Mexic. pars I, pag. 10.

DESCRIPTION.

FORMES. Cette espèce, quoique fort voisine de la précédente, s'en distingue néanmoins à la première vue par ses formes plus sveltes, plus élancées : sa tête assez déprimée, est effectivement plus effilée, ses membres sont moins courts et sa queue surtout présente proportionnellement plus d'étendue en longueur.

Les plaques suscraniennes ne diffèrent pas de celles du Lézard moréotique. Il y a de même en arrrière de chaque narine deux petites naso-frénales carrées, placées l'une au-dessus de l'autre; mais les tempes semblent être autrement protégées, car on y voit des granules près de leurs bords antérieur et inférieur, et des squames inégales le long du superieur et du postérieur ; puis au centre une petite plaque ovalaire ou disque massetérin.

Les pattes antérieures, étendues en avant, arrivent jusqu'à l'œil; celles de derrière, appliquées contre les flancs, laissent encore entre leur extrémité et l'aisselle une distance égale à la largeur du dos.

La queue a en étendue un peu plus de deux fois celle de tout l'animal : elle conserve une forme cyclo-tétragone et à peu près le même volume jusque vers le milieu de sa longueur, après quoi elle s'arrondit et diminue graduellement de grosseur.

La forme et la disposition des écailles cervicales, dorsales et latérales, sont les mêmes que chez le Lézard moréotique ; mais le nombre qu'on en compte vers le milieu du dos dans une ligne transversale, dont les extrémités touchent aux bords du ventre, n'est que de seize au lieu de vingt-deux. Les plaques ventrales sont quadrilatères et disposées en six séries longitudinales, dont les deux médianes et les deux marginales sont plus étroites que les deux autres. Une très-grande plaque impaire protége aussi la région préanale, comme chez le Lézard moréotique; mais cette plaque n'offre qu'une ou deux petites squames au lieu d'une douzaine de petites écailles de chaque côté de son bord postérieur; au-dessus de sa marge supérieure, qui est légèrement arquée, on voit une bordure composée de sept à neuf autres petites squames. Les écailles caudales ne diffèrent pas de celles du Lézard moréotique.

Coloration. Le Lézard de Fitzinger est uniformément peint de gris olivâtre sur toutes les parties supérieures, tandis qu'en dessous il présente une teinte blanche, glacée de vert, excepté toutefois à la face inférieure de la queue où règne la même couleur que sur le dos.

Dimensions. *Longueur totale*, 11" 6'". *Tête*. Long. 1". *Cou*. Long. 9'". *Tronc*, Long. 2" 4'". *Memb. antér.* Long. 1" 1'". *Memb. post.* Long. 1" 8'". *Queue*. Long. 7" 3'".

Patrie. Le Lézard de Fitzinger se trouve en Sardaigne.

Observations, Il ne nous est encore connu que par deux exemplaires provenant de cette île, lesquels appartiennent l'un au prince Charles Bonaparte, l'autre au Musée de Leyde, où il a été envoyé par celui de Vienne sous le nom de *Lacerta nigra*. Si, par là, les naturalistes viennois ont voulu dire que leur exemplaire est de l'espèce *Lacerta nigra* de Wolf, et que cette détermination soit vraie, on devra nécessairement rapporter à notre Lézard de Fitzinger la *Zootoca montana* de M. Tschudi ; car ce dernier assure

13.

que cette même *Lacerta nigra* de Wolf n'en est qu'une simple variété.

C'est Wiegmann qui a dédié l'espèce du présent article à Fitzinger, en la plaçant dans le genre *Notopholis* de Wagler, où elle ne pouvait demeurer, attendu qu'elle a les doigts lisses et un collier squameux; tandis que la *Notopholis Edwardsiana* est un Lacertien Cœlodonte à scutelles sous-digitales carénées, et dont le dessous du cou n'offre pas de véritable pli de la peau recouvert d'une rangée d'écailles plus grandes que celles qui les précèdent.

II⁰ GROUPE. ESPÈCES A ÉCAILLES DORSALES, PLUS OU MOINS OBLONGUES, ÉTROITES, HEXAGONES, TECTIFORMES OU EN DOS D'ANE, NON IMBRIQUÉES.

4. LE LÉZARD DES SOUCHES. — *Lacerta stirpium*. Daudin.

CARACTÈRES. Deux naso-frénales superposées, la supérieure s'appuyant partie sur l'inférieure, partie sur la première post-naso-frénale. Tempes revêtues de squames ou petites plaques irrégu-lièrement polygones, inégales, parmi lesquelles généralement une centrale un peu plus développée que les autres. Une occipitale petite. Des dents au palais. Sillon sous-maxillaire peu marqué. Plaques ventrales formant huit séries, dont deux très-courtes, les marginales externes, composées de très-petites pièces; et six longues, dont les deux médianes plus étroites que les autres. Douze à dix-neuf pores fémoraux de chaque côté. Dos brun ou couleur de brique uniformément, ou tacheté ou ocellé de noirâtre; côtés du corps verts, ocellés de brun. Ventre blanc, ou piqueté de noir (mâle). Dessus et côtés du corps d'un brun clair ou fauve; dos marqué d'une suite de taches noirâtres; le long des flancs, une ou deux séries de taches noires, pupillées de blanc. (Femelle.)

SYNONYMIE. *Lacertus ferrugineus maculas habens*. Gesn. Hist. anim. liv. 2, pag. 32-33.

Lacertus stellatus. Schwenckfeld. Theriotroph. Siles. pag. 148.

Lacerta vulgaris. Jonst. quadrup. lib. 4, cap. 2, pag. 133, tab. 76, fig. 1-2.

Lacerta vulgaris. Aldrov. de quadrup. digit. ovipar. lib. 2, pag. 627.

Lacerta viridis. Lochn. mus. Besler. tab. 12, fig. 2.

Lacerta vulgaris. Ruysch. Theat. anim. lib. 1, tab. 76, fig. 1-2.

? *Lacertus terrestris anguiformis*. Merrett, Pinax. pag. 161 (Bell.).

Lacertus americanus ex Rio de Janeyro. Seb. tom. 1. pag. 143.

Lacerta de Taletec minor innocua in Nova Hispania Tomacolin dicta. Id. loc. cit. tom. 1, pag. 151, tab. 97, fig. 1.

Lacerta indigena viridis. Id. loc. cit. tom. 2, pag. 6, tab. 4, fig. 5.

Lacerta minor maculata indigena. Id. loc. cit. tom. 2, pag. 84, tab. 79, fig. 5.

Der endetz. Meyer Angench. und mustlich. tom. 1, tab. 56.

Lacertus ex Rio de Janeyro, etc., Klein, quadrup. disposit. pag. 103.

Lacertus ex luteo viridis versicoloribus tæniis. Id. loc. cit. pag. 103.

Lacerta de Taletec. Id. loc. cit. pag. 104.

Le Lézard de Guernesey. Ed. Glan. d'Hist. nat. tom. 1, pag. 77, tab. 244.

Lacerta. Roesel. Hist. natur. Ranar. fig. in frontisp.

Lacerta viridis punctis albis. Wulf. Ichthyol. Boruss. cum. amphib. pag. 5.

Lacerta agilis. Part. Linn. syst. nat. pag. 363.

Seps varius. Laurenti. synops. Rept. pag. 62 et 172, tab. 3, fig. 2.

Seps cœrulescens. Id. loc. cit. pag. 62 et 171, tab. 1, fig. 3.

Seps argus. Id. loc. cit. pag. 61 et 161, tab. 1, fig. 5.

Seps ruber. Id. loc. cit. pag. 62 et 169, tab. 3, fig. 3.

Lacerta vulgaris. Müll. Zool. Dan. Prodr. pag. 29.

Le Lézard vert. Razoumowsky. Hist. natur. Jorat. t. 1, pag. 105, tab. 1, fig. 3.

Le Lézard vert. Id. loc. cit. tom. 1, pag. 107, tab. 2, fig. 4.

Ameiva var. B. Meyer Synops. Rept. pag. 28.

Ameiva var. γ. Id. loc. cit. pag. 28.

Lézard commun. Delarb. Ess. zoolog. ou Hist. natur. anim. observ. en Auverg. pag. 295.

Le Lézard vert, variété. Lacép. Quad. ovip. tom. 1, pag. 316.

Lacerta agilis. Wolf. sturm's Deutschl. Faun. Abtheil 3, Heft. 2.

Lacerta agilis. Retz. Faun. Suecic. pag. 389.

Die grüne Eidechse. Bechst. de la Cepede's naturgesch. amphib. tom. 2, pag. 3, tab. 1, fig. 1-3.

Le Lézard vert var. c, e, g. Latr. Hist. Salam., pag. XlV, XVI.

Seps stellatus. Scbrank. Faun. Boic. pag. 117.

Green Lizard. Shaw. gener. Zoolog. tom. 3 , pag. 232 , tab. 72.

Lacerta stirpium. Daud. Hist. nat. Rept. tom. 3, p. 153, tab. 35, fig. 2.

Lacerta Laurentii. Daud. Hist. Rept. tom. 3, pag. 227.

Lacerta Arenicola. Idem. loc. cit. tom. 3 , pag. 230, tab. 38 , fig. 2.

Lacerta agilis. Dwigusbsk. Primit. Faun. Mosq. p. 47.

Lacerta anguiformis. Sheppard, Transact. Linn. societ. tom. 7, pag. 51.

Le Lézard des souches. Bory de St-Vincent, Résum. d'Erpétol. pag. 105.

Le Lézard gris des souches. Cuv. Reg. anim. (1re édit.), tom. 2, pag. 29.

Le Lézard gris des Sables. Idem. loc. cit. pag. 29.

Lacerta agilis. Merr. Tent. system. Amphib. pag. 66.

Lacerta agilis. Flem. Philosoph. of Zoolog. pag. 273.

Lacerta agilis. Lichtenst. Verzeich. Doublett. Zoolog. Mus. Berl., pag. 94.

Lacerta agilis. Riss. Hist. natur. Europ. merid. tom. 3, pag. 86.

Lacerta agilis. Fitzing. Neue classific. Rept. pag. 5.

Lacerta agilis. Lichtenst. Catal. Amphib. recueill. par Eversm. (Voy. d'Orembourg à Boukhara , par de Meyendorff.) pag. 448.

Seps stellatus. Koch. Sturm's Deutschl. Faun. Abtheil. 3 , Heft 5—6.

Lacerta stirpium. Dugès, Ann. Scienc. natur. tom. 16 , pag. 376.

Lacerta stirpium. Milne Edw. Ann. scienc. nat. tom. 16, pag. 65 et 83, tab. 5, fig. 4 et tab. 8, fig. 1—2.

Le vert brun des souches. Cuv. Reg. anim. (2e édit.), tom. 2 , pag. 31.

Lacerta (Lacerta agilis, Merr. *Lacerta stirpium,* Daud.) Wagl. Syst. amph, p. 155.

Lacerta Sepium. Griff. anim. Kingd. Cuv. tom. 9 , p. 116.

Lacerta agilis. (Lacerta di Linneo), Ch. Bonap. Faun. Italic.

Lacerta stirpium. Menestr. Catal. raisonn. p. 61.

Lacerta Laurentii. Idem. loc. cit. p. 62.

Lacerta agilis. Ewersm. Nouv. mém. Sociét. imper. natur. Mosc. tom. 3, p. 341.

Lacerta agilis. Wiegm. Herpet. mexic. pars 1, pag. 9.

Lacerta stirpium. Jenyns. Man. Brit. Verteb. anim. p. 191.

Lacerta stirpium. Holl. Notice sur les Musaraignes et quelques animaux des environs de Metz, p. 10.

Lacerta stirpium. Idem. Faun. du département de la Moselle, tom. 6, pag. 309.

Lacerta agilis. Gervais. Ann. Scienc. natur. (nouv. série) tom. 6, p. 309.

Lacerta agilis. Tschudi. Nouv. mém. Sociét. helv. Scienc. nat. tom. 1, p. 21.

Lacerta agilis. Krynicki. observat. Rept. indig. (Bullet. Sociét. imper. Mosc. n° 3 (1837), pag. 38.

Lacerta agilis. Schinz. Faun. helv. (Nouv. Mém. Sociét. helvét. Scienc. nat. tom. 1, p. 138.

Lézard agile. (Var. arénicole). Desmar. Faun. franç. pl. 7.

Lacerta agilis (Sand Lizard). Th. Bell. Histor. of Brit. Rept. pag. 17.

DESCRIPTION.

FORMES. Pour la taille, le Lézard des souches tient le milieu entre le vert et l'ocellé, espèces, comme lui, originaires de notre Europe, mais dont il se distingue au premier aspect par de formes moins sveltes ou pour ainsi dire plus épaisses, plus arrondies. Sa tête se termine en avant par un museau court, élevé peu comprimé, obtus, dont le bout s'abaisse en s'arrondissant brusquement. Ses membres, quoique de longueur variable, suivant les individus, sont généralement moins étendus que chez les deux espèces que nous venons de citer tout à l'heure. Couchées le long du cou, les pattes de devant s'étendent à peine au-delà de l'œil, et celles de derrière placées le long des flancs mesurent la moitié ou un peu plus de la moitié de leur longueur. La queue est d'un quart ou d'une demi-fois plus longue que le reste du corps.

Un peu allongée et légèrement rétrécie en arrière, la plaque inter-pariétale offre cinq côtés, un postérieur, deux antérieurs, formant un angle aigu ou obtus, et deux latéraux ordinairement les plus grands des cinq. Elle est immédiatement suivie de l'occipitale dont la longueur est moitié moindre et la largeur égale ;

sa figure est celle d'un triangle isoscèle tronqué à son sommet antérieur.

Un des caractères distinctifs du Lézard des souches, c'est d'avoir deux plaques naso-frénales, dont une, la supérieure, est supportée, moitié par l'inférieure, moitié par la post-naso frénale ; ces trois plaques naso-frénale supérieure, naso-frénale inférieure et post-naso-frénale, dont la grandeur est le plus souvent la même, sont, la première hexagone équilatérale ou inéquilatérale, les deux autres quadrilatères affectant chacune tantôt une figure trapezoïde, tantôt une figure rhomboïdale. La plaque fréno-oculaire est grande, qua-drilatère|, ou mieux à peu près carrée, avec ses bords antérieur et postérieur ondulés ; quelquefois elle est partagée longitudinalement et assez souvent d'une manière un peu oblique, en deux portions, soit égales, soit inégales. La narine n'est jamais bordée en arrière que par la naso-frénale inférieure, qui, chez quelques individus, se trouve divisée dans le sens longitudinal de la tête en deux par-ties moins souvent égales qu'inégales, et, dans ce dernier cas, c'est presque toujours la petite partie qui est la supérieure. D'autres fois, mais c'est beaucoup plus rare, la naso-frénale supérieure est intimement soudée à la post-naso-frénale, ce qui rend l'entou-rage squameux de la narine semblable à celui du Lézard vivipare, dont au reste on peut alors distinguer le Lézard des souches par la présence de dents au palais, où il en existe effectivement sept ou huit de chaque côté de son échancrure ; au moins n'en avons-nous jamais observé davantage, bien que M. Tschudi prétende qu'il en a compté vingt-deux à vingt-quatre en tout. Ces dents pala-tines sont petites, fortes, simples et coniques. Il y a neuf dents intermaxillaires, trente-six à trente-huit dents maxillaires supé-rieures et environ une cinquantaine de maxillaires inférieures.

Des granules se voient sur la paupière supérieure et sur les bords seulement de l'inférieure, qui offre au milieu une série longitudinale de cinq à sept petites plaques rectangulaires, juxta-posées.

L'oreille est vertico-ovale, assez grande et située de manière à ce que son bord antérieur empiéte légèrement sur la joue, et que son bord inférieur se trouve immédiatement derrière l'angle de la bouche et de niveau avec lui.

Contre le bord supérieur de la tempe sont appliquées, l'une à la suite de l'autre, deux plaques subquadrilatères oblongues, qui quelquefois sont remplacées par trois plaques carrées. Le reste de la région temporale est recouvert de grandes squames polygones, inéquilatérales, inégales entre elles, plus ou moins dilatées, suivant les individus : celle de ces squames qui occupe le milieu de la tempe est presque toujours un peu plus développée que les autres.

Le sillon gulaire se laisse à peine apercevoir ; les écailles qui se trouvent au-devant de lui sont hexagones allongées, un peu renflées ; elles semblent disposées par lignes obliques formant des chevrons emboîtés les uns dans les autres. En arrière de ce sillon, ou sous le cou même, sont des écailles plates, un peu élargies, hexagones, à angles arrondis, placées en travers par rangs imbriqués. Puis vient le pli anté-pectoral qui est bien marqué, et que recouvrent neuf squames quadrangulaires, entuilées de dehors en dedans sur la médiane ; elles constituent ce qu'on appelle le demi-collier sous-collaire, qui est ici distinctement crénelé ou dentelé. Des granules garnissent le bas des côtés du cou, tandis que le haut de ces mêmes côtés est revêtu d'écailles circulaires aplaties, légèrement entuilées. Ce sont également des granules qui protégent les parties latérales de la région cervicale sur le milieu de laquelle il existe, de même que tout le long de la partie du dos, des écailles juxtaposées, épaisses, oblongues, subhexagones, en dos d'âne, disposées par bandes transversales.

Le nombre des écailles, dans chacune de ces bandes est de trois à sept sur le cou, et de sept sur le dos, dont les côtés portent quelques séries d'autres écailles oblongues, mais un peu plus fortes, et surtout plus distinctement hexagones. L'écaillure des flancs est différente, en ce qu'elle se compose de petites pièces aplaties, légèrement imbriquées, lisses, à peu près carrées, et dont les angles sont arrondis : on en compte huit à dix environ dans chacune des rangées verticales qu'elles forment sur les parties latérales du tronc.

Le triangle thoracique se compose de sept à onze squames. Les plaques ventrales forment huit séries longitudinales. Dans chacune des deux séries les plus externes, il y a seulement vingt-quatre à vingt-six plaques fort petites, aussi longues que larges et paraboliques. Dans chacune des deux séries médianes, il y en a trente ou trente-une paraboliques aussi, mais moins petites et un peu élargies. Les plaques des quatre autres séries sont quadrilatères, plus grandes, et dilatées transversalement, surtout celles des deux séries qui bordent les médianes.

La region preana.e offr eune grande plaque a ouatre côtes un antérieur, grand, curviligne ; un postérieur de moyenne étendue, transversal, droit ; et deux latéraux, petits, obliques. Cette plaque, devant et de chaque côté, est bordée d'une série de sept à neuf squames sub-rhomboïdales, imbriquées de dedans en dehors sur la médiane.

Il y a douze à dix-neuf pores sous chaque cuisse. Les écailles caudales, dont on compte environ cent douze verticilles, sont quadrilatères oblongues, surmontées chacune d'une carène médio-longitudinale, formant une petite pointe en arrière.

Coloration. Le mode de coloration du Lézard des souches n'est pas le même chez les deux sexes.

Le *mâle* a les parties supérieures d'un gris-brun plus ou moins clair. Une série de grandes taches quadrilatères, d'un brun foncé ou noires, marquées chacune d'un trait longitudinal blanchâtre, règne tout le long des régions cervicale et dorsale, ou parfois, en se fondant les unes avec les autres, elles forment une large bande qui se prolonge en se rétrécissant graduellement jusque vers la moitié de la longueur de la queue. Il arrive assez souvent que les traits blanchâtres dont nous venons de parler, se soudent aussi les uns avec les autres, d'où il résulte une seule et même raie longitudinale ; et alors, au lieu d'une seule série de taches dorsales quadrilatères, il y en a deux. Les parties latérales de la tête, les côtés du cou et les flancs sont verts ou d'un vert bleuâtre, quelquefois à reflets dorés, offrant deux ou trois séries de petites taches arrondies, jaunâtres ou blanchâtres, environnées complétement ou incomplétement de brun noirâtre, qui forme lui-même une tache tantôt irrégulièrement sub-quadrilatère, tantôt circulaire ou à peu près circulaire, plus ou moins dilatée, mais toujours davantage dans la série supérieure que dans les inférieures. Les parties latérales de la queue présentent chacune, sur un fond gris - brun roussâtre, une raie noire, lisérée de blanc inférieurement. Les membres, en dessus, sont semés de gouttelettes grises, ou blanches, ou jaunâtres, entourées d'un cercle brun foncé, plus ou moins élargi. Le devant des bras et des cuisses, le dessous de la tête, celui du cou, la gorge, la poitrine et le ventre, sont colorés en vert clair, marqué d'un très grand nombre de petites taches noires. Un blanc-gris glacé, d'une teinte cuivreuse, se voit sur le dessous des membres et de la queue. L'iris est d'un rouge doré ; les ongles sont bruns.

Les *femelles* n'ont point les côtés du corps verts, mais d'un gris-brun ou fauve, ou bien cuivreux ; et les taches blanchâtres environnées de noir, qui les ornent, sont généralement plus nettes, plus distinctement séparées les unes des autres que chez les mâles. En un mot ces taches latérales, chez la plupart des individus femelles, ressemblent à ce que l'on nomme des ocelles. Très-rarement le dessous du corps est tacheté de noir ; sa couleur, la plus ordinaire, est un gris-blanc à reflets cuivreux, ou d'un vert-jaune.

Variété à dos rouge. Il y a des Lézards des souches dont le dessus du cou, la région dorsale tout entière, et une partie de la face supérieure de la queue, offrent une belle couleur rouge de brique, parfois semé de petits points bruns, mais le plus souvent uniforme. Ce mode de coloration se montre plus volontiers parmi les individus mâles que parmi ceux de l'autre sexe.

DIMENSIONS. Le Lézard des souches n'atteint jamais plus de vingt-cinq centimètres de longueur, et il est même rare que l'on rencontre des individus de cette taille. Les dimensions suivantes sont celles d'un des plus grands exemplaires que nous ayons été dans le cas d'examiner.

Longueur totale. 21" 7'''. *Tête.* Long. 2". *Cou.* Long. 1" 5'''. *Tronc.* Long. 5" 8'''. *Memb. antér.* Long. 2" 5'''. *Memb. postér.* Long. 3" 3'''. *Queue.* Long. 12" 4'''.

PATRIE ET MŒURS. Cette espèce se trouve dans toute l'Europe, excepté tout à fait au nord, où elle ne s'avance pas autant que le Lézard des murailles. Elle vit aussi dans certaines contrées de l'Asie ; car on l'a rencontrée en Crimée, sur les bords de la mer Caspienne, dans quelques provinces du Caucase, etc.

Le Lézard des souches habite les plaines et les collines, mais jamais les montagnes comme l'espèce suivante, le Lézard vivipare. Partout où nous avons pu l'observer, en France, en Angleterre, en Suisse, en Italie, en Sicile, nous avons remarqué qu'il se tient de préférence sur la lisière des bois, dans les haies, dans les grands jardins, ou bien dans les vignes. Sa demeure est un trou étroit, plus ou moins profond, creusé sous une touffe d'herbes ou entre les racines d'un arbre : il s'y tient caché tout l'hiver, après en avoir bouché l'entrée avec un peu de terre ou quelques feuilles sèches. Il n'en sort plus alors que dans la belle saison, ou lorsque le temps est favorable à la chasse des insectes dont il fait sa nourriture, tels que des mouches, de petits orthoptères, et quelquefois des chenilles. La femelle du Lézard des souches pond neuf à treize œufs qui sont cylindriques, tronqués aux deux bouts.

Observations. Nous n'avons pas cru devoir, à l'exemple de quelques erpétologistes modernes, donner à la présente espèce le nom de *Lacerta agilis;* attendu que, loin de croire comme eux que c'est plus particulièrement celle que Linné a eu l'intention de désigner ainsi; nous sommes au contraire convaincus que sous cette dénomination il a confondu les espèces de Lézards de notre pays qu'il a pu observer. Il nous a semblé plus rationnel de préférer le nom de *Lacerta stirpium*, sous lequel le mâle a été décrit par Daudin pour la première fois, de manière à ne pas s'y méprendre.

Il est bien reconnu aujourd'hui que le Lézard arénicole de cet auteur est la femelle de son Lézard des souches; et que son Lézard de Laurenti (*Seps Argus Laurenti*) en est le jeune âge. On sait également que le *Seps ruber* de Laurenti est une variété à dos rouge de la même espèce.

5. LE LÉZARD VIVIPARE. *Lacerta vivipara.* Jacquin.

CARACTÈRES. Une seule plaque naso-frénale. Tempes revêtues de squames polygones ou disco-polygones, au milieu desquelles est un disque massetérin. Une occipitale petite; pas de dents au palais. Sillon gulaire à peine visible. Ecailles dorsales distinctement oblongues, hexagones. Plaques ventrales formant huit séries, dont deux très-courtes, les marginales externes, composées de fort petites pièces; et six longues, dont les deux médianes plus étroites que les quatre autres. Neuf à douze pores fémoraux. Dos brun, olivâtre ou roussâtre, offrant de chaque côté une bande noire, lisérée de blanc en haut et en bas; une raie noire le long de la région rachidienne. Ventre tacheté de noir sur un fond jaune orangé.

SYNONYMIE. *Lacertus terrestris vulgaris ventre nigro maculato.* Merrett, Pinax, pag. 169.

Lacerta vulgaris. Charlet. Exercitat. de different. et nominib. anim. pag. 28.

Lacerta agilis. Berkenk. syn. 1, p. 56.

Lacerta agilis. Turt. Brit. Faun. pag. 79.

Lacertus vulgaris, Ray. synops. anim. pag. 264.

The new or evet. Borlase. natur. Hist. of Cornw. pag. 384, tab. 38, fig. 35.

Scaly Lizard. Penn. Brit. Zool. tom. 3, pag. 31, tab. 3, n° 7.

Lacerta vivipara. Jacq. Nov. act. Helvet. tom. 1, p. 33, tab. 1.

Lacerta agilis. Sheppard. Descrip. of the Brit. Liz. (Transac. of the Linn. societ. tom. 7, pag. 49.)

Lacerta œdura. Id. loc. cit. pag. 50.

Lacerta crocea. Wolf. Deutsch. Faun. Abtheil. 3, Heft. 4.

Lacerta montana. Mik. Sturm's Deutschl. Faun. Abtheil. 3, Heft. 4.

Lacerta vivipara. Leuckart.

Lacerta pyrrhogaster. Merr. Tent. syst. amph. pag. 67.

Lacerta agilis. Lichtenst. Verzeich. Doublett. Zoolog. mus. Berl. pag. 93.

? *Lacerta unicolor.* Kuhl. Beitr. pag. 131.

Lacerta crocea. Fitzinger. Neue classif. der Rept. pag. 53.

Lacerta agilis. Flem. Brit. anim. pag. 150.

Lacerta schreibersiana. Milne Edwards. Ann. sc. nat. tom. 16, (1829) pag. 83, pl. 5, fig. 5.

Lacerta schreibersiana. Dugès. Ann. sc. natur. tom. 16, pag. 37 (1829).

Zootoca (*Lacerta vivipara* Jacquin). Wagl. Syst. amph. p. 155.

Schreber's Lizard. Gray. Synops. Rept. in Griffith's anim. Kingd. tom. 9, pag. 32.

Lacerta agilis. Gray. Proceeding of the zoolog. societ. part. 3 (1833), pag. 112.

Lacerta montana. Schinz. Naturgesch. und Abbild. Rept. pag. 101, tab. 38.

Lacerta crocea. Eversm. Nouv. mém. societ. imper. Mosc. 3, pag. 347, tab. 3, fig. 1-2.

Lacerta praticola. Id. loc. cit. p. 345, tab. 30, fig. 2.

Zootoca crocea. Wiegm. Herpet. mexic. pars 1, pag. 5, pag. 9.

Zootoca Jacquin. Th. Coct. magaz. zool. Guer. class. 3.

Zootoca Guerin. Th. Coct. magaz. zool. Guer. class. 3, tab. 9.

Lacerta agilis (*common Lizard*). Jennyns. man. of Brit. verteb. anim. pag. 393.

Lacerta schreibersiana. Holland. notice sur les musar. et quelques autres anim. des environs de Metz, pag. 8.

Lacerta schreibersiana. Id. Faun. départ. de la Moselle, pag.

Zootoca. pyrrhogastra. Tschudi. monograph. Schweizerisch. Echs. (Nouv. mém. de la societ. Helvet. des scienc. natur. pag. 37).

Lacerta crocea. Krynicki observat. quæd. de Rept. indig. Bullet. societ. imper. natur. Mosc. n° 3 (1837), pag. 51.

Lacerta vivipara. Reichenb. Isis. tom. 30 (1837), pag. 511.

Lizard. var. Magaz. of natur. Histor. of Charlesworth. tom. 1, (1837), pag 109.

Zootoca vivipara (*nimble Lizard, common Lizard*) Th. Bell. Histor. of brit. rept. pag. 32.

DESCRIPTION.

Formes. Le Lézard vivipare est d'une taille bien inférieure à celle du Lézard des souches; ses membres sont proportionnellement aussi courts, mais sa queue, au contraire, a plus d'étendue et une forme qui lui est pour ainsi dire particulière; car au lieu de diminuer graduellement de diamètre à partir de sa racine, comme cela s'observe chez les espèces précédentes, elle conserve à peu près la même grosseur jusque vers la moitié de sa longueur, après quoi elle ne se rétrécit même encore que d'une manière très-insensible.

La tête légèrement pointue en avant est d'un tiers environ plus longue qu'elle n'est large en arrière. Les pattes de devant, lorsqu'on les étend le long du cou, arrivent à l'œil; et celles de derrière mesurent à peu près les deux tiers de la longueur des flancs. Le tronc est assez étroit et subcylindrique, et la queue un peu plus de deux fois aussi longue que le reste de l'animal; cyclo-tétragone à sa base seulement, elle se montre distinctement arrondie dans la plus grande partie de son étendue.

Le palais est dépourvu de dents.

Aux deux mâchoires, il en existe de semblables, et en même nombre que chez le Lézard des souches.

Les plaques suscraniennes ne sont pas non plus différentes de celles de cette dernière espèce.

Le Lézard vivipare n'a qu'une seule plaque naso-frénale, dont la forme est triangulaire; elle est suivie d'une post-naso-frénale médiocre, vertico-rectangulaire ou carrée, et celle-ci d'une fréno-oculaire grande, quadrangulaire, présentant quelquefois une légère saillie à son bord postérieur.

Les paupières ressemblent à celles de l'espèce précédente; mais l'ouverture de l'oreille est peut-être un peu plus étroite que celle du Lézard des souches.

Le milieu de la tempe est occupé par une grande plaque polygone, autour de laquelle sont des squames polygones aussi, inéquilatérales, affectant parfois une forme circulaire.

Des écailles arrondies, convexes, juxta-posées, garnissent le dessus et le côté du cou. Celles qui revètent le dos sont allongées, étroites, hexagones, en dos d'âne, et de même juxta-posées ; sur les côtés du tronc on en remarque qui sont aplaties, disco-quadrilatères, lisses et un peu imbriquées, comme on l'observe, au reste, chez le Lézard des souches, auquel le Lézard vivipare ressemble encore par l'écaillure de toutes les autres parties du corps. Toutefois nous devons dire qu'ici il y a deux rangs de squames autour de la plaque impaire qui protége presqu'à elle seule la région préanale.

Le dessous de chaque cuisse est percé de neuf à douze pores.

COLORATION. Conservés dans l'alcool, tels que nous les possédons dans nos collections, les individus du Lézard vivipare offrent tous, sur la ligne moyenne et supérieure du corps, une raie noire, quelquefois interrompue de distance en distance, raie qui règne depuis la plaque occipitale jusque sur la première moitié de la queue. Tous ont également une bande noire ou brunâtre, lisérée de blanc à ses bords supérieur et inférieur, qui s'étend sur toute la partie latérale de l'animal, à partir de l'œil jusque sur le côté de la base de la queue. Chez certains sujets le dos, à droite et à gauche de la raie noire qui le partage en deux, est uniformément d'une teinte olivâtre ou bronzée, tandis que chez d'autres on y remarque un semis irrégulier de petites taches noires, parfois entremêlées de points blancs : presque toujours, alors, il y a aussi des points blancs répandus sur la bande latérale noire. Le crâne, le dessus des membres et celui de la queue présentent généralement une couleur peu différente de celle des côtés du dos. En dessous, tantôt toutes les régions sont tachetées de noir sur un fond blanc, bleuâtre ou verdâtre; tantôt ce fond est unicolore.

M. Tschudi qui, plus heureux que nous, a eu l'avantage d'observer cette espèce à l'état de vie, donne de son mode de coloration la description suivante : « Le mâle est, sur le dos, d'un
» brun de noix ou d'un brun de bois passant au brun rougeâtre ;
» le long du milieu de cette partie supérieure du corps, règne

» une raie noire , et de chaque côté une série de points noirs qui ,
» quelquefois, se réunissent en une strie, et qui ordinairement vont
» se joindre à une ligne grise. La gorge est bleuâtre, passant à une
» teinte rosée ; l'abdomen et le dessous des membres sont d'un
» brun-vert avec un grand nombre de points noirs.

» La femelle a le dos et le sommet de la tête d'un brun-rouge :
» chez elle les points et les stries noirs sont moins distincts. Il n'y
» a pas de ligne grisâtre : le dessus est plus foncé ; tout le des-
» sous du corps est d'un brun-jaune, souvent safran, et rougeâtre
» sur ses parties marginales. Une teinte lilas avec un reflet jaune
» et rose se montre sur la gorge. Tantôt ce sont les stries blanches
» qui sont le mieux marquées ; tantôt ce sont les brunes , ce qui
» produit un grand nombre de nuances dans le mode de colora-
» tion de ces animaux. Les jeunes ne se distinguent des adultes
» qu'en ce que leurs couleurs ne sont pas aussi prononcées. »

DIMENSIONS. *Longueur totale*, 19" 4'". *Tête*. Long. 1" 2'". *Cou.*
Long. 8'". *Tronc*. Long. 3" 1'". *Memb. antér*. Long. 1" 7'". *Memb.
postér*. Long. 2" 3'". *Queue*. Long. 11" 3'".

PATRIE ET MŒURS. Le Lézard vivipare se trouve en France, en
Italie, en Suisse, en Allemagne, en Ecosse, en Irlande et aussi
en Russie : car M. Eversmann a publié, sous les noms de *Lacerta
crocea et praticola* , des figures faites d'après des individus appartenant bien évidemment à cette espèce : individus qu'il avait
trouvés dans quelques parties du Caucase , dans le gouvernement
de Kasan et dans celui d'Odembourg. Notre musée renferme des
exemplaires du Lézard vivipare , recueillis dans les Pyrénées françaises, par M. Rambure ; au Mont-d'Or, par M. Isid. Geoffroy ; dans
la forêt d'Eu, par M. Guérin ; en Italie, par M. Bailly ; d'autres nous
ont été donnés en Angleterre par M. Bell , et nous en possédions
plusieurs depuis longtemps qui avaient été envoyés de Vienne par
M. Schreibers ; ceux-là même d'après lesquels M. Milne Edwards
a établi sa *Lacerta Schreibersiana*. Le Lézard vivipare vit rarement ailleurs que dans les montagnes. M. Tschudi nous apprend
qu'en Suisse il fréquente de préférence les bois de sapins secs, où
il se creuse des trous sous les feuilles tombées , pour s'y réfugier
à l'approche du danger. Cependant on le rencontre quelquefois
dans les forêts sombres et humides. Dans ce pays il n'est pas aussi
commun que le Lézard des souches. En Angleterre , c'est le contraire. Sa nourriture consiste en insectes de divers ordres ; mais
il recherche plus particulièrement les Diptères.

OBSERVATIONS. La femelle de cette espèce de Lézard fait, vers le mois de juin, cinq à sept œufs, d'où quelques minutes après qu'ils ont été pondus, les petits sortent parfaitement développés. Ce fait, observé pour la première fois par Jacquin, a été vérifié depuis par Leuckart et Cocteau. Ce dernier, en particulier, a écrit sur ce sujet une excellente dissertation consignée dans le Magasin de zoologie de Guérin.

Comme voilà le premier exemple d'un Reptile, qui donne en apparence naissance à des petits vivants, nous croyons devoir présenter quelques réflexions sur cette circonstance. Ce fait, en lui-même, n'exige pas de modifications notables dans l'organisation. Souvent, dans un même genre, on observe certaines espèces qui pondent des œufs, tandis que d'autres sont vivipares. Tels sont quelques diptères parmi les Insectes, plusieurs Mollusques, un grand nombre de Poissons cartilagineux et quelques osseux; et dans la classe des Reptiles en particulier, les Orvets, genre de Sauriens; les Vipères, et quelques autres Serpents; enfin les Salamandres parmi les Batraciens. Dans tous ces cas, il y a eu nécessairement fécondation préalable de l'œuf à l'intérieur; le germe qu'il renfermait, une fois vivifié, s'est développé dans l'oviducte, il y est resté le temps nécessaire pour qu'il ait pu être déposé par la mère dans les circonstances qu'elle a jugé les plus convenables au genre de vie du jeune individu.

Les *Lacerta crocea* de Wolf, *pyrrhogaster* de Merrem, *Schreibersiana* de Milne Edwards, *praticola* d'Eversman, ainsi que le Lézard Guérin de Cocteau, sont autant d'espèces nominales qu'il faut toutes rapporter au Lézard vivipare de Jacquin. Nous croyons devoir y réunir également la *Lacerta montana* de Mikan, dont la figure semble bien évidemment avoir eu pour modèle un de ces individus du Lézard vivipare, dont les côtés du dos et les flancs sont ponctués de noir et de blanc.

M. Tschudi prétend, au contraire, que cette *Lacerta montana* de Mikan est une espèce distincte que lui-même a observée en Suisse. Il se peut effectivement, et nous sommes disposés à croire, que l'espèce inscrite par M. Tschudi, sous le nom de *Zootoca montana*, dans sa Monographie des Lézards de Suisse, diffère de la *Lacerta vivipara*; mais ce dont nous doutons, c'est qu'on doive regarder comme lui ressemblant spécifiquement, la *Lacerta montana* de Mikan, qui, nous le répétons, est la même espèce que le Lézard vivipare. Nous donnons ici en note la description de la *Zootoca montana* de M. Tschudi, qui, selon nous, se placerait plus naturellement, à cause de son écaillure dorsale, près des Lézards moréotique et de Fitzinger, qu'à la suite du Lézard vivipare (1). M. Tschudi considère la *Lacerta nigra* de Wolf, comme une variété mélanienne de sa *Zootoca montana.*

6. LE LÉZARD VERT. *Lacerta viridis.* Daudin.

CARACTÈRES. Deux plaques naso-frénales régulièrement super-posées. Tempes revêtues de squames polygones, inéquilatérales, parmi lesquelles une centrale plus grande que les autres; une occi-pitale petite. Des dents au palais. Sillon gulaire bien prononcé. Écailles dorsales granuleuses, hexagones oblongues, en dos d'âne.

(1) *Zootoca montana.* TSCHUDI. La largeur de la tête est à sa lon-gueur dans le rapport de 3 à 4; la longueur de la tête est à celle du corps dans le rapport de 1 à 5. Cette grandeur relative dis-tingue au premier coup d'œil, cette espèce de toutes les précé-dentes (*Lac. viridis*, *Lac. stirpium*, *Lac. vivipara*). La tête est pe-tite, tronquée, large en arrière, ce qui rapproche cette espèce de la *Lacerta agilis* (*Lacerta stirpium* nob.) Les écailles de la mâchoire inférieure, des tempes et de la tête ressemblent à celles de la *Zootoca Pyrrhogastra* (*Lacerta vivipara* nob.) Les écailles du dos sont très-irrégulières. Une série d'écailles minces, allongées, commence derrière la plaque occipitale; quelquefois elle est très-saillante, d'autres fois elle est interrompue et remplacée par des séries transversales de grandes écailles rhomboïdales, qui tantôt se rap-prochent et se touchent, tantôt se rangent en séries horizontales, comme sur les côtés, laissant souvent de grands espaces inter-médiaires. Sur la nuque, les écailles sont pentagones et très-ser-rées. Les plaques abdominales forment six séries et ressemblent à des losanges : par ces écailles, la *Zootoca montana* réunit les deux sous-genres *Zootoca* et *Lacerta*, par l'intermédiaire de la *Lacerta agilis* (*Lacert. stirpium* nob.) Les extrémités et la queue sont ex-trêmement courts; cette dernière est d'un volume égal jusqu'au milieu; mais à partir de là elle va en pointe.

Le dos est d'un gris verdâtre offrant des séries de petits points noirs et blancs; les côtés sont un peu plus foncés. Un brun clair règne sur la tête; la poitrine et l'abdomen sont jaunâtres chez la femelle, verdâtres chez le mâle La queue et la face interne des membres sont couvertes de points noirs. Ce Lézard devient tou-jours bleuâtre dans l'esprit-de-vin.

Ainsi que son nom l'indique, la *Zootoca montana* est une es-pèce de montagne, mais je ne puis pas dire exactement jusqu'à quelle hauteur elle s'élève. Comme elle est très-rare, nous ne savons rien de certain sur sa manière de vivre, de se nourrir et de se reproduire. Il est probable qu'à cet égard, elle agit comme la *Zoo-toca pyrrhogastra.* Nous ne savons pas non plus si les œufs éclosent sous l'influence des rayons solaires ou dans le ventre de la mère.

Plaques ventrales formant huit séries, dont deux courtes, les marginales externes, composées de très-petites pièces ; et six longues, dont les deux médianes plus étroites que les autres. Douze à vingt pores fémoraux. En dessus, soit uniformément vert, ou brun piqueté de vert, ou vert piqueté de jaune ; soit d'une teinte brune marquée de taches vertes ou blanches, ondées de noir, ou bien de raies longitudinales blanches liserées de noir au nombre de deux à cinq : ventre jaune.

SYNONYMIE. *Seps terrestris*. Laur. synops. Rept. pag. 61 et 166, tab. 3, fig. 1.

Lacerta viridis. Petiver. Gazophyll. nat. et art. dec. 10, p. 10, tab. 95, n° 1.

Lézard vert. var. d. Latr. Hist. Salam. pag. XV.

Lézard vert. var. f. Idem. loc. cit. pag. XVI.

Le *Lézard vert*. Latr. Hist. Rept. tom. 1, p. 236.

Lacerta viridis. Daud. Hist. Rept. tom. 3, pag. 144, tab. 34.

Lacerta bilineata. Idem. loc. cit. tom. 3, pag. 152, tab. 35, fig. 1.

Lacerta viridis. Wolf. Deutschl. Faun. Abtheil. 3, Heft. 4.

Lacerta chloronata. Raffin. Caratt. alcun. nuov. gener. pag. 7.

Lacerta serpa. Idem loc. cit. pag. 8.

Le *Lézard vert piqueté*. Cuv. Regn. anim. (1re édit.) tom. 2, pag. 29.

Le *Lézard à deux raies*. Idem. loc. cit. pag. 29.

Lacerta viridis. Merr. Syst. amph. pag. 64.

Lacerta viridis. Lichtenst. Verzeich. Doublett. Zoolgisch. Mus. Berl. pag. 92.

Lézard vert. Desmar. Faun. franç. Rept. pl. 6.

Lézard à deux raies. Idem. loc. cit. pl. 8

Lacerta viridis. Riss. Hist. natur. Europ. méridion., tom. 3, pag. 86.

Lacerta viridis. Fitzing. Neue classificat. Rept , pag. 51.

Lacerta viridis. Bory de St-Vincent, Résum. Erpétol., pag. 105.

Lacerta viridis. Mill. Faun. département de Maine-et-Loire, pag. 610.

Lacerta bilineata. Idem. loc. cit., pag. 611.

Le *Lézard piqueté*. Milne Edw. Ann. scienc. nat. tom. 16, pag. 64 et 83, tab. 4, fig. 3.

Lacerta viridis. Dugès Ann. scienc. natur. tom. 16, pag. 372, tab. 15, fig. 3

14.

Le *Lézard vert piqueté.* Cuv. Regn. anim. (1e édit.) tom. 2, pag. 31.

Lacerta (*Lacerta viridis*, Daud.). Wagl. Syst. amph., pag. 155.

Lacerta viridis. Griff. Anim. Kingd. Cuv., tom. 9, pag. 116.

Green Lizard. Gray. Synops. Rept. in Griffith's anim. Kingd., tom. 9, pag. 32.

Lacerta exigua. Eichw. Zoolog. special. Ross. et Polon. tom. 3, pag. 188 (jeune).

Lacerta gracilis. Id. loc. cit. tom. 3, pag. 188 (jeune).

Lacerta strigata. Idem. loc. cit., pag. 189.

Lacerta viridis. Ménest. Catalog. raisonn., pag. 61.

Lacerta smaragdina. Schinz. Naturgesch. und Abbildung. Rept. pag. 99, tab. 37, fig. 2.

Lacerta bistriata. Idem. loc. cit. pag. 100, tab. 37, fig. 1.

Lacerta bilineata. Idem. loc. cit. pag. 100, tab. 38, fig. 4.

Lacerta viridis. Eversm. Nouv. mém. Societ. imper. natural. Mosc. tom. 3, pag. 339.

Lacerta sylvicola. Idem. loc. cit. pag. 344, tab. 30, fig. 2.

Lacerta viridis. Ch. Bonap. Faun. ital.

Lacerta viridis. Wiegm. Herpet. mexic. pars 1, pag. 9.

Lacerta viridis. Bib. et Bor. St-Vinc. Expéd. scient. Mor. Rept. pag. 66, tab. 10, fig. 1, a, b, c, d de la troisième série.

Lacerta viridis. Jenyns. Man. brit. vertebr. Anim. pag. 292.

Lacerta viridis. Gerv. Ann. sc. natur. (nouv. sér.), tom. VI, pag 309.

Lacerta viridis. Tschudi Monog. Schweizerich. Echs. (Nouv. mém. Societ. helvet. Scienc. nat. tom. 1, pag. 18.)

Lacerta viridis. Krynick. Observat. Rept. indig. Bullet. Societ. imper. natur. Mosc. (1837, III), pag. 47.

Lacerta viridis. Schinz. Faun. helvet. (Nouv. mém. Societ. helv. Scienc. natur. tom. 1, pag. 139.)

DESCRIPTION.

Formes. La tête a en longueur totale le double de sa hauteur, laquelle est un peu moindre que la largeur; le dessus, à partir du front, présente un plan faiblement incliné en avant. Le museau est légèrement pointu et peu épais. Couchées le long du cou, les pattes antérieures atteignent la narine; celles de derrière, lorsqu'on les porte en avant, s'étendent en général jusqu'à l'aisselle, mais quelquefois leur longueur égale seulement les quatre cinquièmes de l'étendue des flancs.

La queue, cyclotétragone à sa racine, conique et de plus en plus effilée en s'éloignant du tronc, fait à elle seule les deux tiers de la longueur totale du corps.

Il y a une douzaine de petites dents coniques, simples, de chaque côté du palais. On compte onze à treize dents intermaxillaires, une quarantaine de dents maxillaires supérieures, et quarante-huit à cinquante maxillaires inférieures.

La plaque rostrale est ordinairement creusée d'un léger sillon longitudinal; l'interpariétale est petite, un peu alongée, représentant un rhombe assez souvent tronqué en arrière; l'occipitale, quelquefois simplement linéaire, a le plus ordinairement la forme d'un triangle isocèle tronqué en avant; chez les individus où elle présente le plus grand développement, elle a presque autant de largeur que la frontale. Il existe deux petites naso-frénales, toutes deux de même étendue et à peu près carrées, elles sont régulièrement placées l'une au-dessus de l'autre; derrière ces deux plaques est une post-naso-frénale verticale, rectangulaire. La fréno-oculaire est grande, subquadrangulaire et ondulée à son bord postérieur.

L'oreille et les paupières ressemblent à celles du Lézard des souches.

Deux grandes plaques oblongues, subquadrilatères, sont appliquées, l'une à la suite de l'autre, contre le bord supérieur de la tempe, laquelle est revêtue de squames plates, unies, d'inégale grandeur, à plusieurs pans inéquilatéraux et parmi ces squames on en remarque presque toujours une centrale, un peu plus développée que les autres. Chez certains individus, ces squames sont plus petites que chez d'autres; aussi tantôt on en compte une quinzaine seulement, tantôt vingt et quelquefois plus.

Des granules ovales, en dos d'âne, garnissent le dessus du cou et le commencement du dos, sur lequel on les voit peu à peu, en s'avançant vers la queue, prendre une forme plus distinctement hexagone; les côtés du tronc en offrent qui sont ovales, un peu moins épais, mais néanmoins toujours légèrement renflés longitudinalement, excepté aux trois ou quatre séries qui avoisinent les plaques ventrales; car ils sont là tout à fait aplatis et un peu plus dilatés. On peut compter une cinquantaine de ces écailles granuleuses dans une rangée transversale observée vers le milieu du tronc, depuis le bord de l'un des flancs jusqu'à l'autre; elles sont certainement plus petites que celles du Lézard des souches.

Les écailles caudales, alongées et étroites, sont pentagones ; attendu que leur bord postérieur forme un petit angle obtus ; elles portent toutes une carène longitudinale qui les partage également par la moitié.

Les écailles gulaires et les sous-collaires ont beaucoup de ressemblance avec celles de l'espèce précédente ; les premières, hexagones, oblongues, imbriquées, disposées en séries obliques qui forment des chevrons s'emboîtant les uns dans les autres, sont séparées des secondes par un sillon transversal très-prononcé ; les écailles sous-collaires sont transverses hexagones, imbriquées aussi, mais disposées par séries longitudinales. Le demi-collier est crénelé et composé de neuf squames imbriquées de dehors en dedans sur la médiane. Il y a dix-sept ou dix-huit plaques sur la poitrine ; celles qui protègent la région abdominale forment huit séries longitudinales ; aux deux séries médianes, elles sont étroites paraboliques ; aux deux séries les plus externes, elles sont encore plus étroites, ou même beaucoup plus petites, mais de forme semblable à peu près ; puis aux quatre autres, elles sont subtransverso-rectangulaires. Les deux séries marginales sont plus courtes et moins distinctes que les autres. L'ensemble de ces plaques ventrales forme une trentaine de bandes transversales. Une très-grande plaque, affectant une figure en losange, couvre presque à elle seule la région préanale, dont le bord antérieur et les latéraux portent deux séries curvilignes de squames rhomboïdales.

On compte quinze à vingt pores sous chaque cuisse.

Coloration. Le mode de coloration de cette espèce de Lacertiens n'est pas moins sujet à varier que celui du Lézard mural. On peut en distinguer huit variétés principales, qui se trouvent encore fort souvent liées l'une à l'autre par des nuances intermédiaires qu'il est pour ainsi dire impossible de caractériser.

Variété a, ou *concolore*. Les individus qui s'y rapportent sont, en dessus, d'un beau vert pur, tandis qu'un jaune serin ou légérement verdâtre colore toutes leurs régions inférieures.

Variété b, ou *tiquetée de noir*. Chez celle-ci, le fond de la couleur des parties supérieures est vert, ou vert jaunâtre ou bleuâtre, semé d'un nombre considérable de très-petits points noirs.

Variété c, ou *tiquetée de jaune*. Ici tout le dessus de l'animal est finement ponctué de jaune sur un fond vert clair ou très-foncé ; en général, les taches jaunes du crâne sont plus dilatées que les autres.

Variété d, *ou à tête bleue*. Cette variété , dont les côtés et le dessous de la tête offrent une belle teinte bleue, peut avoir le reste du corps coloré de la même manière que l'une ou l'autre des trois variétés *b*, *c* et *e*. C'est particulièrement en Italie, en Sicile, que se trouve cette variété *d*.

Variété e, *ou tachetée*. On rencontre souvent des sujets marqués, sur un fond brun ou vert, de taches quadrilatères noirâtres, près de chacune desquelles se montre presque toujours une tache blanchâtre ou jaunâtre. Ces taches, qui peuvent être peu ou très-dilatées, en petit ou en grand nombre, affectent une disposition en séries longitudinales ou en quinconce.

Variété f, *ou tiquetée et à quatre raies*. Celle-ci est ou la variété *b*, ou la variété *c*, avec quatre raies longitudinales jaunes ou blanches, deux de chaque côté du dos, plus ou moins marquées, quelquefois entières, d'autres fois interrompues de distance en distance.

On ne trouve généralement que des mâles sous ce mode de coloration.

Variété g, *ou tachetée et à quatre raies*. Elle offre une couleur verte plus ou moins claire sur laquelle sont tracées quatre raies longitudinales d'un blanc jaunâtre, liserées de noir, situées deux à droite, deux à gauche, partant, les supérieures des angles du crâne pour aller se perdre sur les côtés de la queue, les inférieures des bords postérieurs des oreilles pour se continuer jusqu'au-dessus des cuisses. Ces raies sont bordées par des taches irrégulières, affectant cependant une forme quadrilatère, petites ou assez dilatées, noirâtres ou d'un vert très-foncé. Cette variété ne se rencontre guère que chez les sujets femelles.

Variété h, *ou à cinq raies*. Sur un fond vert clair uniforme ou tiqueté de brun, ou bien sur un fond brunâtre ou roussâtre se dessinent cinq raies longitudinales, blanches ou jaunes, liserées de noir : trois de ces raies, une médiane et deux latérales règnent sur le dessus du cou, sur le dos, et se prolongent même assez avant sur la queue; les deux autres s'étendent, celle-ci à droite, celle-là à gauche, le long de la région collaire, des parties latérales du tronc et de la queue. Le plus souvent deux de ces raies, les inférieures, sont interrompues de distance en distance, ou mieux remplacées par deux séries de taches de la même couleur. Cette variété à cinq raies est celle qu'on rencontre le plus communément dans la partie orientale de l'Europe et dans la partie occidentale de l'Asie.

Variété 1, *ou bariolée.* N'ayant pas eu l'occasion d'observer nousmêmes cette variété , nous rapportons ici la description qu'en a donnée M. Dugès dans son excellente Monographie des Lézards de notre pays. « Toute l'étendue du dos et l'origine de la queue sont » couvertes d'un semis irrégulier, et bigarré de points et de lignes » vermiculées, les uns jaunes, les autres noirâtres, ressemblant » en quelque sorte au réseau des vieux Lézards ocellés. Quelque- » fois même cette bigarrure de teintes vives et tranchées s'étend » jusque sur les flancs ; d'autres fois le dos proprement dit est seul » tapiré de cette manière, et deux lignes longitudinales, bien » reconnaissables pour être les mêmes que celles de la variété » rayée (*Lacerta bilineata*, Daud.) encadrent en quelque façon » cette chamarure, dont le coup d'œil est assez agréable. Enfin » il est encore des individus chez lesquels il n'existe presque plus » de lignes contournées, mais seulement des taches et des points » jaunes et noirs, irrégulièrement mélangés, ce qui établit le pas- » sage entre cette variété et l'une des précédentes, la tachetée. Le » reste du corps est coloré comme chez les variétés tiquetées. »

Tous les individus, n'importe à quelle variété ils appartiennent, ont l'iris d'un blanc rougeâtre, les ongles bruns, la langue noirâtre et la paupière supérieure marquée d'un point noir.

JEUNE AGE. Le mode de coloration des jeunes sujets est, en dessus, d'un vert bouteille ou d'une teinte brunâtre avec quatre ou cinq raies longitudinales jaunâtres ou blanchâtres, lesquelles sont presque toujours liserées de noir. Lorsqu'une de ces raies manque, c'est toujours la médio-dorsale. Quelquefois il leur arrive à toutes, d'autres fois à quelques-unes d'entre elles, d'être remplacées par des séries de taches, cela a plus ordinairement lieu pour les deux inférieures, au-dessous de chacune desquelles il règne parfois une rangée de points ou de gouttelettes blanches.

DIMENSIONS. En France le Lézard vert n'atteint pas plus de trente-six à trente-huit centimètres de longueur ; mais en Morée, par exemple, il devient aussi grand que le Lézard ocellé. Voici au reste les mesures offertes par un individu originaire de cette contrée de la Grèce :

Longueur totale. 47". *Tête.* Long. 4".*Cou.* Long. 2".*Tronc.* Long. 10". *Memb. antér.* Long. 5". *Memb. postér.* Long. 7". *Queue.* Long. 31".

PATRIE ET MŒURS. Le Lézard vert est répandu dans une grande partie de l'Europe. Toutefois il ne s'avance pas beaucoup au nord,

Jusqu'ici il n'a jamais été observé en Angleterre, en Irlande ni en
Écosse. Les côtes méditerranéennes de l'Afrique le produisent,
ainsi que la plupart des contrées situées à l'occident de l'Asie.
Notre collection en renferme des échantillons recueillis dans plusieurs de nos départements, en Suisse, en Italie, en Sicile, en
Grèce, en Algérie et en Crimée. Suivant M. Tschudi, cette espèce
n'habite que la partie méridionale de la Suisse, dans le Tésin, le
Valais, le pays de Vaud, où on le rencontre dans les montagnes
jusqu'à une hauteur de 4,000 pieds. Le Lézard vert fréquente les
herbes touffues, les haies, les buissons, sur lesquels il grimpe
avec facilité; il se nourrit de mouches, de sauterelles, de petits
coléoptères et de chenilles. En domesticité, il mange volontiers
des lombrics, des vers à farine ou larves de ténébrions.

Observations. C'est à tort, selon nous, que plusieurs erpétologistes ont considéré le *Seps sericeus* de Laurenti comme étant
de la même espèce que le Lézard vert; car la figure qui le représente et la description qui accompagne celle-ci, indiquent plutôt
qu'elles ont eu pour modèle un Lézard des murailles. Il faut par
conséquent éloigner aussi de la liste des synonymes du Lézard
vert, la *Lacerta sericea* de Daudin, qui est établie en partie d'a-
près le *Seps sericeus* du savant erpétologiste viennois, en partie
d'après un Lézard trouvé dans les Pyrénées par M. Brongniart;
Lézard que sa description nous fait regarder comme étant ou
un jeune Lézard des souches, ou un individu du Lézard vivipare qui aurait été dépouillé de son épiderme.

Quant à la *Lacerta tiliguerta* ou *caliscertula* de Cetti, espèce
que M. Dugès supposait aussi ne pas être différente du Lézard
vert, on ne doit plus aujourd'hui conserver le moindre doute sur
son identité spécifique avec le Lézard des murailles, c'est ce qui a
été démontré, d'une manière on ne peut plus claire, par M. Gené
dans l'excellente dissertation qu'il a publiée à ce sujet.

On a également cité la figure publiée par Desmarest, sous le
nom de Lézard soyeux, dans la Faune française, comme représentant un jeune Lézard vert; ceci pourrait être une erreur,
attendu que rien dans cette figure, dont l'exécution est au-dessous
du médiocre, n'indique qu'elle ait été faite plutôt d'après un
Lézard vert que d'après l'une ou l'autre de nos autres espèces
indigènes.

Dans sa Zoologie de la Russie, M. Eichwald a bien évidemment
établi deux espèces au dépens de celle du présent article : ainsi

sa *Lacerta strigata* correspond à notre variété à cinq raies du
Lézard vert, et sa *Lacerta exigua* repose sur un jeune sujet de la
même espèce, dont les flancs portaient des séries de points blancs.
Il a également été décrit et figuré par M. Eversman (Mémoir. de
la Sociét. imper. des natur. de Mosc.) un jeune Lézard vert, sous
le nom de *Lacerta saxicola*. La *Lacerta bistriata*, représentée
dans les *Abbildungen* de Schinz est encore une variété du Lézard
vert, auquel il faut aussi rapporter la *Lacerta smaragdina* de
Meissner. Les *Lacerta chloronata*, *Lacerta chloris* et *Lacerta Michahellesii*, espèces que M. Fitzinger admet comme distinctes, ce
qu'il annonce d'une manière positive dans une lettre adressée par
lui au prince Charles Bonaparte, qui a bien voulu nous la communiquer, ne doivent pas non plus être séparées du Lézard vert,
dont la prétendue *Lacerta chloris* (laquelle correspond aux *Lacerta exigua*, Eichw. *Lac. saxicola*, Eversm.) est le jeune âge,
et la *Lac. Michahellesii* (*Lac. strigata*. Eichw.) notre variété *h*, ou
à cinq raies.

IIIe GROUPE. ESPÈCES A ÉCAILLES DORSALES DISTINCTEMENT GRANULEUSES, JUXTAPOSÉES.

A. Paupière inférieure squameuse.

7. LE LÉZARD OCELLÉ. *Lacerta ocellata.* Daudin.

CARACTÈRES. Deux plaques naso-frénales régulièrement superposées. Une occipitale triangulaire, aussi large ou plus large que la
frontale. Tempes revêtues d'un pavé de petites squames polygones,
sub-égales. Ecailles du dos petites, granuleuses, sub-ovales, légèrement en dos d'âne, très-serrées. Des dents au palais. Onze
squames au collier sous-collaire. Dix séries longitudinales de plaques ventrales, dont deux, les marginales externes, courtes,
composées de petites pièces non élargies; et huit longues composées de grandes pièces dilatées transversalement. Quatorze à
vingt pores fémoraux. Dessus du corps vert, varié, tacheté, réticulé ou ocellé de noir; de grandes taches bleues arrondies, sur
les flancs.

SYNONYMIE. *Lacertus major viridis admodum et simul eleganter
variegatus intermixtis maculis cœruleis*, Mus. Kirch. pag. 275.

Lacertus major Gibraltariensis, Petiver, Gazophyll. tab. 92, fig. 1.

Le gros Lézard vert et moucheté, Edw. Hist. natur. ois. tom. 4, pag. 202.

Le Lézard vert, Lacép. Hist. natur. quad. ovip. tom. 1, pag. 309, Pl. 20.

Le Lézard vert, Bonnat. Encycl. méth. Erpet. pag. 46, Pl. VI, fig. 3.

Die grune Eidechse, Bechst. de Lacepede's naturgesch. amph. tom. 2, pag. 21, tab. 2, fig. 1.

Lézard vert, variété a, Latr. Hist. nat. Salam. pag. XIV.

Le Lézard vert de Provence, Latr. Hist. natur. Rept. tom. 1, pag. 235.

Lacerta ocellata, Daud. Hist. Rept. tom. 3, pag. 125, tab. 33.

Lacerta Jamaicensis, id. Loc. cit. tom. 3, pag. 149.

Lacerta lepida, id. Loc. cit. tom. 3, pag. 204, tab. 37, fig. 1.

Le grand Lézard vert ocellé, Cuv. Règ. anim. (1re édit.) tom. 2, pag. 28.

Le Lézard gentil, id. Loc. cit. tom. 2 pag. 29.

Lacerta Jamaicensis, Kuhl. Beitr. pag. 122.

Lacerta ocellata, Goldf. Handb. Zoolog. pag. 270.

Lacerta ocellata, Merr. Tentam. Syst. amphib. pag. 65.

Lacerta ocellata, Lichtenst. Verzeichn. doublett. Zoologisch. Mus. Berl. pag. 92.

Lacerta ocellata, Riss. Hist. natur. Eur. mérid. tom. 3, pag. 86.

Lacerta ocellata, Fitzing. Neue classificat. Rept. pag, 51.

Le grand Lézard vert, Bory St.-Vinc. Résum. d'erpét. pag. 104.

Le Lézard ocellé, Desmar. Faun. Franc. Rept. Saur. Pl. V.

Le grand Lézard ocellé, Milne Edw. Ann. scienc. natur. tom. 16, pag. 63 et 82 ; tab. 5, fig. 1 et 10 ; tab. 7, fig. 6 ; tab. 8, fig. 4.

Lacerta ocellata, Dugès. Ann. scienc. natur. tom. 16, pag. 368, tab. 15, fig. 1, 2, 7, 8, 9.

Le grand Lézard vert ocellé, Cuv. Règn. anim. (2e édit. tom. 2, pag. 30.

Lacerta ocellata, Wagl. Syst. amph. pag. 155.

Lacerta ocellata, Ch. Bonap. Faun. italic. pag. et Pl. sans numéros.

The great green Lizard, Griff. anim. kingd. Cuv. tom. 9, pag. 116.

Eyed Lizard, Gray, Synops. Rept. in Griffith's anim. kingd. Cuv. tom. 9, pag. 32.

Lacerta ocellata, Meisn. De amphib. papill. glandul. femoral. pag. 10, tab. 1, fig. 1.

Lacerta margaritata, Schinz. naturgeschich. und abbildung. Rept. pag. 98, tab. 33, fig. 3.

Lacerta ocellata, Wiegm. Herpet. Mexic. pars 1, pag. 9.

Lacerta ocellata, Duv. in. Cuv. Regn. anim. (3ᵉ édit.) tab. 12.

DESCRIPTION.

Formes. Ceste espèce est la plus grande de toutes celles du genre auquel elle appartient ; l'ensemble de ses formes est le même que celui du Lézard vert. Sa tête fait le quart de l'étendue comprise entre le bout du nez et la racine de la queue ; en avant des yeux, les côtés en sont assez comprimés, ce qui rend le museau légèrement pointu, étant aussi un peu aplati à son extrémité. Les joues, au contraire, sont assez renflées. La hauteur de la tête est égale à la moitié, et sa largeur aux deux tiers de sa longueur.

Les pattes de devant, mises le long du cou, n'arrivent pas tout à fait jusqu'à la narine ; celles de derrière, placées le long du corps, atteignent presque toujours à l'épaule.

La queue entre pour plus des deux tiers dans la longueur totale de l'animal ; à son origine, elle est assez forte et cyclotétragone ; puis en prenant insensiblement une forme tout à fait circulaire, elle diminue peu à peu de diamètre jusqu'à sa pointe, qui se montre très-effilée.

Il y a de chaque côté du palais une douzaine de petites dents coniques, mousses, disposées irrégulièrement sur un ou deux rangs longitudinaux. On compte onze dents intermaxillaires, une quarantaine de dents maxillaires supérieures en tout, et environ vingt-quatre maxillaires inférieures de chaque côté.

Les plaques suscrâniennes sont réunies par des sutures fortement prononcées. En général, leur surface est creusée de légers sillons parallèles à leurs bords. La plaque occipitale est plus large ou au moins aussi large que la frontale : cette plaque occipitale a ordinairement la forme d'un triangle isocèle tronqué à son sommet antérieur ; quelquefois elle est divisée en deux ou trois parties. Il existe toujours un rang de granules bien distincts entre le bord interne surciliaire et la marge externe des plaques palpébrales.

La narine, petite ou médiocre, circulaire, est bordée en arrière par deux petites plaques naso-frénales superposées; l'inférieure est quadrilatère, affectant une figure triangulaire; la supérieure est pentagone, mais de forme presque carrée. La postnaso-frénale, qui a quatre ou cinq pans, est un peu penchée en avant et toujours plus étendue dans le sens vertical que dans le sens longitudinal de la tête; sa hauteur est égale à celle des deux naso-frénales. La fréno-oculaire est grande, un peu dilatée longitudinalement, un peu plus courte à son bord antérieur qu'à son bord postérieur, qui, assez souvent, présente plusieurs échancrures anguleuses. Les marges des paupières sont granuleuses, et le milieu de la surface de celle d'en bas est revêtu d'un pavé de petites écailles plates, polygones, régulièrement disposées par séries longitudinales.

Deux grandes plaques rectangulaires sont appliquées contre le bord supérieur de la tempe, qui est couverte de petites squames à plusieurs pans, plates ou faiblement renflées sur leur ligne médiane, et dont le diamètre diminue à mesure qu'elles s'éloignent de l'œil, pour se rapprocher de l'oreille. Parmi ces squames temporales du Lézard ocellé, il est très-rare d'en apercevoir une centrale un peu plus développée que les autres, ainsi que cela s'observe chez le Lézard des souches, le vert et le vivipare. Au reste ces squames, dans l'espèce du présent article, sont proportionnellement plus petites que dans les espèces que nous venons de citer.

L'oreille est grande, ovalaire.

L'écaillure des parties supérieures du Lézard ocellé se compose de pièces encore plus petites que chez le Lézard vert; sur le dessus et les côtés du cou, elles ressemblent à des granules circulaires; sur le dos, elles ont aussi la forme de granules, mais elles se montrent un peu ovales et légèrement en dos d'âne ou en toit; sur le haut des flancs elles sont moins épaisses, mais toujours faiblement renflées dans leur ligne médio-longitudinale; et plus elles se rapprochent du ventre, plus elles s'aplatissent en se dilatant peut-être un peu, et en prenant une figure rhomboïdale et une disposition imbriquée. Le nombre de ces écailles granuleuses est de soixante-quatorze dans une série transversale observée vers le milieu du tronc, de l'un des bords du ventre à l'autre.

Il y a cent deux, à cent sept verticilles autour de la queue, verticilles qui sont composés d'écailles quadrilatères allongées, étroites, carénées, et ayant comme une sorte de pointe obtuse à leur bord postérieur. Il n'existe pas de sillon transversal sous-maxillaire, ou il est excessivement peu marqué. Proportionnellement moins grandes que chez le Lézard vert, les écailles de la gorge et du dessous du cou s'y montrent cependant de la même forme, et disposées de la même manière. Le demi-collier anté-pectoral se compose de onze squames imbriquées de dehors en dedans sur la médiane; le bord libre en est crénelé. La poitrine est couverte d'une trentaine de squames. Les plaques de l'abdo-men sont disposées sur dix séries longitudinales; aux séries mar-ginales elles sont très-petites, sub-losangiques, et au nombre d'une vingtaine dans chacune; aux séries qui touchent immédiatement à ces marginales externes, elles sont paraboliques, et à peine plus larges que longues; aux séries médianes, sub-hexagones sur la ré-gion antérieure, paraboliques sur la région postérieure; et aux quatre autres séries, rhomboïdales ou sub-rectangulaires, très-dila-tées transversalement. Chacune de ces huit dernières séries contient vingt-cinq ou vingt-six plaques. La région préanale offre une grande plaque, au devant de laquelle il y a un, deux et même trois rangs curvilignes de petites squames en losanges, ou rhom-boïdales. Le dessous de chaque cuisse est percé de douze à dix-huit pores.

Coloration. Les individus de cette espèce, conservés dans nos collections, présentent les différences suivantes dans la manière dont ils sont colorés. Parmi ceux qu'on doit considérer comme parvenus à l'état adulte, il en est qui, tantôt sur un fond oli-vâtre, tantôt sur un fond noir, ont le dessus du cou et la région dorsale parcourus par des lignes réticuliformes, jaunes, entre-mêlées de petits anneaux de la même couleur. Chez d'autres, ce fond est jaunâtre, marqué d'un grand nombre de petits cercles bruns ou olivâtres, entre lesquels serpentent des traits également bruns ou olivâtres. Quelques-uns offrent, en travers du dos des bandes olivâtres, sur lesquelles sont imprimés des anneaux jaunes, et qui sont séparés les uns des autres par des lignes en zigzag ou réticulaires dessinées sur un fond noir. Ces trois dif-férentes variétés ont les régions inférieures jaunâtres, le dessus de la tête et celui de la queue olivâtres, parfois semés irrégulière-ment de petites taches brunes. Sur les flancs on aperçoit de grandes taches arrondies, d'un bleu évidemment altéré par la liqueur conservatrice. Nous possédons un échantillon dont le bout et les côtés du museau sont jaunes, qui a le crâne verdâtre et les tempes, le dessus et les côtés du cou, les flancs et la face supérieure des membres colorés uniformément en vert bleuâtre ; le dessous de son corps est blanc, glacé de vert. Nos jeunes sujets ont leurs parties inférieures blanches, et les côtés de la tête, le cou, le dos, les flancs et les membres, en dessus semés, sur un fond vert, olivâtre ou ardoisé, d'un grand nombre de gouttelettes blanches, environnées chacune d'un cercle noir. Il y a certains individus qui conservent toute leur vie la livrée du jeune âge ; nous en possédons un qui est dans ce cas : il a été envoyé d'Alger par M. Guyon.

Le mode de coloration du Lézard ocellé, dans l'état de vie, diffère assez de celui que nous venons de faire connaître d'après des individus morts, pour que nous croyions devoir reproduire ici la description détaillée qu'en a publiée M. Dugès dans sa Monographie des Lézards de France.

Premier âge. « Lorsque l'animal est vivant et récemment dé-
» pouillé de son épiderme, tout le dessous du corps et des membres
» est d'un blanc verdâtre, le dessus d'un vert décidé. Cette teinte
» reste pure, ou bien elle est tachetée de jaune sur la tête. La
» paupière supérieure porte un gros point noir ; le dessus du cou
» et du dos est partagé par douze à treize bandes noires, irrégu-
» lièrement transversales, sur chacune desquelles sont semées
» quatre à cinq taches rondes de couleur jaune d'or ou un peu
» verdâtre, mais toujours plus pâles que le fond. Sur les flancs,
» les bandes noires se prolongent en embrassant des taches éga-
» lement arrondies et d'un bleu clair : on en compte sept à huit
» à chaque rangée longitudinale, et ces rangées sont au nombre
» de trois à quatre. Sur la face interne des membres, on trouve
» aussi plusieurs bandes noires semées de taches jaunes. Le dessus
» de la queue est moucheté de noir et de jaunâtre, sur un fond
» vert. La langue est noire, l'iris d'une couleur orangée terne, les
» ongles noirâtres. A mesure que le Lézard avance en âge, on
» voit la couleur jaune des taches devenir de plus en plus verte,
» et le bleu de plus en plus foncé. Chez un certain nombre d'in-
» dividus, les bandes noires se divisent : elles ne forment plus
» qu'une bordure circulaire à chaque tache jaune, et des mou-
» chetures noires se disséminent dans leurs intervalles. Enfin,

» lorsque l'animal a atteint dix à quinze pouces de longueur to-
» tale, et assez constamment dans les mois de juillet et d'août,
» un granule ou deux commencent à brunir, puis à noircir au
» centre de chaque tache jaune : c'est le passage du premier au
» deuxième âge ; passage qui s'opère plus promptement chez les
» mâles que chez les femelles, et qui a sans doute quelque relation
» avec la puberté. »

Deuxième âge. « Le fond vert se distingue encore du vert-jaune,
» moins foncé des taches ocellées. Celles-ci, rarement isolées, or-
» dinairement unies par des lignes ou des taches noires, sont en
» nombre égal aux taches jaunes de l'âge précédent, et compo-
» sées d'une ligne noire irrégulièrement circulaire, entourant
» une ligne verdâtre, qui elle-même enferme deux ou trois gra-
» nules noirs. Ce noir tire quelquefois sur le rouge ; le dessus de
» la tête est aussi fréquemment bronzé ; ces taches des flancs se
» sont agrandies, et leur bleu est devenu plus vif. Le point noir
» de la paupière supérieure persiste ; la langue perd sa couleur
» noire. Les membres, et surtout les postérieurs, conservent
» longtemps des taches uniformes d'un vert clair, entouré de noi-
» râtre ; plus tard un point noir se forme aussi à leur centre : la
» queue ne change pas. »

Troisième âge. « La disposition ocellée est conservée plus long-
» temps par les femelles que par les mâles. Chez ceux-ci on ne
» trouve, à un certain âge, qu'un réseau de lignes en zigzag,
» les unes noires, les autres vertes, irrégulièrement entremêlées
» avec des points de même couleur. A cette époque, le fond pri-
» mitif ne se distingue plus de ce qui a d'abord appartenu aux
» taches : ce qui se conserve le mieux et le plus intact, ce sont les
» taches bleues des flancs ; quelquefois leur bordure noire a dis-
» paru. Le dessous du corps est souvent aussi d'un vert bleuâtre ;
» le gosier, un peu plus pâle, est fréquemment ondé de nuances
» d'un vert tirant sur le jaune. Les taches bleues, dont nous avons
» parlé, sont celles que l'alcool altère le plus promptement. »

DIMENSIONS. *Longueur totale*, 43" 6'". *Tête.* Long. 4" 3'". *Cou.*
Long. 2" 8'". *Tronc.* Long. 10" 5'". *Membr. antér.* Long. 5" 5'".
Membr. postér. Long. 8". *Queue.* Long. 26".

PATRIE ET MŒURS. L'Europe et l'Afrique produisent le Lézard
ocellé ; dans la première de ces deux parties du monde, c'est
dans le midi de la France, en Italie, en Espagne qu'on les rencontre. Dans la seconde, il n'a jusqu'ici encore été observé qu'en

Algérie. Cette espéce, lorsqu'elle est jeune, dit M. Dugès, se creuse le plus souvent un terrier ou boyau le long des fossés d'une terre labourable, et surtout un peu sablonneuse. A l'âge adulte, elle s'établit dans un sable dur, souvent entre deux couches d'une roche calcaire et sur une pente rapide, abrupte, exposée plus ou moins directement au midi ou au sud est. Je l'ai aussi trouvée, ajoute ce savant naturaliste, entre les racines d'une vieille souche, soit dans les vignes, soit dans les haies. Le Lézard ocellé se nourrit de v rs et d'insectes appartenant particulièrement à l'ordre des Orthoptères et des Coléoptères ; la femelle pond sept à huit œufs oblongs.

Observations. C'est une chose bien reconnue aujourd'hui que le Lézard gentil de Daudin, avait été établi sur un jeune Lézard ocellé. Il est également certain que le gros Lézard vert et moucheté de Georges Edwards, dont Daudin a fait son Lézard de la Jamaïque ne diffère pas de l'espèce du présent article. Le Lézard ocellé est le type de la description du Lézard vert de Lacépède, qui en a donné une figure assez reconnaissable, faite d'après un individu qui avait été envoyé de Provence au Muséum d'histoire naturelle. A l'histoire du Lézard ocellé, l'auteur de l'ouvrage sur les qua-drupèdes ovipares, a mêlé celle du Lézard vert ordinaire, et mentionné dans le même article une espèce fort différente, c'est-à-dire la *Lacerta viridis* de Catesby, qui est l'*Anolis chloro-cyanus*.

8. LE LÉZARD DU TAURUS. *Lacerta Taurica.* Pallas.

CARACTÈRES. Une seule plaque naso-frénale ; une occipitale, pe-tite ; des dents au palais. Tempes revêtues de petites squames hexagones ou sub-hexagones, plates, lisses, au milieu desquelles il en est une plus dilatée que les autres. Sillon gulaire bien marqué. Ecailles dorsales, petites, circulaires, convexes. Collier sous-collaire crénelé, composé de neuf à onze squames. Six séries longitudinales de plaques ventrales. Parties supérieures olivâtres, avec deux raies blanchâtres de chaque côté du dos, entre les-quelles (chez les femelles) est un semis de gouttelettes noirâtres. Flancs marqués de zigzags noirs (chez les mâles).

SYNONYMIE. *Lacerta Taurica*, Pall. Zoograph. Ross. asiatic. tom. 3, pag. 30.

Lacerta Peloponesiaca, Bib. et Bory, Expédit. scientif. Mor. Rept. pag. 66, 3e série, tab. 10, fig. 4.

REPTILES. V..   15

Lacerta muralis, id. loc. cit. pag. 66, 3e série, tab. 10, fig. 2, a, b, c, d (mâle); fig. 3, a, b, c, d (femelle).

Lacerta agilis, Ménest. Catalog. raison. pag. 60, n° 209, excl. synonym. *Lac. muralis*, Latr. (*Lac. muralis.*)

Lacerta Tauriea, Ratke. Beitr. Faun. Krym. Mém. des sav. étrang. Académ. Imper. scienc. St.-Pétersb. tom. 3, pag. 302, tab. 2, fig. 1-4.

DESCRIPTION.

FORMES. Cette espèce a les formes peut-être un peu moins svelte que le Lézard des murailles, et un peu plus élancées que le Lézard des souches. Néanmoins sa tête est courte, épaisse, obtuse en avant comme celle de ce dernier. La longueur de cette tête fait le quart de l'étendue de l'animal, mesurée depuis le bout du museau jusqu'à la racine de la queue.

La patte de devant, couchée le long du cou, arrive au bord antérieur de l'œil; celle de derrière, appliquée contre le flanc, montre qu'elle a les deux tiers de sa longueur, et quelquefois un peu plus.

La queue est une fois plus longue que le reste du corps; conique et arrondie dans la plus grande partie de son étendue, elle offre cependant une forme cyclotétragone à son origine.

Il existe plusieurs petites dents coniques de chaque côté de l'échancrure du palais. On compte onze dents intermaxillaires, quarante maxillaires supérieures, et environ quarante-six maxillaires inférieures.

La plaque occipitale, de forme triangulaire, est assez petite, c'est-à-dire moitié moins large que la frontale. On n'observe qu'une seule plaque naso-frénale, qui est quadrilatère, et un peu plus petite et aussi moins haute que la post-naso-frénale, dont la figure est la même. La fréno-oculaire, assez développée, également à quatre pans, en offre un, le postérieur, qui est moins court que l'antérieur et légèrement ondulé.

Les paupières, les oreilles ressemblent à celles du commun des Lézards.

Trois et quelquefois quatre petites plaques sont appliquées contre le bord supérieur de la tempe, dont le reste de la surface présente un pavé de petites squames plates, lisses, hexagones, souvent sub-circulaires, parmi lesquelles on en remarque une centrale plus dilatée que les autres, quand les squames qui entourent celle plus grande qui occupe le milieu de la tempe, se trouvent être assez petites, ce qui arrive quelquefois; alors cette tempe du Lézard du Taurus ne diffère pas de celle du Lézard des murailles. Le sillon gulaire est très-prononcé; quant aux écailles de la gorge et du dessous du cou, elles sont les mêmes que chez le Lézard vert. Le demi-collier sous-collaire se compose de neuf à onze scutelles, assez grandes, quadrilatères et imbriquées de dehors en dedans sur la médiane, d'une manière un peu oblique, ce qui donne au bord libre du demi-collier l'apparence dentelée ou crénelée. Le dessus et les côtés du cou, ainsi que le dos, sont garnis de petites écailles serrées les unes contre les autres, circulaires, en apparence simplement convexes, mais réellement coniques, ainsi qu'on le reconnaît lorsqu'on les examine à la loupe. Celles des côtés du tronc sont aplaties, quadrilatères, et ont leurs angles arrondis; les plus voisines du dos semblent avoir leurs lignes médianes légèrement renflées. Une des rangées transversales que forment ces écailles du dos et des flancs, en contient cinquante-six à soixante. Il y a environ dix-huit scutelles sur la poitrine. Les plaques ventrales forment vingt-six ou vingt-sept rangées transversales et huit séries longitudinales : aux deux séries marginales, qui sont plus courtes que les autres, elles ont un fort petit diamètre. Quant à la forme de toutes ces plaques ventrales, elle est absolument la même que chez le Lézard vert, auquel le Lézard du Taurus ressemble encore par son écaillure préanale. Le nombre des pores fémoraux est de quatorze à vingt de chaque côté. Les écailles caudales sont allongées, étroites, à quatre pans, dont un, le postérieur, fait un peu l'angle obtus; chacune d'elles est surmontée d'une carène longitudinale.

COLORATION. En dessus, les individus des deux sexes offrent une couleur olivâtre; en dessous une teinte blanche, glacée de vert ou de bleu; dans l'état de vie, la face inférieure des membres et de la queue est d'une teinte rouge rosée. Les mâles ont les parties latérales du cou et du tronc marquées de taches noires confluentes qui forment comme des zigzags. Ces taches sont plus ou moins nombreuses, plus ou moins dilatées, et parfois assez distinctes les unes des autres. Les femelles laissent voir, de chaque côté du dos, deux raies blanchâtres ou jaunâtres, entre lesquelles il existe un semis de points noirs. On peut aussi apercevoir ces raies, mais rarement, chez les individus de l'autre sexe.

15.

Jeune âge. La collection renferme un jeune individu de cette espèce, dont les parties supérieures sont d'un brun foncé ; il porte deux raies blanches sur le milieu du dos , et deux autres de même couleur le long de chaque flanc.

Dimensions. *Longueur totale*, 20" 6'". *Tête.* Long. 1" 9'". *Cou.* Long. 1". *Tronc.* Long. 4" 5'". *Membr. antér.* Long. 2" 1'". *Membr. postér.* Long. 3" 4'". *Queue.* Long. 13" 2'".

Patrie. Cette espèce, qui nous paraît être bien évidemment la *Lacerta Taurica* de Pallas, vit en Crimée, et est fort commune en Morée, d'où elle a été rapportée en grand nombre par les membres de la commission scientifique ; on l'a également reçue de Corfou, et nous-même l'avons trouvée en Sicile, où nous avons observé que ses habitudes sont les mêmes que celles du Lézard des murailles.

Observations. Cette *Lacerta Taurica* a été décrite et figurée récemment par M. Ratke, dans sa Faune de Crimée. Des individus recueillis dans ce pays par M. Nordmann, qui nous a permis de les examiner, nous ont offert une exacte ressemblance avec des sujets trouvés en Grèce et en Sicile ; pourtant, chez ceux-là, la taille est peut-être un peu plus grande . et le dessin plus large et mieux coloré que chez ceux-ci. Nous avions à tort décrit et fait représenter, sous le nom de *Lacerta Peloponesiaca* le jeune âge de ce Lézard du Taurus, dans le grand ouvrage sur la Morée, à côté d'individus adultes, que nous considérions comme appartenant à une espèce différente , c'est-à-dire au Lézard des murailles : erreur que nous nous empressons de rectifier aujourd'hui.

9. LE LÉZARD DES MURAILLES. *Lacerta muralis.*

Caractères. Une seule plaque naso-frénale , une très-petite occipitale ; très-rarement des dents au palais. Tempes offrant chacune une grande plaque discoïdale, autour de laquelle sont des petites écailles sub-circulaires. Sillon gulaire distinct. Demi-collier sous-collaire non dentelé, composé de onze squames. Ecailles du dos, petites, circulaires, convexes ; six séries de plaques ventrales.

Synonymie. ? *Lacerta* , Mathioli , Comment. Dioscor. pag. 199.
? *Lacerta cinereus* , Schwenckf. Theriotroph. Siles. pag. 149.
Lacerta agilis, Wulff, Ichthyolog. Boruss. cum amphib. pag. 4.

Seps muralis, Laur. Synops. Rept. pag. 61 et 162, tab. 1, fig. 4.

Seps sericeus, id. loc. cit. pag. 6: et 160, tab. 2, fig. 5.

Lacerta tiliguerta caliscertula, Cetti amfibi e Pesci di Sardeg. tom. 3, pag. 15.

Le Lézard gris d'Espagne, Daub. Hist. sociét. roy. médec. 1780-1781.

Le Lézard gris, Daubenton. Anim. quadrup. ovip. pag. 636.

Le Lézard gris, Lacép. Hist. quadrup. ovip. tom. 1. pag. 298.

Le Lézard tiliguerta, id. loc. cit. tom. 1, pag. 320.

Le Lézard gris, Razoumousk. Hist. nat. Jor. tom. 1, pag. 103, tab. 1, fig. 2, a.

Le Lézard gris, Bonnat. Encycl. méthod. pag. 44, Pl. 6, fig. 2.

Ameiva tiliguerta, Mey. synops. Rept. pag. 28, n° 2.

Die tiliguerta, Donnd. Thiergesch. pag. 430, n° 15.

Die Kleine sardinische eidex, id. Europaisch. Faun. tom. 7, pag. 142, n° 1.

Die tiliguerta, Donnd. Zoolog. Beytr. tom. 3, pag. 112.

Die Graue Eidechse, Bechst. de Lacepede's naturgeschicht. amphib. tom. 2, pag. 1.

Die Tiliguerta, id. loc. cit. tom. 2, pag. 31.

Le Lézard des murailles, Latr. Hist. Salamand. pag. XVI.

Tiliguerta Lizard, Schaw, Gener. zoolog. tom. 3, pag. 249.

Le Lézard gris, Latr. Hist. Rept. tom. 1, pag. 229.

Le Lézard tiliguerta, id. loc. cit. pag. 239.

Le Lézard gris des murailles (Lacerta agilis), Daud. Hist. natur. Rept. tom. 3, pag. 211, Pl. 38, fig. 1.

Lacerta Brongnartii. id. loc. cit. pag. 221.

Lacerta maculata, id. loc. cit. pag. 208, Pl. 37, fig. 2.

Lacerta tiliguerta, id. loc. cit. pag. 167.

? *Lacerta olivacea*, Rafin, Alcun. nuov. gener. della Sicil. pag. 8.

? *Lacerta puccina*, id. loc. cit. pag. 8.

Le Lézard gris des murailles, Cuv. Règn. anim. (2e édit.), tom. 2, pag. 29.

Lacerta sericea, Merr. Tentam. syst. amphib. pag. 63.

Lacerta tiliguerta, id. loc. cit. pag. 64.

Lacerta maculata, id. loc. cit. pag. 65.

Lacerta muralis, id. loc. cit. pag. 67.

Lacerta muralis, Lichtenst. Verzeichn. doublett. des zoologisch. Mus. Berl. pag. 92, exclus. synonym. *Lacerta pyrrogaster,* Merrem ; *Lacerta vivipara* , Jacquin (Lacerta vivipara) ; *Lacerta Taurica* , Pall. (*Lacerta Taurica.*)

Lacerta agilis (Lézard gris), Riss. Hist. natur. Europ. mérid. tom. 3, pag. 86.

Lacerta maculata , id. loc. cit. pag. 86.

Lacerta Merremia , id. loc. cit. pag. 86.

Lacerta fasciata , id. loc. cit. pag. 87.

Lacerta muralis , Fitzing. Neue classif. Rept. pag. 51, exclus. synonym. *Lacerta lepida,* Daudin. (Lacerta ocellata.)

Lacerta tiliguerta , id. loc. cit. pag. 51.

Seps muralis , Koch , Sturm. deutsch. Faun. abtheil. 3 , heft 5, und 6.

Lacerta agilis (Lézard gris des murailles), Millet, Faune de Maine-et-Loire tom. 2 , pag. 612.

Le Lézard Brongniartien , Desmar. Faun. Franc. Pl. 9, fig. 1.

Le Lézard des murailles , Milne Edw. Ann. scienc. natur. tom. 16. pag. 67 et 84 , tab. 6 , fig. 1 ; tab. 7, fig. 3 ; tab. 8, fig. 2.

Lacerta muralis , Dugès , Ann. scienc. natur. tom. 16, pag. 380, tab. 15 , fig. 5.

Lacerta muralis , Gené. Osservazion. intorn. alla tiliguerta di Cetti ; Mem. delle scienz. di Torin. tom. 36, pag. 302.

Le Lézard gris des murailles , Cuv. Règn. anim. (2e édit.), tom. 2 , pag. 31.

Lacerta muralis , Guér. Icon. Règ. anim. Cuv. Rept. tab. 5 , fig. 1.

Podarcis muralis , Wagl. Syst. amph. pag. 155.

Podarcis muralis , Ch. Bonap. Faun. Ital. pag. et pl. sans numéros.

Lacerta agilis , Griff. Anim. kingd. Cuv. tom. 9, pag. 116 , tab. 38 , fig. 1.

Lacerta muralis , Eichw. Zoolog. Ross. et Polon. tom. 3 , pag. 189.

Lacerta muralis , Schinz. Naturgesch. und Abbild. pag. 101 , tab. 39 , fig. 1 et 2.

Lacerta Saxicola , Eversm. Nouv. mém. Sociét. Impér. natur. Mosc. tom. 3 , pag. 349, tab. 30, fig. 1.

Podarcis muralis , Wiegm. Herpet. Mexic. pars 1, pag. 9.

Le Lézard gris des murailles, Holl. Notice sur les Musar. et quelques autres animaux des environs de Metz, pag. 9.

Le Lézard gris des murailles, id. Faun. départem. Moselle.

Podarcis muralis. Tschudi, Monograph. der Schweizerisch. Echs. (Nouv. mém. sociét. scienc. nat. tom. 1, pag. 34.)

Lacerta Saxicola, Krynicki, Observ. Rept. indigen. (Bullet. societ. impér. natur. Mosc. 1837, n° 111.)

Lacerta muralis, Schinz. Faun. Helvet. (Nouv. mém. sociét. helvét. scienc. nat. tom. 1, pag. 138.)

Podarcis Merremi, Fitzing. in litter. Ch. Bonap.

DESCRIPTION.

Formes. La tête du Lézard des murailles a en longueur le quart de l'étendue qui existe depuis le bout du museau jusqu'à l'origine de la queue. En général elle est distinctement déprimée; mais quelquefois sa hauteur postérieure est presque égale à sa plus grande largeur; l'extrémité antérieure en est toujours assez pointue.

Les pattes de devant, lorsqu'on les couche le long du cou, atteignent soit à la narine, soit au bout du nez; celles de derrière se montrent tantôt d'un tiers moins longues, tantôt aussi longues, et même un peu plus longues que les flancs.

La queue, cyclotétragone à son origine, s'arrondit peu à peu en s'effilant beaucoup vers sa pointe; son étendue fait les deux tiers de toute celle de l'animal.

La plupart des individus n'ont pas de dents au palais; néanmoins on en rencontre quelques-uns chez lesquels il en existe réellement; les dents inter-maxillaires sont au nombre de six à neuf; les maxillaires supérieures, de trente à trente-quatre, et les inférieures, de plus de quarante.

La narine, petite, circulaire, est limitée en arrière par une plaque naso-frénale quadrangulaire, plus ou moins rétrécie vers le haut. La post-naso-frénale est carrée; la fréno-oculaire, l'occipitale et l'interpariétale sont semblables à celles de l'espèce précédente. Une plaque circulaire, ou comme on la nomme le disque massetérin, dont le diamètre est très-variable, occupe à peu près le milieu de la région temporale, contre le bord supérieur de laquelle sont appliquées quatre ou cinq petites squames sub-quadrilatères, et dont le reste de la surface est couvert de granules disco-hexagones ou ovalaires.

Les paupières et les oreilles n'offrent rien de particulier.

Les petites pièces qui composent l'écaillure de la gorge et du dessous du cou, ont la même forme et la même disposition que chez les espèces précédentes ; toutefois elles sont proportionnellement plus petites que celle du Lézard du Taurus. Le sillon gulaire est bien marqué. Le bord libre du demi-collier antépectoral est droit et non crénelé ou dentelé comme celui des Lézards des souches, vert, ocellé, et du Taurus : on compte, à ce demi-collier, neuf à onze squames en général assez épaisses.

Les régions cervicale et dorsale offrent des granules en apparence circulaires et simplement convexes, mais qui sont réellement sub-ovales et un peu en dos d'âne, ainsi qu'on le reconnaît en les examinant avec le secours de la loupe. Les côtés du tronc en sont revêtus, et leur forme est à peu près la même quoique assez aplatis. Une rangée transversale de ces écailles, à partir d'un bord du ventre à l'autre, en contient une soixantaine. On compte environ vingt-deux squames sur la poitrine. Les plaques abdominales, toutes à peu près carrées, forment six séries longitudinales, et vingt-trois ou vingt-quatre rangées transversales. Une seule plaque couvre presque toute la région préanale ; elle offre en avant et de chaque côté une bordure curviligne, composée de deux rangées de petites squames. Le dessous de chaque cuisse est percé de quinze à vingt pores. Les écailles de la face inférieure de la queue sont lisses, celles de la face supérieure carrées ; mais les unes et les autres ont une forme quadrilatère, allongée, étroite, avec une petite pointe obtuse à leur bord postérieur.

COLORATION. *Variété* a. Les parties supérieures sont d'un gris olivâtre, parfois ondées d'une teinte plus claire, laquelle forme de chaque côté du dos une raie qui prend naissance à l'angle du bouclier suscrânien, et se termine au-dessus de la cuisse. Le haut des flancs est semé de petites taches blanchâtres sur un fond brun. Tout le dessous du corps offre une couleur jaune blanchâtre. Cette variété a été observée par nous en Sicile. La collection du Muséum en renferme plusieurs échantillons.

Variété b. Le dessus de la tête est olivâtre, le dos d'un vert grisâtre, quelquefois doré, et offrant à droite et à gauche une raie blanchâtre placée entre deux séries de points noirs Certains individus ont une troisième raie semblable à celles-ci sur la ligne moyenne et longitudinale du corps. Les flancs présentent une teinte cuivreuse ou dorée, et sont aussi, dans quelques cas, coupées longitudinalement par une ligne blanchâtre, bordée de très-petits points noirs. La face supérieure des membres et de la queue est à peu près de la même couleur que le dos. Toutes les régions inférieures sont blanches ou d'un rouge de brique, ou d'un rose plus ou moins foncé. Cette seconde variété se trouve dans le royaume de Naples, en Dalmatie et à Ténériffe.

Variété c. Le bouclier suscrânien est irrégulièrement tacheté de noir, sur un fond fauve olivâtre ; le dos grisâtre ou roussâtre, et chacun de ses côtés marqué d'une bande noire qui commence derrière l'œil et va finir sur les parties latérales de la queue : sur cette bande noire sont imprimées deux raies blanches qui partent, l'une du bord supérieur de la tempe, l'autre du dessous de l'œil, pour aller se perdre toutes deux vers l'extrémité caudale. En général, le dessus des membres, dont la couleur ressemble à celle du dos, est semé de gouttelettes blanches ; deux séries de taches noires se font parfois remarquer sur la queue. En dessous il règne partout une teinte blanchâtre. La France, l'Italie et la Corse produisent cette variété. Nous en possédons de ce dernier pays un échantillon qui nous a été donné par M. Rambure.

Variété d. Elle diffère de la précédente, en ce qu'elle a le dos marqué de taches noires plus ou moins serrées les unes contre les autres, formant ordinairement des séries transversales ondulées. On remarque souvent des individus appartenant à cette variété, qui ont les bords des bandes noires des côtés du corps crénelés ou comme déchiquetés. Il en est aussi dont les flancs offrent des taches bleues, arrondies ; taches qui disparaissent dans l'alcool. La collection renferme des individus appartenant à cette variété, qui ont été recueillis en France, en Espagne et dans les environs de Trébizonde. C'est à cette variété que se rapporte la *Lacerta maculata* de Daudin.

Variété f. Toutes les parties supérieures, à l'exception de la queue, sont piquetées de noir sur un fond gris fauve ; une bande brune, assez pâle, s'étend depuis le bord postérieur de l'œil jusqu'au-dessous de la cuisse. Inférieurement, le corps est d'un blanc jaunâtre ; la gorge et la face externe des membres sont semées de petits points noirs : nous n'avons jamais vu de cette variété que quelques individus récoltés en Espagne par M. Rambure, qui les a généreusement donnés au Muséum.

Variété g. Il existe, sur un fond gris-fauve, gris olivâtre

ou gris verdâtre , des taches irrégulières noirâtres , souvent confondues ensemble. Elles forment trois séries, occupant, l'une a
ligne moyenne et longitudinale, les deux autres les parties latérales du dos ; chacune de ces taches est plus ou moins complétement entourée de blanchâtre. Des taches bleues se remarquent
aussi quelquefois le long des flancs , comme dans la variété précédente. Cette variété g se rencontre en France , en Italie et en
Corse.

Variété h. Une belle couleur verte, qui devient bleuâtre et
ardoisée dans l'alcool, est répandue sur le dessus et les côtés de la
tête, sur ceux du cou, sur le dos et la face supérieure des membres. Des taches irrégulières, brunes ou noirâtres, souvent confluentes, se montrent en plus ou moins grand nombre sur les
flancs ; d'autres taches noires se laissent voir sur le dessus des
pattes. La queue est olivâtre. Toutes les régions inférieures sont
blanches, le plus souvent glacées de verdâtre. C'est sans doute à
cette variété , dont la collection renferme des échantillons, les uns
recueillis par nous-même en Sicile, les autres envoyés de Rome
par le prince Ch. Bonaparte , que se rapporte la *Lacerta tiliguerta*
de Cetti.

Variété i. On remarque sur les parties supérieures, dont le
fond de la couleur est grisâtre, d'abord une bande brune ou
noire, formant une sorte de chaînon qui règne depuis la nuque
jusque sur la queue : puis d'autres taches noires de la forme et de
la disposition desquelles il résulte, sur les parties latérales du cou
et du tronc, une espèce de marbrure ou de dessin réticulaire. En
dessous, toutes les régions sont blanches. Cette variété habite particulièrement l'Italie. Nous en possédons des échantillons qui
proviennent de Rome, de Naples et de presque tous les points de
la Sicile.

Variété j. Ici toutes les parties supérieures sont plus ou moins
largement marbrées ou vermiculées de noir sur un fond gris, ou
gris olivâtre ou gris verdâtre. Le dessous du corps est blanc. Nos
échantillons ont été rapportés de Corse, de Naples et de Sicile.

Variété k. Cette variété a tout le dessus du corps d'un noir
profond, sur lequel sont répandues un très-grand nombre de taches formant, soit des marbrures, soit un dessin vermiculaire ; les
parties inférieures sont blanches et semées de taches noires quelquefois très-dilatées, et si rapprochées les unes des autres, que ces
parties paraissent entièrement noires. C'est également de Rome, de

Naples et de Sicile que notre musée a reçu des exemplaires ains[i] colorés.

DIMENSIONS. *Longueur totale* 22" 5"'. *Tête.* Long. 22" 5"'. *Cou.* Long. 1" 8"'. *Tronc.* Long. 4" 2"'. *Membr. antér.* Long. 2" 3"'. *Membr. postér.* Long. 4". *Queue.* Long. 15".

PATRIE. Le Lézard des murailles est répandu dans toute l'Europe ; il habite aussi la partie occidentale de l'Asie.

Observations. Au nombre des espèces nominales qui , avec juste raison, ont été, dans ces derniers temps, rapportées au Lézard des murailles, il faut, selon nous, ajouter la *Lacerta Saxicola* d'Eversmann , qui n'en est pas non plus différente.

10. LE LÉZARD OXYCÉPHALE. *Lacerta oxycephala.* Schlegel.

CARACTÈRES. Une plaque naso-frénale seulement, une occipitale plus étroite que la frontale. Pas de dents au palais. Tempes garnies de petites écailles bombées, au milieu desquelles il en est une moins petite que les autres. Ecailles dorsales , ovales, légèrement convexes. Six séries de plaques ventrales.

SYNONYMIE. *Lacerta oxycephala* , Schleg. Mus. Lugd. Batav.

DESCRIPTION.

FORMES. Ce Lézard , bien que fort voisin du Lézard des murailles, en diffère cependant par la dépression beaucoup plus grande de la tête ; par son museau plus allongé , plus pointu ; par le développement remarquablement moindre des squames de son demicollier sous-collaire ; enfin par la forme assez régulièrement ovale du disque que composent les plaques palpébrales ou sus-oculaires ; disque qui, chez le Lézard des murailles , est rétréci en angle presque aigu antérieurement , et que ne bordent pas extérieurement des granules aussi gros que dans le Lézard oxycéphale , où ces granules s'avancent aussi un peu plus en avant que cela n'a lieu chez l'espèce précédente. Le Lézard oxycéphale se distingue encore du Lézard des murailles, par son disque masséterin, qui est excessivement petit, c'est-à-dire à peine deux fois plus grand que les petites écailles convexes, sub-circulaires, qui revêtent les régions temporales.

Quelquefois la plaque naso-frénale est divisée en deux, suivant le sens longitudinal.

COLORATION. Les parties supérieures présentent une teinte ou roussâtre, ou d'un vert-olive, ou bleuâtre ; un dessin réticulaire de couleur brune, à mailles presque arrondies, couvre le cou et le dos, d'où il descend sur les flancs. Le bouclier sus-crânien est tacheté de noir, d'autres taches noires sont semées sur les côtés du ventre, quelquefois sur la poitrine et sous les membres. Le fond de la couleur de toutes les régions inférieures du corps est d'un blanc-verdâtre ; chez les jeunes sujets, le dessin réticulaire du dos est très-peu distinct.

DIMENSIONS. *Longueur totale*, 19" 8'". *Tête*. Long. 2". *Cou*. Long. 1" 5'". *Tronc*. Long. 4" 5'". *Membr. antér*. Long. 2" 6'". *Membr. postér*. Long. 4". *Queue*. Long. 11" 8'".

PATRIE ET MŒURS. La collection renferme cinq individus appartenant à cette espèce : deux proviennent du musée de Leyde, où ils avaient été envoyés de Dalmatie ; les trois autres ont été donnés à notre établissement par M. Rambure, qui les a recueillis lui-même dans l'île de Corse. Ce savant entomologiste a observé que le Lézard oxycéphale ne se rencontre jamais dans les plaines; il habite, au contraire, les parties les plus élevées des montagnes, où il se tient toujours dans les rochers.

Observations. Nous avons conservé à cette espèce le nom sous lequel elle nous a été envoyée du musée de Leyde.

. LE LÉZARD DE DUGÈS. *Lacerta Dugesii*. Milne Edwards.

CARACTÈRES. Deux plaques naso-frénales, superposées ; une occipitale moins large que la frontale. Pas de dents au palais. Tempes revêtues de petites écailles égales, sans disque masséterin au milieu. Sillon gulaire légèrement marqué. Demi-collier sous-collaire, non dentelé, composé de onze à treize petites squames. Écailles dorsales très-petites, granuleuses. Six séries de plaques ventrales.

SYNONYMIE. ? *Lacerta Maderensis*, Fitzing. Neue classiff. Rept. pag. 51.

Lacerta Dugesii, Milne Edw. Ann. scienc. nat. tom. 16, pag. 84, tab. 6, fig. 2.

DESCRIPTION.

FORMES. Cette espèce a l'ensemble des formes du Lézard des murailles; mais sa tête, quoique aussi épaisse en arrière, est plus pointue en avant. Le cou est renflé, c'est-à-dire un peu plus large et un peu plus haut que la tête ; et sa peau, immédiatement en arrière de celle-ci, forme tout autour un petit pli dont ≀e bord libre est dirigé en avant.

Les pattes antérieures s'étendent jusqu'au bout du museau, lorsqu'on les couche le long du cou. Les postérieures offrent une longueur à peu près égale à celle qui existe entre l'aisselle et l'aine.

La queue, cyclotétragone à sa racine, conique dans le reste de son étendue, fait les deux tiers de la longueur totale de l'animal.

Nous n'avons pas vu de dents au palais ; on compte neuf dents intermaxillaires supérieures, et trente-deux maxillaires inférieures.

M. Milne Edwards dit n'avoir pas observé de plaque occipitale chez le Lézard de Dugès. Cependant nous pouvons assurer que tous les individus, au nombre de plus de douze, que nous avons examinés, nous en ont offert une à peu près de même grandeur et de même forme que chez le Lézard des murailles. Les paupières ressemblent également à celles de ce dernier. L'oreille se trouve un peu couverte par le pli que forme la peau du cou à la jonction de celui-ci avec la tête.

Les tempes sont revêtues de petites écailles granuleuses, ovalohexagones, sans disque masséterin au milieu d'elles. Il y a constamment deux plaques naso-frénales carrées ; la post-naso-frénale aussi est carrée, et la fréno-oculaire a la forme ordinaire.

Le pli sous-maxillaire est faiblement marqué ; les écailles de la gorge et du dessous du cou ne diffèrent que par leur petitesse de celles du Lézard des murailles. Les squames du collier anté-thoracique sont aussi moins développées que dans cette dernière espèce. Leur forme est carrée, et leur nombre de onze à treize ; le bord libre de ce collier n'est ni crénelé, ni dentelé. L'écaillure du dessus et des côtés du cou, du dos et des parties latérales du tronc, se compose de granules extrêmement fins, dont le nombre est de quatre-vingts à peu près, dans une rangée transversale s'étendant d'un des bords du ventre à l'autre. Il y a environ trente-deux squames pectorales. L'abdomen est protégé par six séries longitudinales de plaques rectangulaires. La région préanale offre une grande plaque qui est bordée en avant et de chaque côté par deux rangées curvilignes de très-petites squames. Les écailles de la queue ne

diffèrent pas de celles du Lézard des murailles. Sous chaque
cuisse il existe une suite de quinze à vingt pores.

COLORATION. Les jeunes Lézards de Dugès portent de chaque
côté du corps, depuis la tempe jusque sur la partie latérale de la
queue, une grande bande noire toute piquetée de jaune, et largement bordée de verdâtre pâle supérieurement et inférieurement. Le dos est d'un gris olivâtre, sur lequel sont dessinés deux
petits chaînons longitudinaux de couleur brune. Le dessus de la
queue offre une teinte olive concolore, ou finement tachetée soit
de noir, soit de jaune, ou bien même de ces deux couleurs à la
fois. Les régions inférieures se montrent entièrement blanches, ou
d'un blanc glacé de vert. Lorsque ce Lézard est adulte, ses parties
supérieures sont piquetées de jaune sur un fond noir ou brun
foncé.

DIMENSIONS. *Longueur totale*, 17" 7'". *Tête*. Long. 1" 8'". *Cou*.
Long. 7". *Tronc*. Long. 4". *Memb. antér*. Long. 2" 3'". *Memb.
postér*. Long. 3" 3'". *Queue*. Long. 11" 2'".

PATRIE. Le Lézard de Dugès habite l'île de Madère et celle de
Ténériffe.

Observations. C'est d'après les individus de notre musée, recueillis à Madère par feu Delalande, que M. Milne Edwards a
réellement mis la science en possession de cette espèce, en la décrivant dans sa monographie des Lézards ; car Fitzinger n'avait
fait que l'indiquer dans le catalogue de la collection erpétologique
du musée de Vienne, inséré à la suite de son travail sur la classification des Reptiles, qui a paru en 1826. Dans ce catalogue, le
Lézard de Dugès est inscrit sous le nom de *Lacerta Maderensis*.

12. LE LÉZARD DE GALLOT. *Lacerta Galloti*. Nobis.

CARACTÈRES. Une seule plaque naso-frénale ; une occipitale un
peu moins large que la frontale. Des dents au palais. Un très-petit
disque massétérin au milieu de fort petites écailles granuleuses.
Sillon gulaire excessivement peu marqué. Collier sous-collaire
non dentelé, composé de onze à treize squames. Ecailles dorsales
disco-quadrangulaires, légèrement aplaties. Douze ou quatorze
séries de plaques ventrales. Vingt-cinq à trente pores fémoraux.

SYNONYMIE. *Lacerta Galloti*, P. Gerv. Hist. des Canaries, par
Webb et Berthelot, Part. zool.

DESCRIPTION.

FORMES. Par ses formes et ses proportions, cette espèce a beaucoup plus de rapports avec le Lézard vert qu'avec aucune autre de ses congénères. L'étendue des pattes de devant est égale à celle qui existe depuis le bout du museau jusqu'à l'épaule, à laquelle les pattes de derrière atteignent par leur extrémité, lorsqu'on les couche le long des flancs. Il y a cinq ou six petites dents coniques de chaque côté de l'échancrure du palais; le nombre des dents maxillaires supérieures et inférieures est le même que chez le Lézard de Dugès. Le Lézard de Gallot n'a qu'une seule plaque naso-frénale, qui est pentagone; la post-naso-frénale a la même forme ; la fréno-oculaire ressemble à celle du commun des espèces du genre Lézard ; la plaque occipitale représente un triangle équilatéral ; mais le plus souvent le sommet antérieur en est tronqué : sa largeur, surtout chez les jeunes sujets, est presque égale à celle de la frontale. Les paupières et les oreilles n'offrent rien de particulier. Le milieu de la tempe est occupé par un très-petit disque massétérin qu'entourent des écailles granuleuses également fort petites. A peine distingue-t-on le sillon gulaire ; le collier sous-collaire est droit, et sans dentelures à son bord libre ; les squames qui les composent sont petites, au nombre de onze à treize, et imbriquées de dehors en dedans sur la médiane, qui est un peu plus développée que les autres. L'écaillure de la gorge et du dessous du cou ne diffère pas de celle du Lézard de Dugès, c'est-à dire que les pièces qui la composent sont plus petites, mais de même forme et disposées de la même manière que chez le Lézard des murailles. Quarante squames au moins couvrent la poitrine. Le ventre offre douze séries longitudinales de plaques carrées, formant vingt-six ou vingt-sept rangées transversales. Le cou, en dessus et latéralement, est garni de très-petits granules assez serrés les uns contre les autres. Le dos et les parties latérales du tronc présentent de petites écailles quadrangulaires à peine bombées, affectant une forme circulaire ; ces écailles, qui sont unies et non entuilées, ont leur bord supérieur un peu plus élevé que l'antérieur : on en compte près d'une centaine dans une seule ligne transversale observée vers le milieu de la longueur du tronc. La plaque préanale est proportionnellement moins développée que chez aucune autre espèce de Lézards ; les squames qui la bordent de chaque côté et en avant, sont très-petites et disposées sur deux séries curvilignes ; ces écailles caudales n'ont rien qui les distingue de celles du Lézard des murailles. Vingt-cinq à trente petits pores constituent une longue rangée sous chaque cuisse.

COLORATION. On observe sur le dos, qui est d'un gris-olivâtre, quatre séries de taches sub-quadrilatères noires, marquées chacune d'une petite tache blanche : deux de ces quatre séries de taches s'avancent sur la queue, dont le dessus, aussi bien que la face supérieure de la tête et des membres, offre la même couleur que le dos. En dessous, ce Lézard est blanc, ou bien d'un bleu-verdâtre. Parmi les jeunes sujets, il en est qui présentent le même mode de coloration que les individus adultes, seulement les taches sont mieux dessinées et plus vivement colorées ; tandis que d'autres portent sur un fond noirâtre, tantôt quatre, tantôt cinq raies longitudinales blanches, deux de chaque côté du corps ; et la cinquième, lorsqu'elle existe, sur la ligne moyenne du dos. Chez les uns et les autres, le dessous de chaque branche sous-maxillaire est rayé de noir en long et un peu obliquement, ce qui forme des espèces de chevrons sous la gorge.

DIMENSIONS. *Longueur totale*, 21" 7'". *Tête*. Long. 2" 5'". *Cou*. Long. 1" 5'". *Tronc*. Long. 5" 2'". *Memb. antér*. Long. 3" 2'". *Memb. postér*. Long. 5" 4'". *Queue*. Long. 12" 5'".

PATRIE. Le Lézard de Gallot est, comme celui de Dugès, originaire des îles de Ténériffe et de Madère.

Observations. C'est à la mémoire d'un jeune et intéressant naturaliste voyageur, Auguste Gallot, mort, en Amérique, victime de son zèle pour la science, que nous dédions cette espèce, dont il a le premier adressé des exemplaires au Muséum d'histoire naturelle. Depuis, le même établissement en a reçu d'autres qu'il doit à la générosité de MM. Webb et Berthelot.

13. LE LÉZARD DE DELALANDE. *Lacerta Delalandii.*
Milne Edwards.

(*Voyez* Planche 48.)

CARACTÈRES. Deux plaques naso-frénales; interpariétale longue, étroite; occipitale très-petite. Des dents au palais. Tempes revêtues de petites écailles ovalo-hexagones, convexes, égales. Ecailles dorsales sub-circulaires, bombées. Demi-collier sous-collaire faiblement dentelé, composé de onze à treize squames. Huit séries de plaques ventrales; les deux marginales externes composées de pièces plus petites que les autres. Pattes postérieures, ayant en longueur la moitié ou les trois quarts de l'étendue des flancs. Treize à quinze pores fémoraux.

SYNONYMIE. *Lacerta Delalandii.* Milne Edw. Ann. scienc. nat. tom. 16, pag. 70 et 84, Planche XV, n° 6, et Pl. VII, n° 5.

Lacerta intertexta, Smith, Contribut. to the natur. Hist. of South Afric. (Magaz. of natur. Hist., *new series*, by Charlesworth, tom. 2, n° 14, pag. 93.)

DESCRIPTION.

FORMES. Par l'ensemble de ses formes, cette espèce a pour ainsi dire plus de ressemblance avec certains Chalcidiens qu'avec les autres Lézards; attendu que ses pattes sont généralement fort courtes, tandis qu'elle a le tronc et la queue assez étendus. Sa tête, dont les quatre faces sont à peu près égales, est courte et obtuse en avant; elle fait le cinquième de la longueur qui existe depuis son extrémité antérieure jusqu'à la racine de la queue: celle-ci entre pour beaucoup plus des deux tiers dans l'étendue totale de l'animal; cyclotétragone à son origine, puis ensuite parfaitement arrondie, elle ne commence à diminuer de diamètre que fort loin en arrière du corps. Couchée le long du cou, la patte de devant arrive à l'œil; placée le long du flanc, celle de derrière n'atteint guère qu'à la moitié, ou au plus aux trois quarts de la longueur du tronc, mesuré de l'épaule à la racine de la cuisse. Le corps est presque cylindrique.

Le palais est armé de six petites dents coniques, de chaque côté de son échancrure. Le nombre des dents intermaxillaires est de neuf, celui des dents maxillaires supérieures de trente-six, et celui des maxillaires inférieures de quarante.

Il y a deux plaques naso-frénales placées régulièrement l'une au-dessus de l'autre , leur forme est carrée ou trapézoïde ; la post-naso-frénale est rectangulaire , et aussi haute que les deux naso-frénales ensemble ; la fréno oculaire est carrée. Une grande plaque quadrilatère oblongue , souvent divisée en deux ou trois portions , se trouve appliquée contre le bord supérieur de la tempe , dont le reste de la surface offre un pavé de petites écailles bombées , égales , affectant une forme ovale , bien que réellement hexagones. La plaque frontale présente un sillon longitudinal plus ou moins profond. L'interpariétale, presque aussi longue que les pariétales , est étroite, souvent pointue en arrière , tandis qu'elle offre un petit angle obtus en avant. L'occipitale , qui est fort petite, ressemble tantôt à un simple granule , tantôt à un triangle, tantôt à un rhombe. On n'observe pas , en travers de la gorge, la moindre trace de ce sillon qui existe chez presque toutes les autres espèces de Lézards. L'écaillure gulaire et la sous-collaire n'ont rien de particulier. Le collier anté-thoracique se compose de onze à treize lames minces , quadrilatères : son bord libre est un peu curviligne , et en général très-légèrement dentelé. On remarque sur la région des flancs qui avoisine les plaques ven-trales , trois ou quatre séries longitudinales d'écailles carrées , plates, lisses, imbriquées ; puis sur tout le reste des côtés du tronc, aussi bien que sur les parties supérieures et latérales du cou , se montrent des écailles arrondies , convexes, moins petites et moins serrées les unes contre les autres que chez aucune des espèces précédentes. Vingt-trois ou vingt-quatre squames couvrent la poitrine. Les plaques de l'abdomen forment huit séries longi-tudinales ; aux deux séries marginales, elles sont petites, parabo-liques ; aux six autres, grandes, sub-rhomboïdales , dilatées en travers. L'ensemble de ces plaques ventrales forme une sorte de cuirasse composée de trente-cinq rangées transversales. Une dou-zaine de grandes squames inégales , revêt la région préanale. Parmi elles il y en a presque toujours une ou deux, les médianes, qui sont un peu plus développées que les autres. Les écailles caudales seraient parfaitement rectangulaires , sans un petit an-gle obtus que forme leur bord postérieur : chacune d'elles porte une carène longitudinale ; celles de la face supérieure sont moins étroites que celles de la face inférieure. On compte treize à quinze pores sous l'une comme sous l'autre cuisse.

COLORATION. *Variété a.* Le cou et le dos sont semés sur un fond grisâtre, gris-fauve ou roussâtre, d'un assez grand nombre de petites taches noires, portant une pupille blanche. Des gouttelettes noires sont répandues sur les flancs, et assez souvent aussi sur le fond blanc de quelques-unes, ou même de toutes les parties inférieures du corps. Le bouclier suscrânien est généralement tacheté de brun ; presque toujours il existe une strie longitudinale blanche sur chaque plaque pariétale. Les bords de la bouche sont blancs, marqués de raies verticales noires ; et les tempes noires, rayées de blanc dans le sens de leur hauteur.

Variété b. (Lacerta intertexta Smith.) Au lieu d'un grand nombre de petites taches noires papillées de blanc, comme chez la variété précédente, il n'en existe que deux séries de chaque côté du dos ; à la vérité elles sont un peu plus grandes. La lèvre supérieure porte deux ou trois taches irrégulières noirâtres. Il y a deux bandes verticales de la même couleur sur la tempe, qui est blanche ; une troisième existe au-dessus de l'oreille, et trois ou quatre autres sont imprimées sur le cou. On en voit encore d'autres le long des flancs ; mais elles sont plus courtes, et en les examinant avec soin, on devine pour ainsi dire la manière dont elles se sont formées. Il est probable que, dans le premier âge, c'était des taches blanches cerclées de noir qui existaient sur les flancs ; peu à peu, en se dilatant, le cercle noir d'une tache s'est ouvert à sa partie inférieure et à sa partie supérieure ; puis chacune de ces deux portions s'est redressée et soudée avec l'une des portions du cercle de la tache voisine, en même temps que le point blanc qui en occupait le centre s'allongeait par le haut et par le bas, ce qui a naturellement produit des bandes verticales noires alternant avec des bandes verticales blanches. Le dessus des pattes de derrière est semé de quelques taches blanches incomplétement environnées de noirâtres. Les pattes de derrière offrent, sur un fond blanchâtre, des lignes confluentes de couleur brune, formant une sorte de dessin réticulaire. Des taches noires sont jetées çà et là sur la face supérieure de la queue, vers son origine ; d'autres, plus petites, se montrent sur les parties latérales, où elles se trouvent placées si régulièrement et si près les unes des autres, qu'elles forment une véritable raie longitudinale. Tout le dessous du corps est blanc.

Variété c. Celle-ci, sur un fond de couleur semblable à celui des deux précédentes variétés, offre, en travers du dos, des

16.

bandes ondulées brunes, qui portent chacune un plus ou moins grand nombre de taches blanches, cerclées de noir.

DIMENSIONS. *Longueur totale.* 34" 5'". *Tête.* Long. 2". *Cou.* Long. 1". 5'". *Tronc.* Long. 7". *Memb. antér.* Long. 2" 4'". *Memb. postér.* Long. 3" 5'". *Queue.* Long. 24".

PATRIE. Cette espèce de Lézard habite l'Afrique australe ; elle n'est pas très-rare dans la colonie du Cap. Delalande en a rapporté au Muséum une belle suite d'échantillons. Nous en avons examiné plusieurs autres dans la collection du docteur Smith.

14. LE LÉZARD MARQUETÉ. *Lacerta tessellata.* Smith.

CARACTÈRES. Deux plaques naso-frénales ; une très-petite occipitale. Palais le plus souvent armé de dents. Ecailles temporales, ovalo-hexagones, égales, convexes; celles du dos circulaires, assez petites ; neuf à treize squames au collier sous-collaire. Huit séries de plaques ventrales. Pattes postérieures pouvant atteindre à l'aisselle ou presqu'à l'aisselle. Douze à dix-sept pores fémoraux.

SYNONYMIE. *Lacerta tessellata*, Smith, Contrib. to the natur. Hist. of South Africa. (Magaz. of natur. Hist., *new series*, by Charlesworth, tom. 2, n° 14, pag. 92.)

Lacerta livida, id. loc. cit. pag. 92.

Lacerta elegans, id. loc. cit. pag. 92.

DESCRIPTION.

FORMES. A l'exception du mode de coloration, on ne trouve, entre cette espèce et la précédente, d'autre différence notable qu'une grandeur proportionnellement plus grande dans ses pattes postérieures, qui, couchées le long des flancs, arrivent jusqu'à l'épaule ou au moins y touchent presque par leur extrémité. Les écailles dorsales sont peut-être un peu plus petites que celles du Lézard de Delalande.

COLORATION. *Variété a.* En dessus, la tête est d'un brun-fauve, avec de petites taches blanchâtres formant des nuages sur les régions sus-oculaires, sur les plaques frontales et les fronto-pariétales. Une raie blanchâtre parcourt le bord externe de chaque plaque pariétale dont la surface est vermiculée de blanc. Les plaques labiales supérieures sont blanches, et portent toutes une tache marron. Cette dernière couleur règne sur les tempes, qui sont coupées de bas en haut par deux raies blanches, dont une borde l'oreille. Les côtés du cou et ceux du tronc, jusqu'au dernier quart de la longueur des flancs sont noirs, marqués, dans le sens de la hauteur du corps, de raies blanches un peu penchées en avant ; ces raies se raccourcissent graduellement à partir de la dixième jusqu'à la dernière. Une teinte noirâtre est répandue sur la région cervicale et sur le premier tiers de l'étendue du dos ; et on y voit bien nettement tracées quatre lignes longitudinales d'un blanc pur. La partie postérieure du dos et le haut des flancs offrent une teinte fauve, laquelle se répand, en passant à la couleur de chair, sur la queue et les pattes de derrière. En dessus, les membres antérieurs sont noirâtres près de leur point de jonction avec le corps ; mais partout ailleurs ils offrent un brun tirant plus ou moins sur le marron : quelques taches blanches s'y montrent assez rapprochées les unes des autres. Toutes les régions inférieures sont du blanc le plus pur.

Variété b. On retrouve sur la tête le même dessin blanchâtre que chez la variété précédente ; mais ici c'est sur un fond noirâtre. Les taches de la lèvre supérieure sont un peu plus dilatées, et d'un brun foncé ; on voit aussi sur la tempe deux raies verticales blanches, mais imprimées sur une teinte brunâtre. Les côtés du cou et ceux du tronc sont noirs, et cela dans toute leur étendue ; les premiers présentent des linéoles verticales blanches, et les seconds des petits points, en très-grand nombre, de la même couleur que ces linéoles. Le dessus du cou et le dos, dans le tiers antérieur de sa longueur, sont peints d'un beau noir, sur lequel on voit s'étendre longitudinalement six raies d'abord fort étroites et blanchâtres, mais qui s'élargissent et deviennent de plus en plus grises à mesure qu'elles s'avancent vers la queue, de telle sorte que, sur la seconde moitié du dos, c'est le gris qui est le fond de la couleur, et le noir, au contraire, qui se montre sous la forme de raies. Le bas des flancs est blanchâtre, tacheté de noir ; le dessus des bras est noir, tacheté de blanc. La face supérieure des pattes de derrière est nuancée de brun foncé et de brun clair tirant sur le marron. Tout le dessous du corps est blanc.

Variété c. Une teinte marron règne sur tout le dessus du corps et sur les tempes, où sont faiblement indiquées des raies ondulées blanches. Le crâne offre le même dessin blanchâtre que chez les deux premières variétés. Trois lignes blanches qui commencent sur la région postérieure du bouclier céphalique parcourent le cou, le dos, et vont se perdre sur la queue : une autre raie blanche , qui semble être formée d'une suite d'ocelles cerclés d'une teinte marron , part du haut de l'oreille pour se rendre en arrière.de la cuisse ; puis encore une autre raie blanche s'étend du bord postérieur de l'oreille jusqu'à l'aine. Toutes les régions inférieures sont blanches. L'individu qui nous a offert cette variété est évidemment jeune ; il fait partie de la collection du docteur Smith.

Variété d. (*Lacerta elegans* , Smith.) La face supérieure de la tête , la région cervicale , le dos, le haut des côtés du tronc , ainsi que le dessus des membres , présentent une teinte fauve extrêmement claire. On distingue sur le cou comme deux raies blanches , lisérées de brun ou de noir. En dessus , la queue est d'une couleur plus claire que le dos ; un blanc sale règne sur les lèvres, sur les parties latérales du cou inférieurement , sur le bas des flancs et sur toutes les régions inférieures : tel est le mode de coloration que présentent les individus conservés dans l'alcool ; mais dans l'état de vie , ce Lézard , suivant le docteur Smith , a le dos et les côtés du tronc d'un brun-rougeâtre clair, la queue et les cuisses rouges , et le dessous du corps d'un blanc-rougeâtre.

DIMENSIONS. *Longueur totale.* 21" 7'". *Tête.* Long. 1" 5'". *Cou.* Long. 1" 2'". *Tronc.* Long. 4" 1'". *Memb. antér.* Long. 2" 3'". *Memb. postér.* Long. 4". *Queue.* Long. 15".

PATRIE. Le Lézard marqueté habite plusieurs points de la colonie du cap de Bonne-Espérance. ; on l'a aussi rencontré beaucoup plus avant dans l'intérieur; car les individus d'après lesquels nous avons décrit la *variété d*, en particulier, proviennent du pays des petits Namaquois.

Observations. C'est au docteur Smith que la science est redevable de la connaissance de cette espèce ; ce savant naturaliste a bien voulu faire don de deux beaux exemplaires à notre musée, qui n'en possédait aucun , et nous en confier plusieurs autres, afin que nous puissions donner dans cet ouvrage une description du Lézard marqueté , aussi complète que possible.

15. LE LÉZARD A BANDELETTES. *Lacerta tœniolata*, Smith.

CARACTÈRES. Une seule plaque naso-frénale ; une très-petite occipitale. Pas de dents au palais. Ecailles temporales ovalo-hexagones, égales, convexes ; celles du dos arrondies. Neuf squames au collier sous-collaire ; huit séries de plaques ventrales. Pattes postérieures pouvant atteindre l'épaule. Quatorze ou quinze pores fémoraux.

SYNONYMIE. *Lacerta tœniolata*, Smith, Contrib. to the natur. histor. of South Africa. (Magaz. of natur. histor., *new series*, by Charlesworth, tom. 2, n° 14, pag. 93.)

DESCRIPTION.

FORMES. Si ce n'était ses formes généralement plus sveltes, et une plaque naso-frénale de moins, nous aurions encore réuni cette espèce au Lézard marqueté, comme n'en étant qu'une simple variété, tant elle offre d'ailleurs de ressemblances avec lui : rien autre, en effet, que ce que nous venons d'indiquer ne l'en distingue, à part le mode de coloration qui, comme on le sait, est une circonstance extrêmement variable d'individu à individu chez les espèces appartenant au genre Lézard.

COLORATION. Un des deux sujets que nous avons été dans le cas d'examiner, offre une couleur fauve sur le dessus et les côtés antérieurs de la tête. Les plaques labiales supérieures sont marquées chacune d'une tache marron ; les deux dernières palpébrales sont nuagées de brun ; l'interpariétale et les pariétales, de marron et de blanchâtre. Un brun-marron clair règne sur les tempes et la face supérieure des quatre pattes, qui est finement tachetée ou mieux linéolée de blanc ; c'est au contraire une teinte marron foncé qui est répandue sur la région cervicale, le dos, les parties latérales du cou, celles des flancs, et le dessus de la queue, à sa racine. Deux lignes blanches prennent naissance derrière l'occiput, parcourent le cou, le dos, et vont se perdre sur la queue. Entre ces deux raies dorsales, il en est une autre qui ne va pas plus loin que les épaules. Sur les côtés du corps sont aussi tracées des raies blanches, trois à droite, trois à gauche, l'une part du sourcil et va en droite ligne se terminer sur le côté de la queue ; la seconde commence au bas de l'œil, traverse la tempe, passe au-dessus de l'oreille, et va aussi finir sur la partie latérale de la queue ; la troisième prend naissance sur le bord

inférieur du trou auriculaire, et va mourir au-dessus de la cuisse.
Une grande portion de la queue, en arrière, présente une teinte
couleur de chair ou rosée. Tout le dessous du corps est blanc.
Chez le second exemplaire, le fond de la couleur du dessus et des
côtés du cou, de la région dorsale et des flancs est d'un brun-
noirâtre ; les six raies blanches latérales existent, mais atténuées
vers leur extrémité postérieure ; on retrouve aussi les trois dorsales, mais ayant pris une teinte d'un gris-fauve, et étant tellement élargies vers la région postérieure du dos, qu'elles la couvrent en partie.

DIMENSIONS. Les mesures suivantes sont celles du second exemplaire dont nous venons de parler ; il est un peu plus grand que
l'autre.

Longueur totale, 16" 5'''. *Tête.* Long. 1" 4'''. *Cou.* Long. 1".
Tronc. Long. 3" 5'''. *Memb. antér.,* Long. 2" 1'''. *Memb. postér.*
Long. 3". *Queue.* Long. 10" 8'''.

PATRIE. Le Lézard à bandelettes vient du cap de Bonne-
Espérance.

Observations. Notre description a été faite d'après deux individus, qui nous ont été obligeamment prêtés par M. le docteur
Smith, de la collection duquel ils font partie.

ESPÈCES A PAUPIÈRE INFÉRIEURE TRANSPARENTE OU
PERSPICILLÉE.

Quoique nous n'ayons pu rapporter à ce groupe que
la seule espèce dont la description va suivre, nous n'a-
vons par balancé à l'établir, parce que cette conformation particulière de l'œil indique des habitudes spéciales, et la faculté que ces animaux doivent posséder
de distinguer les objets, même lorsqu'ils ont les paupières rapprochées et l'œil clos, ce qui protége le globe
lorsque le sable le plus fin pourrait s'y introduire. Au
reste, cette conformation, ou quelque disposition
analogue, se retrouvera plus tard lorsque nous ferons
connaître les Erémias, qui forment un genre dans
cette même division des Lacertiens, et surtout dans un
assez grand nombre d'autres espèces de la famille des
Scincoïdiens.

16. LE LÉZARD A LUNETTES. *Lacerta perspicillata.* Nobis.

CARACTÈRES. Deux plaques naso-frénales superposées. Pas de dents palatines. Occipitale petite. Tempes revêtues de petits granules égaux. Ecailles dorsales circulaires, convexes. Sillon gulaire faiblement marqué. Collier sous-collaire non dentelé, composé de onze squames. Dix séries de plaques ventrales; treize pores fémoraux.

SYNONYMIE ?

DESCRIPTION.

FORMES. Cette espèce se distingue de suite de toutes celles du groupe des Cœlodontes Léiodactyles, en ce qu'elle est la seule dont la paupière inférieure soit transparente, particularité qui s'observe plus fréquemment parmi les Pristidactyles. Elle offre deux petites plaques naso-frénales carrées, placées positivement l'une au-dessus de l'autre. Ses tempes ont toute leur surface couverte de très-petits granules égaux; d'autres petits granules revêtent le cou, en dessus et de côté, ainsi que le dos et les flancs. Le sillon gulaire, bien que faiblement marqué, est néanmoins distinct. Neuf petites squames quadrilatères composent le demi-collier anté-thoracique, dont le bord libre est droit et non dentelé. La poitrine est protégée par une quinzaine de squames. Il y a dix séries de plaques carrées sur l'abdomen. La région préanale est défendue par une très-grande plaque mince, ayant en avant et de chaque côté une double bordure curviligne de squames assez développées. On compte une suite de treize pores sous chaque cuisse.

COLORATION. Une teinte brune règne sur la tête, le cou et le dos; la queue, ou plutôt les écailles qui l'entourent sont bleues, marquées chacune d'un petit point noir, d'où il résulte que cette partie du corps semble être annelée de bleu et de noir. La gorge est blanche, le ventre noirâtre, et le reste du dessous de l'animal d'un blanc bleuâtre.

DIMENSIONS. *Longueur totale.* 5" 7'''. *Tête.* Long. 1". *Cou.* Long. 5'''. *Tronc.* Long. 1" 6'''. *Memb. antér.* Long. 1". *Memb. postér.* Long. 1" 3'''. *Queue.* Long. 2" 6'''.

PATRIE. Cette espèce de Lézard nous a été envoyée d'Alger.

Observations. Elle ne nous est encore connue que par un seul sujet, évidemment fort jeune.

IIᵉ GROUPE. COELODONTES à doigts carénés ou dentelés.

LES PRISTIDACTYLES.

Les Lacertiens Cœlodontes appartenant à ce groupe sont ceux qui ont les doigts, soit dentelés latéralement, soit carénés à leur face inférieure, ou bien tout à la fois pourvus de carènes en dessous, et de dentelures le long de leurs bords. Aucun d'eux n'a les tempes revêtues de plaques ou grandes squames. On observe que, chez la plupart des espèces, les plaques qui entourent les narines sont plus ou moins renflées, que le disque palpébral est presque complétement entouré d'un cordon de granules, et que les lamelles ventrales, ainsi que les écailles préanales, sont plus petites et plus nombreuses que dans les Cœlodontes Léiodactyles. Ces trois particularités suffisent pour donner aux Pristidactyles une physionomie réellement différente de celle que présentent la plupart des espèces du groupe précédent, physionomie qui les fait reconnaître à l'instant même, pour peu qu'on y fasse la moindre attention.

Dans une des planches qui accompagnent ce volume, la 54ᵉ, nous avons fait graver quelques figures d'après lesquelles on pourra se former une idée exacte de la singulière conformation offerte par les doigts de ces Cœlodontes Pristidactyles. Sous les nᵒˢ 1c et 1d sont représentées une patte de devant et une patte de derrière du Scapteire grammique, dont les scutelles du dessous des doigts sont planes et lisses, tandis que les écailles qui en garnissent les bords sont effilées comme les dents d'un peigne. La figure qui porte le nᵒ 2 représente la patte de derrière d'une espèce d'Acanthodactyle, genre chez lequel les doigts sont dentelés latéralement et carénés à leur face inférieure.

XIVᵉ GENRE. PSAMMODROME. — *PSAMMO-DROMUS* (1). Fitzinger. (*Notopholis*, *Aspistis*, Wagler, Ch. Bonaparte, Wiegmann ; *Psammo-dromus*, Wiegmann.)

Caractères. Langue à base non engaînante, médio-crement longue, échancrée au bout, couverte de pa-pilles squamiformes, imbriquées. Dents intermaxil-laires coniques, simples. Dents maxillaires un peu comprimées ; les premières simples, les suivantes tri-cuspides. Une seule plaque naso-rostrale non renflée, dans laquelle s'ouvre la narine, qui est située sous le *canthus rostralis*, au-dessus de la suture unissant la rostrale avec la première labiale. Des paupières. Une membrane du tympan distincte. Un pli à peine sensible en travers de la face inférieure du cou, et couvert d'écailles aussi petites que celles qui les précèdent. Un petit pli arqué devant chaque épaule. Lamelles ven-trales quadrilatères, lisses, en quinconce. Des pores fémoraux. Pattes terminées chacune par cinq doigts faiblement comprimés, carénés en dessous, sans den-telures latérales. Queue cyclotétragone à son origine, arrondie dans le reste de sa longueur.

Les Psammodromes, ayant des paupières, ne peuvent être confondus avec le genre suivant, ou celui des Ophiops qui sont dépourvus de ces voiles membraneux protecteurs de l'œil. L'absence d'un véritable repli de la peau en tra-vers du dessous du cou, servirait seule à les distinguer des quatre autres genres du groupe des Pristidactyles, si d'ail-

---

(1) De Ψαμμος, *arena*, sable ; et de ὸμμευς, *cursor*, *velox*, qui court rapidement sur le sable.

leurs ils ne différaient encore : 1° des Acanthodactyles par le manque de dentelures le long des bords des doigts ; 2° des Scapteires par le non aplatissement de ces mêmes doigts ; 3° des Calosaures et des Érémias par une seule plaque naso-rostrale, au lieu de deux.

Ce genre a la langue plate, en fer de flèche, revêtue de papilles aplaties, imbriquées, en un mot, conformée de la même manière que celle des Lézards proprement dits, auxquels les Psammodromes ressemblent aussi par la forme de leurs dents, par la figure et la disposition de leurs plaques suscraniennes, dont certaines d'entre elles, les palpébrales ou susoculaires, n'ont pas le disque qu'elles forment presque entièrement entouré d'un cordon de granules, comme dans les Acanthodactyles, les Érémias et les Scapteires, mais seulement garni le long de son bord externe, ainsi que cela a lieu également chez les Ophiops et les Calosaures.

C'est dans la seule plaque naso-rostrale qui existe chez les Psammodromes que se trouve pratiquée en entier l'ouverture de la narine, qui par conséquent n'entame ni la naso-frénale, par laquelle elle est bordée en arrière, ni la rostrale et la première labiale qui la limitent inférieurement : cet orifice nasal externe est situé sur le côté et tout à fait à l'extrémité du museau, positivement au-dessous du *canthus rostralis*. L'ouverture de l'oreille est assez grande ; elle laisse voir la membrane du tympan qui est tendue en dedans de ses bords. C'est à peine si l'on aperçoit une trace de pli formé par la peau en travers de la partie inférieure et postérieure du cou ; mais il en existe une petite, légèrement arquée, au-devant de l'une et de l'autre épaule. Les doigts sont légèrement comprimés ; ils offrent des carènes en dessous, mais n'ont pas leurs bords dentelés. Aux mains, les trois premiers sont régulièrement étagés, le quatrième présente la même longueur que le troisième, et le cinquième est un peu plus court que le second ; aux pieds, les quatre premiers vont en augmentant graduellement de longueur, et l'extrémité du dernier ne dépasse pas celle du second.

La queue, légèrement aplatie sur quatre faces, à son origine, prend peu à peu une forme arrondie en s'éloignant du corps. Une ligne de pores parcourt toute l'étendue de la face inférieure de chaque cuisse. Le ventre est garni de plaques ou petites lamelles à quatre côtés, dont la disposition est telle qu'elles forment en même temps et des séries longitudinales et des rangées transversales. L'écaillure du dos et celle de la queue se compose, chez la seule espèce qu'on connaisse encore aujourd'hui, de petites pièces rhomboïdales, carénées et entuilées.

Le genre Psammodrome, établi en 1826 par Fitzinger, a pour type un petit Saurien du midi de l'Europe qui avait reçu de cet auteur le nom spécifique d'*Hispanicus*, lorsqu'en 1829 M. Dugès le décrivit comme une espèce de Lézard encore inédite qu'il dédia à M. Milne Edwards. Puis quelque temps après, Wagler, qui n'avait pas reconnu l'identité du Lézard d'Edwards avec le *Psammodromus hispanicus*, fit de nouveau de cette espèce un genre particulier qu'il appela d'abord *Aspistis*, puis ensuite *Notopholis*, attendu que la première dénomination avait déjà été employée pour désigner un genre de Poissons. Le nom de Psammodrome étant celui sous lequel ce genre a été créé, nous avons nécessairement dû l'adopter de préférence à celui de *Notopholis*.

1. LE PSAMMODROME D'EDWARDS. *Psammodromus Edwardsii.*
Nobis.

CARACTÈRE. Une seule plaque naso-frénale. Pas de dents au palais. Tempes garnies d'écailles sub égales, à plusieurs pans, non imbriquées. Un très-faible sillon gulaire interrompu au milieu. Écailles dorsales rhomboïdales, entuilées, carénées. Six séries de plaques ventrales. Une douzaine de pores fémoraux. Dos semé de petites taches noires, et marqué de deux raies blanchâtres de chaque côté.

SYNONYMIE. *Psammodromus Hispanicus.* Fitzing. Neue classific. Rept. pag. 52.

Lacerta Edwardsiana, Dugès. Ann. scienc. nat. tom. 16. p. 386, tab. 14, fig. 1-6.

Aspistis et Notopholis Edwardsiana.Wagler, Syst. amph. p. 136. et 142.

Edward's Lizard. Gray. Synops. rept. in Griffith's anim. kingd. Cuv. tom. 9, pag. 33.

Notopholis Edwardsiana. Wiegm. Herpet. Mexican. pars 1, pag. 10.

DESCRIPTION.

FORMES. Le Psammodrome d'Edwards a le museau effilé, les membres grêles, et le ventre assez souvent renflé. Portée en avant, la patte de devant touche à la narine par son extrémité ; celle de derrière, placée le long des flancs, s'étend jusqu'à l'épaule ou la dépasse même un peu. La longueur de la queue entre pour les deux tiers dans l'étendue totale du corps. La plaque occipitale est petite et trapézoïde ; les granules qui se trouvent entre le bord surciliaire et celui du disque palpébral sont généralement fort petits. Il n'y a qu'une seule plaque nasofrénale, dont la forme est sub-triangulaire ; la post-naso-frénale est carrée. Des écailles en losanges ou hexagones inéquilatérales, peu inégales entre elles, et sans carènes, si ce n'est quelques-unes vers le bord supérieur, garnissent les régions temporales. La plaque auriculaire est fort étroite. Des petits granules aplatis revêtent les paupières. Il existe un sillon gulaire, mais excessivement peu prononcé, et même interrompu au milieu. La gorge et le dessous du cou offrent des écailles plates, lisses, très-imbriquées, sub-hexagones, oblongues sur la première, dilatées transversalement sur la seconde, où leur développement est un peu plus considérable. Les écailles sous-collaires les plus rapprochées de la poitrine, sans se confondre avec celles de cette région, n'en sont cependant pas séparées par un espace couvert de petits granules, comme chez les Lézards proprement dits. Les parties latérales du cou sont garnies de petites écailles fort épaisses ayant un aspect conique ; la région inférieure des flancs en offre de rhomboïdales, plates et lisses ; puis partout ailleurs, sur le tronc, c'est-à-dire sur le cou, le dos et le haut des flancs, il n'en existe que de très-grandes, rhomboïdales, carénées et entuilées : ce sont également des écailles rhomboïdales carénées qui pro-

tégent la queue autour de laquelle elles sont disposées en verticilles. Huit séries de plaques couvrent la région abdominale ;
toutes sont rhomboïdales, excepté celles des deux séries médianes,
dont la forme est parabolique ; leur diamètre transversal est
aussi moins considérable que celui des autres. L'ensemble de ces
plaques ventrales forment vingt-huit à trente rangées transversales. Une plaque en losange, assez élargie, ayant une petite
squame de chaque côté, couvre une grande portion de la
région préanale dont le bord antérieur est garni d'autres petites
squames en losange. Il y a sous chaque cuisse une ligne de douze
à quinze pores tubuleux.

COLORATION. Les sujets du Psammodrome d'Edwards, que nous
possédons conservés dans l'alcool, ont les parties supérieures
soit fauves, soit vert grisâtre ou simplement grisâtres, avec quatre
ou six raies blanches qui parcourent longitudinalement le dos et
les côtés du corps, ayant toutes à droite et à gauche une série de
petites taches quadrilatères noires, plus ou moins dilatées. Il
arrive parfois à ces taches de se souder, pour ainsi dire, les unes
avec les autres, de telle sorte qu'elles se trouvent transformées en
raies noires. On rencontre des individus sur le dos desquels il
existe plusieurs séries de petites taches moitié blanches, moitié
noires. Tous ont les régions inférieures blanchâtres.

Voici, d'après M. Dugès, les différentes variétés de couleur que
présente cette espèce lorsqu'elle est vivante. « Tout le dessous
du corps est d'un blanc luisant avec des reflets irisés ; le dessus est
d'un gris bleuâtre ou roussâtre ; la tête saupoudrée de brun foncé
surtout au bord des plaques suscrâniennes ; un point noir occupe
la paupière supérieure. Le dos porte de chaque côté trois raies
longitudinales et parallèles, de couleur jaunâtre ; de distance en
distance une petite tache blanche ou jaune interrompt ces lignes,
et chaque tache est flanquée de deux gros points de même forme
et d'un brun noir. Pour l'ordinaire, ces groupes alternent d'une
raie à l'autre, d'autrefois ils se touchent et se confondent. La
queue est grise et conserve à peine quelques traces des couleurs
du dos ; le dessus des membres porte des aréoles rondes, blanchâtres, bordées de brun ; elles forment deux à trois rangées
transversales sur chaque cuisse. Sur des sujets vivement colorés,
on trouve sur chaque tempe une tache blanche, et au-dessus de
l'aisselle une tache d'un beau bleu verdâtre ; une trace verdâtre
règne aussi le long des flancs, au voisinage de la face inférieure

du corps. La langue est noirâtre ; les ongles d'un brun pâle ; l'iris, à peine visible, fait paraître l'œil tout noir.

Les jeunes individus sont en général assez lisses et colorés d'un fond bleuâtre. Les vieux sont roussâtres, et beaucoup plus rugueux à cause de la grandeur de leurs écailles. On pourrait aussi distinguer deux variétés, selon que les lignes pâles ou les taches qui les interrompent prédominent ; il est en effet des individus tout à fait rayés, et d'autres comme marquetés ; cela arrive surtout quand les taches, placées de niveau, se touchent et se confondent. »

DIMENSIONS. *Longueur totale.* 14" 7"'. *Tête.* Long. 1" 4"'. *Cou.* Long. 8"'. *Tronc.* Long. 2". *Membr. antér.* Long. 1" 9"'. *Membr. postér.* Long. 3. *Queue.* Long. 10".

PATRIE. Notre midi de la France produit, et même assez abondamment, à ce qu'il paraît, ce Psammodrome d'Edwards, qui doit aussi très-probablement habiter l'Italie, quoiqu'aucun naturaliste ne semble l'y avoir observé jusqu'ici. Il est très-commun en Espagne, d'où il nous en a été rapporté dernièrement plusieurs beaux échantillons par M. Rambure. Dugès, en parlant des habitudes de ce Saurien, dit qu'il se rencontre aux environs de Montpellier dans les terrains montagneux et stériles, nommés *garriques* par les habitants du pays ; qu'il est très-commun sur la plage entre les étangs et la mer : là il se creuse, au pied d'une touffe de joncs, un trou peu profond et cylindroïde, vers lequel il s'élance, avec la rapidité d'un trait, à l'imminence du danger. La rapidité de sa course est telle qu'il échappe presqu'à la vue et qu'on serait tenté de le prendre pour quelque gros insecte volant à rase terre.

Observations. M. Schlegel ayant eu l'obligeance de nous envoyer en communication des individus du *Psammodromus hispanicus*, provenant du musée de Vienne où sans le moindre doute ils avaient été ainsi nommés, d'après M. Fitzinger, ou peut-être bien par cet habile erpétologiste même ; c'est par ce moyen que nous sommes assurés de leur identité spécifique avec les Lézards d'Edwards, recueillis en Espagne et dans nos provinces méridionales de France.

XVᵉ GENRE. OPHIOPS. — *OPHIOPS* (1).
Ménestriés.

(*Amystes*, Wiegmann.)

CARACTÈRES. Langue en fer de flèche, médiocrement longue, échancrée au bout, couverte de papilles squamiformes, imbriquées. Dents intermaxillaires coniques, simples. Dents maxillaires un peu comprimées ; les antérieures simples, les postérieures tricuspides. Deux plaques naso-rostrales un peu renflées, entre lesquelles s'ouvre la narine, qui est située sur la ligne même du *canthus rostralis*. Pas de paupières. Une membrane du tympan tendue en dedans du trou auriculaire. Pas de collier squameux sous le cou ; un petit pli au devant de chaque épaule. Des lamelles ventrales quadrilatères, lisses, en quinconce. Des pores fémoraux. Pattes ayant chacune cinq doigts légèrement comprimés, carénés en dessous, mais non dentelés latéralement. Queue cyclotétragone à sa racine, arrondie dans le reste de sa longueur.

Le principal caractère du genre Ophiops, c'est de manquer de paupières, caractère qui le distingue de tous les autres Cœlodontes Pristidactyles connus, sans exception.

La langue des Ophiops ressemble tout à fait à celle des Lézards proprement dits : c'est un petit ruban rétréci et échancré en avant, élargi et fourchu en arrière, qui n'est pas susceptible d'être logé, en partie, dans une gaîne pratiquée sous la glotte, comme cela s'observe chez plusieurs Lacertiens Pléodontes, tels que les Sauvegardes, les Améivas, etc. Cet organe est garni, à sa surface, de papilles,

---

(1) D'ὄφις, serpent ; ὤψ, faciès. Apparence de Serpent.

que leur forme aplatie et leur disposition imbriquée font,
en quelque sorte, ressembler à des écailles. La seule espèce
d'Ophiops qu'on connaisse encore aujourd'hui n'a pas le
palais armé de dents ; les mâchoires en offrent qui ne diffèrent pas de celles du genre précédent. Les plaques sus-
crâniennes, par leur nombre, leur figure et leur arrangement, ne présentent pas de différence avec celles des Lézards
proprement dits, parmi les Cœlodontes Léiodactyles ; et
des Psammodromes et des Calosaures, parmi les Cœlodontes Pristidactyles. La narine des Ophiops n'est pas positivement située sur le côté du museau, au sommet de la
région frénale, mais un peu au-dessus, sur la ligne même
du *canthus rostralis*, entre deux plaques qui s'articulent
toutes deux en avant avec la rostrale, de sorte qu'il y a
réellement deux naso-rostrales, une supérieure, une inférieure. En arrière de la narine, ou plutôt en arrière des
deux naso - rostrales, est une naso-frénale, qui, chez
l'Ophiops élégant, l'unique espèce du genre, est double ;
puis vient une post-naso-frénale et une fréno-oculaire. Les
lèvres sont protégées par des plaques semblables à celles des
Lézards ; parmi les supérieures, il y en a une oblongue qui
s'élève jusqu'au bord inférieur de l'orbite ; on voit également une petite plaque subovale sur la marge antérieure du
trou auriculaire. Les paupières sont réduites à un simple
cercle qui entoure le globe de l'œil. La membrane du tympan
est tendue en dedans du bord de l'ouverture de l'oreille. A
la partie inférieure du cou, entre celui-ci et la poitrine, il
n'existe pas de repli de la peau portant des écailles d'une
forme et d'un diamètre différents de celles des autres régions
du dessous du cou, mais on remarque un pincement de la
peau au devant de chaque épaule.

L'écaillure des parties supérieures des Ophiops est la
même que celle des espèces du premier groupe du genre
Lézard, que celle des Psammodromes et des Calosaures ;
c'est-à-dire qu'elle se compose de petites pièces rhomboïdales, carénées et imbriquées. Le ventre est protégé par des

plaques minces, lisses, quadrilatères, disposées en bandes longitudinales et transversales.

Les trois premiers doigts des pattes de devant sont régulièrement étagés, le quatrième n'est pas plus long que le troisième, et le cinquième est un peu plus court que le second; aux pieds, l'extrémité du cinquième doigt ne dépasse pas celle du second, et les quatre autres augmentent graduellement de longueur à partir du premier. Tous offrent deux fortes carènes sous chacune de leurs scutelles inférieures. On observe une série de pores sous l'une et l'autre cuisse.

C'est à M. Ménestriés qu'on doit l'établissement du genre Ophiops, et la première description qui ait été publiée de la seule espèce qu'il renferme; car c'est trois ans après que son Catalogue raisonné avait paru, que M. Wiegmann publia, comme nouvelle, l'espèce déjà indiquée par M. Ménétriés, proposant d'en former un genre particulier, auquel il donnait le nom d'*Amystes*.

1. L'OPHIOPS ÉLÉGANT. *Ophiops elegans*. Ménestriés.

CARACTÈRES. Deux plaques naso-frénales. Pas de dents au palais. Une très-petite plaque occipitale. Pas de sillon gulaire. Tempes revêtues d'un pavé de petites écailles à plusieurs pans. Écailles dorsales rhomboïdales, carénées, imbriquées. Huit séries de plaques ventrales. Neuf à douze pores fémoraux. Parties supérieures du corps olivâtres ou bronzées, semées de taches noires, avec deux lignes blanchâtres de chaque côté du dos.

SYNONYMIE. *Ophiops elegans*. Ménestr. Catal. raisonn. pag. 63, n° 217 (1832).

Amystes Ehrenbergii. Wiegm. Gesellsch. naturf. Freund zu Berl. (mars 1835).

DESCRIPTION.

FORMES. L'Ophiops élégant est un petit Lacertien svelte et élancé dont la tête, en forme de pyramide quadrangulaire, est à peu près aussi haute que large en arrière, et deux fois moins longue que le corps mesuré de la nuque à l'origine de la queue;

17.

dont les pattes de devant, couchées le long du cou, s'étendent jusqu'au bout du nez, et celles de derrière, mises contre les flancs, arrivent à l'épaule ; enfin, dont la queue fait à elle seule les deux tiers de la longueur du corps.

La plaque interpariétale est allongée, étroite, pointue en arrière, et obtusément anguleuse en avant ; l'occipitale est fort petite et triangulaire. La première plaque palpébrale et la quatrième sont excessivement petites ; les deux médianes, au contraire, sont très-développées ; toutes quatre forment un disque subovale dont le bord externe est garni d'un cordon de petits granules. Les plaques naso-frénales, articulées toutes deux en avant avec les naso-rostrales, sont petites, carrées, et placées, la supérieure un peu au-dessus de la ligne du *canthus rostralis*, l'inférieure au sommet même de la région frénale. Des granules très-fins garnissent le cercle palpébral. La tempe se trouve encadrée : en avant, par trois ou quatre écailles convexes ; en arrière, par la squame auriculaire ; en haut, par trois plaques subrectangulaires ; en bas, par trois autres plaques, dont une est trapézoïde, et les deux autres carrées ou pentagones.

De petites écailles épaisses, rhomboïdales, imbriquées, renflées longitudinalement, revêtent les côtés du cou, dont la face supérieure offre, ainsi que le dos et les flancs, d'assez grandes écailles rhomboïdales, imbriquées, et très-fortement carénées. La gorge et le dessous du cou, où il n'existe ni sillon ni pli transversaux, sont protégés par des écailles plates, lisses, élargies, qui ressemblent à des losanges. D'autres écailles en losanges couvrent la poitrine, mais elles sont plus grandes et proportionnellement moins dilatées en travers que les gulaires et les sous-collaires. Les plaques ventrales forment huit séries longitudinales ; aux deux séries marginales, elles sont petites et paraboliques ; aux six autres, elles sont grandes, rhomboïdales et élargies.

La queue, de forme cyclotétragone dans la plus grande portion de son étendue, est recouverte d'écailles rhomboïdales, imbriquées, dont les carènes, disposées régulièrement à la suite les unes des autres constituent quatre lignes saillantes longitudinales autour de cette partie du corps. La région préanale présente une petite plaque médiane losangique, et deux séries curvilignes de squames assez grandes, ressemblant aussi à des losanges. La face inférieure de chaque cuisse est percée de neuf à donze pores, entourés chacun de trois petites écailles.

Coloration. Une teinte olivâtre ou bronzée est répandue sur le dessus du corps. Deux lignes jaunâtres s'étendent le long de chaque partie latérale du tronc , l'une depuis l'angle du bouclier suscrânien, l'autre depuis la commissure des lèvres jusque sur le côté de la queue : chacune de ces lignes blanchâtres sépare deux séries de taches noires , petites et bien distinctes chez les sujets jeunes et en moyen âge , mais plus ou moins dilatées et confondues ensemble chez les individus adultes. Toutes les régions inférieures sont blanches.

Dimensions. *Longueur totale.* 13" 6'". *Tête.* Long. 1" 2'". *Cou.* Long. 9'". *Tronc.* Long. 2" 5'". *Memb. antér.* Long. 1" 7'". *Memb. postér.* Long. 2" 8'". *Queue.* Long. 9".

Patrie. Les échantillons de l'Ophiops élégant qui font partie de notre collection erpétologique ont été recueillis , les uns à Smyrne, par M. Louis Rousseau ; les autres aux environs de Bakou , par M. Ménestriés.

XVIᵉ GENRE. CALOSAURE.—*CALOSAURA* (1).
Nobis.

Caractères. Langue en fer de flèche , médiocrement longue , échancrée au bout, couverte de papilles squamiformes , imbriquées. Dents intermaxillaires coniques , simples. Dents maxillaires un peu comprimées; les premières simples , les suivantes tricuspides. Deux plaques naso-rostrales un peu renflées, dans lesquelles se trouve percée la narine, qui est située sur la ligne même du *canthus rostralis.* Des paupières. Membrane du tympan tendue en dedans du trou auriculaire. Pas de collier squameux sous le cou. Un petit pli devant chaque épaule. Scutelles ventrales quadrilatères , lisses , disposées par bandes longitudinales. Des pores fémoraux. Pattes terminées chacune

(1) De καλος, *pulcher*, beau, et de ταυρα, Lézard.

par cinq doigts faiblement comprimés, carénés en dessous, mais non dentelés latéralement. Queue cyclotétragone à sa racine, arrondie dans le reste de son étendue.

Tous les caractères des Ophiops se reproduisent chez les
Calosaures, qui, de plus que ces derniers, ont des paupières bien développées. Ce genre, par ses deux plaques
naso-rostrales, au lieu d'une seule, se distingue des Psammodromes ; et, par l'absence de pli sous-collaire, des Érémias, des Acanthodactyles et des Scapteirès, ceux-ci et les
Acanthodactyles ayant d'ailleurs les côtés des doigts dentelés, ce qui n'existe pas chez les Calosaures.

On ne connaît encore, dans l'état présent de la science,
qu'une seule espèce appartenant au genre Calosaure : en
voici la description détaillée.

1. LE CALOSAURE DE LESCHENAULT. — *Calosaura Lesche-naultii.* Nobis.

CARACTÈRES. Deux plaques naso-frénales ; une frontale fort rétrécie en arrière ; une très-petite occipitale. Pas de dents au palais. Paupière supérieure courte, l'inférieure grande, transparente. Tempes revêtues de petites écailles égales, hexagones,
carénées, subimbriquées. Pas de sillon gulaire. Écailles dorsales
rhomboïdales, carénées, entuilées. Six séries longitudinales de
lamelles ventrales, les médianes et les marginales moins élargies
que les autres. Quinze ou seize pores fémoraux. Dessus du corps
brun, avec deux bandes blanchâtres de chaque côté.

SYNONYMIE. *Lézard de Leschenault.* Milne Edw. Ann. sciences
natur. tom. 16, pag. 80 et 86, Pl. VI, fig. 9.

DESCRIPTION.

FORMES. La tête, légèrement déprimée et un peu pointue en
avant, entre pour plus du quart dans l'étendue du corps, mesuré
du bout du museau à l'origine de la queue, laquelle fait les deux
tiers de la longueur totale de l'animal. Placées le long du cou, les
pattes de devant atteignent l'extrémité antérieure de la tête ;

celles de derrière, appliquées contre les flancs, s'étendent au delà de l'épaule, c'est-à-dire qu'elles touchent presqu'à l'oreille. Les doigts sont grêles et leurs scutelles inférieures bicarénées. Le palais est lisse. Les plaques céphaliques ont à peu près la même forme que celles du commun des Lézards : la frontale, fort longue et hexagone, est moitié moins large en arrière qu'en avant ; l'interpariétale et l'occipitale sont peu développées, celle-ci est triangulaire ou en losange, celle-là presque linéaire. Le disque formé par les plaques palpébrales, présente encore, comme chez les Lézards, les Psammodromes et les Ophiops, un ovale allongé, rétréci à ses deux bouts et bordé de granules à sa marge externe seulement. La narine, petite, circulaire, est située positivement à l'extrémité du *canthus rostralis* entre deux plaques qui s'articulent avec la rostrale. Les deux plaques naso-rostrales sont un peu bombées, et ont derrière elles une paire de petites plaques qui sont les analogues des naso-frénales des Lézards ; l'une de ces deux naso-frénales se trouve placée au-dessus, et l'autre au-dessous de la ligne du *canthus rostralis*, sur lequel est replié le bord supérieur de la plaque post-naso-frénale, qui est petite, à peu près carrée, tandis que la fréno-oculaire est très-grande comparativement, et de forme triangulaire, tronquée en avant.

La paupière supérieure est très-courte et squameuse, l'inférieure au contraire est fort développée et transparente : elle ressemble à un verre de montre qui serait encadré dans un cercle de granules. De très-petites écailles presque entuilées, égales, hexagones, épaisses, portant une carène sur leur ligne médio-longitudinale, revêtent les régions temporales contre le bord supérieur desquelles sont appliquées trois petites plaques quadrilatères. Il y a un petit pli arqué en avant de l'épaule. On n'aperçoit pas la moindre trace de sillon transversal sous la gorge, que garnissent des écailles lisses, imbriquées, oblongues, en losanges, un peu moins grandes que celles également lisses, imbriquées et en losanges, mais dilatées transversalement, qui revêtent la face inférieure du cou. Les côtés de celui-ci en offrent qui sont très-épaisses, rhomboïdales, imbriquées et renflées sur leur ligne médiane. D'autres écailles de même forme que ces dernières, mais plus développées, assez minces, entuilées et carénées, protégent la région cervicale, le dos et les flancs. Les écailles qui couvrent la poitrine sont à peine différentes de celles du dessous du cou.

Les plaques ventrales, toutes à peu près rhomboïdales, forment six séries longitudinales et vingt-cinq ou vingt-six rangées transversales; aux deux séries médianes et aux deux marginales, elles présentent moins de largeur qu'aux deux autres. On voit sur la région préanale une plaque médiane, bordée de petites squames, en avant et de chaque côté. Les pores, au nombre de quinze ou seize, qui existent sous chaque cuisse, sont percés chacun au centre d'une petite rosace composée de trois écailles. L'écaillure de la queue est formée de petites pièces quadrilatères, imbriquées et surmontées d'une carène longitudinale dont la direction est légèrement oblique.

COLORATION. La région médio-longitudinale du dos est grisâtre; les côtés et les flancs offrent une belle couleur noire sur laquelle sont imprimées quatre larges bandes blanches, deux à droite, deux à gauche. De chaque côté, l'une de ces bandes prend naissance sur le bord inférieur de l'œil, passe sous l'oreille, longe le flanc, et va finir au-dessus de la cuisse; l'autre part du bord surcilière, parcourt le haut du cou, le côté du dos, et vient se perdre le long de la queue. Celle-ci est peinte en grisâtre ou en roussâtre; la face supérieure des membres l'est en brun fauve, et toutes les régions inférieures sont blanches.

DIMENSIONS. *Longueur totale.* 13" 7'''. *Tête.* Long. 1" 2'''. *Cou.* Long. 1". *Tronc.* Long. 3". *Memb. antér.* Long. 2". *Membr. postér.* Long. 3". *Queue.* Long. 8" 5'''.

PATRIE. Cette espèce est originaire des Indes-Orientales; les exemplaires que renferme la collection nationale ont été envoyés de la côte de Coromandel, par M. Leschenault.

XVIIe GENRE. ACANTHODACTYLE.
ACANTHODACTYLUS. (1). Fitzinger.
(*Podarcis*, part. Wagler.)

Caractères. Langue en fer de flèche, médiocrement longue, échancrée au bout, couverte de papilles squamiformes, imbriquées. Palais non denté. Dents intermaxillaires coniques. Dents maxillaires un peu comprimées ; les premières simples, les suivantes tricuspides. Une seule plaque naso-rostrale. Narines s'ouvrant entre cette plaque naso-rostrale, la première labiale, et une naso-frénale. Des paupières. Membrane du tympan tendue en dedans du trou auriculaire. Un collier squameux. Lamelles ventrales quadrilatères, lisses, disposées par séries, souvent obliques, quelquefois rectilignes. Des pores fémoraux, Pattes terminées chacune par cinq doigts faiblement comprimés, carénés en dessous et dentelés latéralement. Queue cyclotétragone à son origine, arrondie dans le reste de son étendue.

En comparant ce genre avec ceux qui, comme lui, appartiennent au groupe des Cœlodontes pristidactyles, on remarque qu'il diffère d'abord des Érémias en ce que les bords de ses doigts sont dentelés, que le bout de son museau porte une paire de plaques naso-rostrales de plus de chaque côté ; puis des Scaptéires, par ses doigts non déprimés, ni lisses en dessous, mais légèrement comprimés et carénés à leur face inférieure ; ensuite des Psammodromes par ses dentelures digitales et la présence d'un repli de la peau en avant de la poitrine ; d'une autre part, ces deux

---

(1) Ακανθα, épine ; δακτυλος, doigt.

derniers caractères, joints à celui d'avoir des paupières, le distinguent des Ophiops, de même qu'ils ne permettent pas qu'on le confonde avec les Calosaures, qui, au reste, ont deux plaques naso-rostrales, au lieu d'une seule de chaque côté du bout du museau.

La langue et les dents des Acanthodactyles sont conformées absolument de la même manière que chez les Psammodromes, les Ophiops et les Calosaures ; mais leur bouclier suscrânien présente, dans sa composition, quelques légères différences avec celui de ces trois genres : ainsi il n'existe jamais de plaque occipitale, à moins qu'on ne considère comme telle un petit granule qui parfois en occupe la place ; la région sus-oculaire ou palpébrale, au lieu d'être protégée par quatre plaques, ne l'est que par deux, lesquelles forment un disque sub-circulaire, qui offre des granules le long de son bord externe, en arrière et en devant, lorsqu'ils n'y sont pas remplacés par deux petites squames ; la frontale, dont le bord antérieur affecte ordinairement une forme arrondie, est fort rétrécie en arrière et presque toujours creusée plus ou moins profondément d'un sillon longitudinal. Il n'y a qu'une seule plaque naso-rostrale dans laquelle est percée la narine, qui se trouve circonscrite par cette même plaque naso-rostrale, par la première labiale supérieure, et par une naso-frénale ; en général, ces trois plaques sont légèrement renflées ; par suite de cette disposition, l'orifice nasal externe est situé au sommet de la région frénale. On observe une post-naso-frénale et une fréno - oculaire, comme dans tous les autres genres de Lacertiens Cœlodontes. Il arrive rarement aux deux dernières plaques labiales supérieures de s'écarter pour laisser descendre la sous - oculaire jusque sur le bord de la lèvre. Le nombre des plaques labiales supérieures est de cinq ou six ; la première a toujours la forme d'un triangle tronqué à son sommet supérieur. Aucune des espèces qu'on a observées jusqu'ici n'a offert de dents au palais ; toutes ont les tempes revêtues de petites écailles égales. La membrane du tympan est tendue en dedans de l'oreille, dont le contour présente un ovale ayant son plus grand diamètre dans le sens vertical de la tête. L'inégalité des doigts est la même que chez les Psammodromes, les Ophiops et les Calosaures; leurs scutelles inférieures sont carénées, et leurs écailles latérales plus ou moins allongées en petites pointes, ce qui en rend les bords dentelés ou pectinés. La queue est cyclo-tétragone à son origine et arrondie dans le reste de son étendue. La peau de la partie inférieure du cou forme, sur la région voisine de la poitrine, un repli transversal ou en chevron dont le bord est généralement garni d'une rangée d'écailles plus grandes que celles qui les précèdent. L'écaillure du dos se compose de pièces rhomboïdales, imbriquées, plus ou moins dilatées, soit unies, soit carénées; celle des membres est de même que chez les Lézards et les trois genres précédents. Certaines espèces ont un faible sillon gulaire; d'autres n'en offrent pas. Les lamelles ventrales sont plus petites et plus nombreuses que chez les Lézards; mais elles ont aussi une forme quadrilatère et une disposition en quinconce. Parmi les squames qui revêtent la région préanale, il en existe presque toujours sur la ligne médiane deux ou trois plus dilatées que les autres. Il y a des pores fémoraux dont les deux séries se rejoignent sur la région pubienne.

L'idée de former un groupe particulier des espèces de Lacertiens réunissant les caractères génériques que nous venons d'exposer, appartient à M. Fitzinger; car c'est d'après les notes communiquées par ce savant à M. Wiegmann, que le genre Acanthodactyle a été établi dans l'ouvrage que ce dernier a publié sous le titre d'*Herpetologia Mexicana*. Une partie des espèces qu'il renferme était rangée par Wagler dans le genre Podarcis de cet auteur. Nous avons constaté l'existence de six espèces d'Acanthodactyles : les voici toutes indiquées dans le tableau synoptique suivant, où nous nous sommes appliqués à signaler les différences qui peuvent en rendre la détermination plus facile.

TABLEAU SYNOPTIQUE DU GENRE ACANTHODACTYLE.

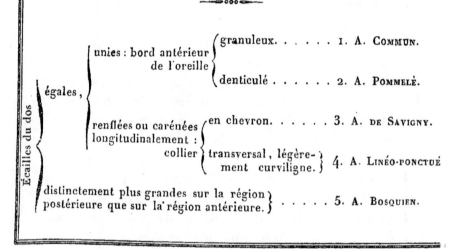

Écailles du dos — égales,
- unies : bord antérieur de l'oreille
  - granuleux . . . . 1. A. COMMUN.
  - denticulé . . . . . . 2. A. POMMELÉ.
- renflées ou carénées longitudinalement :
  - en chevron . . . . . 3. A. DE SAVIGNY.
  - collier transversal, légèrement curviligne. 4. A. LINÉO-PONCTUÉ
- distinctement plus grandes sur la région postérieure que sur la région antérieure. . . . . 5. A. BOSQUIEN.

1. L'ACANTHODACTYLE COMMUN. *Acanthodactylus vulgaris.* Nobis.

CARACTÈRES. Les deux plaques palpébrales formant un disque subovale, garni de granules en dehors, derrière et devant, où il y a aussi deux petites squames renflées. Plaque naso-rostrale à peine bombée ; naso-frénale et première labiale supérieure plates ; bord inférieur de la sous-oculaire formant un angle très-ouvert, enclavé entre les deux dernières des cinq labiales supérieures. Pas de dents au palais. Paupière inférieure écailleuse. Bord antérieur de l'oreille granuleux. Collier sous-collaire en chevron, ayant son sommet libre, et offrant neuf à onze squames, dont la médiane est un peu plus dilatée que les autres. Écailles du dos égales, rhomboïdales, petites, unies. Dix séries de lamelles ventrales.

SYNONYMIE. *Lacerta velox.* Dugès, Ann. sciences natur. tom. 16, p. 383. Exclus. synonym. *Lacerta Boskiana.* Daud. *Lacerta*, fig. 9, Pl. 1 ; Rept. d'Égypte (supplém.), par Savigny (*Acanthodactylus boskianus*) ; *Teiuanha* de Pison (*Ameiva ?*) ; *Lézard gris d'Espagne*, Daubent. (*Lacerta muralis*) ; *Tecunhana* du Brésil, Séb. tom. 1, tab. 91, fig. 4 (*Cnemidophorus ?*).

DESCRIPTION.

Formes. L'ensemble des formes de l'Acanthodactyle commun est le même que celui du Lézard des murailles. La tête, un peu plus large qu'elle n'est haute, a en longueur totale le quart de l'éten-due du corps, mesuré du bout du museau à l'origine de la queue. Les pattes de devant, couchées le long du cou, dépassent à peine les narines; celles de derrière, mises le long des flancs, touchent à l'oreille par leur extrémité. La queue entre pour plus des deux tiers dans la longueur totale de l'animal. Parfois un granule tient lieu de plaque occipitale. Les pariétales sont trapézoïdes, les fronto - pariétales triangulaires, subéquilatérales; l'interparié-tale, qui se trouve enclavée au milieu de ces quatre plaques, a la figure d'un losange. Le sillon que présente la frontale est pro-fond en avant, mais à peine marqué, et quelquefois même insensible en arrière. La ligne médiane des fronto-internaso-ros-trales est relevée en dos d'âne. Les deux plaques palpébrales forment un disque qui n'est ni positivement circulaire, ni absolu-ment ovale; un simple rang de granules en garnit le bord ex-terne, tandis qu'il en existe deux rangées en arrière et en avant, où assez souvent l'on remarque aussi une ou deux petites squames oblongues, inégales, renflées. Les orifices externes des narines sont circulaires, assez ouverts, et situés l'un à droite, l'autre à gauche de l'extrémité du museau, sur la ligne même du *canthus rostralis*, entre le bord inférieur de la naso-rostrale, et le bord supérieur de la première labiale, et ayant en arrière la naso-fré-nale. Celle-ci, petite, subrhomboïdale, avec ses angles assez souvent arrondis, a son bord supérieur replié sur le *canthus ros-tralis*. Le long de la lèvre supérieure, il y a cinq plaques, toutes fort grandes, excepté la dernière; la première ressemblerait à un triangle équilatéral, si elle n'était point tronquée à sa partie in-férieure; la seconde est carrée, la troisième de même, la qua-trième a la figure d'un triangle isocèle, placée longitudinalement, et la cinquième est subrhomboïdale ou en losange. Les bords in-férieurs de la plaque sous-oculaire, qui est très-développée dans le sens longitudinal de la tête, forment un angle fort ouvert que laissent descendre entre elles, souvent jusque sur le bord de la lèvre, les deux dernières labiales supérieures. Les labiales infé-rieures ont à peu près la moitié de la grandeur des supérieures;

on en compte six ou sept de chaque côté, ayant toutes une forme quadrilatère ou pentagone oblongue. La plaque mentonnière est très-développée; elle est suivie de cinq paires de plaques sous-maxillaires formant deux rangées qui marchent parallèlement jusqu'à la troisième paire, après quoi elles s'écartent l'une de l'autre à la manière des branches d'un V. La région supérieure de la tempe, contre le bord suscrânien de laquelle se trouve appliquée une petite plaque quadrilatère, est revêtue d'un pavé de granules circulaires, extrêmement fins; la partie inférieure offre aussi des granules, mais dont la forme est ovale hexagone, et la grosseur double de celle des autres. La plaque auriculaire est très-peu développée, et le bord antérieur de l'oreille complétement dépourvu de dentelure. De fort petites écailles garnissent la surface externe des paupières. Le dessus du cou, le dos et les flancs ont pour écaillure de très-petites pièces égales, rhomboïdales, unies, légèrement entuilées. Ce sont des granules presque coniques qui protégent les côtés du cou, dont la face inférieure offre des écailles en losanges, plus larges que longues, et moins petites que les écailles gulaires, qui sont rhomboïdales oblongues. On ne distingue pas de sillon sous-maxillaire. Le repli que fait la peau en avant de la poitrine est tout à fait libre; sa forme est celle d'un angle assez ouvert dont les côtés se prolongent à droi e et à gauche jusqu'au-dessus du bras, en se courbant légèrement. Le bord de ce repli sous-collaire porte neuf à onze petites squames rhomboïdales, imbriquées de dehors en dedans sur la médiane, qui est un peu plus dilatée que les autres. Parmi les petites pièces squameuses qui revêtent la poitrine, il y en a de quadrilatères oblongues; ce sont celles de la première rangée; toutes les autres ressemblent à des losanges. On compte dix séries de lamelles ventrales; aux quatre séries marginales, elles sont fort petites et distinctement rhomboïdales; aux six autres, elles sont grandes, élargies, ayant aussi une forme rhomboïdale, mais moins prononcée. La région préanale est garnie de squames en losanges, parmi lesquelles il en est trois ou quatre, sur la ligne médiane, qui sont un peu plus développées que les autres. La queue est entourée de verticilles composés d'écailles rhomboïdales; celles de ces écailles qui occupent la partie inférieure sont lisses, tandis que celles de la face supérieure offrent une carène qui, étant parallèle à l'axe de la queue, les coupe obliquement par la moitié. Les doigts présentent de faibles dentelures latérales, mais leurs scutelles inférieures sont fortement bicarénées. Les ongles sont longs, pointus et assez crochus. Vingt-deux à trente pores tubuleux forment une longue série sous chaque cuisse.

COLORATION. *Variété a.* Le dessus de la tête et de la queue offre une teinte brune plus ou moins claire, tandis qu'un noir quelquefois très-foncé, d'autres fois passant au brun, règne sur toutes les autres parties supérieures du corps. Des gouttelettes blanches sont répandues sur les pattes. Quatre raies de la même couleur sont imprimées le long de chaque côté du cou et du tronc : l'une d'elles commence sous l'oreille, marche directement jusqu'à l'épaule où elle s'interrompt pour recommencer sous l'aisselle et se continuer jusque dans l'aine ; la seconde prend naissance au-dessus de la joue, passe sur le bord supérieur de l'oreille, longe le cou, le milieu du flanc, et arrive à l'origine de la cuisse ; la troisième part de la région surcilière et se dirige en droite ligne vers le dessus de la queue ; la quatrième va également se perdre sur cette partie terminale du corps, après être partie de la nuque et avoir parcouru le dos dans toute sa longueur, un peu en dehors de la région rachidienne. Une neuvième raie blanche existe sur la ligne médio-longitudinale du cou. Toutes les parties inférieures sont blanches ; pourtant la queue, fort souvent, et la partie postérieure des cuisses sont colorées en rouge tirant sur le rose ; mais cette belle couleur disparaît promptement après la mort.

Variété b. Cette variété, de même que la précédente, a neuf raies blanches sur un fond brun ou brun-noirâtre ; mais ces raies sont parfois interrompues de telle manière que des séries de taches semblent les avoir remplacées ; puis toujours, soit que ces raies soient entières ou divisées en taches, chacun des intervalles qui les séparent est rempli par une suite de taches noires irrégulièrement quadrilatères, alternant avec un nombre égal de petites taches blanchâtres.

DIMENSIONS. *Longueur totale.* 2" 28"'. *Tête.* Long. 1" 8"'. *Cou.* Long. 1" *Tronc.* Long. 4". *Memb. antér.* Long. 2" 8"'. *Memb. postér.* Long. 4" 5"'. *Queue.* Long. 16".

PATRIE. L'Acanthodactyle commun habite le midi de la France, l'Italie et l'Espagne.

Observations. Comme nous doutons que cette espèce soit réellement celle que Pallas a eu l'intention de faire connaître dans ses ouvrages, sous la dénomination de *Velox*, nous avons cru devoir la désigner ici par un autre nom, bien que plusieurs erpéto-

logistes distingués l'eussent déjà mentionnée sous celui de *Velox*;
mais sans motif valable, attendu que la description donnée par
Pallas de sa *Lacerta velox* n'indique réellement rien qui ne soit
commun à plusieurs autres espèces de Cœlodontes Léiodactyles ou
Pristidactyles. C'est à tort qu'on a rapporté à cette espèce, le Lézard
Bosquien de Daudin, qui en est tout à fait différent, ainsi qu'on
peut s'en convaincre en comparant, avec les caractères de l'A-
canthodactyle commun ceux de l'*Acanthodactylus Boskianus* décrit un peu plus loin.

2. L'ACANTHODACTYLE POMMELÉ. *Acanthodactylus scutella-tus.* Nobis.

CARACTÈRES. Pas de plaque occipitale, quelquefois un granule
en tient lieu. Deux plaques palpébrales formant un disque sub-
ovale, garni de granules à son bord externe, mais offrant deux
petites squames en avant et une troisième en arrière. Plaque naso-
rostrale à peine bombée; naso-frénale et première labiale supérieure plates. Bord inférieur de la plaque sous-oculaire non enclavé entre les deux dernières labiales. Six plaques labiales supérieures. Pas de dents au palais. Paupière inférieure écailleuse. Bord
antérieur de l'oreille denticulé. Pli anté-pectoral anguleux, garni
de onze à treize squames, dont une, la médiane, est plus grande.
Écailles du dos, petites, égales, rhomboïdales, lisses. Quatorze
séries de lamelles ventrales.

SYNONYMIE. *Lacerta scutellata.* Aud. Explicat. somm. Planch.
Rept. (Supplém.) publié par Savign. (Descript. Egypt. tom. 1,
pag. 172, tab. 1, fig. 7.)

Le Lézard pommelé. Milne Edw. Ann. scienc. nat. tom. 16,
pag. 85 et 94, Pl. 6, fig. 3.

Shielded Lizard. Gray, Synops. Rept. in Griffith's anim. kind.
Cuv. tom. 9, pag. 33.

DESCRIPTION.

FORMES. L'Acanthodactyle pommelé diffère du commun : 1° par
sa plaque fréno-nasale, qui est située un peu plus haut, c'est-à-
dire tout à fait en travers du *canthus rostralis;* 2° par l'absence
de granules au devant du disque palpébral, à la place desquels
sont une petite squame et une grande; 3° par sa plaque sous-

oculaire, dont le bord inférieur est droit ou à peu près, et ne se trouve pas enclavé entre les deux dernières labiales supérieures, qui sont au nombre de six au lieu de cinq ; 4° par les trois ou quatre petits appendices fixés le long du bord antérieur de l'oreille, ce qui le rend festonné ou denticulé ; 5° par la forme différente et le nombre plus grand de ses lamelles ventrales, qui, excepté celles des deux séries médianes, sont carrées et dont on compte effectivement quatorze bandes longitudinales ; 6o par le développement plus prononcé de ses dentelures digitales ; 7° enfin par son mode de coloration.

COLORATION. En dessous, ce petit Saurien est tout blanc ; en dessus, c'est-à-dire sur le cou et le dos, dont le fond de la couleur est gris, lavé de verdâtre, il offre un dessin réticulaire d'un brun plus ou moins foncé. Une teinte d'un gris clair, tirant sur le bleuâtre est répandue sur la tête, sur les membres et sur la queue, qui présente un semis de très-petites taches quadrilatères noirâtres. La face supérieure des cuisses et des jambes est marquée de gouttelettes blanches entre lesquelles serpentent des lignes brunes, d'où il résulte un dessin analogue à celui du dos.

DIMENSIONS. *Longueur totale.* 18" 6'". *Tête.* Long. 1" 8'". *Cou.* Long. 1" 8'". *Tronc.* Long. 3". *Memb. antér.* Long. 2". *Memb. postér.* Long. 4". *Queue.* Long. 12".

PATRIE. Jusqu'ici, nous ne savons pas qu'on ait rencontré cette espèce ailleurs qu'en Égypte : la collection du Muséum en renferme plusieurs échantillons, qui ont été donnés par M. A. Lefebvre.

Observations. L'Acanthodactyle pommelé est fort bien représenté dans le grand ouvrage sur l'Égypte.

3. L'ACANTHODACTYLE DE SAVIGNY. *Acanthodactylus Savignyi.* Nobis.

CARACTÈRES. Pas de plaque occipitale. Quelquefois un granule en tient lieu. Deux plaques palpébrales formant un disque subovale ou sub-circulaire offrant des granules le long de son bord externe, en arrière et en avant, où il existe aussi une ou deux petites squames. Naso-rostrale et naso-frénale légèrement bombées ; première labiale supérieure un peu convexe. Plaque sousoculaire descendant en angle très-ouvert entre les deux dernières labiales. Cinq plaques labiales supérieures. Pas de dents au palais.

Paupière inférieure écailleuse. Bord antérieur de l'oreille subdenticulé. Pli anté-pectoral anguleux, bordé de onze à treize squames
presque égales, les médianes se confondant avec celles de la poitrine. Écailles du dos égales, petites, rhomboïdales, un peu
renflées longitudinalement. Douze ou quatorze séries de lamelles
ventrales.

SYNONYMIE. *Lacerta Savignyi*. Aud. Descript. somm. Pl. Rept.
(Supplém.), publ. par Savign. — Descript. de l'Égypte, tom. I,
pag. 172, Pl. 1, fig. 8.

? *Lacerta Olivieri*. Id. loc. cit. pag. 174, Pl. I, fig. 11.

Lézard de Savigny. Miln. Edw. Ann. scienc. nat. tom. 16,
pag. 73, 85, Pl. 6, fig. 4.

Lézard du désert. Id. loc. cit. pag. 79, 86, Pl. 6, fig. 8.

Lézard de Duméril. Id. loc. id. pag. 76, 85, Pl. 7, fig. 9.

? *Lacerta grammica*. Ratke. Faun. der Krym. (Mém. sav. étrang.
publ. par l'Académ. scienc Saint-Pétersb. tom. 3, pag. 303).

DESCRIPTION.

FORMES. Cet Acanthodactyle est moins svelte que les deux précédentes espèces. Portées en avant, les pattes antérieures n'arrivent jamais jusqu'aux narines, et les postérieures, placées le long
des flancs, s'étendent à peine au delà de l'épaule ; la queue elle-
même est de moitié seulement plus étendue que le reste du
corps. Comme chez l'Acanthodactyle pommelé, la plaque naso-frénale se trouve placée positivement sur la ligne du *canthus rostralis*,
et le bord antérieur de l'oreille présente quelques dentelures, à la
vérité un peu moins profondes. Ici les trois plaques qui entourent
la narines ou la naso-rostrale, la naso-frénale et la première labiale supérieure sont légèrement renflées ; puis la sous-oculaire a
son bord inférieur anguleux et enclavé entre les deux dernières
des cinq plaques qui, de chaque côté, garnissent la lèvre supérieure. Néanmoins il arrive quelquefois au bord inférieur de cette
plaque sous-oculaire de ne pas descendre plus bas que le niveau
supérieur des plaques labiales, au-dessus desquelles elle est située.
Au devant du disque palpébral, sont des granules et une ou deux
petites squames qui, chez certains sujets, envahissent tout l'espace compris entre ce disque palpébral et la plaque du fronto-inter-
naso-rostrale : la même remarque est applicable à l'Acanthodactyle commun. Les écailles du dos sont un peu plus épaisses que

celles de ce dernier, de forme rhomboïdale ou losangique ; elles présentent parfois une très-faible saillie médiane qui, dans quelques individus, se transforme en véritable carène, particulièrement vers la région postérieure du dos. L'écaillure de la queue n'offre pas la moindre différence avec celle des deux espèces décrites précédemment, l'Acanthodactyle commun et l'Acanthodactyle pommelé. Le pli anté-pectoral a aussi la même forme que chez ces derniers Lacertiens, mais la pointe en est ordinairement fixée sur la poitrine, en sorte qu'il n'est libre que de chaque côté ; une autre observation à faire, c'est que les squames de la partie médiane de ce pli sous-collaire ne sont pas différentes de celles de la poitrine, avec lesquelles elles se confondent. Cette sorte d'écaillure, composée de petites pièces en losanges, plates, lisses, imbriquées, s'avance un peu sur la région abdominale, dont les lamelles commencent plus en arrière que chez les Acanthodactyles commun et pommelé. Ces lamelles ventrales, qui offrent une figure rhomboïdale, sont disposées de manière à former douze ou quatorze séries longitudinales, les deux externes de chaque côté étant beaucoup plus courtes que les autres, et une vingtaine de rangées transversales. Parmi les petites squames losangiques et assez nombreuses qui revêtent la région préanale, il en est une médiane placée sur le bord de la lèvre du cloaque, dont le développement est un peu plus considérable que celui des autres. Les deux qui la précèdent offrent une surface moindre que la sienne, il est vrai, mais plus étendue que celle des squames latérales. Les dentelures qui garnissent les côtés des doigts sont aussi courtes que chez l'Acanthodactyle commun, mais les carènes des scutelles de leur face inférieure sont très-prononcées. Il y a vingt à vingt-deux pores fémoraux de chaque côté.

COLORATION. *Variété a.* La région cervicale, le dos et la face supérieure des membres présentent, sur un fond blanchâtre, grisâtre ou gris-verdâtre, une sorte de réseau brun à mailles arrondies, formé par des raies bien moins étroites que chez l'Acanthodactyle pommelé. Un brun fauve, uniforme ou nuagé de brunâtre, colore le crâne, et une teinte d'un gris plus ou moins foncé, plus ou moins verdâtre, est répandue sur toute l'étendue de la queue. Quelques individus portent une large bande fauve ou blanchâtre le long de la région du flanc, la plus voisine du ventre. Toutes les parties inférieures sont blanches.

Variété b. Cette variété diffère de la précédente par les quatre

18.

ou six lignes blanchâtres qni parcourent longitudinalement le dessus et les côtés du corps, ainsi que par le semis de petites taches noirâtres qu'on remarque assez souvent sur la face supérieure de la queue.

Variété c. Celle-ci est semée de nombreuses petites taches noires sur le même fond de couleur que les variétés *a* et *b*. Il règne de chaque côté du corps une large bande blanchâtre, qui commence derrière l'oreille et se termine dans l'aine.

DIMENSIONS. *Longueur totale*, 16". *Tête*, Long. 1" 5"'. *Cou*, Long. 1". *Tronc*. Long. 3" 5"'. *Memb. antér.* Long. 2". *Memb. postér.* Long. 3" 8"'. *Queue.* Long. 16".

PATRIE. Cette espèce se trouve sur les côtes de Barbarie, en Égypte, au Sénégal et en Crimée.

Observations. Les Lézards de Savigny, du Désert et de Duméril, considérés par M. Milne Edwards comme trois espèces différentes, appartiennent tous trois à la même; c'est-à-dire à notre *Acantho- dactylus Savignyi*, auquel il faut peut-être réunir aussi la *Lacerta grammica* de M. Ratke, s'il ne s'est véritablement pas trompé en citant, comme représentant sa *Lacerta grammica*, la fig. 8 de la Pl. I des Reptiles (supplément) de l'ouvrage d'Egypte. Autrement ce serait comme synonyme de l'*Acanthodactylus scutellatus* que devrait être indiquée la *Lacerta grammica* de M. Ratke, lequel a peut-être appliqué, soit à l'Acanthodactyle pommelé, soit à l'Acanthodactyle de Savigny, le nom d'une espèce tout à fait diffé- rente, espèce qui est le type du genre Scapteire de Fitzinger, la *Lacerta grammica* de Lichtenstein.

4. L'ACANTHODACTYLE RAYÉ ET TACHETÉ. *Acanthodactylus lineo-maculatus.* Nobis.

CARACTÈRES. Pas de plaque occipitale. Deux plaques palpébrales formant un disque sub-ovale, ayant des granules en avant, en arrière et le long de son bord externe. Naso-rostrale, naso-fré- nale, et première labiale supérieure légèrement renflées. Bord inférieur de la plaque sous-oculaire anguleux, enclavé entre les deux dernières des cinq plaques qui, de chaque côté, garnissent la lèvre supérieure. Pas de dents au palais. Paupière inférieure squameuse. Bord antérieur de l'oreille granuleux. Pli anté-pectoral transversal, libre, légèrement arqué, portant neuf scutelles assez développées, dont la médiane l'est plus que les autres. Ecailles du dos petites , égales , rhomboïdales , imbriquées , distinctement carénées. Dix séries de lamelles ventrales.

SYNONYMIE ? *Lacerta cruenta*, Pall. voy. Emp. Russe , tom. 1, pag. 456 , n° 13.

? *L'algire variété*, Lacép. Quad. ovip. tom. I , pag. 368.

? *Lacerta cruenta*, Gmel. Syst. nat. tom. I , pag. 1072, n° 64.

? *Lacerta cruenta*, Donnd. zoologich. Beytr. tom. pag. 117.

? *Der Algirer, variété*, Bechst. de Lacepede's naturgesch. amph. tom. 2 , pag. 95.

? *Red-tail Lizard* , Schaw, Gener. Zoolog. tom. 3 , pag. 244.

? *Scincus cruentatus* , Latr. Hist. Rept. tom. 3, pag. 251,

? *Scincus cruentatus*, Daud. Hist. Rept. tom. 4 , pag. 278.

? *Lacerta coccinea*, Merr. Syst. amph. pag. 69, n° 27.

DESCRIPTION.

FORMES. Cette espèce a beaucoup de ressemblance avec celle décrite dans l'article précédent ; pourtant on l'en distingue aisément à son collier anté-pectoral, qui est transversal , crénelé, un peu arqué et libre dans toute sa longueur ; à ses écailles pectorales , dont les premières surtout sont quadrilatères oblongues ; au moindre nombre de ses lamelles ventrales qui forment dix séries au lieu de quatorze ; aux petites pièces de son écaillure dorsale, qui sont toutes distinctement carénées ; à l'absence enfin d'une véritable dentelure le long du bord antérieur de l'oreille, qui n'offre que des granules très-fins.

COLORATION. Le dessus du cou et le dos de cet Acanthodactyle présentent, sur un fond grisâtre ou cuivreux, prenant même, chez certains sujets, une belle teinte dorée, des taches dont la grandeur varie et dont la forme est mal arrêtée ; ces taches sont disposées en quatre séries, placées chacune entre deux raies blanchâtres, continues le plus souvent, mais parfois aussi interrompues d'une manière régulière de distance en distance. Une autre série de taches parcoure la partie supérieure de chaque flanc, depuis l'épaule jusqu'au devant de la cuisse ; mais celles-ci sont bleues , environnée chacune d'un cercle noir, et liées successivement l'une à l'autre par un petit trait de cette dernière couleur. On remarque sur les membres, dont la teinte fondamentale ressemble à celle du dos , des gouttelettes blanches auxquelles se mêlent assez souvent des points noirs en plus ou moins grand nombre. Le bouclier suscrânien est coloré en fauve , et toutes les régions inférieures sont blanches,

DIMENSIONS. *Longueur totale*, 16" 4'". *Tête.* Long. 1" 3'". *Cou.* Long. 1". *Tronc.* Long. 3" 3'". *Memb. antér.* Long. 1" 8'". *Memb. postér.* Long. 3" 2'". *Queue.* Long. 10" 8'".

PATRIE. Cet Acanthodactyle nous a été envoyé de Maroc, par M. Laporte, consul français à la résidence de Mogador.

Observations. Il se pourrait que la *Lacerta cruenta* de Pallas ne fût pas une espèce différente de celle-ci ; c'est à elle au moins que nous semble le mieux s'appliquer la description publiée par cet illustre naturaliste.

5. L'ACANTHODACTYLE BOSQUIEN. *Acanthodactylus Boskianus.* Fitzinger.

CARACTÈRES. Pas de plaque occipitale ; quelquefois un granule en tient lieu. Quatre plaques palpébrales formant un disque oblong, pointu en avant, n'ayant de granules que le long de son bord externe. Naso-rostrale, naso-frénale, et première labiale supérieure très-distinctement bombées. Bord inférieur de la plaque sous-oculaire, formant un angle très-ouvert enclavé entre les deux dernières des cinq labiales supérieures. Pas de dents au palais. Paupière inférieure écailleuse. Bord antérieur de l'oreille denticulé. Pli anté-pectoral en chevron, non fixé par sa pointe sur la poitrine, et garni de neuf à onze squames, dont une, la médiane, est un peu plus développée que les autres. Ecailles du dos rhomboïdales, carénées, imbriquées, beaucoup plus grandes sur la région postérieure que sur la région antérieure. Dix séries de lamelles ventrales.

SYNONYMIE. *Lacerta Boskiana*, Daud. Hist. Rept. tom. 3, pag. 188. tab. 36, fig. 2 (jeune).

Lacerta Boskiana, Merr. Syst. amph. pag. 63, n° 3.

Lacerta Boskiana, Lichtenst. Verzeich. Doublett. Zoolog. Mus. Berl., pag. 100.

Lacerta aspera, Aud. Explicat. somm. planch. Rept. (supplém.) publ. par Savigny (Descript. Égypt. tom. 1, pag. 174, Pl. 1, fig. 10.)

Lacerta Boskiana, Id. loc. cit. Pl. I, fig. 9.

Lacerta carinata, Schinz. Naturgesch. und Abbild. Rept. pag. 102, tab. 39, fig. 4. Exclus. synonym. *Lézard tacheté d'Espagne*, Daud. (*Lacerta muralis*). *Lacerta Edwardsiana*, Dugès (*Psammodromus Edwardsianus*).

Lacerta longicaudata, Reuss. Zoolog. Miscell. mus. Senckenberg, tom. I, part. 3, pag. 3o.

Acanthodactylus Boskianus, Fitzing. manuscript.

Acanthodactylus Boskianus. Wiegm. Herpetolog. mexic. pars 1, pag. 10, n° 6.

DESCRIPTION.

FORMES. Cette espèce ne peut être confondue avec aucun des autres Acanthodactyles connus, attendu qu'elle est encore la seule dont les écailles de la région postérieure du dos soient beaucoup plus développées que celles de la partie antérieure. Elle est également la seule qui, au lieu de granules, offre une plaque en avant, et une autre en arrière des deux grandes qui composent le disque palpébral chez ses congénères. Etendues le long du cou, les pattes de devant arrivent au bout du museau ; celles de derrière, mises contre les flancs, s'étendent jusqu'aux oreilles. Les trois plaques qui circonscrivent l'orifice externe de la narine, la labiale supérieure, la naso-rostrale et la naso-frénale, offrent un renflement bien prononcé ; celle de ces trois plaques, qui vient d'être nommée la dernière, se trouve placée positivement sur la ligne du *Canthus rostralis*. Le bord inférieur de la plaque sous-oculaire forme un grand angle très-ouvert, et la marge antérieure de l'oreille porte quatre ou cinq petits appendices qui la rendent réellement denticulée. Il y a une apparence de sillon en travers de la gorge. Le repli sous-collaire ressemble à celui des Acantho-dactyles commun et pommelé, c'est-à-dire qu'il a la forme d'un angle dont le sommet n'est pas fixé sur la poitrine, et dont les bords portent neuf à onze squames, imbriquées de dedans en dehors sur une médiane plus grande que les autres. Les écailles de la région cervicale sont petites, épaisses, rhomboïdales, renflées longitudinalement ; celles du dos, plus minces et distinctement carénées, mais de même rhomboïdales, sont d'abord fort petites, puis s'élargissent de plus en plus en s'avançant vers la queue, de telle sorte que, sur la partie postérieure du tronc, elles offrent un développement deux à trois fois plus grand que celui qu'elles présentent sur la région dorsale voisine des épaules. Les lamelles ventrales ne diffèrent ni par la forme, ni par le nombre de celles de l'Acanthodactyle commun ; il en est de même de l'écaillure de la région préanale ; mais les dentelures qui garnissent les côtés des doigts sont beaucoup plus prononcées. Il règne sous chaque cuisse, une longue série de vingt à vingt-deux pores tubuleux. Les ongles sont longs, pointus, légérement arqués.

COLORATION. *Variété a.* La couleur fondamentale des parties supérieures est un gris fauve. De chaque angle du bouclier sus-crânien, part une raie noire qui s'élargit toujours davantage à mesure qu'elle s'avance vers la queue, sur la face supérieure de laquelle elle se perd à quelque distance de son origine. Une bande, également de couleur noire, s'étend tout le long du haut du flanc, depuis le bord supérieur de l'oreille jusqu'au-dessus de la cuisse. Une ligne noire parcourt le milieu de la région cervicale; et à sa droite et à sa gauche on en observe une autre qui se prolonge parallèlement au rachis jusque près de l'extrémité du tronc. Les lèvres sont marquées de raies verticales brunes, alternant avec d'autres raies verticales blanches. Le dessus des pattes de derrière est semé de gouttelettes blanches, ou couvert d'un réseau brun à mailles très-élargies. Toutes les parties inférieures sont blanches.

Variété b. Cette variété offre, sur le même fond de couleur que la précédente, six à huit séries longitudinales de taches irrégulières, ou de très-petits points noirs.

Jeune âge. Le dessus du corps des jeunes sujets est longitudinalement coupé par sept lignes blanches, séparées l'une de l'autre par une série de petites taches de la même couleur. Le fond de la couleur des individus dépouillés d'épiderme, est bleu.

DIMENSIONS. *Longueur totale*, 22" 9"'. *Tête.* Long. 2". *Cou.* Long. 1". *Tronc.* Long. 4" 4"'. *Memb. antér.* Long. 2" 8"'. *Memb. postér.* Long. 4" 8"'. *Queue.* Long. 15" 5"'.

PATRIE. L'Acanthodactyle Bosquien est originaire d'Egypte.

Observations. C'est à tort que Cuvier et quelques autres erpétologistes ont réuni le Lézard Bosquien de Daudin à notre Acanthodactyle commun, appelé par eux *Lacerta velox* de Pallas; le Lézard Bosquien a été établi d'après un jeune sujet de notre *Acanthodactylus Boskianus*, sujet qui existe encore aujourdhui dans notre musée, et que, par une erreur malheureusement trop commune, Daudin avait reçu avec une fausse indication de patrie; car il lui avait été effectivement donné comme venant de Saint-Domingue. L'Acanthodactyle Bosquien est bien ceraincment une espèce égyptienne.

XVIII. GENRE. SCAPTEIRE.—*SCAPTEIRA* (1).
Fitzinger.

CARACTÈRES. Langue en fer de flèche, à base non engaînante, médiocrement longue, échancrée à l'extrémité antérieure, couverte de papilles squamiformes, imbriquées. Dents intermaxillaires coniques, simples. Dents maxillaires un peu comprimées ; les premières simples, les suivantes tricuspides. Narines latérales circonscrites par trois plaques renflées ; une naso-rostrale, deux naso-frénales. Des paupières. Membrane tympanale tendue en dedans du bord auriculaire. Un repli de la peau en avant de la poitrine. Des lamelles sur le ventre. Des pores fémoraux. Pattes terminées chacune par cinq doigts aplatis, lisses en dessous, mais dentelés latéralement. Queue cyclo-tétragone à sa racine, arrondie dans le reste de son étendue.

Le genre Scapteire se reconnaît, à l'instant même, entre tous les Cœlodontes Pristidactyles, attendu qu'aucun autre de ces Lacertiens n'a les doigts aplatis, et dépourvus de carènes à leur face inférieure. Il se distingue en outre, des Ophiops par la présence de paupières, de ces mêmes Ophiops, des Calosaures et des Psammodromes, par l'existence d'un pli anté-pectoral, et de dentelures sur les côtés des doigts ; puis des Acanthodactyles, en ce que l'une des trois plaques qui ceignent l'orifice externe des narines n'est pas la première labiale supérieure, mais une seconde naso-frénale.

Les Scapteires sont, pour ainsi dire, des Erémias à doigts

(1) Σκαπτηϕηϱϛϛ, *fossor*, fouisseur.

déprimés ; car, à part cette différence dans la structure des extrémités terminales des membres, ils leur ressemblent par tous les autres points de leur organisation. Cet exemple d'une espèce, ayant les doigts ainsi conformés, est au reste, le seul qu'on puisse citer dans la famille entière des Autosaures ; mais on en retrouve les analogues, d'une part, chez le Phrynocéphale à oreilles, parmi les Iguaniens acrodontes ; et, d'une autre part, chez le Scinque officinal, qui appartient au groupe si nombreux des Scincoïdiens ou Lépidosomes.

Les doigts des Scapteires sont proportionnellement aussi développés que ceux des autres Lacertiens ; mais leur inégalité, particulièrement aux mains, n'est pas si grande ; ainsi le pouce n'est qu'un peu plus court que le second doigt ; celui-ci, un peu moins long que le troisième, dont l'étendue est presque égale à celle du quatrième, lequel excède de quelques lignes le cinquième. Aux pieds, les quatre premiers doigts sont régulièremeut étagés ; et le dernier, qui est inséré fort en arrière sur le tarse, se trouve être, par son extrémité antérieure, à peu près de niveau avec le second, s'il ne le dépasse même pas un peu. Les doigts sont réellement aplatis de haut en bas, ce qui ne se voit distinctement que lorsqu'ils sont écartés ; car quand ils sont rapprochés les uns contre les autres, ils paraissent au contraire comprimés, attendu que ce n'est pas le côté de l'un qui touche au côté de l'autre ; mais la face inférieure des premiers, qui se trouve appliquée contre la face supérieure du second, et successivement ainsi jusqu'au dernier : ceci est beaucoup plus sensible aux pattes postérieures qu'aux antérieures. En dessus, ces doigts sont revêtus d'un seul rang de grandes scutelles, lisses, quadrilatères, imbriquées, un peu élargies ; en dessous, c'est absolument de même, et de chaque côté ils se trouvent bordés par une série d'écailles pointues, placées horizontalement, ce qui produit une véritable dentelure, plus profonde aux doigts des pieds qu'à ceux des mains. Les ongles sont longs, mais on n'en voit que la moitié terminale, car la portion basilaire est cachée entre deux grandes squames placées l'une en dessus, l'autre en dessous, et de façon que d'un côté c'est la marge de la supérieure qui déborde celle de l'inférieure ; et que de l'autre côté, c'est la marge de l'inférieure qui déborde celle de la supérieure.

C'est aussi d'après les notes de M. Fitzinger, comme il l'a fait pour les genres Acanthodactyle et Erémias, que M. Wiegmann a établi le genre Scapteire, qui ne renferme encore qu'une seule espèce, dont la description va suivre.

I. LE SCAPTEIRE GRAMMIQUE. *Scapteira grammica*. Fitzinger.
(*Voyez* pl. 54, fig. 1.)

CARACTÈRES. Une très-petite plaque occipitale. Pas de dents au palais. Disque palpébral ovalaire, entouré complétement d'un cordon de granules, et ayant devant lui une petite squame. Paupière inférieure squameuse. Bord antérieur de l'oreille denticulé. Pli anté-pectoral transversal, droit, tout à fait libre, garni seulement de cinq ou six squames très-petites. Écailles dorsales petites, égales, circulaires, convexes, non entuilées. Lamelles ventrales petites, égales, carrées, formant des séries obliques et des rangées transversales ; ces dernières au nombre de trente-deux, dont la plus étendue se compose de dix-huit à vingt lamelles. Squamelles préanales fort petites, très-nombreuses, subégales, seize ou dix-sept pores fémoraux.

SYNONYMIE. *Scapteira grammica*. Fitzing. manuscrip.

Lacerta grammica. Lichtenst. Verzeichn. Doublett. mus. Berl. pag. 100.

Scapteira grammica. Wiegm. Herpet. Mexican. pars. 1, pag. 9.

DESCRIPTION.

FORMES. Portées en avant, les pattes antérieures dépassent un peu le bout du museau ; les postérieures mises le long des flancs, n'arrivent que jusqu'aux épaules. La queue, arrondie dans toute son étendue, excepté à sa racine, où elle est cyclo-tétragone, n'a qu'une demi-fois plus de longueur que le reste du corps ; elle est néanmoins assez grêle surtout vers son extrémité terminale. Il n'existe pas de dents palatines. Un granule triangulaire tient lieu de plaque occipitale. L'inter-pariétale ressemble à un losange. Les deux plaques palpébrales forment un disque ovale, qu'un cordon de granules entoure complétement, et au devant duquel est une petite plaque soudée à la fréno-oculaire et à la fronto-inter-naso-rostrale. La frontale, deux fois plus étroite en arrière qu'en avant, est creusée longitudinalement d'un sillon qui ne s'étend pas jusqu'à son bord postérieur. Les fronto-inter-naso-rostrales ont leur région médio-longitudinale relevée en dos d'âne. L'inter-naso-rostrale offre un léger enfoncement longitudinal. La narine est située sur la ligne du *canthus rostralis*. La plaque naso-rostrale droite s'articule avec la naso-rostrale gauche. La naso-fré-nale inférieure est en rapport avec la naso-rostrale, avec les deux premières labiales, la post-naso-frénale et la naso-frénale supérieure qui est petite et triangulaire, limitée de chaque côté par la naso-rostrale et par la naso-frénale inférieure ; en arrière, elle est bor-née par l'inter-naso-rostrale. La post-naso-frénale est carrée et fort peu développée. La fréno-oculaire a son bord supérieur replié sur le *canthus rostralis*. La sous-oculaire reste au-dessus des labiales avec lesquelles elle est en rapport. On compte sept paires de plaques autour de chaque lèvre. Les plaques sous-maxillaires de la première paire sont excessivement petites ; celles de la se-conde sont près de trois fois plus grandes ; celles de la troisième cinq à six fois ; puis, à partir de celle-là jusqu'à la sixième et dernière, elles diminuent graduellement de diamètre. Au bord interne de chacune des plaques sous-maxillaires de la quatrième paire, est soudée une petite plaque dont la marge antérieure s'ar-ticule avec une portion du pan postérieur de la quatrième plaque de la même région. Le bord antérieur de l'oreille offre plusieurs petits granules tuberculeux, un peu comprimés, qui le rendent comme denticulé. Les deux paupières sont garnies de petites écailles égales. Des granules très-fins revêtent les tempes, le long du bord supérieur desquelles on en remarque plusieurs assez gros. Il y a un sillon en travers de la gorge. Le repli que fait la peau du cou, en avant de la poitrine, est grand, transversal, droit et libre dans toute son étendue ; son bord libre ne porte de squames que vers sa région moyenne, aussi le nombre n'en est-il que de six ou sept. Les écailles gulaires et les sous-collaires sont complé-tement semblables à celles de toutes les espèces d'Erémias. Les squamelles qui composent le triangle thoracique sont fort petites, et par conséquent très-nombreuses ; elles ressemblent à des rhom-

bes. Il y a également beaucoup de lamelles ventrales; elles sont
carrées et disposées par séries obliques de chaque côté de la ligne
médio-longitudinale de l'abdomen; mais, en travers, elles forment des bandes rectilignes, dont le nombre s'élève à trente-
deux. On compte jusqu'à vingt lamelles dans une seule des bandes
transversales, choisie, il est vrai, parmi les plus étendues. La
région préanale offre plus d'une centaine de squamelles carrées,
qui deviennent de plus en plus petites en s'approchant du bord
de la lèvre antérieure du cloaque. Le dessus et les côtés du cou,
le dos et les flancs sont revêtus d'un nombre considérable de petites écailles circulaires, convexes, qui, au lieu d'être imbriquées,
se trouvent assez éloignées les unes des autres, et environnées
chacune de quelques granules extrêmement fins. Les écailles caudales sont rhomboïdales; celles de la face inférieure sont lisses, et
celles de la supérieure et des côtés sont carénées. Le dessous de
l'une et de l'autre cuisse offre une série de seize à dix-huit pores,
percés chacun sur le bord d'une petite squame sub-circulaire. En
dessus, les bras sont recouverts d'écailles en losanges, imbriquées,
mais non distinctement carénées; le bord externe de l'avant-bras
porte une bande de scutelles hexagones, un peu élargies. Le dessus des membres postérieurs offre à peu près la même écaillure
que le dos. La région postérieure des cuisses est finement granuleuse. Deux rangées longitudinales de squames en losanges, lisses,
très-faiblement imbriquées garnissent les mollets,

COLORATION. Un blanc grisâtre, lavé de verdâtre, règne sur
toutes les parties supérieures du corps. Le crâne et les tempes sont
semés de points noirs; d'autres points noirs, mais plus fins et
plus nombreux, sont répandus sur le cou, le dos et les flancs,
et réunis les uns aux autres par des linéoles encore plus fines.
Quelques petits traits noirs se montrent épars sur la base de la
queue. Le dessus des membres est piqueté de noir; toutes les régions inférieures sont blanches.

DIMENSIONS. *Longueur totale.* 21" 2'". *Tête.* Long. 2". *Cou.*
Long. 1". *Tronc.* Long. 5". *Memb. antér.* Long. 2" 5'". *Memb.
postér.* Long. 4". *Queue.* Long. 13" 2'".

PATRIE. Le Scapteire grammique est une espèce africaine. La
description qui précède a été faite d'après un individu envoyé du
musée de Berlin à celui de Leyde, d'où nous l'avons reçu en
communication. Son étiquette portait qu'il avait été recueilli en
Nubie.

Observations. Il nous semble que M. Lichtenstein a confondu deux espèces bien distinctes, sous le nom de *Lacerta grammica*, celle du présent article et notre Acanthodactyle pommelé : car sa description indique des caractères qui appartiennent à l'une, tandis qu'ils ne conviennent nullement à l'autre, et réciproquement : ainsi, il dit que le nombre des séries des lamelles ventrales est de quatorze à vingt ; ce dernier nombre est effectivement celui du Scapteire grammique, et le premier celui de l'Acanthodactyle pommelé. Le collier, d'après ce savant erpétologiste, serait tantôt obsolet, tantôt très-distinct ; le premier cas est applicable à l'Acanthodactyle pommelé, et le second au Scapteire grammique, qui, au reste, n'a pas le collier garni de douze squames, mais de cinq ou six au plus.

XIXᵉ GENRE. ÉRÉMIAS. — *EREMIAS* (1).
Fitzinger.

(*Podarcis* (2), part. Wagler.)

CARACTÈRES. Langue à base non engaînante, médiocrement longue, échancrée en avant, en fer de flèche, couverte de papilles squamiformes imbriquées. Dents intermaxillaires coniques, simples. Dents maxillaires un peu comprimées ; les premières simples, les suivantes à sommet tricuspide. Une plaque naso-rostrale formant avec deux naso-frénales un renflement hémisphérique, au sommet duquel se trouve situé l'orifice externe de la narine. Des paupières. Une membrane du tympan tendue en dedans du trou auriculaire. Un repli de la peau, transversal ou anguleux, en avant de la poitrine. Lamelles ventrales quadrilatères, lisses, formant des bandes longitudinales rectilignes ou légèrement obliques. Des

---

(1) Ἐρημίας, *loci deserti*, d'un lieu désert.
(2) Ποδάρκης, *pedibus celer*, vélocipède.

pores fémoraux. Pattes terminées chacune par cinq doigts inégaux, légèrement comprimés, carénés en dessous, mais non dentelés latéralement. Queue cyclo-tétragone à son origine, arrondie dans le reste de son étendue.

Par leur pli sous-collaire, les Érémias s'isolent naturellement des trois premiers genres du groupe des Pristidactyles, c'est-à-dire, des Psammodromes, des Ophiops et des Calosaures, dont la peau de la face inférieure du cou est parfaitement tendue : ajoutez à cela qu'ils offrent deux paires de plaques naso-frénales, tandis que les Psammadromes n'en ont qu'une, et que leurs yeux sont garnis de paupières, membranes protectrices du globe de l'œil qui manquent entièrement aux Ophiops. Les Érémias ne se séparent pas moins nettement des Scapteires, par leurs doigts non aplatis, mais un peu comprimés, ni lisses en dessous, mais fortement carénés, et de plus, dépourvus de dentelures le long de leurs bords. D'une autre part, cette même absence de dentelures aux doigts et la présence de deux plaques naso-frénales au lieu d'une seule de chaque côté du museau, sont les caractères à l'aide desquels on distingue aisément le genre Érémias de celui des Acanthodactyles.

Le système dentaire des Érémias est exactement le même que celui de tous les autres genres de Cœlodontes-pristidactyles que nous avons déjà fait connaître, la conformation de leur langue n'est pas non plus différente. Ces Lacertiens se font particulièrement remarquer par la forme inaccoutumée de leur museau, qui offre en dessus de chaque côté de son extrémité, deux renflements hémisphériques aux sommets desquels se trouvent situés les orifices externes des narines ; mais ils sont dirigés un peu latéralement. Ces deux petites éminences sont produites par la réunion en cercle de trois plaques fortement renflées, une naso-rostrale et deux naso-frénales. Les deux naso-frénales sont placées l'une au-dessus de l'autre, et la supérieure est moitié plus petite que l'inférieure. Il y a comme toujours une post-naso-frénale, et une fréno-oculaire. La naso-rostrale tantôt se soude avec sa congénère, tantôt en est séparée par la plaque inter-naso-rostrale. De même que chez les Acanthodactyles, il existe sur la région palpébrale ou sus-oculaire, deux plaques formant un disque subovale, qui se trouve environné de granules en tout ou en partie. La plaque frontale est très-rétrécie en arrière et creusée dans toute sa longueur d'un sillon plus ou moins profond, mais toujours plus large en avant qu'en arrière. La plaque inter-naso-rostrale offre une légère concavité, tandis que les fronto-inter-naso-rostrales sont au contraire longitudinalement relevées en toit ou en dos d'âne. Telles espèces présentent une plaque occipitale, telles autres n'en montrent pas le plus petit vestige. Chez toutes, les sutures suscrâniennes sont excessivement marquées. Le palais peut être armé de dents ou en manquer tout à fait. Dans le plus grand nombre des cas, la paupière inférieure est revêtue de petites écailles aplaties ou granuleuses qui la rendent opaque; mais parfois elle offre une ou deux petites plaques transparentes au travers desquelles la lumière peut certainement pénétrer dans le globe de l'œil, mais d'une manière moins vive, moins intense, ce qui semblerait être le but dans lequel la nature aurait apporté une modification si utile dans la structure des membranes palpébrales de ces petits animaux, destinés qu'ils sont à vivre sur les sables du désert, exposés aux rayons du soleil le plus ardent. Jamais ni plaques, ni scutelles ne revêtent les régions temporales, que protégent de très-petites écailles ordinairement granuleuses. L'oreille ressemble à celle de tous les autres Lacertiens Cœlodontes, et les doigts considérés sous le rapport de leur longueur relative, ne diffèrent pas de ceux des espèces de Pristidactyles dont nous avons précédemment fait l'histoire. Les doigts des Érémias, ainsi que cela a déjà été dit plus haut, n'ont pas de dentelures sur leurs bords, mais leur face inférieure offre une double série de carènes. La queue a la forme ordinaire, c'est-à-dire qu'elle commence par être cyclo-tétragone et qu'elle devient peu à peu arrondie, à mesure qu'elle s'éloigne du tronc. Les cuisses sont garnies de pores dont les deux lignes ne se rejoignent jamais sur le devant de la région préanale, ainsi que cela, au contraire, s'observe toujours chez les Acanthodactyles. En travers du cou, immédiatement en avant de la poitrine, la peau fait un pli qui tantôt est anguleux, tantôt transversal, et alors il est ou parfaitement droit, ou plus ou moins arqué. Ce pli porte toujours une bordure composée de squames imbriquées de dedans en dehors sur la médiane d'entre elles, dont le développement est un peu plus grand que celui des autres. Les pièces qui composent l'écaillure du dos sont imbriquées ou non imbriquées, plates ou convexes ou même carénées. Celles du dessus des bras ressemblent à de petits losanges entuilés, à surface lisse ou relevée d'une carène. Les lamelles ventrales, qui varient en nombre, suivant les espèces, forment toujours des bandes transversales droites, mais disposées, soit en séries obliques, soit en séries rectilignes.

De même que ceux du genre Acanthodactyle, les caractères du genre Érémias ont été formulés d'une manière peut-être moins précise que nous venons de le faire ici, par M. Wiegmann dans son erpétologie du Mexique, d'après des notes qui lui avaient été communiquées par M. Fitzinger, qu'on doit donc considérer comme le fondateur réel du genre Erémias.

Plusieurs des espèces que nous y rangeons formaient une partie du genre *Podarcis* de Wagler. Voici, exposées dans un tableau synoptique, les différences les plus notables, ou du moins les plus faciles à saisir, que présentent les douze espèces d'Érémias dont on trouvera plus loin la description détaillée, suivant l'ordre des numéros dont leurs noms sont précédés.

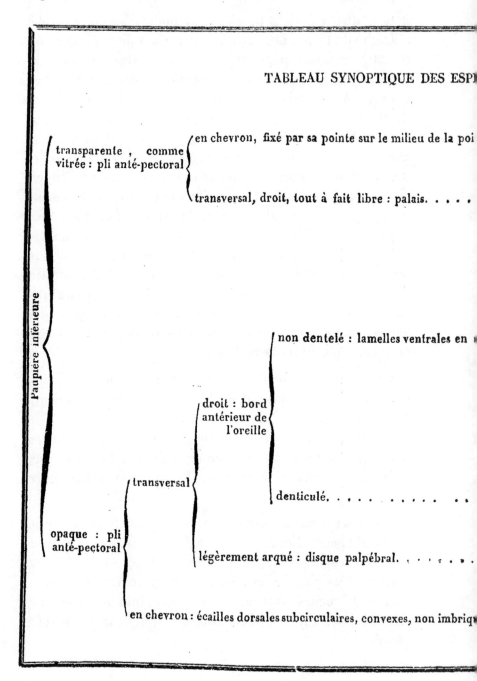

TABLEAU SYNOPTIQUE DES ESP

Paupière inférieure

transparente, comme vitrée : pli anté-pectoral

en chevron, fixé par sa pointe sur le milieu de la poi

transversal, droit, tout à fait libre : palais. . . . .

opaque : pli anté-pectoral

transversal

droit : bord antérieur de l'oreille

non dentelé : lamelles ventrales en

denticulé. . . . .

légèrement arqué : disque palpébral. . . . .

en chevron : écailles dorsales subcirculaires, convexes, non imbriq

GENRE ÉRÉMIAS.

. . . .   11. E. Panthère.

rmé de dents. . . . .   12. E. Linéo-ocellé.

lépourvu de dents . . . .   13. E. Ondé.

obliques : seize ou dix-huit : queue { longue, très-effilée . . . .   2. E. A ocelles bleus.

{ courte, fort élargie à son origine. . .   1. E. Variable.

rectilignes, au nombre de { plus de 6, { dix ou douze . . . .   8. E. Namaquois.

14 : écailles dorsales { subovales, convexes, non entuilées }   6. E. de Burchell.

en losanges, aplaties, sub-imbriquées. }   5. E. du Cap.

six . . . .   9. E. Lugubre.

. . . .   4. E. de Knox.

arrondi en avant, entièrement entouré de granules. . .   7. E. Dos-rayé.

anguleux, n'ayant de granules qu'en avant et le long de son bord externe. } . . . .   10. E. A gouttelettes.

. . . .   3. E. A points rouges.

ESPÈCES A PAUPIÈRE INFÉRIEURE SQUAMEUSE.

1. L'ÉRÉMIAS VARIABLE. *Eremias variabilis.* Fitzinger.

CARACTÈRES. Pas de plaque occipitale. Des dents au palais. Disque palpébral arrondi en avant, et séparé de la fronto-inter-naso-rostrale par des granules auxquels se joignent parfois deux petites squames renflées. Les trois plaques entourant la narine très-convexes. Bord antérieur de l'oreille non denticulé. Pli sous-collaire transversal, droit, libre, garni de neuf à quinze squames. Écailles dorsales ovalo - rhomboïdales, lisses, légèrement redressées en arrière, peu serrées, entourées chacune de quelques granules. Lamelles ventrales subégales, carrées, formant des séries obliques et des rangées transversales; ces dernières, au nombre de vingt-six à vingt-huit, dont la plus étendue se compose de seize à dix-huit lamelles. Dessous des jambes garni de squames en losanges, non dilatées transversalement. Écailles préanales petites, nombreuses, égales, excepté parfois une médiane, près du bord libre, qui est plus développée que les autres. Huit à dix pores fémoraux. Dos offrant, en travers, des séries plus ou moins ondulées d'ocelles noirs, pupillés de blanc, ou bien des bandes noires irrégulières, souvent confluentes, tachetées ou non tachetées de blanc.

SYNONYMIE. *Lacertus arguta.* Pall. Voy. en plusieurs provinces de l'empire Russe (édit. in-8°) tom. 3, pag. 470, et tom. 8, pag. 87.

Lacerta arguta. Gmel. Syst. nat. tom. 1, pag. 1072, n° 65.

Ameiva arguta. Mey. Synops. Rept. pag. 28.

Lacerta arguta. Donnd. Zoologisch. Beïtr. tom. 3, pag. 117.

Arguta Lizard. Shaw. Gener. zoolog. tom. 3, pag. 250.

Le Lézard à museau pointu. Latr. Hist. nat. Rept. tom. 1, pag. 250.

Lacerta arguta. Daud. Hist. Rept. tom. 3, pag. 240.

Lacerta variabilis. Pall. Zoograph. tom. 3, pag. 31.

Lacerta variabilis. Lichtenst. Verzeichn. Doublett. Zoologisch. mus. Berl. pag. 98.

Lacerta variabilis. Fitzing. Neue classific. Rept. pag. 51.

Lacerta variabilis. Lichtenst. Catalog. amphib. recueillie par Eversm. (Voy. d'Ozenbourg à Boukhara, par M. de Meyendorff, pag. 452).

Variable Lizard. Gray. Synops. Rept. in Griffith's anim. Kingd. tom. 9 pag. 34.

Podarcis variabilis. Menest. Catal. raisonn. pag. 62.

Lacerta variabilis. Eversm. Lacert. imper. Ross. (Nouv. mém. societ. imper. natur. Mosc. tom. 3, pag. 351, tab. 29).

Eremias variabilis. Fitzing. Manuscript.

Eremias variabilis. Wiegm. Herpet. mexic. pars. 1, pag. 9.

Lacerta variabilis. Krynicki. Observat. Rept. indig. (Bullet. societ. imper. natur. Mosc. (1837, n° ill), pag. 51).

DESCRIPTION.

Formes. L'Érémias variable est plus trapu, plus ramassé dans ses formes, non-seulement qu'aucun autre de ses congénères, mais peut-être qu'aucun autre Lacertien cœlodonte. Sa tête, légèrement déprimée, se termine antérieurement en un museau assez court, mais néanmoins pointu, au-dessus duquel s'élèvent les deux petites proéminences formées par les plaques nasales. Couchées le long du cou, les pattes de devant s'étendent jusqu'aux narines; appliquées contre le tronc, celles de derrière touchent à l'aisselle par leur extrémité. La queue, et c'est là un des caractères spécifiques de cet Érémias, en même temps qu'elle est extrêmement courte, c'est-à-dire seulement aussi longue, ou un tant soit peu plus longue que le reste du corps, offre une très-grande largeur à son origine, puis se rétrécit brusquement pour finir en une pointe excessivement aiguë. Le palais est armé de trois ou quatre petites dents coniques de chaque côté de son échancrure. Il n'existe pas de plaque occipitale; l'interpariétale est petite, et ressemble à un losange. Le disque sus-oculaire, de forme à peu près circulaire, se compose de deux plaques de même grandeur, soudées entre elles par un bord droit; au devant de ce disque est un assez grand espace triangulaire couvert de granules; d'autres granules forment un cordon le long de son bord externe, et deux ou trois rangs derrière son bord postérieur. La plaque naso-rostrale gauche s'articule sur la ligne médiane du dessus du museau avec la naso-rostrale droite; la naso-frénale inférieure, qui tient par le bas aux deux premières labiales, est aussi grande que la naso-rostrale; mais la supérieure est au contraire deux à trois fois plus petite. La post-naso-frénale, qui est également fort petite, est de figure carrée, et suit immédiatement la naso-rostrale inférieure qu'elle dépasse à peine en hauteur. Les plaques labiales supérieures sont au nombre de sept, dont les deux dernières ne s'écartent pas pour permettre à la sous-oculaire de descendre jusque sur la lèvre. Les paupières sont entièrement granuleuses. Les tempes sont protégées par un pavé d'écailles ovales, convexes, ou légèrement tectiformes, moins petites sur la région inférieure que sur la supérieure. Le bord antérieur de l'oreille n'est pas ce que l'on peut appeler dentelé, mais semble l'être néanmoins, car il est garni de très-petits granules d'une forme conique dont le développement varie suivant les individus. On observe une trace de sillon sous-maxillaire; les écailles gulaires sont ovalo-rhomboïdales, lisses, un peu imbriquées; les sous-collaires sont lisses aussi et entuilées; mais elles ressemblent à des losanges, et présentent une surface un peu plus étendue, particulièrement celles de la région médiane. Le pli anté-pectoral est tout à fait transversal, droit, complétement libre, et garni de neuf à quinze squames, dont la figure est à peu près carrée. Le dessus du cou et le dos sont recouverts d'écailles ovalo-losangiques, lisses, un peu relevées en arrière, ce qui leur donne l'apparence conique. Les squames qui revêtent la poitrine sont petites, nombreuses, égales, en losanges et légèrement entuilées. Les lamelles ventrales, à peine plus développées, sont carrées, disposées par séries obliques, au nombre de quatorze à seize de chaque côté de la ligne médiane de l'abdomen, et forment vingt-cinq à vingt-six rangées transversales, dans la plus nombreuse desquelles on compte quatorze à seize lamelles. Une cinquantaine de petites squames en losanges, lisses et imbriquées, garnissent la région préanale; parmi elles il y en a quelquefois une qui est plus dilatée que les autres, c'est celle qui est située au milieu et sur le bord de la lèvre antérieure du cloaque. Le dessus du bras offre des écailles en losanges, lisses, égales, entuilées, tandis que le dessous présente de petits granules ovalo-rhomboïdaux. La face inférieure des jambes est protégée par des squames en losanges, lisses, imbriquées, de même grandeur. Il n'y a guère qu'une dizaine de pores fémoraux de chaque côté; les lignes qu'ils forment s'arrêtent dans les aines. Les écailles de la queue sont carrées vers son origine, et rectangulaires dans le reste de son étendue; lisses chez le plus grand nombre des individus, elles offrent cependant chez quelques-uns plutôt un renflement qu'une véritable carène, renflement qui les parcourt obliquement dans leur longueur, et qui se termine en arrière par une sorte de pointe mousse, un peu recourbée verticalement.

COLORATION. *Variété* a. Un gris fauve, cendré ou olivâtre, quelquefois ardoisé, règne sur toutes les parties supérieures du corps ; le cou, le dos et la queue sont parsemés irrégulièrement d'ocelles noirs, pupillés de blanc ; les régions inférieures offrent une teinte blanchâtre ou jaunâtre.

Variété b. Ici les ocelles noirs se réunissent par bandes trans versales, souvent confluentes, sur lesquelles on distingue quel quefois des gouttelettes blanches.

Variété c. Cette variété diffère de la précédente en ce qu'il n'existe plus aucune gouttelette blanche sur les bandes noires, qui se divisent assez ordinairement en grandes taches.

DIMENSIONS. *Longueur totale*, 17" 5"'. *Tête.* Long. 2" 2"'. *Cou* Long. 1" 3"'. *Tronc.* Long. 5". *Memb. antér.* Long. 3". *Memb. postér.* Long. 4" 2"'. *Queue.* Long. 9".

PATRIE. Cet Érémias se trouve en Tartarie et en Crimée.

2. L'ÉRÉMIAS A OCELLES BLEUS. *Eremias cœruleo-ocellata.* Nobis.

CARACTÈRES. Pas de plaque occipitale ; pas de dents au palais. Disque palpébral légèrement anguleux en avant, séparé de la fronto-naso-rostrale par deux petites squames et quelques granules ; d'autres granules en bordent le côté externe et la région posté-rieure. Plaques entourant la narine renflées. Bord antérieur de l'oreille non denticulé. Pli anté-pectoral, transversal, droit, libre, garni de onze à quinze squames. Ecailles dorsales ovalo-rhom-boïdales, lisses, légèrement redressées en derrière, peu serrées, entourées chacune de quelques granules. Lamelles ventrales, sub-égales, carrées, formant des séries obliques et des rangées transversales. Parmi les squames préanales, qui sont de moyenne grandeur, il en est une médiane de moitié plus dilatée que les autres. Sur la face inférieure des jambes, des lamelles hexagone très-élargies. Treize à quinze pores fémoraux.

SYNONYMIE ? *Lacerta argulus*, Eichw. Zoolog. spec. Ross. Polon. tom. 3, pag. 188.

Lacerta velox. Eversm. Lacert. imper. Ross. (Nouv. mém. sociét. imper. natur. Mosc. tom. 3, pag. 353, tab. 30, fig. 3).

DESCRIPTION.

FORMES. Les différences qui existent entre cette espèce et la précédente, ou l'Erémias variable, sont : d'avoir la tête un peu plus effilée, la queue beaucoup plus longue et beaucoup moins grosse à son origine, la plaque interpariétale plus développée, les deux séries de pores fémoraux plus nombreuses et moins éloignées l'une de l'autre ; les écailles caudales carénées ; enfin le dessous des jambes non revêtu de squames en losanges, d'égale grandeur, mais d'un rang de lamelles hexagones, très-élargies, comme chez la plupart des Améivas et des Cnémidophores. Les pattes du devant, couchées le long du cou, s'étendent jusqu'au bout de museau ; et celles de derrière, appliquées contre les flancs, arrivent presque jusqu'aux oreilles.

COLORATION. En dessus, cet Erémias est d'un brun fauve, avec de petits points noirs sur les régions cervicale et dorsale, et une suite de taches bleues cerclées de noir, le long de chaque flanc. La face supérieure des pattes de derrière offre un dessin réticulaire d'un brun noirâtre ; les régions inférieures sont blanches.

DIMENSIONS. *Longueur totale*, 15". *Tête*. Long. 1" 8"'. *Cou.* Long. 1". *Tronc.* Long. 2" 5"'. *Memb. antér.* Long. 2" 2"'. *Memb. postér.* Long. 3" 8"'. *Queue.* Long. 9" 7"'.

PATRIE. Cette espèce se trouve en Crimée.

Observations. M. Eversman pense que c'est la véritable *Lacerta velox* de Pallas. Quant à nous, nous ne pouvons nous prononcer à cet égard, attendu que la description du célèbre voyageur russe est loin d'être assez détaillée pour qu'on puisse précisément reconnaître le Lacertien dont il a voulu parler. Cet Erémias à ocelles bleus nous semble bien être la même espèce que la *Lacerta argulus* de M. Eichwald ; mais, dans la crainte de nous tromper, nous avons préféré lui donner un autre nom. Nous le disons ici avec regret, puisque l'occasion s'en présente, les descriptions de M. Eichwald laissent toujours dans le vague, n'étant pas faites d'une manière comparative, et n'exprimant le plus souvent que des différences tirées du mode de coloration, ce qui ne peut, en aucune façon, aider à reconnaître une espèce, surtout parmi les Lacertiens, qui varient à l'infini, sous le rapport des couleurs, et la manière dont celles-ci sont distribuées.

3. L'ÉRÉMIAS A POINTS ROUGES. *Eremias rubropunctata.*
Fitzinger.

CARACTÈRES. Une plaque occipitale; pas de dents au palais. Disque palpébral anguleux en avant, et touchant à la plaque fronto-inter-naso-rostrale. Les trois plaques entourant la narine, fortement renflées. Bord antérieur de l'oreille non denticulé. Pli sous-collaire légèrement anguleux, libre de chaque côté seulement, garni de neuf à onze petites squames. Ecailles dorsales subcirculaires, convexes, non imbriquées, entourées chacune de quelques granules. Lamelles ventrales carrées, sub-égales, formant des séries rectilignes et des rangées transversales; ces dernières au nombre d'une trentaine, dont la plus étendue se compose d'une douzaine de lamelles. Sur la région préanale, une grande plaque impaire, dont la partie cintrée est bordée de deux séries de squamelles. Treize à dix-sept pores fémoraux.

SYNONYMIE. *Lacerta rubropunctata*, Lichtenst. verzeichn. der Doublett. zoologisch. mus. Berl. pag. 100.

Lacerta rubropunctata, Fitzing. Neue classific. Rept. pag. 51.

DESCRIPTION.

FORMES. L'ensemble des formes de l'Erémias à points rouges, rappelle celui de notre Lézard des murailles. Les pattes de devant, lorsqu'on les couche le long du cou, s'étendent jusqu'au bout du museau; celles de derrière, placées le long du corps, touchent à l'épaule par leur extrémité. La queue est de moitié plus longue que le reste du corps; forte et élargie à sa racine, en même temps que déprimée légèrement sur ses quatre faces, elle prend peu à peu une forme arrondie, et devient graduellement plus grêle en s'éloignant du tronc. Il n'existe pas de dents au palais. La plaque occipitale, triangulaire et tronquée à son sommet antérieur, est plus large que le bord postérieur de la frontale; l'interpariétale, oblongue, offre cinq pans, deux petits en avant, formant un angle obtus; deux latéraux du double au moins plus longs, et un postérieur fort étroit. Le disque palpébral, qui se compose de deux grandes plaques réunies par une suture transversale, rectiligne, forme en avant un angle dont le sommet s'articule avec la plaque fronto-inter-naso-rostrale; son bord externe est garni de deux ou trois petits granules. Les trois plaques qui entourent la narine de chaque côté sont extrêmement renflées; la naso-rostrale se trouve en rapport avec la naso-frénale supérieure, la naso-frénale inférieure, la naso-rostrale et l'inter-naso-rostrale; la fréno-nasale inférieure, dont la grandeur est la même que la naso-rostrale, s'articule avec elle, avec la rostrale, avec la première labiale, la post-naso-frénale et la fréno-nasale supérieure; celle-ci, extrêmement petite, est placée entre la naso-rostrale et la fréno-nasale inférieure, et touche à l'inter-naso-rostrale par son bord postérieur. La post-naso-frénale est quadrilatère, et deux fois plus longue qu'elle n'est haute; la fréno-oculaire a la figure d'un triangle isocèle. Il y a quatre ou cinq plaques labiales supérieures devant la sous-oculaire, et deux ou trois derrière la même plaque, qui descend jusque sur le bord de la lèvre. La mentonnière est simple; on compte cinq paires de plaques labiales inférieures, et également cinq paires de plaques sous-maxillaires. Le contour de la paupière inférieure est granuleux, mais sa région centrale est occupée par une assez grande plaque lisse, et trois ou quatre plus petites qui ont l'air d'être demi-transparentes. Le bord de l'oreille n'est pas denticulé, on ne remarque pas de sillon jugulaire. Le pli anté-pectoral donne la figure d'un V, dont les branches se recourbent en se prolongeant vers les épaules; ce pli, libre de chaque côté, est fixé par sa pointe sur le milieu de la poitrine, et porte neuf à onze petites squames en losanges, toutes à peu près de même grandeur. L'écaillure de la gorge et du dessous du cou ne diffère pas de celle de l'Erémias variable. La région cervicale et la dorsale, ainsi que les côtés du tronc, sont garnis d'écaille sub-circulaires, légèrement convexes, non imbriquées, et entourées chacune de quelques petits granules. La poitrine est revêtue de petites squames quadrilatères ou hexagones, inéquilatérales. Le ventre offre des lamelles carrées, disposées par bandes longitudinales rectilignes, et par rangées transversales, au nombre de vingt-huit à trente, dans la plus étendue desquelles on compte douze lamelles. Sur la région préanale, on voit de petites squames polygones, inégales former un double rang curviligne, dont la concavité est remplie par une plaque d'un assez grand diamètre. Il existe sous la jambe une série longitudinale de lamelles hexagones, dilatées transversalement. Les cuisses offrent chacune une suite de dix à treize pores percés entre trois écailles. Les écailles de la queue forment des verticilles imbriqués ou disposés comme les marches d'un escalier, l'un toujours plus élevé que celui qui le précède, et successive- ment ainsi, depuis la pointe jusqu'à l'origine de cette partie du corps. Les écailles caudales sont toutes lisses; mais les unes, c'est- à-dire les latérales et les inférieures sont rectangulaires, tandis que les supérieures représentent des triangles isocèles qui auraient été tronqués à leur sommet.

COLORATION. Les échantillons, au nombre d'une douzaine en- viron, que nous avons été dans le cas d'examiner, étaient en dessus tout parsemés de gouttelettes brunâtres, sur un fond fauve très-clair, offrant parfois une teinte purpurine ou rosée. Dans l'état de vie, les gouttelettes brunâtres, dont nous venons de parler, sont d'une couleur rouge, ce qui a valu à cet Érémias, de la part de M. Lichtenstein, le nom spécifique de *Rubro-punctata*.

DIMENSIONS. *Longueur totale.* 14" 1'''. *Tête.* Long. 1" 5'''. *Cou.* Long. 1". *Tronc.* Long. 3" 8'''. *membr. antér.* Long. 2". *Membr. postér.* Long. 3'''. *Queue.* Long. 7" 8'''.

PATRIE. L'Érémias à points rouges habite l'Égypte.

4. L'ÉRÉMIAS DE KNOX. *Eremias Knoxii.* Nobis.

CARACTÈRES. Une plaque occipitale. Des dents au palais. Disque palpébral arrondi ou tronqué en avant, et séparé de la fronto- inter-naso-rostrale par une squame. Les trois plaques entourant la narine médiocrement renflées. Bord antérieur de l'oreille den- ticulé. Pli anté-pectoral transversal, droit, garni de onze à treize squames. Écailles dorsales en losanges, très-faiblement convexes ou comme carénées, sub-imbriquées. Lamelles ventrales sub-éga- les, sub-rhomboïdales, formant des séries rectilignes, et des ran- gées transversales; ces dernières au nombre de vingt-six à vingt- huit, dont la plus étendue se compose de seize lamelles. Squames pré-anales égales, excepté une médiane un peu plus dilatée que les autres. Seize à vingt pores fémoraux.

SYNONYMIE. *Lacerta Knoxii.* Milne Edw. Ann. scienc. natur. tom. 16, pag. 76 et 85, Pl. 6, fig. 6.

DESCRIPTION.

FORMES. En portant les pattes antérieures en avant, elles attei- gnent aux narines; en plaçant celles de derrière le long des flancs, on voit leur extrémité dépasser plus ou moins l'épaule, et

arriver même quelquefois jusqu'à l'oreille. La queue est cyclote-
tragone à sa racine, et arrondie dans le reste de son étendue ;
elle n'entre pas tout à fait pour les deux tiers dans la longueur
totale du corps. Quelques petites dents coniques arment les bords
de l'échancrure du palais. La plaque occipitale est fort petite,
ayant ordinairement la figure d'un triangle équilatéral, tronqué
en avant. L'interpariétale, assez grande, offre deux petits côtés
antérieurs, deux longs bords latéraux, et un pan postérieur très-
étroit. Le disque palpébral, composé de deux plaques semblables
par la figure et le diamètre, représente un ovale bordé de granules extérieurement, suivi immédiatement de deux petites
squames, et précédé de deux ou trois autres squames un peu
moins petites. Le sillon de la plaque frontale est profond. L'inter-
naso-rostrale elle-même est un peu en gouttière. Les deux fronto-
inter-naso-rostrales ont leur ligne médiane relevée en toit ou en
dos d'âne ; entre ces deux plaques, et par conséquent devant la
frontale et derrière l'inter-naso-rostrale, est une petite plaque dont
on ne rencontre l'analogue que chez quelques espèces du genre
Érémias, parmi les Cœlodontes pristidactyles. Les trois plaques qui
forment le petit cercle, au centre duquel vient aboutir la narine,
sont bien moins renflées que chez les Érémias variable et celui à
points rouges ; la naso-rostrale droite est soudée avec sa congénère
du côté opposé, puis elle s'articule avec la rostrale, avec l'inter-naso-
rostrale, la naso-frénale supérieure et la naso-frénale inférieure ;
celle-ci, qui est aussi grande que la naso-rostrale, est en rapport
avec elle, avec la rostrale, avec les deux premières labiales, avec
la naso-frénale supérieure, et avec la post-naso-frénale ; la naso-
frénale supérieure, fort petite, est environnée par l'inter-naso-
rostrale, la naso-rostrale, la naso-frénale inférieure, et la post-
naso-frénale, qui est peu développée, et dont la forme est tantôt
triangulaire, tantôt quadrilatère inéquilatérale. On compte six à
sept paires de plaques labiales supérieures ; la sous-oculaire est
fort longue, elle a son bord inférieur droit, et ne descend pas
entre les deux dernières ou les deux avant-dernières labiales,
comme cela s'observe chez plusieurs autres espèces. Il y a quatre
ou cinq labiales inférieures, et quatre sous-maxillaires de chaque
côté. La surface de la paupière inférieure est entièrement couverte de petits granules égaux. Contre le bord supérieur de la
tempe, sont appliquées deux plaques fort étroites, fortement relevées en dos d'âne ; le reste de la région temporale offre de

petits granules qui, à mesure qu'ils descendent vers la commissure des lèvres, prennent une forme rhomboïdale, et peut-être hexagone plus prononcée, en même temps que leur ligne médio-longitudinale se relève en dos d'âne. Le bord antérieur de l'oreille est garni de cinq ou six petits appendices triangulaires. Le pli anté-pectoral est transversal, tout à fait libre, faiblement dentelé ; le nombre des squames auxquelles cette dentelure est due, est de onze à treize. On voit sur le cou et sur le dos de très-petites écailles rhomboïdales, faiblement imbriquées, un peu convexes, mais qui, à mesure qu'elles avancent vers la partie postérieure du tronc, prennent une carène de plus en plus marquée. Sur la poitrine, il y a quatre ou cinq rangs transversaux de squames rhomboïdales, égales, entuilées. La région abdominale offre douze séries longitudinales de lamelles ; lamelles qui, aux deux séries médianes et aux deux séries marginales, sont paraboliques, tandis qu'aux autres elles affectent une forme rhomboïdale. L'ensemble de ces lamelles constitue vingt - quatre à vingt-six bandes transversales. Le dessus des bras est revêtu d'écailles en losanges, carénées et imbriquées. Le dessous des jambes présente, le long de son bord externe, une série de grandes squames très-élargies. Il existe, sous chaque cuisse, une ligne de seize à vingt pores fémoraux ; ces deux lignes se prolongent, mais ne se rejoignent pas sur la région préanale, où l'on voit des squamelles losangiques, parmi lesquelles une médiane se fait remarquer à cause de son développement un peu plus considérable que celui des autres. Les écailles caudales sont quadrilatères, carénées obliquement dans leur longueur.

COLORATION. Deux ou trois bandes noires, à bords déchiquetés, parcourent les côtés du cou et du tronc dans toute leur longueur. Parfois ces bandes noires sont divisées en taches irrégulières, auprès de chacune desquelles ou sur chacune desquelles se montre une tache blanchâtre. Certains individus portent une raie noire sur le milieu de la région cervicale. Ordinairement, le dessus des pattes de derrière présente des gouttelettes blanches, environnées de noir. Toutes les régions inférieures sont blanches.

DIMENSIONS. *Longueur totale*, 15" 7". *Tête*. Long. 1" 5"". *Cou*. Long. 1" 3"". *Tronc*. Long. 3" 6"". *Memb. anter*. Long. 2". *Memb. poster*. Long. 4". *Queue*. Long. 9" 3"".

PATRIE. L'Erémias de Knox est un des Lacertiens les plus répandus dans les environs du cap de Bonne-Espérance. Delalande en a rapporté de ce pays, au Muséum d'histoire naturelle, un assez grand nombre d'échantillons.

5. L'ÉRÉMIAS DU CAP. *Eremias Capensis*. Nobis.

CARACTÈRES. Une plaque occipitale. Pas de dents au palais. Disque palpébral sub-circulaire, complétement environné de granules. Les trois plaques entourant la narine, médiocrement renflées. Bord antérieur de l'oreille non dentelé. Pli anté-pectoral transversal, droit, libre, garni de onze squames. Ecailles dorsales en losanges, plates, lisses, sub-imbriquées. Lamelles ventrales sub-égales, sub-rhomboïdales, formant des séries rectilignes et des rangées transversales ; ces dernières au nombre de vingt-six à vingt-huit, dont la plus étendue se compose de quatorze ou seize lamelles. Squames préanales sub-égales. Seize à vingt pores fémoraux.

SYNONYMIE. *Lacerta Capensis*. Smith, Magaz. of natur. Hist. (new series), by Charlesworth, tom. 2, n° 14, pag. 93.

DESCRIPTION.

FORMES. A la première vue, on prendrait cette espèce pour un Erémias de Knox ; mais, en l'examinant avec plus de soin, on remarque qu'elle en diffère par les caractères suivants. Le bord antérieur de l'oreille n'est pas dentelé ; la plaque sous-oculaire descend jusque sur le bord de la lèvre, entre la septième et la huitième plaque labiale supérieure. Le disque palpébral offre un cordon de granules de chaque côté, cinq rangs en arrière et quatre en avant. La frontale est convexe, au lieu d'être creusée d'un sillon ; il n'y a pas de plaque appliquée contre le bord supérieur de la tempe. Les narines sont situées, non pas sur la ligne même, mais au-dessus de la ligne du *Canthus rostralis*. On compte cinq paires de plaques sous-maxillaires, et douze ou treize paires de labiales supérieures. Les écailles du dos et des côtés du tronc ont la même forme et sont de même grandeur que chez l'Erémias de Knox : mais elles sont parfaitement aplaties et tout à fait lisses.

COLORATION. Le mode de coloration que nous a offert le seul individu appartenant à cette espèce, que nous ayons encore été dans le cas d'examiner, individu que M. le docteur Smith a eu l'obligeance de nous envoyer en communication, a également beaucoup de ressemblance avec celui de l'Erémias de Knox. Le fond de la couleur est d'un gris-blanc, comme lavé de verdâtre. Une sorte de chaînon noir, composé d'anneaux irréguliers règne de chaque côté du dos; un autre, mais moins distinct, s'étend tout le long du flanc, depuis l'épaule jusqu'à la naissance de la cuisse; deux raies noires parcourent la ligne médiane du cou et du dos, en se rapprochant un peu l'une de l'autre, de telle sorte, qu'arrivées sur la région lombaire, elles se trouvent tout à fait réunies. Le dessous du corps est blanc.

DIMENSIONS. *Longueur totale*, 20". *Téte*. Long. 1" 7'". *Cou*. Long. 1". *Tronc*. Long. 4" 5'". *Memb. antér*. Long. 2" 5'", *Memb. postér*. Long. 4" 2'". *Queue*. Long. 12" 8'".

PATRIE. Cet Erémias vit dans les lieux arides des environs du cap de Bonne-Espérance.

6. L'ÉRÉMIAS DE BURCHELL. *Eremias Burchelli*. Nobis.

CARACTÈRES. Une plaque occipitale. Pas de dents au palais. Disque palpébral offrant des granules le long de son bord externe, en arrière et en avant. Les trois plaques entourant la narine, médiocrement renflées. Bord antérieur de l'oreille non dentelé. Pli anté-pectoral, transversal, droit, libre, garni de squames. Ecailles dorsales, petites, granuleuses, non entuilées. Lamelles ventrales carrées, formant des séries rectilignes et des rangées transversales; ces dernières, au nombre de vingt-sept ou vingt-huit, dont la plus étendue se compose d'une douzaine de lamelles. Squames préanales, petites, égales. Treize ou quatorze pores fémoraux.

SYNONYMIE. *Lacerta Burchelli*. Smith, Manuscript.

DESCRIPTION.

FORMES. Cette espèce est très-voisine de la précédente et de celle de Knox, auxquelles elle ressemble par les proportions des membres et de la queue. La plaque frontale n'est pas creusée d'un sillon; les deux palpébrales ont devant elles, trois petites squames et des granules; derrière elles, des granules seulement, et le long de leur bord externe d'autres granules disposés sur deux rangs. La plaque sous-oculaire descend jusque sur le bord de la

lèvre, entre la quatrième et la cinquième labiale. Il y a quatre
paires de plaques sous-maxillaires, et une douzaine de squames
au pli sous-collaire ; les tempes sont granuleuses ; le bord antérieur de l'oreille n'est pas dentelé ; le dessus et les côtés du cou
sont revêtus de granules assez fins ; le dos est garni d'écailles qui
ne sont ni parfaitement circulaires, ni tout à fait ovales ; mais
un peu convexes, lisses, non entuilées. Celles des parties latérales du tronc ont la même forme, mais sont un peu imbriquées ;
et celles de la région inférieure des flancs sont rhomboïdales,
plates, lisses, entuilées. Le bord antérieur de l'avant-bras porte
sept ou huit grandes squames quadrilatères, unies, imbriquées,
dilatées transversalement. Les scutelles sous-digitales offrent chacune deux carènes qui se terminent en pointes. Les lamelles
ventrales sont peu développées, le nombre de leurs rangées
transversales est de vingt-sept ou vingt-huit, dans la plus étendue
desquelles il entre une douzaine de pièces ; les bandes qu'elles
forment dans le sens longitudinal sont droites. La région préanale
offre environ vingt-cinq squames hexagones, un peu élargies et
très-faiblement imbriquées. Il existe une suite de treize ou quatorze pores sous chaque cuisse. Les ongles sont assez longs, peu
courbés et pointus.

COLORATION. Une teinte fauve constitue le fond de la couleur
de toutes les parties supérieures du corps. Des taches roussâtres
sont irrégulièrement répandues sur la face supérieure de la tête.
Le milieu du dos offre deux séries de linéoles plus ou moins
courtes, d'un brun noirâtre ; une suite d'anneaux irréguliers
dans leur forme et leur proportion, également d'un brun-noirâtre, règne de chaque côté de la région dorsale. Le dessus des
membres est semé de points blancs, cerclés de roussâtre ; et de
petites taches noires, carrées, se montrent sur la queue. Les
lèvres sont blanches, la supérieure est nuagée de roussâtre. Tout
le dessous de l'animal est blanc.

DIMENSIONS. *Longueur totale*, 17". *Tête*. Long. 1" 7'". *Cou.*
Long. 1". *Tronc*. Long. 3" 3'". *Memb. antér.* Long. 2" 1'".
Memb. postér. Long. 3'". *Queue*. Long. 11".

PATRIE. Cette espèce est originaire de l'Afrique australe.

Observations. Nous n'en avons encore observé qu'un seul exemplaire, qui fait partie de la collection de M. le docteur Smith.

7. L'ÉRÉMIAS DOS-RAYÉ. *Eremias dorsalis.* Nobis.

CARACTÈRES. Pas de plaque occipitale ; pas de dents au palais.
Disque palpébral ovale, entouré complétement d'un cordon de
granules. Les trois plaques circonscrivant la narine, médiocrement renflées. Bord antérieur de l'oreille non dentelé. Pli anté-
pectoral transversal, curviligne, entièrement libre, garni de
sept à huit squames. Ecailles dorsales rhomboïdales, légèrement
renflées en dos d'âne, sub-imbriquées. Lamelles ventrales quadrilatères, sub-égales, un peu dilatées en travers, formant des
séries rectilignes et des rangées transversales ; ces dernières au
nombre de vingt-cinq, dont la plus étendue se compose de huit lamelles. Squames préanales, petites, nombreuses, égales. Treize
à quinze pores fémoraux.

SYNONYMIE. *Eremias dorsalis.* Smith, manuscript.

DESCRIPTION.

FORMES. Etendues en avant, les pattes antérieures atteignent
l'extrémité du museau ; les postérieures, placées le long des
flancs, parviennent jusqu'aux oreilles. Les doigts sont longs,
grêles, noueux. La queue, un peu déprimée à sa base, fait les
deux tiers de la longueur totale de l'animal. Le palais est dépourvu de dents ; on ne remarque pas de plaque occipitale ;
l'interpariétale est très-petite. Les disques palpébraux sont ovales ;
chacun d'eux est environné d'un cordon de granules. La plaque
frontale offre un sillon longitudinal ; il en existe également un,
mais moins prononcé, dans la plaque inter-naso-rostrale. Les
fronto-inter-naso-rostrales sont un peu relevées en dos d'âne ;
mais on ne voit pas entre elles deux une petite plaque comme
cela a lieu chez les trois espèces précédentes, les Erémias de Knox,
du Cap et de Burchell. La plaque naso-rostrale droite s'articule
avec sa congénère du côté opposé ; la naso-frénale inférieure est
en rapport avec la naso-rostrale, la rostrale, la première labiale,
la post-naso-frénale, et la naso-frénale supérieure. Celle-ci est
fort petite, limitée à droite et à gauche par la naso-rostrale et la
naso-frénale inférieure ; et, en arrière, par l'inter-naso-rostrale
et la post-naso-frénale. Cette dernière plaque est carrée et assez
grande. La fréno-oculaire ressemble à un triangle isocèle tron-

REPTILES, V. 20

qué à son sommet. Il y a sept plaques labiales supérieures de chaque côté ; la cinquième et la sixième s'écartent l'une de l'autre pour laisser descendre la sous-oculaire jusqu'au bord de la lèvre. On compte quatre paires de plaques sous-maxillaires, et cinq paires de plaques labiales inférieures. Un pavé de petites écailles aplaties protége la surface des paupières. Quelques petits granules coniques garnissent le bord antérieur de l'oreille. Le repli que forme la peau en travers de la face inférieure du cou, est légèrement arqué, libre dans toute son étendue, et recouvert de sept squamelles seulement. Il n'existe que trois rangs transversaux de squames sur la poitrine ; celles du premier rang sont quadrilatères, de moitié plus longues que larges ; celles du second sont rhomboïdales, et celles du troisième hexagones, inéquilatérales. Les lamelles ventrales forment huit séries longitudinales rectilignes ; aux deux séries marginales, elles sont fort petites et de forme à peu près rhomboïdale ; aux six autres séries, elles sont au contraire distinctement rhomboïdales, assez grandes, et un peu plus dilatées en travers qu'en long. La région préanale est recouverte d'une vingtaine de petites squamelles en losanges, toutes ont un diamètre à peu près égal. La face inférieure de la jambe est protégée par une bande de grandes lamelles hexagones très-élargies. Le cou et le dos ont pour écaillure de très-petites pièces rhomboïdales, faiblement imbriquées, dont la ligne médiane est un peu relevée en dos d'âne. Les écailles caudales sont quadrilatères, coupées obliquement par une carène, dans l'axe de la queue. Le dessous de l'une et de l'autre cuisse offre une suite de treize à quinze pores très-petits, percés chacun sur le bord d'une écaille.

COLORATION. Toutes les régions inférieures sont blanches. Les supérieures offrent une teinte d'un gris fauve qui devient très-claire sur la queue. Une bande blanche, fourchue à son extrémité antérieure, règne depuis la nuque jusqu'à la racine de la queue. Sur les pattes de derrière, on voit quelques gouttelettes blanches entremêlées de taches brunes à peu près effacées.

DIMENSIONS. *Longueur totale.* 1C" 1'''. *Tête.* Long. 1" 3'''. *Cou.* Long. 1". *Tronc.* Long. 3" 3'''. *Memb. antér.* Long. 2". *Memb. postér.* Long. 3" 8'''. *Queue.* Long. 10" 5'''.

PATRIE. L'Erémias dos-rayé est une espèce africaine, qui a été trouvée dans la colonie du Cap, par le docteur Smith.

8. L'ÉRÉMIAS NAMAQUOIS. *Eremias Namaquensis*. Nobis.

CARACTÈRES. Une plaque occipitale ; pas de dents au palais. Disque palpébral ovale, ayant des granules en arrière, le long de son bord externe, et quelques squames granuleuses qui le séparent de la plaque fronto-inter-naso-rostrale. Les trois plaques entourant la narine, médiocrement renflées. Bord antérieur de l'oreille non denticulé. Pli anté-pectoral transversal, droit, libre, garni de neuf à onze squames. Ecailles dorsales rhomboïdales ou en losanges, unies, non réellement imbriquées. Lamelles ventrales sub-égales, carénées, formant des séries longitudinales et des rangées transversales. Ces dernières, au nombre de vingt-quatre à vingt-six, dont la plus étendue se compose de dix ou douze lamelles. Ecailles préanales de moyenne grandeur, en petit nombre, égales entre elles. Onze à quinze pores fémoraux.

SYNONYMIE. *Lacerta Namaquensis*. Smith, manuscript.

DESCRIPTION.

FORMES. Cette espèce se fait remarquer par la gracilité et l'extrême longueur de sa queue, qui est une fois et trois quarts plus longue que le reste du corps. L'extrémité des pattes de devant peut atteindre à la narine, lorsqu'on les couche le long du cou ; et les membres postérieurs, placés le long des flancs, s'étendent jusqu'aux oreilles. Les doigts sont minces, fort allongés et noueux. La queue offre une légère dépression à sa racine, mais elle reste arrondie dans le reste de son étendue. Il n'existe pas de dents au palais. La plaque occipitale représente un losange, elle est assez développée et élargie. L'interpariétale, immédiatement derrière laquelle elle se trouve, est aussi longue que les pariétales ; elle offre un petit angle obtus en avant, un long bord de chaque côté, et un pan transversal, fort court, en arrière. Le disque palpébral, de forme ovale, est séparé de la plaque fronto-inter-naso-rostrale par deux petites squames ; des granules en garnissent le bord postérieur et le bord latéral interne. La frontale présente, dans les trois quarts antérieurs de son étendue, un sillon longitudinal peu profond. Il y a sur le milieu du chanfrein, comme chez le Lézard de Knox, une petite plaque environnée par la frontale, les deux fronto-inter-naso-rostrales, et l'inter-naso-

20.

rostrale, qui est excessivement peu creusée en gouttière; les fronto-
inter-naso-rostrales paraissent planes. La plaque naso-rostrale
du côté droit s'articule avec sa congénère du côté gauche ; la
naso-frénale inférieure est en rapport avec elle, avec la rostrale,
avec la première labiale, la post-naso-frénale, et la naso-frénale
supérieure : celle-ci est fort petite et enclavée entre la naso-
rostrale et la naso-frénale inférieure ; en arrière, elle touche à
l'inter-naso-rostrale et à la post-naso-frénale. La post-naso-frénale est quadrilatère oblongue. La plaque sous-oculaire descend
jusqu'au bord de la lèvre, entre la cinquième labiale et la
sixième. Il y a quatre paires de plaques sous-maxillaires. La paupière inférieure est garnie de granules, excepté au centre, où il
existe un pavé de petites squames carrées, aplaties. Le bord antérieur de l'oreille n'offre pas de dentelures. La région temporale
est tout entière revêtue de petits granules égaux ; elle n'a pas de
plaques appliquées contre son bord supérieur. Le pli sous collaire
est transversal, droit, complétement libre, garni de neuf squames.
L'écaillure du dessus du cou et du dos se compose de petites pièces
en losanges, unies, un peu convexes, non entuilées. De grandes
squames hexagones, très-élargies, protégent la face inférieure de
la jambe. Il y a dix ou douze bandes longitudinales de lamelles
sur la région abdominale ; lamelles qui sont à peu près carrées et
d'égale grandeur, excepté celles des deux séries médianes et des
deux séries marginales externes, dont la figure est rhomboïdale,
et le développement moitié moindre. Seize squames environ, sub-
rhomboïdales ou losangiques, inégales, couvrent la région préanale. On compte onze à quinze pores fémoraux de chaque côté.
Les écailles caudales sont quadrilatères, oblongues, surmontées
chacune d'une carène longitudinale qui la parcourt dans une
direction oblique.

COLORATION. Le dessus et les côtés du corps offrent cinq rubans
bruns ou noirs, alternant avec six raies blanches ; le ruban noir
qui occupe la région rachidienne a son extrémité antérieure
divisée en fourche. La face supérieure des pattes de derrière est
peinte irrégulièrement de blanc et de brunâtre. Toutes les parties
inférieures sont blanches.

DIMENSIONS. *Longueur totale*, 18" 5'". *Tête*. Long. 1" 5'". *Cou*.
Long. 1". *Tronc*. Long. 3'". *Memb. antér*. Long. 2". *Memb. postér*.
Long. 3" 2'". *Queue*. Long. 13".

PATRIE. Cet Erémias, dont la collection renferme des échantillons envoyés, il y a plus de vingt ans, du cap de Bonne-Espérance, par M. Catoire, a été trouvé dans ces derniers temps par le docteur Smith, dans le pays des Namaquois.

9. L'ÉRÉMIAS LUGUBRE. *Eremias lugubris.* Nobis.

CARACTÈRES. Pas de plaque occipitale; pas de dents au palais. Disque palpébral complétement environné de granules. Les trois plaques entourant la narine médiocrement renflées. Bord antérieur de l'oreille non dentelé. Pli anté-pectoral transversal, un peu arqué, tout à fait libre, garni de neuf à onze squames. Ecailles dorsales en losanges, lisses, non entuilées. Lamelles ventrales formant six rangées longitudinales. Squamelles préanales hexagones rhomboïdales. Quatorze à dix-huit pores fémoraux.

SYNONYMIE. *Lacerta lugubris.* Smith, Magaz. of natur. hist. (new series), by Charlesworth, tom. 2, n° 14, pag. 93.

DESCRIPTION.

FORMES. L'Erémias lugubre, quoique fort voisin de l'Erémias Namaquois, s'en distingue cependant à la première vue, par le moindre nombre de ses lamelles ventrales, dont il n'y a que six séries longitudinales au lieu de dix ou douze.

COLORATION. Le dessus et le dessous du corps sont d'une couleur brune foncée, plus ou moins nuancée de noir. La queue est généralement colorée en rouge clair : les membres sont tachetés de jaune. Trois raies d'un jaune doré, entières ou interrompues, parcourent longitudinalement la face supérieure du corps, depuis la nuque jusqu'à la queue. L'une de ces trois raies, la médiane, est fourchue à son extrémité antérieure.

DIMENSIONS. *Longueur totale,* 13". *Tête.* Long. 5' 1" 2'". *Cou.* Long. 9". *Tronc.* Long. 2" 5'". *Memb. antér.* Long. 2". *Memb. postér.* Long. 3". *Queue.* Long. 8" 4'".

PATRIE. L'Erémias lugubre a été trouvé par le docteur Smith, un peu au delà, au nord, des frontières de la colonie du cap de Bonne-Espérance.

10. L'ÉRÉMIAS A GOUTTELETTES. *Eremias guttulata.* Nobis.

CARACTÈRES. Une plaque occipitale ; pas de dents au palais. Disque palpébral anguleux en avant, touchant par sa pointe à la fronto-inter-naso-rostrale. Les trois plaques entourant la narine, assez fortement renflées ; bord antérieur de l'oreille non denti- culé. Pli sous-collaire, curviligne, entièrement libre, garni de neuf à treize squames. Ecailles dorsales en losanges, légèrement convexes, lisses, non réellement imbriquées. Lamelles ventrales, sub-rhomboïdales, égales, excepté les marginales, qui sont plus petites, formant des séries rectilignes, et des rangées transver- sales ; ces dernières, au nombre de vingt-six à vingt-huit, dont la plus étendue se compose de dix lamelles. Une grande plaque préanale, dont la partie convexe est bordée de deux séries de squamelles. Dix à douze pores fémoraux.

SYNONYMIE. *Lacerta guttulata,* Lichtenst. Verzeichn. Doublett. Zoologisch. Mus. Berl. pag. 101.

Lacerta Olivieri, Aud. Explic. somm. pl. Rept. (supplément), par Savigny. Descript. Egypte, tom. 1, pag. 175, pl. 2, fig. 1.

Le Lézard d'Olivier, var. id. Loc. cit. pl. 2, fig. 2.

Le Lézard d'Olivier, Milne Edw. Ann. scienc. natur. tom. 16, pag. 94, pl. 6, fig. 5.

Lacerta guttulata, Fitzing. Neue classificat. Rept. pag. 51.

DESCRIPTION.

FORMES. La patte de devant, lorsqu'on la couche le long du cou, touche à la narine, par son extrémité ; la patte de derrière, mise le long des flancs, s'étend un peu au delà de l'épaule chez les individus mâles, et n'arrive pas tout à fait à l'aisselle chez les sujets de l'autre sexe. La queue fait les deux tiers de la longueur totale du corps. Il n'y a pas de dents au palais. La plaque occipi- tale est triangulaire équilatérale, ayant parfois son angle anté- rieur tronqué au sommet. La largeur de cette plaque occipitale est la même que celle du bord postérieur de la frontale. L'inter- pariétale, oblongue, assez développée, offre quatre pans, deux antérieurs petits, et deux latéraux de moitié plus grands. Le disque palpébral se compose de deux grandes plaques ; il est arrondi en arrière, et bordé de deux ou trois squames très-petites. En avant il forme un angle dont le sommet s'articule avec la pointe de la fronto-inter-naso-rostrale ; son bord latéral externe est garni de granules, mais il n'y en a pas le long de son bord latéral interne. La plaque frontale présente un léger creux longitudinal ; l'inter-naso-rostrale semble être aussi creusée longitudinalement, mais d'une manière bien peu sensible. Les fronto-inter-naso-rostrales ont leur ligne médiane faiblement renflée. La naso-rostrale du côté gauche s'articule avec sa congénère du côté droit. La naso-frénale inférieure se trouve en rapport avec la naso-rostrale, la rostrale, la première labiale, la post-naso-frénale et la naso-frénale supérieure, qui est fort petite. La post-naso-frénale est quadrilatère oblongue. On compte cinq et même six paires de plaques sous-maxillaires. La sous-oculaire descend jusqu'au bord de la lèvre ; tantôt elle a quatre, tantôt cinq plaques labiales devant elle, et deux ou trois derrière. La paupière inférieure ressemble à celle de l'Erémias à points rouges, en tant que sa région centrale offre de petites squames quadrilatères, comme demi-transparentes, et que ses bords sont garnis de granules. La tempe est couverte de granules très-petits, à l'exception de quatre ou cinq assez gros, qu'on remarque le long de son bord supérieur. L'oreille n'est pas denticulée. Il existe un pli bien marqué en travers de la gorge ; le repli sous-collaire est légèrement arqué, libre dans toute son étendue, et garni de neuf à treize squames. Des petites écailles égales, non imbriquées, en losanges, affectant une forme circulaire, un peu convexes, revêtent le cou, en dessus et de chaque côté, aussi bien que le dos et les flancs. Les squamelles caudales supérieures sont quadrilatères, oblongues, portant chacune une carène qui les coupe obliquement dans le sens de leur longueur. Celles de la face inférieure sont lisses. Une rangée de squames hexagones, assez grandes, mais peu élargies, se montre sous chaque jambe. Les lamelles ventrales sont rhomboïdales ; on en compte vingt-cinq à vingt-six rangées transversales, et dix bandes longitudinales parfaitement droites. Celles de ces lamelles, qui composent les séries marginales, sont de moitié plus petites que les autres. Des squamelles sub-hexagones ou rhomboïdales, forment sur la région préanale un double rang curviligne, dont la concavité est remplie par une plaque de moyenne grandeur.

Coloration. Un gris fauve ou ardoisé très-clair est répandu sur les parties supérieures, qui offrent quatre séries longitudinales de

très-petites gouttelettes moitié noires, moitié blanches. La queue
est d'une teinte uniforme beaucoup plus claire que celle qui règne
sur le dos. Toutes les régions inférieures sont blanches. On trouve
dans l'ouvrage d'Égypte, Pl. 2, Reptiles (supplément), n° 1, une
figure qui représente exactement ce mode de coloration.

Les jeunes sujets ont le milieu du cou et du dos marqué d'une
bande grisâtre ; et le long de leurs parties latérales, à droite et à
gauche, sont imprimées deux lignes blanches qui séparent l'une
de l'autre trois raies brunes, dont les deux supérieures portent
chacune une suite de petits points blancs environnés d'un
cercle noir. C'est d'après un individu offrant un semblable mode
de coloration qu'a été faite la figure gravée n° 2, Pl. 2, dans
l'ouvrage d'Égypte.

DIMENSIONS. *Longueur totale.* 14" 9"'. *Tête.* Long. 1" 2"'. *Cou.*
Long. 8"'. *Tronc.* Long. 3" 1"'. *Memb. antér.* Long. 1" 5"'. *Memb.*
postér. Long. 2" 5"'. *Queue.* Long. 9" 5"'.

PATRIE. Cette espèce habite l'Égypte et l'Algérie.

ESPÈCES A PAUPIÈRE INFÉRIEURE TRANSPARENTE.

11. L'ÉRÉMIAS PANTHÈRE. *Eremias pardalis.*

CARACTÈRES. Une plaque occipitale. Pas de dents palatines. Disque
palpébral anguleux en avant, touchant par sa pointe à la fronto-
inter-naso-rostrale. Les trois plaques entourant la narine assez
fortement renflées. Bord antérieur de l'oreille non denticulé. Paupière inférieure offrant au milieu deux plaques transparentes. Pli
sous-collaire anguleux, libre de chaque côté seulement. Écailles
dorsales rhomboïdo-coniques, non imbriquées. Lamelles ventrales
quadrilatères, élargies, égales, excepté les marginales, formant
des séries rectilignes et des rangées transversales ; ces dernières
au nombre de vingt-six à vingt-huit, dont la plus étendue se compose de dix lamelles. Une grande plaque préanale ayant sa partie
convexe bordée d'une première rangée curviligne de petites
squames, et d'une seconde rangée de moyenne grandeur. Treize
à quinze pores fémoraux.

SYNONYMIE. *Lacerta pardalis.* Lichtenst. Verzeich. Doublett.
Zoologisch. mus. Berl. pag. 99.

Lacerta pardalis. Fitzing. Neue. classific. Rept. pag. 61.

DESCRIPTION.

FORMES. Portées en avant, les pattes antérieures s'étendent jusqu'au bout du museau ; celles de derrière, placées le long du corps, dépassent un peu l'épaule. La queue est une fois et un quart plus longue que le reste du corps. Le palais est dépourvu de dents. Les plaques suscrâniennes, les labiales, les nasales et les sous-maxillaires sont tout à fait semblables à celles de l'Érémias à gouttelettes. L'écaillure de la tempe n'est pas non plus différente de celle de cette dernière espèce. La paupière inférieure est remarquable en ce qu'elle offre, encadrées dans son contour, qui est granuleux, deux petites plaques transparentes, placées l'une à côté de l'autre, comme le seraient deux carreaux de vitres. Il n'y a pas de dentelure au bord antérieur de l'oreille, mais on remarque un sillon sous-maxillaire peu prononcé, à la vérité. Le collier anté-pectoral est en forme de V, sa pointe est fixée sur le milieu de la poitrine, et ses côtés sont libres et un peu crénelés, attendu que les squames qui les garnissent ont leur bord en pointe arrondie. Les squames de la partie médiane de ce pli sous-collaire se confondent avec celles de la poitrine. Les lamelles abdominales, dont la figure est rhomboïdale, sont disposées de manière qu'elles forment vingt-six à vingt-huit rangées transversales, et dix bandes longitudinales ; elles ont toutes à peu près la même grandeur, à l'exception des marginales externes, qui sont plus petites que les autres. La région préanale est revêtue de pièces squameuses semblables à celles de l'espèce précédente, à laquelle l'Érémias panthère ressemble encore par ses écailles caudales quadrilatères, oblongues, et surmontées de carènes qui les partagent obliquement en deux dans le sens de leur longueur. Des granules rhomboïdaux, affectant une forme circulaire, très-convexes, juxtaposés, garnissent les côtés et le dessus du cou, le dos et les flancs. Le dessous de chaque cuisse est percé de treize à quinze pores formant une série qui ne se prolonge pas tout à fait jusqu'au milieu du bord antérieur de la région préanale.

COLORATION. Un plus ou moins grand nombre de petites taches quadrilatères noires, bordées ou non bordées de blanc d'un seul ou des deux côtés, sont disposées en cinq à sept séries longitudinales sur le cou et le dos, dont le fond de la couleur, comme les autres parties supérieures du corps, est d'un gris verdâtre, très-pâle. Le dessus des jambes est parsemé de petits points noirs, ou parcouru par des linéoles de la même couleur. Toutes les régions inférieures sont blanches.

DIMENSIONS. *Longueur totale.* 15" 3'". *Tête.* Long. 1" 2'". *Cou.* Long. 8'". *Tronc.* Long. 2" 5'". *Membr. antér.* Long. 2". *Membr. postér.* Long. 3". *Queue.* Long. 10" 8'".

PATRIE. Nous ne croyons pas qu'on ait trouvé l'Érémias panthère ailleurs qu'en Égypte, où il est, à ce qu'il paraît, assez répandu. Les échantillons que renferme notre musée y ont été recueillis par M. Bové et M. A. Lefebvre.

12. L'ÉRÉMIAS LINÉO-OCELLÉ. *Eremias lineo-ocellata.* Nobis.

CARACTÈRES. Une plaque occipitale. Des dents au palais. Disque palpébral presque entièrement entouré de granules. Les trois plaques entourant la narine médiocrement renflées. Bord antérieur de l'oreille subdenticulé. Paupière inférieure offrant deux plaques transparentes. Pli sous-collaire transversal, droit, tout à fait libre, garni de onze à treize squames. Écailles dorsales, rhomboïdales, carénées, imbriquées. Lamelles ventrales subégales, en losanges, formant des séries rectilignes, et des rangées transversales dont la plus étendue se compose de quatorze lamelles. Écailles préanales petites, assez nombreuses, subégales. Treize à quinze pores fémoraux.

SYNONYMIE. *Lacerta lineo-ocellata.* Smith. manuscript.

DESCRIPTION.

FORMES. Les pattes de devant s'étendent jusqu'à la narine, ou même jusqu'au bout du museau, lorsqu'on les couche le long du cou ; celles de derrière, mises le long des flancs, dépassent plus ou moins l'épaule. La queue n'entre pas pour les deux tiers dans la longueur totale du corps ; elle est forte et assez déprimée à sa base. La plaque occipitale, de forme triangulaire, est fort petite ; parfois même un simple granule en tient lieu ; mais l'inter-pariétale est très-développée ; sa figure est celle d'un losange dont deux des quatre côtés seraient plus courts que les deux autres. Le disque palpébral ou sus-oculaire est ovale ; au devant de lui sont quatre ou cinq rangs de granules ; il y en a trois ou quatre derrière, et deux le long de son bord externe. La plaque frontale est creusée en gouttière. Les fronto-inter-naso-rostrales ont leur région medio-longitudinale un peu renflée. L'inter-naso-rostrale est plane. Il y a quatre paires de plaques sous-maxil-

laires. Les labiales et la sous-oculaire ressemblent à celles des
Érémias à gouttelettes et panthère ; l'écaillure des tempes n'est
pas différente non plus de celle de ces deux espèces. Le bord antérieur de l'oreille est faiblement dentelé. La paupière inférieure
est tout à fait semblable à celle de l'espèce précédente, l'Érémias
panthère. On ne distingue ni pli, ni sillon en travers de la gorge.
Le repli que fait la peau du cou, en avant de la poitrine, est
transversal, droit et tout à fait libre. Les squames qui en garnissent le bord sont petites, au nombre de onze à quinze, et
disposées de telle sorte que le collier qu'elles forment est légèrement crénelé. Des écailles rhomboïdales, carénées, imbriquées,
revêtent le dessus et les côtés du cou, le dos et les flancs. Celles
qui entourent la queue sont plus grandes, mais ont la même
forme. La face inférieure des jambes est garnie d'une bande longitudinale de squames hexagones, très-élargies. On compte près
d'une centaine de squames pectorales, disposées sur cinq rangs
transversaux. Les lamelles qui protégent le ventre sont petites,
nombreuses, carrées sur la région antérieure, en losanges sur la
partie postérieure ; elles forment une trentaine de rangées transversales, et quatorze séries longitudinales, rectilignes. Les
squames préanales sont hexagones, inéquilatérales, et toutes à
peu près de même grandeur. Le nombre des pores fémoraux est
de treize à quinze de chaque côté ; ils sont percés chacun entre
deux écailles dont l'une est large et l'autre excessivement petite ;
les deux séries qu'ils constituent se prolongent jusque sur la région préanale, sans cependant s'y rejoindre.

COLORATION. Tantôt le fond de la couleur des parties supérieures est grisâtre, tantôt d'une teinte fauve ou café au lait plus
ou moins claire ; mais toujours il règne de chaque côté du cou et
du dos, deux séries de taches blanchâtres, cerclées de noir ; ces
deux séries sont séparées par une raie blanche, et une autre raie
blanche s'étend le long du flanc, au-dessous de la série d'ocelles
la moins rapprochée du dos. Un semis de gouttelettes blanches se
fait remarquer sur les pattes de derrière. Tout le dessous de l'a-
nimal est blanc.

Variété. La tête est finement piquetée de brun ; sur les
autres parties supérieures du corps est répandu un nuage gris-
brun au travers duquel on aperçoit néanmoins les ocelles et les
raies qui sont tracés sur les côtés du dos. Chez les jeunes sujets,
les cercles noirs qui entourent les taches blanches sont confondus

ensemble, ce qui fait que chacune des raies blanches latérales du dos est bordée d'une bande noire, sur laquelle se montre une suite de gouttelettes blanches.

DIMENSIONS. *Longueur totale.* 15" 5'". *Tête.* Long. 1" 8'" *Cou.* Long. 1". *Tronc.* Long. 3" 2'". *Memb. antér.* Long. 2" 2'". *Memb. postér.* Long. 3" 8'". *Queue.* Long. 9" 5'".

PATRIE. Cette espèce habite l'Afrique australe, nous en possédons plusieurs individus recueillis par Delalande; nous en avons surtout observé une belle suite d'échantillons dans la collection du docteur Smith.

13. L'ÉRÉMIAS ONDÉ. *Eremias undata.* Nobis.

CARACTÈRES. Une plaque occipitale. Pas de dents au palais. Disque palpébral ovalaire, ayant des granules devant et derrière lui, et le long de son bord externe. Les trois plaques entourant la narine médiocrement renflées. Quelques granules saillants le long du bord antérieur de l'oreille. Paupière inférieure offrant au milieu deux plaques transparentes. Pli sous-collaire transversal, droit, libre. Écailles dorsales sub-rhomboïdales, lisses, non imbriquées. Lamelles ventrales carrées ou losangiques, formant des séries rectilignes et des rangées transversales, dont la plus étendue se compose de quatorze lamelles. Squames préanales subégales, de médiocre grandeur. Onze à treize pores fémoraux.

SYNONYMIE. *Lacerta undata.* Smith, Magaz. of natur. histor. (new series) by Charlesworth, tom. 2, n° 14, pag. 93.

DESCRIPTION.

FORMES. Couchées le long du cou, les pattes de devant atteignent le bout du museau, et le dépassent même quelquefois; celles de derrière, mises le long des flancs, s'étendent jusqu'à l'oreille ou jusqu'à l'œil. La queue ne fait pas tout à fait les deux tiers de la longueur totale du corps. Le palais manque de dents. La composition du bouclier suscrânien est la même que chez l'Érémias linéo-ocellé. Les plaques labiales, la sous-oculaire, et les sous-maxillaires ne diffèrent pas de celles de cette dernière es pèce, à laquelle l'Érémias ondé ressemble aussi par les deux pla ques transparentes qui sont enchâssées dans sa paupière inférieure, comme deux petits carreaux dont l'un, le postérieur, est moins grand que l'antérieur. Trois ou quatre petits granules coniques bordent la marge antérieure de l'oreille. Les tempes offrent la même écaillure que chez les Érémias panthère et linéo-ocellé. Le repli anté-pectoral est transversal, droit, libre dans toute son étendue ; il porte treize ou quatorze petites squames de grandeur à peu près égale. La région cervicale et la dorsale sont garnies de granules lisses, non imbriqués, sub-rhomboïdaux, affectant une forme ovalaire. Les côtés du cou en offrent qui n'en diffèrent que par leur développement moindre. Des écailles rhomboïdales ou en losanges, unies, faiblement imbriquées, revêtent les parties latérales du tronc ou les flancs. Les squames de la poitrine et les lamelles du ventre appartenant aux deux séries médianes sont en losanges ; mais toutes les autres plaques ventrales sont carrées. Il y a en tout sur l'abdomen, quatorze bandes longitudinales de lamelles. Les scutelles sous-digitales offrent deux carènes qui se prolongent en pointes. Les pores fémoraux, au nombre de onze à treize de chaque côté, sont percés chacun entre deux écailles, une très-petite et une fort grande. Les écailles caudales sont rhomboïdales et carénées.

COLORATION. Quelques taches noires sont éparses sur la région suscrânienne, qui est fauve ; les plaques pariétales offrent une bordure noire. Une teinte orangée forme le fond de la couleur des autres parties supérieures du corps. Il règne de chaque côté, deux bandes longitudinales noires ; l'une, qui quelquefois est remplacée par une sorte de chaînon, part du bord inférieur de l'œil, passe au-dessus de l'oreille, et va finir à l'origine de la cuisse ; l'autre prend naissance en arrière du sourcil, longe le côté du dos dans une direction un peu oblique, afin de se réunir sur la base de la queue à sa congénère du côté opposé. Les pattes de derrière ont leur face supérieure tachetée de noir. Tout le dessous de l'animal est blanc.

DIMENSIONS. *Longueur totale.* 20" 8'". *Tête.* Long. 1" 3'". *Cou.* Long. 9'". *Tronc.* Long. 3". *Membr. antér.* Long. 2" 2'". *Membr. postér.* Long. 3" 8'". *Queue.* Long. 7" 5'".

PATRIE. Cet Érémias est une espèce nouvelle dont on doit la connaissance au docteur Smith. Il habite les contrées de la colonie du cap de Bonne-Espérance situées au nord et à l'ouest.

CHAPITRE X.

FAMILLE DES CHALCIDIENS OU CYCLOSAURES.

CONSIDÉRATIONS GÉNÉRALES SUR CETTE FAMILLE DE SAURIENS,
ET SUR LES GENRES QUI LA COMPOSENT.

Lorsque, dans le second volume du présent ouvrage (p. 571), nous avons exposé les faits généraux et les observations qui ont permis d'établir, parmi les Sauriens, une méthode naturelle de distribution des genres en huit familles, nous avons vu que celle qui comprend les Chalcides en particulier, pouvait être facilement caractérisée. Voici, en effet, les modifications qui distinguent la famille des Chalcidiens :

Corps ordinairement cylindrique, très-allongé ou serpentiforme, à pattes quelquefois nulles ou généralement peu développées ; à tronc presque toujours confondu avec la tête et la queue, portant circulairement des traces d'anneaux ou de verticilles, et le plus souvent, sur la longueur, un sillon ou une plicature de la peau entre le ventre et les flancs ; tête couverte d'écussons ou de plaques polygones ; dents non implantées dans les os maxillaires, mais appliquées contre leur bord interne ; langue libre, peu extensible, large, garnie de papilles filiformes ou squamiformes, échancrée à sa pointe, et non engaînée dans un fourreau.

Telles sont, en effet, les caractères essentiels de cette famille de Sauriens ; mais en étudiant toutes les espèces que ces particularités rapprochent, on est forcé de reconnaître que ce groupe doit naturellement encore être partagé en deux sous-familles ; car un certain nombre de genres ont le corps couvert de véritables écailles cornées, bien distinctes les unes des autres, placées en recouvrement par anneaux entuilés; tandis que la peau, nue en apparence, est, chez d'autres espèces, divisée en petits compartiments de forme quadrangulaire, d'une texture solide particulière et comme tuberculeuse.

Les principaux genres qui se rapportent à la première sous-famille que nous appellerons, avec Wiegmann, Ptychopleures (1), sont les *Chalcides* et quelques genres voisins, tels que les *Hétérodactyles;* puis les *Zonures*, les *Gerrhosaures*, les *Saurophides*, les *Gerrhonotes*, les *Pseudopes;* tandis que dans la seconde sous-famille nous rangeons les *Amphisbènes* et les genres analogues, comme les *Lépidosternes* ainsi que les *Chirotes*, sous la désignation particulière de Glyptodermes (2).

Nous venons de nommer ces genres, afin de pouvoir les citer dans l'examen que nous allons faire de l'organisation générale des espèces rapportées à cette famille, en commençant par indiquer la distribution qu'en avaient faite les auteurs qui, pour la plupart, avaient rangé les uns avec les Serpents, et les autres dans des groupes de Sauriens tout à fait différents.

Voici l'historique abrégé de cette classification : le plus grand nombre des erpétologistes ont séparé les

---

(1) De πτύξ-χος, rainure, *plicatura*, pli ; et de πλευρα, *latus*, le côté : pli de côté.

(2) De γλυττις, *sculptus, cœlatus*, gravé, damasquiné ; et de δερμα, *pellis*, *cutis*, peau.

genres voisins des Chalcides, et les ont placé à la fin
de l'ordre des Lézards, tandis qu'ils ont laissé les Amphisbènes avec les Serpents, et cela se conçoit, parce
qu'ils regardaient ces deux ordres comme liés intimement, et n'en formant véritablement qu'un seul qu'ils
désignaient sous le nom de Reptiles ou d'Amphibies
écailleux.

OPPEL est le premier qui ait établi une famille particulière pour les Chalcides, qu'il distinguait des
Scincoïdiens par la distribution des écailles en verticilles; mais il avait laissé les Amphisbènes avec les
Serpents.

Ce fut M. GRAY, qui, en 1825, après avoir établi
parmi les Lézards, un troisième ordre, auquel il donna
le nom de Saurophidiens, rapprocha le premier dans
une même division, les deux groupes qu'il désigna sous
les noms d'Amphisbénés et de Chalcidinés.

En 1826, M. FITZINGER réunissant avec intention les
Sauriens et les Ophidiens, dans le même tribu qu'il
désignait sous le nom de reptiles écailleux, tribu correspondante à l'ordre des Bipéniens de M. Blainville,
caractérisa les premiers par la soudure des branches de
leur mâchoire inférieure. Ainsi il a réellement placé
le groupe dont nous nous occupons parmi les Lacertiens; mais il en distribua les genres dans quatre familles distinctes. Les deux premières qu'il rapprocha,
sont les *Cordyloïdes* et les *Ophisauroïdes*, qui ont
les trous auditifs apparents; et les *Chacidoïdes*, chez
lesquels cet orifice est caché. Dans ces trois tribus les
yeux sont munis de deux paupières, la gorge n'est pas
dilatable, et le corps est annelé et écailleux. La quatrième famille comprend les *Amphisbénoïdes*, qui
n'ont pas de paupières, et dont le corps est également
annelé par verticilles; mais sans écailles distinctes.

WAGLER, en 1830, fit d'une partie de nos Cyclosaures, c'est-à-dire de nos Glyptodermes, un cinquième
ordre, sous le nom d'*Angues*, pour le distinguer des
Lacertæ et des *Serpentes*, après lesquels il le plaça. Il lui
donna pour caractères : la soudure des os de la mâchoire
inférieure (1), et aussi la réunion des os temporaux et
carrés au crâne ; mais dans ce même ordre, composé
d'une seule famille, il rangea les Acontias et les
Chalcides proprement dits; puis il laissa la plupart
des autres genres de Chalcidiens auprès des Scinques.

L'année suivante M. MÜLLER, dans son beau travail
sur l'anatomie des Amphisbènes, indique, de la manière
la plus précise, leurs rapports avec les Sauriens. Cependant il les laissa avec les Serpents, sous le nom
d'*Ophidia microstomata* (à petite bouche) ; il est vrai
qu'il les rapprocha des genres analogues aux Chalcides,
qu'il appelle *Amphibia anguina*.

Enfin en 1834, M. WIEGMANN rapprocha les Chalcides et les autres genres voisins, sous la dénomination que nous avons adoptée de *Ptychopleuri* (plis sur
le côté) ; mais tout en reconnaissant leur analogie avec
les Amphisbénoïdes, il fit cependant de ceux-ci un
groupe distinct, qu'il désigna même comme un troisième sous-ordre dans la grande division des Sauriens, sous le nom d'Annélés (*Annulati*), par opposition aux cuirassés (*loricati*), comme les Crocodiles, et
aux écailleux (*squamati*), qui réunit un grand nombre
de familles et de genres (2).

Il résulte de cet exposé que la famille des Chalci-

---

(1) *Gnathida mandibulæ apice connata. System. amph.* pag. 196,
ordo V.

(2) *Herpetologia Mexicana.* In-fol. pag. 4 et 20.

REPTILES, V.   21

diens ou des Cyclosaures, telle que nous allons l'étudier avec les genres que nous y avons inscrits, réunit trois ou quatre groupes déjà distingués par les auteurs, mais principalement les Chalcides et les Amphisbènes. Les premiers avaient reçu par Oppel la dénomination de *Chalcidiens*, puis de *Chalcides*, par Merrem et Goldfuss ; de *Chalcidoïdes*, par M. Fitzinger ; de *Chalcididés* ou *Chalcidinés*, par M. Gray ; enfin de *Ptychopleures*, par M. Wiegmann. Quant aux Glyptodermes, considérés comme Ophidiens, on en fit une famille sous les divers noms d'*Amphisbénés*, d'*Amphisbéniens* et d'*Amphisbénoïdes*.

Nous avons profité de tous ces travaux, et surtout des notions exactes et détaillées qui nous ont été fournies par les recherches anatomiques que nous venons de citer, et qui se sont principalement portées sur l'organisation des espèces analogues aux Amphisbènes.

Nous ne reproduirons pas les caractères essentiels qui font différer cette famille de Reptiles, de toutes celles qui ont été précédemment décrites. On retrouvera ces indications au commencement du chapitre IX, par lequel nous avons commencé le présent volume, à la page 3. Nous dirons seulement que les Cyclosaures diffèrent, par la régularité et l'apparence annelée de leurs téguments dans toute la longueur du corps, d'abord des Lacertiens, chez lesquels la disposition des écailles du dos n'est jamais la même que celle des pièces qui composent l'écaillure ventrale ; ensuite des Scincoïdiens, qui ont toute la superficie du corps revêtue et protégée par des écailles entuilées ou placées en recouvrement sur le dos comme sur le ventre.

Voici les principaux caractères, ou du moins les plus faciles à saisir à la première vue, des quinze genres que

TABLEAU SYNOPTIQUE DE LA SEPTIÈME FAMILLE DES SAURIENS.

LES CHALCIDIENS OU CYCLOSAURES.

CARACTÈRES : { Tête couverte de plaques polygones. Corps arrondi, nu ou couvert d'écailles annelées; le plus souvent un pli ou sillon latéral. Langue plate, courte, mince, libre, échancrée à la pointe. Pattes courtes, variables par la présence et le nombre des doigts.

A peau

nue : **GLYPTODERMES** : à tubercules quadrillés : pattes

- une paire antérieure, à doigts bien distincts. . . . . 14. CHIROTE. 1
- nulles : lèvre du cloaque
  - percée de pores. . . . . 15. AMPHISBÈNE. 10
  - sans pores : dents
    - isolées : plaques sternales. . . . . . . 16. LÉPIDOSTERNE. 3
    - réunies : sternum sans plaques. . . . . 13. TROGONOPHIDE. 1

deux paires, les antérieures

- à cinq doigts : pores fémoraux
  - distincts : écailles de la queue
    - épineuses. . . . . 1. ZONURE. 5
    - simples, non épineuses . . . 3. GERRHOSAURE. 5
  - flancs
    - avec un sillon
    - sans sillons : dos
      - hérissé de fortes épines. . . 2. TRIBOLONOTE. 1
      - simplement écailleux. . . . 8. PANTODACTYLE. 1
  - nuls : sillon latéral
    - distinct. . . . . 5. GERRHONOTE. 8
    - nul. . . . . 9. ECPLÉOPE. 1
- à quatre doigts,
  - mais cinq aux pattes postérieures. . . . . 11. HÉTÉRODACTYLE. 1
  - ainsi qu'aux postérieures. . . . . 4. SADROPHIDE. 1

écailleuse : **PTYCHOPLEURES** : pattes

- très-courtes,
  - en stylets. 10. CHAMÉSAURE. 1
  - terminées par un à quatre doigts peu distincts. . . 12. CHALCIDE. 4
- distinctes
  - une paire qui représente les rudiments des pattes postérieures. . 6. PSEUDOPE. 1
- nulles : corps tout à fait serpentiforme; mais des paupières : un tympan. . . 7. OPHISAURE. 1

Total des espèces. . . 45

	Genres.	Nombre des espèces.
14.	CHIROTE.	1
15.	AMPHISBÈNE.	10
16.	LÉPIDOSTERNE.	3
13.	TROGONOPHIDE.	1
1.	ZONURE.	5
3.	GERRHOSAURE.	5
2.	TRIBOLONOTE.	1
8.	PANTODACTYLE.	1
5.	GERRHONOTE.	8
9.	ECPLÉOPE.	1
11.	HÉTÉRODACTYLE.	1
4.	SADROPHIDE.	1
10.	CHAMÉSAURE.	1
12.	CHALCIDE.	4
6.	PSEUDOPE.	1
7.	OPHISAURE.	1
	Total des espèces. . .	45

(En regard de la page 323.)

nous avons cru devoir ranger dans les deux sous-familles
des Ptychopleures ou Chalcidiens proprement dits, et
des Glyptodermes ou Amphisbénés. Douze genres se
rapportent au premier groupe, et trois seulement au
second. Nous allons les indiquer seulement, puis nous
ferons placer en regard de cette page un tableau synoptique qui facilitera leur classification.

Les Ptychopleures ont, comme nous l'avons dit, le
corps revêtu de véritables écailles, peu ou point entuilées ; et distribuées régulièrement en anneaux autour
du corps, qui se trouve ainsi comme cerclé, et le plus
souvent ils offrent un sillon ou enfoncement qui règne
dans toute la longueur du tronc, et qui sépare les
flancs de la région abdominale.

Un seul genre manque entièrement de pattes. Ce
serait un vrai Serpent s'il n'avait des paupières, un
conduit auditif, les mâchoires soudées, la langue non
engaînée. C'est le genre *Ophisaure* (1).

Celui des *Pseudopes* vient ensuite parce qu'il n'a,
pour ainsi dire, que les rudiments ou les indices de
l'existence d'une paire de pattes qui sont les postérieures, avec le sillon latéral en longueur et le trou de
l'oreille du genre qui précède.

Tous les autres genres du même groupe ont deux
paires de pattes, ou du moins leurs rudiments. Dans
ce dernier cas sont les deux genres suivants :

Les Chalcides, dont les appendices antérieurs, qui
correspondent aux pattes de devant, se terminent par
trois ou quatre tubercules écailleux, tandis que la paire
postérieure n'est souvent représentée que par deux

---

(1) Voyez, pour l'étymologie de chacun des noms de genres, les articles qui les concernent.

stylets grêles. Ici il n'y a ni trace de canal de l'oreille, ni pores fémoraux, et le sillon latéral est excessivement peu marqué.

L'autre genre ou celui des Chamésaures a bien les quatre appendices tenant lieu de pattes, mais ils ne sont pas divisés en doigts à leur extrémité; l'oreille est apparente extérieurement, et il n'existe pas de plis le long des parties latérales du corps.

Viennent ensuite les espèces, et par conséquent les genres qui ont les quatre pattes terminées par des doigts bien séparés les uns des autres. On peut les distinguer en ceux qui n'ont en devant comme derrière que quatre doigts, et en ceux qui en ont cinq bien distincts.

Il n'y a qu'un seul genre, celui des *Saurophides*, qui n'ait aux pattes antérieures et postérieures que quatre doigts. Leur canal auditif ou son tympan est visible, ainsi que le pli longitudinal et même les pores fémoraux. Parmi les genres à cinq doigts à toutes les pattes, genres qui par cela même forment une division artificielle se rapprochant tout à fait des vrais Lézards, il en est un, celui des *Hétérodactyles*, qui a été ainsi nommé parce que le cinquième doigt de ses pattes antérieures est si court qu'on a cru qu'il n'existait pas; d'ailleurs ce genre n'a ni tympan, ni sillon abdominal. La plupart ont en outre des pores fémoraux, excepté cependant le genre *Gerrhonote*, dont le tympan est distinct, enfoncé dans un canal et chez lequel le sillon abdominal est très-apparent.

Les autres genres ont des pores fémoraux; mais deux sont privés de ce pli latéral qui se trouve dans le plus grand nombre des espèces de cette famille. Ce sont les genres Ecpléope et Pantodactyle.

Parmi les autres genres, il en est un dont les espèces n'ont pas autour de la queue des écailles fortement épineuses, c'est le genre *Gerrhosaure* : les espèces qu'on y a inscrites ont des trous auditifs, un sillon latéral et des pores fémoraux. Ils ressemblent de prime à bord à des Scinques.

Les deux autres genres portent autour de la queue des verticilles d'écailles rudes, solides. Ce sont ceux des *Zonures* ou *Cordyles* et des *Tribolonotes*, qui diffèrent entre eux par les papilles dont leur langue est couverte. Elles sont en filets, veloutées chez les premiers, tandis que ce sont des écailles chez les seconds, qui, en outre, manquent de plis latéraux et ont le dos hérissé de fortes épines qui semblent être adhérentes à leurs vertèbres.

Les GLYPTODERMES qui correspondent, comme nous l'avons dit, au groupe des Amphisbènes, et qui sont caractérisés, ainsi que leur nom l'indique, par les impressions quadrillées qu'on observe sur toute l'étendue de leur peau, qui d'ailleurs est annelée ou marquée de verticilles avec la trace du sillon latéral ne comprend, pour nous, que trois genres principaux, quoique les auteurs en aient établi un plus grand nombre. Ces genres sont faciles à distinguer entre eux. D'abord parce qu'un seul est muni d'une paire de pattes, qui sont les antérieures, et dont les doigts sont assez distincts. C'est même à cause de cela que nous l'avons, les premiers, depuis longtemps désigné sous le nom de *Chirote*. Il ressemble d'ailleurs aux Amphisbènes.

Les deux autres genres n'ont pas de pattes : aussi les avait-on rangés généralement avec les Serpents. Un

des caractères les plus notables qui les distinguent
entre eux, c'est l'existence des pores que l'on voit au
devant de l'orifice du cloaque dans les *Amphisbènes*,
tandis qu'il n'en existe pas la moindre trace dans les
Lépidosternes qui ont d'ailleurs, ainsi que leur nom
est propre à l'indiquer, de grandes plaques écailleuses
sous la partie inférieure et antérieure du tronc après
le cou.

ORGANISATION ET MŒURS DES CHALCIDIENS.

Nous connaissons peu les mœurs de ces Reptiles
parce que, pour la plupart, ils n'ont été recueillis que
dans des climats chauds et dans des lieux déserts ; aussi
les voyageurs qui nous les ont transmis, n'ont-ils guère
pu rencontrer des occasions favorables pour observer
leurs habitudes. Elles sont cependant dénotées jusqu'à
un certain point par leur conformation générale.

Nous savons, par exemple, que la plupart ont le
tronc et toute l'étendue de leur corps arrondi, d'une
même venue et presque cylindrique, ainsi que nous
avons cherché à l'exprimer par le nom de Cyclosaures ;
que leur tête est le plus souvent confondue avec le
cou, dont cette région même n'est distincte que dans
les espèces qui ont des pattes antérieures. Or, toute
cette disposition n'est pas favorable pour exécuter des
mouvements rapides et prolongés ; elle indique même
leur séjour forcé sur la surface de la terre ou dans
des cavités intérieures, mais c'est surtout le peu de
longueur des deux mâchoires, principalement des
branches de l'inférieure, qui en bornant, en limitant
l'ouverture et la capacité de la bouche, a forcé ces
Sauriens à ne rechercher que de très-petites proies ;
n'ayant pas de dents propres à couper ou à retenir

leurs victimes ; ils n'ont dû poursuivre et attaquer
que celles qui sont faibles et d'un petit diamètre, au
moins dans un certain sens et pour ainsi dire calibrées.
Comme ils n'ont aucun moyen d'attaque ni de dé-
fense, la nature n'a pas dû les douer de courage et
d'énergie. Ils ne recherchent que de petits animaux
vivants qui ne peuvent leur résister, tels que de faibles
mollusques, des annelides et des insectes terrestres.
Car aucune espèce de Chalcidiens n'est organisée pour
vivre ou pour séjourner dans l'eau, même momen-
tanément.

On pourrait, avec quelque avantage pour l'étude des
mœurs des Chalcidiens, distinguer les genres de cette
famille en ceux qui comprennent seulement des espèces
privées de pattes, ou chez lesquelles les membres sont
à peine développés ; et en genres qui, étant tétrapodes, peuvent grimper, courir et avoir plus d'activité
dans les mouvements, et dont, par suite de cette conformation, les instincts sont les mêmes que ceux des
Lézards de notre pays. Quant aux Cyclosaures apodes,
ou dont les pattes sont mal conformées, on conçoit
qu'ils doivent être obligés de ramper à la manière des
Serpents, mais surtout à l'aide des sinuosités latérales
qu'ils impriment à leur tronc. Dans cette circonstance,
on peut en outre supposer que le sillon latéral et profond qu'on observe chez le plus grand nombre, le long
de la ligne latérale inférieure qui sépare les flancs
de l'abdomen, peut s'ouvrir, s'élargir, se dilater pour
permettre une sorte de saillie ou de déplacement à
l'extrémité libre des côtes nombreuses qui représentent
de véritables prolongements dans les apophyses transverses des vertèbres. De sorte que ce serait à l'aide de
ces côtes que le tronc appuierait sur les corps voisins

de l'animal, lorsque ceux-ci offrent quelque résistance, ou lorsqu'ils se refusent au déplacement.

Les deux groupes que nous avons cru nécessaire d'établir dans cette famille se distinguent facilement par la nature de leurs téguments. Ainsi, parmi les Chalcidiens proprement dits ou Ptychopleures, le plus grand nombre des espèces ont la peau revêtue d'écailles cornées, distinctes, distribuées par segments circulaires ou par anneaux réguliers ; aussi sont-elles plus particulièrement appelées à vivre sur la terre. Dans ce but elles sont munies d'yeux protégés par des paupières; leur corps, dont la superficie est surtout très-lisse dans les genres qui sont privés de pattes, ou chez ceux qui les ont très-courtes, peut glisser facilement sur le sol dans le sens de la tête à la queue. Aussi la plupart vivent-ils habituellement à la surface de la terre ; tandis que les Glyptodermes, privés de paupières, n'ont pas la peau protégée par des écailles : elle est nue, tuberculeuse, divisée par petits compartiments carrés, distribués également par anneaux. Ceux-ci habitent le plus souvent sous la terre, ou dans d'autres lieux où la lumière ne pénètre pas. On sait que plusieurs espèces se trouvent au milieu des nids ou des amas de terres sablonneuses que forment les Termites, insectes névroptères, dont les neutres, privés d'ailes comme les Fourmis travailleuses, servent essentiellement à la nourriture de ces Sauriens serpentiformes. Les deux extrémités de leur tronc étant à peu près de même dimension, ils ressemblent à des Annelides. On prétend même que leur corps peut agir dans la progression à peu près comme celui de nos Lombrics, et qu'ils peuvent également se mouvoir de haut en bas et dans le sens inverse lorsqu'ils remplissent les galeries ou les canaux cylindriques qu'ils se creusent dans la terre humide, et que c'est pour cela qu'on a nommé les Reptiles dont nous parlons des Amphisbènes ou doubles marcheurs, c'est-à-dire pouvant se diriger dans deux sens opposés.

Le squelette des Chalcidiens n'a présenté d'autres particularités notables que celles précédemment énumérées dans l'exposé général de l'organisation des Sauriens. Elles sont relatives aux os des membres antérieurs et postérieurs, qui tantôt n'existent pas, ou qui ne sont, pour ainsi dire, qu'ébauchés dans quelques espèces. Il en est de même du sternum et de l'os carré intermaxillaire, improprement appelé du tympan, qui se trouve soudé au crâne, particulièrement dans les Amphisbènes et autres genres voisins.

Mais ce qui distingue surtout les Sauriens de cette famille, qui ont le corps cylindrique, sans pattes ou avec des appendices pairs, qui sont peu ou mal développés, c'est 1° le mode d'articulation de leurs vertèbres, lesquelles n'offrent pas sur la région antérieure de leur corps cette fosse concave hémisphérique, cette sorte de cavité cotyloïde, correspondante au tubercule régulièrement arrondi de la vertèbre qui précède, et dont les mouvements en genou s'opèrent à l'aide de cartilages d'incrustation, et d'une membrane synoviale comme dans les serpents; 2° la présence d'un sternum plus ou moins développé à la partie antérieure de la cavité formée par les côtes; 3° la soudure, entre elles et avec le crâne, des pièces qui contribuent à former la mâchoire supérieure, ainsi que la symphyse solide des deux branches de la mâchoire inférieure; 4° enfin la forme de l'os hyoïde, toujours en rapport avec la structure et les mouvements de la langue, qui ne peut se retirer dans une gaîne.

Si, procédant dans l'ordre que nous avons coutume de suivre, nous passons à l'étude des organes des sensations dans cette famille, nous trouverons quelques particularités importantes à faire connaître.

Ainsi, quant à la *peau*, nous répéterons qu'elle présente, dans les téguments extérieurs, deux modes tout à fait différents. Chez les uns, en effet, ce sont les Ptychopleures, toute la superficie du corps est revêtue de petites écailles cornées, distinctes, qui peuvent en être détachées, et l'on voit alors que la plupart sont coupées carrément, de manière à former, par leur affrontement, des rangées régulières qui semblent partager le corps en un grand nombre d'anneaux ou de verticilles placés les uns à la suite des autres, à peu près à la même distance. Ils offrent, en outre, le plus souvent un sillon ou une sorte d'incision latérale dans toute la longueur du tronc, jusqu'à la naissance de la queue ou à l'orifice du cloaque. Dans quelques genres de ce groupe, le sillon commence immédiatement après la tête ; chez d'autres, il ne se voit qu'à compter de l'aisselle seulement, ou depuis la naissance des pattes antérieures. Dans le plus grand nombre, ce pli latéral est revêtu intérieurement d'une peau plus fine, plus flexible, garnie de granules écailleux. Chez tous la face et la partie antérieure du crâne sont protégées par des écussons ou par de grandes plaques polygones qui varient dans les différents genres par la forme, la disposition et l'étendue. Les modifications que ces grandes écailles présentent ont même fourni d'assez bons caractères. Il n'y a pas de sillon médian dans l'espace compris entre les deux branches de la mâchoire inférieure.

Le groupe des Glyptodermes, dont nous avons été tenté de faire une famille distincte, a comme nous

l'avons dit, la peau complétement nue ; mais sa superficie est imprimée de lignes enfoncées ou de cise-
lures transverses en anneaux réguliers, et d'autres plus
nombreuses, plus courtes, tracées sur la longueur : ces
dernières sont distribuées en quinconce, de manière
que chacune des petites saillies qu'elles cernent et qui
sont comprises entre les linéaments marqués dans l'é-
paisseur de la peau, représente un tubercule quadrilatère souvent alongé dont la couleur ou la teinte varie. Il
résulte de cette disposition, que toute la superficie du
corps simule une sorte de mosaïque, composée de
petites pièces tuberculeuses ou de compartiments,
dont la symétrie est très-remarquable.

Cependant, dans toutes les espèces, le sommet de la
tête, au moins dans la courte région de la face et la
partie antérieure du crâne, se trouve protégé par de
plus grandes plaques polygones, remarquables surtout dans une espèce de Lépidosterne, que l'on a désignée sous le nom de *Céphalopeltis*, parce que l'une
de ces plaques semble former une sorte de calotte. En
outre toute la partie inférieure du cou est garnie de
très-grands écussons qui semblent former une sorte de
plastron pectoral inférieur. On voit, d'ailleurs, sur les
flancs, les traces du sillon longitudinal, mais il n'est
qu'indiqué et à peine excavé. Il se manifeste par une
légère dépression qui interrompt un peu la régularité
de l'annelure et des pièces. Il existe là une série de petites lignes également enfoncées et croisées en ⋈ ren-
versé. Nous ne soupçonnons pas l'usage de cette conformation, n'ayant pas eu occasion de voir aucun de ces
animaux vivants, dont on dit que les mœurs sont tout
à fait différentes de celles des Ptychopleures.

Les *narines* ne sont pas plus développées dans les

Reptiles de cette famille que chez la plupart des autres Sauriens. Le trajet des fosses nasales est même des plus courts. Jamais leur orifice externe n'est élargi par un bourrelet charnu, et inférieurement elles s'ouvrent presque verticalement à la partie postérieure des os intra-maxillaires, derrière les dents qu'ils supportent par conséquent très-près de l'orifice buccal supérieur. On a principalement examiné la forme, la disposition et le nombre des écailles qui bordent leur entrée sur le devant du museau, et Wagler a reconnu que leur siége présentait assez de modifications pour en tirer quelques caractères génériques. Au reste, ainsi que nous l'avons souvent exprimé, comme chez les animaux dont la respiration est lente et arbitraire, l'instrument explorateur, placé en védette sur les voies aériennes, n'avait pas besoin d'être doué d'un grand développement. En effet, la plupart n'étaient pas appelés à découvrir la présence d'une proie située à distance par les émanations qui pouvaient en provenir, puisque d'ailleurs ils n'étaient pas munis des instruments actifs propres à exécuter une translation qui, dans ce cas, aurait dû être très-rapide.

Les *oreilles* sont à peu près dans les mêmes conditions, aussi les trous auditifs externes manquent-ils complétement dans tous les Glyptodermes et dans plusieurs genres des Ptychopleures, tels que les Chalcides et les Hétérodactyles. Cependant chez tous, on peut retrouver dans la partie postérieure de la bouche les orifices du conduit guttural, et les diverses parties essentielles de l'organe auditif interne.

La *langue* est courte, charnue, couverte de papilles dont la forme varie, tantôt comme veloutée, tantôt à tubercules écrasés en pavé. Comme tous ces Sauriens,

munis de dents plus ou moins acérées, peuvent enta-
mer la peau des petits animaux dont ils font leur nourriture, il est probable qu'ils éprouvent la sensation
des saveurs. Cette langue est d'ailleurs très-mobile,
légèrement échancrée à la pointe, ou en avant comme
en arrière ; car l'ouverture de la glotte correspond,
précisément par son siége, à cette base de la langue
qui n'est pas engaînée. C'est même un des caractères
que M. Wiegmann a fait remarquer, avec raison,
comme offrant une particularité propre à faire distinguer de suite les Amphisbènes et les autres Cyclosaures
sans pattes, d'avec les Reptiles de l'ordre des Ophidiens
dans lequel on les avait rangés très-longtemps.

Les *yeux* sont en général petits et peu développés.
Ils ne sont garnis de paupières que dans les espèces
dont les membres sont propres à la progression, ou
dans les individus qui, quoique semblables aux Serpents, ont cependant des trous auditifs externes. Chez
les autres les paupières ne sont pas mobiles, et particulièrement chez les Glyptodermes ; la peau recouvre le
globe de l'œil, qui n'est alors perceptible que par la
teinte noire ou brune que présente son iris au travers
des téguments de cette région, qui sont alors trans-
parents.

Examinons maintenant les modifications que nous
présentent les organes de la nutrition chez les Cyclosaures. Nous reconnaîtrons d'abord que, sous les rapport de la disposition et de la structure des mâchoires,
cette famille ne diffère pas essentiellement de celle des
Lacertiens. Cependant il est important de le rappeler
ici, car quelques-uns des genres ont une si grande
ressemblance apparente avec les Serpents, qu'il faut
indiquer comment ils s'en distinguent même sous ce

rapport. Ainsi dans les Serpents, les os de la face, qui contribuent à former la mâchoire supérieure, sont mobiles entre eux et sur les os du crâne, souvent ils peuvent s'écarter, et leur assemblage est dilatable en travers et protractile en suivant les mouvements qui sont imprimés à la mâchoire inférieure, lorsqu'elle s'abaisse ou se relève dans l'acte de la préhension des aliments.

Il faut se souvenir, en effet, que dans les Ophidiens la mâchoire inférieure est formée de deux branches distinctes ou non soudées à la symphise ; que ces branches sont presque toujours plus longues que le crâne dont elles dépassent le condyle unique et le trou occipital, derrière lesquels elles font une saillie de chaque côté du cou, et que de plus l'os carré ou intra-articulaire est toujours mobile sur le temporal.

Dans les Chalcidiens, au contraire, la mâchoire supérieure est constamment soudée aux os du crâne par plusieurs points. Jamais les os qui la forment ne sont dilatables ni susceptibles de se porter en avant, et quant aux branches de la mâchoire inférieure, elles sont réunies solidement entre elles par une véritable suture qui s'efface même et disparaît avec l'âge, et elles ne se prolongent pas au delà de la partie postérieure du crâne.

Le mode de l'implantation des dents dépend aussi de l'immobilité des pièces sur lesquelles elles sont soudées ; mais elles varient assez pour que leur nombre et leur disposition aient pu, dans plusieurs cas, servir utilement à la distinction des genres.

L'os hyoïde présente une pointe solide ou un corps, au devant des deux appendices ou cornes postérieures ; il est destiné à soutenir la langue qui est large, libre et non cylindrique, et engaînée, comme celle des Serpents.

Le canal digestif varie pour la longueur et ses replis : on conçoit en effet que, dans les espèces dont l'abdomen est plus court et a plus de largeur, le tube soit recourbé sur lui-même, de manière à présenter deux ou trois fois plus d'étendue que celle de la cavité qui le borne dans le sens longitudinal ; mais dans les genres qui ont la forme des Serpents, ces replis sont moins nombreux, et souvent même à peine offrent-ils un tiers de plus en longueur. L'épaisseur des parois varie aussi ; elle est plus considérable dans la région de l'œsophage et du sac stomacal, mais les autres portions ont des tuniques plus minces. On voit généralement des plis en longueur sur la membrane interne de l'œsophage, ils se réunissent vers le cardia. Il y a aussi une sorte d'étranglement annulaire qui correspond au pylore. A la face interne de la première portion des intestins, on voit des villosités dont la forme varie. M. Wiegmann a reconnu, dans l'espèce de Gerrhonote, qu'il nomme à cou rude, que ces papilles étaient de forme triangulaire et distribuées en quinconce ; et, suivant le même auteur, on trouve dans le Cordyle un véritable cœcum qui se remarquerait aussi dans les Amphisbènes, chez lesquels on l'aurait décrit à tort comme une vessie urinaire.

Les organes de la respiration, de la circulation et de la génération, n'ont offert aucunes différences notables. Leur structure a les plus grands rapports avec celle des autres Lacertiens et même des Ophidiens ; car on a observé, dans les Amphisbènes et les Chirotes, que l'un de leurs poumons était très-développé, tandis que l'autre semble réellement n'exister que comme un rudiment incomplet.

Distribution géographique des Chalcidiens.

L'Afrique et l'Amérique se partagent, pour ainsi dire, les Chalcidiens ; car, si ce n'est la Nouvelle-Guinée d'où vient le seul Tribolonote connu, elles produisent tous les autres Sauriens cyclosaures. Toutefois l'une est moins riche que l'autre, puisqu'il est vrai que l'Afrique ne possède que quinze espèces appartenant à cinq genres seulement ; tandis que le nombre de celles que nourrit l'Amérique s'élève à vingt-cinq, qui ont pu être réparties dans dix genres différents.

Les Zonures, les Gerrhosaures, les Saurophides et les Chamésaures sont des groupes génériques exclusivement propres à l'Afrique ; les genres particuliers à l'Amérique sont ceux appelés Gerrhonote, Pantodactyle, Ecpléope, Hétérodactyle, Chalcide, Ophisaure, Chirote et Lépidosterne. Il n'y en a qu'un seul, celui des Amphisbènes, qui soit commun à ces deux parties du monde. Le Sheltopusik de Pallas, l'unique représentant qu'ait encore aujourd'hui le genre Pseudope, est répandu en Afrique, en Asie et en Europe, fréquentant particulièrement la partie septentrionale de la première, les contrées occidentales de la seconde, et les régions méridionales et orientales de la troisième. Sur les cinq espèces composant le genre des Zonures, il en est trois, le *cataphractus*, le *Capensis* et le *polyzonus*, qui semblent être confinés dans les pays situés vers le cap de Bonne-Espérance, tandis qu'on a constaté que les deux autres ou les Gerrhosaures gris et Microlépidote existent en même temps sur la côte orientale de l'Afrique, non

loin de Sierra-Leone. Le Gerrhosaure à deux bandes
et le Gerrhosaure rayé vivent dans l'île de Madagascar,
et ceux nommés *Typicus*, *Sepiformis* et *Flavigularis*
se trouvent dans les contrées qui forment l'extrémité
australe du continent Africain. C'est dans ces mêmes
localités que le Chamésaure serpentin perpétue sa race.
Les Amphisbènes de l'ancien monde sont la Cendrée
et celle à queue blanche : la première, dont on a aussi
reconnu la présence en Espagne et en Portugal, habite
le littoral méditerranéen de l'Afrique, tandis que
l'on rencontre la seconde sur la côte de Guinée. C'est
aussi dans les parties de l'Afrique baignées par la mer
Méditerranée que se trouve le Trogonophis de
Wiegmann.

Les Gerrhonotes peuplent la Californie et le Mexique, qui est encore la patrie du Chirote cannelé.
L'Ophisaure ventral vit dans une grande étendue de
l'Amérique septentrionale ; puis le Pantodactyle de
D'Orbigny, l'Ecpléope de Gaudichaud ; les Chalcides
de Cuvier, cophias et de D'Orbigny ; les Amphisbènes
blanche, fuligineuse, aveugle, vermiculaire, ponctuée,
de King ; et les Lépidosternes scutigère, microcéphale
et tête de marsouin, sont tous des habitants des contrées du sud de l'Amérique et de quelques-unes des
grandes Antilles. Le Chalcide de Schlegel est le seul,
parmi les espèces à tympan caché, qui ne soit pas
originaire du nouveau monde. On assure que sa patrie est l'île de Java.

Répartition des Chalcidiens d'après leur existence géographique.

GENRES.	Europe.	Aux deux.	Afrique.	Asie.	Amérique.	Polynésie.	Total des espèces.
ZONURE	o	o	5	o	o	o	5
TRIBOLONOTE. . .	o	o	o	o	o	1	1
GERRHOSAURE. . .	o	o	5	o	o	o	5
SAUROPHIDE. . , .	o	o	1	o	o	o	1
GERRHONOTE . . .	o	o	o	o	9	o	9
PSEUDOPE	o	1	o	o	o	o	1
OPHISAURE. . . .	o	o	o	o	1	o	1
PANTODACTYLE . .	o	o	o	o	1	o	1
ECPLÉOPE.	o	o	o	o	1	o	1
CHAMÉSAURE. . .	●	o	1	o	o	o	1
HÉTÉRODACTYLE. .	o	o	o	o	1	o	1
CHALCIDE.	o	o	o	1	3	o	4
CHIROTE.	o	o	o	o	1	o	1
AMPHISBÈNE. . . .	o	1	1	o	6	o	8
TROGONOPHIS. . .	o	o	1	o	o	o	1
LÉPIDOSTERNE. . .	o	o	o	o	3	o	3
Nombre des espèces dans chaque partie du monde. .	o	2	14	1	26	1	44

LISTE ALPHABÉTIQUE, PAR NOMS D'AUTEURS, DES ÉCRITS SUR LES CHALCIDIENS PUBLIÉS SÉPARÉMENT OU CONSIGNÉS DANS DIVERS RECUEILS SCIENTIFIQUES, TELS QUE MAGASINS, ANNALES, ETC., ETC.

1827. BELL (THOMAS), Description of a new species of Amphisbæna (*Amphisbæna punctata*), collected by W.-S. Macleay in the island of Cuba (Zoological Journal, tom. 3, p. 235, tab. 20, fig. 2, supplém.).

1835. Description of a new genus (*Anops*) of Reptilia of the family of *Amphisbenidæ* (Zoological Journal, tom. 5, pag. 391, tab. 16).

1835. BLAINVILLE a décrit et fait représenter un Gerrhonote (*G. multicarinatus*) dans un mémoire ayant pour titre : Description de quelques espèces de Reptiles de la Californie (Nouvelles Annales du Muséum d'histoire naturelle, tom. 5, pag. 289, Pl. 25, fig. 2).

1834. COCTEAU (J.-T.). Notice sur le genre Gerrhosaure et sur deux espèces (*G. lineatus*, *G. ocellatus*) qui s'y rapportent (Magazin de Zoologie publié par Guérin, classe III, Pl. 4, 5, 6).

1833. DUVERNOY a décrit et représenté les viscères de l'*Ophisaurus ventralis* et du *Pseudopus Pallasii*, dans un mémoire intitulé : Fragments d'anatomie sur l'organisation des Serpents (Annales des Sciences naturelles, tom. 30, 1re partie, pag. 5, Pl. 10, fig. 2. 3, 4).

1830. FISCHER DE WALDHEIM a proposé le nom de *Proctopus* pour désigner le genre qui a pour type le Sheltopusik de Pallas (Mémoires de la Société impériale des naturalistes de Moscou, tom. IV, pag. 241).

1836. GERVAIS (PAUL). Notice sur deux espèces africaines du genre Amphisbène (*A. cinerea*, *A. elegans*) (Magazin de Zoologie publié par Guérin, class. III, Pl. 10 et 11).

1837. Le même auteur a mentionné le *Pseudopus Pallasii* dans une note intitulée : Énumération de quelques Reptiles provenant de Barbarie (Annales des sciences naturelles, 2e série, tom. 6, pag. 308).

1825. GRAY (EDWARD) a donné, dans les *Annals of Philosophy*, tom. X, pag. 193, la caractéristique d'un nouveau genre, pour

22.

lequel il propose le nom de *Cicigna;* ce genre est celui que nous appellerons *Gerrhosaurus*, d'après Wiegmann.

1827. HARLAN (RICHARD) a donné quelques détails sur le Chirote (Journal of the Academy of natural sciences of Philadelphia, tom. 6, pag. 53).

1826. Le même auteur a décrit brièvement l'*Ophisaurus ventralis*, dans ce Journal, tom. 5, pag. 317.

1745. HAST a mentionné une espèce du genre Zønure dans une dissertation intitulée : Amphibia Gyllenborgiana (Amœnitates academicæ, tom. 1, pag. 167).

1817. HEMPRICH (F.-G.) Amphisbænarum generis novas species duas descripsit (*A. scutigera*, *A. rufa*) (Verhandl. der Gesellschaft naturforschend. Freund. zu Berlin, Magazin (1817), p. 129).

1830. KAUP a proposé l'établissement du genre Trogonophis, d'après une espèce qu'il a appelée *Wiegmanni* (Isis, 1830, pag. 880).

1803. LACÉPÈDE (le comte de). Mémoire sur deux espèces de quadrupèdes ovipares qu'on n'a pas encore décrites (Lézard monodactyle, Lézard tétradactyle) (Annales du muséum d'histoire naturelle, tom. 2, p. 351, Pl. 59, fig. 1 et 2).

MÜLLER. Beitræge zur anatomie und naturgeschichte der Amphibien (Zeitzchrifft für Physiologie von Tiedemann, und Treviranus, tom. IV, fasc. 2, pag. 190-275, taf. 18-22):

Ueber die stelle der *Amphibia anguina* im system, pag. 237 ;

Zur anatomie der genera *Chirotes*, *Lepidosternon*, *Amphisbæna* und einer neuen gattung aus der familie der Amph isbænodea, cephalopeltis, pag. 253 , tab. 21 et 22 ;

Zur anatomie der Blindschleiche im vergleich mit *Bipes*, *Ophisaurus*, *Pseudopus*, pag. 222, tab. 19.

1775. PALLAS. Description du Sheltopusik (*Lacerta apoda*) (Novi Commentarii Academiæ scientiarum imperialis Petropolitanæ, tom. 19, pag. 436, tab. 9 et 10).

1837. RATHKE (HENREICH). Cet auteur a décrit le *Pseudopus Pallasii* dans son *Beitrag zur Fauna der Krym*, inséré dans les Mémoires présentés à l'Académie impériale des sciences de Saint-Pétersbourg, par divers savants étrangers, tom. 3, pag. 306.

1837. PEALE and GREEN ont donné quelques détails sur une espèce de Gerrhonote, appelée par eux *Scincus ventralis*, dans une notice intitulée : Description of two new species of the

Linnean *genus Lacerta* (Journal of the Academy of natural sciences of Philadelphia , vol. IV , pag. 233).

1836. SMITH (F. Andrew). The characters of a new genus of south african Reptiles (*Pleurotuchus*) with descriptions of spe cies belonging to it (Magazine of Zoolog. and Botany conducted by W. Jardine , n. 11 , august. pag. 142).

1839. Le même auteur a publié sous le titre de : Contributions to south african Zoology , un mémoire dans lequel il propose de subdiviser le genre *Cordylus* de Cuvier en trois sous-genres, *Cordylus*, *Hemicordylus* et *Pseudocordylus* , à chacun desquels il rapporte une ou plusieurs espèces dont il donne une courte description.

1787. SPARMANN (André) , dans son Voyage au cap de Bonne-Espérance, a donné quelques détails sur le Chamésaure serpentin, qu'il appelle Serpent à quatre pattes. Voyez la traduction française (3 vol. in-8. Paris), tom. 3 . pag. 341.

1834. SCHLEGEL. Monographie van haet Geslacht Zonurus ; déjà cité tom. 2, pag. 671.

1748. SUND (pierre) a mentionné une Amphisbène dans une dissertation ayant pour titre : Surinamensia Grilliana (Amœnitates academicæ , tom. 1 , pag. 484).

1780. VANDELLI. *Amphisbæna cinerea* , genre *Blanus* de Wagler. Floræ et Faunæ Lusitanicæ specimen (Mémorias da Academia réal das sienzas de Lisboa, tom. 1 , pag. 69).

1774. VOSMAER. Description d'un Serpent très-rare à queue longue et à écailles rudes (en Hollandais), in-4°, Amsterdam, 1774.

1821. WAGLER a décrit l'*Amphisbæna fuliginosa* dans le tom. 8 de l'Isis , pag. 341.

1828. WIEGMANN a proposé l'établissement des genres Gerrhosaure et Gerrhonote dans un mémoire intitulé : Beyträge zur Amphibienkunde , inséré dans le tome 21 de l'Isis d'Oken , pag. 379.

1818. Wolf a donné la figure d'une espèce d'Amphisbène qu'il appelle *Amphisbæna pachyura* (Abbild und Beschreibung. merkwürdig. naturgeschitlich. Gegenst. 2 vol. in-4. Nürnberg, 1818.

CYCLOSAURES PTYCHOPLEURES.

L'expression de Ptychopleures, employée pour désigner cette première subdivision de la famille des Chalcidiens, ne s'applique pas absolument à toutes, mais à presque toutes les espèces qu'elle renferme; ainsi, le Tribolonote de la Nouvelle-Guinée, l'Ecpléope de Gaudichaud, le Pantodactyle de D'Orbigny, le Chamésaure serpentin et l'Hétérodactyle imbriqué sont les seules, parmi une trentaine, chez lesquelles on n'observe pas un sillon plus ou moins profond le long de chacune des parties latérales du corps. Mais toutes les espèces, sans exception, ont des paupières et de véritables écailles, ce qui, entr'autres caractères d'un ordre plus élevé, déjà signalés précédemment, les distingue des Cyclosaures rangés dans la seconde sous-famille, ou celle des Glyptodermes.

C'est particulièrement en étudiant les différents genres composant le groupe des Ptychopleures qu'il devient aisé de se convaincre du peu d'importance que mérite aujourd'hui, comme caractère propre à faire reconnaître un serpent, l'absence de membres, qu'on a pendant si longtemps considérée comme la principale marque distinctive de l'ordre des Ophidiens. Pourrait-on effectivement, sans briser l'ordre des rapports naturels, retirer d'auprès des Gerrhonotes, par exemple, l'Ophisaure qui, à l'exception des pattes, leur ressemble d'ailleurs en tous points, pour le placer avec les Ser-

pents, dont les os intra-articulaires ne sont pas solidement fixés au crâne; dont les branches sous-maxillaires sont libres en avant; dont la langue est engaînée;
qui manquent de paupières, de sternum et de trous
auditifs externes? Loin de là, car il existe d'autres
genres de Ptychopleures qui, bien que pourvus de pattes
plus ou moins mal conformées, il est vrai, présentent
cependant certaines particularités qui les éloignent davantage du commun des Chalcidiens, qu'ils lient d'une
manière presque insensible aux espèces de la sous-famille des Glyptodermes : ces genres sont ceux des
Hétérodactyles et des Chalcides, dont les paupières
sont considérablement atténuées, et chez lesquels il
n'existe plus de trace d'oreilles à l'extérieur. Leur langue, particulièrement celle des Chalcides, est tout à
fait semblable à celle des Amphisbènes.

Si même on prenait en considération ces différences
que présentent l'organe de l'ouie et les voiles protecteurs de l'œil chez les Ptychopleures, on pourrait
peut-être, et avec avantage pour la science, subdiviser
ceux-ci en deux groupes ou tribus, dont le principal
caractère résiderait, pour l'une, dans la présence d'un
trou auriculaire externe, et pour l'autre, dans l'absence au contraire de toute trace d'oreille à l'extérieur.

GENRE ZONURE.—*ZONURUS* (1). Merrem.

(*Cordylus* (2), Klein, Gronovius, Cuvier, Fitzinger.)

CARACTÈRES. Langue en fer de flèche, libre dans sa
moitié antérieure, à peine échancrée au bout, à surface veloutée. Pas de dents au palais. Dents maxillaires
et inter-maxillaires égales, coniques, simples, mousses, serrées les unes contre les autres. Narines latérales,
percées chacune dans une seule plaque, la naso-rostrale. Des paupières. Membrane du tympan tendue
sur le bord de l'ouverture auriculaire. Quatre grandes
plaques pariétales formant un carré, au centre duquel

---

(1) De ζώνη, une ceinture ; et de οὐρά, queue.

(2) Ce nom est entièrement grec, κορδύλος ; on le trouve cité
plusieurs fois dans l'Histoire des animaux d'*Aristote*, mais comme
un animal amphibie, qui se trouve dans les marais [1], et qui
meurt lorsqu'il reste trop longtemps hors de l'eau. Il dit ailleurs [2] que le Cordyle n'a pas de poumons, mais des branchies ;
que cependant il a quatre pieds, comme étant destiné à vivre sur
la terre. *Athénée* suppose que c'est une Lamproie [3]. *Gesner*
avoue qu'il ignore de quel animal parlait Aristote. *Rondelet* a
regardé comme un Cordyle notre Fouette-queue Spinipède [4],
copiant la figure du Crocodile terrestre de *Belon* ; nous disons la
figure, car la description que ce dernier auteur a donnée du Cordyle se rapporte plutôt à une Salamandre, et certainement l'im-
primeur s'est trompé en donnant la figure d'un Stellion en tête de
cet article. Rondelet lui-même avoue qu'il sait bien que le Cordyle
est regardé par beaucoup de personnes comme étant une Salamandre (*à plerisque pro Cordylo haberi*).

[1] Περὶ ζώων ἱστορίας. Το Α, où il l'associe à la Grenouille Οἷον
βατράχος Κορδύλος.

[2] Το Η, Κορδύλος πνεύμονα μὲν οὐκ ἔχει ἀλλὰ βράγχια, τετράπους
δ᾽ἐστιν.

[3] Δειπνοσοφιστῶν. Traduction de Dalechamp, lib. VII, pag. 29,
note z.

[4] Voyez dans le tome IV du présent ouvrage, pag. 541.

est l'inter-pariétale. Quatre pattes terminées chacune par cinq doigts onguiculés, inégaux, un peu comprimés, carénés en dessous. Des pores fémoraux sur un, deux, ou trois rangs.

Les Zonures ont une physionomie qui rappelle volontiers celle des Stellions et de certaines espèces d'Agames. Leur tête est triangulaire, aplatie, plus large que le cou ; leur tronc est court, déprimé ; leurs flancs sont élargis, arqués d'avant en arrière ; leurs membres sont robustes, offrant un développement proportionné à celui des autres parties du corps ; leur queue enfin est forte, et de moyenne étendue.

La langue des Zonures a la même forme que celle des Lézards ; elle est ce que nous appelons en fer de flèche, c'est-à-dire qu'en avant elle est rétrécie, tandis que du côté opposé elle se trouve assez large et divisée en deux, de manière à représenter une fourche ou les branches d'un V, entre lesquelles se trouve située l'orifice du canal trachéen. L'extrémité antérieure, ou la pointe de cet organe, est arrondie ; on y observe une très-faible échancrure en croissant ; sa surface est couverte de petites papilles filiformes, droites, plus ou moins courtes, serrées les unes contre les autres, ce qui lui donne l'apparence veloutée. Il n'existe pas de dents au palais ; mais les mâchoires en offrent chacune, tout autour, une quarantaine qui sont égales, coniques ou sub-cylindriques, à sommet simple et mousse. La face supérieure de la tête de ces Cyclosaures est un véritable bouclier osseux, garni de plaques qui, sous le rapport du nombre et de la disposition, présentent quelques différence avec celles des autres Chalcidiens. Les plaques céphaliques des Zonures sont : une rostrale, deux naso-rostrales, une inter-naso-rostrale, deux fronto-inter-naso-rostrales, une frontale, deux fronto-pariétales, quatre grandes pariétales égales, quadrilatères, formant ensemble un carré, au milieu duquel est situé une inter-pariétale ; ce carré, résultant de la disposition des quatre pariétales, est bordé à droite et à gauche,

par trois plaques que nous appellerons les pariéto-tempo-
rales; les deux premières sont rectangulaires, et la troisième
est à peu près carrée. Il y'a, comme chez les Lézards proprement dits, quatre plaques palpébrales, ou sus-oculaires, de
chaque côté; et la région surcilaire est elle-même revêtue de
trois ou quatre plaques oblongues. Les orifices externes des
narines sont percés l'un à droite, l'autre à gauche de l'extrémité du museau, au sommet de la région frénale, dans une
seule plaque, la naso-rostrale, derrière laquelle se trouve
une naso-frénale, qui est souvent suivie de la fréno-oculaire;
car rarement il existe une post-naso-frénale. Les lèvres et
les branches sous-maxillaires sont protégées de la même manière que chez le commun des Sauriens. Les tempes sont
recouvertes de plaques, et forment en arrière une saillie, sous
laquelle l'oreille, qui est un peu dirigée en arrière, semble
être abritée; cette oreille, à l'entrée de laquelle la membrane
du tympan se trouve tendue, est fort grande, ovalaire,
ayant son grand diamètre placé dans le sens vertical de la
tête. Deux paupières, une petite en haut, et une fort grande
en bas, protégent le globe de l'œil; la fente qu'elles offrent
dans l'occlusion est longitudinale, mais un peu inclinée en
avant.

Les doigts sont inégaux : aux mains, c'est le premier qui
est le plus court, le cinquième vient ensuite, puis le second,
enfin le troisième et le quatrième, qui sont de même longueur. Aux pieds, les quatre premiers doigts sont régulièrement étagés; quant au cinquième, qui s'insère fort en arrière sur le tarse, son extrémité antérieure se trouve sur la
même ligne que celle du second.

La queue, tétragone et un peu déprimée à sa base, est arrondie ou comprimée faiblement dans le reste de son étendue. Tantôt la peau des parties latérales du cou est complétement cachée sous les écailles épineuses qui la hérissent;
tantôt on la voit former des plis dichotomiques plus ou moins
prononcés, et alors ce sont des granules squameux qui la
revêtent. En général, il y a un petit repli cutané au devant

de chaque épaule ; repli qui parfois descend en ligne oblique jusque sur le milieu du bord de la poitrine, d'où il
résulte une espèce de collier en V, comme chez certains
Erémias et quelques Acanthodactyles. Toutes les espèces de
Zonures ont la face inférieure des cuisses percée de grands
pores disposés, soit en un seul rang, soit en deux, ou bien
même en trois ; il en est plusieurs chez lesquelles il existe de
chaque côté, entre le ventre et le flanc, un sillon assez profond, tapissé de granules. Parfois le dessus du cou et le
dos offrent une sorte de cuirasse composée d'écailles quadrilatères, juxta-posées ou faiblement imbriquées, disposées
par bandes transversales, serrées les unes contre les autres ;
d'autres fois cette écaillure ne descend pas sur les flancs, où
elle est remplacée par des granules ; d'autres espèces ont les
parties supérieures et latérales du tronc garnies de petites
écailles à peu près ovales, relevées en dos d'âne, qui sont
distribuées par séries longitudinales et par rangées transversales, laissant entre elles des intervalles plus ou moins
grands, remplis par des granules généralement très-fins. En
dessus, les membres sont revêtus d'écailles rhomboïdales ou
en losanges, carénées et imbriquées : écailles dont les carènes, sur les cuisses et les jambes, se développent et se
prolongent en pointes à un degré tel, que ces parties du
corps se trouvent véritablement hérissées d'épines. Le ventre
est défendu par une espèce de plastron analogue à celui des
Crocodiles, c'est-à-dire qu'il est formé d'un grand nombre
de plaques quadrilatères, plates, unies, disposées par bandes
longitudinales et par rangées transversales. La queue est entourée de verticilles de grandes écailles rhomboïdales, le
plus souvent fort épineuses.

C'est Merrem qui a proposé de désigner le genre, dont il
est ici question, par le nom de *Zonurus*, de préférence à
celui de *Cordylus*, employé jusque là, d'abord par Klein,
ensuite par Gronovius, puis par Cuvier, Fitzinger, et quelques autres, mais arbitrairement ; car, ainsi que nous l'a-
vons expliqué plus haut, le mot Κορδύλος avait été employé

originairement par Aristote, non pas pour désigner une espèce du genre Zonure, mais une larve du Batracien uro-dèle, probablement celle du Triton à crète.

Le *Synopsis Reptilium* de Laurenti renferme aussi un genre *Cordylus*, mais il est établi sur des caractères tels que l'auteur a pu y ranger, avec un ou deux vrais Zonures, des Agames, des Oplures et un Stellion. C'est, au reste, ce qui est arrivé à Daudin, pour son genre *Stellio*, où l'on voit figurer des espèces encore plus hétérogènes, c'est-à-dire les Zonures, le Stellion commun, l'Uromastix spinipède, l'O-plure de Séba, le Doryphore azuré, le Gymnodactyle phyl-lure ; en un mot, presque tous les Sauriens connus alors, dont la queue offrait des verticilles d'écailles épineuses.

Considérés sous le rapport de leur écaillure, les Zonures se laissent diviser assez naturellement en trois groupes, que le docteur Smith élève même au rang de sous-genres ; il les désigne par les noms de *Cordylus*, d'*Hemicordylus*, et de *Pseudocordylus*. On peut prendre, à l'aide du tableau synoptique placé en regard de cette page, une idée des ca-ractères sur lesquels repose l'établissement de ces trois divi-sions et des principales différences que présentent entre elles les espèces qu'elles renferment.

TABLEAU SYNOPTIQUE DES ESPÈCES DU GENRE ZONURE.

Écailles des flancs

Ier GROUPE. semblables à celles du dos, ou grandes, quadrilatères, en bandes transversales, serrées,

- carénées : naso-rostrales.
  - non renflées. . . . 1. Z. Gris.
  - renflées . . . . 2. Z. Cataphracte.
- dépourvues de carènes . . . . 3. Z. Polyzone.

IIe GROUPE. granuleuses : celles du dos petites, quadrilatères, en bandes transverses, très-serrées, les unes contre les autres.} . . . . 4. Z. du Cap.

IIIe GROUPE. semblables à celles du dos, ou petites, sub-ovales, relevées en dos d'âne, formant des séries séparées par des granules.} . . . 5. Z. Micaolépidote.

Iᵉʳ GROUPE.

(*Cordylus* , Merrem.)

Un petit repli de la peau, peu ou à peine sensible, au devant de chaque épaule. Peau des côtés du cou cachée par les écailles épineuses, plus ou moins fortes, qui en hérissent la surface. Régions cervicale et dorsale revêtues d'écailles quadrilatères, faiblement imbriquées de dehors en dedans, formant des bandes transversales serrées les unes contre les autres. Ecaillure des flancs semblable à celle du dos : un sillon tout le long de la région inférieure de chaque flanc.

ESPÈCES A PAUPIÈRE INFÉRIEURE SQUAMEUSE, OPAQUE.

1. LE ZONURE GRIS. *Zonurus griseus.* Nobis.

CARACTÈRES. Plaques naso-rostrales non renflées. Inter-naso-rostrale non soudée à la frontale. Pli anté-huméral à peine sensible. Côtés du cou hérissés d'épines de moyenne grandeur. Écailles dorsales grandes, rhomboïdales, carénées, celles des flancs ayant leurs carènes prolongées en épines. Lamelles ventrales quadrilatères, formant des séries rectilignes et des rangées transversales ; ces dernières au nombre de vingt-deux à vingt-trois, dont la plus étendue se compose de douze lamelles.

SYNONYMIE. *Rough scaled cape Lizard.* Petiv. Gazophyl. nat. et art. dec. sexta, pag. 3, tab. 58, n⁰ 12.
Lacerta nigra Africana. Séb. tom. 2, pag. 62, tab. 62, fig. 5.
Salamandra Americana, caudâ bifidâ. Id. loc. cit. tom. 1, pag. 173, tab. 109, fig. 5.
? *Lacertus Africanus, caudâ spinosâ.* Id. loc. cit. tom. 1, pag. 136, tab. 84, fig. 3.
? *Lacerta Africana, caudâ spinosâ, femella.* Id. loc. cit. tom. 1, pag. 136, tab. 84, fig. 4.
Cordylus, caudâ bifurcâ. Klein. quadrup. disposit. pag. 113.

Cordylus Lacerta caudâ verticillatâ, squamis denticulatâ, etc. Gronov. Amphib. anim. histor. pag. 72.

Lacerta cordylus. Linn. syst. nat. (10ᵉ édit.) tom. 1, pag. 203.

Cordylus caudâ corporeque verticillatis, squamis carinatis, denticulatis majoribus. Gronov. Zoophyll. pag. 13.

Lacerta cordylus. Linn. syst. nat. (12 édit.) pag. 361.

Cordylus verus. Laur. Synops. Rept. pag. 52.

Le Cordyle. Daub. anim. quadrup. ovip. pag. 603.

Le Cordyle. Bonnat. Encyclop. méth. pag. 49, pl. 6, fig. 4, (cop. Séba).

Le Cordyle. Lacep. Hist. quad. ovip. tom. 1, pag. 324.

Lacerta cordylus. Gmel. Syst. nat. pag. 1060.

Lacerta cordylus. Donnd. Zoologisch. Beytrag. tom. 3, p. 80.

Die stachelschwanzige Eidechse. Bescht. de Lacepēd's. naturgesch. der amphib. tom. 2, pag. 36, pl. 2, fig. 2.

Cordyle Lizard. Shaw gener. zool. tom. 3, pag. 228.

Stellio cordylus. Latr. Hist. Rept. tom. 2, pag. 24.

Stellio cordylus. Daud. Hist. Rept. tom. 3, pag. 8.

Stellio niger. Id. loc. cit. tom. 3, pag. 48.

Le Cordyle (Lacerta cordylus. Linn.). Cuv. Règn. anim. (1ʳᵉ édit.), tom. 2, pag. 31.

Zonurus cordylus. Merr. Tent. syst. amph. pag. 57.

Lacerta cordylus. Flem. Philosoph. of zool. tom. 2, pag. 277.

Cordylus verus. Fitzing. neue classific. Rept. pag. 50.

Le Cordyle du Cap. Bory de Saint-Vincent, Résum. d'Erp. pag. 107.

Cordylus griseus. Cuv. Règ. anim. (2ᵉ édit.) tom. 2, pag. 33.

Cordylus niger. Id. loc. cit. pag. 33.

Cordylus dorsalis. Id. loc. cit. pag. 33.

Zonurus (Lacerta cordylus. Linn.). Wagl. Syst. amphib. p. 156.

Cordylus griseus. Griffith's anim. kingd. Cuv. tom. 9, p. 118.

Cordylus niger. Id. loc. cit.

Cordylus dorsalis. Id. loc. cit.

Common Zonurus. Gray. Synops. Rept. in Griffith's anim. kingd. Cuv. tom. 9, pag. 63.

Zonurus cordylus. Schinz. Naturgesch. und Abbildung der Rept. pag. 92, tab. 30 (cop. Séb.).

Cordylus griseus. Smith. Contribut. to south Afric. zoolog. (Magaz. of nat. hist. by Charlesworth (new series). tom. 2, p. 31.

DESCRIPTION.

FORMES. Placées le long du cou. les pattes du devant ne s'étendent pas au delà du bord antérieur de l'orbite; celles de derrière, mises le long des flancs, atteignent à l'aisselle ou à l'épaule. La queue entre pour un peu plus de la moitié dans la longueur totale du corps; elle est forte, assez déprimée à sa racine, et arrondie dans le reste de son étendue. La plaque naso-rostrale droite, qui n'est pas renflée, s'articule avec sa congénère du côté opposé, avec la rostrale, la naso-frénale et l'inter-naso-rostrale. La naso-frénale est à peu près carrée; elle se trouve en rapport avec la fronto-inter-naso-rostrale, la naso-rostrale, les deux premières labiales et la fréno-oculaire. Celle-ci, pentagone oblongue, plus haute en avant qu'en arrière, s'avance un peu sous le bord orbitaire. La plaque inter-naso-rostrale est grande, en losange, et complétement encadrée par les deux naso-rostrales et les deux fronto-inter-naso-rostrales, qui sont soudées ensemble en avant de la frontale. La paupière inférieure est revêtue d'un pavé de petites écailles aplaties. Sur chaque tempe on remarque en avant un rang oblique de haut en bas, composé de quatre ou cinq petites plaques rhomboïdales; puis sur la région supérieure une rangée longitudinale de trois ou quatre grandes plaques pentagones, plus hautes que larges, au-dessous desquelles il en existe trois autres moins développées, ressemblant à des losanges, et disposées de telle sorte qu'elles forment un triangle. Ces plaques offrent chacune un renflement longitudinal. A l'angle antérieur et postérieur de la tempe il y a un petit et un gros tubercule conique, comprimé. Il existe huit ou dix plaques autour de chaque lèvre; la dernière de chaque côté, à la lèvre inférieure, offre un rebord saillant. On compte cinq ou six paires de plaques sous-maxillaires. Les écailles qui garnissent les côtés du cou sont assez grandes, rhomboïdales, marquées d'une forte carène se terminant en épine en arrière; ces écailles, au lieu d'être couchées les unes sur les autres sont, au contraire, comme fichées dans la peau, en sorte qu'elles constituent un groupe d'épines dont les pointes sont dirigées en dehors, parallèlement à la ligne transversale du corps. Sur le cou, il y a sept ou huit rangs transversaux d'écailles; sur le dos, on en compte dix-neuf ou vingt : toutes ces écailles sont rhomboïdales, finement dentelées à leur bord postérieur, et surmontées d'une carène qui les coupe obliquement dans leur diamètre longitudinal. Les écailles dorsales forment aussi bien des séries longitudinales que des rangées transversales, et l'on remarque que celles qui composent les deux séries médianes ou rachidiennes sont un peu plus développées que les autres. Les écailles des flancs, semblables à celles du dos, par la forme et la grandeur, en diffèrent cependant parce que leur carène est plus forte et prolongée en épine. Le nombre des écailles qui entrent dans la composition d'une bande transversale observée vers le milieu du dos, à partir de la partie inférieure d'un flanc à l'autre, est de seize à dix-huit seulement. Le sillon latéral est garni de deux séries de petites écailles rhomboïdales, lisses, auxquelles se mêlent quelques granules. Le dessus des membres est protégé par des écailles en losanges, imbriquées, carénées et épineuses, particulièrement sur les régions supérieures des cuisses et des jambes. Quatre ou six paires de petites plaques subhexagones sont situées entre les branches sous-maxillaires, immédiatement en arrière du menton. La région gulaire et le dessous du cou, où l'on ne voit ni pli, ni sillon transversal, offrent des écailles hexagones, plates, lisses, imbriquées, élargies. Des squames losangiques couvrent la poitrine. Les lamelles ventrales plates, lisses, très-faiblement imbriquées, sont quadrilatères, affectant peut-être un peu une forme rhomboïdale; le nombre de leurs bandes longitudinales est de douze ou quatorze, et celui de leurs rangées transversales de vingt-deux ou vingt-trois. Sur la région préanale on observe deux principales plaques pentagones, de chaque côté desquelles il y en a une ou deux petites triangulaires; puis, devant elles, on voit deux ou trois rangs transversaux de squames hexagones. La face inférieure des cuisses est percée de pores disposés sur un ou deux rangs et même sur trois; ordinairement il y en a trois ou quatre dans le premier rang, cinq à sept dans le second, et sept à onze dans le troisième. Des écailles, égales, en losanges, carénées, épineuses, imbriquées, revêtent les mollets. Une trentaine de verticilles d'écailles entourent la queue; ces écailles sont quadrilatères, dentelées à leur bord postérieur, dont le milieu est armé d'une très-forte épine, laquelle est le prolongement d'une carène non moins déve-loppée.

COLORATION. *Variété* A (*Cordylus griseus.* Cuv.). Une teinte fauve règne sur la tête et le dessus des membres, tandis qu'une couleur orangée est répandue sur le cou et le dos, les flancs et toute la surface de la queue. Nous ferons néanmoins remarquer que cette couleur orangée devient fauve par le séjour des in·dividus dans l'alcool. Les régions inférieures de l'animal sont blanches.

Variété B (*Cordylus niger*, Cuv.). Les sujets appartenant à cette variété sont complétement noirs en dessus ; en dessous, ils offrent une teinte blanche lavée de noir.

Variété C (*Cordylus dorsalis*, Cuv.). Le fond de la couleur des parties supérieures est un brun plus ou moins foncé, quelquefois tirant sur le fauve, et presque toujours il règne tout le long de la ligne médio-longitudinale du dos une raie jaune bordée de chaque côté d'une série de petites taches quadrilatéres, noires. Le dessous du corps est blanchâtre.

DIMENSIONS. *Longueur totale.* 17" 8"'. *Tête.* Long. 2" 5"'. *Cou.* Long. 1" 2"'. *Tronc.* Long. 5" 1"'. *Memb. antér.* Long. 3"'. *Memb. postér.* Long. 4" 2"'. *Queue.* Long. 9".

PATRIE. Cette espèce est très-commune dans la colonie du cap de Bonne-Espérance. La collection en renferme un assez grand nombre d'échantillons rapportés par MM. Péron et Lesueur, Delalande, Jules Verraux, Quoy et Gaimard. Nous en possédons aussi un individu provenant d'une autre contrée de l'Afrique, c'est-à-dire de Sierra-Leone. Nous ignorons si le Zonure gris se trouve à Madagascar, comme c'est le cas de beaucoup d'espèces du cap de Bonne-Espérance.

Observations. Ce n'est qu'avec doute que nous citons les figures 3 et 4 de la Pl. 84 du tome 2 de l'ouvrage de Seba, comme se rapportant au Zonure gris ; car il se pourrait qu'elles eussent eu pour modèles des Zonures polyzones, espèce qui se distingue particulièrement de celle du présent article par des écailles moins grandes, plus nombreuses, non carénées, caractère que semble surtout exprimer la figure 3 de la Planche que nous venons d'indiquer. Les autres figures de Seba, citées en tête de cet article, représentent l'un (tom. 2, Pl. 62, fig. 5) le Zonure gris, variété noire ; et l'autre (tom. 1, Pl. 109, fig. 5) la variété à raie dorsale.

2. LE ZONURE CATAPHRACTE. *Zonurus cataphractus.* Gray.

CARACTÈRES. Plaques naso-rostrales fortement renflées. Inter-naso-rostrale soudée à la frontale. Pli anté-huméral à peine marqué. Côtés du cou garnis de très-fortes épines. Ecailles dorsales grandes, quadrilatères, oblongues, ou subrhomboïdales, carénées; celles des flancs grandes également, et ayant leurs carènes prolongées en épines. Lamelles ventrales quadrilatères, formant des séries légèrement obliques, et des rangées transversales au nombre d'une vingtaine, dont la plus étendue se compose de dix-huit lamelles. Douze à seize pores fémoraux. Queue arrondie, entourée d'épines très-fortes.

SYNONYMIE. *Cordylus cataphractus.* Boie, nov. act Acad. Cæs. Leopold. vol. XIV, pars I, p. 189.

Zonurus cataphractus. Gray. Synops. Rept. In Griffith's anim. Kingd. tom. 9, pag. 63.

Zonurus cordylus. Schlegel. Monographie von het Geslecht Zonurus (dissert. part. Pl. 7, fig. 3).

Cordylus nebulosus. Smith. Contribut. to south Afric. Zoolog. (Magaz. of natur. hist. (new series); by Charlesworth, tom. 2, pag. 31.)

DESCRIPTION.

FORMES. Les proportions relatives des membres et de la queue sont les mêmes que chez l'espèce précédente. La tête n'a pas une forme différente. Ce qui distingue, à la première vue, le Zonure cataphracte du Zonure gris, c'est d'avoir les plaques naso-rostrales très-fortement renflées, l'inter-naso-rostrale soudée à la frontale, le bord postérieur des tempes armé de trois ou quatre gros piquants; les côtés du cou hérissés de fort grosses et de fort longues épines, enfin les lamelles ventrales plus petites, et par conséquent plus nombreuses. Les plaques suscrâniennes offrent des petites saillies vermiculiformes. La paupière inférieure est revêtue d'un pavé de plaques rectangulaires, dont le grand diamètre est placé dans le sens vertical de la tête. Les squames temporales forment, de chaque côté, trois séries longitudinales dans chacune desquelles il y en a quatre : celles qui appartiennent à la série supérieure sont pentagones et les plus grandes de toutes; celles de la série médiane sont rhomboïdales et un peu moins

23.

développées; celles de l'inférieure sont également rhomboïdales, mais encore plus petites. Toutes présentent une carène longitudinale, et la dernière de chaque série a la forme d'un piquant triangulaire. Les écailles des parties latérales du cou sont aussi de gros piquants triangulaires. Il y a quatre bandes transversales d'écailles sur le dos, et dix sur la région cervicale, sans compter celle qui couvre le bord postérieur du crâne, immédiatement derrière les plaques pariétales. Ces écailles cervicales et dorsales, qui sont imbriquées de dehors en dedans, ressemblent à des rectangles, et sont parcourues chacune longitudinalement d'une manière un peu oblique, par une carène dont l'extrémité postérieure se prolonge en une petite pointe obtuse. Leurs bords libres sont légèrement relevés en arête arrondie. Le dessus des pattes est revêtu de grandes écailles rhomboïdales, imbriquées, dont la moitié postérieure forme une épine triangulaire; celles des bras sont un peu moins fortes que celles des cuisses et des jambes. Le dessous des pattes de devant offre des écailles rhomboïdales entuilées, à peine carénées; les mollets en portent dont la forme est en losange et la surface tout à fait plane. Les régions fémorales inférieures sont pavées de très-petites écailles lozangiques, parfaitement lisses; et sur le triangle préanal on en voit de carrées et un peu plus grandes, particulièrement les deux qui occupent l'extrémité de la ligne médiane sur le bord même de la lèvre antérieure du cloaque. Les lamelles abdominales sont carrées; comme chez certains Erémias, elles forment, par rapport à la région moyenne du ventre, des séries légèrement obliques, mais en travers leurs rangées sont rectilignes; les plus nombreuses se composent de dix-huit pièces. La poitrine est couverte de squames peu différentes de celles du ventre. De grandes écailles en losanges, imbriquées, dilatées transversalement, garnissent le dessous du cou, tandis que la gorge offre un pavé de petites squames carrées et unies, sur la région moyenne, quadrilatères oblongues, faiblement carénées, sur les parties latérales. On compte autour de la queue dix-huit ou dix-neuf verticilles de fortes écailles semblables à celles des côtés du cou. Il y a quatorze à seize pores tubuleux sous chaque cuisse.

Coloration. Un brun jaunâtre est répandu sur les parties supérieures; une teinte à peu près semblable, mais beaucoup plus claire, règne sur les régions inférieures. Des raies noires, confluentes, parcourent le ventre; deux bandes de la même couleur forment une espèce de chevron sous le cou; les branches sous-maxillaires, ainsi que les lèvres, semblent être réticulées de noir. La plus grande partie des plaques naso-rostrales est également colorée en noir.

DIMENSIONS. *Longueur totale*, 14" 6'". *Tête*. Long. 2" 1'". *Cou*. Long. 1" 2'". *Tronc*. Long. 3" 6'". *Membr. antér*. Long. 3". *Membr. postér*. Long. 3" 5'". *Queue*. Long. 7" 7'".

PATRIE. Cette espèce nous a été envoyée du cap de Bonne-Espérance par M. Jules Verraux.

Observations. M. Schlegel considère à tort cette espèce comme non différente de la précédente.

ESPÈCES A PAUPIÈRE INFÉRIEURE TRANSPARENTE.

3. LE ZONURE POLYZONE. *Zonurus polyzonus*. Nobis.

CARACTÈRES. Plaques naso-rostrales faiblement renflées. Inter-naso-rostrale non soudée à la frontale. Pli anté-huméral bien distinct. Paupière inférieure transparente. Côtés du cou garnis de petites épines. Écailles dorsales moyennes rectangulaires, non carénées, striées, percées chacune d'un petit pore. Écailles des flancs carénées. Lamelles ventrales carrées, formant des séries longitudinales et des rangées transversales rectilignes; ces dernières, au nombre de trente-deux ou trente-trois, dont la plus étendue se compose de dix-huit lamelles. Quatorze à seize pores fémoraux. Queue un peu comprimée, entourée de petites épines.

SYNONYMIE. *Cordylus polyzonus*. Smith. Contribut. to south Afric. zoolog. (Magaz. of nat. hist. (new series), by Charlesworth, tom. 2, pag. 31.)

DESCRIPTION.

FORMES. Cette espèce est moins trapue, moins ramassée dans ses formes que les deux précédentes, dont elle se distingue de suite par un bien plus grand nombre d'écailles cervicales et dorsales, lesquelles ne portent d'ailleurs ni carènes ni épines. Les pattes de devant, lorsqu'on les couche le long du cou, s'étendent un peu au delà du bout du museau; celles de derrière, appliquées contre les flancs, arrivent aux aisselles. La queue n'est pas tout à fait d'un quart plus étendue que le reste du corps;

large et assez fortement déprimée à sa racine, elle passe insensiblement à la forme cyclo-tétragone, puis se comprime de plus
en plus jusqu'à son extrémité. Les plaques suscrâniennes, et
particulièrement les pariétales, sont granuleuses. La plaque
naso-rostrale droite s'articule par une suture rectiligne avec sa
congénère du côté opposé; ces deux plaques offrent un léger
renflement. L'inter-naso-rostrale représente un losange élargi;
elle n'est pas enclavée entre les naso-rostrales, et s'avance bien
peu entre les fronto-inter-naso-rostrales, qui ne la laissent pas
approcher de la frontale. Celle-ci n'est pas creusée d'un sillon.
Les plaques palpébrales de la paire médiane sont un peu convexes. Il y a une petite naso-frénale triangulaire. La post-naso-
frénale est presqu'aussi grande que la fréno-oculaire. Les plaques
labiales et les sous-maxillaires n'offrent rien de particulier. La
paupière inférieure a son pourtour garni d'écailles granuleuses,
mais le centre en est complètement dépourvu, ce qui fait que
cette région étant fort mince, l'animal peut voir à travers
lorsque l'œil est entièrement clos. Une double rangée de petites
squames subrhomboïdales, carénées, striées, imbriquées, garnissent le bord supérieur et le bord antérieur de la région temporale, dont le reste de la surface est couvert par huit ou neuf
grandes squames hexagones offrant des stries disposées en rayons,
partant d'un centre où s'élève un petit tubercule comprimé.
Trois ou quatre pointes mousses arment la marge de la tempe en
arrière. L'écaillure de la gorge se compose de rangées transversales de petites pièces carrées, lisses, imbriquées de dehors en
dedans; et celle du dessous du cou de pièces de même grandeur,
lisses aussi, mais en losanges élargis, et entuilées d'arrière en
avant. Les écailles de la poitrine ressemblent à ces dernières.
Les régions collaires latérales offrent des écailles imbriquées, en
losanges ou rhomboïdales, dont les carènes, fort prononcées, se
terminent en une longue pointe, à droite et à gauche de laquelle
il en existe quelquefois une petite. Il y a sur le cou dix, et sur le
dos trente-deux bandes transversales d'écailles carrées, légèrement imbriquées de dehors en dedans, striées à leur bord
antérieur, non carénées, et percées d'un petit pore à leur angle
postérieur externe. Ces rangées d'écailles dorsales sont continuées
de chaque côté, jusqu'au bas du flanc, par d'autres écailles de
même grandeur et de même forme, mais surmontées d'une carène
dont l'extrémité terminale se prolonge en une petite pointe très-
aiguë.

Les lamelles ventrales, lisses, carrées ou rectangulaires, sont disposées par bandes longitudinales rectilignes, et par rangées transversales, également rectilignes : il y a trente-deux ou trente-trois des unes, et dix-huit des autres. La région préanale est revêtue de squames en losanges allant en augmentant un peu de diamètre du bord antérieur au bord postérieur. Les quatre pattes ont leur face supérieure défendue par des écailles rhomboïdales, imbriquées, surmontées de carènes, prolongées en pointes, qui sont plus fortes sur les jambes que sur les autres régions des membres. Le dessous des bras et les mollets sont garnis d'écailles en losanges imbriquées et carénées, la face inférieure des cuisses offre aussi des écailles en losanges imbriquées ; mais elles sont lisses et moins développées. On compte cinquante verticilles d'écailles médiocrement épineuses autour de la queue, et seize à dix-huit pores très-petits le long de la région fémorale inférieure.

Coloration. Tout le dessus du corps est coloré en brun ou en noir, auquel se mêlent parfois des taches plus claires ou plus foncées. On remarque une grande tache oblongue d'un noir intense, de chaque côté du cou. Les parties inférieures sont d'un brun rougeâtre.

Dimensions. *Longueur totale.* 25" 4"'. *Tête.* Long. 3". *Cou.* Long. 1" 6"'. *Tronc.* Long. 6" 8"'. *Membr. antér.* Long. 4". *Membr. postér.* Long. 5" 5"'. *Queue.* Long. 14".

Patrie. Le Zonure polyzone habite les environs du cap de Bonne-Espérance ; nous en avons observé plusieurs échantillons dans la collection du docteur Smith, qui nous en a donné un fort bien conservé pour notre muséum national d'histoire naturelle.

IIᵉ GROUPE.

(*Hemicordylus*, Smith.)

Peau des côtés du cou plissée et revêtue de granules. Régions cervicale et dorsale garnies d'écailles sub-imbriquées, formant des rangs transversaux serrés les uns contre les autres. Parties latérales du tronc couvertes de granules.

4. LE ZONURE DU CAP. *Zonurus Capensis*. Nobis.

CARACTÈRES. Écailles du dos carénées ; une série de squames le long des flancs, qui sont granuleux.

SYNONYMIE. *Cordylus* (*Hemicordylus*) *Capensis*. Smith, Contribut. to south Afric. zoolog. (Magaz. of natur. hist. (new series), by Charlesworth, vol. 2, pag. 32.)

DESCRIPTION

FORMES. La région cervicale est couverte de granules ; le dos offre un très-grand nombre de rangées transversales d'écailles quadrangulaires, carénées, fort petites. Des granules garnissent aussi les flancs, dont la ligne médio-longitudinale est parcourue par une série de grandes écailles. Les verticilles de la queue se composent d'écailles dont les épines sont peu développées. Des lamelles lisses, carrées, forment sur le ventre huit bandes longitudinales. Le dessous de chaque cuisse est percé de dix-huit petits pores.

COLORATION. Un noir sale est répandu sur le dessus du corps, tandis qu'un bleu noirâtre pâle] règne sur les régions inférieures.

DIMENSIONS. *Longueur totale.* 19".

PATRIE. Ainsi que l'indique son nom spécifique, ce Zonure est originaire du cap de Bonne-Espérance.

Observations. La courte description qu'on vient de lire est la traduction de celle publiée par le Dr Smith dans le Magazin d'histoire naturelle de Charlesworth, d'après un individu appartenant au musée, *of the Army medical department*, le seul qu'il ait eu l'occasion d'observer.

III⁰ GROUPE.

(*Pseudocordylus*, Smith.)

Au devant de chaque épaule un repli très-marqué, descendant jusque sur le milieu du bord antérieur de la poitrine. Peau des côtés du cou formant des lignes aillantes, et revêtue de granules. Régions cervicale et dorsale garnies d'écailles sub-ovales, relevées en dos d'âne, formant des séries longitudinales, séparées par des séries de granules. Écailles des flancs semblables à celles du dos. Pas de pli le long de la partie inférieure des flancs.

5. LE ZONURE MICROLÉPIDOTE. *Zonurus microlepidotus.* Gray.

CARACTÈRES. Plaques naso-rostrales non renflées. Inter-naso-rostrale non soudée à la frontale. Paupière squameuse, opaque. Lamelles ventrales quadrilatères formant des bandes longitudinales et des rangées transversales rectilignes ; ces dernières au nombre d'une trentaine dont la plus étendue se compose de douze ou quatorze lamelles. Un à trois rangs de pores fémoraux de chaque côté. Queue comprimée.

SYNONYMIE. *Cordylus microlepidotus.* Cuv. Régn. anim. (2ᵉ édit.), tom. 2, pag. 33.

Cordylus microlepidotus. Guér. Iconog. Régn. anim. Cuv. Rept. pl. 6, fig. 1.

Cordylus microlepidotus. Griff. anim. Kingd. Cuv. tom. 9, pag. 119.

Zonurus microlepidotus. Gray, Synops. Rept. in Griffith's anim. Kingd. tom. 9, pag. 63.

Zonurus microlepidotus et Wittii. Schlegel, Monographie van het gerlacht Zonurus. (dissert. part., pag. 14, tab. 7, fig. 1.)

? *Cordylus (Pseudocordylus) montanus.* Smith, Contribut. to south. Afric. zool. (Magaz. of natur. histor. new series, by Charlesworth, vol. 2, pag. 32.)

Cordylus (Pseudocordylus) fasciatus. Id. loc. cit. pag. 32.

? *Cordylus (Pseudocordylus) melanotus.* Id. loc. cit. pag. 32.

Cordylus (Pseudocordylus) Algoensis. Id. loc. cit. pag. 32.

? *Cordylus (Pseudocordylus) sub-viridis.* Id. loc. cit. pag. 32.

DESCRIPTION.

FORMES. Le Zonure microlépidote est plus grand qu'aucun de ses congénères ; sa tête est fort déprimée, et il règne tout le long de son dos un sillon étroit, mais assez profond. Portées en avant,

les pattes antérieures s'étendent, soit jusqu'au bord antérieur de
l'œil, soit jusqu'à la narine. Les membres postérieurs, placés le
long des flancs, arrivent à l'épaule. La queue, tétragone et un
peu déprimée à sa racine, s'aplatit au contraire de droite à gauche en s'éloignant du tronc; elle est d'un quart plus longue que
le reste du corps. La naso-rostrale droite s'articule avec sa congénère du côté opposé, quand elle n'en est pas empêchée par une
très-petite plaque supplémentaire, ce qui arrive quelquefois. La
plaque inter-naso-rostrale est en rapport, par un angle sub-aigu,
avec les fronto-inter-naso-rostrales, qu'une suture transversale,
rectiligne, unit toutes deux à la frontale. La première labiale
supérieure s'élève en angle aigu derrière l'ouverture de la narine
qu'elle sépare de la plaque naso-frénale, qui est carrée et presqu'aussi grande que la fréno-oculaire. Des squames quadrilatères,
plates, revêtent la paupière inférieure. Un pavé d'une vingtaine
de squames hexagones couvre chaque région temporale, dont le
bord postérieur porte, inférieurement, deux ou trois tubercules aplatis. La peau plissée des parties latérales du cou offre
des granules très-fins, entremêlés d'autres granules encore
plus fins. La région cervicale et la dorsale sont revêtues de
petites écailles à peu près ovales, relevées en dos d'âne, et plus
épaisses en arrière qu'en avant, écailles qui forment des séries
longitudinales, séparées les unes des autres par des séries de
granules. L'écaillure des flancs est de même que celle du dos;
seulement les pièces qui la composent sont moins serrées. Entre
les branches sous-maxillaires, immédiatement en arrière du menton, sont deux séries de squames allongées, étroites, un peu bombées, arrondies aux deux bouts; puis en arrière ou sur la région
gulaire, on voit des squames quadrilatères oblongues. Le dessous
du cou est garni d'écailles en losanges, élargies, plates, lisses,
imbriquées. Les replis que fait la peau au devant de chaque épaule
sont très-prononcés. Ils descendent jusque sur le bord de la poitrine, où ils forment un véritable collier anguleux, garni d'une
dixaine de squames hexagones. Les écailles pectorales ressemblent
à des losanges. Les lamelles ventrales sont quadrilatères, plus larges
que longues, excepté celles des séries marginales, dont la figure
est carrée. Elles composent une trentaine de rangs transversaux,
et douze bandes longitudinales. Sur la région préanale on observe
deux grandes squames, à peu près carrées ou pentagones, précé-
dées de quatre rangées composées d'autres squames un peu moins
développées, devant lesquelles sont deux autres rangées trans-

versales de squamelles hexagones. Le dessus des bras est revêtu d'écailles en losanges, carénées et imbriquées ; la face supérieure des cuisses et des jambes en offre de semblables, mais les carènes en sont plus prononcées, surtout sur les dernières. Il y a sous chaque cuisse huit à seize pores disposés sur un, deux ou trois rangs. Parmi les écailles caudales, il en est dont la forme est quadrilatère, oblongue, et la surface lisse ; ce sont celles de deux rangs longitudinaux de la face inférieure. Toutes les autres sont relevées, et cela d'une manière beaucoup plus prononcée chez les latérales, d'une crète tranchante qui se prolonge en une forte épine. A l'ouverture du cloaque, il existe un ou deux tubercules squameux de chaque côté de la base de la queue.

COLORATION. Le fond de la couleur du dessus du corps est un brun plus ou moins foncé, tirant plus ou moins sur le noirâtre. Le dessus et les côtés du cou, du tronc et de la queue sont coupés transversalement par des bandes orangées, jaunâtres ou verdâtres, mais qui blanchissent par suite du séjour de l'animal dans l'alcool. Généralement ces bandes, qui semblent formées par la réunion de grandes taches, sont beaucoup moins élargies et moins prononcées sur les régions cervicale et dorsale que sur les flancs et les parties latérales du cou, où il existe toujours deux très-grandes taches d'un noir profond. Le dessous de la tête est coloré en noir, et les autres régions inférieures sont peintes en jaune pâle ou en orangé.

Si, comme nous avons tout lieu de le croire, le *Cordylus melanotus* du Dr Smith n'appartient pas à une espèce différente du *Zonurus microlepidotus*, il en est une variété qui se distingue de la précédente par la teinte noirâtre foncée de son dos, et par l'orangé-jaune, nuancé de vermillon, qui colore ses flancs et son ventre.

DIMENSIONS. *Longueur totale*. 29" 1'''. *Tête*. Long. 3" 8'''. *Cou*. Long. 2". *Tronc*. Long. 7" 8'''. *Memb. antér*. Long. 4" 4'''. *Memb. postér*. Long. 6" 4'''. *Queue*. Long. 15" 5'''.

PATRIE. Cette espèce habite le cap de Bonne-Espérance ; on la trouve aussi à Sierra-Leone.

Observations. Le *Cordylus montanus*, le *Fasciatus* et l'*Algoensis* du Dr Smith, doivent tous trois être rapportés au *Zonurus microlepidotus*, ainsi que nous nous en sommes assurés, en examinant comparativement, avec nos individus de cette dernière espèce, des sujets regardés, par M. Smith, comme appartenant aux trois premières.

II° GENRE. TRIBOLONOTE. — *TRIBOLONOTUS* (1). Nobis.

CARACTÈRES. Langue en fer de flèche, libre dans sa moitié antérieure, à peine échancrée au bout, garnie de papilles squamiformes, imbriquées. Pas de dents au palais. Dents maxillaires et inter-maxillaires égales, subcylindriques, simples. Narines latérales, percées chacune dans une seule plaque, la nasorostrale. Des paupières. Membrane du tympan tendue sur le bord de l'oreille. Plaques suscrâniennes entièrerement soudées aux os. Dos hérissé de fortes épines osseuses. Quatre pattes terminées chacune par cinq doigts onguiculés, inégaux, un peu comprimés, non carénés en dessous. Pas de pores fémoraux. Pas de plis le long des flancs.

Ce genre se distingue entre tous ceux de la famille des Cyclosaures par l'écaillure, composée de grandes et fortes épines osseuses qui protégent le dos, le dessus du cou et celui de la queue. La tête n'est pas moins remarquable, à cause de l'extrême solidité qu'elle présente, les tempes, aussi bien que la surface du crâne, étant complétement osseuses. Il n'y a de plaques céphaliques, distinctes, que les quatre palpébrales ou sus-oculaires de chaque côté. Le front et le ventre sont creusés de petits sillons. Les narines s'ouvrent à droite et à gauche du bout du museau, vers la partie supérieure d'une plaque naso-rostrale, arrondie à son bord supérieur, et dont la portion inférieure descend sur la lèvre, entre la rostrale et la première labiale. La rostrale est petite;

---

(1) De τριϐολος, chausse-trape; et de νωτος, dos; dos hérissé.

il existe une grande fréno-oculaire, mais il n'y a ni frénale, ni post-naso-frénale. On compte six labiales supérieures et six labiales inférieures. La mentonnière est excessivement peu développée, tandis qu'immédiatement derrière elle, sous la symphise des branches sous-maxillaires, on voit une fort grande plaque qui est suivie de quatre autres, deux d'un côté, deux de l'autre. L'œil est protégé par deux paupières, dont une, la supérieure, est plus courte que l'inférieure; dans l'occlusion elles offrent une fente longitudinale. Les tempes sont couvertes de grandes squames sub-imbriquées. La membrane du tympan est tendue à l'entrée de l'ouverture de l'oreille, qui est sub-ovalaire. Les dents inter-maxillaires sont coniques; les maxillaires droites, sub-cylindriques ou un peu comprimées, à sommet entier, mousse. Le palais est lisse. La langue est plate, en fer de flèche, et très-faiblement échancrée à sa pointe, qui est arrondie: elle a sa surface couverte de papilles squamiformes, imbriquées, à bord libre arrondi. Les membres sont bien développés, et terminés chacun par cinq doigts un peu aplatis latéralement, et revêtus en dessous d'une bande de scutelles lisses. Aux pattes antérieures, comme aux pattes postérieures, le troisième doigt et le quatrième sont égaux et les plus longs; après eux vient le second, puis le cinquième, enfin le premier, qui est le plus court des cinq. La queue, dont l'étendue est peu considérable, est légèrement comprimée d'un bout à l'autre. Le cou est bien distinct de la tête, celle-ci étant plus large et plus élevée que lui; mais il se confond avec le tronc, qui a peut-être un peu plus de hauteur que de largeur, et dont la face inférieure est tout à fait plane. La peau des côtés du cou, qui est finement granuleuse, offre des petits plis confluents. Sur le dos, entre les épines osseuses qui le hérissent, il n'y a d'autres écailles que des granules très-fins; il en existe aussi sur les flancs, où sont éparses des écailles en losanges fortement carénées. Les membres, la gorge, le dessous du cou, la poitrine et le ventre, ont pour écaillure des pièces rhomboïdales, en losanges, imbriquées, et presque toutes carénées. Les écailles caudales sont quadrilatères oblongues. Il n'existe ni pores fémoraux, ni repli de la peau le long de la région inférieure des flancs.

En résumant les caractères propres au genre Tribolonote, on verra que c'est avec raison que nous avons séparé d'avec les Zonures, où elle avait été placée par M. Schlegel, la seule espèce qu'on puisse encore y rapporter aujourd'hui : ainsi, l'existence d'épines osseuses sur le cou et le dos, l'absence de pores fémoraux, et la squamosité de la langue, sont trois différences qui éloignent les Tribolonotes des Zonures, dont le dos est couvert d'écailles, dont les cuisses sont percées de pores, et dont les papilles linguales sont filiformes.

1. LE TRIBOLONOTE DE LA NOUVELLE-GUINÉE.
Tribolonotus Novæ-Guineæ. Nobis.
(*Voyez* Pl. 56, 1. a. b.)

CARACTÈRES. Bord postérieur du crâne et haut de la tempe, armés de pointes. Paupière inférieure squameuse. Pas de pli sous-collaire. Huit bandes longitudinales d'écailles ventrales en losanges, carénées, imbriquées.

SYNONYMIE. *Zonurus Novæ-Guineæ.* Schlegel, Monographie van het Geslacht Zonurus (dissert. part.), pag. 19, tab. 7, fig. 2.

DESCRIPTION.

FORMES. La tête fait le tiers de la longueur du corps, mesuré depuis le bout du museau jusqu'à l'origine de la queue ; elle ressemble à une pyramide à quatre faces ; mais l'une de ces quatre faces, l'inférieure, est plus étroite que les latérales, qui elles-mêmes sont moins larges que la supérieure, c'est-à-dire que le bouclier sus-crânien, dont le bord postérieur est armé de quatre pointes triangulaires, comprimées. Une autre pointe, semblable à celle-ci, est fixée au-dessus de chaque oreille. On ne distingue d'autres plaques sur la surface de la tête que les quatre palpébrales, qui sont, la première et la dernière triangulaires, et les deux médianes quadrilatères, plus larges que longues ; toutes quatre offrent des stries longitudinales. Le chanfrein est creusé de cinq ou six sillons parallèles à l'axe de la tête ; d'autres petits sillons, affectant une disposition vermiculaire, se laissent apercevoir sur le vertex, au centre duquel s'élèvent deux petites éminences, ou plutôt deux petites carènes. La plaque rostrale est une bande transversale fort étroite ; la naso-rostrale, dont la hauteur est le double de la largeur, a un bord supérieur arrondi, deux latéraux et un inférieur rectilignes ; cette plaque est située tout à fait sur le côté du bout du museau, ayant en arrière la fréno-oculaire et la première labiale, et en avant la rostrale, avec laquelle elle s'articule par sa portion la plus inférieure. Les labiales supérieures, au nombre de trois de chaque côté, sont très-développées ; la première est rectangulaire, les deux suivantes sont sub-trapézoïdes. La mentonnière offre à peu près la même forme que la rostrale : à sa droite et à sa gauche sont quatre labiales inférieures pentagones, aussi longues, mais moins hautes que les supérieures. Immédiatement derrière la mentonnière, est une très-grande plaque sous-maxillaire, arrondie en avant, droite de chaque côté, et formant un angle sub-aigu en arrière, où elle s'articule avec une paire d'autres plaques, non moins grandes, mais rhomboïdales, de même que deux autres un peu plus petites, qui viennent après celles-ci. Les paupières sont revêtues de petites écailles polygones, plates, juxta-posées. On peut compter une dixaine de grandes squames rhomboïdales, carénées et imbriquées sur chaque région temporale.

Placées le long du cou, les pattes de devant s'étendent jusqu'au bord antérieur de l'orbite ; mises le long des flancs, celles de derrière ne peuvent atteindre à l'aisselle. La queue entre pour un peu plus de la moitié dans la longueur totale de l'animal. Les épines osseuses qui hérissent le dessus du corps forment quatre séries longitudinales, et environ vingt-trois rangées transversales, deux sur la région cervicale, neuf sur la dorsale, et toutes les autres sur la queue. Celles de ces épines qui appartiennent aux deux séries latérales sont hautes, triangulaires, recourbées en arrière ; tandis que celles des médianes, au moins les dorsales, sont plus basses et ressemblent plutôt à de très-fortes carènes tranchantes. Entre ces épines, excepté cependant sur la queue, où il existe des écailles quadrilatères, surmontées de carènes, la peau paraît parfaitement nue : tous les petits granules qui la garnissent sont peu distincts, mais on en voit bien manifestement sur les parties latérales du cou, ainsi que sur les flancs, qui sont semés d'écailles rhomboïdales, carénées, redressées en manière de tubercules. La face supérieure des pattes de derrière offre des épines beaucoup moins fortes, il est vrai, mais de même nature et de même forme que celles du dos. En dessous, ces mêmes pattes de derrière sont revêtues de grandes écailles en losanges, carénées et imbriquées, comme il en existe, au reste, non-seulement sur les membres antérieurs, mais sous la gorge, sous le cou, sur la poitrine et sur le ventre. Celles qui garnissent cette dernière région, où elles constituent huit bandes longitudinales, sont légèrement élargies; celles de la gorge affectent une forme ovale. La région préanale est couverte par une paire de très-grandes plaques lisses, sub-trapézoïdales.

COLORATION. Une couleur brune règne sur toutes les parties supérieures, tandis que les inférieures offrent une teinte blanchâtre lavée de bistre.

DIMENSIONS. *Longueur totale*, 19" 8'". *Tête*. Long. 2" 8'". *Cou*. Long. 1" 5'". *Tronc*. Long. 5" 6'". *Memb. antér*. Long. 3". *Memb. postér*. Long. 4". *Queue*. Long. 10".

PATRIE. Cette espèce est originaire de la Nouvelle-Guinée. Nous n'en possédons qu'un exemplaire, qui nous a été donné par le musée de Leyde.

IIIᵉ GENRE. GERRHOSAURE. — *GERRHO-SAURUS* (1). Wiegmann.

(*Pleurotuchus* (2), Smith; *Cicigna*, Gray.)

CARACTÈRES. Langue en fer de flèche, libre dans sa moitié antérieure, faiblement échancrée à sa pointe, couverte de papilles squamiformes imbriquées. Des dents au palais. Dents intermaxillaires coniques, simples. Dents maxillaires un peu comprimées, sub-

---

(1) Γερρον, *scutum*, bouclier; σαυρος, lézard.

(2) Πλευρα, côté; et de τυχος, rape.

bidentées au sommet. Narines latérales , percées chacune entre trois plaques , la naso-rostrale , la première
labiale et la naso-frénale. Des paupières. Membrane
du tympan tendue à l'entrée du trou de l'oreille, dont
le bord antérieur porte une squame operculaire.
Plaques sus-crâniennes grandes , bien distinctes des
écailles de la nuque. Tempes scutellées. Dos revêtu
d'écailles et non d'épines osseuses. Quatre pattes terminées chacune par cinq doigts inégaux, onguiculés,
légèrement comprimés, lisses en dessous. Des pores
fémoraux. Un sillon ou repli de la peau tout le long
de chaque côté du corps.

Les Gerrhosaures ont une grande ressemblance avec les
Scinques, par la brièveté de leurs pattes et par la forme allongée et cyclotétragone de leur corps, continuée en arrière
par une queue conique fort étendue, et terminée en avant par
une tête pyramidale, quadrangulaire, que sépare du tronc un
cou assez long, mais de même forme et un peu moins gros
que ce dernier. Toutefois leurs écailles verticillées, leurs
sillons latéraux, et leurs pores aux cuisses, ne permettent
pas qu'on les considère un seul instant comme appartenant
à la famille des Scincoïdiens.

La langue des Gerrhosaures est plate, mince, peu extensible, assez large et fourchue en arrière, rétrécie et légèrement incisée en avant, garnie en dessus, quelquefois
vers sa pointe seulement, d'autrefois, dans les trois quarts
de son étendue, de papilles aplaties, rhomboïdales, lisses,
imbriquées, ayant en un mot l'apparence d'écailles. La portion de la surface de la langue où il n'existe pas de ces papilles
squamiformes, offre des plis en chevrons à peu près comme
chez les Tachydromes. Il y a un rang de petites dents coniques de chaque côté de l'échancrure du palais. Les dents
inter-maxillaires aussi sont coniques, ainsi que les maxillaires
antérieures ; mais les postérieures sont peut-être un peu

REPTILES , V.   24 comprimées, et divisées à leur sommet en deux petites pointes mousses, inégales pour la grosseur et la hauteur.

Le *canthus rostralis* est arrondi. La paupière inférieure est beaucoup plus grande que la supérieure, mais toutes deux sont revêtues de petites squames; la fente qu'elles présentent dans l'occlusion est longitudinale. L'ouverture de l'oreille, à l'entrée de laquelle se trouve la membrane du tympan, est triangulaire; son bord antérieur porte une plaque allongée, à bord libre, plus ou moins aiguë, laquelle paraît être destinée à clore l'oreille, concurremment avec une espèce de bourrelet que forme la peau, du côté opposé.

Les plaques céphaliques supérieures sont, chez certaines espèces, une rostrale, deux naso-rostrales, petites; une inter-naso-rostrale, grande; une frontale, deux pariétales, et quatre palpébrales, dont l'ensemble donne la figure d'un ovale étroit, allongé, pointu aux deux bouts; chez d'autres, il existe en plus deux fronto-inter-naso-rostrales, deux fronto-pariétales et une inter-pariétale. Aucun Gerrhosaure n'offre de plaque occipitale.

Les ouvertures externes des narines sont situées, à droite et à gauche de l'extrémité du museau, tout à fait au sommet de la région frénale; elles se trouvent circonscrites chacune par la plaque rostrale, une naso-rostrale, la première labiale est une naso-frénale, auxquelles se joint quelquefois la rostrale; il y a toujours une post-naso-rostrale, qui est suivie d'une fréno-oculaire. La moitié inférieure du cercle orbitaire est garnie d'une douzaine de très-petites plaques quadrilatères. La lèvre supérieure offre, de chaque côté, six ou sept plaques, dont la dernière touche ordinairement au bas de la plaque operculaire de l'oreille. On n'observe que trois paires de plaques labiales inférieures; celles de la première paire sont rectangulaires, et celles des deux autres sub-rhomboïdales, allongées et fort étroites. Il n'existe pas de plaque sous-oculaire; la quatrième ou la cinquième labiale supérieure, bien qu'à peine un peu plus élevée que les autres, ne laisse, entre elle et le bord orbitaire, qu'un espace fort étroit, celui occupé par une portion de ce demi-cercle de très-petites plaques dont nous avons parlé tout à l'heure. La mentonnière est simple et médiocrement développée. Les branches sous-maxillaires n'offrent jamais plus de deux paires de plaques toutes soudées ensemble ; quelquefois celles de la seconde paire, dont la forme est sub-triangulaire oblongue, assez aiguë en arrière, sont séparées par une ou deux squames ; celles de la première paire ont une forme trapézoïde et un développement moindre. Les tempes sont couvertes de grandes plaques polygones, inégales entre elles. La peau ne fait ni plis arqués au devant des épaules, ni plis transversaux ou anguleux sous le cou. On n'observe pas non plus la moindre trace de sillon gulaire ou sous-maxillaire. Le mode d'écaillure de la gorge, de la région collaire inférieure, de la poitrine et du ventre, est exactement le même que chez les Scincoïdiens. Ainsi que nous l'avons déjà dit, les membres des Gerrhosaures sont peu développés en longueur, mais ils sont forts et presqu'arrondis ; les cinq doigts qui les terminent sont légèrement comprimés et armés d'ongles courts, également aplatis latéralement, et un peu arqués. Aux pattes de devant c'est le premier doigt qui est le plus court, après lui le cinquième, vient ensuite le second, puis le quatrième, qui a presque la même longueur que le troisième, le plus étendu des cinq. Les quatre premiers doigts postérieurs sont régulièrement étagés ; le dernier, par son extrémité antérieure, se trouve de niveau avec le second.

La peau forme de chaque côté du corps un repli très-prononcé qui s'étend depuis l'angle de la bouche jusqu'au coin de l'orifice du cloaque, en passant sous le bras et sous la cuisse, repli dont le bord libre est dirigé en haut, et dont la face interne est tapissée d'un très-grand nombre de granules extrêmement fins. Par suite de l'existence de cette suture ou de ce sillon latéral, les Gerrhosaures ont l'air d'être enfermés dans une sorte de cuirasse écailleuse, divisée en deux portions, l'une supérieure, l'autre inférieure, compo-

24.

sées toutes deux de bandes transversales de pièces généralement peu imbriquées, ayant quatre ou cinq pans,
et la surface, soit lisse, soit carénée, soit striée, ou bien
tout à la fois carénée et striée. Pourtant les cinq espèces
de Gerrhosaures connues offrent toutes absolument la
même écaillure sur la région inférieure du corps, depuis
les plaques sous-maxillaires jusqu'au bord du cloaque. La
gorge et le dessous du cou sont revêtus de sept bandes longitudinales, de grandes écailles hexagones, élargies, lisses,
imbriquées ; la poitrine est protégée par une vingtaine d'autres écailles hexagones, lisses, entuilées, mais un peu plus
grandes, et disposées peu régulièrement. Le ventre offre
huit ou dix séries longitudinales de lamelles ; aux deux séries
marginales, elles sont quadrilatères ou sub-pentagones, et
aussi larges que longues : aux six ou huit autres, elles ressemblent à celles de la gorge et du dessous du cou, si ce
n'est que leur surface se trouve longitudinalement parcourue
par deux carènes parallèles, un peu écartées, ordinairement
si faibles qu'on a besoin du secours de la loupe pour les
apercevoir. Enfin la région préanale montre trois squames
triangulaires, sub-équilatérales, très-grandes, placées deux
à côté l'une de l'autre, ayant un de leurs angles tourné vers
le ventre ; et la troisième en recouvrement sur celle-ci, ayant
au contraire un de ses angles dirigé en arrière. Autour de la
queue se trouve à peu près la même écaillure qu'autour du
tronc. La face supérieure des pattes antérieures, le dessus et le
devant des cuisses, ainsi que le dessous des jambes, sont revêtus de grandes écailles hexagones, imbriquées, élargies, lisses,
striées ou carénées. En dessus, les jambes offrent des écailles
en losanges, entuilées, striées ou carénées, moins grandes
que celles des mollets ; il en existe de beaucoup plus petites
sur les régions postérieures des cuisses, sous lesquelles on
remarque une série de pores tubuleux. Les scutelles digitales
supérieures et inférieures, ne présentent ni stries ni carènes.
Il y a une squame aplatie, en forme d'ergot ou d'éperon de
chaque côté du cloaque.

Merrem, tout en rangeant parmi les Scinques une espèce

le *Scincus sepiformis* de Schneider) appartenant bien évidemment au groupe qui nous occupe en ce moment, l'avait néanmoins placée dans une division à part, distinguée par la présence de pores sous les cuisses. C'était, pour ainsi dire, une prévision de ce qui s'est réalisé plus tard, ou, si l'on veut, un premier pas fait vers l'établissement du genre Gerrhosaure; car l'auteur du *Tentamen systematis amphibiorum* avait dit à propos du *Scincus sepiformis* : *forsan generis diversi.* Cette question, laissée pendante par Merrem, en 1820, fut, cinq ans après, résolue d'une manière affirmative par M. Gray qui fit du *Scincus sepiformis* le type d'un genre appelé *Cicigna*, auquel il assigna les caractères suivants dans le tome X des Annales de philosophie : *Corps fusiforme avec une ligne latérale distincte; tête écussonnée; quatre pieds ayant chacun cinq doigts inégaux; des pores fémoraux.*

On est naturellement frappé de deux choses après avoir lu cette diagnose : la première, c'est que les termes qui la composent expriment moins des particularités propres au genre du présent article, que des caractères qui se retrouvent dans la plupart des groupes génériques voisins des Gerrhosaures; la seconde, c'est le choix peu heureux du nom appliqué, par M. Gray, à son genre nouveau; car le mot *Cicigna*, outre qu'il ne signifie rien en lui-même, était déjà connu dans la science par l'emploi qu'en avait fait Cetti pour désigner un Saurien du midi de l'Europe, bien différent des Gerrhosaures, c'est-à-dire le Seps tridactyle de Daudin. D'après cela, nous ne croyons pas devoir considérer M. Gray comme le fondateur réel du genre dont il est ici question; mais nous regardons comme tel M. Wiegmann, par qui en furent publiés, dans le tome XXI de l'Isis (1828), les véritables caractères distinctifs; caractères établis sur la présence de dents palatines, sur la forme de celles des mâchoires, sur la situation des narines, etc., etc., et de qui il reçut le nom de Gerrhosaure, généralement adopté aujourd'hui par les erpétologistes.

En 1836, le docteur Smith, qui n'avait pas eu connais-

sance du mémoire de M. Wiegmann, concernant l'établissement du genre Gerrhosaure, le créa, pour ainsi parler,
de son côté, sous le nom de *Pleurotuchus*, voulant indiquer par-là une des particularités de son organisation, ces
sutures qui s'étendent de chaque côté le long de la partie
inférieure du cou et du tronc.

Il a été décrit ou mentionné, tant par M. Gray que par
M. Wiegmann, le docteur Smith et M. Cocteau, neuf espèces différentes de Gerrhosaures, parmi lesquelles nous
n'en reconnaissons exister réellement que cinq : ce sont
celles qui se trouvent indiquées dans le tableau synoptique
suivant :

TABLEAU SYNOPTIQUE DES ESPÈCES DU GENRE GERRHOSAURE.

Plaque fronto-pariétales

distinctes :
- des fronto-inter-naso-rostrales : lamelles ventrales en
  - huit séries. 3. G. GORGE-JAUNE.
  - dix séries. 4. G. TYPE.
- pas de fronto-inter-naso-rostrales. . . . . . 5. G. SÉPIFORME.

nulles :
- une inter-pariétale très-petite. . . . . 2. G. RAYÉ.
- pas d'inter-pariétale. . . . . 1. G. DEUX-BANDES.

I. GERRHOSAURE DEUX-BANDES. *Gerrhosaurus bifasciatus.* Nobis.

(*Voyez* Planche 47.)

CARACTÈRES. Des plaques fronto-inter-naso-rostrales. Pas de fronto-pariétales, ni d'inter-pariétale. Lobe auriculaire allongé, fort étroit. Deux petites plaques entre les sous-maxillaires de la seconde paire. Écailles dorsales finement striées, avec une très-petite carène au milieu. Vingt-quatre séries longitudinales d'écailles, du bas d'un flanc à l'autre. Dos olivâtre portant à gauche et à droite une bande blanchâtre, bordée de noir des deux côtés.

SYNONYMIE. *Cicigna Madagascariensis.* Gray. Synops. Rept. in Griffith's anim. kingd. Cuv. tom. 9, pag. 64. Exclus. synonym. var. *ornata* (*Gerrh. lineatus.*)

DESCRIPTION.

FORMES. Ce Gerrhosaure est bien moins svelte que ses quatre congénères; il est même, pour ainsi dire, aussi trapu, aussi ramassé que certaines espèces de Scinques; il a le corps fusiforme, la queue fort grosse, cyclotétragone, un peu déprimée à son origine, mais conique dans le reste de son étendue; elle fait les cinq huitièmes de la longueur totale de l'animal. Placées le long du cou, les pattes de devant s'étendent jusqu'au bord antérieur de l'œil; celles de derrière, mises le long des flancs, atteignent aux aisselles. Les dents palatines sont au nombre de sept ou huit de chaque côté. La langue n'offre de plis traversaux que sur ses deux pointes postérieures; le reste de sa surface est couvert de papilles aplaties, rhomboïdales, imbriquées d'arrière en avant. La plaque rostrale, assez grande et hexagone, concourt à former le bord de l'une et de l'autre ouverture nasale, s'articule de chaque côté avec la première labiale et la naso-rostrale, et en haut avec l'inter-naso-rostrale. Cette dernière plaque est très-développée, elle représente un losange ayant ses quatre angles tronqués à leur sommet. Elle est en rapport, en avant avec la rostrale et les naso-rostrales; à droite et à gauche avec les naso-frénales et les post-naso-frénales; en arrière avec la frontale et les fronto-inter-naso-rostrales. Celles-ci, malgré leurs six côtés, offrent une forme rhomboïdale ; elles sont de moyenne grandeur, et tiennent, l'une à droite, l'autre à gauche, à la post-naso-frénale, à l'inter-naso-rostrale, à la frontale, à la première palpébrale et à la fréno-oculaire. La frontale, grande, oblongue, un peu rétrécie en arrière, est soudée en avant à l'inter-naso-rostrale ; de chaque côté, à la fronto-inter-naso-rostrale, aux deux palpébrales médianes ; et en arrière, aux deux pariétales, car il n'y a pas de fronto-pariétales. Il n'existe pas non plus d'inter-pariétale. Les plaques pariétales sont fort grandes, puisqu'elles couvrent à elles deux toute la surface postérieure du crâne : elles offrent chacune cinq côtés formant deux grands angles droits en arrière ; un grand angle très-ouvert dont le sommet touche presque à l'extrémité postérieure du sourcil, un autre angle ouvert, mais petit, dont le sommet se trouve sur la ligne moyenne du crâne derrière la frontale, enfin un angle aigu enclavé entre la frontale, la troisième et la quatrième palpébrale. La première et la dernière palpébrale sont petites et triangulaires ; les deux médianes, de la moitié plus grandes, sont trapézoïdes. La surface de toutes ces plaques céphaliques est parfaitement unie. La naso-rostrale est petite, triangulaire ; la naso-frénale un peu moins petite, pentagone ou carrée ; la post-naso-frénale de même forme, mais un peu plus développée. Les quatre premières labiales supérieures sont à peu près carrées ; la cinquième, une fois plus longue que haute, serait rectangulaire, si elle n'offrait deux petits côtés en avant ; la sixième est pentagone et la septième en triangle isocèle : ces deux dernières semblent faire partie de l'écaillure temporale, qui se compose d'une grande plaque oblongue, subtriangulaire, occupant la région supérieure, et de trois autres, un peu moins développées, quadrilatères ou pentagones inéquilatérales, lesquelles se trouvent placées, l'une derrière l'autre, un peu en demi-cercle, au-dessous de la première plaque temporale ou plutôt entre elle et les deux dernières labiales. L'ouverture de l'oreille est triangulaire, ses bords inférieur et postérieur sont granuleux ; tandis que l'antérieur porte une petite lame operculaire allongée, étroite. Le dessus et les côtés du cou offrent ensemble quatorze séries longitudinales d'écailles ; aux deux séries médianes, elles sont hexagones, dilatées transversalement ; aux deux séries externes de chaque côté, elles sont en losanges ; et aux huit autres, carrées. Sur le dos et les flancs on compte vingt-quatre séries longitudinales d'écailles, qui, sous le rapport de la forme, ne diffèrent de celles du cou, qu'en ce que celles des deux séries médianes sont pentagones, au lieu d'être hexagones. Toutes ces écailles du cou, du dos et des flancs sont marquées de petites stries longitudinales: les seules écailles dorsales des huit ou dix séries médianes, ont leur ligne moyenne relevée d'une très-faible carène. A partir de la nuque jusqu'à l'origine de la queue, il y a cinquante-deux bandes transversales d'écailles, et le même nombre à peu près en dessous, depuis les plaques sous-maxillaires jusqu'à celles de la région préanale. Sur le dessus et les côtés de la queue, à son origine, les écailles sont carrées et finement striées; puis, à mesure qu'elles s'éloignent du tronc, elles deviennent de plus en plus oblongues, et laissent apercevoir une petite carène médio-longitudinale; en dessous, c'est à peu près la répétition de ce qu'on observe en dessus, moins les stries; pourtant on remarque aussi que les écailles des huit ou dix premières rangées transversales sont pentagones ou hexagones, très-dilatées en travers et parfaitement lisses. On compte, sous chaque cuisse, une vingtaine de pores tubuleux, très-serrés les uns contre les autre. Les ongles sont légèrement arqués, comprimés et très-pointus.

Coloration. Le fond de la couleur des parties supérieures est une teinte olivâtre; une raie médio-longitudinale noire, plus ou moins prononcée, s'étend depuis la nuque jusque vers la moitié du dos, qui parfois est irrégulièrement tacheté de noir. Une bande blanchâtre, bordée de noir, de chaque côté, prend naissance sur la région surciliaire, longe le bouclier sus-crânien, le haut du cou et le côté du dos, dans les deux premiers tiers de sa longueur seulement. Les flancs sont lavés de brun et semés de gouttelettes blanchâtres. Des petites taches noires sont répandues sur les membres qui, chez certains individus, offrent aussi des taches blanchâtres, mais en moindre nombre. Toutes les régions inférieures sont blanches.

Dimensions. *Longueur totale*, 30" 3"'. *Tête*. Long. 2" 5"'. *Cou*. Long. 2". *Tronc*. Long. 7" 8". *Membr. antér.* Long. 3" 2"'. *Membr. postér.* Long. 6". *Queue*. Long. 18".

Patrie. Le Gerrhosaure à deux bandes est originaire de Madagascar.

Observations. Cette espèce est celle que M. Gray a indiquée sous le nom de *Cicigna Madagascariensis*, dans son *Synopsis Reptilium* publié à la fin du 9ᵉ volume de la traduction anglaise du Règne animal de Cuvier, par Pidgeon et Griffith.

2. LE GERRHOSAURE RAYÉ. *Gerrhosaurus lineatus.* Cocteau.

CARACTÈRES. Des plaques fronto-inter-naso-rostrales. Pas de fronto-pariétales; une très-petite inter-pariétale. Lobe auriculaire allongé, étroit. Une petite plaque entre les sous-maxillaires de la seconde paire. Ecailles dorsales fortement striées et carénées. Vingt-quatre séries longitudinales d'écailles, du bas d'un flanc à l'autre. Dos marqué de six raies noires, alternant avec cinq raies jaunes.

SYNONYMIE. *Cicigna Madagascariensis*, var. B. *ornata.* Gray, Synops. Rept. in Griffith's anim. kingd. Cuv. tom. 9, pag. 64.

Gerrhosaurus lineatus. Cocteau, Magaz. zoolog. Guer. class. III, Pl. 5 et 6, fig. 2.

DESCRIPTION.

FORMES. Le Gerrhosaure rayé est proportionnellement plus étroit, plus allongé que le Gerrhosaure à deux bandes. Il s'en distingue particulièrement : 1° par la présence d'une très-petite inter-pariétale; 2° par le poli de ses écailles des côtés du cou et des flancs; 3° par la forme rectangulaire et non carrée de celles qui garnissent les côtés du dos, ou de plus les écailles médianes comme les latérales, au lieu d'offrir huit à dix stries et une très-faible carène, en présentent seulement quelques-unes, et une carène fortement prononcée; 4° par un nombre moindre dans ses pores fémoraux, c'est-à-dire de dix à douze, lesquels, d'ailleurs, ne sont pas serrés les uns contre les autres, comme chez le Gerrhosaure à deux bandes; 5° enfin par son mode de coloration.

COLORATION. Onze raies, six noires et cinq jaunes, parcourent longitudinalement la région cervicale et la dorsale, et vont se perdre sur la queue; c'est une des raies jaunes qui occupent la ligne moyenne du dos et du cou et de la queue, sur laquelle se réunissent en une seule les deux raies noires qui plus haut bordent la raie jaune. Les deux autres raies noires, les plus voisines de celles-ci, s'avancent sur les pariétales, qui sont d'un fauve roussâtre, ainsi que toutes les autres plaques sus-crâniennes. La frontale porte un point noir à chacune de ses extrémités. Quelques taches noires se montrent sur les palpébrales. Le mode de coloration des flancs se compose d'un mélange de taches quadrilatères blanches, grisâtres, jaunâtres et brunâtres. En dessus, les pattes de derrière sont semées de gouttelettes blanches sur un fond brun ou noir. Le devant des pattes antérieures est blanchâtre, et le dessus tacheté de noir et de grisâtre Le haut de la tempe est marqué d'une raie noire, et sa région inférieure d'une ou deux taches de la même couleur. Toutes les parties inférieures sont blanches.

DIMENSIONS. *Longueur totale*, 28" 1'''. *Tête*. Long. 2" 2'''. *Cou*. Long. 2". *Tronc*. Long. 6" 3'''. *Memb. antér*. Long. 2" 9'''. *Memb. postér*. Long. 5". *Queue*. Long. 17" 6'''.

PATRIE. Cette espèce habite l'île de Madagascar, d'où notre Muséum national en a reçu un très-bel exemplaire par les soins de M. Goudot. Nous en avons observé quatre autres dans la collection de la Société zoologique de Londres.

Observations. Le Gerrhosaure rayé a été fort bien décrit par Cocteau, dans le Magasin de zoologie de Guérin, où l'on en trouve aussi une figure passable. Nous avons tout lieu de croire que c'est cette espèce qui a été indiquée par M. Gray, comme une simple variété de sa *Cicigna Madagascariensis*, ou notre Gerrhosaure à deux bandes.

3. LE GERRHOSAURE GORGE-JAUNE. *Gerrhosaurus flavigularis*. Wiegmann.

CARACTÈRES. Des fronto-inter-naso-rostrales; des fronto-pariétales; une inter-pariétale. Lobe auriculaire grand. Plaques sous-maxillaires de la seconde paire, non séparées par une ou deux petites plaques. Ecailles du dos et des flancs formant ensemble vingt-trois séries longitudinales; celles du premier offrant quelques stries et une petite carène; celles du second, lisses ou striées. Huit bandes longitudinales de lamelles ventrales; onze à treize pores fémoraux. En dessus, d'un brun marron avec des ocelles ou sans ocelles noirs, pupillés de blanc. Toujours une raie jaune ou blanche, lisérée de noir de chaque côté du dos.

SYNONYMIE. *Gerrhosaurus flavigularis*, Wiegm. et Isis (1828), tom. 21, pag. 379. Exclus. synon. *Scincus sepiformis*, Merr. (*G. sepiformis*.)

Gerrhosaurus flavigularis, Wagl. Syst. amph. pag. 158. Exclus. synon. *Scincus scpiformis*, Schneid. et Merr. (*Gerrhosaurus sepiformis*).

Gerrhosaurus flavigularis ,²id. Icon. et Descript. tab. 34, fig. 1.

Cicigna sepiformis. Gray, Synops, Rept. in Griffith's anim. kingd. Cuv. tom. 9, pag. 63. Exclus. synon. *Scincus sepiformis*, Merr. (*Gerrhosaurus sepiformis*).

Pleurotuchus chrysobronchus. Smith, Magaz. of zool. and botany, by Jardine, n° 2 (1836), pag. 144.

Pleurotuchus Dejardinii. Id. loc. cit. pag. 143.

Gerrhosaurus ocellatus. Coct. Magaz. zool. Guer. cl. III, Pl. 4 et Pl. 6, fig. 1.

DESCRIPTION,

FORMES. Cette espèce a quelque chose de serpentiforme dans sa physionomie, tant son corps est tiré en longueur ; la queue en fait à elle seule les deux tiers de l'étendue totale. Les pattes de devant ne vont que jusqu'aux yeux , lorsqu'on les couche sur les côtés du cou ; celles de derrière sont plus ou moins développées, suivant les individus ; c'est-à-dire qu'elles peuvent être d'un tiers ou de moitié moins longues que les flancs. Parmi les plaques sus-crâniennes, on observe de plus que chez le Gerrhosaure à deux bandes, deux fronto-inter-naso-rostrales, deux fronto-pariétales et une inter-pariétale. La rostrale ne concourt pas à former le bord de la narine , elle est triangulaire ; de chaque côté , elle touche à la naso-rostrale et à la première labiale , sous laquelle elle s'avance beaucoup. Les naso-rostrales sont triangulaires, celle du côté gauche s'articule avec sa congénère du côté droit. Immédiatement derrière les naso-rostrales , est l'inter-naso-rostrale , dont la forme est en losange avec ses angles latéraux tronqués ; tantôt elle touche à la frontale, tantôt elle en est séparée par les fronto-inter-naso-rostrales ; dans le premier cas , celles-ci sont rhomboïdales , dans le second pentagones inéqui-latérales. La frontale est hexagone oblongue, à peine un peu moins large en arrière qu'en avant. Les fronto-pariétales ont cinq côtés. de même que les pariétales ; mais ces dernières sont un peu plus développées et affectent une forme triangulaire. L'inter-pariétale ressemble à un losange. Les palpébrales ne diffèrent pas de celles des espèces précédentes. La narine est circulaire et circonscrite par la naso-rostrale, la naso-frénale et la première labiale. La naso-frénale est quadrilatère , plus haute que large ; la post-naso-frénale est carrée ou pentagone, et la fréno-oculaire a une forme à peu près semblable. La première labiale supérieure est triangulaire oblongue, et sa pointe seule se trouve sous l'ouverture nasale. La seconde labiale supérieure est rectangulaire; la troisième rectangulaire oblongue, coupée obliquement en arrière; la quatrième, la cinquième et la sixième ou dernière, ressemblent à celles des espèces précédemment décrites. Une grande plaque, ou deux d'un développement moindre, occupent le haut de la tempe, sur laquelle il en existe quatre ou cinq autres disposées en deux rangs longitudinaux. Toutes ces plaques temporales sont polygones, inéquilatérales. Le petit lobe squameux attaché le long du bord auriculaire antérieur est légèrement arqué en arrière. Les écailles cervicales sont transverso-rectangulaires et striées; celles des côtés du cou et des flancs sont carrées et lisses, à moins que les sujets ne soient jeunes. Sur le dos il y a des séries d'écailles quadrilatères, rétrécies en arrière, alternant avec des séries d'écailles quadrilatères rétrécies en avant. Le nombre de ces séries d'écailles dorsales, qui portent une ou deux stries de chaque côté d'une carène peu élevée, est de treize. Il y a douze bandes longitudinales d'écailles le long de chaque flanc. On compte soixante à soixante-quatre rangées d'écailles en travers de la face supérieure du corps, depuis le bouclier suscrânien jusqu'à la racine de la queue. Celle-ci, lorsqu'elle est intacte, est entourée de cent dix à cent douze verticilles d'écailles, qui en dessus sont semblables à celles du dos; en dessous elles sont quadrilatères, élargies pour les premiers verticilles, rhomboïdales pour les suivants, et triangulaires pour les postérieurs. Les lamelles ventrales forment huit bandes longitudinales. Chaque cuisse est percée de onze à treize pores.

COLORATION. *Variété*. A. Partout en dessus est répandu une teinte olive ou marron; il règne de chaque côté de la partie supérieure du corps, depuis le sourcil jusque sur le premier ou le second tiers de la région latérale de la queue, une raie jaune bordée de noir à droite et à gauche. Les lèvres, la gorge, le dessous du cou, et le petit lobe auriculaire, offrent une belle couleur jaune. La face interne des pattes, le ventre et le dessous de la queue sont d'un blanc glacé de bleu.

Le séjour dans l'alcool change en raies blanches les raies jaunes des côtés du dos, de même qu'il enlève à la gorge sa couleur de soufre, et au ventre son glacé bleu.

Variété..B. Cette variété se distingue de la précédente en ce que ses flancs sont bruns, nuagés de gris, ou rayés verticalement de noir ou de grisâtre, et qu'elle offre tout le long de la ligne médiane du cou et du dos une double série de petites taches blanches, quadrilatères, étroites, bordées de noir de chaque côté.

Variété B. (*Gerrhosaurus ocellatus*, Cocteau ; *Pleurotuchus Dejardinii*, Smith). Le mode de coloration de cette troisième variété rappelle tout à fait celui du Scinque ocellé ; c'est pour cette raison que Cocteau, qui doutait de son identité spécifique avec le *Gerrhosaurus flavigularis*, avait proposé de lui appliquer l'épithète d'*ocellatus*. Ici le cou, le dos et le commencement de la queue qui, de même que chez les deux variétés précédentes, portent de chaque côté une raie jaune ou blanche, liserée de noir, sont tout semés de ces petites taches blanches, placées entre deux taches noires, dont on n'observe que deux séries chez la variété B. Les flancs ainsi que les parties latérales du cou et de la queue, sont marqués de nombreuses bandes ou raies verticales noires, bordées de blanc en arrière. Les lèvres offrent chacune une suite de taches blanches alternant avec des taches noires. Trois raies noires séparées par deux raies blanches, occupent la tempe dans le sens de sa hauteur. Le dessus des pattes, et particulièrement celui des postérieures, offre un semi de gouttelettes blanches cerclées de noir.

DIMENSIONS. *Longueur totale*. 40". *Tête*. Long. 2" 1'". *Cou*. Long. 1" 9'". *Tronc*. Long. 10". *Membr. antér.* Long. 2" 6'". *Membr. postér.* Long. 4" 9'". *Queue*. Long. 26".

PATRIE. C'est dans la partie méridionale de l'Afrique que se trouve le Gerrhosaure à gorge jaune. Delalande et MM. Quoy et Gaimard nous en ont rapporté plusieurs individus du cap de Bonne-Espérance. Cette espèce, suivant M. Smith, fréquente les localités boisées et humides.

Observations. C'est à tort que Wagler et quelques autres erpétologistes ont rapporté au *Gerrhosaurus flavigularis*, le *Scincus sepiformis* de Schneider, qui appartient au même genre, mais qui en est spécifiquement différent.

4. LE GERRHOSAURE TYPE. *Gerrhosaurus typicus.* Nobis.

CARACTÈRES. Des fronto-inter-naso-rostrales. Des fronto-pariétales. Une inter-pariétale. Lobe auriculaire fort grand. Plaques sous-maxillaires de la seconde paire, non séparées par une ou deux petites plaques. Écailles du dos et des flancs formant ensemble vingt-trois séries longitudinales; celles du premier portent quelques stries et une petite carène; celles des seconds sont lisses. Dix bandes longitudinales de lamelles ventrales. Seize à dix-huit pores fémoraux. Dos brunâtre portant de chaque côté une raie noire, et une blanche en dehors de celle-ci.

SYNONYMIE. *Pleurotuchus typicus.* Smith. Magaz. of zool. and botany, by Jardine, n. 2 (1836), pag. 143.

Ou-rukaima-aap des Hottentots, d'après Smith.

DESCRIPTION.

FORMES. Cette espèce a le corps plus court et les membres plus longs que la précédente. Couchée le long du cou la patte de devant s'étend jusqu'à la narine; celle de derrière, mise le long du flanc, arrive à l'aisselle. Les seules autres différences notables que présente le Gerrhosaure type, comparé au Gerrhosaure à gorge jaune, sont : un plus grand développement du lobe auriculaire, dix bandes longitudinales de lamelles ventrales au lieu de huit, seize à dix huit pores fémoraux au lieu de onze à treize, enfin un rétrécissement bien prononcé dans la partie antérieure de la région préanale qui, ici, offre une surface triangulaire, tandis qu'elle est rectangulaire chez le Gerrhosaure à gorge jaune.

COLORATION. Voici, d'après le Dr Smith, le mode de coloration que présente cette espèce, car les deux seuls individus que nous possédions sont complétement dépouillés d'épiderme. Le dessus et les côtés du corps sont bruns. Deux raies, l'une blanche et étroite, l'autre, en dedans de celle-ci, noire et élargie, commencent au-dessus de l'œil, parcourent le côté du cou et celui du dos pour aller se rejoindre avec leurs congénères du côté opposé, sur la ligne médiane de la queue, vers le premier quart de l'étendue de celle ci. Arrivées là, et quelquefois avant ce terme, les blanches s'arrêtent, mais les noires, ou plutôt le seul ruban qu'elles forment alors, par suite de leur réunion, continue en s'atténuant néan-

moins peu à peu. Les flancs offrent des taches carrées jaunâtres
sur un fond nuagé et bigarré de teintes plus foncées, tirant même
sur le noir. Le ventre est d'un blanc jaunâtre; la queue mélangée
de rouge-brunâtre, de brunâtre, et de blanc-jaunâtre.

DIMENSIONS. *Longueur totale.* 29" 6'''. *Tête.* Long. 2" 3'''. *Cou.*
Long. 1" 7'''. *Tronc.* Long. 6" 6'''. *Memb. antér.* Long. 3". *Memb.*
postér. Long. 5". *Queue.* Long. 19".

PATRIE. Cette espèce de Gerrhosaure habite aussi les parties
méridionales de l'Afrique. Le Dr Smith dit qu'on la rencontre
dans les plaines aréneuses du pays des petits Namaquois; elle est
surtout très-abondante vers l'embouchure de la rivière d'Orange.
Le Gerrhosaure type est extrêmement vif, lorsque, se trouvant
sur un terrain découvert, il reconnaît qu'il est aperçu, il s'élance
vers le buisson le plus proche, entre les racines duquel il cherche
un trou qui puisse lui servir de retraite; mais, si malheureusement ce refuge ne se présente pas, et qu'on continue à le poursuivre, il fait tous ses efforts pour se frayer un chemin sous le
sable, où il parvient même parfois à s'enfoncer de telle manière
qu'on le perd de vue.

Observations. Nous avons déjà dit que nous ne possédons que
deux exemplaires du Gerrhosaure type : ce sont deux des cinq
individus dont il est parlé dans la description du Gerrhosaure
ocellé, publiée par Cocteau dans le Magasin de zoologie de Guérin. Cocteau avait effectivement considéré, comme appartenant
à la même espèce, c'est-à-dire au Gerrhosaure ocellé, deux sujets
du Gerrhosaure type, et trois individus du Gerrhosaure à gorge
jaune, tous cinq faisant partie de la collection erpétologique de
notre Muséum national d'histoire naturelle.

5. LE GERRHOSAURE SÉPIFORME. *Gerrhosaurus sepiformis.*
Nobis.

CARACTÈRES. Pas de fronto-inter-naso-rostrales. Des fronto-pariétales. Une inter-pariétale. Lobe auriculaire assez grand. Plaques
sous-maxillaires de la seconde paire non séparées par une ou deux
petites plaques. Écailles du dos et des flancs grandes, égales,
rectangulaires ou sub-rhomboïdales, fortement striées, formant
ensemble treize bandes longitudinales. Huit séries longitudinales
de lamelles ventrales. Neuf à douze pores fémoraux. En dessus,

d'un brun jaunâtre avec une douzaine de lignes longitudinales brunes.

Synonymie. *Scincus sepiformis.* Schneid. Hist. amphib. fasc. ii, pag. 191.

Scincus sepiformis. Merr. Tent. syst. amph. pag. 70.

DESCRIPTION.

Formes. Cette espèce est celle du genre Gerrhosaure qui conserve la plus petite taille. Elle a le corps et la queue fort allongés, mais ses membres sont très-courts : ainsi, c'est à peine si la patte de devant, mise le long du cou, arrive jusqu'à l'œil, et si la patte de derrière, couchée le long du flanc, mesure la moitié de l'étendue de celui-ci. La queue, presqu'aussi forte que le tronc à son origine, diminue lentement de diamètre en s'en éloignant ; pourtant elle est assez grêle à son extrémité terminale. Sa longueur entre pour les deux tiers dans la totalité de celle de l'animal. La langue offre des papilles squamiformes vers sa pointe seulement, car le reste de sa surface présente des plis en chevrons comme chez les Tachydromes. Il y a cinq ou six dents palatines de chaque côté. Les ouvertures nasales externes sont arrondies et circonscrites chacune par la naso-rostrale, la première labiale et la naso-frénale, qui est suivie immédiatement de la fréno-oculaire ; attendu qu'il n'y a pas de post-naso-frénale. Les plaques qui revêtent la surface de la tête sont : une rostrale, deux naso-rostrales, une inter-naso-rostrale, une frontale, deux fronto-pariétales, une inter-pariétale, deux pariétales et quatre palpébrales, de chaque côté. Il ne manque donc que deux fronto-inter-naso-rostrales à ce bouclier sus-crânien, pour qu'il ressemble à celui des deux espèces précédentes, et des Lacertiens en général. La rostrale est semi-circulaire. Les naso-rostrales sont triangulaires avec un de leurs angles tronqué au sommet, celui par lequel elles s'articulent ensemble sur la ligne médiane du museau. La plaque inter-naso-rostrale est fort grande : elle a sept côtés ; par le postérieur, qui est légèrement curviligne, elle se trouve en rapport avec la frontale ; par les deux antérieurs, qui forment un angle obtus, elle tient aux deux naso-rostrales et aux deux naso-frénales ; par les quatre latéraux, elle s'articule à droite et à gauche, d'abord avec la fréno-oculaire, ensuite avec la première palpébrale. La frontale, grande et offrant une longueur double de sa largeur,

REPTILES, V.   25

a un bord antérieur légèrement arqué, deux latéraux un peu infléchis en dedans; et deux postérieurs qui forment un angle assez ouvert, et par lesquels elle s'unit aux fronto-pariétales. Celles-ci, malgré leurs cinq pans, affectent une forme trapézoïde. L'inter-pariétale, qui est en losange, se trouve enclavée entre les deux fronto-pariétales et les pariétales, auxquelles on compte six côtés : un grand, droit, en dehors; un autre grand, droit, en arrière; un petit qui tient à la dernière palpébrale; un moyen qui touche à la fronto-pariétale correspondante; un autre petit soudé à l'inter-pariétale; enfin, encore un petit par lequel ces deux plaques pariétales sont jointes ensemble. Les palpébrales, ou sus-oculaires, ressemblent à celles des autres Gerrhosaures. Toutes les plaques céphaliques sont marquées de petites stries longitudinales. La naso-frénale est carrée, et la fréno-oculaire a la figure d'un triangle isocèle tronqué à son sommet. Les plaques labiales supérieures sont toutes semblables à celles du Gerrho- saure à gorge jaune, excepté la première qui, au lieu d'être triangulaire, a quatre côtés, dont un, l'antérieur, est coupé très- obliquement. La tempe est protégée par quatre plaques polygones, inéquilatérales, deux supérieures assez grandes, deux inférieures de la moitié plus petites. Les écailles du dessus et des côtés du cou, celles du dos et des flancs, se ressemblent toutes; elles sont grandes, quadrilatères, un peu plus larges que longues, affectant peut-être, sur la région rachidienne, une forme rhomboïdale. Chacune d'elles offre une dizaine de stries longitudinales, et celles qui occupent la partie du dos la plus voisine de la queue, paraissent porter au milieu une petite carène. Cette cuirasse su- périeure du corps se compose de treize bandes longitudinales, et de cinquante-deux à cinquante-quatre rangées transversales. Les écailles du dessus et des côtés de la première moitié de la queue, ressembleraient à celles du dos, si elles n'étaient ni si imbriquées ni si fortement carénées. Celles de la seconde moitié sont fort étroites. En dessous, il y en a de quadrilatères, rétrécies en ar- rière, munies d'une carène, mais dépourvues de stries; celles cependant qui avoisinent le cloaque sont presque rectangulaires et tout à fait lisses. Une queue complète est entourée de quatre- vingt à quatre-vingt-deux verticilles. Les lamelles ventrales sont disposées en huit séries longitudinales, La région préanale repré- sente une figure rectangulaire. Chaque cuisse offre dix à onze pores tubuleux.

COLORATION. Chacune des plaques labiales supérieures porte une tache noire, précédée d'une tache blanche. Le cou et le tronc présentent treize bandes longitudinales d'un brun jaunâtre, et onze lignes noirâtres ; celles-ci correspondent aux sutures des séries d'écailles, et celles-là aux séries elles-mêmes. Tout le dessous du corps est d'un blanc grisâtre.

DIMENSIONS. *Longueur totale*, 16" 6'". *Tête*, Long. 1". *Cou*, Long. 8'". *Tronc.* Long. 3" 8'". *Memb. antér.* Long. 1". *Memb. postér.* Long. 1" 8'". *Queue.* Long. 11".

PATRIE. Cette espèce vient du cap de Bonne-Espérance.

Observations. C'est positivement, suivant nous, celle que Schneider a décrite sous le nom de *Scincus sepiformis*. Wagler, M. Wiegmann et M. Gray auraient donc eu tort de la rapporter au *Gerrhosaurus flavigularis*.

IVᵉ GENRE. SAUROPHIDE. — *SAUROPHIS* (1). Fitzinger.

(*Chalcides* part. Daudin, Cuvier ; *Tetradactylus*, Merrem.)

CARACTÈRES. Langue en fer de flèche, libre dans sa moitié antérieure, faiblement échancrée en avant, marquée de plis en chevrons en dessus, offrant des papilles squamiformes, imbriquées vers sa pointe. Pas de dents au palais. Dents intermaxillaires, petites, coniques, simples, pointues. Dents maxillaires plus fortes, subcylindriques, droites, à couronne obtusément pointue. Narines latérales, circonscrites chacune par trois plaques ; une naso-rostrale, une naso-frénale et la première labiale supérieure. Des paupières. Membrane du tympan tendue en dedans du bord auriculaire. Celui-ci portant en avant une petite squame operculaire. Tempes scutellées. Quatre pattes fort peu allongées, terminées chacune par quatre doigts

(1) De σαυρος, lézard, et de οφις, serpent,

25.

courts, onguiculés, légèrement comprimés, lisses en dessous. Des pores fémoraux. Un sillon, de chaque côté, le long du cou et du tronc.

Les Saurophides sont des Chalcidiens à corps tout à fait serpentiforme, c'est-à-dire très-étroit et excessivement allongé, à pattes fort courtes et terminées chacune par quatre doigts seulement. Du reste, à part le manque de dents palatines, ils ressemblent exactement aux Gerrhosaures. Cependant leurs dents maxillaires ne nous semblent pas offrir une couronne bicuspidée, comme celles de ces dernières ; elles nous paraissent, au contraire, avoir un sommet simple, obtusément pointu. Les membres postérieurs de ces Saurophides sont aussi peu développés que les antérieurs ; néanmoins, les différentes parties qui les composent se laissent encore très-aisément distinguer à l'extérieur : ainsi, chez ceux-ci, on reconnaît très-bien le bras, l'avant-bras et la main ; de même que chez ceux-là, on distingue la cuisse, la jambe et le pied. Tous quatre sont privés du cinquième doigt que nous ont offert les espèces des trois genres précédents, et que nous retrouverons aussi chez les Gerrhonotes, les Pantodactyles et les Ecpléopes, parmi les groupes génériques de cette famille qui nous restent encore à étudier. Les doigts des Saurophides, relativement à leur petitesse, sont armés d'ongles très-forts, lesquels se montrent assez arqués, comprimés et pointus. Aux pattes de devant, les quatre doigts sont insérés sur une même ligne transversale ; les deux latéraux ne paraissent composés chacun que d'une seule phalange ; tandis que les deux médians, dont la longueur est égale, en offre quatre. Aux pieds, le premier doigt et le quatrième sont exactement semblables à leurs analogues des membres antérieurs ; le troisième, qui est le plus long, semble avoir trois articulations ; et le second, qui est un peu plus court, deux seulement.

Les Saurophides, comme les Gerrhosaures, ont l'air d'être enfermés dans une cuirasse composée de deux pièces ;

l'une supérieure, l'autre inférieure, à cause du repli que leur peau fait aussi le long de chaque côté du corps ; repli qui s'étend depuis l'angle de la bouche jusqu'à l'une des extrémités de la fente cloacale. Quant à leur écaillure, elle est en tous points semblable à celle des Gerrhosaures ; et de même que chez ceux - ci encore, les cuisses ont leur face inférieure percée d'une rangée de pores. La langue est garnie de papilles, qui n'ont la forme d'écailles que vers son extrémité terminale ; car le reste de sa surface présente des plis formant des angles ou des chevrons emboîtés les uns dans les autres, dont le sommet est dirigé en avant.

Ce genre a pour type une espèce que Lacépède a fait connaître le premier sous le nom de Lézard tétradactyle, dans le second tome des Annales du Muséum d'histoire naturelle. Il a été établi par Merrem, qui, pour le désigner, transforma en nom générique la dénomination spécifique du Lézard de Lacépède, qui devint alors, pour l'auteur du *Tentamen systematis amphibiorum*, le *Tetradactylus chalcidicus*. Ce nom de Tétradactyle n'a pas été adopté ; on lui a préféré, et avec quelque raison, celui de *Saurophis*, proposé par Fitzinger. Par ce moyen, on peut prévenir les erreurs auxquelles aurait pu donner lieu l'emploi du nom de *Tetradactylus*, en tant qu'il exprime un caractère qui se reproduit chez quelques autres genres de la famille des Chalcidiens.

1. LE SAUROPHIDE DE LACÉPÈDE. *Saurophis Lacepedii*. Nobis.

CARACTÈRES. Pas de plaques fronto-inter-naso-rostrales. Des fronto-pariétales quelquefois soudées intimement aux pariétales. Une inter-pariétale. Lobe auriculaire fort petit. Pas de squames entre les plaques sous-maxillaires de la seconde paire. Ecailles dorsales striées, avec une petite carène au milieu. Quatorze séries longitudinales d'écailles, du bas d'un flanc à l'autre. Six bandes longitudinales de lamelles ventrales. Quatre ou cinq pores fémoraux de chaque côté. Bord inférieur de la tempe blanc, tacheté de noir.

Synonymie. *Lacerta tetradactyla.* Lacép. Ann. mus. d'hist. natur. tom. 2, pag. 351, tab. 59, fig. 2.

Chalcides tetradactylus. Daud. Hist. natur. Rept. tom. 4, pag. 362.

Seps (Lacerta tetradactyla. Lacép.) Cuv. Règ. anim. (1re édit.) tom. 2, p. 55.

Tetradactylus chalcidicus. Merr. Tent. syst. amph. pag. 75.

Saurophis seps. Fitz. Neue classif. Rept. pag. 50.

Chalcides (Lacerta tetradactyla. Lacép.) Cuv. Règn. anim. (2e édit.) tom. 2, pag. 66.

Chalcis tetradactyla. Guér. Iconog. règn. anim. Cuv. Rept. Pl. 16, fig. 2.

Saurophis (Lacerta tetradactyla. Lacép.) Wagl. Syst. amph. pag. 159.

Chalcis (Lacerta tetradactyla. Lacép.) Griff. anim. kingd. Cuv. tom. 9, pag. 162.

New-Holland Saurophis. Gray. Synops. Rept. in Griffith's anim. Kingd. Cuv. tom. 9, pag. 65.

Saurophis tetradactylus. Schinz. Naturgesch. und Abbild. Rept. pag. 107, tab. 42, fig. 1.

Saurophis (Lacerta tetradactyla. Lacép.) Wiegm. Herpet. Mexic. pars I, pag. 11.

DESCRIPTION.

Formes. Qu'on se représente une de ces petites espèces d'Ophidiens du genre des Psammophis, avec deux paires de pattes fort courtes, attachées, l'une près du cou, l'autre à quelque distance en arrière de celle-là, et l'on aura une idée de l'ensemble de la conformation extérieure du Saurophide de Lacépède. La tête fait le sixième de l'étendue du corps, mesuré du bout du museau à l'origine de la queue, laquelle entre pour près des quatre cinquièmes dans la longueur totale de l'animal. Le cou et le tronc, s'ils n'étaient pas parfaitement aplatis à leur face inférieure, présenteraient, comme la queue, une forme exactement cyclotétragone. Les pattes de derrière ne sont pas tout à fait aussi longues que la tête, et celles de devant se montrent encore un peu plus courtes. Le dessus de la tête offre un plan légèrement convexe qui, à partir du front jusqu'à l'extrémité du museau, s'abaisse d'une manière bien peu sensible. Le *Canthus rostralis* est arrondi. Le bord de

la portion du pli latéral qui longe le cou forme une ligne légèrement arquée ; partout ailleurs il est droit. La paupière inférieure
est revêtue d'un pavé de petites squames carrées.

Cette espèce ne paraît pas avoir de plaques fronto-inter-naso-
rostrales, mais elle offre des fronto-pariétales qui, parfois cependant, s'unissent aux pariétales sans laisser la moindre trace de
suture : c'est le cas, en particulier, de l'individu de notre collection, celui qui a été décrit et figuré par Lacépède, tandis qu'un
autre, appartenant au musée de Leyde, d'où il nous a été communiqué, possède bien distinctement deux petites fronto-pariétales.

La plaque rostrale emboîte le bout du museau ; elle est triangulaire ou semi-circulaire et légèrement bombée, ainsi que les
trois plaques qui environnent la narine. Les naso-rostrales sont
trilatères, et situées sur le dessus du museau, la narine se trouvant placée sur la ligne même du *canthus rostralis;* celle du côté
droit s'articule par un de ses angles avec celle du côté gauche.
L'inter-naso-rostrale est grande, heptagone ; deux de ses côtés,
les plus grands, forment un angle obtus qui, à droite comme à
gauche, tient à la naso-rostrale et à la naso-frénale ; latéralement, elle touche à la naso-oculaire ; postérieurement, au milieu,
à la frontale par un grand bord infléchi en dedans, et de chaque côté, à la première palpébrale, par un petit bord oblique.
La frontale, du double plus longue que large, a deux grands
bords latéraux rectilignes, un bord antérieur arqué et deux
bords postérieurs formant un angle obtus. Les fronto-pariétales,
lorsqu'elles existent toutefois, offrent une forme en losange ;
elles sont soudées ensemble, puis chacune de son côté l'est à la
frontale, à la dernière palpébrale, à la pariétale et à l'inter-pariétale. Celle-ci est petite, rhomboïdale et enclavée entre les deux
fronto-pariétales et les pariétales. Ces dernières sont grandes,
pentagones, coupées carrément en arrière, tandis qu'elles offrent
un angle plus ou moins obtus en avant. Il y a trois plaques palpébrales : la première est triangulaire et un peu plus petite que
la dernière, qui a la même forme ; la seconde est un peu plus
grande et trapézoïde oblongue.

La naso-frénale, qui est carrée, se trouve située positivement
derrière la narine, sur la ligne même du *canthus rostralis;* elle
est suivie d'une grande fréno-oculaire ayant la figure d'un triangle
isocèle.

Les plaques labiales supérieures sont au nombre de six de chaque côté : la première, de moitié plus grande que la seconde, est comme elle, à peu près carrée ; la troisième a quatre côtés, un petit postérieur, un moyen inférieur, un autre moyen antérieur, lequel forme, avec le supérieur, un angle très-aigu qui s'avance sous la narine. La quatrième labiale supérieure, quadrilatère oblongue, ou deux fois plus étendue en longueur qu'en largeur, se trouve placée justement au-dessous de l'œil ; la cinquième est subtriangulaire, et la sixième pentagone.

Chaque tempe est revêtue de quatre plaques polygones, deux grandes, et au-dessous d'elles, deux plus petites, lesquelles surmontent les deux dernières labiales. L'entrée du méat auditif est triangulaire, et la petite squame operculaire qui se trouve le long de son bord antérieur est très-étroite. Trois plaques garnissent la lèvre inférieure de l'un et de l'autre côté ; la première est rectangulaire ; la seconde excessivement étroite, c'est-à-dire cinq et même six fois plus longue qu'elle n'est large ; quant à la troisième et dernière, elle est linéaire.

La plaque mentonnière ressemble à peu près à la rostrale ; elle est suivie de deux paires de sous-maxillaires sub-rhomboïdales.

On compte une soixantaine de bandes d'écailles en travers du cou et du tronc, formant elles-mêmes quatorze séries longitudinales ; puis il y a cent quatre-vingt-huit à cent quatre-vingt-dix verticilles autour de la queue ; sept rangs longitudinaux d'écailles élargies, hexagones, lisses, imbriquées, sur les régions gulaire, sous-collaire et pectorale ; enfin quarante-cinq ou quarante-six rangées transversales de lamelles ventrales, en contenant chacune six, ce qui produit un égal nombre de séries longitudinales. Ces lamelles ventrales sont quadrangulaires, un peu dilatées transversalement ; aux deux séries médianes, elles ont leur bord postérieur plus étroit que l'antérieur ; et à toutes les autres, elles affectent une forme rhomboïdale : toutes sont légèrement imbriquées, et portent une très-faible carène sur leur ligne médiane. La région préanale est couverte par trois plaques en triangles isocèles, placées deux à côté l'une de l'autre, ayant leur angle aigu dirigé en avant ; la troisième, sur ces deux-là, ayant son angle aigu tourné du côté de la queue. Les écailles de cette partie terminale du corps sont toutes quadrangulaires, sub-rhomboïdales, striées et uni-carénées. Leurs carènes forment vingt-deux lignes saillantes longitudinales. Les écailles des côtés du cou et des flancs sont carrées; celles de la région cervicale et de la dorsale ont également quatre pans, mais, parmi elles, il en est, comme les médianes ou rachidiennes, par exemple, qui sont un peu rétrécies en arrière, ou bien, comme les latérales, qui affectent une forme rhomboïdale. Les pores qui existent sous les cuisses sont tubuleux, et au nombre de cinq ou six de chaque côté.

Coloration. Le dessus de la tête est fauve, semé de quelques points brunâtres; toutes les écailles supérieures sont fauves, portant une bordure brune en arrière. Les lèvres et la région inférieure de la tempe sont blanches. Il existe deux taches carrées, noires, au-dessous de l'œil, et deux autres de même forme et de même couleur, mais un peu moins petites, au devant de l'oreille. Une teinte blanchâtre règne sur toutes les parties inférieures du corps. Les écailles sous-collaires des deux rangées marginales ont leur bord postérieur coloré en brun.

Dimensions. *Longueur totale.* 39" 5'". *Tête.* Long. 1". *Cou.* Long. 1". *Tronc.* Long. 4" 5'". *Memb. antér.* Long. 8'". *Memb. postér.* Long. 1". *Queue.* Long. 23".

Patrie. Le Saurophide de Lacépède habite le même pays que la plupart des Gerrhosaures, c'est-à-dire la pointe australe du continent africain.

Observations. Plusieurs naturalistes ont pensé, et Cuvier était du nombre, que cette espèce était celle que Linné avait eu en vue de faire connaître sous le nom de *Lacerta seps.* Nous ne partageons pas la même opinion; suivant nous, il faudrait peut-être plutôt rapporter *la Lacerta seps* de Linné au *Scincus sepiformis* de Schneider, ou à notre *Gerrhosaurus sepiformis.*

Ve GENRE. GERRHONOTE. — *GERRHO-NOTUS* (1). ¡Wiegmann.

CARACTÈRES. Langue en fer de flèche, libre dans sa moitié antérieure, faiblement incisée en avant, à surface veloutée. Des dents au palais. Dents inter-maxillaires, simples, coniques. Dents maxillaires, cylindriques, obtuses. Narines latérales, percées chacune dans une seule plaque, la naso-rostrale. Des paupières. Membrane du tympan, tendue en dedans du bord de l'oreille. Plaques suscrâniennes postérieures, se confondant avec les écailles de la nuque. Dos non hérissé d'épines. Quatre pattes, terminées chacune par cinq doigts inégaux, lisses en dessous. Pas de pores fémoraux. Un sillon tout le long de chaque côté du corps.

Les Gerrhonotes tiennent de fort près aux Gerrhosaures. Ils s'en distinguent toutefois d'une manière tranchée, en ce que leurs cuisses sont complétement dépourvues de pores, et que leur langue, au lieu d'avoir sa surface squameuse ou marquée de plis en chevrons, est garnie de papilles fili-formes, courtes, droites, serrées les unes contre les autres, ce qui lui donne l'apparence veloutée. L'ensemble des formes est le même que chez les Gerrhosaures, si ce n'est cependant que le cou se montre généralement plus étroit que la tête, mais à des degrés différents, suivant les espèces; quel-ques-unes ont le corps proportionnellement moins tiré en longueur que le commun des Chalcidiens; et, sous ce rap-port, elles se rapprochent des Zonures. Nous avons dit,

---

(1) Γέρρον, *scutum*, bouclier; ναῶτος, *dorsum*, dos.

tout à l'heure que la surface de la langue est veloutée, ce qui est vrai à l'égard d'une grande partie de son étendue, mais inexact quant à la région antérieure, dont les papilles aplaties et imbriquées ressemblent véritablement à des écailles. La portion terminale de cet organe fait une pointe amincie et arrondie, très-faiblement incisée. Il y a beaucoup de ressemblance entre la langue des Gerrhonotes et celle du genre suivant, celui des Pseudopes. Les Gerrhonotes ont, comme les Gerrhosaures, le palais armé de dents ; mais ici elles sont en très-petit nombre, c'est-à-dire qu'on en compte au plus cinq ou six de chaque côté. Les dents maxillaires et les intermaxillaires sont égales ou à peu près égales ; celles-ci coniques, celles-là sub-cylindriques, obtuses. Les narines s'ouvrent, l'une à droite, l'autre à gauche de l'extrémité du museau, dans une plaque unique, une naso-rostrale qui est suivie de deux naso-frénales superposées, de deux post-naso-frénales superposées aussi, et d'une fréno-oculaire. Les plaques qui composent le bouclier suscrânien sont : une rostrale, quatre à six inter-naso-rostrales, deux fronto-naso-rostrales, une frontale ; presque toujours une double série de palpébrales en nombre variable, mais plus grand que chez les Gerrhosaures ; une frontale, deux fronto-pariétales, une interpariétale, deux pariétales et une occipitale. Outre ces plaques, il y en a encore en dehors des pariétales et derrière l'occipitale plusieurs autres dont le nombre, et par conséquent les connexions réciproques varient trop suivant les espèces, pour qu'on puisse leur assigner des noms particuliers ; nous les appellerons simplement plaques pariétales et plaques occipitales accessoires. La paupière supérieure est beaucoup plus courte que l'inférieure, qui, en outre, a sa surface garnie de squames lisses, à plusieurs pans, disposées en pavé. La moitié inférieure du cercle orbitaire porte une série de petites plaques polygones ; on en voit également, mais qui sont plus développées, sur les régions temporales. Les plaques labiales sont nombreuses, et toutes à peu près de même grandeur ; celle qui se trouve au-dessous de l'œil n'offre pas un plus grand développement que les autres. La membrane du tympan est un peu enfoncée dans le trou auriculaire, dont la forme est sub-quadrilatère ; elle ne porte pas un petit opercule squameux, à son bord antérieur, comme chez les Gerrhosaures. L'écaillure de toutes les parties du corps, à quelques légères modifications près, ressemble tout à fait à celle de ces derniers. Les Gerrhonotes ont aussi un sillon longitudinal de chaque côté du corps, sillon qui s'étend depuis l'angle de la bouche jusqu'à l'origine de la cuisse.

Les doigts sont généralement assez courts : aux mains, les trois premiers sont un peu étagés ; le qnatrième est à peine moins court que le troisième, et le cinquième, par sa longueur, tient le milieu entre le premier et le second. Aux pieds, le troisième doigt et le quatrième, dont l'étendue est à peu près la même, sont les plus longs des cinq ; le premier est le plus court, après lui c'est le cinquième, et enfin le second. La région préanale n'offre pas, comme dans le genre précédent, trois grandes squames principales de forme triangulaire ; celles qui la revêtent sont nombreuses, et toutes à peu près de même grandeur. Il n'existe pas la moindre trace de pores sous les cuisses.

Il paraît que les Gerrhonotes font leurs petits vivants.

La création du genre Gerrhonote date de 1828, c'est le professeur Wiegmann de Berlin qui en est l'auteur. On doit à ce savant naturaliste la connaissance de sept espèces de Gerrhonotes, dont il a publié d'excellentes descriptions, et des figures non moins bonnes dans la première partie, la seule malheureusement qui ait encore paru de son Erpétologie du Mexique. Nous annonçons d'avance que les descriptions qui vont suivre seront, pour la plupart, la reproduction de celles de M. Wiegmann ; attendu que sur les neuf espèces qui composent aujourd'hui le genre qui nous occupe, il ne nous a été donné que d'en observer deux en nature. Nous n'en avons inscrit que huit dans le tableau synoptique placé en regard de cette page ; c'est-à-dire toutes celles sur lesquelles nous possédions assez de renseignements pour pouvoir en publier une description détaillée, nous bornant à rapporter ici la simple phrase caractéristique par laquelle la neuvième nous est connue.

Gerrhonotus cœruleus Wiegmann.—Tête non déprimée. Ecailles du dos carénées; squames des côtés également carénées. D'un bleu obscur, tacheté de noir en dessus. Tête, gorge et ventre noirâtres. Flancs variés de noir et de blanc. *Patrie*. Brésil.

TABLEAU SYNOPTIQUE DES ESPÈCES DU GENRE GERRHONOTE.

Ecailles du dos

offrant une carène

un léger renflement longitudinal: flancs lisses: des bandes transverses brunes,
- dix ..... 2. G. A BANDES.
- quinze .... 3. G. MULTIBANDES.

prolongée en pointe: écailles des flancs
- carénées .... 4. G. MULTICARÉNÉ.
- lisses .... 7. G. LICHÉNIGÈRE.

non terminée en pointe: flancs
- lisses : inter-naso-rostrales,
  - six, ... 5. G. MARQUETÉ.
  - quatre. 6. G. ENTUILÉ.
- carénés. .... 8. G. COU-RUDE.

lisses, de même que celles des flancs. .... 1. G. DE DEPPE.

1. LE GERRHONOTE DE DEPPE. *Gerrhonotus Deppii.*
Wiegmann.

CARACTÈRES. Cinq plaques inter-naso-rostrales. Écailles du dos
et des flancs fort grandes, parfaitement plates et lisses, formant
seize ou dix-sept bandes transversales. Quatorze séries longitudinales de lamelles ventrales. Dessus du corps noir, avec des
taches blanches disposées en bandes transversales. Quatorze ou
quinze larges demi-anneaux bruns sur toute l'étendue de la
queue.

SYNONYMIE. *Gerrhonotus Deppii.* Wiegm. Herpetol. Mexic. pars.
I, pag. 31, tab. 9, fig. 2.

DESCRIPTION.

FORMES. Cette espèce a le derrière de la tête fort élargi, en
sorte que le cou paraît plus étroit que chez aucune de ses congénères. Le tronc est allongé, grêle; le pli latéral moins prononcé que dans les autres espèces; la queue sensiblement amincie
vers la pointe, mais arrondie dans toute son étendue. Il existe
deux plaques naso-frénales superposées. Il y a cinq plaques inter-
naso-rostrales; d'abord deux petites, trapézoïdes, immédiatement après la rostrale; ensuite deux plus grandes, sub-rhomboïdales, puis une très-grande en losange, laquelle est enclavée
moitié en avant entre les deux plaques qui la précèdent, moitié
en arrière entre les deux fronto-inter-naso-rostrales, qui néanmoins les laissent toucher par sa pointe à la frontale. Celle-ci est
grande, oblongue, hexagone. Les inter-naso-rostrales, qui sont
sub-rhomboïdales, offrent à peu près le même développement
que la cinquième inter-naso-rostrale. Les fronto-pariétales sont
petites, polygones, sub-circulaires; les pariétales un peu plus
grandes et presque de la même forme. Ces quatre plaques fronto-
pariétales et pariétales forment un carré au centre duquel est
l'inter-pariétale, qui semble être ovalaire et d'un développement moindre. En arrière des pariétales et de l'inter-pariétale,
sont cinq plaques qui leur ressemblent presque pour la figure et
la grandeur, et qui, réunies à elles, représentent par leur disposition une rosace, à droite et à gauche de laquelle on remarque
deux séries de chacune quatre ou cinq plaques ovalo-pentagones,

ou hexagones. Toutes les plaques suscrâniennes de la région postérieure ont un aspect tuberculeux. Il y a, de chaque côté, deux séries de plaques palpébrales carrées ou pentagones. On compte neuf ou dix plaques labiales supérieures ; les trois avant-dernières entourent l'œil. Les écailles du dos sont fort grandes, scutiformes, très-lisses ; sur les flancs il en existe de quadrangulaires formant seize ou dix-sept rangs transversaux qui ne se rendent pas directement vers le dos, de sorte que celles qui se trouvent dans la partie supérieure paraissent plus irrégulières, et placées en recouvrement. Au cou les écailles sont plus petites, et moins régulières ; elles forment quatre rangées ; celles de la gorge sont hexagones, inéquilatérales, à peu près de la même grandeur ou un peu plus petites que les lamelles ventrales, dont la forme est obtusément triangulaire et la surface très-lisse. Elles sont disposées par rangées transversales qui en contiennent chacune quatorze environ. La queue est couverte d'écailles quadrangulaires, la plupart étroites et distribuées circulairement.

COLORATION. La tête, le tronc, les membres et la queue en dessus offrent une couleur noire, avec des taches blanches formant des bandes sur le dos, et dix ou douze anneaux autour de la queue. Les flancs sont blanchâtres, et les plaques abdominales bordées de noir.

DIMENSIONS. *Tête*. Long. 1". *Tronc*. Long. 2". *Queue*. Long. 4".

PATRIE. Le Gerrhonote de Deppe habite le Mexique.

Observations. M. Wiegmann pense que cette espèce pourrait bien être le *Cutezpalin* de Hernandez. Nous ne la connaissons que par les détails descriptifs et la figure qu'en a donnés ce savant naturaliste dans son Erpétologie du Mexique.

2. LE GERRHONOTE A BANDES. *Gerrhonotus tœniatus.* Wiegmann.

CARACTÈRES. Cinq plaques inter-naso-rostrales. Trente bandes transversales d'écailles, de la nuque à l'origine de la queue. Écailles du dos légèrement renflées sur leur ligne médiane ; celles des flancs lisses. Douze séries longitudinales de lamelles ventrales. Dessus du corps blanchâtre, avec huit bandes noires en travers du cou et du dos. Une bande oblique de la même couleur sur la tempe. Quinze demi-anneaux noirs sur toute l'étendue de la queue.

SYNONYMIE. *Gerrhonotus tœniatus*. Wiegm. Herpet. Mexic. pars. I, pag. 32, tab. 9, fig. 1.

DESCRIPTION.

FORMES. La tête est moins déprimée que chez le Gerrhonote de Deppe, sa longueur est le tiers de celle du tronc. Celui-ci n'est pas très-étendu. Le pli latéral ne commence qu'à la patte de devant, il est du reste assez distinct. Les plaques suscrânien-nes, autant que nous pouvons en juger d'après la figure publiée par M. Wiegmann, ressemblent à celles du Gerrhonote multi-bande, avec cette différence toutefois que les plaques inter-naso-rostrales de la seconde paire sont moins petites que celles de la première. Il y a deux naso-frénales et deux post-naso-fré-nales. La lèvre supérieure est couverte de onze ou douze plaques dont les huit antérieures sont à quatre angles ; la septième, la huitième et la neuvième se trouvent sous l'œil ; la dixième, qui est un peu plus grande, termine l'orbite en arrière. Le tronc est entouré de trente bandes d'écailles quadrangulaires, médiocres, et un peu relevées en carènes sur le dos, lisses et carrées sur les flancs : elles forment vingt-et-une bandes se rendant en angles obtus sur la ligne rachidienne, de sorte que les scu-telles médianes sont moins régulières et paraissent entuilées. Le dessus du cou offre cinq rangées d'écailles plus petites, et aussi moins régulières ; il y a en a trois sur la région du sacrum. Les côtés du cou sont revêtus de très-petites écailles semblables à celles de l'intérieur du pli latéral. Les écailles de la gorge pres-que quadrangulaires, lisses, élargies, sont moins grandes que celles de l'abdomen. Ces écailles abdominales sont sub-rhom-boïdales, lisses, disposées en bandes transverses, dans chacune desquelles il en entre douze.

COLORATION. En dessus, le tronc et la queue présentent une teinte blanchâtre. La face supérieure de la tête est noire, et l'on voit huit bandes de la même couleur en travers du cou et du dos. La tempe est coupée obliquement par une autre bande noire ; une tache noire aussi existe en arrière de la narine, et la queue porte quinze demi-anneaux noirs.

DIMENSIONS. *Tête*. Long. 1". *Tronc*. Long. 3". *Queue,* Long. 6".

PATRIE. Cette espèce se trouve au Mexique. Nous n'avons pas encore eu l'avantage de l'observer en nature. La description qui précède est empruntée à M. Wiegmann.

3. LE GERRHONOTE MULTIBANDES. *Gerrhonotus multifasciatus*. Nobis.

CARACTÈRES. Cinq plaques inter-naso-rostrales. Cinquante bandes transversales d'écailles, depuis la nuque jusqu'à l'origine de la queue. Écailles dorsales légèrement renflées sur leur ligne médiane ; celles des flancs lisses. Douze séries de lamelles ventrales. Quinze bandes brunes piquetées de blanc, en travers du cou et du dos. Six ou huit demi-anneaux bruns sur la première moitié de la queue.

SYNONYMIE ?

DESCRIPTION.

FORMES. Cette espèce a la tête un peu déprimée et assez effilée en avant, son contour donne la figure d'un triangle isocèle. Le cou est légèrement rétréci à sa partie postérieure. Les membres sont fort courts, puisque ceux de devant n'atteignent guère qu'à l'angle de la bouche, et que ceux de derrière ont à peine la moitié de l'étendue que présente le tronc, mesuré du haut du bras à l'origine de la cuisse. La queue, mince, effilée, cyclotétragone à sa racine, arrondie en arrière, entre pour près des trois quarts dans la longueur totale du corps. Il y a quatre ou cinq petites dents obtuses de chaque côté de l'échancrure du palais. Les ouvertures des narines sont circulaires, et peut-être un peu dirigées en arrière ; la plaque dans laquelle chacune d'elles se trouve percée est sub-triangulaire, oblongue, faiblement arrondie à son bord postérieur. Cette plaque naso-rostrale s'articule en avant avec la rostrale, en arrière avec la naso-frénale inférieure, par le haut avec une des inter-naso-rostrales et la naso-frénale supérieure, et par le bas avec les deux premières labiales. Les deux naso-frénales sont rhomboïdales et superposées, de même que les deux post-naso-frénales ; celles-ci présentent un développement un peu plus considérable que celles-là. La fréno-oculaire offre quatre côtés à peu près égaux, et l'un d'eux, le postérieur, est comme anguleux.

La rostrale est presque semi-circulaire ; on voit immédiatement derrière elle, c'est-à-dire sur le dessus du bout du museau, deux paires de très-petites naso-rostrales sub-rhomboïdales, très-dilatées transversalement ; puis vient une grande inter-naso-rostrale

REPTILES, V. 26

impaire, de figure hexagone, à côtés antérieurs et latéraux plus petits que les postérieurs. Les deux fronto-inter-naso-rostrales sont pentagones, sub-équilatérales ; elles tiennent l'une à l'autre, et se trouvent en rapport avec l'inter-naso-rostrale, la fréno-oculaire, la première paire des palpébrales et la frontale. Celle-ci, hexagone oblongue, est peut-être un peu moins étroite en arrière qu'en avant, et a ses deux bords latéraux distinctement infléchis en dedans. Les fonto-pariétales ressemblent à des petits losanges ; elles sont suivies de deux plaques de même forme, mais un peu moins grandes, qui bordent la région palpébrale. Un peu plus développées seulement que les fronto-pariétales, les pariétales, qui ont cinq côtés, sont séparées par une grande inter-pariétale oblongue, présentant en avant un angle court et obtus, et en arrière un angle allongé, aigu, à sommet arrondi. A la droite et à la gauche des deux pariétales, est une autre plaque qui leur ressemble, à la grandeur près ; enfin, le bord postérieur du crâne porte au milieu, une occipitale plus petite, mais assez semblable d'ailleurs à l'inter-pariétale, et de chaque côté de laquelle se trouvent deux plaques peu différentes des pariétales. Il y a deux séries de plaques palpébrales ; la série externe, qui est rectiligne, se compose de trois petites pièces ; et la série interne, qui est légèrement arquée, en comprend quatre, de près de moitié plus grandes. Toutes ces plaques céphaliques sont parfaitement lisses, et quelques-unes d'entre elles, particulièrement les postérieures, ont leur bord antérieur légèrement recouvert par le bord postérieur de celles qui les précèdent. La paupière inférieure offre un pavé de petites squames plates, lisses, sub-hexagones, plus hautes que larges. Une quinzaine d'écailles rhomboïdales, lisses, légèrement imbriquées, forment sur chaque région temporale quatre ou cinq bandes verticales et trois séries longitudinales. Il existe trois plaques, dont une fort longue et très-étroite, sur le bord inférieur du cercle orbitaire. On compte dix paires de lames labiales supérieures, carrées, quadrilatères, oblongues et pentagones. La lèvre inférieure présente, de chaque côté, six petites plaques sub-rhomboïdales, étendues longitudinalement, au-dessous desquelles, ou mieux entre la série qu'elles forment et celle des plaques sous-maxillaires, il se trouve une suite de trois ou quatre plaques rhomboïdales, allongées. La mentonnière est petite, sub-ovalaire ; les sous-maxillaires, au nombre de huit, quatre à droite, quatre à gauche, augmentent graduellement de grandeur, à partir des deux premières jusqu'aux deux dernières. Le trou de l'oreille semblerait être carré. Les plis latéraux du corps commencent aux angles de la bouche et ne se terminent qu'aux coins de l'orifice du cloaque. Ce pli est surtout très-marqué le long du cou dont la peau en forme un autre qui se trouve opposé à celui-ci. L'intérieur de ce pli est granuleux. Il existe en travers de la région cervicale et du dos des bandes d'écailles égales entre elles, sub-hexagones ou sub-rhomboïdales, qui sont continuées à droite et à gauche, c'est-à-dire sur les côtés du cou et sur les flancs, par des écailles carrées. Toutes les écailles carrées sont plates et lisses, au lieu que les rhomboïdales ont leur ligne médiane faiblement renflée ou comme relevée en dos d'âne, ce qui est plus sensible sur le dos que sur le cou, où elles offrent encore une autre petite différence, c'est d'être un peu plus larges que longues. Le nombre de ces bandes transversales d'écailles est de douze pour le cou et de trente-huit pour le dos : leur ensemble constitue quatorze ou seize séries longitudinales, suivant qu'on ne compte pas ou qu'on compte les deux séries marginales, qui se composent d'écailles n'ayant ni la même forme, ni la même grandeur que les autres. Les écailles gulaires et les sous-collaires, dont on compte une quinzaine de rangées transversales et dix bandes longitudinales, sont plates et parfaitement unies; aux deux séries médianes, elles se montrent quadrilatères, un peu rétrécies en avant et légèrement arrondies en arrière; aux autres séries, elles sont réellement pentagones, mais elles affectent une forme rhomboïdale. La même observation s'applique, en partie, aux lamelles ventrales, parmi lesquelles il y en a de carrées : ce sont celles des trois ou quatre séries marginales de chaque côté. Le nombre total des séries des lamelles ventrales est de douze, et celui de leurs bandes transversales d'une quarantaine. La région préanale est revêtue de trois rangées transversales d'écailles polygones, inéquilatérales, plates et lisses comme celles du ventre, auxquelles elles ressemblent aussi sous le rapport du développement. En dessus, le bras présente des écailles en losanges, et l'avant-bras des écailles carrées; les unes et les autres sont dépourvues de stries et de carènes. L'écaillure des avant-bras se retrouve sur la face antérieure des cuisses; et celle de la partie supérieure du bras, sur les jambes, en dessus et en dessous. De très-petites écailles lisses protégent les régions inférieures des membres antérieurs. Les ongles sont très-courts, mais néanmoins

26.

crochus. Les écailles caudales sont quadrilatères, les supérieures un peu renflées longitudinalement et rétrécies en avant ; les inférieures lisses et rétrécies en arrière ; et les latérales quadrilatères oblongues, avec leur surface unie. Les verticilles qu'elles composent sont au nombre de cent trente environ.

COLORATION. Le fond de la couleur des parties supérieures est un gris fauve ou jaunâtre sale. Les lèvres offrent quelques taches blanches, bordées de noir devant et derrière. La nuque est marquée à droite et à gauche d'une bande brune, qui se rétrécit en se dirigeant vers le vertex. Deux bandes, d'un brun foncé, ressemblant parfois à des chevrons, sont imprimées en travers du cou ; une autre à peu près pareille existe entre les épaules ; puis on en compte successivement douze jusqu'à l'extrémité postérieure du dos. La queue elle-même en porte six à huit à son origine : toutes les bandes brunes, cervicales, dorsales et caudales, offrent à leur bord postérieur, un liseré de petit points d'un blanc pur. Toute les régions inférieures, sans exception, sont peintes en blanc jaunâtre.

DIMENSIONS. *Longueur totale.* 37" 9'''. *Tête.* Long. 2" 1'''. *Cou.* Long. 1" 6'''. *Tronc.* Long. 7" 2'''. *Memb. antér.* Long. 2" 4'''. *Memb. postér.* Long. 3". *Queue.* Long. 27".

PATRIE. Le Gerrhonote multibandes vient du Mexique. La collection du Muséum en possède un fort bel échantillon dont nous sommes redevables à la générosité de M. Thomas Bell.

4. LE GERRHONOTE MULTICARÉNÉ. *Gerrhonotus multicarinatus.* Blainville.

CARACTÈRES. Cinq plaques inter-naso-rostrales. Cinquante bandes transversales d'écailles depuis la nuque jusqu'à l'origine de la queue. Ecailles du dos et des flancs surmontées de carènes non prolongées en pointes en arrière. Douze séries longitudinales de lamelles ventrales. Dix bandes brunes, marquées de quelques points blancs, en travers du cou et du dos. Une dixaine de demi-anneaux bruns sur la queue.

SYNONYMIE. ? *Gerrhonotus Burnettii.* Gray. Synops. Reptil. in Griffith's anim. Kingd. tom. 9, pag. 64.

? *Gerrhonotus Burnettii.* Wiegm. Herpet. Mexican. Pars I, pag. 31.

Gerrhonotus multicarinatus. Blainv. Descript. Rept. Californ. (Nouvelles Annales du Muséum d'histoire naturelle), tom. 4, pag. 289, Pl. 25, fig. 2.

DESCRIPTION.

FORMES. Le Gerrhonote multicaréné diffère du multibandes : 1° par la moindre étendue de sa queue, qui n'est que d'un tiers plus longue que le reste du corps ; 2° par les saillies longitudinales que présentent la plupart de ses plaques suscrâniennes ; 3° par les fortes carènes dont sont relevées toutes les écailles du cou, du dos, des flancs et de la queue ; 4° par son mode de coloration.

COLORATION. On n'observe effectivement, chez cette espèce, qu'une dixaine de bandes brunes en travers du cou et du dos, bandes qui, d'ailleurs, sont proportionnellement plus larges que celles de l'espèce précédente ; mais elles sont également marquées de quelques points blancs à leur bord postérieur.

DIMENSIONS. *Longueur totale.* 24". *Tête.* Long. 2". *Cou.* Long. 1" 5"'. *Tronc.* Long. 6" 5"'. *Memb. antér.* Long. 2" 3"'. *Memb. postér.* Long. 3". *Queue.* Long. 14".

PATRIE. Cette espèce a été découverte en Californie par M. Botta.

OBSERVATIONS. Si nos souvenirs sont exacts, le *Gerrhonotus Burnettii* de M. Gray, que nous avons vu au *British museum*, doit appartenir à la même espèce que celle-ci.

5. LE GERRHONOTE MARQUETÉ. *Gerrhonotus tessellatus.* Wiegmann.

CARACTÈRES. Six plaques inter-naso-rostrales disposées ainsi : trois sur un premier rang, deux sur un second, et une, la plus grande de toutes, en arrière des cinq autres. Cinquante-trois bandes transversales d'écailles depuis la nuque jusqu'à l'origine de la queue. Ecailles du dos, carénées. Celles des flancs, lisses. Douze séries longitudinales de lamelles ventrales. Dessus du corps offrant une rangée de petits points noirs sur un gris verdâtre mêlé d'olivâtre. Des taches carrées noires sur le pli latéral.

SYNONYMIE. *Gerrhonotus liocephalus.* Wiegm. Beitr. zur amphibienk. Isis (1828), pag. 379.

Scincus ventralis. Peale and Green journ. of the Acad. of natur. scienc. of Philadelph. vol. VI (1830), pag. 233.

Gerrhonotus tessellatus. Wiegm. Herpet. Mexic. Pars I, pag. 32, tab. 10, fig. 3 (le dessus de la tête).

DESCRIPTION.

FORMES. La tête est ovale oblongue, en pyramide quadrangulaire. Le museau est plus déprimé, plus aigu et plus effilé que dans les espèces suivantes. Le tronc est allongé, grêle, arrondie; la queue a près du double de la longueur de celui-ci, elle est presque tétragone à sa base, et arrondie dans le reste de son étendue. Il y a six plaques inter-naso-rostrales : trois très-petites sur le même rang, derrière la rostrale; deux un peu plus grandes ensuite, et une sixième, impaire, grande, en losange, assez rejetée en arrière. Elle est suivie de deux très-petites fronto-inter-naso-rostrales presque rhomboïdales. Les autres plaques suscrâniennes ne nous semblent pas différentes de celles du Gerrhonote multibandes. On compte neuf rangées d'écailles dures en travers du cou, quarante-cinq sur le dos, et quatre sur la région du sacrum. Les bandes cervicales se composent de dix écailles qui sont quadrangulaires, plus larges que longues, déprimées, faiblement carénées, lisses et mousses. L'écaillure des flancs est lisse. Au dos, les écailles sont petites, presque carrées; celles de la région médiane portent des carènes qui forment huit lignes saillantes longitudinales, dont les deux intermédiaires s'effacent avant d'arriver à la queue, tandis que les latérales ne s'oblitèrent peu à peu qu'en arrière de l'origine de cette partie terminale du corps. Le ventre offre des lamelles lisses, au nombre de douze dans chacune de leurs rangées transversales. Les écailles du dessus de la queue sont un peu entuilées et carénées; elles forment six légères saillies longitudinales; celles des faces latérales sont lisses, quadrilatères, oblongues, étroites.

COLORATION. La couleur des parties supérieures est un gris verdâtre auquel se mêle une teinte olivâtre, avec des points noirs sur la tête, le milieu du dos et la queue. Il existe des taches carrées noires sur le pli latéral. La lèvre supérieure est blanche jusqu'aux oreilles : elle porte une bande noire qui commence sous le museau. La gorge et le ventre sont peints en blanc bleuâtre; ce dernier offre neuf lignes longitudinales noires. La queue a sa région inférieure ponctuée de la même couleur.

DIMENSIONS. *Tête*. Long. 7‴. *Tronc*. Long. 2″ 4‴. *Queue*. Long. 2″.

PATRIE. Ce Gerrhonote vient du Mexique; il ne nous est connu que par la description de M. Wiegmann.

6. LE GERRHONOTE ENTUILÉ. *Gerrhonotus imbricatus.*
Wiegmann.

CARACTÈRES. Quatre plaques inter naso-rostrales, placées deux
par deux. Trente-sept bandes transversales d'écailles depuis la
nuque jusqu'à l'origine de la queue. Ecailles du dos surmontées
d'une carène prolongée en pointe; celles de la partie inférieure
des flancs, lisses. Dessus du corps tacheté d'olivâtre sur un fond
gris verdâtre.

SYNONYMIE. *Gerrhonotus imbricatus.* Wiegm. Herpetol. mexic.
pars I, pag. 34, tab. 10, fig. 2; le dessus de la tête, fig. 5.

DESCRIPTION.

FORMES. La tête, de forme pyramidale et ovalaire dans son contour, a le tiers de la longueur du tronc. Celui-ci est grêle et comme
équarri. La queue offre la même forme dans sa première moitié,
après quoi elle s'arrondit. Le museau présente un plan incliné;
sa largeur est variable suivant les individus. Le crâne est couvert
de plaques convexes. On remarque deux paires de plaques inter-
naso-rostrales; celles de la première paire sont plus petites que
celles de la seconde, lesquelles offrent autant de développement
que les fronto-inter-naso-rostrales. Ces six plaques ont chacune
cinq côtés inéquilatéraux. La frontale, grande, oblongue, étroite,
a sept pans, deux petits en avant, trois petits en arrière, un très-
grand de chaque côté. Les fronto-pariétales et les pariétales, à peu
près de même grandeur, sont ovalo ou sub-rhomboïdo-pentagones;
elles forment un carré au centre duquel se trouve placée l'inter-
pariétale, qui est hexagone et un peu plus développée. Les autres
plaques sus-crâniennes sont petites et en grand nombre. Il y a
sept rangées transversales d'écailles sur le cou, vingt-six sur le
dos, trois sur la région du sacrum. Les écailles cervicales, au
nombre de huit dans chacune des bandes qu'elles forment, sont
légèrement carénées et plus couchées sur la peau que chez le
Gerrhonotus rudicollis. Les côtés du cou offrent de fort petites
écailles. Le pli latéral est assez prononcé le long de la gorge. Les
écailles du dos, excepté celles qui avoisinent les flancs, dont la
surface est presque lisse, offrent des carènes bien prononcées,
dont l'extrémité forme néanmoins une très-petite pointe; celles

qui occupent le milieu ou le sommet de la région dorsale sont élargies et distinctement imbriquées.

COLORATION. La couleur du tronc et des pattes est d'un gris verdâtre, tacheté d'olivâtre sur la tête et le milieu du dos. Les régions inférieures sont d'un blanc bleuâtre qui passe au brun olive en s'avançant sous la queue.

DIMENSIONS. *Tête.* Long. 9'''. *Tronc.* Long. 2''. *Queue.* Longueur. 3'' 5'''.

PATRIE. C'est aussi au Mexique que vit cette espèce de Gerrhonote. Elle habiterait également l'Amérique du nord, si, comme le croit M. Wiegmann, le Saurien décrit par MM. Peale et Green n'en est pas différent.

OBSERVATIONS. Nous n'avons pas encore eu l'avantage d'observer un seul individu appartenant à cette espèce, décrite et figurée par M. Wiegmann dans son Erpétologie du Mexique.

7. LE GERRHONOTE LICHÉNIGÈRE. *Gerrhonotus Lichenigerus.* Wagler.

CARACTÈRES. Deux paires de plaques inter-naso-rostrales ; celles de la première, petites ; celles de la seconde, plus grandes. Trente-neuf bandes transversales d'écailles, depuis la nuque jusqu'à l'origine de la queue. Ecailles du dos carénées, mais sans pointe en arrière ; celles des flancs, lisses. Dix séries longitudinales de lamelles ventrales. Dos olivâtre, offrant sur sa région moyenne des taches, et de chaque côté une bande d'un vert blanchâtre.

SYNONYMIE. *Gerrhonotus Lichenigerus.* Walg. Icon. et Descript. amph. tab. 34, fig. 2.

Gerrhonotus adspersus. Wiegm. in litt. et icone hujus speciei. Herpetol. Mexic. pars 1, tab. 10; fig. 6, la tête en dessus.

Gerrhonotus Lichenigerus. Wiegm. Herpetol. Mexic. pars 1, pag. 35, n° 6.

DESCRIPTION.

FORMES. La tête a la forme d'une pyramide quadrangulaire, elle est à peine distincte du tronc. Le vertex est plan, et comme enfoncé au milieu ; le museau est assez pointu, presqu'aussi haut que large, distinctement anguleux ; sa face supérieure s'incline un peu vers la pointe, et ses côtés sont faiblement creusés dans le sens de leur longueur. M. Wiegmann dit que le dessus de ce museau offre un sillon profond ; circonstance dont il n'est pas parlé dans la description publiée par Wagler. Le *Canthus rostralis* est droit, légèrement arrondi.

Le tronc est allongé, un peu grêle, sub-circulaire, ou plutôt cyclotétragone. Le 'pli latéral commence sous l'oreille, et se termine au coin du cloaque. Les membres sont proportionnés, c'est à peine si les postérieurs offrent un peu plus d'étendue que les antérieurs. La queue est arrondie et plus longue que tout le reste du corps. Il y a quarante-huit dents maxillaires supérieures, faiblement recourbées, peut-être un peu comprimées ; les antérieures sont coniques, les postérieures un peu plus longues, sub-tronquées à leur sommet, homogènes, toutes simples. Les dents maxillaires inférieures sont en même nombre et de même forme que les supérieures.

Wagler n'a pas observé de dents palatines chez l'individu qu'il examinait ; mais il est probable que leur absence n'est pas un caractère particulier au Gerrhonote Lichénigère, attendu qu'on a reconnu qu'elles existaient chez certains sujets, tandis qu'elles manquaient chez certains autres appartenant bien évidemment à la même espèce. L'ouverture auriculaire est grande, sub-triangulaire. Il existe deux petites inter-naso-rostrales, oblongues, suivies de deux autres un peu moins petites et sub-triangulaires. Les fronto-naso-rostrales, qui viennent ensuite, ont à peu près la même forme, mais sont en général un peu plus développées. La frontale est longue, également étroite dans toute son étendue ; son bord postérieur offre trois petits cotés, l'antérieur en présente deux, et les latéraux n'en forment qu'un seul chacun. Les fronto-pariétales, pentagones ou sub-trapézoïdes, ont une grandeur de moitié moindre que les pariétales, qui sont une fois plus longues que larges, et qui présentent six ou sept pans. L'occipitale offre à peu près la même forme et le même développement que l'une des fronto-pariétales ; elle est située à l'extrémité de l'inter-pariétale, laquelle ressemble à la frontale, qu'elle touche par son bord antérieur, ayant d'un côté la pariétale et la fronto-pariétale gauches, et de l'autre côté la pariétale et la fronto-pariétale droites. Le reste de la surface postérieure du crâne offre encore six plaques pentagones, égales entre elles : deux sont placées de chaque côté de la pointe de la plaque occipitale, à laquelle touchent les deux médianes des quatre autres plaques qui forment une rangée transversale. Deux ou trois petites plaques seulement

composent la série externe du bouclier palpébral, tandis que dans
la série interne, qui est fort étendue, on en compte cinq, dont
les trois premières sont assez grandes. Le nombre des bandes d'é-
cailles est de cinq en travers du cou, de trente en travers du dos,
et de quatre sur la région du sacrum. Les écailles cervicales sont
imbriquées et relevées d'une carène obtuse, mais elles n'offrent
pas de pointe en arrière; celles du dos sont sub-quadrangu-
laires, et portent également une carène obtuse : mais celles des
flancs sont lisses. L'ensemble des écailles du dessus et des côtés
du tronc donne douze séries longitudinales. L'abdomen est protégé par des lamelles rhomboïdales, lisses, composant dix bandes
longitudinales.

CoLoration. Suivant Wiegmann, la couleur en dessus est d'un
gris olivâtre, devenant plus grise sur les flancs, avec des taches
arrondies, blanchâtres. Le ventre est blanc, la tête semée de
points blanchâtres.

D'après Wagler, le dessus du corps est olivâtre ; deux bandes,
d'un vert blanchâtre s'étendent, l'une à droite, l'autre à gauche
du dos, depuis l'occiput jusque sur la queue. Des taches de la
même couleur que ces bandes existent entre elles deux. Quelques
écailles des parties latérales du tronc ont leur bord postérieur
blanchâtre. Aucune tache ne se remarque ni sur le sommet de
la tête, ni sur ses côtés, ni sur la face supérieure des membres.

Dimensions. *Longueur totale.* 11" 3/4. *Tête.* Long. 10" 1/2.
Queue. Long. 7" 1/2.

Patrie. Le Gerrhonote Lichénigère habite le Mexique.

8. LE GERRHONOTE COU-RUDE. *Gerrhonotus rudicollis.* Wiegmann.

Caractères. Deux paires de plaques inter-naso-rostrales, celles
de la première petites, celles de la seconde plus grandes ; vingt-
huit rangées tranversales d'écailles depuis la nuque jusqu'à l'origine de la queue. Écailles du dos et des flancs grandes, surmontées chacune d'une carène prolongée en pointe. Quatorze
séries longitudinales de lamelles ventrales. Dos parsemé de points
noirs, sur un fond d'un gris verdâtre, mêlé d'olivâtre. Flancs
marqués en travers de bandes d'un brun noir.

Synonymie. *Gerrhonotus rudicollis.* Wiegm. Herpet. Mexic.
pars. I, pag. 33, tab. 10, fig. 1 (le dessus de la tête, fig. 4).

DESCRIPTION.

Formes. Cette espèce est une de celles du genre dont les formes sont le plus ramassées. La tête représente une pyramide à quatre faces ; elle a environ le tiers de la longueur du tronc, qui est peu allongé, robuste, presque tétragone, forme qui est aussi celle de la queue à son origine. Le museau est incliné en avant. Le crâne est rugueux, à cause des saillies et des sutures profondes offertes par les plaques qui le recouvrent. Il y a deux paires de plaques inter-naso-rostrales, la première plus petite que la seconde, celle-ci un peu moins grande que les deux fronto-inter-naso-rostrales. La frontale est fort allongée, présentant trois petits côtés en arrière, deux petits en avant, et un grand à droite et à gauche. L'inter-pariétale est soudée à la frontale ; elle a de chaque côté une fronto-pariétale et une pariétale, en arrière une petite occipitale double ; au moins est-elle représentée comme telle dans la figure de M. Wiegmann. A la suite de ces plaques pariétales et occipitales, il existe encore deux rangées de plaques en travers du crâne ; la première en contient cinq, dont les trois médianes plus petites ; la seconde quatre, dont les deux latérales plus petites. On observe deux séries de plaques palpébrales au nombre de trois pour l'externe et de cinq pour l'interne. La lèvre supérieure porte onze plaques de chaque côté, et l'inférieure neuf. Le nombre des bandes d'écailles est de cinq en travers du cou, de dix-neuf sur le dos et de trois sur la région du sacrum. Les écailles cervicales sont différentes les unes des autres pour la forme et la grandeur, c'est-à dire qu'il y en a de quadrangulaires et de triangulaires, imbriquées, relevées d'une carène, se prolongeant en une petite pointe, cè qui donne au cou cet aspect qui a valu à l'espèce la dénomination de *rudicollis*. Les écailles dorsales, rhomboïdales, en losanges un peu élargis, offrent une forte carène qui se prolonge en pointe. Les écailles des côtés, du double plus longues que larges, sont aussi surmontées de carènes, mais plus faibles, et dont les pointes sont moins prononcées. Les carènes dorsales constituent huit lignes saillantes. Le ventre est revêtu d'environ trente bandes d'écailles, au nombre de quatorze dans chacune.

Coloration. Un gris verdâtre mêlé d'olivâtre et parsemé de points noirs, règne sur les parties supérieures. Les flancs offront des bandes transversales d'un brun noir. La gorge et l'abdomen sont d'un blanc bleuâtre, avec des taches brunes distribuées par lignes longitudinales. Chez quelques individus, la tête et les membres sont noirâtres, tachetés de blanc.

DIMENSIONS. *Tête.* Long. 1". *Tronc.* Long. 3" 3/4. *Queue* (mutilée chez les individus observés).

PATRIE. Cette espèce est originaire du Mexique. M. Deppe l'a trouvée dans des *Quercetis*, cachée sous les pierres comme des Scinques. Une femelle qu'on a ouverte avait dans les oviductes cinq petits sortis de l'œuf, et deux qui s'y trouvaient encore renfermés avec le jaune, ce qui porte à croire que les petits naissent tout éclos. Les fœtus, contenus ainsi dans les oviductes, ressemblaient aux adultes; mais les plaques de la tête, quoiqu'en même nombre, étaient moins saillantes et avaient leur surface plus lisse; seulement les deux médianes du vertex étaient proportionnellement plus larges que dans les adultes. Leur couleur était absolument la même.

VI⁰ GENRE. PSEUDOPE. — *PSEUDOPUS* (1). Merrem.

(*Bipes*, Oppel, Wagler; *Chamæsaura*, part. Schneider; *Seps*, part. Daudin; *Proctopus*, Fischer; *Ophisaurus*, part. Eichwald.)

CARACTÈRES. Langue en fer de flèche, libre et mince dans son tiers antérieur seulement, échancrée triangulairement en avant, ayant des papilles granuleuses sur le premier tiers de sa surface et de filiformes sur les deux derniers. Des dents au palais. Dents inter-maxillaires coniques, simples. Dents maxillaires sub-cylindriques ou sub-tuberculeuses. Narines latérales, s'ouvrant chacune dans une seule plaque. Un orifice externe

---

(1) De ψευδὸς, faux; et de πους, pied.

de l'oreille fort petit. Des paupières. Plaques céphaliques nombreuses. Corps serpentiforme. Pas de pattes antérieures. Membres postérieurs représentés par deux petits appendices écailleux, simples ou légèrement bifides, non percés de pores, placés, l'un à droite, l'autre à gauche de l'anus. Deux sillons latéraux assez profonds. Pas le moindre pli sous le cou.

A ne considérer que la forme de leur corps, excessivement allongé et dépourvu de pattes exactement comme celui des Serpents, les Pseudopes ne sembleraient pas devoir occuper, dans une méthode naturelle, la place que nous leur assignons ici, à côté d'espèces qui ont des membres aussi bien conformés que le commun des Sauriens. Cependant si ce n'est l'Ophisaure qui vient immédiatement après, aucun autre ne se rapproche d'ailleurs davantage des Gerrhosaures, et plus particulièrement des Gerrhonotes, par l'ensemble de son organisation interne et externe, à tel point qu'on pourrait en quelque sorte dire, des Pseudopes, que ce sont des Gerrhonotes apodes. On retrouve effectivement, chez ceux-là comme chez ceux-ci, des dents au palais, une langue revêtue de deux sortes de papilles, un orifice auriculaire externe, des plaques céphaliques en plus grand nombre que chez les autres Chalcidiens, un sillon longitudinal très-prononcé de chaque côté du tronc, enfin une écaillure régulière, homogène à la partie inférieure du corps, depuis la gorge jusqu'à l'orifice du cloaque. Nous ferons toutefois observer que ces diverses parties, examinées comparativement chez les deux genres, présentent bien dans leurs détails quelques légères différences que nous allons maintenant signaler.

La langue des Pseudopes est, il est vrai, en fer de flèche comme celles des Gerrhonotes ; mais, outre que les papilles villeuses qui garnissent la majeure partie de sa surface sont plus fortes et plus épaisses, et qu'elle présente une grande échancrure triangulaire en avant, sa portion libre offre un pavé de petits granules, et un léger sillon longitudinal, en arrière duquel il existe une ride transversale très-profonde qui s'efface lorsque l'animal pousse l'extrémité antérieure de cet organe hors de la bouche. Les dents sont fortes, coniques, simples, serrées les unes contre les autres ; avec l'âge les postérieures deviennent tuberculeuses. Leur nombre est de vingt-huit à la mâchoire supérieure, et de vingt-six à la mâchoire inférieure. Le palais est aussi armé de dents ; on y en observe de petites, coniques, simples, formant de chaque côté une assez longue bande interrompue au milieu.

Les orifices externes des narines, qui sont circulaires, se trouvent percés dans une seule plaque, l'une à droite, l'autre à gauche du museau, un peu en arrière, immédiatement sous la ligne du *canthus rostralis,* lequel est arrondi.

Les plaques qui garnissent le dessus et les côtés de la tête sont au moins aussi nombreuses que chez les Gerrhonotes : de même que dans tous les Lacertiens et tous les Chalcidiens, on retrouve sur la ligne médiane du crâne, entre les yeux, une plaque impaire ou la frontale, comme on l'appelle. Derrière elles sont deux fronto-pariétales, deux pariétales, une inter-pariétale et une occipitale, ce qui ne sort pas non plus de la règle générale ; mais en avant, où il ne semblerait devoir exister qu'une inter-nasale et deux fronto-nasales, il y a trois de celles-ci et six de celles-là, puis les plaques palpébrales forment une double série. Sur la région frénale on voit d'abord une plaque située entre la rostrale et la nasale, derrière laquelle sont trois naso-frénales superposées ; après quoi viennent plus de vingt squames d'inégale grandeur.

Il n'y a pas moins d'une douzaine de paires de lames écailleuses autour de chaque lèvre. Une série de petites plaques sépare les labiales inférieures des sous-maxillaires.

La paupière supérieure est un peu moins développée que l'inférieure ; mais toutes deux sont fort épaisses et revêtues de nombreuses écailles. La fente qu'elles forment dans l'occlusion est longitudinale. Les ouvertures externes des oreilles

sont deux simples petits trous ovalaires, au fond desquels
se trouve tendue la membrane du tympan. La peau du cou
ne fait aucune espèce de plis. Les sillons latéraux sont profonds ; ils commencent, l'un à droite, l'autre à gauche, à
une petite distance en arrière des oreilles, et finissent au
niveau de la fente du cloaque, positivement où se trouvent
situés deux appendices extrêmement courts, vestiges des
membres postérieurs que l'anatomie a démontrés n'être plus
que quelques petits os suspendus à la suite les uns des autres à un bassin également vestigiaire. Ces deux petits appendices, placés de chaque côté de l'orifice anal, ont quelques lignes de longueur ; ils ressemblent à des tubercules
écailleux, oblongs, un peu aplatis. Extérieurement, il
n'existe pas la moindre trace de membres thoraciques ; mais,
à l'intérieur, ils se trouvent encore représentés par un tubercule osseux de chaque côté du sternum. La queue se confond
avec le tronc ; elle a la même forme que lui, mais elle est
d'un tiers au moins plus longue.

Bien que disposées par verticilles, les écailles des Pseudopes
sont entuilées, non-seulement d'arrière en avant, mais de
droite à gauche. A mesure que l'animal grandit, elles deviennent osseuses, et perdent les carènes qui les surmontent
dans le jeune âge.

Les Pseudopes ont deux poumons, mais l'un est trois à
quatre fois plus étendu que l'autre.

La seule espèce que comprenne encore aujourd'hui le
genre Pseudope, est celle que Pallas a fait connaître par
une excellente description dans les *Novi commentarii academiæ scientiarum imperialis Petropolitanæ*, sous le nom
de *Lacerta apoda* ou Sheltopusik.

Placée par Lacépède avec le Chirote, dans un groupe particulier qu'il appelait celui des bipèdes, elle en fut retirée
quelque temps après pour concourir à la formation d'un
genre bien peu naturel, ainsi que Schneider, qui en était
l'auteur, le reconnaissait lui-même : ce genre, appelé *Chamæsaura*, réunissait effectivement, avec le Lézard apode

de Pallas, le Chalcide cophias, le Chirote cannelé, le Cha-mésaure serpentin, l'Ophisaure ventral, le Seps tridactyle, et l'*Anguis bipes* de Linné.

Dans l'ouvrage de Daudin, le Sheltopusik figure parmi les Seps, dont il forme, avec le Scelote du Cap, la deuxième section ; celle des bipèdes, par opposition à la première, ou celle des quadrupèdes. C'est Oppel qui a le premier re-connu la nécessité d'isoler, de toutes les espèces avec les-quelles il avait jusque là été rangé, le Lézard apode de Pallas, qui devint dès lors, et est demeuré depuis le re-présentant d'un genre particulier auquel le naturaliste Bavarois, par une singularité difficile à expliquer, appliqua la dénomination de Bipède, tandis qu'il appelait Sheltopusik, nom vulgaire du Lézard apode, un autre genre ayant pour type un Scincoïdien de l'Australie, notre *Histeropus Novæ-Hollandiæ*. La grande majorité des erpétologistes n'a pas adopté le nom proposé par Oppel, pour désigner le genre qui nous occupe en ce moment ; elle a donné la préférence à celui de *Pseudopus* proposé par Merrem ; c'est ce qui nous a engagé à l'employer nous-mêmes, bien que celui de *Bipes* eût plusieurs années d'antériorité. M. Fischer n'a accepté ni l'un ni l'autre de ces deux noms ; il a eu la malheureuse idée d'en composer un nouveau, celui de *Proctopus*, comme si le vocabulaire erpétologique ne comprenait déjà pas un beaucoup trop grand nombre de mots complétement inutiles.

Une circonstance qui doit être remarquée, c'est que Cuvier est le seul de tous les naturalistes qui ait toujours considéré le Pseudope de Pallas comme un Serpent ; il le rangeait effec-tivement dans sa famille des Anguis, la première des trois qu'il avait cru devoir établir dans l'ordre des Reptiles ophi-diens.

1. LE PSEUDOPE DE PALLAS. *Pseudopus Pallasii.* Cuvier.

CARACTÈRES. Parties supérieures du corps d'une teinte marron, piquetée de noirâtre (adultes). Cou et dos offrant en travers des raies ou des bandes brunes, sur un fond grisâtre (jeunes).

SYNONYMIE. *Lacerta apoda.* Pall. Nov. comment. Petropol. t. 19, pag. 435, tab. 9 et 10.

Lacerta apus. Gmel. syst. natur. pag. 1079, n° 77.

Lacerta apoda. Pall. Voy. emp. Russ. tom. 5 (append.) p. 493.

Lacerta pedibus detruncatis. Herm. tab. affinit. anim. pag. 266.

Le Bipède sheltopusik. Lacep. Hist. quad. ovip. tom. 1, p. 617.

Le Bipède sheltopusik. Bonnat. Encyclop. méth. pag. 68, Pl. 12, fig. 7.

Die Eidechse ohne Füsse. Leske, naturgesch. pag. 310, n° 12.

Chalcida apus. Meyer, Synops. Rept. pag. 31.

ac erta apus. Donnd. Zoologisch. Beytr. tom. 3, pag. 131.

Lacerta apus. Shaw, the naturalist's miscellany, tom. 2, pag. 411.

Der sheltopusik. Bechst. De Lacepede's naturgesch. amphib. tom. 2, pag. 525, tab. 27, fig. 3.

Chamœsaura apus. Schneid. Histor. amphib. fascicul. II, p. 212.

Apodal Lizard. Shaw, Gener. zool. tom. 3, pag. 309, p. 212, tab. 86.

Sheltopusik didactylus. Latr. Hist. Rept. tom. 2, pag. 273.

Seps sheltopusik. Daud. Hist. Rept. tom. 4, pag. 351.

Bipes Pallasii. Oppel. Ordnung. Famil. und Gatt. Rept. p. 43.

Lacerta apoda. Pall. Zoograph. Ross. Asiat. tom. 3, pag. 33.

Bipède sheltopusik. Cuv. Règn. anim. (1re édit.), tom. 2, p. 56.

Pseudopus serpentinus. Merr. Tent. syst. amphib. pag. 78.

Pseudopus Opellii. Fitzing. Neue. classificat. Rept. pag. 50.

Pseudopus Pallasii. Cuv. Règn. anim. (2e édit.), tom. 2, p. 69.

Pseudopus d'Urvillii. Id. loc. cit. (jeune âge).

Pseudopus d'Urvillii. Guer. Iconog. Règn. anim. Cuv. Rept. Pl. 17, fig. 1.

Bipes Pallasii. Wagl. Icon. Descrip. amphib. tab. 14.

Bipes Pallasii. Id. Syst. amphib. pag. 159.

Pseudopus Pallasii. Griff. anim. kingd. Cuv. tom. 9, p. 442.

Pseudopus d'Urvillii. Id. loc. cit. pag. 243 (jeune âge).

Pallas's shellopusik. Gray, Synops. Rept. in Griffith's anim. kingd. tom. 9, pag. 65.

Histeropus Pallasii. Bory de Saint-Vincent. Diction. class. d'histor. natur. tom. 8, pag. 484.

Ophisaurus serpentinus. Eichw. Zoolog. special. Ross. et Polon. tom. 3, pag. 179.

Proctopus Pallasii. Fischer. (Mem. societ. imper. natur. Mosc. tom. IV, pag. 24, tab. 2-3.)

Pseudopus Pallasii. E. Menest. catal. zool. pag. 65, n° 221.

Pseudopus Fischeri. Id. loc. cit. pag. 65 (jeune âge).

Pseudopus Pallasii. Schinz. Naturgesch. und Albildung. Rept. pag. 126, tab. 48, fig. 1.

Pseudopus serpentinus. Wiegm. Herpet. mexican. pars I, pag. 11.

Pseudopus Pallasii. Bib. et Bory. Expedit. scientifi. Mor. Rept. pag. 70, tab. 12, fig. 1, *a*, *b*, et tab. 13, fig. 2, *a*, *b*, *c* (le squelette).

Pseudopus d'Urvillii. Id. loc. cit. pag. 70, tab. 12, fig. 2, *a*, *b*, *c*, 3e série.

Pseudopus serpentinus. Ch. Bonap. Faun. Italic. pag. et Pl. sans numéros.

Pseudopus serpentinus. P. Gerv. Enum. Rept. Barb. (Annal. scienc. nat. (1837) tom. 6, pag. 311.

Lacerta apoda. Ratke Fauna der Krym. (Mém. prés. à l'acad. imper. des scienc. de Saint-Pétersbourg, tom. 3, p. 306.)

Pseudopus Pallasii. Duv. Règn. anim. Cuv. (3e édit. illust.), Pl. 23.

DESCRIPTION.

Formes. La tête, de forme pyramidale quadrangulaire, est confondue avec le tronc qui a sept fois plus d'étendue qu'elle. Le *Canthus rostralis* est arrondi.

La plaque rostrale offre trois côtés égaux, son angle supérieur est arrondi. La plaque nasale est pentagone inéquilatérale, pointue en avant, sub-arrondie en arrière; elle est circonscrite par deux inter-nasales, les deux premières labiales et les trois naso-frénales. Celles-ci régulièrement superposées sont sub-rhomboïdales. Entre elles et l'œil sont vingt petites plaques environ, polygones, inéquilatérales, plus ou moins développées. Les deux premières labiales supérieures sont pentagones, plus hautes que larges; c'est sur elles deux que s'appuie la narine. La troisième, la quatrième et quelquefois la cinquième labiale supérieure ont aussi cinq côtés, dont deux, les supérieurs, forment un angle aigu; la sixième et la septième, bien que réellement pentagones, affectent une forme carrée; la huitième leur ressemble ou est rectangulaire; la neuvième a cinq pans, un oblique, deux verticaux, et deux transversaux; la dixième, la onzième et la douzième sont quadrangulaires ou pentagones oblongues.

Trois des dix plaques inter-nasales, une médiane hexagone, parfois sub-triangulaire, et deux latérales en losanges, touchent à la rostrale; elles sont suivies de quatre autres plaques sub-hexagones, ou sub-pentagones, ou sub-rhomboïdales; après quoi viennent les trois dernières, qui sont un peu plus développées que toutes les autres, mais dont la forme est également très-variable. Il y a, comme nous l'avons dit, trois fronto-internasales, l'une, qui est triangulaire, est située entre les deux autres, qui sont sub-rhomboïdales. La plaque frontale est fort grande, et de moitié plus longue que large; elle offre trois petits pans en arrière, un grand de chaque côté, et un bord convexe en avant. Les fronto-pariétales sont petites, quadrangulaires ou pentagones, affectant quelquefois une forme losangique. Les pariétales, oblongues, bien développées, présentent tantôt cinq, tantôt six, tantôt sept côtés. Elles ont entre elles deux, placées à la suite l'une de l'autre, l'inter-pariétale, dont la figure est à peu près celle d'un triangle isoscèle, et l'occipitale, qui est ou triangulaire ou en losange. Les plaques palpébrales sont au nombre de neuf, disposées sur deux rangs longitudinaux, quatre pour l'interne, cinq pour l'externe. Toutes ces plaques sus-crâniennes sont légèrement imbriquées.

La plaque mentonnière est triangulaire; les labiales inférieures, dont il y a neuf ou dix paires, sont rhomboïdales; entre la série qu'elles forment de chaque côté de la lèvre, et celle des plaques sous-maxillaires, il existe une rangée, d'abord simple, puis double, d'autres petites plaques quadrangulaires ou pentagones oblongues. On compte neuf plaques sous-maxillaires deux fois au moins plus grandes que les labiales inférieures. Les paupières sont revêtues de petites squames hexagones, lisses, formant des séries longitudinales, au nombre de plus de six sur l'inférieure.

27.

Les tempes offrent des écailles imbriquées peu différentes de celles du cou.

L'orifice du méat auditif est petit, ovalaire et situé immédiatement en arrière de la commissure des lèvres.

Les sillons latéraux sont profonds et tapissés de petites écailles en losanges, fort minces et unies. Les écailles des parties latérales du cou sont petites, entières, lisses, arrondies en arrière et fort imbriquées.

On compte, en travers du corps, depuis l'occiput jusqu'à l'origine de la queue, une centaine de bandes d'écailles, lesquelles forment seize séries longitudinales, dont les deux externes de chaque côté se trouvent cachées dans le pli latéral. Il y a deux cent quarante verticilles autour de la queue, et cent quinze rangs transversaux d'écailles à partir de la gorge jusqu'au bord de l'anus; ces écailles constituent dix séries longitudinales. Nous avons déjà dit qu'avec l'âge les écailles qui protégent toute la surface du corps du Pseudope de Pallas deviennent osseuses. Leur forme, sur le cou, le dos et les flancs, est sub-rhomboïdale; en dessous, c'est-à-dire sur la gorge, la poitrine et le ventre, elles sont hexagones, plus larges que longues et légèrement échancrées à leur bord postérieur. Chez les jeunes sujets, toutes, à l'exception des gulaires, sont surmontées d'une forte carène; mais peu à peu, à mesure que l'animal se développe, ces carènes s'atténuent, à tel point que les écailles de la région dorsale, et plus encore celles de la région abdominale, n'en conservent qu'un faible vestige; mais l'écaillure caudale demeure constamment carénée. En perdant leur carène, les écailles du dos prennent des stries longitudinales plus ou moins marquées suivant les individus.

COLORATION. Les sujets adultes que nous possédons, conservés dans l'esprit de vin, offrent, en dessus, une teinte châtain, nuancée de noirâtre, attendu que chaque écaille porte, près de son bord postérieur, une raie transversale de cette dernière couleur. En dessous, ils sont colorés en brun jaunâtre.

Voici, d'après le prince Ch. Bonaparte, le mode de coloration que présente cette espèce lorsqu'elle est vivante. Sa tête est d'un cendré verdâtre, couleur qui s'étend sur la partie antérieure du cou, tandis que sa région postérieure offre la même teinte que le tronc. Le fond de la couleur des parties supérieures du corps est un châtain rubigineux tirant sur le rougeâtre; chaque écaille est marquée d'un très-grand nombre de petits points noirâtres. La couleur du dos, en descendant sur les flancs, passe graduellement à une teinte cendrée. L'iris est d'un vert doré, et la pupille est noire.

Les jeunes Pseudopes de Pallas ont une coloration tout à fait différente de celle des individus adultes. Ils sont d'un brun grisâtre en dessus, et d'un gris blanchâtre en dessous. Leur dos porte en travers des raies ou plutôt des taches ou chevrons d'une couleur brune. Des raies, brunes aussi, coupent de bas en haut les parties latérales de leur tête et de leur cou. Il y en a une derrière la narine, une seconde sous l'œil, une troisième au niveau de la commissure des lèvres, une quatrième en travers de l'oreille, et plusieurs autres en arrière de celle-ci. La plupart de ces raies descendent sous la gorge, où elles se rejoignent d'une manière plus ou moins régulière.

DIMENSIONS. *Longueur totale.* 1' 4". *Tête.* Long. 5". *Cou et tronc.* Long. 38". *Memb. postér.* Long. 4'''. *Queue.* Long. 61".

PATRIE. Cette espèce habite la Dalmatie, l'Istrie, la Morée et les côtes méditerranéennes de l'Afrique; on la trouve également en Crimée et dans la Sibérie méridionale. Elle fréquente, à ce qu'il paraît, les localités herbeuses.

OBSERVATIONS. Le *Pseudopus d'Urvillii* de Cuvier, et le *Pseudopus Fischeri* de M. Ménestriés, sont deux espèces établies sur de jeunes individus du Pseudope de Pallas.

VIIe GENRE. OPHISAURE. —*OPHISAURUS* (1).
Daudin
(*Hyalinus* (2). Merrem.)

CARACTÈRES. Langue en fer de flèche, échancrée triangulairement en avant, libre dans son tiers antérieur, lequel offre des papilles granuleuses, tandis qu'on en voit de filiformes sur les deux tiers postérieurs. Des dents sur plusieurs rangs au palais. Dents inter-maxillaires coniques. Dents maxillaires sub-

---

(1) D'οφίς, serpent; et de σαυρος, lézard.
(2) De ύαλος, de verre, à cause de sa fragilité.

cylindriques, simples. Narines latérales, ouvertes chacune dans une seule plaque. Un orifice externe de l'oreille fort petit. Des paupières. Plaques céphaliques nombreuses. Corps serpentiforme. Pas les moindres vestiges de membres à l'extérieur. Deux sillons latéraux assez profonds. Pas de pli en travers de la face inférieure du cou.

Les Ophisaures sont tout à fait apodes, car ils n'offrent même plus ces vestiges de membres postérieurs qu'on voit encore de chaque côté de l'anus dans le genre précédent ; du reste leur conformation, tant extérieure qu'intérieure, est, à quelques modifications près, exactement la même que celle des Pseudopes. Comme ceux-ci, en effet, ils ont, avec une véritable tête de Lézard, un corps parfaitement semblable à celui des Serpents. Leurs plaques céphaliques sont nombreuses ; leurs narines médiocrement arrondies, latérales ; deux paupières d'inégale hauteur protégent leur œil. Leur oreille externe est un simple petit trou ovale, percé immédiatement en arrière de l'angle de la bouche. Ils ont aussi, à droite et à gauche du tronc, un sillon longitudinal très-prononcé. Leur écaillure, qui a la plus grande analogie avec celle des Scincoïdiens, est composée de petites pièces osseuses, recouvertes d'un épiderme qui se détache très-aisément ; néanmoins ces petites pièces forment à la fois des bandes circulaires et des séries longitudinales. Mais la langue des Ophisaures, outre qu'elle est moins épaisse que celle des Pseudopes, l'est à peu près également d'un bout à l'autre, et l'on n'y aperçoit pas de sillon transversal à l'endroit où finissent les papilles filiformes et où commencent celles qui ont l'apparence de granules. Un autre caractère distinctif des Ophisaures, c'est que le plafond de leur bouche est armé d'un grand nombre de dents courtes, coniques et même pointues : elles y sont disposées sur plusieurs rangs, fixées la plupart dans les os ptérygoïdiens, quelques-unes seulement dans les os palatins.

Dans l'état présent de la science, le genre Ophisaure, non plus que le genre Pseudope, ne renferme qu'une seule espèce ; car celles mentionnées par Cuvier, sous les noms de *Punctatus* et de *Striatulus*, dans la seconde édition du Règne animal, ne doivent être considérées que comme de simples variétés de l'*Ophisaurus ventralis*. Cet Ophisaure ventral est connu depuis longtemps. Linné l'avait rangé avec ses *Anguis*, genre qui, outre l'Orvet commun, l'Acontias peintade, le Typhlops lombric, un Scincoïdien à deux et un autre à quatre pattes très-courtes, comprenait encore des Erix, le Céraste et deux Serpents à queue plate. Schneider lui donna une place plus naturelle, en le faisant entrer dans son genre Chamésaure, composé seulement de Chalcidiens. Mais Daudin fit encore mieux, lorsqu'il créa pour l'*Anguis ventralis* de Linné, ou *Chamæsaura ventralis* de Schneider, un genre particulier qui reçut de lui le nom d'Ophisaure, adopté aujourd'hui par tous les Erpétologistes, bien que Merrem, sans que nous en devinions le motif, ait proposé d'y substituer celui d'*Hyalinus*.

1. L'OPHISAURE VENTRAL. *Ophisaurus ventralis.* Daudin.

Caractères. Dos rayé longitudinalement de brun et de jaunâtre, ou bien noir piqueté de jaune, ou bien marron marqueté de taches blanches environnées de noir, ou bien fauve avec de larges bandes noires.

Synonymie. *The glass snake.* Catesb. Natur. Histor. Carol. tom. 2, tab. 59.

Anguis ventralis. Linn. Syst. nat. (édit. 12), pag. 391.

Anguis (The glass snake). Catesb. Klein. Tent. Herpetol. pag. 46.

Glassy fragile. Penn. Arct. zoolog. tom. 2, pag. 346.

Le Serpent de verre. Daubent. Encyclop. méth. anim. quad. ovip. et Serp. pag. 679.

Der kurzbauch. Müll. Natur. syst. tom. 3, pag. 219, n° 16.

Der konigsbauch. Borowsky. Thierreich. tom. 4, pag. 92, tab. 8, n° 7.

Der dickbauch. Lenz. Thiergesch. pag. 251, n° 5.

Le Serpent de verre. Bartram. Voyage dans les parties sud de l'Amérique méridionale. tom. 1, pag. 36, 102 et 335.

Le jaune et brun. Lacep. Hist. quad. ovip. tom. 2 , pag. 447.

Anguis fragilis. Gmel. Syst. nat. Linn. pag. 1122.

Le Serpent de verre. Bonnat. Encyclop. meth. pag. 66 , Pl. 31, fig. 5.

Anguis ventralis. Donnd. Zoologisch. Beytr. tom. 3, pag. 267.

Die glasschlange. Bechst. Der. amphib.

Chamœsaura ventralis. Schneid. Histor. amphib. fascic. II , pag. 215 et 342.

Anguis ventralis. Shaw. Gener. zoolog. tom. 3 , part. II , pag. 584.

Anguis ventralis. Latr. Hist. nat. Rept. tom. 4, pag. 223.

Ophisaurus ventralis. Daud. Hist. Rept. tom. 7 , pag. 352 , tab. 88.

Ophisaurus ventralis. Oppel. Ordnung. Fam. gattung. Rept. pag. 45.

L'Anguis ventral. Bosc. Nouv. Dictionn. d'hist. natur. tom. I , pag. 541.

Ophisaurus ventralis. Cuv. Reg. anim. (1re édit.), tom. 2 , pag. 59.

Hyalinus ventralis. Merr. Tent. syst. amphib. pag. 79.

Ophisaurus ventralis. Flem. Philosoph. of zoolog. tom. 2 , pag. 289.

Ophisaurus ventralis. Fitzing. Neue classif. Rept. pag. 50.

Ophisaurus ventralis. Harl. Gener. of north Amer. Rept. (Journ. academ. natur. scienc. Philad. tom. 5, part. II, pag. 346).

Ophisaurus ventralis. Bory de Saint-Vincent, Résum. d'Erpétol. pag. 152.

Ophisaurus ventralis. Cuv. Règn. anim. (2e édit.), tom. 2 , pag. 69.

Ophisaurus punctatus. Idem. loc. cit. pag. 70 (*var.* B.).

Ophisaurus striatulus. Idem. loc. cit. pag. 70 (*var.* D.).

Ophisaurus ventralis. Wagl. Syst. amphib. pag. 159.

Ophisaurus ventralis. Griffit. anim. Kingd. Cuv. tom. 9, p. 243.

Ophisaurus punctatus. Id. loc. cit. (*var.* B.).

Ophisaurus striatulus. Id. loc. cit. (*var.* D.).

Ophisaurus ventralis. Gray, Synops. Rept. in Griffith's anim. Kingd. Cuv. tom. 9, pag. 65.

Ophisaurus ventralis. Eichw. Zoolog. special. Ross. et Polon. tom. 3, pag. 179.

Ophisaurus ventralis. Schinz. Naturgesch. und abbildung. Rept. pag. 126, tab. 44.

Ophisaurus ventralis. Wiegm. Herpet. Mexic pars. 1, pag. 11.

Ophisaurus ventralis. Duver. Règn. anim. Cuv. (3e édit. illust.), Pl. 24, fig. 1.

DESCRIPTION.

FORMES. La queue fait les deux tiers de la longueur totale du corps; elle est distinctement cylindrique, tandis que le tronc affecte une forme cyclo-tétragone. La tête, pyramidale, quadrangulaire, se confond avec le cou qui, lui-même, est tout d'une venue avec le tronc.

Les dents qui arment le palais se distinguent en ptérygoïdiennes et en palatines. Il y a vingt-six des premières, formant trois ou quatre rangées de chaque côté; et huit ou dix seulement des secondes, placées sur deux rangs de chaque côté également. Une quarantaine de dents coniques, simples, garnissent le pourtour de la mâchoire supérieure; les branches sous-maxillaires en portent chacune dix-huit.

La frontale est la plus grande de toutes les plaques suscrâniennes; sa forme, lors même qu'elle a cinq côtés, ce qui lui arrive quelquefois, est à peu près celle d'un triangle isoscèle, ayant son angle aigu dirigé en avant. C'est le contraire de ce que présente la plaque inter-pariétale qui, elle aussi, ressemble à un triangle isoscèle, mais, outre qu'elle offre un développement un peu moindre que la frontale, elle est beaucoup plus effilée. Ces deux plaques frontale et interpariétale sont réunies par leur bord le plus large. Au sommet de l'inter-pariétale se trouve une petite occipitale en losange, et à sa droite et à sa gauche, elle a une assez grande pariétale oblongue qui, malgré ses six pans, affecte une forme rhomboïdale. De chacun des deux angles postérieurs de la frontale part une série de trois petites plaques en losanges qui se dirige obliquement vers le bord de la région temporale. La frontale est bordée de chaque côté par quatre petites plaques dont trois appartiennent à la double série des palpébrales, tandis que la quatrième est une des deux fronto-nasales. Ces deux plaques fronto-nasales qui sont tétragones ou hexagones sub-équilatérales, ont devant elles une inter-nasale impaire,

ayant à peu près la même forme et un peu plus de développement. Celle-ci est cotoyée à droite comme à gauche, par une
petite plaque quadrilatère oblongue, et séparée de la rostrale
par sept autres petites plaques qu'on peut considérer comme des
inter-nasales accessoires. De chaque côté du museau, une de ces
sept petites plaques inter-nasales accessoires se place entre la
rostrale et la plaque dans laquelle est percée la narine, immédiatement en arrière de laquelle on voit deux petites naso-frénales superposées. Le reste de la région frénale est occupé par
dix à douze petites plaques polygones inéquilatérales. La rostrale
a la forme d'un demi-disque. Les plaques palpébrales forment
deux séries dans chacune desquelles on en compte cinq ou six.
Il y a onze lames labiales supérieures de chaque côté : la première, haute, étroite, rhomboïdale, touche par son bord supérieur à la petite plaque qui sépare la nasale de la rostrale ; la
seconde pentagone, un peu plus basse que la première, supporte
la narine et une des deux naso-frénales qui suivent celle-ci ; la
troisième, la quatrième, la cinquième et la sixième et quelquefois la septième, sont moins grandes que les précédentes, ont
cinq pans, dont deux supérieurs, forment un angle obtus ; la
huitième, la neuvième et la dixième sont plus développées que
toutes les autres, et plus étendues en longueur qu'en hauteur ; la
onzième et dernière est au contraire plus petite. Les plaques labiales inférieures sont au nombre de seize en tout ; celles de la
première et de la seconde paire ressemblent à des losanges ;
toutes les autres sont quadrilatères oblongues ; la mentonnière
est triangulaire. Il y a onze plaques sous-maxillaires ; la première ou l'impaire est sub-triangulaire, les dix autres sont sub-
rhomboïdales. La rangée des plaques labiales et celle des sous-
maxillaires est séparée par deux séries de plaques oblongues qui,
pour la grandeur, tiennent le milieu entre celles-ci et celles-là.

Les côtés du cou sont revêtus d'écailles rhomboïdales, parfaitement lisses, très-imbriquées, plus petites que celles du dessus
et du dessous de la même partie du corps. Les écailles de la région cervicale et du dos, des flancs, du dessus et des régions latérales de la queue, sont quadrangulaires, affectant une forme
rhomboïdale, excepté cependant celles des deux rangées médianes, dont le bord antérieur est moins large que le postérieur.
Toutes ces écailles sont surmontées chacune d'une carène, peu
marquée sur la région dorsale et sur la première moitié du dos,

mais qui se prononce davantage sur la partie postérieure de celui-ci et plus encore sur la queue. En dessous le corps est entièrement revêtu depuis la gorge jusqu'à l'anus, de bandes d'écailles hexagones, dilatées transversalement. La face inférieure de la queue en offre d'à peu près semblables à son origine, mais qui, peu à peu, passent à la forme rhomboïdale. Depuis la nuque jusqu'à l'extrémité postérieure du tronc, on compte cent vingt rangées transversales, et seize séries longitudinales d'écailles. La queue lorsqu'elle est complète, est entourée de deux cent quarante verticilles. Le nombre des bandes longitudinales que forment les écailles de la poitrine et de l'abdomen est de dix ; et celui de leurs rangées transversales de cent vingt, comme sur le dos.

COLORATION. Le mode de coloration de cette espèce est très-variable, cependant les individus que nous avons observés peuvent se rapporter à quatre variétés principales.

Variété. A *ou rayée*. En dessus elle offre des raies longitudinales noires, alternant avec des raies blanchâtres ou jaunâtres. Les parties inférieures sont blanches.

Variété B *ou ponctuée.* (*Ophisaurus punctatus.* Cuvier.) Les écailles des côtés du corps et de la région cervicale sont noires, et celles du dos et du dessus de la queue brunes, marquées au milieu d'une tache noire plus ou moins dilatée ; mais toutes, sans exception, portent de chaque côté une petite tache ou un petit trait d'un jaune verdâtre. Le crâne est vermiculé de jaune sur un fond noir. Toutes les régions inférieures sont blanches.

Variété C *ou ocellée.* Le mode de coloration de cette variété rappelle celui de certains Gerrhosaures. En dessus il règne, depuis le bout du museau jusqu'à l'extrémité de la queue, une belle teinte marron, semée de taches blanches, entourée de noir plus ou moins complétement. Ces taches, ou plutôt ces ocelles, dont le nombre est très-variable suivant les individus, sont généralement distribués par bandes transversales, si ce n'est vers la région caudale, où ils se confondent même quelquefois les uns avec les autres. Les côtés du corps, dans toute son étendue, sont colorés en noir, mais non uniformément, attendu que chaque écaille a ses bords plus ou moins tachetés de blanc ou de roussâtre. Certains individus ont la région rachidienne parcourue par une bande noire. Le dessous de l'animal offre une teinte orangée pâle.

Variété D *ou à bandes.* (*Ophisaurus striatulus.* Cuvier.) Un gris fauve est répandu sur le dessus du corps qui porte une large raie noire sur la ligne médiane depuis la nuque jusqu'à l'extrémité caudale. Cinq autres raies noires alternant chacune avec une ligne blanche parcourent les côtés du tronc et ceux de la queue dans toute leur longueur. Les tempes et les parties latérales du cou sont jaspées de blanc et de noir.

DIMENSIONS. *Longueur totale*, 1" 7" 5'". *Tête*. Long. 3" 5'". *Cou et tronc*. Long. 27". *Queue*. Long. 77".

PATRIE. L'Ophisaure ventral habite les parties sud de l'Amémérique ; il est, dit-on, assez répandu en Caroline. Les échantillons que renferme la collection, sont dus à MM. Milbert, Noisette, Plée et Fournier.

VIIIe GENRE. PANTODACTYLE. — *PANTODACTYLUS* (1). Nobis.

(? *Leposoma*, Spix ; ? *Lepidosoma*, Wagler, Wiegmann.)

CARACTÈRES. Langue en fer de flèche, libre dans sa moitié antérieure, faiblement échancrée à sa pointe, couverte de papilles squamiformes. Pas de dents au palais. Dents inter-maxillaires coniques, simples. Dents maxillaires égales, serrées, un peu comprimées et à sommet tricuspide. Narines latérales, ouvertes chacune dans une seule plaque, la naso-rostrale. Des paupières. Membrane du tympan, tendue en dedans de l'entrée du méat auditif. Plaques sus-crâniennes, grandes. Tempes à scutelles. Quatre pattes, terminées chacune par cinq doigts inégaux, sub-cylindriques, lisses en dessous. Des pores fémoraux. Pas de sillons le long du corps.

(1) De πᾶς, παντα, entiers, tous ; et de δαxτύλος, doigt. — Doigts complets.

On peut aisément reconnaître ce genre entre tous ceux de la même sous-famille, qui ont quatre pattes et cinq doigts à chacune d'elles, en ce que son dos n'est pas hérissé d'épines osseuses comme celui des Tribolonotes, en ce que sa langue, au lieu d'offrir des papilles filiformes comme dans les Zonures, en présente de squamiformes ; en ce que chacun de ses flancs n'est pas parcouru par un sillon ou repli de la peau, ainsi que cela s'observe chez les Gerrhosaures et les Gerrhonotes ; en ce qu'il possède des pores fémoraux, tandis que les Hétérodactyles en sont privés.

Les Pantodactyles ont la langue rétrécie en avant, et divisée en deux petites pointes à son extrémité libre ; du côté opposé, elle forme une espèce de fourche à branches courtes et obtuses. Les papilles qui en garnissent la surface sont aplaties, comme en losanges et sub-imbriquées. Les dents inter-maxillaires sont coniques, pointues, un peu courbées. Les dents de la mâchoire supérieure et de l'inférieure sont droites, serrées, sub-égales, un peu comprimées, ayant leur sommet divisé très-distinctement en trois pointes, dont une, la médiane, est beaucoup plus prononcée que les latérales. Le palais nous a semblé dépourvu de dents. Le globe de l'œil est protégé par deux paupières, une supérieure assez courte ; une inférieure, au contraire, très-développée. L'ouverture du méat auditif, à l'entrée duquel se trouve tendue la membrane du tympan, est grande et ovalaire. Les narines sont deux petits trous pratiqués de chaque côté du bout du museau, au milieu d'une seule plaque. Cette plaque est une naso-rostrale, en arrière de laquelle est une naso-frénale, suivie immédiatement d'une fréno-oculaire, petite et située assez haut, de telle sorte qu'on la prendrait pour une palpébrale. Les plaques qui recouvrent la tête sont, une rostrale, une inter-naso-rostrale, deux fronto-inter-naso-rostrales, une frontale, deux fronto-pariétales, une inter-pariétale, deux pariétales, deux post-pariétales et une occipitale. Il y a une rangée de petites plaques sur la moitié inférieure du cercle orbitaire. Les plaques labiales n'offrent rien de particulier ; la mentonnière est simple ; les sous-maxillaires sont si élargies, qu'elles garnissent une grande partie de la gorge.

Le développement des membres est proportionné à celui du corps ; tous quatre sont divisés à leur extrémité en cinq doigts inégaux, sub-cylindriques, lisses en dessous, armés de petits ongles crochus. Aux mains, c'est le premier doigt qui est le plus court, après vient le cinquième, ensuite le second, puis le troisième et le quatrième, qui ont absolument la même longueur. Aux pieds, les quatre premiers doigts sont régulièrement étagés ; et le dernier, qui se trouve attaché assez en arrière sur le tarse, se prolonge en avant, à peine au delà de l'extrémité du second. La queue est cyclotétragone dans une certaine partie de son étendue, et arrondie dans le reste de sa longueur. Il n'existe pas la moindre trace de sillons longitudinaux sur les côtés du corps ; on n'observe pas davantage de repli en travers de la région inférieure et postérieure du cou, dont la peau, en dessous, n'est pas aussi tendue que chez les Gerrhosaures et les Gerrhonotes ; elle est garnie d'écailles lisses.

De petites plaques ou de grandes squames revêtent les tempes ; le dessus du cou et du tronc présente des bandes transversales un peu imbriquées, composées d'assez grandes écailles. L'abdomen est protégé par des lamelles faiblement imbriquées, disposées en quinconce. Quelques petits pores tubuleux se font remarquer sous la face inférieure de chaque cuisse. La queue est, comme le corps, enveloppée d'écailles verticillées.

Il se pourrait que le genre, dont nous venons d'exposer les caractères, fût celui que Spix a appelé *Leposoma;* car notre Pantodactyle de d'Orbigny, la seule espèce qui nous soit encore connue, semblerait avoir de grands rapports avec le *Leposoma scincoides* de cet auteur. Toutefois nous avons dû conserver des doutes sur l'identité spécifique de ces deux Sauriens, puisque, d'une part, Spix assure que son Léposome scincoïde n'a pas de pores fémoraux ; et que, d'une autre part, Wagler, qui a été à même d'observer les Reptiles recueillis par ce naturaliste voyageur, dit d'une manière positive, en parlant de cette même espèce, qu'elle manque de paupière supérieure ; or, la nôtre possède bien évidemment deux paupières et des pores fémoraux. On ne doit pourtant pas pour cela croire absolument que le genre Pantodactyle et le genre Léposome ne soient pas semblables ; car la paupière du Pantodactyle de d'Orbigny est si courte, que Wagler aura bien pu croire qu'elle n'existait pas ; et Spix, qui n'était pas un excellent observateur, aura pu de son côté ne pas apercevoir les cryptes qui existent sous les cuisses de la même espèce.

Nous devons avouer ici que nous craignons de nous être trompés, lorsqu'en traitant du genre Tropidosaure, pag. 167 du présent volume, nous avons annoncé que le Léposome scincoïde de Spix devait appartenir à la sous-famille des Iguaniens pleurodontes, et probablement au genre Proctotrète. C'est plutôt, nous le répétons, à quelque genre voisin de celui-ci, ou à celui-ci même, qu'appartient le Léposome scincoïde.

1. LE PANTODACTYLE DE D'ORBIGNY. *Pantodactylus d'Orbignyi,* Nobis.

CARACTÈRES. Ecailles du dos étroites, sub-lancéolées, carénées ; côtés du cou revêtus de très-petites écailles égales. Lamelles ventrales carrées, formant six séries longitudinales.

SYNONYMIE. ? *Leposoma scincoides.* Spix. spec. nov. Lacert. Bras. pag. 24, tab. 27, fig. 2.

? *Lepidosoma scincoides.* Wagler. Synops. Rept. pag. 157 et 333.

? *Lepidosoma scincoides.* Wiegm. Herpetol. Mexic. pars I, pag. 11.

Tropidosaurus scincoides. Schinz. naturgesch. und Abbildung. Rept. pag. 91, tab. 30.

DESCRIPTION.

FORMES. L'ensemble des formes de cette espèce est le même que celui d'un petit Lézard ordinaire. La tête est légèrement déprimée; ses côtés forment un triangle isoscèle. Couchée le long du cou, la patte de devant s'étend jusqu'au bord antérieur de l'œil; la patte de derrière, mise le long du flanc, touche à peine, par son extrémité, au milieu de l'étendue de celui-ci. La queue de notre individu étant reproduite, on doit attribuer à cette circonstance son peu de longueur, laquelle est de moitié moindre que celle du reste du corps.

La plaque rostrale est très-élargie; elle a six pans, un fort grand, situé inférieurement; un second, un peu moins grand, par lequel elle tient à l'inter-naso-rostrale; un petit de chaque côté, qui l'unit à la naso-rostrale, et un autre, encore plus petit, également de chaque côté, par lequel elle se trouve jointe à la première labiale. L'inter-naso-rostrale, pentagone, un peu rétrécie à son bord antérieur, est très-développée; elle occupe toute la largeur du dessus du museau, tenant en avant à la rostrale; à droite et à gauche à la naso-rostrale; en arrière aux deux fronto-naso-rostrales. Celles-ci ressemblent à deux triangles isocèles, réunis par leur sommet, lesquels sont un peu tronqués; le développement de ces deux plaques fronto-inter-naso-rostrales est petit, comparativement à celui de l'inter-naso rostrale. La frontale, oblongue, mais néanmoins assez large et plus en avant qu'en arrière, a cinq pans, deux soudés aux fronto-inter-naso-rostrales, formant un angle extrêmement ouvert, un à droite et un à gauche, et un autre en arrière. Les fronto-pariétales sont oblongues, pentagones, affectant une forme triangulaire; moins grandes que les pariétales, elles s'articulent avec elles et avec l'inter-pariétale, qui se trouve placée entre les deux dernières. Les pariétales sont sub-rhomboïdales; l'inter-pariétale, qui est plus longue que large, et plus développée que chacune de ces plaques, offre sept côtés. Les post-pariétales, un peu plus petites que les pariétales, sont hexagones, sub-circulaires; l'occipitale, de figure presque trapézoïde ou pentagone, se trouve située entre elles deux; sa grandeur est moitié moindre que l'une des plaques post-pariétales. La naso-rostrale, quadrilatère et fort grande, ressemble à peu près à un losange; la naso-frénale, qui la suit, a une forme sub-rhomboïdale; la fréno-oculaire, contre l'ordinaire, est petite et située si haut, qu'on serait tenté de la considérer comme une plaque palpébrale. Les palpébrales offrent toutes trois à peu près la même grandeur; la première et la seconde, malgré leurs quatre côtés, ressemblent, l'une à un triangle sub - équilatéral, l'autre à un triangle isocèle; la troisième est sub-trapézoïde. Il y a sept labiales supérieures de chaque côté ; les trois premières sont rectangulaires; la quatrième est quadrilatère, rétrécie en arrière ; la cinquième, beaucoup plus petite, est pentagone, rétrécie en avant; et les deux dernières, aussi peu développées, sont pentagones oblongues. On compte huit paires de plaques à la lèvre inférieure; ces plaques sont étroites, oblongues., pentagones, à peu près égales entre elles. La mentonnière est fort grande, offrant trois côtés, dont les deux latéraux forment en avant un angle arrondi; elle est suivie d'une sous-maxillaire pentagone, simple, plus grande qu'elle; après quoi viennent deux très-grandes paires de sous-maxillaires qui, étant soudées toutes quatre ensemble, couvrent une partie de la gorge; il existe encore deux autres plaques sous-maxillaires de chaque côté, mais celles là, outre qu'elles sont plus petites, ne s'étendent pas en arrière sur la région gulaire. La paupière inférieure est couverte de grandes squames polygones unies. Les régions temporales sont revêtues chacune d'un pavé de sept à neuf grandes plaques oblongues, inéquilatérales. Le bord antérieur de l'oreille n'offre ni dentelures ni lame operculaire. Les côtés du cou sont garnis de granules aplatis, peu rapprochés les uns des autres, mais offrant néanmoins une disposition entuilée. Le dessous du cou est protégé par douze paires de grandes lamelles hexagones, très-élargies et un peu entuilées. La nuque porte deux ou trois rangs transversaux d'écailles carrées ou pentagones, peu ou même point carénées; puis sur le cou, sur le dos et les flancs, l'écaillure se compose de pièces quadrilatères, allongées, étroites, dont le bord postérieur forme comme un petit angle obtus : ces écailles sont minces, faiblement imbriquées de dehors en dedans, et relevées chacune d'une carène longitudinale qui les partage également par la moitié ; elles constituent dix-huit ou dix-neuf séries longitudinales. L'ensemble des écailles cervicales et dorsales forme, depuis la nuque jusqu'à l'origine de la queue, une trentaine de bandes transversales. Le milieu de la poitrine est occupé par une grande squame sub-triangulaire, lisse, et chacun de ses côtés par quatre écailles en losanges, lisses aussi. Les lamelles abdominales, qui sont carrées et à surface parfaitement unie, composent six séries longitudinales et vingt-deux rangs transversaux. La région préanale est revêtue de cinq squames, deux grandes sub-trapézoïdes, placées à côté l'une de l'autre, et trois quadrilatères oblongues, dont la médiane est beaucoup plus étroite que les latérales. En dessus et à son origine, la queue offre des écailles semblables à celles du dos, en dessous elle en présente qui ne diffèrent pas de celles du ventre; mais dans le reste de son étendue, qui est reproduite, les petites pièces squameuses qui la protégent sont carrées et complétement dépourvues de carènes. On observe très-distinctement trois ou quatre pores tubuleux sous chaque cuisse, vers leur région la plus voisine de l'aine.

Coloration. Les parties supérieures du seul sujet que nous possédions de cette espèce sont uniformément d'un brun noirâtre, et les régions inférieures piquetées de noir sur un fond blanc. Sur le ventre, les piquetures noires sont tellement rapprochées les unes des autres, que chaque plaque abdominale semble porter une grande tache quadrilatère noire.

Dimensions. *Longueur totale.* 7" 1'''. *Tête.* Long. 1". *Cou.* Long. 7'''. *Tronc.* Long. 2" 2''', *Membr. antér.* Long. 1". *Membr. postér.* Long. 1" 5'''. *Queue* (reproduite). Long. 3" 2'''.

Patrie. L'individu d'après lequel nous venons de décrire cette espèce faisait partie d'une collection adressée de Buénos-Ayres au Muséum d'histoire naturelle, par M. D'Orbigny.

IXe GENRE. ECPLÉOPE. — *ECPLEOPUS* (1). Nobis.

Caractères. Langue en fer de flèche, libre dans sa moitié antérieure, faiblement échancrée à sa pointe, couverte de papilles squamiformes. Pas de dents au palais. Dents inter-maxillaires coniques, simples, pointues. Dents maxillaires inégales, sub-cylindriques, à sommet simple, obtus. Narines latérales, percées chacune dans une seule plaque, la naso-rostrale. Des paupières. Membrane du tympan tendue en dedans de l'entrée du méat auditif. Plaques sus-

---

(1) Ἐκπληὼς, au complet ; πους, ποδός, pied.

crâniennes, grandes. Tempes scutellées. Quatre pattes terminées chacune par cinq doigts inégaux, sub-cylindriques, lisses en dessous. Pas de pores fémoraux. Pas de sillons le long du corps.

L'absence de pores aux cuisses, et la forme des dents simplement coniques sans dentelures à leur sommet, sont deux caractères qui nous paraissent motiver suffisamment la séparation du présent genre d'avec le précédent, ou celui des Pantodactyles.

Ce genre est le dernier de ceux que nous avons à passer en revue, qui ait encore ses quatre pattes assez développées, et chacune d'elles bien distinctement divisée en cinq doigts, tous onguiculés. Ces doigts inégaux, et plutôt un peu comprimés que parfaitement arrondis, ont leur face inférieure garnie de scutelles lisses : les antérieurs sont assez courts, le premier est celui qui l'est le plus, le cinquième l'est moins, le second encore moins, ce qui fait que les deux autres, étant égaux, sont les plus longs des cinq ; les quatre premiers doigts des pieds augmentent graduellement de longueur, de sorte qu'ils sont ce que nous appelons étagés ; le dernier, inséré sur le tarse, fort en arrière des autres, ne se trouve pas dépasser de beaucoup en avant l'extrémité du second, quoiqu'il soit cependant assez long. Le tronc est étroit et cyclotétragone ; la queue offre la même forme dans la plus grande partie de son étendue. Le palais est tout à fait lisse. Il n'y a que quelques petites dents inter-maxillaires, grêles, peu courbées, pointues et fort écartées les unes des autres. Les maxillaires sont inégales, peu serrées, droites, cylindriques et à sommet ou à couronne simple, c'est-à-dire formant une pointe très-obtuse. La langue a la même forme que dans les genres précédents ; mais elle est peut-être plus mince et un peu plus extensible ; les papilles qui en garnissent la surface sont plates, en losanges, et comme imbriquées.

Les narines s'ouvrent de chaque côté du museau, un peu en arrière, au centre d'une grande plaque qui se trouve si-

28.

tuée en entier sur la région frénale ; cette plaque est une naso-rostrale, entre laquelle et le bord orbitaire sont une naso-frénale et deux fréno-oculaires superposées. En dessus, la tête est protégée par une rostrale, une inter-naso-rostrale, deux fronto-inter-naso-rostrales, une frontale, quatre paires de palpébrales ou sus-oculaires, deux fronto-pariétales, deux pariétales, et une inter-pariétale ; ces trois dernières plaques couvrent toute la région postérieure de la surface crânienne. Les lèvres et les branches sous-maxillaires portent des plaques qui, sous le rapport de la grandeur et de la disposition, ressemblent à celles du genre précédent.

La paupière supérieure est fort courte, mais l'inférieure est très-développée. Les ouvertures des oreilles sont deux trous circulaires, à l'entrée desquels se trouve tendue la membrane du tympan ; leur bord est simple. La peau ne forme aucune espèce de plis le long des côtés du corps, mais elle en fait un légèrement marqué en travers de la face inférieure et postérieure du cou. Les écailles quadrilatères qui revêtent le tronc constituent autour de cette partie du corps des anneaux complets qui paraissent bien peu imbriqués, s'ils le sont réellement. Les verticilles de la queue sont au contraire assez distinctement entuilés. Les cuisses n'offrent point de cryptes à leur face inférieure.

1. L'ECPLÉOPE DE GAUDICHAUD. *Ecpleopus Gaudichaudii.* Nobis.

CARACTÈRES. Dessus du corps d'un brun fauve, marqué d'une ou deux raies blanchâtres de chaque côté.

SYNONYMIE ?

DESCRIPTION.

FORMES. Mises le long du cou, les pattes de devant s'étendent un peu au delà des oreilles ; celles de derrière ont tout au plus la moitié de l'étendue qui existe entre l'aine et l'aisselle. La queue fait un peu plus des deux tiers de la longueur totale de l'animal ; sa forme est cyclotétragone, de même que celle du tronc.

La plaque rostrale, très-dilatée en travers, est sub-rectangulaire. L'inter-naso-rostrale, extrêmement grande et carrée, s'articule en avant avec la rostrale, de chaque côté avec la naso-rostrale et la naso-frénale, et en arrière avec les fronto-inter-naso-rostrales, la première palpébrale droite et la première palpébrale gauche. Les fronto-inter-naso-rostrales, qui sont trapézoïdes, ont à elles deux à peu près la moitié de la grandeur offerte par l'inter-naso-rostrale. La frontale a une longueur double de sa largeur; elle est hexagone, faiblement rétrécie en avant et légèrement infléchie en dedans de chaque côté. Les fronto-pariétales, pentagones, inéquilatérales, offrent à peu près le même développement que les fronto-inter-naso-rostrales. Les pariétales sont très-grandes, fort longues, offrant cinq pans : un petit, transversal, en arrière; un grand, rectiligne, à droite et à gauche; et deux petits en avant, formant un angle aigu, dont un des côtés est soudé à la dernière palpébrale, et l'autre à la fronto-pariétale. L'inter-pariétale, seulement un peu plus courte que les pariétales, mais de même forme et aussi large, se trouve placée positivement entre elles deux; l'angle formé par ses deux petits bords antérieurs est obtus et reçu entre les deux fronto-pariétales. Les quatre palpébrales sont également bien développées; la première est triangulaire, la seconde trapézoïde, la troisième carrée et la quatrième triangulaire, mais légèrement tronquée en arrière.

Le bord postérieur du crâne porte une série transversale de sept petites plaques sub-quadrilatères, dont une, la médiane, pourrait jusqu'à un certain point, être considérée comme une occipitale. On compte trente-trois rangées transversales d'écailles depuis la nuque jusqu'à l'origine de la queue; ces écailles sont toutes quadrilatères, oblongues, relevées d'une très-faible carène arrondie qui les partage longitudinalement en deux moitiés égales. Les lamelles ventrales ont la même forme et sont à peine plus grandes que les écailles dorsales, mais leur surface est parfaitement unie. Il y a sous le cou cinq rangs transversaux de petites squames carrées, lisses; et quatre grandes plaques sur la poitrine. Les écailles caudales sont allongées, étroites, hexagones; les supérieures portent une petite carène longitudinale, mais les inférieures en sont dépourvues.

COLORATION. Une ou deux raies blanchâtres dont les bords semblent tachetés de brun foncé, règne de chaque côté du cou et du dos, qui sont colorés de brun fauve, plus ou moins clair. Toutes les régions inférieures sont blanches.

DIMENSIONS. *Longueur totale*, 12". *Tête.* Long. 1". *Cou.* Long. 5'''. *Tronc.* Long. 2" 5'''. *Memb. antér.* Long. 9'''. *Memb. postér.* Long. 1" 2'''. *Queue.* Long. 8".

PATRIE. Cette espèce est originaire du Brésil, d'où elle a été rapportée à notre musée par M. Gaudichaud, à qui nous l'avons dédiée.

Xᵉ GENRE. CHAMÉSAURE.—*CHAMÆSAURA.*
Fitzinger (1).

(*Chalcides*, part. Laurenti, Oppel ; *Chamæsaura*, part. Schneider ; Seps, part. Daudin, Cuvier ; *Monodactylus*, Merrem.)

CARACTÈRES. Langue en fer de flèche, libre dans son tiers antérieur, très-faiblement échancrée en avant, à papilles filiformes, courtes, molles, épaisses. Pas de dents au palais. Dents inter-maxillaires coniques, simples. Dents maxillaires sub-cylindriques, obtusé-ment pointues. Narines latérales, percées chacune dans une grande plaque naso-rostrale. Des paupières. Un petit trou auriculaire externe. Dernières plaques sus-crâniennes se confondant avec les écailles de la nuque. Tempes revêtues d'écailles semblables à celles de toutes les autres parties du corps, ou rhomboïdales, carénées et imbriquées. Quatre pattes fort courtes, en stylets, terminées par un seul doigt onguiculé. Pas de sillons latéraux.

Ce genre est le dernier de ceux de la famille des Chalci-diens qui nous restent à étudier, chez lequel l'organe de l'ouïe soit manifeste au dehors : on remarque effectivement de chaque côté de la tête, un peu en arrière de la commissure

_____

(1) Χαμαισαυρα, *Lacerta, pumila,* petit Lézard.

des lèvres, un fort petit trou ovalaire, à l'entrée duquel est tendue la membrane du tympan. Les Chamésaures ont le corps excessivement grêle et allongé ; la peau de leurs flancs ne forme pas de replis ou de sillons longitudinaux, ainsi que cela a lieu dans la plupart des groupes génériques de cette famille. Ils sont pourvus de pattes, mais d'une brièveté et d'une faiblesse telles, qu'elles ne peuvent très-probablement leur servir pour se transporter d'un lieu dans un autre, si ce n'est peut-être dans quelques cas particuliers. Chez ces Chalcidiens, la locomotion s'exerce absolument comme dans les Serpents, à l'aide des ondulations latérales que peut produire le corps dans la totalité de son étendue. Ces petites pattes, dont il y a deux paires, ressemblent à de simples stylets, à l'extrémité desquels il existe un ongle pointu, fort court ; celles de derrière, qui sont un peu comprimées, offrent en dessous, près de leur origine, quelques petits pores tubuleux. Le tronc et la queue ont une forme cyclotétragone ; celle-ci, extrêmement effilée en arrière, entre pour plus des trois quarts dans la longueur totale de l'animal.

A peine un peu plus mince en avant qu'en arrière, où elle est divisée en deux branches représentant la figure d'un V, la langue a son extrémité antérieure rétrécie, libre et faiblement incisée ; et sa surface couverte de grosses et courtes papilles filiformes, serrées et un peu couchées en arrière, ayant la plupart leur sommet divisé ou cilié.

Le palais est parfaitement lisse. Les dents qui arment les deux mâchoires sont égales, simples, coniques ou sub-cylindriques ; on en compte environ quarante-huit au pourtour de celle d'en haut ; et vingt-deux le long de chaque branche de celle d'en bas. Les paupières ressemblent à celles de la majeure partie des espèces appartenant à la famille des Chalcidiens ; l'inférieure n'est pas transparente.

Les narines externes sont deux petits trous arrondis, percés à la partie postérieure d'une grande plaque naso-rostrale oblongue, située en partie sur la région frénale, et en partie sur le dessus du museau.

Le nombre des plaques céphaliques supérieures rentre dans la règle commune : ce sont une rostrale, deux naso-rostrales, une inter-naso-rostrale, deux fronto-inter-naso-rostrales, une frontale, trois palpébrales, deux fronto-pariétales, une inter-pariétale, deux pariétales et une occipitale. Sur le côté de la tête, entre la narine et l'œil, il y a une naso-frénale, une post-naso-frénale et une fréno-oculaire. La plaque mentonnière est excessivement grande ; les labiales, bien que médiocrement développées, sont peu nombreuses ; les sous-maxillaires sont soudées en dehors aux plaques de la lèvre inférieure.

Il n'y a qu'une sorte d'écaillure pour toutes les parties du corps, autres que la tête ; encore les tempes ne font-elles pas exception : cette écaillure se compose de lames minces, rhomboïdales, très-imbriquées, relevées chacune d'une forte carène, laquelle se prolonge en épine en arrière.

Les Chamésaures sont ovovivipares.

Schneider, dans le second fascicule de son Histoire des Amphibies, page 204, avait réuni, sous le nom générique de *Chamœsaura*, huit espèces de Lézards scincoïdiens et chalcidiens, qui sont devenus depuis les types d'autant de genres particuliers. L'un d'eux est celui dont nous faisons l'histoire en ce moment, et auquel nous réservons la dénomination du groupe dont il a été démembré, avec Fitzinger, Wagler et plusieurs autres erpétologistes non moins recommandables. L'unique espèce qu'il renferme est la *Lacerta anguina* de Linné, laquelle, jointe au Seps commun, formait le genre *Chalcides* de Laurenti. Oppel l'avait également placé dans son genre *Chalcides*, qui comprenait en outre un de nos vrais *Chalcides*, et notre Saurophide de Lacépède. Cette même *Chamœsaura anguina* faisait partie des Chalcides, dans la première édition du Règne animal de Cuvier, tandis que dans la seconde édition du même ouvrage, on la voit figurer parmi les *Seps*. Daudin considérait aussi notre espèce de Chamésaure comme un Seps, et Merrem en avait fait son genre *Monodactylus*.

1. LE CHAMÉSAURE SERPENTIN. *Chamœsaura anguina.* Schneider.

CARACTÈRES. Parties supérieures du corps brunes, marquées d'une bande longitudinale fauve.

SYNONYMIE. *Scolopendra marina.* Jonst. hist. nat. Serpent. lib. iI, tab. 9, fig. 4.

Scolopendra marina. Charlet. Exercitat. different. nominib. anim. pag. 35.

Scolopendra marina. Ruisch. Theat. anim. tom. I, tab. 9, fig. 4.

Vermis serpentiformis species singularis ex Africâ. Seb. tom. 2, pag. 70, tab. 78, fig. 7 et 8.

Vermis serpentiformis species singularis ex Africâ. Klein. quad. Disposit. pag. 114.

Lacerta anguina. Linn. syst. amph. (édit. 10), pag. 210, n° 43.

Scincus pedibus, etc. Gronov. Zoophyl. page 11, n° 44.

Lacerta anguina. Linn. syst. nat. (édit. 12), pag. 371, n° 49.

Chalcides pinnata. Laur. Synops. Rept. pag. 64.

Lézard-serpent à queue longue et écailles rudes. Vosmaer. Monograph. pag. 6, pl. 1.

Lacerta anguina. Herm. Tab. affinit. animal, pag. 265.

Lacerta anguina. Gmel. syst. nat. pag. 1079, n° 49.

Lacerta Anguina. Lacép. quad. Ovip. tom. I, pag. 438.

Chalcida anguina. Meyer. Synops. Rept. pag. 31.

Lacerta anguina. Donnd. Zoologisch. Beytr. tome 3, pag. 130.

Die Aal-Eidechse. Bechst. De Laceped's naturgesch. amphib. tom. 3, pag. 186, tab. 16, fig. 2.

Chamœsaura anguina. Schneid. Histor. amphib. natur. Fascic. II, pag. 210.

Anguine lizard. Shaw. gener. Zool. tom. 3, part. I, pag. 308, tab. 85.

Chalcida anguina. Latr. Hist. nat. Rept. tome 2, pag. 88.

Serpent à quatre pattes. Sparman. Voy. au cap de Bonne-Espérance, traduct. franç. tom. 3, pag. 241.

Seps monodactylus. Daud. Hist. Rept. tom. 4, pag. 342, tab. 58, fig. 1.

Lacerta monodactyla. Lacép. (Ann. Mus. d'hist. nat. tom. 2, pag. 351, pl. 59, fig. 1).

Lacerta monodactyla. Shaw. the naturalist's miscellany, tom. 22, tab. 947.

Chalcides monodactylus. Oppel. Die ordnung. Famil. und. Gattung. Rept. pag. 45.

Chalcide monodactyle. Cuv. Règn. anim. (1re édit.), tom. 2, pag. 57.

Monodactylus anguineus. Merr. Tentam. syst. amphib. pag. 76.

Chamæsaura anguinea. Fitzing. Neue classif. Rept. pag. 50.

Le Monodactyle de Daudin. Bory de St-Vincent, Résumé d'Erpétol. pag. 140.

Seps (Lacerta anguina Linn.). Cuv. Règn. anim. (2e édit.), tome 2, page 64.

Chamæsaura (Lacerta anguina Linn.). Wagl. Syst. amph. pag. 157.

Seps (Lacerta anguina Linn.). Griffith. anim. Kingd. Cuv. tom. 9, pag. 160.

Anguine monodactyle. Gray, Synops. Rept. in Griffith's anim. Kingd. Cuv. tom. 9, pag. 73.

Chamæsaura anguina. Schinz. Naturgesch. und abbildung. Rept. pag. 106, tab. 42, fig. 3.

Chamæsaura anguina. Wiegm. Herpet. mexic. pars I, pag. II.

DESCRIPTION.

Formes. La tête, qui est distinctement déprimée, donne la figure d'un triangle isocèle assez fortement arrondi à son sommet antérieur. Le méat auditif est extrêmement petit et en partie couvert par les écailles. Les bords des paupières sont garnis de squames quadrilatères oblongues. C'est à peine si les pattes de devant égalent en longueur la largeur du crâne; celles de derrière sont un peu moins courtes, et offrent en dessous deux pores tubuleux; les unes et les autres sont garnies d'écailles rhomboïdales, carénées et imbriquées, comme au reste il en existe sur toutes les autres parties du corps, la tête seule exceptée. Les écailles du ventre sont plus étroites, et celles de la queue plus courtes que celles du dos. Toutes forment des verticilles qui ne sont pas parfaitement circulaires, attendu que sur la région rachidienne, ces verticilles sont légèrement brisés en angles obtus dont le sommet est dirigé en arrière. On compte dix verticilles d'écailles autour du cou, trente et un autour du tronc, et un peu plus de deux cents autour de la queue. Vers le milieu du corps, on peut compter vingt-six séries longitudinales d'écailles.

La plaque rostrale, triangulaire, est fort basse et au contraire très-étendue en travers du bout du museau. Elle est renflée, ainsi que les deux naso-rostrales, qui sont oblongues, hexagones, ou heptagones inéquilatérales. Celle de droite s'articule avec sa congénère du côté gauche, avec la rostrale, avec la première labiale, avec la naso-frénale, la fronto-inter-naso-rostrale, et l'inter-naso-rostrale. Celle-ci, mince, plane et relevée de petites lignes saillantes comme toutes les autres plaques sus-crâniennes, est grande et en forme de losange; elle se trouve enclavée entre les deux naso-rostrales et les deux fronto-inter-naso-rostrales, qui lui permettent néanmoins de toucher à la frontale par le sommet de son angle postérieur. Les fronto-inter-naso-rostrales sont sub-rhomboïdales. La frontale est de moitié plus longue que large et rétrécie en arrière; elle a sept pans, trois petits en avant, un grand de chaque côté et deux petits à son extrémité postérieure, quand celle-ci n'est pas arrondie. Les fronto-pariétales sont placées à côté l'une de l'autre, et ont la même forme et la même grandeur que les fronto-inter-naso-rostrales. L'inter-pariétale occupe une place sur la ligne médiane du vertex, entre les pariétales, dont elle a la forme pentagone oblongue, mais sa longueur est un peu plus considérable. Immédiatement derrière elle, se trouve l'occipitale, à laquelle elle est quelquefois intimement soudée, et que borde de chaque côté une petite plaque que nous appelons occipitale latérale. Il y a trois plaques palpébrales: la première est presqu'aussi grande que les deux autres; elle forme un triangle isocèle dont l'angle aigu est dirigé en avant; la seconde ressemble à un triangle scalène; la troisième est quadrilatère ou pentagone, souvent arrondie en arrière.

La plaque naso-frénale est petite, coupée carrément à sa partie inférieure, tandis qu'elle est arrondie à sa marge supérieure; la post-naso-frénale, qui est sub-trapézoïde, offre un développement double du sien. La fréno-oculaire est plus courte et quadrangulaire. On compte cinq plaques quadrilatères oblongues de chaque côté de la lèvre supérieure; la quatrième monte jusqu'au bord de l'œil. Les plaques labiales inférieures sont aussi au nombre de cinq à droite et à gauche, et leur forme n'est pas différente de celle des labiales supérieures. La plaque mentonnière est si grande qu'elle couvre une grande partie de l'extrémité de la mandibule. En avant, elle est courbée en arc, et en arrière elle offre quatre bords cintrés en dedans, par deux desquels elle s'unit aux labiales inférieures de la première paire, et par les deux autres aux deux premières sous-maxillaires. Les sous-maxillaires, au nombre de quatre de chaque côté, sont à peu près carrées.

COLORATION. Le crâne, le dos, le dessus du cou et celui de la queue sont colorés en brun ; mais ces parties ont leur ligne médiane parcourue par une bande étroite d'une teinte fauve ; teinte qui se répand, en s'éclaircissant un peu, sur les côtés et les régions inférieures du corps. Tel est au moins le mode de coloration que nous offrent des individus conservés dans la liqueur alcoolique.

DIMENSIONS. *Longueur totale*, 47" 8"'. *Tête*. Long. 1" 5"'. *Cou et tronc*. Long. 9". *Queue*. Long. 37".

PATRIE. Le Chamésaure serpentin habite l'Afrique australe. Feu Delalande, MM. Quoy, Gaimard et J. Verreaux nous l'ont rapporté du cap de Bonne-Espérance.

XIe GENRE. HÉTÉRODACTYLE. — *HETERO-DACTYLUS* (1). Spix.

(*Chirocolus* (2). Wagler.)

CARACTÈRES. Langue en fer de flèche, libre dans sa moitié antérieure, divisée à son extrémité en deux pointes aiguës, couverte de papilles squamiformes, imbriquées. Pas de dents au palais. Dents inter-maxillaires coniques, simples. Dents maxillaires légèrement comprimées, droites, divisées à leur sommet en deux ou trois pointes obtuses, peu distinctes. Narines latérales, percées chacune dans une seule plaque, la naso-rostrale. Des paupières. Pas d'apparence d'oreille à l'extérieur. Plaques sus-crâniennes grandes. Tempes scutellées. Quatre pattes peu allongées, terminées chacune par cinq doigts inégaux ou peu comprimés,

---

(1) Ἕτερος, qui n'est pas fait de la même manière ; δάκτυλος, doigt.

(2) Χεὶρ, main, κολος, mutilée.

et lisses en dessous ; le premier doigt des antérieurs ou le pouce étant excessivement court ou rudimentaire. Des pores fémoraux. Pas de sillons le long du corps.

Les Hétérodactyles ont bien cinq doigts aux pattes antérieures comme aux postérieures ; mais l'un d'eux ou le pouce n'existe extérieurement que sous la forme d'un simple tubercule. Ce doigt, ou plutôt ce rudiment de doigt, est dépourvu d'ongle, tandis qu'il en existe un extrêmement petit, il est vrai, mais néanmoins distinct, aux quatre autres qui sont médiocrement développés ; c'est le quatrième qui est le moins court, après lui le troisième, ensuite le second, enfin le cinquième. Aux pieds, les quatre premiers doigts sont régulièrement étagés ; le cinquième, pour la longueur, tient le milieu entre le premier et le second.

Le cou n'est pas plus distinct de la tête qu'il ne l'est du tronc, terminé en arrière par une très-longue queue à peine moins forte que lui, si ce n'est à son extrémité, et dont la forme est la même, c'est-à-dire cyclotétragone ou presque arrondie. Il n'existe pas la moindre trace de sillon entre le bas des flancs et les côtés du ventre, ainsi que cela s'observe chez la plupart des autres genres de Sauriens cyclosaures. Il n'y a pas non plus d'ouverture externe de l'oreille.

La langue, assez élargie, est obtusément fourchue en arrière. Elle se termine antérieurement en une pointe aiguë, divisée en deux petits filets aplatis et lisses. La surface de cet organe est couverte de papilles assez grandes, plates, arrondies, entuilées, ayant, en un mot, l'apparence de véritables écailles.

On compte une dixaine de dents inter-maxillaires, coniques, droites, simples. Les dents maxillaires, au nombre de seize à dix-huit de chaque côté en haut, et de quarante-six à quarante-huit en tout, en bas, sont un peu comprimées, égales, ayant, les cinq à huit premières exceptées, leur sommet divisé en deux ou trois petites pointes obtuses. Le palais n'est pas denté.

Les paupières sont d'inégale grandeur, la supérieure étant extrêmement courte.

Les ouvertures des narines sont situées sur les parties latérales du museau, un peu en arrière; chacune d'elles est pratiquée sur le bord inférieur d'une grande naso-rostrale, qui est, avec une fréno-oculaire, la seule plaque qui protége la région frénale. A la vérité, les labiales supérieures sont assez hautes. Les inférieures, au contraire, offrent un très-petit développement; mais les sous-maxillaires, comme par compensation, sont excessivement dilatées. Bien qu'il n'y en ait que cinq, elles suffisent pour garnir tout le dessous de la tête.

Les plaques céphaliques supérieures sont une rostrale, une inter-naso-rostrale, une frontale, trois paires de palpébrales, deux grandes fronto-pariétales, une petite interpariétale, deux petites pariétales et deux post-pariétales. Il n'existe donc, parmi ces plaques sus-crâniennes, ni occipitale, ni inter-naso-rostrales. Les pariétales et les post-pariétales sont rejetées tout à fait sur le bord postérieur du crâne. Les tempes sont revêtues de grandes squames polygones, non imbriquées.

L'écaillure des parties supérieures et latérales du tronc, ainsi que celle de la queue, se compose de pièces étroites, hexagones, lancéolées, comme imbriquées de dehors en dedans, et disposées par rangs transversaux bien réguliers. Ces anneaux sont eux-mêmes légèrement imbriqués, c'est-à-dire que le bord postérieur du premier recouvre le bord antérieur du second, et successivement ainsi jusqu'au dernier. Le ventre est revêtu de plaques carrées ou rectangulaires, faiblement entuilées, rangées par bandes transversales et par séries longitudinales. Le dessous de chaque cuisse est percé de plusieurs pores assez écartés les uns des autres.

Ce genre établi par Spix, dans son histoire des Reptiles du Brésil, avait reçu de cet auteur le nom d'*Heterodactylus*, auquel Wagler a substitué, sans motif réel, celui de *Chiro-*

colits. Fidèles à la règle que nous nous sommes imposée, nous avons naturellement donné la préférence à la plus ancienne de ces deux dénominations.

On ne connaît encore qu'une seule espèce appartenant au genre Hétérodactyle.

1. L'HÉTÉRODACTYLE IMBRIQUÉ. *Heterodactylus imbricatus.* Spix.

CARACTÈRES. Écailles dorsales carénées. Six séries longitudinales de lamelles abdominales. Trois plaques préanales. Parties supérieures brunes, avec une bande d'une teinte claire de chaque côté du dos.

SYNONYMIE. *Heterodactylus imbricatus.* Spix, Spec. nov. Lacert. Bras. pag. 25, tab. 27, fig. 1.

Chalcides (Heterodactylus imbricatus. Spix), Cuv. Règn. anim. 2ᵉ édit.), tom. 2 ; pag. 66.

Chalcides (Heterodactylus imbricatus, Spix). Griff. anim. Kingd. Cuv. tom. 9, p. 162.

Spix's Heterodactylus. Gray, Synops. Rept. in Griffith's anim. Kingd. Cuv. tom. 9, pag. 66.

Chirocolus imbricatus. Schinz. Naturgesch. und Abbildung. Rept. pag. 106, tab. 41, fig. 4.

DESCRIPTION.

FORMES. La tête entre pour le sixième de la longueur qui existe depuis le bout du museau jusqu'à l'origine de la queue. Celle-ci fait beaucoup plus des deux tiers de l'étendue totale du corps. Les membres postérieurs sont d'un tiers moins courts que ceux de devant, qui, couchés le long du cou, n'atteignent pas tout à fait aux coins de la bouche. La tête est tétragone oblongue, subéquilatérale ; vue en dessus, elle donne la figure d'un ovale tronqué aux deux bouts. Sa face supérieure offre un plan horizontal légèrement convexe. Le *canthus rostralis* est un peu arrondi. La paupière inférieure est mince et dégarnie d'écailles, ce qui nous fait croire qu'elle est transparente comme celle de plusieurs Lacertiens.

La plaque rostrale est fort élargie, elle offre six pans : un inférieur, très-grand ; un supérieur, qui l'est un peu moins, et

quatre latéraux petits, deux à droite, deux à gauche, qui s'arti·
culent, l'un avec la naso-rostrale, l'autre avec la première labiale. L'inter - naso - rostrale est extrêmement développée ; elle
affecte une forme carrée, bien qu'elle soit un peu rétrécie en
avant, et qu'elle ait réellement huit côtés qui la mettent en rapport avec la rostrale, les deux naso - rostrales, les deux fréno-
oculaires, la première et la seconde palpébrales droites, la première palpébrale gauche et la frontale. Ainsi que nous l'avons
dit, en traitant du genre Hétérodactyle en particulier, il n'y a
pas de fronto-inter-naso-rostrales parmi les plaques sus - crâniennes. La frontale, à peu près aussi grande que chaque fronto-
pariétale, a cinq côtés : par l'antérieur elle tient à l'inter-naso-
rostrale; par les deux latéraux, aux secondes et troisièmes
palpébrales, et par les deux postérieurs, qui forment un angle
sub-aigu, aux deux fronto-pariétales entre lesquelles cet angle est
enclavé. Cette plaque frontale est un peu moins large en avant
qu'en arrière. Les fronto-pariétales offrent exactement la même
forme que la frontale ; seulement leur angle sub-aigu est situé
en avant au lieu de se trouver en arrière. Elles sont immédiate·
ment suivies ou, pour mieux dire, chacune d'elles est bordée
postérieurement par une petite pariétale quadrilatère oblongue,
après laquelle viennent deux post - pariétales quadrangulaires,
sub-équilatérales. La plaque inter-pariétale, qui est fort petite et
en losange, occupe le centre de l'espèce de carré que forment les
fronto pariétales et les pariétales. On n'observe pas de plaque
occipitale. La première palpébrale est petite, trapézoïde ; la seconde, de moitié plus grande, trapézoïde aussi ; et la troisième
de même grandeur que la seconde, mais triangulaire.

La plaque naso-rostrale est un quadrilatère rectangle; elle a
immédiatement au-dessous d'elle la première labiale supérieure
qui lui ressemble et par la forme et par la grandeur. La fréno-
oculaire, la seule plaque qui, avec la naso-rostrale, occupe la
région frénale, est carrée et un peu repliée sur le *Canthus rostralis*. La seconde labiale supérieure est carrée, la troisième et la
quatrième sont rectangulaires et les deux dernières pentagones
oblongues. Chaque région temporale est protégée par cinq plaques
polygones, lisses, juxta-posées, deux grandes en bas, trois petites
en haut. La plaque mentonnière est simple, quadrilatère, un
peu dilatée en travers. Il y a quatre petites labiales inférieures de
chaque côté; la première et les deux dernières sont rectangulaires

mais la seconde est pentagone oblongue. Les plaques sous-maxillaires sont au nombre de neuf, parmi lesquelles il y en a cinq tellement grandes qu'elles garnissent entièrement la face inférieure de la tête. L'une de ces cinq plaques, la plus rapprochée du menton, est hexagone, affectant une forme carrée ; les deux placées à côté l'une de l'autre, qui la suivent, ressemblent à des triangles isocèles dont un des sommets aurait été fortement tronqué ; puis les deux dernières, malgré leurs cinq pans, sont trapézoïdes. Les quatre autres plaques sous-maxillaires sont beaucoup moins grandes ; elles couvrent, deux à droite, deux à gauche, l'extrémité postérieure de la face latérale de la mâchoire inférieure ; l'une est allongée, étroite, sub-rhomboïdale ; l'autre plus grande, à peu près aussi large que longue, est sub-trapézoïde. La nuque porte quelques grandes écailles quadrilatères, lisses, à peu près aussi larges que longues. Le dessus et les côtés du cou sont revêtus d'écailles hexagones, unies, disposées sur quatre rangs transversaux. D'autres écailles hexagones, mais beaucoup plus étroites et relevées d'une petite carène longitudinale, qui les partage également par la moitié, garnissent le dos et les flancs, où elles constituent vingt-six ou vingt-sept bandes transversales et vingt-quatre séries longitudinales. Les écailles caudales ne diffèrent pas des dorsales, si ce n'est qu'elles sont moins grandes, encore plus étroites et pour ainsi dire plus lancéolées. On voit sous le cou quatre grandes squames lisses, imbriquées, les deux premières carrées, les deux suivantes trapézoïdes, ayant devant elles deux rangées transversales et de chaque côté deux séries très-courtes de squamelles ovalo-hexagones, lisses, imbriquées. Après les quatre plaques sous-collaires dont nous venons de parler tout à l'heure, il en vient deux autres un peu plus grandes qui sont elles-mêmes suivies de trois autres plus grandes encore. Ces trois dernières touchent aux six de forme rectangulaire qui couvrent la poitrine. Les lamelles ventrales sont disposées sur vingt-cinq bandes transversales, formant elles mêmes six séries longitudinales. Toutes ces lamelles sont quadrilatères et ont leur bord postérieur arrondi ; mais celles des cinq ou six premières rangées transversales sont carrées, tandis que celles des autres sont plus longues que larges. La région préanale offre trois plaques quadrilatères, oblongues, de même grandeur, dont une, la médiane, cache la suture qui unit les deux autres à la droite et à la gauche desquels il en existe encore une aussi longue, mais excessivement étroite. Le dessous de chaque cuisse présente une suite de six ou sept écailles ovales, convexes, percées chacune au centre d'un pore bien distinct.

COLORATION. Un sujet que nous possédons, conservé dans l'alcool, est tout brun en dessus avec deux bandes fauves ou blanchâtres, placées chacune entre deux raies noires qui s'étendent, l'une à droite, l'autre à gauche le long du corps, depuis le bout du museau, en passant au-dessus de l'œil, jusqu'à l'extrémité de la queue. En dessous, celle-ci est marquée d'un très-grand nombre de raies transversales brunes, sur un fond blanchâtre, couleur qui règne uniformément sur le ventre, la poitrine et la gorge.

DIMENSIONS. *Longueur totale ? Tête.* Long. 1" 4"'. *Cou.* Long. 1" 1"'. *Tronc.* Long. 5" 6"'. *Membr. antér.* Long. 1" 3"'. *Membr. postér.* Long. 2" 4"'. *Queue* (mutilée chez notre sujet).

PATRIE Cette espèce habite l'intérieur du Brésil; le seul exemp'aire que renferme notre musée national est un don de M. Langsdorff, qui a exercé pendant plusieurs années à Rio-Janeiro les fonctions de consul pour le gouvernement russe.

XIIᵉ GENRE. CHALCIDE. — *CHALCIDES.*
Daudin (1).
(*Brachypus* en partie, Fitzinger.)

CARACTÈRES. Langue en fer de flèche, libre dans sa moitié antérieure, divisée en deux petites pointes en avant, couverte de papilles squamiformes, imbriquées. Pas de dents au palais. Dents maxillaires et inter-maxillaires sub-égales, coniques. Narines latérales s'ouvrant chacune dans la plaque naso-rostrale et la première labiale. Des paupières. Pas d'oreille

---

(1) Ce nom est emprunté de Dioscoride, liv. 2, chap. 17 : Σαύρα χαλκίδικη, *Lacerta chalcidica.* Lézard du levant, de la Chalcédoine en Asie, dans l'Anatolie. (Voyez pour les détails à la fin des généralités qui suivent.)

externe. Plaques suscrâniennes grandes. Tempes scutellées. Quatre pattes fort courtes : les antérieures
terminées chacune par trois ou quatre doigts ; les
postérieures de même, mais quelquefois en simples
stylets. Pas de pores fémoraux. Un très-faible sillon
le long du corps, en avant.

Nous voici arrivés à un genre qui a bien encore deux
paires de membres, mais toutes deux excessivement courtes,
et dont les postérieures ne sont même quelquefois représentées que par de simples stylets. En général on distingue,
aux uns comme aux autres, de très-petits doigts, au nombre de trois ou quatre, qui, chez quelques espèces, ne
peuvent même guère être considérés que comme des tubercules squameux.

On remarque un léger sillon le long de la première moitié
du tronc, entre le flanc et le ventre, sillon au fond duquel
se trouve une série de petits granules oblongs.

La langue, en fer de flèche, offre, en avant, une pointe
très-aiguë, divisée elle-même en deux autres pointes fort
effilées et lisses ; tandis que le reste de la surface de cet
organe se trouve complétement garni, jusqu'à son bord
postérieur, de grandes papilles, plates, imbriquées, arrondies en arrière, en un mot, absolument semblables, par la
forme et la disposition, aux écailles de la plupart des
poissons.

Les dents intermaxillaires sont petites, coniques, simples ;
les maxillaires de même forme, mais plus fortes et à sommet
mousse. Le palais n'est pas denté. Il y a deux paupières,
une supérieure fort courte, une inférieure assez développée.
Le tympan est couvert par la peau, de sorte qu'il n'existe
pas de trace d'oreille à l'extérieur.

Les narines sont deux petits trous percés de chaque côté
du museau, un peu en arrière de son extrémité, entre la
plaque rostrale et la première labiale supérieure.

Parfois les plaques qui protégent la face supérieure de la

29.

tête sont une rostrale, une inter-naso-rostrale, une frontale, deux palpébrales de chaque côté et deux très-grandes pariétales, qui, à elles trois, couvrent toute la région postérieure du crâne; d'autres fois, il y a en plus deux fronto-inter-naso-rostrales, une ou deux palpébrales et une inter-pariétale; mais il n'existe, comme on le voit, ni fronto-pariétales ni occipitale. Le bord surciliaire est garni de petites plaques. La naso-rostrale est fort longue, elle n'est séparée du bord de l'œil que par une seule plaque, la fréno-oculaire. Les plaques labiales supérieures sont très-développées; les trois premières concourent avec la naso-rostrale et la fréno-oculaire à couvrir la région frénale sur laquelle on ne voit d'autre plaque que les cinq dont nous venons de parler. Les plaques labiales inférieures sont fort peu développées, tandis que les sous-maxillaires le sont au contraire beaucoup, et tellement que la gorge est en entier protégée par elles. Les tempes offrent un pavé de grandes scutelles en losanges. Il existe un petit repli de la peau tout autour du cou, au point de jonction de celui-ci avec la tête.

La région cervicale et la dorsale sont défendues par des bandes transversales d'écailles quadrangulaires ou hexagones, imbriquées. Des bandes de petites plaques quadrangulaires composent l'écaillure abdominale, et des verticilles d'écailles hexagones entourent la queue dans toute son étendue. On n'observe pas de pores sous les cuisses.

Le nom de ce genre a donné lieu à quelques difficultés. On n'a pas été d'accord sur la terminaison en *is* ou en *ides*, et Fabricius ayant appelé *Chalcis* un genre d'insectes hyménoptères dont quelques espèces sont de couleur cuivreuse, pour éviter le double emploi on a adopté *Chalcides*. C'était le mot *Chalcidica* rendu substantif; mais il avait désigné d'abord un Seps ou un Gerrhosaure, puis la principale espèce du genre Saurophide. Enfin, d'après Daudin, on a désigné, sous ce nom générique, la plupart des espèces dont nous allons nous occuper, et dont on trouvera la synonymie à chacun des articles dont le tableau suivant indique la série.

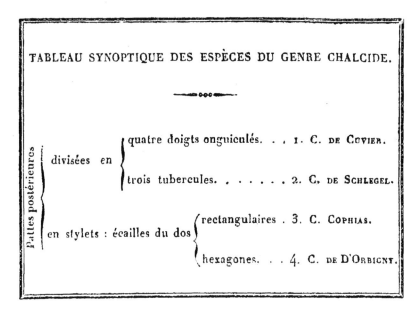

TABLEAU SYNOPTIQUE DES ESPÈCES DU GENRE CHALCIDE.

Pattes postérieures :

divisées en :
- quatre doigts onguiculés. . . . 1. C. DE CUVIER.
- trois tubercules. . . . . . . 2. C. DE SCHLEGEL.

en stylets : écailles du dos :
- rectangulaires . 3. C. COPHIAS.
- hexagones. . . 4. C. DE D'ORBIGNY.

1. LE CHALCIDE DE CUVIER. *Chalcides Cuvieri.* Wagler.

· CARACTÈRES. Deux fronto-inter-naso-rostrales, une inter-pariétale rectangulaire, aussi grande que les pariétales. Quatre paires de palpébrales. Quatre doigts onguiculés à chaque patte. Écailles dorsales hexagones, étroites, plates, unies. Six séries longitudinales de lamelles ventrales. Dos brun ou fauve, marqué de chaque côté d'une raie longitudinale jaunâtre.

SYNONYMIE. *Brachypus Cuvieri*, Fitzing. Neue classif. Rept. pag. 50.

Chalcide à quatre doigts. Cuv. Règn. anim. (2ᵉ édit.), tom. 2, pag. 66.

Chalcis (Brachypus Cuvieri, Fitz.). Wagl. Syst. amphib. pag. 196.

DESCRIPTION.

FORMES. Le tronc et la queue de cette espèce sont tout d'une venue, c'est-à-dire que celle-ci, qui fait les deux tiers de la longueur totale, est presqu'aussi grosse que celui-là, même à son extrémité ; mais sa forme est arrondie, tandis que celle du corps est cyclotétragone. La longueur des pattes antérieures et postérieures est égale aux deux tiers de celle du cou. Ces pattes sont terminées chacune par quatre doigts, qui, bien que fort courts,

sont encore séparés les uns des autres et armés d'un petit ongle
crochu. Ceux de devant, insérés sur une ligne légèrement arquée, laissent compter extérieurement, le premier et le quatrième deux phalanges, et les médians, qui ont tous deux la
même longueur, trois ; ce qui fait qu'ils sont un peu moins courts
que les latéraux. Les doigts des pieds ne présentent pas un
plus grand développement que ceux des mains : le premier,
quoiqu'un peu plus court que le second, a cependant, comme
lui, deux phalanges, et les deux autres en possèdent chacun
trois. Il peut arriver que le premier doigt postérieur n'existe ni
à l'une ni à l'autre patte ; mais parfois il ne manque que d'un
seul côté, en sorte que le même individu a quatre doigts à un
pied de derrière. et trois à l'autre. On rencontre bien aussi
quelquefois des sujets qui sont privés d'un ou deux doigts soit à
une patte, soit à une autre, mais il est facile de reconnaître
que cela provient d'un accident. La tête, un peu déprimée, est
légèrement rétrécie à son bord postérieur, ce qui donne aux
tempes une forme un peu arquée; en dessus, elle est parfaitement
plane ; en avant elle est obtusément pointue. Le *Canthus rostralis*
est arrondi.

La plaque rostrale est située tout à fait verticalement; elle
offre quatre côtés, un supérieur moins élargi que l'inférieur, et
deux latéraux un peu penchés en dedans : par le haut, elle s'articule avec l'inter-naso-rostrale, par ses côtés avec la naso-rostrale et la première labiale. L'inter-naso-rostrale est fort grande,
pentagone, rétrécie en avant où elle touche à la rostrale ; à
droite comme à gauche elle est soudée à la naso-rostrale, et en
arrière aux deux fronto-inter-naso-rostrales, qui, quelquefois,
lui permettent de s'unir par son sommet à la pointe de la frontale.
Les fronto-inter-naso-rostrales sont, après les palpébrales, les
plus petites de toutes les plaques sus-crâniennes : malgré leurs
cinq côtés elles ressemblent à un triangle équilatéral. Les plaques avec lesquelles elles se trouvent en rapport sont, l'inter-
naso-rostrale, la naso-rostrale, la fréno-oculaire, la première
palpébrale et la frontale. Celle-ci large, mais néanmoins
oblongue, a sept pans, trois petits en arrière par lesquels elle
tient à l'inter-pariétale et aux deux pariétales, un à droite et un
à gauche qui l'unissent aux secondes palpébrales, et deux en
avant, lesquels forment un angle aigu, enclavé entre les deux
fronto-inter-naso-rostrales. L'inter-pariétale qui représente un

quadrilatère rectangle fort allongé, occupe toute la ligne médiane de la région postérieure du crâne; elle a, de chaque côté, une pariétale excessivement grande, dont la figure approche de celle d'un triangle isocèle; son côté externe est légèrement arqué. La première palpébrale est triangulaire; la seconde aussi, mais un peu plus grande; la troisième est sub-trapézoïde et un peu moins développée que celle qui la précède, mais pas aussi petite que celle qui la suit, et dont la forme est rhomboïdale. La plaque naso-rostrale est quadrangulaire oblongue, tenant par son bord antérieur à la rostrale, par son bord supérieur à l'inter-naso-rostrale, par le postérieur à la fréno-oculaire, et par l'inférieur à la première et à la seconde labiale. La fréno-oculaire est carrée, elle n'a pas la moitié de la grandeur de la naso-rostrale. La première labiale est quadrangulaire, du double plus haute en arrière qu'en avant; son côté antérieur, qui est excessivement petit, la met en rapport avec la rostrale; le postérieur qui l'est beaucoup moins, avec la seconde labiale, et le supérieur qui est le plus grand des quatre, avec la naso-rostrale. C'est positivement au milieu de la suture qui unit ces deux plaques naso-rostrale et première labiale, que se trouve situé l'orifice externe de la narine. La seconde labiale supérieure est sub-trapézoïde ou carrée; la troisième ressemble assez à un triangle scalène, la quatrième à un rectangle, et la cinquième à un triangle isocèle. Les deux dernières sont les plus petites des cinq, après elles c'est la seconde; la première et la troisième présentent à peu près le même développement. La plaque mentonnière est petite, triangulaire, tronquée à son sommet postérieur. Il y a quatre plaques labiales inférieures quadrangulaires ou pentagones oblongues, de chaque côté. Les plaques sous-maxillaires sont au nombre de cinq, toutes fort grandes et rhomboïdales ou en losanges. Les trois premières placées une devant et deux derrière, sont soudées ensemble; elles sont suivies de deux autres entre lesquelles se trouvent des squames gulaires, sub-hexagones.

La paupière inférieure est dépourvue d'écailles; sa surface est extrêmement lisse, ce qui nous fait croire qu'elle est transparente. Chaque tempe est protégée par un pavé de huit à dix squames en losanges.

On compte une quarantaine de bandes d'écailles en travers du corps, depuis la nuque jusqu'à l'origine de la queue; celle-ci est entourée de cent et quelques verticilles de squamelles hexagones

fort étroites, dont la surface est lisse à la région caudale inférieure, mais distinctement marquée de trois stries ou de trois
petites carènes arrondies à la région supérieure. Les écailles cervicales des deux premiers rangs sont carrées et lisses ; celles des
six autres sont hexagones et lisses aussi. Les écailles du dos, également hexagones, sont plus longues et plus étroites que celles du
cou, qui en porte de carrées sur ses parties latérales ; leur surface
est parfaitement lisse, quoique, par un jeu de la lumière, on
serait tenté de les croire carénées ou relevées en dos d'âne. Les
flancs sont revêtus d'écailles quadrilatères oblongues, aussi étroites
et de même grandeur que celles du dos. L'ensemble des pièces
formant l'écaillure du dessus et des côtés du tronc, constituent
une vingtaine de séries longitudinales. Il y a huit rangées d'é-
cailles carrées, lisses, en travers du dessous du cou. Deux plaques
rectangulaires, ayant une petite squame étroite de chaque côté,
couvrent la région pectorale. L'abdomen est garni de lamelles
rectangulaires disposées en vingt-six bandes transversales et en
six séries longitudinales. Toutes ces lamelles abdominales offrent
une surface parfaitement unie. Il existe six plaques préanales,
deux latérales très-petites, triangulaires ; une médiane fort grande,
en losange, suivie d'une autre médiane plus petite, rectangulaire ; puis, à la droite et à la gauche de ces deux-là, une rhomboïdale de moyenne grandeur. Le dessus des membres est revêtu
de grandes écailles carrées, lisses, très-faiblement imbriquées, si
toutefois elles le sont réellement. Les paumes et les plantes sont
granuleuses, et les scutelles sous-digitales entièrement lisses.

COLORATION. Un brun fauve ou noirâtre est répandu sur toutes
les parties supérieures du corps. La gorge, le ventre et la face inférieure des pattes sont blanchâtres. Il règne, de chaque côté des
régions cervicale et dorsale, une petite bande d'un fauve clair,
liserée de noir, qui se prolonge même assez avant sur la queue.
Lorsqu'on examine le dos avec attention, on voit que sa ligne médiane est parcourue par une raie noire.

DIMENSIONS. *Longueur totale*, 15" 3'''. *Tête*. Long. 3'''. *Cou*.
Long. 9'''. *Tronc*. Long. 3" 5'''. *Memb. antér*. Long. 6". *Memb.
postér*. Long. 7'''. *Queue*. Long. 10".

PATRIE. Le Chalcide de Cuvier habite l'Amérique méridionale ; nous avons des individus qui ont été recueillis en Co-
lombie.

2. LE CHALCIDE DE SCHLEGEL. *Chalcides Schlegeli*. Nobis.

Caractères. Pas de plaques fronto-inter-naso-rostrales. Trois paires de palpébrales. Une inter-pariétale oblongue, triangulaire. Trois tubercules digitaux à chacune des quatre pattes. Écailles du dos et des flancs rectangulaires, très-étroites, lisses, formant vingt-cinq séries longitudinales. Huit bandes longitudinales de lamelles ventrales. Trois plaques préanales.

Synonymie. *Microdactylus gracilis*. Tschudi, Mus. Lugd. Batav.

DESCRIPTION.

Formes. Cette espèce a le tronc arrondi en dessus et plat en dessous ; la queue cylindrique et les membres excessivement courts, c'est-à-dire que leur longueur est à peine égale à la largeur du crâne. La tête fait le huitième de l'étendue du corps, mesuré du bout du museau à l'origine de la queue. Les doigts sont remplacés, aux pattes antérieures comme aux pattes postérieures, par trois tubercules égaux, composés chacun de deux écailles qui représentent sans doute autant de phalanges. Ces doigts nous semblent armés d'un très-petit ongle, ou d'une pointe qui en tient lieu. La plaque rostrale est hexagone sub-triangulaire. Par son bord supérieur, elle s'articule avec l'inter-naso-rostrale ; de chaque côté, par le haut, avec la naso-rostrale ; par le bas avec la première labiale. L'inter-pariétale est trilatère, oblongue, ayant son angle le plus aigu, l'antérieur, tronqué au sommet. La frontale, car il n'y a pas de fronto-inter-naso-rostrale, est pentagone, de moitié plus longue que large ; elle offre deux bords latéraux rectilignes qui la mettent en rapport avec la fréno-oculaire et les palpébrales, un bord antérieur régulièrement transversal, lequel est soudé à l'inter-naso-rostrale ; deux bords postérieurs formant un angle aigu enclavé entre les pariétales et dont le sommet touche à la pointe postérieure de l'inter-pariétale. Celle-ci, allongée, resserrée entre les pariétales, a son bord postérieur arrondi ; elle est très-rétrécie en avant. Comme il n'existe pas de fronto-pariétales, les pariétales sont fort grandes, leur forme est sub-rhomboïdale, et un de leurs quatre pans, le latéral externe, est légèrement arqué ; leur pan latéral interne s'articule avec l'inter-pariétale ; et, par leurs deux bords antérieurs, elles touchent en dehors à la seconde et à la troisième palpébrale; en dedans, à la frontale.

La première palpébrale est petite et triangulaire; la seconde, plus grande, est trapézoïde; la troisième, très-petite, a la figure d'un losange.

La plaque naso-rostrale, qui est grande et quadrilatère oblongue, se trouve située sur le *canthus rostralis*: elle est percée à son bord inférieur par la narine qui entame aussi le bord supérieur de la première labiale, laquelle forme un petit talon derrière l'ouverture nasale. Cette première labiale supérieure serait carrée, sans l'échancrure en angle droit rentrant, qu'elle offre pour recevoir la narine. La plaque fréno-oculaire est carrée; il n'y a ni nasofrénale, ni post-naso-frénale. La seconde labiale supérieure est trapézoïde; la troisième, pentagone; la quatrième, quadrilatère, oblongue; la cinquième, pentagone; la sixième, hexagone, subrhomboïdale. La lèvre inférieure porte quatre plaques de chaque côté; la première est rectangulaire; la seconde, pentagone, oblongue; la troisième de même et la quatrième hexagone, de moitié plus longue que large. La mentonnière serait carrée, si elle n'était pas rétrécie en arrière. On compte cinq grandes plaques sous-maxillaires : une première à cinq côtés, située sur la région moyenne; puis derrière elle quatre autres, deux à droite, deux à gauche, ayant une forme rhomboïdale, malgré les cinq pans qu'elles offrent réellement. La première ressemble à un grand losange tronqué au sommet de son angle antérieur. La région gulaire offre un carré de quatre plaques rhomboïdales, de chaque côté duquel est une série transversale de trois squames rhomboïdales aussi. Les deux paupières sont courtes, mais pas également; la supérieure l'est beaucoup plus que l'inférieure, qui est revêtue de quelques petites squames en pavé. Il y a sur chaque tempe six ou sept petites plaques pentagones ou hexagones oblongues, inéquilatérales, lisses, juxta-posées. Dix verticilles d'écailles parfaitement lisses entourent le cou, et trente-six le tronc. Celles de la région cervicale sont carrées, celles des côtés et du dessous du cou ont également quatre côtés, mais leur largeur est un peu moindre que leur longueur; celles du dos et des flancs sont rectangulaires, assez longues et fort étroites; elles constituent vingt-six séries longitudinales. Les lamelles qui revêtent la poitrine et celles qui garnissent la première moitié du ventre sont carrées, tandis que toutes celles de l'autre moitié de la région abdominale sont rectangulaires, offrant la même longueur, mais trois fois moins de largeur que les écailles dorsales. La région préanale présente trois plaques quadrilatères oblongues, une médiane et deux latérales ; ces dernières ont leur bord externe légèrement cintré. L'écaillure de la queue, si ce n'est que les pièces qui la composent sont un peu plus petites, ressemble tout à fait, sur la partie supérieure, à celle du dos ; sur la région inférieure, à celle de la partie postérieure de l'abdomen.

COLORATION. Un brun olivâtre règne sur la tête, le cou et le dessus du tronc, dont la face inférieure offre une teinte fauve. La queue est peinte en brun roussâtre.

DIMENSIONS. *Longueur totale.* 2". *Tête.* Long. 8'''. *Cou.* Long. 9'''. *Tronc.* Long. 5'''. *Memb. antér.* Long. 5'''. *Memb. postér.* Long. 5'''. *Queue* (mutilée).

PATRIE. Cette espèce serait originaire des Indes-Orientales, si l'individu, qui vient de servir à notre description, a réellement été envoyé de Calcutta, ainsi que l'indique l'étiquette du bocal qui le contient.

Cet individu fait partie de la collection erpétologique du musée de Leyde.

3. LE CHALCIDE COPHIAS. *Chalcides cophias.* Merrem.

CARACTÈRES. Pas de plaques fronto-inter-naso-rostrales. Deux paires de palpébrales. Pas d'inter-pariétale. Trois tubercules digitaux aux pieds antérieurs. Membres postérieurs en stylets. Écailles du dos et des flancs rectangulaires, étroites, lisses, formant vingt séries longitudinales. Six bandes longitudinales de lamelles ventrales. Quatre plaques préanales, dont deux médianes, placées l'une devant l'autre.

SYNONYMIE. *Le Chalcide.* Lacép. Quadrup. ovip. tom. 1, pag. 443, Pl. 32.

Chalcides flavescens. Bonnat. Encyclop. méth. Erpet. pag. 67, tab. 12, fig. 3.

Die Wurmeideihse. Bechst. de Lacepede's. naturgesch. amphib. tom. 2, pag. 190, tab. 15, fig. 2.

Chamæsaura cophias. Schneid. Histor. amphib. fascic. II, pag. 209 (κωφίας, sorte de Serpent cru aveugle).

Annulated Chalcides. Shaw. Gener. zool. tom. 3, pag. 307.

Chalcides flavescens. Latr. Hist. Rept. tom. 2, pag. 85.

Chalcides tridactylus. Daud Hist. Rept. tom. 4 , pag. 367.
Chalcides monodactylus. Id. loc. cit tom. 4 , pag. 370.
Le Chalcide. Cuv. Règn. anim. (1ʳᵉ édit.). tom. 2 , pag. 57.
Chalcis cophias. Merr. Syst. amphib. pag. 75.
Colobus Daudini. Merr. Syst. amphib. pag. 76.
Chalcide à doigts au nombre de cinq devant et de trois derrière.
Cuv. Règn. anim. (2ᵉ édit.). tom. 2, pag. 66.
Chalcis (Chamœsaura cophias. Schneid ; *Chalcides tridactylus.*
Daud.; *Chalcides monodactylus*, id.). Wagl. Syst. amphib.
pag. 197.
Chalcis (annulated Chalcides. Shaw.). Gray. Synops. Rept. in
Griffith's anim. kingd. tom. 9, pag. 66.

DESCRIPTION.

FORMES. Cette espèce, de même que la précédente, a le dessus
du tronc arrondi, le ventre plat et la queue cylindrique ; mais
ses pattes sont proportionnellement plus courtes, plus grêles ;
les postérieures surtout à l'extrémité desquelles, bien qu'en ait
dit Cuvier, on n'aperçoit pas le moindre indice de doigts. Les
pattes postérieures sont tout simplement deux petits appendices
légèrement aplatis, rétrécis en arrière, garnis de deux ou trois
squamelles en dessus, de plusieurs petites en dessous, et de quelques petits tubercules squameux le long de leur bord interne et
à leur pointe; leur longueur est égale à celle de la région préanale. Les membres antérieurs sont tout aussi peu développés,
mais ils se terminent par trois petits tubercules déprimés, un
médian et deux latéraux, derrière lesquels il y en a trois autres
semblables, placés de la même manière : ces six petits tubercules
semblent représenter la main. Les auteurs qui ont parlé de cette
espèce ont dit qu'elle avait trois doigts ou cinq doigts aux pattes
de devant, suivant qu'ils ont compté les trois premiers tubercules seulement, ou avec eux, les deux latéraux de ceux de la
seconde rangée. L'avant-bras est couvert par une très-grande
plaque ; il y en a deux à la suite l'une de l'autre sur le haut du
bras, deux petites le long du bord interne de celui-ci, et une
également petite le long du bord interne aussi de celui-là.

A part les deux paires de palpébrales, qui sont extrêmement
petites, et la rostrale qui n'est pas non plus bien développée, il
n'existe que quatre plaques sus-crâniennes, fort grandes à la

vérité, c'est-à-dire une inter-naso-rostrale, une frontale, et deux pariétales. L'inter-naso-rostrale offre trois côtés à peu près égaux ; un en arrière, qui est soudé à la frontale dans toute sa longueur, et deux latéraux qui forment en avant un angle aigu dont le sommet légèrement tronqué touche à la rostrale. La frontale est en fer de lance, coupée carrément et un peu rétrécie en avant ; en arrière, deux de ses cinq côtés forment un long angle aigu qui se trouve enclavé entre les deux plaques pariétales, dont la forme et la grandeur sont à peu près les mêmes que celles de la frontale. La rostrale ressemble à un triangle équilatéral.

La naso-rostrale, de moitié plus longue que large, est quadrilatère ; elle est immédiatement suivie de la fréno-oculaire qui est carrée. La première labiale supérieure a la même forme, mais elle est un peu plus courte que la naso-rostrale ; la seconde est trapézoïde, la troisième est sub-rhomboïdale, la quatrième est en triangle isocèle, ayant son angle aigu dirigé en avant ; enfin la cinquième, qui se confond avec les plaques temporales, au nombre de quatre ou cinq, est, comme elles, polygone, inéquilatérale. Il y a une petite plaque sous-oculaire très-oblongue, mais néanmoins de forme triangulaire, elle s'appuie sur la troisième et la quatrième labiale supérieure.

Six plaques fort étroites, allongées, quadrilatères, garnissent la lèvre inférieure, trois d'un côté trois de l'autre. Le plaque mentonnière est à peu près carrée ; derrière elle se trouve une grande sous-maxillaire en losange un peu tronqué en avant ; celle-ci est suivie de quatre autres non moins dilatées, deux à droite, deux à gauche, qui sont la première rhomboïdale, la seconde en triangle isocèle.

La région gulaire est garnie de dix squames sub-rhomboïdales, placées quatre en carré et trois de chaque côté de ce carré.

Le nombre des verticilles autour du cou et du tronc est de quarante-sept, puis il y a deux-demi verticilles sur la région du sacrum. Les écailles du dos et des flancs qui sont rectangulaires, étroites, lisses, forment vingt séries longitudinales, et les lamelles ventrales six. Ces lamelles ventrales, ou du moins celles qui garnissent la moitié postérieure de l'abdomen, sont quadrilatères et un peu plus longues que larges ; tandis que celles de l'autre moitié sont carrées, de même que les écailles des deux premières rangées transversales du cou. L'écaillure caudale ressemble exactement à celle du tronc.

Il y a quatre plaques oblongues sur la région préanale, deux petites médianes placées l'une devant l'autre; deux latérales, dont le bord externe est légèrement cintré.

COLORATION. Ce petit Saurien a les parties supérieures d'un brun roussâtre ou cuivreux; son cou et son dos sont parcourus en long par quatre raies blanchâtres qui vont se perdre sur la queue. En dessous il offre une teinte blanchâtre, lavée de fauve.

DIMENSIONS. *Longueur totale?* *Tête.* Long. 8'''. *Cou.* Long. 7'''. *Tronc.* Long. 5'''. *Memb. antér.* Long. 3'''. *Memb. postér.* Long. 3'''. *Queue* (mutilée).

PATRIE. Cette espèce nous a été envoyée de la Guyane par M. Banon.

4. LE CHALCIDE DE DORBIGNY. *Chalcides Dorbignyi.* Nobis.

CARACTÈRES. Pas de plaques fronto-inter-naso-rostrales. Deux petites palpébrales très-étroites de chaque côté. Pas d'inter-pariétale. Trois tubercules à l'extrémité de chaque membre antérieur. Pattes postérieures représentées par deux petits stylets extrêmement courts. Ecailles du dos et des flancs oblongues, hexagones, étroites, lisses, formant dix-neuf séries longitudinales. Six bandes de lamelles ventrales. Quatre plaques préanales, dont deux médianes placées l'une devant l'autre.

DESCRIPTION.

FORMES. Chez ce Chalcide, de même que chez les précédents, on voit, à l'extrémité de chacune des pattes antérieures, trois tubercules tenant lieu d'un égal nombre de doigts; mais ces tubercules sont un peu plus forts, et derrière la rangée transversale qu'ils constituent, ce n'est pas trois, mais deux autres seulement qu'on y remarque, en sorte qu'ici la main n'est plus composée que de cinq pièces au lieu de six : deux des cinq pièces, les postérieures, se trouvent placées derrière les deux tubercules digitaux externes. L'avant-bras porte une grande squame en dessous, et une moins grande le long de son bord interne; le bras en offre deux moyennes et une petite. Les pattes postérieures sont représentées par deux appendices simples, pointus, extrêmement courts ou n'ayant pas une longueur égale à la moitié de la largeur de la région préanale.

La seule différence qu'on remarque entre les plaques céphaliques supérieures et latérales de cette espèce et celles du Chalcide cophias, consiste tout simplement en ce que les palpébrales sont plus petites , et au nombre de deux au lieu de trois. Il y a , de même que chez les espèces précédentes, cinq grandes plaques sous-maxillaires , mais elles sont proportionnellement moins tirées en longueur aux dépens de leur largeur : la première , celle qui suit immédiatement la mentonnière, est heptagone ; les deux qui viennent ensuite affectent, malgré leurs cinq pans, la forme trapézoïde que présentent d'une manière assez régulière les deux dernières. Ici, sous la gorge, au lieu de quatre plaques médianes, il n'en existe que deux ayant quatre côtés, dont deux très-grands qui forment une fort longue pointe en avant.

On compte cinquante quatre bandes d'écailles en travers du corps , depuis la nuque jusqu'à l'origine de la queue ; celles du dos et des flancs réunies forment dix-neuf séries longitudinales. Les écailles du dessus et des côtés du cou, celles du dos et des flancs , sont hexagones, parfaitement lisses, et peut-être un peu convexes. On observe que sur la région cervicale elles sont plus courtes et beaucoup moins étroites que sur la région dorsale et sur les parties latérales du tronc. Le dessous du cou offre sept rangs transversaux d'écailles peu différentes de celles de dessus. La poitrine a un plastron composé de deux grandes plaques rectangulaires, de chaque côté duquel sont deux petites squames oblongues, étroites. Il résulte de la disposition des lamelles ventrales, qui sont quadrilatères et lisses, six séries longitudinales et quarante-une bandes transversales : celles qui composent les cinq premières bandes ont presqu'autant de largeur que de longueur ; mais celles des vingt-une autres deviennent de plus en plus étroites en s'approchant de la queue. Quatre plaques protégent la région préanale; deux médianes, petites; deux latérales, oblongues, quadrilatères. L'écaillure de la queue n'est pas différente de celle du dos.

COLORATION. Le dessus et le dessous du corps présentent une teinte fauve blanchâtre. Trois raies noires qui commencent sur la tête parcourent la région cervicale , la dorsale et une partie du dessus de la queue. Une large bande de la même couleur que ces raies s'étend tout le long du corps, à partir de l'œil.

DIMENSIONS. *Longueur totale?* *Tête.* Long. 8'''. *Cou.* Long. 7'''. *Tronc.* Long. 5" 3'''. *Memb. antér.* Long. 3'''. *Memb. postér.* Long. 1''' 1/2. *Queue.* (mutilée).

PATRIE. Le seul individu que nous possédions vient de Santa-Cruz du Chili. Il a été rapporté par M. d'Orbigny.

SECONDE SOUS-FAMILLE.

CYCLOSAURES GLYPTODERMES.

Ainsi que nous l'avons précédemment énoncé (1), nous avons cherché à exprimer par ce nom de Glyptodermes la disposition toute particulière de la peau dans les quatre genres qui ont, il est vrai, le corps divisé, en apparence, par anneaux transverses et réguliers; mais qui sont entièrement dépourvus d'écailles. Cependant cette peau coriace et nue offre partout des verticilles circulaires à peu près égaux entre eux, et chacun de ces anneaux est subdivisé en petits compartiments quadrilatères, un peu saillants comme des tubercules réguliers, généralement symétriques, quelquefois colorés diversement, semblables aux petites pièces tétraèdres d'une mosaïque. Il reste encore sur les parties latérales une sorte d'indication du sillon qui sépare les flancs de la région abdominale. Ce sont des lignes enfoncées qui se croisent en formant à peu près les mêmes angles, mais opposés par leur sommet.

M. Müller, qui s'est principalement livré à l'étude anatomique de ce groupe, qu'il a cependant classé avec les Serpents, quoiqu'il ait prouvé leur plus grande analogie avec les Sauriens, en avait fait une famille à part caractérisée, sous le nom d'Amphisbénoïdes, par l'absence des dents au palais, toutes les autres existant, mais ressemblant à de simples crochets courts et coniques.

(1) Voyez dans ce présent volume, pages 319 (note 2), 325, 331.

Ainsi, l'absence constante de paupières et d'écailles devient le caractère essentiel des Glyptodermes. Il faut avouer ensuite qu'aucuns Sauriens n'ont plus de rapports apparents avec les Ophidiens, par la forme générale et cylindrique du corps, qui est à peu près la même aux deux extrémités; par l'absence absolue des trous auditifs externes et par d'autres particularités de l'organisation intérieure, ce qui a déterminé un mode de respiration, des mouvements et des habitudes analogues. Il n'est donc pas étonnant que la plupart des erpétologistes, même les plus habiles anatomistes, aient jusqu'ici rangé les genres dont nous allons nous occuper, ou plutôt leurs espèces, dans l'ordre ou dans la classe des Serpents, comme ils nommaient cette division des animaux vertébrés.

Cependant la structure des os du crâne, et surtout celle de la face, dont toutes les pièces sont réunies solidement entre elles et avec celles de la boîte encéphalique; la soudure des deux branches de la mâchoire inférieure, dont l'étendue en arrière ne dépasse pas celle de l'occiput; ces deux particularités ont mis des bornes à l'écartement des parties de la bouche qui servent à l'acte de la préhension des aliments. Aussi ces Reptiles étaient-ils, par cela même, désignés sous le nom de Serpents à petite bouche (*Microstomata*). La forme de la langue, qui est courte, plate, large, non profondément divisée à son extrémité libre, et qui n'est point engaînée à sa base, où elle reçoit un prolongement de l'os hyoïde; la situation de l'orifice de la glotte, qu'on voit en arrière de la langue; enfin l'assemblage des corps des vertèbres, qui se fait à l'aide de fibro-cartilages; tels sont les principaux caractères anatomiques que M. Müller a clairement démontrés et figurés dans la belle dissertation que nous avons citée dans l'histoire littéraire de cette famille, page 340.

Le mode d'implantation des dents des Glyptodermes offre cela de curieux que, comme chez les Sauriens de la famille des Iguaniens, il est de deux sortes : ainsi, tantôt ces organes, destinés à retenir plutôt qu'à diviser la proie, sont appliqués contre la face interne des os maxillaires dans une sorte de rainure qui y est pratiquée ; tantôt ils sont fixés sur le sommet même des os, auxquels ils adhèrent si fortement qu'ils ne semblent faire qu'un avec eux. En sorte qu'il y a parmi les Glyptodermes des espèces Acrodontes et d'autres qui sont Pleurodontes, expressions proposées par Wagler et adoptées par nous pour désigner les deux manières précitées dont les dents s'implantent sur les mâchoires. Jusqu'ici le nombre des Glyptodermes Pleurodontes est de beaucoup le plus considérable, et de même que chez les Iguaniens, tous, à une ou deux exceptions près, appartiennent au Nouveau-Monde ; les Trogonophides forment au contraire le seul genre de Glyptodermes Acrodontes qu'on connaisse encore aujourd'hui ; ils ne se trouvent, comme les Iguaniens Acrodontes, que dans l'Ancien-Monde.

La forme de la langue est exactement la même chez toutes les espèces qui composent cette seconde sous-famille des Sauriens Cyclosaures. C'est un organe plat, élargi, ovalaire, échancré en V en arrière, et assez brusquement rétréci à son extrémité antérieure, qui forme une pointe divisée en deux petits filets minces, lisses ; le reste de la surface linguale est couvert de grandes papilles squamiformes, ou aplaties, unies, imbriquées et arrondies à leur bord libre, qui est celui qui regarde le fond de la bouche.

GLYPTODERMES ACRODONTES.

XIII° GENRE. TROGONOPHIDE. — *TROGO-NOPHIS* (1). Kaup.

CARACTÈRES. Dents solidement fixées sur le tranchant des mâchoires, presque toutes réunies entre elles par leur base, inégales, coniques, mousses ou comme tuberculeuses, bien qu'un peu comprimées; en nombre impair dans l'os inter-maxillaire. Narines latérales, petites, ovalaires, percées chacune dans une seule plaque, la naso-rostrale. Pas de membres du tout. Pas de pores pré-anaux.

Ainsi que nous l'avons déjà dit, les Trogonophides sont des Reptiles Acrodontes, c'est-à-dire que leurs dents, au lieu d'être appliquées contre le bord interne des mâchoires, comme chez les Pleurodontes, sont fixées sur le tranchant des maxillaires et si intimement, qu'elles semblent faire corps commun avec eux, ou, en d'autres termes, n'être que des dentelures pratiquées dans ces os mêmes. Ce caractère les distingue des autres Glyptodermes en général et des Amphisbènes en particulier, auxquelles ils ressemblent extérieurement, si ce n'est que leur lèvre cloacale n'est point percée de pores en avant. Les Trogonophides manquent aussi par conséquent de membres, même rudimentaires, circonstance qui les éloigne des Chirotes, lesquels possèdent des pattes antérieures; et leurs narines viennent s'ouvrir sur les côtés du museau, contrairement à ce qui a lieu dans les Lépidosternes, qui ont ces orifices situés sous l'extrémité

---

(1) De τρογον, nom de l'oiseau qui perce, tel que le Pic; et de οφίς, serpent qui perce la terre.

3o.

antérieure de la tête. Les narines des Trogonophides sont fort petites, ovalaires, simples, et ne percent qu'une seule plaque à droite et à gauche, la naso-rostrale. Les dents, quant à la forme, diffèrent aussi de celles des Amphisbènes et des autres genres de Glyptodermes, en tant qu'elles ne sont ni toutes séparées les unes des autres, ni distinctement coniques et plus ou moins effilées et pointues; mais la plupart sont latéralement réunies par leur base et obtusément coniques, telles que les inter-maxillaires, ou légèrement comprimées et terminées par une pointe mousse, telles que les maxillaires et les mandibulaires antérieures, ou bien comme tuberculeuses, quoique légèrement comprimées, telles que les mandibulaires postérieures. De même que chez tous les autres Glyptodermes, les dents inter-maxillaires sont en nombre impair, et la médiane est plus longue que les latérales. Les plaques céphaliques, au moins chez la seule espèce de Trogonophide qu'on connaisse encore aujourd'hui, sont peu nombreuses et disposées comme chez la plupart des Amphisbènes. Deux de ces plaques couvrent les yeux qui, dans toutes les espèces de cette sous-famille, sont, ainsi qu'on le sait, complétement dépourvus de membranes palpébrales. Les compartiments qu'on observe à la surface de la peau sont à peu près de même forme et de même grandeur sur toutes les parties du corps; nous verrons qu'il en est autrement chez les Lépidosternes, sur la poitrine desquels il en existe d'une figure différente et d'un plus grand développement que sur les autres régions de l'animal. Il n'y a pas de cryptes sur les bords du cloaque.

L'établissement du genre Trogonophide est dû à M. Kaup, qui a très-bien saisi et fort bien exposé dans l'*Isis* (1830), p. 880, tab. 8, fig. *t* et *a*, les caractères sur lesquels il repose, c'est-à-dire la différence de son système dentaire d'avec celui des Amphisbènes, différence qu'il a rendue encore plus sensible en joignant à son mémoire deux figures représentant, l'une les dents du *Trogonophis Wiegmanni*, l'autre celles d'une espèce d'Amphisbène.

1. LE TROGONOPHIDE DE WIEGMANN. — *Trogonophis
Wiegmanni.* Kaup.

CARACTÈRES. Tête conique, museau obtus. Yeux distincts. Cinq
dents inter-maxillaires ; quatre dents maxillaires de chaque côté ;
dix-huit dents mandibulaires. Plaque naso-rostrale emboîtant le
bout du museau ; naso-rostrales soudées entre elles. Queue très-
courte, conique. Corps marqué de taches, les unes noires ou
roussâtres, les autres blanchâtres ou jaunâtres, rappelant par
leur disposition le dessin du champ d'un damier.

SYNONYMIE. *Trogonophis Wiegmanni.* Kaup, Isis (1830), p. 880,
tab. 8, fig. *t.*

Amphisbœna elegans. P. Gerv. Bullet. sc. nat. France (1835),
pag. 135.

Amphisbœna elegans. P. Gerv. Magas. zool. Guérin-Méneville,
(1836), class. III, pl. 11.

DESCRIPTION.

FORMES. Cette espèce a la tête courte, conique et le museau fort
obtus. Les plaques céphaliques supérieures et latérales sont les suivantes : une rostrale, deux naso-rostrales, deux fronto naso-rostrales, deux frontales, une naso-frénale, deux anté-oculaires, une
oculaire, une sus-oculaire et deux sous-oculaires. La partie postérieure de la surface crânienne et les régions temporales présentent
de petits compartiments carrés. La rostrale emboîte le bout du
museau ; elle est grande, triangulaire équilatérale, articulée avec
la première labiale de chaque côté par une petite portion de son
bord inférieur, avec les deux naso-rostrales par ses deux bords
latéraux tout entiers. Les naso-rostrales sont sub-pyriformes et
descendent assez bas sur la lèvre, attendu que la première labiale
est allongée, mais fort peu élevée ; elles sont en rapport l'une
avec l'autre par leur sommet ; en avant elles touchent à la rostrale ; en bas aux premières et aux secondes labiales ; en arrière
aux naso-frénales et aux fronto-naso-rostrales. Celles-ci, trapézoïdes, limitées en avant par les naso-rostrales, et en arrière
par les frontales, sont bordées latéralement par la naso-frénale,
l'anté-oculaire supérieure et la sus-oculaire. Les frontales ont
trois côtés presque égaux et un développement un peu moindre
que celui des fronto-naso-rostrales. La naso-frénale est hexagone

et moins petite que l'oculaire, qui est pentagone et au travers de laquelle on distingue très-bien l'œil. Les deux plaques anté-oculaires, la sus-oculaire et la sous-oculaire, sont plus petites que l'oculaire ; les premières sont sub-triangulaires ; la seconde est, ou quadrilatère, ou pentagone oblongue ; la troisième rec-tangulaire ou rhomboïdale. Il y a cinq labiales supérieures de chaque côté : la première ressemble à un carré long ; la seconde est pentagone, plus haute que longue ; la troisième et la qua-trième sont hexagones et les plus grandes des cinq ; la dernière est fort petite et à cinq pans. La mentonnière est pentagone. On compte trois labiales inférieures de chaque côté : la première est petite et trapézoïde ; la seconde est plus grande, quadrilatère et un peu moins longue à son bord supérieur qu'à son bord infé-rieur ; la troisième a un développement moindre que celle qui la précède et une forme losangique. Immédiatement après la men-tonnière vient une plaque sous-maxillaire impaire, qui, si elle était moins courte, aurait la forme d'un fer de lance. Puis il y a six autres sous-maxillaires, trois à droite, trois à gauche, c'est-à-dire disposées sur deux rangées, entre lesquelles il existe une autre plaque ayant la figure d'un losange dont les deux côtés postérieurs sont moins longs que les deux antérieurs. La sous-maxillaire qui commence chacune des deux rangées dont nous venons de parler est grande et sub-rhomboïdale, la seconde est moins développée et pentagone, la troisième est encore plus pe-tite et pentagone aussi.

Le nombre des dents inter-maxillaires est réellement de cinq, quoique M. Kaup n'en ait, à ce qu'il paraît, observé que trois chez l'individu soumis à son examen ; l'une de ces trois dents, la médiane, est presque cylindrique, un peu courbée et deux à trois fois plus forte et plus longue que les latérales ; celles-ci sont soudées ensemble par leur base et si intimement qu'on pourrait les considérer comme une seule dent divisée profondément en deux fortes pointes coniques, à sommet obtus ; une de ces deux pointes est quelquefois moins courte que l'autre ; du reste, ces dents inter-maxillaires latérales sont légèrement comprimées comme les dents maxillaires. Il y a quatre dents maxillaires réunies aussi par leur base ; leur forme est la même que chez beaucoup d'Iguaniens Acrodontes, c'est-à-dire qu'elles ressemblent à un cône très-court, légèrement comprimé et fort obtus, et l'on peut même dire comme tronqué à son sommet : les deux dernières sont très-petites, la première l'est un peu moins, tandis que la seconde est à proportion très-développée. Ici nous ne sommes pas encore d'accord avec M. Kaup, qui dit avoir compté cinq dents molaires à la mâchoire supérieure, tandis que tous les sujets que nous avons examinés ne nous en ont offert que quatre. Les branches sous-maxillaires portent chacune dix dents, devenant graduellement de plus en plus courtes, depuis la première, qui penche un peu en avant, jusqu'à la dixième; aussi la saillie que font au-dessus de l'os les cinq dernières est-elle à peine sensible. Les cinq premières ont la même forme que les maxillaires supérieures. On remarque un sillon longitudinal bien prononcé de chaque côté du tronc; puis un autre, qui l'est moins, à sa partie supérieure; enfin un quatrième, à peine sensible, qui s'étend depuis le menton jusqu'en arrière de la poitrine. La queue du Trogonophide de Wiegmann est extrêmement courte; elle ne fait tout au plus que le dix-septième de la longueur totale du corps; sa forme est distinctement conique. La lèvre du cloaque est très-arquée à son bord libre; sa surface est divisée en huit compartiments quadrilatères oblongs qui, quatre à droite, quatre à gauche, vont en augmentant de longueur de dehors en dedans. Les compartiments de la peau sont tous quadrilatères, un peu plus longs que larges; mais ceux des parties supérieures sont plus étroits que ceux des régions inférieures. Ils forment cent quarante à cent quarante-cinq verticilles depuis l'origine du cou jusqu'au cloaque, et une douzaine autour de la queue.

COLORATION. Chez les sujets conservés dans l'alcool, la tête est uniformément brune ou roussâtre, avec une bande oblique blanchâtre ou jaunâtre en travers de la tempe. Toutes les autres parties du corps, sans exception, sont semées de petites taches carrées, à peu près égales entre elles, les unes noires, brunes ou roussâtres, les autres grisâtres, blanchâtres ou jaunâtres, disposées de façon à former un dessin qui rappelle celui du champ d'un damier ou d'un échiquier. Un Trogonophide, que M. Guyon nous a envoyé vivant, et que nous avons sous les yeux, a le fond de la couleur d'un vert clair, tirant sur le rougeâtre, plus pâle en dessous qu'en dessus, et les taches dont il est semé sont, les unes d'un brun rougeâtre clair, et les autres d'un jaune pâle.

DIMENSIONS. *Longueur totale.* 26". *Tête.* Long. 1" 5"'. *Cou et tronc.* Long. 22" 5"'. *Queue.* Long. 2".

PATRIE. Des individus appartenant à cette espèce nous ont été envoyés d'Alger, de Bone et d'Oran , par les soins de MM. Guyon, Steinhel et Bové. Nous en possédons un grand et bel exemplaire, recueilli à Tanger par M. Eydoux , et deux petits qui l'ont été dans les îles Zapharines ou Schaffarines , situées près du littoral de l'empire de Maroc , par M. Bravais , naturaliste non moins habile qu'officier de marine distingué.

Observations. On doit à M. Gervais une description exacte et une excellente figure de l'espèce du présent article , faites l'une et l'autre d'après l'individu même que tout à l'heure nous disions tenir de la générosité de M. F. Eydoux. Mais c'est avec le nom d'*Amphisbæna elegans* que furent publiées cette description et cette figure, attendu que M. Gervais considérait alors le Glyptoderme qui en est le sujet comme fort voisin , il est vrai , mais comme différant néanmoins du *Trogonophis Wiegmanni* : c'était une erreur que M. Gervais lui-même a reconnue depuis, erreur qui provenait de ce qu'il avait confondu les deux figures jointes au mémoire de M. Kaup, en attribuant au *Trogonophis Wiegmanni* celle qui représente les dents d'une Amphisbène, et à une Amphisbène celle qui représente les dents du *Trogonophis Wiegmanni.*

GLYPTODERMES PLEURODONTES.

XIVe GENRE. CHIROTE. — *CHIROTES* (1). Duméril.

(*Chamæsaura* , part. Schneid, *Bimanus* , Oppel.)

CARACTÈRES. Dents coniques , un peu courbées , simples, pointues, inégales, distinctes les unes des autres, appliquées contre le bord interne des mâchoires ; en nombre impair dans l'os inter-maxillaire. Narines latérales , percées chacune dans une seule plaque, la naso-rostrale. Pas de membres postérieurs. Des membres antérieurs terminés par cinq doigts , dont un sans ongle. Des pores pré-anaux.

---

(1) Χειρωτος, qui a des mains , *manibus præditus.*

Les Chirotes seraient des Amphisbènes, s'ils n'étaient pourvus d'un sternum et de pattes de devant, seules différences qui les en distinguent en effet. Leur corps, cylindrique ou presque cylindrique, car il est légèrement aplati à sa face inférieure, présente la même grosseur dans toute son étendue, c'est-à-dire que la tête, le cou, le tronc, sont confondus ensemble ou tout d'une venue. Des plaques garnissent le museau et les bords de la bouche, seules parties de l'animal où la peau n'offre pas à sa surface des impressions qui la divisent en petits compartiments quadrilatères, disposés par verticilles ou anneaux. Les membres antérieurs, les seuls qui existent, ainsi que nous l'avons déjà dit, sont situés à une très-petite distance en arrière de la tête, non sur les côtés du cou, mais à sa face inférieure. Ils sont courts, assez forts, aplatis et terminés par cinq doigts insérés sur une ligne légèrement arquée ; les quatre premiers, qui ont à peu près la même longueur, sont bien développés et armés d'ongles robustes, courbés, pointus ; le cinquième est un simple petit tubercule squameux, inonguiculé. Le long du corps, de chaque côté, on remarque une sorte de suture ou de raphé qui s'étend depuis l'épaule jusqu'à l'origine de la queue ; mais il n'en existe pas sur le dos, ainsi que cela a lieu chez la plupart des espèces des trois genres suivants. Les compartiments tégumentaires de la rangée qui précède la lèvre du cloaque sont presque tous percés d'un petit pore.

Les dents sont fortes, de forme conique, un peu courbées, simples, à peu près égales, excepté les inter-maxillaires, dont la médiane est assez longue, tandis que les latérales sont très-petites.

Les plaques céphaliques sont : une rostrale, deux naso-rostrales, une fronto-naso-rostrale, deux frontales, une oculaire, une sous-oculaire, une anté-oculaire et deux sous-oculaires ; mais il y a trois paires de labiales supérieures, deux labiales inférieures de chaque côté, une mentonnière et trois sous-maxillaires. Les narines sont deux petits trous semi-circulaires, pratiqués, l'un à droite, l'autre à gauche, dans la plaque naso-rostrale, tout près de son bord antérieur.

Le genre Chirote a été établi et ainsi désigné par l'un de nous d'après la seule espèce que Lacépède a fait connaître sous le nom de Bipède cannelé, et à laquelle Schneider avait appliqué la dénomination de *propus*, en la rangeant parmi ses *Chamæsaura*.

1. LE CHIROTE CANNELÉ. *Chirotes canaliculatus*. Cuvier.

CARACTÈRES. Parties supérieures du corps tachetées de marron sur un fond fauve ; régions inférieures blanches.

SYNONYMIE. *Le cannelé*, Lacep. Hist. quad. Ovip. tom. I, pag. 613, Pl. 41.

Bipes canaliculatus, Bonnat. Encyclop. Erp. pag. 68, Pl. 12, fig. 6.

Lacerta lumbricoides, Shaw, Naturalist's miscellan. tom. 6.

Lacerta mexicana, Donnd. Zoologisch. Beytr. tom. 3, pag. 135.

Chamæsaura propus, Schneid. Histor. amphib. fascic. II, pag. 211.

Lacerta lumbricoides, Shaw, Gener. zool. tom. 3, pag. 311.

Lacerta sulcata, Suckow. Thier. tom. 3, pag. 147.

Bipes canaliculatus, Latr. Hist. nat. Rept. tom. 2, pag. 90.

Chalcides propus, Daud. Hist. Rept. tom. 4, pag. 372, tab. 58, fig. 4.

Chirotes canaliculatus, Dum. Collect. mus. Par.

Bimanus propus, Oppel. Die ordnung. Famil. and Gattung. Rept. pag. 46.

Le Bimane cannelé, Cuv. Règn. anim. (1re édit.), tom. 2, pag. 57.

Chirotes canaliculatus, Merr. Tentam. Syst. amphib. pag. 181.

Chirotes lumbricoides, Flem. Philosoph. of Zoolog. tom. 2, pag. 278.

Chirotes canaliculatus, Fitz. neue classif. Rept. pag. 53.

Chirotes, Harl. Addit. observat. on the North. Amer. Rept. (Journ. acad. nat. sc. Philad. tom. 6, pag. 55).

Chirote mexicain, Bory de Saint-Vincent, Résum. d'erpét. pag. 141, Pl. 27, fig. 1.

Le Bimane cannelé, Cuv. Règn. anim. (2e édit.), tom. 2, pag. 67.

Chirotes canaliculatus, Guér. Icon. Règn. anim. Cuv. Rept. pl. 16, fig. 3.

Chirotes (*Chirotes propus*, Daud.), Walg. Syst. amphib. pag. 196.

Chirotes (Bipède cannelé, Lacép.), Griffith. anim. Kingd. Cuv.
tom. 9, pag. 163.

Chirotes (*Lacerta lumbricoides*, Shaw), Gray, Synops. Rept.
in Griffith's anim. Kingd. tom. 9, pag. 66.

Chirotes lumbricoides, Eichw. Zoolog. spec. Ross. Polon. tom. 3,
pag. 180.

Chirotes . . . Muller. Anatom. gen. Chirotes, Lepidosternon,
Amphisbæna, etc. (Zeitsch. Physiol. von Tiedem. und Trevir.
tom. 4, p. 257, tab. 22, fig. 6 et 7, et tab. 21, fig. 11) (le squelette).

Chirotes canaliculatus, Schinz. naturgeschich. und Abbild.
Rept. pag. 107, tab. 41, fig. 2.

DESCRIPTION.

FORMES. Le Chirote cannelé a la tête courte, légèrement déprimée et fort peu rétrécie à son extrémité antérieure, qui est
arrondie. Nous avons compté sept dents inter-maxillaires, trois
dents maxillaires de chaque côté, et douze dents mandibulaires
en tout. C'est à peine si l'on distingue l'œil au travers de la plaque
qui le recouvre. La plaque rostrale est quadrilatère, d'une moyenne
grandeur, située verticalement et rétrécie à sa partie supérieure.
La fronto-naso rostrale, un peu plus large que longue et faiblement bombée, couvre à elle seule toute la surface antérieure de
la tête ; elle est par conséquent fort grande, au lieu que les frontales sont extrêmement petites ; leur forme est trapézoïde. Les
naso-rostrales sont sub-rhomboïdales et ont à peu près la même
grandeur que la rostrale, à laquelle leur bord antérieur est soudé ;
elles s'articulent par le haut avec la naso-rostrale, par le bas
avec la première labiale, par derrière avec la seconde labiale et l'anté-oculaire. Celle-ci est pentagone, l'oculaire arrondie, la première sous-oculaire carrée, et la sus-oculaire triangulaire, de même que la seconde sous-oculaire. La première
labiale supérieure est quadrilatère, allongée, assez étroite ; la
seconde, sub-trapézoïde, est plus courte, plus élevée ; la troisième, triangulaire, est de moitié moins développée que celle
qui la précède. La mentonnière a quatre côtés ; elle est oblongue
et légèrement élargie et arrondie en avant. La première labiale
inférieure ressemble à un trapèze, et la seconde est carrée. Deux
des trois plaques sous maxillaires, les latérales, sont triangulaires,
mais la médiane est quadrilatère oblongue.

Les pattes ont une longueur égale à celle de la tête. La queue n'entre pas tout à fait pour la septième partie dans l'étendue totale du corps; elle offre la même grosseur que le tronc, et son extrémité est arrondie. Il y a six petits pores percés dans autant de petits compartiments, non pas sur le bord même de l'anus, mais en avant de sa lèvre antérieure. Le nombre des verticilles que forment les petits compartiments de la peau est de six sur la tête, de quatre autour du cou, de deux cent cinquante autour du tronc, et de trente-six ou trente-sept autour de la queue. Tous ces compartiments sont petits, à peu près égaux entre eux, quadrilatères, un peu plus longs que larges.

Coloration. Une teinte fauve forme le fond de la couleur du dessus du corps, dont tous les petits compartiments portent une tache de couleur marron très-claire. Les régions inférieures sont blanches.

Dimensions. *Longueur totale.* 21" 5'''. *Tête.* Long. 1". *Cou.* Long. 5'''. *Tronc.* Long. 17". *Memb. antér.* Long. 1". *Queue.* Long. 3".

Patrie. Le Chirote cannelé est originaire du Mexique. Un individu, très-bien conservé, nous a été donné en 1804, à Madrid, par MM. Mocino et de Sessé.

XVe GENRE. AMPHISBÈNE. — *AMPHISBÆNA*.
Linné (1).

(*Amphisbæna ; Blanus*, Wagler ; *Anops*, Bell.)

Caractères. Dents coniques, un peu courbées, simples, pointues, inégales, distinctes les unes des autres, appliquées contre le bord interne des mâchoires ; en nombre impair dans l'os inter-maxillaire. Narines latérales, petites, percées chacune dans une seule plaque, la naso-rostrale. Ni membres antérieurs, ni membres postérieurs. Des pores pré-anaux.

---

(1) Αμφισϐαινα, double marcheur, marchant dans les deux sens.

Les Amphisbènes sont des Reptiles Pleurodontes, de même que les Chirotes et les Lépidosternes ; tandis que les Trogonophides, autre genre de la sous-famille des Glyptodermes, sont Acrodontes. Ils n'ont pas de pattes du tout, ce qui les distingue particulièrement des Chirotes ; et, en même temps qu'ils ne possèdent pas de plaques sur la région pectorale, comme en ont les Lépidosternes, leurs narines sont autrement situées que chez ces derniers, c'est-à-dire qu'elles aboutissent aux parties latérales et non à la face inférieure du museau. Les dents des Amphisbènes sont fortes, coniques, pointues, simples, légèrement courbées, et bien distinctement séparées les unes des autres. Leur nombre varie suivant les espèces ; celles appelées inter-maxillaires sont toujours impaires et inégales, la médiane étant souvent une, deux et trois fois plus grande que les latérales. Les narines, ainsi que nous le disions tout à l'heure, perforent l'une à droite, l'autre à gauche du museau, une plaque naso-rostrale. Les yeux se distinguent d'autant moins au travers de la plaque sous laquelle chacun d'eux est placé, que cette plaque présente plus d'épaisseur ; encore comment apparaissent-ils chez les espèces dont les plaques oculaires offrent le plus de transparence ? Comme un petit globe, un simple point noirâtre sur la surface duquel on ne distingue ni iris, ni pupille. La tête est courte, en général elle est déprimée, mais parfois cependant les côtés en sont aplatis, et de telle façon que sa partie supérieure est tranchante et arquée ; elle a alors la même forme que le bec de certains oiseaux, tels que l'Eurycère et le Hocco hoccan, par exemple. Plusieurs espèces ont le museau tronqué, arrondi ; chez d'autres il forme une pointe plus ou moins aiguë. Les plaques céphaliques varient beaucoup sous le rapport du nombre, de la forme et de la dimension ; pourtant on retrouve toujours une rostrale et deux naso-rostrales, qui prennent même quelquefois un développement considérable. Ordinairement les téguments de la surface crânienne postérieure et des tempes ne sont pas différents de ceux des autres parties du corps ; c'est même très-rarement qu'on les voit protégés par des plaques ou de grandes squames polygones. Certaines espèces, outre un sillon de chaque côté du corps, en ont un troisième le long du dos. Chez toutes, les compartiments tégumentaires de la rangée qui précède celle de la lèvre du cloaque sont percés de pores. La queue, qui fait au plus le septième de la longueur totale du corps, est aussi forte ou presque aussi forte que le tronc ; elle se termine plus ou moins brusquement en arrière, si ce n'est chez une seule espèce, dont l'extrémité caudale est distinctement conique.

Lorsque Linné créa le genre Amphisbène, la science n'était en possession que de deux espèces de Reptiles qu'on pût y rapporter, l'*Amphisbæna fuliginosa* et l'*Amphisbæna alba*. Les recherches zoologiques, entreprises avec tant de zèle de toutes parts depuis cette époque, ont fait découvrir huit autres de ces Sauriens Glyptodermes, parmi lesquels nous comptons ceux que sans motifs réels on a proposé d'en distraire pour former les genres *Blanus* et *Anops*. Celui-ci ne se distinguerait effectivement des Amphisbènes que par sa tête comprimée et la faible transparence de ses plaques oculaires ; car, non plus que ces dernières, il ne manque de pores sur la marge antérieure de l'anus. Quant au genre *Blanus*, on conviendra volontiers que la forme conique de sa queue et le grand développement offert par sa plaque frontale, ne constituent pas des différences d'organisation assez importantes pour justifier son exclusion du groupe des Amphisbènes, surtout lorsque parmi celles-ci il en est dont l'extrémité terminale du corps a déjà quelque chose de la forme conique que présente la queue de l'espèce type du nouveau genre proposé par Wagler.

Le tableau synoptique suivant comprend dix espèces d'Amphisbènes, c'est-à-dire deux de plus que les auteurs n'en ont énuméré ; mais parmi celles mentionnées avant nous, il en est une, l'*Amphisbæna rufa* de Hemprich, que nous avons tout lieu de croire identique avec l'Amphisbène cend ée.

TABLEAU SYNOPTIQUE DES ESPÈCES DU GENRE AMPHISBÈNE.

tête { quadrillées : { déprimée : museau { large, arrondi ; anneaux de la queue { vingt-six . . . . 1. A. ENFUMÉE.

seize . . . . 2. A. BLANCHE.

étroit, { obtus : plaques pré-anales { dix ou douze . . . . . 3. A. DE PRÊTRE.

six : à pores { distincts . . 4. A. VERMICULAIRE.

peu visibles . 5. A. DE DARWIN.

aigu : plaque fronto-naso-rostrale { double . . 6. A. AVEUGLE.

unique . . 7. A. PONCTUÉE.

ronde, tronquée : tempes { comprimée, peu élevée, à crête arquée. . . . . 8. A. DE KING.

à grandes plaques, ou à scutelles polygones. . . . . . 9. A. QUEUE-BLANCHE.

conique ou prolongée un peu en pointe. . . . . 10. A. CENDRÉE.

A. ESPÈCES A QUEUE TRONQUÉE, ARRONDIE.

1. L'AMPHISBÈNE ENFUMÉE. *Amphisbæna fuliginosa.* Linné.

CARACTÈRES. Tête déprimée; région frontale légèrement creusée en travers; museau court, large, arrondi. Yeux distincts. Cinq dents inter-maxillaires; cinq maxillaires de chaque côté; seize mandibulaires. Plaque rostrale médiocre, triangulaire, perpendiculaire, non soudée aux fronto-naso-rostrales. Deux naso-rostrales médiocres, quadrilatères, moins longues que larges, soudées ensemble. Deux fronto-naso-rostrales courtes, élargies, moins grandes que ces dernières. Région postérieure du crâne et tempes revêtues de petits compartiments carrés. Trois plaques labiales supérieures, la première soudée à la rostrale. Vingt-neuf à trente-trois verticilles autour de la queue. Huit ou neuf pores pré-anaux. Corps nuancé de noir et de blanc.

SYNONYMIE. *Amphisbæna americana.* Scheuchz. Phys. Sacr. t. 4, pag. 1179, tab. 1129, fig. D.

Amphisbæna americana nigra variis lineis albis notata, etc. Id. loc. cit. tom. 4, pag. 1533, tab. 1249, fig. 10.

Serpens americana grossa, versicolor. Seb. tom. 1, pag. 140, tab. 88, fig. 3.

Serpens Ceilonica, Cæcilia dicta. Id. loc. cit. tom. 2, pag. 19, tab. 18, fig. 2.

Serpens americana cæcilia. Id. loc. cit. tom. 2, pag. 24, tab. 22, fig. 3.

Amphisbæna americana ex fusco et albo variegata. Id. loc. cit. tom. 2, pag. 77, tab. 73, fig. 4.

Serpens apomea, Syriaca biceps. Id. loc. cit. tom. 2, pag. 106, tab. 100, fig. 3.

Anguis annulis abdominalibus CC, *annulis caudalibus* XXX. Mus. Adolph. Frederic. Præs. C. Linn. proposit. L. Balk (Amœnit. acad. tom. 1, pag. 295, n° 22).

Amphisbæna annulis abdominalibus CC, *caudalibus* XXX. Sund. Surinam. Gril. (Amœnit. acad. tom. 1, pag. 491).

Amphisbæna annulis abdominalibus CCIX, *et annulis caudalibus* XXV. Gronov. Mus. Ichth. amph. anim. Hist. pag. 52.

Amphisbæna fuliginosa. Linn. Mus. Ad. Fr. tom. 1, pag. 30.

Amphisbæna fuliginosa. Linn. Syst. nat. (edit. 10), pag. 229.

Amphisbæna annulis abdom. CCIX, *et annul. caud.* XXV Gronov. Zoophyl. tom. 1, pag. 18.

Amphisbœna fuliginosa. Linn. Syst. nat. (edit. 12), pag. 392.

Amphisbœna vulgaris. Laur. Synops. Rept. pag. 66, nᵒ 119.

Amphisbœna varia. Id. loc. cit. nᵒ 120.

Amphisbœna magnifica. Id. loc. cit nᵒ 121.

Amphisbœna flava. Id. loc. cit. nᵒ 122.

L'Enfumé. Daub. Dict. anim. quadr. ovip. pag. 624.

Amphisbœna ex albo et nigro varia. Boddaert. Nov. act. academ. Cæs. tom. 7, pag. 25, nᵒ 1.

Amphisbène enfumée. Lacep. Quad. ovip. tom. 2, pag. 459.

Amphisbœna fuliginosa. Gmel. Syst. nat. tom. 1, pag. 1123.

Amphisbœna varia. Id. loc. cit. pag. 1124.

Amphisbœna magnifica. Id. loc. cit. pag. 1124.

Amphisbœna flava. Id. loc. cit. pag. 1124.

L'Enfumée. Bonnat. Encycl. méth. ophiol. p. 69, pl. 33, fig. 1.

Amphisbœna fuliginosa. Donnd. Zoologisch. Beytr. t. 3, p. 219.

Amphisbœna varia. Id. loc. cit. tom. 3, pag. 220.

Amphisbœna magnifica. Id. loc. cit. tom. 3, pag. 220.

Amphisbœna flava. Id. loc. cit. tom. 3, pag. 220.

Amphisbœna fuliginosa. Shaw. Gener. zool. tom. 3, pag. 593, tab. 135 (cop. seb.).

Amphisbœna fuliginosa. Latr. Hist. Rept. tom. 4, pag. 233.

Amphisbœna fuliginosa. Daud. Hist. Rept. tom. 7, pag. 406, Pl. 91, fig. 2 (une portion du tronc).

Amphisbœna fuliginosa. Oppel. Die ordnung. Famil. und Gattung. der Rept. pag. 154.

Amphisbène enfumée. Bosc. Nouv. dict. d'hist. natur. tom. 1, pag. 469.

Amphisbœna fuliginosa. Cuv. Règn. anim. (1ʳᵉ édit.), tom. 2, pag. 82.

Amphisbœna fuliginosa. Hasselt Und Kuhl. Beytr. zur vergleich anatom. pag. 80.

Amphisbœna fuliginosa. Merr. Tentam. Syst. amph. p. 160, nᵒ 1.

Amphisbœna fuliginosa. Wagl. Isis (1821), tom. 8, pag. 341.

Amphisbœna fuliginosa. Flem. Philos. of zoolog. tom. 2, p. 290.

Amphisbœna fuliginosa. Fitz. neue classif. Rept. pag. 53.

L'Enfumée. Bory de Saint-Vincent, Résumé d'erpét. pag. 256.

Amphisbœna fuliginosa. Cuv. Règn. anim. (2ᵉ édit.), tom. 2, pag. 72.

Amphisbœna fuliginosa. Guer. Icon. Règn. anim. Rept. pl. 18, fig. 1.

Amphisbœna fuliginosa. Wagl. Syst. amph. pag. 197.

Amphisbœna fuliginosa. Griffith. anim. Kingd. Cuv. tom. 9, pag. 247.

Amphisbœna fuliginosa. Gray. Synops. Rept. in Griffith's anim. Kindg. Cuv. tom. 9, pag. 66.

DESCRIPTION.

FORMES. L'Amphisbène enfumée a la tête déprimée, le museau large, tronqué, arrondi; la surface du crâne est plane en avant du front, renflée en arrière et creusée sur la ligne moyenne d'un sillon longitudinal qui se prolonge sur le dos d'une manière plus ou moins sensible, suivant les individus. Il règne un autre sillon longitudinal de chaque côté du corps, depuis le cou jusqu'à l'origine de la queue. Celle-ci, tronquée et arrondie à son extrémité terminale, est toujours un peu plus longue que chez l'Amphisbène blanche; elle est entourée de vingt-neuf à trente-trois verticilles. Autour du corps, c'est-à-dire depuis l'angle de la bouche jusqu'au cloaque, on en compte deux cents à deux cent vingt-deux. Il y a cinq dents inter-maxillaires, une médiane très-longue, quatre latérales fort courtes, c'est-à-dire plus petites même que les maxillaires, qui sont à peu près égales entre elles, bien espacées, pointues et au nombre de cinq de chaque côté. A la mâchoire inférieure, on compte huit dents à droite et huit dents à gauche, parmi lesquelles la première est la plus courte, et la seconde et la troisième les plus longues. Les yeux sont situés presque sur le dessus de la tête de chaque côté du front; on les distingue comme deux taches noirâtres au travers de la plaque qui recouvre chacun d'eux. Le *canthus rostralis* est arrondi. Les tempes et la région postérieure du crâne offrent des petits compartiments quadrangulaires, comme il en existe sur le corps; mais le dessus de la tête en avant, et les bords de la bouche sont revêtus de plaques ainsi disposées : une rostrale, deux naso-rostrales, deux fronto-naso-rostrales, une frontale tantôt simple, tantôt double, une oculaire, deux sous-oculaires, trois labiales supérieures, deux labiales inférieures, une mentonnière et trois sous-maxillaires, placées sur une ligne transversale; quelquefois il y a une petite plaque accessoire au point de jonction des deux paires de plaques naso-rostrales et fronto-naso-rostrales; d'autres fois la première sous-oculaire se confond avec la seconde labiale, ou bien c'est celle-ci avec la première labiale, ou bien encore la mentonnière avec les deux premières labiales inférieures. La plaque rostrale, située presque entièrement sous le museau, est triangulaire, équilatérale, articulée avec les naso-rostrales par deux de ses trois côtés, et avec la première labiale droite et la première labiale gauche par ses deux angles inférieurs, dont le sommet est un peu tronqué. Les naso-rostrales sont les plus grandes des plaques céphaliques ; elles ont quatre côtés, par le latéral interne elles sont en rapport ensemble, par le latéral externe elles touchent à la première labiale et à la première sous-oculaire, par l'antérieur elles tiennent à la rostrale, et par le postérieur, qui est cintré en dedans, aux fronto-naso-rostrales. Celles-ci sont pentagones, elles couvrent le front, ayant de chaque côté la première sous-oculaire et l'oculaire, devant elles les naso-rostrales, et derrière les frontales, dont la forme est la même, mais la grandeur moindre que la leur. La plaque oculaire est petite, triangulaire, quadrangulaire ou pentagone ; les sous-oculaires, placées l'une devant l'autre, sont à peine plus grandes ; la première est rhomboïdale, et la seconde ressemble à peu près à un triangle isocèle. La première labiale supérieure a la figure d'un triangle scalène ; la seconde a trois côtés inégaux, et la troisième cinq. La mentonnière est quadrilatère oblongue, arrondie en avant, elle a de chaque côté une labiale triangulaire, derrière elle une sous-maxillaire pentagone, à droite et à gauche de laquelle en est une autre rhomboïdale qui tient à la seconde labiale inférieure, dont la forme est sub-rectangulaire et le développement fort peu considérable. Les compartiments de la peau sont carrés, ou un peu plus longs que larges et légèrement bombés sur toutes les parties supérieures, tandis qu'en dessous ils sont toujours presque plus larges que longs et tout à fait aplatis. Le nombre des pores préanaux s'est trouvé de huit ou neuf chez les sujets que nous avons examinés.

COLORATION. Deux teintes, l'une brune ou noirâtre, l'autre blanchâtre ou jaunâtre, sont répandues sur le corps de cette Amphisbène ; en dessus, c'est la première qui domine, tandis qu'en dessous c'est la seconde, et elles se trouvent distribuées de telle sorte que le dos est irrégulièrement marqué en travers, sur un fond brun ou noir, de raies transversales blanchâtres ou jaunâtres, très-inégales pour la largeur et l'étendue, au lieu que le ventre offre en travers, sur un fond blanchâtre ou jaunâtre, des

31.

raies brunes ou noires, également très-irrégulières. En général, la tête est uniformément blanchâtre ou jaunâtre.

DIMENSION. *Longueur totale.* 50" 4'''. *Tête.* Long. 2". *Cou et tronc.* Long. 42" 4'''. *Queue.* Long. 8".

PATRIE. L'Amphisbène enfumée est répandue dans toute l'Amérique méridionale; elle est surtout très-commune à la Guyane. Presque tous nos échantillons nous ont été envoyés de Cayenne.

2. L'AMPHISBÈNE BLANCHE. *Amphisbœna alba.* Linné.

CARACTÈRES. Tête déprimée; région frontale légèrement creusée en travers; museau court, large, arrondi. Yeux distincts. Cinq dents inter-maxillaires; cinq maxillaires de chaque côté; seize mandibulaires. Plaque rostrale médiocre, triangulaire, perpendiculaire, non soudée aux fronto-naso-rostrales. Deux naso-rostrales médiocres, quadrilatères, moins longues que larges, soudées ensemble. Deux fronto-naso-rostrales courtes, élargies. Deux frontales moins grandes que ces dernières. Région postérieure du crâne et tempes revêtues de petits compartiments carrés. Trois labiales supérieures, la première touchant à la rostrale. Vingt verticilles autour de la queue. Huit ou neuf pores préanaux. Corps entièrement blanc ou blanchâtre.

SYNONYMIE. *Amphisbœna subflava in dorso,* etc. Scheuchz. Phys. Sacr. tom. 4, pag. 1295, tab. 1152, fig. 1.

Serpens cœcilia americana. Seb. tom. 2, pag. 25, tab. 24, fig. 1.

Amphisbœna alba. Linn. Mus. Adolph. Freder. tom. 1, p. 26, tab. 4, fig. 2.

Amphisbœna alba. Linn. Syst. nat. (édit. 10), page 229.

Amphisbœna annulis abdominalibus CCXXXIV et *annulis caudalibus* XVIII. Gronov. Zoophyl. tom. 1, pag. 17.

Amphisbœna alba. Linn. Syst. nat. (edit. 112), pag. 393.

Amphisbœna alba. Laur. Synops. Rept. pag. 66.

Amphisbœna alba. Gmel. Syst. nat. tom. 1, pag. 1124.

Amphisbœna rosea. Shaw. Naturalist's miscell. tom. 3.

Amphisbœna alba. Donnd. Zoologisch. Beytr. tom. 3, pag. 220.

Le Blanchet. Daub. Dict. erpét. encyclop. méth. pag. 592.

Amphisbœna alba, antice rufescens. Boddaert. Nov. act. acad. Cœsar. tom. 7, pag. 25, n° 2.

Le Blanchet. Lacep. Quad. Ovip. tom. 2, pag. 465, Pl. 21, fig. 1.

L'Amphisbène blanche. Bonnat. Encyclop. méth. ophiol. p. 70, Pl. 33, fig. 2.

Amphisbæna alba. Shaw. Gener. Zool. tom. 3 , pag. 591 , tab. 134 (cop. seb.).

Amphisbæna alba. Latr. Rept. tom. 4 , pag. 235.

Amphisbæna alba. Daud. Histor. Rept. tom. 7 , pag. 401 , Pl. 91, fig. 1.

Amphisbæna alba. Oppel. Die ordnung. Famil. und. Gattung. der Rept. pag. 541.

Amphisbène blanche. Bosc. Nouv. Dict. d'hist. nat. tom. 1 , pag. 469.

Amphisbæna alba. Cuv. Règn. anim. (1re édit.), tom. 2 , p. 62.

Amphisbæna pachyura. Wolf. Abbild. und Beschreib. Merkwürd , naturgesch. Gegents. tom. 2 , pag. 61 , tab. 17.

Amphisbæna alba. Merr. Tentam. Syst. amphib. pag. 160 , n° 2.

Amphisbæna flavescens. Maxim. Zu wied. Abbildung. zur naturgesch. pl. sans numéro.

Amphisbæna flavescens. Id. Beitræge zur naturgesch. von Brasil, tom. 1 , pag. 507.

Amphisbæna alba. Fitz. Neue classific. Rept. pag. 53.

Le Blanchet. Bory de Saint-Vincent. Résum. d'Erpét. p. 156.

Amphisbæna alba. Cuv, Règn. anim. (2e édit.), tom. 2 , p. 72.

Amphisbæna flavescens. Wagl. Icon. Descrip. amphib. tab. 16, fig. 1.

Amphisbæna alba. Id. Syst. amph. pag. 197.

Amphisbæna flavescens. Id. Syst. amph. pag. 197.

Amphisbæna pachyura. Id. Syst. amphib. pag. 197.

Amphisbæna alba. Griffith. anim. Kingd. Cuv. tom. 9, p. 247.

Amphisbæna alba. Gray, Synops. Rept. in Griffith's anim. Kingd. Cuv. tom. 9, pag. 66.

Amphisbæna alba. Eichw. Zoolog. spec. Ross. et Polon. tom. 3, pag. 178.

Amphisbæna alba. Schinz Naturgesch. und Abbild. Rept. pag. 129, tab. 46.

Amphisbæna flavescens. Id. loc. cit.

DESCRIPTION.

Formes. Rien autre qu'une moindre longueur de la queue, et une coloration constamment différente ne distingue cette espèce de la précédente. Aucun des individus que nous ayons observés ne nous a offert plus d'une vingtaine de verticilles autour de la queue. Nous en avons compté deux cent vingt-huit à deux cent trente autour du corps. Il nous semble que les compartiments tégumentaires sont plus petits et plus nombreux chez l'Amphisbène blanche que chez l'Amphisbène enfumée. Il existe huit ou neuf pores préanaux.

COLORATION. Cette Amphisbène n'est pas complétement blanche, ainsi que pourrait le faire croire son nom, car cette teinte ne règne que sur ses parties inférieures, toutes les régions supérieures étant colorées de fauve ou de roussâtre plus ou moins clair, plus ou moins foncé.

DIMENSION. *Longueur totale.* 56". *Tête.* Long. 3". *Cou et tronc.* Long. 48". *Queue.* Long. 5".

PATRIE. Cette espèce, de même que la précédente, habite les parties méridionales de l'Amérique ; nous l'avons reçue de Cayenne et du Brésil.

Observations. L'*Amphisbæna flavescens* du prince de Wied, également figurée sous ce nom par Wagler, appartient bien évidemment à la même espèce que celle qui nous occupe en ce moment. Wagler convient lui-même qu'elle ne diffère de l'*Amphisbæna alba* que par un moindre nombre de pores préanaux, c'est-à-dire que, d'après ce savant, l'Amphisbène blanche en aurait constamment neuf, et l'Amphisbène jaunâtre six seulement. C'est à peine si nous croyons utile d'ajouter qu'une différence telle que celle-ci est purement individuelle ; on sait d'ailleurs combien sont sujets à varier en nombre, chez la même espèce, les pores qui s'observent et sur les bords du cloaque, et sous les régions fémorales des Sauriens.

3. L'AMPHISBÉNE DE PRÊTRE. *Amphisbæna Pretrei.* Nobis.

CARACTÈRES. Tête sub-conique, un peu déprimée ; museau arrondi. Yeux à peine distincts. Sept dents inter-maxillaires ; cinq maxillaires de chaque côté ; seize mandibulaires en tout. Plaque rostrale médiocre, triangulaire, située sous le museau, non soudée aux fronto-naso-rostrales ; naso-rostrales carrées, soudées ensemble ; deux fronto-naso-rostrales carrées aussi ; deux frontales formant ensemble un disque cyclo-polygone. Pas d'anté-oculaire, pas de sus-oculaire ni de sous-oculaire. Trois labiales supérieures ; huit compartiments carrés sur la région occipitale ; un égal nombre sur chaque tempe. Vingt-six à vingt-huit verticilles autour de la queue ; huit pores préanaux très-distincts. Lèvre du cloaque fort peu arquée , divisée en dix compartiments.

SYNONYMIE ?

DESCRIPTION.

FORMES. Cette Amphisbène fait le passage des espèces qui ont la tête déprimée et le museau élargi , à celles qui ont la tête conique et le museau pointu ; c'est-à-dire que, pour la forme et la grosseur, l'extrémité antérieure de la tête tient le milieu entre celle des Amphisbènes blanche et enfumée , et celle des Amphisbènes vermiculaire et de Darwin. Les mâchoires sont armées de dents à peu près en même nombre que chez les deux espèces précédentes ; il y en a sept dans l'os intermaxillaire, six latérales petites et une médiane plus longue ; quatre dans chaque maxillaire, et huit le long de l'une comme de l'autre branche sous-maxillaire. La première des quatre dents maxillaires est plus longue que les trois suivantes ; parmi les maxillaires inférieures, il en est trois de chaque côté qui ont plus de longueur que les autres, c'est la seconde, la troisième et la quatrième. La face supérieure de la tête est revêtue de sept plaques, dont une, la rostrale, occupe le bout du museau, un peu en dessous ; les six autres sont disposées par paires, placées toutes trois l'une après l'autre : ce sont les naso-rostrales, dont la surface est convexe, qui ont quatre pans à peu près égaux, et qui descendent assez bas de chaque côté entre la rostrale et la première labiale ; les naso-rostrales, qui aussi sont quadrilatères, équilatérales, mais à angles externes arrondis, et qui s'inclinent légèrement à droite et à gauche ; enfin les frontales qui, à elles deux, forment un disque cyclo-polygone, lequel couvre le vertex en entier. En arrière de ces plaques, ou sur la région occipitale, sont deux rangs transversaux de chacun quatre compartiments carrés. Les parties latérales de la tête sont protégées par trois labiales supérieures, une oculaire et huit ou neuf compartiments temporaux, quadrangulaires, équilatéraux. La première labiale, qui est grande, a l'apparence triangulaire ; mais elle a réellement quatre côtés, trois de même étendue, et un très-petit, par lequel elle s'articule avec la rostrale. La seconde est rhomboïdale et aussi haute, mais moins longue que la première. La troisième ressemble à la seconde, à moins, comme cela a lieu quelquefois, qu'elle ne soit longitudinalement partagée en deux parties égales. L'oculaire, qui a quatre ou cinq côtés, est assez transparente pour qu'on aperçoive l'œil au travers ; elle se trouve circonscrite par la frontale, la fronto-naso-rostrale, la seconde et la troisième labiale supérieure, et par deux compartiments temporaux. Il y a toujours au-devant de cette plaque oculaire, dans la suture qui unit les deux premières labiales supérieures à la fronto-naso-rostrale, soit un, soit deux, ou même trois grains squameux très-petits. La plaque mentonnière a la forme d'une enclume ; immédiatement après elle vient une plaque gulaire d'un tiers plus grande, laquelle est coupée carrément de chaque côté et en avant ; mais en arrière elle fait un angle sub-aigu. Trois paires de plaques garnissent les bords de la mâchoire inférieure ; celles de la dernière paire sont très-petites et rectangulaires ; celles de la première sont peut-être un peu moins développées, et leur forme est sub-trapézoïde ; celles de la seconde sont beaucoup plus grandes et ont cinq pans très-inégaux, par l'un desquels elles se trouvent en rapport en arrière avec une plaque assez grande subtriangulaire, située sous la dernière labiale inférieure.

Les côtés du tronc sont seuls longitudinalement creusés chacun d'un sillon ; car on n'en observe ni sur le dos, ni sur la face du corps opposée à celui-ci. La queue, tronquée et arrondie à son extrémité, entre pour le neuvième dans la longueur totale de l'animal. Sur le dos et les flancs, les compartiments sont carrés ou à peine plus longs que larges ; sur le ventre ils sont très-distinctement élargis. Deux cent trente-cinq à deux cent trente-huit verticilles ceignent le corps à partir des angles de la bouche jusqu'à l'extrémité du tronc ; on en compte vingt-six à vingt-huit autour de la queue, lesquels sont moins étroits que ceux du tronc. Le bord libre de la lèvre du cloaque décrit une ligne fort peu cintrée ; on compte dix ou douze petits compartiments sur cet opercule anal, qui est précédé d'une rangée transversale de huit pores arrondis, bien ouverts.

Coloration. Cette espèce est comme la plupart de celles qui vont suivre, blanche en dessous, avec ses compartiments supérieurs colorés de roussâtre, tandis que leurs interstices sont blanchâtres.

Dimensions. *Longueur totale.* 31" 4"'. *Tête.* Long. 1". *Cou* et *Tronc.* Long. 27". *Queue.* Long. 3" 4"'.

Patrie. Cette Amphisbène habite le Brésil ; la collection du

Muséum en renferme deux beaux échantillons qui ont été donnés par M. le docteur Poyer.

Observations. Nous nous plaisons à dédier cette espèce à l'artiste distingué, au pinceau duquel sont dues les planches qui font partie du présent ouvrage.

4. L'AMPHISBÈNE VERMICULAIRE. *Amphisbæna vermicularis.*

CARACTÈRES. Tête conique. Dents ? Plaque rostrale médiocre, triangulaire, située sous le museau, non soudée aux fronto-naso-rostrales. Naso-rostrales en losanges, soudées ensemble ; deux fronto-naso-rostrales oblongues, rhomboïdales ; deux frontales formant un disque pentagone. Pas d'anté-oculaires, ni de sus-oculaires, ni de sous-oculaires. Région occipitale couverte par huit petits compartiments carrés ; un égal nombre de ces compartiments sur chaque tempe. Trois labiales supérieures, dont une touche à la rostrale. Vingt-deux verticilles autour de la queue. Deux à quatre pores préanaux. Lèvre du cloaque assez arquée, divisée en six compartiments longs, étroits.

SYNONYMIE. *Amphisbæna vermicularis.* Wagl. Serpent. Bras. pag. 73, tab. 25, fig. 2.

Amphisbæna vermicularis. Id. Syst. Amph. pag. 197.

DESCRIPTION.

FORMES. Cette Amphisbène, bien que fort voisine de l'espèce qui la précède et de celle qui la suit immédiatement, s'en distingue néanmoins par des caractères qui sont faciles à saisir. Ainsi elle diffère de l'Amphisbène de Prêtre par ses plaques fronto-naso-rostrales, qui, au lieu d'être carrées, sont allongées, étroites, rhomboïdales ; par les plaques labiales supérieures et inférieures, qui ressemblent à celles de l'Amphisbène de Darwin ; par ses pores préanaux, qui sont plus grands et en moindre nombre, c'est-à-dire de deux ou de quatre ; par son opercule anal, dont le bord libre est plus arqué et dont la surface n'est pas divisée en dix ou douze petits compartiments, mais en six grands qui sont oblongs, étroits. Elle diffère de l'Amphisbène de Darwin, parce que ses plaques frontales sont coupées carrément en arrière, au lieu de former un grand angle obtus ; parce que sa région occipitale porte huit petits compartiments carrés au lieu de deux sub-triangulaires ; parce que chacune de ses tempes est aussi revêtue de huit petits compartiments carrés au lieu de cinq ; parce que ses pores préanaux sont beaucoup plus prononcés ; parce qu'enfin son corps est proportionnellement plus grêle, et que ce n'est pas seulement cent quatre-vingt-six au plus, mais deux cent trente-deux verticilles qui l'entourent.

COLORATION. En dessus une teinte d'un brun roussâtre colore les compartiments, dont les interstices sont blanchâtres ; le dessous du corps est de cette dernière couleur.

DIMENSIONS. *Longueur totale*, 25" 1'". *Tête*. Long. 1". *Cou* et *Tronc*. Long. 22". *Queue*. Long. 2" 1'".

PATRIE. Cette espèce habite le Brésil ; nous en possédons un individu qui a été rapporté de ce pays par M. Gaudichaud.

Observations. Nous avons tout lieu de croire que l'individu dont nous venons de donner la description, appartient à l'espèce que Wagler a fait représenter sous le nom d'*Amphisbæna vermicularis* dans la partie ophiologique de l'ouvrage de Spix, sur l'histoire naturelle du Brésil.

5. L'AMPHISBÈNE DE DARWIN. *Amphisbæna Darwinii*. Nobis.

CARACTÈRES. Tête conique ; museau obtusément pointu. Yeux à peine distincts. Sept dents intermaxillaires ; quatre maxillaires de chaque côté ; quatorze mandibulaires. Plaque rostrale médiocre, triangulaire, située sous le museau, non soudée aux fronto-naso-rostrales. Naso-rostrales médiocres, trapézoïdes, soudées ensemble. Deux fronto-naso-rostrales losangiques. Deux frontales formant ensemble un hexagone. Pas de sus-oculaires ni de sous-oculaires. Région occipitale portant deux compartiments subtriangulaires ; tempes revêtues de cinq compartiments carrés. Trois labiales supérieures, la première touchant à la rostrale. Vingt-deux verticilles autour de la queue. Quatre pores préanaux peu distincts, percés sur le bord postérieur des compartiments. Lèvre du cloaque assez arquée, divisée en six compartiments.

DESCRIPTION.

FORMES. L'Amphisbène de Darwin a la tête conique ; le museau, qui est obtusément pointu, s'avance un peu au delà de la bouche. Le corps est proportionnellement plus grêle que chez les Amphisbènes blanche et enfumée ; la queue, tronquée et arrondie, mais moins brusquement que celle de ces deux dernières espèces, entre pour le septième dans la longueur totale de l'animal. Il y a sept dents intermaxillaires, dont une, la médiane, est plus courte que les autres. Les maxillaires supérieures, au nombre de quatre paires, sont un peu moins inégales entre elles; il n'en est pas de même pour les maxillaires inférieures, dont la seconde et la troisième de chaque côté sont distinctement plus développées que la première, et surtout que les quatre dernières. Toutes ces dents sont coniques, pointues, un peu courbées et assez espacées.

Les plaques qui revêtent la tête sont les suivantes : une rostrale, deux naso-rostrales, deux fronto-naso-rostrales, deux frontales, une oculaire, trois paires de labiales supérieures, trois paires de labiales inférieures, cinq temporales de chaque côté, une mentonnière et une sous-maxillaire impaire. La rostrale garnit le dessous de la pointe du museau; elle est médiocre, triangulaire. Les naso-rostrales, les fronto-naso-rostrales et les frontales sont placées par paires les unes à la suite des autres; les premières sont trapézoïdes, les secondes rhomboïdales oblongues, et les trosièmes forment par leur réunion un hexagone à pans presqu'égaux. L'oculaire, située sur le côté de la tête, tout à fait en haut, est sublosangique; elle est enclavée ou plutôt environnée par la frontale, la fronto-naso-rostrale, la première et la seconde labiale et deux temporales; son épaisseur ne permet pas qu'on distingue l'œil au travers. La première labiale supérieure est triangulaire sub-équilatérale; la seconde pentagone, et la troisième de même, mais moins grande que celle qui la précède, et plus grande que la première. La mentonnière est quadrilatère, un peu plus longue que large et rétrécie en arrière; la première labiale inférieure a presque la même forme et la même grandeur; la seconde est au contraire bien plus grande et pentagone inéquilatérale; tandis que la troisième, extrêmement peu développée, a la figure d'un rectangle. La seule sous-maxillaire qui existe, placée immédiatement derrière la mentonnière, est grande, heptagone, affectant souvent une forme ovale. Les compartiments du dessus et du dessous du corps sont carrés; ceux de la queue seuls ont un peu plus de longueur que de largeur, d'où il résulte au contraire plus de largeur pour les verticilles qu'ils forment que pour ceux du tronc. C'est au reste un caractère qui peut servir à faire reconnaître cette espèce d'avec la suivante, chez laquelle les verticilles de la queue sont aussi étroits que ceux du tronc.

Le bord libre de la lèvre du cloaque est très-arqué, ce qui fait que ses compartiments médians sont beaucoup plus longs que les latéraux; on y en compte six. Ceux de la dernière rangée du ventre sont percés, tout près de leur marge postérieure, d'un pore excessivement petit. On n'aperçoit pas de sillon sur la ligne médiane du dos; mais il en existe un assez prononcé le long de chaque côté du tronc. On compte cent quatre vingt-deux à cent quatre-vingt-six verticilles autour du corps, depuis l'angle de la bouche jusqu'au cloaque, et vingt-deux à vingt-cinq autour de la queue.

COLORATION. Cette Amphisbène a ses compartiments supérieurs colorés en brun lilas ou roussâtre, et les sillons qui séparent ceux-ci sont grisâtres. Toutes les parties inférieures sont blanches.

L'Amphisbène de Darwin ne devient pas, à ce qu'il paraît, aussi grande que les deux espèces précédentes.

Dimensions. Longueur totale. 3o" 5"'. *Tête.* Long. 1" 2"'. *Cou et tronc.* Long. 25". *Queue.* Long. 4" 3"'.

PATRIE. Cette Amphisbène a été envoyée de Montevideo au Muséum d'histoire naturelle par M. d'Orbigny. Nous en avons observé plusieurs exemplaires dans la collection de M. Darwin, qui les avait recueillis dans le même pays.

6. L'AMPHISBÈNE AVEUGLE. *Amphisbæna cæca.* Cuvier.

CARACTÈRES. Tête plane; museau pointu. Yeux non distincts. Cinq dents intermaxillaires; cinq maxillaires de chaque côté; quatorze mandibulaires. Plaque rostrale petite, triangulaire, non soudée aux fronto-naso-rostrales. Deux naso-rostrales petites, sub-trapézoïdes, soudées ensemble. Deux fronto-naso-rostrales grandes, oblongues, rhomboïdales. Deux frontales plus petites et moins longues que ces dernières. Région postérieure du crâne et tempes revêtues de petits compartiments carrés. Trois labiales supérieures, la première touchant à la rostrale. Quinze ou seize verticilles autour de la queue. Quatre pores préanaux. D'un blanc roussâtre clair, ponctué de roussâtre foncé.

SYNONYMIE. *Amphisbæna cæca.* Cuv. Règn. anim. (2e édit.), t. 2, pag. 73.

Amphisbæna cæca. Griff. Anim. Kindg. Cuv. tom. 9, pag. 247.

Amphisbæna cæca. Gray. Synops. Rept. in Griffith's anim. Kingd. Cuv. tom. 9, pag. 67.

DESCRIPTION.

FORMES. Cette espèce se distingue de la précédente à la première vue, par un corps moins allongé, par une queue beaucoup plus courte dont les verticilles sont aussi bien plus étroits, enfin par des compartiments de la peau distinctement plus petits et plus nombreux. On en compte deux cent vingt-six à deux cent vingt-neuf anneaux autour du tronc, depuis l'angle de la bouche jusqu'au cloaque, et dix-huit environ autour de la queue ; sur celle-ci et sur le dos, ces compartiments sont carrés ; en dessous et cela dans toute l'étendue du corps, ils sont dilatés en travers. La queue entre pour le onzième environ dans la longueur totale de l'animal. La lèvre du cloaque est moins arquée que chez l'Amphisbène vermiculaire, aussi les compartiments qui les revêtent sont-ils proportionnellement plus courts on y en compte également six ; les quatre médians sont à peine un peu plus longs que larges, tandis que les deux latéraux sont légèrement élargis. Quatre des compartiments de la dernière rangée abdominale sont percées chacun au milieu d'un pore que l'on distingue très-bien sans le secours de la loupe. Il y a un indice de sillon le long du dos ; on en observe bien distinctement un de chaque côté du tronc. Mais l'Amphisbène aveugle présente encore d'autres caractères propres à la faire distinguer de l'Amphisbène vermiculaire avec laquelle, du reste, elle a beaucoup de rapports. Ainsi, il n'y a que cinq dents inter-maxillaires au lieu de sept, le nombre des autres dents est le même ; son museau forme une pointe bien moins obtuse, c'est-à-dire une pointe presque aiguë ; sa plaque rostrale est petite et située perpendiculairement ; les naso-rostrales sont également peu développées et placées latéralement, bien que soudées ensemble sur le dessus du nez ; les fronto-naso-rostrales sont plus étroites ou deux fois plus longues que larges ; les frontales un peu moins élargies ; et la seconde labiale supérieure est plus allongée. Quant aux autres plaques labiales supérieures et inférieures et à l'oculaire, elles ressemblent tout à fait à celles de l'Amphisbène vermiculaire, à laquelle conviendrait tout aussi bien la dénomination d'aveugle qu'à la présente espèce.

COLORATION. Le fond de la couleur est d'un blanc fauve clair, marqué d'autant de petites taches roussâtres qu'il existe de compartiments sur le corps ; toutefois il est vrai de dire que ces taches sont excessivement pâles sur les régions inférieures.

Dimensions. Il ne semble pas que l'Amphisbène aveugle parvienne à une aussi grande taille que celles appelées blanche et enfumée. Voici les principales proportions du plus grand des trois individus que nous possédons :

Longueur totale. 24" 3"'. Tête. Long. 1" 1"'. Cou et tronc. Long. 21" 4"'. Queue. Long. 1" 8"'.

Patrie. Ces trois échantillons proviennent d'un envoi fait de la Martinique à notre établissement par M. Plée.

7. L'AMPHISBÈNE PONCTUÉE. *Amphisbæna punctata.* Bell.

Caractères. Tête plane, museau distinctement pointu. Yeux non distincts. Sept dents inter-maxillaires ; quatre maxillaires de chaque côté; seize mandibulaires. Plaque rostrale petite, quadrangulaire, située perpendiculairement et repliée sur le museau où elle s'articule avec la seule fronto-naso-rostrale qui y existe. Deux naso-rostrales médiocres, oblongues, non soudées ensemble. Deux petites frontales. Une anté-oculaire. Deux labiales supérieures. Des compartiments carrés sur la région postérieure du crâne et sur les tempes. Douze verticilles autour de la queue. Quatre à dix pores préanaux. Corps blanchâtre, ponctué de fauve.

Synonymie. *Amphisbæna punctata*, Bell. Zoolog. journ. tom. 3, pag. 236, tab. 20, fig. 2, suppl.

Amphisbæna punctata, Wagl. Syst. amphib. pag. 117.

Amphisbæna punctata, Th. Coct. Hist. de l'île de Cuba, par Ramon de La Sagra. Erpét. pag. 195, tab. 21 (sous le nom d'*Amphisbæna cæca*).

DESCRIPTION.

Formes. L'Amphisbène ponctuée a le museau encore plus pointu que l'Amphisbène vermiculaire ; sa queue, brusquement tronquée et arrondie en arrière, est au moins aussi courte ; elle fait la quatorzième ou la quinzième partie de la longueur totale du corps. Les mâchoires sont armées de dents coniques, aiguës, un peu courbées, bien séparées les unes des autres : il y a sept intermaxillaires, dont la médiane est plus longue que les latérales. On compte quatre maxillaires supérieures de chaque côté, et huit paires de maxillaires inférieures. Les plaques céphaliques supérieures, les latérales et les inférieures, sont : une rostrale, une fronto-naso-rostrale, deux frontales, deux naso-rostrales, une anté-oculaire, une oculaire, deux labiales supérieures, trois labiales inférieures, une mentonnière et une sous-maxillaire impaire. La rostrale occupe l'extrémité du museau, elle est petite, quadrangulaire, et cintrée d'avant en arrière ; elle sépare les deux naso-rostrales l'une de l'autre pour s'articuler, par son bord supérieur, avec la fronto-naso-rostrale. Celle-ci fort grande, puisqu'elle couvre à elle seule toute la région antérieure de la tête, a la figure d'un triangle isocèle tronqué en avant ; son bord postérieur, qui fait un léger angle rentrant, se trouve en rapport avec les deux frontales qui sont quadrangulaires oblongues, rétrécies en arrière avec un pan oblique en avant, et un autre pan oblique, latéralement et en dehors. Les naso-rostrales sont positivement situées sur les parties latérales du museau ; chacune d'elles ne forme, pour ainsi dire, qu'une seule et même plaque avec la première labiale supérieure, attendu qu'une portion de la suture qui unit ces deux plaques est complétement effacée. La forme de cette plaque naso-rostrale, ainsi jointe à la première labiale supérieure, est celle d'un quadrilatère à bord et à angle antérieurs arrondis. La seconde labiale supérieure est grande, pentagone, affectant une figure rectangulaire ; la troisième est tétragone subtriangulaire. L'oculaire ressemble à un losange, elle est trop épaisse pour qu'on puisse apercevoir l'œil au travers ; devant elle ou entre elle et la naso-rostrale, le long de la fronto-naso-rostrale, est une plaque allongée, étroite, quadrangulaire ; c'est celle que plus haut nous avons désignée sous le nom d'anté-oculaire. La mentonnière, petite, bombée, offre quatre côtés, un antérieur curviligne, un postérieur droit, et deux latéraux infléchis en dedans. La première labiale inférieure, encore plus petite que la mentonnière, a trois pans, dont un, l'antérieur, est très-arqué. La seconde et la troisième labiale inférieure protégent à la fois les lèvres et la surface entière des branches sous-maxillaires ; l'une et l'autre, bien qu'à quatre ou cinq pans, affectent une forme triangulaire. Il existe une autre plaque sur la région moyenne de la gorge ; elle est rectangulaire, tient en avant à la mentonnière et de chaque côté à la seconde labiale inférieure. Il y a douze écailles ou compartiments de la peau sur chaque tempe ; ils y sont disposés quatre par quatre sur trois séries transversales à l'axe de la tête ; ceux de la seconde et de la troisième série sont carrés, et ceux de la première trapézoïdes, à l'exception d'un seul cependant, le plus élevé, qui est triangulaire. Sur toutes les parties supérieures du corps les compartiments sont carrés ; sur les régions inférieures ils sont transversaux rectangulaires. Le bord libre de la lèvre du cloaque fait une ligne brisée en angle très-ouvert ; cette lèvre est divisée en compartiments, dont les deux médians sont quadrilatères oblongs, et les plus grands des quatre ; les deux qui les touchent sont un peu moins longs et trapézoïdes ; les deux autres, ou les latéraux externes, sont beaucoup plus petits, élargis et sub-triangulaires. Parfois il y a huit de ces compartiments au lieu de six ; mais alors les deux supplémentaires sont excessivement peu développés. En avant de cette lèvre cloacale est une rangée de pores arrondis, au nombre de quatre à huit, percés chacun au milieu d'un compartiment. On compte cent quatre-vingt-seize à deux cent quatorze verticilles autour du corps, depuis l'origine du cou jusqu'à celle de la queue ; le nombre de ceux qui ceignent cette dernière partie du corps est de douze à quatorze.

Coloration. Tout le dessus du corps est semé ou plutôt presque couvert de petites taches quadrilatères d'un brun noir ou roussâtre sur un fond fauve, teinte qui règne seule sur les régions inférieures, lorsqu'elles ne sont pas blanchâtres.

Dimensions. L'Amphisbène ponctuée est à peu près de la grosseur de notre Orvet commun (*Anguis fragilis*). *Longueur totale*. 30" 3'". *Tête*. Long. 1" 3'". *Cou* et *tronc*. Long. 27" *Queue*. Long. 2".

Patrie. Cette espèce est originaire de l'île de Cuba.

Observations. M. Bell, qui l'a le premier fait connaître, en a publié une bonne figure dans le *Zoological journal* ; on en trouve une autre, peut-être supérieure à celle-là, dans la partie zoologique du grand ouvrage que publie en ce moment, sur l'île de Cuba, M. Ramon de La Sagra.

8. L'AMPHISBÈNE DE KING. *Amphisbæna Kingii*. Nobis.

Caractères. Tête comprimée. Yeux non distincts. Sept dents inter-maxillaires ; quatre maxillaires de chaque côté ; quatorze mandibulaires. Plaque rostrale grande, s'élevant en une crête tranchante, arquée, qui s'étend depuis le bord de la bouche jusqu'au vertex. Deux naso-rostrales, petites, oblongues, séparées l'une de l'autre par la rostrale. Trois labiales supérieures, **la** première touchant à la rostrale. Dix-huit à vingt verticilles autour de la queue. Quatre à six petits pores préanaux. Dessus du corps d'une teinte châtain.

SYNONYMIE. *Anops Kingii.* Bell , Proceed. zool. societ. (1833), pag. 99 ; et Zool. journ. tom. 5 , pag. 391, Pl. 16, fig. 1.

DESCRIPTION.

FORMES. L'Amphisbène de King se fait particulièrement remarquer en ce qu'elle est la seule , parmi ses congénères , dont la plaque rostrale forme une crête tranchante, très-arquée, laquelle commence sous le museau , tout près du bord de la bouche , le surmonte et se prolonge en arrière sur la ligne moyenne du crâne, au delà du vertex , c'est-à-dire presque jusqu'à l'occiput. On observe, du reste, la même chose, mais peut-être à un degré moindre, chez le *Typhlops oxyrhynchus* de Schneider. Sur les parties latérales de la tête, de chaque côté de cette crête, il existe une naso-rostrale quadrilatère, légèrement oblongue ; une fronto-naso-rostrale linéaire ; une frontale trapézoïde ou sub-rhomboïdale ; une oculaire tétragone, plus petite que la frontale ; une anté-oculaire, quadrangulaire oblongue, plus grande que cette même frontale ; une post-oculaire , quadrilatère ou pentagone , plus petite que l'oculaire. Il y a trois labiales supérieures , toutes trois développées à peu près également : la première est triangulaire, la seconde pentagone, et la troisième sub-trapézoïde. La plaque mentonnière est petite et presque carrée ; derrière elle, sur la région médiane de la gorge , sont d'abord une plaque à cinq pans, dont les deux postérieurs font un angle aigu ; puis deux autres plaques placées côte à côte, ayant la même forme que cette dernière. Il y a trois labiales inférieures de chaque côté , une, en arrière, très-petite, quadrilatère ; une, en avant, moyenne, sub-triangulaire, et une, au milieu, fort grande, trapézoïde ; enfin l'écaillure du dessous de la tête est complétée par deux grandes plaques sous-maxillaires, triangulaires, placées l'une à droite, l'autre à gauche, entre la dernière labiale inférieure et la paire de plaques située à la partie postérieure de la région gulaire, sur la ligne médiane. Les plaques oculaires ont trop peu de transparence pour qu'on puisse apercevoir les yeux au travers, autrement que comme deux taches noirâtres.

Les dents de cette espèce sont proportionnellement plus longues,

REPTILES, V. 32

plus courbées et plus aiguës que celles des autres Amphisbènes. On en compte sept dans l'os intermaxillaire, six latérales
très-petites et une médiane de moyenne longueur; les os maxillaires en ont chacun quatre, et les branches sous-maxillaires
chacune sept, aussi longues les unes que les autres, excepté la
première, qui est de la moitié plus courte.

Il règne un sillon le long du corps, à droite et à gauche; mais
on n'en observe pas sur le dos. La queue est aussi grosse à son
extrémité terminale, qui est arrondie, qu'à son origine; sa longueur fait environ le neuvième de celle de toute l'étendue de
l'animal. Les compartiments du dessus du corps sont un peu plus
longs que larges; ceux du dessous leur ressemblent quelquefois,
mais le plus souvent ils sont carrés. Il y a deux cent six à deux
cent huit verticilles depuis la nuque jusqu'au cloaque, et dix-
huit à vingt autour de la queue.

COLORATION. Une teinte marron, plus ou moins foncée, plus
ou moins claire, est répandue sur les parties supérieures, tandis
que les inférieures sont blanches. La plaque rostrale aussi est
blanche, ainsi que l'extrémité terminale de la queue.

DIMENSIONS. Cette Amphisbène a la taille d'un gros Lombric.
Longueur totale. 19" 6'''. *Tête.* Long. 6'''. *Cou et tronc.*
Long. 17" 6'''. *Queue.* Long. 1" 4'''.

PATRIE. L'Amphisbène de King vit dans l'Amérique méridionale; il s'en trouvait un échantillon dans les collections envoyées
de Buénos - Ayres à notre musée par M. D'Orbigny. Nous en
avons observé plusieurs autres parmi les Reptiles que M. Darwin
a bien voulu nous communiquer.

Observations. C'est d'après cette espèce que M. Bell a établi le
genre *Anops*, réuni par nous aux Amphisbènes.

9. L'AMPHISBÈNE QUEUE BLANCHE. *Amphisbœna leucura.*
Nobis.

CARACTÈRES. Tête plane, étroite; museau allongé, arrondi au bout.
Yeux distincts. Dents? Plaque rostrale médiocre, triangulaire,
située un peu sous le museau. Deux naso-rostrales fort grandes,
oblongues, soudées ensemble, couvrant entièrement la partie
antérieure de la tête. Une petite frontale. Une sus-oculaire de
chaque côté. Deux fronto - pariétales, et d'autres plaques sur le
reste de la surface du crâne et sur les tempes. Trois labiales su-

périeures, la première touchant à la rostrale. Vingt-cinq ou vingt-six verticilles autour de la queue. Vingt pores pré-anaux. Corps brun, bout de la queue blanc.

Synonymie. *Amphisbœna macrura*. Mus. Lugd. Batav.

DESCRIPTION.

Formes. Cette espèce est la plus mince, la plus grèle de toutes les Amphisbènes encore connues. L'individu que nous avons maintenant sous les yeux, bien qu'il ait près de vingt-cinq centimètres de longueur, est à peine aussi gros qu'une plume d'oie. La queue, tronquée et arrondie à son extrémité, fait le huitième environ de l'étendue totale du corps. La tête ressemble à un cône légèrement aplati sur quatre faces; le bout du museau est arrondi. Les plaques céphaliques sont : une rostrale petite, triangulaire, placée un peu en pente sous le museau; deux très-grandes naso-rostrales, couvrant presqu'à elles deux le dessus et les côtés du museau; une seule fronto-naso-rostrale, dont la forme est triangulaire malgré ses six pans; deux frontales, oblongues, pentagones, étroites; deux pariétales, courtes, pentagones ou tétragones, rétrécies en avant; deux très-petites occipitales carrées; une oculaire losangique; une anté-oculaire rectangulaire; une sus-oculaire subtrapézoïde; trois temporales, une petite, subtrapézoïde, une moyenne en losange, une grande hexagone; trois labiales supérieures, la première triangulaire, petite; la seconde, quadrilatère, un peu plus grande; la troisième pentagone, deux fois plus développée; une mentonnière en triangle isocèle, tronqué en arrière; enfin deux labiales inférieures de chaque côté, dont la seconde est excessivement petite, tandis que la première offre une étendue telle, qu'elle couvre pour ainsi dire toute la surface de la branche sous-maxillaire et une partie de la région gulaire.

On distingue assez bien les yeux au travers des plaques qui les protégent. Nous ignorons quel est le nombre et la forme des dents, attendu que nous n'aurions pu le reconnaître sans détruire en partie les lèvres du seul individu de cette espèce que nous ayons jusqu'ici été dans le cas d'examiner, individu qui, au reste, n'appartient pas à notre musée, mais à celui de Leyde. Il y a un sillon de chaque côté du corps; mais il n'en existe pas sur le dos. Les écailles des parties supérieures sont quadrilatères oblongues

3ʹ.

et plus petites que celles du dessous du corps, qui ont également quatre côtés, mais dont la longueur est moindre que la largeur. La lèvre du cloaque est très-arquée, elle offre huit divisions quadrilatères; devant elle se trouve une ligne transversale de dix petits pores, percés chacun près du bord postérieur d'un compartiment. On compte deux cent six verticilles depuis l'origine du cou jusqu'à celle de la queue, autour de laquelle il y en a vingt-quatre ou vingt-cinq.

COLORATION. Une teinte brune règne sur les parties supérieures; le ventre est blanchâtre, le dessous de la queue roussâtre, et le bout de celle-ci d'un blanc pur.

DIMENSIONS. *Longueur totale.* 24" 8'". *Tête.* Long. 8'". *Cou et tronc.* Long. 21". *Queue.* Long. 3".

PATRIE. L'individu dont nous venons de faire la description provient de la côte de Guinée.

B. ESPÈCES A QUEUE CONIQUE.

10. L'AMPHISBÈNE CENDRÉE. *Amphisbœna cinerea.* Vandelli.

CARACTÈRES. Tête déprimée, plane; museau court, arrondi. Yeux distincts. Sept dents inter-maxillaires; quatre maxillaires de chaque côté; quatorze mandibulaires. Plaque rostrale quadrilatère, rétrécie à sa partie supérieure, laquelle est soudée à la frontale, qui couvre à elle seule toute là surface antérieure de la tête. Deux naso-rostrales médiocres, quadrilatères, non soudées ensemble, descendant jusque sur le bord de la lèvre supérieure, qui ne porte que deux labiales. Région postérieure du crâne et tempes revêtues de petits compartiments carrés. Dix-neuf ou vingt verticilles autour de la queue. Quatre à six pores pré-anaux.

SYNONYMIE. *Amphisbœna cinerea.* Vandelli, Memor. Acad. scienc. Lisb. tom. 1, pag. 69.
? *Amphisbœna rufa.* Hemp. Verhandl. der Gesellsch. naturforsch. Freund. in Berl. (1820), pag. 130.
Amphisbœna oxyura. Wagl. Serpent. Brasil. spec. nov. p. 72, tab. 35, fig. 1.
Blanus (*Amphisb. cinerea*, Vand.). Wagl. Syst. amph. p. 197.
Blanus rufus. Wiegm. Arch. für naturgesch (1836), pag. 157.
Amphisbœna cirenea. P. Gerv. Mag. zoolog. Guérin-Méneville (1836), class. III, Pl. 10, et Ann. scienc. nat. (1836), tom.6,p.311.

DESCRIPTION.

FORMES. La tête de cette espèce offre à peu près la même forme que celle des Amphisbènes blanche et enfumée, c'est-à-dire qu'elle est déprimée et fort peu rétrécie en avant, ce qui donne un museau large et arrondi. L'Amphisbène grise a sept dents inter-maxillaires, huit paires de dents maxillaires, et quatorze dents mandibulaires. Les seules plaques céphaliques qu'on observe chez cette espèce sont les suivantes : une rostrale, une fronto-naso-rostrale, une paire d'oculaires, une paire de naso-rostrales, deux paires de labiales supérieures, une mentonnière et trois paires de labiales inférieures. La rostrale, grande et située perpendiculairement, a trois angles, dont un, le supérieur, est tronqué à son sommet. La fronto-naso-rostrale, hexagone, articulée en avant par un petit bord avec la rostrale, couvre la moitié antérieure de la surface de la tête. Les plaques oculaires, petites et sub-losangiques, sont placées à chacun des deux angles postérieurs de la fronto-naso-rostrale; on ne distingue pas les yeux au travers. Les naso-rostrales sont carrées ; elles descendent jusqu'au bord de la lèvre, en sorte qu'il n'y a pas à proprement parler de première labiale. Les deux plaques de ce nom qui, de chaque côté de la tête, suivent les naso-rostrales, sont aussi grandes qu'elle, l'une est carrée aussi, et l'autre est triangulaire. La mentonnière offre quatre pans égaux. La première labiale inférieure est très-petite et triangulaire; la seconde est du double plus grande, pentagone, et la troisième, non moins développée, est carrée. Il règne le long du dos et de chaque côté du corps une forte suture bien distinctement marquée par une suite d'impressions en X. La queue est conique, elle fait un peu plus du dixième de la longueur totale de l'animal. La lèvre du cloaque est arquée, elle n'offre que quatre divisions ou compartiments. Il y a six petits pores pré-anaux percés chacun dans une petite écaille. Les compartiments de la peau sont carrés sur les régions collaires, quadrilatères et fort étroites sur le dos, les flancs et la queue; à peine sont-ils plus longs que larges sous les régions inférieures. Le nombre des verticilles qui ceignent le corps, depuis la tête jusqu'au cloaque, est de cent vingt-cinq; on en compte dix-huit autour de la queue.

COLORATION. La tête est blanchâtre; les compartiments de la

peau, sur presque toute la surface du corps, sont d'un cendré bleuâtre, ou d'un brun plus ou moins roussâtre ou marron, et leurs intervalles sont blanchâtres, ainsi que les sillons qui régnent le long des flancs et du dos.

DIMENSIONS. *Longueur totale.* 25". *Tête.* Long. 1". *Cou et tronc.* Long. 21" 9'". *Queue.* Long. 2" 5'".

PATRIE. L'Amphisbène cendrée a pour patrie commune l'Europe et l'Afrique ; car, découverte il y a déjà assez longtemps en Portugal par Vandelli, elle l'a dernièrement été en Espagne, auprès de Cadix, par un de nos entomologistes les plus distingués, M. Rambure, dans la collection duquel nous en avons vu un fort bel exemplaire. Le musée de Leyde en possède aussi un très-bien conservé, lequel a été trouvé en Espagne par M. Michahelles. Il est maintenant certain que l'Amphisbène oxyure, décrite et figurée dans l'ouvrage de Spix, comme une espèce américaine, n'est autre qu'une Amphisbène cendrée, dont un individu, recueilli sur les côtes méditerranéennes de l'Afrique, avait été placé par mégarde avec des Reptiles du Brésil. Nous avons d'ailleurs aujourd'hui la preuve, par un échantillon provenant de Tanger, et dont notre muséum doit la possession à la générosité de M. F. Eydoux, que l'Amphisbène cendrée se trouve en Barbarie ; c'est le même échantillon qui a servi de modèle à l'une des figures qui accompagnent le mémoire de M. Gervais sur les Amphisbènes, publié dans le Magasin de zoologie de M. Guérin-Méneville.

Observations. Vandelli est le premier qui ait signalé l'existence de l'Amphisbène cendrée : cet auteur en a effectivement donné une courte, mais assez bonne description dans un catalogue des plantes et des animaux du Portugal, qui a été inséré en 1780 parmi les mémoires de l'Académie des sciences de Lisbonne. Depuis cette époque aucune autre occasion d'observer cette espèce, que nous sachions au moins, ne s'était offerte aux naturalistes, lorsqu'en 1824 Wagler trouva, parmi les Reptiles que Spix et Martius venaient de récolter au Brésil, une Amphisbène qui appartenait bien évidemment à l'espèce déjà mentionnée dans les mémoires de l'Académie de Lisbonne ; mais mal renseigné sur le lieu de son origine, ainsi que nous l'avons dit tout à l'heure, il n'eut pas l'idée de la rapporter à l'Amphisbène cendrée, et elle fut décrite et représentée dans l'ouvrage, sur les Serpents du Brésil, comme une nouvelle espèce originaire de ce pays, sous le nom d'*Amphisbæna oxyura.* Ce ne fut que plus tard que

Wagler, ayant reçu de nouveaux et d'exacts renseignements sur la patrie des Reptiles rapportés au musée de Munich par les voyageurs bavarois, s'aperçut de l'erreur qu'il avait commise précédemment à l'égard de son *Amphisbæna oxyura ;* alors il la réunit à l'*Amphisbæna cinerea ,* qui prit place dans sa classification nouvelle des Reptiles comme type d'un genre particulier, auquel il assigna le nom de *Blanus.* Cette identité spécifique de l'*Amphisbæna oxyura* avec l'*Amphisbæna cinerea ,* reconnue par le savant auteur du *Nuturlisch System der amphibien .* fut confirmée quelque temps après par M. Gervais, auquel on doit une description et une figure faites d'après un individu recueilli à Tanger, dans lesquelles sont exposés, bien mieux qu'on ne l'avait fait jusque-là, les caractères propres à faire reconnaître d'une manière certaine l'Amphisbène cendrée.

XVIᵉ GENRE LÉPIDOSTERNE. — *LEPIDOS-TERNON.* Wagler (1).

(*Lepidosternon* et *Cephalopeltis* (2), Müller.)

CARACTÈRES. Dents coniques, un peu courbées, simples, pointues, inégales, séparées les unes des autres, appliquées contre le bord interne des mâchoires ; en nombre impair dans l'os inter-maxillaire. Narines percées sous le museau , dans la plaque qui en emboîte l'extrémité. Compartiments pectoraux de figures diverses et plus grands que ceux des autres régions du corps. Pas de membres du tout. Pas de pores pré-anaux.

Les Lépidosternes ont, dans la situation de leurs narines, qui viennent s'ouvrir, assez près l'une de l'autre, à la

---

(1) De λεπις-ιδος, écaille, plaque; et de στερνον, devant de la poitrine.

(2) De κεφαλη, tête; et de πελτη, bouclier.

face inférieure du bout du museau, dans une grande plaque qui l'emboîte en entier, et dans les compartiments de la peau de leur région pectorale, qui sont de figures diverses, et beaucoup plus grands que sur les autres parties du corps, deux caractères à l'aide desquels on les distingue aisément des Amphisbènes, dont ils diffèrent aussi par l'absence de pores au devant de la lèvre destinée à fermer l'orifice du cloaque. Si l'on ajoute que leur museau, au lieu d'être tronqué ou pointu, est au contraire légèrement déprimé, comme tranchant et un peu relevé, ce qui, joint à la convexité plus ou moins grande du crâne, donne à l'ensemble de la tête une forme qui rappelle celle qu'on observe chez les Cétacés du genre des Marsouins, on aura énuméré toutes les particularités distinctives qui existent entre les Lépidosternes et les Amphisbènes.

Le genre Lépidosterne a été créé par Wagler pour un Chalcidien Glyptoderme qu'il a fait connaître sous le nom de *Lepidosternon microcephalum* dans la partie ophiologique de l'ouvrage de Spix sur l'histoire naturelle du Brésil. Nous y réunissons deux autres espèces, dont une n'est pas encore connue des erpétologistes; la seconde est celle qui a été décrite par Hemprick, en 1817, comme une Amphisbène, à laquelle il avait donné le nom de Scutigère, et dont, plus récemment, M. Müller a fait le type d'un genre particulier qu'il a désigné par le nom de *Cephalopeltis*. Les caractères sur lesquels reposerait l'établissement de ce genre, étant exclusivement tirés de différences existant entre les os de la tête du *Cephalopeltis Cuvieri* de Müller, et ceux du *Lepidosternon microcephalum* de Spix, sans qu'il en résulte aucune modification notable dans l'organisation externe de l'animal; nous n'avons pas cru devoir accepter la division générique proposée par M. Müller. Le tableau synoptique suivant est l'exposé analytique des principales marques distinctives des trois espèces qui composent notre genre Lépidosterne.

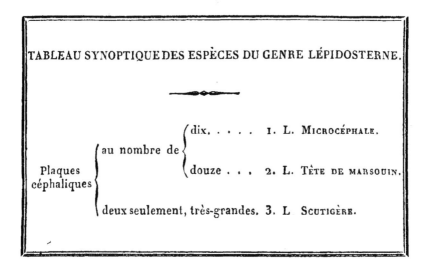

TABLEAU SYNOPTIQUE DES ESPÈCES DU GENRE LÉPIDOSTERNE.

Plaques céphaliques — au nombre de — dix. . . . . 1. L. MICROCÉPHALE.

douze . . . 2. L. TÊTE DE MARSOUIN.

deux seulement, très-grandes. 3. L SCUTIGÈRE.

1. LE LÉPIDOSTERNE MICROCÉPHALE. *Lepidosternon microcephalum.* Wagler.

CARACTÈRES. Dents inter-maxillaires? trois dents maxillaires de chaque côté? dix dents mandibulaires en tout. Dix plaques sus-crâniennes. Compartiments pectoraux médiocres, longs, étroits, au nombre d'une dizaine. Dix ou douze verticilles autour de la queue.

SYNONYMIE. *Lepidosternon microcephalus*, Wagl. Spec. nov. Serpent. Bras. pag. 70, tab. 26.

Amphisbœna punctata, Maximil. zu wied. Abbild zur natur-gesch. Brasil.

Amphisbœna punctata, id. Beitr. Zur naturgesch. Von Brasil. tom. 2, pag. 5oo.

Leposternon microcephalum, Fitzing. neue classif. Rept. pag. 53.

Leposternon (*Lepost. microcephalus*, Spix), Cuv. Règn. anim. (2ᵉ édit.), tom. 3, pag. 73.

Lepidosternon microcephalus, Wagl. Icon. et Descript. amphib. tab. 16, fig. 1.

Lepidosternon microcephalus, Id. Syst. amph. pag. 197.

Lepidosternon (*Lepid. microcephalus*, Spix), Griffith's Anim. kingd. Cuv. tom. 9, pag. 247.

Leposternon microcephalus, Gray, Synops. Rept. in Griffith's Anim. kingd. Cuv. tom. 9, pag. 67.

Lepidosternon microcephalus, Schinz. Naturgesch. und Abbild. Rept. pag. 129 , tab. 47, fig. 2.

DESCRIPTION.

FORMES. Vue en dessus , la tête aurait la figure d'un triangle équilatéral ; sa surface est légèrement convexe ; le museau s'avance un peu au delà de la bouche ; le *canthus rostralis* est arrondi. Nous ignorons quel est le nombre des dents inter-maxillaires, attendu qu'elles sont cassées chez les deux sujets que nous avons maintenant sous les yeux ; mais nous comptons trois dents maxillaires de chaque côté, et cinq paires de dents mandibulaires. Toutes ces dents sont , comme celles des Amphisbènes, coniques , pointues et un peu écartées les unes des autres. Les narines sont médiocres , ovalaires, séparées l'une de l'autre par un espace à peine aussi large que la plaque mentonnière. Les plaques qui revêtent le dessus et les côtés du crâne sont : une rostrale , deux fronto-rostrales , une frontale, deux occipitales, une oculaire , une sus-oculaire de chaque côté , deux labiales supérieures et quelques temporales. La rostrale est une sorte d'étui triangulaire, dans lequel est contenu le bout du museau ; en dessus elle est creusée d'un sillon longitudinal. Entre elle et la frontale sont les deux fronto-rostrales qui sont rectangulaires, ayant leur grand diamètre placé en travers, de sorte qu'elles descendent , l'une à droite, l'autre à gauche , jusque sur la lèvre. La frontale couvre le front et le vertex ; elle aurait une forme carrée sans une échancrure qui est pratiquée à chacun de ses angles en avant , et dans laquelle est reçue la sus-oculaire , qui présente quatre côtés égaux. Au-dessus de cette sus-oculaire est l'oculaire , dont la figure est celle d'un trapèze , et au travers de laquelle on distingue l'œil comme un nuage noirâtre. Les deux occipitales sont petites, quadrilatères , plus larges que longues. La première labiale supérieure est basse, mais assez étendue longitudinalement ; la seconde est petite et carrée. La mentonnière a quatre pans, et un peu plus de largeur que de longueur ; à sa droite et à sa gauche est une grande labiale oblongue, suivie d'une petite sub-triangulaire ; derrière elle se trouve une grande gulaire ovale, de chaque côté de laquelle, tout à fait en arrière, il existe une petite plaque en triangle isocèle. Il règne quatre sillons tout le long du corps, un sur le dos, un sur le ventre, et un sur chaque flanc. Les compartiments de la région pectorale sont de grands quadrilatères allongés, étroits, disposés en éventail ; ceux de toutes les autres parties du corps sont carrées. On compte douze rangs transversaux de compartiments en travers du cou et de la partie du dos, correspondant à la région pectorale, puis ensuite deux cents verticilles jusqu'à l'origine de la queue, autour de laquelle il y en a dix ou douze. La queue, tronquée et arrondie à son extrémité, entre pour le quinzième ou le seizième dans la longueur totale du corps. La lèvre du cloaque a son bord libre très-arqué, elle offre six compartiments.

COLORATION. En dessus, le fond de la couleur est blanchâtre ou jaunâtre, et chaque compartiment porte une petite tache roussâtre. Tout le dessous de l'animal est blanc.

DIMENSIONS. *Longueur totale.* 37" 4'''. *Tête.* Long. 1" 4'''. *Cou et tronc.* Long. 34". *Queue.* Long. 2".

PATRIE. Cette espèce habite le Brésil. Nous en possédons deux échantillons qui ont été rapportés de Rio-Janeiro par M. Gaudichaud.

2. LE LÉPIDOSTERNE TÊTE DE MARSOUIN. *Lepidosternon phocœna.* Nobis.

CARACTÈRES. Trois dents inter-maxillaires ; quatre dents maxillaires de chaque côté ; douze dents mandibulaires en tout. Douze plaques sus-crâniennes. Compartiments pectoraux petits, nombreux, losangiques ou sub-losangiques. Dix verticilles autour de la queue.

SYNONYMIE ?

DESCRIPTION.

FORMES. Cette espèce est très-voisine de la précédente ; pourtant elle en diffère par le nombre et la forme de ses plaques céphaliques, qui sont : une rostrale, deux fronto-rostrales, une frontale, deux pariétales, deux occipitales, deux oculaires, deux sus-oculaires et deux temporales. La rostrale emboîte le bout du museau ; en dessus, elle est creusée d'un petit sillon longitudinal. Les fronto-rostrales sont pentagones, sub-trapézoïdes, oblongues. La frontale est rhomboïdale et enclavée ou plutôt environnée par les fronto-rostrales, par les sus-oculaires et les pariétales. Celles-ci sont carrées et un peu plus grandes que les deux occipitales, qui ont quatre côtés, dont le postérieur est assez fortement arqué. L'oculaire est pentagone ou trapézoïde; elle est située sur le côté de la tête, tout à fait en haut; sa transparence permet qu'on aperçoive l'œil au travers. La sus-oculaire, quadrilatère, un peu plus large que longue et légèrement rétrécie à son bord latéral interne, a devant elle la fronto-rostrale, derrière elle la temporale, qui est rectangulaire, et au-dessus d'elle l'oculaire. Il n'y a que deux labiales supérieures; la première a en longueur deux fois sa largeur, tandis que la seconde, sur laquelle s'appuie l'oculaire, est carrée ou pentagone. La mentonnière et les labiales inférieures ressemblent à celles du Lépidosterne microcéphale.

L'os inter-maxillaire est armé de trois dents, dont la médiane est plus longue que les latérales. Les dents maxillaires, au nombre de quatre de chaque côté, sont égales entre elles; les mandibulaires aussi sont égales, mais on en compte deux de plus à droite et à gauche. Le dos est parcouru par un sillon longitudinal, de même que le ventre et l'un et l'autre côté du tronc. La queue est très-courte, tronquée et arrondie à son extrémité; elle n'entre que pour la dix-septième ou la dix-huitième partie dans la longueur totale du corps. L'opercule du cloaque porte deux grands compartiments rectangulaires, au milieu, et deux petits carrés, de chaque côté. Les compartiments pectoraux sont nombreux et rhomboïdaux; ceux du dos, du ventre et même de la queue sont carrés. Depuis la nuque jusqu'au cloaque, il y a autour du corps deux cent huit à deux cent dix verticilles, précédés de douze demi-anneaux. La queue en offre dix complets.

COLORATION. Le mode de coloration de cette espèce est le même que celui de la précédente, c'est-à-dire que les parties supérieures du corps sont marquées d'un très-grand nombre de taches roussâtres, sur un fond blanchâtre, et que les régions inférieures sont blanches.

DIMENSIONS. *Longueur totale.* 35" 3'''. *Tête.* Long. 1" 5'''. *Cou et tronc.* Long. 32". *Queue.* Long. 1" 8'''.

PATRIE. Le Muséum d'histoire naturelle ne possède qu'un seul individu appartenant à cette espèce, il a été envoyé de Buénos-Ayres par M. d'Orbigny.

3. LE LÉPIDOSTERNE SCUTIGÈRE. *Lepidosternon scutigerum.*
Nobis.

CARACTÈRES. Dents inter-maxillaires ? trois dents maxillaires de
chaque côté ; dix dents mandibulaires en tout. Deux très-grandes
plaques couvrant toute la tête. Compartiments pectoraux fort
grands, au nombre de huit ou dix. Quatorze ou quinze verticilles
autour de la queue.

SYNONYMIE. *Amphisbæna scutigera.* Hemprick. Verhandl. der
Gesellsch. naturforsch. Freund. zu Berl. (1820), pag. 129.

Cephalopeltis Cuvieri. Müll. Anatom. der. *Gener. Chirot.
Amph.* etc. (Zeitsch. für Physiol. von F. Tiedem. und Trevir.
tom. 4, pag. 253, tab. 21, fig. 6, 7, et tab. 22, fig. 5, *a, b, c.*

DESCRIPTION.

FORMES. Ce Lépidosterne se reconnaît aisément, entre ses congénères, au développement considérable que présentent deux
de ses plaques céphaliques ; l'une, de forme triangulaire, emboîte
le bout du museau et la mâchoire supérieure en entier ; l'autre
couvre, comme une grande calotte, tout le reste de la surface
du crâne : outre ces deux plaques, qui sont parfaitement lisses,
il y a de chaque côté une longue labiale supérieure en triangle
scalène, qui est suivie d'une autre labiale lozangique très-petite,
au-dessus de laquelle se trouve placée la plaque oculaire dont la
forme est sub-trapézoïde ; l'épaisseur de cette plaque oculaire ne
permet pas de distinguer l'œil au travers. On observe une petite
plaque mentonnière à quatre pans égaux, une très-grande plaque
rectangulaire qui occupe toute la région médio-longitudinale de
la gorge ; puis, en dehors de chacun des angles postérieurs de
celles-ci, une très-petite plaque en triangle équilatéral ; enfin, à
droite et à gauche, une labiale inférieure couvrant à elle seule
toute la branche sous-maxillaire, à l'extrémité de laquelle en est
une autre extrêmement petite, de forme sub-quadrangulaire. Il
y a trois dents inter-maxillaires, dont les latérales sont moins
longues que la médiane. Chaque os maxillaire est armé de trois
dents coniques, pointues, sub-égales, bien espacées. Les branches
sous-maxillaires portent en tout dix dents semblables aux maxillaires supérieures. M. Müller, dans la figure qu'il a donnée de la
tête de cette espèce, indique quatre dents maxillaires de chaque

côté, en haut, et dix en bas. La peau du dessous du cou est unie , très-mince et très-lâche ; elle forme un nombre considérable de plis transversaux ; celle de la région cervicale en fait également, mais en plus petit nombre. Les compartiments pectoraux sont au nombre de huit, et beaucoup plus développés que chez les deux autres espèces du même genre : il y en a quatre de figure pentagone, qui forment deux paires placées l'une après l'autre, ayant vers leur milieu, à leur droite et à leur gauche, un autre compartiment moins grand et rhomboïdal ; le septième et le huitième, qui sont quadrilatères , fort allongés et étroits , bordent ces six-là de chaque côté. Il règne un sillon tout le long de la ligne médiane du dessus, du dessous , et de chaque partie latérale du corps , dont tous les compartiments sont carrés. La queue fait le seizième ou le dix-septième de la longueur totale de l'animal ; elle est tronquée et arrondie à son extrémité. La lèvre du cloaque a sa surface divisée en six compartiments. On compte trois cent quatorze verticilles autour du corps , à partir de l'endroit où se termine le bouclier pectoral jusqu'à l'extrémité du tronc ; le nombre de ceux qui entourent la queue est de quatorze ou quinze.

Coloration. Ce Lépidosterne a , de même que ses deux congénères , toutes ses parties supérieures, la tête et le cou exceptés, qui sont fauves ou blanchâtres, tachetées de roussâtre sur un fond extrêmement clair ; quant à ses régions inférieures, elles sont blanches.

Dimensions. *Longueur totale.* 50". *Tête.* Long. 1" 6'''. *Cou et tronc,* Long. 46". *Queue.* Long. 3".

Patrie. On trouve ce Lépidosterne au Brésil, d'où le Muséum en a reçu deux échantillons par les soins de M. Gallot.

FIN DE LA FAMILLE DES SAURIENS CYCLOSAURES.

CHAPITRE XI ET DERNIER.

FAMILLE DES SCINCOÏDIENS OU LÉPIDOSAURES (1).

§ 1. CONSIDÉRATIONS GÉNÉRALES SUR CETTE FAMILLE ET SUR SA DISTRIBUTION EN SECTIONS ET EN GENRES.

La famille par laquelle nous terminons l'étude de l'ordre des Sauriens semble réellement établir encore une sorte de liaison ou de transition avec la grande division des Serpents, par l'intermède de quelques espèces, telles que les Orvets et les Acontias. C'est un groupe de Lézards dont les races nombreuses se trouvent réparties dans les terrains les plus arides des régions tempérées, ainsi que dans les climats dont la chaleur est toujours fort élevée.

Les Lépidosaures joignent aux caractères généraux des Sauriens, plusieurs particularités qui les distinguent des sept autres familles du même ordre. Ainsi, leur crâne est recouvert de grandes plaques, jointes entre elles par leurs bords, le plus souvent anguleux, dont les sutures ou les lignes d'affrontement et de jonction restent toujours distinctes. Le reste de leur tronc est complétement recouvert d'écailles plus

---

(1) De λεπίς-ίδος, écaille ; et de σαῦρος, Lézard.

C'était le nom de Lépidosome que nous avions d'abord proposé pour désigner cette famille (tom. 2, pag. 395): mais nous n'avons pas dû le conserver, attendu qu'il avait déjà été donné par Spix à un genre particulier de Chalcidien.

ou moins grandes et solides, de formes variables ; mais toujours disposées en cottes-de-mailles, placées en quinconce et en recouvrement les unes sur les autres, à la manière des tuiles et des ardoises, à peu près comme celles de la plupart des poissons osseux. En outre les Scincoïdiens ont la langue libre, charnue, peu épaisse, légèrement échancrée à la pointe antérieure, couverte en tout ou en partie de papilles écailleuses ; leur ventre est cylindrique, sans plis latéraux, et revêtu d'écailles ayant la même disposition et en général la même forme que celles du dos.

Or, tous ces caractères, ainsi que nous les avons déjà exposés dans les généralités sur l'ordre des Sauriens (tome II, pag. 596), suffisent pour faire distinguer les Scincoïdiens de toutes les autres familles. Les grandes plaques anguleuses, qui sont appliquées sur les os du crâne et de la face, ne se voient jamais chez les Caméléons, les Geckos, les Crocodiles, les Varans ni les Iguanes ; on les retrouve, il est vrai, dans les Lacertiens et les Chalcidiens ; mais les premiers ont toujours l'écaillure du ventre différente de celle de la partie supérieure du tronc, et chez les autres, outre que ces lamelles de corne sont disposées de manière à former des verticilles ou des anneaux transverses, il existe le plus souvent un pli sur les flancs dans toute leur longueur, depuis le crâne jusqu'à l'origine de la queue.

La forme et le mode d'insertion de la langue qui, d'une part est libre, ou non attachée par son pourtour à la concavité de la machoire inférieure, servent à les distinguer d'avec les Crocodiles ; d'autre part, comme la langue des Scincoïdiens ne peut pas rentrer dans une sorte de gaîne, cette conformation les éloigne des Caméléons qui ont la langue très-longue, cylindrique, terminée par un tubercule concave et visqueux ; elle sert aussi à les faire séparer des Varaniens, qui ont cet organe susceptible de rentrer dans un fourreau, en même temps que son extrémité libre, est profondément divisée en deux pointes. Enfin, cette langue n'est pas libre, ou dégagée d'adhérences qu'à sa pointe seulement, comme dans les Geckos et les Iguanes. Les parois latérales du tronc ne sont pas creusée d'un sillon longitudinal, comme dans les Chalcides, et la peau qui garnit le ventre en dessous n'est pas garnie de lames à quatre pans principaux ou d'écailles quadrilatères plus ou moins allongées et plus grandes que celles du dos, ainsi que cela se remarque dans les Lézards proprement dits.

Voici donc, en résumé, les caractères essentiels des Reptiles qui composent la famille des Scincoïdiens :

1° *Tête recouverte en dessus par des plaques cornées, minces, anguleuses, affrontées par leurs pans d'une manière régulière.*

2° *Cou de mêmes forme et grosseur que la poitrine.*

3° *Le reste du tronc et les membres garnis de toutes parts d'écailles entuilées, à plusieurs pans, le plus souvent élargies et à bord libre légèrement arrondi, disposées en quinconce ; dos arrondi, sans crêtes, ni épines redressées ; ventre cylindrique, sans rainure ou sillon latéral.*

4° *Langue libre, plate, sans fourreau ; légèrement échancrée en avant, à surface revêtue en tout ou en partie de papilles ; le plus ordinairement toutes sont en forme d'écailles ; quelquefois les unes sont squamiformes, les autres filiformes.*

Nous avons déjà dit que cette famille avait été indiquée ou établie, à peu près sous le même nom de Scincoïdes ou de Scincoïdiens, par Oppel, et ensuite par Fitzinger et quelques autres; quant au nom de Lépidosaures, qui indique des Lézards écailleux, il a été formé de deux mots grecs, dont l'un, Λεπίς-ιδος, signifie écaille, et l'autre, Σαῦρος, correspond à Lézard.

Oppel n'avait réuni sous le nom de Scincoïdes, dont il faisait une cinquième famille dans l'ordre des Sauriens, que les genres suivants, au nombre de cinq, savoir : les Scinques, les Seps, les Sheltopusiks, les Anguis et les Orvets. Obligé de rapprocher ainsi des espèces qui présentaient entre elles trop de différences, les caractères qu'il assigna pour établir cette famille devaient être trop généraux : aussi la plupart ne conviennent-ils qu'à quelques-uns des genres en particulier, et sont même en opposition avec ce qu'on voit dans les autres.

M. Fitzinger, en adoptant la même dénomination de Scincoïdes comme celle d'une famille, y a introduit un beaucoup plus grand nombre de genres, auxquels il aurait sans doute réuni les Orvets, s'il ne les avait pas crus privés de trous auditifs externes. Au lieu de cela, il en forma une famille à part qui reçut le nom d'Anguinoïdes; puis il appela Gymnophthalmoïdes une autre famille dans laquelle il rangea celles de nos espèces de Scincoïdiens qui, en apparence, manquent de paupières.

Voici la copie francisée du tableau synoptique de cette famille des Scincoïdes, d'après cet auteur :

XIIᵉ FAMILLE. LES SCINCOÏDES.

CARACTÈRES. Corps couvert d'écailles entuilées, non verticillées : tympan distinct : langue échancrée.

Pattes

quatre : cuisses à pores

distincts . . . . 1. SPONDYLURE.

nuls : doigts

à bords élargis, comme dentelés . . . . 2. SCINQUE.

non élargis et derrière

cinq : en devant

cinq : palais à dents { distinctes . . . . . 4. MABUYA.
{ nulles. . . . . . 3. TILIGUA.

quatre seulement. . . . . . 5. HÉTÉROPE.

moins de cinq : tantôt { quatre. . . . . . 6. SEPS.
{ trois. . . . . . 7. ZYGNIS.

deux seulement en arrière, et doigts au nombre de { deux. . . . . . 8. SCÉLOTE.
{ un seul. . . . . 9. PYGODACTYLE.

Il faudrait donc joindre à cette famille les genres que l'auteur nomme Gymnophthalmoïdes ou à yeux nus, sans paupières ; ils sont au nombre de quatre, savoir : les espèces qui ont des pattes au nombre de quatre ou de deux, et celles qui en sont privées. Les genres qui ont les quatre membres offrent tantôt cinq doigts devant et derrière, tels sont les Abléphares ; mais les Gymnophthalmes n'ont que quatre doigts aux pattes antérieures. Les Pygopes n'ont que deux pattes postérieures, tel est le Reptile que Lacépède avait appelé Lépidopode.

Enfin, M. Fitzinger range parmi ses Gymnophthalmoïdes un genre caractérisé par l'absence complète des pattes ; c'est le genre *Sténostome*, créé par Wagler pour une espèce qu'il conviendrait mieux de placer avec les Typhlops.

Au reste, voici une indication abrégée des espèces ou plutôt des genres indiqués dans le tableau qui précède et par ordre des numéros.

1. Le genre *Spondylure* a pour type le Scinque de Sloane, ainsi nommé par Daudin, et dont Wagler a fait un *Euprepis*.

2. Le genre *Scinque* est représenté par l'espèce dite des Boutiques, le type de la famille.

3. Le *Tiliqua* est établi d'après le Scinque géant de Boié et de Merrem.

4. Le *Mabuya* est celui de Lacépède et de Daudin, *Gongylus* de Wagler.

5. L'*Hétérope* est un Lézard d'Afrique, dont le dessin lui avait été communiqué par Ehremberg.

6. Le genre *Seps* correspond au *Tetradactylus deresiensis* (Péron).

7. Le *Zygnis* est le Seps tridactyle de Daudin.

8. Le *Scélote* est l'*Anguis bipes* (Linné), *Bipes anguineus* de Merrem.

9. Quant au genre *Pygodactyle*, nous verrons qu'il est fondé sur un Scincoïdien décrit par Gronovius.

Cuvier, en publiant, en 1829, la seconde édition du Règne animal, avait aussi établi dans l'ordre des Sauriens une sixième et dernière famille, sous le nom de Scincoïdiens. Il l'avait caractérisée, en disant qu'elle était reconnaissable par ses pattes courtes, sa langue non extensible, et par les écailles égales qui couvrent, à la manière des tuiles, son corps et sa queue. Il y rangeait les genres Scinque, Seps, Bipède de Lacépède, ou Pygope de Merrem, ainsi que le Scélote de Fitzinger. Malgré les caractères indiqués, il avait aussi placé dans cette famille les Chalcides, qui ont les écailles verticillées, et nos Chirotes ou Bimanes, qui ont une si grande analogie avec les Amphisbènes. Nous devons encore ajouter qu'immédiatement après, mais en tête de l'ordre des Ophidiens, il avait rangé la famille des Anguis, dans laquelle se trouvaient compris les genres Orvet, Pseudope de Merrem, Ophisaure, et Acontias.

Nous n'entrerons pas dans beaucoup de détails sur la classification proposée par Wagler; nous l'avons fait connaître dans les généralités de l'ordre des Sauriens; il nous suffira de rappeler ici qu'à l'exception des Acontias, qui font partie de la famille des Angues de cet auteur, tous les genres sont réunis aux Lézards et aux Chalcidiens : c'est ce que nous aurons souvent occasion d'indiquer. Il résulte de cet arrangement que la série dans laquelle Wagler a disposé les genres est tout à fait arbitraire. On en aura une idée, en parcourant la liste que nous en avons insérée dans le tome premier du présent ouvrage (page 291, note 3). C'est à compter du genre *Bipes* d'Oppel, ou Pseudope de Merrem, que commence l'énumération des Scincoïdiens. Voici l'indication des noms de genres nouveaux proposés par Wagler, et dont il a exprimé les caractères : l'*Ophiodes*, qu'il a créé d'après une espèce représentée dans l'ouvrage de Spix sous le nom de Pygopus ; *Sphenops*, *Euprepis*, *Gongylus*, comprenant toutes les espèces qui appartenaient au genre Mabuya de Fitzinger ; *Cyclodus*, qui sont des Tiliquas de Gray, et en particulier le Scinque géant ou Galleywasp. En totalité, Wagler a réuni dans cette division trente et un genres, sous la dénomination de Lézards autarchoglosses-pleurodontes, ou à langue libre et à dents fixées au bord du canal ou sillon dentaire longitudinal.

M. WIEGMANN, dans le Prodrome d'un arrangement systématique de l'ordre des Sauriens, qu'il publia en 1834, avec l'Erpétologie du Mexique, a placé les Scincoïdiens dans la première série, celle des langues étroites, *Leptoglosses brévilingues*, à pointe obtuse, à écailles entuilées et lisses. Il les partage en deux familles : celle des SCINQUES proprement dits, dont les yeux sont recouverts par des paupières, et les GYMNOPHTHALMES, qui n'ont pas de paupières mobiles ou visibles. Il divise les genres en ceux qui, semblables au Lézard, ont quatre pattes bien conformées à cinq doigts, et qui ont des trous ou conduits auditifs, au fond desquels on voit la membrane du tympan. C'est là qu'il range les *Spondylures*, genre établi par Fitzinger sur ce faux renseignement de Daudin que le Scinque de Sloane aurait les cuisses percées de pores ; les *Scinques*, les *Sphénops*, les *Trachysaures*, les *Cyclodes* et les *Euprèpes* ; et parmi les Gymnophthalmes, le genre *Abléphare*.

Viennent ensuite les genres qui, semblables aux Seps, ont le tronc grêle, arrondi, et encore quatre membres, mais très-courts et fort éloignés les uns des autres. Il rapporte à cette division, parmi les Scinques, les genres *Lygosome*, *Zygnis*, dont les trous auditifs sont visibles; et parmi ceux qui n'en ont pas, les *Podophis*, *Seps* et *Péromèles*. Dans cette même division, mais parmi les Gymnophthalmes, il n'y a que deux genres inscrits par M. Wiegmann : ce sont ceux des *Gymnophthalmes* proprement dits, et des *Léristes* de Bell.

Enfin, à la troisième division sont rapportés les genres qui ressemblent à des Orvets, dont le corps est toujours muni de pattes antérieures, tandis que les postérieures manquent quelquefois. Parmi les Scinques proprement dits, sont inscrits les genres *Pygodactyle*, *Otophis*, *Scelotes*, *Orvet* et *Acontias*; et parmi les Gymnophthalmes, les deux derniers genres, qui sont ceux des *Pygopes* et des *Typhlines*.

L'auteur, après avoir donné ce tableau, ne traite réellement en détail que du genre *Euprepis*, le seul qui se soit trouvé au Mexique, et il le subdivise en trois sous-genres, mais dont il ne décrit que l'espèce découverte par M. Deppe.

Il y a dans ce travail de très-bonnes vues dont nous avons profité. Malheureusement l'auteur n'a pu inscrire dans cet arrangement systématique que quelques espèces dont il n'a même eu connaissance que par les descriptions, n'ayant pas eu les objets mêmes sous les yeux.

Celui de tous les erpétologistes qui s'est livré avec le plus de persévérance et de talent à l'étude de cette famille des Scincoïdiens est un de nos élèves les plus distingués par son zèle et ses connaissances générales dans les diverses branches des sciences naturelles,

Jean - Théodore Cocteau, docteur en médecine, qui vient de succomber à la suite d'une longue et douloureuse maladie, au moment où il s'occupait de rédiger une monographie complète de cette famille de Sauriens, dont il a même publié, en 1836, un premier cahier sous le titre modeste d'*Études sur les Scincoïdes.* C'était un travail considérable auquel il avait consacré les cinq ou six dernières années de sa vie. Ses communications nous ont été du plus grand secours par les recherches scrupuleuses auxquelles il s'était livré relativement à la détermination des espèces qu'il avait étudiées avec le plus grand soin.

En profitant de ses travaux, auxquels cette portion de notre ouvrage devra quelque prix, nous aimons à rendre cet honorable témoignage à sa mémoire et le juste tribut d'hommages que lui devra la science de l'erpétologie pour la détermination et l'histoire des Scincoïdiens.

Cocteau avait présenté à l'Académie des sciences de Paris un grand tableau de classification, rédigé en langue latine, sous le titre de *Tabulæ synopticæ Scincoideorum.* L'un de nous a été chargé de l'examiner, et son rapport se trouve dans les Comptes-rendus pour la séance du 1ᵉʳ janvier de l'année 1837 (1).

Depuis la mort de Cocteau, sa famille a confié à M. Bibron, son ami, les notes manuscrites de ce jeune savant. Il en est dans le nombre qui nous ont été très-utiles, et quoique nous n'ayons pas adopté sa méthode de classification, qui supposait la connaissance future ou ultérieure de plusieurs genres dont les espèces pourront être découvertes, nous aurons souvent oc-

---

(1) Tome IV, nº 1, page 14.

casion de mentionner ses travaux et ses opinions.

Nous allons même consigner ici l'analyse du rapport dont nous venons de parler. Les caractères essentiels de la famille résident dans la disposition des grandes plaques anguleuses qui recouvrent le crâne des Scincoïdes, et dans la forme de toutes les écailles, qui sont solides, arrondies, placées en recouvrement les unes sur les autres, et semblables dans toutes les parties du corps. Mais le nombre des espèces découvertes successivement est devenu tellement considérable, que pour en rendre la détermination plus facile, et pour faire mieux connaître leur histoire, il est réellement devenu nécessaire de les subdiviser en sous-familles, en tribus et en genres.

Les tableaux synoptiques que M. Cocteau a présentés à l'Académie ne sont que les prodromes d'un travail considérable pour la classification des espèces qui appartiennent à trois des tribus de la famille qu'il nomme les CYPRILÉPIDES, ou à écailles de carpe.

D'après la présence ou l'absence des pattes, ces espèces sont distribuées en trois sections. Les deux premières, qui ont des pattes et qu'il réunit sous le nom commun de *Pédotes*, se subdivisent ensuite en *Scincidoïdes*, qui en ont quatre, et en *Hystéropodes*, qui n'ont que des pattes postérieures, ou en *Tétrapodes* et *Dipodes*. Une troisième section pourrait comprendre les espèces privées de pattes, si on en découvrait, et elle porterait le nom d'*Anguinoïdes*.

La première sous-famille, celle des Scincoïdes, se partage en trois tribus : 1° les *Saurophthalmes*, dont les yeux, comme ceux des Lézards, sont munis de paupières mobiles ; 2° les *Ophiophthalmes*, qui n'ont pas de paupières, ou dont les paupières sont extrê-

mement courtes, ce qui donne à l'œil l'apparence de
celui des Serpents ; 3° les *Typhlophthalmes*, qui ont
les yeux tout à fait cachés ; mais l'auteur n'avait pu
jusqu'ici rapporter aucune espèce à cette troisième
tribu, qu'il n'avait établie que par prévision.

La première tribu, celle des Saurophthalmes, comprend les genres qui ont : 1° un tympan distinct ou
un canal auditif externe comme les Lézards ; il les
nomme *Saurotites* ; 2° ceux qui n'auraient pas cette
portion visible, comme cela a lieu dans les Serpents,
seraient des *Ophiotites* ; mais l'auteur annonçait qu'il
n'en avait pas encore observé.

Parmi les Saurotites, il est des genres qui ont les
pattes ou les doigts complets ; ceux-ci sont dits *Téléo-
dactyles*. Ils ne constituent qu'un seul grand genre,
celui des Scinques proprement dits, lequel se trouve
subdivisé par l'auteur en treize séries ou sous-genres,
de la manière suivante. D'abord par la surface de la
langue, qui tantôt est couverte de papilles, toutes
lamellées ou écailleuses : il les nomme *Lépidoglosses*,
tandis qu'il appelle *Diploglosses* ceux chez lesquels
cette surface est en partie composée de papilles en
champignons et d'autres de forme lamelleuse ; il n'y a
dans ce cas qu'un seul genre, celui qui a été établi par
M. Wiegmann sous ce même nom de *Diploglossus*. Les
Lépidoglosses sont ensuite partagés d'après la forme
de leur museau, qui est tantôt en coin, ce qui les a
fait nommer *Sphénopsides*, et il n'y rapporte que les
deux sous-genres *Scincus* de Fitzinger, qui est celui
des boutiques, et le *Sphénops* de Wagler, qui diffèrent
entre eux par la forme et l'inégalité des doigts. Les
Conopsides, ou ceux qui ont le museau conique, ont
tantôt les écailles du dos lisses ou sans lignes saillantes ;

on les nommerait *Ateucholépides*. C'est la division la plus nombreuse, car elle comprendrait des séries au nombre de sept, ou sept sous-genres, subdivisés : 1° en *Omolépides*, ou à écailles dorsales planes, et 2° en *Strigolépides*, qui les ont striées. Parmi les Omolépides, il en est qui n'ont pas de dents au palais; il les nomme *Anoplophores*; et d'autres qui en ont, ce sont les *Oplophores*. Les uns et les autres se partagent suivant la disposition de leur paupière inférieure, qui tantôt offre un disque transparent, les *Hyaloblépharides*, et qui tantôt est, comme à l'ordinaire, revêtue de petites squames, les *Scléroblépharides* : tels sont les sous-genres *Tiliqua*, *Keneux*, *Euprepis*, *Rachites*, *Psammites*, *Heremites*, et *Arnés*.

Les Conopsides à écailles dorsales pointues, que Cocteau nomme *Silubolépides*, tantôt carénées comme le genre appelé à tort *Tropidosaurus* de Boié (*Tropidophorus. Nobis*), tantôt rugueuses comme celui du *Trachysaurus* de Gray.

Les Saurotites à pattes imparfaites, soit en totalité, soit par le nombre des doigts, qu'il nomme *Atéléodactyles*, ont en effet tantôt les doigts aux quatre pattes, mais en nombre différent devant et derrière; tels sont les deux sous-genres des *Hétérodactyles*, nommés *Heteropus* et *Champsodactylus*; tantôt, au contraire, comme dans les *Omodactyles*, le nombre des doigts est le même à chaque patte, savoir : de quatre dans le *Tetradactylus* de Péron, ou *Peromeles* de Wagler, et de trois seulement dans les genres *Tridactylus* et *Zygnis* d'Oken.

La seconde tribu des Ophiophthalmes, ou les Scincoïdes qui ont les paupières très-courtes et non mobiles, se divise à peu près de la même manière que celle des Saurophthalmes, en SAUROTITES et en OPHIO-TITES.

Les premiers sont ou *Téléo* ou *Atéléo-dactyles*. Il n'y a qu'un seul genre compris dans la première sub-division, celui des *Ablépharides*, subdivisé lui-même en *Ablépharides* proprement dits et en *Cryptoblépha-rides*. Dans la deuxième subdivision, il n'y a éga-lement qu'un seul genre, c'est celui que Merrem a indiqué sous le nom de *Gymnophthalmus*.

Le genre *Lerista* de Bell est le seul que M. Cocteau ait rapporté à la seconde sous-tribu, celle qu'il in-dique sous le nom d'*Ophiotites*.

Telle est l'analyse bien abrégée, mais exacte, des grandes divisions proposées par l'auteur dans ses ta-bleaux synoptiques; c'est le résultat de plus de six années d'études et de recherches spéciales. Dans la monographie dont ces tableaux étaient les prodromes devaient se trouver indiquées et décrites toutes les espèces de Scincoïdes, avec leurs caractères essentiels et la synonymie la plus exacte.

Nous joignons ici l'analyse synoptique de ce grand travail.

CYPRILÉPIDES.
- Podotes.
  - Tétrapodes.
    - SAUROPHTHALMES
    - OPHIOPHTHALMES.
    - TYPHLOPHTHALMES.
  - Dipodes. . .
    - PROPODES.
    - HYSTÉROPODES.
- Apodes.

SAUROPHTHALMES.	SAUROTITES.	TÉLÉODACTYLES.	SCINCOÏDES . . .	*Scincus.*
		ATÉLÉODACTYLES.	HÉTÉRODACTYLES.	{ *Heteropus.* / *Champsodactylus.*
			OMODACTYLES.	{ *Tetradactylus.* / *Tridactylus.*
	OPHIOTITES.			
OPHIOPHTHALMES.	SAUROTITES.	TÉLÉODACTYLES.		*Ablepharis.*
		ATÉLÉODACTYLES.	HÉTÉRODACTYLES.	*Gymnophthalmus.*
			OMODACTYLES.	
	OPHIOTITES.		OMODACTYLES.	
			HÉTÉRODACTYLES.	*Lerista.*
TYPHLOPHTHALMES.				

Nous allons terminer cet exposé des divers modes de classer les Scincoïdiens, qu'ont jusqu'ici proposés les erpétologistes, par l'analyse d'un travail sur le même sujet, que vient tout récemment de publier M. Gray, dans un recueil scientifique édité à Londres par le D⁻ Jardine (1). Ce travail fait partie d'une classification nouvelle des Sauriens autarchoglosses, présentée sous le titre de : *Catalogue des Sauriens à langue grêle, comprenant la description de plusieurs nouveaux genres et nouvelles espèces* (2). Dans cet arrangement méthodique, nos Sauriens Scincoïdes sont distribués en quatre familles appelées : *Scincoidæ, Gymnophthalmidæ, Rhodonidæ* et *Acontiadæ*, d'après les noms des genres qui en sont les types, ou ceux de *Scincus, Gymnophthalmus. Acontias* et *Rhodona*, ce dernier servant à désigner un groupe générique nouvellement introduit dans la science.

C'est uniquement des diverses modifications que présentent les paupières et la plaque rostrale, sous le rapport de leur développement, ainsi que de la situation des orifices externes des narines, que M. Gray a emprunté les marques distinctives de ces quatre familles, auxquelles il donne d'ailleurs pour caractères communs d'avoir la langue contractile (c'est sans doute rétractile que l'auteur a voulu dire), la tête protégée par des scutelles, et l'écaillure du corps composée de pièces uniformes, imbriquées, toutes lisses chez les *Gymnophthalmidæ*, les *Rhodonidæ* et les *Acontiadæ* ; tantôt lisses, tantôt carénées sur le dos et les flancs, dans

---

(1) Annals of natural history, or Magazine of zoology and geology, in-8°.

(2) Catalogue of slender tongued Saurians, with descriptions of many new genera and species.

les *Scincoidœ*; enfin l'ouverture du cloaque en fente transversale, circonstance qui, soit dit en passant, est au moins inutilement signalée ici, puisqu'elle se reproduit généralement dans l'ordre entier des Sauriens, les Crocodiles exceptés.

Les *Scincoidœ* se distinguent principalement par le peu de développement de leur plaque rostrale, et par l'existence de deux paupières bien distinctes.

Les *Gymnophthalmidœ* ont également une plaque rostrale petite, mais leurs yeux sont privés de membranes palpébrales.

Ce qui caractérise les *Rhodonidœ*, c'est une grande plaque rostrale déprimée et à bord tranchant; c'est aussi la position de leurs narines qui ne s'ouvrent pas sur les côtés, mais sur la face supérieure du museau dans la scutelle qui l'emboîte; c'est la brièveté des paupières, qui ne sont que rudimentaires; c'est enfin l'existence de trois plaques vertébrales placées à la suite l'une de l'autre, lesquelles, selon toute apparence, sont d'après notre nomenclature une fronto-nasale, une frontale et une fronto-pariétale.

Les caractères des *Acontiadœ* résident dans la présence d'une grande plaque en forme d'étui qui garnit le museau jusqu'au front, d'une autre plaque qui protége le menton de la même manière; dans des trous nasaux assez petits, et offrant en arrière un assez long sillon; dans la forme subcylindrique du corps et dans la condition rudimentaire des membres, lorsque toutefois ils existent chez ces Sauriens.

Voici maintenant comment M. Gray a subdivisé chacune de ces quatre familles : la première, celle des *Scincoidœ*, de beaucoup la plus nombreuse en espèces, est partagée en cinq groupes principaux, d'après la forme du museau, le plus ou moins d'étendue longitudinale du corps ; suivant qu'il y a deux ou une seule paire de pattes, ou bien quand ces appendices manquent complétement.

Dans le premier de ces cinq groupes, qui ne portent pas de noms particuliers, sont placés les genres dont le museau est saillant et sub-aigu, dont le corps est presque fusiforme, plat en dessous et légèrement anguleux de chaque côté, c'est-à-dire les genres *Scincus* et *Sphenops*, celui-ci se distinguant par la forme cylindrique de ses doigts, qui sont aplatis chez celui-là, et par l'absence du trou auditif, ce qui est une erreur, car ces orifices auriculaires ne sont pas moins distincts chez les Sphénops que chez les Scinques.

Le second groupe, que particularise un museau conique, un corps fusiforme, arrondi à ses parties latérales, quatre pattes médiocres ayant chacune cinq doigts, renferme les genres *Celestus*, *Trachydosaurus*, *Egernia*, *Tiliqua*, *Dasia*, *Aprasia* et *Herinia*, parmi lesquels il en est cinq, ceux de *Celestus*, d'*Egernia* et les trois derniers, qui paraissent être nouveaux pour la science, si ce n'est pourtant le genre *Celestus*, qui a bien certainement été formé avec une espèce appartenant au genre Diploglosse de Wiegmann, genre dont M. Gray mentionne, dans le présent catalogue, une seconde espèce sous le nom de *Tiliqua fasciata* ; une troisième sous celui de *striata*, et une quatrième sous ceux d'*occidua* et de *Jamaicensis*. Nous devons même ajouter que les trois dernières sont placées dans quatre divisions différentes.

Le troisième groupe comprend les espèces à museau arrondi, à corps presque cylindrique, allongé et pourvu de deux paires de pattes situées assez loin l'une

de l'autre; telles sont celles qui composent les genres
Riopa, *Ligosoma*, *Chiamela*, *Tetradactylus*, *Ris-*
tella, *Hagria*, *Tridactylus*, *Saiphos*.

Le quatrième groupe est formé du seul genre *Ophio-*
des, semblable, pour la forme du museau et celle du
corps, aux espèces du groupe précédent, mais qui en
diffère en ce qu'il n'a qu'une seule paire de pattes, en
arrière. Enfin, le cinquième et dernier groupe n'offre
de différence avec le quatrième que par l'absence complète de membres, soit à la partie antérieure, soit à
la partie postérieure du corps. Les genres qui s'y trouvent rangés sont ceux qui sont appelés *Anguis*, *Si-*
guana, *Stenostoma*, *Dorfia*.

La seconde famille, celle des *Gymnophtalmidæ*,
comprend cinq genres : les *Microlepis*, qui ont cinq
doigts à chaque patte, de grands méats auditifs, la
tête déprimée, cinq plaques vertébrales et les écailles
médiocrement striées; les *Ablepharis*, ayant les mêmes
caractères que les précédents, mais dont la région
préanale est scutellée; les *Gymnophthalmes*, qui ont
quatre doigts aux pattes de devant et cinq à celles de
derrière; les *Cryptobléphares*, chez lesquels se reproduisent les caractères des Abléphares, mais qui ont la
région préanale écailleuse; enfin, les *Léristes*, dont les
quatre membres sont divisés chacun en deux doigts,
et auxquels M. Gray refuse un trou auditif, quoiqu'ils
en offrent un petit, il est vrai, mais distinct.

Deux genres seulement se rapportent à la famille des
Rhodonidæ; ce sont ceux de *Rhodona* et de *Soridia* :
chez le premier, il existe des rudiments de pattes antérieures simples, et deux petits pieds postérieurs avec
chacun deux doigts; chez le second, il n'y a qu'un
membre rudimentaire de chaque côté de l'orifice anal.

Dans la famille des *Acontiadæ*, la quatrième et dernière, l'auteur a rangé les genres *Nessia* et *Evesia*, qui n'étaient encore ni l'un ni l'autre connus des naturalistes; puis ceux de *Bipes* et d'*Acontias*, qui sont, celui-ci apode, celui-là bipède, ainsi qu'on a voulu l'exprimer par le nom qu'il porte. Les genres *Evesia* et *Nessia* ont chacun deux paires de membres, mais, chez le premier, il y a trois doigts devant et trois également derrière, tandis que le second n'en offre pas du tout; les quatre pattes ressemblent à des stylets.

Nous joignons ici un tableau synoptique qui permettra de saisir d'un seul coup d'œil les principales divisions de la famille des Scincidées de M. Gray.

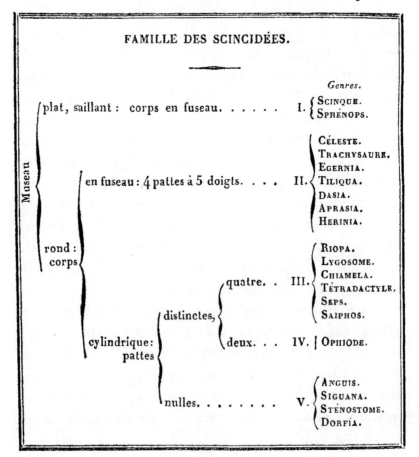

FAMILLE DES SCINCIDÉES.

Genres.

Museau

plat, saillant : corps en fuseau. . . . . .   I. { Scinque. / Sphénops.

rond : corps — en fuseau : 4 pattes à 5 doigts. . . .   II. { Céleste. / Trachysaure. / Egernia. / Tiliqua. / Dasia. / Aprasia. / Herinia.

cylindrique : pattes — distinctes, — quatre. .   III. { Riopa. / Lygosome. / Chiamela. / Tétradactyle. / Seps. / Saiphos.

deux. . .   IV. | Ophiode.

nulles. . . . . . .   V. { Anguis. / Siguana. / Sténostome. / Dorfia.

Maintenant que nous avons fait connaître comment les erpétologistes, nos devanciers, ont méthodiquement distribué les Scincoïdiens, chacun selon sa manière d'envisager les rapports que ces Reptiles offrent entre eux, il nous reste à exposer suivant quel ordre nous allons nous-mêmes présenter l'histoire de ces animaux. Les Reptiles que nous réunissons ici sous le nom commun de Scincoïdiens constituent, dans l'ordre des Sauriens, une grande division non moins naturelle que celles des Varaniens, des Iguaniens et des Lacertiens. Séparer de cette famille certains genres que nous y rangeons pour en former une ou plusieurs autres, ainsi que quelques auteurs l'ont proposé, ce serait évidemment vouloir rompre les affinités qui existent entre les Sauriens qui la composent. Les Gymnophthalmes, bien que privés de paupières, au moins en apparence ; les Typhlines, qui ont les yeux complétement recouverts par la peau ; les Acontias dont le squelette, dans quelques-unes de ses parties, offre peut-être déjà certains points d'analogie avec les Ophidiens, n'en demeurent pas moins de véritables Lézards Scincoïdiens, par l'ensemble de leur organisation interne et externe. En ne considérant même que l'enveloppe extérieure de ces animaux, c'est-à-dire la peau ou plutôt les téguments qui la protégent, on est frappé de l'uniformité qui règne, quant au mode d'écaillure, chez toutes les espèces de cette famille, et ce caractère doit être regardé comme ayant quelque valeur, lorsqu'on remarque qu'il se reproduit de la manière la plus manifeste dans des groupes aussi nettement circonscrits que ceux que nous citions tout à l'heure, ou dans les familles dont les types sont les genres Caméléon, Gecko, Varan,

34.

Lézard et Iguane , familles qui, comme on le sait, ont chacune un mode d'écaillure qui leur est propre.

La manière dont les dents sont fixées sur les mâchoires, étant absolument la même chez tous les Scincoïdiens, nous n'avons pas pu , comme chez les Iguaniens et les Lacertiens, prendre le système dentaire pour base des premières divisions à établir dans cette famille.

Peut-être aurions-nous dû, à l'exemple de Cocteau, former d'abord trois groupes qui auraient reçu : le premier, les espèces à quatre pattes ; le second , celles à deux pieds ; et le troisième, celles qui sont tout à fait dépourvues de membres ; puis subdiviser chacun de ces groupes en trois autres , d'après l'existence ou l'absence de paupières, ou suivant que l'œil est caché sous la peau ; mais nous avons préféré , afin de simplifier la classification et de ne pas augmenter le vocabulaire erpétologique, nous avons, disons-nous, préféré n'admettre que trois grandes divisions ou sous-familles parmi les Scincoïdiens , et le faire d'après les différences que présente l'organe de la vue dans ses annexes extérieurs.

Ainsi nous aurons : 1° des Scincoïdiens SAUROPHTHALMES , ou à yeux semblables à ceux de la plupart des Lézards ; c'est-à-dire bien distincts et protégés par deux paupières mobiles, pouvant se rapprocher verticalement l'une de l'autre et clore l'œil complétement ; 2° des OPHIOPHTHALMES , dont les yeux sont tout à fait découverts, comme ceux des Serpents, n'ayant à l'entour qu'un rudiment de paupières , qui parfois cependant forme un petit repli à sa partie supérieure, sans pouvoir toutefois s'abaisser jamais sur le globe oculaire ; 3° des TYPHLOPHTHALMES , ou des espèces chez lesquelles, de même que dans les Typhlops et les Amphisbènes, les yeux sont recouverts par la peau, ce qui a longtemps fait croire qu'ils en étaient privés.

Nous avons ensuite puisé les moyens dont nous nous sommes servis pour subdiviser les trois grandes sections des Scincoïdiens, en groupes génériques et sub-génériques, d'abord dans la présence ou l'absence des membres; dans leur nombre; dans celui des doigts qui les terminent généralement; dans la situation des narines, caractère dont nous avions déjà précédemment tiré un si bon parti dans notre travail sur les Lacertiens; puis dans la forme des dents maxillaires, dans celle des papilles linguales, dans l'existence ou la non-existence de dents au palais; dans la structure de ce palais qui est un plafond, tantôt parfaitement complet, tantôt échancré triangulairement en arrière, tantôt creusé au milieu et en long d'un simple sillon ou d'une large rainure évasée à son extrémité antérieure; enfin dans la forme de la queue qui est conique ou aplatie, soit dans le sens vertical, soit sur ses parties latérales.

En procédant ainsi, nous croyons avoir atteint le but que nous nous étions proposé, celui de former des genres, dont les notes caractéristiques pussent être posées d'une manière nette, précise : c'est, au reste, ce dont on pourra déjà prendre d'avance une idée par l'analyse suivante.

Nous connaissons maintenant cent espèces de Reptiles qui doivent être rapportées à cette dernière famille de l'ordre des Sauriens.

Les genres que nous avons adoptés ou établis, ne comprennent pour la plupart qu'un très-petit nombre d'espèces, mais elles sont tellement distinctes, qu'on peut les regarder comme des types qui réuniront par la suite beaucoup plus d'individus. Dans l'état actuel des connaissances acquises, les genres sont au nombre de trente-et-un, séparés ou distribués en trois sous-familles distinguées, comme nous l'avons dit plus haut, par un caractère très-apparent tiré de la disposition et de la conformation des yeux : ce sont les SAURO-PHTHALMES, les OPHIOPHTHALMES et les TYPHLOPHTHALMES.

La première sous-famille, celle des Saurophthalmes, se divise naturellement en deux groupes qui comprennent, l'un toutes les espèces qui ont des pattes plus ou moins bien conformées et qui varient pour le nombre des doigts, l'autre groupe réunit les genres qui n'ont pas de pattes.

Les espèces qui ont des pattes, ou en ont quatre, ou seulement une paire unique. Les genres Tétrapodes ont tantôt cinq doigts à chaque membre ou moins de cinq. Huit genres peuvent être rapportés à la première de ces divisions, et voici comment par l'analyse on peut arriver à leur détermination. Deux de ces genres ont la queue aplatie, les uns latéralement et surmontée de deux carènes, ce qui est insolite dans cette famille ; tels sont les *Tropidophores ;* dans les autres, tels que les *Trachysaures,* la queue est déprimée, courte, grosse et comme tronquée. Tous les autres genres ont la queue conique arrondié, mais l'un d'eux, celui des *Cyclodes ,* offre une conformation singulière des dents dont les couronnes sont arrondies, tuberculeuses, et comme hémisphériques. Les autres genres ont les dents coniques et pointues ; mais ils diffèrent par la forme du museau aplati en coin dans les *Scinques* et les *Sphénops :* les premiers se distinguent par l'aplatissement de leurs doigts dentelés

sur les côtés, tandis qu'ils sont arrondis et non garnis d'écailles disposées latéralement comme les dents
d'une scie. Dans les trois derniers genres de cette division, le museau est conique et arrondi, mais on a
fait la remarque que la surface de la langue varie en
ce que, dans les *Gongyles*, elle est entièrement revêtue
de petites écailles, et que dans les *Diploglosses*, on ne
voit ces écailles qu'au devant, et seulement à la base
ou en arrière dans les *Amphiglosses*.

Les Lépidosaures Tétrapodes qui ont moins de
cinq doigts, offrent à cet égard beaucoup de modifications, elles sont même au nombre de dix, ce qui a
permis de les distribuer en autant de genres.

Les genres qui ont quatre doigts comprennent d'a-
bord les *Tétradactyles* qui les offrent aux pattes antérieures comme aux postérieures ; tandis que dans
les *Hétéropes* il y en a cinq derrière, et que dans les
Champsodactyles, ces doigts sont distribués comme
dans les Crocodiles, c'est-à-dire quatre derrière et
cinq devant. Les trois genres suivants, qui n'ont
chacun que trois doigts à chaque patte, varient par
la forme de la plaque qui termine leur museau, car
elle est très-grande, et en forme de gaîne dans les *Nes-
sies ;* tandis que cette plaque rostrale est petite dans
les *Hémiergis :* mais ici les trous extérieurs des narines
sont percés dans la plaque nasale uniquement ; tandis
que dans les *Seps*, ces orifices nasaux sont pratiqués
en même temps dans les plaques nasales et rostrales.

Quatre autres genres ont moins de trois doigts :
ainsi il n'y en a que deux devant et deux derrière dans
le genre *Chélomèle ;* mais dans les *Brachymèles* les
pattes de derrière n'offrent qu'un seul doigt. Dans le
genre *Brachystope* il n'y a qu'un seul doigt en avant,

mais deux derrière : et dans celui des *Évésies*, il n'y a qu'un seul doigt en arrière comme en avant.

Parmi les Saurophthalmes qui ont encore des pattes distinctes, mais seulement celles de derrière, les *Scélotes* ont deux doigts ; mais les pattes ne sont pas divisées dans les *Prépédites*, qui ont le museau en coin, et les *Ophiodes*, qui ont leur face tout à fait conique.

Enfin dans cette grande division des Scincoïdiens qui ont deux paupières mobiles et qui sont privés de membres, il y a trois genres que l'on avait auparavant rangés dans l'ordre des Serpents : ce sont, d'une part, les *Acontias* qui ont une grande plaque embrassant comme un étui tout le bout du museau ; d'autre part, les *Orvets* et les *Ophiomores* qui diffèrent essentiellement entre eux par la manière dont les trous des narines sont percés, dans la plaque nasale seulement chez les premiers, et dans deux écailles chez les seconds.

La seconde sous-famille, celle des Ophiophthalmes, se partage également en deux groupes d'après le nombre des pattes ; trois genres en ont quatre, et deux autres, deux seulement et en arrière ; dans les espèces tétrapodes, quand les pattes postérieures n'ont que trois doigts, et les antérieures deux seulement, on les rapporte au genre *Lériste ;* quand les espèces ont cinq doigts à toutes les pattes, ce sont des *Abléphares :* car il n'y a que quatre doigts seulement aux pattes antérieures dans les *Gymnophthalmes*.

Les Scincoïdiens, chez lesquels les yeux sont découverts ou privés de paupières comme les précédents, mais chez lesquels on ne voit que les deux pattes postérieures, se divisent en deux genres d'après la forme de ces pattes qui sont toujours simples

TABLEAU SYNOPTIQUE DES GENRES DE LA HUITIÈME ET DERNIÈRE FAMILLE DES SAURIENS.

LES SCINCOÏDIENS OU LÉPIDOSAURES.

	Nos des genres.	Nombre des espèces.	Pag.
TROPIDOPHORE.	1.	1.	554
TRACHYSAURE.	8.	1.	756
CYCLODE.	7.	3.	747
SCINQUE.	2.	1.	559
SPHÉNOPS.	3.	1.	577
GONGYLE.	6.	53.	613
DIPLOGLOSSE.	4.	6.	385
AMPHIGLOSSE.	5.	1.	606
HÉTÉROPE.	9.	2.	757
CAMPSODACTYLE.	10.	1.	761
TÉTRADACTYLE.	11.	1.	763
HÉMIERGIS.	12.	1.	766
SÉPS.	13.	1.	768
NESSIE.	18.	1.	781
HÉTÉRODNILE.	14.	1.	772
CHÉLOMÈLE.	15.	1.	774
BRACHYMÈLE.	16.	1.	776
BRACHYSTOPE.	17.	1.	778
ÉVÉSIE.	19.	1.	782
SCÉLOTE.	20.	1.	784
PRÉPÉDITE.	21.	1.	78?
OPHIODE.	22.	1.	788
ORVET.	23.	1.	791
OPHIOMORE.	24.	1.	790
ACONTIAS.	25.	1.	801
ANIÉPHARE.	26.	5.	806
GYMNOPHTHALME.	27.	1.	819
LÉRISTE.	28.	1.	823
HYSTÉROPE.	29.	1.	826
LIALIS.	30.	1.	830
DIBAME.	31.	1.	833
TYPHLINE.	32.	1.	835

Total des espèces. 96

(Page 537.)

Yeux distincts à paupière / nuls ou cachés sous la peau.

Pattes : double. **I. SAUROPHTHALMES.** — unique. **II. OPHIOPHTHALMES.** — **III. TYPHLOPHTHALMES.**

cinq à chaque : queue aplatie — latéralement, surmontée de quatre carènes........ (TROPIDOPHORE) — de haut en bas, courte, épaisse, comme tronquée....... (TRACHYSAURE)
conique : dents hémisphériques ou tuberculeuses........ (CYCLODE)
cunéiforme : doigts plats, dentelés........ (SCINQUE) — presque ronds, non dentelés....... (SPHÉNOPS)
coniques : museau sur toute sa surface........ (GONGYLE)
conique : langue écailleuse en partie, devant........ (DIPLOGLOSSE) — derrière........ (AMPHIGLOSSE)

quatre : doigts seulement devant et cinq derrière........ (HÉTÉROPE) — derrière et cinq devant........ (CAMPSODACTYLE)
quatre à chaque patte devant et derrière........ (TÉTRADACTYLE)
plus de deux à chaque : plaque rostrale petite : narines dans la nasale seulement........ (HÉMIERGIS) — nasale et la rostrale........ (SÉPS)
grande, en forme d'étui........ (NESSIE)
trois derrière ; deux devant........ (HÉTÉRODNILE)
moins de trois, deux devant et deux derrière........ (CHÉLOMÈLE) — un seul derrière........ (BRACHYMÈLE)
un devant et deux derrière........ (BRACHYSTOPE) — un derrière seulement........ (ÉVÉSIE)

moins de cinq : distinctes divisées en deux doigts........ (SCÉLOTE)
non divisées : museau cunéiforme........ (PRÉPÉDITE) — conique........ (OPHIODE)
deux seulement, les postérieures........ (ORVET)
deux en arrière seulement, nulles : plaque rostrale petite : narines percées dans la nasale seulement........ (OPHIOMORE) — nasale et aussi dans la supéro-nasale........ (ACONTIAS)
grande, en forme d'étui, embrassant le museau........ (ANIÉPHARE)

quatre : les postérieures à cinq doigts, ainsi que les antérieures........ (GYMNOPHTHALME) — mais les antérieures à quatre seulement........ (LÉRISTE)
trois doigts ; les antérieures à deux seulement........ (HYSTÉROPE)
aplaties, réniformes, non divisées en doigts........ (LIALIS)
pointues........ (DIBAME)

Pattes distinctes en arrière seulement ; courtes, plates, réniformes, non divisées en doigts........ — nulles........ (TYPHLINE)

ou non divisées en doigts, mais aplaties en forme
de rames dans les *Hystéropes*, et réduites, pour
ainsi dire, à de simples filaments pointus dans le genre
Lialis.

Il n'y a que deux genres rapportés à la sous-famille
des Typhlophtalmes : ils sont bien faciles à distinguer
l'un de l'autre, car les *Typhlines* n'ont pas de pattes
du tout, et dans les *Dibames*, on voit en arrière deux
appendices courts et plats non divisés en doigts, qui
correspondent aux pattes postérieures.

Pour rendre plus facile la distribution méthodique
des genres de cette dernière famille des Sauriens, nous
avons rédigé le tableau synoptique que nous faisons
placer en face de cette page.

§ II. ORGANISATION, MOEURS, DISTRIBUTION GÉOGRAPHIQUE.

Les Scincoïdiens ont généralement le corps arrondi ou tout d'une venue, comme celui des Chalcidiens. La partie postérieure de la tête est de même grosseur que le cou; de sorte que les régions se confondent avec le reste du tronc dont on ne peut les distinguer en avant que lorsqu'il existe des pattes, car tous n'en ont pas, et en arrière que par l'orifice du cloaque transversal; en outre la queue, par sa base, étant de même forme et grosseur, paraît être la continuité du ventre. La disposition ou l'arrangement des écailles qui sont presque toutes semblables entre elles, souvent comme arrondies sur leur bord libre et constamment rangées comme des tuiles en recouvrement les unes sur les autres, offrent quelque analogie avec les téguments de la plupart des Poissons, de telle sorte que Cocteau, comparant ces écailles avec celles des Carpes, désignait cette famille de Sauriens sous le nom de *Cyprilépides*. Leur surface étant généralement lisse et polie, beaucoup de ces Reptiles glissent et s'insinuent facilement par de petites ouvertures; ils rampent en imprimant latéralement des sinuosités à leur tronc, à la manière des Serpents dans la direction de leur tête. Ils n'ont jamais de crêtes ni de parties saillantes sur le dos ni sous la gorge; leur queue, qui varie beaucoup pour la longueur, est le plus souvent de forme conique très-allongée, et, à une seule exception près, sans arêtes ni épines. On ne voit plus l'indice d'un sillon sur leurs flancs ou des plis latéraux sur la longueur du tronc, comme dans les Ptychopleures. Leurs pattes sont le plus souvent courtes

et mal conformées, leur nombre ainsi que la forme
des doigts varient selon les genres qui, dans quelques cas, en ont tiré leurs noms. Leurs mouvements
généraux et leurs habitudes sont à peu près les mêmes
que chez les Scincoïdiens. Leurs mâchoires étant
courtes et à branches soudées dans la région moyenne,
l'ouverture de leur bouche est constamment la même.
Elle ne peut s'agrandir en hauteur, ni s'évaser pour
laisser introduire une proie qui ne serait pas calibrée,
et d'un autre côté les dents sont trop grêles et trop
acérées, excepté chez les Cyclodes qui les ont tuberculeuses, pour qu'elles aient d'autre destination que
celle d'accrocher, de retenir les insectes ou les autres
petits animaux dont ces Reptiles font leur nourriture.
Au reste, les détails de mœurs se reproduiront mieux
à leur place, dans l'examen rapide que nous allons faire
des principaux organes des Scincoïdiens en suivant
l'ordre des fonctions.

On observe parmi les Lépidosaures des espèces dont
le corps ou la partie centrale du tronc, toujours cylindrique, n'est pas très-allongée et se trouve fort
grosse et comme trapue ; celles-là ont généralement
les pattes assez bien conformées et terminées par des
doigts bien articulés, garnis d'ongles crochus, ce qui
leur permet de grimper ; mais la plupart ont le corps
excessivement prolongé et serpentiforme, quelquefois
même ils n'ont que des rudiments ou des vestiges de
membres, dont les doigts sont le plus souvent incom-
plets et variables pour la présence, le nombre et la
proportion. On conçoit d'après cela combien l'échine
doit présenter de différence, d'une part dans le Scinque
des boutiques qui a le tronc et la queue fort courts,
et de l'autre chez les Orvets qui, semblables aux Ser-

pents pour la longueur et la forme du tronc, ont en outre une quantité considérable de vertèbres dont la disposition générale est à peu près la même. D'ailleurs ces modifications offertes par les Scincoïdiens sont analogues à celles précédemment indiquées comme existantes dans les Cyclosaures, chez lesquels nous avons vu des formes fort différentes, puisqu'il y a chez les Chalcidiens deux espèces munies de quatre pattes, et d'autres qui n'en ont que deux en rudiments ou qui n'en présentent même plus la moindre trace, ainsi que nous l'avons vu dans les Pseudopes, les Ophisaures et les Amphisbènes.

Ce que nous pourrions dire des mouvements généraux ou de translation se rapporterait aussi à ce que nous avons eu occasion d'exposer en détail, en parlant des habitudes et de l'organisation des Chalcidiens.

Si nous étudions maintenant les organes destinés aux sensations chez les Lépidosaures, nous aurons à indiquer quelques particularités qui se dénotent principalement par leur disposition extérieure.

Ainsi pour la peau, la famille des Scincoïdiens offre dans ses téguments généraux un arrangement des écailles tout à fait caractéristique. Ce sont de petites lames cornées et très-souvent osseuses, lisses ou carénées, analogues à celles des Poissons. Souvent elles sont tellement serrées les unes contre les autres qu'on a peine à distinguer dans quel sens a lieu leur recouvrement. Ces écailles ont été cependant renfermées dans une sorte de poche ou de sac membraneux. Elles paraissent avoir été sécrétées par leur base et ce sont les follicules qui ont produit les cannelures ou les stries entre lesquelles on voit des lignes élevées. Toutes les espèces ont la tête couverte de plaques polygones dis-

posées d'une manière symétrique et régulière qui varient dans les différents genres et même dans les espèces.
On a donné des noms à chacune de ces plaques ; nous
les avons fait connaître en traitant des Lacertiens au
commencement de ce volume : nous croyons néanmoins
devoir les énumérer de nouveau. En général, en dessus, il y a une plaque rostrale, deux supéro-nasales,
une inter-nasale, deux fronto-nasales, une frontale,
trois à sept sus-oculaires, deux fronto-pariétales, une
inter-pariétale, deux pariétales et très-rarement une
occipitale ; de chaque côté ou sur la région frénale, on
distingue une nasale, une fréno-nasale, deux frénales
et deux ou trois fréno-orbitaires. Voici maintenant ce
que l'on peut considérer comme des cas exceptionnels ;
quelquefois les supéro-nasales manquent ; d'autres fois
il y en a deux paires au lieu d'une ; l'inter-nasale peut
être double et les deux fronto-nasales au contraire,
être réunies en une seule, ainsi que les fronto-pariétales
et les pariétales elles-mêmes ; dans certains cas, l'inter-
pariétale, la fréno-nasale, manquent ; il n'existe qu'une
frénale et qu'une fréno-orbitaire. Chez plusieurs espèces telles que les Acontias, les Typhlines, etc., la
plaque rostrale se développe aux dépens de l'inter-nasale, des nasales, de la fréno-nasale, des frénales et
même des fronto-nasales.

La couleur des écailles ou de la peau est le plus souvent d'un gris terreux, analogue à la teinte des sables
sur lesquels habitent les Scincoïdiens ; la partie inférieure est en général plus pâle. Quelquefois il y a des
bandes transversales ou longitudinales qui sont dues à
la couleur particulière des écailles. Celles-ci sont noires,
jaunes, rouges ou aurores. Il est rare que le fond de la
couleur soit vert, les teintes sont ternes et par cela
même elles protégent ces faibles animaux en les sous-

trayant à la vue et à la rapacité des oiseaux de proie qui ne les distinguent pas du sol sur lequel ils rampent habituellement.

Le plus souvent les écailles supérieures ou dorsales ainsi que celles des flancs ou des latérales diffèrent des inférieures ou ventrales ; c'est ainsi que dans plusieurs espèces on voit des sortes de plaques ou d'écussons plus larges et plus longs dans la région qui précède l'orifice extérieur du cloaque. Une circonstance qu'il est important de noter, c'est l'absence absolue dans toutes les espèces qui ont des pattes, des trous ou pores fémoraux le long des cuisses, et on ne trouve même que très-rarement ceux de la marge de l'anus, tel que chez l'Hystérope.

Toutes les espèces de Scincoïdes n'ont pas les *yeux* protégés par deux paupières. Il en est plusieurs, comme les Gymnophthalmes ou les Abléphares, qui les ont si courtes que leur œil reste à découvert comme celui des serpents. D'autres en apparence sont privés d'yeux, attendu que ces organes sont tout à fait recouverts par la peau ; aussi Cocteau a-t-il proposé de les réunir sous les noms d'Ophiophthalmes et de Typhlophthalmes, pour les distinguer du plus grand nombre qu'il a appelé Saurophthalmes, ou dont les yeux sont analogues pour la structure apparente avec ceux des lézards. Ceux-là, en effet, ont deux paupières qui se meuvent horizontalement pour se rapprocher très-intimement afin de clore l'œil ; dans ce cas, il n'y a jamais de troisième paupière ou de membrane nyctitante, mais quelquefois chez les espèces qui habitent les sables très-ténus, la paupière inférieure est comme cornée et transparente, de sorte que, même quand elle couvre et protége la surface de l'œil, les rayons lumineux peuvent la traverser et que l'animal peut distinguer les objets qui l'environnent même quand il a les yeux fermés et protégés contre le frottement et l'introduction de la poussière la plus ténue.

Les *narines* offrent cela de particulier, qu'en dehors elles se font jour soit au milieu d'une plaque, soit entre deux, trois et même quatre plaques; elles ont peu d'étendue; en dedans elles s'ouvrent presque directement au devant du palais, et leur entrée se trouve pratiquée de manière à ce que les plaques qui la bordent peuvent se rapprocher un peu pour s'opposer à l'introduction des petites pierres qui pourraient s'y insinuer, lorsque le Reptile court très-vite sur le gravier ou quand il s'enfonce dans les sables.

Les *trous auditifs* se trouvent dans le plus grand nombre des espèces sous la forme d'un simple trou ovalaire ou arrondi, parfois sous celle d'une petite fente portée assez souvent fort en arrière près et en dehors de l'occiput. Peu de genres en sont tout à fait privés, ce sont seulement ceux des Acontias, des Typhlines, des Brachymèles, des Prépédites et des Dibames.

La *langue* des Lépidosaures est généralement petite, plate, légèrement échancrée à son extrémité libre, couverte entièrement ou en partie seulement de papilles squameuses, un peu plus large à sa base, où se voit la glotte; elle n'est pas rétractile dans un fourreau, et c'est un des caractères, par exemple, qui distinguent les Orvets de l'ordre des Ophidiens; comme déjà les paupières mobiles et la soudure des branches de la mâchoire les en faisaient différer.

Les organes de la nutrition n'offrent pas d'autres particularités notables que celles qui sont propres à certains genres. Comme dans les deux familles pré-

cédentes, la bouche est limitée dans son orifice par la
connexion des os de la face avec ceux du crâne et par
la soudure des branches de la mâchoire inférieure. Les
dents varient plutôt par leurs formes que par le mode
de leur implantation. On conçoit que le tube intestinal
a dû se mouler dans la cavité de l'abdomen qui est
beaucoup plus large et plus court dans les espèces qui
ont quatre pattes bien conformées, comme les Scinques,
que dans celles qui n'en ont pas du tout, comme les
Orvets, ou qui n'en ont que des rudiments comme les
Hystéropes. Les poumons sont à peu près dans le même
cas. Il n'y en a qu'un bien développé dans les deux
derniers genres, ce qui les rapproche des Serpents ;
d'ailleurs les organes de la circulation, des sécrétions,
ont la plus grande analogie avec ceux des autres Sauriens.

Il en est de même des organes de la génération mâles
et femelles, et à cet égard nous en référons à ce que
nous avons dit à l'égard des Autosaures, à la page 33
du présent volume.

Distribution géographique des Scincoïdiens.

Les Scincoïdiens sont, pour ainsi dire, répandus
sur presque toute la surface du globe, car on en rencontre depuis les latitudes les plus élevées jusque dans
des pays où l'abaissement de la température semblerait même ne devoir pas permettre qu'il existât
de Reptiles, tel est en particulier l'Orvet fragile qui
s'avance dans le nord jusqu'en Suède et peut-être encore beaucoup plus loin. Mais de toutes les contrées
qui produisent des Scincoïdiens, l'Océanie et la Nouvelle-Hollande sont celles où l'on en compte le plus
d'espèces, tandis que les Sauriens des autres familles

s'y montrent en nombre beaucoup moindre que dans les autres parties du monde. Pour certains Lézards Scincoïdiens, la patrie est loin d'être limitée à telle ou telle contrée du globe ; ainsi le Gongyle ocellé, le Seps chalcide, l'Orvet fragile et l'Ophiomore à petits points, vivent dans le midi de l'Europe et dans le nord de l'Afrique, le Plestiodonte à cinq raies, qu'on croyait particulier à l'Amérique du Nord, se trouve aussi au Japon ; le Lygosome de Quoy, celui de Labillardière, et plusieurs espèces d'Eumèces sont des races communes à l'Océanie et à la Nouvelle-Hollande, et ce qui est encore plus digne de fixer l'attention des naturalistes, c'est l'existence simultanée de l'Abléphare de Kitaibel en Hongrie, en Grèce et à la Nouvelle-Hollande, et celle de l'Abléphare de Péron, dans ces deux derniers pays également, et de plus à l'Ile-de-France et dans l'Amérique du Sud.

L'Europe possède le Gongyle ocellé, le Seps chalcide, l'Abléphare de Menestriés, ceux de Kitaibel et de Péron, l'Orvet fragile et l'Ophiomore à petits points. L'Afrique, avec toutes ces espèces, moins l'Abléphare de Menestriés et celui de Kitaibel, en produit dix-huit autres parmi lesquelles il en est trois qui sont originaires, l'Amphiglosse de Goudot, de l'île de Madagascar, l'Abléphare de Péron et le Leiolopisme de Telfair, de l'Ile-de-France.

L'Asie a dix-sept espèces qui lui appartiennent en propre, et trois qui ont aussi pour patrie, l'une l'Amérique, les autres la Polynésie.

On connaît jusqu'ici quatorze Scincoïdiens originaires d'Amérique, et seulement d'Amérique, puis il y en a deux autres qui se trouvent dans cette partie du monde en même temps qu'ils habitent l'un l'Asie,

REPTILES, V.   35

c'est le Plestiodonte à cinq raies, l'autre l'Europe, l'A-
frique et l'Australie, c'est l'Abléphare de Péron. Enfin
la Polynésie nourrit à elle seule trente-six espèces,
auxquelles il faut ajouter les Abléphares de Kitaibel et
de Péron, qui se trouvent celui-là en Europe et en
Asie, celui-ci en Asie, en Afrique et en Amérique;
puis les Lygosomes de Quoy et de Labillardière,
espèces qui appartiennent aussi à l'Asie.

Il n'y a pas un seul genre de Scincoïdiens qui soit
particulier à l'Europe.

Les genres Scinque, Sphénops, Amphiglosse,
Leiolopisme, Brachystope, Scélote, Acontias, Typhline, sont propres à l'Afrique, et ceux appelés Tropidophore, Champsodactyle et Brachymèle à l'Asie.
Les genres Diploglosse, Ophiode et Gymnophthalme,
sont composés d'espèces américaines exclusivement,
et tous ceux dont les noms suivent appartiennent à la
Polynésie, savoir : Tropidolopisme, Cyclode, Trachysaure, Hétérope, Tétradactyle, Hémiergis, Che-
lomèle, Nessie, Évesie, Prépédite, Hystérope, Lialis,
Lériste et Dibame.

Le sous-genre Gongyle, ainsi que les genres Seps,
Orvet et Ophiomore, sont communs à l'Europe et à
l'Afrique. Les Eumèces et les Lygosomes sont répandus en Asie, en Amérique et dans la Polynésie,
les Euprèpes en Afrique, en Asie et dans la Polynésie,
les Plestiodontes en Afrique, en Asie et en Amérique,
et les Abléphares en Europe, en Asie, en Afrique,
en Amérique et dans la Polynésie.

Nous plaçons à la page suivante un tableau où
cette distribution géographique des Scincoïdiens, se
trouve présentée de manière à être saisie du premier
coup d'œil.

Répartition des Scincoïdiens d'après leur existence géographique.

GENRES ET SOUS-GENRES.	Europe.	Europe. Afrique.	Afrique.	Asie.	Europe. Asie. Australie.	Asie. Amérique.	Amérique.	Europe. Afrique. Amérique. Australie.	Asie. Polynésie.	Australie. Polynésie.	d'origine inconnue.	Total des espèces.
TROPIDOPHORE.	o	o	o	1	o	o	o	o	o	o	o	1
SCINQUE.	o	o	1	o	o	o	o	o	o	o	o	1
SPHÉNOPS. . . .	o	o	1	o	o	o	o	o	o	o	o	1
DIPLOGLOSSE. . .	o	o	o	o	o	o	6	o	o	o	o	6
AMPHIGLOSSE. . .	o	o	1	o	o	o	o	o	o	o	o	1
GONGYLE, ...	o	1	1	o	o	o	o	o	o	o	o	2
EUMÉCES.	o	o	o	2	o	o	3	o	o	6	1	12
EUPRÈPES. . . .	o	o	7	3	o	o	1	o	o	1	3	15
PLESTIODONTE . .	o	o	1	2	o	1	1	o	o	o	o	5
LYGOSOME. . . .	o	o	o	6	o	o	1	o	2	12	o	21
LÉIOLOPISME. . .	o	o	1	o	o	o	o	o	o	o	o	1
TROPIDOLOPISME .	o	o	o	o	o	o	o	o	o	2	o	2
CYCLODE.	o	o	o	o	o	o	o	o	o	3	o	3
TRACHYSAURE. . .	o	o	o	o	o	o	o	o	o	1	o	1
HÉTÉROPE. . . .	o	o	o	o	o	o	o	o	o	2	o	2
CHAMPSODACTYLE.	o	o	o	1	o	o	o	o	o	o	o	1
TÉTRADACTYLE. .	o	o	o	o	o	o	o	o	o	1	o	1
HÉMIERGIS. . . .	o	o	o	o	o	o	o	o	o	1	o	1
SEPS.	o	1	o	o	o	o	o	o	o	o	o	1
CHELOMÈLE. . . .	o	o	o	o	o	o	o	o	o	1	o	1
BRACHYMÈLE. . .	o	o	o	1	o	o	o	o	o	o	o	1
BRACHYSTOPE. . .	o	o	1	o	o	o	o	o	o	o	o	1
NESSIS.	o	o	o	o	o	o	o	o	o	o	1	1
EVESIE.	o	o	o	o	o	o	o	o	o	o	1	1
SCÉLOTE.	o	o	1	o	o	o	o	o	o	o	o	1
PRÉPÉDITE. . . .	o	o	o	o	o	o	o	o	o	1	o	1
OPHIODE.	o	o	o	o	o	o	1	o	o	o	o	1
ORVET.	o	1	o	o	o	o	o	o	o	o	o	1
OPHIOMORE. . . .	o	1	o	o	o	o	o	o	o	o	o	1
ACONTIAS.	o	o	1	o	o	o	o	o	o	o	o	1
ABLÉPHARE. . . .	1	o	o	1	1	o	o	1	o	1	o	5
GYMNOPHTHALME.	o	o	o	o	o	o	1	o	o	o	o	1
LÉRISTE.	o	o	o	o	o	o	o	o	o	1	o	1
HYSTÉROPE. . . .	o	o	o	o	o	o	o	o	o	1	o	1
LIALIS.	o	o	o	o	o	o	o	o	o	1	o	1
DIBAME.	o	o	o	o	o	o	o	o	o	1	o	1
TYPHLINE. . . .	o	o	1	o	o	o	o	o	o	o	o	1
Nombre des espèces dans chaque partie du monde.	1	4	17	17	1	1	14	1	2	36	6	100

35,

LISTE ALPHABÉTIQUE, PAR NOMS D'AUTEURS, DES ÉCRITS SUR LES SCINCOÏDIENS PUBLIÉS SÉPARÉMENT OU CONSIGNÉS DANS DES RECUEILS SCIENTIFIQUES, TELS QUE MAGASINS, ANNALES, ETC.

1833. BELL (THOMAS). Description of a new genus (*Lerista*) of Reptilia of the family *Scincidæ* (Zoological Journal, vol. V, p. 393, Pl. 16, fig. 2).

1825. BENDISCIOLI (*Giuseppe*). Monographia dei Serpenti della provincia di Mantova (Giornale di Fisica, Chimica, etc. (1825), p. 413. Ce mémoire renferme la description de l'*Anguis fragilis.*

1776. BLOCH (MARC-ÉLIÉZER). Beschreibung der Schleieidexe, *Lacerta serpens.* (Beschaftigungen der Berlinischen Gesellschaft naturforschender Freunde, tom. 2, p. 28, tab. 2.)

1781. BODDAERT (PIERRE) a mentionné, sous le nom de *Scincus gigas amboinensis*, un Scincoïdien de grande taille, qui appartient au genre *Cyclodus* de Wagler (Nova acta Academiæ Cesareæ naturæ curiosorum, tom. 7, p. 5).

1836. BURTON. Description of a Saurian Reptile of the family *Scincidæ*, and of the genus *Tiliqua*, Gray (*Tiliqua Fernandi*). Proceedings of the Zoological Society, part IV (1836), p. 62.

1832. COCTEAU (J.-TH.). Description de l'Ablépharis de Leschenault (Magasin de Zoologie publié par Guérin-Meneville (1832), class. III, n° 1).

Tabulæ synopticæ Scincoideorum systematice distributione, sub auspiciis professoris Dumeril, in Museo nationali Parisiensi Historiæ naturalis, novissime tentata dispositorum ut variorum criticis annotationibus in opere sidatur, mox proditturo eorum historia absolutior elucidatur nunc et ad tempus præmissum. Ces tables synoptiques, dont il a été donné une analyse dans les comptes rendus de l'académie des sciences, dans le 1er n° de janvier 1837, sont restées manuscrites; notre intention est de les publier dès que les circonstances nous le permettront.

1836. — Études sur les Scincoïdes, 1re livraison, in-4°, Paris, 1836. Lorsque la mort le surprit, l'auteur de cette monographie n'en avait encore publié qu'une seule livraison, contenant les figures et les descriptions de quatre espèces appartenant aux genres *Ablepharis, Cryptoblepharis, Gymnophthalmus*, et il en préparaît une seconde dont il n'avait malheureusement achevé qu'une très-petite partie, l'article relatif aux *Sphenops capistratus* : joint à celui dans lequel il traite du groupe des Ablépharides, voilà ce que la science doit s'attendre à voir paraître d'un ouvrage qui aurait offert l'histoire complète et très-savamment écrite d'une des familles les plus nombreuses et les plus intéressantes de l'ordre des Sauriens.

1831. DESJARDINS (JULIEN). Sur trois espèces de Lézards du genre Scinque qui habitent l'île Maurice : *Scincus Telfairii, Scincus Biojerii, Scincus Boutonii* (Annales des sciences naturelles, tom. 22, p. 292).

1824. FITZINGER (LÉOPOLD). Ueber der *Ablepharus Pannonicus*, eine neue Eidechse aus Hungaren ; sur l'*Ablepharus Pannonicus*, nouveau Lézard de Hongrie (Der Gesellschaft naturforschender Freunde zu Berlin magazin (1824), p. 297, tab. 14).

1837. GERVAIS (PAUL). Le catalogue des Reptiles de Barbarie que cet auteur a publié dans les Annales des sciences naturelles, tom. 6, 2e série, p. 308, comprend les Scincoïdiens suivants : *Lerista Dumerilii* (qui n'est qu'un jeune Seps chalcide), *Scincus ocellatus, Scincus cyprius, Seps tridactylus, Anguis fragilis, Anguis punctatissimus.*

1818. GILLIAMS. Description of the Scincus erythrocephalus (*Plestiodon laticeps*, Nob.). (Journal of the Academy of natural sciences of Philadelphia, vol. 1, p. 461, Pl. 18.)

1828. GRAY (EDWARD) a établi le genre *Lygosoma*, et brièvement décrit l'espèce qui en est le type, le *Lacerta serpens* de Linné, puis un autre Scincoïdien appelé *Tiliqua carinata*, dans un synopsis des Reptiles rapportés des Grandes-Indes par le général Hardwich. (Zoological Journal, tom. 3, p. 213.)

1831. — Description of a new genus of Ophiosaurian animal (Genus Delma). Zoological Miscellany, p. 14.

1832. — Description of a new species of Lizard from New-Holland (*Tiliqua Cunninghamii*). Proceedings of the Zoological Society (1832), p. 40.

1834. — Characters of a new genus of Reptiles (*Lialis Burtonii*) from new south Wales (Proceedings of the Zoological Society (1834) p. 134).

1838. — Catalogue of slender-tongued Saurians, with description of many new genus and species. Fam. *Scincidæ* (Annals of

natural history or magazine of zoology, by Jardine, tom. 1,
p. 287-293 et 333-337).

1818. GREEN. Description of several species of North-American Amphibia. *Lacerta quinquelineata* (*Plestiodon quinquelineatum*
Nobis). (Journal of the Academy of natur. scienc. of Philadelphia,
vol. 4, part 11, p. 284, Pl. 16, fig. 2.)

— HARLAN (RICHARD) a publié les articles suivants sur les
Scincoïdiens dans le Journal of the Academy of natural sciences
of Philadelphia.

1824. Description of a new species of Biped Seps (*Seps sexli-
neata*), vol. 4, part II, p. 284, Pl. 16, fig. 2.

1824. Description of a new species of *Scincus* (*Scincus bicolor*),
vol. 4, part II, p. 286, Pl. 18, fig. 1.

1825. Description of a new species of *Scincus* (*Scincus unicolor*),
vol. 5, part I, p. 156.

1826. Note on a supposed new species of *Scincus*, published in
the preceding number of this Journal, vol. 5, part II, p. 221.

1827. Genera of North-American Reptiles. — *Genus Scincus*,
vol. 6, part. I, p. 9.

1837. KRYNICKI (J.) a décrit l'Orvet commun sous les noms
d'*Anguis fragilis*, *incerta* et *lineata*, dans un mémoire intitulé :
Observationes quædam de Reptilibus indigenis (Bulletin de la Société Impériale des naturalistes de Moskou (1837, n° 3, p. 51-54).

1804. LACÉPÈDE. Ce naturaliste a mentionné le Scinque à dix
raies, le Scinque Withien, le Scinque tempe-noire et le Bipède
Lépidopode, dans un mémoire sur plusieurs animaux de la Nouvelle-Hollande encore inédits. (Annales du Muséum d'histoire naturelle, tom. 4, p. 184.)

1828. LESSON (RENÉ-PIERRE) a signalé quelques espèces de
Scincoïdiens dans un opuscule ayant pour titre : Observations générales sur les Reptiles observés dans le voyage autour du monde
de la corvette la Coquille. (Annales des sciences naturelles,
tom. XIII, p. 269.)

1828. LEUCKART (FRÉDÉRIC-SIGISMOND) a décrit comme appartenant à deux espèces (*Seps vittatus* et *Seps lineatus*), deux variétés
du Seps chalcide, dans une thèse écrite en latin ayant pour
titre : Breves animalium quorumdam maxima ex parte marinarum
descriptiones. In-4°. Heidelbergæ, 1828.

1821. METAXA (LUIGI). Descrizione di una nuova specie di

Scinco (*Scincus thyro*) (Memorie zoologice. Roma, 1821). Cette prétendue nouvelle espèce est simplement un *Gongylus ocellatus*.

1825. Le même auteur a donné la description de l'Orvet avec celles de quelques autres Reptiles ophidiens dans sa Monographia dei Serpenti di Roma. In-4°. Roma, 1825.

1820. RADDI (giuseppe). Di alcune specie nuove di Rettili e piante Brasiliane. Ce titre est celui d'un catalogue où se trouvent mentionnés ou très-brièvement décrits quelques Reptiles du Brésil, parmi lesquels sont : l'*Ophiodes striatus*, sous le nom de *Seps fragilis*, et l'*Eumeces Spixii*, sous celui de *Scincus agilis*. (Memorie di matematica e fisica della Societa Italiana, vol. 18, p. 313, et vol. 19, p. 58.)

1834. REUSS a décrit et figuré deux espèces de Scincoïdiens, l'*Euprepis septemteniatus*, et l'*Euprepis fasciatus*, dans le Museum Senckenbergianum, tom. 1, p. 47, 51, fig. 2, *a*, *b*, taf. 3, fig. 1, *a*, *c*.

1818. SAY a publié une note critique sur la description du *Lacerta quinquelineata*, donnée par M. Green dans le même journal (Journal of the Academy of natural sciences of Philadelphia, vol. 1, p. 405).

1837. SCHINZ. L'Orvet commun se trouve mentionné par cet auteur dans une faune de la Suisse écrite en latin et publiée dans les nouveaux mémoires de la Société Helvétique des sciences naturelles de Neuchâtel, tom. 1, p. 134.

1825. SICHERER (philippe-frédéric). Il est l'auteur d'une dissertation sur le *Seps Chalcides*. Seps tridactylus. Dissertatio inauguralis. Præside Guil. Ludov. Rapp. In-4°. Tubingæ, 1825.

1787. THUNBERG (pierre) a décrit deux espèces de Scinques, *Scincus lateralis* et *Scincus abdominalis*, à la page 123 du tome 8 des Vetenskaps Academ. nya Handling.

1837. TSCHUDI. Monographia der Schweizerischen Echsen. Cette Monographie des Lézards de la Suisse, publiée dans les nouveaux mémoires de la Société Helvétique d'histoire naturelle de Neuchâtel, renferme la description de l'Orvet commun et quelques détails sur les mœurs de ce Scincoïdien.

1774. VOSMAER (A.). Description d'un Lézard Serpent à queue longue et à écailles rudes, et d'un Lézard vert africain à écailles lisses. (In-4°. Amsterdam, 1774.) La seconde de ces deux espèces de Sauriens appartient à la famille des Scincoïdiens; c'est notre *Lygosoma Gronoviana*.

1828. WAGLER. Ce savant erpétologiste a fait insérer dans l'Isis de 1828, p. 740, un mémoire dans lequel il propose l'établissement du genre Ophiodes, d'après le *Pygopus striatus* de Spix.

1828. WIEGMANN. Un des n°s de l'Isis de 1828, p. 364, contient un mémoire de ce naturaliste, Beiträge zur Amphibienkunde, dans lequel il est fait mention d'une variété du *Scincus quinque-lineatus*, originaire du Mexique.

1835. Le même savant auteur, dans son travail sur les Reptiles recueillis pendant le voyage autour du monde exécuté par Meyer, a décrit et fait représenter, sous le nom de *Pœcilopleurus*, un *Ablepharus* qui est bien évidemment de la même espèce que celle appelée *Peronii* par Cocteau.

1839. GENÉ (JOSEPH) mentionne le *Gongylus ocellatus* et le *Seps Chalcides*, dans le *Synopsis Reptilium Sardiniæ indigenorum* qu'il vient de publier tout récemment. (Memorie della reale Academia di Torino, série II, tom. 1, p. 268.)

PREMIÈRE SOUS-FAMILLE.

LES SAUROPHTHALMES.

Ainsi que nous l'avons déjà fait remarquer plus haut, cette première division de la famille des Sincoïdiens comprend toutes les espèces dont les yeux, semblables à ceux de la grande majorité des Reptiles appartenant à l'ordre des Sauriens, sont protégés par des paupières mobiles qui se rapprochent, la supérieure en s'abaissant, l'inférieure en se relevant, de manière que l'œil se trouve parfaitement clos. Des trois sous-familles que nous avons établies parmi les Scincoïdiens, c'est celle qui renferme le plus grand nombre de ces Sauriens. On n'y compte pas moins de vingt-quatre genres, parmi lesquels il en est un, celui des Gongyles, que nous avons dû diviser en groupes d'un ordre inférieur ou en sous-genres, qui sont au nombre de sept, que nous n'avons pas inscrits dans le tableau synoptique. Mais ces divisions génériques et sous-génériques sont très-faciles à distinguer les unes des autres, attendu qu'elles reposent sur des caractères bien tranchés, et, par cela même, très-aisés à exprimer. C'est, au reste, ce dont on jugera beaucoup mieux en consultant les articles qui vont suivre. Aucun des Scincoïdiens compris dans cette première sous-famille n'offre de pores sous la région inférieure des cuisses, ni sur la marge antérieure du cloaque. Tous ceux qui ont des doigts les ont lisses en dessous et dépourvus de dentelures sur les bords, excepté seulement chez l'unique espèce du genre Scinque proprement dit.

Iᵉʳ GENRE. TROPIDOPHORE. — *TROPIDO-PHORUS* (1). Nobis.

(*Leposoma*, Cuvier, non Spix; *Tropidosaurus*, Gray, non Boié.)

Caractères. Narines latérales, s'ouvrant près du bord postérieur de la nasale. Langue échancrée, squameuse. Dents simples, cylindriques, comprimées au sommet. Palais non denté, à échancrure triangulaire peu profonde, située assez en arrière. Des ouvertures auriculaires fermées par la membrane du tympan. Museau conique. Quatre pattes terminées chacune par cinq doigts inégaux, onguiculés, un peu comprimés, sans dentelures latérales. Corps cyclotétragone. Queue comprimée, carénée. Écailles des parties supérieures en losange, relevées d'une carène médiane prolongée en pointe en arrière.

Le genre Tropidophore, bien que placé ici en tête de la famille des Scincoïdiens, ne doit pas en être regardé comme le type; nous ne lui assignons au contraire cette place que parce que nous reconnaissons qu'il offre quelques traits de ressemblance avec certains Sauriens appartenant à l'une des deux dernières familles que nous venons d'étudier. En effet, à ne considérer que la forme cyclotétragone du corps, l'aplatissement latéral de la queue, qui, de plus, est surmontée de fortes carènes, on serait tenté de croire ce genre voisin des Lacertiens Cathétures ou des Thorictes, des Crocodilures, et particulièrement des

---

(1) De τροπὶς, carène, ligne ou crête saillante; et de φορος, *ferens*, qui porte.

Neusticures ; mais , si l'on examine la structure des dents , et surtout celle des écailles , qui sont en partie osseuses , on s'aperçoit évidemment que c'est parmi les Scincoïdiens que doivent être rangés les Tropidophores.

Ces Scincoïdiens ont les mâchoires garnies de dents droites, cylindriques, simples, et légèrement comprimées au sommet ; la langue plate, en fer de flèche , un peu échancrée au bout et toute couverte de grandes papilles squamiformes, imbriquées, arrondies à leur bord postérieur. Le plafond de la bouche n'offre point de rainure au milieu ; c'est-à-dire que les os palatins sont assez élargis pour que le bord de l'un recouvre un peu celui de l'autre ; mais tout à fait en arrière , il présente une échancrure triangulaire fort peu profonde ; il n'existe de dents à aucune région de cette partie supérieure de la bouche.

Les narines , qui sont circulaires , s'ouvrent de chaque côté de l'extrémité du museau , dans la plaque nasale, et tout près de son bord postérieur. La membrane du tympan est tendue à fleur de l'ouverture du conduit auditif, ce qui ne s'observe dans aucun autre genre de la famille des Scincoïdiens.

Les membres sont bien développés et tous terminés par cinq doigts inégaux et un peu comprimés, ainsi que l'ongle assez fort et crochu qui arme chacun d'eux. Aux pattes de devant , c'est le troisième et le quatrième doigt qui ont le plus de longueur ; ensuite le second , puis le cinquième, de sorte que c'est le premier qui est le plus court ; aux pattes de derrière , les quatre premiers sont régulièrement étagés , et le dernier a son extrémité à peu près sur la même ligne que celle du second.

Le cou et le tronc étant légèrement aplatis sur quatre faces, il en résulte quatre angles, qui sont arrondis. La queue, qui, à sa naissance, offre la même forme que le corps, perd , en s'en éloignant, proportionnellement plus d'épaisseur que de hauteur, d'où il suit qu'elle est réellement comprimée. Toutes les parties du corps autres que celles où il

existe ordinairement des plaques, comme les régions céphaliques, et à l'exception de la face inférieure de la queue, qui
est garnie d'une bande de lamelles hexagones élargies, sont
revêtues d'écailles en losange portant, pour la plupart, une
forte carène médio-longitudinale prolongée en pointe en arrière. Ces carènes, qui par leur disposition régulière forment
des séries longitudinales, prennent sur la queue un développement tel, que celle-ci semble être surmontée de quatre
petites crêtes, absolument comme chez les Crocodilures.

Ce genre ne comprend encore qu'une seule espèce, celle
que Cuvier a, par erreur, indiquée, dans la seconde édition
du Règne animal, comme étant le type du genre Tropidosaure de Boié, qu'il considérait à tort aussi comme devant
être rapporté à celui nommé Léposome par Spix.

1. LE TROPIDOPHORE DE LA COCHINCHINE. *Tropidophorus Cocincinensis*. Nobis.

(Voyez Pl. 57, fig. 1 *a. b.*)

CARACTÈRES. Plaques nasales petites, tout à fait latérales ; pas de
supéro-nasales ; inter-nasales en losange à angle obtus en arrière,
à angle aigu à sommet arrondi en avant ; deux fronto-nasales
petites, contiguës ; frontale très-longue, hexagone, rétrécie en
arrière ; quatre sus-oculaires de chaque côté ; deux fronto-pariétales en triangles scalènes tronqués à l'un de leurs sommets, petites, contiguës ; une inter-pariétale longue, très-étroite ; deux
pariétales quadrilatères affectant la forme d'un triangle scalène :
une très-petite occipitale ; fréno-nasale petite ; six frénales placées
deux par deux, l'une sur l'autre ; deux fréno-orbitaires ; *canthus
rostralis* aigu. Oreilles grandes, découvertes, circulaires, à bord
simple. Paupière inférieure squameuse. Corps lacertiforme ; membres bien développés. Deux grandes écailles préanales. Dos brun,
offrant des bandes noirâtres en travers.

SYNONYMIE. *Leposoma Cocincinensis*. Cuv. Règn. anim. 2e édit.
tom. 2, pag. 38.

Tropidosaurus montanus. Gray, Synops. Rept. in Griffith's Anim.
Kingd. tom. 9, pag. 35.

DESCRIPTION.

FORMES. L'ensemble des formes de cette espèce est exactement le même que celui du Neusticure à deux carènes. La tête ressemble à une pyramide à quatre faces ; elle est légèrement aplatie et assez aiguë à son extrémité antérieure ; le cou en est bien distinct, étant plus étroit que la partie postérieure du crâne ; mais il se confond avec le tronc. Portées en avant, les pattes antérieures s'étendent jusqu'aux yeux ; mises le long des flancs, les postérieures laissent, entre elles et l'aisselle, un espace égal au tiers de la longueur de ceux-ci. La queue entre pour un peu plus de la moitié dans la totalité de l'étendue de l'animal.

La plaque rostrale, petite, hexagone, tronquée en arrière, est placée d'une manière tout à fait verticale ; l'inter-nasale, un peu plus développée qu'elle, offre un angle très-ouvert en arrière, et un angle aigu à sommet fortement arrondi en avant ; les deux fronto-nasales, qui sont contiguës, ressemblent presque à des triangles scalènes ; la frontale, hexagone, est très-longue et fort rétrécie à son extrémité postérieure ; il y a quatre sus-oculaires de chaque côté, la première est triangulaire, et les trois autres quadrilatères, dilatées transversalement, les deux fronto-pariétales sont pentagones sub-trapézoïdes ; les pariétales ont à peu près la même forme, mais elles sont beaucoup plus grandes ; elles se trouvent séparées dans toute leur étendue par l'inter-pariétale, qui est hexagone, fort longue et très-étroite, surtout en arrière ; il existe une très-petite occipitale. Les nasales sont petites ; elles occupent, l'une à droite, l'autre à gauche, l'extrémité antérieure de la région frénale, qui est garnie d'une petite fréno-nasale, de six frénales disposées deux par deux, l'une au-dessus de l'autre, et de deux fréno-orbitaires. Les labiales supérieures sont au nombre de sept de chaque côté, la cinquième s'élève jusqu'à l'œil ; on compte autant de labiales inférieures. La mentonnière ressemble à la rostrale ; elle est suivie d'une sous-maxillaire petite, quadrilatère ou pentagone, plus large que longue, après laquelle il en vient six autres très-grandes, disposées par paires. Les plaques céphaliques offrent à leur surface des stries légèrement flexueuses.

La paupière inférieure offre un pavé de petites squames carrées.

L'oreille est grande, ovalaire, tout à fait découverte, sans tubercules ni dentelures à son bord antérieur. Les tempes sont revêtues d'écailles de même forme que celles des autres parties du corps, c'est-à-dire en losange, mais elles ne sont pas carénées. Sur les parties latérales du tronc, les écailles sont disposées par lignes obliques dont on compte sept ou huit ; sur le dos, où elles sont parallèles à la ligne médiane du dos, on en compte à peu près autant. Le dessus de la queue est parcouru par quatre petites crêtes.

L'écaillure des régions inférieures, chez les jeunes sujets, est aussi fortement carénée que celle des parties supérieures, mais avec l'âge, elle devient parfaitement lisse. La lèvre du cloaque porte deux grandes squames préanales.

Coloration. Le dessus du corps est d'un brun fauve ou olivâtre, offrant sur le cou et le dos des bandes d'un brun beaucoup plus foncé, disposées de manière à représenter de grands Ξ placés l'un à la suite de l'autre. Des taches plus ou moins élargies, également d'un brun foncé, se voient sur la queue, tandis qu'il existe une série de points blanchâtres le long de la région inférieure des flancs. Toutes les parties inférieures sont blanches.

Dimensions. *Longueur totale. Long.* 18". *Tête.* Long. 2" 2'". *Cou.* Long. 1" 4'". *Tronc.* Long. 5'. *Memb. antér.* Long. 2" 5'". *Memb. postér.* Long. 3" 3'". *Queue.* Long. 9" 5'".

Patrie. Cette espèce a été envoyée de la Cochinchine au Muséum d'histoire naturelle par M. Diard ; nous en possédons trois individus d'âges différents.

Observations. G. Cuvier a bien connu ces trois individus appartenant à notre collection, où, chose fort singulière, nous les avons trouvés rangés, deux, les plus grands, avec les Scincoïdiens, et le troisième, ou le plus petit, parmi les Iguaniens, auprès des Tropidolépides, étiqueté *Tropidosaure de Boié.* En effet, G. Cuvier, ainsi que cela est consigné dans une note relative au genre *Leposoma* Spix (*Tropidosaurus* Boié) (Règne anim., 2e édit., tom. 2, pag. 38), a regardé l'un de nos Tropidophores de la Cochinchine comme étant le sujet même d'après lequel Boié aurait établi son genre Tropidosaure, genre que, d'un autre côté, l'auteur du Règne animal croyait identique avec celui appelé *Leposoma* par Spix : il existe à cet égard deux erreurs qu'il est important de relever. D'abord il est certain que Boié n'a pas établi le genre Tropidosaure d'après un des Tropidophores du Musée de

Paris, mais d'après un Lacertien recueilli par lui à Java, le *Tro-pidosaura montana* que nous avons décrit à la page 172 du présent volume ; ensuite, il n'est pas moins sûr que le type du genre *Leposoma* de Spix n'a pas la moindre ressemblance générique ni avec le *Tropidosaura montana* ni avec le *Tropidophorus Cocincinensis*, attendu que c'est une espèce de Saurien de la famille des Chalcidiens, fort voisine de notre Ecpléope de Gaudichaud.

II. GENRE SCINQUE. — *SCINCUS* (1) Fitzinger.

CARACTÈRES. Narines latérales s'ouvrant entre deux plaques, la nasale et la supéro-nasale antérieure. Langue échancrée, squameuse. Dents coniques, simples, obtuses, mousses au sommet. Palais denté, à rainure longitudinale. Des ouvertures auriculaires operculées. Museau cunéiforme, tranchant, tronqué. Quatre pattes terminées chacune par cinq doigts presque égaux, aplatis, à bords en scie. Flancs anguleux à leur région inférieure. Queue conique, pointue.

Entre les divers caractères propres à faire reconnaître ce genre, il en est un, celui d'avoir les doigts fortement aplatis, à peu près égaux et dentelés sur les bords, qui lui est tout à fait particulier dans la grande famille des Scincoïdiens, caractère qui ne se représente d'ailleurs que chez un seul autre genre dans l'ordre entier des Sauriens, c'est-à-dire chez les Scapteires, Lacertiens du groupe des Cœlodontes pristidactyles. Les dents maxillaires des Scinques sont coniques, à pointe obtuse, simple et peut-être un peu courbée en dedans ; ils en ont aussi de ptérygoïdiennes petites,

---

(1) ϲϰιγγοϲ et ϲϰιγϰϲϲ, mot grec que les Latins ont adopté pour indiquer ce Lézard. Ce nom avait été appliqué d'abord par Dioscoride à une espèce de Lézard ou de Serpent.

droites, mousses, au nombre de quatre ou cinq de chaque côté. Le plafond de la bouche offre dans la seconde moitié de sa longueur, une large rainure qui sépare les palatins et les ptérygoïdiens de gauche des mêmes os du côté droit. La langue est plate, en fer de flèche, échancrée à sa pointe et entièrement couverte de nombreuses petites papilles squamiformes, imbriquées, arrondies à leur bord postérieur. Les narines sont deux petits trous ovalaires pratiqués de chaque côté du museau sur l'extrémité même du *Canthus rostralis* dans deux plaques, la nasale et une supéro-nasale, mais de manière que celle-ci est moins entamée que celle·là. On distingue difficilement les oreilles qui sont deux petites fentes obliques situées derrière les angles de la bouche et pour ainsi dire hermétiquement fermées chacune par un opercule composé de deux écailles à bords laciniés. La tête se termine en avant par un museau aminci, tranchant, qui s'avance un un peu au delà de la mâchoire inférieure; les membres présentent un développement proportionné à celui du corps; chacun d'eux est divisé à son extrémité en cinq doigts qui, comme nous l'avons dit plus haut, sont déprimés et plus ou moins dentelés latéralement. Ceux des pattes antérieures s'insèrent sur une ligne légèrement arquée; le troisième et le quatrième sont les plus longs; le cinquième vient ensuite ; après lui, c'est le second qui est à peine un peu plus étendu que le premier. En arrière, les quatre premiers doigts sont un peu, mais régulièrement étagés ; leur insertion se fait sur une ligne transversale droite ou presque droite, tandis que le dernier, dont l'extrémité n'atteint pas tout à fait à celle du quatrième, s'attache un peu en arrière sur le tarse. Les doigts sont revêtus en dessus comme en dessous d'une série de squames quadrilatères, élargies, imbriquées, lisses, formant une dentelure de chaque côté; dans l'état de repos ou lorsque l'animal les rapproche l'un de l'autre, ils se trouvent légèrement imbriqués de la manière suivante : ainsi le premier a son bord interne recouvert par le côté externe du second, et le dernier l'est par celui du quatrième;

celui-ci a son bord interne recouvert par l'externe du troisième, qui a de même son bord interne placé sous l'externe du second. Les ongles sont très-aplatis, assez courts, et obtusément pointus ; leur base est cachée dans une sorte d'étui composé de trois écailles, une supérieure et une inférieure, toutes deux fort grandes et une latérale médiane, oblongue. Le cou, qui se confond avec la tête et le tronc, offre exactement la même forme que ce dernier, lequel est légèrement arrondi en dessus, tandis qu'il est tout à fait plat en dessous et de chaque côté ; de telle sorte que sa coupe transversale représenterait une figure quadrangulaire à côtés égaux, mais dont le supérieur serait faiblement arqué. La queue courte, grosse et cyclo-tétragone à sa base, est au contraire très-effilée et un peu comprimée à son extrémité postérieure. Toutes les écailles sans exception sont dépourvues de carène ; la plupart sont osseuses et de forme hexagone.

L'origine du genre Scinque remonte à l'époque où parut le *Synopsis Reptilium* de Laurenti, c'est-à-dire en 1767, car c'est dans cet ouvrage que le *Lacerta scincus* de Linné se trouve indiqué pour la première fois, comme type d'un groupe particulier qui ne se composait que de la présente espèce, appelée *Scincus officinalis*, et du *Scincus stellio*, autre Scincoïdien connu de Laurenti seulement par une figure de Séba, laquelle représente très-probablement l'espèce que nous nommerons *Euprepes Sebæ*. Les caractères que Laurenti assignait à son genre *Scincus* étaient très-propres à le faire distinguer des autres groupes génériques formés par cet auteur, et d'une manière très-heureuse, on doit le dire, puisque presque tous sont devenus des types de familles. Voici la note caractéristique du genre *Scincus* de Laurenti : *Corpus totum imbricatum squamis seu dorsalibus, frontalibus, abdominalibusque omnibus iisdem. Anus transversus collum fere crassitiei capitis.* La position transversale de la fente anale est sans doute indiquée ici par opposition à la forme longitudinale que présente l'orifice

REPTILES, V.   36

du cloaque chez les Crocodiles dont le genre, dans la classification de Laurenti, précède celui des Scinques. En 1801,
Schneider prit aussi pour type de son genre *Scincus* l'espèce
nommée *Officinalis* par Laurenti, à laquelle il réunit toutes
celles alors connues qui s'en rapprochaient le plus par l'ensemble des formes et le mode d'écaillure; c'est-à-dire les
Sauriens dont le corps, à peu près de même grosseur dans
la plus grande partie de son étendue, était couvert d'écailles
uniformes, imbriquées et pourvu de quatre pattes courtes,
épaisses, terminées par des doigts courts aussi et presque
égaux (Histor. Amphib. Fasc. 11, pag. 171). Toutes ces
espèces se trouvaient être de véritables Scincoïdiens, si ce
n'est pourtant celles dites *Scincus sepiformis* et *Scincus
niloticus*, qui durent être reportées, l'une parmi les Gerrhosaures, l'autre avec les Varans; mais Schneider n'aurait
certainement pas fait un Scinque de la seconde espèce, s'il
l'eût connue autrement que d'après la description publiée par
Hasselquist, dans la relation de son Voyage en Égypte.
Le genre *Scincus* de Schneider fut adopté par Daudin qui,
aux caractères qu'en avait donnés l'auteur de l'histoire des
Amphibies, ajouta les suivants : « La tête est couverte de
plaques, la langue courte, échancrée au bout, et il existe
un trou auditif plus ou moins apparent au dehors. » Ni le
Scincus sepiformis, ni le *Scincus niloticus* de Schneider
ne furent admis parmi les Scinques de Daudin, qui en fit
connaître plusieurs espèces nouvelles, auxquelles il joignit
toutefois deux Sauriens qui n'appartiennent pas à la famille
des Scincoïdiens, mais à celle des Lacertiens : l'une est le
Lacerta cruenta de Pallas, l'autre le *Lacerta algira* de
Linné ou notre Tropidosaure algire. C'est ainsi ou à peu
près ainsi constitué que le genre Scinque prit place dans la
classification proposée par Oppel en 1811 (*Die Ordnungen,
Familien und Gattungen der Reptilien*), et dans celle que
Cuvier publia en 1817, dans la 1re édition du Règne
animal; mais en 1820, Merrem, le savant auteur du *Tentamen systematis Amphibiorum*, fit subir une première

modification au genre Scinque des trois erpétologistes que
nous venons de citer, en formant à ses dépens, sous le nom
de *Gymnophthalmus*, un groupe particulier d'une espèce
qui se distinguait aisément de toutes les autres par ses yeux
privés de paupières, et par un moindre nombre de doigts
aux pattes antérieures, c'est-à-dire quatre au lieu de cinq :
cette espèce est le *Lacerta quadrilineata* de Linné ou le
Scincus quadrilineatus de Daudin. En 1825 (1), ce même
genre Scinque de Daudin, d'Oppel et de Cuvier, moins
l'espèce que Merrem en avait éloignée pour en faire un Gymnophthalme, fut partagé par M. Gray en espèces dont le
palais est armé de dents et en espèces qui en manquent à
cette partie de la bouche ; les premières, en tête desquelles
se trouve le *Scincus officinalis,* conservèrent le nom générique de *Scincus* et les secondes reçurent celui de *Ti-*
liqua. Enfin en 1826, M. Fitzinger, prenant en considération la conformation toute particulière que présentent les
doigts du *Scincus officinalis,* éloigna de cette espèce, pour
en former le genre *Mabouia* , toutes celles que M. Gray y
avait encore laissées réunies, ce qui réduisit ce genre Scinque
à des proportions encore moindres que celles qu'il offrait
lorsqu'il fut créé par Laurenti , puisque celui-ci y rangeait
deux espèces , tandis que tel que nous le présentons ici , d'a-
près Fitzinger, il n'en comprend plus qu'une seule dont on
va trouver l'histoire détaillée dans l'article suivant. Wagler,
M. Wiegmann et M. Gray, dans son nouveau *Synopsis*,
n'admettent non plus dans le genre Scinque que l'espèce
unique appelée Officinale ou des boutiques.

----

(1) *Voyez* GRAY, Synopsis of the genera of Reptiles and Amphi
bia, with a description of some new species (*Annals of Philosophy*,
vol X, pag. 193).

36.

1. LE SCINQUE DES BOUTIQUES. *Scincus officinalis.* Laurenti.
(Voyez Pl. 57, fig. 3 (la main).)

Caractères. Nasales petites, tout à fait latérales ; écailles supéro-
nasales non contiguës ; une inter-nasale hexagone équilatérale ;
deux fronto-nasales , petites, hexagones équilatérales, contiguës.
Frontale grande, étroite, heptagone, un peu élargie en avant.
Deux fronto-pariétales, petites, rhomboïdales ; deux pariétales,
petites, subrhomboïdales, élargies ; une inter-pariétale sub-losangique , dépassant les pariétales en arrière ; pas d'occipitale ; deux
fréno-nasales superposées, l'inférieure petite , la supérieure
grande, s'élevant au-dessus du *canthus rostralis*, qui est aigu ; deux
grandes frénales oblongues ; une fréno - orbitaire. Oreilles en
fentes obliques, petites , situées aux angles de la bouche , couvertes par une dentelure de leur bord antérieur. Deux grandes
écailles préanales. Écaillure dorsale lisse. Paupière inférieure
squameuse. Dos fauve , avec des bandes brunes en travers.

Synonymie. *Scincus.* Belon. de Aquat. lib. 1, pag. 46-47.
Scincus. Matth. Comment. Dioscor. pag. 200.
Scincus. Gesner, Quadr. ovip. (édit. Tigur. 1554), lib. 2, p. 21,
et Append. Quad. ovip. pag. 25.
Scincus. Rondel. Hist. aquat. de amphib. pag. 231.
Le vrai Scince. Id. Hist. poiss. (édit. franç.), 2e part., pag. 172.
Scincus. Bouss. de Natur. aquat. epigramm. pag. 129.
Scincus. Porta , Phytognom. lib. 4, cap. 6, pag. 164.
Scincus major. Besl. Fasc. rar. tab. 2, fig. 1.
Scincus seu Crocodilus terrestris. Mus. Worm. pag. 315.
Scincus. Jonst. Histor. nat. tom. 1, pag. 139, tab. 78, fig. 3.
? *Lacertus indicus cordylo similis.* Id. loc. cit. fig. 6.
Scincus Ægyptiacus terrestris et montanus. Olear, Die Gottorf.
Kunstk. pag. 9, tab. 8, nᵃ 1.
Scincus. Gesn. Quad. ovip. (édit. Francof. 1686), lib. 2,
pag. 24.
Scincus. Ruspol. Mus. Kircher. pag. 275, tab. 293, n° 45.
Scincus major. Lochn. Mus. Besl. pag. 43, tab. 12, fig. 1.
Scincus. Ruisch Theat. Anim. tom. 2, tab. 77, fig. 3.
Scincus. Prosp. Alp. Histor. Ægypt. tom. 1, pag. 218, fig. 1-2.
Skink. Shaw. Voy. dans plus. prov. Barb. (traduct. franç.),
tom. 2, pag. 324.

Scincus marinus officinarum. Balk. Mus. Adolph. Frider. (amœnit. academ. tom. 1, pag. 294, note *b*).

Lacerta stincus. Hasselq. Act. Upsal. (1744-50), pag. 30; et Comment. Lips. tom. 1, pag. 577.

Lacerta scincus. Id. Reise, pag. 359, et traduct. franç. pag. 47.

Scincus pedibus pentadactylis unguiculatis, etc. Gronov. Mus. Icht. amphib. anim. hist. pag. 76, n° 49.

Lacerta scincus. Linn. Syst. nat. édit. 10, tom. 1, pag. 205.

Scincus pedibus pentadactylis, etc. Gronov. Zoophyll. pag. 11.

Scincus officinalis. Linn. Syst. nat. édit. 12, tom. 1, pag. 365, n° 22.

Scincus officinalis. Laur. Synops. Rept. pag. 55; exclus. synom. fig. 3, tab. 105, tom. 2 ; Séba (*Euprepes Sebœ*).

Le Scinque. Daub. Dict. anim. quad. ovip. Encyclop. méth. pag. 671 ; exclus. synon. fig. 3, tab. 105, tom. 2, Séba (*Euprepes Sebœ*).

El Adda. Bruce, Voyage aux sources du Nil, traduct. franç. tom. 5, pag. 226 et suiv. Pl. 39.

Le Scinque. Lacép. Hist. quad. ovip. tom. 1, pag. 373, Pl. 23.

Le Scinque, *var. a.* Bonnat. Erpét. encyclop. méth. pag. 51.

Lacerta scincus. Gmel. Syst. nat. Linn. tom. 1, pag. 1077; exclus. synon. *Lacerta Libya* , Imper. (*Gongylus ocellatus*); *Lacertus cyprius scincoides*. Aldrov. (*Plestiodon Aldrovandi*), fig. 3 , Pl. 105, tom. 2, Séba (*Euprepes Sebœ*).

Scincus. Fisch. Synops. meth. quad. ovip. pag. 22.

Scincus seu Crocodilus terrestris. Ray, Synops. quad. pag. 27.

Scincus officinalis. Mey. Synops. Rept. pag. 30.

Der Stink. Donnd. Zoolog. Beytr. tom. 3, pag. 125.

Officinal Scink. Shaw gener. zool. tom. 3, pag. 281, Pl. 79.

Der Skink-eidechse. Bechst. de Lacepede's naturgesch. amph. tom. 2, pag. 101, tab. 7, fig. 2.

Scincus officinalis. Schneid. Hist. amph. fascic. secund. p. 174.

Scincus officinalis. Latr. Hist. Rept. tom. 2, pag. 65, fig. 1.

Scincus officinalis. Daud. Hist. Rept. tom. 4, pag. 228.

Lacerta Scincus. Shaw. The Naturalist's miscell. , tom. 24 , Pl. 1031.

Le Scinque des pharmacies. Cuv. Règn. anim. 1re édit. tom. 2 , pag. 53.

Scincus officinalis. Merr. Tent. Syst. Amphib. pag. 731 , n° 19.

Scincus officinalis. Aud. Explic. somm. Pl. Rept. (Supplém^t.);
Descript. Égypt. Hist. nat. tom. 1, pag. 197, Pl. 2, fig. 8.

Scincus officinalis. Fitz. Neue classif. Rept. pag. 52.

Le Scinque ordinaire. H. Cloq. Dict. scienc. nat. tom. 48, p. 124.

Scincus officinalis. Bory de Saint-Vincent, Résum. d'erpét.
pag. 137.

Le Scinque des pharmacies. Cuv. Règn. anim. 2e édit. tom. 2,
pag. 62.

Scincus (Lacerta Scincus. Linn.). Wagl. Syst. amph. pag. 161.

Scincus officinalis. Griff. anim. Kingd. Cuv. tom. 9, pag. 156.

Scincus officinalis. Gray, Synops. Rept. in Griffith's anim.
Kingd. tom. 9, pag. 67.

Scincus officinalis. Eichw. Zool. special. Ross. et Polon. tom. 3,
pag. 180.

Scincus officinalis. Schinz. Naturgesch. und Abbild. Rept.
pag. 104, tab. 40, fig. 1.

Scincus officinalis. Gray, Catal. of slender-tong. Saur. (ann. of
nat. hist. by Jardine, tom. 1, pag. 288).

Le Scinque de Belon. Th. Coct. tabul. Synopt. Scincoïd.

DESCRIPTION.

Formes. Ce Scincoïdien ne semble pas parvenir à une plus
grande taille que notre Lézard vert commun, dont il est loin
d'offrir les formes sveltes et élancées. Le Scinque des boutiques,
au contraire, a le corps gros, fusiforme dans son ensemble, les
membres courts, épais ; la queue peut-être plus courte encore à
proportion, excessivement forte à sa naissance, grêle, effilée,
pointue et légèrement comprimée à son extrémité terminale. La
tête présente à peu près la même longueur que le cou ; elle est
pour ainsi dire cunéiforme, attendu que, déjà un peu déprimée
en arrière, elle se rétrécit et s'amincit surtout beaucoup en s'a-
vançant vers le museau, qui se trouve ainsi offrir un bord tranchant, mais dont les angles sont arrondis. Le dessous de ce
museau est parfaitement plat dans la portion qui s'avance au delà
de la mâchoire inférieure. Le *canthus rostralis* est arrondi.

Les régions frénales sont légèrement concaves. Les yeux sont
petits, situés au haut des côtés de la tête, à une très-petite distance du point de jonction de celle-ci avec le cou. La paupière
supérieure est très-courte, mais l'inférieure se montre, au con-

traire, très-développée ; elle est revêtue d'une série longitudinale de trois ou quatre squames carrées, au-dessous desquelles on remarque un pavé de très-petites écailles irrégulièrement disposées. La fente de l'oreille présente à peu près la même étendue que celle des paupières.

Les pattes postérieures sont à peine plus longues que les antérieures qui, couchées le long du cou, s'étendent jusqu'à l'angle antérieur de l'œil. La queue offre un peu plus d'étendue que le tronc.

La plaque rostrale est fortement reployée sous le museau ; sa portion supérieure est triangulaire, touchant par son sommet à l'inter-nasale, et ayant de chaque côté deux supéro-nasales. Les supéro-nasales sont donc au nombre de quatre, deux à droite, deux à gauche, placées l'une derrière l'autre ; la première, petite et en triangle équilatéral, a immédiatement au-dessous d'elle la narine qu'elle concourt à circonscrire avec la nasale, mais dans une très-petite proportion ; la seconde nasale, plus grande que la première et subtrapézoïde, se trouve, pour ainsi dire, enclavée entre la rostrale, la première supéro-nasale, la nasale et l'inter-nasale. Cette dernière plaque est hexagone, aussi large que longue, et assez grande relativement aux autres plaques céphaliques. Les fronto-nasales sont contiguës, pentagones, un peu plus étendues en longueur qu'en largeur. La frontale s'articule avec elles par deux de ses six côtés ; elle a une longueur double de sa largeur, et est plus étroite en arrière qu'en avant. Les fronto-pariétales sont petites, sub-rhomboïdales ou pentagones, inéquilatérales et soudées ensemble latéralement ; elles reçoivent entre elles, en arrière, l'inter-pariétale dont la forme est losangique ou sub-triangulaire, et le développement un peu plus grand que celui de ces dernières. Les pariétales, qui sont à peine plus grandes que les fronto-pariétales, offrent cinq ou six pans inégaux. L'occipitale manque. On compte cinq sus-oculaires de chaque côté. Il existe une fréno-nasale à quatre ou cinq angles, une première frénale, pentagone, oblongue, plus grande que la précédente, et une seconde frénale, pentagone aussi, mais plus développée et plus oblongue que la première : ces trois plaques sont positivement situées en travers du *Canthus rostralis*. Il y a deux fréno-orbitaires superposées, à peu près de même grandeur ; la supérieure est parfois située si haut qu'on pourrait, pour ainsi dire, la considérer comme la première sus-oculaire. Le

nombre des plaques labiales supérieures est de huit ou neuf; la
première est triangulaire, la seconde un peu plus grande, trapézoïde, et la troisième quadrilatère, plus haute que large, ainsi
que toutes celles qui la suivent. Outre la mentonnière, qui est
petite, la lèvre inférieure est revêtue de sept paires de plaques
rhomboïdales, augmentant graduellement de grandeur depuis
la première jusqu'à la dernière. Le dessous de la tête, immédiatement derrière la mentonnière et entre les labiales inférieures,
offre d'abord une petite plaque après laquelle il en vient une plus
grande; ensuite il y en a quatre encore plus développées qui forment un carré au centre duquel on en remarque une très-petite.
Toutes les écailles du corps, si l'on en excepte celles des doigts
et quelques-unes de celles de la queue, sont dilatées en travers, et
offrent six angles dont deux, l'un à droite, l'autre à gauche, sont
aigus, et les quatre autres, deux devant, deux derrière, obtus
et un peu arrondis : la plupart de ces écailles sont faiblement
creusées de deux à quatre sillons longitudinaux. L'opercule anal
est recouvert de deux grandes squames en quart de cercle. La
partie moyenne de la région inférieure de la queue présente à
une certaine distance de l'anus des scutelles hexagones élargies,
en nombre variable, analogues à celles qu'on observe chez les
Ophidiens.

COLORATION. Cette espèce offre trois variétés bien distinctes
sous le rapport du mode de coloration de ses parties supérieures
seulement; car toujours les régions inférieures et les latérales,
c'est-à-dire les joues, les côtés du cou, ceux de la queue, ainsi
que les flancs, et fort souvent même les membres sont d'un blanc
argenté plus ou moins pur.

Variété A. La couleur générale du cou, du dos et de la queue
est d'un jaune ou d'un gris clair argenté, mêlé de brun ou de
noirâtre, qui forme de grandes taches dilatées transversalement,
affectant le plus souvent une disposition en bandes transversales,
dont le nombre est communément de sept ou huit.

Variété B. Une teinte fauve est répandue sur la surface du
crâne. Le cou, le dos et une grande partie de la queue sont d'un
brun châtain, semé de très-petites taches blanchâtres, fort peu
apparentes, au nombre de deux ou trois sur chaque écaille. Il
existe en travers du dos cinq ou six larges bandes blanches ayant
à chacune de leurs extrémités une tache noire assez irrégulière-

ment dilatée : ces taches ne se trouvent pas situées sur le dos,
mais à la partie la plus élevée des régions latérales du tronc.

Variété C. Toutes les écailles du cou, du dos et de la première
moitié de la face supérieure de la queue sont d'un gris argenté,
largement radié de blanc, avec une ou deux taches brunes sur
leur bord postérieur.

DIMENSION. *Longueur totale.* 23" 1'". *Tête.* Long. 2" 8'". *Cou.*
Long. 2" 5'". *Tronc.* Long. 7" 8'". *Membr. antér.* Long. 3" 5'".
Membr. postér. Long. 4". *Queue.* Long. 10". Ces mesures ont été
prises sur un individu envoyé du Sénégal par M. Heudelot, individu qui appartient à la seconde variété ou à la variété B.

PATRIE ET MŒURS. Le Scinque des boutiques paraît propre à l'A-
frique, dont il habite les parties occidentale et septentrionale,
mais surtout la dernière. Nous avons la certitude qu'il se trouve
au Sénégal par un fort bel exemplaire que M. Heudelot vient
d'adresser de ce pays au Muséum d'histoire naturelle. Bruce a
rencontré cette espèce en Syrie, en Abyssinie ; M. Rüppel l'a aussi
observée dans cette dernière contrée, et beaucoup de voyageurs
l'ont vue en Égypte, d'où proviennent en grande partie les
échantillons répandus dans les collections. Aujourd'hui elle est
assez commune dans la haute et la moyenne Égypte ; on voit par
ce que rapporte Belon et Rondelet, qu'elle s'y trouvait aussi assez
abondamment dans le cours du seizième siècle, époque à laquelle
on en faisait encore un objet d'industrie et de commerce d'un
certain intérêt. Effectivement ce Scincoïdien a été anciennement et pendant longtemps regardé comme un remède efficace
contre toutes sortes de maladies ; suivant Pline, on l'aurait aussi
considéré comme propre à guérir les plaies faites avec des flèches
empoisonnées ; mais une des principales propriétés qu'on lui attribuait était de forcer la nature à rendre aux vieillards et aux
personnes que l'abus de certains plaisirs avait affaiblies avant l'âge,
les moyens de s'y livrer de nouveau.

M. Alexandre Lefebvre qui a recueilli un certain nombre d'individus du Scinque des boutiques, pendant une excursion faite
en 1828, aux Oasis de Barhrieh, nous a communiqué sur les
habitudes de cette espèce plusieurs observations que nous ne
devons pas omettre de rapporter ici : selon ce zélé entomologiste, cette espèce se rencontre sur les monticules de sable fin et
léger que le vent du midi accumule aux pieds des haies qui bor-

dent les terres cultivées et des tamarisques qui cherchent à végéter sur les confins du désert ; on la voit se chauffer paisiblement aux rayons du soleil le plus ardent et chasser de temps en temps aux Graphyptères ou autres Coléoptères qui passent à sa portée. Ce Scincoïdien court avec une certaine vitesse, et quand il est menacé il s'enfonce dans le sable avec une rapidité singulière, et s'y creuse en quelques instants un terrier de plusieurs pieds de profondeur ; lorsqu'il est pris il fait des efforts pour s'échapper, mais il ne cherche aucunement à mordre ou à se défendre avec ses ongles.

Observations. La plupart des auteurs ont cru devoir rapporter à cette espèce ce que Dioscoride et Pline, ainsi que les auteurs grecs et latins qui les ont copiés, ont dit du Σκγκος ou *Scincus;* mais il s'en faut que l'exactitude de cette détermination soit incontestable, attendu que les indications données par les auteurs anciens sur le Σκγκος ou *Scincus* sont trop vagues pour pouvoir établir d'après elles une signification plausible : aussi la spécification du Σκγκος ou *Scincus* des anciens doit-elle être regardée comme une question philologique, qu'il serait déplacé de discuter ici.

C'est Belon qui, le premier, fit connaître cette espèce de Scincoïdien d'une manière positive, sous le nom de *Scincus,* dans son Traité des animaux aquatiques ; la description qu'il en donne indique assez exactement la grandeur de l'animal et son mode de coloration. Belon dit expressément que son *Scincus* se rencontre surtout près de Memphis, que les habitants en vendent des individus, éventrés et conservés avec du sel ou du nitre, aux marchands qui les apportent ici; la figure qui accompagne la description reproduit la forme générale de cette espèce, la proportion relative de ses parties, la forme et la disposition des écailles, la configuration des ongles, et leur existence à tous les doigts ; seulement Belon dit : « *Squamisque undecunque scateret, quas cum piscibus ut et laterales lineas communes habet,* » et la figure paraît indiquer cette disposition qui n'existe pas effectivement et qui l'aura été sans doute, par suite du racornissement des sujets que Belon a pu examiner ; car cet auteur paraît n'en avoir observé que de desséchés, c'est-à-dire tels qu'on les possédait dans les pharmacies. Ce qui nous porte à le croire, c'est que Belon ne fait aucune mention du *Scincus* parmi les curiosités qu'il a observées dans le cours de son voyage en Égypte, ainsi qu'on peut s'en assurer en consultant son livre intitulé : *Observations de plusieurs singularités, etc., observées en Grèce, Égypte*, etc.

C. Gesner, qui ne connaissait pas, à ce qu'il paraît, les travaux de Belon, ou qui du moins ne les cite pas, donna dans son Traité des quadrupèdes ovipares, sous le nom de *Scincus*, une figure du Scinque des boutiques, laquelle offre, d'une manière assez originale, la disposition tranchante du museau, qui n'était indiqué qu'imparfaitement dans la figure de Belon ; les autres parties de l'animal aussi sont fidèlement retracées. La description de Gesner est plus explicite que celle de Belon ; le mode de coloration de la variété A en particulier s'y trouve indiqué de la manière la plus exacte.

Ce n'est que dans un appendix ajouté au livre des animaux quadrupèdes, que Gesner donne la description du *Scincus* d'après Belon (*De Scinco ex Belonio*).

Presque en même temps Rondelet donna dans la seconde partie de son Histoire des Poissons une autre figure du Scinque officinal, sous le nom de *Scincus*. Cette figure, moins correcte, il est vrai, sous le rapport artistique que celles des auteurs précédents, rend néanmoins assez fidèlement les principaux caractères de l'espèce, et offre en particulier, d'une manière originale, la présence des plaques de la tête et leur disposition polygone ; Rondelet dit positivement, à l'occasion de cette figure, que l'animal qu'elle représente est celui qui depuis quelques années se vendait à Venise éventré et salé pour les usages pharmaceutiques ; il ajoute que c'est d'Alexandrie d'Égypte qu'on le tirait.

En 1558, Gesner (1) reproduisit dans son Histoire naturelle des Poissons, la figure du *Scincus* qu'il avait donnée dans le livre des quadrupèdes ovipares, en y joignant simplement le commentaire que Rondelet avait écrit sur son *Scincus*, dans son livre des Amphibies (2) ; c'est alors que Rondelet publia l'édition française de son Histoire des Poissons (3), où se trouve traduit tex-

---

(1) *Historiæ animalium*, Lib. III, *qui est de Piscium et aquatilium animantium natura. de Scinco*, Rondeletius.

(2) La seconde partie de l'Histoire entière des Poissons, avec leurs pourtraits au naïf; in-folio, Lyon, 1558. — Des animaux vivants partie en l'eau, partie en la terre, pag. 172.

(3) *Icones animalium*, édit. secunda in-folio, Tiguri, 1560.

tuellement ce qu'il avait dit de notre espèce dans l'édition latine ;
quant à la figure, elle est la même pour les deux éditions. En
1560, Gesner, dans le recueil des figures des animaux qu'il publia, accompagnées de quelques notes, et comme supplément à
ses ouvrages précédents, reproduisit la figure du Scinque officinal, telle qu'il l'avait déjà donnée précédemment.

J.-B. Porta, dans sa Phytognomonique, a dit quelques mots
de l'espèce qui fait le sujet de cet article, mais il semble les avoir
empruntés à Gesner.

Vers le commencement du dix-septième siècle, parut une autre
édition de l'Histoire naturelle de Gesner : le livre des quadrupèdes ovipares (1) contient une figure de notre espèce calquée
sur celle de la première édition, et la description est reproduite
presque mot à mot ; toutefois on y a introduit quelques assertions
qui sont attribuées fort à tort à Rondelet : ainsi on y lit : « *Ron-*
deletius neque qui Venetiis venduntur neque illos officinarum veros
Scincos esse vult ; nam Scincus, inquit, est terrestris Crocodilus ; illi
in aqua et terra vivunt : unicum se duorum cubitorum longitudine
vidisse affirmat. » Or, Rondelet ne dit aucunement qu'il ait vu un
individu de deux coudées de long, et loin de vouloir que ni les
Scinques qui se vendaient à Venise, ni ceux des pharmacies ne
fussent par les vrais Scinques, il dit expressément : « *Quare magis*
inclinat animus ut existimem Scincum squamosum esse quadru-
pedem quem rectè expressum capitis huic prefiximus qui aliquot
abhinc annis Venetiis venditur exenteratus et salitus ex Alexan-
dria Ægypti. » Rondelet est plus positif encore dans l'édition
française, car il dit : « Donc le vrai Since est celui qui est pour-
trait en ce présent chapitre, qu'on vend à Venise, euentré é salé
où on l'apporte d'Alexandrie d'Égypte. » L'auteur de cette dernière édition de l'Histoire naturelle de Gesner aura sans doute
été induit en erreur par la phrase que Rondelet a mise au commencement de la description du *Scincus* : « *Jam vero cum Scincus*
terrestris Crocodilus dicatur, vix quicquam huic quem expressimus
commune esse potest cum Crocodilo non solum figura, sed nec vita,
cùm in aqua diutius vivat quàm in terra. » Mais cette phrase se
rapporte non au *Scincus*, mais bien à l'animal figuré et décrit au
chapitre précédent, c'est-à-dire à la Salamandre d'eau, que les

_____

(1) *Historiæ animalium*, Lib. 11, *de Quadrupedibus oviparis*,
éditio secunda in-folio, Francofurti, 1617, p. 24.

pharmaciens d'Italie faisaient, à ce qu'il paraît, passer alors pour le Scinque : si la phrase de l'édition latine laisse quelque obscurité à ce sujet, la traduction française ne laisse aucun doute.

Saumaise, dans ses Études sur Pline (1), émet sur les habitudes du *Scincus* une opinion qui s'applique assez bien à l'espèce dite *Officinalis*, mais il donne cette indication, non d'après des observations directes, mais d'après un examen rigoureux de la description du Σκίγκος de Dioscoride ; or, comme nous l'avons dit, le Σκίγκος de cet auteur ancien est un animal décrit d'une manière trop peu précise pour que nous puissions le rapporter à l'espèce du présent article ; les notes de Saumaise ne peuvent pas s'y rapporter davantage.

Aldrovandi, ou du moins son continuateur, Bartholomeo Ambrosini, fit connaître quelques caractères zoologiques du Scinque des boutiques, d'après Belon et un auteur dont l'ouvrage (lib. 3, medic. cap. 31) et le nom ne sont guère connus dans la science que par la citation qu'il en fait : Rodoneus, selon lui, apprend que le Scinque est un animal quadrupède qui a des écailles petites, nombreuses, jaunâtres ; la tête longue, dépassant à peine la grosseur du cou ; le ventre légèrement ailé, erreur qui tient sans doute à un examen peu analytique d'un échantillon desséché ; la queue ronde à la manière des Lézards, mais plus courte et recourbée vers la terre, circonstance accidentelle aussi et dépendante de la dessiccation ; enfin une ligne bleue, étendue depuis la tête jusqu'à la queue même : ce dernier caractère s'éloigne tellement de la coloration du Scinque auquel le reste de la description s'applique assez bien, que nous serions tentés de croire à une erreur de mots ; il se pourrait en effet que l'auteur eût voulu dire, au lieu d'une ligne bleue, une ligne tranchante, ce qui existe en effet, puisque, comme on le sait, la région du tronc où se fait de chaque côté la jonction des flancs avec le ventre, n'est pas arrondie, mais distinctement anguleuse, par suite de la forme aplatie que présentent le ventre et les parties latérales du corps. Ambrosini ajouta que dans les Scinques que l'on recevait d'Égypte, très-desséchés, il n'a pu observer la disposition particulière des écailles signalée par Pline chez le *Scincus*. Pline

_____

(1) *Plinianæ exercitationes in Caii Julii Solini polyhistoria,* 2 vol. in-folio, Paris, 1629.

dit effectivement, ce qui est une erreur, que les écailles de cet animal sont dirigées de la queue à la tête.

Olaus Worms, en 1655, décrivit assez bien le Scinque des boutiques, sous le nom de *Scincus seu Crocodilus terrestris*.

Jonston, en 1657, en publia deux figures fort médiocres, mais néanmoins reconnaissables. En 1666, Adam Olearius le figura d'une manière plus correcte qu'on ne l'avait fait avant lui ; il l'appelle *Scincus Ægypliacus terrestris et montanus*, l'indiquant comme une variété du Σχιγχος de Dioscoride. Ferrante Imperato dans son *Istoria naturale di piante e animali*, publiée en 1672, a confondu ce Scinque des boutiques avec celui qu'il nomme *Thyro* ou le *Gongylus ocellatus*. Ruspolo, en 1709, a publié, sous le simple nom de *Scincus*, une figure, excellente pour l'époque, du Scinque officinal, dans les descriptions du muséum de Kircher. Il en existe une non moins bonne dans celle du cabinet de Bessler, publiée en 1716 par Lochner ; mais Lochner a confondu son *Scincus major*, car c'est ainsi qu'il nomme l'espèce en question, avec le brochet de terre de Rochefort et le *Thyro* d'Imperato, attribuant aux paysans d'Afrique le nom que l'auteur italien avait au contraire emprunté aux paysans de Sicile. Lochner a assez bien décrit la démarche du Scinque des boutiques, sa coloration fondamentale ; mais il a été la cause d'une erreur qui s'est conservée assez longtemps dans l'histoire de ce Scincoïdien, en avançant qu'il n'avait pas d'ongles. On revoit la figure de cette espèce dans le frontispice de la continuation de la collection de Bessler. Le Saurien que Lochner appelle *Scincus minor* ne semble pas être un Scincoïdien. Ruisch, en 1718, a donné la copie des deux figures qui représentent notre espèce dans l'ouvrage de Jonston. On trouve aussi une assez bonne figure du Scincoïdien dont nous parlons, dans la Physique sacrée de Scheuchzer ; elle est, nous croyons, copiée de Lochner.

Prosper Alpin, dont les voyages et les travaux remontent à la fin du seizième siècle, vint confirmer les renseignements que l'on possédait sur cette espèce ; il rappela le système de coloration déjà indiqué par Belon et Gesner, et fit positivement connaître les contrées où elle se trouve et les localités dans lesquelles on la rencontre. Les figures qu'il ajouta à sa description sont d'une exécution fort médiocre ; mais les proportions des diverses parties et le système de coloration y sont assez fidèlement représentées.

Hasselquist, dans les Actes d'Upsal pour 1750, pag. 30, décrivit
le Scinque officinal plus en détail qu'on ne l'avait encore fait
jusque-là : il signala le premier la disposition du *canthus rostra-*
lis, la forme de la mâchoire supérieure, celle du corps, des
doigts, etc.; il releva l'erreur encore assez commune parmi les
naturalistes que le Scinque était un poisson, ce qui le faisait appeler Scinque marin. Mais il perpétua une autre erreur introduite par Lochner, en disant que l'extrémité des doigts offre un
très-petit espace nu, un peu obtus, légèrement convexe en
dessus, concave en dessous, lequel tient lieu d'ongle. « *Apex*
digitorum spatio minimo nudus, obtusiusculus, suprà parum con-
vexus, sublus concavus, qui unguium loco inservit. » Hasselquist est
d'autant plus blâmable d'avoir accepté l'erreur de Lochner, que
trois ans auparavant, en 1747, Balk, dans une dissertation insérée
dans les Aménités académiques, avait décrit d'une manière précise les ongles du Scinque officinal : « *Ungues hujus sunt plani,*
oblongi et paululùm sublus incurvi. »

Gronovius, dans son Histoire des Amphibies, qui fait partie
de son muséum ichthyologique, publié en 1754, a reproduit, au
sujet du Scinque qui nous occupe, la description d'Hasselquist,
avec ses qualités et ses défauts; il a accru la synonymie de quelques citations, parmi lesquelles il en est une qui est complète-
ment fausse, c'est celle du *Lacerta maritima sive Crocodilus ex*
Arabia de Séba, qui n'appartient pas au Scinque officinal, mais
au Scincoïdien que nous appelons l'*Euprepes Sebæ* ou le *Scincus*
rufescens de Cuvier. Mais on doit à Gronovius d'avoir indiqué
d'une manière plus précise la proportion relative des doigts des
pieds antérieurs et postérieurs, et la disposition des écailles sous-
caudales, dilatées en lamelles transversales. Neuf ans plus tard,
le même auteur a réimprimé dans son *Zoophylacium* la phrase
caractéristique du *Scincus*, du *Museum Ichthyologicum*, en ajou-
tant quelques citations à celles qu'il avait précédemment données;
mais l'une d'elles, ou celle du *Lacertus Cyprius, Scincoides*,
d'Aldrovandi, doit être retranchée, attendu que le Scincoïdien
qu'elle désigne est une espèce tout à fait différente du *Scincus*
officinalis, c'est-à-dire notre *Plestiodon Aldrovandi*. Linné, dans
la dixième et la douzième édition du *Systema naturæ*, refuse aussi
des ongles, comme plusieurs des auteurs précédents, à son *La-*
certa Stincus, auquel il donne pour synonyme dans ces deux éditions le *Lacerta maritima* de Séba, que nous avons déjà dit

être une espèce du sous-genre *Euprepes*; et de plus, dans la douzième, le *Lacerta Cyprius Scincoides* d'Aldrovande, qui est un *Plestiodon*.

Laurenti, qui a donné à notre espèce le nom d'*Officinalis*, qu'elle a toujours conservé depuis, dit bien expressément, sans doute d'après Balk, qu'elle offre des doigts élargis, armés d'ongles plats, obliques; mais il lui rapporte faussement aussi, comme Linné, la figure 3 de la Pl. 105, du tom. 2 de Séba.

La description que Daubenton a donnée du Scinque dans les quadrupèdes ovipares de l'Encyclopédie méthodique, est faite d'après Linné, Gronow et Laurenti; il y essaye d'accorder la description de Linné qui, sur la foi de Lochner et d'Hasselquist, assure que le Scinque n'a pas d'ongles, avec celle de Balk qui dit, en termes bien précis, qu'il en est pourvu. Nous ne savons sur quelle indication Daubenton prétend que : « La couleur du Scinque selon Laurenti est d'un brun foncé, » quand Laurenti dit positivement qu'il est argenté.

On doit à Bruce, l'auteur du Voyage aux sources du Nil, une description assez détaillée du Scinque des boutiques, qu'il désigne par le nom de *El Adda*, qui est sans doute celui que lui donnent les habitants de l'Abyssinie, où il a observé ce Scincoïdien; mais Bruce dit de cette espèce, et nous ne voyons réellement pas ce qui a pu donner lieu à une pareille erreur; il dit que les yeux sont protégés par un grand nombre de cils noirs, ce qui a été répété par plusieurs auteurs, et en particulier par Shaw, dans sa Zoologie générale.

Lacépède a très-bien décrit cette espèce sous le nom simple de Scinque; il en a aussi publié une figure copiée d'après un dessin sur vélin qui fait partie de la collection du Muséum d'histoire naturelle; mais, comme il le dit lui-même, l'individu qui avait servi de modèle à cette figure était desséché et salé, de sorte qu'il a été impossible à l'artiste de reproduire tous les caractères essentiels; néanmoins on y trouve assez bien exprimée la physionomie générale de ce Scincoïdien, la saillie remarquable de sa mâchoire supérieure, la forme apparente des écailles et de celles des plaques de la tête.

L'abbé Bonnaterre a reproduit sous le nom de Scinque la description de Lacépède : mais au lieu d'y joindre la figure publiée par le même auteur, il a fait copier celle de la Pl. 105, fig. 3, tom. 2, de Séba, qui représente une espèce toute différente, l'*Euprepes Sebœ*.

Gmelin, l'éditeur de la treizième édition du *Systema naturæ*, y laissa subsister l'erreur introduite par Linné dans les éditions précédentes, en disant que son *Lacerta scincus* était privé d'ongles; quant à la synonymie, il la rendit plus incorrecte encore, en l'augmentant de la citation du *Scincus stellio* de Laurenti, espèce établie d'après deux figures de l'ouvrage de Séba, qui sont celles d'un Scincoïdien appartenant au genre *Euprepes*. Daudin a fort à tort réuni au Scinque des boutiques deux espèces qui en sont très-différentes; l'une, dont il a fait sa première variété, est le Scincoïdien de la Nouvelle-Hollande, décrit par White, dans le Journal de son voyage aux échelles du sud, c'est-à-dire notre *Cyclodus Whitii*; l'autre, ou sa seconde variété, est notre *Eumeces Oppelii*, dont il avait vu un individu dans la collection du Muséum national d'histoire naturelle.

Les observations que nous avons faites au sujet de la synonymie du Scinque des boutiques donnée par Gmelin s'appliquent également à celle que Daudin a donnée lui-même. Nous terminerons cette revue critique des passages des auteurs où il est traité du Scinque des boutiques, en faisant remarquer que Merrem s'est étrangement trompé lorsqu'il a dit que cette espèce a le cinquième doigt de ses pieds de devant plus long que les autres; c'est au contraire le troisième et le quatrième, il n'y a que le premier qui soit plus court que le dernier.

IIIe GENRE. SPHÉNOPS. — *SPHENOPS* (1) Wagler.

Caractères. Narines latérales s'ouvrant chacune entre deux plaques, la nasale et la rostrale; pas de supéro-nasales. Langue échancrée, squameuse. Dents coniques, pointues, droites, simples. Palais non denté, à rainure longitudinale. Des ouvertures auriculaires; museau cunéiforme, arrondi. Quatre pattes terminées chacune par cinq doigts inégaux, sub-cylindriques,

---

(1) Σφήν, *cuneus*, un coin, et de ἄψ, *vultus*, visage, face.

REPTILES, V. 37

unguiculés, sans dentelures latérales. Flancs anguleux à leur région inférieure. Queue conique, pointue.

Les Sphénops ont, comme les Scinques proprement dits,
le bout du museau tranchant, les oreilles operculées, le
palais creusé dans la seconde moitié de sa longueur d'une
rainure évasée en avant, les dents maxillaires coniques,
simples, la langue plate, en fer de flèche, très-faiblement
échancrée à sa pointe et couverte de beaucoup de petites
papilles squamiformes, imbriquées, arrondies en arrière ;
ils ont cinq doigts inégaux à chacune de leurs pattes, le ventre
complétement plat, ce qui rend anguleuse la ligne qui, de
chaque côté, sépare le flanc de la région inférieure du
tronc ; enfin toutes les pièces de leur écaillure entièrement
lisses. Quoique les Sphénops ressemblent aux Scinques par
ces divers caractères, ils s'en distinguent nettement par le
manque de dents au palais, par la situation de leurs narines
qui percent non la plaque nasale et la supéro-nasale, mais la
nasale et la rostrale ; par la forme sub-cylindrique ou un peu
comprimée de leurs doigts dont les bords d'ailleurs n'offrent
pas de dentelures en scie. Le genre Sphénops a été établi
par Wagler dans son *Naturlisches System der Amphibien ;*
il ne comprend encore aujourd'hui qu'une seule espèce, celle
dont la description va suivre.

1. LE SPHÉNOPS BRIDÉ. — *Sphenops capistratus.* Wagler.
(Voyez Pl. 57, fig. 3 (la tête).)

CARACTÈRES. Plaques nasales très-petites, tout à fait latérales ; pas
de supéro-nasales ; une inter-nasale hexagone, deux fois plus large
que longue ; une seule fronto-nasale, grande, hexagone, élargie ;
frontale à six pans, affectant la forme d'un triangle isocèle fortement tronqué à son sommet ; pas de fronto-pariétales ; une inter-pariétale petite, triangulaire ; deux pariétales oblongues,
obliques ; pas d'occipitale ; une fréno-nasale très-petite ; une seule
frénale en carré long ; une fréno-orbitaire. Oreilles petites, en
fentes obliques, situées aux angles de la bouche, couvertes par
les dernières écailles labiales supérieures. Corps anguiforme ;

membres courts; quatre écailles préanales égales. Paupière inférieure à disque transparent. Dessus du corps marqué, sur un
fond clair, de séries longitudinales de points noirâtres; un
trait noir de chaque côté du museau.

SYNONYMIE. *Lacerta Africana*. Séb. tom. 2, pag. 15, tab. 12,
fig. 6.

Scincus sepsoides. Aud. Explicat. Pl. Rept. (Supplém.), publ.
par J. C. Savigny. Descript. Egypt. Hist. nat. tom. 1, pag. 180,
Pl. 2, fig. 2.

Scincus sepsoides, *var*. Id. loc. cit. pag. 180, Pl. 2, fig. 10.

Scincus capistratus. Schreib. Mus. Zoolog. de Vienne.

Mabouya capistrata. Fitzing. Neue classif. Rept. Verzeichn.
pag. 52, n° 6.

Sphenops capistrata. Wagl. Syst. amph. pag. 161.

Sphenops frenatus. Rüpp. Mus. Francf.

Short-Footed Lygosoma. Gray, Synops. Rept. in Griffith's
anim. Kingd. tom. 9, pag. 71.

Sphenops sepsoides. Reuss. Mus. Senckenberg. pag. 64.

Sphénops de Seba. Th. Coct. Études sur les Scincoïdes, fig.

Sphenops sepsoides. Gray, Catal. of slender-tong. Saur. Ann. of
natur. hist. by Jardine, tom. 1, pag. 288.

DESCRIPTION.

FORMES. Cette espéce est de petite taille, c'est-à-dire de la grandeur d'un Orvet en moyen âge ; bien que pourvu de pattes et
beaucoup moins long, le Sphénops bridé offre cependant un
ensemble de formes qui rappelle un peu celui de ce Scincoïdien
apode. La tête est courte, conoïde, déprimée, entièrement plate
en dessous, convexe en dessus, ayant son extrémité antérieure ou
le museau aplati en forme de coin, de manière à offrir un tranchant horizontal qu'on peut, jusqu'à un certain point, comparer
à celui d'un double soc de charrue. Ce museau s'avance un peu au
delà de la mâchoire inférieure, mais à proportion beaucoup
moins que chez le Scinque des boutiques. Le cou est de même
forme et de même grosseur que le tronc; la queue elle-même
semble être la continuation de celui-ci, tant elle diminue peu de
grosseur en s'en éloignant; ce n'est effectivement que vers le dernier tiers de son étendue qu'elle commence à devenir conique.
Toutefois, elle est cylindrique dans ses deux tiers antérieurs,

37.

tandis que le cou et le tronc sont fortement aplatis en dessous. Voici les dimensions comparées des différentes parties du corps . La tête est un peu plus longue que le cou, le tronc sept fois aussi long, et les pattes antérieures d'un quart plus courtes; la queue a la même étendue que le cou et le tronc réunis, et les pattes postérieures ont la même longueur que la tête et le cou mesurés ensemble. Les pattes de devant sont par conséquent bien plus courtes que celles de derrière ; leur grosseur aussi est moindre, et la longueur des doigts qui les terminent proportionnée. Les doigts des mains présentent peu d'inégalité; ils sont insérés sur le même plan, le premier et le cinquième sont les plus courts, après eux viennent le second et le quatrième, enfin le troisième qui se trouve ainsi être le plus long ; aux pieds, les quatre premiers doigts sont longs, grêles et très-étagés; le cinquième, qui s'insère plus en arrière que les autres sur le tarse, offre environ la même longueur que le premier. Les ongles des doigts postérieurs sont aussi beaucoup plus longs que ceux des antérieurs, mais tous sont un peu comprimés, légèrement courbés et pointus. Dans l'état de repos, les quatre pattes sont reçues chacune dans une sorte de fossette , pratiquée à cet effet le long du tronc pour celles de devant, sur la base de la queue pour celles de derrière.

Les narines sont situées à l'extrémité antérieure du *canthus rostralis*, qui est fort peu aigu ; elles sont longitudino-ovalaires, et dirigées vers le ciel et non en arrière, ainsi qu'avait cru l'observer Cocteau. L'œil est petit , ayant sa paupière supérieure extrêmement courte, et l'inférieure, au contraire, très-développée ; celle-ci offre un disque assez transparent pour que, lorsqu'elle est relevée, la lumière puisse pénétrer au travers. Les oreilles se trouvent positivement placées à chaque angle de la bouche ; ce sont deux petits trous recouverts par un grand opercule à bord dentelé , composé de trois ou quatre écailles. La langue est fort étroite ou tout à fait pointue en avant; l'échancrure qu'on y remarque est excessivement peu profonde. Les dents qui arment les mâchoires sont petites, nombreuses, droites, coniques, pointues et légèrement penchées en dedans. Il n'en existe pas au palais.

La plaque rostrale est grande, quadrilatère, reployée en dessous ; chacun de ses angles supérieurs est entamé par la narine. L'internasale est fort courte, et au contraire très-élargie ; elle a six côtés, un devant, un derrière, et deux très-petits latéralement, par les-

quels elle touche à la fréno-nasale et à la frénale. Il n'y a qu'une
seule fronto-nasale, grande, pentagone, un peu plus large que
longue ; la frontale a six pans, trois petits en arrière, un médiocre en avant et un grand à droite et à gauche ; il n'existe pas
de fronto-pariétale. L'inter-pariétale est petite, en triangle isocèle,
et enclavée entre la frontale et les deux pariétales, qui sont sub-
rhomboïdales inéquilatérales. La région sus-oculaire est revêtue
d'une grande plaque suivie de deux très-petites. La fréno-nasale,
fort peu développée, est quadrangulaire. La frénale, beaucoup
plus grande, quadrilatère, oblongue, s'élève au-dessus du *can-*
thus rostralis. La fréno-orbitaire tient le milieu pour la grandeur
entre la fréno-nasale et la frénale, elle est sub-pentagone. Il y a
six labiales supérieures qui augmentent graduellement de grandeur à partir de la première jusqu'à la dernière ; la première est
triangulaire, tronquée à son sommet, et toutes les autres sont
quadrilatères, plus hautes que larges ; les quatre premières sont
reployées en dessous. Les labiales inférieures, au nombre de cinq
ou six de chaque côté, offrent à peu près la même forme que les
supérieures. La mentonnière a quatre côtés, un fort grand, arqué
en dehors, en avant ; un médiocre, rectiligne, en arrière, et deux
petits latéralement. Les plaques sous-maxillaires sont grandes ; il
y en a une placée immédiatement derrière la mentonnière et
trois le long de chaque branche de la mâchoire. Toutes les écailles
sont hexagones, dilatées en travers. Leur surface est parfaitement
lisse ; on en compte vingt-cinq rangées longitudinales autour du
tronc. Le bord de la lèvre du cloaque en porte quatre plus grandes
que les autres.

COLORATION. Un gris ferrugineux plus ou moins jaunâtre ou
brunâtre, forme la teinte générale des parties supérieures. Il
existe neuf à treize raies longitudinales composées d'autant de suites
de points noirs placés sur les bords latéraux des écailles. Ces raies,
qui prennent naissance sur l'occiput et la région postérieure des
tempes, parcourent le cou, le dos et la queue dans toute ou presque
toute sa longueur. La face supérieure des membres présente aussi
généralement des séries de points noirs. Les écailles portent en
outre une frange brune. On remarque sur les côtés de la tête une
bandelette noire qui commence à la narine, passe sur l'œil, traverse la tempe et va se perdre sur le cou. Les régions inférieures
de l'animal sont blanches.

DIMENSIONS. *Longueur totale.* 16" 2'". *Tête.* Long. 1" 3'". *Cou.*

Long. 8'''. *Tronc.* Long. 6'' 6'''. *Memb. antér.* Long. 6'''. *Memb. postér.* Long. 7'' 5'''. *Queue.* Long. 7'' 5'''.

PATRIE ET MŒURS. Cette espèce est très-répandue en Égypte, seule contrée de l'Afrique où nous sachions qu'on l'ait encore trouvée jusqu'ici. Nos collections en renferment un certain nombre d'individus qui ont été donnés, quelques-uns par M. Rüppel, et tous les autres par M. A. Lefebvre. Nous savons par ce dernier que le Sphénops bridé est très-commun dans l'oasis de Bahrieh, à Zabou, à Qasr, à Bahoueit. Il en a rapporté plus de cent individus qu'il a pris lui-même sur les petites crêtes des rizières, au pied des haies qui bordent les habitations, ou sur les bords des ornières des chemins fangeux des villages. Ses notes, qu'il nous avait communiquées, ainsi qu'à Cocteau, portaient que ce petit animal se terre peu profondément, car le moindre éboulement produit par les pieds des passants met sa retraite à découvert ; que ses mouvements sont très-vifs, et qu'il se laisse prendre avec facilité et sans chercher à se défendre. M. A. Lefebvre a aussi rapporté d'Égypte un individu embaumé, appartenant à l'espèce de ce Scincoïdien. Cocteau, auquel il avait été donné par ce zélé entomologiste, en a fait le sujet d'une dissertation que nous extrayons, pour la rapporter ici, de l'article relatif à l'histoire du Sphénops bridé que notre malheureux ami se disposait à publier lorsque la mort est venue le frapper (1).

---

(1) « Dans les collections d'objets d'histoire naturelle recueillis en Égypte par M. A. Lefebvre, j'ai observé un individu antique, conservé à l'état de momie simple, dans une sorte de cénotaphe en bois, qui avait été trouvé dans une fouille récente faite aux environs de Thèbes. Bien que M. Lefebvre n'ait pas pris lui-même ou vu prendre sous ses yeux ce petit monument, l'état particulier dans lequel l'animal se trouve et celui du bois qui le renferme ne permettent guère de soupçonner que cette momie ait été fabriquée par les Arabes modernes qui habitent Thèbes et Kournac, singulièrement adroits, il faut l'avouer, dans l'imitation des momies antiques. Le musée national égyptien du Louvre paraît d'ailleurs renfermer une momie de cette même espèce, conservée à peu près de la même manière que l'individu rapporté par M. Lefebvre (salle de Joseph, armoire n° 3, n° 469).

» Le cercueil dans lequel l'individu rapporté par M. Lefebvre est renfermé, est d'un bois tendre, de couleur fauve claire, assez semblable à celui des caisses de la plupart des momies humaines

OBSERVATIONS. Les naturalistes n'ont pu prendre une idée bien exacte de cette espèce que depuis la publication des excellentes figures qui en ont été publiées dans l'ouvrage d'Égypte, sous la direction de M. Savigny ; car le portrait qu'en avait donné Séba longtemps auparavant (tom. 2, Pl. 12, fig. 6) représentait bien, il est vrai, l'ensemble des formes de notre Scincoïdien ; mais il laissait tout à désirer quant aux détails : aussi cette figure de Séba demeura-t-elle longtemps sans qu'on pût dire positivement quel était l'animal qui en avait été le modèle. Lacépède la rapporta, avec doute toutefois, à son Lézard doré, qui est notre *Plestiodon Aldrovandi*, à l'histoire duquel il a mêlé celle de deux ou trois autres espèces différentes. L'opinion de Schneider, à ce qu'il semble, resta flottante au sujet de la détermination de cette même figure de Séba; car on le voit dans un endroit de son livre (Hist. amphib.), approuver Lacépède de l'avoir rapportée au Scinque

---

de l'ancienne Égypte, peut-être de sycomore; sa forme est celle d'un parallélipipède grossièrement équarri, de seize centimètres de long sur cinq de large et trois de hauteur. Sur le côté supérieur est rustiquement sculptée la forme fusoïde de la tête, du tronc et de la queue de l'animal, avec leurs proportions assez exactes ; les pattes, les doigts et les écailles sont figurés avec de l'encre. Sur l'un des côtés de ce cercueil est pratiquée une excavation de forme à peu près quadrilatère allongée ou parallélipipède, dans laquelle l'animal était étendu complétement entier, parfaitement desséché, mais presque entièrement décoloré. Il était facilement reconnaissable encore aux proportions des diverses parties du corps, à la disposition des plaques et des écailles, et même aux vestiges des raies longitudinales noirâtres qui parcourent le dessus du corps et de la queue. L'animal était recouvert de deux petits morceaux de toile de lin grossière, de cette couleur jaune brunâtre que prennent les enveloppes de toutes les momies égyptiennes. Ces morceaux de toile étaient simplement appliqués sur le côté du cadavre qui regarde l'ouverture de l'excavation ; cette ouverture elle-même était close par un morceau de bois adapté à peu près à sa forme. Malheureusement l'animal est tombé en débris lorsque j'ai voulu l'extraire de son cercueil pour l'examiner. Dans le cercueil du Musée égyptien, qui, si je ne me trompe, doit renfermer aussi un individu de cette espèce, c'est même forme générale du morceau de bois, même figure sculptée sur le dessus, terminée de même à l'encre; mais, comme aux momies humaines, le dessus est formé d'une sorte de couvercle détaché, retenu fixe à la caisse, qui elle-même est d'ailleurs d'un seul morceau et creusée à plein bois, par

doré ; et dans un autre, il paraît croire qu'elle représente l'espèce qu'il désigne par le nom de *Scincus punctatus*, qui est pour nous un *Eumeces*. Mais ni l'une ni l'autre de ces propositions n'était vraie, ce que fait, au reste, judicieusement remarquer Daudin, sans pourtant pouvoir dire positivement, ainsi qu'il l'avoue lui-même, quel est le Saurien qu'elle représente. C'est Wagler qui, le premier, reconnut que la figure du *Lacerta africana* de Séba représentait l'espèce type de son genre Sphénops, à laquelle il conserva la dénomination de *capistratus* qui lui avait été donnée, à ce qu'il paraît, par M. Schreibers dans le musée de Vienne. Ce *Scincus capistratus* devint plus tard le *Mabouia capistrata* dans le Catalogue des Reptiles de ce même musée, publié en 1826, par M. Fitzinger, à la suite de sa nouvelle classification de cette classe d'animaux. Il a été très-bien décrit par M. Reuss dans ses Mélanges zoologiques (*Museum senckenbergianum*) sous le nom de *Scincus*

---

quatre chevilles enfoncées obliquement vers les angles du couvercle. Je ne puis dire si cette espèce était aussi commune dans l'antique Égypte qu'elle l'est aujourd'hui dans l'Afrique septentrionale ; mais je ne l'ai pas rencontrée dans les paquets de Reptiles momifiés que j'ai pu examiner. Il est aussi à remarquer que c'est jusqu'ici le seul Reptile saurien que l'on ait rencontré, comme le Crocodile, à l'état de momification et dans des cercueils isolés plus ou moins ornés. Si l'on se demande quel fut le but d'un pareil mode de conservation, on trouve difficilement une solution satisfaisante de la question. Les auteurs ne font pas mention d'un culte de Sauriens autre que celui du Crocodile ; serait-ce un vœu, une offrande ? Mais alors à quelle déité pouvait s'adresser un don de cette nature, si mesquin, s'il n'était pas le tribut et l'hommage d'un malheureux ? Si ce mode de conservation était un moyen de préserver le pays de l'effet nuisible des émanations putrides résultant de la décomposition de l'animal à l'air libre, pourquoi tant de soins pour le cadavre d'un Reptile si petit, et dont la dessication à l'air devait se faire si promptement sous le climat brûlant de l'Égypte et dans un sol aussi sablonneux ? Pourquoi d'ailleurs ce luxe superflu de sculpture ? N'aurait-ce donc été qu'un simple objet de curiosité ou d'ornement ? Mais pourquoi, dans cette supposition, cette disposition qui rappelle un appareil funéraire, ce dépôt en terre au milieu des restes humains ? Pourquoi d'ailleurs cette préférence et cette prédilection marquées pour cette espèce sur les congénères du même ordre et sur les Ophidiens que l'on rencontre ordinairement momifiés en masse dans l'asphalte et revêtus de simples enveloppes de toile ? »

sepsoides qui lui avait été donné par M. Audouin dans l'ouvrage sur l'Égypte.

M. Gray, qui, dans son *Synopsis reptilium* de l'*animal Kingdom* de Griffith, avait eu le double tort de placer notre Scincoïdien dans un genre dont un des caractères était d'avoir le museau arrondi, et de lui rapporter comme synonyme le *Scincus brachypus* de Schneider, vient encore de commettre, à son égard (catalogue des Sauriens à langue étroite), une nouvelle erreur en lui refusant des trous auriculaires, quand au contraire il en possède réellement, ainsi que nous l'avons fait connaître dans la description qui précéde. En résumé, il n'est aucun auteur qui ait traité de cette espèce avec autant de détails que Th. Cocteau, qui en a donné l'histoire on ne peut plus complète dans le second et dernier cahier de ses études sur les Scincoïdes.

IVᵉ GENRE. DIPLOGLOSSE. — *DIPLO-GLOSSUS* (1). Wiegmann.

(*Celestus*, part., *Tiliqua*, part., Gray.)

CARACTÈRES. Narines latérales, s'ouvrant chacune dans une seule plaque, la nasale; des supéro-nasales. Langue échancrée, à papilles squamiformes en avant, filiformes en arrière. Dents coniques. Palais non denté, à rainure longitudinale. Des ouvertures auriculaires. Museau obtus. Quatre pattes terminées chacune par cinq doigts inégaux, onguiculés, comprimés, sans dentelures latérales. Paumes et plantes des pattes tuberculeuses. Flancs arrondis. Queue conique ou légèrement comprimée, pointue. Écailles striées.

Il suffit de lire la présente diagnose, pour s'apercevoir de suite qu'au caractère tout particulier d'avoir deux sortes de papilles linguales, des squamiformes en avant et des

---

(1) Διπλόος, *diplus*, de deux sortes, et de γλωσσα, langue de deux apparences.

filiformes en arrière, les Diploglosses en réunissent plusieurs autres non moins propres à faire distinguer ces Scincoïdiens des groupes génériques qui, comme eux, appartiennent à la grande division des Saurophthalmes. Cependant le plus remarquable de tous est celui que présente la langue : cet organe médiocrement long, en fer de flèche ou large et fourchu en arrière, rétréci et pointu en avant, est assez épais dans les deux tiers postérieurs de son étendue, mais fort mince dans le tiers antérieur ; la surface de cette partie mince de la langue est revêtue de papilles petites, aplaties, sub-imbriquées, ayant en un mot l'apparence d'écailles ; au lieu que sur la région postérieure ou la plus épaisse, il en existe qui sont plus ou moins longues, molles, cylindriques, redressées l'une contre l'autre, ce qui rend cette portion de l'organe comme veloutée. Le bord postérieur de la langue est fortement arrondi de chaque côté de la grande échancrure en V qui y est pratiquée ; l'extrémité opposée ou l'antérieure est divisée en deux petites pointes anguleuses parfaitement lisses. Les mâchoires sont garnies de dents coniques, égales, serrées, simples, parfois un peu comprimées à leur sommet, ou bien un peu courbées en dedans.

Le palais n'est armé d'aucune espèce de dents ; cette partie supérieure de la bouche offre dans les deux derniers tiers de son étendue longitudinale une rainure étroite au milieu, élargie à ses deux extrémités ; cette rainure provient de ce que les os palatins et les os ptérygoïdiens de gauche ne sont pas rapprochés des palatins et des ptérygoïdiens de droite, comme cela a lieu au contraire dans beaucoup de genres de la même famille.

C'est dans cette rainure-là même et à son extrémité antérieure que se trouvent situés les trous internes des narines. Chez les Scincoïdiens Diploglosses, les palatins sont étroits, minces, presque en quart de cercle, ayant leur convexité en dedans ; les ptérygoïdiens sont plus développés et leur forme est à peu près triangulaire. Les narines s'ouvrent extérieurement sur les côtés du museau, tout à fait à l'extrémité de la région frénale ; elles ne perforent hacune qu'une seule plaque, ou la nasale, qui est assez petite et située positivement au-dessus des deux première labiales supérieures et au-dessous de la supéro-nasale. Les oreilles sont placées un peu en arrière des angles de labouche : ce sont deux ouvertures médiocres, à bord arrond, simple, en dedans desquelles on aperçoit la membrane ɩu tympan.

Les doigts, au nombre de cinq à toutɩs les pattes, sont comprimés et armés d'ongles comprimésaussi, et très-distinctement arqués. Les trois premiers ɩoigts des pieds de devant sont régulièrement étagés ; le quɩtrième est presque aussi long que le troisième, et le cinquiène un peu plus court que le second. Aux pieds postérieurs, on remarque que les doigts augmentent graduellement de longueur depuis le premier jusqu'au quatrième ; le cinquième n'a pas tout à fait autant de longueur que le second. Les paupières et les plantes des pieds offrent des squames bombées ou convexes juxtaposées. La queue est longue, pointue, arrondie, mais plus ordinairement un peu aplatie sur ses faces latérales.

Il y a quelque chose dans la physionomie des Diploglosses qui les fait reconnaître à la première vue : cela tient d'une part à la dépression assez prononcée de leur tête, à la largeur de leur museau et à la forme arrondie du *canthus rostralis* ; d'un autre côté, ce qui y contribue encore, c'est la forme en carré long de leur plaque frontale, et les stries bien nettement tracées qui existent sur leurs écailles. Leur opercule anal est aussi plus développé que dans aucun autre genre ; non-seulement il occupe une grande partie de la région anale, mais il s'avance même un peu sous la queue : c'est une sorte de grande plaque à quatre pans, ayant ses angles postérieurs arrondis, son bord libre, quelquefois légèrement arqué, et sa surface revêtue d'un pavé composé de squames hexagones qui contrastent avec celles du ventre par leur diamètre un peu plus grand, semblable dans les deux sens, et par l'irrégularité qu'elles affectent dans la manière dont elles sont disposées. Nous ne devons pas non

plus oublier e mentionner que les mâles portent un tubercule corné déprimé, de chaque côté de la queue, tout
près de la fent cloacale.

L'établissemet du genre Diploglosse a été proposé par
M. Wiegmann. C'est dans la première partie de son Histoire des Reptils du Mexique, publiée en 1834, que ce
savant auteur a ignalé à l'attention des naturalistes la conformation insolie de la langue de ces Scincoïdiens, parmi
les espèces de la amille à laquelle ils appartiennent; mais
c'était d'après ce seul caractère que M. Wiegmann avait
fondé le genre Diploglosse, tandis que nous venons de faire
voir que ces Saurens en présentent plusieurs autres qui
avaient échappé à la sagacité de cet erpétologiste distingué.

L'espèce qui a fourni à M. Wiegmann l'occasion de créer
le genre Diploglosse est le *Tiliqua fasciata* de Fitzinger,
la seule parmi celles inscrites alors sur les registres de la
science, qu'il crût pourvue de deux sortes de papilles linguales; mais les collections de Londres et particulièrement
celle du collége des chirurgiens, renfermaient depuis longtemps des Scincoïdiens mentionnés dans les ouvrages de
Shaw qui sont bien évidemment des Diploglosses, ainsi
que nous nous en sommes assuré nous-même, grâce à l'ex-
cessive complaisance qu'ont mise à favoriser nos études,
M. Owen dans l'établissement confié à ses soins, et
M. Bell dans sa propre collection d'histoire naturelle. Nous
avons en effet observé trois espèces de Diploglosses dans le
muséum du collége des chirurgiens de Londres et chez
M. Bell, toutes trois différentes de celle mentionnée par
Wiegmann, d'une seconde que Cocteau a fait connaître par
une bonne description et par une excellente figure, sous le
nom de Diploglosse de la Sagra, dans le grand ouvrage sur
l'Histoire de l'île de Cuba, et d'une troisième encore inédite,
qui fait partie de notre Muséum national d'histoire naturelle; en sorte que le genre Diploglosse comprend aujourd'hui
six espèces bien distinctes, ainsi qu'on peut le voir en jetant
les yeux sur le tableau synoptique placé à la suite de cet ar-

ticle, et dans lequel nous avons cherché à expmer les principales différences que ces six espèces présentet entre elles.

M. Gray, dans sa nouvelle classification cs Sauriens à
langue étroite, a formé un genre *Celestus* avc une espèce
appartenant sans aucun doute au genre Dipglosse ; mais
ce genre *Celestus* ne repose pas sur les mêes bases que
celles d'après lesquelles est établi le genre Dipglosse ; autrement le naturaliste anglais y aurait inéviblement fait
entrer des espèces qui offrent entre elles des rports on ne
peut pas plus naturels, au lieu qu'il les a disminées dans
les divers groupes qui composent son genre *Tiqua*.

Il y a plus, M. Gray a non-seulement fait ι genre particulier d'une espèce de Diploglosse et placé d'itres Diploglosses parmi ses Tiliquas ; il a non-seulement ft un double
emploi de son *Celestus striatus*, en l'inscrivaι aussi dans
son genre Tiliqua sous le nom de *Striata ;* maι a encore
séparé son *Tiliqua fasciata* (*Diploglossus fciatus*), de
son *Tiliqua occidua* (*Diploglossus Shawii*, ɕbis), par
dix-sept espèces qui en diffèrent plus ou moinϩ ιuis de ce
même *Tiliqua occidua*, il a fait encore une ιure espèce
sous le nom de *Tiliqua Jamaicensis*, entre laɕlle et le
Tiliqua occidua il existe deux ou trois groupes cιprenant
ensemble douze espèces.

TABLEAU SYNOPTIQUE DES ESPÈCES DU GENRE DIDGLOSSE.

Queue	comprimée : écailles	offrant une carène mé- diane : fronto - nasale	unique. . .	1. D.: SHAW.
			nulle. . . .	2. D. OWEN.
		sans carène médiane.		3. D. CLIFT.
	arrondie ou cyclotétragone : fronto-nasales	deux.		4. D. HOUTTUYN.
		nulles : stries des écailles, au nombre	d'une quinzaine. .	5. D.: LA SAGRA.
			de huit.	6. D.: PLÉE.

1. LE DIPLOGOSSE DE SHAW. — *Diploglossus Shawii*. Nobis.

CARACTÈRES. Plaques nasales petites, tout à fait latérales; supéro-
nasales contiguë; deux inter-nasales contiguës; une seule fronto-
nasale heptago; frontale grande, une fois plus longue que large,
sub-rectangulae; cinq sus-oculaires de chaque côté; deux fronto-
pariétales peti, presque carrées, écartées l'une de l'autre; une
inter-pariétale ssez grande, en triangle isocèle; deux grandes
pariétales; un occipitale petite; une fréno-nasale rhomboïdale;
deux frénales rapézoïdes; deux fréno-orbitaires. Oreille assez
grande, sub-tingulaire, découverte, à bord simple. Corps gros;
membres médrement développés; doigts longs. Queue comprimée, largent cannelée de chaque côté. Écailles finement
striées, porta une carène au milieu. Paupière inférieure squameuse. En deus, brun ou fauve, avec des bandes transversales
plus foncées.

SYNONYMIE. *Galliwasp seu Scincus maximus fuscus.* Sloane,
Voy. to Jam. m. 2, pag. 334, tab. 273, fig. 9.

The Galwasp, sive Lacerta media squamosa. Browne, Civil and
nat. histor Jm. pag. 463.

Lacerta cidua. Shaw. Gener. zoolog. tom. 3, pag. 288.
Scincus lliwasp. Daud. Hist. Rept. tom. 4, pag. 288.
Le gran Scinque des Antilles. Cuv. Règn. anim. 1re édit. t. 2,
pag. 54.

Scincus ssor. Merr. Tent. syst. amph. pag. 74, n° 21.
Le Scinc Galley - Wasp. Cuv. Règn. anim. 2e édit. tom. 2,
pag. 62.

Skink Cley. Wasp. Griff. Anim. Kingd. Cuv. tom. 9, pag. 157.
Tiliqua cidua. Gray. Synops. rept. in Griffith's anim. Kingd.
Cuv. tom, pag. 69.

Tiliqua cidua. Id. Catal. of slender-tong. Saur. Ann. of nat.
histor. bardine, tom. 1, pag. 292.

Tiliqu amaicensis. Id. loc. cit. pag. 293.
Lacer occidua. Galliwasp (n°s 697 et 1179 A), Musée du collége des irurgiens de Londres.

Lacer aurata. Aldrovandi *Great Skink* (n° 1205), loc. cit.
Tiliqu Whitii. Gray, Collect. de M. Th. Bell.

DESCRIPTION.

FORMES. Cette espèce parvient à une taille double de celle du Lézard ocellé : c'est un des plus grands Scincoïdiens connus; elle a le corps distinctement aplati sur quatre faces; néanmoins le dos est un peu convexe. Mises le long du cou, les pattes de devant s'étendent jusqu'aux yeux; celles de derrière ont moitié moins de longueur que le tronc. Les doigts sont très-longs, fortement comprimés et armés d'ongles crochus. La queue fait la moitié de l'étendue totale de l'animal; elle est un peu comprimée, et ses côtés sont légèrement creusés dans toute leur longueur. A mesure que l'animal avance en âge, les dents s'élargissent et s'arrondissent de plus en plus, de telle sorte que chez les vieux sujets elles offrent une forme tuberculeuse, comme cela se voit, au reste, chez le Thoricte dragonne, chez les Sauvegardes et les Varans.

La plaque rostrale est appliquée verticalement contre le bout du museau; elle est quadrilatère, plus large que haute. Il n'y a que deux supéro-nasales, tétragones, très-élargies, contiguës; elles s'articulent par leur bord antérieur avec la rostrale, par le postérieur avec l'inter-nasale correspondante, par le latéral externe avec la première labiale et la nasale. Il y a également deux inter-nasales un peu plus grandes que les supéro-nasales, pentagones et assez dilatées en travers; en avant elles touchent à la supéro-nasale correspondante; en arrière à la fronto-nasale, et latéralement et en dehors à la fréno-nasale, et à la première frénale. L'inter-nasale est simple, heptagone, se soudant en avant par un grand angle obtus aux deux inter-nasales, en arrière par un bord à peu près rectiligne à la frontale, et de chaque côté par un angle médiocre, obtus, à la première frénale et à la première sus-oculaire. La frontale est grande, une fois aussi longue que large, coupée carrément en avant, à bords latéraux faiblement cintrés en dedans, et offrant trois petits pans en arrière. Il existe deux petites fronto-pariétales carrées, un peu écartées l'une de l'autre. L'inter-pariétale affecte une forme triangulaire, malgré ses cinq côtés, dont deux grands forment un long angle aigu en arrière; un des trois autres, qui sont petits, touche à la frontale, et les deux derniers aux deux fronto-pariétales. Les deux pariétales sont grandes, sub-hexagones, distinctement plus longues

que larges. Il nous semble qu'il existe une fort petite occipitale
sub-losangique. On compte cinq sus-oculaires de chaque côté ; la
seconde est la plus grande, et la cinquième la plus petite de
toutes ; la première est triangulaire, la seconde quadrilatère, ayant
son angle antéro-interne aigu, et les trois dernières sont carrées.
La nasale, est petite, rhomboïdale, presque entièrement occupée
par la narine qui est ovalaire : cette plaque nasale est circonscrite
par les deux premières labiales, une supéro-nasale, une inter-
nasale et la fréno-nasale. La fréno-nasale est rhomboïdale et de
même grandeur que la nasale ; mais la première frénale est carrée
et plus grande que les deux plaques qui la précèdent ; elle s'élève
jusque sur le *canthus rostralis*. La seconde frénale est quadrilatère oblongue, et un peu plus basse à son bord antérieur qu'à
son bord postérieur. La première fréno-orbitaire est pentagone
et deux fois plus développée que la seconde, dont la forme est
carrée. La paupière inférieure est garnie d'une dizaine de petites
squames quadrilatères, plus hautes que larges, disposées sur une
seule rangée longitudinale. Les écailles qui revêtent le tronc forment en tout cinquante séries longitudinales ; celles de toutes les
régions inférieures sans exception sont lisses, mais celles des parties supérieures et des latérales offrent de très-petites stries, au
nombre de trente-quatre à trente-huit sur chacune. Les écailles
du dos présentent une faible carène médio-longitudinale, ce
qu'on n'observe pas sur les écailles des flancs ni sur celles des
membres. Les squames de l'opercule anal ont leur surface parfaitement lisse.

Coloration. Les individus de cette espèce que nous avons été
à même d'examiner, ne nous ont pas tous offert exactement
le même mode de coloration. Dans le Musée du collége des chirurgiens de Londres, il y en a un dont le dessus du corps, depuis
la nuque jusqu'à la queue, présente une quinzaine de bandes
brunes sur un fond brun marron ou roussâtre ; un second diffère du premier en ce que des bandes brunes alternent avec des
bandes fauves. Le muséum britannique en renferme un grand
exemplaire, dont le fond de la couleur, en dessus, est fauve, avec
des bandes dorsales jaunes. M. Thomas Bell en possède un autre
qui a les parties supérieures d'un brun grisâtre marquées en travers de raies d'un gris blanc, lisérées de brun. Chez tous ces individus, les régions inférieures sont d'un blanc jaunâtre parfois
nuancées de brun clair.

DIMENSIONS. Les mesures suivantes ont été prises sur un des deux sujets qui font partie de la collection du collége des chirurgiens de Londres.

Longueur totale. 54" 9'". *Tête.* Long. 5" 8'". *Cou.* Long. 3" 4'". *Tronc.* Long. 17" 7'". *Membr. antér.* Long. 8" 2'". *Membr. postér.* Long. 8" 2'". *Queue.* Long. 28".

PATRIE. Ce Diploglosse est originaire de la Jamaïque.

Observations. C'est avec doute que nous rapportons à cette espèce le grand Scincoïdien que Sloane a décrit et figuré sous le nom de Galli-Wasp, dans la relation de son voyage à la Jamaïque, bien qu'il ait les plus grands rapports avec lui ; car la description de ce savant voyageur ne fait nullement mention des bandes transversales que nous avons observées chez tous les individus du Diploglosse de Shaw que nous avons pu examiner. On y trouve au contraire que le Galli-Wasp a le dessus du corps brun , avec des taches de couleur orange : « *The back or upper parts were all covered over with rhomboidal small rows of scales of a brown colour, with spots of orange colour.* » Ceci pourrait, jusqu'à un certain point , s'appliquer au Diploglosse de Plée, mais la brièveté des pattes de celui-ci ne permet pas qu'on le considère comme étant de la même espèce que le *Galli-Wasp,* lequel, suivant la figure de Sloane, a les membres tout aussi développés que ceux du Diploglosse de Shaw. Il serait donc possible que le *Galli-Wasp* fût une espèce différente de celles que nous connaissons déjà.

La description que Shaw a donnée du Scincoïdien nommé par lui *Lacerta occidua,* dans sa Zoologie générale, est loin d'être assez détaillée pour qu'il nous eût été possible d'affirmer que c'était bien l'espèce décrite ici qui en avait été le sujet, si nous n'avions vu dans les collections de Londres des individus étiquetés *Lacerta occidua,* d'après Shaw lui-même. Ce savant zoologiste anglais a commis une erreur dans sa Zoologie générale en mentionnant, comme une variété de son *Lacerta occidua,* sous le nom de *Australasian Galli-Wasp,* un grand Scincoïdien de la Nouvelle-Hollande, qui n'appartient même pas au genre Diploglosse : c'est une espèce du genre *Cyclodus,* que nous appellerons *Whitii,* du nom du célèbre voyageur auquel on en doit la découverte.

Daudin n'a pas connu notre Diploglosse de Shaw autrement que par ce qu'en a dit Sloane , de l'ouvrage duquel l'erpétologiste français a extrait la description de son *Scincus Galli-Wasp*. Merrem a également établi son *Scincus fossor* d'après les détails donnés par Sloane sur son *Galli-Wasp*. M. Gray semble être le premier des erpétologistes postérieurs à Shaw qui ait eu l'occasion d'observer en nature l'espèce de Scincoïdiens dont nous traitons dans le présent article; toutefois il ne publia rien à son sujet qui mît les naturalistes à même d'en prendre une idée plus exacte que ceux-ci n'avaient pu le faire d'après les descriptions de Sloane et de Shaw; cependant on dut croire qu'elle manquait de dents palatines; car c'est parmi les *Tiliquas* que M. Gray inscrivit cette espèce sous le nom d'*Occidua*, dans son Synopsis des Reptiles, inséré à la fin du neuvième volume de la traduction anglaise du Règne animal de Cuvier. Mais il faut que M. Gray ait examiné assez légèrement les individus qu'il a eus à sa disposition; car, outre qu'il n'a nullement signalé cette conformation si remarquable de la langue des Diploglosses, il a considéré comme appartenant à trois espèces différentes trois individus que nous savons positivement être des Diploglosses de Shaw : ainsi, un de ces trois individus, qui fait partie du *British museum*, a été mentionné par M. Gray, sous le nom de *Tiliqua occidua*, dans son Catalogue des Sauriens à langue courte; le second, qui appartient au musée de Chatam, l'a été sous le nom de *Tiliqua Jamaicensis*, et nous avons vu le troisième dans la collection de M. Bell, étiqueté *Scincus Whitii* de la main même de M. Gray.

2. LE DIPLOGLOSSE D'OWEN. *Diploglossus Owenii*. Nobis.

CARACTÈRES. Plaques nasales très-petites, tout à fait latérales; supéro-nasales contiguës; inter-nasale hexagone; pas de fronto-nasales. Frontale grande, subquadrilatère oblongue; deux très-petites fronto-pariétales; une inter-pariétale assez grande, triangulaire; deux pariétales oblongues; une petite occipitale; une fréno-nasale assez grande, sub-rhomboïdale oblongue, placée obliquement; deux frénales, la première repliée sur le *canthus rostralis*; une fréno-orbitaire. Oreille circulaire, découverte, à bord simple. Corps anguiforme. Membres courts. Queue faiblement comprimée. Écailles offrant une petite carène médiane et une quinzaine de stries assez fortement prononcées. Paupière inférieure squameuse. Dos offrant, sur un fond fauve, un grand nombre de petits rubans longitudinaux d'un gris roussâtre.

SYNONYMIE. *Lacerta de la tribu des Scinques* (n° 1111). Musée du collége des chirurgiens de Londres.

DESCRIPTION.

FORMES. Cette espèce a les membres et par conséquent les doigts beaucoup plus courts que le Diploglosse de Shaw. Les pattes antérieures, mises le long du cou, atteignent aux oreilles; les postérieures ont une étendue égale à celle qui existe entre l'épaule et l'angle de la bouche. La queue, qui est un peu comprimée, mais néanmoins arrondie en dessus et en dessous, entre environ pour la moitié dans la longueur totale de l'animal.

Les plaques céphaliques offrent la même forme et la même disposition que chez le Diploglosse de Shaw. Les écailles des parties supérieures du corps présentent treize ou quinze stries assez fortement marquées, mais la médiane l'est toujours plus que les autres. On compte une douzaine de séries longitudinales d'écailles sur la largeur du dos.

COLORATION. En dessus, ce Diploglosse offre, sur un fond fauve, un très-grand nombre de petits rubans longitudinaux d'un gris roussâtre; en dessous il est uniformément blanchâtre, excepté à la région caudale, où cette teinte est glacée de verdâtre.

DIMENSIONS. *Longueur totale.* 13" 4'". *Tête.* Long. 1" 2'". *Cou.* Long. 1". *Tronc.* Long. 4" 2'". *Membr. antér.* Long. 1" 2'". *Membr. postér.* Long. 1" 5'". *Queue.* Long. 7".

PATRIE. Nous ignorons de quelle partie de l'Amérique cette espèce est originaire.

Observations. Elle ne nous est connue que par un seul exemplaire appartenant à la riche collection du collége des chirurgiens de Londres.

3. LE DIPLOGLOSSE DE CLIFT. *Diploglossus Cliftii.* Nobis.

CARACTÈRES. Plaques nasales petites, tout à fait latérales; supéronasales contiguës; deux inter-nasales contiguës; une seule fronto-nasale heptagone; frontale grande, ayant en arrière une largeur égale à sa longueur, rétrécie en avant; cinq sus-oculaires de chaque côté; deux fronto-pariétales, petites, subtrapézoïdes, écartées l'une de l'autre; une inter-pariétale petite, losangique; deux pariétales assez grandes, oblongues; une occipitale; une fréno-nasale; deux frénales, la première petite, la seconde s'élevant

38.

au-dessus du *canthus rostralis;* deux fréno-orbitaires. Oreille circulaire, découverte, à bord simple. Queue légèrement comprimée. Écailles du corps offrant trente à trente-six stries, sans carène médiane. Paupière inférieure squameuse. Dessus du corps fauve, coupé en travers par un très-grand nombre de bandes roussâtres.

SYNONYMIE. *Lacerta aurata* (n° 1180). Musée du collége des chirurgiens de Londres.

Celestus striatus. Muséum britannique.

Celestus striatus. Gray, Catal. of slender-tong. Saur. (Ann. of nat. hist. by Jardine, tom. I, p. 288.)

Tiliqua striata. Id. loc. cit. pag. 293.

DESCRIPTION.

FORMES. Cette espèce est fort voisine du Diploglosse de Shaw par l'ensemble de ses formes et les proportions de ses membres. Les pattes de devant, lorsqu'on les place le long du cou, touchent aux angles de la bouche par leur extrémité; les pattes de derrière ont moitié moins de longueur que celle offerte par le tronc depuis l'aisselle jusqu'à l'origine de la cuisse. La queue, qui est un peu comprimée, offre autant d'étendue que le reste du corps.

Les plaques céphaliques sont une rostrale, deux supéro-nasales, deux inter-nasales, une fronto-nasale, une frontale, deux fronto-pariétales, une inter-pariétale, deux pariétales et une occipitale. La rostrale, appliquée verticalement contre le bout du museau, est quadrilatère, plus large que haute. Les supéro-nasales sont tétragones, médiocres, contiguës; les inter-nasales sont un peu plus grandes et rhomboïdales. La fronto-nasale, à peu près aussi large que longue et présentant à elle seule presqu'autant de surface que les supéro-nasales et les inter-nasales réunies, a sept pans, deux petits de chaque côté, un grand rectiligne en arrière et deux grands en avant, lesquels forment un angle assez ouvert. La frontale est très-grande, courte, rétrécie en avant, élargie en arrière, ayant un bord antérieur droit, deux bords latéraux obliques, quatre petits bords postérieurs s'articulant deux à droite, deux à gauche avec la fronto-pariétale et la pariétale. Les fronto-pariétales sont fort petites, trapézoïdes, séparées l'une de l'autre par les pariétales et l'inter-pariétale. Celle-ci, petite, en losange plus court en avant qu'en arrière, a son angle antérieur reçu dans une échancrure de la frontale. Les pariétales sont grandes et affectent une forme rhomboïdale, malgré leurs cinq angles. L'occipitale est petite et losangique.

Il y a six plaques labiales supérieures, une fréno-nasale, deux frénales dont la première est plus petite que la fréno-nasale, tandis que la seconde se replie sur le *canthus rostralis*, et deux fréno-orbitaires, une grande et une beaucoup moins développée. Les stries qu'on observe sur les écailles du dessus du corps sont fines, régulières et fort nombreuses, puisqu'on en compte jusqu'à trente-six sur chacune, et parmi elles il n'en existe pas de plus forte que les autres, ainsi que cela a lieu chez le Diploglosse de Shaw et chez le Diploglosse d'Owen. On compte environ douze séries seulement d'écailles dorsales.

COLORATION. Le dessus de l'animal est fauve, coupé transversalement par un grand nombre de bandes roussâtres légèrement onduleuses ; examinées avec attention, les écailles du dos se montrent distinctement d'une couleur foncée au milieu, tandis qu'elles présentent une teinte claire sur leurs bords. Des raies roussâtres superposées forment sur les tempes une sorte de large bande qui semble se continuer le long des parties latérales du cou. La face supérieure des membres est plus ou moins nuancée de roussâtre. Le dessous du corps est blanchâtre.

DIMENSIONS. *Longueur totale.* 34" 9'". *Tête.* Long. 3" 8'". *Cou.* Long. 2" 8'". *Tronc.* Long. 11" 3'". *Memb. antér.* Long. 4" 3'". *Memb. postér.* Long. 5" 4'". *Queue.* Long. 17".

PATRIE. La patrie de cette espèce ne nous est pas connue.

Observations. L'échantillon qui a servi à notre description est déposé dans le musée du collége des chirurgiens de Londres, sous le n° 1180. Nous en avons vu un autre au muséum britannique ; c'est celui d'après lequel M. Gray a établi son genre *Celestus*, genre dont il ne paraît pas avoir saisi les vrais caractères ; autrement il aurait nécessairement réuni à son *Celestus striatus* ses *Tiliqua occidua*, *fasciata* et *Jamaicensis*.

4. LE DIPLOGLOSSE D'HOUTTUYN. *Diploglossus Houttuynii.* Cocteau.

CARACTÈRES. Plaques nasales très-petites, tout à fait latérales, deux paires de supéro-nasales contiguës ; une inter-nasale hexagone sub-équilatérale; deux fronto - nasales losangiques, contiguës; frontale grande, ayant à peu près autant d'étendue en largeur qu'en longueur, hexagone, ou à bords latéraux droits, et à bords antérieurs et postérieurs en angles obtus; cinq ou six sus-oculaires; deux petites fronto-pariétales écartées l'une de l'autre; interpariétale pentagone, affectant une forme triangulaire; deux pariétales pentagones, aussi larges que longues; une occipitale sub-losangique; une fréno-nasale très-petite; trois frénales, les deux premières superposées, l'inférieure très-petite, la supérieure grande; deux fréno-orbitaires. Oreille médiocre, sub-circulaire, découverte, à bord simple. Corps sub-anguiforme; membres courts; doigts assez longs. Queue longue, presque arrondie. Écailles finement striées, sans carène médiane. Dessus du corps offrant en travers de larges bandes noires ou brunes, liserées de noir, alternant avec d'autres bandes bleuâtres ou d'un gris fauve.

SYNONYMIE. *Lacerta scincoides cærulescens.....* Mus. Houttuyn.

Lacerta scincoides cærulescens..... Schneid. Histor. amph. Fasc. II, pag. 204.

Tiliqua fasciata. Fitzing. Neue classif. rept. Verzeichn. pag. 52, n° 3.

Tiliqua fasciata. Gray, Synops. rept. in Griffith's anim. Kingd. tom. 9, pag. 71.

Euprepes fasciata. Reuss. Mus. Senckenberg. tom. 1, pag. 51, tab. 3, fig. 2 à 6.

Diploglossus fasciatus. Wiegm. Herpet. Mexic. pars. 1, pag. 36.

Tiliqua fasciata. Gray, Catal. of slender-tong. Saur. Ann. of natur. histor. by Jardine, tom. 1, pag. 289.

Diploglossus Houttuynii. Cocteau. Tab. synopt. Scinc.

DESCRIPTION.

FORMES. Le Diploglosse d'Houttuyn a la tête assez fortement déprimée, le tronc et la queue assez allongés, et les membres bien développés. Les pattes de devant, étendues le long du cou, atteignent à la commissure des lèvres; les pattes de derrière sont seulement un peu plus longues. Les doigts sont longs, grêles, très-comprimés et armés d'ongles courts, comprimés aussi et crochus. La queue entre pour plus de la moitié dans la longueur totale de l'animal; elle est comprimée, mais très-faiblement; aussi a-t-elle en apparence une forme cyclo-tétragone. La forme ni la disposition des plaques qui revêtent la tête ne sont les mêmes que chez les espèces précédentes : la rostrale est un quadrilatère régulier, à peine un peu plus large que haut ; chez certains sujets, elle est même carrée ; il y a deux paires de supéro-nasales placées l'une derrière l'autre ; ces supéro-nasales sont médiocres, contiguës, égales entre elles, sub-rhomboïdales ou sub-hexagones, un peu dilatées transversalement ; elles couvrent toute la largeur du dessus du bout du museau. Elles sont suivies de l'inter-nasale, qui offre six pans, deux grands en arrière, deux moins grands latéralement, et deux plus petits en avant ; elle est circonscrite par les deux supéro-nasales postérieures, les deux premières frénales supérieures et les deux fronto-nasales. Quelquefois, et c'est le cas d'un des individus que nous avons maintenant sous les yeux, cette plaque inter-nasale est partagée d'une manière assez régulière en quatre plaques. Les deux fronto-nasales sont rhomboïdales, affectant une forme carrée ; elles s'articulent ensemble, puis chacune de son côté se soude à l'inter-nasale, à la première frénale supérieure, à la seconde frénale, à la première sus-oculaire et à la frontale. La frontale est grande ; elle serait carrée si son bord antérieur et son bord postérieur ne formaient pas chacun un angle obtus ; en avant elle est limitée par les deux fronto-nasales, en arrière par les fronto-pariétales et l'inter-pariétale, de chaque côté par les trois ou quatre premières sus-oculaires. Les fronto-pariétales sont petites, trapézoïdes, ayant entre elles deux l'angle postérieur de la frontale et le bord antérieur de l'inter-pariétale. L'inter-pariétale est médiocre ; sa forme est celle d'un triangle isocèle ; à sa droite et sa gauche est une grande pariétale à cinq pans inégaux, et, immédiatement derrière elle, se trouve une occipitale en losange assez développé. On compte cinq ou six sus-oculaires de chaque côté, toutes quadrilatères et offrant à peu près le même développement, excepté la première, qui est triangulaire et un peu plus grande que les autres. Entre les deux dernières sus-oculaires et la pariétale, il existe une plaque ayant à peu près la même forme et la même grandeur que les fronto-pariétales. La plaque nasale est fort petite ; elle est encadrée par les deux premières labiales, une supéro-nasale antérieure et la fréno-nasale. Celle-ci est moins petite que la nasale ; sa forme est sub-hexagone oblongue ; elle est suivie de deux frénales superposées ; l'une de ces deux premières frénales, ou l'inférieure, est très-petite, tandis que la supérieure, qui se trouve placée en travers du *canthus rostralis*, est comparativement fort grande; il y a une troisième frénale également fort grande, pentagone, et deux fréno-orbitaires superposées, ne présentant pas à elles deux une surface beaucoup plus étendue que celle de la troisième frénale. La paupière inférieure offre une rangée longitudinale de squames quadrilatères. Les trous auriculaires sont petits, simples; ils ont leurs bords arrondis.

Toutes les écailles du corps sont hexagones, et distinctement dilatées en travers; toutes également sont marquées de stries très-fines, au nombre de quinze à vingt, parmi lesquelles on n'en observe pas une médiane plus forte que les autres.

COLORATION. *Variété* A. Tout le dessus du corps, depuis une extrémité jusqu'à l'autre, est comme coupé en travers par de larges bandes noires alternant avec d'autres bandes un peu moins larges et d'un blanc plus ou moins bleuâtre. Le bout du museau jusqu'aux narines est brun; entre les narines et les yeux il existe une bande blanc bleuâtre; une bande brune lisérée de noir couvre le vertex et les yeux en même temps, puisqu'elle descend sur les parties latérales de la tête. Les tempes et l'occiput portent une bande blanc bleuâtre; sur la nuque et les oreilles il y a une bande noire. On compte dix bandes noires ou brunes et autant de bandes d'un blanc bleuâtre, depuis le bout du nez jusqu'à l'origine de la queue, autour de laquelle il existe dix anneaux noirs, et dix autres anneaux dont les cinq ou six premiers sont d'un blanc bleuâtre, tandis que les quatre ou cinq derniers sont d'un blanc plus ou moins pur. L'extrémité de la queue est noire. La face supérieure des membres offre une couleur fauve uniforme; leur région inférieure et en général toutes celles du corps présentent une teinte blanchâtre. Notre collection renferme un individu offrant le mode de coloration qui constitue cette variété. Il est probable que, dans l'état de vie, les bandes que nous venons d'indiquer comme étant d'un blanc bleuâtre, étaient d'une belle couleur bleue.

Variété B. Ici, au lieu de bandes noires, il existe des bandes d'un brun fauve, lisérées de noir et piquetées de la même couleur sur les parties latérales du tronc et de la queue; puis les bandes blanches, ou d'un blanc bleuâtre, sont remplacées par des bandes d'un gris fauve ou olivâtre. Autour de la queue, dont une assez grande portion de l'extrémité postérieure est blanche, il n'y a que sept ou huit anneaux d'une teinte foncée, et sept ou huit autres d'une teinte plus claire. Nous avons observé cette variété dans la collection de M. Thomas Bell ; elle existe aussi dans la nôtre, mais représentée par un individu desséché, en assez mauvais état de conservation.

DIMENSIONS. Les mesures suivantes ont été prises sur l'échantillon de notre Musée appartenant à la variété A. L'exemplaire de M. Bell est un peu plus grand.

Longueur totale. 3o" 1'". *'Tête.* Long. 2" 5'". *Cou.* Long. 2" 2'". *Tronc.* Long. 7" 8'" *Memb. antér.* Long. 2" 7'". *Memb. postér.* Long. 3" 8'". *Queue.* Long. 17" 6'".

PATRIE. Ce Diploglosse se trouve au Brésil, car c'est dans ce pays que notre exemplaire de la variété A a été recueilli par M. Langsdorff, à la générosité duquel notre établissement en est redevable. Notre échantillon desséché, qui provient du Cabinet de Lisbonne, a sans doute aussi été rapporté du Brésil. Nous ignorons l'origine de l'individu de M. Bell.

Observations. Ce Scincoïdien semble avoir été mentionné pour la première fois dans la science par Schneider dans une note qu'il rapporte comme un extrait du Catalogue de la collection d'Houttuyn ; au moins cette note ne saurait guère s'appliquer à un autre Reptile Saurien connu, et donne une idée assez exacte du système de coloration de cet animal, coloration assez caractéristique par sa précision et sa rareté, pour que tous les auteurs qui ont parlé depuis de cette espèce lui aient appliqué la même dénomination, tirée de la disposition de ses couleurs. C'est, nous le croyons bien, à cette espèce de Diploglosse que se rapporte l'individu signalé par Schneider (Hist. amph.) sous l'indication suivante : « N° 155. *Lacerta Scincoides cœrulescens solo colore differre videtur a præcedente. Latas habet zonas cœruleas.* » Or, le Scinque indiqué précédemment dans le Catalogue de la collection d'Houttuyn est indiqué ainsi qu'il suit : « N° 154. *Lacerta Scincoides unicolor forte pertinet ad auratam et maximè convenit Scinco maximo americano Sebæ* II, t. X, fig. 9, *at caudá non tam longá* » ; proportions de la queue et forme générale qui s'appliquent assez bien au Diploglosse du présent article. M. Fitzinger paraît l'avoir indiqué depuis d'une manière plus précise dans sa nouvelle Classification des Reptiles, publiée en 1826 sous le nom de *Tiliqua fasciata.* Ce nom, qui rappelle le mode de coloration et l'indication de la patrie, le Brésil, ne laisse guère de doute sur la détermination que nous donnons de la note de M. Fitzinger.

M. Gray, dans le *Synopsis Reptilium* annexé à la traduction anglaise du Règne animal de Cuvier, et plus récemment dans son Catalogue des Sauriens à langue étroite, a indiqué notre espèce sous le nom de *Tiliqua fasciata*. M. Reuss a donné une description détaillée de ce Scincoïdien, dans les Annales du Muséum de Senckenberg, sous le nom d'*Euprepes fasciata*. Cette description ne laisse guère à désirer que quelques détails de plus sur la disposition des plaques qui recouvrent la tête ; mais la figure qui y est jointe est malheureusement au-dessous de toute critique ; les plaques céphaliques en particulier n'y sont pas assez précisément indiquées pour suppléer à l'insuffisance de la description. Enfin M. Wiegmann faisant ressortir la conformation insolite de la langue dans la famille des Lépidosaures, crut devoir faire de cette espèce le type d'un genre qui, ainsi que nous l'avons dit plus haut, en comprend cinq autres aujourd'hui. Nous devons noter ici que M. Wiegmann attribue des dents palatines nombreuses à cette espèce : « *dentes..... palatini numerosi.....* » ; tandis que nous n'en avons observé chez aucun des individus que nous avons été à même d'observer ; et nous pouvons assurer que toutes les autres espèces de Diplogosses sont dans le même cas. Le surnom de *fasciata*, outre qu'il pourrait également bien convenir à la plupart des Diplogosses, ayant été donné à une autre espèce de Scincoïdiens, et pouvant dès lors impliquer erreur, au sujet de cette espèce nous avons cru devoir, ainsi que Cocteau l'a proposé dans ses Tables synoptiques, lui substituer le nom du physiologiste qui paraît l'avoir distingué le premier.

5. LE DIPLOGLOSSE DE LA SAGRA. — *Diploglossus Sagræ*. Cocteau.

CARACTÈRES. Plaques nasales très-petites, tout à fait latérales ; deux paires de supéro-nasales contiguës ; une inter-nasale pentagone ou heptagone dilatée transversalement ; pas de fronto-nasales ; six sus-oculaires de chaque côté ; frontale grande, sub-quadrangulaire, oblongue ; deux très-petites fronto-pariétales écartées l'une de l'autre ; une inter-pariétale en triangle isocèle ; deux pariétales oblongues, une occipitale losangique ou triangulaire, à bord postérieur arrondi ; une très-petite fréno-nasale ; deux frénales, la première plus haute que longue ; deux fréno-orbitaires ; une sous-orbitaire en carré long. Oreille petite, sub-circulaire, découverte, à bord simple. Corps anguiforme ; membres, courts, faibles ; doigts courts. Queue cyclotétragone. Ecailles sans carène médiane, offrant une quinzaine de stries faiblement prononcées. Paupière inférieure squameuse. Dos d'un gris bronzé, avec une raie noire de chaque côté.

SYNONYMIE. *Diploglosse de la Sagra*. Coct. Hist. de l'île de Cuba, par Ramon de la Sagra. Hist. nat. Rept. pag. 180, Pl. 20.

DESCRIPTION.

FORMES. Cette espèce semble tenir des Seps par la gracilité de son corps, la longueur de sa queue et la brièveté de ses membres. Les pattes de devant ne sont pas aussi longues que la tête, et les pattes de derrière sont seulement un peu plus longues. La queue est d'un quart plus étendue que le reste de l'animal. La tête n'est pas tout à fait aussi déprimée que celle du Diploglosse d'Houttuyn ; les plaques qui la revêtent s'éloignent peu de celles de ce dernier, sous le rapport du nombre aussi bien que sous celui de la forme et de la disposition. La rostrale est quadrilatère, assez dilatée transversalement, arrondie à ses angles supérieurs. Il y a quatre supéro-nasales, de même que chez le Diplogosse d'Houttuyn ; elles sont disposées par paires, et articulées entre elles d'une manière alterne, de telle sorte qu'elles ne sont pas symétriques, comme cela s'observe généralement chez les autres Scincoïdiens. Ainsi la première supéro-nasale gauche est irrégulièrement quadrilatère, jointe, dans toute l'étendue de son côté interne, à la première supéro-nasale droite, tandis que le côté interne de celle-ci est brisé en angle aigu, dont le bord antérieur s'articule avec la première supéro-nasale gauche, et le postérieur avec le bord antérieur du côté interne de la deuxième supéro-nasale gauche ; en sorte que la première supéro-nasale droite est irrégulièrement pentagone. Les supéro-nasales postérieures sont un peu plus développées en travers que les antérieures ; elles sont légèrement recourbées sur elles-mêmes, inclinées en dehors et en avant ; celle de gauche est irrégulièrement quadrilatère, et celle de droite irrégulièrement pentagone. L'inter-nasale est grande, présentant cinq pans : un grand transversal, rectiligne en arrière ; un petit, oblique en dehors de chaque côté ; et deux fort grands en avant, lesquels forment un angle très-ouvert. Chez certains individus cette plaque inter-nasale a deux petits

pans de chaque côté, ce qui la rend heptagone ; elle est circonscrite par les supéro-nasales postérieures, la première frénale de
droite et la première frénale de gauche, la première sus-oculaire
de l'un et de l'autre côté, et par la frontale ; il n'existe pas de
fronto-nasales. La frontale représenterait un grand quadrilatère
oblong, si elle n'offrait pas trois petits pans à peu près égaux à
son bord postérieur, lequel s'articule avec l'inter-pariétale et les
deux fronto-pariétales. Les plaques fronto-pariétales sont petites,
carrées ou trapézoïdes, séparées l'une de l'autre par la base du
triangle, sous la forme duquel se montre l'inter-pariétale, qui
est médiocrement développée. Les pariétales sont pentagones,
oblongues, inéquilatérales, légèrement arrondies en arrière.
L'occipitale ressemble à un losange ou bien à un triangle un peu
cintré à sa base. Il y a six sus-oculaires de chaque côté : la première est située positivement au-dessus de la seconde frénale ;
elle est oblongue, irrégulièrement quadrilatère, de même que la
seconde ; la troisième, plus grande que les deux premières et les
trois dernières, a quatre côtés, dont deux forment un angle aigu
en avant ; les trois dernières sont tétragones, un peu dilatées en
travers, et plus étroites à leur bord latéral externe qu'à leur bord
latéral interne. La plaque nasale est petite, oblongue, située entre la rostrale, la première supéro-nasale, la fréno-nasale et la
première labiale ; c'est tout à fait à sa partie postérieure que se
trouve percée la narine ; la fréno-nasale est extrêmement petite,
tandis que la première frénale est grande et surtout très-haute,
puisqu'elle s'élève au-dessus du *canthus rostralis;* la seconde frénale
est carrée et de moitié moins haute que la première ; la première
fréno-orbitaire est presque aussi grande que la seconde frénale ;
mais la seconde est excessivement petite. La paupière inférieure
est revêtue de petites squames quadrilatères. L'oreille est un assez
petit trou circulaire à bord simple, uni, comme rentré en dedans.
L'écaillure de ce Diploglosse se compose de petites pièces égales,
hexagones, assez fortement arrondies à leur bord postérieur ; sur
les régions inférieures de l'animal elles sont lisses, mais en dessus
leur surface offre une quinzaine de stries faiblement, mais bien
nettement marquées ; leur ligne médiane n'est pas relevée d'une
carène, comme cela existe en particulier chez les Diploglosses de
Shaw et d'Owen. On compte trente à trente-six séries longitudinales d'écailles autour du tronc.

CoLoration. Un brun cendré à reflets métalliques, est répandu sur les parties supérieures de la tête, du tronc, de la queue et des membres. Cette teinte est plus ou moins foncée, suivant les individus. Il règne de chaque côté du corps une bande noire qui prend naissance sur la région frénale, passe sur l'œil et la tempe, pour s'étendre tout le long du flanc, et aller se perdre sur le côté de la queue, à quelque distance de son origine. Les plaques labiales sont jaunâtres, bordées de noir, et les régions inférieures offrent aussi une teinte jaunâtre, mais à reflets argentés.

DIMENSIONS. *Longueur totale*. 20" 5'". *Tête*. Long. 1" 2'". *Cou*. Long. 1. *Tronc*. Long. 6" 8'". *Memb. antér*. Long. 1". *Memb. postér*. Long. 1" 4'". *Queue*. Long. 11" 5'".

PATRIE ET MŒURS. Ce Diploglosse est originaire de l'île de Cuba, on en doit la découverte à M. Ramon de la Sagra : c'est un petit animal dont les mouvements sont extrêmement vifs ; il vit à terre, dans des lieux frais et des terrains légers et humides.

Observations. Cocteau a donné de cette espèce une description détaillée, et une excellente figure dans la partie erpétologique du grand ouvrage de M. de la Sagra, sur l'île de Cuba.

6. LE DIPLOGLOSSE DE PLÉE. — *Diploglossus Pleii*. Nobis.

CARACTÈRES. Plaques nasales très-petites, tout à fait latérales ; deux paires de supéro-nasales contiguës ; une inter-nasale heptagone, dilatée en travers ; pas de fronto-nasales ; six sus-oculaires de chaque côté ; frontale grande, sub-quadrangulaire, oblongue ; deux très-petites fronto-pariétales, écartées l'une de l'autre ; une inter-pariétale en triangle isocèle ; deux pariétales oblongues ; une occipitale triangulaire, à bord postérieur arrondi ; une très-petite fréno-nasale ; deux frénales, la première plus haute que longue ; deux fréno-orbitaires ; une sous-orbitaire triangulaire. Oreille assez grande, sub-circulaire, découverte, à bord simple. Corps anguiforme ; membres courts, forts. Queue cyclo-tétragone. Paupière inférieure squameuse. Ecailles offrant huit à dix stries. Dos ondé de brun sur un fond fauve, avec une bande brune de chaque côté.

SYNONYMIE ?

DESCRIPTION.

FORMES. Cette espèce a les plus grands rapports avec la précédente, ou avec le Diploglosse de la Sagra. Cependant elle en diffère par une ouverture de l'oreille très-distinctement plus grande, et par des stries plus fortes et en moindre nombre sur les écailles du dos, lesquelles n'en offrent effectivement que huit à dix au plus, tandis qu'on en compte une quinzaine chez le Diploglosse de la Sagra.

Coloration. Le mode de coloration n'est pas non plus le même que celui de l'espèce du précédent article : une teinte fauve uniforme règne sur le crâne et la face supérieure des membres ; la même teinte est répandue sur le cou et le dos, mais ces parties sont nuagées de brun noirâtre. En dessus, la queue est brune ; une bande noirâtre s'étend le long de la région supérieure de chaque flanc ; tout le dessous de l'animal offre une teinte d'un blanc roussâtre.

Dimensions. *Longueur totale.* 15". *Tête.* Long. 1" 5'''. *Cou.* Long. 1". *Tronc.* Long. 6". *Memb. antér.* Long. 1", *Memb. postér.* Long. 1" 6'''. *Queue (reproduite).* Long. 26" 5'''.

Patrie. Ce Diploglosse a été envoyé de la Martinique par le naturaliste-voyageur dont il porte le nom.

Ve GENRE. AMPHIGLOSSE. — *Amphiglossus*. Nobis (1).

Caractères. Narines percées dans les plaques nasale et rostrale ; des supéro-nasales. Langue échancrée, à surface moitié lisse, moitié squameuse. Palais sans dents, ni rainure, ni échancrure. Dents maxillaires droites, courtes, un peu comprimées, obtusément tranchantes à leur sommet. Des ouvertures auriculaires. Museau obtus. Quatre pattes à cinq doigts inégaux, onguiculés, un peu comprimés, sans dentelures. Flancs arrondis ; queue conique, pointue. Écailles lisses.

C'est un caractère particulier et jusqu'ici unique parmi les Scincoïdiens que celui d'avoir, comme les Amphiglosses, une certaine portion de la surface de la langue dépourvue

---

(1) Αμφι, doublement, ambigu, qu'on peut prendre en double sens, de deux manières, et de Γλωσσα, langue.

de papilles. Dans ce genre, la langue est effectivement tout
à fait nue et lisse sur le premier quart de son étendue, mais
le reste de sa surface est revêtu de papilles aplaties, rhomboïdales, imbriquées, ayant leur bord libre tourné du côté
du gosier. Quant à la forme de la langue, elle est la même
que chez le commun des Scincoïdiens ; c'est-à-dire que cet
organe est plat, assez allongé, élargi et fortement échancré
en V en arrière, mais rétréci en pointe légèrement incisée
en avant. Les dents sont droites, courtes, égales, faiblement comprimées, et comme tranchantes à leur sommet, qui
est simple. La partie supérieure de la bouche est un plafond
entier, uni ou sans la moindre rainure ni échancrure ; on n'y
observe non plus aucune espèce de dents. Les narines viennent aboutir extérieurement de chaque côté du museau à
l'angle de la rostrale ; leur ouverture est pratiquée dans cette
plaque, ainsi que dans la nasale, qui est fort petite. Les
oreilles ressemblent chacune à une petite fente longitudinale que l'animal semble pouvoir, à sa volonté, laisser
bâillante ou tenir parfaitement close, car le bord supérieur
de cette fente est une sorte de petite lèvre ou de petit opercule qui recouvre le bord inférieur en s'en rapprochant.
Les Amphiglosses ont cinq doigts à chacune de leurs
quatre pattes ; ces doigts, de même que chez les Diploglosses, sont un peu comprimés et armés d'ongles
légèrement arqués. Ces Scincoïdiens ont une queue conique,
pointue, sur le dessus de laquelle il n'existe ni crête, ni
carène. Leur écaillure se compose de pièces hexagones, élargies, parfaitement lisses ; les écailles qui revêtent l'opercule
anal n'ont pas, comme dans les Diploglosses, une forme
différente de celles de la région abdominale. Il paraît que,
comme chez ces derniers, les individus mâles portent un
petit tubercule squameux de chaque côté de la fente cloacale. Il y a une très-grande analogie entre les plaques céphaliques des Amphiglosses et celles des Diploglosses ; il
existe parmi elles des supéro-nasales. On ne connaît encore
qu'une seule espèce qui se rapporte à ce genre : c'est celle
dont la description va suivre.

1. L'AMPHIGLOSSE DE L'ASTROLABE. *Amphiglosse Astrolabi.*
Nobis.

CARACTÈRES. Nasales très-petites, non contiguës; deux supéro-nasales contiguës; inter-nasale grande, triangulaire; pas de fronto-nasales; frontale grande, oblongue, hexagone; pas de fronto-pariétales; une inter-pariétale grande, en triangle isocèle; deux fréno-nasales superposées; une grande frénale quadrangulaire oblongue; trois fréno-oculaires. Ouvertures auriculaires petites, longitudinales, à bords simples. Corps sub-anguiforme; membres courts. Écailles de la rangée préanale égales entre elles. Paupière inférieure squameuse. En dessus, brun uniformément; régions inférieures grisâtres.

SYNONYMIE. *Kéneux de l'Astrolabe.* Th. Coct. Tab. synopt. Scinc.

Kéneux de Goudot. Id. loc. cit.

DESCRIPTION.

FORMES. L'Amphiglosse de l'Astrolabe est une grande espèce, à corps presque aussi étroit et aussi étendu en longueur que celui d'un Seps, et à pattes proportionnellement aussi peu développées. Celles de devant, mises le long du cou, arrivent aux oreilles; celles de derrière sont un peu moins courtes. La queue, cyclo-tétragone dans la plus grande partie de son étendue, est un peu comprimée vers son extrémité terminale; elle est d'un sixième plus longue que le reste du corps. Le cou et le tronc, qui sont confondus ensemble, sont légèrement aplatis sur quatre faces, mais les quatre angles qui résultent de cette disposition sont fortement arrondis; le dos est un peu convexe. La tête offre peu d'épaisseur; elle est assez longue, et la partie antérieure ou le museau est comme tronquée et arrondie.

La plaque rostrale est grande, carrée et un peu convexe, attendu qu'elle emboîte le bout du museau; son angle supérieur du côté droit et celui du côté gauche sont entamés chacun par la narine. Il y a deux supéro-nasales contiguës, qui sont irrégulièrement pentagones, dilatées en travers. Il existe une inter-nasale fort grande, offrant trois côtés à peu près égaux; le postérieur est légèrement onduleux et les latéraux sont un peu arqués.

On n'observe pas de fronto-nasales. La frontale est très-grande, plus longue que large, présentant un bord droit, un autre légèrement infléchi en dedans de chaque côté, et trois petits pans en arrière. Les fronto-pariétales manquent; l'inter-pariétale est petite, en triangle isocèle; elle sépare l'une de l'autre, mais cependant pas dans toute leur longueur, les pariétales, qui sont fort grandes, oblongues, irrégulièrement pentagones. Il n'y a pas de plaque occipitale. On compte six plaques sus-oculaires de chaque côté; la première et la dernière sont les plus petites de toutes; les autres vont en diminuant de grandeur depuis la seconde, qui est la plus grande, jusqu'à l'avant-dernière. La plaque nasale est fort petite, elle représente les trois quarts d'un cercle, que complète la portion anguleuse de la rostrale, entourée par la narine. Celle-ci est simple, circulaire, dirigée latéralement en dehors. La plaque nasale est circonscrite par la rostrale, la supéro-nasale correspondante, la fréno-nasale inférieure, et la première labiale supérieure. On voit deux fréno-nasales superposées; elles sont l'une et l'autre rhomboïdales, mais la supérieure est plus petite que l'inférieure. Il n'existe qu'une seule frénale, laquelle est grande et quadrilatère oblongue; les fréno-orbitaires sont au nombre de trois, une grande, une moyenne et une petite. La lèvre supérieure est garnie de sept plaques de chaque côté; la première est trapézoïde, la seconde et la troisième sont carrées, la quatrième, qui monte jusqu'à l'œil, est quadrilatère oblongue, et les trois dernières sont pentagones. Il y a six labiales inférieures, toutes à peu près carrées; la mentonnière est semi-circulaire. Les plaques sous-maxillaires sont fort grandes. Trois ou quatre grandes squames polygones, inéquilatérales, revêtent les tempes. On compte trente-cinq rangées longitudinales d'écailles autour du tronc. Les squames du bord de la lèvre du cloaque sont un peu plus grandes que les autres écailles préanales.

COLORATION. Nous avons un grand individu dont toutes les parties supérieures sont brunes, tandis que les régions inférieures sont d'un blanc grisâtre; un autre, qui est fort jeune, est d'un gris fauve en dessus et d'une teinte plus claire en dessous.

DIMENSION. *Longueur totale*. 5o". *Tête*. Long. 3" 6'". *Cou*. Long. 3" 8'". *Tronc*. Long. 15" 2'". *Memb. antér*. Long. 3" 6'". *Memb. postér*. Long. 5" 2'". *Queue*. Long. 26".

PATRIE. Les deux exemplaires que renferme notre collection ont été recueillis à Madagascar, le petit par M. Goudot, le grand par MM. Quoy et Gaimard, médecins-naturalistes embarqués à bord de la corvette *l'Astrolabe*.

Observations. Cocteau avait considéré ces deux individus comme étant de deux espèces différentes; il avait dédié le petit au voyageur par les soins duquel il était parvenu au Muséum, et avait donné au grand le nom que nous lui conservons et qui est celui du navire qui fut employé à faire le voyage d'exploration auquel nous devons de posséder ce grand et magnifique exemplaire de l'amphiglosse de l'Astrolabe.

VIᵉ GENRE. GONGYLE. — *GONGYLUS.*
Nobis (1).

CARACTÈRES. Narines latérales percées, soit dans une seule plaque, la nasale, soit dans deux plaques, la nasale et la rostrale. Langue échancrée, squameuse. Dents coniques, souvent un peu comprimées et comme cunéiformes, simples. Palais denté ou non denté, à échancrure postérieure ou à rainure longitudinale. Des ouvertures auriculaires. Quatre pattes terminées chacune par cinq doigts onguiculés, inégaux, un peu comprimés, sans dentelures. Flancs arrondis. Queue conique ou un peu aplatie latéralement, pointue.

Les genres Tropidophore, Scinque, Sphénops, Diploglosse, Amphiglosse, dont nous avons déjà fait l'histoire, et celui des Cyclodes que nous ferons connaître plus tard, ne comprennent que le plus petit nombre des Sauroph-thalmes tétrapodes pentadactyles; il en reste encore beaucoup d'espèces qui se ressemblent toutes par leur museau arrondi, obtus, leurs dents maxillaires coniques, simples, leur langue à surface entièrement squameuse, leurs oreilles apparentes au dehors, et leur queue plus ou moins arrondie, pointue et complétement dépourvue de crêtes : ce sont celles qui constituent notre genre Gongyle. Toutefois, si, en considération d'une pareille communauté de caractères, nous

---

(1) Γογγυλος, *teres*, arrondi.

avons cru devoir réunir toutes ces espèces dans un même groupe générique; d'un autre côté, nous avons reconnu qu'elles différaient assez entre elles par quelques autres points de leur organisation pour nous croire autorisé à établir, dans ce même genre Gongyle, des divisions d'un ordre inférieur, ou, en d'autres termes, à le partager en sous-genres dont les caractères sont tirés de la situation des narines, de la présence ou de l'absence de dents au palais, de la structure de ce même palais, lequel peut être entier ou bien offrir soit une échancrure plus ou moins profonde, soit une rainure plus ou moins étendue; enfin de la disposition carénée ou non carénée des pièces qui composent l'écaillure du corps.

Ce genre Gongyle correspond au genre *Euprepes* de M. Wiegmann, qui le subdivise en *Gongylus*, *Eumeces* et *Euprepes*.

Nous n'entrerons pas dans d'autres détails sur le genre Gongyle en général ; ceux que nous pourrions donner ici, devant plus naturellement trouver leur place dans chacune des sept subdivisions génériques qui le composent, subdivisions dont nous avons cherché à donner une première idée par l'analyse suivante indiquée sous forme de tableau synoptique. Car, en observant les orifices extérieurs des narines, on voit qu'ils sont percés entre deux plaques chez les *Gongyles*, tandis que dans les six autres sous-genres le trou n'existe que dans une seule plaque, qui est la nasale. Mais alors, ou c'est à la partie postérieure de cette écaille, comme dans les *Eumèces* et les *Euprèpes*, dont les premiers ont des lignes élevées sur les écailles, qui sont lisses chez les autres; ou quand le trou des narines est placé vers le milieu de l'écaille nasale, tantôt il y a des supéro-nasales, comme dans les *Plestiodontes*, qui ont en outre le palais denté et les écailles lisses ; tantôt il n'y a pas d'écailles supéro-nasales, mais alors on sépare les *Tropidolopismes*, qui ont les écailles carénées, d'avec les *Lygosomes* et les *Léiolopismes*, qui se distinguent entre eux selon que leur palais est ou n'est pas garni de dents.

39

TABLEAU SYNOPTIQUE DU GENRE GONGYLE, DIVISÉ EN SEPT SOUS-GENRES.

Sous-genres.

Narines perforant

une seule plaque, la nasale,

en arrière : des supéro-nasales : écailles
- lisses : palais non denté. . . . 2. EUMÈCES.
- carénées : palais denté. . . . . 3. EUPRÈPES.

au milieu :
- des supéro-nasales : écailles lisses : palais denté. . . . . 4. PLESTIODONTE.
- pas de supéro-nasales : écailles
  - lisses : palais
    - non denté. . 5. LYGOSOME.
    - denté. . . . 6. LÉIOLOPISME.
  - carénées : palais non denté. 7. TROPIDOLOPISME.

deux plaques, la nasale et la rostrale : des supéro-nasales : écailles lisses : palais non denté. . . . 1. GONGYLE.

Iᵉʳ SOUS-GENRE GONGYLE. — *GONGYLUS.*
Wiegmann.

Caractères. Narines percées dans deux plaques, la nasale et la rostrale, des supéro-nasales. Palais non denté, à rainure ou sans rainure longitudinale. Museau conique. Écailles lisses.

Le nom de Gongyle a été imaginé par Wagler pour un genre de Scincoïdiens auquel il donne pour caractères d'avoir le *canthus rostralis* arrondi, les narines situées à l'extrémité de celui-ci dans une petite squame pliée en dedans ou enroulée ; une seule plaque verticale (*frontale*) très-grande, élargie en arrière ; les écailles homogènes, hexagones, lisses, placées à la suite les unes des autres ; le tronc arrondi, et les dents cylindriques, à couronne un peu comprimée. « *Nares in fine canthus rostralis rotundati in squamula introrsum plicata sitæ ; scutum verticale unicum maximum postice dilatatum ; pholidosis pedesque* Euprepeos ; *squamæ lævissimæ ; truncus cylindraceus.* (*Dentes cylindracei corona compressiuscula.* » Puis il ajoute *Africa* et *America*, voulant indiquer par là que son genre *Gongylus*, auquel il rapporte seulement le *Mabouya* de Lacépède et le *Lacerta ocellata* de Forskaël, ou le *Scincus ocellatus* de Daudin, est commun à ces deux parties du monde ; mais ceci est une erreur qui provient de ce que Wagler ne s'est pas aperçu que Lacépède a décrit et représenté, sous le nom de *Mabouya*, non pas un Scincoïdien d'Amérique, mais le même Saurien que celui appelé Lézard ocellé par Forskaël, et Scinque ocellé par Daudin ; en sorte que le genre Gongyle de Wagler n'est réellement établi que sur une seule et même espèce. Au reste, nous n'en rangeons nous-même que deux dans le sous-genre Gongyle, qui se trouve caractérisé à peu près de la même manière que le genre Gongyle de Wagler; toutefois nous ne tenons aucun compte de la disposition des plaques céphaliques, et nous mentionnons, au contraire, une particularité qui a été omise par l'auteur du *Naturlisches System,* celle de n'avoir pas le palais armé de dents.

M. Wiegmann n'a réellement considéré le genre Gongyle de Wagler que comme un groupe sous-générique qu'il a caractérisé de la manière suivante : *Scutellum verticale unicum; dentes primores* 7, *maxillares* $\frac{14}{18}$; *palatini nulli; nares inter scutum rostrale et nasale posterius intermediæ (anteriori cum scutello rostrali conflato).* Cette diagnose, ainsi qu'on le voit, diffère aussi de la nôtre en ce que l'auteur y signale une certaine disposition du bouclier céphalique, et y indique le nombre des dents, deux choses auxquelles M. Wiegmann nous semble avoir attaché beaucoup plus d'importance qu'elles n'en méritent, la seconde principalement; attendu que le nombre des dents des Scincoïdiens est très-variable, non-seulement suivant les espèces, mais souvent même suivant les individus.

Le présent sous-genre se distingue particulièrement de ceux appelés Eumèces, Euprèpes, Plestiodonte, Lygosome, Léiolopisme et Tropidolopisme, en ce que les espèces qui le composent ont leur plaque rostrale perforée par la narine, laquelle s'ouvre effectivement dans cette plaque, en même temps que dans la nasale.

Les Gongyles proprement dits ont les mâchoires garnies de dents coniques, droites, égales, simples, un peu comprimées au sommet; ils en manquent au palais. Cette partie de la bouche est creusée longitudinalement d'un large sillon évasé à son extrémité antérieure, comme chez le Gongyle ocellé; ou bien simplement échancré et peu profondément à son bord postérieur, ainsi que cela s'observe chez le Gongyle de Bojer. Dans cette dernière espèce, les orifices auriculaires se présentent sous la forme d'une petite fente longitudinale, au lieu que chez la première ce sont deux trous arrondis ou à peu près arrondis, dont le pourtour est simple et un peu rentré en dedans. Les membres n'offrent rien de particulier dans leur forme ni dans leur développement. Les cinq doigts qui terminent chacun d'eux sont inégaux : ainsi, aux pattes de devant le dernier est un peu plus long que le premier, vient ensuite le second, puis le quatrième, enfin le troisième ; aux pattes de derrière, les quatre premiers augmentent graduellement de longueur, et le cinquième est un peu plus court que le troisième. Tous ces doigts, qui n'ont pas absolument une forme cylindrique, attendu qu'ils présentent un très-léger aplatissement de droite à gauche, sont armés d'ongles courts, assez robustes, un peu comprimés et distinctement arqués. Le cou et le tronc sont cyclo-tétragones ; la queue est généralement assez courte, conique, grosse à la base, petite, pointue à son extrémité terminale. Toutes les petites pièces hexagones qui composent l'écaillure de ces Scincoïdiens sont parfaitement lisses ; celles de l'opercule anal qui appartiennent à la dernière rangée sont plus grandes que les autres. Il n'y a pas de tubercules à la racine de la queue chez les individus mâles, ainsi que cela existe dans les genres Diploglosse et Amphiglosse. Les deux seules espèces que renferme encore ce sous-genre ont l'une et l'autre la paupière inférieure transparente.

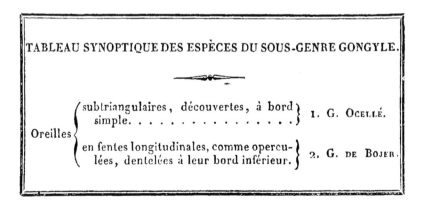

TABLEAU SYNOPTIQUE DES ESPÈCES DU SOUS-GENRE GONGYLE.

Oreilles
{ subtriangulaires, découvertes, à bord simple. . . . . } 1. G. OCELLÉ.

{ en fentes longitudinales, comme operculées, dentelées à leur bord inférieur. } 2. G. DE BOJER.

PALAIS A RAINURE LONGITUDINALE.

1. LE GONGYLE OCELLÉ. *Gongylus ocellatus.* Wagler.

CARACTÈRES. Nasales petites, tout à fait latérales; supéro-nasales contiguës; inter-nasale médiocre, heptagone; pas de fronto-nasales; frontale grande, hexagone; pas de fronto-pariétales; une inter-pariétale petite, rhomboïdale; deux pariétales grandes, oblongues; pas d'occipitale; une fréno-nasale petite; une grande frénale et une petite; trois fréno-orbitaires. Ouvertures auriculaires médiocres, sub-triangulaires, découvertes, à bord simple. Corps sub-cylindrique; membres courts. Écailles préanales, sub-égales. Paupière inférieure à disque transparent.

SYNONYMIE. ? *Scincus.* Porta, Phytognomon. lib. 5, cap. 16, pag. 218.

Thyro. Imper. Hist. nat. lib. 28, pag. 684.

Thyro. Cupani, Panphyt. Sicul. tom. 3, pag. 81.

Scincus Cyprius, Cinereus squamis ex nigro alboque tessellato. Petiver, Mus. Centur. secund. et tert. pag. 19, fig. 120.

Lacerta ocellata cauda tereti imbricata brevi. Forsk. Descript. anim. pag. 13, spec. 4.

Tiligugu et Tilingoni. Cetti, Anf. Sard. tom. 3, pag. 21.

Le Mabouya. Lacép. Hist. quadr. ovip. tom. 1, pag. 378, Pl. 24.

Lacerta tiligugu. Gmel. Syst. nat. pag. 1073, n° 66.

Lacerta ocellata. Gmel. Syst. nat. pag. 1077.

Le Mabouya. Bonnat. Erpét. encyclop. méth. pag. 51, Pl. 9, fig. 1.

Scincus ocellatus. Meyer. Synops. Rept. pag. 30.

Lacerta (Stincus) ocellata. Donnd. Zoolog. Beytr. tom. 3, pag. 126.

Mabouya scinck. Shaw. Gener. zoolog. tom. 3, pag. 287, tab. 81, fig. 1.

Ocellated scink. Id. loc. cit. p. 290.

Scincus variegatus. Schneid. Hist. amph. Fasc. II, p. 185.

Scincus (Lacerta ocellata, Forsk.). Id. loc. cit. pag. 203.

Dei Eidechse mabuya. Bechst. de Lacepede's naturgesch. amph. tom. 2, pag. 107, taf. 8, fig. 1.

Scincus tiligugu. Latr. Hist. nat. Rept. tom. 2, p. 72.

Scincus ocellatus. Id. loc. cit. p. 77.

Scincus ocellatus. Daud. Hist. rept. tom. 4, p. 308, pl. 56.

Scincus tiligugu. Id. loc. cit. tom. 4, pag. 251.

Scincus mabouya. Id. loc. cit. tom. 4, pag. 246.

Scincus ocellatus. Oliv. Voy. Emp. Ottom. tom. 3, pag. 110, pl. 16, fig. 1.

Scincus tirus. Rafin. Caratt. alcun. nuov. gener. pag. 9.

Scincus mabouya. Oppel Ordnung. Famil. Gatt. Rept. p. 39.

Anolis marbré. Geoff. Descrip. Egypt. Rept. pl. 5, fig. 1.

Scincus tiligugus. Merr. Tentam. syst. amph. pag. 73, n° 18.

Scincus ocellatus. Id. loc. cit. pag. 74, n° 22.

Scincus thyro. Metaxa. Descrip. nuov. spec. di Scinc. (Memor. Zool. Rom. 1821, art. 1, spec. fig.)

Scincus variegatus. Schn. *var. Scincus ocellatus* (Daud.) Lichtenst. Verzeichn. der Doublett. des zoologisch. Mus. Berl. pag. 103, n° 54.

Scincus ocellatus. Aud. Descrip. Egypt. Rept. Hist. nat. Rept. (Suppl.) tom. 1, pag. 178, pl. 2, fig. 7.

Mabouya ocellata. Fitzing. Neue classificat. rept. Verzeichn. pag. 53.

Le Scinque ocellé. Isid. Geoff. Descript. Egypt. Hist. Natur. tom. 1, 1re part. pag. 138, pl. 5, fig. 1 (sous le nom d'*Anolis marbré*).

Scincus ocellatus. Cloq. Dict. scient. natur. tom. 48, pag. 127.

Scinque (*Scinc. variegatus,* Schneid., *Scinc. ocellatus,* Daud.) Cuv. Règn. anim., 2e édit. tom. 2, pag. 63.

Gongylus ocellatus. Wagl. Syst. amphib. pag. 162.

Skink (*Scincus variegatus* Schneid., Scincus *ocellatus*, Daud.) Griff. anim. Kingd. Cuv. tom. 9, pag. 158.

The Tiliqua of Malta. Id. loc. cit. tab. 30.

Tiliqua ocellata. Gray. Synops. Rept. in Griffith's anim. Kingd. Cuv. tom. 9, pag. 68.

Laceped's Galley-Wasp. Id. loc. cit. pag. 69.

Gongylus ocellatus. Ch. Bonap. Faun. Ital. pag. et pl. sans n^{os}.

Scincus tiligugu. Schinz. Naturgesch. und Abbildung. Rept. pag. 104, taf. 40.

Scincus ocellatus. Id. loc. cit. p. 104, taf. 41.

Scincus ocellatus. Gerv. Enum. Rept. Barbar. Ann. scienc. nat. (nouv. sér.), tom. VI, pag. 309.

Tiliqua microcephala. Gray. Muséum britannique.

Tiliqua ocellata. Gray, Catal. of slender-tongued Saur. Ann. of natur. histor. by Jardine, tom. 1, pag. 292.

Tiliqua microcephala. Id. loc. cit. pag. 292.

Scincus viridanus. Gravenh. Mus. Bresl.

Gongylus ocellatus. Gené. Synops. Rept. sardin. indigen. (Memor. real. academ. Torin. série 11, tom. 1, pag. 268.)

DESCRIPTION.

Formes. La forme générale de cette espèce, dont nous avons pu examiner un très-grand nombre d'individus, est lourde, trapue, plus ou moins ramassée. Les pattes de devant, mises le long du cou, ne s'étendent pas au delà des angles de la bouche ; il y a derrière elles, pour les y loger, lorsque l'animal est en repos, un léger enfoncement en forme de gouttière longitudinale ; les membres postérieurs offrent une longueur égale à celle qui existe depuis l'épaule jusqu'à l'œil. La queue, même chez les sujets où elle présente le plus d'étendue, n'est pas tout à fait aussi longue que le reste du corps. La tête est pyramidale, quadrangulaire ou tétraèdre, légèrement déprimée, courte ; le museau est obtus, arrondi, dépassant à peine la mâchoire inférieure d'un à deux millimètres dans les plus grands individus. Les narines, arrondies, dirigées en dehors un peu en arrière, sont situées de chaque côté du museau sur la ligne qui monte directement à l'angle de l'œil. Les yeux sont petits, presque ronds et protégés par une paupière supérieure fort courte, et une inférieure au contraire très-développée, laquelle offre un disque transparent ovalaire, ayant devant, derrière et au-dessous de lui de petites écailles inégales. Les oreilles, qui sont situées aux angles de la bouche, et dont le bord est lisse, semblent être triangulaires ; la membrane du tympan est assez enfoncée dans le conduit auditif. La fente de la bouche se prolonge un peu au delà des yeux ; les dents sont petites, uniformes, serrées, au nombre de vingt-deux à vingt-six en haut et en bas chez les individus adultes.

La plaque rostrale est de grandeur moyenne, quadrilatère, un peu élargie, à bord supérieur articulé avec les supéro-nasales, à bords latéraux échancrés en haut pour l'ouverture nasale, et soudés en bas avec la première labiale supérieure. Les deux supéro-nasales sont petites, tétragones, dilatées transversalement, contiguës, s'articulant en avant avec la rostrale, en arrière avec l'inter-nasale, de chaque côté avec la nasale, la fréno-nasale et la première frénale. L'inter-nasale, médiocre, heptagone, sub-équilatérale, s'articule avec les deux supéro-nasales, la frontale, la première frénale de droite et de gauche et la première sus-oculaire de chaque côté. Il n'y a pas de fronto-nasales; la fron-tale est grande, oblongue, plus étroite en avant qu'en arrière, arrondie à son extrémité antérieure, et formant du côté opposé un grand angle médiocrement ouvert, dont le sommet est légère-ment échancré pour recevoir l'inter-pariétale. Celle-ci est fort petite, en losange et enclavée entre la frontale et les pariétales. Il n'existe pas de fronto-pariétales. Les pariétales sont assez dé-veloppées, mais moins que la frontale; elles ont une forme à peu près rhomboïdale; par un de leurs quatre pans, elles tou-chent à la frontale et à l'inter-pariétale, par un autre à la der-nière sus-oculaire et aux deux post-oculaires, par un troisième à la temporale supérieure, et par le quatrième aux écailles nu-quales. On compte quatre sus-oculaires et trois post-oculaires de chaque côté. La nasale est très-petite, circonscrite par la rostrale, la supéro - nasale, la fréno - nasale et la première labiale supé-rieure. La fréno-nasale est petite, hexagone, entourée par la nasale, la supéro-nasale, la première frénale et les deux pre-mières labiales supérieures. La première frénale est grande, hexagone, inéquilatérale, reployée sur le *canthus rostralis;* la seconde frénale est moins développée, carrée, séparée de la pre-mière sus-oculaire par une surciliaire allongée, étroite. Il y a trois fréno-orbitaires, la première un peu moins petite que les deux dernières. La tempe est recouverte par trois grandes squames en losanges, placées deux à côté l'une de l'autre, la troi-sième au-dessus de ces deux-là. Les plaques labiales supérieures sont au nombre de huit de chaque côté; les quatre premières sont carrées et égales entre elles; la cinquième aussi est carrée, mais plus grande, et les trois dernières sont pentagones. A la lèvre inférieure, il n'y a que six ou sept paires de plaques, toutes à peu près de même grandeur et de forme losangique ou rhomboï-dale; les trois dernières sont un peu plus allongées que les autres. La plaque mentonnière, qui est élargie, représenterait un ovale si elle n'était pointue de chaque côté; derrière elle est une grande sous-maxillaire pentagone, dilatée transversalement, laquelle est suivie de six autres, trois à droite, trois à gauche, également pentagones, mais moins développées; les plaques de l'avant-der nière paire de ces sous-maxillaires sont séparées par une petite plaque triangulaire. Les écailles du dos et généralement des parties supérieures sont de grandeur moyenne, égales, hexagones, très-élargies, ordinairement lisses; cependant on rencontre des individus qui offrent comme des vestiges de stries longitudinales. Les écailles de l'abdomen et des autres régions inférieures ont la même forme que celles du dessus du corps, mais elles sont plus grandes en long comme en large, plus aplaties, plus lisses et plus étroitement appliquées en recouvrement les unes sur les autres : on en compte environ trente séries longitudinales autour du tronc. Les écailles qui garnissent l'orifice du tympan ne diffèrent des écailles communes qu'en ce qu'elles sont plus petites, plus lisses, plus serrées et plus couchées. Les squames qui bordent la marge antérieure de l'anus ne présentent pas de particularité, sinon qu'elles sont un peu plus développées que les autres. La série des écailles jugulaires moyennes se trouve ordinairement entrecoupée à la région thoracique; le dessus et le dessous de la queue offrent souvent une série longitudinale d'écailles impaires moyennes, légèrement dilatées en travers. Il existe sur les doigts des pieds antérieurs et des postérieurs de petites lamelles couchées, serrées, imbriquées, simples, en nombre variable suivant les individus. La paume et la plante des pieds sont garnies de petits tubercules coniques, acuminés.

COLORATION. Les individus de cette espèce sont très-sujets à varier sous le rapport de la coloration.

Variété A. Les parties supérieures du corps sont semées, sur un fond bronzé tirant plus ou moins sur le fauve ou le brunâtre, de petites taches noires, ordinairement relevées à leur partie moyenne d'un trait blanc ou jaunâtre, ce qui a mérité à cette espèce la dénomination d'*ocellée* : quelquefois le trait blanc envahit plus ou moins la tache noire, ou existe seul. Les taches dont nous venons de parler, en s'unissant entre elles, donnent lieu à la formation de bandelettes noires tiquetées de blanc, dirigées plus ou moins transversalement à l'axe du corps, formant des angles plus ou moins sinueux, plus ou moins interrompus brusquement. Le nombre et la disposition de ces sortes de zigzags n'ont rien de constant, ils sont en général plus rares sur la queue et les membres; leur largeur et leur longueur dépendent de la grandeur et du nombre de taches qui les constituent : quelquefois ces taches, en s'unissant latéralement d'une manière suivie et régulière, forment ainsi des lignes transversales assez bien espacées entre elles, ce qui donne à l'animal un aspect annelé ; c'est surtout sur la queue que cette disposition est plus fréquente ; d'autres fois ces taches se correspondent d'avant en arrière et déterminent des séries longitudinales de points blancs, au nombre de dix à douze, séparées par des séries de taches noires ; il arrive aussi que les taches blanches disparaissent, et il ne reste plus que les taches noires ; tantôt, au contraire, ce sont les taches noires qui s'effacent et les taches blanches qui persistent. En général, les plaques de la tête sont bordées irrégulièrement d'un liséré noir.

Variété B. Cette variété se caractérise par plusieurs séries longitudinales d'ocelles sur le dos, et par une bande fauve de chaque côté de celui-ci.

Variété C. C'est pour ainsi dire la première variété offrant de chaque côté du corps une bande noire plus ou moins tachetée de blanc et surmontée d'une ligne pâle, fauve ou blanchâtre.

Variété D. Ici il n'existe plus d'ocelles sur aucune partie du corps ; le dos est d'une teinte bronzée uniforme ; une belle et large bande noire prend naissance en avant ou en arrière de l'œil, passe sur la tempe, puis au-dessus du tympan, longe le cou, le côté du dos, et va finir sur la queue à peu de distance de l'origine de la cuisse ; cette bande noire est d'autant plus apparente qu'elle a au-dessus d'elle une bande aussi large, mais d'une couleur blanchâtre. Les plaques labiales sont blanches, bordées de noir.

Variété E. La face supérieure de la tête, la région cervicale, le dos et le dessus de la queue offrent une teinte bronzée fortement grisâtre, sur laquelle on distingue des vestiges d'ocelles ; mais les parties latérales de la tête, celles du cou, les flancs, les côtés de la queue, les membres en entier, et toutes les régions inférieures sans exception, sont d'un noir d'ébène très-foncé.

DIMENSIONS. *Longueur totale.* 25″ 3‴. *Tête.* Long. 2″. *Cou.* Long. 1″ 5‴. *Tronc.* Long. 10″. *Memb. antér.* Long. 2″ 2‴. *Memb. postér.* Long. 3″ 2‴. *Queue.* Long. 11″ 8‴.

PATRIE ET MŒURS. Le Gongyle ocellé est répandu sur tout le littoral de la Méditerranée ; mais c'est surtout en Sicile, en Sardaigne, à Malte, dans l'ancienne Cyprus et en Égypte qu'on le rencontre ; il se trouve aussi dans l'île de Ténériffe, car nous en possédons un individu qui y a été recueilli par MM. Quoy et

Gaimard. On prétend qu'il a été vu dans le midi de la France,
mais nous n'en avons pas la certitude.

Cette espèce vit dans les endroits secs et un peu élevés ; elle se
cache dans le sable ou sous les pierres ; elle se nourrit de petits
insectes qu'elle saisit à la manière des Lézards ; elle se laisse
prendre assez facilement sans se défendre, cherchant plutôt à
s'échapper qu'à faire une morsure qui ne saurait être nuisible.
Ses mouvements, sans avoir la prestesse de ceux des Lézards,
ne sont pourtant pas aussi lourds qu'on pourrait le présumer
d'après sa forme générale.

Observations. Il semble qu'au milieu des rapsodies que J.-B.
Porta a accumulées avec tant de peine et d'érudition dans sa Phytognomonique, ce singulier auteur ait signalé le premier l'espèce
du présent article, en la confondant toutefois sous le nom de
Scincus avec le Scincoïdien employé dans les pharmacies. En effet,
après avoir dit, lib. iv, cap. vi, p. 164, probablement d'après
Belon et Gesner : « *Scincus tænias albas, fuscas, latiusculas, vel
albis punctis depictas, collum fuscum, caput et cauda albicat* », il
ajoute, presque en opposition avec cette description du mode de
coloration du Scinque des pharmacies, et comme s'il avait eu un
individu du Gongyle ocellé sous les yeux : « *Scinco color niger
dorso et lateribus sunt multa puncta alba et minuta, sunt et inter
latera et ventrem, aliisque partibus supinis reliquumque corpus, et
ipsum nigrum est, et eum coloribus etiam punctis exasperatur ad
eadem volet.* » (Lib. v, cap. xvi, p. 218.) On ne peut guère présumer que cette dernière description, qui rappelle assez bien le
système de coloration de notre espèce, s'applique ici à ces Scinques prétendus que les apothicaires italiens substituaient plus ou
moins sciemment au vrai Scinque, ainsi que Belon, Gesner et
Rondelet nous l'apprennent, c'est-à-dire à des Tritons, car Porta
dit un peu plus loin (lib. v, cap. xvii, p. 220) : « *Scinco tota pars
corporis supina pectus et venter squamarum serie nitet.* » Ce qui ne
peut certainement s'appliquer aux Tritons.

On trouve une indication presque imperceptible de ce Scincoïdien dans Ferrante Imperato, sous le nom sicilien de *Thyro.*
Cupani, dans son *Panphytum siculum,* paraît en avoir donné une
description plus circonstanciée. Petiver, bien qu'en dise Daudin, a
représenté cette espèce d'une manière assez correcte dans la description de son muséum ; il semblait croire qu'elle était la même que le
Lacerta cypria scincoides de Charleton ; mais il n'en est rien, at-

tendu que Charleton n'a fait mention de son *Lacerta cypria scincoides* que d'après Aldrovande, qui, sous le nom de *Scincus cyprius*, a donné la figure d'un Scincoïdien tout à fait différent, Scincoïdien que nous appellerons *Plestiodon Aldrovandi*.

Forskaël, dans sa Description des animaux de l'Arabie et de l'Égypte, a décrit assez bien, sous le nom de *Lacerta ocellata*, la variété A de notre Gongyle ocellé; c'est d'après cette indication qu'il en a été fait mention par Gmelin, dans la treizième édition du *Systemanaturæ*.

Cetti a décrit avec détails, sous le nom de *Tiligugu*, les proportions et les principaux caractères d'un Scincoïdien qu'il a observé en Sardaigne; il a indiqué avec assez de soin les circonstances qui le différencient du Scinque officinal; et bien qu'il n'en ait pas fait connaître le mode de coloration d'une manière précise, on doit pourtant croire que ce Scincoïdien est de l'espèce de notre Gongyle ocellé; car nul voyageur, depuis Cetti, n'a rapporté de Sardaigne ou des îles voisines aucune autre espèce de Scinque que celle-là : nous-même, qui avons exploré la Sicile pendant plus d'un an, n'y avons jamais rencontré qu'une seule espèce qui pût être rapportée au *Tiligugu* de Cetti, c'est-à-dire le Gongyle ocellé.

Lacépède a décrit et représenté notre espèce d'après un individu de la troisième variété ou de la variété C; mais il a mêlé à son histoire celle d'une espèce dont Dutertre et Rochefort ont fait mention sous le nom de *Mabouya*. C'est donc à tort que Cuvier, dans la seconde édition du Règne animal, cite la figure du *Mabouya* de Lacépède comme étant celle d'un Scinque des Antilles, que nous désignerons dans cet ouvrage par le nom d'*Eumeces mabouya*. Schneider a décrit d'une manière assez précise la variété C de notre Gongyle, sous le nom de *Scincus variegatus;* mais c'est par erreur qu'il y a rapporté, comme en étant une variété, le *Scincus lateralis* de Thunberg. Schneider reconnut bien dans le *Lacerta ocellata* de Forskaël les caractères d'un Scinque, mais distrait par l'absence des bandes latérales, il ne vit entre ce *Lacerta ocellata* et son *Scincus variegatus* d'autre rapprochement que celui de la beauté des couleurs. « *Ocellatam* Forskael *faunæ arabicæ*, p. 13, n° 4, *publicavit cum nomine arabico sehlie.... nec dubito ad Scincorum genus pertinere lacertam, pulchritudine Scinco variegato parem.* »

Daudin a décrit, d'une manière plus exacte qu'on ne l'avait

fait jusqu'à lui, la première variété de notre Gongyle ocellé,
d'après un individu d'Égypte qu'il avait observé dans la collection de Bosc ; la figure qu'il a jointe à sa description est également
assez bonne. Il rapporte avec raison à son Scinque ocellé de l'île
de Chypre le *Scincus Cyprius cinereus* de Petiver, et le *Lacerta
ocellata* de Forskaël. Daudin a commis une erreur en séparant le
Scincus variegatus de Schneider du *Lacerta ocellata* de Forskaël.
et en le reportant avec le *Lacerta lateralis* de Thunberg. L'auteur
de l'Histoire naturelle des Reptiles n'a reconnu ni le Lézard *Tiligugu* de Cetti, ni le *Mabouya* de Lacépède, pour ce qu'ils sont réellement, c'est-à-dire pour des Scinques ocellés ; il en a au contraire
fait deux espèces qu'il a appelées, l'une *Scincus tiligugu*, l'autre
Scincus mabouya; en sorte que le Gongyle ocellé est inscrit sous
trois noms différents dans l'ouvrage de Daudin. Olivier a décrit et
figuré notre Gongyle sous le nom de Scinque ocellé, dans la relation de son voyage dans l'empire Ottoman, l'Égypte et la Perse ;
il le rapporte au *Lacerta ocellata* de Forskaël, auquel il fait
un reproche peu fondé sur la désignation de l'*habitat*. « Ce
Scinque vit, dit-il, dans le sable, en Crète, en Chypre, en
Égypte, et non pas dans les maisons, comme le dit Forskaël ;
l'auteur suédois n'a pas voulu dire *dans* les maisons, mais bien
près des maisons, » *ad œdes*. M. Geoffroy-Saint-Hilaire a fait figurer la variété A, dans le grand ouvrage sur l'Égypte, sous le
nom défectueux d'Anolis marbré, et M. Isidore Geoffroy-Saint-
Hilaire l'a décrite, dans le même ouvrage, sous le nom plus
exact de Scinque ocellé, le rapportant avec raison aux individus
décrits sous le même nom par Forskaël, Latreille, Daudin et Merrem.
M. Savigny reproduisit, dans l'ouvrage d'Égypte également, cette
même variété A du Gongyle ocellé, avec le dessin exact de la disposition des plaques de la tête en regard de celle des espèces voisines, afin d'en faire ressortir les différences. M. Audouin, chargé
de donner l'explication des planches exécutées sous la direction
de Savigny, décrivit ce Gongyle en le rapportant au *Lacerta ocellata* de Forskaël et au Scinque de Chypre de Petiver et de Daudin ; mais n'ayant pas à sa disposition les documents de M. Savigny, il ne put donner la description comparative des diverses
plaques de la tête, etc., que M. Savigny avait fait représenter.
M. Cuvier a rapporté avec raison le *Scincus variegatus* de Schneider
au *Scincus ocellatus* de Daudin, qu'il a placé dans le sous-genre des
Tiliquas de Gray, c'est-à-dire parmi les Scinques qui n'ont pas de

dents au palais. A son exemple, M. Gray a introduit sous cette double indication la présente espèce, dans le Synopsis des Reptiles publié à la suite de l'édition anglaise du Règne animal de Cuvier, en y rapportant, sans doute par erreur, le *Scincus villatus* d'Olivier, qui est une espèce bien différente, ou notre *Euprepes Olivierii*. Il a aussi indiqué comme une espèce distincte, sous le nom de Galley-Wasp de Lacépède, le *Mabouya* de cet auteur, qui n'est autre qu'un Gongyle ocellé. Cette même édition anglaise du Règne animal renferme une excellente figure du Gongyle ocellé, sous le nom de Tiliqua de l'île de Malte.

Notre espèce se trouve indiquée deux fois dans le catalogue des Sauriens à langue courte que vient de publier M. Gray, la première sous le nom de *Tiliqua ocellata*, et la seconde sous celui de *Tiliqua microcephala*.

PALAIS SANS RAINURE LONGITUDINALE.

2. LE GONGYLE DE BOJER. *Gongylus Bojerii*. Nobis.

Caractères. Plaques nasales petites, tout à fait latérales ; supéro-nasales contiguës ; une inter-nasale médiocre, heptagone ; pas de fronto-nasales ; frontale très-grande, incudiforme ; deux fronto-pariétales subrhomboïdales, non contiguës ; une inter-pariétale grande, pentagone, affectant une forme triangulaire ; deux pariétales ; pas d'occipitale ; une petite fréno-nasale ; deux grandes frénales ; une grande et une petite fréno-orbitaire. *Canthus rostralis* sub-aigu. Palais à échancrure tout à fait postérieure. Ouvertures auriculaires en fentes longitudinales, dentelées à leur bord inférieur. Les deux écailles médianes de la rangée préanale plus grandes que les autres. Paupière inférieure transparente.

Synonymie. *Scincus Bojerii*. Desj. Ann. Scienc. Nat. tom. 22, pag. 296.

Tiliqua Bojerii. Coct. tab. Synopt. Scinc.

DESCRIPTION.

Formes. Cette espèce, comparativement à la précédente, a des formes assez sveltes. Les pattes de devant, placées le long du cou, atteignent aux angles de la bouche ; la longueur des pattes de derrière est égale à celle que présentent la tête et le cou réunis. Les

REPTILES, V.   40

doigts sont proportionnellement moins courts et distinctement plus minces que chez le Gongyle ocellé. La queue, lorsqu'elle est dans son état naturel, est d'un tiers plus étendue que le reste du corps. La tête est un peu allongée, assez aplatie, surtout vers le museau, qui est tronqué et faiblement arrondi. Le cou et le tronc offrent quatre côtés; la queue est cyclotétragone, un peu effilée et même très-pointue en arrière. Le palais présente une petite échancrure triangulaire, à son bord postérieur, mais on n'y observe pas de rainure au milieu. Cette circonstance, jointe à la forme toute particulière des orifices auriculaires, pourrait peut-être motiver la séparation de cette espèce d'avec la précédente, pour en faire le type d'un nouveau groupe sous-générique. En effet, les oreilles ne ressemblent nullement à celles du Gongyle ocellé; ce sont deux fentes longitudinales situées un peu en arrière de la commissure des lèvres; leur bord supérieur est formé d'une grande écaille qui s'abat comme un opercule sur le bord inférieur, lequel est hérissé en dedans de petits tubercules coniques à sommet très-aigu. Un disque ovalaire transparent est encadré dans la paupière inférieure, qui offre de chaque côté et au-dessous de ce disque un pavé de très-petits granules.

Les narines n'ont rien qui les distingue de celles du Gongyle ocellé. La plaque fréno-nasale est fort petite, rhomboïdale; la première frénale et la seconde, ainsi que la première fréno-orbitaire, sont au contraire fort grandes, quadrilatères et aussi hautes l'une que l'autre, excepté cependant la première des trois, qui se replie un peu sur le dessus du museau; la seconde fréno-orbitaire est encore plus petite que la fréno-nasale. La plaque rostrale, distinctement élargie, emboîte le bout du museau; elle a quatre côtés: le supérieur forme un bord transversal rectiligne, l'inférieur un bord légèrement arqué, et les latéraux sont entamés semi-circulairement par la narine à leur partie supérieure. Les supéro-nasales se réunissent par une suture oblique. Celle de droite est irrégulièrement tétragone, et celle de gauche irrégulièrement pentagone; mais toutes deux sont élargies et un peu rabattues sur les côtés du museau, où elles s'articulent avec la rostrale, la nasale, la fréno-nasale et la première frénale. L'inter-nasale offre trois pans médiocres en arrière et deux grands en avant, qui forment un angle assez ouvert. Son diamètre longitudinal est moindre que le transversal; elle se trouve en rapport avec les deux supéro-nasales, la première frénale de droite et la première de gauche, avec les deux fronto-nasales et avec la frontale. Les fronto-nasales, petites, à peu près carrées, sont très-écartées l'une de l'autre, c'est-à-dire qu'elles se trouvent situées au-devant de la première sus-oculaire, presque à cheval sur l'angle du museau, touchant à l'inter-nasale, à la première frénale par le sommet d'un de leurs angles seulement, à la seconde frénale, à la première surciliaire, à la première sus-oculaire et à la frontale. Celle-ci est fort grande et surtout très-longue; elle a en quelque sorte la forme d'une enclume fixée sur son support : vers le premier tiers de sa longueur elle présente un étranglement, en avant duquel on lui compte cinq côtés, et en arrière quatre; deux de ces quatre derniers côtés, les latéraux, sont très-longs et à peu près droits; les deux autres ou les postérieurs sont plus courts et forment un angle obtus à sommet arrondi; les cinq premiers côtés de cette plaque frontale donnent un petit angle aigu à droite et à gauche, et un bord antérieur rectiligne. Il y a deux petites fronto-pariétales rhomboïdales, presque contiguës, qui, conjointement avec les pariétales, circonscrivent une grande inter-pariétale en fer de lance un peu élargi. Les pariétales, très-irrégulièrement tétragones et fort étroites, particulièrement en arrière, affectent une forme semi-circulaire ou au moins en quart de cercle. Il existe quatre sus-oculaires à droite et autant à gauche, formant une petite bande longitudinale, un peu rétrécie à son extrémité postérieure; puis on compte en outre au-dessus de chaque œil six petites surciliaires. La lèvre supérieure est garnie de sept plaques; les quatre premières sont médiocres, tétragones, équilatérales, égales entre elles; la cinquième est fort grande, pentagone oblongue, occupant toute la région sous-orbitaire; les deux dernières sont petites, subtrapézoïdes. Les plaques labiales inférieures, au nombre de huit paires, sont rhomboïdales, petites et toutes à peu près de même grandeur. La mentonnière est grande, hémi-discoïdale; les sous-maxillaires sont également assez développées, mais pentagones, élargies et au nombre de sept, une médiane, située immédiatement derrière la mentonnière, et six latérales, placées, trois sous chaque branche de la mâchoire inférieure. Les écailles du corps sont petites, hexagones, très-élargies, parfaitement lisses; on en compte trente-huit séries longitudinales autour du tronc. Les écailles de la queue ne sont pas différentes de celles du dos. Parmi les squames qui revêtent l'opercule anal, il en est deux, les médianes de la dernière rangée, qui sont distinctement

40.

plus grandes que les autres, et dont la forme est irrégulièrement
pentagone au lieu d'être hexagone. La paume et la plante des
pieds sont garnies de petits tubercules.

COLORATION. Une teinte bronzée, fauve, brune, ou même
roussâtre, est répandue sur les parties supérieures du corps ; tantôt le dos est d'une couleur uniforme, tantôt il se trouve irrégulièrement semé de taches noirâtres avec ou sans une bande longitudinale également noirâtre, qui règne sur sa ligne médiane, se
prolongeant même quelquefois plus ou moins en arrière sur la
queue. Chez tous les individus, les tempes, les côtés du cou et les
flancs offrent une couleur noire plus ou moins tachetée, marbrée
ou vermiculée de blanchâtre, laquelle constitue une espèce de
large bande qui dégénère en raie de plus en plus étroite en s'a-
vançant sur la face latérale de la queue. A la partie supérieure
de cette bande noire latérale, on remarque une raie blanche glacée de verdâtre, qui prend naissance sur la région surciliaire, et
va se perdre le long de la queue. Le dessus des membres offre,
d'une manière plus ou moins distincte, des marbrures noires et
blanches. Tout le dessous de l'animal est blanc, glacé de vert sur
la région gulaire. Telles sont les diverses modifications que nous
ont offertes, dans leur mode de coloration, les individus de cette
espèce que nous possédons en certain nombre conservés dans
l'alcool.

DIMENSIONS. *Longueur totale.* 14" 3'''. *Tête.* Long. 1" 4'''. *Cou.*
Long. 1" 3'''. *Tronc.* Long. 4". *Memb. antér.* Long. 1" 5'''. *Memb.*
postér. Long. 2" 2'''. *Queue.* Long. 7" 6'''.

PATRIE. Cette espèce est originaire de l'île de France.

Observations. C'est à M. Julien Desjardins qu'on en doit la connaissance par une excellente description que ce naturaliste distingué a publiée dans les Annales des Sciences naturelles, sous le
nom de *Scincus Bojerii.* Cocteau avait placé ce Gongyle de Bojer
dans le groupe qu'il appelait celui des *Tiliquas.*

IIᵉ SOUS-GENRE. EUMÈCES. — *EUMECES.*
Wiegmann (1).
(*Riopa*, *Tiliqua*, Gray; *Euprepis*, part. Wagler, Wiegmann.)

CARACTÈRES. Narines percées dans une seule plaque, la nasale, près de son bord postérieur; deux supéro-nasales. Palais sans dents, à échancrure triangulaire peu profonde, tout à fait en arrière. Écailles lisses.

Le nom d'*Eumèces* a été donné par M. Wiegmann à un groupe sous-générique de Scincoïdiens dont il a proposé l'établissement dans son Erpétologie du Mexique, d'après les principes suivants : « *Scutella verticalia tria; frontalia tria; dentes primores* 7, *maxillares utrinque* $\frac{20}{25}$; *nares in medio scutello sitæ* (*scutellis duobus in unum coalitis*); *squamæ dorsi lœves.*

M. Wiegmann ne rapporte à ce sous-genre que trois espèces, qu'il partage en deux petites divisions caractérisées ainsi qu'il suit :

A. Palpebra superior mediocris; inferior scutellato-squamosa; dentes palatini numerosi : SCINCUS PAVIMEN-TATUS, Geoff.; SCINCUS RUFESCENS, Merr.

B. Palpebra superior brevis, inferior perspicillata : SCINCUS PUNCTATUS, Schneid.

Nous devons d'abord faire remarquer, relativement au genre *Eumèces* de M. Wiegmann, que deux au moins des trois espèces qui y sont rangées n'offrent pas le caractère d'avoir la narine située au milieu d'une plaque, qui serait la réunion de deux plaques soudées ensemble; car chez le *Scincus rufescens* de Merrem et chez le *Scincus punctatus*

---

(1) Εὐμήκης, *prælongus*, *prolixus*, allongé, prolongé.

de Schneider, l'ouverture nasale est bien évidemment pratiquée tout près du bord postérieur de la plaque nasale, derrière laquelle il existe, il est vrai, une autre petite plaque, la fréno-nasale, mais sans être plus intimement articulée avec elle que ne le sont les autres plaques entre elles. En second lieu, nous pouvons assurer que le *Scincus rufescens* a les écailles carénées, ce qui est en contradiction avec cet autre caractère, *squamæ dorsi læves*, du sous-genre *Eumèces* de M. Wiegmann; d'un autre côté, M. Wiegmann assigne à son sous-genre le nombre sept pour les dents inter-maxillaires et celui de vingt à vingt-cinq pour les maxillaires; mais ces nombres sont sujets à varier non-seulement d'espèce à espèce, mais d'individu à individu. Quant au caractère tiré du nombre de certaines plaques céphaliques dont M. Wiegmann s'est aussi servi, il est complétement sans valeur, comme caractère générique au moins; attendu qu'on rencontre fort souvent des espèces si voisines l'une de l'autre, qu'on ne saurait les reconnaître autrement que par le nombre un peu différent de leurs plaques crâniennes.

Il résulte de ces diverses observations que le sous-genre Eumèces de M. Wiegmann ne repose pas sur des bases assez fixes pour que nous puissions le conserver; nous en prenons simplement le nom pour l'appliquer au groupe dont les caractères essentiels sont exprimés dans la diagnose mise en tête de cet article, groupe auquel nous donnons toutefois pour type une des trois espèces d'Eumèces de M. Wiegmann, ou le *Scincus punctatus* de Schneider.

Nos Eumèces ont les dents égales, coniques, simples, parfois un peu comprimées au sommet; leur palais, parfaitement lisse, présente à sa partie postérieure une échancrure angulaire généralement peu profonde, et qui ne se prolonge jamais en rainure en avant. La langue ressemble à celle du commun des Scincoïdiens, c'est-à-dire qu'elle est plate, rétrécie et très-faiblement incisée à son extrémité antérieure, élargie et échancrée en V à son bord postérieur; sa surface tout entière est revêtue de papilles squamiformes imbriquées. Les narines, médiocres, circulaires, dirigées latéralement en dehors, sont situées sur les côtés du museau au sommet même de l'angle que forme la région frénale; elles s'ouvrent dans la plaque nasale seulement, tout près de son bord postérieur. Cette plaque nasale, dont le diamètre est fort petit, est bordée en arrière par une petite plaque que nous nommons fréno-nasale, et est surmontée d'une autre petite plaque appelée supéro-nasale; son bord antérieur touche à la rostrale, et l'inférieur à la première labiale. Le plus ordinairement, les deux plaques supéronasales sont allongées, étroites, contiguës, et placées obliquement derrière la rostrale, ou de manière à former à elles deux la figure d'un V très-ouvert, dont les branches embrassent l'inter-nasale. Le nombre des plaques céphaliques n'est pas absolument le même chez toutes les espèces : tantôt il y a deux plaques fronto-pariétales, tantôt il n'y en a qu'une seule ; le plus souvent il existe une interpariétale, mais elle manque quelquefois ; aucune espèce jusqu'ici ne nous a offert de plaque occipitale. Comme c'est l'ordinaire chez les espèces de cette famille, la paupière supérieure est fort courte, tandis que l'inférieure est très-développée ; cette même paupière inférieure tantôt est garnie de petites squames qui la rendent opaque, tantôt, au contraire, elle sert comme de cadre à un disque transparent, qui permet aux rayons solaires de pénétrer dans l'intérieur de l'œil, lors même qu'il est hermétiquement clos par ses membranes palpébrales. La grandeur de l'ouverture auriculaire est extrêmement variable suivant les espèces, mais cet orifice, qui offre parfois quelques petits lobules à son bord antérieur, n'est jamais operculé; la membrane du tympan est un peu enfoncée dans le conduit auditif.

La forme du corps est généralement cyclotétragone, mais sa longueur varie beaucoup, ainsi que celle des membres et de la queue ; mais un fait remarquable, c'est que le développement des pattes est toujours en proportion inverse de celui du tronc et de la queue : ainsi, plus ces parties sont allongées, plus les pattes sont courtes. Les pièces qui composent l'écaillure sont sujettes à varier sous le rapport du diamètre, mais leur surface est toujours lisse. Rien ne distingue à l'extérieur les mâles d'avec les femelles.

Ce sous-genre des Eumèces se compose en grande partie des deux groupes que Cocteau appelait l'un celui des *Tiliquas*, l'autre celui des *Kéneux*, le premier ne se distinguant du second que par la transparence de la paupière inférieure. Voici les autres caractères qu'il attribuait à chacun de ces deux groupes, et qui, par conséquent, leur sont communs : « *Des paupières ; museau conique ; cinq doigts aux pieds antérieurs et postérieurs, inégaux, cylindriques; langue squameuse; pas de dents palatines ; écailles inermes, lisses; paupière perspicillée.* » Cocteau, comme on le voit, n'a pas tenu compte, comme nous le faisons, ni de la situation des narines, ni de la structure du palais. On verra, par le tableau synoptique suivant, que nous avons partagé les Eumèces en espèces à paupière inférieure pourvue d'un disque transparent, et en espèces chez lesquelles cette membrane protectrice de l'œil est revêtue de petites squames; puis chacune de ces deux petites divisions est subdivisée elle-même suivant qu'il existe une ou deux plaques frontopariétales. En procédant ainsi, on arrivera d'une manière plus prompte et plus certaine, du moins nous l'espérons, à la détermination des Scincoïdiens appartenant à ce sous-genre des Eumèces.

TABLEAU SYNOPTIQUE DES ESPÈCES DU SOUS-GENRE EUMÈCES.

Paupière inférieure

transparente : fronto-pariétale
- double : oreille
  - petite, unilobulée. . . . . 1. E. PONCTUÉ.
  - médiocre, simple :
    - hémi-discoïdale . . . . 2. E. DE SLOANE.
    - inter-nasale losangique : devant de la frontale à
      - deux pans. . . 3. E. DE SPIX.
      - trois pans. . . 4. F. MABOUYA.
- unique : inter-pariétale
  - distincte :
    - écailles sous-digitales
      - élargies. . . . . 5. E. DE FREYCINET.
      - très-étroites, nombreuses. . . . 6. E. DE CARTERET.
  - nulle : dessus du corps d'un brun
    - bronzé : flancs noirs, tiquetés de blanc. . 7. E. DE BAUDIN.
    - noir, orné de raies d'or. . . . 8. E. DE LESSON.

opaque, squameuse : fronto-pariétale
- double . . . . 9. E. D'OPPEL.
- unique. . . . . 10. E. MICROLÉPIDE.

PAUPIÈRE INFÉRIEURE A DISQUE TRANSPARENT.

1. L'EUMÉCES PONCTUÉ. *Eumeces punctatus.* Wiegmann.

CARACTÈRES. Plaques nasales petites, non contiguës ; supéro-nasales contiguës ; une inter-nasale en losange, élargie, parfois tronquée à son angle postérieur ; deux fronto-nasales très-rarement
contiguës ; frontale hexagone, de moitié plus longue que large,
rétrécie en arrière ; deux fronto-pariétales ; une inter-pariétale
en losange court en avant, allongé en arrière, plus petite que
ces dernières ; deux pariétales oblongues, obliques ; pas d'occipitale ; une fréno-nasale ; deux frénales ; deux fréno-orbitaires superposées. Oreille petite, circulaire, portant presque toujours
un très-petit lobule en avant. Corps ordinairement anguiforme ;
membres en général peu développés ; doigts courts. Queue longue, arrondie. Écailles de la rangée préanale médiocres, sub-
égales. Parties supérieures avec des séries longitudinales de points
noirâtres, sur un fond d'un brun fauve ou marron.

SYNONYMIE. *Lacerta punctata.* Linn. Mus. Adolph. Fred. p. 46.
Lacerta punctata. Linn. Syst. nat. édit. 10, tom. 1, pag. 209,
n° 38.
Lacerta punctata. Linn. Syst. nat. édit. 12, tom. 1, pag. 369,
n° 38.
Stellio punctatus. Laur. Synops. Rept. pag. 58.
La Double raie. Daub. Dict. anim. quad. ovip. Encycl. méth.
pag. 622.
La Double raie. Lacép. Quad. ovip. tom. 1, pag. 408.
La Double raie. Bonnat. Erpét. Encyclop. méth. pag. 57.
Lacerta interpunctata. Gmel. Syst. nat. tom. 1, pag. 1075,
n° 38.
Lacerta interpunctata. Donnd. Zoolog. Beitr. tom. 3, pag. 121.
Lacerta interpunctata. Shaw. Gener. zoolog. tom. 3, part. 1,
pag. 242.
Scincus punctatus. Schneid. Histor. amph. fasc. 11, pag. 197.
Lacerta interpunctata. Latr. Hist. Rept. tom. 2, pag. 78.
Scincus Bilineatus. Daud. Hist. Rept. tom. 4, pag. 256.
Scincus punctatus. Merr. Tent. syst. amph. pag. 72, n° 11.
Seps scincoïdes. Cuv. Règn. anim. 2e édit. tom. 2, pag. 64.
Seps scincoïdes. Griff. anim. Kingd. Cuv. tom. 9, p. 159.

Eumeces punctatus. Wiegm. Herpet. Mexic. pag. 36.

Riopa punctata. Gray, Catal. slender-tong. Saur. Ann. of nat.
Hist. by Jardine, tom. ı, pag. 332.

Tiliqua Cuvierii. Cocteau, Tab. synopt. scinc.

Tiliqua Duvaucelii. Id. loc. cit.

DESCRIPTION.

FORMES. Cette espèce est très-variable sous le rapport de la
longueur de son corps et du développement de ses membres ; tels
individus, en effet, ont le tronc et la queue si allongés et les
membres si courts qu'on les prendrait pour des Seps ; tandis que
d'autres sont relativement si ramassés que l'ensemble de leurs
formes est le même que celui de la plupart des Scincoïdiens ; puis
il y en a qui présentent tous les degrés intermédiaires entre ces
deux-là. Chez les individus les plus allongés, la queue fait plus de
la moitié de l'étendue totale du corps, les pattes de derrière ont
une longueur égale à celle qui existe depuis l'épaule jusqu'à l'œil,
et les pattes de devant, mises le long du cou, ne s'étendent pas au
delà de l'oreille ; chez les sujets à corps court, la queue est moins
longue ou aussi longue que le reste de l'animal, les membres
antérieurs dépassent un peu les trous auriculaires, et les pieds ne
sont pas tout à fait aussi longs que le cou et la tête réunis. Aux
mains, le premier doigt est le plus court, ensuite c'est le dernier,
puis le second, enfin le troisième et le quatrième, qui sont à peu
près égaux. Les quatre premiers doigts des pieds sont étagés, le
cinquième est de la même longueur que le second. Le cou et le
tronc sont légèrement aplatis sur quatre faces, mais toujours un
peu convexes en dessus ; la queue est grosse, arrondie, ne diminuant sensiblement de diamètre que fort en arrière du corps,
cependant son extrémité est très-pointue. La tête est courte, pyramidale quadrangulaire, légèrement aplatie et terminée en
avant par un museau un peu épais, obtus, arrondi, ni étroit, ni
élargi. Le disque transparent de la paupière inférieure est médiocre, ovalaire. Les trous auditifs sont fort petits, circulaires, à
bord lisse, et portant en avant un très-petit lobule arrondi. Chez
cette espèce, la plaque fronto-pariétale est double, et il y a une
inter-pariétale. La rostrale est appliquée contre le bout du museau qu'elle couvre entièrement ; elle est très-peu dilatée en travers, et offre quatre côtés dont le supérieur est tantôt un peu

arqué, tantôt comme anguleux. Les supéro-nasales, malgré leurs quatre pans, affectent une forme en triangle scalène; elles sont contiguës, et bordent en avant la rostrale, de chaque côté la nasale, et en arrière l'inter-nasale. Celle-ci est pentagone, plus large que longue, s'articulant en arrière par un grand bord rectiligne avec la frontale, de chaque côté par un petit bord oblique avec la fronto-nasale, et par deux grands bords antérieurs qui forment un angle assez ouvert, à droite comme à gauche, avec une supéro-nasale et la première frénale. Les deux fronto-nasales sont fort petites et très-écartées l'une de l'autre, puisqu'elles se trouvent placées chacune au-devant de la première sus-oculaire; elles sont pentagones et se rabattent sur le *canthus rostralis*, qui est arrondi. La frontale est très-longue, ensiforme ou presque de moitié plus étroite en arrière qu'en avant; ses bords latéraux sont droits, et chacune de ses extrémités forme un petit angle obtus. Les deux fronto-pariétales, petites, pentagones, presque équilatérales, contiguës, encadrent, conjointement avec les pariétales, l'inter-pariétale, qui représente un losange à côtés antérieurs plus courts que les côtés postérieurs. Les pariétales sont grandes, oblongues, écartées l'une de l'autre en forme de V; on leur compte à chacune quatre pans, deux petits, un moyen et un très-grand, qui est légèrement curviligne : c'est l'externe. Il y a quatre sus-oculaires, dont les deux médianes sont plus grandes que la première et la dernière; on remarque une série de petites plaques surciliaires. La fréno-nasale est petite, située comme la nasale, entre la supéro-nasale et la première labiale; la première frénale est haute, rhomboïdale; la seconde frénale, moins haute que la première, est plus large et à peu près carrée; les deux fréno-orbitaires sont superposées, l'inférieure est plus petite que la supérieure. Chaque côté de la lèvre supérieure porte sept plaques; la première est quadrilatère oblongue, ainsi que la cinquième, mais un peu moins grande qu'elle; la seconde, la troisième et la quatrième, plus petites que la première, ont aussi quatre côtés, mais elles ont plus de hauteur que de longueur; la cinquième, la sixième et la septième offrent cinq angles, dont un, le supérieur, est presque aigu. Les labiales inférieures sont petites, comparativement aux supérieures; on en compte quatorze en tout, ayant une forme à peu près rhomboïdale. La mentonnière est très-arquée en avant et tronquée en arrière; la sous-maxillaire impaire, qui la suit immédiatement, est hexagone, très-dilatée en travers; il y a six autres plaques pentagones, élargies, sous la mâchoire inférieure, trois à droite, trois à gauche, et une septième beaucoup plus petite, qui se trouve située ou plutôt enclavée entre les quatre qui composent les deux premières paires. Trois grandes squames à plusieurs pans protégent chaque région temporale. Toutes les écailles du corps sont hexagones, élargies, lisses; on en compte vingt-six séries longitudinales autour du tronc. Les squames préanales sont toutes à peu près de même grandeur.

COLORATION. Les jeunes Eumèces ponctués ont le dos et les flancs agréablement marqués de lignes longitudinales noires sur un fond bronzé plus ou moins clair, plus ou moins foncé; les lignes du dos, ordinairement au nombre de six, sont séparées de celles des flancs, au nombre de six aussi le plus souvent, plus rarement de cinq, par une belle et large raie blanche qui, en venant de la narine, où elle prend naissance, parcourt la région surciliaire, le haut de la tempe et de la partie latérale du cou, et qui, en arrière, se prolonge plus ou moins loin le long du côté de la queue, laquelle est d'un blanc rosé, ou d'une teinte couleur de chair. Avec l'âge, les lignes noires se changent en autant de séries de petits points de la même couleur, et la raie blanche, en même temps qu'elle passe peu à peu à la teinte fauve du fond, se rétrécit beaucoup; elle finit même par disparaître complétement chez les très-vieux sujets. Certains individus ont les côtés du corps noirs, tiquetés de blanc; d'autres, au lieu d'avoir les régions inférieures d'une teinte blanchâtre, comme c'est le cas le plus ordinaire, les ont ponctuées de noir, sur un fond brun ou fauve, comme les parties supérieures. La queue des individus adultes offre généralement le même mode de coloration que le dos. La même observation s'applique aux membres.

DIMENSIONS. *Longueur totale.* 18" 9'". *Tête.* Long. 1" 1'". *Cou.* Long. 1". *Tronc.* Long. 6" 8'". *Memb. antér.* Long. 1". *Memb. postér.* Long. 1" 5'". *Queue.* Long. 10".

PATRIE. Cette espèce est originaire des Indes orientales; notre collection nationale en renferme une suite nombreuse d'individus qui ont été recueillis pour la plupart à la côte Malabar et à la côte Coromandel par MM. Dussumier, Leschenault et Reynaud.

Observations. La description du muséum du prince Adolphe-Frédéric par Linné, est l'ouvrage dans lequel cette espèce semble avoir été mentionnée pour la première fois. C'est sous le nom de *Lacerta punctata* qu'elle y est décrite, brièvement il est vrai, mais d'une manière trop précise pour qu'on puisse se méprendre. Au moins ne connaissons-nous aucune autre espèce à laquelle s'appliquent mieux qu'à la nôtre les phrases suivantes, que précède cette diagnose : *Lacerta cauda tereti longiore, pedibus pentadactylis, corpore punctis nigris notato*. Cette phrase : *Truncus teres, pinguis, lubricus*, indique assez bien que c'est d'un Scincoïdien dont il est question ; et celles-ci : *Lineæ 2 flavescentes exoletæ tergum a lateribus distinguunt. Puncta fusca per series sex longitudinales in arca dorsi, et totidem series ad utrumque latus*, expriment on ne peut plus exactement le mode de coloration, ou, si l'on veut, la livrée d'un Eumèces ponctué, en moyen âge. Linné, en reproduisant sous une autre forme, dans la 10ᵉ et la 12ᵉ édition du *Systema naturæ*, la phrase caractéristique qu'il avait précédemment donnée du *Lacerta punctata* dans le livre que nous citions tout à l'heure, ajouta que cette espèce habite l'Asie, et cita, comme la représentant, les figures nᵒ 9 de la seconde planche du second volume de l'ouvrage de Séba. A l'égard de l'*habitat*, il a parfaitement raison ; mais nous pensons qu'il s'est mépris en croyant reconnaître son *Lacerta punctata* dans les deux figures de Séba, lesquelles, selon nous, semblent plutôt avoir été faites d'après des individus appartenant à l'espèce de l'Ablephare de Péron. Laurenti a aussi rapporté ces deux figures à son *Stellio punctatus*, qui est tout simplement le *Lacerta punctata* de Linné placé dans un nouveau genre, et dont la description est tout entière empruntée à ce dernier. Daubenton, dans son Dictionnaire des quadrupèdes ovipares, Lacépède, dans son Histoire naturelle des mêmes animaux, et Bonnaterre, dans l'Erpétologie de l'Encyclopédie méthodique, ont, de même que Laurenti, reproduit la description et la citation de Linné, à propos du *Lacerta punctata*, en le désignant toutefois par un autre nom, celui de Lézard à double raie. Gmelin, dans l'édition du *Systema naturæ*, qui fut publiée par ses soins, n'ajouta rien de plus à ce que Linné avait dit de son *Lacerta punctata*, mais en changea la dénomination spécifique en celle d'*Interpunctata*, dénomination qui fut adoptée par Shaw et par Latreille. Tous les auteurs que nous venons de mentionner après Linné n'ont parlé du *Lacerta punctata* que d'après ce célèbre naturaliste, aucun d'eux n'ayant eu l'occasion d'observer cette espèce en

nature. Schneider fut plus heureux, car il eut l'avantage d'en
voir plusieurs échantillons dans la collection de Bloch, auquel ils
avaient été envoyés des Indes orientales ; aussi Schneider donna-
t-il de cette espèce, qu'il plaça dans son genre *Scincus*, une description plus détaillée que celle de Linné. Daudin la reproduisit
en partie, en y joignant quelques observations faites par lui-même
sur un individu de la collection du Muséum d'histoire naturelle ;
mais, avec les erpétologistes français ses prédécesseurs, il eut le
tort de rejeter l'ancien nom de cette espèce, puisqu'il l'inscrivit
sous celui de *bilineatus*, en la faisant toutefois entrer avec raison
dans le genre des Scinques, ainsi que Schneider lui en avait donné
l'exemple. Cuvier, par cela seul qu'elle a le corps allongé, avait
rangé notre espèce parmi les Seps, et M. Gray en a fait le type
du genre inacceptable de *Riopa*.

2. L'EUMÉCES DE SLOANE. *Eumeces Sloanii*. Nobis.

CARACTÈRES. Plaques nasales médiocres, presque contiguës ;
supéro-nasales contiguës ; inter-nasale hémi-discoïdale ; deux
fronto-nasales pentagones, contiguës ; frontale en losange très-
court en avant, fort long en arrière ; deux fronto-pariétales
contiguës ; une inter-pariétale aussi grande que ces dernières ;
deux pariétales ; une fréno-nasale ; une grande frénale pentagone
oblongue ; deux fréno-orbitaires. Oreille médiocre, sub-ovale,
découverte, à bord simple. Corps lacertiforme ; membres assez
développés ; queue arrondie. Écailles préanales médiocres, sub-
égales. Parties supérieures offrant quatre raies noires partant du
bout du museau et s'arrêtant, les deux médianes au milieu du
dos, les latérales au-dessus des cuisses.

SYNONYMIE. *Lacertus minor lævis*. Sloane, Voy. to Jam. tom. 2,
pag. 333, tab. 273, fig. 5.

Scincus Sloanii. Daud. Hist. Rept. tom. 4, pag. 287, Pl. 55,
fig. 2.

Scincus Sloanei. Merr. Tent. syst. amph. pag. 70, n° 2.

Scincus Sloanei. Maxim. de Wied. Recueil, Pl. color. anim.
pag. et Pl. sans n°ˢ.

Scincus Sloanei. Id. Beitr. naturgesch. Bras. tom. 1, pag. 195.

Tiliqua Richardii. Coct. Tab. synopt. Scincoïd.

Tiliqua Sloanei. Gray, Catal. of slender-tong. Saur. Hist. by
Jardine, tom. 1, pag. 293.

Tiliqua Richardii. Id. loc. cit. pag. 292.

DESCRIPTION.

FORMES. L'ensemble des formes de l'Eumèces de Sloane est à peu près le même que celui d'un Lézard des murailles. Ses pattes postérieures sont aussi longues que le cou et la tête ; mais les antérieures, portées en avant, n'atteignent pas au delà des angles de la bouche. La queue fait environ la moitié de l'étendue totale de l'animal. La tête est déprimée, médiocrement allongée, un peu rétrécie à son extrémité antérieure, qui néanmoins est obtusément arrondie. Le corps est plus large que haut, légèrement convexe en dessus, un peu aplati de chaque côté et parfaitement plat en dessous ; la queue est conique, assez pointue en arrière ; le disque transparent, qui est encadré dans la paupière inférieure, est médiocre, ovalaire, porté un peu plus en arrière qu'en avant. Les oreilles sont assez ouvertes, circulaires, à bord lisse et simple. La plaque rostrale, très-large relativement à sa hauteur, offre quatre côtés, un très-petit à droite et à gauche, un grand en bas, et un autre encore plus grand en haut, et comme brisé en angle obtus. Les nasales sont piriformes, ayant leur pointe dirigée l'une vers l'autre, mais ne se touchant pas. La fréno-nasale, trapézoïde ou carrée, s'appuie sur la première labiale et soutient l'extrémité postérieure de la supéro-nasale ; il n'y a qu'une seule frénale, grande, oblongue, pentagone, un peu plus haute à son bord postérieur qu'à son bord antérieur ; on distingue deux petites fréno-orbitaires placées l'une devant l'autre sur une ligne oblique. Les supéro-nasales sont allongées, étroites, contiguës, formant presque un demi-cercle à elles deux ; chaque extrémité de ce demi-cercle touche à la frénale, sa partie concave est en rapport avec l'inter-nasale, et son bord convexe s'articule au milieu, c'est-à-dire fort peu, avec la rostrale ; et, de chaque côté ou presque en entier, avec la nasale et la fréno-nasale. L'inter-nasale, qui est de moitié plus large que longue, offre un bord transversal rectiligne en arrière, et un bord très-arqué en avant ; par celui-ci elle se trouve en rapport avec les frénales et les supéronasales, et par celui-là avec les deux fronto-nasales. Ces plaques sont assez grandes, un peu élargies, contiguës, offrant un bord droit en avant et de chaque côté, et un angle obtus en arrière. La frontale, hexagone, beaucoup plus longue que large, rétrécie à son extrémité postérieure, a le grand angle obtus qu'elle forme en avant, enclavé entre les fronto-nasales et le petit qu'elle présente du côté opposé, enclavé aussi entre les fronto-pariétales. Celles-ci sont pentagones oblongues, inéquilatérales, contiguës dans la plus grande partie de leur longueur. L'inter-pariétale, en triangle à côtés à peu près égaux, a environ la même grandeur que l'une des deux fronto-pariétales qui la circonscrivent conjointement avec les pariétales. Les pariétales sont grandes et simulent, malgré leurs cinq côtés, une forme triangulaire. Il y a quatre sus-oculaires; la première est petite, trilatère; la seconde est fort grande, trapézoïde; la troisième est médiocre, tétragone, plus large que longue, et la quatrième, un peu plus développée, est pentagone. Les tempes sont revêtues d'écailles semblables à celles du dessus du cou, mais un peu plus grandes. On compte huit plaques de chaque côté de la lèvre supérieure; la première est quadrilatère oblongue, et les quatre suivantes sont carrées; la sixième, plus grande que celles qui la précèdent, est irrégulièrement tétragone, plus longue que haute; les deux dernières sont pentagones. Les labiales inférieures sont rhomboïdales, et au nombre de six paires en tout. La mentonnière est très-dilatée en travers; elle offre un grand bord antérieur arqué, deux petits bords latéraux obliques et un bord postérieur rectiligne. Les plaques sous-maxillaires sont pentagones, il y en a six disposées deux par deux, et une septième qui suit immédiatement la mentonnière. Les écailles du corps sont hexagones, lisses, presque aussi longues que larges et fort arquées en arrière. Les squames de la région préanale n'offrent rien de particulier. Les lamelles sous-digitales sont grandes, épaisses.

COLORATION. Une teinte bronzée verdâtre est répandue sur les parties supérieures. Le dessus du cou offre deux bandes noires qui commencent, l'une à droite, l'autre à gauche, sur la région sus-oculaire, et qui vont se perdre sur la première moitié du dos; sur la seconde moitié de celui-ci elles semblent être remplacées chacune par une double série de points de la même couleur. Une autre bande noire s'étend sur la tempe, sur le côté du cou, au-dessus de l'oreille, se prolongeant, toujours dans la même direction, un peu au delà de l'épaule, puis, de même que les autres, est continuée par une double ou une triple série de points noirs; toutefois elle ne dépasse pas l'extrémité du tronc. Un gris glacé de verdâtre règne sur les régions inférieures, et toutes

REPTILES, V. 41

les écailles qui ne sont pas colorées en noir portent une bordure d'un brun clair.

DIMENSIONS. *Longueur totale.* 12" 8'". *Tête.* Long. 1" 3'". *Cou.* Long. 1. *Tronc.* Long. 4" 2'". *Memb. antér.* Long. 1" 5'". *Memb. postér.* Long. 2". *Queue.* Long. 6" 3'".

PATRIE. Cette espèce a été trouvée à la Jamaïque par Sloane, et au Brésil par Spix. Nous en possédons un seul exemplaire qui a été recueilli dans l'île de Saint-Thomas, l'une des Antilles, par Richard père.

Observations. En donnant le nom de Sloane à cette espèce, nous avons voulu rendre hommage à la mémoire du savant voyageur auquel on en doit la découverte. Son Voyage est en effet le premier ouvrage dans lequel ait été décrit et figuré ce Scincoïdien, qu'il a appelé *Lacertus minor lævis.* Plus tard, Daudin en publia une description un peu plus détaillée et une figure passable dans son Histoire des Reptiles, d'après l'individu même que nous venons de décrire ici. Nous pouvons donc affirmer positivement que Daudin s'est étrangement trompé en signalant cette espèce comme pourvue de pores fémoraux, erreur que la plupart des erpétologistes postérieurs à Daudin ont reproduite dans leurs livres. Fitzinger en particulier, s'autorisant de cette disposition qui devait, en effet, paraître bien singulière chez un Scinque, créa, pour le seul Scinque de Sloane, un genre qu'il désigna par le nom de *Spondylurus.* Plus récemment, le prince Maximilien de Wied a décrit et fait représenter cette même espèce de Scinque sous le nom que lui a donné Daudin ; Cocteau avait proposé de l'appeler *Tiliqua Richardi*, n'ayant probablement pas reconnu que notre individu se rapportait à l'espèce qui est mentionnée dans les ouvrages de Sloane et du prince de Wied.

3. L'EUMÉCES DE SPIX. *Eumeces Spixii.* Nobis.

CARACTÈRES. Plaques nasales petites, non contiguës ; supéro-nasales étroites, contiguës ; inter-nasale en losange ; deux fronto-nasales ; frontale lancéolée ; deux fronto-pariétales ; une inter-pariétale triangulaire, aussi grande que ces dernières ; deux pariétales ; pas d'occipitale ; une fréno-nasale ; deux frénales ; deux fréno-orbitaires. Oreille médiocre, circulaire, à bord simple. Corps lacertiforme ; membres assez développés ; queue arrondie. Écailles préanales médiocres, subégales. Dos bronzé, ponctué de noir ; une large bande de cette dernière couleur, lisérée de blan-châtre, de chaque côté du corps.

SYNONYMIE. *Scincus agilis.* Raddi. Rett. Brasil. Mem. di Matem. e Fisic. della Societ. Ital. tom. 19, pag. 62.

Mabouya agilis. Fitz. Verzeich. neue classif. Rept. pag. 52.

Scincus bistriatus. Spix. Spec. Lacert. Brasil. pag. 23, tab. 26, fig. 1.

Scincus nigropunctatus. Id. loc. cit. pag. 24, tab. 26, fig. 2.

Scincus bistriatus. Cuv. Règn. anim. 2ᵉ édit. tom. 2, pag. 63.

Euprepis bistriatus. Wagl. Syst. amph. pag. 162.

Scincus bistriatus Griff. anim. Kingd. Cuv. tom. 9, pag. 158.

Tiliqua bistriata. Gray. Synops. Rept. in Griffith's anim. Kingd. Cuv. tom. 9, pag. 69.

Tiliqua nigropunctata. Id. loc. cit. pag. 69.

Tiliqua Spixii. Coct. Tab. synop. Scincoïd.

DESCRIPTION.

FORMES. Les proportions de cette espèce sont à peu près celles du Lézard des souches. Étendues le long du cou, les pattes de devant arrivent jusqu'aux yeux ; les pattes de derrière ont une longueur égale à celle que présentent ensemble le cou et la tête. Les doigts sont assez longs, minces, faiblement comprimés, et armés de petits ongles crochus. Aux mains, c'est le premier doigt qui est le plus court, et après lui le cinquième ; le second est à peine plus long que le dernier ; mais le troisième et le quatrième le sont beaucoup plus. Les quatre premiers doigts des pieds sont étagés, le cinquième n'est pas tout à fait aussi étendu que le second. La queue, qui est conique, mais néanmoins un peu comprimée à sa partie postérieure, entre pour la moitié ou un peu plus de la moitié dans l'étendue totale du corps. Le tronc est déprimé, les flancs sont un peu aplatis, le ventre présente une surface parfaitement plane, et le dos est légèrement arqué en travers. La tête est médiocrement allongée, un peu déprimée, et terminée en pointe arrondie en avant. Les trous auditifs sont d'une grandeur moyenne, circulaires, à bord découvert et simple. La paupière offre au milieu un disque transparent ovalaire, tandis que le reste de sa surface est revêtu de petits granules squameux. La plaque rostrale, plus large que haute, présente deux bords latéraux très-petits, un inférieur assez grand, et un supérieur encore

41.

plus grand et légèrement arqué, ou bien obtusément anguleux. Les super-nasales sont allongées, étroites, disposées en V très-ouvert, lequel embrasse les deux bords antérieurs de l'inter-nasale, qui ressemble à un losange un peu plus large que long. Chacune des deux fronto-nasales n'est pas tout à fait aussi grande que l'inter-nasale, dont les deux bords postérieurs sont enclavés entre les deux fronto-nasales, auxquelles on compte quatre côtés à peu près égaux. La frontale, du double plus longue que large, offre en avant deux petits côtés formant un angle obtus qui s'avance entre les deux fronto-nasales ; elle présente en arrière deux autres côtés très-longs formant un angle aigu que bordent les sus-oculaires de la seconde paire, et dont le sommet, faiblement arrondi, se trouve pris entre les deux fronto-pariétales. Les sutures résultant de la réunion des deux fronto-nasales, de l'inter-nasale et de la frontale donnent la figure d'un grand X. Les fronto-pariétales, contiguës par un grand bord, sont pentagones oblongues, inéquilatérales, plus étroites en avant qu'en arrière ; elles circonscrivent, conjointement avec les pariétales, l'inter-pariétale, dont la forme est celle d'un losange ayant ses deux côtés antérieurs plus courts que les postérieurs. Les pariétales sont grandes et en triangles scalènes. Chaque région sus-oculaire est protégée par une première plaque fort petite, sub-triangulaire oblongue, par une seconde au contraire fort grande, affectant la forme d'un triangle équilatéral, par une troisième plus petite que la précédente, quadrilatère, dilatée transversalement, et par une quatrième à peu près de même grandeur que la troisième, et offrant la même forme que la seconde. Il y a quatre ou cinq plaques surcilières linéaires. Les plaques nasales, petites, arrondies en arrière, pointues en avant, s'avancent un peu l'une vers l'autre sans cependant se toucher ; la fréno-nasale s'appuie sur la première labiale, et soutient l'extrémité postérieure de la supéro-nasale ; les deux frénales sont l'une et l'autre assez grandes ; la première est tétragone, et la seconde pentagone ; il existe deux fréno-orbitaires médiocres, superposées d'une manière oblique. Les plaques labiales sont au nombre de huit de chaque côté ; la première est tétragone, plus basse à son bord antérieur qu'à son bord postérieur ; la seconde et la troisième sont carrées, la quatrième est quadrilatère oblongue, la cinquième de même, mais plus grande; la sixième, la septième et la huitième sont pentagones. Les plaques de la mâchoire inférieure ressemblent à celles de l'espèce précédente. Nous ne trouvons pas non plus que l'écaillure du corps soit différente de celle de l'Euméces de Sloane. Le nombre de séries longitudinales d'écailles qui revêtent le tronc est de trente à trente-deux. Il n'y a que trois rangées de squames, toutes à peu près égales, sur la région préanale. Les scutelles sous-digitales sont larges et assez épaisses.

Coloration. Le dessus de la tête, celui du cou, le dos et la face supérieure de la queue présentent une teinte olivâtre ou bronzée généralement uniforme. Cependant on rencontre des individus dont le cou et le dos sont semés de points noirs, ou bien coupés longitudinalement par une raie blanchâtre lisérée de brun. Tous offrent deux belles bandes noires qui s'étendent, l'une à droite, l'autre à gauche, depuis la narine, en passant sur l'œil et la tempe, et en longeant le haut des côtés du cou et du tronc, jusque sur la partie latérale de la queue, plus ou moins en arrière. Ces deux bandes noires latérales sont relevées chacune d'une raie blanche en haut et en bas dans toute leur longueur. Souvent les côtés du cou et les flancs, à leur région inférieure, sont irrégulièrement tachetés ou piquetés de blanc, sur un fond brunâtre plus ou moins clair. La gorge, le ventre, et en général tout le dessous du corps, des membres et de la queue est d'un blanc-gris, glacé de verdâtre, avec des lignes longitudinales d'une teinte plus foncée, en nombre égal à celui des bandes d'écailles.

Dimensions. *Longueur totale.* 17" 2'''. *Tête.* Long. 2" 2'''. *Cou.* Long. 1" 5'''. *Tronc.* Long. 5". *Memb. antér,* Long. 2" 8'''. *Memb. postér.* Long. 3" 8'''. *Queue.* Long. 8" 5'''.

Patrie. L'Eumèces de Spix habite l'Amérique méridionale ; les échantillons qui font partie de notre Musée national ont été recueillis les uns à Cayenne, par M. Leprieur ; les autres au Brésil, par MM. Delalande, Gallot et Gaudichaud.

Observations. Raddi semble être le premier auteur qui ait mentionné cette espèce, mais il l'a fait en termes si peu précis, que c'est plutôt Spix qu'on doit regarder comme celui qui l'a réellement fait connaître. Et en effet, les deux figures publiées par le voyageur bavarois sous les noms de *Scincus bistriatus* et de *Scincus nigropunctatus*, quoique fort médiocres sous le rapport des détails, donnent cependant une idée assez exacte de l'ensemble des formes et du mode de coloration du Scincoïdien dont nous faisons l'histoire : c'est ce que nous avons l'intention de rappeler en désignant notre espèce par le nom de *Spixii* préférablement à l'un de ceux qui lui avaient été donnés antérieurement ; d'un autre côté, ces dénominations d'*agilis*, de *bistriatus* et de *nigropunctatus*, pouvant être appliquées avec autant de raison à d'autres espèces du même genre, nous éviterons la confusion qui pourrait résulter de leur emploi.

4. L'EUMÈCES MABOUIA. *Eumeces mabouia*. Nobis.

CARACTÈRES. Plaques nasales médiocres, non contiguës ; supéro-nasales étroites, contiguës ; inter-nasale en losange tronqué à son angle postérieur ; fronto-nasales contiguës ou presque contiguës ; deux fronto-pariétales ; une inter-pariétale losangique, plus grande que ces dernières ; deux pariétales ; pas d'occipitale ; une fréno-nasale ; deux frénales ; deux fréno-orbitaires, dont une aussi grande que la seconde frénale. Corps lacertiforme ; membres assez développés ; queue sub-arrondie. Écailles préanales médiocres, égales. Dos bronzé, semé de points noirs ; une large bande noire de chaque côté du dos.

SYNONYMIE. *Scinque* (*appelé Anolis de terre, et Mabouia dans les Antilles*). Cuv. Règn. anim. 2e édit. tom. 2, pag. 63.

Tiliqua ænea. Gray. Synops. Rept. in Griffith's anim. Kingd. Cuv. tom. 9, pag. 70.

Scincus lævigatus. Gray. Bristish Mus.

Lézard..... Plumier, Manusc. Poissons, Oiseaux, Lézards, etc.

Tiliqua Cepedii. Coct. Tab. synopt. Scincoïd.

DESCRIPTION.

FORMES. L'Eumèces mabouia, semblable à beaucoup d'égards à l'Eumèces de Spix, s'en distingue cependant à la première vue par son tronc plus gros au milieu, par sa tête proportionnellement plus petite, plus plate, plus effilée, circonstances qui donnent à l'ensemble de son corps une forme plus distinctement en fuseau que cela ne s'observe chez l'espèce précédente ; il en diffère encore en ce que ses plaques fronto-nasales ne sont pas contiguës, en ce qu'il ne possède que trois sus-oculaires au lieu de quatre ; celle qui manque ici paraît être la première de la série, car les trois restantes sont en tous points pareilles aux trois dernières sus-oculaires de l'Eumèces de Spix. La taille n'est pas non plus la

même chez les deux espèces que nous comparons ; sous ce rapport, l'Eumèces mabouia est, pour ainsi dire, à l'Eumèces de
Spix ce que le Lézard vert est au Lézard des souches, c'est-à-dire
d'un quart et peut-être même d'un tiers plus grand. Les écailles
de l'Eumèces mabouia sont généralement lisses, mais quelquefois
pourtant on pourrait les croire striées, ce qui provient de ce que
celles de certains individus offrent quelques petits enfoncements
ou sillons longitudinaux qui produisent naturellement autant de
petites saillies.

COLORATION. *Variété* A. Elle est d'un vert bronzé sur la tête,
le cou, le dos et la queue, parties qui, la première exceptée,
sont irrégulièrement semées de petites taches noires, le plus ordinairement triangulaires, et se soudant quelquefois les unes aux
autres sur le cou, de manière à former deux raies longitudinales
parallèles. Une belle couleur noire s'étale en bande longitudinale
sur la région frénale, sur la tempe, sur le côté du cou et sur le
flanc, ou plutôt sur la première moitié du flanc seulement, car
une fois arrivée sur la seconde elle s'efface peu à peu, et disparaît
même quelquefois avant d'en atteindre l'extrémité. Chez certains
individus cette bande noire perd de sa pureté par la présence de
petites taches blanches ou blanchâtres, ou bien de la couleur
bronzée du dos; mais elle est toujours surmontée d'une autre
bande plus étroite et d'une teinte fauve ou verdâtre très-claire,
tirant même sur le blanchâtre ; puis elle est bordée à sa partie
inférieure d'une raie blanche assez large, excepté sur la lèvre
dont elle ne colore que le bord libre. Le dessus des membres est
plus ou moins tacheté de noir, sur un fond semblable à celui des
autres parties supérieures du corps. Quant aux régions inférieures, elles offrent, de même que chez l'Eumèces de Spix, une
teinte d'un gris blanc glacé de verdâtre, qui semble rayé longitu
dinalement de gris foncé, parce qu'en effet les écailles portent
de chaque côté une petite bordure de cette couleur.

Variété B. Ce qui caractérise cette variété, c'est la coloration
en brun des bandes latérales, et leur interruption immédiatement
en arrière de l'épaule; c'est aussi la teinte plus foncée des parties
supérieures dont beaucoup d'écailles sont bordées; c'est encore
enfin la disposition plus ou moins complète de la bande fauve
ou blanchâtre qui surmonte la bande noire ou noirâtre dans
la précédente variété.

Variété C. Celle-ci se reconnaît à la teinte cuivreuse uniforme de ses parties supérieures, et quelquefois même de ses régions inférieures ; et au vestige d'une bande latérale noirâtre qui ne s'étend pas au delà de l'aisselle.

DIMENSIONS. *Longueur totale.* 24" 7'''. *Tête.* Long. 1" 8'''. *Cou.* Long. 1" 5'''. *Tronc.* Long. 5" 4'''. *Membr. antér.* Long. 2" 5'''. *Membr. postér.* Long. 3" 5'''. *Queue.* Long. 16".

PATRIE. L'Eumèces mabouia paraît habiter exclusivement les Antilles ; au moins tous les individus que possède le Muséum proviennent de cet archipel. La Martinique en particulier en a fourni un bon nombre d'exemplaires, qui y ont été recueillis par M. Plée ; plusieurs autres proviennent de la Guadeloupe par les soins de M. l'Herminier et de M. Beaupertuis.

Observations. Nous avons conservé à cette espèce le nom vulgaire qu'elle porte dans les différentes localités dont elle est originaire. Lacépède a appliqué son histoire, extraite des écrits de Dutertre et de Rochefort, à un autre Scincoïdien, le Gongyle ocellé, qu'il a décrit et fait représenter à tort comme étant le Scinque mabouia des Antilles : erreur dont Cuvier ne paraît pas s'être aperçu, puisqu'en parlant de notre Eumèces mabouia, il cite la figure de Lacépède, comme devant y être rapportée.

Le *Tiliqua œnea* de M. Gray est établi d'après la variété A de notre Eumèces mabouia. Les manuscrits de Plumier contiennent une figure au trait parfaitement faite, de l'espèce du présent article.

5. L'EUMÉCES DE FREYCINET. *Eumeces Freycinetii.* Nobis.

CARACTÈRES. Plaques nasales médiocres, latérales ; supéro-nasales, non contiguës ; inter-nasale, en losange arrondi à son angle postérieur ; fronto-nasales non contiguës ; frontale, en losange tronqué en avant ; une seule fronto-pariétale, pentagone ; une inter-pariétale petite, obtusément triangulaire ; deux pariétales ; pas d'occipitale ; une fréno-nasale aussi haute que les deux frénales ; deux fréno-orbitaires. Oreille médiocre, arrondie, portant une ou deux petites écailles flottantes à son bord antérieur. Corps lacertiforme : membres assez développés. Queue sub-arrondie. Scutelles sous-digitales lisses ; écailles préanales, médiocres, égales. Dos bronzé, tiqueté de noir ; côtés du corps noirs, tiquetés de blanc.

SYNONYMIE. *Scincus atrocostatus.* Less. Voy. autour du monde sur la corv. *la Coquille*, zool. tom. 2, part. 1, pag. 50, Pl. 4, fig. 3.

Tiliqua Freycinetii. Coct. tab. Synopt. Scincoïd.

DESCRIPTION.

FORMES. Cette espèce est plus svelte, plus élancée qu'aucune des précédentes; les membres et la queue sont proportionnellement plus développées que les leurs. Mises le long du cou, les pattes de devant s'étendent un peu au delà des yeux, et celles de derrière appliquées contre les flancs atteignent aux aisselles. Les doigts sont plus profondément divisés, plus faibles, plus grêles; mais quant aux proportions qu'ils offrent les uns à l'égard des autres, elles sont les mêmes que chez l'Eumèces de Spix et l'Eumèces mabouia. La queue, très-effilée, arrondie à sa base, et de plus en plus comprimée dans le reste de son étendue, entre pour les deux tiers dans la longueur totale de l'animal. Le cou et le tronc ont leur face supérieure légèrement arquée en travers, leurs côtés un peu aplatis et leur région inférieure tout à fait plane. La tête est très-médiocrement allongée et assez déprimée; le museau est court, médiocrement étroit et arrondi à son extrémité; les régions sus-oculaires sont un peu bombées. L'ouverture de l'oreille est circulaire et d'une moyenne grandeur, elle offre une ou deux très-petites écailles flottantes à son bord antérieur. Le disque transparent de la paupière inférieure est plus rapproché du coin postérieur que de l'angle antérieur de l'œil. Chez cette espèce, de même que chez les quatre qui vont suivre, il n'y a plus qu'une seule plaque fronto-pariétale, ce qui peut servir à les distinguer de suite des Eumèces à disque oculaire transparent dont nous avons déjà fait l'histoire.

La plaque rostrale de l'espèce qui nous occupe a la forme d'un demi-disque circulaire, qui se moule sur l'extrémité arrondie du museau, qu'elle emboîte comme une petite calotte. Les plaques nasales sont très-petites, à peu près carrées, et mises en grande partie à jour par la narine; elles s'appuient chacune sur la première labiale et supportent seules la supéro-nasale. Celle-ci, petite, quadrilatère, oblongue, étroite, est assez écartée de sa congénère, ce qui permet à la rostrale de s'articuler directement avec l'inter-nasale. La plaque nasale est suivie d'une fréno-nasale carrée, aussi haute qu'elle ; puis viennent successivement deux frénales, la première tétragone équilatérale, la seconde quadrilatère oblongue ; à leur suite sont trois fréno-orbitaires superposées, dont la médiane est moins petite que les deux autres. En revenant aux plaques céphaliques supérieures, on distingue une grande inter-nasale en losange, tronquée à son sommet antérieur, par lequel elle s'articule avec la rostrale ; ses angles latéraux touchent par leur extrémité, l'un à droite, l'autre à gauche, à la première frénale, et ses deux bords postérieurs sont enclavés entre les fronto-nasales. Ces plaques, grandes, pentagones, inéquilatérales, sont contiguës ou presque contiguës et se rabattent un peu sur la région frénale ; en arrière, elles reçoivent entre elles deux l'angle obtus tout entier que forme la partie antérieure de la frontale, qui se prolonge du côté opposé en un long angle aigu. Ainsi que nous l'avons déjà dit précédemment, la plaque fronto-pariétale est simple ; sa forme est celle d'un losange dont le sommet antérieur, légèrement tronqué, s'articule avec la frontale, et le sommet postérieur, tronqué aussi, se soude à l'inter-pariétale. Celle-ci, excessivement petite, est en triangle isocèle. Les pariétales, qui sont grandes, tétragones, inéquilatérales, terminent le bouclier sus-crânien en formant un grand demi-cercle avec leurs bords externes. Les plaques sus-oculaires sont au nombre de quatre de chaque côté ; les deux médianes sont tétragones, assez dilatées en travers, la première est triangulaire, et la quatrième trapézoïde. Il y a une nombreuse série de plaques surcilières, toutes fort petites, excepté la première. Les plaques labiales n'offrent rien qui les distingue de celles des deux espèces précédentes ; mais les écailles du tronc sont distinctement plus petites et plus élargies : aussi en compte-t-on quarante séries longitudinales autour de cette partie du corps. Les écailles qui revêtent l'opercule anal sont disposées sur cinq rangées transversales. Les scutelles sous-digitales sont assez grandes et épaisses ; il y en a trente-cinq sous le quatrième doigt des pattes postérieures.

COLORATION. Les trois individus que nous avons observés nous ont offert les deux variétés suivantes.

Variété A. Des taches noires, plus ou moins liées entre elles, forment sur le fond olivâtre ou gris verdâtre du dessus du cou, du dos et de la queue, une sorte de marbrure, au milieu de laquelle se trouvent quelquefois jetés des points ou des petites

taches grisâtres ou jaunâtres, Les flancs portent chacun une
grande bande noire, qui vient directement de la tempe en passant au-dessus de l'oreille. Le fond de la couleur du dos étant
plus clair le long de la partie supérieure de la bande noire, il
semble qu'elle soit surmontée d'une bandelette blanchâtre ou
grisâtre. La face externe des membres est brune ou noire, avec
un semis de petits points blanchâtres ou d'un gris verdâtre. La
bande noire elle-même en est aussi semée quelquefois. Toutes les
régions inférieures présentent une teinte blanche plus ou moins
lavée de gris ou de verdâtre.

Variété B. Celle-ci a les écailles de ses parties supérieures colorées en brun marron; celles du cou et du dos sont comme lisérées de brun, tandis que sur la queue il y en a beaucoup qui
offrent une bordure fauve. Les pattes, en dessus, sont piquetées
de fauve et de brun, sur un fond marron ou roussâtre comme celui du dos. Le dessous du corps est blanc.

Dimensions. *Longueur totale.* 23" 3'". *Tête.* Long. 2". *Cou.*
Long. 1" 5'". *Tronc.* Long. 4" 8'". *Memb. antér.* Long. 2" 8".
Memb. postér. Long. 4". *Queue.* Long. 15.

Patrie. Ce Scincoïdien a été trouvé dans l'île de Vanicoro par
les naturalistes de l'expédition autour du monde, commandée
par le capitaine Freycinet, auquel nous nous plaisons à le dédier. Cette espèce se trouve aussi, à ce qu'il paraît, dans l'archipel des Carolines; car on l'a décrite et figurée sous le nom de
Scincus atrocostatus dans la partie zoologique du Voyage de la
corvette *la Coquille*, d'après un individu que MM. Garnot et
Lesson avaient recueilli dans l'île Oualan.

6. L'EUMÈCES DE CARTERET. *Eumeces Carteretii.* Nobis.

Caractères. Plaques nasales très-petites, tout à fait latérales; supéro-nasales triangulaires, non contiguës; inter-nasale en losange
tronqué en avant; deux fronto-nasales contiguës; frontale en losange court en avant, allongé en arrière; une seule fronto-pariétale, grande, en losange tronqué en avant, échancré en arrière;
une inter-pariétale petite, losangique; deux pariétales; pas
d'occipitale; une fréno-nasale, deux frénales oblongues; deux
fréno-orbitaires. Oreille médiocre, circulaire, portant une
petite écaille flottante à son bord antérieur. Corps lacertiforme;

membres bien développés ; écailles sous-digitales petites, nombreuses. Écailles préanales subégales. Parties supérieures d'un
brun chocolat.

SYNONYMIE ?

DESCRIPTION.

FORMES. L'Eumèces de Carteret, ainsi appelé du nom du havre
où il a été découvert, à la Nouvelle-Irlande, par MM. Quoy et
Gaimard, offre des formes encore plus sveltes, plus élancées que
l'Eumèces de Freycinet, décrit dans l'article précédent. Il est
surtout remarquable par la longueur de sa queue, dont la gracilité est telle qu'on trouverait difficilement un Scincoïdien auquel
on pût le comparer sous ce rapport. L'Eumèces de Carteret, bien
que présentant un très-grand nombre de ressemblances avec
l'Eumèces de Freycinet, s'en distingue cependant par plusieurs
caractères aussi faciles à saisir qu'à exprimer : ainsi, ses plaques
supéro-nasales, au lieu d'être quadrilatères, un peu allongées,
étroites, sont régulièrement triangulaires ; son inter-nasale n'est
pas tronquée en arrière, non plus que sa frontale en avant ; ses
fronto-nasales sont contiguës ; les deux frénales sont très-allongées ; les écailles du tronc sont beaucoup plus grandes et par
conséquent en nombre moindre, c'est-à-dire qu'on n'en compte
que vingt-quatre séries longitudinales au lieu de quarante ; enfin
les lamelles qui revêtent la face inférieure de ses doigts sont considérablement plus petites, plus minces et plus nombreuses, sous
la plus grande étendue du doigt, au moins, car la dernière phalange en offre qui ne sont pas différentes de celles de l'Eumèces
de Freycinet. Nous avons compté six lamelles sous-digitales assez
grandes, épaisses, à la phalange terminale du quatrième doigt
des pattes postérieures de l'Eumèces de Carteret, et soixante-huit
ou soixante-neuf, toutes petites, fort minces, très-serrées les
unes contre les autres, dans le reste de l'étendue de ce quatrième
doigt postérieur.

COLORATION. Cette espèce a l'air d'être recouverte d'un manteau
brun marron ou chocolat ; car cette teinte est répandue bien régulièrement sur toutes les parties supérieures du corps, sans
exception, ne dépassant pas le niveau de l'oreille sur les côtés du
cou, et celui des membres sur les parties latérales du tronc. Cette
couleur est d'autant plus tranchée, que toutes les autres régions
du corps sont blanches, lavées de gris bleuâtre.

DIMENSIONS. *Longueur totale.* 28" 8'". *Tête.* Long. 2". *Cou.* Long. 1" 2'". *Tronc.* Long. 5" 1'". *Memb. antér.* Long. 2" 8'". *Memb. post.* Long. 3" 9'". *Queue.* Long. 20" 5'".

PATRIE. Ainsi que nous l'avons dit plus haut, cette espèce est originaire de la Nouvelle-Irlande ; elle ne nous est connue que par un seul individu recueilli au havre Carteret par MM. Quoy et Gaimard.

7. L'EUMÉCES DE BAUDIN. *Eumeces Baudinii.* Nobis.

CARACTÈRES. Plaques nasales petites, latérales : supéro-nasales un peu allongées, étroites, non contiguës ; inter-nasale en losange tronqué en avant ; deux fronto-nasales non contiguës ; frontale oblongue, à angle obtus en avant, à angle aigu en arrière ; une seule fronto-pariétale en losange ; pas d'inter-pariétale ; pas d'occipitale ; fréno-nasale très-petite ; deux frénales, la première haute, étroite, la seconde plus basse, quadrangulaire oblongue ; trois fréno-orbitaires subégales, les deux premières superposées. Oreille assez grande, circulaire, à bord simple. Corps lacertiforme ; membres assez développés ; queue sub-arrondie. Écailles de la rangée préanale assez grandes, sub-égales. Dos bronzé ; côtés de la tête, du cou et du tronc noirs, piquetés de blanc.

SYNONYMIE ?

DESCRIPTION.

FORMES. Si l'on examine cette espèce comparativement avec l'Eumèces de Freycinet, dont elle est extrêmement voisine, et à la première variété duquel elle ressemble même complétement par son mode de coloration, on s'aperçoit qu'elle en diffère par des formes en général plus ramassées, par le manque absolu de plaque inter-pariétale, par la figure régulièrement losangique de la fronto-pariétale, et par le diamètre plus grand du disque transparent de la paupière inférieure.

DIMENSIONS. Nos individus de l'Eumèces de Baudin sont beaucoup plus petits, il est vrai, que ceux de l'Eumèces de Freycinet ; mais cette différence ne tient très-probablement qu'à ce qu'ils sont plus jeunes. Voici les principales dimensions du plus grand des trois échantillons que renferme notre Musée.

Longueur totale. 10" 7'". *Tête.* Long. 1" 1'". *Cou.* Long. 8'".

Tronc. Long. 2" 8"'. *Memb. antér.* Long. 1" 3"'. *Memb. postér.* Long. 1" 7"'. *Queue.* Long. 6".

PATRIE. L'Eumèces de Baudin vient de la Nouvelle-Guinée ; c'est aux soins de MM. Quoy et Gaimard que nous sommes redevables des trois exemplaires que nous possédons.

8. L'EUMÈCES DE LESSON. *Eumeces Lessonii.* Nobis.

CARACTÈRES. Plaques nasales petites, tout à fait latérales ; supéro-nasales non contiguës, étroites, situées chacune au-dessus de la nasale ; inter-nasale en losange ; deux fronto-nasales contiguës ; frontale en losange court en avant, allongé en arrière ; une seule fronto-pariétale, grande, losangique ; pas d'inter-pariétale ; deux pariétales ; pas d'occipitale ; une fréno-nasale ; deux frénales, la première vertico-rhomboïdale, la seconde plus grande ; deux fréno-orbitaires. Oreille médiocre, sub-ovale. Corps lacertiforme ; membres bien développés ; queue grêle. Écailles de la rangée préanale égales. Parties supérieures généralement noires, offrant un nombre variable de raies dorées.

SYNONYMIE. *Scincus cyanurus.* Less. et Garn. Voy. de la Coquille. Zool. Rept. tom. 2, part. 1, pag. 49, Pl. 4, fig. 2.

Scincus celestinus. Mus. de Leyde.

Tiliqua cyanura. Gray. Catal. slender-tong. Saur. Ann. natur. Hist. by Jardine, tom. 1, pag. 289.

Tiliqua Lessonii. Coct. Tab. synopt. Scincoïd.

Tiliqua Kienerii. Id. loc. cit.

Emo, à O-taïti.

DESCRIPTION.

FORMES. L'Eumèces de Lesson n'est pas moins remarquable par l'élégance de ses formes que par la richesse des couleurs dont sa robe est ornée. Un peu plus petit que le Lézard des murailles, mais aussi plus svelte et plus délié, il ne lui cède rien en grâces, en vivacité dans les mouvements, en rapidité dans la course.

C'est encore une espèce qui a les plus grands rapports avec l'Eumèces de Freycinet, mais qui s'en distingue toutefois d'une manière beaucoup plus tranchée que l'Eumèces de Baudin, en ce que, outre qu'elle manque de plaque inter-pariétale, et que sa frontale est en losange régulier, comme chez ce dernier, elle a sa fréno-nasale triangulaire, sa première frénale rhomboïdale, plusieurs petits lobules au bord antérieur de l'oreille, ses écailles du tronc distinctement plus grandes, puisqu'on en compte trente-deux séries au lieu de quarante, et ses lamelles sous-digitales plus petites, plus minces et plus nombreuses.

COLORATION. Mais c'est surtout par son mode de coloration que l'Eumèces de Lesson diffère de l'Eumèces de Freycinet. Le dessus du corps est noir ou brun marron sombre, ou vert foncé cui‑vreux; une raie linéaire d'un jaune vivement doré suit la ligne moyenne de la tête, du cou, du tronc, et s'arrête à la queue; deux autres raies linéaires latérales réunies sur le museau à la raie moyenne, s'en séparent aussitôt, passent sur le bord su-périeur de l'orbite et sur les côtés du corps jusqu'à la naissance de la queue. Chez certains individus, outre ces trois raies dorées, on en remarque deux autres qui commencent sur la lèvre supérieure, où elles sont confondues en partie avec la couleur du dessous, mais elles se prononcent davantage en passant sur le tympan au-dessus des bras, sur les flancs, au-dessus des cuisses; au-des-sous de ces dernières raies latérales, la couleur s'atténue bientôt d'une manière insensible vers l'abdomen. La gorge et le ventre sont d'un blanc lavé de bleuâtre; la queue est quelquefois tout entière d'un bleu d'azur très-pur, qui s'altère par le séjour dans l'alcool; d'autres fois elle est blanche en dessous, et d'un gris ver-dâtre en dessus, avec une raie médiane longitudinale brune ou noire. Les sujets très-jeunes ont les pattes et la queue d'une teinte rosée ou couleur de chair. Exposées au soleil, les écailles pren-nent divers reflets irisés très-brillants, et elles semblent saupou-drées d'or.

DIMENSIONS. *Longueur totale.* 13" 4'". *Tête.* Long. 1" 2'". *Cou.* Long. 8'". *Tronc.* Long. 2" 8'". *Memb. antér.* Long. 1" 6'". *Memb. postér.* Long. 2" 4'". *Queue.* Long. 8" 6'".

PATRIE. Ce Scinque paraît être très-commun dans les îles océa-niennes, car toutes les expéditions françaises qui ont exploré ces parages en ont rapporté un assez grand nombre.

Observations. M. Lesson a cru devoir indiquer, par le nom qu'il a donné à ce Scinque, la coloration de la queue; mais, outre que ce caractère est très-variable, il se trouve être commun à plusieurs espèces et notamment au *Scincus quinquelineatus* de Dau-din; comme par la suite il pourrait résulter de ceci quelque con-fusion, nous désignerons le Scinque à queue bleue de M. Lesson

par le nom même de ce naturaliste distingué, auquel on en doit
la première description et la première figure qui aient été publiées. L'Eumèces de Lesson nous a été envoyé du musée de
Leyde, sous le nom de *Scincus celestinus*. L'espèce que Cocteau
a inscrite dans ses Tables synoptiques sous le nom de *Scincus Kienerii*, n'était fondée que sur un individu décoloré de notre Eumèces de Lesson.

PAUPIÈRE INFÉRIEURE SQUAMEUSE.

10. L'EUMÈCES D'OPPEL. *Eumeces Oppelii*. Nobis.

CARACTÈRES. Nasales médiocres, tout à fait latérales; supéro-
nasales non contiguës; inter-nasale en losange tronqué à son angle
postérieur; deux fronto-nasales contiguës ou presque contiguës;
frontale offrant un angle obtus, très-court en avant, un angle
aigu très-long en arrière; deux fronto-pariétales; une inter-pariétale rhomboïdo-triangulaire, allongée, pointue, plus grande
que ces dernières; deux pariétales; pas d'occipitale; une fréno-
nasale; deux frénales; trois fréno-orbitaires. Oreille assez grande,
circulaire, portant quatre à six petits lobules à son bord antérieur. Corps allongé, étroit; membres assez developpés; queue
longue, arrondie; écailles préanales égales entre elles. Dos fauve
offrant en travers des bandes d'un brun clair.

SYNONYMIE. *Scincus fasciatus* et *Scincus annulatus*. Oppel, Mus.
Par.

Scincus elongatus. Boié, Mus. de Leyde.

DESCRIPTION.

FORMES. Cette espèce est assez étendue en longueur; son cou
et son tronc sont étroits, cyclo-tétragones, et sa queue est au
contraire assez forte, arrondie, mais pas jusqu'à sa pointe, car
celle-ci est légèrement aplatie de droite à gauche; cette queue
n'est pas tout à fait d'un tiers plus longue que le reste du corps.
Les pattes sont courtes, puisque celles de devant, mises le long
du cou, ne s'étendent pas au delà des oreilles, et que celles de
derrière n'offrent pas la moitié de l'étendue qui existe entre l'é-
paule et l'origine de la cuisse. Les doigts cependant sont médiocrement allongés; aux mains, les trois premiers sont régulièrement étagés, le quatrième est aussi long ou presque aussi long

que le troisième; le cinquième est le plus court de tous après
le premier. Les doigts postérieurs offrent les mêmes proportions
relatives que les doigts antérieurs, à cette seule différence près
que le quatrième, au lieu d'être un peu plus court que le troisième, est au contraire un peu plus long. Les ongles sont courts,
crochus et très-aigus.

La tête est un peu aplatie; ses deux faces latérales forment un
angle aigu dont le sommet ou le museau est assez arrondi; le
chanfrein est un peu élevé et arqué en travers; les régions sus-oculaires sont légèrement bombées. La membrane du tympan est enfoncée assez avant dans le trou auriculaire, dont l'ouverture est
circulaire, médiocrement grande et garnie de trois ou quatre petits lobules flottants à son bord antérieur. Parmi les squames qui
revêtent la paupière inférieure, on en remarque de carrées : ce
sont celles qui bordent sa partie supérieure; ses deux angles
en offrent de plus petites, irrégulièrement rhomboïdales, et
comme imbriquées; puis, la partie moyenne de sa surface en
présente deux fort grandes, ayant quatre côtés. Le plafond de la
bouche est parfaitement uni; il s'étend presque jusqu'à l'entrée
du gosier, sans offrir ni rainure ni échancrure, attendu que les os
palatins et les os ptérygoïdiens de gauche s'avancent en recouvrement sur les mêmes os du côté droit. Les narines sont situées
sous le *canthus rostralis*, tout à fait à l'extrémité antérieure de la
région frénale; elles sont percées un peu obliquement de haut en
bas; mais néanmoins leur ouverture, qui est médiocre et sub-ovalaire, est dirigée latéralement en dehors; elles occupent environ
la moitié postérieure de la plaque nasale, qui a la forme d'un
quadrilatère oblong, et est circonscrite par la rostrale, la supéro-nasale, la fréno-nasale et la première labiale. La fréno-nasale, qui est carrée, s'appuie sur la première labiale, et supporte
l'extrémité postérieure de la supéro-nasale. Celle-ci, qui offre
la même longueur que la nasale et la fréno-nasale réunies, est
quadrilatère, assez étroite; elle ne s'articule pas avec sa congénère
du côté opposé, de laquelle la séparent les deux sommets réunis
de la rostrale et de l'inter-nasale. La première frénale, beaucoup
plus développée que la fréno-nasale, et un peu plus que la seconde frénale, offre trois pans, un antérieur et un inférieur,
qui forment un angle droit, et un supérieur, qui s'abaisse en arrière en décrivant une ligne courbe; la seconde frénale est sub-
trapézoïde. Il y a deux fréno-orbitaires superposées: l'inférieure

REPTILES, V.   42

est carrée et moins petite que la supérieure , dont la forme n'est pas bien arrêtée. Bien qu'ayant réellement quatre bords , la rostrale semble offrir un triangle faiblement tronqué ou comme arrondi à son sommet supérieur, lequel s'articule avec le sommet antérieur également tronqué ou arrondi de la plaque inter-nasale, dont la forme est celle d'un assez grand losange un peu élargi. Les deux fronto-pariétales, pentagones, presque équilatérales et séparées l'une de l'autre par un très-petit espace, sont situées de chaque côté, en travers du *canthus rostralis*, immédiatement au-devant de la première sus-oculaire. La frontale offre deux très-grands bords latéraux qui forment un long angle aigu dirigé en arrière, et deux petits bords antérieurs qui donnent un angle obtus dont le sommet touche à celui de l'angle postérieur de l'inter-nasale. Les fronto-pariétales sont très-petites, pentagones, contiguës, embrassant en avant la pointe de la rostrale, et en arrière les deux petits côtés de l'inter - pariétale, qui est une fois plus petite, mais qui a la même forme que la plaque frontale. Les pariétales sont fort grandes et semblables d'ailleurs à celles de la plupart des espèces précédentes. Les plaques labiales supérieures sont au nombre de sept de chaque côté ; les deux dernières seulement sont pentagones, et les cinq autres tétragones ; elles vont en augmentant de hauteur depuis la première jusqu'à la troisième ; mais la quatrième et la cinquième ne sont pas plus élevées que celle-ci ; la sixième l'est un peu plus, et la septième un peu moins ; la cinquième est de moitié plus longue que les autres. Les labiales inférieures et les sous-maxillaires ne diffèrent pas de celles des espèces précédentes.

Les écailles du corps sont de moyenne grandeur et très-élargies ; leur bord libre ne forme qu'une seule ligne légèrement arquée ; elles offrent trois autres petits pans égaux, un antérieur, articulé avec l'écaille précédente ; deux latéraux , soudés l'un à l'écaille de droite , l'autre à l'écaille de gauche. On compte vingt-neuf séries longitudinales d'écailles autour du tronc, et quatre rangées transversales sur la région préanale ; ces écailles préanales sont égales entre elles, excepté celles de la dernière rangée, qui offrent un peu plus de développement que les autres. Les paumes et les plantes des pieds sont revêtues de petites squames tuberculeuses ; les lamelles sous-digitales sont médiocrement grandes et assez épaisses ; le nombre de celles du quatrième doigt postérieur est de dix-neuf ou vingt.

COLORATION. Le dessus du corps, depuis la nuque jusqu'à l'extrémité de la queue, est marqué d'une suite assez nombreuse de bandes transversales brunes alternant avec des bandes un peu plus étroites d'une teinte fauve. La surface de la tête est uniformément brunâtre ; les lèvres sont fauves ou blanchâtres, coupées de haut en bas par quatre ou cinq bandes brunes qui se continuent en dessous sur la gorge, en formant des chevrons emboîtés les uns dans les autres. Les régions inférieures sont blanches.

DIMENSIONS. *Longueur totale.* 32" 7"'. *Tête.* Long. 2" 8"'· *Cou.* Long. 2" 3"'. *Tronc.* Long. 8" 8"'. *Memb. antér.* Long. 2" 8"'. *Memb. postér.* Long. 4". *Queue.* Long. 18" 8"'.

PATRIE. Ce Scincoïdien est originaire de la Nouvelle-Guinée.

Observations. Depuis longtemps notre Musée national en renferme deux individus, un jeune et un adulte, qui avaient été étiquetés par Oppel, celui-ci *Scincus fasciatus*, et celui-là *Scincus annulatus*, tandis que Boié, de son côté, avait donné le nom d'*E-longatus* à un exemplaire du Musée de Leyde. Nous laisserons de côté ces noms dont aucun, au reste, n'a été publié, et qui pourraient peut-être faire naître quelque confusion, attendu que le caractère qu'ils expriment est commun à plusieurs espèces voisines, et nous désignerons celle-ci par le nom de l'erpétologiste qui semble l'avoir observée le premier.

11. L'EUMÈCES MICROLÉPIDE. *Eumeces microlepis.* Nobis.

CARACTÈRES. Plaques nasales petites, tout à fait latérales ; supéro-nasales, en triangles scalènes, contiguës ; inter-nasale en losange élargi ; deux fronto-nasales presque contiguës ; frontale en losange oblong ayant ses deux côtés antérieurs plus courts que les postérieurs ; une seule fronto-pariétale, hexagone ; une inter-pariétale obtusément triangulaire, fort petite ; deux pariétales ; pas d'occipitale ; une petite fréno-nasale ; deux frénales égales ; trois fréno-orbitaires inégales. Oreille assez grande, circulaire, portant plusieurs petits tubercules à son bord antérieur. Corps lacertiforme ; membres forts ; queue sub-arrondie. Toutes les écailles du corps extrêmement petites, fort nombreuses et très-imbriquées ; celles de la rangée préanale un peu moins petites que les autres. Parties supérieures d'un brun de suie, nuancé de noirâtre.

SYNONYMIE. *Kéneux de Gaimard.* Coct. tab. synopt. Scincoïd.

42.

DESCRIPTION.

Formes. On peut aisément reconnaître cet Eumèces entre tous ses congénères, en ce qu'il est le seul dont les écailles soient aussi petites et aussi nombreuses, caractère auquel nous avons voulu faire allusion en lui imposant le nom spécifique de Microlépide. Cette espèce a les formes lourdes, trapues, ramassées; ses membres sont robustes, forts, mais néanmoins assez développés; ceux de devant pourraient s'étendre jusqu'aux yeux en les couchant le long du cou, et ceux de derrière ont en longueur les trois quarts de celle du tronc, mesuré de l'aisselle à l'aine. Les doigts sont peu allongés, assez gros, presque cylindriques, et leurs ongles courts, comprimés, arqués et très-aigus. Les trois premiers doigts des mains sont régulièrement étagés, le quatrième offre la même étendue que le troisième, et le cinquième par sa longueur tient le milieu entre le premier et le second. Les doigts des pattes postérieures vont toujours en s'allongeant depuis le premier jusqu'au quatrième; l'extrémité du dernier ne dépasse que de fort peu de chose le bout du premier. La queue entre pour plus de la moitié dans l'étendue totale de l'animal; elle est forte, cyclo-tétragone, peut-être même un peu déprimée à sa naissance; mais peu à peu elle se comprime légèrement en s'éloignant du tronc. Celui-ci, de même que le cou, est assez distinctement aplati sur quatre faces. La tête, médiocrement longue, un peu déprimée, a la forme d'une pyramide quadrangulaire à sommet obtusément arrondi; le vertex est plat, le front aussi, ce qui fait que les angles latéraux du museau, bien qu'arrondis, sont cependant un peu prononcés. Les régions sus-oculaires forment chacune une voûte faiblement arquée. La paupière inférieure a son bord garni d'une bande de petites squames quadrilatères, et le reste de sa surface revêtu de fort petites écailles granuleuses; au milieu est une petite plaque carrée. L'entrée du méat auditif est ovalaire, ayant son plus grand diamètre placé de haut en bas; elle est découverte, et offre plusieurs tubercules extrêmement petits le long de son bord antérieur. Le plafond de la bouche est uni; tout à fait en arrière, il présente une échancrure en angle fort aigu.

La narine est percée d'arrière en avant; mais son ouverture, qui est ovoïde, est malgré cela dirigée latéralement en dehors;

elle occupe la plus grande partie de la plaque nasale, mais plus en arrière qu'en avant. La plaque nasale, quadrilatère oblongue, un peu plus basse à son bord antérieur qu'à son bord postérieur, est circonscrite par la rostrale, la supéro-nasale, la fréno-nasale et la première labiale. La fréno-nasale, petite et affectant une forme triangulaire, bien qu'offrant réellement quatre côtés, soutient l'extrémité postérieure de la supéro-nasale et s'appuie sur la première labiale. La première frénale est grande, carrée; la seconde presque aussi grande, mais trapézoïde; il y a trois fréno-orbitaires, une supérieure très-petite, comme linéaire, une inférieure grande, à quatre pans égaux, et une autre petite, en triangle isocèle, placée au bas et en arrière de la précédente. La plaque rostrale est très-développée; elle semble avoir une forme en triangle équilatéral, malgré ses cinq côtés; les supéro-nasales, qui sont contiguës ou presque contiguës et assez grandes, ressemblent à des triangles scalènes. L'inter-nasale a la forme d'un losange un peu dilaté en travers et légèrement tronqué à ses angles latéraux, qui s'articulent, l'un à droite, l'autre à gauche, avec la première frénale; le sommet de son angle postérieur est aussi un peu tronqué, et par lui elle se trouve en rapport avec la frontale. Les sutures qui résultent de la réunion des plaques frontales, supéro-nasales et inter-nasale, donnent la figure d'un grand X. Les deux fronto-nasales, qui ne sont pas tout à fait contiguës, sont carrées et se rabattent un peu sur la région frénale. La frontale, qui est oblongue et tétragone, représente un losange irrégulier, attendu que ses bords antérieurs, qui forment un angle obtus, sont de moitié moins longs que les postérieurs, prolongés en angle aigu arrondi à son sommet. Il n'y a qu'une seule fronto-pariétale; elle a six pans, dont deux grands soudés aux trois dernières sus-oculaires, deux moyens soudés aux pariétales, et deux très-petits soudés, l'un à la pointe de la frontale, l'autre à la base de l'inter-pariétale. Cette dernière plaque est en triangle isocèle et excessivement peu développée; les pariétales sont grandes, pentagones oblongues, embrassant, dans l'espèce de fourche qu'elles forment en avant, l'inter-pariétale et la fronto-pariétale, tandis que leur bord antérieur s'articule avec les deux dernières sus-oculaires. On observe cinq plaques sus-oculaires de chaque côté: la première, dont la forme est celle d'un triangle équilatéral, est assez grande; la seconde, qui a quatre côtés, plus de largeur que de longueur, et son bord latéral externe plus court que le latéral interne, est encore plus grande; la troisième, qui est un quadrilatère régulier dilaté en travers, est plus petite que la seconde; la quatrième est aussi plus petite que la seconde, mais elle a la même forme; et la cinquième, qui est trapézoïde, est de deux tiers moins grande que la quatrième. Il existe une série de huit petites plaques surciliaires, toutes égales entre elles, à l'exception de la première, dont le diamètre excède un peu celui des autres. Toutes les écailles du corps, sans exception, sont extrêmement petites; elles sont hexagones, très-dilatées en travers; le nombre des séries qu'elles forment autour du tronc est considérable, comparativement à celui qui existe chez le commun des Scincoïdiens, puisqu'il est vrai qu'on n'y en compte pas moins de soixante-cinq à soixante-sept. La région préanale offre neuf ou dix rangées transversales d'écailles, parmi lesquelles celles de la dernière rangée se font remarquer, comme étant un peu moins petites que les autres, et, parmi celles-là même, il y en a une, la médiane, dont le diamètre présente quelque chose de plus que celui des autres. Le quatrième doigt des pattes de derrière a sa surface inférieure garnie de trente-cinq lamelles quadrilatères, élargies, assez grandes et assez épaisses. La paume des mains et la plante des pieds sont revêtues de petits tubercules squameux, granuliformes.

COLORATION. Les parties supérieures de l'Eumèces microlépide sont fauves mélangées de brun, ou brunes mélangées de fauve, suivant que c'est l'une ou l'autre de ces deux teintes qui domine ou qui forme le fond de la couleur. Quant aux régions inférieures, elles sont blanches lavées de roussâtre.

DIMENSIONS. *Longueur totale*. 3₂" 2'". *Tête*. Long. 4" 2'". *Cou*. Long. 3". *Tronc*. Long. 10". *Memb. antér*. Long. 5" 4'". *Memb. postér*. Long. 37" 7'". *Queue*. Long. 15".

On voit, d'après ces dimensions, que l'Eumèces microlépide est, sinon un des plus grands Scincoïdiens, une espèce du moins dont la taille s'élève au-dessus de celle de la plupart des Sauriens de cette famille, c'est-à-dire qui devient un peu plus grande que notre Lézard ocellé d'Europe.

PATRIE. L'Eumèces microlépide nous est connu par deux fort beaux exemplaires que MM. Quoy et Gaimard ont recueillis à Tongatabou.

IIIe SOUS-GENRE. EUPRÈPES. — *EUPREPES.*
Wagler (1).
(*Mabouya*, Fitzinger; *Tiliqua*, part., Gray; *Euprepes*, Wiegmann.)

CARACTÈRES. Narines percées dans le bord postérieur de la plaque nasale; deux supéro-nasales. Palais à échancrure triangulaire, plus ou moins profonde. Des dents ptérygoïdiennes. Écailles carénées.

C'est avec quelques modifications et d'autres caractères que nous présentons ici le groupe de Scincoïdiens que Wagler avait établi sous le nom d'*Euprepis*, dans son excellent ouvrage intitulé *Naturlisches System der Amphibien.* Ce savant erpétologiste avait formé son genre *Euprepis* de tous nos Scincoïdiens saurophthalmes tétrapodes alors connus, ayant indistinctement le palais lisse ou denté, les écailles carénées ou non carénées, mais chez lesquels les narines viennent s'ouvrir, l'une à droite, l'autre à gauche, dans la seule plaque nasale tout près de son bord postérieur; caractère qui, au reste, suffisait pour distinguer ce genre *Euprepis* des Lygosomes, des Sphénops, des Scinques, des Gongyles et des Trachysaures, genres de Scincoïdiens à paupières, à quatre pattes et à cinq doigts, que notre auteur avait créés ou admis dans sa Nouvelle classification des amphibies. Mais ce genre *Euprepis* n'en était pas moins pour cela composé d'éléments divers, parmi lesquels nous pûmes prendre les types de nos sous-genres *Eumèces* et *Plestiodon*, ce qui réduisit le genre Euprepis aux seules espèces qui, à ce caractère d'avoir la narine percée dans la portion postérieure de la plaque nasale, joignent ceux d'offrir le plafond de la bouche entier ou seulement échan

***

(1) Ευπρεπης, *decore eximius*, *formosus, ornatus*, bien décoré.

cré tout à fait en arrière, de petites dents enfoncées dans les os ptérygoïdiens, et leurs écailles relevées de lignes en nombre variable et plus ou moins saillantes. M. Wiegmann, avant nous, avait proposé de subdiviser le genre *Euprepis* de Wagler en deux sous-genres, *Eumèces* et *Euprepes*, mais d'après des différences tout à fait fictives. Il signale effectivement les Eumèces comme se distinguant principalement des Euprèpes, en ce que leurs narines sont situées au milieu d'une plaque, tandis qu'elles le sont entre deux chez ces derniers ; puis d'avoir deux dents inter-maxillaires de plus, c'est-à-dire neuf au lieu de sept : or, il est positif que les narines des espèces citées par M. Wiegmann, comme types de son genre Eumèces, ne sont pas différemment placées que celles des espèces du sous-genre des Euprèpes ; quant au nombre des dents inter-maxillaires, tantôt on le trouve de sept chez les Euprèpes de M. Wiegmann et de neuf chez ses Eumèces ; d'autres fois c'est tout le contraire.

Notre sous-genre des Euprèpes se distingue bien nettement du sous-genre précédent ou de celui des Eumèces, par la présence de petites dents ptérygoïdiennes, et l'existence, sur les écailles, de stries ou carènes plus ou moins prononcées et en nombre variable. Par toute leur organisation, ils ressemblent absolument à ces derniers. On trouve aussi parmi eux des espèces dont la paupière inférieure offre un disque transparent, et d'autres qui l'ont revêtue de petites plaques au travers desquelles les rayons solaires ne peuvent point pénétrer. Ce sont deux dispositions qui nous ont permis de partager ces espèces de Scincoïdiens en deux groupes comme celles du sous-genre *Eumèces*.

Notre groupe des Euprèpes à paupière transparente comprend en grande partie les *Rachites* et les *Hérémites* de Cocteau, et celui des espèces à paupière squameuse les *Psammites* et les *Arnés* du même auteur. Le tableau synoptique suivant offre les caractères distinctifs des treize espèces réunies dans le sous-genre *Euprèpes*.

TABLEAU SYNOPTIQUE DES ESPÈCES DU SOUS-GENRE EUPRÈPES.

Paupière
- transparente : fronto-pariétale
  - à lobules
    - double : oreilles
      - longs, effilés : écailles dorsales
        - à six carènes. . . . . 5. E. DE BIBRON.
        - tricarénées. . . . . 4. E. D'OLIVIER.
      - courts : carènes des écailles dorsales
        - très-distinctes,
          - plus de deux,
            - six ou sept. . . . . 8. E. DES SÉCHELLES.
            - trois : dos
              - rayé. . . . . 6. E. DE SAVIGNY.
              - tacheté. . . . 2. E. DE PERROTET.
          - deux. . . . . 1. E. DE COCTEAU.
        - à peine sensibles. . . . . . . 7. E. A SEPT BANDES.
    - sans lobules : couvertes un peu par les écailles temporales. . . . . . 3. E. DE MERREM.
  - unique : inter-pariétale
    - distincte. . . . . 9. E. DE GRAVENHORST.
    - nulle : pariétale
      - double. . . . . 10. E. DE LA PHYSICIENNE.
      - unique. . . . . 11. E. DE DELALANDE.
- squameuse : oreilles
  - médiocres, découvertes . . . . 12. E. DE SÉBA.
  - petites, couvertes en partie par les écailles des tempes : carènes des écailles peu prononcées. . 13. E. DE VAN ERNEST.

1. L'EUPRÉPES DE COCTEAU. *Euprepes Coctei.* Nobis.

CARACTÈRES. Plaques nasales, latérales, quadrilatères oblongues, non contiguës ; supéro-nasales contiguës ; inter-nasale en losange élargi, divisée longitudinalement (peut-être accidentellement) par le milieu ; deux fronto-nasales contiguës, pentagones, affectant une forme carrée ; frontale à peine plus longue que large, coupée carrément de chaque côté et en arrière, et présentant un angle obtus en avant ; deux fronto-pariétales, pentagones sub-équilatérales ; une inter-pariétale en losange court en avant, allongé en arrière ; deux pariétales sub-oblongues obliques; pas d'occipitale ; une fréno-nasale petite ; une frénale suivie de deux autres superposées. Une série de petites plaques sous-oculaires, empêchant de monter jusqu'au bord orbitaire la cinquième labiale supérieure, qui, de même que la quatrième, est plus basse que les précédentes. Oreille assez grande, découverte, portant trois ou quatre lobules à son bord antérieur. Corps lacertiforme, trapu ; membres forts. Écailles dorsales petites, bicarénées. Six grandes écailles préanales. Parties supérieures tiquetées de jaunâtre sur un fond gris nuagé de brun.

SYNONYMIE ?

DESCRIPTION.

FORMES. L'Eumèces de Cocteau est une des plus grandes espèces de Scincoïdiens connus ; sa taille approche de celle d'un fort Iguane ; toutefois sa queue et ses membres ne sont pas proportionnellement aussi développés que chez ce dernier, mais assez courts, ainsi que c'est le cas de la plupart des espèces appartenant à la famille des Lépidosaures. Les pattes de devant s'étendent jusqu'aux yeux, lorsqu'on les couche le long du cou, et les membres postérieurs offrent une longueur égale à celle de la tête et du cou réunis. Les doigts sont comprimés, armés d'ongles comprimés aussi, mais néanmoins assez forts ; aux mains, les trois premiers doigts sont régulièrement étagés, le quatrième est un peu plus long que le troisième, et le dernier, par sa longueur, tient le milieu entre le premier et le second. Aux pieds, les quatre premiers doigts vont en augmentant graduellement de longueur ; mais le dernier, inséré il est vrai plus en arrière sur le tarse, n'atteint même pas, par son extrémité, à celle du second. La queue fait la moitié de l'étendue totale du corps. La tête, bien qu'un peu déprimée, a une forme pyramidale quadrangulaire; le museau est obtusément arrondi. Les oreilles sont médiocrement grandes, et garnies de plusieurs lobules formant dentelure à leur bord antérieur. Le disque transparent de la paupière inférieure est ovalaire.

La plaque rostrale est triangulaire; les supéro-nasales, soudées ensemble au-dessus du sommet de cette dernière, sont assez allongées et étroites, surtout en arrière; elles surmontent une partie de la rostrale, la nasale et la fréno-nasale. L'inter-nasale, divisée en deux longitudinalement, mais peut-être par accident chez l'unique exemplaire que nous ayons été à même d'observer, représente deux triangles réunis base à base sur la ligne médiane du museau; si elle était entière elle aurait la forme d'un rhombe dilaté en travers. Les fronto-nasales sont contiguës, affectant une forme carrée, malgré les cinq angles qu'elles présentent. La frontale est à peine un peu plus grande et de même forme que les fronto-nasales, avec lesquelles elle s'articule par un angle obtus. Les fronto-pariétales, un peu plus petites seulement que les fronto-nasales, simulent une forme losangique, bien qu'elles aient réellement cinq côtés; elles sont contiguës et offrent en arrière un petit angle rentrant dans lequel est reçu l'angle saillant que forment les deux bords antérieurs de l'inter-pariétale, dont les deux autres côtés font un angle aigu qui s'avance entre les pariétales. Celles-ci sont oblongues, hexagones, inéquilatérales, et placées chacune un peu obliquement en dehors par rapport à l'axe de la tête. On compte quatre sus-oculaires de chaque côté, et huit surciliaires, dont la première est assez grande et si avancée qu'on pourrait la regarder comme une fréno-orbitaire. La plaque nasale est pentagone oblongue, un peu arrondie en arrière et pointue en avant; elle s'appuie sur la rostrale dans les trois quarts de sa longueur, et son extrémité postérieure est soutenue par la première labiale, qui supporte la fréno-nasale; celle-ci soutient la pointe de la supéro-nasale. La fréno-nasale est petite, tétragone, avec son bord antérieur ou celui qui touche à la nasale un peu échancré en demi-cercle. Il y a une première grande frénale pentagone, offrant en avant un bord vertical droit, et un petit angle aigu en arrière; puis deux autres superposées, pas tout à fait aussi grandes, ayant une forme sub-rhomboïdale. Il existe une série de sept plaques sous-oculaires. Le nombre des labiales supérieures est de huit à gauche comme à droite ; la première est en triangle isocèle ayant son sommet, qui est un peu arrondi , dirigé en avant ; la seconde et la troisième sont quadrilatères oblongues ; la quatrième et la cinquième de même, mais un peu plus petites que les précédentes ; la sixième est pentagone, plus grande et du double plus haute ; les deux dernières sont petites, irrégulièrement quadrilatères. Les plaques qui revêtent la lèvre inférieure n'ont rien de particulier dans leur forme ; leur nombre est de sept ou huit paires. Les écailles du corps sont petites, hexagones, un peu élargies, et comme arquées à leur bord libre ; celles des parties supérieures sont surmontées chacune de deux carènes rectilignes bien distinctes. On compte cent douze ou cent treize séries d'écailles autour du tronc. Le bord de l'opercule du cloaque est revêtu de cinq ou six squames très-grandes.

Coloration. Une teinte grisâtre forme le fond des parties supérieures, dont beaucoup d'écailles sont marquées d'une tache blanchâtre ou jaunâtre ; les épaules, les côtés du dos et certaines régions du dos sont nuagés de brun noirâtre. Le dessous du corps est d'un blanc jaunâtre.

Dimensions. *Longueur totale.* 64" 7'''. *Tête.* Long. 6" 8'''. *Cou.* Long. 4" 3'''. *Tronc.* Long. 23" 6'''. *Memb. antér.* Long. 10". *Memb. postér.* Long. 12". *Queue.* Long. 30".

Patrie. La patrie de cette espèce ne nous est pas connue, mais nous la supposons originaire des côtes d'Afrique ; le seul individu de cet Euprèpes que nous ayons été dans le cas d'observer appartient à notre musée national, où il a été apporté de Lisbonne, en 1809, avec d'autres objets d'histoire naturelle provenant du cabinet de cette ville.

Observations. Il ne nous semble pas que cette espèce ait été mentionnée par aucun naturaliste. Puisse le nom que nous lui donnons rappeler à ceux qui cultivent l'erpétologie les services que Cocteau a rendus à cette science, et ceux qu'il lui aurait encore rendus si nous n'avions à déplorer sa perte aujourd'hui !

2. L'EUPRÈPES DE PERROTET. *Euprepes Perrotetii*, Nobis.

CARACTÈRES. Plaques nasales oblongues, tout à fait latérales; supéro-nasales allongées, étroites, contiguës; inter-nasale en losange
très-élargi; deux fronto-nasales pentagones, contiguës; frontale
lancéolée, un peu canaliculée; deux fronto-pariétales, plus petites
que l'inter-pariétale; celle-ci losangique, très-prolongée en pointe
en arrière; deux pariétales; pas d'occipitale; une fréno-nasale petite, triangulaire; une première frénale sub-rhomboïdale, suivie
d'une autre un peu plus grande; deux petites fréno-orbitaires.
Pas de sous-oculaires. Oreille assez grande, sub-circulaire, découverte, portant quatre lobules à son bord antérieur. Corps
lacertiforme, trapu; membres forts; scutelles sous-digitales,
paumes et plantes des pieds lisses. Écailles dorsales assez grandes,
tricarénées. Écailles préanales sub-égales. Parties supérieures,
d'un brun grisâtre, tachetées de jaunâtre.

SYNONYMIE ?

DESCRIPTION.

FORMES. Cette espèce, comme la précédente, a des formes lourdes,
trapues; ses membres offrent aussi le même degré de développement. Semblable encore à l'Euprèpes de Cocteau sous beaucoup de rapports, elle s'en distingue néanmoins par un certain
nombre de caractères que nous allons faire connaître. Celui dont
on est tout d'abord frappé réside dans la dimension plus grande
des écailles du corps, dont on ne compte effectivement que trente-
trois séries longitudinales au lieu de cent treize; celles du dos,
en outre, offrent trois carènes, tandis qu'on n'en observe que
deux chez l'Euprèpes de Cocteau, parmi les squames préanales
duquel il y en a six de beaucoup plus développées que les autres,
ce qui n'existe pas dans l'espèce du présent article. L'Euprèpes
de Perrotet a la tête plus effilée, ou représentant une pyramide à
quatre faces dont le sommet est assez pointu. Sa plaque inter-nasale est en losange très-élargi; les plaques fronto-nasales, qui
aussi sont contiguës, affectent, malgré leurs cinq pans, une forme
en triangle équilatéral; la frontale, au lieu d'offrir à peu près le
même diamètre dans le sens transversal que dans le sens longitudinal, est fort allongée, présentant un long angle très-aigu en arrière, un petit angle obtus en avant, et une surface distinctement

canaliculée. Ses fronto-pariétales sont petites, pentagones ; son inter-pariétale, de moitié moins grande que la frontale, a la même forme qu'elle, et sépare l'une de l'autre, dans toute leur longueur, les pariétales, qui sont triangulaires, plus larges que longues. Les sus-oculaires, au nombre de quatre de chaque côté, sont, la première sub-rhomboïdale oblongue, la seconde trapézoïde, plus grande que la précédente ; la troisième, quadrilatère, dilatée transversalement, moins grande que la seconde ; la quatrième, pentagone sub-triangulaire, à peu près de même grandeur que la troisième. Il y a une série de six plaques surciliaires dont la première, qui est située au-dessus de la fréno-orbitaire, a près de trois fois la grandeur des autres. La fréno-nasale est triangulaire, appuyée sur la première et sur la seconde labiale, et soutenant l'extrémité postérieure de la supéro-nasale. On observe une première frénale assez grande, sub-rhomboïdale, à angles arrondis, laquelle est suivie d'une autre plus développée, affectant une forme trapézoïde. Le bord orbitaire porte à sa partie antérieure, mais un peu bas, deux petites plaques carrées. La première et la seconde des sept plaques labiales supérieures sont carrées, la troisième est quadrilatère oblongue, la quatrième de même, mais un peu plus basse en arrière qu'en avant ; la cinquième a aussi quatre côtés, mais elle est beaucoup plus longue et un peu plus haute que celles qui la précèdent ; sa marge supérieure couvre une portion du bord orbitaire inférieur ; enfin, la sixième et la septième sont pentagones.

COLORATION. Une teinte d'un brun grisâtre forme le fond de la couleur des parties supérieures, qui toutes, la surface de la tête exceptée, sont semées de petites taches jaunâtres ; une raie de cette dernière couleur existe sous l'œil ; les flancs sont lavés de fauve, et tout le dessous de l'animal est d'un blanc jaunâtre.

DIMENSIONS. *Tête*. Long. 2" 9'". *Cou*. Long. 1" 8'". *Tronc*. Long. 8" 3'". *Memb. antér.* Long. 3" 6'". *Memb. postér.* Long. 4" 9'". *Queue.* Long. ? (Mutilée.)

PATRIE. Cet Euprèpes habite le Sénégal. Le seul individu que nous ayons encore observé y a été recueilli par M. Perrotet, jardinier-botaniste distingué, qui a enrichi notre collection erpétologique de plusieurs espèces fort intéressantes.

3. L'EUPRÉPES DE MERREM. *Euprepes Merremii.* Nobis.

CARACTÈRES. Plaques nasales oblongues, tout à fait latérales ; supéro-nasales allongées, étroites, contiguës ; inter-nasale en losange très-élargi ; deux fronto-nasales contiguës, pentagones, affectant plus ou moins une forme triangulaire ; frontale lancéolée ; deux fronto-pariétales petites, contiguës ; une inter-pariétale losangique, très-prolongée en pointe en arrière ; deux pariétales ; pas d'occipitale ; une fréno-nasale petite, triangulaire ; deux frénales, la première sub-rhomboïdale ou carrée, la seconde de même forme avec un éperon obtus en arrière et en haut ; deux fréno-orbitaires, l'une grande, l'autre petite. Oreille médiocre, ovale, oblique, sans lobules, couverte en avant par deux ou trois écailles temporales. Corps lacertiforme ; membres bien développés ; scutelles sous-digitales carénées ; paumes et plantes des pieds hérissées de petites épines. Queue arrondie dans la plus grande partie de son étendue, faiblement comprimée à sa pointe. Écailles dorsales tricarénées ; écailles caudales lisses ; écailles préanales sub-égales. Dos offrant ordinairement trois raies blanchâtres séparant l'une de l'autre quatre séries de taches noires, marquées chacune d'un ou deux points blancs.

SYNONYMIE. *Scincus carinatus.* Schneid. (pars), Hist. amph. fascic. II, pag. 184.

Scincus carinatus. Merr. Beitr. Geschich. amph. pag. 109, taf. 9.

Scincus carinatus (pars). Daud. Hist. Rept. tom. 4, pag. 304.

Scincus carinatus. Merr. Tent. Syst. Amphib. pag. 70, n° 3.

Scincus trivittatus. Cuv. Règn. anim. 2e édit. tom. 2, pag. 62.

Mabouya carinata. Fitzing. Verzeichn. neue classif. Rept. pag. 52, n°. 2.

Scincus trivittatus. Griffith's anim. Kingd. Cuv. tom. 9, p. 157.

Tiliqua capensis. Gray, Synops. Rept. in Griffith's anim. King. tom. 9, pag. 68.

Scincus Schneideri. Gravenh. Mus. Bresl.

Tiliqua capensis. Gray, Catalog. slender-tong. Saur. Ann. nat. histor. by Jardine, tom. 1, pag. 290.

DESCRIPTION.

FORMES. L'Euprèpes de Merrem joint au même ensemble de forme que l'Euprèpes de Perrotet un mode de bouclier sus-crâ-

nien absolument semblable, et une écaillure du corps exactement pareille ou composée de pièces hexagones, dilatées transversalement, surmontées de trois carènes et formant trente-trois
séries longitudinales autour du tronc. Mais voici des différences
à l'aide desquelles il est facile de l'en distinguer. L'Euprèpes de
Merrem a la tête plus courte; cela est surtout sensible pour la
partie antérieure ou le museau, qui est comme tronqué et distinctement arrondi. La plaque frontale n'est pas creusée en gouttière,
mais la ligne qui sépare les plaques labiales supérieures des plaques
qui revêtent la région frénale est fortement enfoncée, particulièrement à son extrémité postérieure. Le disque transparent de la
paupière inférieure est grand, presque circulaire. Les oreilles
sont assez petites; leur contour a la forme d'un ovale situé d'une
manière oblique ou un peu couché en arrière; elles ont leur
bord supérieur recouvert par trois ou quatre des dernières
écailles temporales, et ne présentent pas le moindre vestige de
lobules. Les scutelles qui protègent la face inférieure des doigts
offrent chacune sur leur ligne médiane un petit tubercule pointu;
la paume des mains et la plante des pieds sont garnies de très-
petites écailles imbriquées, dont le bord libre offre aussi un petit
tubercule plus aigu que ceux du dessous des doigts. Les écailles
de la région préanale sont disposées sur trois rangées transversales; celles de la dernière rangée sont seulement un peu plus
grandes que les autres, tandis que chez l'Euprèpes de Perrotet,
parmi les squames de l'opercule du cloaque, il y en a six qui
sont extrêmement grandes. La queue de l'Euprèpes de Merrem est
longue, attendu qu'elle entre pour les deux tiers dans l'étendue
totale du corps; elle est assez effilée, particulièrement dans sa
moitié postérieure, qui présente un léger aplatissement de droite
à gauche, au lieu que la moitié antérieure est arrondie.

COLORATION. Les parties supérieures du corps sont d'un brun
clair; il règne sur la ligne médiane du cou, du dos et d'une portion de la queue un ruban blanchâtre, de chaque côté duquel est
une série de taches noires, irrégulièrement quadrilatères, mais
également espacées; en dehors de chacune de ces deux séries de
taches dorsales noires, on voit une raie blanchâtre, au-dessous de
laquelle, ou le long du haut du flanc, il règne une série de
taches semblables aux autres, en sorte qu'il y a sur le dessus du
corps quatre séries des taches séparées l'une de l'autre par un
ruban et par deux raies blanchâtres. Chacune des taches dont

nous venons de parler porte un ou deux points blancs. Quelquefois on remarque un indice de bande blanchâtre, le long du cou, en arrière de l'oreille, dont les écailles du bord antérieur sont ordinairement blanches, de même que toutes les régions inférieures de l'animal. On rencontre des individus qui offrent bien la bande et les deux raies blanchâtres que nous venons d'indiquer, mais chez lesquels cependant on n'aperçoit pas la moindre trace des taches noires.

DIMENSIONS. Cette espèce ne paraît pas atteindre une plus grande taille que celle de notre Lézard vert. *Longueur totale.* 27" 1'". *Tête.* Long. 2" 1'". *Cou.* Long. 1" 9'". *Tronc.* Long. 7" 2'". *Membr. antér.* Long. 2" 3'". *Membr. postér.* Long. 3" 5'". *Queue.* Long. 15" 9'".

PATRIE. L'Euprèpes de Merrem est très répandu au cap de Bonne-Espérance, la seule partie de l'Afrique d'où nous l'ayons encore reçu jusqu'ici. Les individus appartenant à notre musée ont été recueillis par M. Delalande, par M. J. Verreaux et par MM. Quoy et Gaimard.

C'est à Merrem qu'on doit la connaissance exacte de cette espèce, dont il a publié une excellente description et une figure d'une exécution médiocre, il est vrai, mais néanmoins très-reconnaissable, dans ses *Beitraege zur Naturgeschichte Amphibien*, qui ont paru en 1821. Longtemps auparavant, Schneider l'avait déjà mentionnée dans le second fascicule de son Histoire des Amphibies, mais sans en donner des détails satisfaisants, quoiqu'il eût eu sous les yeux un individu qui faisait partie de la collection du savant naturaliste Bloch de Berlin. Daudin ne parla de notre espèce que d'après Schneider, qui lui avait donné le nom de *Scincus carinatus*, par lequel Merrem la désigna également. Cuvier ne semble pas s'être aperçu que le Scincoïdien qu'il a appelé *Scincus trivittatus*, dans la seconde édition de son Règne animal, ne diffère pas spécifiquement du *Scincus carinatus* de Schneider et de Merrem; M. Gray l'a appelé *Capensis* par la raison, sans doute, qu'il avait déjà employé la dénomination de *trivittatus* pour une espèce du même groupe, originaire des Indes orientales. Le choix était très-difficile entre ces différents noms déjà appliqués à la présente espèce, d'autant plus qu'aucun d'eux n'exprime rien qui lui soit particulier. C'est ce qui nous a fait préférer de lui assigner le nom du savant auteur qui l'a fait connaître le premier.

4. L'EUPRÈPES D'OLIVIER. *Euprepes Olivierii.* Nobis.

CARACTÈRES. Plaques nasales petites, pointues en avant, arrondies en arrière, tout à fait latérales ; supéro-nasales allongées, étroites, contiguës ; inter-nasale en losange ; deux fronto-nasales contiguës ; frontale lancéolée ; deux fronto-pariétales contiguës ; une inter-pariétale rhomboïdale, très-prolongée en pointe en arrière, aussi grande que les fronto-pariétales ; deux pariétales ; pas d'occipitale ; une fréno-nasale petite, triangulaire ; deux frénales, la première carrée, la seconde pentagone ; deux petites fréno-orbitaires. Oreille assez grande, ovalaire, cachée en partie par deux ou trois lobules pointus fixés sur son bord antérieur. Corps lacertiforme. Membres bien développés ; scutelles sous-digitales offrant chacune un petit renflement en dos d'âne ; paumes et plantes des pieds revêtues de petits tubercules coniques. Écailles dorsales et caudales tricarénées. Écailles préanales sub-égales.

SYNONYMIE. *Scincus vittatus.* Oliv. Voy. dans l'Emp. Ottom. tom. 2, pag. 58, Pl. 29, fig. 1.

Scincus vittatus. Aud. Descript. de l'Egypt. Hist. nat. tom. I, pag. 178, Pl. 2, Suppl., fig. 5.

Scincus Jomardii. Id. loc. cit. pag. 178, Pl. 2, fig. 5.

Scincus auriculatus. Gravenh. Mus. Bresl.

DESCRIPTION.

FORMES. A la première vue, on serait tenté de considérer cet Euprèpes comme étant de la même espèce que celle qui vient d'être décrite sous le nom d'Euprèpes de Merrem ; mais en l'examinant avec plus d'attention, on s'aperçoit de suite qu'elle en diffère par une tête plus effilée, plus déprimée ; par un museau très-aplati, pointu ; par des écailles caudales tricarénées comme celles du dos, et par la présence de deux ou trois lobules étroits, pointus, attachés sur le bord antérieur de l'oreille, et assez longs pour couvrir une grande partie de son ouverture. Nous comptons aussi quelques séries longitudinales d'écailles de moins autour du tronc.

COLORATION. Quant au mode de coloration, les seules différences qu'il offre, c'est la présence d'une bordure noire autour des plaques céphaliques, et l'existence, à droite et à gauche du corps, d'une bande ou large raie blanche qui prend naissance sur la lèvre supérieure, se dirige vers l'épaule en passant sur l'oreille, longe la ligne moyenne du flanc, s'interrompt un moment dans l'aine pour recommencer derrière la cuisse, et qui va se perdre sur la partie latérale de la queue.

DIMENSIONS. *Longueur totale.* 15" 4'". *Tête.* Long. 1" 4'". *Cou.* Long. 1". *Tronc.* Long. 4" 5'". *Memb. antér.* Long. 1" 9'". *Memb. postér.* Long. 2" 9'". *Queue.* Long. 8" 5'".

PATRIE. La patrie de cette espèce est l'Égypte.

Observations. Nous avons dédié cette espèce à Olivier comme étant l'auteur auquel on en doit la découverte; nous avons cru la reconnaître, dans les notes communiquées à Cocteau par M. Gravenhorst, pour être le *Scincus auriculatus* de ce dernier auteur. On trouve deux très-bonnes figures de l'Euprèpes d'Olivier dans l'ouvrage d'Égypte, Pl. 2, fig. 5 et 6.

M. Gray semble avoir confondu cette espèce avec le Gongyle ocellé, car il dit, en parlant du Scinque ocellé de Forskaël, son *Tiliqua ocellata;* voyez aussi *Scincus vittatus* Oliv. Pl. 29, fig. 1, variété avec une ligne pâle sur chaque côté du dos.

. L'EUPRÈPES DE BIBRON. *Euprepes Bibronii.* Nobis.

CARACTÈRES. Plaques nasales petites, tout à fait latérales; supéro-nasales allongées, étroites, contiguës; inter-nasale en losange; deux fronto-nasales contiguës; frontale lancéolée; deux fronto-pariétales contiguës; une inter-pariétale sub-rhomboïdale, aussi grande que ces dernières; deux pariétales; une petite fréno-nasale; deux frénales, la première petite, la seconde grande, oblongue; deux fréno-orbitaires petites. Oreille grande, ovale, cachée en partie par deux ou trois longs lobules pointus fixés sur son bord antérieur. Corps lacertiforme. Membres bien développés; écailles sous-digitales lisses; paumes et plantes des pieds revêtues de petits tubercules arrondis. Écailles dorsales et caudales relevées de cinq carènes. Queue arrondie. Écailles préanales sub-égales. Parties supérieures fauves ou olivâtres; région rachidienne parcourue par une raie blanche placée entre deux rubans noirs; de chaque côté du corps, trois raies blanches séparées l'une de l'autre par deux rubans noirs.

43.

SYNONYMIE. *Rachite de Bibron.* Coct. Tab. synopt. Scincoïd.
Tiliqua Bibronii. Gray. Cat. Slender-tong. Saur. Ann. nat. Hist.
by Jardine, tom. 1, p. 290.

DESCRIPTION.

FORMES. De même taille et presque aussi svelte et aussi déliée
que le Lézard des murailles, cette espèce se distingue de l'Euprèpes d'Olivier par une proportion moindre de la tête, relativement à la grosseur du corps ; par sa seconde plaque frénale, plus
longue que haute ; par l'ouverture de son oreille un peu plus
grande, mais munie de même, en avant, de deux ou trois lobules
effilés ; par la surface unie de ses lamelles sous-digitales, et surtout
par les cinq fortes carènes, au lieu de trois, qui surmontent les
écailles de son dos, de même que celles de sa queue. Le nombre
des séries longitudinales d'écailles qui entourent le tronc est de
vingt-neuf.

COLORATION. Cet Euprèpes est agréablement orné, sur un fond
fauve ou olivâtre, de bandes longitudinales noires alternant avec
des raies blanches, disposées de la manière suivante : une
raie blanche, côtoyée à droite et à gauche par un ruban noir,
commence sur le vertex, et parcourt dans toute leur longueur
le milieu du cou et du dos, à l'extrémité duquel elle arrive
néanmoins un peu atténuée, ainsi que les deux rubans noirs ;
un autre ruban noir, aussi large que ceux de la région dorsale,
part du bord postérieur de l'œil, traverse la tempe, passe au-dessus de l'oreille, et se dirige en droite ligne vers la partie latérale
de la base de la queue, où il s'arrête ; ce ruban noir, qui est
surmonté d'une ligne blanche, en offre, immédiatement au-
dessous de lui, une autre, qui, de la lèvre supérieure, s'é-
tend, en coupant l'oreille en deux, jusque sur le côté de la
racine de la queue ; puis, sous cette raie blanche, est situé, dans
la longueur du flanc seulement, un second ruban latéral noir
liséré de blanc à son bord inférieur. Tantôt les membres et la
queue offrent une teinte semblable à celle qui forme le fond de la
couleur du dos ; tantôt ils sont colorés en rose pâle ; mais, dans
l'un ou l'autre cas, le dessus des cuisses est tacheté de blanchâtre,
couleur qui règne sur toutes les régions inférieures de ce joli petit
animal.

DIMENSIONS. *Longueur totale.* 13". *Tête.* Long. 1" 2"'. *Cou.*

Long. 1''. *Tronc.* Long. 2'' 8'''. *Memb. antér.* Long. 1'' 5'''. *Memb. postér.* Long. 2'' 1'''. *Queue.* Long. 8''.

PATRIE. Cette espèce nous est connue par deux individus dont nous ignorons l'origine ; mais nous avons tout lieu de croire qu'ils proviennent de l'Afrique australe.

Observations. Cocteau, qui avait bien voulu nous faire l'honneur de lui donner notre nom, la plaçait dans le groupe de ses Rachites, et M. Gray, en la désignant de la même manière, l'a rangée parmi ses *Tiliquas*.

6. L'EUPRÈPES DE SAVIGNY. *Euprepes Savignyii*. Nobis.

CARACTÈRES. Plaques nasales médiocres, sub-triangulaires, s'avançant l'une vers l'autre, mais demeurant néanmoins séparées par un certain espace ; supéro-nasales contiguës ; inter-nasale en losange élargi et tronqué à ses angles latéraux ; deux fronto-nasales hexagones, sub-équilatérales, contiguës ; frontale à six pans, fort allongée, rétrécie en arrière ; deux fronto-pariétales contiguës ; une inter-pariétale en losange très-court et obtus en avant, très-long et aigu en arrière ; deux pariétales élargies ; pas d'occipitale ; une fréno-nasale petite, aussi haute que les deux frénales ; la première de celles-ci carrée, la seconde pentagone, offrant une espèce d'éperon en arrière ; deux petites fréno-orbitaires. Oreille assez grande, ovalaire, découverte, portant trois ou quatre lobules courts à son bord antérieur. Corps lacertiforme ; membres bien développés ; scutelles sous-digitales lisses ; paumes et plantes des pieds garnies de petits tubercules sub-coniques. Écailles dorsales tricarénées ; celles de la queue lisses. Écailles préanales, sub-égales. Parties supérieures d'une teinte bronzée, avec cinq bandes blanches lisérées de noir ; côtés du cou noirs, ponctués de blanc.

SYNONYMIE. *Scincus quinquetæniatus.* Lichtenst. Verzeichn, Doublett, Mus. Berlin, pag. 103.

Scincus Savignyii. Aud. Descript. de l'Égypte, Hist. nat. tom. 1, Rept. Supp. pag. 177, Pl. 2, fig. 3.

Scincus Savignyii. Var. Id. loc. cit. pag. 177, Pl. 2, fig. 4.

Mabouya quinquetæniata. Fitzing. Werzeichn. neue Classif. Rept. pag. 52.

Euprepes quinquetæniatus. Wagl. Syst. amph. pag. 162.

Heremite d'Olivier. Cocteau. Tab. synop. Scinc.

DESCRIPTION.

FORMES. Cet Euprèpes a plutôt le port ou la physionomie d'un Lézard que d'un Scinque ; sa grosseur est à peu près celle de notre *Lacerta stirpium.* Il n'en est pas moins pour cela extrê- mement voisin des trois espèces précédentes, par tous les détails de son organisation extérieure. Les différences que semblent offrir les pièces de son bouclier céphalique comparé avec celui de ces dernières espèces, sont si légères qu'elles ne méritent même pas d'être mentionnées. Toutefois comme c'est de l'Euprèpes d'Oli- vier dont il paraît se rapprocher davantage, c'est comparative- ment à lui que nous allons le décrire. Sa plaque rostrale monte un peu plus sur le museau, ses plaques nasales sont proportion- nellement un peu plus grandes et moins écartées l'une de l'autre ; ses supéro-nasales, moins étroites, affectent une forme en triangle isocèle assez prononcée. Les oreilles sont distinctement plus grandes, régulièrement ovales, peu couchées en arrière, tout à fait découvertes et n'offrant à leur bord antérieur que des lobules très-courts, au nombre de quatre ordinairement. Les scutelles sous-digitales, dont on compte une quinzaine au quatrième doigt des pattes de derrière, sont parfaitement lisses, et les petits tu- bercules de la paume et de la plante de ses pieds ont une forme conique. Ses écailles dorsales, à peine plus larges que longues, offrent six pans bien distincts, et les trois carènes qui les sur- montent sont un peu moins rapprochées l'une de l'autre. Parmi les écailles caudales, il n'y a guère que celles qui suivent im- médiatement le tronc qui soient carénées, toutes les autres sont lisses.

COLORATION. Variété A. Toutes les parties supérieures sont d'un vert bronze pâle, à reflets irisés métalliques, moins foncé sur la tête, les membres et la queue, qui prend une teinte rous- sâtre vers sa région terminale ; une bandelette blanche (sans doute jaune dans l'état de vie), d'un à deux millimètres de largeur, et lisérée de brun des deux côtés, s'étend sur la partie moyenne du dos, depuis l'occiput jusqu'à l'origine de la queue ; une autre bandelette, semblable à la précédente pour la couleur et la lar- geur, naît sur la région surciliaire, longe les plaques pariétales, le haut du cou et du flanc , et va se perdre à une distance plus ou moins grande en arrière de l'origine de la queue ; puis il existe encore une autre bandelette pareille à celles dont nous venons de parler , qui part du bout du museau , parcourt la lèvre supérieure , traverse le bas de l'ouverture auriculaire, et se dirige en droite ligne sur la partie inférieure du côté de la queue en touchant l'origine du bras et celle de la cuisse. Au-dessous de cette dernière raie blanche, la couleur du dessus du corps décroît d'intensité pour se fondre d'une manière nuancée, insensible, dans la couleur du dessous du corps, qui est d'un blanc d'argent légèrement jaunâtre ; ce mélange donne à la région des flancs une teinte verdâtre ou bleuâtre décroissante du côté de l'abdomen. L'intervalle qui sépare les bandelettes dorsales des latérales est quelquefois d'une couleur brune plus ou moins foncée dans toute son étendue ; d'autres fois cette teinte n'existe que sur les côtés du cou , entre l'œil et la naissance des membres antérieurs , où en général elle est toujours plus intense ; cette teinte brunâtre et même parfois noirâtre reparaît au-dessous de la dernière bandelette blanche , sous forme de taches arrondies, disséminées ou plus ou moins confondues , sur les côtés et même sur le milieu des régions sous-maxillaires et gulaires qu'elles envahissent quelquefois complétement. Sur ce fond brun plus ou moins prononcé , on voit à la région parotidienne des petits points blancs , tantôt irrégulièrement distribués, tantôt affectant un arrangement plus ou moins régulier en lignes perpendiculaires aux bandes blanches qui les circonscrivent , de telle sorte qu'ils offrent quatre ou cinq petites rangées successives également espacées. On retrouve aussi de ces petits points blancs, épars sur la partie antérieure des flancs. Le dessus des membres est parsemé de taches arrondies, ondulées, légèrement jaunâtres ; chaque écaille du dessus du corps présente à son bord libre une teinte brunâtre plus ou moins intense qui lui donne l'aspect d'une sorte d'encadrement. Lorsque les écailles sont dépouillées d'épiderme, elles paraissent grisâtres.

Variété B. Chez celle-ci, les raies qui accompagnent les bandelettes blanches dans la première variété n'existent plus du tout.

Variété C. Ici, bandelettes blanches et raies brunâtres , tout a disparu , en sorte que le dos présente une teinte uniforme ;

toutefois, les côtés du cou et la gorge sont demeurés colorés comme à l'ordinaire.

DIMENSIONS. *Longueur totale.* 21" 8'''. *Tête.* Long. 1" 3'''. *Cou.* Long. 1" 1'''. *Tronc.* Long. 6". *Memb. antér.* Long. 2" 6'''. *Memb. postér.* Long. 4". *Queue.* Long. 13" 4'''.

PATRIE. Cet Euprèpes habite l'Égypte. Comme toutes les espèces de la même famille, il a les mouvements assez vifs, quoique un peu embarrassés. Il se laisse prendre sans opposer de résistance. M. A. Lefebvre, auquel nous devons d'en posséder plusieurs beaux échantillons, nous a dit l'avoir trouvé assez communément à Thèbes, dans les parties cultivées de la petite plaine qui longe le Nil, au delà des ruines de l'ancienne ville, sous les pierres, au milieu des cotonniers, des Dhouras et des Indigotiers. Notre collection renferme aussi des individus de cette espèce qui proviennent du voyage d'Olivier, et d'autres qui ont été donnés par MM. Joannis et Jorès, officiers de marine embarqués sur le navire à bord duquel a été transporté, des rives du Nil en France, l'obélisque de Louqsor.

Observations. C'est d'après des individus appartenant à notre première variété que cette espèce a été décrite par M. Lichtenstein, dans le Catalogue des doubles des musées zoologiques de Berlin, sous le nom de *Scincus quinquetœniatus*. M. Fitzinger, adoptant le nom proposé par M. Lichtenstein, a fait de notre Euprèpes son *Mabouya quinquetœniata*. L'Euprèpes de Savigny a été très-bien figuré dans l'ouvrage publié par la commission scientifique qui accompagna l'expédition militaire française en Égypte. La Planche 2 de la partie erpétologique de cet ouvrage, qui a été faite sous la direction de M. Savigny, représente la *variété* A, fig. **3.** et **4.**

7. L'EUPRÉPES A SEPT BANDES. *Euprepes septemtœniatus.* Reuss.

CARACTÈRES. Plaques nasales médiocres, arrondies en arrière, pointues en avant, rapprochées l'une de l'autre, mais non contiguës; supéro-nasales allongées, étroites, tout à fait pointues en arrière; inter-nasale en losange; deux fronto-nasales en losanges inéquilatéraux, contiguës; frontale très-longue, hexagone, fort étroite en arrière, deux fronto-pariétales contiguës; une inter-pariétale en triangle allongé, plus grande que ces dernières; deux pariétales; pas d'occipitale; une petite fréno-nasale triangulaire; deux frénales, la première petite, carrée, la seconde pentagone, grande, oblongue; deux fréno-orbitaires. Oreille assez grande, sub-ovale, découverte, portant trois ou quatre petits lobules en avant. Corps lacertiforme. Membres bien développés; scutelles sous-digitales lisses; paumes et plantes des pieds garnies de petits tubercules coniques. Écailles dorsales presque lisses ou surmontées de trois carènes à peine sensibles. Queue arrondie, effilée. Écailles préanales sub-égales. Dos offrant plusieurs rubans longitudinaux noirs alternant avec des rubans fauves ou blanchâtres.

SYNONYMIE. *Euprepes septemtœniatus*. Reuss. Zoolog. Miscell. Mus. Senckenb. tom. 1. p. 47, tab. 3, fig. 1, *a*, *b*, *c*.

Tiliqua Rupelii. Cocteau. Tab. synopt. Scinc.

DESCRIPTION.

FORMES. L'Euprèpes de Rüppel a quelque chose de moins svelte, de moins délié dans les formes que l'Euprèpes de Savigny, dont il se distingue à la première vue par le peu d'élévation que présentent les trois carènes qui surmontent chacune de ses écailles dorsales, lesquelles sont même parfois presque lisses. Mais, excepté le mode de coloration, c'est à peu près la seule différence bien sensible qui existe entre cette espèce et la précédente.

COLORATION. L'enveloppe squameuse de ce Scincoïdien est fort brillante. Une teinte d'un brun verdâtre est répandue sur la tête, dont les plaques sont bordées de noir. Les lèvres sont d'un jaune sale, avec des stries verticales noirâtres. Depuis l'occiput jusque sur la queue s'étendent quatre raies d'un noir foncé alternant avec trois raies fauves ou d'un brun verdâtre; arrivées vers le milieu de la longueur du corps, les raies noires se rétrécissent peu à peu, tandis que les raies fauves ou d'un brun verdâtre s'élargissent au contraire en proportion. A l'extrémité de la région surciliaire naît une ligne blanche ou blanchâtre, lisérée de noir, qui longe le haut de la tempe et du flanc dans toute son étendue, au delà de laquelle elle se prolonge plus ou moins sur le côté de la queue. Une raie d'un blanc pur, lisérée de noir aussi, commence sur la lèvre supérieure, parcourt le cou au-dessous du niveau de l'oreille, passe au-dessus de l'aisselle, et se dirige directement le long du flanc vers l'origine de la cuisse, en arrière de laquelle elle disparaît. L'espace compris entre la ligne blanche ou fauve du haut du flanc et la raie blanche de la région inférieure de cette partie latérale du corps est d'un brun plus ou moins foncée, semé de plusieurs petits points blancs qui semblent être disposés en série longitudinale. La couleur de la queue est, dans la moitié supérieure, d'un gris-brun verdâtre, avec une quantité de taches noires ou brunes. Le dessus des membres offre, sur un fond de couleur brun verdâtre ou noirâtre, de nombreuses séries longitudinales composées elles-mêmes d'un nombre considérable de très-petits points fauves ou blanchâtres. Tout le dessous de l'animal est d'un blanc verdâtre, ou jaunâtre, ou bien d'un gris bleuâtre; les écailles du ventre étant plus foncées sur leur bord que sur leur région centrale, il en résulte une disposition de teintes qui donne à ces parties un aspect fascié.

DIMENSIONS. *Longueur totale.* 18". *Tête.* Long. 1" 6"'. *Cou.* Long. 1" 4"'. *Tronc.* Long. 4" 5"'. *Memb. antér.* Long. 2" 3"'. *Memb. postér.* Long. 3" 4"'. *Queue.* Long. 10" 5"'.

PATRIE. Cette espèce habite l'Abyssinie ; M. Rüppel l'a trouvée dans les environs de Massua. Les deux seuls exemplaires que nous possédions proviennent du voyage de ce savant naturaliste.

Observations. Peut-être devrait-on regarder la figure du Scinque qui est gravée dans l'ouvrage d'Égypte, sous le nom de *Scincus pavimentatus*, que lui a donné M. Is. Geoffroy Saint-Hilaire, comme faite d'après un individu de la présente espèce, dont les raies dorsales se trouvaient remplacées par des séries de taches de la même couleur ? On doit à M. Reuss une excellente description de l'*Euprepes septemtæniatus* ; mais la figure qui l'accompagne est très-médiocre : elle ne permet guère de reconnaître la disposition des plaques céphaliques.

8. L'EUPRÉPES DES SÉCHELLES. *Euprepes Sechellensis.* Nobis.

CARACTÈRES. Plaques nasales petites, arrondies en arrière, obtusément pointues en avant, latérales, très-écartées l'une de l'autre ; supéro-nasales allongées, étroites, presque contiguës; inter-nasale fort grande, en losange offrant un angle très-aigu en avant, et

ayant le sommet de ses angles latéraux tronqué ; fronto-nasales
en losanges, presque contiguës ; frontale hexagone oblongue, très-
rétrécie en arrière ; deux fronto-pariétales pentagones oblongues,
contiguës ; une inter-pariétale losangique, très-pointue en arrière,
aussi grande que les fronto-pariétales ; deux pariétales ; pas
d'occipitale ; une petite fréno-nasale ; deux frénales oblongues ;
deux fréno-orbitaires, petites, égales. Oreille médiocre, arrondie,
découverte, portant deux petites squames à son bord antérieur.
Corps lacertiforme ; membres bien développés ; scutelles sous-digitales lisses ; paumes et plantes des pieds garnies de petits tubercules aplatis. Écailles dorsales et caudales relevées de cinq ou sept
carènes. Queue effilée, arrondie dans sa première moitié, comprimée dans la seconde. Dos bronzé, tiqueté de noir. Une large
bande de cette dernière couleur, bordée de blanchâtre le long
de chaque flanc.

SYNONYMIE. *Scincus oxyrhincus*. Peron. Mus. Par.

Scincus cyanogaster. Less. Voy. aut. du monde de la corvette
la Coquille, Zool. Rept. pag. 47, Pl. 3, fig. 3.

Psammite du géographe. Cocteau, Tab. synopt. Scinc.

DESCRIPTION.

FORMES. Cet Euprèpes offre absolument le même ensemble de
formes et le même mode de coloration qu'une espèce du sous-
genre précédent, c'est-à-dire que l'Eumèces mabouya qui vit aux
Antilles, tandis que celle que nous allons décrire ici est une
habitante des îles Séchelles. Il serait d'ailleurs impossible de confondre ces deux Scincoïdiens, qui ont, l'un ou l'Eumèces mabouya, le palais sans dents et les écailles lisses, l'autre ou l'Euprèpes des Séchelles, le palais denté et les pièces de l'écaillure
relevées de carènes. L'Euprèpes des Séchelles est svelte, élancé ;
il a le corps d'une moyenne grosseur, les membres très-développés, les doigts profondément divisés, minces, grêles ; la queue
fort longue et très-effilée. Cette dernière, qui entre pour un peu
plus des deux tiers dans la longueur totale du corps, est cyclo-tétragone à sa racine, et faiblement comprimée dans le reste de
son étendue. La tête est étroite, aplatie, surtout à sa partie antérieure, car le museau devient très-pointu et fort mince. Les
plaques céphaliques diffèrent un peu de celles des espèces précédentes. La rostrale est en triangle fortement tronqué à son sommet

supérieur. Les nasales ont la forme ordinaire , mais s'avancent un peu chacune de son côté sur le dessus du museau , en demeurant toutefois assez écartées l'une de l'autre. La fréno-nasale est petite , triangulaire ; les deux frénales sont grandes , à peu près égales, toutes deux de moitié plus longues que hautes , mais la première est distinctement quadrilatère , tandis que la seconde affecte une forme pentagone. Il y a deux fréno-orbitaires carrées, de moyenne grandeur. Les supéro-nasales sont fort étroites ou presque linéaires ; elles ne sont pas tout à fait contiguës en avant. L'inter-nasale est très-développée , c'est-à-dire plus grande que l'une des deux fronto-nasales ; elle offre quatre côtés à peu près égaux, donnant en arrière un angle obtus, en avant un angle aigu dont la pointe s'avance entre les supéro-nasales, pour s'articuler avec la rostrale, et de chaque côté un autre angle aigu tronqué à son sommet. Les fronto-nasales sont sub-losangiques ; les sutures par lesquelles elles se trouvent réunies à l'inter-nasale et à la frontale forment un grand X. La frontale , hexagone oblongue, fort rétrécie en arrière, affecte la forme d'un losange à pans antérieurs plus courts que les postérieurs. Les fronto-pariétales sont pentagones , inéquilatérales oblongues soudées ensemble par un bord rectiligne , et recevant entre elles deux, en avant, la pointe en angle obtus de la frontale , et en arrière le petit angle obtus que présente à sa partie antérieure la plaque inter-nasale , qui se prolonge en pointe très-aiguë entre les pariétales ; celles-ci sont fort grandes , pentagones inéquilatérales. Les plaques sus-oculaires sont au nombre de quatre de chaque côté, n'offrant rien dans leur forme qui mérite d'être signalé. De faibles stries sillonnent longitudinalement la surface de toutes les plaques sus-crâniennes. La lèvre supérieure est garnie de huit plaques, à droite et à gauche ; la première est un quadrilatère fort allongé ; la seconde, la troisième, la quatrième et la cinquième ont aussi quatre pans , mais elles ne sont qu'un peu plus longues que hautes ; la sixième , au contraire, est encore plus grande et plus oblongue que la première ; il n'existe pas de petites plaques entre elles et le bord inférieur de l'orbite ; la septième et la huitième sont pentagones. La paupière inférieure, dont le disque transparent est ovalaire et d'une moyenne grandeur , a le reste de sa surface garni de granules très-fins. L'oreille est médiocrement grande, disco-ovalaire , parfaitement découverte , portant à son bord antérieur deux squames flottantes, excessivement petites. Les écailles qui revêtent le corps sont hexagones, un peu élargies et comme arquées à leur bord libre ; celles du dos, des flancs et de la queue sont surmontées de cinq ou sept petites carènes plus ou moins prononcées. On compte trente-sept séries longitudinales d'écailles autour du tronc. Il y a quatre rangées transversales de squames préanales, toutes de même grandeur, si ce n'est peut être celles de la dernière rangée qui se montrent un peu plus développées que les autres Les scutelles sous-digitales ont leur surface parfaitement lisse; leur nombre est de cinq seulement sous la phalange terminale du quatrième doigt postérieur, parce qu'elles sont un peu plus grandes que sous le reste de son étendue, où il y en a trente.

COLORATION. Les parties supérieures sont d'un vert bronze tirant sur le grisâtre; cette teinte est uniforme sur la tête, mais elle est clair-semée de petites taches noirâtres sur les côtés du dos et de la région cervicale, sur la base de la queue et la face externe des membres qui, de plus, offrent des gouttelettes grisâtres. Une raie blanchâtre règne tout le long de la partie la plus élevée du flanc; cette raie, qui part du sourcil et longe le haut de la tempe, va se perdre sur le côté de la racine de la queue. Une seconde raie, pareille à celle-ci, s'étend, en suivant une direction parfaitement droite, depuis le bord inférieur de l'orbite jusqu'en arrière de la cuisse, en passant sur le bas de l'oreille. L'espace compris entre ces deux raies blanchâtres est marqué de taches noirâtres si rapprochées les unes des autres qu'elles forment une véritable bande, ayant une certaine largeur. La face postérieure des cuisses est parcourue longitudinalement par une raie noire. Toutes les régions inférieures sont blanches, lavées de verdâtre; mais on remarque aussi que les gulaires et les ventrales ont leurs bords plus foncés que leur partie centrale.

DIMENSIONS. *Longueur totale.* 23" 5'". *Tête.* Long. 2". *Cou.* Long. 1" 4'". *Tronc.* Long. 4" 6'". *Memb. antér.* Long. 2" 4'". *Memb. postér.* Long. 3" 6'". *Queue.* Long. 15" 5'".

PATRIE. Cet Euprèpes, ainsi que nous avons voulu l'indiquer par le nom qu'il porte, est originaire des îles Séchelles d'où il avait d'abord été rapporté au Muséum d'histoire naturelle par Péron et Lesueur, et où il a encore été recueilli dans ces dernières années par M. Eydoux, embarqué comme chirurgien-major à bord de la corvette *la Bonite*.

Observations. Péron avait placé le nom de *Scincus oxyrhincus* sur le bocal qui renfermait l'individu que son compagnon de voyage et lui avaient rapporté; mais nous n'avons pas cru devoir le conserver, parce qu'il ne caractérise pas cette espèce d'une manière assez particulière.

9. EUPRÉPES DE GRAVENHORST. *Euprepes Gravenhorstii.* Nobis.

CARACTÈRES. Plaques nasales petites, oblongues, arrondies en arrière, pointues en avant, tout à fait latérales; supéro-nasales allongées, fort étroites, contiguës; inter-nasale en losange élargi; fronto-nasales presque contiguës; frontale en losange à pans antérieurs très-courts formant un angle obtus, et à pans postérieurs fort longs formant un angle aigu; une seule fronto-pariétale sub-cordiforme; une inter-pariétale triangulaire, moins grande que la fronto-pariétale; deux pariétales; pas d'occipitale; une fréno-nasale très-petite; deux frénales, la première quadrangulaire oblongue, la seconde sub-trapézoïde; deux petites fréno-orbitaires. Oreille médiocre, ovalaire, découverte, portant deux ou trois lobules à son bord antérieur. Corps lacertiforme; membres bien développés; scutelles sous-digitales unies. Écailles dorsales relevées de cinq ou sept carènes. Queue sub-arrondie. Écailles préanales égales entre elles, à l'exception de celles de la dernière rangée, qui sont un peu plus grandes que les autres.

SYNONYMIE. *Scincus vittatus*. Gravenh. Mus. Bresl.

DESCRIPTION.

FORMES. Cette espèce, de même que les deux suivantes, se distingue de toutes celles que nous venons de décrire, en ce qu'elle n'offre qu'une seule plaque fronto-pariétale, plaque qui présente ici deux bords latéraux formant un grand angle peu ouvert, dont le sommet s'articule avec la pointe de la frontale; puis trois petits bords postérieurs, dont le médian forme un petit angle rentrant dans lequel est reçue la base du triangle isocèle que représente la plaque inter-pariétale. Celle-ci se trouve ainsi enclavée entre la fronto-pariétale et les deux pariétales, qui ont chacune quatre côtés inégaux, ou un petit, qui est en rapport avec l'une des squames temporales, un second moins petit, qui touche à la dernière sus-oculaire, un troisième plus grand, qui est soudé avec la fronto-pariétale et l'inter-pariétale, enfin un quatrième encore plus grand, c'est-à-dire le postérieur, qui est légèrement arqué. Quant aux autres pièces du bouclier sus-crânien et aux plaques frénales, elles ressemblent à celles des Euprèpes d'Olivier et de Savigny, desquels l'Euprèpes de Gravenhorst est d'ailleurs extrêmement voisin. Cette espèce a, dans sa quatrième et sa cinquième plaque labiale supérieure, un caractère qui lui est particulier entre tous les autres Euprèpes que nous avons étudiés jusqu'ici, caractère qui consiste en ce que ces deux plaques, qui sont très-allongées en pointe, la quatrième en arrière, la cinquième en avant, se superposent de telle sorte que la pointe de celle-ci est sur le bord antérieur de celle-là, et la pointe de celle-là sous le bord postérieur de celle-ci. Les oreilles ressemblent à celles de l'Euprèpes d'Olivier, c'est-à-dire qu'elles sont ovales, et que leur bord antérieur porte deux ou trois petits lobules pointus. On compte trente-sept séries longitudinales d'écailles autour du tronc, écailles qui, sur le dos, sont relevées de cinq à sept carènes ; il arrive même quelquefois qu'on n'en distingue bien distinctement que trois, les deux ou les quatre autres étant fort peu prononcées. Les scutelles sous-digitales sont également assez bien développées et unies sous toute la longueur des doigts ; il y en a une vingtaine au quatrième des pattes postérieures.

COLORATION. Le dessus de la tête est d'un brun-fauve ou marron uniforme ; la même teinte est répandue sur le dos, les membres et la queue, mais marquée de nombreuses taches d'une couleur plus intense que celle du fond. Deux raies blanches qui partent l'une du sourcil, l'autre du bord orbitaire inférieur, s'étendent parallèlement le long du corps jusque sur la partie latérale de la queue ; ces deux raies sont séparées l'une de l'autre par une bande noire ou d'un brun foncé. Les lèvres sont envahies par la couleur blanche qui règne sur toutes les régions inférieures de l'animal.

DIMENSIONS. *Longueur totale.* 14" 2'". *Tête.* Long. 1" 3'". *Cou.*

Long. 1. *Tronc*. Long. 3" 6'". *Memb. antér*. Long. 1" 8'". *Memb. postér*. Long. 2" 7'". *Queue*. Long. 8" 3'".

PATRIE. Nous possédons de cette espèce deux individus seulement, l'un vient de Madagascar et l'autre du cap de Bonne-Espérance.

Observations. Il nous a semblé reconnaître ce Scincoïdien comme étant celui dont M. Gravenhorst avait envoyé à Cocteau le dessin et la description, sous le nom de *Scincus villatus;* ne pouvant conserver ce nom, qui a déjà été employé plusieurs fois pour spécifier des Sauriens de cette famille, et en particulier l'Euprèpes d'Olivier, nous avons préféré appeler cette espèce du nom du savant professeur de la ville de Breslau, en témoignage de la profonde estime que nous avons pour ceux de ses travaux erpétologiques qui sont parvenus à notre connaissance.

10. L'EUPRÉPES DE LA PHYSICIENNE. *Euprepes Physicœ*. Nobis.

CARACTÈRES. Plaques nasales petites, tout à fait latérales, arrondies en arrière, coupées carrément en avant; supéro-nasales très-petites, en triangles scalènes, très-écartées l'une de l'autre; inter-nasale hexagone, dilatée transversalement; deux fronto nasales non contiguës; frontale pentagone, affectant une forme en triangle isocèle; une seule fronto-pariétale grande, en losange; pas d'inter-pariétale; deux pariétales; pas d'occipitale; une fronto-nasale triangulaire, assez grande; deux frénales, la première rhomboïdale, la seconde quadrilatère oblongue; deux fréno-orbitaires superposées, la supérieure triangulaire, plus petite que l'inférieure, qui est quadrilatère. Oreille assez grande, circulaire, découverte, portant quatre très-petits lobules à son bord antérieur. Corps lacertiforme. Membres bien développés. Scutelles sous-digitales lisses. Écailles dorsales tricarénées; écailles préanales sub-égales.

SYNONYMIE. *Rachite de la Physicienne*. Cocteau. Tab. synopt. Scinc.

DESCRIPTION.

FORMES. Voici une espèce qui, comme la précédente, n'a aussi qu'une seule plaque fronto-pariétale, mais cette plaque, qui est fort grande, a pris la forme d'un losange presque régulier, et ne se trouve pas suivie d'une inter-pariétale, sorte de plaque qui manque à l'espèce du présent article. Il y a deux plaques pariétales absolument semblables, pour la forme et la grandeur, à celles de l'Euprèpes de Gravenhorst. Chez l'Euprèpes de la Physicienne, la plaque frontale est grande et située assez en avant; sa forme est celle d'un triangle isocèle un peu tronqué de chaque côté à sa base. Les fronto-pariétales sont petites, pentagones, très-écartées l'une de l'autre, c'est-à-dire situées l'une à droite, l'autre à gauche, en travers du *canthus rostralis*, qui est assez prononcé, sans pourtant être aigu. L'inter-nasale est grande, hexagone, dilatée transversalement, s'articulant en avant avec la rostrale, en arrière avec la frontale, et, de chaque côté, d'une part avec la fronto-nasale, d'une autre part avec la supéro-nasale, la fréno-nasale et la première frénale. La rostrale est quadrilatère, plus large que haute, à bord supérieur moins étendu que l'inférieur. Des huit plaques qui garnissent chacun des côtés de la lèvre supérieure, c'est la sixième qui est la plus grande; après elle c'est la septième, puis la huitième, qui sont pentagones; ensuite viennent la seconde, la troisième, la quatrième et la cinquième, qui sont carrées; enfin la première, qui est la plus petite des huit; celle-ci est quadrilatère oblongue, un peu plus basse en avant qu'en arrière; la sixième est régulièrement rectangulaire et s'élève jusqu'au bord orbitaire. L'ouverture auriculaire est de moyenne grandeur, ovalaire, bien découverte, et munie à son bord antérieur de quelques lobules excessivement petits. Les membres ressemblent en tous points à ceux de l'Euprèpes des Séchelles. Quelques-unes des écailles du dos n'offrent que deux carènes, mais la plupart en portent trois. On compte trente-sept ou trente-neuf séries longitudinales d'écailles autour du tronc, et trente-huit scutelles à surface un peu renflée, lisse, sous le quatrième doigt des pieds de derrière.

Coloration. Une seule teinte d'un brun de suie règne sur toutes les parties supérieures du corps; les régions inférieures sont blanchâtres.

Dimensions. *Longueur totale.* 17" 3'". *Tête.* Long. 1" 5'". *Cou.* Long. 1". *Tronc.* Long. 4". *Memb. antér.* Long. 2" 3'". *Memb. postér.* Long. 3" 2'". *Queue.* Long. 10" 8'".

Patrie. Cet Euprèpes est une espèce originaire de la Nouvelle-Guinée, d'où il en a été rapporté un exemplaire à notre Musée par MM. Quoy et Gaimard.

REPTILES, V. 44

II. L'EUPRÉPES DE DELALANDE. *Euprepes Delalandii.* Nobis.

CARACTÈRES. Plaques nasales médiocres, arrondies en arrière, pointues en avant, tout à fait latérales ; supéro-nasales allongées, étroites, contiguës ; inter-nasale hémidiscoïdale ; deux fronto-nasales contiguës ; frontale en forme de palette ; une seule fronto-pariétale petite, hexagone ; pas d'inter-pariétale ; une seule pariétale grande, en croissant tronqué à ses deux pointes ; pas d'occipitale ; une fréno-nasale petite, trapézoïde ; deux frénales oblongues, la première quadrangulaire, la seconde pentagone ; deux petites fréno-orbitaires. Oreille médiocre, ovalaire, découverte, portant quelques lobules à son bord antérieur. Corps lacertiforme, élancé. Membres bien développés ; scutelles sous-digitales lisses. Écailles dorsales tricarénées. Queue longue, grêle. Écailles préanales égales entre elles.

SYNONYMIE. *Rachite de Delalande.* Coct. Tab. synopt. Scinc.

DESCRIPTION.

FORMES. L'arrangement du bouclier sus-crânien de cette espèce est tel qu'il est impossible de la confondre avec aucune autre de ses congénères : parmi les pièces qui le composent on ne trouve effectivement qu'une seule fronto-pariétale, qu'une seule pariétale, et il n'existe pas d'inter-pariétale. La pariétale est une grande plaque ayant la forme d'un croissant fortement tronqué à ses deux pointes. La partie convexe de ce croissant se trouve être le bord terminal du bouclier céphalique, et sa partie concave s'articule avec la marge postérieure de la fronto-pariétale, tandis que les deux extrémités tronquées se soudent, l'une à droite, l'autre à gauche, à la dernière sus-oculaire. La fronto-pariétale, assez peu développée, présente six pans, trois petits en arrière n'en formant pour ainsi dire qu'un seul grand, arqué, un petit, en avant, transversal, rectiligne, et un oblique de moyenne longueur, de chaque côté. La frontale, médiocre, oblongue, rétrécie et tronquée carrément en arrière, offre en avant un angle obtus, fortement arrondi, par lequel elle se trouve en rapport avec les deux fronto-nasales. Celles-ci sont irrégulièrement pentagones inéquilatérales ; l'inter-nasale a la forme d'un demi-disque, son bord droit s'articule avec les fronto-nasales et son bord convexe avec les supéro-nasales, avec la première frénale de droite et la première frénale de gauche. Les supéro-nasales, contiguës par leur extrémité antérieure, décrivent un demi-cercle. La fréno-nasale ressemble à un trapèze, la première frénale a un quadrilatère oblong, et la seconde frénale, plus haute mais moins longue que la première, à un pentagone irrégulier. Il y a une petite fréno-orbitaire suivie d'une autre encore plus petite. Le nombre des plaques labiales supérieures n'est que de sept de chaque côté : la première est trapézoïde, à peine moins grande que les trois suivantes, qui sont carrées ; la cinquième, un peu plus grande que les précédentes, est quadrilatère oblongue, et s'élève jusqu'au bord orbitaire ; les deux dernières sont pentagones.

L'oreille est ovalaire, découverte, munie de quelques lobules à son bord antérieur. Les membres offrent le même développement que ceux des Euprèpes de Delalande et des Séchelles. Les écailles forment quarante-sept ou quarante-neuf séries longitudinales autour du tronc ; celles des parties supérieures sont surmontées de trois carènes. Les squames de la région préanale sont petites, égales entre elles, disposées sur quatre ou cinq rangées transversales. Les scutelles du dessous des doigts sont lisses ; il y en a environ dix-huit dans toute l'étendue du quatrième doigt des pieds de derrière.

COLORATION. Une teinte brun-marron, nuancée de brunâtre, est répandue sur le dos et les flancs, le long de la partie supérieure desquels règne une bande fauve. Le dessus des membres et de la queue semble offrir les mêmes nuances que la région dorsale. Le dessous de l'animal est comme terreux.

DIMENSIONS. *Longueur totale*. 16" 3'". *Tête*. Long. 1" 8'". *Cou*. Long. 1" 5'". *Tronc*. Long. 5". *Memb. antér*. Long. 2". *Memb. postér*. Long. 3". *Queue*. Long. 8".

PATRIE. Ce Scincoïdien nous a été rapporté du cap de Bonne-Espérance par Delalande.

44.

ESPÈCES A PAUPIÈRE INFÉRIEURE SQUAMEUSE OU NON TRANSPARENTE.

12. L'EUPRÉPES DE SÉBA. *Euprepes Sebæ.* Nobis.

CARACTÈRES. Plaques nasales médiocres, tout à fait latéral es, ar-rondies en arrière, pointues en avant ; supéro - nasales allon-gées, étroites, contiguës ou presque contiguës. Inter-nasale en losange élargi, tronqué à ses angles latéraux ; deux fronto-na-sales pentagones inéquilatérales, contiguës ; frontale de moi-tié plus longue que large, en losange, ayant ses bords antérieurs très - courts et ses bords postérieurs très-longs ; deux fronto-pariétales contiguës ; inter-pariétale losangique, presque aussi grande que ces dernières ; deux pariétales médiocres, penta-gones inéquilatérales, élargies ; pas d'occipitale ; une petite fréno-nasale ; deux frénales, la première rhomboïdale ou carrée, la seconde quadrangulaire ou pentagone oblongue ; deux fréno-orbitaires, la première médiocre, la seconde petite. Oreille mé-diocre, sub-ovale, découverte, portant quelques petits lobules à son bord antérieur. Écailles du dos surmontées de trois à sept ca-rènes. Corps lacertiforme ; membres bien développés ; scutelles sous-digitales lisses. Queue sub-arrondie. Écailles préanales égales entre elles.

SYNONYMIE. *Lacerta maritima maxima sive Crocodilus ex Ara-bia.* Seb. Thes. tom. 2, pag. 112, tab. 105, fig. 3.

? *Scincus marinus Americanus cauda longa.* Id. loc. cit. tom. 2, pag. 11, tab. 10, fig. 4.

? *Scinculus marinus Americanus.* Id. loc. cit. tom. 2, pag. 12, tab. 10, fig. 5.

? *Scincus Stellio.* Laur. Synops. Rept. pag. 55, n° 88.

Lacerta rufescens. Shaw. Gener. zool. tom. 3, part. 1, p. 285, exclus. synon. *Lacertus Cyprius.* Aldrov. (*Plestiodon Aldrovandii.*)

? *Lacerta longicauda.* Shaw. Gen. zool. tom. 3, part. 1, pag. 286.

? *Scincus Schneideri.* Merr. Tent. syst. amph. pag. 71, n° 6.

Scincus rufescens. Id. loc. cit. pag. 71, n° 9.

Scincus multifasciatus. Kuhl Beitr. pag. 12.

Mabouya multifasciata. Fitzing. Verzeichn Neue classificat.
Rept. pag. 52, n° 3.

Scincus rufescens. Cuv. Règn. anim. 2ᵉ édit. tom. 2, pag. 62.

Euprepis multifasciatus. Wagl. Syst. amph. pag. 162.

Scincus rufescens. Griff. Anim. Kingd. Cuv. tom. 9, pag. 157.

Indian Tiliqua. Gray, Synops. Rept. in Griffith's anim. Kingd.
tom. 9, pag. 68.

Eumeces rufescens. Wiegm. Herpet. Mexican. pars 1, pag. 36.

Tiliqua carinata. Gray, Catal. of slender-tong. Saur. Ann. nat.
hist. by Jardine, tom. 1, pag. 289.

? *Scincus quinquecarinatus*. Mus. de Leyde.

DESCRIPTION.

FORMES. L'Euprèpes de Séba est une espèce qui acquiert la
taille de notre Lézard ocellé. Il a les membres robustes, assez
longs ; les doigts médiocrement forts, assez profondément divisés
et armés d'ongles courts, mais crochus, acérés. La queue, chez
les individus où elle a le plus de longueur, ne fait pas tout à fait
les deux tiers de l'étendue totale de l'animal ; elle est cyclo-tétragone à sa base, et prend de plus en plus une forme légèrement
comprimée en s'éloignant du tronc. La tête ressemble à une pyramide à quatre faces, dont le sommet ou le museau est obtusément pointu. La paupière inférieure est en grande partie protégée
par une bande longitudinale de quatre ou cinq squames régulièrement quadrilatères ; ses angles et son bord inférieur présentent un pavé de très-petites écailles. Le trou auriculaire est
d'une moyenne grandeur, tout à fait découvert et garni de trois
ou quatre petits lobules pointus à son bord antérieur. Ici le
nombre des plaques céphaliques redevient le même que chez la
plupart des espèces du groupe précédent, ou de celles dont la
paupière inférieure est transparente. On remarque effectivement parmi les plaques sus-crâniennes deux fronto-pariétales,
une inter-pariétale et deux pariétales. Ces dernières sont proportionnellement assez petites, pentagones inéquilatérales,
plus larges que longues et coupées carrément en arrière. L'inter - pariétale est petite, offrant une forme en losange plus
court en avant qu'en arrière ; les fronto-pariétales, contiguës,
oblongues, à cinq pans inégaux chacune, sont à peine plus
développées que l'inter - pariétale. Quant aux autres plaques du

dessus de la tête, elles ne présentent rien qui mérite d'être signalé ici. La fréno-nasale est très-petite, triangulaire; la première frénale est rhomboïdale ou carrée; la seconde, toujours un peu plus longue que haute, a tantôt cinq, tantôt quatre côtés. La première des deux fréno-orbitaires est un peu moins petite que la seconde. Les écailles du corps sont grandes, réellement à six pans, mais simulant néanmoins une forme rhomboïdale, attendu que leur pan antérieur et le postérieur sont très-petits. Le nombre des séries longitudinales qu'elles constituent autour du tronc est de vingt-cinq à trente-trois. Les jeunes individus ont les écailles de leurs parties supérieures relevées quelquefois de sept, mais le plus ordinairement de cinq carènes fortement prononcées, dont les deux ou les quatre latérales disparaissent plus ou moins avec l'âge; car on rencontre des sujets adultes ayant les uns trois, les autres cinq carènes sur leurs écailles dorsales; il est aussi à remarquer que l'écaillure des flancs, qui est carénée dans le jeune âge, se trouve être presque lisse chez les individus parvenus à une certaine taille. La surface des scutelles sous-digitales est unie; leur nombre est variable, car nous en avons compté seize à vingt-cinq sous le quatrième doigt des pattes postérieures.

COLORATION. *Variét.* A. Une teinte olivâtre ou cuivreuse règne uniformément sur la tête, le cou, le dos et la queue; elle existe également sur les membres, mais servant de fond à un semis régulier de petites taches noires, ou à un dessin réticulaire qui provient de ce que chacune des écailles est encadrée de noir. Ces mêmes encadrements noirs se retrouvent sur les écailles blanches des régions inférieures des flancs et des côtés du cou. Une bande noire, parfois tachetée de blanc, s'étend depuis l'œil en passant sur la tempe, le long du haut du cou et du flanc, jusque sur la partie latérale de la queue, à quelque distance de sa racine. Cette bande noire est surmontée dans toute sa longueur d'une large raie blanche ou fauve. Toutes les écailles des régions inférieures sont blanches, avec une bordure grisâtre.

Variété B. Chez cette variété, la couleur des côtés du corps est la même que celle du dos, à droite et à gauche duquel règne néanmoins la bande fauve ou blanche qui surmonte la bande latérale noire dans la variété A.

Variété C. Celle-ci se distingue de la précédente en ce qu'elle offre le long du dos, et quelquefois le long des flancs, plusieurs séries de taches noirâtres.

Variété D. C'est la variété C avec la raie blanche peu apparente et des points blancs semés au milieu de ceux de couleur noire qui forment les séries des flancs.

Variété E. La couleur du dos est uniformément olivâtre ou bien clair-semée de petites taches noires, qui sont en nombre un peu plus grand sur les régions supérieures des flancs ; mais il n'existe ni bandes latérales noires, ni raies latérales blanches ou fauves.

Variété F. Une seule teinte, un brun cuivreux, couvre tout le dessus du corps, les côtés de la tête, du cou et du dos. Une raie blanche se montre le long du flanc, dans la première moitié de sa longueur seulement.

DIMENSIONS. *Longueur totale.* 33" 7'". *Tête.* Long. 2" 6'". *Cou.* Long. 2". *Tronc.* Long. 7" 5'". *Memb. antér.* Long. 3" 6'". *Memb. postér.* Long. 5". *Queue.* Long. 21" 6'".

PATRIE. L'Euprèpes de Séba est très-répandu dans les différents pays qu'il habite : nous en avons des individus venant du Bengale, du Coromandel, de Java, de Manille, des Célèbes, de Timor et même des îles Sandwich.

Observations. Il y a dans l'ouvrage de Séba une figure qui représente bien évidemment le Scincoïdien que nous venons de décrire ; c'est celle qui porte le nom de *Lacerta maritima maxima*, figure que Linné, Laurenti, Gmelin et plusieurs autres auteurs ont mal interprétée en la citant comme celle d'un Scinque des boutiques. Le même ouvrage de Séba paraît renfermer deux autres figures de notre espèce, mais d'une exécution bien inférieure à la première : ces figures sont celles des n°s 4 et 5 de la Pl. 10 du tom. 2, ou les *Scincus et scinculus marinus*, dont Laurenti a fait son *Scincus stellio*, et Merrem son *Scincus Schneideri ;* celle du n° 4 est le type du *Lacerta longicauda* de Shaw. Ce dernier auteur a établi son *Lacerta rufescens* d'après la figure et la description du *Lacerta maxima maritima*, de Séba, en y rapportant à tort comme spécifiquement semblable le *Lacertus Cyprius Scincoides*, qui est tout autre chose, ou notre *Plestiodon Aldrovandii*. Kuhl, dans ses Beiträge, a décrit l'espèce du présent article sous le nom de *Scincus multifasciatus*, dénomination qui nous semble assez mal appliquée, car nous avouons n'avoir observé aucun individu offrant un mode de coloration qui la justifiât. Aussi avons-nous cru mieux faire en désignant cette espèce par le nom de l'auteur qui l'a fait connaître le premier.

13. L'EUPRÈPES DE VAN ERNEST. *Euprepes Ernestii.* Nobis.

CARACTÈRES. Plaques nasales petites, tout à fait latérales, arrondies en arrière, coupées carrément en avant; supéro-nasales allongées, étroites, non contiguës; inter-nasale en losange; deux fronto-nasales pentagones, sub-losangiques, contiguës; frontale oblongue, hexagone, rétrécie en arrière; deux fronto-pariétales contiguës; une inter-pariétale losangique, allongée en pointe en arrière, presque aussi grande que les fronto-pariétales; deux pariétales pentagones inéquilatérales, plus larges que longues; pas d'occipitale; une fréno-nasale petite, triangulaire; deux frénales, pentagones oblongues, la première un peu moins grande que la seconde; deux fréno-orbitaires plus petites; sept paires de labiales de forme ordinaire, celles de la cinquième paire montent jusqu'aux bords orbitaires; oreille fort petite, sub-ovale, couverte en partie par des écailles temporales; écailles du dos faiblement tricarénées; corps lacertiforme; membres bien développés; doigts très-fortement comprimés dans leur moitié terminale; queue sub-arrondie; écailles de la rangée préanale égales entre elles.

SYNONYMIE. *Scincus Ernestii.* Mus. de Leyde.
Psammite de Van Ernest. Cocteau. Tab. synopt. Scinc.

DESCRIPTION.

FORMES. Cette espèce diffère particulièrement de la précédente en ce qu'elle a des oreilles fort petites et recouvertes en partie chacune par deux des dernières écailles temporales, et surtout en ce que ses doigts offrent une conformation tout à fait insolite dans la famille des Scincoïdiens. Ces extrémités terminales des membres sont effectivement si comprimées dans la seconde moitié de leur longueur, que la face inférieure en est positivement tranchante, tandis que l'autre portion du doigt est, comme à l'ordinaire, légèrement aplatie de droite à gauche, en même temps qu'arrondie en dessus et en dessous. Les ongles sont, comme les phalanges qui les portent, extrêmement comprimés, et de plus très-crochus et fort aigus. Les scutelles sous-digitales de la portion basilaire des doigts sont larges et lisses; on en compte une douzaine au quatrième doigt des pieds de derrière. Le nombre des séries d'écailles qui enveloppent le tronc est de trente ou trente et une. Chacune des écailles du dos est surmontée de trois ou quatre carènes faiblement prononcées. Il y a trois rangées de squames en travers de la région préanale.

COLORATION. Toutes les parties latérales du corps offrent une teinte d'un gris bleuâtre, qui s'étend sur les régions inférieures en s'éclaircissant un peu. Le dessus du cou et le dos présentent, sur un fond grisâtre, des raies transversales noires, un peu en zigzags, sur chacune desquelles on remarque plusieurs petites taches d'un blanc bleuâtre. Il existe, sur les plaques pariétales et les dernières sus-oculaires, quelques taches élargies, brunâtres et comme lisérées de blanc.

DIMENSIONS. *Longueur totale.* 18" 3"'. *Tête.* Long. 2" 1"'. *Cou.* Long. 1" 6"'. *Tronc.* Long. 6" 3"'. *Memb. antér.* Long. 3"'. *Memb. postér.* Long. 3" 8"'. *Queue.* Long. 8" 3"'.

PATRIE. Cet Euprèpes se trouve dans l'île de Java; le seul exemplaire que nous possédions nous a été envoyé du musée de Leyde.

IV· SOUS - GENRE. PLESTIODONTE. — *PLESTIODON* (1). Nobis.

(*Euprepis* Cocteau ; *Euprepis* en partie. Wagler.)

CARACTÈRES. Narines s'ouvrant au milieu ou presque au milieu de la plaque nasale; deux plaques supéro-nasales. Palais à large rainure médiane, évasée à son extrémité antérieure; des dents ptérygoïdiennes; écaillure lisse.

Les Plestiodontes ont été ainsi nommés, parce que ce sont effectivement ceux des Scincoïdiens Saurophthalmes

---

(1) Πλειστος, *plurimi*, beaucoup : οδους-οδοντος, *dentes*, dents.

pourvus de dents ptérygoïdiennes qui en offrent le plus grand nombre : ces dents sont courtes, droites, coniques, fortes, simples, garnissant sur une ou deux séries la portion des os ptérygoïdiens qui s'avance en longue lame étroite et pointue le long du bord interne des palatins. Ces os, ainsi que les ptérygoïdiens, forment les bords d'une large rainure à extrémité antérieure évasée semi-circulairement, dont se trouve creusé le plafond de la bouche dans la seconde moitié de sa longueur. Les narines des Plestiodontes s'ouvrent, l'une à droite, l'autre à gauche du bout du museau, au centre ou à peu près au centre de la plaque nasale, laquelle est circonscrite par la rostrale, la supéronasale, la fréno-nasale, ou la première frénale, quand cette dernière n'existe pas, et par la première et quelquefois aussi par la seconde labiale supérieure. Chez la plupart des espèces de ce groupe sous-générique, les plaques qui revêtent les régions temporales étant tout à fait osseuses, elles continuent réellement de chaque côté la voûte du crâne. Toutes les pièces composant l'enveloppe squameuse de ces Scincoïdiens sont parfaitement lisses. Leurs dents maxillaires, leur langue, leurs pattes et leur queue ressemblent à celles des espèces des sous-genres *Eumèces* et *Euprèpes*. Tous portent sur le bord de leur opercule anal deux très-grandes squames, dont une, celle du côté droit, a sa marge latérale interne recouverte par la marge correspondante de celle du côté gauche. On n'en connaît pas encore dont la paupière inférieure soit transparente. Il n'en est non plus aucune qui manque de plaque inter-pariétale, ou bien dont la fronto-pariétale ou la pariétale soit simple. Comme la forme et la disposition des plaques qui protégent la face supérieure de la tête sont exactement les mêmes dans toutes les espèces, nous allons les faire connaître de suite, afin de n'avoir plus à y revenir dans chacune des descriptions qui vont suivre. La plaque rostrale a la forme d'un triangle équilatéral ; les supéronasales, au lieu d'être fort étroites ou presque linéaires,

comme chez les Eumèces et les Euprèpes, sont rhomboïdales, contiguës ; l'inter - nasale est hexagone, dilatée
transversalement ; les fronto-nasales sont soudées entre
elles et offrent cinq côtés à peu près égaux ; la frontale,
hexagone, une fois aussi longue que large, est à peine rétrécie en arrière ; les fronto-pariétales ont la même forme
et la même grandeur que les fronto-nasales ; l'inter-pariétale, un peu plus petite que ces dernières, présente un
angle obtus, court en avant, et un long angle aigu en
arrière ; les fronto-pariétales, par la forme, ressemblent aux
fronto-nasales, mais elles ont une grandeur double de la
leur. Tantôt il y a une plaque fréno-nasale, tantôt il n'en
existe pas ; la première frénale est pentagone ou carrée,
mais toujours plus haute que longue ; la seconde frénale
au contraire a plus d'étendue dans le sens de la longueur de
la tête que dans son diamètre vertical ; le nombre de ses
côtés est de cinq généralement ; les deux fréno-orbitaires,
quadrilatères oblongues, sont placées sur une ligne oblique, à la suite l'une de l'autre ; la seconde est moins grande
que la première. Les paupières sont toutes deux bordées de
petites squames carrées ; l'inférieure en offre une rangée
longitudinale de grandes, et le reste de la surface est revêtu
de petites écailles juxta-posées. Les doigts sont inégaux :
aux mains, les trois premiers sont assez régulièrement
étagés ; le quatrième offre la même longueur que le précédent ; le cinquième est plus court que le second ; les quatre
premiers doigts des pieds vont en augmentant de longueur,
et le dernier est un peu moins étendu ou aussi étendu que
le second. Les scutelles sous - digitales sont lisses. La face
inférieure de la queue est revêtue de grandes lamelles hexagones élargies, analogues à celles qu'on observe sous le
corps de la plupart des serpents.

Ce sous-genre des Plestiodontes comprend une partie
des *Euprepis* de Wagler, et correspond au groupe appelé
du même nom par Cocteau.

TABLEAU SYNOPTIQUE DES ESPÈCES DU SOUS-GENRE PLESTIODONTE.

Oreilles

garnies de
- plusieurs lobules très-développés.......................... 1. P. D'ALDROVANDE.
- quelques tubercules très-petits : plaque fréno-nasale
  - nulle : dos fauve, parfois glacé de vert........ 2. P. DE CHINE.
  - distincte : dos noir ou brun, avec cinq raies blanches. 4. P. A CINQ RAIES.

simples : tempes
- fortement renflées : tête rougeâtre : dessus du corps fauve. .... 3. P. A TÊTE LARGE.
- ordinaires : dessus du corps noir, rayé de blanc. ...... 5. P. LE BEAU.

1. LE PLESTIODONTE D'ALDROVANDE, *Plestiodon Aldrovandii*. Nobis.

CARACTÈRES. Pas de plaques fréno-nasales ; oreilles vertico-ova-laires, portant plusieurs grands lobules à leur bord antérieur. Dos brun ou fauve, tacheté de rouge ou d'orangé.

SYNONYMIE. *Lacerta cyprius Scincoides*. Aldrov. Quad. digit. ovip. lib. 1, pag. 660.

Le Doré. Lacep. Quadrup. Ovip. tom. 1, pag. 384, Pl. 25.

Scincus auratus. Schneid. Histor. Amph. Fasc. II, pag. 176.

Le Doré. Bonnat. Encycl. Meth. Erpet., pag. 52, fig. 2.

Scincus Schneiderii. Daud. Hist. Rept. tom. 4, pag. 291.

Die Gold-Eidechse. Bechst. de Lacépède's Naturgesch. Amph. tom. 2, pag. 117, taf. 9, fig. 1.

L'Anolis gigantesque. Geoff. Descript. de l'Égypt. Rept. Pl. 3, fig. 3.

Le Scinque le plus commun dans tout le Levant. Cuv. Règn. anim. 1re édit. tom. 2, pag. 54.

Scincus Cepedii. Merr. Tent. Syst. Amph. pag. 74, n° 5.

Le Scinque de Schneider. Is. Geoff. Descript. de l'Égypt. Rept. pag. 135, Pl. 3, fig. 3.

Scincus cyprius. Cuv. Règn. anim. 2e édit. tom. 2, pag. 62.

Scincus cyprius. Griff. Anim. Kingd. Cuv. tom. 9. pag. 157.

Tiliqua cyprius. Gray. Synops. Rept. in Griffith's Anim. Kingd. tom. 9, pag. 68.

Euprepis de Geoffroy. Coct. Tab. synopt. Scinc.

DESCRIPTION.

FORMES. Le Plestiodonte d'Aldrovande devient aussi grand que le Lézard ocellé du midi de la France. Il a la tête épaisse, le mu-seau court, obtus, le chanfrein légèrement convexe et les tempes un peu renflées. Ses pattes, lorsqu'on les couche le long du cou, s'étendent jusqu'aux yeux. Les membres postérieurs ont une longueur égale aux deux tiers de l'étendue des flancs. La queue, cyclo-tétragone à sa racine et faiblement comprimée en arrière, est une fois et demie ou deux fois aussi longue que le reste du corps. Parmi les plaques qui revêtent les parties latérales du museau, il n'existe pas de fréno-nasales. Il y a neuf plaques labiales supérieures de chaque côté ; la première est trapézoïde, un peu plus petite que les cinq suivantes, et ne touche qu'à la nasale par son bord supérieur ; la seconde, la troisième et la quatrième sont tétragones, un peu plus dilatées dans le sens vertical que dans la longueur de la tête ; la cinquième et la sixième sont carrées, la septième et la huitième sont pentagones et un peu plus grandes que les précédentes ; mais la neuvième, qui offre aussi cinq côtés, est un peu moins développée. Les tempes sont protégées chacune par trois grandes squames, en arrière desquelles sont quatre écailles semblables à celles du dos. Les oreilles sont deux trous ovalaires dont le grand diamètre se trouve être de haut en bas ; leur bord antérieur est garni de trois ou quatre lobules triangulaires, fort développés et couchés en arrière. Les écailles du corps sont hexagones et excessivement élargies ; on en compte vingt-trois séries longitudinales autour du tronc. Celles de ces écailles qui appartiennent à la région dorsale ont leur surface creusée de plusieurs petits sillons longitudinaux. Les talons sont garnis de squames plus grandes et plus épaisses que celles de la face inférieure de la jambe.

COLORATION. Un brun plus ou moins clair, tirant même sur le fauve, règne sur les parties supérieures ; une teinte orangée plus ou moins vive dans l'état de vie, jaunâtre ou blanchâtre après la mort, colore un plus ou moins grand nombre d'écailles du dos. Cette coloration simule tantôt de grandes taches éparses irrégulièrement, tantôt des bandes transversales qui descendent quelquefois sur les flancs. Souvent ceux-ci offrent chacun une raie pâle qui prend naissance sur la lèvre supérieure, et qui va se perdre sur la face latérale de la base de la queue. Toutes les régions inférieures sont blanches.

DIMENSIONS. *Longueur totale.* 42" 6'". *Tête.* Long. 4" 4'". *Cou.* Long. 2" 7'". *Tronc.* Long. 12" 5'". *Memb. antér.* Long. 5" 2'". *Memb. postér.* Long. 6". *Queue.* Long. 23".

PATRIE. Cette espèce se trouve en Égypte et en Algérie ; nous en possédons deux individus du premier de ces deux pays ; et un troisième, qui nous a été envoyé vivant de la province d'Alger par M. Guyon, chirurgien en chef de l'armée d'Afrique.

OBSERVATIONS. Aldrovande a donné de cette espèce, appelée par lui *Lacerta cyprius Scincoides*, une figure gravée sur bois qui ne laisse pas d'être bonne pour l'époque à laquelle elle a été faite. Linné la cite, dans la dixième édition du *Systema naturæ*,

comme se rapportant à son *Lacerta aurata*, et dans la douzième également, où elle se trouve en même temps indiquée,
par erreur sans doute, à l'article du *Lacerta stincus*. On ne
doit pas toutefois conclure de cela que le *Lacerta aurata* ressemble spécifiquement au *Lacerta cyprius*; car Linné non-
seulement mentionne aussi, comme représentant son *Lacerta
aurata*, des figures qui appartiennent bien évidemment à d'autres espèces que le *Lacerta cyprius* d'Aldrovande : telle est,
en particulier, celle du n° 3 de la Pl. 89 du tom. 1 de Séba,
laquelle a été faite d'après un *Euprepes Sebæ*, et celle de
la Pl. 247 des Glanures d'Edwards, qui l'a été d'après un *Lacerta stirpium;* mais la description de son *Lacerta aurata*,
dans les Aménités académiques (tom. 1, pag. 294), à laquelle il
renvoie, est elle-même si peu caractéristique, qu'on ne peut
réellement pas dire d'une manière positive quelle est l'espèce de
Sauriens qu'il a eu en vue de faire connaître sous ce nom de
Lacerta aurata. Lacépède ne semble pas avoir eu du doute à cet
égard ; car c'est bien assurément un individu appartenant à
l'espèce figurée par Aldrovande qu'il a décrit et fait représenter,
sous le nom de Scinque doré (*Lacerta aurata* Linné), dans son
livre des Quadrupèdes ovipares, et auquel il a fort à tort rapporté le *Scincus maximus fuscus* de Sloane, qui est un Scincoïdien du genre des Diploglosses. Daudin n'eut pas plus que Lacépède l'idée de rapprocher du *Lacerta cyprius* d'Aldrovande le
Scinque doré de l'Histoire des Quadrupèdes ovipares, qu'il décrivit, sous le nom de Schneiderien, d'après l'individu même
qui avait servi de modèle à la description et à la figure de Lacépède, individu qui existe encore aujourd'hui dans notre Musée
national. Toutefois Daudin ne cite pas, comme synonyme de son
Scinque schneiderien, le *Galli-Wasp* de Sloane; mais il y rapporte deux figures qui représentent une tout autre espèce,
l'*Euprepes Sebæ*, c'est-à-dire celles qui portent les n°s 4 et 5,
Pl. 10, tom. II de l'Iconographie de Séba. Il y a, dans le bel
ouvrage de la commission d'Égypte, une excellente figure du
Plestiodonte d'Aldrovande, qui a été exécutée sous la direction
de M. Étienne Geoffroy Saint-Hilaire, et que M. Isidore, son fils,
a décrite dans le même ouvrage, non plus sous le nom impropre
d'Anolis gigantesque, que lui avait d'abord donné M. Geoffroy

père, mais sous celui de Scinque schneiderien, par lequel il se trouve désigné dans l'Histoire naturelle des Reptiles de Daudin.

2. LE PLESTIODONTE DE CHINE. *Plestiodon Sinense*. Nobis.

CARACTÈRES. Pas de plaques fréno-nasales ; oreilles vertico-ovalaires, portant quelques petits tubercules à leur bord antérieur. Écailles du dos d'une teinte verdâtre, avec une bordure fauve ou dorée.

SYNONYMIE. *Tiliqua Sinensis*. Gray. Illust. Ind. Zoolog. Hardw.

Tiliqua Chinensis. Id. Catal. of slender-tong. Saur. Ann. of Natur. Hist. by Jardine. tom I, pag. 289.

Euprepis d'Hardwick. Coct. Tab. synop. Scinc.

DESCRIPTION.

FORMES. Cette espèce ne diffère guère de la précédente que par quelques détails dans la disposition des plaques labiales supérieures, par un développement moindre dans la dentelure du bord antérieur de l'oreille, par un plus petit diamètre transversal des écailles du corps, enfin par le mode de coloration.

La lèvre supérieure a chacun de ses côtés revêtu de huit plaques : la première est pentagone et un peu plus haute que les trois suivantes ; elle offre à sa partie supérieure deux bords par l'un desquels elle touche à la nasale, et par l'autre à la première frénale ; la seconde, la troisième et la quatrième labiale supérieure, égales entre elles, sont quadrilatères, à peu près équilatérales ; la cinquième est pentagone et un peu plus développée en hauteur et en longueur que celles qu'elle suit immédiatement ; la sixième est aussi pentagone, et plus grande que celle qui la précède ; la septième a également cinq côtés, et est beaucoup plus grande que la sixième ; tandis que la huitième, dont le nombre des pans est de quatre ou cinq, est extrêmement petite. L'ouverture auriculaire est proportionnellement moins grande que chez le Plestiodonte d'Aldrovande, et au lieu de lobules, ce sont de petits tubercules qu'elle porte le long de son bord antérieur. Les régions temporales sont plus renflées et plus distinctement osseuses que dans l'espèce décrite précédemment. Quoique bien moins dilatées transversalement, les écailles du corps donnent à peu près le même nombre de séries longitudinales autour du tronc, c'est-à-dire vingt-cinq au lieu de vingt-trois.

COLORATION. Le dessus et les côtés de la tête présentent une teinte fauve ou roussâtre, ainsi que la queue, lorsque ses écailles ne sont pas, comme celles du dos, colorées en gris verdâtre au milieu, et en fauve plus ou moins doré sur leurs bords. Quant au dessous du corps, il est partout d'un blanc argenté.

DIMENSIONS. *Longueur totale.* 22" 5"'. *Tête.* Long. 2" 5"'. *Cou.* Long. 1" 5"'. *Tronc.* Long. 6" 5"'. *Memb. antér.* Long. 2" 6"'. *Memb. postér.* Long. 3" 2"'. *Queue.* Long. 12".

PATRIE. Ce Scincoïdien habite la Chine; la collection du Muséum national en renferme trois exemplaires, qui ont été donnés par M. Gernaert, consul de France à Canton.

3. LE PLESTIODONTE A TÊTE LARGE, *Plestiodon laticeps.* Nobis.

CARACTÈRES. Une plaque fréno-nasale de chaque côté; oreilles vertico-ovalaires, sans lobules ni tubercules au bord antérieur. Régions temporales extrêmement renflées, chez les sujets adultes. Tête roussâtre; écailles du dos d'un brun clair, bordées de jaune.

SYNONYMIE. *Scincus laticeps.* Schneid. Histor. Amph. Fascic. II, pag. 189.

Scincus laticeps. Daud. Hist. Rept. tom 4, pag 301.

Scincus erythrocephalus. Gilliams. Journ. Acad. Nat. Scienc. Philad. vol. 1, pag 461, tab. 18.

Scincus laticeps. Merr. Tent. Syst. Amphib. pag. 72, n° 14.

Scincus erythrocephalus. Harl. North Amer. Rept. Jour. Acad. Nat. Scienc. of Philad. vol. 6, pag. 11.

Scincus americanus. Med. and Phys. Research. pag. 138.

Scincus erythrocephalus. Cuv. Règn. anim. 2ᵉ édit. tom. 2, pag. 62.

Scincus erythrocephalus. Griff. anim. Kingd. Cuv. tom. 9, pag. 157.

Tiliqua erythrocephala. Gray. Synops. Rept. in Griffith's anim. Kingd. tom 9, pag. 70.

Tiliqua erythrocephala. Gray. Catal. of slender-tongued Saur. (Magaz. of natur. History, by Jardine, tom. 1, pag. 292).

Scincus similis. Gray. Brit. Mus.

Scincus erythrocephalus. Holb. North Amer. Herpet. tom 2, pag. 101, Pl. 22.

Euprepis de Petiver. Coct. Tab. synopt. Scinc.

REPTILES, V. 45

DESCRIPTION.

FORMES. Cette espèce mérite à juste titre la qualification de *laticeps* que lui a donnée Schneider ; car sa tête présente effectivement en arrière une largeur presque égale à sa longueur. Cette largeur est produite par un renflement considérable des régions temporales. Ceci toutefois ne se prononce à un aussi haut degré que chez les individus adultes. Le Plestiodonte à large tête se distingue d'ailleurs de ses deux congénères, précédemment décrits, en ce qu'il présente une plaque fréno-nasale derrière chaque narine, en ce que ses oreilles n'ont aucune sorte de bordure en avant, que ses doigts sont plus minces, et les écailles du corps plus grandes et plus nombreuses ; les séries qu'elles forment autour du tronc s'élèvent à trente-cinq. Les plaques labiales supérieures sont en même nombre et offrent la même forme que celles du Plestiodonte de Chine ; mais la dernière est proportionnellement plus petite, et la septième et la huitième plus grandes. Il y a de même trois plaques temporales ; la moins développée est située tout près de l'œil, la moyenne se reploie en partie sur le crâne, et la plus grande descend en pointe jusqu'à l'angle de la mâchoire inférieure.

COLORATION. Le mode de coloration des échantillons que nous possédons, conservés dans l'esprit de vin, est le même ou à peu près que celui de l'espèce précédente. La tête, sur ses faces supérieure et latérales, est teinte de roussâtre ; les écailles des parties supérieures sont d'un gris verdâtre ou d'un brun clair, avec une large bordure fauve, qui est elle-même lisérée de brun. Les régions inférieures sont blanches. Il paraît que, dans l'état de vie, la tête est colorée en rouge de brique pâle. Les jeunes Plestiodontes à tête large ont, sur le même fond de couleur que les adultes, les indices d'une bande brune, de deux raies blanchâtres, de chaque côté du corps, et d'une cinquième raie blanchâtre, le long de la ligne médiane du dos.

DIMENSIONS. *Longueur totale.* 25" 7'''. *Tête.* Long. 3" 5'''. *Cou.* Long. 2" 2'''. *Tronc.* Long. 7". *Memb. antér.* Long. 3" 5'''. *Memb. postér.* Long. 4" 8'''. *Queue.* Long. 13".

PATRIE. Le Plestiodonte à tête large habite les États-Unis d'Amérique ; les échantillons qui existent dans notre Musée ont été envoyés de la Nouvelle-Orléans par M. Barabino.

OBSERVATIONS. Cette espèce, que les auteurs américains ont tous désignée par le nom de *Scincus erythrocephalus*, est le vrai *Scincus laticeps* de Schneider ; c'est à tort que M. Schlegel la mentionne, dans la faune du Japon, comme étant la même que le *Scincus quinquelineatus* : ce dernier, quelque âgé qu'il soit, n'a jamais les parties latérales de la tête élargies ni ossifiées comme celles du *Plestiodon laticeps*, chez lequel cette disposition se fait déjà remarquer dans le jeune âge.

4. LE PLESTIODONTE A CINQ RAIES. — *Plestiodon quinquelineatum*. Nobis.

CARACTÈRES. Une plaque fréno-nasale de chaque côté ; oreilles vertico-ovales portant à leur bord antérieur deux petites squames flottantes, très-étroites. Tempes non renflées. Dessus du corps marqué de cinq raies longitudinales blanches, sur un fond noir, brun ou fauve.

SYNONYMIE. *Variété* A. *Scincus auratus* (pars). Schneid. Histor. amph. Fasc. II, pag. 182, alinéa 1.

Lacerta tristata. Latr. Hist. Rept. tom. 1, pag. 248, figuré n° 2, page 247.

Scincus tristatus. Daud. Hist. Rept. tom. 4, pag. 296.

Scincus auratus (pars). Merr. Tent. Syst. amph. pag. 71.

Lacerta quinquelineata. Gmel. Syst. nat. Linn. tom. 1, p. 1075, n° 24.

Lacerta fasciata. Id. loc. cit. pag. 1075, n° 40.

Lacerta quinquelineata. Meyer, Synops. Rept. pag. 29, n° 2.

Lacerta quinquelineata. Donnd. Zoologisch. Beytr. tom. 3, pag. 120, n° 24.

Lacerta fasciata. Id. loc. cit. pag. 122, n° 40.

Lacerta fasciata. Shaw. Gener. Zool. tom. 3, part. 1, p. 241.

Lacerta quinquelineata. Id. loc. cit. p. 24.

Die Bandirte oder Blauschwanzige Eidechse. Bechst. de la Cepede's naturgesch. amphib. tom. 2, pag. 279, taf. 5, fig. 1.

Die Funfstreiche Eidechse. Id. loc. cit. pag. 126.

Scincus quinquelineatus. Schneid. Hist. amphib. Fasc. II, p. 201.

Lacerta fasciata. Latr. Hist. Rept. tom. 1, pag. 243.

Scincus quinquelineatus. Latr. Hist. Rept. tom. 2, pag. 74, figuré pag. 64, n° 3.

45.

Scincus quinquelineatus. Daud. Hist. Rept. tom. 4 , pag. 272 , Pl. 55 , fig. 1.

Scincus bicolor. Harl. Journ. Acad. natur. Scien. Philad. t. 4 , pag. 286, tab. 18, fig. 1.

Scincus bicolor. Id. North Amer. Rept. loc. cit. tom. 6 , p. 11.

Scincus bicolor. Cuv. Règn. anim. 2e édit. tom. 2, pag. 62.

Euprepis tristatus. Wagl. Syst. amphib. pag. 62.

Scincus bicolor. Griff. Anim. Kingd. Cuv. tom. 9, pag. 157.

Tiliqua bicolor. Gray , Synops. Rept. in Griffith's anim. Kingd. Cuv. tom. 9 , pag. 70.

Euprepis de Bosc. Coct. Tab. synopt. Scinc.

Variété B. *Lacerta cauda cœruleá.* Catesb. Hist. nat. Carol. tom. 2, pag. et pl. 67.

Lacertus marianus minor , caudá cœruleá. Petiv. Mus. tom. 1 , tab. 1 , fig. 1.

Lacertus caudá cœruleá. Klein , Quad. disposit. pag. 205.

Lacerta fasciata. Linn. Syst. nat. édit. 10 , tom. 1 , pag. 290 , nᵒ 40.

Lacerta quinquelineata. Linn. Syst. nat. édit. 12 , tom. 1 , pag. 366 , nᵉ 24.

Lacerta fasciata. Id. loc. cit. pag. 369 , nᵒ 40.

Le Lézard strié. Daub. Anim. quad. ovip. Encyclop. méth. tom. 2 , pag. 684.

Le Lézard à queue bleue. ïd. loc. cit. pag. 665.

Die Bandierte Eidechse. Müller , Natur. Syst. tom. 3 , pag. 112, nᵒ 40.

Die Fürffach gestreifte Eidechse. Id. loc. cit. pag. 101 , nᵒ 24.

La queue bleue. Lacép. Hist. quad. ovip. tom. 1 , pag. 360.

Le strié. Id. loc. cit. pag. 393.

Le Lézard strié. Bonnat. Erpet. Encyclop. méth. pag. 53.

Le Lézard à queue bleue. Id. loc. cit. pag. 49.

Lacerta quinquelineata. Green. Journ. Acad. Natur. Scien. Philadelph. tom. 1 , pag. 348.

Lacerta quinquelineata. Say, Journ. Acad. Nat. Scien. Philad. tom. 1 , pag. 405.

Scincus quinquelineatus. Kuhl. Beytr. zur Vergleich. anat. Zw. Abtheil. pag. 128.

Scincus quinquelineatus. Merr. Tent. Syst. amphib. pag. 71, nᵒ 10.

Scincus quinquelineatus. Harl. North Amer. Rept. Journ. Acad. Nat. Scien. Philad. tom. 6, pag. 10.

Scincus quinquelineatus varietas. Wiegm. Beitr. zur Amphibienk. Isis (1828), page 373.

Euprepis (*Lacerta fasciata et quinquelineata*, Linn.). Wagl. Syst. amphib. pag. 162.

Tiliqua quinquelineata. Gray, Synops. Rept. in Griffith's anim. Kingd. Cuv. tom. 9, pag. 69.

Euprepes Lynxe. Wiegm. Herpet. Mexic. pars 1, pag. 36.

Scincus quinquelineatus. Schlegel. Faune du Japon, Rept. p. 99, Pl. 1, fig. 1-4.

Euprepis de Catesby. Coct. Tab. Synopt. Scinc.

DESCRIPTION.

Formes. Les différences qui existent entre cette espèce et la précédente, sont de n'avoir les tempes ni osseuses ni renflées; d'offrir deux petites squames flottantes, très-courtes, mais assez hautes, le long du bord antérieur de l'oreille; d'avoir la pénultième et l'anté-pénultième plaque labiales supérieures proportionnellement moins développées; enfin de présenter un autre mode de coloration.

Coloration. *Var.* A. La tête est d'une couleur roussâtre ou quelquefois d'un fauve sale. Une teinte d'un brun clair, parfois presque fauve est répandu sur le dos dont la ligne médiane est parcourue par une raie blanche lisérée de noir. Quatre autres raies bordent deux à droite, deux à gauche, le haut et le bas d'une bande noire qui s'étend tout le long du côté du corps, tantôt depuis l'œil, tantôt depuis le bord postérieur de la tempe jusque sur la queue, plus ou moins en arrière. Une bande noire surmontée d'une raie blanche est imprimée sur la face postérieure de la cuisse et de la jambe. Les quatre raies blanches latérales prennent naissance, les supérieures au-dessus, les inférieures au-dessous des yeux. Quelquefois la raie blanche s'arrête à l'occiput, d'autres fois elle se prolonge en se bifurquant jusqu'au bout du museau. En examinant attentivement les écailles dorsales, on s'aperçoit qu'elles sont bordées de brun. Avec l'âge, les bandes noires et les raies blanches dont nous venons de parler, s'atténuent presque complétement; en sorte que le mode de coloration des sujets adultes de cette espèce se trouve être à peu près le même que celui des jeunes sujets de l'Euprèpes à tête large. Toutes les régions inférieures sont blanches.

Variété B. Le dessus et les côtés du corps sont d'un noir foncé offrant cinq raies longitudinales, blanches, disposées de la même manière que chez la première variété ; dans la seconde, la raie dorsale forme toujours en avant une sorte de fourche qui occupe la région médiane de la tête. Le derrière des membres postérieurs est parcouru par une ligne blanche. La queue a, dans quelques cas, une certaine partie de son étendue colorée en bleu ; toutes les régions inférieures offrent une teinte argentée bleuâtre.

DIMENSIONS. *Longueur totale.* 2" 4"'. *Tête.* Long. 1" 6"'. *Cou.* Long. 1" 6"'. *Tronc.* Long. 7". *Memb. antér.* Long. 2" 9"'· *Memb. postér.* Long. 4" 1"'. *Queue.* Long. 15".

PATRIE. Cette espèce, qui est très-répandue dans la plus grande partie de l'Amérique du nord, se trouve aussi au Japon, ainsi que le prouvent les individus recueillis dans ce pays par M. de Siebold ; nous possédons deux de ces individus japonais, qui nous ont été envoyés du musée de Leyde, par échange.

Observations. Nous avons réuni au *Scincus quinquelineatus* de Schneider, le *Scincus bicolor* de Harlan, qui n'en diffère que par quelques légères modifications dans le mode de coloration ; nous avons fait de même à l'égard de l'*Euprepes Lynxe* de M. Wiegmann, qui semble avoir été induit en erreur par l'envoi que lui a fait M. Fitzinger, d'un Scincoïdien à écailles carénées désigné à tort par ce dernier, comme un *Scincus quinquelineatus*.

5. LE BEAU PLESTIODONTE. *Plestiodon pulchrum.* Nobis.

CARACTÈRES. Pas de plaques fréno-nasales ; oreilles vertico-ovalaires, grandes, sans lobules à leur bord antérieur ; parties supérieures noires ; trois lignes dorsales blanches.

SYNONYMIE. *Tiliqua pulchra.* Gray. Mus. Britann. non Illust. Ind. Zoolog.

Tiliqua de Gray. Coct. Tab. Synopt. Scinc.

DESCRIPTION.

FORMES. C'est avec doute, nous l'avouons, que nous inscrivons ici cette espèce sous un autre nom que celui que porte le Plestiodonte décrit dans l'article précédent ; car elle n'en diffère que par l'absence de plaques fréno-nasales et de lobules ou de petites écailles flottantes le long du bord antérieur de son orifice auriculaire.

COLORATION. Quant à son mode de coloration, il serait le même sans deux raies blanches latérales de moins. L'individu que nous avons maintenant sous les yeux, et qui est en tous points semblable à un second que nous avons observé dans le muséum royal d'Histoire naturelle de Londres, a le bout du museau blanc et les plaques qui le revêtent en dessus et latéralement, ainsi que les sus-oculaires de la même couleur, mais bordées de noir. La ligne blanche de son dos ne dépasse pas l'occiput. C'est certainement un jeune sujet. En voici les principales dimensions.

DIMENSIONS. *Longueur totale.* 8" 1'''. *Tête.* Long. 8'''. *Cou.* Long. 5'''. *Tronc.* Long. 2". *Memb. antér.* Long. 1". *Memb. postér.* Long. 1" 4'''. *Queue.* Long. 4" 8'''.

PATRIE. L'échantillon dont il est ici question provient du Musée Britannique; il nous a été donné comme originaire de Chine.

Vᵉ SOUS - GENRE. LYGOSOME. — *LYGO-SOMA* (1). Gray.

CARACTÈRES. Narines s'ouvrant dans une seule plaque, qui est la nasale; pas de supéro-nasales; palais sans dents, à échancrure triangulaire peu profonde, située assez en arrière. Écailles lisses.

Les Lygosomes sont, pour ainsi dire, des Eumèces qui manquent de plaques supéro-nasales, et chez lesquels, en général, la narine vient s'ouvrir positivement au milieu de la plaque nasale. Ils se subdivisent aussi en espèces à paupière inférieure, revêtue de petites squames; et en espèces ayant un disque transparent enchâssé dans cette membrane protectrice du globe de l'œil.

C'est très-rare qu'il n'existe qu'une fronto-pariétale parmi

(1) Λυγος, *virga*, baguette; σωμα, *corpus*, corps en baguette.

les plaques qui composent le bouclier céphalique de ces scincoïdiens ; presque toujours on en observe deux , ordinairement soudées l'une à l'autre. Une seule espèce présente une plaque fréno-nasale et a l'ouverture de la narine située près du bord postérieur de la nasale , c'est le Lygosome éméraudin qui se distingue encore de tous ses congénères par l'existence d'une grosse glande au talon. Tous les Lygosomes manquent de plaque occipitale et ont des scutelles sous-digitales lisses.

Nous avons donné le nom de Lygosome à ce sous-genre, parce que la plus anciennement connue des espèces qu'il renferme, ou l'*Anguis quadrupes* de Linné , figurait déjà dans les catalogues erpétologiques comme type d'un genre appelé *Lygosoma* , mais caractérisé tout différemment que nous ne le faisons ici. Ainsi c'était de la manière suivante que M. Gray en posait les bases en 1828 (1) : « *Corpore caudáque longis cylindricis , caudá parùm attenuatá, squamis paribus imbricatis tectá ; pedibus quatuor breviusculis , digitis 5-5, inæqualibus unguiculatis ; capite scutato , auribus depressis parùm verò occultis ;* puis le même auteur en donnait cette autre caractéristique d'abord en 1831 (2), ensuite en 1838 (3) , *doigts 5-5 ; museau arrondi ; corps très-long , étroit ; pieds très-petits , éloignés ; oreilles distinctes.* Voici comment Wagler, en 1830, dans son *Naturlisches system der Amphibien* , distingue le genre *Lygosoma* des autres genres de scincoïdiens : « *Nares in medio scutelli distincti in fine canthi rostralis ; scuta frontalia duo , anticum maximum ; pholidosis et pedes sepis , hi tamen pentadactyli et squamæ radiatæ.*

Nous plaçons en regard de cette page un tableau synoptique qui facilitera la détermination des dix-neuf espèces appartenant au sous-genre Lygosome.

---

(1) *A Synopsis of the species of Saurian Reptiles collected by major general Hardwick.* Zoological Journal , vol. III , pag. 213.

(2) *Synopsis Reptilium* , Animal Kingdom, vol IX, pag. 71.

(3) *Catalogue of slender - tongued Saurians* , Annals of natur. History, by Jardine , vol. 1, pag. 274.

TABLEAU SYNOPTIQUE DES ESPÈCES DU SOUS-GENRE LYGOSOME.

Paupière inférieure

transpᵉʳᵉⁿᵗᵉ : plaque fronto-pariétale

unique : frontale { en triangle équilatéral. . . . . 1. L. DE GUICHENOT.
en losange court et obtus en avant, long et aigu en arrière. . 2. L. DE DUPERREY.

double : oreilles { extrêmement petites, comme couvertes par les écailles environnantes. . . . . . 3. L. DE BOUGAINVILLE.

médiocres, découvertes : disque palpébral { très-grand. . . . . 4. L. D'ENTRECASTEAUX.

médiocre : écailles préanales { inégales. . . . . 6. L. A BANDES LATÉRALES.
égales. . . . . 5. L. MOCO.

opaque ; plaque frontale en losange

aussi large que long. . . . . 19. L. DE MULLER.

unique. . . . . 7. L. AUX PIEDS COURTS.

oblong : fronto-pariétale

une grosse glande. . . . . 18. L. EMÉRAUDIN.

latérales : au talon { courtes. . . . . 11. L. DE TERMINCK.

pas de glande : plaques sus-oculaires { quatre : pattes { longues : séries des écailles du tronc { vingt-neuf. 9. L. DE DUSSUMIER.
trente-huit. 10. L. CHENILLÉ.

plus de quatre, { sept. . . . . 8. L. BARRE-NOIRE.
cinq. . . . . 13. L. SACRÉ.

double : nasales

contiguës : oreilles

non denticulées. . . . . 12. L. DE QUOY.

séparées : dos { bronzé, tiqueté de noir. . . . 14. L. DE LABILLARDIÈRE.
brun ou noir, rayé de blanc. . . 16. L. A BANDELETTES.

denticulées : plaques fronto-nasales

contiguës : séries d'écailles dorsales { quatre. 15. L. DE LESUEUR.
huit. . . 17. L. MONILIGÈRE.

(Page 712.)

ESPÈCES A PAUPIÈRE INFÉRIEURE TRANSPARENTE.

a. Une seule plaque fronto-pariétale.

1. LE LYGOSOME DE GUICHENOT. *Lygosoma Guichenoti.* Nobis.

CARACTÈRES. Plaques nasales, petites, tout à fait latérales; internasale très-élargie, s'articulant avec la rostrale par un grand bord rectiligne; fronto-nasales presque contiguës; une seule fronto-pariétale grande, en losange tronqué en arrière; inter-pariétale très-petite, triangulaire; deux pariétales; oreille assez grande, sub-circulaire, découverte, à bord simple; deux des quatre écailles de la dernière rangée préanale plus grandes que les autres. Dos d'un vert bronzé ; une raie ou une bande noirâtre de chaque côté du corps.

DESCRIPTION.

FORMES. Cette espèce est d'une taille inférieure à celle du Lézard des murailles; ses pattes de devant, mises le long du cou, s'étendent jusqu'aux yeux; celles de derrière ont une longueur égale aux trois quarts de l'étendue du tronc, et sa queue est une demi-fois plus longue que le reste du corps. La tête est déprimée, assez longue, le museau tronqué, arrondi, la région frénale étroite. La plaque rostrale fort peu élevée, mais très-dilatée en travers, offre six bords, un grand en bas, deux petits de chaque côté, et un moyen en haut, par lequel elle s'articule avec l'internasale. Celle-ci, plus large que longue, a, de chaque côté, un petit pan oblique par lequel elle tient à la nasale et à la première frénale, en avant un grand bord rectiligne soudé à la rostrale, et en arrière deux pans de moyenne grandeur formant un angle très-ouvert qui touche par son sommet à la frontale et par ses côtés aux deux fronto-nasales. Ces plaques sont rhomboïdales et presque contiguës, elles enclavent l'angle obtus que présente en avant la frontale qui, en arrière, offre au contraire un long angle aigu. Il n'y a qu'une seule fronto-pariétale fort grande, représentant un losange tronqué à son sommet postérieur, lequel s'articule avec la base d'une très-petite inter-pariétale ayant la forme d'un triangle équilatéral. Les pariétales sont allongées, contiguës en arrière, fort écartées en avant. Les régions sus-oculaires portent chacune quatre plaques; la première est petite, triangulaire, la seconde beaucoup plus grande, pentagone, la troisième moins grande, quadrilatère, très-élargie, et la quatrième trapézoïde, de même grandeur que la première. La nasale, qui occupe l'extrémité antérieure de la région frénale, est rhomboïdale; la première frénale a la même forme, la seconde est carrée, de même que la première fréno-orbitaire, mais la seconde fréno-orbitaire est trapézoïde. Les labiales supérieures sont au nombre de huit de chaque côté; toutes sont quadrilatères et à peu près de même grandeur, excepté les deux dernières, qui sont pentagones et un peu plus développées que les autres. Il n'existe pas de plaques sous-oculaires. La paupière inférieure est revêtue de très-petits granules de chaque côté et au-dessous de son disque transparent, qui est ovalaire et de moyenne grandeur. L'ouverture auriculaire est médiocre et sans dentelure. Les écailles du corps, qui forment vingt-cinq séries longitudinales, sont hexagones, très-dilatées transversalement, et comme striées, attendu que leur surface est très-faiblement creusée de plusieurs petites gouttières longitudinales. On compte quatre rangées d'écailles en travers de la région préanale; les deux médianes de la dernière rangée sont plus grandes que les autres. Les lamelles sous-digitales sont lisses; il y en a une vingtaine sous le quatrième doigt des pattes postérieures.

COLORATION. La tête et le dos offrent une teinte d'un vert bronzé ou même doré, parfois irrégulièrement semée de taches brunâtres, mais les écailles présentent toujours de fines linéoles longitudinales de cette dernière couleur. Une raie noirâtre, plus ou moins élargie, règne de chaque côté du cou et du dos. Tout le dessous du corps est d'un blanc grisâtre ou verdâtre.

DIMENSIONS. *Longueur totale.* 11" 6'". *Tête.* Long. 9'". *Cou.* Long. 7'". *Tronc.* Long. 2" 8'". *Memb. antér.* Long. 1". *Memb. postér.* Long. 1" 4'". *Queue.* Long. 7" 2'".

PATRIE. Cette espèce de Lygosome a été rapportée de la Nouvelle-Hollande au muséum par les naturalistes de l'expédition aux terres australes, faite de 1800 à 1803, sous le commandement du capitaine Baudin; le nom que nous lui assignons rappellera celui d'un jardinier dont le zèle s'est montré au-dessus de tout éloge pendant la longue et laborieuse campagne des corvettes *Le Naturaliste* et *Le Géographe.*

2. LE LYGOSOME DE DUPERREY. *Lygosoma Duperreyii.* Nobis.

CARACTÈRES. Plaques nasales, médiocres, sub-losangiques, presque contiguës ; inter-nasale, sub-hémi-discoïdale ; fronto-nasales contiguës ; une seule inter-pariétale, grande, en losange tronqué en arrière ; une inter-pariétale, très-petite, triangulaire ; deux pariétales. Oreilles médiocres, ovalaires, à bord antérieur couvert par deux écailles.

SYNONYMIE. *Tiliqua de Duperrey.* Coct. Tab. Synopt. Scinc.

DESCRIPTION.

FORMES. Chez cette espèce, le bord supérieur de la plaque rostrale, de même que le bord antérieur de l'inter-nasale, au lieu d'être droit comme chez le Lygosome de Guichenot, forme un grand angle obtus ; les plaques nasales sont un peu plus dilatées et moins écartées l'une de l'autre, attendu que leur angle antérieur se reploie un peu sur le *canthus rostralis;* mais les autres plaques céphaliques, les oreilles, les écailles du corps, les squames préanales et les pattes ressemblent à celles de l'espèce précédente ; le disque transparent de la paupière est un peu plus grand.

COLORATION. *Variété* A. Les écailles du dessus du cou, du dos et de la face supérieure de la queue sont fauves ou olivâtres, marquées chacune de plusieurs petits traits longitudinaux noirâtres, peu nettement tracés ; une raie d'un beau noir parcourt la ligne moyenne du cou et du dos dans toute leur longueur. Une bande de la même couleur s'étend le long de chaque côté du corps, depuis la narine jusque sur la queue, un peu en arrière de la cuisse; elle sépare l'une de l'autre deux lignes blanches, côtoyées chacune par une raie noire. Les écailles des régions inférieures sont d'un blanc sale, bordées de brun ou marquées d'une tache brune à leur bord postérieur.

Variété B. Le cou et le dos offrent le même fond de couleur que chez la variété A, mais ils sont irrégulièrement tachetés de brun foncé, et ne présentent pas de raie médio-longitudinale noire. Le dessous du corps est glacé de vert.

DIMENSIONS. *Longueur totale.* 11" 3'". *Tête.* Long. 1". *Cou.* Long. 9'". *Tronc.* Long. 4". *Memb. antér.* Long. 1" 2'". *Memb. postér.* Long. 2". *Queue.* Long. 5" 4'".

PATRIE. Ce Lygosome se trouve à la Nouvelle-Hollande et à la Nouvelle-Zélande.

b. Deux plaques fronto-pariétales.

3. LE LYGOSOME DE BOUGAINVILLE. *Lygosoma Bougainvillii.* Nobis.

Caractères. Plaques nasales., grandes, contiguës; inter-nasale très-grande, en angle obtus en avant, légèrement arquée en arrière; fronto-nasales très-petites, écartées l'une de l'autre; frontale grande, en triangle isocèle; deux fronto-pariétales petites, contiguës; inter-pariétale, plus petite, mais de même forme que la frontale; deux pariétales médiocres. Oreilles fort petites, simples. Deux très-grandes squames sur le bord de l'opercule du cloaque.

Synonymie. *Tiliqua de Bougainville.* Coct. Tab. Synopt. Scinc.

DESCRIPTION.

Formes. Cette espèce se caractérise particulièrement par la grandeur de ses plaques nasales, qui sont contiguës; par le petit diamètre de ses fronto-nasales, qu'un grand espace sépare l'une de l'autre; par la présence de deux petites fronto-pariétales contiguës; par la forme en triangle isocèle de sa frontale et de son inter-pariétale, qui est un peu plus développée que l'une ou l'autre des fronto-pariétales; par la petitesse de ses ouvertures auriculaires qui ressemblent à deux petites fentes obliques; enfin par la brièveté de ses membres; car ceux de devant, placés le long du cou, n'atteignent pas aux angles de la bouche, et ceux de derrière n'ont guère que le tiers de l'étendue des flancs.

Coloration. En dessus, le cou, le tronc et la queue offrent quelques séries longitudinales de taches brunes, sur un fond d'un fauve doré; une large bande brune règne de chaque côté du corps, depuis la région frénale jusque sur la base de la queue. Les régions inférieures sont d'un gris blanchâtre, les flancs aussi; mais ils offrent, de même que le ventre, un semis assez serré de très-petits points bruns.

Dimensions. *Longueur totale.* 10" 4"'. *Tête.* Long. 9"'. *Cou.* Long. 9"'. *Tronc.* Long. 4". *Memb. antér.* Long. 9"'. *Memb. postér.* Long. 1" 3"'. *Queue* (reproduite) 4" 6"'.

Patrie. Cette espèce est originaire de la Nouvelle-Hollande; nous n'en possédons qu'un seul individu, rapporté par Péron et Lesueur.

4. LE LYGOSOME D'ENTRECASTEAUX. *Lygosoma Entre-casteauxii.* Nobis.

Caractères. Plaques nasales petites, presque contiguës ; inter-nasales en losange un peu élargi ; fronto-nasales médiocres, presque contiguës ; frontale en losange ayant ses deux côtés antérieurs très-courts et les deux postérieurs très-longs ; deux fronto-pariétales contiguës, oblongues, sub-triangulaires ; inter-pariétale en triangle équilatéral, presque aussi grande que ces dernières ; deux occipitales de moyenne grandeur. Disque transparent de la paupière fort grand. Oreilles médiocrement ouvertes, sub-circulaires, à bord simple. Écailles préanales sub-égales.

Synonymie. *Tiliqua d'Entrecasteaux.* Coct. Tab. synopt Scinc.

DESCRIPTION.

Formes. Ce Lygosome a la tête courte, épaisse, le museau très-obtus, arrondi, les yeux et le disque transparent de la paupière inférieure fort grand. Les pattes de devant, placées le long du cou, s'étendent jusqu'aux yeux : celles de derrière sont d'un quart plus longues. Il y a sept plaques labiales supérieures de chaque côté : la cinquième, la plus grande de toutes, est quadrilatère oblongue ; la première et la quatrième sont trapézoïdes ; la seconde et la troisième carrées, et les deux dernières pentagones. On compte vingt-huit séries d'écailles autour du tronc, et une vingtaine de lamelles sous le quatrième doigt des pattes postérieures.

Coloration. Le dessus du corps est brun ; le cou et le dos offrent une raie médiane et six lignes latérales noirâtres. Les flancs sont d'une teinte plus foncée que le dos, et parcourus longitudinalement par deux raies blanches qui commencent l'une sur l'épaule, l'autre sur la lèvre supérieure et qui se terminent toutes deux sur la base de la queue, un peu en arrière de la cuisse. Le dessous de l'animal est blanc.

Dimensions. *Longueur totale.* 8". *Tête.* Long. 8'''. *Cou.* Long. 7'''. *Tronc.* Long. 2" 5'''. *Memb. antér.* Long. 1" *Memb. postér.* Long. 1" 3'''. *Queue.* Long. 4".

Patrie. Notre musée renferme deux échantillons de cette espèce, qui ont été recueillis à la Nouvelle-Hollande par Péron et Lesueur.

5. LE LYGOSOME MOCO. *Lygosoma moco*. Nobis.

CARACTÈRES. Plaques nasales médiocres, un peu écartées l'une de l'autre; inter-nasale offrant un grand bord arqué en avant, et un grand angle obtus en arrière; fronto-nasales presque contiguës; frontale en losange à bords antérieurs très-courts, à bords postérieurs très-longs; deux fronto-pariétales assez grandes, oblongues, à quatre pans, mais simulant une forme triangulaire; inter-pariétale un peu moins grande que ces dernières, et de même forme que la frontale; deux pariétales assez grandes, allongées. Ouverture de l'oreille de moyenne grandeur, sub-circulaire, à bord simple. Écailles préanales égales entre elles.

SYNONYMIE. *Tiliqua moco*. Gray. Mus. de la Société zool. de Lond.

DESCRIPTION.

FORMES. La tête de cette espèce est assez déprimée, un peu allongée et fortement arrondie à son extrémité antérieure. Les pattes de devant s'étendent un peu au delà des yeux, lorsqu'on les couche le long du cou; les membres postérieurs ont une longueur égale aux deux tiers de celle des flancs. Trois des sept plaques labiales supérieures, ou la seconde, la troisième et la quatrième, sont carrées; la première est trapézoïde, la cinquième est quadrilatère oblongue, touchant au bord orbitaire inférieur, et les deux dernières sont pentagones. Il y a une trentaine de séries d'écailles autour du tronc; celles de la région dorsale ont leur surface distinctement creusée de plusieurs petits sillons longitudinaux. Le nombre des rangées d'écailles préanales est de quatre ou cinq; ces écailles sont toutes de même grandeur. Les scutelles sous-digitales sont lisses; on en compte vingt au quatrième doigt des pattes de derrière.

COLORATION. Les régions cervicale et dorsale sont d'un brun-fauve, ou marron, quelquefois à reflets d'un vert doré, offrant sur leur ligne médiane une raie longitudinale noire, tantôt simple, tantôt double, et assez souvent interrompue ou formée d'une ou deux séries de petits traits noirs, comme il en existe le long de la face supérieure de la queue, dont le fond de la couleur est le même que celui du dos. Les flancs portent chacun une belle bande d'une teinte marron, ayant ses bords supérieur et inférieur relevés chacun d'une raie blanche placée entre deux lignes noires ; cette bande et les raies qui l'accompagnent commencent sur la partie latérale de la tête, et vont se perdre sur la queue, en arrière de la cuisse. La surface de la tête est fauve ; on remarque à sa partie postérieure une figure noire représentant comme un losange ouvert en arrière, lequel s'unit en avant, par un petit trait longitudinal, tantôt à un ovale, tantôt à une sorte de V à branches légèrement cintrées, qui occupe la région frontale. Quelques taches blanchâtres, cerclées de brun ou de marron, sont répandues sur la partie inférieure des flancs. Le dessous du corps est lavé de blanc grisâtre, sur lequel sont tracées un assez grand nombre de linéoles longitudinales d'un gris-brun, composées de petites taches plus ou moins complétement unies les unes aux autres.

Dimensions. *Longueur totale.* 16" 4'". *Tête.* Long. 1" 3'". *Cou.* Long. 1" 1'". *Tronc.* Long. 4". *Memb. antér.* Long. 1" 7'". *Memb. postér.* Long. 2" 3'". *Queue.* Long. 10".

Patrie. La Nouvelle-Zélande est la patrie de ce Lygosome, dont nous avons observé plusieurs individus dans la collection de la Société zoologique de Londres, étiquetés *Tiliqua moco* par M. Gray.

6. LE LYGOSOME A BANDES LATÉRALES. *Lygosoma lateralis.* Nobis.

Caractères. Plaques nasales médiocres, assez écartées l'une de l'autre ; inter-nasale pentagone, élargie ; fronto-nasales contiguës ; frontale à quatre pans, deux très-courts en avant formant un angle obtus, et deux très-longs en arrière formant un angle aigu ; deux pariétales contiguës, tétragones, sub-triangulaires ; une inter-pariétale aussi grande que ces dernières, et de même forme que la frontale ; deux pariétales assez développées, oblongues. Oreilles fort grandes, circulaires, à bord simple, arrondi. Les deux écailles médianes de la rangée préanales plus grandes que les autres.

Synonymie. *Scincus lateralis.* Say. Long's expedit. to rocky mountains. vol. 2, p. 324.

Scincus unicolor. Harl. Journ. Acad. nat. scienc. Philad. vol. 5, p. 156.

Scincus lateralis. Harl. loc. cit. p. 221.

Scincus lateralis. Harl. loc. cit. vol. 6, p. 12.

Tiliqua lateralis. Gray. Synops. Rept. in Griffith's anim. Kingd. Cuv. vol. 9, p. 70.

Scincus lateralis. Holb. North-Amer. Herpet. vol, 1, p. 71, Pl. 8.

DESCRIPTION.

FORMES. Cette espèce est de très-petite taille; elle a le corps étroit, allongé; les membres peu développés ; la tête courte, représentant une pyramide à quatre faces à peu près égales; le museau gros, obtus, arrondi; la queue forte, conique, ne diminuant de diamètre d'une manière sensible que fort en arrière. Les pattes postérieures ont une longueur égale à la moitié de celle que présente le tronc, mesuré des épaules à l'origine des cuisses. Les membres antérieurs, placés le long du cou, atteignent à peine les yeux. La paupière inférieure est revêtue de granules très-fins au-dessous et de chaque côté de son disque transparent, qui est petit, ovalaire. Les écailles forment trente séries autour du tronc; il y a vingt lamelles sous le quatrième doigt des pieds de derrière.

COLORATION. Une teinte fauve, cuivreuse, olivâtre ou marron, souvent plus ou moins linéolée ou tachetée de brunâtre, règne sur le crâne, le cou, le dos et la queue. Une bande brune ou noire s'étend le long du corps, depuis le sourcil jusque vers la moitié de la queue; au-dessous de cette bande, les côtés du cou et du tronc sont colorés à peu près de la même manière que le dos, ou bien présentent un mélange de fauve, de gris et de brun, assez souvent chargé de taches noires. Les régions inférieures sont quelquefois uniformément blanchâtres, mais le plus souvent marquées d'autant de lignes d'un gris-brun qu'il y a de bandes longitudinales d'écailles.

DIMENSIONS. *Longueur totale.* 10" 9'". *Tête.* Long. 9'". *Cou.* Long. 8'". *Tronc.* Long. 3". *Memb. antér.* Long. 1". *Memb. postér.* Long. 1" 5'". *Queue.* Long. 6" 2'".

PATRIE. Cette espèce est très-répandue dans l'Amérique du Nord. Nous l'avons reçue de presque tous les principaux points des États-Unis.

ESPÈCES A PAUPIÈRE INFÉRIEURE SQUAMEUSE OU NON
TRANSPARENTE.

7. LE LYGOSOME AUX PIEDS COURTS. *Lygosoma brachypoda.*

CARACTÈRES. Plaques nasales grandes, presque contiguës ; inter-
nasale en losange élargi, tronqué sur ses angles antérieur et postérieur ; deux fronto-nasales très-petites, écartées ou situées au-
devant des sus-oculaires ; frontale petite, pentagone, simulant un
triangle équilatéral ; une seule fronto-pariétale, grande, en losange, tronquée à son angle antérieur, échancrée semi-circulairement à l'extrémité opposée ; une inter-pariétale petite, sub-
triangulaire, enclavée entre cette dernière et les deux pariétales ;
celles-ci allongées, étroites ; oreille très-petite, circulaire, à bord
simple. Corps anguiforme ; membres très-courts. Écailles de la
dernière rangée préanale un peu plus grandes que les autres.
Queue forte, conique.

SYNONYMIE. *Scincus pedibus brevissimis, pentadactylis, ungui-*
culatis ; cauda truncoque longissimis cylindraceis. Gronov. Zooph.
amphib. pag. 11, n° 43, exclus. synon. *Lacerta Chalcides.* Linn.
Syst. nat. édit. 10, tom. 1, pag. 209, n° 43 ; *Lacerta Chalcidica.*
Fab. Column., *Lacerta Chalcidica.* Aldrov. (Seps Chalcides).

Lacerta Chalcides. Linn. Syst. nat. édit. 12, tom. 1, pag. 369,
n° 41. Exclus. synon. *Cœcilia major.* Imper.; *Lacerta Chalcidica*,
Ray, Fab. Column. ; Aldrov. (Seps Chalcides).

Anguis quadrupes. Linn. Syst. nat. édit. 12, tom. 1, pag. 390.

Le Chalcide. Daub. Dict. quadr. ovip. Encyclop. méth. tom. 2,
pag. 601. Exclus. synon. *Lacerta Chalcidica.* Ray, Aldrov. (Seps
Chalcides).

Der Vierfuss. Müller. Natur. syst. tom. 3, pag. 209. n° 1.

Lézard vert à écailles lisses. Vosm. Descript. d'un Lézard vert
africain ; in-4° Amst. 1774.

Lacerta Serpens. Bloch. Beschaftig. der Berlinisch. Gesellsch.
naturforsch. Freund. tom. 2, pag. 28, tab. 2.

Lacerta Serpens ; Anguis quadrupes. Herm. Tab. affinit. anim.
pag. 264, 268.

Anguis quadrupède. Lacép. Hist. quad. ovip. tom. 1, pag. 437.

Lacerta Chalcides. Gmel. Syst. nat. Linn. tom. 1, pag. 1078,

REPTILES, V.   46

nº 41. Exclus. synon. *Cæcilia major.* Imper.; *Lacerta Chalcidica.* Ray, Fab. Column., Laur., Aldrov. (Seps Chalcides).

Lacerta Serpens. Gmel. Syst. nat. Linn. tom. 1, pag. 1078.

Lacerta Serpens. Leske. Mus. tom. 1, p. 30.

Chalcida Serpens. Meyer. Synops. Rept. p. 31, nº 2.

Lacerta Serpens. Donnd. Zoologisch. Beytr. tom. 3, p. 129, nº 75.

Lacerta Serpens. Shaw. Gener. Zoolog. tom. 3, part. 1, p. 307.

Scincus brachypus. Schneid. Hist. Amph. Fasc. II, p. 192.

Chalcides Serpens. Latr. Hist. nat. Rept. tom. 2, p. 87.

Seps pentadactylus. Daud. Hist. Rept. tom. 4, p. 325.

Seps (Anguis quadrupes. Linn.). Cuv. Règn anim. 1re édit. tom. 2, p. 55.

Scincus brachypus. Merr. Tent. syst. Amph. p. 73, nº 15.

? *Mabouya Serpens.* Fitzing. Verzeichn. neue classif. Rept. p. 53.

Lygosoma Serpens. Gray. Synops. Saur. Rept. collect. Ind. by Hardwick. (Zool. Journ. tom. 3, p. 228.)

Seps (Anguis quadrupes. Linn.). Cuv. Règn. anim. 2e édit. tom. 2, p. 64.

Lygosoma Serpens. Wagl. Syst. Amph. p. 161.

Seps (Anguis quadrupes. Linn.). Griff. Anim. Kingd. Cuv. tom. 9, p. 159.

Lygosoma Serpens. Gray. Synops. Rept. in Griffith's anim. Kingd. tom. 9, p. 72.

Lygosoma aurata (Lygosoma Serpens. Gray. Synops. Rept. Hardw.). Gray. Synops. Rept. in Griffith's anim. Kingd. tom. 9, p. 72.

Tiliqua de Vosmaer. Coct. Tab. synopt. Scinc.

DESCRIPTION.

Formes. Ce Lygosome joint à la forme allongée, étroite et cylindrique de l'Orvet, une écaillure composée, de même que celle de ce dernier, de petites pièces serrées, à surface polie, très-brillante. La brièveté de ses pattes est telle que les postérieures égalent à peine la tête en longueur, et que les antérieures sont d'un quart plus courtes. La proportion des doigts est tout à fait en rapport avec celle des membres; la queue, en général, fait les deux cinquièmes de l'étendue totale du corps. La tête, tétraèdre, assez allongée, faiblement déprimée, peu élargie en arrière, se termine, en avant, par un museau sub-cylindrique, obtusément arrondi à son extrémité. La voûte palatine est entière, si ce n'est au fond de la bouche, où elle présente une légère échancrure. Les oreilles sont deux petits trous qui semblent être faits à l'aide de la pointe d'une épingle. Nous ne parlerons pas du bouclier sus-crânien, dont la composition se trouve indiquée au commencement de cet article, mais nous dirons que les écailles du corps ressemblent à des losanges aussi longs que larges, et qu'on en compte vingt-six séries longitudinales autour du tronc.

COLORATION. En dessus et de chaque côté, ce petit Saurien est longitudinalement rayé de brun foncé ou de noirâtre, sur un fond fauve ou d'un brun clair; cette disposition provient de ce que les écailles portent des bordures latérales d'une teinte plus foncée que celle qui règne sur leur région médiane. Le dessous de la queue offre assez souvent le même mode de coloration que la face supérieure de cette partie du corps; mais les autres régions inférieures de l'animal sont d'une couleur claire, tirant plus ou moins sur le blanchâtre.

DIMENSIONS. Il ne semble pas que cette espèce parvienne à plus de la moitié de la taille que présente un Seps Chalcide adulte. *Longueur totale.* 13" 3'". *Tête.* Long. 1'". *Cou.* Long. 8'". *Tronc.* Long. 6" 5'". *Membr. antér.* Long. 6'". *Membr. postér.* Long. 9'". *Queue.* Long. 5".

PATRIE. Ce Lygosome est originaire de l'île de Java.

8. LE LYGOSOME BARBE NOIRE. *Lygosoma melanopogon.*
Nobis.

CARACTÈRES. Plaques nasales médiocres, carrées, tout à fait latérales; inter-nasale dilatée transversalement, offrant à droite et à gauche un petit pan oblique, en avant un bord droit ou légèrement cintré, en arrière un seul côté rectiligne ou un angle très-ouvert; fronto-nasales pentagones, contiguës; frontale longue, donnant en avant un angle plus ou moins ouvert, formant en arrière une pointe très-aiguë; deux fronto-pariétales pentagones oblongues, contiguës; une inter-pariétale en losange obtus en avant, aigu en arrière; deux pariétales tétragones oblongues; six ou sept paires de plaques sus-oculaires.

46.

SYNONYMIE. *Scincus nævius.* Péron, Mus. Par.
Scincus Erythrolamus. Müller, Mus. de Leyde.
Scincus melanopogon. Müller, Mus. de Leyde.

DESCRIPTION.

FORMES. Une tête épaisse, médiocrement allongée, des régions sus-oculaires bombées, un museau court, large et arrondi au bout, surtout dans le jeune âge, de grandes ouvertures auriculaires, presque carrées et à bord simple, des membres bien développés, une queue longue et faiblement comprimée dans sa portion terminale, enfin une écaillure composée de pièces plus petites et en plus grand nombre que chez le commun des Lygosomes, voilà les traits les plus frappants que présente extérieurement l'espèce de Lygosome, que la couleur foncée répandue assez généralement sur sa gorge a fait désigner par l'épithète de Barbe noire.

Ce Scincoïdien est le seul de ses congénères dont le nombre des plaques sus-oculaires s'élève à six et même à sept de chaque côté; toutes ces plaques, à l'exception de la première, qui est triangulaire, sont tétragones et excessivement dilatées en travers de la tête. La première plaque frénale est quadrilatère, plus haute que longue et un peu moins développée que la seconde, dont la forme est trapézoïde; il y a une grande et une petite fréno-orbitaire. Les plaques qui garnissent la lèvre supérieure sont au nombre de sept de chaque côté; les deux dernières ont cinq pans, mais les cinq premières n'en offrent que quatre, et parmi elles on n'en remarque pas qui soient distinctement plus grandes que les autres, ainsi que cela a lieu chez beaucoup d'espèces du genre Gongyle. Les écailles du corps sont hexagones et assez élargies, nous en avons compté cinquante séries longitudinales autour du tronc. Le bord de la lèvre cloacale est arqué et garni de huit squames, deux médianes fort grandes et six latérales très-petites. Les doigts sont longs, grêles, aplatis latéralement et garnis en dessous de lamelles unies dont on compte une trentaine au quatrième des pattes postérieures.

COLORATION. Une teinte d'un fauve sombre est répandue sur toutes les parties supérieures; le cou, le dos et la queue présentent soit plusieurs séries de taches, soit des bandes transversales brunâtres, souvent très-nombreuses; quelques individus portent une bande noire latérale, qui s'étend depuis l'oreille jusqu'en arrière de l'épaule. En dessous, l'animal est d'un gris blanchâtre, ou bien lavé de fauve, excepté aux régions gulaire et sous-maxillaire qui sont ordinairement colorées en noir.

DIMENSIONS. *Longueur totale.* 22" 4'''. *Tête.* Long. 2" 2'''. *Cou.* Long. 1" 9'''. *Tronc.* Long. 6" 2'''. *Memb. antér.* Long. 3" 6'''. *Memb. postér.* Long. 5". *Queue.* Long. 12" 1'''.

PATRIE. La Nouvelle-Guinée, la Nouvelle-Hollande et l'île de Timor produisent cette espèce dont la collection renferme des individus recueillis dans ces différents pays, d'une part par MM. Péron et Lesueur, de l'autre par MM. Quoy et Gaimard.

9. LE LYGOSOME DE DUSSUMIER. *Lygosoma Dussumierii.* Nobis.

CARACTÈRES. Plaques nasales, presque carrées, tout à fait latérales; inter-nasale en losange élargi, fortement tronqué à son angle antérieur; deux fronto-nasales presque contiguës; frontale offrant un angle très-court, obtus en avant, une très-longue pointe en arrière; deux fronto-pariétales contiguës, tétragones, simulant une forme triangulaire; une inter-pariétale médiocre, en losange à angle obtus en avant, à angle aigu en arrière; deux pariétales; cinq sus-oculaires de chaque côté; oreille assez grande, ovalaire, découverte, à bord simple.

SYNONYMIE. *Kéneux de Dussumier.* Cocteau, Tab. synopt. Scinc.

DESCRIPTION.

FORMES. Si l'on en excepte son mode de coloration, ce Lygosome ne se distingue guère du précédent que par un nombre moindre de plaques sus-oculaires et d'écailles du tronc. Il offre effectivement trente-huit séries de celles-ci au lieu de cinquante, et cinq paires de celles-là au lieu de sept ou huit. On lui compte vingt-trois scutelles sous le quatrième doigt postérieur.

COLORATION. Les jeunes sujets ont le dessus du cou et le dos, dont le milieu est fauve, marqués à droite et à gauche d'une raie noire, et leurs parties latérales offrent chacune une large ande noire également, qui s'étend entre deux raies blanches depuis la tempe jusque sur la base de la queue; celle-ci est rose ou couleur de chair. En dessous, l'animal est blanc. Avec l'âge, les deux raies noires qui côtoyent le dos deviennent deux séries de taches, lesquelles s'effacent peu à peu, ainsi que les raies blanches qui bordent les bandes noires des côtés du corps; ces bandes elles-mêmes finissent par disparaître presque complétement pour faire place à une teinte fauve, bronzée ou cuivreuse.

DIMENSIONS. *Longueur totale.* 16" 5'''. *Tête.* Long. 1" 6'''. *Cou.* Long. 1" 2'''. *Tronc.* Long. 3" 7'''. *Memb. antér.* Long. 2" 1'''. *Memb. postér.* Long. 3" 5'''. *Queue.* Long. 10".

PATRIE. Cette espèce nous a été nouvellement rapportée de la côte du Malabar par M. Dussumier.

10. LE LYGOSOME CHENILLÉ. *Lygosoma erucata.* Nobis.

CARACTÈRES. Plaques nasales assez grandes, latérales; inter-nasale en losange élargi, tronqué à son angle antérieur; fronto-nasales presque contiguës; frontale offrant un angle obtus en avant, prolongé en pointe en arrière; deux fronto-pariétales tétragones, contiguës; une inter-pariétale de même forme, mais plus petite que la frontale; deux pariétales; quatre paires de plaques sus-oculaires. Oreille assez grande, circulaire, découverte, à bord simple. Museau court, obtus.

SYNONYMIE. *Scincus erucatus.* Pér. Mus. de Paris.
Tiliqua tenuis. Gray. Synops. Rept. in Griffith's anim. Kingd. Cuv. tom. 9, p. 71.
Tiliqua tenuis. Id. Catal. slender-tong. Saur. Ann. nat. Hist. by Jardine, tom. 1, p. 291,
Kéneux de Busseuil. Coct. Tab. synopt. Scinc.

DESCRIPTION.

FORMES. Le museau de cette espèce n'est ni aussi large ni aussi court que celui de la précédente; le nombre de ses plaques sus-oculaires est de quatre, au lieu de cinq, de chaque côté. Il n'y a qu'une trentaine de séries longitudinales d'écailles autour du tronc, et son mode de coloration est tout différent.

COLORATION. Le dessus du corps a pour fond de couleur une teinte d'un fauve doré, des taches ou des raies onduleuses noires; les unes isolées, les autres diversement réunies entre elles se font remarquer sur la région cervicale et sur le dos, tandis que le dessus de la queue est coupé en travers dans toute sa longueur par plus de trente petites bandes noires régulièrement disposées à égale distance les unes des autres. Une suite de grandes taches noires irrégulières, soudées les unes aux autres, constituent, le long du côté du corps, depuis la tempe jusqu'à l'aine, une bande à bords déchiquetés. La face supérieure des membres est marbrée de noirâtre, et celle des doigts rayée en travers de la même couleur. En dessous, il règne un blanc sale tirant sur le fauve, avec des lignes longitudinales d'une teinte plus foncée.

DIMENSIONS. *Longueur totale.* 16" 2'". *Tête.* Long. 1" 8'". *Cou.* Long. 1" 2'". *Tronc.* Long. 4". *Memb. antér.* Long. 2" 1'". *Memb. postér.* Long. 3". *Queue.* Long. 9" 2'".

PATRIE. Nous possédons deux individus de cette espèce, rapportés de la Nouvelle-Hollande, l'un par Péron et Lesueur, l'autre par M. Busseuil.

11. LE LYGOSOME DE TEMMINCK. *Lygosoma Temminckii.* Nobis.

CARACTÈRES. Plaques nasales tout à fait latérales; inter-nasale en losange élargi fortement tronqué à son angle antérieur; deux fronto-nasales presque contiguës; frontale en losange fort court et obtus en avant, très-long et aigu en arrière; deux fronto-pariétales tétragones oblongues, contiguës; une inter-pariétale de même forme que la frontale; quatre plaques sus-oculaires de chaque côté. Oreille grande, circulaire, découverte, à bord simple; membres courts; queue conique.

SYNONYMIE. *Scincus Cuvierii.* Mus. de Leyde.

DESCRIPTION.

FORMES. Excepté le mode de coloration, le Lygosome de Temminck ne diffère du Lygosome chenillé que par la brièveté de ses membres : ceux de devant excèdent à peine le cou en longueur, et ceux de derrière n'ont pas tout à fait la moitié de l'étendue qui existe entre l'épaule et l'aine. Les doigts surtout sont distinctement plus courts que ceux de l'espèce précédente; ils sont forts et sub-cylindriques; le quatrième des pieds postérieurs n'est revêtu que d'une dizaine de scutelles à sa face inférieure.

COLORATION. Le crâne, le dessus du cou, le dos et la queue offrent une couleur d'un brun-marron très-sombre; une étroite bande noirâtre s'étend en droite ligne depuis la tempe jusque sur le côté de la queue. Le dessous de la tête et du cou est convert de petites taches noires entre lesquelles on distingue difficilement la teinte fauve blanchâtre qui forme le fond de la couleur des régions inférieures du corps.

Dimensions. *Longueur totale.* 9" 8'''. *Tête.* Long. 1". *Cou.* Long. 8'''. *Tronc.* Long. 3" 5'''. *Memb. antér.* Long. 1" 1'''. *Memb. postér.* Long. 1" 5'''. *Queue* (reproduite). Long. 4" 5'''.

Patrie. Cette espèce ne nous est connue que par un seul individu que nous avons reçu du Musée de Leyde, étiqueté, par erreur sans doute, *Scincus Cuvierii*, c'est-à-dire comme étant de l'espèce appelée Seps scincoïde par l'auteur du Règne animal.

12. LE LYGOSOME DE QUOY. *Lygosoma Quoyii.* Nobis.

Caractères. Plaques nasales grandes, rhomboïdales, presque contiguës; inter-nasale en losange élargi, faiblement tronqué à son angle antérieur; deux fronto-nasales presque contiguës; frontale très-prolongée en pointe en arrière, offrant un angle obtus en avant : deux fronto-pariétales tétragones oblongues, inéquilatérales, contiguës; une inter-pariétale en losange obtus en avant, aigu en arrière, un peu moins grande que les fronto-pariétales; deux pariétales; cinq paires de plaques sus-oculaires. Oreille assez grande, sub-circulaire, découverte, à bord simple. Museau allongé, médiocrement pointu. Queue comprimée.

Synonymie. *Scinque à flancs noirs.* Quoy et Gaim. Voy. autour du monde de la corvette l'*Uranie.* Zoolog. Pl. 42, fig. 1.

Tiliqua Reevesii. Gray. Cat. slender-tong. Saur. Ann. nat. Hist. by Jardine, tom. 1, p. 292.

Kéneux de Quoy. Coct. Tab. synopt. Scinc.

DESCRIPTION.

Formes. Cette espèce a les formes sveltes, élancées; et, sous ce rapport, elle a beaucoup de ressemblance avec l'Eumèces mabouya. La tête est allongée, assez aplatie, effilée même à sa partie antérieure, dont l'extrémité, ou le museau, est légèrement arrondie; les régions sus-oculaires n'étant point bombées, la surface du crâne est tout à fait plane. Les plaques sus-oculaires sont au nombre de cinq de chaque côté, comme chez la plupart des autres Lygosomes, mais elles sont proportionnellement plus grandes et moins élargies ; la première a la forme d'un triangle isocèle, et non celle d'un triangle équilatéral. L'un des angles des plaques nasales, qui sont rhomboïdales, se reploie un peu sur le dessus du museau, mais ces plaques n'en demeurent pas moins séparées l'une de l'autre par suite de la contiguïté du sommet tronqué de la rostrale avec l'angle antérieur de l'inter-nasale, qui est tronqué aussi. La première frénale est un peu moins grande, mais a la même forme que la nasale ; la seconde frénale, au contraire, est plus développée et trapézoïde ; la première fréno-orbitaire est moins grande que la seconde frénale, et la suivante est beaucoup plus petite. Il y a sept plaques labiales supérieures de chaque côté : la première est trapézoïde, les trois suivantes sont carrées ; la cinquième est quadrilatère oblongue et un peu plus grande que celles qui la précèdent ; les deux dernières sont pentagones. On compte trente-huit ou trente-neuf séries longitudinales d'écailles autour du tronc. La région préanale présente, parmi les squamelles qui la revêtent, deux très-grandes squames placées côte à côte et un peu en recouvrement, ayant, celle de droite une forme rhomboïdale, celle de gauche une forme triangulaire. La queue est longue, effilée et très-distinctement comprimée ; les écailles qui la protégent sont grandes, particulièrement les inférieures ; le nombre de leurs séries longitudinales observées près du tronc est de quatre en dessus, quatre de chaque côté, et de trois en dessous. Les pattes de devant, couchées le long du cou, s'étendent jusqu'aux yeux ; celles de derrière, mises le long des flancs, n'arrivent pas tout à fait jusqu'aux aisselles. Les doigts sont longs, grêles, comprimés ; les scutelles qui en garnissent la face inférieure sont lisses et assez souvent divisées longitudinalement en deux parties; on en compte une trentaine au quatrième des pieds postérieurs.

COLORATION. *Variété* A. Deux raies d'un jaune pâle ou blanchâtre s'étendent l'une à droite, l'autre à gauche, depuis le sourcil jusqu'au bassin, en longeant le haut de la tempe, celui du cou et le bord externe du dos. Les tempes, les parties latérales du cou et la région supérieure des flancs sont noires, marquées d'un petit nombre de taches blanches disposées plus ou moins régulièrement en séries verticales ; la partie basse des flancs est comme piquetée de noir sur un fond blanc. Une teinte brune ou olivâtre règne sur le cou, le dos, la face supérieure des membres, le dessus et les côtés de la queue; des taches noires sont disséminées sur ces diverses parties, excepté cependant sur les membres où elles s'unissent les unes aux autres, s'anastomosent de manière à produire une sorte de marbrure et cela jusqu'au bout des doigts. La plupart des plaques céphaliques, mais particulièrement les sus-oculaires portent à leur marge postérieure une bordure composée de quelques taches noires. Le dessous de l'animal est blanchâtre offrant un très-grand nombre de taches brunes qui donnent à cette région l'apparence striée ou marbrée de gris noirâtre.

Variété B. Ici la teinte brune ou olivâtre du dessus du corps est remplacée par une couleur fauve ou café au lait; les taches noires sont généralement plus rares, et la bande noire latérale ne s'avance pas jusque sur la tempe.

Dimensions. *Longueur totale.* 29" 1'". *Tête.* Long. 1" 8'". *Cou.* Long. 1" 2'". *Tronc.* Long. 4". *Memb. antér.* Long. 3". *Memb. postér.* Long. 4" 8'". *Queue.* Long. 15".

Patrie. Le Lygosome de Quoy se trouve à la Nouvelle-Hollande et en Chine; mais la variété A semble être particulière au premier de ces deux pays, et la variété B au second.

13. LE LYGOSOME SACRÉ. *Lygosoma sancta.* Nobis.

Caractères. Plaques nasales rhomboïdales petites, situées tout à fait sur les côtés du museau; inter-nasale pentagone; deux fronto-nasales presque contiguës; frontale offrant un angle sub-aigu en avant, une longue pointe en arrière; deux fronto-pariétales, tétragones oblongues, contiguës, une inter-pariétale presque de même grandeur que ces dernières, et de même forme que la frontale; deux pariétales étroites; cinq paires de plaques sus-oculaires; oreille assez grande, sub-circulaire, découverte, à bord simple. Museau allongé, médiocrement pointu.

Synonymie. *Scincus sanctus* Mus. de Leyde.

Mabouya sancta. Fitzing. Verzeich. neue classif. Rept. pag. 52.

DESCRIPTION.

Formes. Cette espèce, que nous ne connaissons que par un jeune individu assez mal conservé, nous semble être extrêmement voisine, sinon la même que la précédente. L'individu dont il est question ne diffère effectivement de nos exemplaires du Lygosome de Quoy que par une largeur proportionnellement plus grande de ses plaques sus-oculaires et par son mode de coloration.

COLORATION. Son dos et ses côtés sont grisâtres, offrant, ceux-ci une bande noire faiblement marquée, qui s'étend depuis l'œil jusqu'à l'aine, et celui-là une raie blanche placée entre deux séries de taches noirâtres. Les régions inférieures présentent une teinte uniforme d'un gris blanchâtre.

DIMENSIONS. *Tête.* Long. 1" 1'''. *Cou.* Long. 9'''. *Tronc.* Long. 3". *Memb. antér.* Long. 1" 5'''. *Memb. postér.* Long. 2" 4'''. *Queue* (mutilée).

PATRIE. C'est de l'île de Java que provient notre unique exemplaire, lequel nous a été envoyé du musée de Leyde, sous le nom de *Scincus sanctus.*

14. LE LYGOSOME DE LABILLARDIÈRE. *Lygosoma Labillardieri.* Nobis.

CARACTÈRES. Plaques nasales grandes, sub-rhomboïdales, presque contiguës; inter-nasale en losange élargi, contiguë à la rostrale; deux fronto-nasales presque contiguës; frontale grande, offrant un petit angle obtus en avant et un très-long angle aigu en arrière; deux fronto-pariétales pentagones, inéquilatérales oblongues, contiguës; inter-pariétale plus petite que ces dernières et de même forme que la frontale; pariétales tétragones, oblongues, inéquilatérales, à bord externe curviligne; quatre sus-oculaires; pas de fréno-nasales. Oreilles médiocres ovalaires, denticulées à leur bord antérieur. Écailles dorsales élargies, formant quatre séries longitudinales. Deux grandes squames préanales. Dos olivâtre ou bronzé, tiqueté ou finement linéolé de noir; côtés du corps noirs, relevés chacun de deux lignes noires.

SYNONYMIE. *Kéneux de Labillardière.* Coct. Tab. Synopt Scinc. *Tiliqua Labillardieri.* Gray, Cat. Slender-Tong. Saur. Ann. nat. Hist. by Jardine, tom. 1, pag. 289.

DESCRIPTION.

FORMES. Cette espèce et les trois qui vont suivre diffèrent de tous les autres Lygosomes en ce qu'elles offrent plusieurs petits lobules le long du bord antérieur de leur oreille. Ici ces lobules sont au nombre de trois à cinq, et l'ouverture auriculaire est ovale et de moyenne grandeur. La tête représente une pyramide quadrangulaire, à sommet obtusément pointu. Les régions sus-oculaires ne sont pas renflées; elles portent chacune quatre pla-ques qui, si on les énumérait d'après leur grandeur, le seraient dans l'ordre suivant: la seconde, la première, la troisième et la quatrième; la première est triangulaire, la seconde tétragone et à bord latéral externe beaucoup plus court que l'interne, dis-position qu'on observe également, mais à un degré moindre, chez les deux dernières. Les plaques nasales ne sont pas soudées entre elles, parce que la rostrale s'articule par son sommet à celui de l'angle antérieur de l'inter-nasale; il en est de même pour les fronto-nasales que séparent l'une de l'autre la pointe posté-rieure de cette même inter-nasale et l'extrémité antérieure de la frontale. La première frénale est rhomboïdale, la seconde tra-pézoïde, parfois un peu allongée; il y a trois fréno-orbitaires, une, presque aussi grande que les frénales, et deux, de moitié plus petites. La lèvre supérieure est garnie de sept plaques de chaque côté; la première est trapézoïde, les trois suivantes sont carrées ou un peu plus dilatées en hauteur qu'en longueur, et les trois dernières pentagones, plus grandes que les précédentes. Les écailles du dos sont très-élargies; aussi le nombre de leurs rangées longitudinales n'est-il que de quatre sur cette partie du corps; on en compte vingt-cinq à vingt-huit séries autour du tronc. Il existe une paire de très-grandes squames parmi les écailles préanales. L'ensemble des formes de ce Scincoïdien est le même que celui du Lézard des murailles; ses pattes de devant, placées le long du cou, s'étendent jusqu'aux yeux ou un peu au delà; ses membres postérieurs ont une longueur égale aux trois quarts de celle des flancs. La queue, cyclo-tétragone à sa partie antérieure et à peine comprimée dans sa portion termi-nale, forme environ les deux tiers de l'étendue totale du corps. Il y a une vingtaine de lamelles sous le quatrième doigt des pieds de derrière.

COLORATION. *Variété* A. Un noir profond plus ou moins pi-queté de blanc colore les parties latérales de ce Scincoïdien, de-puis les yeux jusque vers le premier tiers de la queue; il forme de chaque côté du dos une raie en dehors de laquelle est une ligne blanche qui prend naissance sur le sourcil et va se perdre sur la queue; une autre ligne blanche souvent onduleuse, parallèle à celle-ci , parcourt la région inférieure de la tempe , du côté du cou et du flanc à la hauteur de l'origine des membres. Entre cette seconde ligne blanche et le bord de l'abdomen , on observe une marbrure blanche et noire. Une teinte olivâtre ou bronzée règne sur la tête et le dos , dont les écailles offrent soit des petites taches , soit des linéoles ou même une bordure noire. Les plaques labiales sont blanches portant , les quatre ou cinq premières, une ligne noire, les deux ou trois dernières, une tache de la même couleur. Le dessus des membres est marbré de noir , sur un fond blanc ou fauve ; la face supérieure de la queue est cuivreuse , et toutes les régions inférieures sont blanches , marquées longitudinalement de raies grisâtres.

Variété B. Cette variété se distingue de la précédente en ce que les lignes blanches des parties latérales du corps sont remplacées par des séries de taches de la même couleur.

DIMENSIONS. *Longueur totale.* 16" 4'''. *Tête.* Long. 1" 3'''. *Cou.* Long. 1". *Tronc.* Long. 4" 1'''. *Memb. antér.* Long. 1" 6'''. *Memb. postér.* Long. 2" 5'''. *Queue.* Long. 10".

PATRIE. Ce Lygosome , dont nous possédons plus de douze individus , a été trouvé à la Nouvelle-Hollande par M. Labillardière et par Péron et Lesueur ; aux îles de Waigiou et de Rawack, par MM. Quoy et Gaimard.

15. LE LYGOSOME DE LESUEUR. *Lygosoma Lesueurii.* Nobis.

CARACTÈRES. Plaques fronto - nasales pentagones , contiguës; quatre séries d'écailles dorsales. Dos brun avec ou sans une série de nombreux petits points fauves ou blanchâtres de chaque côté, mais toujours coupé longitudinalement par une bandelette noire lisérée de blanc à droite et à gauche. Région supérieure de chaque flanc parcourue par une bande brune portant sur la ligne médiane une suite de taches blanches et cotoyée en haut et en bas par une raie noire et une ligne blanche.

DESCRIPTION.

FORMES. Cette espèce est en tous points semblable à la précédente , excepté par son mode de coloration , par le nombre de séries des écailles du tronc qui n'est ordinairement que de vingt-quatre , et par la forme et la disposition de ses plaques fronto-nasales, qui ont cinq angles au lieu de quatre, et qui empêchent la frontale et l'inter-nasale de s'articuler l'une avec l'autre, attendu qu'elles-mêmes se trouvent réunies par une assez grande suture longitudinale.

Coloration. Quant au mode de coloration, il nous suffira d'ajouter à ce que nous en avons dit plus haut, que le dessus des doigts est d'une teinte fauve uniforme, que la face supérieure des membres est brune, rayée longitudinalement de blanchâtre, que les côtés du cou et les flancs, à leur partie inférieure, sont comme réticulés, ou marbrés de brun sur un fond d'un blanc pur, et que le dessous du corps est tout entier de cette dernière couleur.

Dimensions. *Longueur totale.* 28" 5"'. *Tête.* Long. 1" 8"'. *Cou.* Long. 1" 2"'. *Tronc.* Long. 5" 5"'. *Memb. antér.* Long. 2" 5"'. *Memb. postér.* Long. 4". *Queue.* Long. 20".

Patrie. Ce Lygosome vient aussi de la Nouvelle-Hollande; l'un des six exemplaires que nous possédons aujourd'hui, faisait partie des récoltes faites en commun dans ce pays par Péron et Lesueur.

16. LE LYGOSOME A BANDELETTES. *Lygosoma tæniolata.* Nobis.

Caractères. Plaques fronto-nasales tétragones, presque contiguës ou séparées seulement l'une de l'autre par la jonction du sommet de l'angle postérieur de l'inter-nasale avec le sommet de l'angle postérieur de la frontale. Quatre séries d'écailles dorsales; dos noir ou brun, parcouru de chaque côté dans toute sa longueur par deux lignes blanches, entre lesquelles est une raie fauve ou marron, qui va toujours en s'élargissant vers la queue. Parties latérales du corps offrant deux bandes et une ligne longitudinale noires, alternant avec deux raies blanches.

Synonymie. *Lacerta tæniolata.* White, Journ. of Voy. to N. S. Wales, pag. 245, Pl. 32.

Lacerta tæniolata. Shaw. Gener. Zool. tom. 3, part. 1, p. 239.
Scincus octolineatus. Daud. Hist. Rept. tom. 4, pag. 285.
Le Scinque à dix raies. Lacep. Ann. mus. d'Hist. nat. tom. 4, pag. 192 et 208.
Scincus tæniolatus. Merr. Tent. Syst. amph. pag. 72, n° 13.

Scincus undecimstriatus. Kuhhl , Beïtr. zur Vergleich. anat. pag. 129.

Scincus multilineatus. Less. Voy. Corvette la Coquille. Zool. pag. Pl. 3, fig. 2.

Tiliqua tæniolata. Gray , Synops. Rept. in Griffith's anim. Kingd. tom. 9 , pag. 68.

Tiliqua tæniolata. Id. Catal. slender-tong. Saur. Ann. nat. Histor. by Jardine , tom. 1 , pag. 229.

Kéneux de Lesueur. Cocteau , Tab. synopt. Scinc.

DESCRIPTION.

Formes. Tout à fait différent des Lygosomes de Labillardière et de Lesueur , par son mode de coloration , le Lygosome à bande-lettes ressemble , au contraire , au premier par la disposition de son bouclier céphalique , et au second par le nombre ces séries d'écailles qui revêtent son corps.

Coloration. Quatre lignes blanches , deux à droite , deux à gauche , prenant naissance l'une sur le front , l'autre sur le sourcil , et se terminant toutes quatre avec le tronc , partagent le fond brun ou noir du dessus du corps en trois bandelettes lon-gitudinales , dont la médiane pousse son extrémité postérieure , devenue linéaire , jusqu'au second tiers de l'étendue de la queue, et dont les latérales se trouvent elles-mêmes subdivisées en deux filets par une raie fauve ou marron qui, fort étroite à son ori-gine , prend peu à peu l'apparence d'un large ruban , en s'avan çant vers la queue dans la couleur de laquelle il se perd complète-ment. C'est aussi sous forme de raies et de bandelettes que s'offrent le blanc et le noir qui colorent les parties latérales du corps : le blanc s'étend en deux raies qui commencent l'une sur le bord inférieur de la plaque fréno-nasale , l'autre sous l'oreille ; le noir en une ligne dont l'origine est au-dessous de celle de la seconde raie blanche , et en deux bandes noires qui naissent, la première sur le bord supérieur de la fréno-nasale , la seconde sur le bord inférieur des dernières plaques labiales supérieures; la ligne noire de la seconde raie blanche se termine dans l'aine ; mais la se-conde raie blanche et les deux bandes noires se prolongent plus ou moins le long du côté de la queue. Le bout du museau est blanc, ainsi que le dessous de l'animal tout entier. Le dessus des mem-bres présente aussi des raies longitudinales brunes ou marrons, au nombre de deux ou trois, alternant avec autant de raies blanches.

DIMENSIONS. *Longueur totale.* 2" 5"'. *Tête.* Long. 1" 4"'. *Cou.* Long. 9"'. *Tronc.* Long. 4" 8"'. *Memb. antér.* Long. 1" 8"'. *Memb. postér.* Long. 3" 2"'. *Queue.* Long. 14" 4"'.

PATRIE. Cette espèce est originaire de la Nouvelle-Hollande; c'est à Péron et Lesueur que nous sommes redevables des deux seuls échantillons qui existent dans notre musée national; mais nous en avons observé un certain nombre dans les divers établissements scientifiques que renferme la ville de Londres.

17. LE LYGOSOME MONILIGÈRE. *Lygosoma Moniligera.* Nobis.

CARACTÈRES. Plaques fronto-nasales pentagones contiguës; huit séries d'écailles dorsales, aussi longues que larges. Oreilles denticulées à leur bord antérieur. Dos offrant trois bandes fauves séparées l'une de l'autre par deux bandes noires ponctuées de fauve; ou d'un brun uniforme, avec des ocelles noirs le long des flancs.

SYNONYMIE. *Scincus ocellatus.* Péron, Mus. Par.

Scincus Leuwinensis. Id.

Scincus Whitii. Lacép. Ann. mus. d'Hist. nat. tom. 4, pag. 192 et 209.

Scincus tæniolatus. Var. γ. *Quadrilineatus.* Merr. Tent. Syst. amphib. pag. 72, n° 13.

Scincus Moniliger. Valenc. Mus. Par.

Tiliqua trivittata. Gray, Synops. Rept. in Griffith's anim. Kingd. tom. 9, pag. 68.

Tiliqua trivittata. Id. Illust. Ind. zool. gener. Hardw.

Kéneux de White. Coct. Tab. synopt. Scinc.

DESCRIPTION.

FORMES. Voici une espèce qui présente un bouclier céphalique composé exactement sur le même modèle que celui du Lygosome de Lesueur. Ses oreilles, ovalaires, de moyenne grandeur, et garnies à leur bord antérieur de trois ou quatre lobules carénés, ressemblent par conséquent aussi, non-seulement à celles de ce dernier, mais à celles des Lygosomes de Labillardière et à bandelettes, dont, au reste, il a le port, la tournure, en un mot tout l'ensemble de formes, bien que sa taille soit d'un quart plus grande que la leur. Malgré cela, on peut aisément distinguer le Lygosome moniligère des trois espèces précédentes, parce qu'il a les écailles du corps plus petites et plus nombreuses, et les squames préanales toutes aussi grandes les unes que les autres. Sur le dos, comme sur le ventre et les flancs, les écailles présentent une largeur à peu près égale à leur longueur ; elles sont hexagones et comme un peu arquées à leur bord libre ; le nombre des séries qu'elles forment autour du tronc n'est pas moins de trente-quatre à trente-huit, parmi lesquelles huit appartiennent à la région dorsale, tandis qu'on n'en observe que quatre sur cette partie du corps, dans les trois espèces dont nous parlions tout à l'heure. Les squames qui revêtent l'opercule anal sont semblables à celles de l'abdomen, égales entre elles et disposées sur trois rangées transversales.

COLORATION. *Variété* A. Les plaques suscrâniennes sont brunes et leurs sutures noires ; la région frénale offre souvent un trait longitudinal de cette dernière couleur, qui règne aussi dans l'intérieur du repli de la paupière supérieure. La ligne moyenne du dessus du corps est parcourue depuis l'occiput jusqu'à la racine de la queue, par une bande fauve que divise longitudinalement une raie noire sur la région cervicale ; cette bande fauve est cotoyée à droite et à gauche par un ruban noir portant une série de points fauves, et bordée en dehors par une bande semblable pour la grandeur et la couleur à celle de la région rachidienne, excepté qu'elle n'est pas double à son extrémité antérieure. Des ocelles ou plutôt des points fauves cerclés de noir se trouvent répandus çà et là sur les côtés du cou et du tronc, dont le fond est d'une teinte fauve tirant plus ou moins sur le grisâtre, couleur qui règne sur le bord des écailles gulaires et des abdominales, tandis que le reste de leur surface est blanchâtre.

Variété B. Ici, il n'y a ni bandes fauves ni bandes noires sur le cou et le dos, que colore uniformément un brun clair.

DIMENSIONS. *Longueur totale.* 28" 9'". *Tête.* Long. 2" 8'". *Cou.* Long. 1" 8'". *Tronc.* Long. 6" 3'". *Memb. antér.* Long. 3". *Memb. postér.* Long. 3" 8'". *Queue.* Long. 18".

PATRIE. Le Lygosome Moniligère se trouve à la Nouvelle-Hollande ; nos échantillons y ont été recueillis les uns par Péron et Lesueur, les autres par MM. Quoy et Gaimard.

REPTILES, V. 47

18. LE LYGOSOME ÉMERAUDIN. *Lygosoma smaragdina.* Nobis.

CARACTÈRES. Plaques nasales médiocres, tout à fait latérales ; une fréno-nasale très-petite ; deux fronto-nasales contiguës ; deux fronto-pariétales contiguës ; quatre sus-oculaires ; oreilles petites, ovalaires, sans dentelures. Une glande au talon.

SYNONYMIE. *Scincus smaragdinus.* Less. Voy. autour du monde de la corvette *la Coquille,* Zool. tom. 3, pag. 43, Pl. 3, fig. 1.

Scincus viridi-punctatus. Id. loc. cit. pag. 44, Pl. 4, fig. 1.

Scincus celestinus. Valenc. Mus. Par.

Scincus celestinus. Guér. Iconogr. Règn. anim. Cuv. Rept. Pl. 15, fig. 2.

Scincus oxycephalus. Reinw. Mus. Leyde.

Scincus Trefsianus. Id.

Kéneux de Valenciennes. Coct. Tab. synopt. Scinc.

Scincus smaragdinus. Schleg. Abbild. amphib. pag. 33, tab. 11.

Kéneux , à l'île Oualan.

DESCRIPTION.

FORMES. Cette espèce, contrairement à ce que nous ont offert toutes celles du même genre que nous avons étudiées jusqu'ici, a ses narines percées chacune, non pas au milieu de la plaque nasale, mais tout près de son bord postérieur, et présente de plus une fréno-nasale de chaque côté. Elle se distingue en outre de toutes ses congénères en ce qu'elle porte au talon un tuber-cule glanduleux, ovalaire, aplati. Le Lygosome émeraudin a les membres bien développés ; ceux de devant, mis le long du cou, s'étendent presque jusqu'au bout du museau, et ceux de derrière, placés le long des flancs, ne laissent qu'un petit espace entre leur extrémité et l'aisselle. La queue, du double plus longue que le corps, est très-effilée, arrondie dans la plus grande partie de son étendue, mais un peu comprimée dans sa portion terminale. La tête est longue, le museau fort aplati, très-pointu, mais néan-moins arrondi au bout ; les régions sus-oculaires sont un peu bombées. Celles des plaques céphaliques qu'on appelle la fron-tale, les fronto-pariétales, l'inter-pariétale et les pariétales n'of-frent rien de particulier dans leur forme ni dans leurs rapports, ce qui est tout le contraire pour les autres : ainsi la rostrale, fort étendue en travers et reployée sur le dessus du museau, a six pans, un grand en bas, deux petits de chaque côté, et un médiocre en haut, arqué en dedans; l'inter-nasale est grande, en triangle équilatéral, arrondi à son sommet antérieur; les fronto-nasales sont pentagones et réunies par une suture longitudinale; la première sus-oculaire est triangulaire, la seconde quadrilatère, plus large que longue, la troisième pentagone et aussi très-élargie, enfin la quatrième est hémi-discoïdale; la nasale est trapézoïde, la fréno-nasale triangulaire et très-petite, la première frénale quadrilatère, de moitié plus longue que haute, et la seconde pentagone, très-allongée aussi, et plus basse à son bord antérieur qu'à son bord postérieur; il y a trois fréno-orbitaires, une petite presque linéaire, supportée par une grande, qui est trapézoïde, derrière laquelle est la troisième dont la forme est rhomboïdale. Les plaques labiales supérieures sont au nombre de neuf de chaque côté; la première est rectangulaire, les trois suivantes quelquefois ont la même forme, d'autres fois sont carrées; la cinquième est trapézoïde; la sixième, plus grande que toutes les précédentes, est tétragone oblongue, et les deux dernières sont pentagones. L'oreille est un petit trou ovalaire, dont le bord antérieur est recouvert par deux ou trois des dernières écailles temporales. Les écailles du corps sont hexagones et très-élargies; celles de deux séries médianes du dos, où l'on en compte huit, sont beaucoup plus grandes que les autres; la totalité des rangées longitudinales qui existent autour du tronc, est de vingt-deux ou vingt-quatre. Les squames préanales forment trois rangs transversaux, celles du dernier sont plus dilatées que celles du premier et du second. Les doigts sont longs, minces et comprimés, mais bien distinctement plus dans la seconde portion de leur longueur que dans la première; celle-ci a sa face inférieure garnie de vingt-trois lamelles, et celle-là d'une dizaine seulement, attendu qu'elles sont plus grandes. Le dessous de la queue est revêtu de scutelles élargies assez semblables aux plaques ventrales des Serpents.

COLORATION. *Variété* A. Un beau bleu céleste est répandu sur toutes les parties supérieures du corps, dont les écailles ont leur pourtour liséré de noir; quelques taches de la même couleur sont éparses sur le cou et le dos; certaines plaques de la tête, telles que les pariétales, les fronto-pariétales et les trois der-

47.

nières sus-oculaires, offrent une bordure noire en arrière. Un blanc pur règne sur toutes les régions inférieures.

Variété B. La couleur bleue du dessus du corps est remplacée par une teinte cuivreuse; le liséré noir des écailles des parties supérieures a disparu, et au lieu de blanc, c'est un gris glacé de verdâtre qui colore le dessous de l'animal. Les taches noires éparses sur le dos portent une petite bordure blanche.

Variété C. Une seule teinte ou un brun ardoisé règne sur toute la face supérieure de l'animal, dont le dessous est d'un blanc violâtre.

Dimensions. *Longueur totale.* 25" 2'''. *Tête.* Long. 2" 5'''. *Cou.* Long. 1" 6'''. *Tronc.* Long. 5" 6'''. *Memb. antér.* Long. 3". 8''. *Memb. postér.* Long. 4" 2'''. *Queue.* Long. 15" 5'''.

Patrie. Nous possédons des individus de cette espèce qui ont été recueillis, les uns dans l'île de Java par Kuhl et Van Hasselt, les autres dans celles de Waigiou et de Rawak par MM. Quoy et Gaimard.

19. LE LYGOSOME DE MÜLLER. *Lygosoma Mülleri.* Nobis.

Caractères. Tête conique. Plaque rostrale reployée sur le museau; nasales grandes, presque contiguës; fronto-nasales séparées l'une de l'autre; frontale très-développée, représentant un losange régulier; deux fronto-pariétales contiguës. Oreille très-petite. Les deux squames médianes de la rangée préanale plus grandes que les autres.

Synonymie. *Scincus Mülleri.* Schlegel, Abbild. amphib. 1 decade, pag. 13, Pl. 3.

DESCRIPTION.

Formes. Des membres robustes, médiocrement allongés; un corps arrondi, fort gros au milieu, aminci aux deux bouts ou fusiforme; une queue très-longue et très-forte, diminuant lentement de diamètre en arrière; une tête effilée, conique, très-petite à proportion de la grosseur du tronc, tel est l'ensemble des formes que présente l'espèce remarquable de Scincoïdiens que nous allons faire connaître d'après une description et une excellente figure que renferme le premier cahier d'un nouvel

ouvrage sur les Reptiles, dont notre savant ami, M. Schlegel, est
l'auteur. On pourrait reconnaître le Lygosome de Müller à la
forme seule de sa plaque frontale, qui représente un losange
aussi large que long, exemple fort rare parmi les Scincoïdiens,
en général, et jusqu'ici unique dans le genre Lygosome. Cette
plaque, soudée en avant à l'inter-nasale, empêche ainsi les deux
fronto-nasales de s'articuler l'une avec l'autre; les plaques nasales
ne sont pas non plus réunies, attendu que la rostrale vient s'unir
à l'inter-nasale par le sommet tronqué d'un angle aigu, qui est
reployé sur le dessus du museau. Les régions sus-oculaires
offrent chacune cinq plaques, qui, de même que les fronto-
pariétales, l'inter-pariétale et les pariétales, sont proportionnellement plus petites, mais semblables pour la forme et la disposition à celles de la plupart des Lygosomes. Il n'existe pas de
plaque fréno-nasale, la première frénale est presque carrée, et
la seconde, au contraire, fort allongée; on observe deux petites
fréno-orbitaires. Les oreilles sont fort petites. Les écailles du
corps sont de moyenne grandeur, assez élargies et hexagones,
bien qu'arrondies à leur bord libre. Les deux squames médianes
de la rangée qui couvrent la marge de l'opercule anal sont
plus grandes et plus élargies que les autres.

Coloration. Le bout du museau, le menton et les lèvres sont
noirs; un rouge garance colore le crâne, le dessus du cou, le dos,
la face supérieure et les côtés de la queue, que coupent transversalement dix-huit séries de taches noires, et dont le dessous est
jaune, ainsi que celui du corps. Une large bande brune surmontée d'une raie jaune s'étend le long du corps, depuis l'œil
jusqu'à l'origine de la cuisse. Le dessus des membres est noir,
marqué d'une raie longitudinale jaune. On remarque sous l'œil
une tache noire, et le long du côté du cou une ligne de la même
couleur.

Dimensions. *Longueur totale*. 33" 9'". *Tête*. Long. 2" 3'". *Cou*.
Long. 2" 8'". *Tronc*. Long. 9" 8'". *Memb. antér*. Long. 2" 9'".
Memb. postér. Long. 4" 5'". *Queue*. Long. 19".

Patrie. Cette espèce est originaire de la Nouvelle-Guinée.

VIᵉ SOUS - GENRE. LÉIOLOPISME — *LEIOLOPISMA* (1). Nobis.

CARACTÈRES. Narines s'ouvrant au milieu de la plaque nasale ; pas de supéro-nasales. Palais à échancrure peu profonde, située tout à fait en arrière. Des dents ptérygoïdiennes. Écailles lisses.

Ce sous-genre offre, avec tous les caractères des Lygosomes, celui d'avoir, comme les Euprèpes, la partie postérieure du palais armée de quelques petites dents enfoncées, de chaque côté de son échancrure, dans les os ptérygoïdiens. Ces mêmes os et les palatins de droite ont leur bord latéral interne recouvert par le bord correspondant des ptérygoïdiens et des palatins de gauche.

Le sous-genre Léiolopisme ne renferme encore qu'une seule espèce dont voici la description :

1. LE LÉIOLOPISME DE TELFAIR. *Leiolopisma Telfairi.* Nobis.

CARACTÈRES. Paupière inférieure transparente. Plaque rostrale triangulaire, repliée sur le museau, tronquée au sommet et articulée à l'inter-nasale ; celle-ci grande, en losange tronqué en avant, contiguë à la frontale ; deux fronto-nasales rhomboïdales presque contiguës ; frontale oblongue, rétrécie en pointe obtuse en arrière, offrant en avant deux petits côtés formant un angle ouvert ; deux fronto-pariétales médiocres, courtes, pentagones inéquilatérales, contiguës ; inter-pariétale petite, de même forme que la frontale ; pariétales simulant une forme carrée, malgré leurs cinq pans ; quatre sus-oculaires ; nasales grandes, rhomboïdales, non contiguës ; pas de fréno-nasale ; première frénale

---

(1) Λειος, lisse, poli ; λοπισμα, *tunica*, enveloppe, habillement.

sub-rhomboïdale, seconde frénale trapézoïde; trois fréno-orbitaires, une grande et deux petites.

Synonymie. *Scincus Telfairii.* J. Desjard. Ann. scienc. nat. tom. 22 (1831), p. 292.

Tiliqua Bellii. Gray. Synops. Rept. in Griffith's Anim. Kingd. tome 9, p. 70.

Rachite de Telfair. Coct. Tab. synopt. Scinc.

Tiliqua Bellii. Gray. Cat. slender-tong. Saur. Ann. nat. Hist. by Jardine, vol. 1, p. 292.

DESCRIPTION.

Formes. Cette espèce parvient à une taille supérieure à celle de notre Lézard ocellé ; elle a des formes robustes, trapues; ses pattes antérieures s'étendent jusqu'aux yeux, lorsqu'on les place le long du cou, et les postérieures offrent une longueur égale aux deux tiers de celle des flancs. Les doigts sont assez forts, presque cylindriques, peu allongés et revêtus en dessous de scutelles lisses dont le nombre est de vingt-six au quatrième orteil. La queue, qui est légèrement aplatie de droite à gauche, n'a guère plus de longueur que le reste du corps ; une bande de lamelles hexagones, élargies en garnit la face inférieure. La tête est quadrangulaire, pyramidale. Les régions sus-oculaires sont un peu bombées. La lèvre supérieure porte de chaque côté sept plaques qui sont : la première tétragone oblongue, plus élevée en arrière qu'en avant; la seconde, la troisième et la quatrième, carrées ; la cinquième rectangulaire, plus grande que les autres, et les deux dernières pentagones. Une grande plaque quadrilatère oblongue est appliquée contre le bord supérieur de la tempe. Les oreilles sont assez grandes, ovalaires, découvertes, à bord simple. La paupière inférieure offre une plaque ovale transparente entourée de grains squameux. Les écailles qui revêtent le corps sont généralement petites, élargies, sub-hexagones, arrondies en arrière ; on en compte quarante-quatre séries longitudinales autour du tronc, et six rangées en travers de la région préanale, où elles sont aussi petites les unes que les autres.

Coloration. La couleur de cette espèce à l'état vivant est, d'après M. Julien Desjardins, d'un gris bleuâtre sur les parties supérieures, et d'un blanc lavé de jaune sur les régions inférieures, mode de coloration que change complétement le séjour de ces animaux dans la liqueur alcoolique, car les sujets de nos collections présentent en dessus un mélange de fauve et de brun ayant l'apparence d'une marbrure où domine tantôt l'une, tantôt l'autre de ces deux teintes, et leur face inférieure est d'un blanc jaunâtre ou roussâtre.

DIMENSIONS. *Longueur totale.* 33" 8'". *Tête.* Long. 3" 5'". *Cou.* Long. 2" 8'". *Tronc.* Long. 10" 5'". *Memb. antér.* Long. 5". *Memb. postér.* Long. 6" 5". *Queue.* Long. 18".

PATRIE. Il paraîtrait, d'après les observations du naturaliste distingué que nous citions tout à l'heure, M. Julien Desjardins, que le Léiolopisme de Telfair n'habite pas l'île Maurice, mais seulement les îlots qui en sont voisins, tels que ceux appelés le Coin-de-Mire, l'île Plate ou l'île Longue, l'île Ronde, et peut-être aussi l'île aux Serpents; nous en possédons des individus trouvés à Manille.

VIIe SOUS - GENRE. TROPIDOLOPISME. — *TROPIDOLOPISMA* (1). Nobis.

CARACTÈRES. Narines s'ouvrant au milieu de la plaque nasale, pas de supéro - nasale. Palais sans dents, à échancrure triangulaire très-profonde, aiguë. Écailles carénées.

L'absence de dents ptérygoïdiennes et de plaques supéro-nasales, ainsi que la situation des narines au milieu des plaques qu'elles traversent sont trois caractères à l'aide desquels il sera facile de distinguer les Tropidolopismes d'une autre subdivision du genre Gongyle ou celle des Euprèpes avec lesquels on pourrait peut-être les confondre de prime abord, à cause de la similitude de leur écaillure, dont les petites pièces offrent aussi à leur surface, dans le sens de la longueur du corps, un nombre variable de lignes saillantes plus ou moins prononcées. Les Tropidolopismes ont d'ailleurs

(1) Τροπίς, ιδος, *carina*, carène ; λοπισμα, *tunica*, enveloppe, habillement.

leurs plaques nasales creusées chacune d'un sillon curviligne qui contourne la narine en arrière, particularité que
nous retrouverons chez les Cyclodes et les Trachysaures,
mais que ne présente aucun des groupes appartenant au
genre Gongyle. Leur palais est en outre plus profondément
échancré dans sa portion postérieure que chez toutes les
autres espèces du genre dont ils font partie, ce qui provient du grand écartement qui existe entre les os palatins et les ptérygoïdiens de gauche et ceux du côté droit.
Quant au reste de leur organisation, il est exactement le
même que chez la plupart des Gongyles.

1. LE TROPIDOLOPISME DE DUMÉRIL. *Tropidolopisma*
Dumerilii. Nobis.

(*Voyez* Pl. 50, sous le nom de *Scincus Dumerilii.*)

CARACTÈRES. Paupière inférieure squameuse; oreilles assez
grandes, ovalaires, couvertes en partie par des lobules attachés
sur leur bord antérieur.

SYNONYMIE. *Variété* A. *Scincus aterrimus.* Péron, Mus. Par.

Variété B. *Scincus Nuillensis.* Péron, Mus. Par.

Psammite de Duméril. Coct. Tab. synopt. Scinc.

Tiliqua Kingii. Gray, Cat. slender-tong. Saur. Ann. nat. Hist.
by Jardine, vol. 1, pag. 290.

Variété C. *Scincus trifasciatus.* Péron, Mus. Par.

Psammite de Napoléon. Coct. Tab. synopt. Scinc.

Kéneux de Delaborde. Id. loc. cit.

Tiliqua Napoleonis. Gray, Coct. slender-tong. Saur. Ann. nat.
Hist. by Jardine, vol. 1, pag. 290.

DESCRIPTION.

FORMES. Cette espèce devient plus grande que notre Lézard
ocellé dont elle a le port, le *facies;* sa queue cependant est proportionnellement plus forte et aplatie sur les côtés. La figure du
bouclier céphalique que nous avons fait graver sur notre Pl. 50,
nous dispensera de donner la description des pièces qui le composent; nous ferons remarquer toutefois que les plaques fronto-
nasales qui y sont représentées séparées l'une de l'autre, sont très-
souvent aussi articulées entre elles. Les ouvertures nasales sont

arrondies et dirigées en arrière ; le nombre de lobules auriculaires varie de trois à six. Les écailles du corps sont distinctement hexagones et peu élargies, on en compte trente-six à trente-huit séries autour du tronc ; celles des régions supérieures portent quelquefois deux, le plus souvent trois carènes, qui sont toujours moins prononcées sur la queue ; on rencontre même des individus dont les écailles caudales supérieures sont parfaitement lisses. Les doigts sont un peu comprimés, assez gros et revêtus en dessous de lamelles unies dont le nombre est de vingt-cinq au quatrième orteil. La face inférieure de la queue offre une bande de grandes scutelles hexagones, dilatées en travers.

COLORATION. *Variété* A. L'animal est entièrement noir.

Variété B. Le dessus et les côtés du corps offrent un semis de petits points jaunes sur un fond composé de raies longitudinales fort étroites, les unes d'un brun clair, les autres d'un brun foncé. Les régions inférieures présentent une teinte jaunâtre, salie de brun sous la tête et les côtés du ventre.

Variété C. Une teinte d'un brun clair est répandue sur toutes les parties supérieures ; la plupart des plaques céphaliques sont bordées de brun foncé. Trois séries de grandes taches noirâtres s'étendent depuis la nuque jusque sur la racine de la queue ; une bande brune commence sur la tempe, longe le côté du cou, celui du tronc, et se termine à l'origine de la cuisse. La lèvre supérieure est jaunâtre. Le dessous du corps est comme dans la seconde variété.

Variété D. En dessus et de chaque côté, le corps a pour fond de couleur un blanc jaunâtre sale ; les flancs sont couverts de petites taches noires ; on en voit de grandes sur la base de la queue ; le dos offre de chaque côté une large raie noire portant une série de taches de la couleur du fond. Le tour de l'œil et les sutures des plaques labiales sont noirs ; un trait de la même couleur se fait remarquer à la région supérieure de la tempe. Le dessous de l'animal est d'un blanc grisâtre.

DIMENSIONS. *Longueur totale.* 47" 7'". *Tête.* Long. 4" 2'". *Cou.* Long. 3" 5'". *Tronc.* Long. 14". *Memb. antér.* Long. 6". *Memb. postér.* Long. 7" 5'". *Queue.* Long. 26".

PATRIE. Nous possédons un certain nombre d'individus de cette espèce recueillis sur différents points de la Nouvelle-Hollande.

VIIe GENRE. CYCLODE. — *CYCLODUS* (1).
Wagler.
(*Tiliqua*, Gray, Fitzinger.)

CARACTÈRES. Narines s'ouvrant dans une seule plaque, la nasale; pas de supéro-nasales. Langue plate, en
fer de flèche, squameuse, incisée à sa pointe. Dents
maxillaires sub-hémisphériques. Palais non denté, à
échancrure triangulaire assez grande. Des ouvertures
auriculaires. Museau obtus. Quatre pattes à cinq doigts
inégaux, onguiculés, sub-cylindriques, sans dentelures. Flancs arrondis. Queue conique, pointue.
Écailles grandes, osseuses, lisses.

C'est parmi les Lygosomes qu'il faudrait ranger les Cyclodes, si, au lieu de dents arrondies, tuberculeuses, ils
en offraient qui eussent comme celles de ces autres Scincoïdiens, une forme conique, plus ou moins pointue; car
ils leur ressemblent par l'absence de plaques supéro-nasales,
par leur palais non denté, par leurs écailles sans carènes,
ainsi que par la position de leurs narines qui viennent
s'ouvrir l'une à droite, l'autre à gauche du bout du museau au milieu de la plaque nasale. Toutefois les Cyclodes,
outre la forme de leurs dents, ont encore quelque chose
qui les distingue des Lygosomes, c'est l'épaisseur de leurs
écailles qui sont entièrement osseuses. Ils ont tous le tronc
gros et long, arrondi; le cou très-court, un peu étranglé;
les pattes peu développées, faibles, à proportion de la grosseur du corps, et la queue d'une longueur moindre que
chez la plupart des Scincoïdiens. Leur tête est pyramidale,

---

(1) Κυκλος, *orbiculatus*, circulaire; et ιδους, dent, dents arrondies.

quadrangulaire, et leur bouclier suscrânien composé de pièces se ressemblant presque exactement chez les trois espèces que l'on connaît : ainsi la plaque rostrale est triangulaire, malgré ses cinq pans, l'inter-nasale losangique ; les deux fronto-nasales sont pentagones, inéquilatérales, aussi longues que larges, contiguës ; la frontale est rétrécie en pointe en arrière, et présente en avant deux bords formant un angle très-ouvert ; les deux fronto-pariétales sont pentagones ou hexagones, sub-losangiques, contiguës ; l'inter-pariétale, de même forme et presque aussi grande que la frontale, est aussi longue que les pariétales, dont le nombre des pans est de cinq ou six, et le diamètre longitudinal souvent à peine plus étendu que le transversal. Il y a, de chaque côté, quatre plaques sus-oculaires, une série de cinq à sept surcilières et une rangée de sous-orbitaires à partir de l'angle postérieur de l'œil jusqu'à la pénultième ou l'antépénultième labiale supérieure. Les plaques nasales sont grandes, rhomboïdales, s'unissant entre elles lorsque le sommet de la rostrale ne s'articule pas avec celui de l'angle antérieur de l'inter-nasale ; il n'existe pas de fréno-nasale, et les deux frénales, qui ont la même grandeur, sont pentagones ou carrées ; la première des deux ou trois fréno-orbitaires a beaucoup de ressemblance avec les frénales. Les deux paupières ont leur surface revêtue de petites squames quadrilatères, régulièrement disposées par bandes longitudinales. Les oreilles sont ovalaires obliques, situées le long du bord postérieur de la tempe, immédiatement au-dessus et en arrière de l'angle de la bouche. Les deux paires de membres, ce qui est un cas fort rare parmi les Sauriens en général, ont la même ou à peu près la même longueur, c'est-à-dire le tiers environ de celle du corps, mesuré de l'épaule à l'origine de la cuisse. Les doigts sont courts, gros, presque cylindriques : aux mains, c'est le médius qui est le plus long, ensuite le second et le quatrième qui sont égaux, puis le cinquième, enfin le premier ; les trois premiers doigts des pieds sont peu et régulièrement étagés ; le quatrième est un peu plus court que le troisième, et le cinquième moins long que le second. Tous ont leur face inférieure revêtue de scutelles élargies, épaisses, unies. La queue grosse, conique, très-légèrement aplatie de gauche à droite, n'entre guère que pour le tiers ou un peu plus du tiers dans la longueur totale du corps, dont toutes les pièces de l'écaillure sont lisses, hexagones, plus ou moins élargies. En dessous, la queue offre une bande de scutelles dilatées transversalement ; les écailles préanales sont égales entre elles, excepté celles de la dernière rangée, qui semblent être un peu plus grandes que les autres.

C'est Wagler qui est le fondateur du genre Cyclode, auquel nous rapportons trois espèces, dont deux deviennent fort grandes.

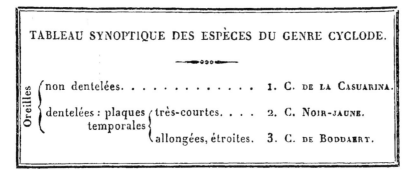

TABLEAU SYNOPTIQUE DES ESPÈCES DU GENRE CYCLODE.

Oreilles
- non dentelées. . . . .   1. C. DE LA CASUARINA.
- dentelées : plaques temporales
  - très-courtes. . . .   2. C. NOIR-JAUNE.
  - allongées, étroites.   3. C. DE BODDAERT.

1. LE CYCLODE DE LA CASUARINA. *Cyclodus Casuarinæ.*
Nobis.

CARACTÈRES. Oreilles sans dentelures ; pas de sillon en arrière de la narine ; plaque inter-nasale élargie ; frontale très-longue.
SYNONYMIE. *Kéneux de la Casuarina.* Coct. Tab. synopt. Scinc.

DESCRIPTION.

FORMES. Cette espèce, de même que la suivante, a le museau plus court et le chanfrein moins aplati que le Cyclode de Boddaert. Ses plaques nasales ne sont pas creusées chacune, comme celles de ses deux congénères, d'un petit sillon qui contourne le bord postérieur de la narine ; l'échancrure de son palais est aussi beau-

coup moins profonde ; ses ouvertures auriculaires sont petites et dépourvues de dentelures à leur bord antérieur ; on ne
remarque pas que celles de ses plaques temporales qui avoisinent
l'œil soient plus longues que les autres, ainsi que cela existe chez le
Cyclode de Boddaert ; enfin les écailles de son corps sont proportionnellement plus grandes, puisqu'on n'en compte que vingt-
quatre séries autour du tronc, tandis qu'il y en a toujours au
moins trente-quatre chez les deux espèces suivantes.

Coloration. Nous possédons un échantillon du Cyclode de la
Casuarina dont la tête est d'un gris fauve, tout le dessus du corps
d'un gris olivâtre, et le dessous d'un gris blanchâtre, mode de
coloration qui est bien différent, comme on va le voir, de celui
que nous a offert un individu appartenant au musée de la société zoologique de Londres. Un gris brun est répandu sur toutes
les parties supérieures qui présentent une douzaine de raies
noires correspondant exactement aux sutures des bandes longitudinales d'écailles de la région cervicale, du dos et de la face
supérieure de la queue. La plaque inter-pariétale est bordée de
noir, et les pariétales sont semées de gouttelettes de la même
couleur. Le tour de l'œil aussi est noir, ainsi que la suture des
deux dernières labiales supérieures. Le dessous de la queue est
coupé transversalement par une trentaine de lignes noires, bri-
sées en deux endroits. D'autres lignes noires, mais onduleuses, se
détachent du fond gris fauve de la région abdominale.

Dimensions. *Longueur totale.* 20" 5'". *Tête.* Long. 2" 2'". *Cou.*
Long. 1" 2'". *Tronc.* Long. 10" 9'". *Memb. antér.* Long. 2".
Memb. postér. Long. 2" 6'". *Queue.* Long. 6" 2'".

Patrie. Cette espèce est originaire de la Nouvelle-Hollande.

2. LE CYCLODE NOIR ET JAUNE. *Cyclodus nigroluteus.* Wagler.

Caractères. Oreilles dentelées ; un sillon curviligne en arrière
de la narine ; plaque inter-nasale aussi longue que large ; frontale
courte ; plaques temporales égales entre elles.

Synonymie. *Scincus nigroluteus.* Quoy et Gaymard. Voy. Uran.
et Phys. Hist. nat. Rept Pl. 41.

Scincus nigroluteus. Cuv. Règn. anim. 2ᵉ édit. tom. 2, p. 63.

Cyclodus nigroluteus. Wagl. Syst. Amph. p. 162.

Scincus nigroluteus. Griff. Anim. Kingd. Cuv. tom. 9, p. 158.

Tiliqua nigrolutea. Gray. Synops. Rept. in Griffith's Anim. Kingd, Cuv. tom. 9, p. 68.

Scincus nigroluteus. Schinz. Naturgesch. und abbildung Rept. p. 105, tab. 40, fig. 2.

Kéneux de l'Uranie. Coct. Tab. synopt. Scinc.

Tiliqua nigrolutea. Gray. Catal. of slender-tong. Saur. Ann. of natur. hist. by Jardine , tom. 1, p. 290.

DESCRIPTION.

FORMES. Ce Cyclode, comme le précédent, a le museau court, obtus et légèrement convexe à sa partie postérieure. Ses oreilles portent à leur bord antérieur deux et quelquefois trois lobules aplatis. Un sillon arqué est creusé dans chacune de ses plaques nasales , derrière la narine. Son inter-pariétale présente une largeur égale à sa longueur, et sa frontale est à peine plus longue que large , deux caractères qui le distinguent du Cyclode de Boddaert, et auxquels s'en joint un troisième non moins facile à saisir : c'est celui d'avoir toutes les écailles temporales à peu près de même diamètre. Le nombre des séries d'écailles qui protégent le tronc est de trente-quatre ou trente-six.

COLORATION. Le dessus du cou et le dos sont noirs, offrant deux séries parallèles de taches jaunes, irrégulières pour la forme et la grandeur, dont quelques-unes constituent par leur réunion des bandes longitudinales plus ou moins longues , plus ou moins larges, tantôt sur le cou , tantôt sur l'une ou l'autre région du dos. Le fond du dessous et des côtés du corps est jaune ; les flancs présentent une sorte de réseau noir, et le ventre des raies longitudinales de la même couleur, parfois distinctes les unes des autres, d'autres fois confondues entre elles. La queue est annelée de noir et de jaune.

DIMENSIONS. *Longueur totale.* 45" 9'''. *Tête.* Long. 6'''. *Cou.* Long. 3". *Tronc.* Long. 20" 5'''. *Memb. antér.* Long. 6" 2'''. *Memb. postér.* Long. 6" 3'''. *Queue.* Long. 16" 4'''.

PATRIE. Ce Cyclode se trouve à la Nouvelle-Hollande.

3. LE CYCLODE DE BODDAERT. *Cyclodus Boddaertii.*
Nobis.

Caractères. Oreilles dentelées ; un sillon curviligne en arrière
de la narine ; plaque inter-nasale élargie ; frontale longue, plaques temporales, voisines de l'œil, beaucoup plus longues que les
autres.

Synonymie. *Scincus gigas.* Boddaert. Nov. act. curios. nat.
Acad. tom. 7, p. 5.

Lacerta scincoides. White Journ. of a voy. to New South Wales,
p. 242, Pl. 3o.

Lacerta scincoides. Shaw. Naturalist's Miscell. tom. 5, Pl. 179.

Australasian Gallivasp. Shaw. Gener. zool. tom. 3, part. 1,
p. 289, Pl. 81, fig. 2.

Lacerta stincus fasciatus, albus fasciis 19 *nigris.* Mus Gervasia-
num. p. 9, n° 70 (d'après Schneider).

Gemaenlik land Krokodil Genaamd. Lacerta scincoides fasciata.
Houttuyn. Mus. n° 182 (d'après Schneider).

Scincus gigas. Schneid. Hist. Amph. fasc. 11, p. 202.

Le Scinque ordinaire de la Nouvelle-Hollande, 1re *variété du
Scinque des boutiques.* Daud. Hist. Rept. tom. 4, p. 236.

Scincus gigas. Id. loc. cit. tom. 4, p. 244.

Scincus crotaphomelas. Lacép. Ann. mus. d'Hist. nat. tom. 4,
p. 192 et 209.

Scincus (*Lacerta scincoides.* Shaw). Cuv. Règn. anim. 1re édit.
tom. 2, p. 54.

Scincus tuberculatus. Merr. Tent. syst. Amph. p. 73, n° 16.

Scincus gigas. Id. loc. cit. p. 73, n° 17.

Scincus gigas, Boié. Erpét. de Java. M. S.

Tiliqua gigas. Fitzing. Verzeich. neue classificat. Rept. p. 52.

Tiliqua scincoides. Id. loc. cit. n° 1.

Cyclodus flavigularis. Wagl. Icon. descript. Amph. tab. 6.

Scincus (*Lacerta scincoides.* White). Cuv. Règn. anim. 2e édit.
tom. 2, p. 63.

Scincus crotaphomelas. Id. loc. cit. p. 63.

Cyclodus flavigularis. Wagl. Syst. Amph. p. 162.

Scincus (*Lacerta scincoides.* White). Griff. anim. Kingd. Cuv.
tom. 9, p. 158.

Tiliqua Withii. Gray. Synops. Rept. in Griffith's anim. Kingd.
tom. 9, p. 67.

Cyclodus flavigularis. Wiegmann. Herpet. Mexic. pars 1, p. 11.
Kéneux de Boddaert. Coct. Tab. synopt. Scinc.
Tiliqua Withii. Gray. Catal. of slender-tongued Saur. Ann. of
natur. Hist. by Jardine, tom. 1, p. 288.

DESCRIPTION.

FORMES. Ce Cyclode a la tête plus allongée, le museau moins
obtus que ses deux congénères, dont il se distingue de suite par
la grande longueur que présentent quatre de ses écailles temporales, celles qui avoisinent les yeux. Sa plaque inter-nasale est
plus dilatée dans le sens transversal que dans le sens longitudinal
de la tête. Ses oreilles sont peut-être un peu plus grandes que
celles du Cyclode noir et jaune, mais elles portent de même, à
leur bord antérieur, trois ou quatre lobules aplatis. Il a trente-
huit séries longitudinales d'écailles autour du tronc.

COLORATION. Le dessus du corps est marqué, en travers, d'une
suite de bandes fauves alternant avec autant de bandes brunes ou
noires ; la totalité de ces bandes transversales est d'une vingtaine
à partir de la nuque jusqu'à l'extrémité postérieure du tronc ; on
en compte seize ou dix-huit absolument pareilles sur la queue.
Tantôt les bandes du dos descendent sur les flancs, tantôt ceux-
ci sont noirs ou bruns, semés de grandes taches fauves ou blanchâtres. On remarque toujours une bande noirâtre derrière l'œil,
le long de la région supérieure de la tempe, et il est très-rare
qu'elle ne soit pas suivie d'une autre occupant le haut du cou, et
s'avançant même sur le côté du tronc, plus ou moins en arrière
de l'épaule. Certains individus ont le dessus de la tête uniformément fauve ou roussâtre, d'autres ont leurs plaques céphaliques
bordées de noir.

DIMENSIONS. *Longueur totale.* 48" 5'''. *Tête.* Long. 6". *Cou.*
Long. 3". *Tronc.* Long. 21". *Memb. antér.* Long. 5" 5'''. *Memb.*
postér. Long. 5" 5'''. *Queue.* Long. 18" 5'''·

PATRIE. Le Cyclode de Boddaert habite la Nouvelle-Hollande et
à ce qu'il paraît aussi l'île de Java, car nous en avons reçu du
musée de Leyde un exemplaire portant l'indication qu'il provenait des récoltes faites dans cette île par Kuhl et Van Hasselt.

REPTILES, V.   48

VIIIᵉ GENRE. TRACHYSAURE. — *TRACHY-SAURUS* (1). Gray.

(*Silubolepis* (2), Cocteau.)

CARACTÈRES. Narines latérales s'ouvrant dans une seule plaque, la nasale; pas de plaques supéro-nasales. Langue plate, en fer de flèche, squameuse, échancrée à sa pointe. Dents coniques, courtes, sub-arrondies. Palais non denté, à échancrure triangulaire assez profonde; des ouvertures auriculaires. Quatre pattes courtes, égales, terminées chacune par cinq doigts inégaux, onguiculés, subcylindriques. Flancs arrondis. Queue forte, déprimée, courte, comme tronquée. Écaillure supérieure composée de pièces osseuses fort épaisses, rugueuses.

Excepté que leurs dents sont moins distinctement arrondies, que leur queue est extrêmement courte, tronquée et déprimée, que leurs écailles sont encore plus grandes, plus solides, plus épaisses et à surface inégale, raboteuse, les Trachysaures reproduisent exactement les caractères génériques des Cyclodes. Ils ont le même ensemble de formes qu'eux; c'est-à-dire une tête pyramidale quadrangulaire, un cou très-court, étranglé, un tronc au contraire assez long et des membres grêles, égaux, peu allongés. Pour les autres détails de leur organisation, nous renvoyons à la description suivante, qui est celle de la seule espèce qui appartienne encore aujourd'hui au genre Trachysaure.

1. LE TRACHYSAURE RUGUEUX. *Trachysaurus rugosus.* Gray.

CARACTÈRES. Plaques nasales fort grandes, presque contiguës; inter-nasale hexagone, dilatée en travers; deux fronto-nasales

---

(1) De τραχὺς, scabrosus, scaber, rude, et de σαυρος, Lézard.
(2) De σιλυϐος, spina lata, épine large; et de λεπὶς, squama, écaille.

pentagones, contiguës ; frontale hexagone oblongue ; cinq sus-oculaires ; des surciliaires ; une série curviligne de sous-orbitaires ; deux fronto-pariétales sub-rhomboïdales, contiguës ; une inter-pariétale sub-hexagone oblongue ; deux pariétales sub-équilaté-rales ; pas de fréno-nasale ; deux frénales ; deux fréno-orbitaires. Paupière inférieure squameuse. Oreille médiocrement ouverte, sub-circulaire, à bord simple. Écailles préanales de la dernière rangée, au nombre de six, un peu plus grandes que les autres, égales entre elles.

SYNONYMIE. *Scincus pachyurus*. Pér. Mus. Par.

Trachysaurus rugosus. Gray. In Append. of a narrat. of a survey of the coast of Australia by capt. Phil. King. tom. 2, p. 424.

Trachysaurus Peronii. Wagl. Syst. Amph. p. 163.

Trachysaurus Peronii. Wagl. Icon. et Descript. Amphib. tab. 36.

Trachysaurus rugosus. Gray. Synops. Rept. in Griffith's Anim. Kingd. Cuv. tom. 9, p. 67.

Trachysaurus rugosus. Id. Catal. slender-tong. Saur. Ann. of natur. Histor. by Jardine, tom. 1, p. 288.

Trachysaurus rugosus. Wiegm. Herpetol. Mexic. pars 1, p. 11.

DESCRIPTION.

FORMES. Cette espèce a une grosse tête assez aplatie dont le contour horizontal donne la figure d'un triangle isocèle ; son cou, légèrement arqué en dessus, très-comprimé, et par conséquent bien moins large que la tête, offre une longueur égale au tiers seulement de cette dernière. Le dos s'abaisse en toit de chaque côté de sa ligne médiane dans presque toute son étendue ; la queue, de moitié moins longue que le tronc, est grosse, distincte-ment déprimée, mais néanmoins un peu arrondie en dessus, quoique parfaitement plate en dessous, comme toute la face inférieure du corps. Sa brièveté, jointe au peu de largeur qu'elle perd en s'éloignant du corps, fait qu'elle a réellement l'air d'être tronquée ou d'avoir été cassée, accident qui arrive fréquemment aux espèces de Sauriens en général ; mais ce n'est nullement le cas du Trachysaure rugueux, chez lequel cette partie du corps est naturellement obtuse à son extrémité terminale, qui porte cependant un petit tubercule conique ayant l'apparence d'une épine. Les pattes de derrière ne sont pas plus développées que celles de devant, c'est-à-dire que leur lon-

48.

gueur est un peu moindre que celle de la tête; les doigts sont fort courts et un peu inégaux en longueur; aux mains, c'est celui du milieu qui est le plus long, viennent ensuite le second et le quatrième, puis le premier et le dernier; aux pieds, les trois premiers sont étagés, le quatrième est moins long que le précédent, et le cinquième est le plus court de tous. Le bouclier sus-crânien, composé de pièces en même nombre et de même forme que celles du Cyclode noir et jaune, s'étend moins en arrière que chez ce dernier, car entre les plaques pariétales et le bord postérieur de l'occiput, il existe encore trois rangées transversales de grandes écailles osseuses semblables à celle du dos. Les ouvertures nasales sont latérales. Les oreilles, ovalaires, de moyenne grandeur, se trouvent un peu enfoncées sous une sorte de rebord oblique que forment de chaque côté les régions postérieures des tempes, elles n'offrent aucune espèce de dentelures. Le dessous de l'animal, et même ses membres en entier sont revêtus de lames assez minces, mais la face supérieure du cou, du tronc et de la queue est protégée par une cuirasse composée de grandes pièces osseuses extrêmement épaisses dont la surface est comme bosselée et relevée de quelques lignes saillantes; ces pièces, qui sont rhomboïdales, forment deux séries longitudinales sur le sommet du dos, et des bandes obliques sur ses parties latérales. Les pièces de la région rachidienne sont distinctement plus développées que celles des côtés du dos. Entre les pièces osseuses qui revêtent le dessus de la queue et celles qui garnissent le dos, il y a cette différence que les premières présentent à leur angle postérieur une petite crête plus ou moins prolongée en pointe. Les écailles des régions pectorale, abdominale et sous-caudale sont toutes, sans exception, hexagones, très-dilatées en travers. Il n'y a que neuf scutelles sous le quatrième orteil, trois simples et six doubles.

COLORATION. Une teinte fauve ou brune est répandue sur les parties supérieures du corps, qui offre en travers, depuis la nuque jusqu'à l'extrémité de la queue, huit ou neuf grands chevrons jaunâtres piquetés ou vermiculés de noir. Les tempes présentent parfois une teinte tirant sur la couleur de chair. Tout le dessous de l'animal est légèrement lavé de jaunâtre sur un fond blanc sale; des lignes noires séparent l'une de l'autre les bandes longitudinales d'écailles du ventre, et quatre ou cinq bandes de la même couleur coupent la queue en travers.

DIMENSIONS. *Longueur totale.* 35" 3'". *Tête.* Long. 6" 3'". *Cou.* Long. 2" 5'". *Tronc.* Long. 17" 5'". *Memb. antér.* Long. 5" 8'". *Memb. postér.* Long. 5" 8'". *Queue.* Long. 9".

PATRIE. Le Trachysaure rugueux vient de la Nouvelle-Hollande; nous en possédons plusieurs exemplaires recueillis dans ce pays par MM. Quoy et Gaimard.

IXᵉ GENRE. HÉTÉROPE. *HETEROPUS* (1).
Fitzinger.
(*Ristella*, Gray.)

CARACTÈRES. Narines latérales s'ouvrant chacune dans une seule plaque, la nasale; pas de supéro-nasales. Langue en fer de flèche, squameuse, échancrée à sa pointe. Dents coniques, simples. Palais non denté, à échancrure triangulaire peu profonde, située tout à fait en arrière. Des ouvertures auriculaires. Museau conique. Deux paires de pattes terminées, les antérieures par quatre, les postérieures par cinq doigts inégaux, onguiculés, un peu comprimés, sans dentelures. Flancs arrondis. Queue conique, pointue. Écailles carénées.

Ce genre commence la série de ceux chez lesquels nous allons voir les pattes s'atténuer peu à peu, d'abord en perdant successivement leurs cinq doigts, puis en ne se montrant plus elles-mêmes qu'en avant ou en arrière du corps, se raccourcissant toujours davantage jusqu'à ce qu'il n'en existe plus le moindre vestige.

Les Hétéropes ont deux paires de membres non moins bien développés que ceux de la plupart des Scincoïdiens des genres précédents; comme ceux-là aussi, ils offrent cinq

---

(1) De ἕτερος, *dispar*, différent, et de πούς, pied.

doigts aux pieds de derrière ; mais on ne leur en compte que quatre aux pattes de devant : ces doigts sont longs, grêles et légèrement comprimés ; aux mains, les trois premiers sont étagés et le quatrième est à peine un peu plus étendu que le second ; aux pieds, les quatre premiers augmentent graduellement de longueur, et le cinquième est un peu plus court que le deuxième. La queue a la forme allongée, conique, pointue, qu'elle présente chez le commun des Scincoïdiens ; les pièces composant l'écaillure n'ont pas plus d'épaisseur que les autres genres de la même famille, les Cyclodes et les Trachysaures exceptés. Les narines s'ouvrent à peu près au milieu de la plaque nasale. L'occipitale manque. La langue et les dents ressemblent à celles des Gongyles en général ; mais le palais est lisse, fort peu profondément échancré en arrière ; les écailles des parties supérieures du corps sont carénées, et il n'existe pas de plaques supéro-nasales. Les ouvertures des oreilles sont assez grandes et tout à fait découvertes. Les deux espèces que nous connaissons ont la paupière inférieure transparente, et une plaque frontopariétale unique.

Le genre Hétérope a été établi par M. Fitzinger pour une espèce d'Afrique qu'il n'a connue, à ce qu'il paraît, que d'après un dessin communiqué à ce savant erpétologiste par M. Ehremberg ; les deux espèces dont nous allons donner la description en sont très-probablement différentes, puisque l'une vient de la Nouvelle-Hollande et l'autre de l'île de France.

TABLEAU SYNOPTIQUE DES ESPÈCES DU GENRE HÉTÉROPE.

Écailles dorsales	tricarénées.	1. H. Brun.
	bicarénées.	2. H. de Péron.

1. L'HÉTÉROPE BRUN. *Heteropus fuscus*. Nobis.

Caractères. Paupière inférieure transparente ; écailles du cou lisses , celles du dos tricarénées.

Synonymie ?

DESCRIPTION.

Formes. L'Hétérope brun offre assez de ressemblance avec le Lézard des murailles, pour la taille et l'ensemble des formes. Il a la tête allongée, aplatie, aiguë en avant, peu élargie en arrière ; ses pattes antérieures, placées le long du cou, s'étendent jusqu'aux yeux ; les postérieures, couchées le long des flancs, atteignent presqu'aux aisselles. La queue, mince, effilée, faiblement comprimée, est de moitié plus longue que le reste du corps. La plaque rostrale très-dilatée transversalement, offre un très-grand bord à sa partie inférieure, un très-petit de chaque côté, et trois de moyenne grandeur à sa partie supérieure, lesquels s'articulent le médian avec l'inter-nasale, les latéraux avec les nasales. Celles-ci sont rhomboïdales et situées tout à fait latéralement ; il n'y a pas de fréno-nasale ; l'inter-nasale est assez grande, losangique, tronquée à son angle antérieur ; les fronto-nasales sont pentagones, contiguës ; la frontale, fort allongée, très-pointue en arrière, présente un angle obtus en avant ; il n'existe qu'une seule fronto-pariétale, grande, représentant un losange à côtés postérieurs un peu plus courts que les antérieurs, légèrement tronqué à ses deux extrémités. L'inter-pariétale, excessivement petite, est triangulaire, les pariétales sont assez développées, oblongues, tétragones, inéquilatérales, contiguës en arrière, mais écartées l'une de l'autre en avant. La lèvre supérieure est protégée à droite et à gauche par huit plaques dont les six premières sont quadrilatères oblongues, et les deux dernières pentagones ; quatre grandes squames également développées revêtent chacune des régions temporales. Le disque transparent de la paupière inférieure est ovalaire, assez grand et environné de granules. Les oreilles ont leur bord dépourvu de dentelures. Les écailles du corps sont hexagones, peu élargies et tricarénées sur le dos, très-dilatées en travers, et parfaitement lisses sur le cou ; on en compte en tout trente-six séries autour du tronc.

COLORATION. Un brun assez foncé est la seule couleur qui règne sur toutes les parties supérieures de l'animal, dont le dessous est d'une teinte fauve lavée de brunâtre.

DIMENSIONS. *Longueur totale.* 15" 3'". *Tête.* Long. 1" 2'". *Cou.* Long. 1" 1'". *Tronc.* Long. 3" 2'". *Memb. antér.* Long. 1" 9'". *Memb. postér.* Long. 2" 6'". *Queue.* Long. 9" 8'".

PATRIE. Cette espèce a été trouvée dans les îles de Waigiou et de Rawack, par MM. Quoy et Gaimard.

2. L'HÉTÉROPE DE PÉRON. *Heteropus Peronii.* Nobis.

CARACTÈRES. Paupière inférieure transparente. Écailles du cou tricarénées ; celles du dos bicarénées.

SYNONYMIE ?

DESCRIPTION.

FORMES. Cette espèce ressemble en tous points à la précédente, excepté que les écailles de son cou sont tricarénées au lieu d'être lisses, que celles de son dos ne portent que deux lignes saillantes au lieu de trois, et que sa coloration n'est pas uniforme.

COLORATION. Le dessus du corps est coloré en brun olivâtre ; deux raies fauves bordent une bande noire piquetée de blanc, imprimée sur chaque côté du cou et du tronc ; le dos est parcouru longitudinalement par deux lignes brunâtres. Les régions inférieures sont blanches.

DIMENSIONS. *Longueur totale.* 9" 5'". *Tête.* Long. 1". *Cou.* Long. 5'". *Tronc.* Long. 2". *Memb. antér.* Long. 1" 2'". *Memb. postér.* Long. 1" 5'". *Queue.* Long. 6".

PATRIE. Le seul individu par lequel cette espèce nous soit connue, a été recueilli à l'Ile-de-France, par Péron et Lesueur.

X. GENRE. CAMPSODACTYLE. — CAMPSODACTYLUS (1). Nobis.

(*Hagria*, Gray.)

CARACTÈRES. Narines latérales, s'ouvrant chacune dans la seule plaque nasale; des supéro-nasales. Langue plate, en fer de flèche, squameuse, échancrée à sa pointe. Dents coniques, simples. Palais non denté, peu profondément échancré en arrière. Des ouvertures auriculaires. Museau conique. Quatre pattes terminées, les antérieures par cinq, les postérieures par quatre doigts inégaux, onguiculés, subcylindriques, sans dentelures. Flancs arrondis. Queue conique, pointue. Écailles lisses.

Nous avons vu tout à l'heure que les Hétéropes n'offrent que quatre doigts aux pattes antérieures, tandis qu'ils en offrent encore cinq aux postérieures; ici c'est exactement le contraire, c'est-à-dire que, de même que chez les Crocodiliens, le nombre des doigts est de cinq en avant et de quatre seulement en arrière.

Comme c'est généralement le cas, ces doigts sont d'inégale longueur; ainsi aux mains, le pouce est plus court que le petit doigt, lequel est moins long que l'index, l'index que l'anulaire, et celui-ci que le médian; aux pieds, les trois premiers sont régulièrement étagés, et le quatrième présente la même longueur que le troisième. Quoique fort petits, les trous auriculaires sont bien distincts.

Une seule espèce se rapporte au genre Campsodactyle,

---

(1) De Καμψος, *campsès*, nom égyptien du Crocodile, et de δάκτυλος, doigt : qui ont cinq doigts en avant et quatre en arrière.

appelé du nom d'*Hagria*, par M. Gray qui cite à tort, comme devant y être rangé, le *Scincus Vosmaeri* de Cocteau, Scincoïdien dont le nombre des doigts est de cinq à toutes les pattes : ce *Scincus Vosmaeri* est notre Lygosome aux pieds courts.

1. LE CAMPSODACTYLE DE LAMARRE PIQUOT. *Campsodactylus Lamarrei*. Nobis.

CARACTÈRES. Paupière inférieure transparente ; plaques nasales écartées l'une de l'autre ; supéro-nasales contiguës ; inter-nasale en losange dilaté en travers et fortement tronqué à son angle postérieur ; fronto-nasales très-petites, non contiguës, tout à fait latérales ; frontale grande, obtusément triangulaire, équilatérale ; quatre sus-oculaires ; des surciliaires assez grandes ; une seule fronto-pariétale grande, triangulaire, échancrée en arrière ; une inter-pariétale médiocre, triangulaire ; deux pariétales ; pas de fréno-nasale ; deux frénales de même hauteur ; deux fréno-orbitaires. Oreille assez petite, sub-ovale, découverte, à bord simple.

SYNONYMIE. *Hagria Vosmaeri*. Gray, Catal. of slender-tong. Saur. Ann. of nat. hist. by Jardine, tom. 1, pag. 333, exclus. Synon. *Scincus Vosmaeri*. Coct. (*Lygosoma brachypoda*).

DESCRIPTION.

FORMES. Ce Campsodactyle a la forme d'un petit Orvet qui serait pourvu de pattes, et de pattes fort courtes, puisqu'elles sont tout au plus aussi longues que la tête. Celle-ci est légèrement déprimée et parfaitement plane en dessus ; ses côtés forment un angle aigu un peu arrondi à son sommet. La paupière inférieure offre un disque transparent. Les oreilles sont situées à une petite distance en arrière des angles de la bouche : ce sont deux très-petits trous circulaires dont le bord ne porte ni lobules, ni tubercules. Il y a sept paires de plaques autour de la lèvre supérieure, non compris la rostrale, qui est triangulaire ; ces plaques labiales supérieures sont, la première trapézoïde, la seconde et la troisième presque carrées, la quatrième et la cinquième quadrilatères oblongues, et les deux dernières pentagones. Toutes les écailles du corps et de la queue ressemblent à des losanges à peine plus larges que longs ; elles sont parfaitement lisses et peu imbriquées ; on en compte vingt-deux séries autour du tronc. L'opercule anal est un peu allongé et recouvert d'écailles exactement semblables à celles du ventre. Les lamelles sous-digitales sont lisses ; les ongles sont très-courts.

Coloration. Le corps est marqué longitudinalement, d'un bout à l'autre, en dessus et en dessous ; de lignes brunes alternant avec des lignes jaunâtres, les unes et les autres en nombre égal à celui des séries d'écailles ; les lignes brunes supérieures sont distinctement plus foncées que les inférieures, lesquelles paraissent être produites par de petits points soudés les uns aux autres. La surface de la tête est entièrement brune.

Dimensions. *Longueur totale.* 10" 1"'. *Tête.* Long. 7"'. *Cou.* Long. 7"'. *Tronc.* Long. 4" 5"'. *Memb. antér.* Long. 5"'. *Memb. postér.* Long. 8"'. *Queue* (reproduite en partie). Long. 4" 2"'.

Patrie, Ce petit Scincoïdien provient du Bengale ; nous en devons la possession à M. Lamarre-Piquot.

XIe GENRE. TÉTRADACTYLE. — *TETRA-DACTYLUS* (1). Péron.
(*Seps*, Fitzinger, Wiegmann.)

Caractères. Narines latérales percées chacune dans une seule plaque, la nasale ; pas de supéro-nasales. Langue plate, en fer de flèche, squameuse, échancrée à sa pointe. Dents coniques, simples. Palais sans dents, échancré peu profondément en arrière. Des ouvertures auriculaires. Museau conique. Quatre pattes n'ayant chacune que quatre doigts inégaux, onguiculés, sub-cylindriques, sans dentelures. Flancs arrondis. Queue conique, pointue. Écailles lisses.

(1) De τέτρα, quatre, et de δάκτυλος, doigt.

Ce genre se caractérise particulièrement par le nombre de ses doigts, qui est le même, c'est-à-dire de quatre aux pattes de devant et aux pattes de derrière. Les Tétradactyles ont le bord interne de leurs os palatins et ptérygoïdiens de droite recouvert dans toute sa longueur par le bord correspondant des mêmes os du côté gauche, ce qui fait que le plafond de la bouche est tout entier ou fort peu profondément échancré à sa partie postérieure. Leurs trous auriculaires sont plus petits que chez les Campsodactyles. Ils manquent de plaque occipitale.

1. LE TÉTRADACTYLE DE DECRÈS. *Tetradactylus Decresiensis*. Péron.

CARACTÈRES. Paupière inférieure transparente. Plaques nasales grandes, rhomboïdales, presque contiguës; rostrale triangulaire; inter-nasale en losange, très-dilatée en travers; deux fronto-nasales fort petites, tétragones, inéquilatérales, élargies, contiguës; frontale grande, en triangle isocèle; cinq sus-oculaires de chaque côté; deux fronto-pariétales contiguës, oblongues, aussi développée que la frontale, à cinq pans, mais simulant une forme triangulaire; inter-pariétale de même forme et presque aussi grande que la frontale; pariétales allongées, étroites, obliques, tétragones, inéquilatérales; pas de fréno-nasale; deux frénales; deux petites fréno-orbitaires; une série curviligne de six sous-oculaires.

SYNONYMIE. *Tetradactylus Decresiensis*. Pér. Mus. Par.

Seps Peronii. Fitzing. Neue classif. Rept. Verzeichn. p. 52, nº 1.

Seps (Tetradactylus Decresiensis. Péron). Cuv. Règn. anim. 2ᵉ édit. tom. 2, p. 64.

Seps (Tetradactylus Decresiensis. Péron). Griff. Anim. Kingd. Cuv. tom. 9, p. 159.

Four-toed Seps. Gray. Synops. Rept. in Griffith's Anim. Kingd. tom. 9, p. 72.

Seps (Tetradactylus Decresiensis. Péron). Wiegm. Herpet. Mexic. pars 1, p. 11.

Tetradactylus Decresiensis. Gray. Catal. slender-tongued Saur. Ann. of natur. Hist. by Jardine, tom. 1, p. 333.

DESCRIPTION.

FORMES. Cette espèce a le corps allongé, cyclotétragone; la queue fort grosse, conique, peu distincte de celui-ci, et d'une longueur à peu près égale à la sienne. La tête est courte, épaisse, brusquement rétrécie en angle obtus en avant des yeux; les régions sus-oculaires sont légèrement bombées. Les pattes de devant, placées le long du cou, touchent les oreilles; celles de derrière sont de moitié moins courtes. Aux mains, c'est le quatrième doigt qui est le plus court, puis le premier, ensuite le second, que le troisième excède à peine en longueur. Les trois premiers doigts postérieurs sont étagés; le dernier ne s'étend pas tout à fait autant que le premier. Les lamelles sous-digitales sont lisses, épaisses et peu nombreuses, puisqu'on n'en compte que quatorze au troisième orteil. L'oreille est un très-petit trou pratiqué d'arrière en avant sous deux écailles qui lui servent comme d'opercule, et au-dessous duquel il existe un léger enfoncement que sa position pourrait de prime abord faire prendre pour l'oreille elle-même. Le corps est revêtu d'écailles hexagones très-élargies dont le nombre des séries longitudinales ne s'élève qu'à une vingtaine autour du tronc. Le bord libre de la lèvre du cloaque porte quatre squames, deux latérales très-petites, deux médianes fort grandes. Le dessous de la queue est garni d'une bande de grandes écailles beaucoup plus larges que longues.

COLORATION. Le dos est brun, fauve ou marron, tiqueté de noirâtre; souvent sa région moyenne est parcourue par une bande de cette dernière couleur; les flancs sont marqués de nombreux petits points bruns ou noirs, sur un fond grisâtre. Les écailles des régions inférieures sont blanchâtres, largement bordées de noir en arrière.

DIMENSIONS. *Longueur totale.* 14" 2'''. *Tête.* Long. 1". *Cou.* Long. 9'''. *Tronc.* Long. 4" 5'''. *Memb. antér.* Long. 6'''. *Memb. postér.* Long. 1" 4'''. *Queue.* Long. 7" 8'''.

PATRIE. Ce Scincoïdien est originaire de la Nouvelle-Hollande; la collection en renferme plusieurs échantillons recueillis dans l'île Decrès par Péron et Lesueur, et quelques autres, au port du Roi Georges, par MM. Quoy et Gaimard.

XIIᵉ GENRE. HÉMIERGIS. — *HEMIERGIS* (1).
Wagler.

(*Tridactylus*, Péron; *Zygnis*, part., Fitzinger; *Seps*, part., Cuvier, Gray.)

CARACTÈRES. Narines latérales s'ouvrant chacune dans une seule plaque, la nasale; pas de supéro-nasales. Langue plate, en fer de flèche, squameuse, échancrée à sa pointe. Dents coniques, simples. Palais non denté, à échancrure postérieure peu profonde. Des ouvertures auriculaires. Museau conique. Quatre pattes n'ayant chacune que trois doigts inégaux, onguiculés, sub-cylindriques, sans dentelures. Flancs arrondis. Queue conique, pointue. Écailles lisses.

Le genre Hémiergis ne se distingue du précédent par aucun autre caractère que celui d'avoir chacune de ses quatre pattes terminées par trois doigts au lieu de quatre. Ces doigts sont inégaux; aux mains comme aux pieds, c'est celui du milieu qui est le plus long, et l'interne est un peu plus court que l'externe.

1. L'HÉMIERGIS DE DECRÈS. *Hemiergis Decresiensis*. Nobis.

CARACTÈRES. Paupière inférieure transparente. Plaques nasales grandes, rhomboïdales, presque contiguës; rostrale triangulaire; inter-nasale en losange, très-dilatée en travers; deux fronto-nasales fort petites, tétragones, inéquilatérales, élargies, contiguës; frontale grande, en triangle isocèle; cinq sus-oculaires de chaque côté; deux fronto-pariétales aussi développées que la frontale, contiguës, oblongues, à cinq pans, simulant une forme triangu-

---

(1) Ἡμιεργὴς, *imperfectus, ad dimidium factus*, imparfait.

laire ; inter-pariétale de même forme et presque aussi grande que cette dernière ; pariétales allongées, étroites, obliques, tétragones, inéquilatérales ; pas de fréno-nasale ; deux frénales ; deux petites fréno-orbitaires ; une série curviligne de six plaques sous-oculaires.

SYNONYMIE. *Tridactylus Decresiensis.* Péron , Mus. Par.

Zygnis Decresiensis. Fitz. Neue classif. Rept. Verzeichn. p. 53, no 4.

Seps æqualis. Gray, Ann. Philosoph. tom. 10 (1825), pag. 202.

Seps (Tridactylus Decresiensis. Péron), Leuckart , Breves animal. quorund. Descript. pag. 10.

Seps (Tridactylus Decresiensis. Péron). Cuv. Régn. anim. 2e édit. tom. 2 , pag. 64.

Seps (Tridactylus Decresiensis. Péron), Griff. anim. Kingd. Cuv. tom. 9 , pag. 159.

Hemiergis Decresiensis. Wagl. Syst. amph. pag. 160.

Peron's seps. Gray, Synops. Rept. in Griffith's anim. Kingd. tom. 9 , pag. 72.

? *Saiphos æqualis.* Id. loc. cit. pag. 72.

Peromeles æqualis. Wiegm. Herpet. Mexic. pars 1 , pag. 11.

Tridactylus Decresiensis. Gray, Catal. slender-tong. Saur. Ann. of natur. hist. by Jardine, tom. 1 , pag. 333.

DESCRIPTION.

FORMES. Sous le rapport des formes, si l'on en excepte la différence qui existe entre le nombre des doigts, cette espèce représente exactement le Tétradactyle de Décrès dans tous ses détails.

COLORATION. Son mode de coloration est aussi absolument le même que celui de ce dernier Scincoïdien.

DIMENSIONS. *Longueur totale.* 10" 2"'. *Tête.* Long. 9"'. *Cou.* Long. 9"'. *Tronc.* Long. 3". *Memb. antér.* Long. 8"'. *Memb. postér.* Long. 1". *Queue.* Long. 5" 4"'·

PATRIE. C'est également à la Nouvelle-Hollande et particulièrement dans l'île de Décrès que se trouve la présente espèce d'Hémiergis.

XIII° GENRE. SEPS. — *SEPS* (1). Daudin.
(*Zygnis* (2), Oken, Fitzinger, Wiegmann.)

CARACTÈRES. Narines latérales, s'ouvrant entre deux plaques, la nasale et la rostrale ; des supéro-nasales. Langue plate, squameuse, en fer de flèche, échancrée à sa pointe. Dents coniques, simples. Palais non denté, offrant une très-large rainure dans la seconde moitié de sa longueur. Des ouvertures auriculaires. Museau conique. Quatre pattes ayant chacune leur extrémité divisée en trois doigts inégaux, onguiculés, sub-cylindriques, sans dentelures. Flancs arrondis. Queue conique, pointue. Écailles lisses.

Les Seps ont bien trois doigts à chaque pattes comme les Hémiergis, mais ils en diffèrent en ce qu'ils offrent une paire de plaques supéro-nasales, en ce que leurs narines s'ouvrent extérieuremnt chacune dans deux plaques, la rostrale et la nasale, et que leur palais est creusé, dans sa moitié postérieure, d'une rainure longitudinale extrêmement large. Ils ont en outre les oreilles plus grandes, le corps plus allongé et les membres plus courts.

1. LE SEPS CHALCIDE. *Seps Chalcides*. Ch. Bonaparte.

CARACTÈRES. Paupière inférieure transparente. Nasales fort petites, tout à fait latérales ou très-écartées l'une de l'autre ; supéro-nasales, contiguës ; une inter-nasale grande, simulant un losange malgré ses sept pans ; pas de fronto-nasales ; frontale oblongue, heptagone, rétrécie en avant, quatre sus-oculaires ; cinq surciliaires ; pas de fronto-pariétales ; une inter-pariétale très-petite, triangulaire ou

---

(1) Nom très-ancien donné par Ælien, par Pline.
(2) Ζυγνις, nom d'un Lézard dans Aristote.

losangique ; deux pariétales grandes ; pas d'occipitale ; quatre post-oculaires ; une fréno-nasale très-petite ; deux frénales, la première très-grande se repliant un peu sur le *canthus rostralis*, deux petites fréno-orbitaires. Oreille médiocre, en fente longitudinale, découverte, à bord simple.

SYNONYMIE. *Seps*, *Lacerta Chalcidica*, *seu Chalcides*. Columna in Ecphras. 1, pag. 35, tab. 36.

Lacerta Chalcidica. Aldrov. Quad. digit. ovip. lib. 1, cap. 7, pag. 637, cum fig. pag. 638.

Cæcilia major. lmper. Hist. nat. lib. 28, pag. 899, cum fig. pag. 917.

Lacerta Chalcides Linn. Syst. nat. Edit. 10 tom. 1, pag. 209, n° 42.

Chalcides tridactyla Columnæ. Laur. Synops Rept. pag. 64, n° 114.

Cicigna. Cetti Anf. Sard. tom. 3, p. 28, cum fig.

Seps. Lacép. Hist. quad. ovip. tom. 1, p. 433, pl. 31.

Seps Chalcidica. Merr. Tent. Syst. amphib. pag. 75.

Seps quadrilineata. Metaxa fils. Memor. zool. medic. pag. 31.

Seps concolor. Id. loc. cit. pag. 32.

Seps tridactylus. Sicherer. Dissert. Inaugur. med. Præsid. G. Lud. Rapp. Tubing. 1825.

Zygnis Chalcidica. Fitz. Neue classif. Rept. Verzeich. pag. 53, n° 2.

Zygnis striata. Id. loc. cit. n° 3.

Seps chalcidica. Risso, Hist. natur. Eur. mérid. tom. 3, pag. 88.

Seps tridactylus. H. Cloq. Dict. Scienc. natur. tom. 48, p. 485.

Le Seps proprement dit. Bory de Saint-Vinc. Résum. d'erpet. pag. 138, Pl. 2, fig. 1.

Seps vittatus. Leuckart, Breves animal. quorumdam Descript. pag. 9.

Seps lineatus. Id. loc. cit. pag. 10.

Seps. Cuv. Règn. anim. 2e édit. tom. 2, pag. 64.

Le Seps. Bonnat. Erpét. Encyclop. méthod. pag. 66, Pl. 12, fig. 3.

Seps. Fisch. Synops. méth. quad. ovip. pag. 26.

Lacerta Seps. Vandelli. Flor. et Faun. Lusit. Mem. da Academ. de Lisboa, tom. 1, pag. 37.

Seps seu Lacerta chalcidica. Ray, Synops. quad. pag. 272.

Ameiva meridionalis. Mey. Synops. Rept. pag. 28, n° 4.

REPTILES, V.   49

Die Seps. Donnd. Zoologisch. Beytr. tom. 3 , pag. 166, n° 17.

Lacerta Seps. Shaw. Gener. zoolog. tom. 3 , pag. 252.

Der Seps. Bechst. de Lacepede's naturgesch. amphib. tom. 2 , pag. 175.

Chamœsaura chalcis. Schneid. Histor. amphib. fasc. II , p. 287.

Chalcides Seps. Latr. Hist. Rept. tom. 2 , pag. 82 , fig.

Seps tridactylus. Daud. Hist. Rept. tom. 4 , pag. 333, Pl. 57.

Seps. Cuv. Règn. anim. 1re édit. tom. 2 , pag 55.

Seps striata. Guer. Iconogr. Régne anim. Cuv. Rept. pl. 15 , fig. 3.

Seps. Griffith's anim. Kingd. Cuv. tom. 9, pag. 159.

Common Seps. Gray. Synops. Rept. in Griffith's anim. Kingd. tom. 9, pag. 72.

Striated Seps. Id. loc. cit.

Seps tridactylus. Eichw. Zool. spec. Ross. et Polon. tom. 3 , pag. 180.

Seps Chalcides. Ch. Bonap. Faun. Ital. pag. et planch. sans n°s. Exclus. synon. *Scincus pedibus brevissimis pentadactylis*, Gronov. Zooph. n° 43 (*Lygosoma brachypoda*).

Seps tridactylus. Gerv. Enum. Rept. Barb. Ann. scienc. nat. tom. III (1836), pag. 308.

Seps tridactylus. Gray. Catal. of slender-tong. Saur. Ann. of nat. hist. by Jardine , tom. 1, p. 333.

Seps Chalcides. Gené. Synops. Rept. Sardin. indigen. (Memor. real. academ. Torin. série 11, tom. 1, pag. 268.)

Le Seps. Azuni. Hist. Sard. tom. 2, pag. 69.

DESCRIPTION.

FORMES. La structure intérieure de la bouche de cette espèce , et la composition de son bouclier suscrânien sont la reproduction exacte de celles du Gongyle ocellé. La forme de son corps, abstraction faite des pattes, est absolument la même que celle de l'Orvet fragile ; ces pattes , au reste , sont fort courtes puisqu'il est vrai qu'elles égalent à peine en longueur , les antérieures l'étendue du museau, les postérieures celle de la tête mesurée en arrière des yeux. Aux pieds de devant, le doigt du milieu est le moins court ; après lui c'est l'interne, puis l'externe ; aux membres postérieurs, le second et le troisième sont à peu près égaux, le premier est de moitié moins long. Il y a six plaques labiales supérieures de chaque côté; les quatre premières sont quadrangulaires, les deux dernières pentagones, l'anté-pénultième s'élève jusqu'à la paupière. Les écailles qui revêtent le corps sont généralement hexagones, un peu élargies et comme arrondies à leur bord libre; elles forment vingt-quatre séries longitudinales autour du tronc et quatorze autour de la queue, qui n'en offre pas de plus grandes à sa face inférieure qu'en dessus et de chaque côté. Les squames préanales sont toutes égales entre elles.

COLORATION. *Variété* A. Une teinte d'un gris cuivreux ou bronzé règne sur les parties supérieures; le dos offre de chaque côté deux lignes longitudinales blanches, piquetées de noir.

Variété B. Ici ce sont deux raies noires que présente le dos à droite et à gauche, au lieu de deux lignes blanches.

Variété C. Cette variété diffère de la précédente en ce que les deux raies noires qui s'étendent de chaque côté du dos sont plus larges et plus écartées, et séparées l'une de l'autre par une bande fauve ou blanchâtre.

Variété D. C'est la variété B avec deux raies noires de plus sur la région moyenne du dos.

Variété E. Le dessus du corps est marqué de huit ou neuf raies noires alternant avec autant de raies fauves ou blanchâtres.

Variété F. Les individus appartenant à cette variété semblent être colorés uniformément en brun olivâtre, tant sont pâles les huit ou dix lignes grisâtres qui les parcourent dans le sens de leur longueur.

Chez ces différentes variétés les régions inférieures sont plus ou moins grisâtres ou blanchâtres.

DIMENSIONS. *Longueur totale*, 41" 7'". *Tête*. Long. 1" 7'". *Cou*. Long. 1" 5'". *Tronc*. Long. 18" 7'". *Memb. antér*. Long. 9'". *Memb. postér*. Long. 1" 2'". *Queue*. Long. 19" 8'".

PATRIE. Cette espèce se trouve dans le midi de la France, en Italie, dans toutes les îles de la Méditerranée, en Espagne et sur tout le littoral méditerranéen de l'Afrique. Elle est vivipare et se nourrit de vers, de petits mollusques terrestres, d'araignées et de toutes sortes d'insectes. Nous avons observé vivant, pendant près d'une année, ce Saurien, qui nous avait été envoyé d'Espagne par M. le comte Dejean.

49.

XIVᵉ GENRE. HÉTÉROMÈLE. — *HETERO-MELES* (1). Nobis.

Caractères. Narines latérales s'ouvrant entre deux plaques, la nasale et la rostrale; des supéro-nasales. Langue plate, squameuse, en fer de flèche, échancrée à sa pointe. Dents coniques, simples. Palais non denté, offrant dans la seconde moitié de sa longueur une rainure longitudinale évasée à son extrémité antérieure. Des ouvertures auriculaires. Museau conique. Quatre pattes, les antérieures à deux, les postérieures à trois doigts inégaux, onguiculés, sub-cylindriques, sans dentelures. Flancs arrondis. Queue conique, pointue. Écailles lisses (2).

Le genre Hétéromèle se distingue de celui des Seps en ce qu'il n'a que deux doigts au lieu de trois aux pattes de devant et que ses trous auditifs sont presque cachés par les écailles.

I. L'HÉTÉROMÈLE MAURITANIQUE. *Heteromeles Mauritanicus,* Nobis.

Caractères. Paupière inférieure transparente. Plaque rostrale grande, quadrilatère, élargie, entamée de chaque côté par la narine, à son angle supérieur; nasales médiocres, situées latéralement sur le *canthus rostralis;* supéro-nasales élargies, contiguës; une inter-nasale grande, heptagone, sub-circulaire; pas

---

(1) De ἑτερείος, qui n'est pas fait de la même manière, et de μέλη, membres.

(2) Ce genre ne figure pas dans le tableau de la distribution géographique des Scincoïdiens, par la raison qu'il ne nous était pas encore connu au moment où ce tableau a été imprimé.

de fronto-nasales ; frontale grande, en losange, tronquée à ses deux extrémités ; pas de fronto-pariétales ; une très-petite inter-pariétale sub-losangique ; deux pariétales tétragones oblongues, contiguës en arrière, écartées en avant ; cinq sus-oculaires ; cinq surciliaires ; pas de fréno-nasales ; deux frénales, la première très-grande, reployée sur le *canthus rostralis*, la seconde petite ; une grande et une petite fréno-orbitaire. Oreilles petites, cachées sous les écailles.

¡DESCRIPTION.

FORMES. L'Hétéromèle mauritanique est construit exactement sur le même modèle que le Seps chalcide. Ses plaques céphaliques, à quelques légères modifications près, ressemblent à celles de ce dernier Scincoïdien, la frontale particulièrement est toujours plus courte et simule plutôt un losange qu'un triangle isocèle ; ses membres sont proportionnellement un peu moins courts, les postérieurs étant aussi longs que la tête, et les antérieurs ayant une étendue égale à celle qui existe entre le bout du museau et le bord postérieur de l'œil. Le premier doigt de devant est plus court que le second, les trois orteils sont régulièrement étagés. La queue ne paraît jamais entrer pour beaucoup plus du tiers dans la longueur totale du corps. On n'aperçoit les oreilles qu'en les cherchant avec quelque attention, attendu qu'elles sont pe-tites et presque entièrement couvertes par les écailles. Les pièces qui composent l'écaillure du corps sont de même forme que chez le Seps chalcide, mais leur nombre est moindre, puisqu'on n'en compte que dix séries longitudinales autour du tronc. Les squames préanales ont toutes à peu près la même dimension.

COLORATION. Un blanc grisâtre finement piqueté de noir règne sur le dessus du corps, depuis le bout du museau jusqu'à l'ex-trémité de la queue, dont le dessous offre le même mode de co-loration, tandis que le reste des régions inférieures présente une teinte blanche, le plus souvent uniforme, mais parfois semée aussi de très-petits points noirs. D'autres points noirs, mais plus gros et très-serrés les uns contre les autres, forment une véri-table bande noire qui s'étend tout le long du corps, à droite et à gauche, depuis la narine jusqu'à la partie postérieure de la queue.

DIMENSIONS. *Longueur totale.* 11″ 4‴. *Tête.* Long. 7‴. *Cou*

Long. 8'''. *Tronc.* Long. 5" 6'''. *Memb. antér.* Long. 5'''. *Memb. postér.* Long. 7'''. *Queue.* Long. 4" 3'''.

Patrie. Cette espèce nous a été envoyée d'Alger par M. le lieutenant-colonel Levaillant, fils du célèbre voyageur, l'un des officiers les plus distingués qui font en ce moment partie de l'armée d'Afrique.

XVᵉ GENRE. CHÉLOMÈLE. — *CHELOMELES.* Nobis (1).

Caractères. Narines latérales s'ouvrant chacune au milieu de la plaque nasale; pas de supéro-nasales. Langue plate, en fer de flèche, squameuse, échancrée à sa pointe. Palais non denté, à échancrure tout à fait postérieure, sans rainure longitudinale au milieu. Dents coniques, simples. Des ouvertures auriculaires. Museau conique. Quatre pattes terminées chacune par deux doigts inégaux, onguiculés, sub-cylindriques, sans dentelures. Flancs arrondis. Queue conique, pointue. Écailles lisses.

Les Chélomèles, outre qu'ils ont un doigt de moins que les Hétéromèles aux pattes de derrière, manquent de rainure au palais, de plaques supéro-nasales, et n'ont qu'une seule plaque perforée par la narine; du reste, l'ensemble de leur organisation est absolument le même.

1. LE CHÉLOMÈLE A QUATRE RAIES. *Chelomeles quadrilineatus.* Nobis.

Caractères. Paupière inférieure transparente. Plaque rostrale élargie, triangulaire; nasales grandes, rhomboïdales, presque contiguës, inter-nasale grande, en losange, très-dilatée en travers; deux fronto-nasales petites, rhomboïdales, presque con-

_____

(1) De χηλὴ, *forceps*, pince; et de μέλη, membres.

tiguës; frontale assez développée, simulant un triangle isocèle ou offrant un long angle aigu en arrière, et un angle obtus fort court en avant; deux fronto-pariétales oblongues, rétrécies en avant, affectant une forme triangulaire, malgré leurs quatre pans; une inter-pariétale, de même forme et aussi grande que la frontale; deux pariétales tétragones, allongées, étroites, contiguës en arrière, mais écartées l'une de l'autre en avant; quatre grandes et une petite sus-oculaires; trois ou quatre sous-oculaires; pas de fréno-nasale; deux frénales quadrilatères, égales; deux grandes et une moyenne fréno-orbitaires. Ouverture de l'oreille extrêmement petite, cachée sous les écailles.

SYNONYMIE?

DESCRIPTION.

FORMES. Cette espèce a la tête allongée, légèrement déprimée, les pattes antérieures presque aussi longues, et les postérieures un peu plus longues que cette partie du corps; le premier doigt de devant est à peine plus court que le second, le second doigt de derrière est distinctement plus long que le premier; la queue entre pour plus de la moitié dans l'étendue totale du corps. Les ouvertures auriculaires sont complétement couvertes par les écailles. Il y a sept plaques labiales supérieures de chaque côté; la première est quadrilatère oblongue, plus étroite en avant qu'en arrière, la seconde et la troisième sont carrées, la quatrième et la cinquième pentagones, et plus petites que les précédentes, la sixième et la septième pentagones aussi, mais beaucoup plus grandes que toutes les autres. Les écailles du tronc ont une forme hexagone; on en compte vingt séries longitudinales; celles du dessus de la queue leur ressemblent, mais celles de sa face inférieure sont un peu plus dilatées en travers; deux grandes squames recouvrent le bord de la lèvre anale.

COLORATION. Le dessus du corps est fauve, marqué longitudinalement de quatre lignes noires, situées une de chaque côté du dos, et deux sur la région moyenne. Les écailles des régions inférieures sont blanches, bordées de grisâtre.

DIMENSIONS. *Longueur totale.* 11" 6'''. *Tête.* Long. 9'''. *Cou.* Long. 8'''. *Tronc.* Long. 3" 9'''. *Memb. antér.* Long. 6'''. *Memb. postér.* Long. 1". *Queue.* Long. 6".

PATRIE. Le Chélomèle à quatre raies vient de la Nouvelle-Hollande; nous n'en possédons qu'un seul exemplaire.

XVIᵉ GENRE. BRACHYMÈLE. — *BRACHY-MELES* (1). Nobis.

CARACTÈRES. Narines latérales s'ouvrant chacune dans la plaque nasale, très-petite ou annulaire, circonscrite par la rostrale, la supéro-nasale et la première labiale. Langue plate, en fer de flèche, faiblement échancrée à sa pointe, revêtue, mais non jusqu'à son extrémité, de grosses papilles circulaires, convexes, juxtaposées. Dents coniques, simples. Palais non denté, offrant une grande échancrure triangulaire. Pas d'ouvertures auriculaires. Deux paires de membres excessivement courts ; ceux de la paire antérieure présentant deux rudiments de doigts ; ceux de la postérieure non divisés. Flancs arrondis. Queue conique. Écailles lisses.

Dans ce genre, on n'aperçoit pas la moindre trace d'oreille à l'extérieur ; la partie postérieure du palais offre, non pas une rainure, comme dans les Seps et les Hétéromèles, mais une très-grande échancrure anguleuse ; la plaque nasale est un simple anneau qui entoure la narine, et qui est lui-même circonscrit par la rostrale, la supéro-nasale et la première labiale supérieure ; les membres sont quatre moignons extrêmement courts, dont les deux antérieurs seulement laissent apercevoir deux rudiments de doigts armés toutefois chacun d'un petit ongle crochu ; la langue, de forme ordinaire, est cependant fort mince à son extrémité antérieure, que revêtent des papilles excessivement petites, tandis que le reste de la surface de cet organe en offre qui, au lieu d'avoir l'apparence squameuse, ressemblent à des tubercules assez forts, circulaires, convexes, disposés en pavé ou juxtaposés.

---

(1) De Βραχὺς, court, et de μέλη, membres.

1. LE BRACHYMÈLE DE LA BONITE. *Brachymeles Bonitæ.*
Nobis.

CARACTÈRES. Paupière inférieure transparente. Plaque rostrale grande, triangulaire, tronquée à son sommet, qui est reployé sur le museau ; nasales excessivement petites, tout à fait latérales; supéro-nasales médiocres, rhomboïdales, non contiguës ; une inter-nasale en losange, dilatée en travers, tronquée en avant ; deux fronto-nasales en losanges, contiguës ; frontale en losange équilatéral, deux fronto-pariétales médiocres, obtusément losangiques. presque contiguës ; une inter;- pariétale de même forme que la frontale, mais pas tout à fait aussi grande ; deux pariétales petites, très-allongées, étroites ; pas d'occipitale ; quatre sus-oculaires ; des surcilières ; pas de fréno-nasale ; deux grandes frénales ; une fréno-orbitaire.

SYNONYMIE ?

DESCRIPTION.

FORMES. Cette espèce de Scincoïdiens a toute l'apparence extérieure d'un Typhlops de petite taille ; sa tête est courte, obtusément conique, un peu aplatie sur quatre faces ; ses membres sont tout au plus aussi longs que le museau est large, et sa queue, dont la grosseur est à peu près la même que celle du tronc, fait presque la moitié de l'étendue totale du corps. Celui-ci est revêtu d'un bout à l'autre de grandes écailles en losanges, aussi larges que longues, comme arrondies en arrière, dont le nombre des séries longitudinales paraît être d'une vingtaine. Parmi les squames préanales on en remarque deux dont le développement est un peu plus grand que celui des autres. La seconde et la troisième des sept plaques qui garnissent chacun des côtés de la lèvre supérieure, sont carrées, et les cinq autres pentagones.

COLORATION. L'animal est tout entier d'un brun d'acier poli , réticulé de grisâtre.

DIMENSIONS. *Longueur totale.* 12" 7"'. *Tête.* Long. 8"'. *Cou.* Long. 8"'. *Tronc.* Long. 5" 1"'. *Memb. antér.* Long. 2"'. *Memb. postér.* Long. 2"'. *Queue.* Long. 6".

PATRIE. Cette espèce est originaire des îles Philippines.

Observations. Le Brachymèle de la Bonite a été ainsi appelé du nom de la corvette pendant une campagne de laquelle ce Scincoïdien a été découvert à Manille par M. Fortuné Eydoux, chirurgien de la marine royale, auquel notre établissement est redevable de précieuses collections zoologiques.

XVIIᵉ GENRE. BRACHYSTOPE. — *BRACHYS-TOPUS* (1). Nobis.

CARACTÈRES. Narines latérales s'ouvrant chacune au milieu d'une grande plaque, la nasale ; pas de supéro-nasale. Langue plate, en fer de flèche, échancrée à sa pointe, couverte de papilles granuleuses. Dents coniques, obtuses. Palais non denté, à rainure fort courte, tout à fait postérieure. Des ouvertures auriculaires. Quatre pattes, les antérieures en stylets simples, les postérieures divisées en deux doigts inégaux, onguiculés, sub-cylindriques, sans dentelures. Museau sub-cunéiforme. Queue conique, pointue. Écailles lisses.

Le genre Brachystope offre encore deux paires de membres, mais l'antérieure n'est plus représentée que par deux très-petits moignons pointus ; la paire postérieure, ou mieux les deux appendices qui en tiennent lieu sont aussi développés que chez les Brachymèles, et divisés chacun en deux doigts, dont un, l'interne, est de moitié plus court que l'autre. Les Brachystopes n'ont le palais entamé qu'à son bord postérieur, et fort peu profondément, c'est-à-dire qu'il ne présente qu'une rainure très-courte et très-étroite ; leur langue est entièrement couverte de papilles granuleuses extrêmement fines ; leurs narines aboutissent chacune au milieu d'une grande plaque ; ils manquent de supéro-nasales, et leurs trous auditifs sont si petits qu'ils semblent

_____

(1) Βράχιστος, *brevissimus*, très-courtes ; πoῦς, *pes*, pattes.

avoir été faits à l'aide de la pointe d'une épingle. Le museau de ces Scincoïdiens, sans avoir précisément la forme en coin que présente celui des Scinques et des Sphénops, est cependant plus aminci que dans aucun des genres précédents.

Il nous semble bien que le genre appelé *Rhodona* par M. Gray (Ann. of nat. Hist. by Jardine, tom. I, pag. 335), n'est pas différent de celui dont nous venons d'indiquer les caractères ; nous croirions même que l'espèce d'après laquelle il l'a établi, ou son *Rhodona punctata*, est la même que celle qui va être décrite tout à l'heure, si elle n'était pas citée comme provenant de la Nouvelle-Hollande ; la nôtre est originaire du cap de Bonne-Espérance.

1. LE BRACHYSTOPE LINÉO-PONCTUÉ. — *Brachystopus lineopunctulatus*. Smith.

CARACTÈRES. Paupière inférieure transparente. Plaque rostrale triangulaire, excessivement élargie, très-pointue de chaque côté, reployée en dessus et en dessous du museau, fort arquée en travers ; nasales grandes, rhomboïdales, très-pointues à leur sommet, contiguës ; une inter-nasale très-grande, heptagone, plus large que longue ; deux fronto-nasales sub-losangiques, très-petites, très-écartées l'une de l'autre ; frontale grande, en triangle presque équilatéral, légèrement arquée à son bord antérieur ; une seule fronto-pariétale aussi grande que la frontale, en losange échancré semi-circulairement à son angle antérieur. Pas d'inter-pariétale ; deux pariétales allongées, étroites, contiguës en forme de V ; trois sus-oculaires ; quatre petites surcilières ; pas d'occipitale ; pas de fréno-nasales ; deux frénales, la première rhomboïdale, la seconde quadrilatère oblongue ; deux petites fréno-orbitaires. Oreilles très-petites. Deux grandes écailles préanales.

SYNONYMIE, *Serpens minor orientalis, cauda acuminata*. Seb. tom. 1, pag. 88, tab. 53, fig. 8.

Brachystopus lineo-punctulatus. Smith, M. S.

DESCRIPTION.

FORMES. La taille et la forme générale du corps de cette espèce sont à peu près les mêmes que celles du Sphénops bridé ; cependant, quoique le ventre soit plat et le dos arrondi, la ligne qui sépare chaque flanc de la région abdominale n'est pas aussi distinctement anguleuse que chez ce dernier Scincoïdien. Les moignons qui tiennent lieu de bras sont coniques, un peu effilés, et n'ont que quelques lignes de longueur ; l'étendue des pattes de derrière est égale à celle de la tête. Cette partie antérieure du corps représente un cône fortement aplati en dessous, un peu de chaque côté, et presque pas en dessus, ce qui fait que la surface de la tête est assez convexe. Il y a six plaques labiales supérieures de chaque côté ; elles sont la première trapézoïde, les trois suivantes carrées, la cinquième pentagone, plus grande que les précédentes, et la sixième pentagone aussi, mais plus petite que toutes les autres. Les écailles qui revêtent le corps sont assez grandes et dilatées en travers, on en compte vingt séries autour du tronc. Les squames de l'opercule anal sont disposées sur deux rangs transversaux, les deux médianes du second sont beaucoup plus grandes que les autres.

COLORATION. Le dessus et les côtés du corps, depuis la tête jusqu'au bout de la queue, offrent, sur un fond fauve ou grisâtre, autant de séries de petits points noirâtres bordés de blanc, qu'il y a de bandes longitudinales d'écailles. Toutes les régions inférieures sont blanches.

DIMENSIONS. *Longueur totale.* 14". *Tête.* Long. 1". *Cou.* Long. 1" 1'". *Tronc.* Long. 7" 6'". *Memb. antèr.* Long. 2'". *Memb. postér.* Long. 1". *Queue.* (Reproduite.) 4" 3'".

PATRIE. Ce Scincoïdien habite l'Afrique australe ; nous en avons observé un certain nombre d'exemplaires dans la collection du Dr Smith.

Observations. C'est très-probablement à cette espèce et non au Sphénops bridé qu'il faut rapporter la figure que Seba a fait graver sous le nom de *Serpens minor orientalis*, etc., n° 8 de la Pl. 53 du tom. I de son grand ouvrage.

XVIIIe GENRE. NESSIE. — *NESSIA*. Gray.

CARACTÈRES. Narines percées, l'une à droite, l'autre à gauche, dans une plaque emboîtant le bout du museau comme un étui; une fente longitudinale dans cette même plaque, derrière chaque ouverture nasale. Dents? Langue? Palais? Des ouvertures auriculaires punctiformes. Quatre pattes très-courtes, divisées chacune en trois petits doigts onguiculés, sub-égaux. Corps anguiforme. Flancs arrondis. Museau conique. Ecailles lisses.

Ces caractères sont les seuls que nous soyons dans le cas de donner touchant le genre Nessie, indiqué, mais malheureusement d'une manière trop incomplète, dans le nouveau *Synopsis* que vient de publier M. Gray, sous le titre de Catalogue des Sauriens à langue étroite dans le 1er volume des Annales d'histoire naturelle, éditées par le docteur Jardine, pag. 336.

1. LA NESSIE DE BURTON. *Nessia Burtonii*. Gray.

CARACTÈRES. Dessus du corps d'un brun pâle; région médiane des écailles d'une teinte plus foncée; parties inférieures d'une couleur claire.

SYNONYMIE. *Nessia Burtonii*. Gray, Cat. slender-tong. Saur. Ann. nat. hist. by Jardine, tom. 1, pag. 336.

Observations. N'ayant pas encore eu l'occasion d'observer cette espèce de Scincoïdiens, nous ne pouvons rien ajouter à ce qui est dit à son sujet dans la phrase précédente empruntée à M. Gray; nous sommes aussi dans l'impossibilité d'indiquer l'étymologie du nom de ce genre, M. Gray n'attachant, à ce qu'il paraît, aucune importance aux dénominations qu'il a proposées.

XIXᵉ GENRE. ÉVÉSIE. — *EVESIA*. Gray.

CARACTÈRES. Narines perforant, l'une à droite, l'autre à gauche, une plaque dans laquelle le bout du museau est emboîté comme dans un étui ; une fente longitudinale dans cette même plaque, derrière chaque ouverture nasale. Langue plate, en fer de flèche, squameuse, échancrée à sa pointe. Dents coniques, simples. Palais non denté, à échancrure tout à fait postérieure, sans rainure au milieu. Des ouvertures auriculaires punctiformes. Quatre membres en stylets très-courts. Flancs arrondis. Museau conique. Queue arrondie, pointue. Écailles lisses.

Dans ce genre ce ne sont plus seulement les pattes antérieures qui sont en moignons, comme chez les Brachystopes ; les postérieures ont exactement la même forme. Les Evésies ont des oreilles à peine distinctes, le palais échancré tout à fait en arrière, et le museau emboîté dans un étui squameux, semblable à celui des Acontias : cet étui ou mieux cette plaque rostrale se trouve percée à droite et à gauche par la narine, qui est un fort petit trou arrondi communiquant avec un sillon longitudinal placé en arrière. La langue est comme à l'ordinaire revêtue de papilles squamiformes, imbriquées.

Ce genre a été nouvellement établi par M. Gray dans son catalogue des Sauriens à langue étroite, imprimé dans les Annales d'histoire naturelle du docteur Jardine.

I. L'ÉVÉSIE DE BELL. *Evesia Bellii*. Nobis.

CARACTÈRES. Paupière inférieure transparente ? Une seule fronto-nasale grande, sub-hémidiscoïdale, articulée avec la plaque qui emboîte le bout du museau ; frontale assez déve-

loppée, en carré un peu plus long que large, légérement échancrée de chaque côté ; quatre ou cinq sus-oculaires ; pas de surcilières ; une seule fronto-pariétale grande, triangulaire ; pas
d'inter-pariétale ; deux pariétales allongées, étroites, contiguës
en V; pas d'occipitale, pas de fréno-nasales ; une seule frénale en
carré long ; trois petites fréno-orbitaires. Oreille très-petite,
cachée sous les écailles. Deux écailles préanales médiocres.

SYNONYMIE. *Evesia monodactyla.* Gray, Catal. of slender-tong.
Saur. Ann. of nat. hist. by Jardine, tom. 1, pag. 336.

DESCRIPTION.

FORMES. L'Évésie de Bell, sous le rapport de la forme, ressemble à un petit Orvet chez lequel on observerait quatre rudiments de pattes excessivement petits, c'est-à-dire n'ayant guère
qu'un ou deux millimètres de longueur. La tête est conique,
assez allongée, aplatie sur quatre faces ; le museau dépasse un peu
le bout de la mâchoire inférieure. C'est sous la sixième ou la septième écaille à partir de la dernière plaque labiale que se trouve
situé le trou auriculaire, qu'on n'aperçoit qu'en le cherchant avec
beaucoup d'attention. Les plaques labiales supérieures sont au
nombre de cinq de chaque côté ; la première est grande, sub-
trapézoïde, la seconde encore plus grande, rhomboïdale, très-
allongée, la troisième plus petite, hexagone, équilatérale, la
quatrième pentagone, la cinquième de même et moins développées que les précédentes. Les écailles du corps sont un peu élargies
et hexagones, bien que leur bord libre soit assez distinctement
arqué ; il y en a une trentaine de séries longitudinales autour du
tronc. Il existe sur le bord de la lèvre du cloaque deux squames
un peu plus grandes que les autres.

COLORATION. Toutes les écailles du dessus du corps sont fauves,
largement bordées de brun marron ; celles du dessous offrent à
peu près les mêmes teintes, mais beaucoup plus claires.

DIMENSIONS. *Longueur totale.* 9" 9"'. *Tête.* Long. 8"'. *Cou.* Long.
8"'. *Tronc.* Long. 4" 8"'. *Memb. antér.* Long. 1"'. *Memb. postér.*
Long. 1"'. *Queue.* Long. 3" 5"'.

PATRIE. Cette espèce de Scincoïdiens est originaire des Indes-
Orientales ; la collection du muséum de Paris en renferme un
seul exemplaire que nous devons à la générosité de M. Bell.

XXᵉ GENRE. SCÉLOTE. — *SCELOTES* (1).
Fitzinger.

(*Bipes* et *Pygodactylus*, Merrem; *Bipes*, Cuvier, Gray; *Zygnis*, Wagler.)

CARACTÈRES. Narines latérales, s'ouvrant chacune dans deux plaques, la nasale et la rostrale; une seule supéro-nasale située en travers du museau, derrière la rostrale. Dents coniques, simples. Langue plate, en fer de flèche, squameuse, échancrée à sa pointe. Palais non denté, à rainure longitudinale. Des ouvertures auriculaires fort petites. Pas de membres antérieurs; des pattes postérieures divisées en deux doigts inégaux, onguiculés, sub-cylindriques, sans dentelures. Museau sub - cunéiforme. Flancs arrondis. Queue conique, pointue. Écailles lisses.

Voici le premier genre chez lequel les pattes de devant aient complétement disparu; celles de derrière existent encore; elles sont divisées chacune en deux doigts, l'interne beaucoup plus court que l'externe. Les Scélotes ont, comme les Gongyles proprement dits, les Seps et quelques autres, les narines, de forme ovalaire et percées dans deux plaques, la rostrale et la nasale, qui est fort petite; leur palais est creusé longitudinalement, dans sa moitié postérieure, d'une rainure qui va toujours en s'élargissant en arrière; leur langue est revêtue de papilles squamiformes et leurs trous auditifs sont extrêmement petits.

---

(1) Σϰέλοτης, qui n'a que des cuisses ou membres postérieurs.

1. LE SCÉLOTE DE LINNÉ. *Scelotes Linnæi*. Nobis.

Caractères. Paupière inférieure squameuse. Plaque rostrale grande, carrée, reployée en dessus et en dessous du museau, entamée par les narines à ses deux angles supérieurs ; nasales fort petites, semi-circulaires, écartées l'une de l'autre ; une supéro-nasale en bande transversale ; une inter-nasale pentagone, excessivement élargie ; pas de fronto-nasales ; frontale assez grande, en carré rétréci en avant ; une seule fronto-pariétale plus grande que la frontale, simulant un triangle équilatéral, malgré ses cinq pans ; pas d'inter-pariétale ; deux pariétales petites, allongées, étroites, contiguës en V ; pas d'occipitale ; pas de fréno-nasale ; une seule frénale trapézoïde ou carrée ; deux fréno-orbitaires superposées. Oreille excessivement petite, mais néanmoins distincte, entre quatre écailles.

Synonymie. *Serpens pusilla elegans Mauritana*. Séb. tom. 1, p. 137, tab. 86, fig. 3.

Anguis bipes. Linn. Mus. Adolph. Fred. tom. 1, p. 21, tab. 28, fig. 3.

Anguis bipes. Linn. Syst. nat. édit. 10, tom. 1, pag. 227, n° 160.

Scincus pedibus posticis brevissimis, etc. Gronov. Zooph. p. 11, n° 44.

Anguis bipes. Linn. Syst. nat. édit. 12, tom. 1, p. 390, n° 60.

Anguis bipes. Laur. Synops. Rept. p. 67, n° 123.

Die Zweyfüssige Aalschlange. Müll. Natur. syst. tom. 3, p. 211, n° 2.

Anguis bipes. Herm. Tab. affinit. anim. p. 265.

Lacerta bipes. Gmel. Syst. nat. Linn. tom. 1, pag. 1079, n° 76.

Chalcida bipes. Meyer, Synops. Rept. p. 31, n° 4.

Lacerta bipes. Donnd. Zoolog. Beïtr. tom. 3, p. 131, n° 76.

Lacerta bipes. Shaw. Gener. Zool. tom. 3, p. 311.

Chamæsaura bipes. Shncid. Hist. amph. fasc. II, p. 213.

Le Lézard bipède de Linné. Latr. Hist. Rept. tom. 2, p. 93.

Seps Gronovii. Daud. Hist. Rept. tom. 4, pag. 354, Pl. 58, fig. 2.

Bipes (Anguis bipes, Linn.). Cuv. Règn. anim. 1re édit. tom. 2, pag. 56.

REPTILES, V. 50

Bipes anguineus. Merr. Tent. Syst. amph. p. 76.

Pygodactylus Gronovii. Id. loc. cit.

Blindschleichartiger Erdschleicher. Merr. Beitr. Heft. III, p. 113, tab. 10.

Scelotes anguineus. Fitz. Neue Classif. Rept. p. 24 et verzeich. p. 53, n° 1.

Bipes (Anguis bipes, Linn.). Cuv. Règ. anim. 2ᵉ édit. tom. 2, p. 65.

Zygnis (Anguis bipes, Linn.). Wagl. Syst. amph. p. 160.

Bipes (Anguis bipes, Linn.). Griff. anim. Kingd. Cuv. tom. 9, p. 161.

Bipes anguineus. Gray, Synops. Rept. in Griffith's anim. Kingd. tom. 9, p. 75.

Bipes anguineus. Id. Catal. of slender-tongued Saur. Ann. of natur. hist. by Jardine, tom. 1, p. 336.

DESCRIPTION.

Formes. Le Scélote de Linné a aussi, comme les espèces des genres précédents, le corps anguiforme ou allongé, étroit, cylindrique, à peu près de même diamètre d'un bout à l'autre, excepté vers son extrémité caudale qui est pointue. Les pattes postérieures, qui sont un peu comprimées, égalent à peine la tête en longueur. Les oreilles sont situées positivement aux angles de la bouche; souvent il faut soulever les écailles pour les apercevoir. La tête est assez déprimée, mais néanmoins convexe en dessus; elle est peu allongée et fort peu rétrécie en avant, ce qui donne une forme ovalaire à son contour horizontal; le museau est comme aminci en coin, mais d'une manière bien moins prononcée que chez les Sphénops. La paupière supérieure est fort courte, et l'inférieure, au contraire, très-haute; cette dernière n'offre pas de disque transparent; deux rangs longitudinaux composés de quelques squames quadrilatères en revêtent la surface. Il y a six plaques labiales supérieures de chaque côté, les deux premières pentagones ou carrées, la troisième quadrangulaire oblongue, les deux dernières pentagones. Le corps est revêtu d'écailles un peu élargies, à six côtés, disposées par séries longitudinales au nombre de dix-neuf autour du tronc. Les deux squames médiocres de la rangée marginale de l'opercule du cloaque sont plus grandes que les autres.

COLORATION. Une teinte fauve, cuivreuse ou bronzée règne sur le dos et le dessus de la queue ; les parties latérales du corps sont grisâtres ; on compte autant de séries de petits points noirs, marqués d'un trait blanchâtre au milieu, qu'il y a de bandes longitudinales d'écailles sur le dessus et les côtés de l'animal, dont toutes les régions inférieures sont grisâtres.

DIMENSIONS. *Longueur totale.* 15". *Tête.* Long. 6"'. *Cou et tronc*, 7" 4'". *Memb. postér.* Long. 5"'. *Queue.* Long. 7".

PATRIE. Cette espèce provient du cap de Bonne-Espérance.

Observations. Nous lui avons donné le nom de Linné, qui l'a fait connaître le premier, car c'est bien évidemment le Reptile que ce célèbre naturaliste a décrit et fait représenter sous le nom d'*Anguis bipes*, dans le muséum du prince Adolphe Frédéric.

XXIᵉ GENRE. PRÉPÉDITE.— *PRÆPEDITUS.*
Nobis (1).
(*Soridia*, Gray.)

CARACTÈRES. Narines s'ouvrant au milieu d'une plaque. Pas d'ouvertures auriculaires. Pas de membres antérieurs : deux pattes postérieures en stylets simples. Museau aminci en coin. Corps anguiforme. Écailles lisses.

À ces caractères, les seuls que M. Gray ait indiqués en établissant le présent genre, sous le nom de *Soridia*, il faudrait ajouter les suivants : dents coniques, simples ; palais lisse ; langue en fer de flèche, squameuse, échancrée à sa pointe, si, comme nous le supposons, la *Soridia lineata* de M. Gray n'est pas différente d'une espèce de Scincoïdien du Cap, que nous avons vue dans la collection de M. Smith, à Chatam, et de laquelle nous avions pris une description qui s'est malheureusement égarée.

---

(1) *Præpeditus, membris omnibus captus et debilis.*

50.

1. LE PRÉPÉDITE RAYÉ. *Præpeditus lineatus.* Nobis.

CARACTÈRES. Plaques nasales triangulaires obliques, situées latéralement sous le bord inférieur de la rostrale ; une inter-nasale ;
frontale grande ; une seule fronto-pariétale triangulaire. Deux
grandes écailles préanales. Corps argenté, offrant des séries espacées de petites taches noires, et une large raie de la même couleur le long de la région inférieure de chaque flanc.

SYNONYMIE. *Soridia lineata.* Gray. Catal. slender-tong. Saur.
Ann. nat. hist. by Jardine, tom. I, pag. 335.

Observations. Nous croyons que c'est par erreur que M. Gray
a indiqué cette espèce comme provenant de la Nouvelle-Hollande ;
nous pensons plutôt qu'elle est originaire du Cap, et la même
que celle dont nous parlions tout à l'heure, ou le Scincoïdien que,
d'accord avec le Dr Smith, nous nous proposions d'appeler *Præpeditus lineatus.*

XXIIe GENRE. OPHIODE. — *OPHIODES* (1).
Wagler.
(*Pygopus*, Spix ; *Bipes*, part. Cuvier ; *Pygodactylu*s, Fitzinger, Wagler.)

CARACTÈRES. Narines latérales percées chacune, au
milieu de la plaque nasale ; quatre supéro - nasales. Langue en fer de flèche, largement échancrée
à sa pointe, à papilles granuliformes en avant, filiformes en arrière. Palais non denté, à rainure longitudinale. Dents coniques, simples. Des ouvertures
auriculaires fort petites. Pas de pattes antérieures.
Des membres postérieurs courts, aplatis, non divisés
en doigts. Museau conique. Corps anguiforme ; flancs
arrondis. Queue conique, pointue. Écailles striées.

---

(2) Οφιώδης, *anguinus*, qui ressemble à un Serpent.

Ce genre est remarquable entre tous ceux de sa famille,
par la conformation de sa langue, qui, de même que celle
des Pseudopes, parmi les Cyclosauriens, a une grande portion de sa surface garnie de papilles villeuses, tandis que
vers son extrémité antérieure elle est pavée de petits granules ; cet organe, aplati, en fer de flèche, comme chez le
commun des Scincoïdiens, offre cependant encore cette particularité, que sa région granuleuse est séparée de sa partie
villeuse par un sillon transversal très-profond, et qu'il est
assez largement divisé au bout en deux pointes anguleuses.
Les Ophiodes ont leur palais creusé d'une rainure dans les
trois derniers quarts de sa longueur ; leurs narines viennent
s'ouvrir, l'une à droite, l'autre à gauche, à peu près au
milieu de la plaque nasale ; leurs trous auditifs sont percés
sous les écailles, un peu en arrière des angles de la bouche ;
quoique fort petits et presque entièrement cachés, on les
découvre cependant sans beaucoup de peine. Les seuls membres qui existent sont les postérieurs, dont la forme est celle
de deux stylets courts, comprimés, pointus, inonguiculés.
Les pièces qui composent l'écaillure de la partie supérieure
du corps sont striées comme chez les Diploglosses.

1. L'OPHIODE STRIÉ. *Ophiodes striatus.* Wagler.

CARACTÈRES. Paupière inférieure squameuse. Plaque rostrale
hémidiscoïdale ; nasales petites, tout à fait latérales ; deux paires
de supéro-nasales rhomboïdales, contiguës ; une inter-nasale
pentagone ou heptagone ; pas de fronto-nasales ; frontale très-
grande, plus longue que large, à bord droit ou arqué en avant,
à angle obtus, arrondi à son sommet en arrière ; cinq sus-ocu-
culaires ; deux fronto-pariétales petites, pentagones sub-équilatérales, écartées l'une de l'autre ; une inter-pariétale grande,
simulant un triangle, malgré ses cinq pans ; deux pariétales allongées, étroites, hexagones ; une occipitale sub-losangique, très-
souvent arrondie en arrière ; deux fréno-nasales superposées ;
deux frénales ; trois fréno-orbitaires. Oreille cachée sous les
écailles.

SYNONYMIE. *Prygodactylus Gronovii.* Fitz. Neue classif. Rept.

Verzeich. pag. 53 , exclus. synon. *Pygodactylus Gronovii*. Merr. (*Scelotes Linnœi*.)

Pygopus striatus. Spix, Lacert. Bras. p. 25, tab. 28 , fig. 1.

Pygopus cariococca. Id. loc. cit. pag. 26 , tab. 28 , fig. 2.

Seps fragilis. Raddi.

Ophiodes striatus. Wagl. Isis , tom. 21 (1828), pag. 740.

Pygodactylus Gronovii. Id. loc. cit. pag. 741.

Bipes (*Pygopus cariococca et Pyp. striatus* , Spix), Cuv. Règn. anim. 2ᵉ édit. tom. 2 , pag. 65.

Ophiodes striatus. Wagl. Syst. amphib. pag. 159.

Pygodactylus (*Pyg. Gronovii*. Fitz.). Wagl. Syst. amphib. pag. 160.

Bipes (*Pygopus cariococca et Pygop. striatus* , Spix). Griff. anim. Kingd. Cuv. tom. 9 , pag. 161.

Pseudopus olfersii. Lichtenst.

Bipes (*Ophiodes striatus*. Wagl.). Gray , Synops. Rept. in Griff. anim. Kingd. tom. 9 , pag. 73.

Ophiodes striatus. Gray , Catal. of slender-tongued Saur. Ann. of natur. hist. by Jardine , tom. 1 , pag. 334.

DESCRIPTION.

FORMES. L'Ophiode strié , sans les deux petits appendices qui lui tiennent lieu de membres postérieurs , aurait tout l'extérieur d'un Orvet. Sa tête a la forme d'une pyramide à quatre faces , légèrement tronquée à son sommet. Sa queue, lorsqu'elle est entière , fait les trois cinquièmes de la longueur totale du corps; peu distincte du tronc à son origine , à cause de sa grosseur qui est la même , elle diminue néanmoins graduellement de diamètre en s'en éloignant, de telle sorte qu'elle se trouve très-effilée et parfaitement pointue à son extrémité terminale. La paupière inférieure est revêtue de petites plaques quadrangulaires ou pentagones , disposées sur trois rangs longitudinaux. La lèvre supérieure est protégée par quatorze plaques; celles de la première paire sont pentagones, celles de la seconde et de la troisième carrées , celles de la quatrième et de la sixième trapézoïdes , celles de la cinquième pentagones et plus hautes que les autres , celles de la septième quadrangulaires oblongues , inéquilatérales. Quelquefois les deux plaques fréno-nasales sont réunies en une seule. Les écailles qui revêtent le dessus et les côtés du corps ressemblent à des losanges, et leur surface offre dix à douze stries très-fines; en dessous, les pièces de l'écaillure sont lisses et distinctement hexagones. Les squames préanales sont toutes à peu près de la même dimension.

COLORATION. Une teinte grise plus ou moins cuivreuse est répandue sur les parties supérieures du corps, où l'on voit tantôt quatre, tantôt six et parfois même huit raies longitudinales noires, bordées de fauve ou de blanchâtre. La lèvre supérieure et les tempes sont tachetées de blanc sur un fond noir. La gorge est blanche, le ventre et le dessous de la queue sont gris, marqués longitudinalement de lignes brunes.

DIMENSIONS. *Longueur totale.* 43" 1'''. *Tête.* Long. 1" 6'''. *Cou et tronc.* Long. 16". *Queue.* Long. 25" 5'''.

PATRIE. Ce Scincoïdien est répandu dans une grande partie de l'Amérique méridionale, nous l'avons reçu de Cayenne par les soins de M. Leprieur; M. Auguste Saint-Hilaire l'a trouvé aux environs de Rio-Janeiro, et il nous a été envoyé de Buenos-Ayres et de Montevideo par M. Alcide d'Orbigny.

XXIIIᵉ GENRE. ORVET. — *ANGUIS* (1). Linné.

CARACTÈRES. Narines latérales s'ouvrant chacune dans une seule plaque, la nasale; des supéro-nasales. Langue en fer de flèche, divisée en deux pointes à son extrémité, à surface en partie granuleuse, en partie veloutée. Palais non denté, à large rainure longitudinale. Dents longues, aiguës, couchées en arrière. Des ouvertures auriculaires extrêmement petites, cachées sous les écailles. Pas de membres. Corps serpentiforme. Museau conique. Flancs arrondis. Queue cylindrique. Écailles lisses.

Les Orvets ont une langue semblable à celle des Ophiodes;

---

(1) Nom latin d'un Serpent chez les Latins, *latet Anguis in herbâ.* Virg. Ecl. 3.

leurs narines sont percées de même chacune au milieu de la plaque nasale, et leur palais est creusé d'une rainure plus large en arrière qu'en avant ; mais leurs dents sont longues, effilées, pointues, couchées vers le gosier, en un mot ressemblant à celles de la plupart des Ophidiens. Ils sont complétement dépourvus de pattes, au moins à l'extérieur ; car on retrouve encore dans l'épaisseur des chairs des petits vestiges de membres abdominaux. Jusqu'ici tous les auteurs ont refusé un trou auditif externe à l'*Anguis fragilis* de Linné, quand au contraire ce Scincoïdien en offre un, bien petit il est vrai, mais néanmoins distinct, lorsqu'on veut prendre la peine de le chercher, sans avoir même besoin pour cela du secours de la loupe ; cet orifice, linéaire et d'un à deux millimètres de longueur, est situé en arrière de la commissure des lèvres, à une distance égale à la longueur du bout du museau ; quelquefois il est à découvert, d'autres fois il est caché sous les écailles, qu'il faut alors soulever pour l'apercevoir : ce n'est pas qu'il n'ait déjà été vu par quelques personnes, ainsi qu'en fait foi l'établissement du genre *Otophis*, auquel a donné lieu l'examen d'individus de l'Orvet fragile, chez lesquels la présence du conduit auditif était plus manifeste que chez d'autres.

Le genre *Anguis*, aujourd'hui réduit à la seule espèce appelée *fragilis* par Linné, comprenait originairement tous les Reptiles écailleux sans pieds ou à pieds extrêmement courts dont les écailles du dessous du tronc et de la queue étaient semblables ou à peu près semblables à celles du dessus : tels que les Éryx, les Ophisaures, les Scélotes, les Rouleaux, les Typhlops, etc., etc. ; car c'est d'après ce principe que Linné fonda le genre *Anguis* dans son immortel ouvrage, le *Systema naturæ*.

1. L'ORVET FRAGILE. *Anguis fragilis*. Linnè.

CARACTÈRES. Paupière inférieure squameuse. Plaque rostrale petite, triangulaire, équilatérale, arrondie au sommet ; nasales petites, annulaires, tout à fait latérales ; cinq supéro-nasales supplé-

mentaires ; une inter-nasale hexagone , élargie ; deux fronto-nasales pentagones , sub-équilatérales , contiguës ; frontale grande ,
sub-triangulaire ; cinq paires de sus-oculaires ; deux paires de
fronto-pariétales fort petites ; une inter-pariétale triangulaire,
presque aussi grande que la frontale ; deux pariétales quadrilatères ou pentagones oblongues ; une occipitale losangique.

SYNONYMIE. *Cœcilia seu typhlus Grœcis.* Gesn. Serp. lib. 5, p. 36,
cum fig. p. 37.

Coluber. Id. loc. cit. p. 40 , cum fig.

Cœcilia. Jonst. Hist. nat. Serpent. lib. 1 , pag. 19 , tab. IV,
fig. 3.

Cœcilia vulgaris. Aldrov. Serp. lib. cap. XI , p. 243 , cum fig.
in p. 245.

Cœcilia di Gesnero , Gulfo Cecella. Imper. Stor. nat. lib. 28 ,
p. 690, fig.

Cœcilia typhlus. Charl. Exercit. p. 31.

Typhlops , Cœcilia, a Blindworms. Sibbald. Scotia illustrata.

Cœcilia anglica cinerea , squamis parvis mollibus compactis.
Petiv. Mus. p. 17, spec. 10.

Cœcilia. Ruisch, Theat. Anim. tom. 1, p. 19, tab. 4, fig. 3.

Anguis squamis abdominis caudœque CXXX. Linn. Faun.
Suec. edit. 1, p. 96, spec. 258.

Die Blindschleiche. Meyer, Thiere, tom. 1, tab. 91.

Anguis squamis abdominalibus CXXXVII , et squamis cauda-
libus XLIII. Gronov. Mus. Ichth. amph. anim. Hist. pag. 55,
spec. 9.

Anguis fragilis. Linn. Syst. nat. edit. 10 , tom. 1, pag. 229 ,
spec. 270.

Anguis erix. Id. loc. cit. spec. 262.

Anguis fragilis. Id. Faun. Suec. edit. 2 , p. 105 , spec. 289.

Anguis squamis abdominalibus CXXXVII, et squamis cauda-
libus XLIII. Gronov. Zoophyl. p. 18 , spec. 87.

Anguis fragilis. Wulff. Ichthyol. Amph. Boruss. p. 13.

Anguis fragilis. Linn. Syst. nat. edit. 12, tom. 1, pag. 392,
spec. 270.

Anguis eryx. Id. loc. cit. spec. 262.

Anguis fragilis. Laur. Synops. Rept. p. 68 et 178, spec. 125,
tab. 5, fig. 2.

Anguis lineata. Id. loc. cit. p. 68, spec. 126.

Anguis clivica. Id. loc. cit. p. 69 , spec. 129.

Blind-Worms. Penn. Brit. zool. tom. 3, p. 36, tab. 4, n° 15.

L'Orvet. Daub. Dict. Erpét. encyclop. méth. tom. 3, p. 658.

Anguis fragilis. Müll. Zool. Dan. prod. p. 36.

Hazelworms. Van Lier. Serp. du pays de Drenthe, pag. 207, tab. 3.

Anguis fragilis. Weiger. Abhandl. der Hall. naturf. ges. tom. 1, p. 50, spec. 78.

Anguis fragilis. Herm. Tab. affin. anim. p. 205, 208.

Anguis dorso trilineata. Boddaert. Nov. Act. acad. Cæsar. tom. 7, p. 25.

Anguis fragilis. Merrem, Verzeich. (Schrift. der Berlin. Gesellsch. naturforsh. Fr.), tom. 9, p. 195.

Anguis eryx. Id. loc. cit.

L'Orvet. Lacép. Hist. quad. ovip. tom. 2, pag. 430 , Pl. 19, fig. 1.

L'Eryx. Id. loc. cit. p. 438.

Anguis fragilis. Bonnat. Ophiol. Encycl. méth. p. 67, spec. 12, Pl. 42 , fig. 6.

Anguis eryx. Id. loc. cit. spec. 11.

Anguis eryx. Gmel. Syst. nat. Linn. tom. p. 1121.

Anguis fragilis. Id. loc. cit. p. 1122.

Anguis lineatus. Id. loc. cit. p. 1122.

Anguis clivicus. Id. loc. cit. p. 1122.

Anguis fragilis. Razoum. Hist. nat. Jorat. tom. 1, pag. 123, spec. 28.

Anguis fragilis. Leske, Mus. p. 34.

Cæcilia typhlus. Ray. Synops. quad. p. 289.

Anguis eryx. Donnd. Zoologisch. Beitr. tom. 3, pag. 215, spec. 13.

Anguis fragilis. Id. loc. cit. spec. 14.

Anguis lineatus. Id. loc. cit. spec. 17.

Anguis clivicus. Id. loc. cit. spec. 18.

L'Orvet commun. Cuv. Tab. élém. anim. p. 301.

Anguis fragilis. Shaw. Gener. zool. tom. 3, part. II, p. 579.

Anguis eryx. Id. loc. cit. p. 580.

Anguis clivica. Id. loc. cit. p. 589.

Anguis fragilis. Lat. Tab. Rept. Hist. nat. Salam. p. XXXVI.

Anguis fragilis. Retz. Faun. Suec. tom. 1, p. 293.

Anguis eryx. Id. loc. cit. p. 294.

Die Gemeine Blindschleiche Bechst. de Lacepede's naturgesch. amphib. tom. 4, p. 119.

Anguis lineata. Id. loc. cit. p. 164.

Anguis clivica. Id. loc. cit. p. 164.

Anguis fragilis. Schneid. Hist. amph. fasc. II, p. 311.

Anguis lineatus. Wolf. in sturm. Deutsch. Faun. Abtheil III, heft 3.

Anguis fragilis. Id. loc. cit.

Anguis fragilis. Dwigusbsky, Primit. Faun. Mosquens. p. 49.

Anguis fragilis. Latr. Hist. Rept. tom. 4, p. 209.

Anguis eryx. Id. loc. cit. p. 216.

Anguis fragilis. Daud. Hist. Rept. tom. 7, pag. 327, tab. 87, fig. 2.

Anguis eryx. Id. loc. cit. p. 337.

Eryx clivicus. Id. loc. cit. p. 281.

Anguis fragilis. Gravenh. Zoologisch. syst. p. 399.

Anguis fragilis. Pall. Zoograph. Ross. asiat. tom. 3, p. 55.

Anguis fragilis. Cuv. Règn. anim. 1re édit. tom. 2, p. 59.

Anguis fragilis. Merr. Tent. Syst. amph. p. 79.

Anguis eryx. Id. loc. cit. p. 88.

Anguis fragilis. Flem. Philos. of zoolog. tom. 2, pag. 289.

Anguis fragilis. Schinz. Thierich. Cuv.

Anguis fragilis. Frivaldsky, Monog. Serpent. Hung. p. 31.

Anguis fragilis. Metaxa. Monog. Serp. Rom. p. 31, spec. 1.

L'Orvet. Wyder. Ess. Hist. nat. Serp. Suiss. p. 26.

Anguis fragilis. Bendisc. Monog. Serp. mantov. in Giorn. di fisic. chimic. Brugn. dec. II, tom. 9, p. 415.

Anguis eryx. Id. loc. cit. p. 417.

Anguis fragilis. Fitz. Verzeich. Neue classif. Rept. p. 53.

Anguis fragilis. Risso. Hist. nat. Europe mérid. tom. 3, p. 38. spec. 14.

Anguis cinereus. Id. loc. cit. p. 88, spec. 15.

Anguis bicolor. Id. loc. cit. p. 89, spec. 16.

L'Orvet commun. H. Cloq. Dict. scienc. nat. tom. 36, p. 505.

Anguis fragilis. Flem. Hist. Brit. anim. p. 155.

Anguis fragilis. Millet. Faune de Maine-et-Loire, tom. 2, p. 617.

L'Orvet commun. Bory de Saint-Vincent, Résum. d'Erpétol. p. 151.

Anguis fragilis. Cuv. Règn. anim. 2e édit. tom. 2, p. 70.

Anguis fragilis. Guer. Icon. Regn. anim. Cuv. Rept. Pl. 17, fig. 2 (la tête).

Anguis fragilis. Wagl. Syst. amph. p. 159.

Anguis fragilis. Griffith's anim. Kingd. Cuv. tom. 9, p. 244.

Anguis fragilis. Gray, Synops. Rept. in Griffith's anim. Kingd. Cuv. tom. 9, p. 74.

Anguis eryx. Id. loc. cit. p. 74.

? *Siguana Ottonis*. Id. loc. cit. p. 74.

Anguis fragilis. Eichw. Zool. spec. Ross. et Polon. t. 3, p. 179.

Anguis fragilis. Lenz. Schlangenk. p. 523.

Anguis fragilis. Gravenh. Verzeich. Zool. mus. Bresl. p. 25, n° 1.

? *Anguis vittatus*. Id. loc. cit. p. 25, n° 2.

Anguis fragilis. E. Ménest. Catal. rais. zool. p. 66, n° 223.

Anguis fragilis. Bib. et Bory de Saint-Vinc. Expédit. scientif. Mor. Hist. nat. Rept. pag. 71.

Anguis fragilis. Ch. Bonap. Faun. Ital. pag. et Pl. sans n°ˢ.

Anguis fragilis. Schinz. Naturgesch. und abbild. Rept. p. 127, tab. 45, fig. 2.

Anguis fragilis. Wiegm. Herpet. mexic. pars 1, p. 11.

Anguis fragilis. Jenyns. Man. Brit. vert. anim. p. 295.

Anguis fragilis. Gerv. Énum. Rept. Barb. Ann. sc. na t. tom. 6 (1837), p. 306.

Anguis fragilis. Krynicki, Observat. Rept. indig. (Bullet. soc. imper. natur. Mosc. n° 3, 1837, p. 51).

? *Anguis incerta*. Id. loc. cit. pag. 52, tab. 1.

Anguis lineata. Id. loc. cit. pag. 54.

Anguis fragilis. Tschudi. Monog. schweizerisch. Echs. (Nouv. Mém. sociét. helvét. scienc. nat. Neuchât. tom. 1, pag. 37.)

Anguis fragilis. Schinz. Faun. Helvét. (Nouv. Mém. sociét. helvét. scienc. nat. Neuch. tom. 1, pag.   )

Anguis fragilis. Bell. Hist. brit. Rept. p. 39.

Anguis fragilis. Gray, Catal. of slender-long. Saur. Ann. of nat. Hist. by Jardine, tom. 1, pag. 334.

? *Siguana Ottonis*. Id. loc. cit. p. 334.

DESCRIPTION.

FORMES. Cette espèce a tout à fait la forme allongée d'un Serpent ; son corps est cylindrique et ne diminue que très-lentement

de diamètre d'arrière en avant, ce qui fait que la queue même à
son extrémité est toujours peu effilée ; cette queue, lorsqu'elle n'a
éprouvé aucun accident, car elle est très-sujette à se rompre, a
une fois et même une fois et demie autant d'étendue que le reste
du corps. La tête, dont le contour horizontal donne la figure d'un
triangle isocèle assez fortement arrondi à son sommet, est déprimée, et légèrement convexe à sa face supérieure. Les plaques
qui la protégent en dessus et latéralement sont plus nombreuses
que chez aucune des espèces de Scincoïdiens que nous ayons étudiées jusqu'ici. Outre une rostrale, une inter-nasale, deux fronto-
nasales, une frontale, deux fronto-pariétales, une inter-pariétale, deux pariétales et une occipitale, dont nous avons indiqué
la forme et la disposition en tête de cet article, on observe encore d'autres plaques que nous allons faire connaître. Il y en a
cinq qui occupent la place ordinaire de l'inter-nasale, laquelle
se trouve par conséquent repoussée en arrière : ces cinq plaques
supplémentaires, qui n'ont pas leurs analogues chez les autres
Scincoïdiens, sont disposées de manière que l'une d'elles, qui
est losangique, se trouve située au milieu d'un cercle que forment les quatre autres, qui sont hexagones oblongues, concurremment avec la rostrale et les deux supéro-nasales. Il existe six
plaques sus-oculaires et deux post-oculaires de chaque côté ; puis
on voit sept ou huit autres petites plaques formant une série qui
borde extérieurement les sus-oculaires, la fronto-nasale et l'inter-
nasale. La région frénale est revêtue de petites plaques disposées
sur trois rangs longitudinaux, dans chacun desquels on en
compte quatre ou cinq ; il y en a un rang à peu près semblable
sous l'œil. Le nombre des plaques qui garnissent la lèvre supérieure est de onze à droite, comme à gauche ; la première est
rhomboïdale et placée très en avant, attendu que la rostrale
n'occupe pas toute la largeur du museau ; la seconde, de même
forme et de même grandeur que la première, est située sous la
narine ; la troisième est plus petite et quadrilatère oblongue ;
toutes celles qui viennent ensuite, jusqu'à la huitième, sont pentagones ; la neuvième, malgré ses cinq côtés, simule un carré
long ; et les deux dernières sont sub-pentagones. La paupière inférieure est garnie de petites squames polygones, épaisses, sub-
imbriquées. Les écailles du corps sont élargies ; celles qui appartiennent à la région dorsale et à l'abdominale sont bien distinctement hexagones et placées de telle sorte que leur diamètre le

plus grand se trouve exactement en travers du corps, tandis que celles des parties latérales, outre qu'elles sont plus petites, sont rhomboïdales et situées obliquement par rapport à la ligne transversale du tronc, autour duquel la totalité des séries d'écailles est de vingt-cinq. Les squames préanales de la dernière rangée sont un peu plus développées que celles des deux précédentes.

COLORATION. Les jeunes Orvets fragiles ont tout le dessus du corps, depuis le bout du museau jusqu'à l'extrémité de la queue, d'un gris blanchâtre, avec ou sans une ligne médio-longitudinale noire; partout ailleurs sur leur corps, c'est-à-dire en dessous et latéralement, règne une teinte noire, quelquefois bleuâtre, extrêmement foncée.

Les individus adultes présentent trois variétés principales.

Variété A. Les parties supérieures offrent tantôt une teinte cuivreuse ou bronzée, tantôt une teinte fauve, tantôt une teinte grisâtre, tantôt enfin un brun marron plus ou moins clair; les côtés du corps sont lavés de noirâtre, et les régions inférieures présentent une couleur plombée.

Variété B. Ici c'est le même mode de coloration que chez la variété précédente, à l'exception que le dessus du corps est parcouru dans toute sa longueur par une raie noire, quelquefois double, le plus souvent simple et un peu en zigzag.

Variété C. L'animal est uniformément grisâtre en dessus et de chaque côté; tandis qu'en dessous il est d'un blanc sale, parfois lavé de gris. La face inférieure de la tête est vermiculée de brun.

L'iris est noir; la langue aussi, mais seulement à son extrémité antérieure, car le reste de sa surface est comme rosée.

DIMENSIONS. *Longueur totale.* 5o". *Tête.* Long. 5" 4'". *Cou et tronc.* Long. 19". *Queue.* Long. 3o" 3'".

PATRIE ET MŒURS. L'Orvet fragile se trouve dans toute l'Europe jusqu'en Suède, et même en Sibérie; on le rencontre également dans une grande partie de l'Asie occidentale et sur toute la côte méditerranéenne de l'Afrique. Notre collection en renferme des échantillons recueillis dans plusieurs de nos départements de la France, en Autriche, en Italie, en Sicile, en Morée, en Crimée et en Algérie. Cette espèce fait ses petits vivants; elle fréquente les localités herbeuses, se nourrit de vers, d'insectes et de petits mollusques terrestres.

XXIVe GENRE. OPHIOMORE. — *OPHIOMO-RUS* (1). Nobis.

CARACTÈRES. Narines latérales s'ouvrant chacune entre deux plaques, la nasale et la supéro-nasale. Langue plate, en fer de flèche, squameuse, faiblement échancrée à sa pointe. Dents coniques, obtuses, droites. Palais non denté, à rainure longitudinale. Des ouvertures auriculaires fort petites. Pas de membres. Corps anguiforme. Queue longue, arrondie, pointue. Écailles lisses.

Les Ophiomores se distinguent nettement des Orvets, d'abord par leurs dents, qui ne sont proportionnellement ni aussi longues, ni aussi effilées et nullement couchées en arrière; ensuite par leur langue, qui est à peine échancrée à sa pointe, qui n'offre pas de sillon transversal près de son extrémité antérieure, et qui n'a qu'une seule sorte de papilles sur toute sa surface, papilles qui sont aplaties et imbriquées d'avant en arrière à la manière des écailles; enfin, par leurs narines, qui ne viennent pas aboutir au milieu d'une petite plaque, mais entre deux, la nasale et la supéro-nasale, l'une et l'autre assez grandes. Il existe un méat auditif, mais aussi petit et aussi difficile à apercevoir que celui des Orvets.

1. L'OPHIOMORE A PETITS POINTS. *Ophiomorus miliaris.* Nobis.

CARACTÈRES. Paupière inférieure transparente ; plaque rostrale grande, triangulaire; nasales médiocres, sub-trapézoïdes, entamées semi-circulairement par la narine à leur bord antérieur ;

_____

(1) De ὄφις, Serpent, et de ὅμοιος, *confinis, sibi ipsi particeps,* ayant beaucoup de ressemblance.

supéro-nasales grandes, contiguës, triangulaires, échancrées semi-circulairement à leur base par la narine, une inter-nasale hexagone, excessivement élargie ; deux fronto-nasales très-petites, tout à fait latérales ; frontale très-grande, sub-quadrilatère, rétrécie en avant et un peu échancrée à droite et à gauche ; quatre sus-oculaires de chaque côté ; deux fonto-pariétales très-petites, fort écartées l'une de l'autre ; une inter-pariétale très-grande, obtusément triangulaire ; équilatérale ; deux petites pariétales allongées, étroites, obliques ; pas d'occipitale ; pas de fréno-nasale ; deux frénales, la première grande, pentagone, la seconde un peu moins grande, carrée ; deux petites fréno-orbitaires carrées.

SYNONYMIE. *Anguis miliaris.* Pall. Reise, durch. Versch. Provinz. Russich. tom. 2, p. 718.

Anguis miliaris, variété de la peintade. Lacep. Hist. nat. Serp. tom. 2, p. 439.

Anguis miliaris. Gmel. Syst. nat. Linn. tom. 1, p. 1120.

Anguis miliaris. Pall. Voy. dans différ. prov. de l'Emp. Russ. trad. franç. par Gauth. de Lapeyronie (5 vol. in-4°, 1788-95), tom. 2.

Anguis miliaris. Schneid. Hist. amphib. Fasc. 11, p. 322.

Variété de l'Anguis peintade. Latr. Hist. Rept. tom. 4, p. 219.

Eryx miliaris. Daud. Hist. Rept. tom. 7, pag. 270.

Anguis miliaris. Pall. Voy. prov. Emp. Russ. traduct. franç. par Gauth. de la Lapeyronie (8 vol. in-8° 1803), tom. 8, p. 96.

Anguis miliaris. Pall. Zoograph. Ross. Asiat. tom. 3, p. 54.

Tortrix miliaris. Merr. Tent. Syst. amphib. p. 80.

Erix miliaris. Eichw. Zoolog. Spec. Ross. Polon. tom. 3, p. 176.

Anguis punctatissimus. Bib. et Bory Saint-Vinc. Expédit. scient. Mor. Hist. nat. Rept. p. 71, Pl. XI, fig. 5, *a*, *b*, *c*, 3ᵉ série.

Anguis punctatissimus. Gerv. Enum. Rept. Barb. Ann. scient. nat. tom. 6 (1837), pag. 309.

DESCRIPTION.

FORMES. Cette espèce a la tête conique, faiblement aplatie sur quatre faces, le museau fort étroit, arrondi au bout, dépassant un peu l'extrémité de la mâchoire inférieure. L'oreille est située sous la quatrième ou la cinquième écaille de la rangée qui fait suite aux plaques labiales supérieures. Celles-ci sont au nombre de six de chaque côté, toutes de même grandeur ; la première est trapézoïde, les trois suivantes sont carrées, et les deux dernières pentagones. Toutes les écailles du corps se ressemblent par la forme et la grandeur; elles sont hexagones, fort peu élargies et comme arquées en arrière ; on en compte dix-huit séries longitudinales autour du tronc. Les squames préanales sont égales entre elles.

Coloration. Les parties supérieures du corps offrent sur un fond fauve, les latérales sur un fond gris, et les inférieures sur un fond blanchâtre, autant de séries de très-petits points noirs, qu'il existe de bandes longitudinales d'écailles ; ceux de ces points noirs qui occupent les flancs, sont généralement plus dilatés et plus serrés les uns contre les autres, que ceux du dos et du ventre.

Dimensions. *Longueur totale*. 15". *Tête*. Long. 9'". *Cou et tronc*. 7". *Queue*. Long. 8".

Patrie. Jusqu'ici nous n'avons encore reçu cette espèce que de Morée et d'Algérie, mais nous savons que, comme beaucoup d'autres productions erpétologiques de ces deux pays, elle se trouve aussi dans la Russie méridionale, où elle a été observée par Pallas.

Observations. C'est en effet à ce Scincoïdien qu'il faut rapporter *l'Anguis miliaris* de ce célèbre voyageur, qui l'a décrit de manière à ne laisser aucun doute à cet égard.

XXVᵉ GENRE. ACONTIAS. — *ACONTIAS* (1)
Cuvier.

Caractères. Museau conique, emboîté dans une grande plaque. Narines s'ouvrant de chaque côté de cette sorte d'étui rostral, et ayant chacune, en arrière, une fente longitudinale. Langue plate, en fer de flèche, squameuse, à peine échancrée à sa pointe. Dents co-

---

(1) Ακοντιας, *jaculus*, nom grec d'un Serpent (Lucian).

niques, obtuses. Palais non denté, à rainure longitudinale. Une seule paupière, l'inférieure. Pas d'ouvertures auriculaires. Pas de membres. Queue courte,
conique, comme tronquée. Écailles lisses.

Les Acontias se reconnaissent de suite à la petitesse de
leurs yeux, qu'une seule paupière protége, c'est l'inférieure, qui est elle-même extrêmement courte ; ces Scincoïdiens, les derniers de la division des Saurophthalmes, ont
en outre le museau enfermé dans une sorte d'étui squameux,
qui est creusé de chaque côté d'un sillon longitudinal à
l'extrémité antérieure duquel se trouve située la narine avec
laquelle il communique. Cet orifice nasal est fort petit et
ovalaire. Les Acontias ont la seconde moitié de leur palais
creusé d'un sillon longitudinal ; leur langue ressemble à celle
du commun des Scincoïdiens, c'est-à-dire qu'elle est plate,
qu'elle forme une fourche en arrière et une pointe obtuse
en avant, laquelle est faiblement incisée. Les dents qui arment leurs mâchoires, car ils n'en ont point au palais, sont
courtes, égales, coniques, simples. Nous n'avons pu
apercevoir de méats auditifs. Le corps des Acontias est tout
aussi allongé que celui des Orvets et des Ophiomores, mais
leur queue est considérablement plus courte, attendu qu'elle
n'entre guère que pour le cinquième ou le sixième dans
l'étendue totale du corps ; elle conserve presque la même
grosseur jusqu'à son extrémité, qui est comme tronquée,
quoique arrondie.

1. L'ACONTIAS PEINTADE. *Acontias meleagris*. Cuvier.
(Voyez Pl. 58).

CARACTÈRES. Paupière inférieure squameuse. Une plaque inter-
nasale hexagone, excessivement élargie, s'articulant avec la plaque
qui emboîte le museau ; pas de fronto-nasales ; frontale grande,
hexagone, un peu plus large que longue, pas de fronto-pariétales ; une inter-pariétale petite, triangulaire, équilatérale ; deux
pariétales médiocres, tétragones, inéquilatérales oblongues,

étroites, écartées en V; pas d'occipitale; trois sus óculaires de chaque côté; une grande frénale; une fréno-orbitaire.

SYNONYMIE. *Serpens minor orientalis , cauda acuminata.* Seb. tom. 1, p. 88 , tab. 53 , fig. 8.

Serpens cœcilia seu scytale. Id. loc. cit. tom. 2, p. 23 , tab. 21, fig. 4.

Anguis meleagris. Linn. Mus. Adolph. Fr. tom. 2 , p. 48.

Anguis meleagris. Linn. Syst. nat. édit. 12 , tom. 1 , p. 390.

Anguis meleagris. Laur. Synops, Rept. p. 68.

La peintade. Daubent. Dict. quad. ovip. Encyclop. meth. p. 662.

Die Aolschlange. Müll. Natur. syst. tom. 3, p. 211, n° 3.

Anguis meleagris. Herm. Tab. affinit. anim. p. 266.

La peintade. Lacép. Hist. nat. Serp. tom. 2, p. 439.

La peintade. Bonn. Ophiol. Encyclop. méth. p. 64, Pl. 30, fig. 1.

Anguis meleagris. Gmel. Syst. nat. Linn. tom. 1, p. 1119.

Anguis meleagris. Leske , Mus. p. XXXIII , n° 88.

Anguis meleagris. Donnd. Zoologisch. Beitr. tom. 3, p. 211.

Anguis meleagris. Shaw. Gener. zool. tom. 3, part. II , p. 581.

Die Punktirte Blindschleiche. Bechst. de Laceped's naturgesch. amphib. tom. 4, p. 130, Pl. XI, fig. 2.

Anguis meleagris. Schneid. Hist. amphib. fasc. II , p. 320.

L'Anguis peintade. Latr. Hist. Rept. tom. 4, p. 219.

Eryx meleagris. Daud. Hist. Rept. t. 7 , p. 272.

Anguis meleagris. Oppel. Ordnung. Fam. Gatt. Rept. p. 41.

Acontias (Anguis meleagris, Linn.). Cuv. Règn. anim. 1re édit. tom. 2, p. Co.

Acontias meleagris. Merr. Tent. syst. amphib. p. 80, n° 1.

Acontias meleagris. Bory de Saint-Vincent , Résum. d'erpét. p. 153.

Acontias (Anguis meleagris , Linn.). Cuv. Règn. anim. 2e édit. tom. 2 , p. 71.

Acontias meleagris. Guer. Iconogr. Règn. anim. Cuv. Rept. Pl. 17 , fig. 3.

Acontias (Anguis meleagris , Linn.). Wagl. Syst. amphib. p. 196.

Acontias (Anguis meleagris, Linn.). Griff. anim. Kingd. Cuv. tom. 9, p. 245.

Acontias meleagris. Gray, Synops. Rept. in Griffith's anim. Kingd. tom. 9, p. 76.

51.

Acontias meleagris. Schinz. Naturgesch. und Abbild. Rept. p. 128, tab. 44, fig. 2.

Acontias meleagris. Gray, Cat. of slender-tong. Saur. (Ann. of natur. histor. by Jardine, tom. 1, p. 337.)

DESCRIPTION.

FORMES. L'Acontias peintade a la tête parfaitement conique ; la face, ou mieux le museau, est en entier protégé par une très-grande plaque en forme de cône, qui s'étend presque jusqu'aux yeux ; la lèvre supérieure se trouve ainsi couverte en grande partie par cette sorte d'étui, qui, de chaque côté, est fendu longitudinalement en arrière de la narine. Le menton est garni d'une plaque à peu près semblable à celle du museau. On compte encore malgré cela cinq paires de plaques labiales supérieures, toutes pentagones, la première seulement plus grande que les autres ; et trois paires de plaques labiales inférieures de forme rhomboïdale. Les écailles du corps sont toutes hexagones et très-élargies ; elles forment quatorze séries longitudinales autour du tronc. Une grande squame hemidiscoïdale protége seule la lèvre anale. Le ventre ou plutôt tout le dessous du corps, depuis la gorge jusqu'au cloaque, présente une surface plane.

COLORATION. Les écailles du dessus et des côtés du corps, et souvent celles de la face inférieure de la queue, ont leur centre coloré en brun marron plus ou moins foncé, tandis que leur pourtour l'est en fauve, ordinairement très-clair. Il résulte de ce mode de coloration un nombre égal de séries de taches brunes à celui des bandes des écailles qui revêtent les parties supérieures et les régions latérales du corps. Quant au dessous de l'animal, il est uniformément blanchâtre.

DIMENSIONS. *Longueur totale.* 26" 6'". *Tête.* Long. 1" 2'". *Cou et tronc.* Long. 2'". *Queue.* Long. 4" 4'".

PATRIE. L'Acontias peintade est originaire de l'Afrique australe ; il est surtout très-commun dans le voisinage du cap de Bonne-Espérance.

DEUXIÈME SOUS-FAMILLE.

LES OPHIOPHTHALMES.

Tous les Ophiophthalmes ont, il est vrai, les yeux à nu, mais une seule espèce, le Gymnophthalme à quatre raies, manque complétement de paupière ; chez les autres, il en existe encore un rudiment bordant l'orbite en tout ou en partie sous forme d'anneau ou de demi-anneau, le plus souvent très-étroit et immobile, quelquefois encore assez élargi à la partie supérieure et susceptible de se replier sous le bord orbitaire ou de s'avancer un peu sur le globe de l'œil, ainsi que cela a lieu dans quelques espèces d'Abléphares.

Les Scincoïdiens ophiophthalmes sont en très-petit nombre ; on n'en compte effectivement que sept espèces, qui ont été distribuées en quatre genres différents. Mais parmi ces espèces, comme dans les sous-familles des Saurophthalmes, les unes ont la forme commune à la plupart des Sauriens, c'est-à-dire un corps plus ou moins court, d'une certaine largeur, et des membres bien développés, les autres, au contraire, un corps allongé étroit, avec une ou deux paires de membres extrêmement courts, ou même sans pattes du tout, comme les serpents. C'est à cette sous-famille des Ophiophthalmes qu'appartiennent les deux seules espèces de Scincoïdiens encore connus qui offrent des pores au devant de la marge antérieure du cloaque ; aucune n'en présente non plus sous les régions fémorales.

XXVIe GENRE. ABLÉPHARE. — *ABLEPHA-RUS* (1). Fitzinger.

(*Ablepharus et Cryptoblepharus*, Wiegmann ; *Ablepharis et Cryptoblepharis*, Cocteau.)

CARACTÈRES. Un rudiment de paupière. Narines latérales, s'ouvrant chacune dans une seule plaque, la nasale ; pas de supéro-nasales. Langue plate, en fer de flèche, squameuse, échancrée à sa pointe. Dents coniques, simples. Palais non denté, à échancrure triangulaire peu profonde. Des trous auriculaires. Quatre pattes terminées chacune par cinq doigts inégaux, onguiculés, sub-cylindriques ou un peu comprimés. Cercle palpébral plus ou moins complet, plus ou moins mobile. Écaillure lisse. Pas de pores fémoraux ni de préanaux.

Les Abléphares sont très-faciles à reconnaître, en ce qu'ils sont les seuls parmi les Ophiophthalmes lacertiformes pourvus de quatre pattes, chez lesquels elles soient divisées chacune en cinq doigts. Les Gymnophthalmes, qui sont ceux qui s'en rapprochent le plus, n'en ont que quatre aux pieds de devant. La langue des Abléphares n'a rien de particulier dans sa conformation, c'est-à-dire que, comme chez le commun des Scincoïdiens, c'est un organe aplati, fourchu en arrière, tandis qu'en avant il forme au contraire une pointe faiblement incisée à son extrémité. Le palais de ces Sauriens n'est ni denté ni creusé d'une rainure longitudinale, son bord postérieur seul offre une échancrure peu profonde ; le bord

---

(1) Α βλεφαρος, *sine palpebris*, yeux sans paupières.

latéral interne des palatins et des ptérygoïdiens de gauche est recouvert par le bord correspondant des mêmes os du côté droit. C'est à tort que nous avions cru reconnaître la présence des dents palatines signalées par M. Fitzinger et Wagler chez l'espèce appelée *Kitaibelii* par Cocteau, lorsque nous l'avons décrite dans le grand ouvrage de l'expédition scientifique en Morée ; car ayant depuis examiné avec plus de soin les deux individus de cette espèce que renferme notre musée, nous sommes demeurés convaincus qu'elle est privée de dents palatines, comme ses quatre congénères. C'est à peu près au milieu de la plaque nasale que vient s'ouvrir la narine, qui est plutôt ovalaire qu'arrondie. Il existe un rudiment de paupière, qui forme un demi-cercle ou un cercle entier fort étroit autour du globe de l'œil ; quelquefois ce cercle palpébral est susceptible d'une certaine mobilité en avant, dans toute ou dans une partie seulement de sa circonférence, mais cela n'a lieu que lorsque ce vestige de paupière fait un petit repli qui s'enfonce entre le globe de l'œil et le bord orbitaire.

Les quatre espèces d'Abléphares que nous connaissons présentent entre elles, à peu de chose près, le même ensemble de formes, ou celui qu'on observe chez la plupart des Scincoïdiens ; une seule s'éloigne peut-être un peu de ce type en ce que ses membres sont plus courts, et son tronc et sa queue moins distincts l'un de l'autre. Les lamelles sous-digitales sont lisses. Le genre *Ablepharus* a été établi par M. Fitzinger d'après l'espèce qui se rencontre en Hongrie, l'*Ablepharus Pannonicus* de cet auteur ou l'*Ablepharus Kitaibelii* de Cocteau ; nous y réunissons le genre *Cryptoblepharus* que M. Wiegmann a cru devoir créer pour des espèces semblables à l'Abléphare de Kitaibel, mais chez lesquelles le vestige de paupière dont nous parlions tout à l'heure n'est pas tout à fait aussi court.

TABLEAU SYNOPTIQUE DES ESPÈCES DU GENRE ABLÉPHARE.

Fronto-pariétale

double : autour de l'œil {
  un demi-cercle palpébral. . . . . 1. A. DE KITAIBEL.
  un cercle palpébral. . . . . 2. A. DE MÉNESTRIÈS.
}

unique : écailles du cercle palpébral {
  égales entre elles, petites. . . . . 4. A. RAYÉ ET OCELLÉ.
  inégales, les trois supérieures plus grandes. . . . . 3. A. DE PÉRON.
}

A. DEUX PLAQUES FRONTO-PARIÉTALES.

1. L'ABLÉPHARE DE KITAIBEL. *Ablepharus Kitaibelii.* Cocteau.

CARACTÈRES. Paupière formant un simple demi-cercle, située à la partie postérieure de l'œil; plaque rostrale triangulaire; nasales rhomboïdales, grandes, presque contiguës; inter-nasale élargie en losange; fronto-nasales losangiques, contiguës; frontale en losange court, obtus en avant, long, aigu en arrière; trois sus-oculaires augmentant considérablement de grandeur à partir de la première; pas de surciliaires; deux fronto-pariétales rhomboïdales, contiguës; une inter-pariétale losangique affectant une forme triangulaire, aussi grande que chacune des fronto-pariétales; deux pariétales allongées, étroites, en V; pas de fréno nasale; deux frénales, la première très-haute, étroite, la seconde de moitié plus courte; deux fréno-orbitaires. Oreille très-petite, presque cachée par les écailles voisines.

SYNONYMIE. *Scincus Platycephalus.* Pér. M.S.

Lacerta nitida. Kitaibel. M.S.

Scincus Pannonicus. Schreib. Mus. de Vienne.

Scincus Pannonicus et Ablepharus Pannonicus. Lichtenst. Ver zeich. der Doublett. der Zoologisch. Mus. Berl. (1823), p. 103, n° 59.

Ablepharus Pannonicus. Fitzing. Verh. Gesellsch. naturf. Fr. Berl. (1824), p. 297, Pl. 14.

Scincus Pannonicus et Ablepharus Pannonicus. Lichtenst. Reise von Orenburg nach Buchara von Meyendorff, p. 145, et traduct. franç. par A. Jaubert et Barrez, p. 464.

Ablepharus Pannonicus. Fitz. Neue classif. Rept. p. 26 et 54.

Ablepharus Pannonicus. Wagl. Syst. Amph. p. 156.

Ablepharus Pannonicus. Wiegm. Nov. act. Acad. natur. curios. tom. 17, p. 183.

Ablepharis Kitaibelii. Bib. et Bory St-Vinc. Expédit. scient. Morée. Zool. Rept. p. 69, Pl. 11, fig. 4.

Ablepharis de Kitaibel. Th. Coct. Études sur les Scincoides, 1re liv. (1836), p. 1, Pl. sans n°.

Ablepharus Pannonicus. Gray. Catal. of slender-tong. Saur. Ann. of natur. Histor. by Jardine, tom. 1, p. 335.

DESCRIPTION.

FORMES. L'Abléphare de Kitaibel se distingue , au premier aspect , de ses congénères, par son corps anguiforme, par la petitesse de ses trous auriculaires , et par la brièveté de ses membres , qui ne sont guère plus longs, ceux de devant, que le cou ; ceux de derrière , que le cou et la tête. Aux mains, les trois premiers doigts vont en augmentant de longueur; le quatrième est moins long que le troisième , et le cinquième est un peu plus court que le second ; aux pieds , les quatre premiers orteils sont étagés , et le dernier n'est pas aussi long que le second. La queue, qui ne diminue que très-lentement de diamètre en s'éloignant du tronc, n'entre que pour un peu plus de la moitié dans l'étendue totale de l'animal. La tête représente une pyramide quadrangulaire, courte, obtuse ; elle est très-peu déprimée. Le seul vestige de paupière qui existe se montre sous la forme d'une portion de cercle qui borde la partie postérieure du globe de l'œil ; il est revêtu d'une double rangée curviligne de petites squames. Il y a six plaques de chaque côté à la lèvre supérieure, la première est trapézoïde ou en triangle isocèle tronqué à son sommet, la seconde est carrée, la troisième de même, la quatrième quadrangulaire oblongue, la cinquième pentagone , et la sixième aussi. Les ouvertures des oreilles sont deux petits trous arrondis, situés entre quatre écailles, l'un à droite, l'autre à gauche, immédiatement en arrière et un peu au-dessus de la commissure des lèvres. Deux très-grandes squames couvrent presque à elles seules la région préanale. Les écailles du corps sont parfaitement lisses, hexagones, très-élargies ; on en compte vingt séries longitudinales autour du tronc. Les écailles de la nuque sont beaucoup plus dilatées en travers que celles du cou et du dos ; celles du dessus de la queue le sont moins.

COLORATION. Les parties supérieures offrent une couleur d'un vert cuivreux ; une bande marron s'étend de chaque côté du corps, depuis la narine jusqu'en arrière de la cuisse ; le bord supérieur et l'inférieur de cette bande portent chacun un liséré blanc très-étroit. Un blanc jaunâtre est répandu sur toutes les régions inférieures.

DIMENSIONS. *Longueur totale.* 8" 8'". *Tête.* Long. 9'". *Cou.*

Long. 8'''. *Tronc.* Long. 3'' 1'''. *Memb. antér.* Long. 9'''. *Memb. postér.* Long. 1'' 2'''. *Queue.* Long. 4''.

PATRIE. Notre musée renferme deux individus de l'Abléphare de Kitaibel, provenant, l'un des récoltes faites à la Nouvelle-Hollande, par Péron et Lesueur; l'autre des collections recueillies en Morée, par les membres de la commission scientifique qui accompagna l'armée française envoyée dans cette presqu'île en l'année 1826; mais ces deux pays ne sont pas les seuls où l'on trouve cette espèce; car elle habite, et la Bucharie, où elle a été observée par M. Erversmann, et la Hongrie, d'où Kitaibel, professeur à Pesth, en avait déjà, dès l'année 1813, envoyé deux individus vivants, sous le nom de *Lacerta nitida*, à M. Schreibers de Vienne. Suivant M. Fitzinger, ce Saurien se nourrit de petits Scarabés, de Cousins, de larves, etc.

Observations. L'épithète de *l'annonicus*, qui convenait fort bien à ce Scincoïdien, lorsqu'on le croyait particulier à la Hongrie, n'étant plus exacte aujourd'hui qu'on sait qu'il habite des contrés bien différentes, nous avons, à l'exemple de Cocteau, préféré le désigner par le nom du savant botaniste auquel on en doit la découverte en Europe.

2. L'ABLÉPHARE DE MENESTRIÉS. *Ablepharus Menestriesii.* Nobis.

CARACTÈRES. Cercle palpébral complet. Plaque rostrale triangulaire; nasales assez rapprochées l'une de l'autre; internasale triangulaire; fronto-nasales contiguës; frontale en losange court en avant, long et très-aigu en arrière; trois sus-oculaires augmentant beaucoup de grandeur à partir de la dernière; des surcilières étroites; deux fronto-pariétales; une interpariétale sub-triangulaire, de la même grandeur que chacune de ces dernières; deux pariétales; pas de fréno-nasales; deux frénales grandes, la première à peine plus haute que la seconde; deux fréno-orbitaires. Oreille médiocre, circulaire, découverte, à bord simple.

SYNONYMIE. *Scincus bivittatus*, Ménest. Catal. raisonn. zoolog. pag. 64, n° 218.

DESCRIPTION.

FORMES. Cette espèce a quelque chose qui la distingue de suite de la précédente, c'est sa forme qui se rapproche bien davantage du type commun des Scincoïdiens. Ses membres sont à proportion plus développés, et sa queue est plus distincte du tronc. Couchées le long du cou, les pattes antérieures atteignent aux yeux ; les postérieures ont une longueur égale à la moitié de celle des flancs. La queue fait presque les deux tiers de l'étendue totale de l'animal ; elle est conique, assez effilée et très-pointue en arrière. Le dos est un peu convexe, les flancs le sont moins que lui, et le ventre est presque plat. La tête a la même forme, mais elle est plus courte, et le museau est plus obtus que chez l'Abléphare de Kitaibel. Ici le rudiment palpébral forme un cercle complet, offrant, à sa partie supérieure, trois écailles plus grandes que celles qui garnissent le reste de sa circonférence. Les oreilles, qui sont excessivement petites chez l'espèce précédente, sont chez celle-ci d'une grandeur médiocre, circulaires, bien découvertes, à bord simple, en dedans duquel se voit la membrane du tympan. Les plaques fronto-nasales ont une forme irrégulière, et l'une est un peu recouverte par l'autre en avant de la frontale. Nous ignorons si cette disposition est naturelle, car nous n'avons encore observé qu'un seul individu de cette espèce. La frontale représenterait un triangle isocèle, très-aigu en arrière, si son bord antérieur ne formait pas un angle, qui, à la vérité, est excessivement ouvert. Les fronto-pariétales sont contiguës et offrent quatre pans presque égaux ; l'interpariétale, malgré ses quatre côtés, simule un triangle ; les pariétales sont oblongues, étroites, un peu cintrées en dehors et placées de manière qu'elles représentent une figure en V. On remarque une suite de quatre ou cinq plaques surcilières, ce qui n'existe pas chez l'espèce précédente ; il y a deux fréno-orbitaires, la première est pentagone et plus grande que la seconde, qui est quadrilatère oblongue. La cinquième labiale supérieure touche à l'orbite ; elle est une fois plus large que haute ; les quatre qui la précèdent sont à peu près carrées, et les deux qui la suivent pentagones. Toutes les écailles du corps sont lisses, hexagones, dilatées en travers ; celles du dessus du cou sont plus élargies que celles du dos ; celles du dos sont plus grandes que celles du ventre, et celles du ventre plus grandes que celles des flancs. La totalité des séries longitudinales d'écailles autour du tronc, est de vingt-quatre environ. Deux grandes squames en quart de cercle recouvrent la lèvre du cloaque. La face inférieure de la queue offre une bande de scutelles semblables à celles du ventre des Serpents.

COLORATION. Une teinte bronzée est répandue sur les parties supérieures; les écailles du dessus du cou, du dos et de la face supérieure de la queue portent une bordure brune; ces mêmes régions offrent quatre séries de taches grisâtres bordées latéralement de brunâtre. Une assez large bande noire lisérée de blanc en haut et en bas s'étend de chaque côté du corps, depuis l'œil jusqu'à la région supérieure de l'origine de la cuisse. Il existe un trait noirâtre entre la narine et le bord orbitaire; ce trait ou cette ligne noirâtre s'unit par son bord inférieur, à une raie blanche qui passe sous l'œil pour aller rejoindre l'autre raie blanche située le long de la partie inférieure de la bande noire latérale du tronc. Le dessous de la tête et de la queue, la gorge et le ventre présentent, sur un fond grisâtre, des raies longitudinales parallèles, d'un blanc glacé de vert. Les écailles de la face inférieure des membres sont grises, bordées d'une teinte plus foncée.

DIMENSIONS. *Longueur totale.* 8" 9'". *Tête.* Long. 8'". *Cou.* Long. 5'". *Tronc.* Long. 2" 1'". *Memb. antér.* Long. 9'". *Memb. postér.* Long. 1" 1'". *Queue.* Long. 5" 5'".

PATRIE. Ce Scincoïdien a été rencontré assez abondamment par M. Ménestriés à Perimbal, sur les montagnes de Talysche.

Observations. Il est indiqué sous le nom de *Scincus bivittatus* dans le catalogue de zoologie, publié par ce naturaliste, qui dit avoir trouvé des chenilles dans l'estomac des individus qu'il a ouverts; cette espèce, ajoute M. Ménestriés, se tient dans les prairies, marche sur l'herbe et monte sur les petits buissons.

B. UNE SEULE FRONTO-PARIÉTALE.

3. L'ABLÉPHARE DE PÉRON. *Ablepharus Peronii.* Nobis.

CARACTÈRES. Cercle palpébral entier, ayant trois de ses écailles, les supérieures, moins petites que les autres. Plaque rostrale très-élargie, triangulaire, malgré ses cinq pans; nasales rhomboïdales, presque contiguës; inter-nasale en losange élargi, tronqué à son angle antérieur; fronto-nasales pentagones, contiguës; frontale triangulaire, petite, ou de même grandeur qu'une des fronto-nasales; quatre sus-oculaires sub-égales; quatre surcilières médiocres; une seule fronto-pariétale grande, en losange; pas d'inter-pariétale; deux pariétales petites, oblongues, écartées en V; pas de fréno-nasales; deux frénales, la première rhomboïdale, la seconde quadrilatère oblongue, plus basse que la première; deux fréno-orbitaires. Oreille médiocre; sub-ovale, découverte, à bord simple; six à sept écailles préanales presque égales entre elles.

SYNONYMIE. *Variétés* A, B, C? *Lacerta Zeilanica.* Seb. tom. 11, p. 4, tab. 2, fig. 9 et 10.

Scincus plagiocephalus. Péron, M. S.

Scincus Boutonii. Jul. Desjard. Ann. scienc. natur. tom. 22 (1831), p. 298.

Cryptoblepharis Peronii. Th. Coct. Études sur les Scincoïdes, 1re livraison (1836), p. 1, Pl. sans n°.

Ablepharus pœcilopleurus. Wiegm. Nov. act. natur. curios. tom. 17 (1835), p. 183, tab. 8, fig. 1.

?*Ablepharus cupreus.* Gray, Catal. of slender-tong. Saur. Annals of natural. hist. by Jardine, tom. 1, p. 335.

Cryptoblepharus pœcilopleurus. Gray, Catal. slender-tong. Saur. (Ann. nat. hist. by Jardine, tom. 1, p. 335.)

Scincus arenarius. Mus. Leyde.

Variété B. *Scincus aureus.* Mus. Par.

Ablepharis de Leschenault. Th. Coct. Magas. zoolog. Guér. (1832), class. 111, n° 1.

Scincus furcatus. Mus. Leyde.

Cryptoblepharis de Leschenault. Th. Coct. Études sur les Scincoïdes, 1re livraison, fig.

Pété, ainsi nommé à Java.

DESCRIPTION.

FORMES. Cette espèce et les deux suivantes n'ont qu'une seule plaque fronto-pariétale, tandis que les précédentes en offrent deux. L'Abléphare de Péron a la tête triangulaire, allongée, très-déprimée, le museau pointu, fort aplati, et les régions sus-oculaires un peu bombées. Le corps a la même forme, et les membres et la queue ont le même développement que chez l'Abléphare de Ménestriés. Les doigts sont longs et grêles; les quatre premiers, aux mains comme aux pieds, sont étagés, et le cinquième n'est pas tout à fait aussi long que le second. La paupière ou ce qui la représente forme un cercle complet dont aucune portion ne peut s'abaisser sur le globe de l'œil, ce cercle est revêtu d'écailles extrêmement petites, excepté à sa partie supérieure où l'on en remarque trois distinctement plus grandes. Les oreilles sont circulaires, d'une moyenne grandeur, entièrement découvertes et sans écailles saillantes ni dentelures à l'entour. L'écaillure du corps se compose de pièces hexagones dilatées transversalement, arrondies en arrière, à surface rarement tout à fait lisse, car le plus souvent elle est relevée de faibles carènes linéaires ou creusée de plusieurs sillons à peine sensibles sans le secours de la loupe; sur les flancs, ces pièces sont plus petites que sur la poitrine et le ventre, au lieu que sur le dos elles sont plus grandes que partout ailleurs. Les séries longitudinales qu'elles forment autour du tronc sont au nombre de vingt-huit. Il y a sur l'opercule du cloaque trois rangs transversaux d'écailles, celles qui appartiennent au dernier et particulièrement les deux médianes, sont un peu plus développées que les autres.

COLORATION. *Variété* A. Deux raies assez larges, nettement tracées, d'un jaune pâle ou blanchâtre, commençant à l'extrémité antérieure du sourcil, bordent l'une à droite, l'autre à gauche, la tête, la région cervicale, le dos et la base de la queue; chacune de ces raies jaunes ou blanchâtres est cotoyée en dedans par une ligne, en dehors par une bande d'un brun foncé, laquelle traverse la tempe. Le dessus de la tête et du cou, le dos et la face supérieure de la queue offrent une teinte fauve ayant un éclat doré rarement uniforme, attendu que les écailles des régions que nous venons de nommer, sont souvent marquées de stries noirâtres quelquefois assez élargies. Le dessus du corps est coloré à peu près de la même manière que le dos; le dessous de l'animal est blanchâtre.

Variété B. On observe, à droite et à gauche du corps, de même que chez la variété précédente, deux raies d'un jaune pâle ou blanchâtre, placée chacune entre une ligne et une bande d'un brun foncé ou noirâtre; mais ici ces raies, au lieu d'être nettement imprimées, sont comme déchiquetées à leurs bords; puis la bande noirâtre est piquetée de jaune ou de blanchâtre. En dessus, la tête, le cou, le tronc et la queue ont bien aussi leurs plaques ou leurs écailles marquées de petites taches ou de stries noires; mais c'est sur un fond cuivreux ou bronzé, ou d'un brun verdâtre. Les régions inférieures sont blanches, glacées de vert ou d'orangé.

Variété C. Toutes les régions supérieures offrent un fond noir semé de très-petits points jaunâtres, qui sont plus dilatés et plus rapprochés les uns des autres sur les régions latérales du corps , qui , chez les variétés précédentes, sont parcourues par deux raies blanchâtres. Le dessous de l'animal est coloré de la même manière que dans la variété B.

Variété D. Deux teintes, l'une d'un noir foncé, l'autre d'un jaune doré, se montrent sur les parties supérieures du corps : la première sert de fond à la seconde, qui est semée en très-petits points sur les flancs et les membres, et qui s'étalent en raies ou rubans sur la tête, le cou et le tronc. Un de ces rubans jaunes part du bout du museau , suit la ligne moyenne du crâne et du cou, puis se divise en deux raies qui parcourent la région rachidienne dans toute sa longueur, en s'élargissant graduellement un peu ; deux autres raies jaunes prennent naissance sur les sourcils pour aller se perdre sur la queue après avoir côtoyé le cou et la région dorsale , l'une à droite l'autre à gauche ; le dessus de la queue est d'un jaune doré, tandis que ses côtés sont noirs ; son extrémité semble offrir une teinte roussâtre. Les parties latérales du cou présentent aussi chacune une raie dorée, dont l'extrémité antérieure touche à la narine , et la postérieure à la racine du bras. Tout le dessous de l'animal est d'un blanc lavé de jaune : c'est cette variété en particulier qui constitue l'*Ablepharis Leschenaultii* de Cocteau.

DIMENSIONS. *Longueur totale*, 11" 3'". *Tête*. Long. 1". *Cou*. Long. 8. *Tronc*. Long. 3". *Memb. antér*. Long. 1" 5'". *Memb. postér*. Long. 1" 9'". *Queue*. Long. 6" 5'".

PATRIE. Cette espèce habite des contrées fort différentes les unes des autres par leur climat et leurs productions naturelles ; ainsi elle a été trouvée à la Nouvelle-Hollande , il y a près de quarante ans, par Péron et Lesueur, et plus récemment par M. Freycinet; elle l'a été à Taïti , aux îles Sandwich , par MM. Quoy et Gaimard ; à Java , par le capitaine Philibert ; à l'Ile-de-France , par M. Julien Desjardins. M. Kiener, étant à Toulon , en a acquis un certain nombre d'individus recueillis en Morée , avec d'autres objets d'histoire naturelle, par des matelots montant un des vaisseaux qui avaient fait partie de l'expédition militaire envoyée en ce pays en 1826; enfin M. Fortuné Eydoux vient d'en rapporter du Pérou plusieurs beaux échantillons.

Observations. Cette dernière circonstance confirme l'opinion émise par Cocteau, que l'*Ablepharus pœcilopleurus* de M. Wiegmann, établi sur des sujets provenant du Pérou, est spécifiquement le même que l'*Ablepharus Peronii*; M. Wiegmann, qui a contesté ce fait, le reconnaîtra volontiers pour vrai aujourd'hui, lorsqu'il saura que Cocteau avait laissé passer une légère inexactitude dans sa description de l'Abléphare de Péron, en signalant les écailles de ce Scincoïdien comme parfaitement lisses : la vérité est qu'elles le sont quelquefois, mais que le plus souvent, comme le dit M. Wiegmann de celles de son *Ablepharus pœcilopleurus*, elles présentent, dans le sens de la longueur du corps, soit de petits sillons, soit des stries extrêmement fines. Il y a dans l'ouvrage de Séba, sous les nᵒˢ 9 et 10, de la pl. 2 du tom. II, deux figures qui nous semblent représenter cette espèce plutôt qu'aucune autre de celles auxquelles on les a rapportées jusqu'ici. Nous avons dû réunir, à l'*Ablepharus Peronii*, l'*Ablepharis Leschenaultii* de Cocteau, qu'aucun caractère, autre que leur mode de coloration, n'en distingue réellement. Cet *Ablepharis Leschenaultii* de Cocteau forme notre quatrième variété de l'Abléphare de Péron; c'est une des mieux tranchées et des plus constantes, à ce qu'il paraît; car le musée de Leyde possède un certain nombre d'individus exactement semblables à celui d'après lequel notre description a été rédigée. Jusqu'ici on ne l'a trouvée qu'à Java, mais les autres variétés existent aussi dans cette île.

4. L'ABLÉPHARE RAYÉ ET OCELLÉ. *Ablepharus linco-ocellatus.* Nobis.

CARACTÈRES. Cercle palpébral entier, garni de petites écailles égales entre elles. Plaque rostrale hexagone, petite, très-élargie; nasales rhomboïdales, écartées l'une de l'autre; inter- nasale en losange élargi, tronqué à son angle antérieur; deux fronto-nasales pentagones, sub-rhomboïdales, presque contiguës, rabattues sur le *canthus rostralis*; frontale à quatre pans, deux courts en avant formant un angle obtus, deux longs en arrière formant un angle aigu; une seule fronto-pariétale en losange régulier, plus grande que la frontale; pas d'inter-pariétale; deux pariétales tétragones inéquilatérales, un peu plus longues que larges, contiguës en arrière. Quatre sus-oculaires grandes, mais surtout la seconde; cinq ou six surciliaires; pas de fréno-nasale; deux frénales, la première rhomboïdale; la seconde plus basse, pentagone ou carrée; trois fréno-orbitaires. Oreille médiocre, sub-ovale.

SYNONYMIE?

DESCRIPTION.

FORMES. La tête de cette espèce est plus courte, moins déprimée, moins pointue en avant que celle de l'Abléphare de Péron. Ses régions surcilières sont à peine bombées. Les pattes de devant, couchées le long du cou, s'étendent jusqu'aux yeux ; celles de derrière ont une longueur égale aux trois quarts de l'étendue des flancs. Les doigts sont longs et grêles. La queue est très-effilée et une fois plus longue que le reste du corps. La région frénale est plus ou moins concave, suivant les individus. Il y a sept plaques labiales supérieures de chaque côté ; la première est fort petite, trapézoïde ; la seconde est un peu plus grande, trapézoïde aussi, ou carrée ; la troisième et la quatrième, encore un peu plus grandes, ont à peu près cette dernière forme ; la cinquième, qui touche au bord orbitaire, est quadrilatère oblongue ; la sixième et la septième sont pentagones, plus hautes que larges. Les oreilles, assez grandes et ovalaires, ont leur bord antérieur dépassé par la pointe de deux ou trois des écailles voisines. La paupière vestigiaire qui existe autour de l'œil, fait un cercle complet que revêtent de très-petites écailles, toutes égales entre elles, ce qui n'est pas la même chose chez l'Abléphare de Péron, où l'on en voit trois un peu plus développées que les autres. L'espèce du présent article diffère encore de l'Abléphare de Péron, en ce que les pièces de l'écaillure du corps ne sont pas d'inégale grandeur comme chez ce dernier ; ici celles du dos, du ventre et des flancs présentent le même développement ; elles sont parfaitement lisses, hexagones, et un peu dilatées en travers. Le nombre des séries qu'elles forment autour du tronc est de vingt-six. Les squames préanales, qui sont disposées sur trois rangs transversaux, offrent toutes la même dimension.

COLORATION. Les parties supérieures du corps sont grises, ou d'une teinte rubigineuse, avec ou sans une bande blanchâtre de chaque côté du dos, lequel offre constamment quatre séries de petites taches noires assez généralement bordées de blanc. Une large raie blanche, placée entre deux lignes brunes ou noires, s'étend tout le long de chaque partie latérale du corps, depuis la narine, en passant sous l'œil et sur l'oreille, jusqu'à l'anus. Tout le dessous de l'animal est d'un blanc pur.

DIMENSIONS. *Longueur totale.* 11" 7'". *Tête.* Long. 9'". *Cou.* Long. 8'". *Tronc.* Long. 2" 5'". *Memb. antér.* Long. 1" 4'". *Memb. postér.* Long. 1" 9'". *Queue.* Long. 7" 5'".

PATRIE. L'Abléphare linéo-ocellé est originaire de la Nouvelle-Hollande.

XXVIIᵉ GENRE. GYMNOPHTHALME. — *GYMNOPHTHALMUS* (1). Merrem.

CARACTÈRES. Pas de vestige de paupières. Narines latérales, s'ouvrant dans la seule plaque nasale. Pas de plaques supéro-nasales. Langue en fer de flèche, squameuse, échancrée à sa pointe. Dents coniques, simples. Palais non denté, à rainure longitudinale. Quatre pattes terminées, les antérieures par quatre, les postérieures par cinq doigts inégaux, onguiculés, sub-cylindriques ou un peu comprimés. Des trous auriculaires. Écailles du dos et de la queue carénées. Pas de pores fémoraux ni de préanaux.

Nous avons vu que les Abléphares possèdent encore un vestige de paupières ; ici, on n'en distingue plus la moindre trace, l'œil est tout à fait à nu, comme chez les Serpents. Les Gymnophthalmes n'ont d'ailleurs que quatre doigts aux pattes antérieures ; la ligne médiane des pièces de leur écaillure du dos et de la queue est relevée d'une forte carène, et leur palais est creusé d'une large rainure longitudinale, qui occupe le milieu de la moitié postérieure de sa longueur. Le genre Gymnophthalme a été établi par Merrem, dans son *Tentamen Systematis amphibiorum*, pour le Lacerta *quadrilineata* de Linné, la seule espèce qu'on puisse encore y rapporter aujourd'hui.

(1) De γυμνος, nu, et de cφθαλμος, yeux.

52.

1. LE GYMNOPHTHALME A QUATRE RAIES. *Gymnophthalmus quadrilineatus*. Merrem.

CARACTÈRES. Plaque rostrale hexagone, simulant un carré long ; nasales assez grandes , tout à fait latérales , quadrilatères oblongues , parfois un peu rétrécies en avant ; inter-nasale grande , tétragone ou pentagone plus étroite en avant qu'en arrière ; deux fronto-nasales médiocres , contiguës , à quatre, cinq ou six pans ; frontale de même grandeur qu'une fronto-nasale , à quatre pans formant en avant un angle obtus , en arrière un angle aigu tronqué au sommet ; deux fronto-pariétales non contiguës , tétragones oblongues , couvrant chacune de son côté une grande partie de la région sus-oculaire ; une seule plaque sus-oculaire très-allongée , très-étroite , triangulaire ; une inter-pariétale de même forme et une fois plus grande que la frontale ; deux pariétales trapézoïdes , séparées l'une de l'autre par la pointe de l'inter-pariétale, qui les dépasse un peu ; pas de fréno-nasale ; deux frénales à peu près carrées, la première très-grande , la seconde fort petite ; une seule fréno - orbitaire très-petite, fort élevée ; une seule sous-oculaire couvrant la moitié inférieure du cercle orbitaire ; deux ou trois petites post-oculaires.

SYNONYMIE. *Americima*. Marcgrav, Histor. natur. Bras. p. 238.
Americima. Jonst. Hist. nat. lib. 4 , p. 136, tab. 76.
Americima. Pison. de Ind. utriusque re natur. et med. p. 283.
Americima Lacerta fasciata Brasiliæ. Ray. Synops. méth. anim. p. 267.
Blue-tail'd Brasil Lizard. Petiv. Gazoph. natur. et art. tom. 4, Pl. 59 , fig. 4.
Americima. Ruysch. Theat. anim. de quad. lib. 4 , p. 136, tab. 77.
Lacerta ceylonica minor lemniscata. Seb. Tom. 2 , p. 43 , tab. 46 , n° 6.
Lacerta lineata. Linn. Mus. Adolph. Freder. p. 46.
Lacerta lineata. Id. Syst. nat. édit. 10, tom. 1 , p. 209, n° 41.
Lacerta quadrilineata. Id. Syst. nat. édit. 12 , tom. 1 , p. 371, n° 46.
Seps lineatus. Laur. Synops. Rept. p. 60.
Le Lézard rayé. Daubent. Quadrud. ovip. Encyclop. méth. tom. 2 , p. 668 et 647.

Der Vierfach gestreifte Salamander. Müll. Natur. syst. Linn. tom. 3, p. 117, no 46.

La Salamandre à quatre raies. Lacép. Hist. quad. ovip. tom. 1, p. 192.

La Salamandre à quatre raies. Bonnat. Encyclop. méth. Erpét. p. 61.

Der Vierfach gestreifte Salamander. Lenz. Thiergesch. p. 243, n° 4.

Lacerta quadrilineata. Gmel. Syst. nat. tom. 1, part. 3, p. 1076, n° 46.

Lacerta quadrilineata. Mey. Synops. Rept. p. 30, n° 10.

Lacerta quadrilineata. Donnd. Zoologisch. Beiträg. tom. 3, p. 124, n₀ 46.

Four-striped Lizard. Shaw. Gener. zool. tom. 3, p. 239.

Lacerta quadrilineata. Suckow. Auf. der naturgesch. tom. 3, p. 153 et 56.

Der Vierstreifige Salamander. Bechst. de Laceped's naturgesch. tom. 2, p. 290.

La Salamandre à quatre raies. Latr. Hist. Rept. tom. 2, p. 252.

Scincus quadrilineatus. Daud. Hist. Rept. tom. 4, p. 266.

Scincus quadrilineatus. Oppel. Die ordnung, Famil. und Gatt. Rept. p. 38.

Gymnophthalmus quadrilineatus. Merr. Tent. syst. amph. p. 74, no 21.

Scincus cyanurus. Schinz. Thierrich. von der Herrn von Cuvier, tom. 2, pag. 87.

Gymnophthalmus quadrilineatus. Id. loc. cit. p. 89.

Gymnophthalmus quadrilineatus. Fitzing. Verhand. Gesellsch. naturforsch. Fr. Berl. (1824), p. 297.

Gymnophthalmus quadrilineatus. Maxim. Zu Wied. Abbild. zur naturgesch. Braz. p. et Pl. sans numéros.

Gymnophthalmus quadrilineatus. Id. Beitr. naturgesch. Brasil. tom. 1, p. 198.

Gymnophthalmus quadrilineatus. Fitzing. Neue classif. Rept. p. 26.

Gymnophthalmus quadrilineatus. Wagl. Syst. amph. p. 157.

Gymnophthalmus quadrilineatus. Gray. Synops. Rept. in Griffith's anim. Kingd. tom. 9, p. 71.

Gymnophthalmus lineatus. Gravenh. Das zoologisch. Mus. Universit. Bresl. p. 25.

Gymnophthalmus Merremii. Th. Coct. Études sur les Scincoïdes, 1re livraison.

Gymnophthalmus lineatus. Gray. Catal. of slender-tong. Saur. Annals of natur. hist. by Jardine, tom. 1, p. 335.

DESCRIPTION.

FORMES. Par sa taille et l'ensemble de ses formes, le Gymnoph - thalme à quatre raies a beaucoup de ressemblance avec notre Lézard vivipare d'Europe ; comme lui il a le corps gros, les mem• bres courts et la queue longue, lorsqu'elle n'a éprouvé aucun accident. Mises le long du cou, les pattes de devant s'étendent jusqu'aux yeux ; celles de derrière ont une longueur égale à la moitié de celle des flancs. Les trois premiers doigts antérieurs sont étagés, le quatrième est à peine plus long que le premier ; aux pieds, les doigts augmentent graduellement de longueur à partir du premier jusqu'au quatrième, l'extrémité du cinquième ne dépasse pas celle du second. La tête est en pyramide quadran- gulaire, assez déprimée, fortement tronquée au sommet ; la sur- face du crâne est parfaitement plane. L'oreille est circulaire, de moyenne grandeur et parfaitement découverte. Il y a cinq la- biales supérieures de chaque côté, la première et la quatrième sont carrées, mais celle-ci est moins petite que celle-là ; la se- conde est trapézoïde, la troisième est quadrilatère oblongue, plus haute en avant qu'en arrière, et la cinquième pentagone. La lèvre inférieure est revêtue de trois paires de plaques toutes en carré long. La plaque mentonnière est tétragone, rétrécie en arrière et arrondie à son bord antérieur. Cinq plaques garnissent seules toute la face inférieure de la tête. Les écailles du dessus du corps sont fort grandes, celles du dessous et des côtés le sont un peu moins ; elles offrent six pans bien distincts, et plus d'étendue en largeur qu'en longueur, suivant l'axe du corps ; celles du dos dont la ligne médiane est relevée d'une forte carène, forment cinq rangées longitudinales ; le nombre des séries de celles des flancs et du ventre, dont la surface est parfaitement lisse, s'élèvent à douze, ce qui fait en tout dix bandes d'écailles autour du tronc. Les écailles de la queue sont rhomboïdales, parmi elles il y en a aussi d'uni-carénées, ce sont celles de la face supérieure, les autres sont lisses. La région préanale est protégée par quatre squames, une triangulaire et trois rhomboïdales. Les scutelles sous-digitales sont lisses; on en compte une vingtaine au quatrième orteil.

COLORATION. En dessus le corps est d'un vert bronzé brunâtre ; sur les parties latérales il offre une couleur noire ou d'un brun foncé, qui forme comme une large bande que bordent deux raies jaunes, l'une en haut, l'autre en bas; ces raies deviennent blanches par le séjour des individus dans l'alcool. Les écailles portent chacune au milieu une tache noire plus ou moins prononcée. Les régions inférieures sont d'un blanc jaunâtre dans l'état de vie, mais elles présentent une teinte d'un gris verdâtre après la mort. Chez les jeunes sujets ces diverses teintes sont plus claires, chez les individus adultes elles sont plus foncées.

DIMENSIONS. *Longueur totale.* 10" 2"'. *Tête.* Long. 1". *Cou.* Long. 9"'. *Tronc.* Long. 3" 3"'. *Memb. antér.* Long. 1" 1"'. *Memb. postér.* Long. 1" 8"'. *Queue* (reproduite). Long. 5".

PATRIE. Cette espèce se trouve au Brésil et à la Martinique, nous possédons des individus provenant de ces deux pays.

XXVIIIe GENRE. LÉRISTE. — *LERISTA* (1). Bell.

CARACTÈRES. Un rudiment de paupière formant un cercle autour du globe de l'œil. Narines latérales, s'ouvrant chacune dans une seule plaque, la nasale ; pas de supéro-nasales. Dents coniques, simples. Palais non denté, à échancrure triangulaire peu profonde, située tout à fait en arrière. Langue en fer de flèche, squameuse, échancrée à sa pointe. Des ouvertures auriculaires. Quatre pattes terminées, les antérieures par deux, les postérieures par trois doigts inégaux, onguiculés, sub-cylindriques, simples. Museau sub-cunéiforme. Écaillure lisse. Pas de pores fémoraux ni de préanaux.

---

(1) Étymologie inconnue.

Les Léristes, sous le rapport de la conformation de leurs membres, représentent parmi les Scincoïdiens ophiophthalmes, les Hétéromèles, genre de la division des Saurophthalmes ; leurs doigts, au nombre de deux en avant et de trois en arrière, sont inégaux, c'est-à-dire que les trois postérieurs sont étagés, et que le premier des antérieurs est un peu plus court que le second. Ce genre de Scincoïdiens se caractérise d'ailleurs par un palais sans rainure longitudinale ou seulement échancrée en arrière, par des narines s'ouvrant chacune au milieu de la plaque nasale, par une langue en fer de flèche, faiblement incisée à sa pointe et revêtue de papilles imbriquées ayant l'apparence d'écailles, par un rudiment de paupière formant un cercle immobile autour de l'œil, enfin par la présence à l'extérieur d'un conduit auditif dont l'orifice, quoique fort petit, est néanmoins distinct : c'est donc à tort que M. Bell, auquel on doit l'établissement du genre Lériste, l'a signalé comme n'ayant pas de méat auditif apparent.

1. LE LÉRISTE A QUATRE RAIES. *Lerista lineata.* Bell.

CARACTÈRES. Plaque rostrale grande, triangulaire, reployée en dessus et en dessous du museau. Plaques nasales grandes, en triangle isocèle, presque contiguës ; inter-nasale très-élargie, à trois pans, faiblement tronquée à ses deux angles latéraux ; deux fronto-nasales pentagones, fort petites, très-écartées l'une de l'autre ; frontale assez grande, simulant un triangle isocèle, malgré ses cinq pans ; deux fronto-pariétales petites, pentagones, contiguës ; une inter-pariétale sub-triangulaire, de même grandeur qu'une fronto-pariétale ; pariétales grandes, tétragones, inéquilatérales, contiguës en V ; trois sus-oculaires, la médiane plus grande que les deux autres ; cinq surcilières ; pas de fréno-nasales ; deux frénales, la première quadrangulaire oblongue, la seconde carrée ; deux petites fréno-orbitaires.

SYNONYMIE. *Lerista lineata*, Bell. Proceed of the zoolog. societ. (1833), pag. 99.

Lerista lineata. Idem. Zoolog. journ., t. 5, pag. 393, Pl. 26, fig. 2.

Lerista lineata, id. Lond. and Edinb. Philosoph. magaz., n° 17, pag. 375.

Lerista lineata, Wiegm. Herpet. Mexic. pars 1, p. 11.

Lerista lineata, Gray. Catal. of slender-tong. Saur. Ann. of natur. hist. by Jardine, tom. 1, p. 335.

DESCRIPTION.

FORMES. Voici une espèce qui, par l'ensemble de ses formes, tient le milieu ou fait le passage des Scincoïdiens lacertiformes à ceux qui, comme les Orvets, ont le corps semblable à celui des Serpents. Le Lériste rayé a le tronc étroit, arrondi en dessus, aplati en dessous; la queue conique, très-pointue en arrière, et aussi longue que le reste de l'animal. Les membres sont courts, grêles; ceux de devant ont une longueur égale aux trois quarts de celle de la tête, et ceux de derrière offrent la même étendue que celle qui existe depuis l'épaule jusqu'au bout du nez. La tête est assez allongée, quadrangulaire, rétrécie en avant, légèrement convexe en dessus et fortement aplatie en dessous et de chaque côté; le museau, quoique arrondi, est un peu aminci en coin. Le rudiment palpébral en forme d'anneau immobile qui entoure le globe de l'œil, est recouvert de très-petites écailles égales entre elles. Les oreilles, qui ressemblent à deux petits trous faits avec la pointe d'une épingle, sont situées immédiatement au-dessus et un peu en arrière des angles de la bouche. La lèvre supérieure est revêtue de six plaques, de chaque côté : la première est trapézoïde et la plus petite de toutes; la seconde est carrée; la troisième de même; la quatrième offre aussi quatre pans à peu près égaux, mais elle est un peu moins petite que les précédentes; la cinquième et la sixième sont pentagones et de beaucoup plus grandes, particulièrement la dernière. La plaque mentonnière est grande, hémi-discoïdale. Il y a autour du tronc quinze séries longitudinales d'écailles, élargies, hexagones, légèrement arquées à leur bord libre et parfaitement lisses. Deux grandes squames couvrent presque à elles seules la région préanale.

COLORATION. Le dessus du corps est d'un gris argenté faiblement glacé de vert, sur lequel sont imprimées deux bandes noires qui s'étendent l'une à droite, l'autre à gauche de l'animal, depuis la narine, en passant sur l'œil et la tempe, jusqu'à l'extrémité de la queue, et deux raies composées de petites taches noires plus ou moins bien soudées ensemble qui prennent naissance sur la nuque, suivent le milieu du cou, parcourent la région rachidienne et la face supérieure de la queue dans toute sa longueur. Les régions inférieures sont d'un blanc grisâtre uniforme, excepté sous la queue, où l'on voit un semis de points noirâtres.

DIMENSIONS. *Longueur totale.* 10" 2'''. *Tête.* Long. 7'''. *Cou.* Long. 9'''. *Tronc.* Long. 3" 6'''. *Memb. antér.* Long. 5'''. *Memb. postér.* Long. 1" 1'''. *Queue.* Long. 5'''.

PATRIE. Le Lériste rayé est originaire de la Nouvelle-Hollande.

Observations. Cette description est faite d'après l'individu même dont M. Bell s'est servi pour établir le genre Lériste.

XXIXe GENRE. HYSTÉROPE. — *HYSTERO-PUS* (1). Duméril.

(*Bipes*, Cuvier; *Pygopus*, Fitzinger, Merrem, Wiegmann, Wagler, Ch. Bonaparte.)

CARACTÈRES. Un rudiment de paupière formant un cercle immobile autour du globe de l'œil. Narines latérales percées dans une seule plaque, la nasale, qui est annuliforme et circonscrite par quatre plaques, la supéro-nasale, l'inter-nasale, la fréno-nasale et la première labiale. Dents coniques, simples. Langue aplatie, squameuse en avant, veloutée en arrière, arrondie et incisée à son extrémité antérieure. Palais non denté, à rainure longitudinale extrêmement large. Pupille circulaire. Des ouvertures auriculaires. Crâne scutellé. Pas de membres antérieurs; des pattes postérieures courtes, aplaties ou rémiformes, non divisées en doigts. Corps serpentiforme. Des pores préanaux. Écailles carénées.

A ne considérer que leur forme générale, on prendrait plutôt les Hystéropes pour des serpents que pour des Lézards;

---

(1) ὕστερος, *posterior*, postérieur, et de πούς, pied.

c'est effectivement ce genre, parmi les Ophiophthalmes,
de même que celui des Orvets parmi les Saurophthalmes,
qui s'éloignent le plus, sous ce rapport, du type commun
des Scincoïdiens. Ils ont aussi, comme les Orvets, deux
sortes de papilles linguales, c'est-à-dire que leur langue en
offre sur sa région antérieure qui ont l'apparence d'écailles,
tandis que celles qui revêtent sa partie postérieure ressemblent à de petits filaments assez courts, redressés les uns
contre les autres. Cette langue des Hystéropes est plate, peu
profondément échancrée en V en arrière, et peu rétrécie à
son extrémité antérieure, qui est arrondie et faiblement
incisée. Les dents de ces Scincoïdiens ophiophthalmes sont
courtes, droites, coniques, égales et un peu espacées ; leur
palais est creusé au milieu, dans la plus grande partie de
sa longueur, d'une gouttière extrêmement large ; leurs narines sont circulaires, situées de chaque côté du bout du
museau au centre d'un cercle formé par la plaque nasale,
la supéro-nasale, la fréno-nasale et la première labiale supérieure. L'œil, abrité comme sous une espèce de sourcil,
présente un rudiment de paupière en anneau immobile ; les
oreilles sont deux ouvertures d'une moyenne grandeur, plus
étendues dans le sens longitudinal que dans le sens vertical du cou. Il n'existe pas de membres antérieurs ; les postérieurs sont représentés par deux appendices en forme de
palettes oblongues, arrondies à l'extrémité, légèrement
cintrées sur elles-mêmes dans leur diamètre transversal ; de
manière à pouvoir s'appliquer, ou, pour ainsi dire, se coller
contre les côtés de la base de la queue, sans donner plus
de largeur à celle-ci. Ces appendices sont fixés tout à fait
à l'extrémité du tronc, un peu au-dessous de la fente du
cloaque de chaque côté du bord postérieur de laquelle est
un petit crochet qui semble être l'extrémité externe d'un
petit os soudé au bassin. Il y a au devant de la marge antérieure de l'anus une rangée transversale de petits pores,
comme chez les Amphisbènes. Le genre Hystérope et le suivant sont les seuls parmi les Scincoïdiens qui présentent

cette particularité. Les Hystéropes ont les pièces de leur écaillure supérieure relevées d'une carène médiocre ; en dessous leur ventre offre deux bandes, et leur queue une seule rangée de grandes scutelles élargies, de même que chez la plupart des Serpents.

1. L'HYSTÉROPE DE LA NOUVELLE-HOLLANDE. *Hysteropus novæ Hollandiæ.* Nobis.

(Voyez Pl. 55.)

CARACTÈRES. Plaque rostrale très-élargie, tétragone, à bord supérieur plus étroit que l'inférieur. Plaques nasales quadrangulaires, élargies, contiguës ; deux supéro-nasales semblables aux nasales ; deux inter-nasales pentagones, contiguës ; deux fronto-nasales très-petites, polygones, sub-circulaires ou oblongues, très-écartées l'une de l'autre, précédant les sus-oculaires ; celles-ci au nombre de trois de chaque côté, une grande, une moyenne et la dernière très-petite ; frontale médiocre, sub-triangulaire, à bords comme sinueux ; une seule fronto-pariétale très-grande, une fois plus longue que large, rétrécie en arrière ; pas d'inter-pariétale ; deux pariétales formant ensemble un triangle équilatéral échancré à sa base pour recevoir la pointe de la frontale ; pas d'occipitale ; régions frénales revêtues chacune de sept à dix petites plaques irrégulières dans leur forme et leur disposition. Oreilles en fentes longitudinales.

SYNONYMIE. *Le Bipède lépidopode.* Lacép. Ann. Mus. Hist. nat. tom. 4, p. 193 et 209, Pl. 55, fig. 1.

Sheltopusik novæ Hollandiæ. Oppel. Die ordnung. Famil. und Gatt. p. 40.

Le Bipède lépidopode. Cuv. Règn. anim. 1ʳᵉ édit. tom. 2, p. 56.

Pygopus lepidopus. Merr. Tentam. syst. amphib. p. 77.

Pygopus lepidopus. Fitz. Neue classif. Rept. p. 54.

L'Hystérope lépidopode. Bory de Saint-Vincent, Résumé d'erpét. p. 142, Pl. 27, fig. 2.

Le Bipède lépidopode. Cuv. Règn. anim. 2ᵉ édit. tom. 2, p. 65.

Bipes lepidopus. Guér. Iconog. Règn. anim. Cuv. Rept. Pl. 61, fig. 1.

Pygopus lepidopus. Wagl. Syst. amphib. p. 160.

Bipède lépidopode. Griff. anim. Kindg. Cuv. tom. 9 , p. 160.

Pygopus lepidopus. Gray. Synops. Rept. in Griffith's anim. Kingd. tom. 9 , p. 73.

Bipes lepidopus. Schinz , Naturgesch. und Abbild. p. 167 , Pl. 42 , fig. 2.

DESCRIPTION.

Formes. Cette espèce a la forme et la taille de la couleuvre lisse ; sa tête représente une pyramide à quatre faces , faiblement tronquée et arrondie au sommet. Le tronc est grêle, cylindrique ; la queue de même , mais pas dans toute son étendue, car elle devient très-pointue en arrière ; sa longueur entre pour plus des deux tiers dans la totalité de celle de l'animal. Les membres ou mieux les appendices qui en tiennent lieu ressemblent à deux petites nageoires quadrilatères oblongues, arrondies à leur bord libre, revêtues en dessus de grandes , en dessous de petites écailles rhomboïdales , imbriquées, lisses. Ces membres vestigiaires ont en largeur la moitié de leur longueur, qui est à peu près égale aux trois quarts de l'étendue de la tête. Le cercle palpébral est garni de deux rangées de très-petites écailles. La lèvre supérieure offre sept paires de plaques quadrilatères ou pentagones. La plaque mentonnière est grande, triangulaire , tronquée à son sommet postérieur. Il y a quatre plaques labiales inférieures de chaque côté ; les deux dernières sont des carrés longs, tandis que les deux premières sont très-courtes, mais si élargies qu'elles se reploient sous la mâchoire inférieure. On ne voit pas de plaque en arrière de la mentonnière ; la gorge et le dessous du cou sont revêtus de petites écailles en losanges, lisses , imbriquées, égales entre elles. Les écailles de la région cervicale, du dos et de la face supérieure de la queue sont petites, rhomboïdales et surmontées d'une carène médiane ; celles des côtés du cou , du tronc et de la queue augmentent de grandeur et prennent insensiblement une forme hexagone , surtout en se rapprochant du dessous du corps ; leur surface est lisse , de même que celle des grandes scutelles hexagones élargies, qui sont disposées sur une seule bande sous la queue et en un double rang sous le tronc. Il y a douze séries longitudinales d'écailles carénées sur le dos, et quatre d'écailles lisses le long de chaque flanc. L'opercule anal est recouvert par cinq squames , deux grandes au milieu , une petite de chaque côté , une autre de moyenne grandeur au-dessus et entre les deux plus grandes. C'est en arrière de ces squames préanales que se trouve une rangée transversale d'écailles, percées chacune d'un petit pore à leur bord postérieur ; le nombre de ces pores est d'une douzaine.

COLORATION. Un gris cuivreux règne sur toutes les parties supérieures qui offrent, depuis la tête jusqu'à l'extrémité de la queue, trois séries parallèles de taches noires quadrilatères oblongues, lisérées de blanc de chaque côté ; le dessous du corps présente une teinte grise nuancée de noirâtre ; la gorge et la face inférieure de la queue sont blanches. On rencontre aussi des individus dont les régions supérieures sont d'une teinte plombée sans aucune tache noire.

DIMENSIONS. *Longueur totale.* 64". *Tête.* Long. 1" 5'". *Cou et Tronc.* Long. 12" 15'". *Queue.* Long. 32".

PATRIE. La nouvelle-Hollande est la patrie de cette singulière espèce de Scincoïdiens, dont nous possédons plusieurs exemplaires recueillis par Péron et Lesueur.

<hr>

XXXᵉ GENRE. LIALIS. — *LIALIS* (1). Gray.

CARACTÈRES. Narines ? Dents ? Langue ? Palais ? Pupille vertico-linéaire. Museau conique. Des ouvertures auriculaires. Crâne revêtu de petites squames subimbriquées. Pas de membres antérieurs ; des pattes postérieures, courtes, non divisées, pointues, squameuses à la base. Des pores préanaux. Écailles lisses.

L'établissement de ce genre a été proposé par M. Gray ; mais la phrase caractéristique qu'il en a donnée se trouve incomplète, attendu qu'il a omis d'y mentionner la conformation de la langue, la structure du palais, la forme des dents et la situation des narines, toutes parties bien essentielles à connaître pour assigner à un Scincoïdien sa véritable place dans les nombreux groupes génériques qui composent cette famille. Néanmoins, tel que M. Gray nous l'a fait connaître, le genre *Lialis* nous semble avoir beaucoup de rap-

(1) Nom probablement pris au hasard.

ports avec les Hystéropes, mais en différer génériquement d'une manière bien distincte, par la raison que sa tête est couverte d'écailles imbriquées et non de grandes plaques juxta-posées, que sa pupille est linéaire, au lieu d'être arrondie, que les rudiments de ses pattes postérieures sont pointues et non en palettes, enfin que ses écailles sont lisses, tandis que celles des Hystéropes sont carénées.

1. LE LIALIS DE BURTON. *Lialis Burtonii*. Gray.

CARACTÈRES. Un rudiment de paupière formant un cercle étroit immobile autour de l'œil. Une plaque inter-nasale, suivie de très-petites écailles. Oreille oblongue. Huit pores préanaux.

SYNONYMIE. *Lialis Burtonii.* Gray, Proceed. zool. societ. (1834), p. 134.

DESCRIPTION.

FORMES. La tête est allongée, le front est plan. De très-petites écailles recouvrent le museau ; les régions sus-oculaires portent chacune trois plaques triangulaires d'une moyenne grandeur ; le cercle palpébral est revêtu d'écailles fort petites ; la plaque mentonnière est grande, et suivie de trois autres plaques plus petites, dont deux sont placées à côté l'une de l'autre. Il y a de chaque côté de la mâchoire inférieure quatre paires de longues plaques triangulaires, arquées ; celles de ces plaques qui composent la première paire sont petites, et celles de la dernière distinctement plus grandes ; chacune d'elles a une petite écaille linéaire à son angle externe. Les écailles dorsales sont ovales, convexes, lisses ; le ventre en offre deux séries médianes élargies. Les deux seuls membres qui existent sont courts, pointus, et revêtus de deux ou trois squames à leur base.

COLORATION. Le dessus du corps offre, sur un fond brun-chocolat pâle, un semis de points noirs distribués par deux ou trois sur chaque écaille. Une raie blanche parcourt le *canthus rostralis* et le dessus du cou; une autre raie blanche sépare la couleur foncée des parties supérieures de la teinte pâle du dessous du corps.

PATRIE. Ce Scincoïdien se trouve à la Nouvelle-Hollande.

Observations. Les détails qui précèdent, et que nous avons empruntés de M. Gray, sont les seuls que nous puissions donner sur cette espèce, que nous n'avons pas encore eu l'occasion d'observer.

LES TYPHLOPHTHALMES.

Cette dernière division de la famille des Scincoïdiens comprend ceux de ces Sauriens qui sont complétement aveugles, ou dont les yeux sont si petits
qu'ils n'existent, pour ainsi dire, qu'à l'état rudimentaire et tout à fait recouverts par la peau, au travers
de laquelle on ne peut pas même les distinguer, ainsi
que cela est encore possible chez d'autres Sauriens,
telles que les Amphisbènes, par dessus l'œil desquelles elle passe aussi sans être divisée en deux paupières comme chez les Saurophthalmes, ou bien en-
taillée circulairement de manière à laisser le globe
oculaire entièrement à nu, comme chez les Ophiophthalmes.

On ne connaît encore dans l'état présent de la
science, que deux espèces qu'on puisse rapporter à la
sous-famille des Scincoïdiens Typhlophthalmes; ces
deux espèces ont, l'une et l'autre, le corps allongé,
étroit, cylindrique comme celui des Acontias ou des
Typhlops; elles diffèrent cependant entre elles par
plusieurs autres points de leur organisation, ce qui
a permis d'en former deux genres assez faciles à
reconnaître au premier aspect, attendu que l'une est
dépourvue de membres, et que l'autre en offre deux
à la partie postérieure du tronc.

XXXIe GENRE. DIBAME. — *DIBAMUS* (1).
Nobis.

CARACTÈRES. Museau conique, emboîté jusqu'au front dans un étui squameux, composé de trois pièces; mâchoire inférieure protégée de la même manière. Narines latérales, arrondies, percées dans la pièce médiane de l'étui rostral, sans rainure derrière elle. Langue plate, sub-ovalaire, squameuse, non divisée à son extrémité antérieure, échancrée semi-circulairement en arrière. Dents coniques, simples, égales. Palais entier, non denté. Pas d'ouvertures auriculaires. Une seule paire de membres, qui sont les postérieurs, courts, aplatis ou rémiformes. Queue courte, tronquée, arrondie au bout. Écailles lisses.

Les Dibames n'ont ni rainure, ni échancrure au palais, on n'y observe pas non plus de dents; leur langue, à peine extensible, est large, épaisse, de forme à peu près ovale, non incisée en avant, mais comme échancrée semi-circulairement en arrière; sa surface est couverte d'un très-grand nombre de petites papilles aplaties, imbriquées, ayant l'apparence d'écailles. Les dents qui arment les mâchoires sont courtes, égales, coniques, un peu pointues. Les narines sont deux petits trous arrondis, percés de chaque côté du museau dans la grande plaque qui en garnit le bout et le dessus, et à laquelle se soudent deux autres plaques qui couvrent, l'une à droite, l'autre à gauche, la lèvre supérieure. Une seule grande plaque protége la mâchoire inférieure. On ne distingue pas la moindre trace d'oreille à l'ex-

---

(1) Δίβαμος, *bipes, duobus gradiens pedibus*, bipède.

térieur. Il n'y a pas de pattes à la partie antérieure du corps, mais aux côtés de l'anus sont attachés deux petits appendices aplatis, écailleux, qui représentent les membres postérieurs. La queue est très-courte, cylindrique, de même grosseur que le corps, tronquée et arrondie en arrière.

1. LE DIBAME DE LA NOUVELLE-GUINÉE. *Dibamus Novæ-Guineæ*. Nobis.

CARACTÈRES. Pas de plaques, mais des écailles sur le crâne; squames préanales, petites, égales entre elles.

SYNONYMIE. *Acontias subcæcus*. Mus. de Leyde.

DESCRIPTION.

FORMES. Cette espèce a exactement la forme d'un Typhlops, c'est-à-dire que son corps est cylindrique et de même venue d'un bout à l'autre; sa grosseur est celle d'un tuyau de plume ordinaire. La queue ne fait guère que le septième ou le huitième de l'étendue totale de l'animal. La tête est courte, conique, légèrement déprimée, obtuse et un peu arrondie à son extrémité antérieure; le bout du museau dépasse un peu la mâchoire inférieure. La grande plaque rostrale, qui seule recouvre le bout et le dessus du museau jusqu'au front, a son bord postérieur légèrement cintré en dedans. L'unique plaque labiale supérieure, qui existe de chaque côté, représente un pentagone inéquilatéral, oblong, plus étroit en avant qu'en arrière. Les deux petits membres postérieurs ressemblent, comme ceux de l'Hystérope de la Nouvelle-Hollande, à de petites palettes étroites, arrondies en pointes au bout, et revêtues en dessus et en dessous d'écailles semblables à celles du corps. Ces deux petits appendices, dont la longueur est égale à la largeur de la tête, sont appliqués sous la queue, ayant leurs extrémités rapprochées l'une de l'autre. Partout, sur la tête, les tempes, le cou, le tronc, la région préanale et la queue il y a de petites écailles, imbriqués, parfaitement lisses, offrant six côtés à peu près égaux. On en compte vingt-six séries longitudinales autour de la partie moyenne du corps.

COLORATION. Un brun olivâtre règne sur toutes les parties de l'animal indistinctement.

DIMENSIONS. *Longueur totale.* 16" 1'". *Cou* et *Tronc.* Long. 13" 2'".
Queue. Long. 2". 1'".

PATRIE. Cette espèce est originaire de la Nouvelle-Guinée. Il
nous a été envoyé, du musée de Leyde, deux individus étiquetés
Acontias subcœcus.

XXXIIᵉ GENRE. TYPHLINE. — *TYPHLINE.*
Wiegmann (1).

CARACTÈRES. Museau conique, emboîté jusqu'au
front dans un étui squameux d'une seule pièce; mâchoire inférieure protégée de la même manière. Narines latérales petites, ovalaires, communiquant avec
un sillon longitudinal situé en arrière. Dents coniques,
simples, égales. Palais non denté, à rainure longitudinale, en arrière. Langue en fer de flèche, squameuse,
échancrée à sa pointe. Pas d'ouvertures auriculaires.
Pas de membres. Queue courte, tronquée, arrondie
au bout.

Les Typhlines se distinguent des Dibames, en ce qu'ils
sont apodes, en ce que leur langue est en fer de flèche et
incisée à sa pointe, en ce que leur palais est creusé d'une
rainure dans la seconde portion de sa longueur, en ce
qu'enfin leur museau est creusé de chaque côté, en arrière
de la narine d'un sillon longitudinal, avec lequel celle-ci
communique. Le genre Typhline a été établi par M. Wiegmann dans son Erpétologie du Mexique, pour une espèce
que Cuvier avait appelée Acontias aveugle.

---

(1) Τυφλίνος, *cœcutiens*, *cœcus*, *cœcilia*, Serpent aveugle.

53.

1. LE TYPHLINE DE CUVIER. *Typhline Cuvierii.* Wiegmann.

Caractères. Écailles du corps lisses, formant quatorze séries longitudinales. Ces mêmes écailles de couleur fauve portant un liséré violet tout autour. Une seule plaque préanale.

Synonymie. *Acontias cæcus.* Cuv. Règn. anim. 1ʳᵉ édit. tom. 2 , p. 60.

Acontias cæcus. Merr. Tent. syst. amphib. p. 80.

Acontias cæcus. Cuv. Règn. anim. 2ᵉ édit. tom. 2 , p. 71.

Acontias cæcus. Griff. Anim. Kingd. Cuv. tom. 9 , p. 245.

Acontias cæcus. Gray. Synops. Rept. in Griffith's anim. Kingd. Cuv. tom. 9 , p. 76.

—*Typhline Cucierii.* Wiegm. Herp. Mexic. pag. 11.

DESCRIPTION.

Formes. Le Typhline de Cuvier est, pour ainsi dire, un Acontias peintade sans yeux , au moins apparents, et sans plaques céphaliques autres que celle qui emboîte toute la face comme dans une sorte d'étui. La mâchoire inférieure est protégée par une seule grande plaque dont la figure est celle d'un cœur de carte à jouer. Les tempes sont revêtues de petites écailles rhomboïdales ou losangiques ; sur le front il y en a une très-élargie, hexagone et plus grande que celles à peu près de même forme, qui recouvrent la partie postérieure du crâne. La région préanale est protégée par une squame unique, hémidiscoïdale. Quant aux autres parties du corps, elles offrent toutes , sans exception , une écaillure composée de pièces hexagones, égales entre elles, très-dilatées en travers. Il y en a quatorze séries longitudinales autour du tronc.

Coloration. L'animal est tout entier d'une teinte fauve , réticulée de violet.

Dimensions. *Longueur totale.* 20" 3'". *Tête.* Long. 1". *Cou et Tronc.* Long. 17" 5'". *Queue.* Long. 1" 8'".

Patrie. Le Typhline de Cuvier habite l'Afrique australe; la collection du Muséum renferme deux échantillons recueillis au cap de Bonne-Espérance , par feu Delalande.

FIN DU CINQUIÈME VOLUME.

TABLE ALPHABÉTIQUE

DES NOMS

D'ORDRES, DE FAMILLES ET DE GENRES,

ADOPTÉS OU NON (1),

COMPRIS DANS CE VOLUME.

(1) Ces derniers noms sont ici indiqués en caractères italiques.

FIN DE LA TABLE ALPHABÉTIQUE DES ORDRES , ETC.

TABLE MÉTHODIQUE

DES MATIÈRES

CONTENUES DANS CE CINQUIÈME VOLUME.

SUITE ET FIN DU LIVRE QUATRIÈME.

DE L'ORDRE DES LÉZARDS OU DES SAURIENS.

CHAPITRE IX.

FAMILLE DES LACERTIENS OU AUTOSAURES.

CHAPITRE X.

FAMILLE DES CHALCIDIENS OU CYCLOSAURES.

CHAPITRE XI ET DERNIER.

FAMILLE DES SCINCOÏDIENS OU LÉPIDOSAURES.

REPTILES, V. 54

54.

FIN DE LA TABLE.

ERRATA ET EMENDANDA.

Page 13, ligne 9, *holodermes*, lisez *hélodermes*.

Page 18, ligne 23, *dix-huit*, lisez *dix-neuf*.

Page 19, ligne 21, *Pléodontes*, lisez *Cœlodontes*.

Page 27, ligne 11, *fronto-nasales*, lisez *fronto-naso-rostrales*.

Page 27, lignes 15, 16, 17, 18, supprimez les mots suivants : *Wagler appelait canthus rostralis*, et remplacez-les par ceux-ci : *Nous nommerons la région frénale*.

Page 35, ligne 23, *agile*, lisez *des souches*.

Page 35, ligne 24, *Péloponésien*, lisez *du Taurus*.

Page 35, ligne 28, *Péloponésien*, lisez *et celui du Taurus*.

Page 36, ligne 1, *l'agile*, lisez *celui des souches*.

Page 36, ligne 4, *Bosquien*, lisez *commun*.

Page 36, ligne 11, *âpre*, lisez *Bosquien*.

Page 36, ligne 15, *Érémies*, lisez *Eremias*.

Page 36, ligne 17, *de Duméril*, lisez *de Savigny ou le Lézard appelé Duméril par M. Milne Edwards*.

Page 36, ligne 21, *Ophisops*, lisez *Ophiops*.

Page 36, ligne 22, *Callosaure*, lisez *Calosaure*.

Page 37, ligne 17, *Ophisops*, lisez *Ophiops*.

Page 39, ligne 11, *Senckbergianum*, lisez *Senckenbergianum*.

Page 39, ligne 31, *Ménestrier*, lisez *Ménestriés*.

Page 39, ligne 34 ou dernière, *Charlsworth*, lisez *Charlesworth*.

Page 53, ligne 19, *naso-labiale*, lisez *naso-frénale*.

Page 53, ligne 20, *post-naso-labiale* lisez *post-naso-frénale*.

Page 56, ligne 9, *Candiverbera*, lisez *Caudiverbera*.

Page 58, ligne 17, *sub-romboïdales*, lisez *sub-rhomboïdales*.

Page 62, ligne 32, *Sauriens*, lisez *Lacertiens*.

Page 63, ligne 6, *Sauriens*, lisez *Lacertiens*.

Page 64, ligne 30, *Sauriens*, lisez *Lacertiens*.

Page 74, lignes 23, 24, *extérieurs*, lisez *postérieurs*.

Page 78, ligne 18, *Podiuema*, lisez *Podinema*.

Page 88, supprimez le mot *imbriquées* qui commence la trente-troisième ligne.

Page 183, ligne 28, *connus*, lisez *connues*.

Page 183, ligne 33, *de Cœlodontes*, lisez *des Cœlodontes*.

Page 183, dernière ligne, *nubliés*, lisez *publiés*.

Page 184, ligne 21, *sub-orbitaires*, lisez *sus-oculaires*.

Page 185, ligne 3, *existante*, lisez *existant*.

Page 189, 8. *L. Péloponésien*, lisez 8. *L. du Taurus*.

Page 217, ligne 8, *où on le*, lisez *où on la*.

Page 344, ligne 1, ajoutez n° 1 avant *genre Zonure*.

Page 533, ligne 27, *cent espèces*, lisez *quatre vingt seize espèces*.

Page 537, ligne 6, *Typhlophtalmes*, lisez *Typhlophthalmes*.

Page 549, ligne 10, *Biojerii*, lisez *Bojerii*.

Page 768, ligne 13, *à chaque pattes*, lisez *à chaque patte*.